林忠四郎の全仕事

宇宙の物理学

HAYASHI
CHUSHIRO

佐藤文隆 編

京都大学
学術出版会

はしがき

　宇宙物理学の発展に多大な貢献をなされた林忠四郎先生は 2010 年 2 月 28 日に 89 歳で逝去されました．先生の業績に対しては 1959 年京都新聞文化賞，1963 年仁科賞，65 年朝日賞，70 年エディントンメダル，71 年学士院恩賜賞，82 年文化功労者，86 年文化勲章，87 年学士院会員，94 年勲一等瑞宝章，95 年京都賞，2004 年ブルースメダル，と数々の栄誉が与えられておりますが，まさに戦後日本の物理学を築かれた巨人がまた去っていかれた感があります．

　林先生は学士院の文書にご自分の研究を次のように記しています．

　林忠四郎の主要な学術上の業績

1) ビッグバン宇宙における最初の元素の形成．核反応が始まる以前の高温段階における，陽子・中性子・電子・ニュートリノの相互作用による陽子と中性子の存在比の時間変化を計算した．その結果，最初に形成される元素は水素（質量は約 70％）とヘリウム（約 30％）であって，炭素以上の重元素は形成されないことを明らかにした．

2) 種々の質量の恒星の一生にわたる進化を計算した．特に，主系列星に到達するまでの準静的な重力収縮段階における，星の構造と光度の時間変化を理論的に解明した．この高光度の進化段階は，有名な「林フェーズ (phase)」と呼ばれていて，Ｔタウリ型の星の本性を説明するものである．

3) 太陽系の形成について，各惑星の存在領域において進行する種々の物理過程の理論的研究を行った．まず，ガス（水素とヘリウム）とダスト（氷や石の固体微粒子）からなる原始太陽系星雲から出発して，この中でダストが付着・成長しながら赤道面に向かって沈殿して薄い円盤を形成する．この円盤が重力不安定性によって分裂し，多数の微惑星が形成される．これらの微惑星がガス中を運動しながら衝突によって付着・成長し，最終的には現在の各惑星が形成されるまでの経過とその進行時間を計算した．以上はキョウト・モデルと呼ばれている．

　林先生は京都大学教授を 1984 年に退官された後も研究を続けられ，現役時代に院生であった教え子と一緒に研究され，論文も書いておられました．退官し

ばらくは物理教室の非常勤講師室を使用，後の十年ほどは自宅に集まられ，また関係する研究会にも参加しておられました．だが，後任教授である編者が受け継いだ研究室のゼミやコロキューウームには，気をお使いになれたのか，顔を出されませんでした．2007 年に奥さまが逝去された後，おひとりで暮らしておられた先生は，2009 年 12 月からの約 2 カ月半の入院の後に他界されましたが，そうした最晩年，2007 年 9 月から 2009 年 2 月にかけて「自叙伝：長い人生と宇宙研究の回顧」を執筆されて，そのコピーを門下生を中心とした関係者に配布されました．

この「自叙伝」を公刊のかたちにして後世に残るようにするのが本書を編纂・発行する大きな動機です．本書では，この簡潔に語られている先生の「自叙伝」を第 I 部に掲載し，それを補足する史料・資料を第 II 部から第 V 部に掲載することとしました．その趣旨から第 II, III, IV 部の各文章のタイトルには発行年を付してあります．第 V 部は追悼に伴うものであります．2010 年 5 月 16 日の「偲ぶ会」には二百数十名の関係者が参加しました．なお「自叙伝」にも記されていますが「配布された自叙伝」には約二百枚の写真を集録した別冊が添付されていました．本書の「自叙伝」にはこの「写真付録」は掲載していませんが，写真の一部は「自叙伝」文章のなかに挿入しています．

最近のインターネットの普及で，英文の研究論文へのアクセスは容易になり，また散逸の恐れもなくなりました．しかし，和文の関係文書等の場合は，いまだアクセスは難しく，また長期には散逸の恐れもあります．そうした視点から，本書には和文の関係文書を収録することとし，先生の本領である英文の研究論文は収録しなかった．

1961 年のハヤシ・フェーズ理論の発表で，世界の宇宙物理学界で確固たる地位を築くまでの林先生の研究遍歴は，戦争への徴兵，敗戦に伴う混乱，湯川ノーベル賞と素粒子論ブーム，原子力ブームなどの激動を乗り切って進む，屈折したものであったと言えます．

戦前の東京大学大学物理学科の学部学生のときに，落合麒一郎教授のもとで南部陽一郎氏らと一緒に原子核物理を勉強してガモフの論文に触れたのが，天体核物理との出会いでした．徴兵期を経て戦後は京都大学の湯川秀樹教授の研究室に移り，天体物理を独力で研究を始めましたが，その後一時期は湯川研究室のテー

マである素粒子論の研究に移り，博士論文「非局所場理論のハミルトン形式」はその時期のものです．しかし原子力ブームの中で新設された講座「核エネルギー学」の教授に 1957 年に就任されると，講座発足の際には，天体での核現象と地上の核融合を二本柱にしてスタッフや院生を配置するとともに，日本の核融合研究の黎明期にも参画されました．その後 1961 年に発表した恒星構造論，すなわち上記のハヤシ・フェーズ理論によりハヤシの名が国際学界で一気に高まったのを機に，研究室は「天体核 (Nuclear Astrophysics)」に一本化されたのです．

　編者は天体核研究室の院生 (1960–64 年)，助手・講師 (1964–70 年)，さらに基礎物理学研究所の助教授・教授 (1971–1985 年)，天体核研究室の二代目教授 (1985–2001 年) としてずーっと先生の傍におりましたが，直接ご一緒に研究することはありませんでした．ブラックホールやビッグバンにいった連中が世界の流行にのって派手にやっていることをどう思っておられたについてはいろんな局面がありました．もともと先生は原子核・素粒子や一般相対論の物理学で宇宙に切り込むスタンスであったのですが，1961 年のハヤシ・フェーズはテーマ的にはそれと逆方向のものでありました．このままならぬ事態を定めと覚悟して，流行分野の熱気をしり目に，先生は自分が撃ち込んだくさびをそのまま力技で押し込み，惑星科学へのトンネルを開通させたと言えるのかも知れません．

2014 年 3 月

編者　佐藤文隆

目　次

はしがき　　　　　　　　　　　　　　　　　　　　　　　　　　　　　　　i

I　林 忠四郎の自叙伝　長い人生と宇宙研究の回顧

§1.　はじめに　　　　　　　　　　　　　　　　　　　　　　　　　　　3
§2.　幼少の時代（1920〜1926）　　　　　　　　　　　　　　　　　　　4
§3.　小学生の時代（1927〜1933）　　　　　　　　　　　　　　　　　　6
§4.　中学生の時代（1933〜1937）　　　　　　　　　　　　　　　　　　10
§5.　三高生の時代（1937〜1940）　　　　　　　　　　　　　　　　　　13
§6.　東大生の時代（1940〜1942）　　　　　　　　　　　　　　　　　　22
§7.　海軍技術士官（1942〜1945）　　　　　　　　　　　　　　　　　　26
§8.　湯川研究室（副手，助手）（1946〜1949）　　　　　　　　　　　　30
§9.　大阪府立大学助教授（1949〜1954）　　　　　　　　　　　　　　　34
§10.　京都大学物理学教室助教授（1954〜1957）　　　　　　　　　　　　38
§11.　京大原子核理学教室教授 I（1957〜1959）　　　　　　　　　　　　43
§12.　NASAへの出張（1959〜1960）　　　　　　　　　　　　　　　　　47
§13.　京大原子核理学教室教授 II（1960〜1964）　　　　　　　　　　　　50
§14.　京大物理学第二教室教授 I（1964〜1970）　　　　　　　　　　　　56
§15.　京大物理学第二教室教授 II（1970〜1975）　　　　　　　　　　　　62
§16.　京大物理学第二教室教授 III（1975〜1980）　　　　　　　　　　　　67
§17.　京大物理学第二教室教授 IV（1980〜1984）　　　　　　　　　　　　75
§18.　定年退職後 I（1984〜1990）　　　　　　　　　　　　　　　　　　81
§19.　定年退職後 II（1990〜2000）　　　　　　　　　　　　　　　　　88
§20.　定年退職後 III（2000〜）　　　　　　　　　　　　　　　　　　　94
§21.　おわりに　　　　　　　　　　　　　　　　　　　　　　　　　　　105
自叙伝付録　　　　　　　　　　　　　　　　　　　　　　　　　　　　　108

II 林先生による解説など

1. 星と原子核 (1949 年) ... 125
2. 星のエネルギー (1949 年) ... 161
3. 元素の起源 (1952 年) ... 167
4. 元素の起源 (1957 年) ... 175
5. 星の進化と元素の起源 (1963 年) ... 189
6. 元素の起源 (1966 年) ... 201
7. 最近の宇宙論 (1966 年) ... 217
8. 太陽の進化 (1967 年) ... 229
9. 星の進化 (1968 年) ... 241
10. 核反応と恒星の進化に関する研究 (1971 年) ... 249
11. 太陽系形成の理論 (1972 年) ... 255
12. 宇宙における物質 —— 物質の存在形態の概観 (1975 年) ... 261
13. 太陽系の起源 —— ガスと粒子の系の非可逆過程 (1977 年) ... 273
14. 湯川博士の思い出 (1981 年) ... 287
15. 宇宙の進化 —— むすびにかえて (1983 年) ... 291
16. 星と銀河の形成 —— 宇宙の Over-all Evolution と Non-Spherical Objects の形成・進化 (1984 年) ... 299

III 林先生の対談，講演記録，インタビューなど

1. 座談会　統一的自然像とは何か (1970 年) ... 321
2. 星の進化をめぐる研究遍歴 —— 林忠四郎教授，大いに語る (1980 年) ... 339
3. 私と宇宙物理学 —— 研究の動機，方法，輪郭 (1995 年) ... 359
4. 宇宙物理学事始 (2005 年) ... 371
5. 林忠四郎先生インタビュー (I) (2008 年) ... 385
6. 林忠四郎先生インタビュー (II) (2008 年) ... 395
7. 林忠四郎氏インタビュー記録 (2008 年) ... 411

IV 語られた林先生

1. 自然の進化と学問の進化 (1968 年)　早川幸男　　　　　　　　455
2. 星の進化 (1970 年)　蓬茨霊運　　　　　　　　　　　　　　465
3. 宇宙におけるヘリウム形成 (1970 年)　佐藤文隆　　　　　　473
4. 林さんの横顔 (1970 年)　早川幸男　　　　　　　　　　　　483
5. 林忠四郎先生の研究 (1983 年)　杉本大一郎, 佐藤文隆, 中野武宣　487
6. 退官記念会記録 (1985 年) 林先生の業績について　長谷川博一など　493
7. 林先生と恒星進化論 (1987 年)　杉本大一郎　　　　　　　　501
8. 林忠四郎先生と星の誕生の研究 (1987 年)　中野武宣　　　　509
9. 簡単な星の話 ── 林先生との研究 (1987 年)　佐藤文隆　　　515
10. 天体物理理論 ── 京大天体核研究室の足跡から (1996 年)　佐藤文隆　521
11. 林研究室の気風と宇宙物理学 (2005 年)　佐々木節　　　　　535
12. 共同利用研の発明と宇宙物理, プラズマの揺籃期 (2006 年)　佐藤文隆　543
13. Biography of Professor Hayashi (2012 年)　Humitaka SATO　555

V 追悼の林先生

1. 『日本物理学会誌』追悼記事　林忠四郎先生を偲んで　佐藤文隆　565
2. 『天文月報』林忠四郎先生追悼特集　　　　　　　　　　　　567
　　　　林先生のご経歴と研究・教育スタイル　松田卓也　　　567
　　　　林忠四郎先生と星の進化論　杉本大一郎　　　　　　　569
　　　　1950 年 p/n 論文　佐藤文隆　　　　　　　　　　　　570
　　　　ハヤシフェイズと林忠四郎先生の思い出　中野武宣　　571
　　　　林先生とニュートリノ宇宙物理学　伊藤直紀　　　　　572
　　　　林先生について　原哲也　　　　　　　　　　　　　　573
　　　　全てにオーバーオールな研究スタイル　観山正見　　　574
　　　　遠望 ── 1 孫弟子から見た林先生　梅林豊治　　　　　576
　　　　林先生を偲ぶ　小鳥康史　　　　　　　　　　　　　　577
3. 『日本物理学会誌』小特集：林忠四郎先生追悼　　　　　　　579

　　　　はじめに　佐藤文隆　　　　　　　　　　　　　　　579
　　　　星の進化論と林忠四郎先生　杉本大一郎　　　　　581
　　　　林フェイズと星形成の研究と林忠四郎先生　中野武宣　589
　　　　太陽系形成「京都モデル」の意義　中川義次　　　597
　　　　素粒子的宇宙物理学・宇宙論の創始　佐藤勝彦　　605
　　　　林先生と天体核4人組
　　　　　中村卓史・前田恵一・観山正見・佐々木節　　　612
4.　『日本惑星科学会誌』特集
　　　　林太陽系の日々：研究室での林先生　中澤清　　　621
5.　林先生追悼文集　　　　　　　　　　　　　　　　　　631
6.　追悼関係資料　　　　　　　　　　　　　　　　　　　771

あとがき　　　　　　　　　　　　　　　　　　　　　　　781

I

林 忠四郎の自叙伝
長い人生と宇宙研究の回顧

§1. はじめに

●生家と父 誠次郎（1878～1937）

林忠四郎は，1920年7月25日，京都市北区（当時は上京区）紫竹西南町17番地において，質商を営む（大宮信用組合に兼務した）林誠次郎とムメ（雲ヶ畑の鴨井家の出身）の四男として出生した。当時，林家の母屋には父母，叔母のフサ，18歳年上の兄の重一，13歳年上の姉の千代との計六人が暮らし，隠居所には祖父の信三郎の弟である林寛次郎が一人で居住していた（林家の家系図参照）。また，

忠四郎の生家（1807に建築），京都市北区紫竹西南町17，私は1920に生まれて31年間住む，2007に重要文化財に指定される

9歳年上の兄（次男）の孝之助は，大黒屋という繁盛した呉服店を営む，叔父の信次郎の養子になって，出町（河原町今出川）で暮らしていた。林家と両隣の荒木（農家）・樋口（機織業）・米田（薪炭業）の三家とは隣組をつくり，交代で毎年一度の新年の宴席と愛宕山参詣などを持ち回りで行なっていた。

林家は，もともと上賀茂神社，続いて紫野大徳寺の大工の棟梁であって，大徳寺の多くの建物に林重右衛門の銘が残されている（大徳寺の銘の項参照）。先祖は正大工河内守藤原宗久と称し，もともと西加茂の林村に居住していたが，300年ほど前に現在の紫竹西南町の地（当時は大宮郷大徳寺新門前と称した）に移った。現在の家は200年前の1807年（江戸時代の文化4年）に建て替えられたものである。明治維新の後，廃藩のために檀家の大名を失った大徳寺は経済力がなくなり，林家は大工を止めざるを得なくなった。したがって祖父の信三郎は御所の御陵係りを勤めていたが，父の誠次郎が幼少の11歳のときに死亡した。このため，父は丁稚奉公をして質商の道を歩むことになった。父は大宮信用組合に兼務し，また，紫竹以北の地の区画整理を手伝うなど公共事業の遂行に努力した。父は1937年5月に脳卒中で死亡し（58歳），以後，忠四郎は経済的庇護を長兄の重一から受けることになった。

● 兄 重一（1902〜1987）

　重一は，小学校卒業後，父の職業を引き継ぎ，多数の文芸や啓蒙の書を読んで勉強した。千花と号して俳句を嗜み，18歳から14年間に雑誌の倦鳥・漁火や週間朝日などに入選した約千の句を集めて，句集「遅日」を自費出版した。戦時中は召集を受けて，韓国の済州島に駐留した。終戦後しばらくして質商を止め，松ヶ崎の農業協同組合に勤務して，1987年2月に満84歳で病没した。重一・フミ夫妻の子供には，忠四郎より9歳下の清子（郵政省勤務の荒木正太郎氏と結婚），8歳下の忠夫（京都工業繊維大学卒，2000年7月没）と13歳下の絢子（医師の矢野正夫氏と結婚）がいて，忠四郎が結婚するまでは，一緒に西南町の家で仲良く暮らした。

● 養父 寛次郎（〜1927）

　1921年7月満一歳の忠四郎は，実家に隠居していた，祖父の弟の林寛次郎の養子となったが，1927年12月に寛次郎は死亡し，兄の重一が忠四郎の家督相続の後見人となった。1940年7月に，忠四郎は成年に達して後見は終了した。ところで，隠居前の寛次郎は鉄道省の技手をしていて，当時の儀式用の短剣が形見として残っている。その死後，忠四郎は恩給を継続して受け取ることができて，これが大学まで進学する学費の大きな足しとなったが，これは経済的な苦労をした父の，養子という配慮のお蔭である。寛次郎は生前，「七面鳥の飼い方」という本を出版したが，これは経験無しでの執筆ということであった。

§2. 幼少の時代（1920〜1926）

● 今宮神社の祭り

　記憶に残っていることは多くない。さて，氏神の今宮神社には，大己貴命（＝大国主命）と，その子の事代主命，さらには，須佐之男命と奇稲田姫命が祭られていて，1000年以上の歴史を持つ。この祭礼には，4月10日（現在は四月の第二週の日曜日）の「やすらい祭」と，5月5日と15日の，西陣地区を含んだ広域を神輿が巡行する「今宮祭り」がある。神社の入り口の両側には，名物の串団子の「あぶり餅」を売っている店が二軒あって，よく買いに行ったものである。子供の買い手には，おまけを付けてくれた。

「やすらい祭り」は，平安中期に疫病退散のために始まった．これは，各二匹の赤鬼・黒鬼・子鬼と，直径 2 メートルの花傘，笛・太鼓を持った多数の囃し手からなる氏子の集団が，「やすらい花や」と囃して踊りながら行進した．花笠の中に入ると，疫病にかからないとのことであった．この集団は，雲林院・上野・川上・上賀茂の各地区から来る四集団があった．ところで，やすらい祭では，私の自宅の正面で鬼が踊るのが古いしきたりであった．この日は，麸屋町通り丸太町下るに在る，豊田家の従弟悟平君と従姉妹たちが遊びに来ていて，非常に賑やかであった．

「今宮祭り」の五月の巡幸の 10 日の間，三つの神輿は紫野雲林院町のお旅所に安置されて，ここでは多くの屋台の開店やサーカスの興行などもあって，大いに賑わっていた．3 歳の頃と思うが，姉千代に連れられてお旅所を見物に行った事をおぼろげに覚えている（私は"お旅"を"お足袋"と間違えていた）．この頃また，玄関の階上の病床にあった叔母フサにその目を布でふさぐような悪戯をしてフサに大声で叱られたことも覚えている．また，父を見習って酒を飲んだが，代わりに酢をあてがわれて，以後は飲まなくなった．

私の家は，旧大宮通りから今宮神社への正規の参道の入り口近くの，今宮通りに面していて，この入り口には大きな鳥居と二つの燈篭が建っていた．高校生の頃には，区画整理によって，今宮通りは拡張され，鳥居と燈篭は撤去されて，桜の生えた自宅の外庭は消滅した．子供のときは，燈篭の周りを回ってよく遊んだものである．またその近くには，神輿の巡幸の前のある期間は，神輿の長い担ぎ棒が置かれていて，子供が乗るのに良い遊び場でもあった．

●姉 千代 (1907〜2007)

府立第二女学校の生徒であった，姉の千代からは種々の教育を受け，ローマ字なども習い，また種々の児童文学書を読んでもらった．小学校に入学するにあたって，千代の薦めで京都市師範学校の付属小学校を受験したが，見事に落第した．試験が競争過程であるという意識が全然無かったので，易しい質問に対して私が適格な答えをしなかったためであろう．一生を通じて試験を何回も受けたが，落第したのは幸いこのとき限りであった．さて，姉は 1927 年に，東京大森で食料店を営む吉原七郎氏と結婚して，二女・一男をもうけた．終戦後は，板橋区小豆沢に居住し，私は東京出張の際は何時もここに泊めてもらった．姉は 100 歳の

長寿を全うして，2007年8月に逝去した。

§3. 小学生の時代（1927〜1933）

●姉と兄の結婚

昭和2年（1927年）4月，徒歩で約10分の近くにある，京都市立待鳳尋常高等小学校に入学した。一学年は5組からなっていて，私の組の担任は上賀茂神社の社家の中大路先生であった。1年生のときに，姉の千代は東京大森の吉原七郎氏と結婚した。続いて兄の重一は，山科厨子奥の旧家の四手井源一氏の姉のフミさんと結婚した。二つの結婚式はともに岡崎の平安神宮で行われ，最年少の私も出席した。さて母ムメは，出町で呉服店を営んでいた林信次郎夫妻が病没したので，その養子である兄孝之助の後見のために家を空けることになり，その後，忠四郎は兄嫁のフミさんから衣食住万端の親代わりの世話を受けるようになった。さて母が移ってから，私は出町の店によく遊びに行って，近くの料理店から配達される，当時は珍しい西洋料理を食べたものである。ちなみに，家での最大のご馳走は，月にほぼ一度の牛肉のすき焼きであった。

1927　待鳳小学校一年生

1928　一学年終了時の成績，以後好成績で6年間級長を続ける

●近所の友人

西隣りの樋口家では，寡婦の方が西陣織の仕事をしておられた。私は良く遊び

に伺っておやつを頂いたが，そのときなぜか逃げて家に帰ると，おやつを持って追ってこられた。その息子の庄一さんは3歳年上で，近所の子供達のリーダーであった。私にはいつも好意的であったが，たまに私が反抗すると，しばらくは仲間はずれにされた。庄一さんは京都市立第二工業学校に入学して，技術者の道を歩まれた。また，近所の少し年下の農家の荒川茂一郎君は，頭が少し弱い人であったが，一緒によく遠出をしたものであった。

● 地蔵盆

さて，家の北隣には，江戸時代から続いているものと思われる，「洛保」と称する寄合所があって，地蔵盆のときは，多数の子供が集まって，お供物を頂いた。ここは，もともと紫竹村の人々の戸籍の記録と保管の場所であったらしい。これに反して，林家の菩提寺の方は，人々の逝去の月日を記録していただけである。また，樋口家の前には，お地蔵さんが祭ってあって，ここでは隣組四家の自蔵盆が毎年開かれた。これらの自蔵盆には，中学生になると行かなくなった。

● 将来の志望

3年生のときに，革新的な若い先生が担任となり，遠足の途中で［将来何になりたいか］という質問を受けた。多少忸怩たるものがあったが，［陸軍大将になりたい］と答えると先生は笑っておられた。これは，講談社の雑誌「少年倶楽部」などの影響を強く受けていたためである。この雑誌には，佐藤紅緑著の「嗚呼玉杯に花受けて」（一高の校歌）という教育的な小説と共に，山中峰太郎著の「敵中横断三千里」のような満蒙や中国に関する軍事小説が数多く連載されていた。また，漫画は田河水泡の「のらくろ二等兵」が人気があった。このような雑誌が，満州事変の直前のわが国の子供の主な情報源であったのである。

● 放課後の遊び

1年生から5年生までは，担任の先生の指名によって，級長を務めていた。当時は宿題もほとんど無く，放課後は勉強することなしに，学校のグラウンドでサッカーの真似をし，または家の前の路上での野球や，今宮神社の北側のグラウンドで戦争ごっこをしていた。このグラウンドには，近くの鷹ヶ峰の部落の子供達も遊びに来ていたが，親からは部落との付き合いを禁止されていた。夏には，近く

の鴨川や堀川で水泳を楽しみ，また岡崎の武徳会踏水会の水泳の講習に参加したが，あるときは水を飲んで溺れそうになった経験がある。また，普段の学校からの帰途では，同級の美山祥三君や池田三郎君とよく一緒になり，私が擬人的な表現を用いて「このことは本から聴いた」と言うと，相手は「本がものを言うはずはない」というような，たわいない議論を交わしたこともあった。

●修学旅行

　修学旅行としては，宇治市寺田での芋ほりと，桃山御陵と乃木神社の参拝を覚えている。この芋ほりの記憶のもとに，終戦直後には田辺へ薩摩芋の買出しに出かけたのである。また，運動会では，脚が遅いので徒歩競争で入賞することはあまり無かったが，たまには入賞して年下の美しい女生徒の石黒さんから，入賞の旗印を受け取った思い出深い記憶がある。

●勉強の開始（1931）

　さて，5年生の終わり頃には，思春期が始まった。父に頼んで西の土蔵の庇の下に勉強部屋を作ってもらうとともに，私の思潮に大きな変化が現れた。一つは中学入学を目指した受験勉強を開始したことであった。もう一つは気性の変化で，放課後の掃除の時間に，些細なことから，もともと虫が好かなかった級友（近くに住む鈴木賢悦君）と喧嘩をして，そのオーバーコートを引き裂いた。これに対して，先生から直接の叱責は受けなかったが，6年生になると級長ははずされ，卒業式の総代にも選ばれない羽目になった。他方，誠文堂発行の雑誌「子供の科学」の影響のもとに，小遣いを貯めては模型飛行機の製作に熱中した。烏丸車庫の近くの大谷大学の広いグラウンドに脚を運んで，長距離低空の試験飛行を行った。中学に入ると，模型の対象は電気機関車に変化した。

　勉強部屋には壁一面に大きな書棚が設置されていて，これは兄の重一や孝之助が購入した非常に多数の本の置き場所となった。昭和初期は全国的な円本ブームの時代であって，岩波書店・平凡社・講談社などの多数の書店から，夏目漱石・正岡子規などの文学の全集や外国の小説の翻訳書，世界大思想全集・世界大百科事典などの教養書が多数出版されていた。小，中学生の頃は小説を読むにとどまっていたが，高校生の頃はすべての本に手を出した。自宅でこれらの本のすべてを自由に読むことができたことは，私の教養の基本的な形成と視野の拡大にとって

非常に恵まれたことであった．若いときは，読書力が強いので，手当たり次第に本を読んでみることも重要であると思う．

● 父と旅行 (1931)

5年生の夏には，父にせがんで，初めての旅行に連れてもらった．宮津の天橋立や福井県の若狭高浜などで名所旧跡の見物と海水浴を楽しんだ．父は，胃腸に悪いとのことで，海には入らなかった．ところで，この頃から，同級の女生徒の小夜子さんに対して淡い恋心を抱くようになったが，積極的に打ち明けることはできなかった．なにかの集合場所に居合わせたときに，その女生徒にせいぜい注視を続ける程度であった．

● 粘土細工

またこの頃，工作の授業で粘土細工をしていたとき，私は1932年の5.15事件（海軍軍人の首相官邸乱入）で亡くなった，犬養毅首相の顔面の像を作ったところ，担任の福田壹一先生から非常に良く似ていると褒められた．絵を描くことは苦手であったが，彫刻のほうは才能があったかもしれない．しかし，これ以後は粘土細工や彫刻の才能を試す機会は無かった．習字や絵画は，練習して上達しようという気は毛頭無かった．

● 勉強の成果 (1932)

さて，勉強部屋での受験勉強はかなりの成果をあげた．市内の学習塾で模擬試験を受けてみると，第一位になって，「舜何人也，余何人也」という銘の入った小さなメダルを貰った．これで自信を得て，入学が一番難しい，京都一中を受験することにした．また，この頃たまたま，氷がなぜ表面から張るかという疑問を抱き，二条室町の書店まで行って，中学生用の化学の参考書を買ってきて，水の密度は摂氏4度で最大になることを知り，このことを担任の福田先生に報告した．先生はこの密度最大のことを知られなかった．それで，自分には科学の才能があるかもしれないと初めて思った．

§4. 中学生の時代 (1933〜1937)

　昭和8年4月に京都府立京都第一中学校に入学した。一学年は250人（5組）からなり，田舎の地にある待鳳小学校から入学したのは，吉田潔君，加藤正二郎君と私の三人だけであった。入学試験と学業試験の成績が良かったせいか，四学年終了まで級長を務めることになった。担任は英語の内海幸悦先生で，私に対する信頼や嘱望は非常に厚かった。さて，学校は下鴨本通り北大路上るにあって，自宅から約35分かけて徒歩で通学したが，これは健康のために良かったものと思われる。さて，戦時色を反映して，制服は入学の一年前から草色の木綿に変わっていた。それまでは，冬は黒のラシャ，夏は霜降りの木綿であった。また，一中以外のすべての中学では，ゲートル（巻き脚絆）の着用が義務づけられていた。

1935　京都一中柔道部の全員，私の三年生の時，五年生の制服は黒色，四年生以下はカーキ色（戦時色）前列左から3人目は師範の中村治一郎先生，私は最後列右から3人目

●授業の状況

　授業であるが，教師の中には，品格の悪い人や強圧的な人もいた。前者の代表は数学の家村清一教師で，数式の中に 5k という文字が出てくると，「後家さん」

と言って笑った。男女差別をする下品な人であった。後者の代表は，国語の山本正一郎教師（あだ名はメンコ）で，文章の読解を指名されると，対応があまりに厳しいので怖かった。さて，多くの同級生は，自宅での国語の下調べのときに簡易な参考書（通称サボ）を使っていたが，私は専ら漢語辞典を使用した。また，数学や英語の教師の中にはその自宅で有料の授業をするという評判の人もいた。その他の大部分の先生方は，特に尊敬する程ではないが，普通の授業をされた。理想的には，教育者は範を垂れるような人が望ましいと思われる。しかし，上述の品格の無い教師は，私にとっては，反面教師の役目をしてくれたのであった。さて，正規の体育は苦手であって，鉄棒の尻上がりのためには今宮神社のグラウンドで練習し，また跳び箱では一度転倒したことがあった。

● 嫌がらせ

クラスの中には一年遅れで入学した者がかなり多数いたが，多分これらの人たちから，嫌がらせの行為をたびたび受けた。鞄の中の昼食の弁当が他人の弁当とすり替えられたり，鞄から英和辞書が抜き取られて捨てられたりした。この辞書は兄孝之助から譲られたもので，兄の住所が記載されていたので，結局は手元に戻ることになった。このとき父に質問されたが答えられなかった。然しながら，大多数の級友たちとの付き合いは良好であって，社会人になってからも交際を続けた人も多く，その数は20名以上にのぼる。とにかく，いじめ・いやがらせは，中学1，2年生の頃に多発するものであろう。

● 親しい友人

親しい級友の，仁科真清君と平井啓之君とは学校からの帰途が同じで，いろんなことをよく話しあった。仁科君とは，一度くだらないことから加茂川の土手で取っ組み合いをしたこともあった。平井君からは，手持ちの比較的高価な電気機関車の模型を頂いた。同氏は，後には東大教養学部の教授として，大学紛争のとき，良識派として活躍された。また，平生よく付き合っていた富樫重弘君と原田英二君（交野市私市の郵便局長を継ぐ）については，何かの学課試験のときに，私が意識的に答案を二人に見せるというカンニングを行った。すぐに先生に見つかったが，幸い事なきを得た。

須網哲夫君は，慶応大学理工学部の教授として活躍中の頃，私は慶応大学に招

かれて，太陽系起源について一般講演を行った。また，土屋準之君は大学卒業後，京阪電車桃山南口駅のすぐ近くで外科の医院を開業し，私は度々X線写真などの診療や診断書の作成をお願いした。1970年頃には，私の背骨が既に彎曲しているという注意を受けた。また，その息子の宣之さん（暢夫の同級生）には，妻嘉子が京都医療センターでいろいろとお世話になった。さて，柔道の練習の帰りには，師範付属小学校の近くに住む，温和な曽和宗雄君とよく同道した。同君は後に，農学部を卒業して堺市で養蜂・採密の業務にたずさわり，戦後には農学部にこられた際に，私の教室まで当時は貴重な蜂蜜を持って来て頂いた。

●柔道部員

入学の当初，加藤正二郎君の兄さんは5年生の柔道部員であって，私の柔道部への入部の手続きをしてくれた。兄嫁フミさんの弟の，四手井 博さんは3年上の部員であった。ここで，4年間柔道の練習ができたことは，成長時の体の鍛錬が十分にできたこと，また先輩や上級生・下級生との密接な付き合いができたことは幸いであった。この部活動の人間関係は，いじめ・いやがらせが全然ない非常に明朗なものであった。ところで，4年生のときに，中村治一郎先生の指導の下に，二週間の合宿の後に，岡崎の武徳殿での全国中学生大会に出場したが，1回戦で山口県の宇部中学と戦ってもろくも敗退した。

●室戸台風（1934）

さて，2年生（1934年）の9月21日には，習字の授業時間（午前2時間目）に，稀にみる大型の室戸台風に遭遇した。四年前に新築された，鉄筋コンクリート建ての丈夫な学校のガラス窓を通して，近くの洋館の民家の屋根全体が吹き飛ばされるのを目撃した。この日の朝の登校は大変であった。豪雨のために，普段の通学路は水浸しになっていて，難儀して別の経路を行かざるを得なかった。このとき，傘は用を成さず，また疎水は大きく増水していた。台風通過後の死者と行方不明者の計は3,000名にのぼるとのことであったが，幸い自宅の屋根などの損害は殆ど無かった。

●志望変更と学業成績

1，2年生の頃はまだ軍人志望であった。兄の重一に，陸軍幼年学校を志願し

ようかと相談したところ，4年生になってから陸軍士官学校を志願しても遅くはないと言われて，それに従った。ところが，3年生になると，人間の社会や歴史に関する知識が豊富になるとともに，私の性格を見通した兄孝之助のアドヴァイスもあって，学者か研究者の志望に変わり，そのための第三高等学校入学の受験勉強に専念するようになった。数学・英語・国語の受験用の参考書を用いた勉強は非常に成果が上がって，一中全体での模擬試験を受けたところ，5年生や浪人の人々を抜いて上位を占めることができた。また，3年生と4年生の学業の成績は，すべての科目が5段階のうちの最優秀であった。これは，苦手の音楽や体育などの科目が無くなっていたためと，数学を除いた筆記の科目は，試験前の約2週間の間，声を出しての集中的な暗記をした効果があったためである。二十歳以前の勉強では，棒暗記することも非常に重要であろう。

●兄 孝之助 (1911〜1939)

　さて，兄の孝之助は，当時しばしば紫竹の家に来て，父から紫竹以北の区画整理の進捗状況を聞いていた。土地を購入する計画があったのであろう。その時，父と私に対して，忠四郎の性格は人付き合いに向いてないから，商人は駄目で，将来は学者にでもなったほうが良いというアドバイスをしてくれた。これが大きい契機になって，私が研究者への道を歩むようになったといっても過言ではない。ところで，孝之助自身も，商業学校（京都二商）を卒業していたが，呉服屋の養子でなければ，学者になる道を進みたかったのであろう。兄は，大百科事典などの高級の図書を多数所有していた。私の英和や和英の辞典は彼から譲り受けたものであった。彼は，1937年の日中戦争の勃発とともに軍に輜重兵として徴集されて，残念ながら二年後には，妻のモトさんと遺児の宏一君を残して，中国で戦死した。私は，中国の兄に手紙を出さなかったことが悔やまれる。兄は，母への手紙に「これが忠さん流だ」と書いていたのだが。モトさんは雲が畑の波多野家の出身で，孝之助とは「またいとこ」の関係にある（付録参照）。

§5. 三高生の時代 (1937〜1940)

　昭和12年4月に，京都一中の4学年を終了して，旧制の第三高等学校に入学

した。一中の同期生は桑垣煥君，岡田寿太郎君と私の三人であった。一中としては64人（三高全体の約1/4）が合格した。文科と理科を合わせて，30人のクラスが8つあり，私は理科甲類のクラスを選んだ。その理由は，数学が得意であるので，将来は理工系の技術者か研究者になることを考えたためである。甲類は第一外国語が英語，乙類はドイツ語，丙類はフランス語であった。理科甲類は三クラスあり，私はその一組，すなわち理甲一に属した。理由は解らないが，竹中貞夫君と私が理甲一の組の総代になった。

●五月祭 (1937)

一年生の夏に日中戦争が始まったが，その前に行われた学園開放の五月祭は例年どおり盛大であった。前夜祭の祝宴では，篝火を囲んで，「紅燃もえる」などの寮歌の大合唱が行われた。当日のクラス対抗のデモ合戦で，我がクラスの連中は，自由主義・社会主義・資本主義などの種々の主義のスローガンを書いた旗を掲げてグラウンドを一周して，どの主義が勝つかという先頭争いを行った。また，寮では，各室毎に機知に富んだ公開の展示が行われた。

1937　三高五月祭でのクラス対抗のデモ行進で，我々理甲一は「人道主義」・「社会主義」などの数枚の旗を競いながら運動場を一周した．日中戦争の始まる2ヶ月前の頃で思想は比較的自由であった

●対一高戦

　また，私は夏の陸上・野球・庭球・ボートの対一高定期戦の応援合戦に参加し，東京遠征のときは，京都駅までの目抜き通りをデモ行進した。東京では，高等蚕糸学校の古い寮に泊まって，汚い隅田川の土手で競艇の応援をしたが，一高のボート部は歴史的にも圧倒的に強く，歯が立たなかった。遠征の帰りには，大森入新井の吉原家を訪れて姉の千代と再会し，ともに連れ立って日光東照宮や中禅寺湖を見物する機会を得た。

●伊豆旅行 (1938)

　これは多分二年生の終わりの春休みであったと思うが，三保の松原・修善寺・下田・伊豆大島・東京港のルートの一人旅行を試みた。まず，静岡県の清水の港から船で三保の松原に行き，富士山を眺めながら有名な羽衣の松を鑑賞した。この地の気候は極めて温暖で空気は澄み切っていて，ここは日本列島の最良地の一つであると思った。ついで，三島から伊豆箱根鉄道で修善寺に着いて近くの旧跡を見学，一泊した。ここから徒歩とバスを利用して，天城峠を越え，湯が野温泉に一泊したが，徒歩で疲れていたので，ここで出された饅頭の甘さは忘れられない。

　ついで，下田に着いて付近を見学し，船で伊豆大島に渡って元町の旅館に一泊した。翌日の朝は霧が濃く立ち込めていたが，下駄履きのままで，近くの三原山に登って，噴火口を覗きこんだが，噴火口の底は良く見えなかった。大島を一周した後，元町の港から船に乗って，夕方には東京港に着いた。この途中で，船上から日暮れ時の富士山を見たが，橙・黄・紫の雲が空全面に交差して美しく映えていた。それに感じ入って「黄と紫の戯れ」という題の詩を作ったが，この詩の記録は残念ながら紛失した。さて，以上の伊豆旅行を選んだのは，川端康成の小説「伊豆の踊り子」の影響であり，また三原山は当時有名な自殺の名所であったのである。

●三高柔道部

　私は入学と同時に，再び柔道部に入部して，全国の高等学校や高等専門学校に特有な寝技の練習に励むことになった。練習には京大に進んだ多数の先輩が参加していて，部活動の雰囲気は極めて紳士的であった。練習時には，近所の多くの

1937 三高柔道部一年生の全員，中央右は栗原民雄師範，左は吉川泰三部長（物理の教授），後列左より村田・山本・黒田・竹島・安村・吉永，前列左より井上・藤本・林・津田の諸君，於柔道場

ファンの人々が道場の窓から覗いておられた。一年生のとき，夏の高専（高等学校と高等専門学校）の全国大会の終了後，香川県西部の観音寺（巨大な銭型の史跡で有名）で，中学の道場を借りて二週間の合宿練習と海水浴を行った。宿は最初商人用のもので，食事はひどく粗末なものであったが，途中で普通の宿に変更された。私は，練習による擦り傷のために，海には殆ど入れなかった。合宿の終了後は同学年の井上義光君と二人で帰途につき，高松近郊の屋島などを見物した。屋島の台地の上からの瀬戸内海の眺望は絶景であった。高松から宇野行きの連絡船に乗った。これが契機となって，東大生のとき，法学部に入学していた井上君は最良の親友となった。同君は在学中に高等文官試験に合格し，大学卒業後は軍の予備学生として戦場に赴いた。終戦後は帰国して建設省に長い間勤務した。

　三高柔道部の対外試合の成績は，一般に，芳しくなかったが，私が三年生のときには，私が大将になって，成績はすこし良くなった。関大予科・浪速高校などとの，例年の対抗戦にはすべて勝つことができたが，最後の八高戦では，私は敵の副将の岡野永敏君には勝ったが，大将同士の戦いに惜しくも引き分けた。岡野君は八高の柔道師範の長男で，卒業後はたまたま私と同じ東大物理に入学した。彼は，私と違って，東大柔道部に入って練習を続け，東大卒業後には，惜しくも戦死された。

●読書と哲学

　さて，新しい高校生活はいろんな点で極めて自由であった。放課後は友人とともに，弊衣・破帽の姿で新京極や四条通を散策して，喫茶店やビアホールで談笑し，ときに映画を鑑賞し，17歳にして酒や煙草を嗜んだ。また，髪はずっと長髪で，下駄履きであり，冬はマントを纏っていた。他方，散策しないときは，もっぱら文学や哲学の読書に耽ることが多かった。今から顧みると，この頃の読書の量とスピードには驚異的なものがあった。顧みると，良くわからない箇所があっても読み飛ばすことができたのである。質より量を重んじる年齢でもあった。

1940　三高卒業時

　文学では，岩波文庫の多数の本（一例はスタンダールの「赤と黒」）や，ニーチェ全集，ドストイエフスキー全集などを非常に速く読むことができた。また，小説を読まないときは，なにか非常に物足りない感じがした。これらの小説を読むことによって，人生（人の性格や境遇などの時間変化）は極めて多種・多様・多彩なものであって，我々が種々の機会に人生進路を選択する際には，常にベストを尽くさねばならないという重要な教訓を得たのである。

　他方，哲学の勉強に入るきっかけとなったのは，たまたま自宅の大思想全集のうちの H. スペンサー (1820-1903) 著の「第一原理」を読んだときで，これは明治中期の社会科学の哲学であった。ついで評判の西田幾多郎 (1870-1945) の超越的（禅的）な思想の著書を，よく理解できないままに多数読み漁った。ここで特に強調したいことは，R. デカルト (1596-1650) の「方法序説」と，I. カント (1724-1803) の三部作「純粋理性批判」・「実践理性批判」・「判断力批判」を読み耽って，予想外の大きな収穫を得たことである。学問を進めるための方法論を説いた，デカルトの書は比較的容易に理解することができた。上のカントの三書，特にあとの二書は十分深く且正確に理解することは難しかった。しかし，「純粋理性批判」を読んで初めて，数学と自然科学の違いを明確に知ることができたのは，当時の私にとって大きな収穫であった。次に，これらの要点を述べる。

● 「デカルトの方法論」と「カントの認識論」の要点（1995年の京都賞受賞時の講演より抜粋）

　デカルトは，その著書「方法序説」（1637年）において，数々の有益なことを書いている。例えば，学問を進めるためには次の4つの方法を用いるだけでよいと言っている。〈その1は〉，内容は理性的に明瞭，明晰であること。〈その2は〉，必要なだけ小さい部分に分割すること。〈その3は〉，最も単純で認識しやすいものから始めて，複雑なものへ進むこと。〈その4は〉，見逃しがないように，一つ一つ数え上げて全体を見渡すことである。この方法論は，その後の私に大きな影響を与えた。

　また，カントは1797年に，数学と自然科学の違いについて，次のように述べている。「物理学では，多くの原理は，経験的な検証を経てはじめて，普遍的なものと見なす事ができる」。ところで，現在の自然科学の哲学の主流は，論理的実証主義の哲学であると言われますが，デカルトとカントはその先駆者であった。これらの哲学によると，正確な論理の展開と，実験や観測による厳密な検証の両方を兼ね備えることが科学の満たすべき条件である。このことは，私が後に，宇宙物理学を研究する際の指針となった

● 論理実証主義 (Logical Positivism)

　さらに，A.S.エディントン（1882-1944）の本「物理学の哲学」（1938）などを読むことによって，デカルトとカントを先駆者とする論理実証主義の哲学を身に着けることになり，これは，その後の私の宇宙物理学の研究の指針として大いに役立った。また，K.H.マルクス（1818-1883）の「資本論」を読んでは見たが，経済学の複雑な術語が多くて，話の道筋を理解しながら読み通すことはできなかった。当時高校生に人気があったマルクス理論は，その論理の進め方などから見て，実証性に欠けるのではないかという印象を持った。これに対して，田辺元（1885-1962）の「哲学と科学との間」（1937）などを読んで，量子論をはじめとする当時の物理学は，極めて実証的であると言われていることを知った。

● 授業科目

　高校の授業の科目で興味があったものは，英語・数学・力学などであった。英語では，栗原基教授のもとにカーライルの「衣装哲学」を一年間読んだが，難し

い語彙の羅列には驚いた。一頁の単語を英和辞書で引くのは大変なことであった。深瀬基寛教授の現代英語の授業は非常に身のためになった。私が指名されて答えた，T.S. エリオットの評論の文章の訳は，適確でないことを指摘して頂いたのである。また，滝川規一教授に習った，米国人 H. メルヴィル著の「モビー・ディック（白鯨）」（エイハブ船長との葛藤が主題）は名作とのことであるが，単語や文章はかなり難解で，このような英語もあるのかと思った。

　数学では，ノートを取るのに精一杯であったが，三次と四次の代数方程式の解法などに興味を持った。物理や化学の講義はさして面白くはなかったが，国井修二郎教授の力学演習では，出題された問題の大部分を解くことができて，物理に対する自信がかなり身についた。他方，戦時下の教練は必須科目であって，配属将校の指揮のもと，週一回は運動場での訓練，年に一回は野外演習があった。

● 志望大学

　三年生の後半になって，卒業後に進むべき大学の学科を選択せねばならなかった。私はまず，人類社会の発展に寄与するような研究者になるのがベストであると考えた。これは，実証的な社会科学を建設する道である。ところで，東大理学部には人類学科があった。柔道部の一年先輩の山村三治さんが東大理学部の化学科に在学しておられたので，手紙で人類学科の内容をお聞きしたところ，現在は人間の頭蓋骨の研究が主流であって，あまり薦められないとの返答であった。そこで，社会科学を研究するための前段階として，当時最も実証的な学問であるといわれていた物理学を第一候補，ついで人類学を第二候補にして，東大理学部を受験することにした。

　当時，高校から帝国大学への進学はほとんど無試験であって，試験があるのは，東大の理学部の物理・化学と医学部くらいのものであった。京大でなしに東大の物理を選んだのは，一つは京都から離れてみたいということであり，もう一つは試験のある学科は多分，教授陣の内容が優れているという予想があったためである。大学生の項で述べるように，実際はこの期待の通りであった。

● 日中戦争

　一年生の 8 月に日中戦争が始まり，最初，近衛内閣は不拡大方針であったが，軍部の圧力もあって戦線は急速に拡大した。やがて，蒋介石を相手にせずとの声

明がだされ，汪傀儡政権がつくられた。このような政府の方針には疑問を持たざるを得なかった。日中戦争の大きな原因の一つは，わが国の経済的侵略にあると，当時の私は見ていたのである。また，日独防共協定が結ばれて，ヒットラーの少年親衛隊の代表が日本各地を巡回することもあった。彼らは三高を訪問したが，我々は彼らに特別の親密さを感じることも無かった。また，三高時代は後の東大時代と違って，戦時中であっても，まだ食料やその他の生活物資の不足を感ずることは特に無かった。

● 趣味

三高の三年生の頃から大学生の時代にかけて，趣味としての古典音楽と碁にかなり打ち込んだ。音楽の図書や雑誌で，ベートーベン，モーツァルトなどの交響曲やシュウベルトの歌曲「冬の旅」などの楽譜の初歩を勉強し，短い曲を作曲して，勉強部屋のオルガン（姪たちが所有）で演奏したこともあった。また，碁については，雑誌でかなり勉強したが，早打ちのせいか，あまり強くはならなかった。大学時代には，気晴らしに井上義光君とよく碁を打ったものである。また，詩も作ってはみたが，長続きはしなかった。以上のような趣味は，青春時代には多くの人が経験するものであろう。

● 同窓会と親友

さて，三高の卒業時のコンパのとき，我々30名からなる，理甲一の同窓会の名称をどうするかが問題となった。私は候補として，「ほんまかい（？）」をもじった「奔馬会」があると思ったが，同じことを考えていた津田信二君（後に住友金属社長）が先に口に出して，この名に決定した。「奔馬会」の会合は長い間続いていたが，出席者が次第に減少し，残念ながら3年前の2004年頃に取り止めになった。さて，三高時代から長い付き合いをした親友としては，西朋太・福山豊・盛利貞の諸君などがあげられる。この三人はいずれも京都一中の先輩であった。

● 西 朋太君（1918〜2006）

西朋太君とは，毎年正月には，二人で四条界隈のレストランで食事をしたが，彼はアルコールに非常に弱くてすぐに寝込んでしまう癖があった。彼は京大工学部の工業化学科に進学して電気化学を専攻した。また，同期の海軍技術士官とし

て，彼は私と同じく横須賀海軍工廠に勤務し，彼の所属する電気工場は私の光学実験部のすぐ近くにあった。

終戦後彼は，工業化学の教室に戻って研究を続けた。1946年頃に，私は彼の研究室に遊びに行って，電極放電の際に，電極の腐食がどのように進行するかという彼の実験結果の話を聞いた。早速翌日に私は，電極の表面の小さい凹凸の形成がどのように進行するかという過程を定式化し，この式を解いて彼に見せた。実験結果と良くあうので，連名の日本語の論文を書いたが，どの雑誌に掲載されたかは定かでない。

その後，彼は米国のブルックヘーヴン研究所に出張し，わが国の核化学の分野の開拓者として活躍した。ともに助教授であった頃には，二人ともに京大原子炉設置準備委員会の下請けの委員になって，その設置場所に阿武山が候補に上がったときの議論の場などで，良く顔を合わせたものであった。さらに，1977年の京大評議会での竹本助手の分限処分問題のとき，西君は原子エネルギー研究所長として，理学部長の私と同じく評議員であって，大学外部で多数回，長時間にわたって開催された評議会の帰りはいつも西君の自家用車に乗せてもらった。西君は2006年2月10日に87歳で逝去された。

●福山 豊君 (1919〜1945)

次に，福山君は京大理学部の地球物理学科に進学して，気象学を専攻した。私は，大学が休暇のときはいつも京都に帰っていて，大徳寺電停の近くの彼の家に寄って，よく力学や量子論などの物理の話をし，また種々の海賊版の購入の世話をした。また，馬術部に所属していた彼の世話で，私は初めて馬に乗ってみたが，馬が歩くと体が揺れて，あまり気持ちの良いものでは無かった。

彼は私と同じく，海軍の技術士官になったが，その専門分野のために戦艦大和の気象長として海上の勤務をした。1945年4月7日の大和の最後の出撃に際して，彼は九州の西南の海上で戦死したが，その約一月前には，呉で盛利貞君に会い，また出張で横須賀に立ち寄って，海軍士官のクラブの水交社で私と会っている。このとき，彼は潔く戦死する覚悟をしているものと私は感じた。終戦直後に，彼の実家を訪れて焼香したが，このとき私はお悔やみと，当時我々が持っていた覚悟について申し上げた。

● 盛 利貞君 (1918〜2007)

　盛君の父君は京大医学部の眼科の教授であって，北大路新町にある洋式のお宅にはよく伺って，医学部のお話を聞いた。お宅には，当時としては珍しい電気冷蔵機が備えられていた。盛君は京大工学部の冶金学科に入学し，海軍技術士官を経て，教室に戻った。同君の新婚時代に，独身の私はどうしたことか頻繁に上記のお宅に伺って，新婚生活の邪魔をすることになった。困った同君は，私に結婚相手を紹介しようと言ってくれたが，当時無給の私は結婚できる状態にはなかった。結果として，私は訪問を止めてしまった。さて，1975 年の頃，私は京大工学部冶金の教授の彼を訪ねて，太陽系起源に関する不加逆的化学反応の実験可能性について，話合ったことがある。高温の炉による金属の工業的精製過程と似ていると思ったからである。彼は協力すると言ってくれたが，私の方の人手不足のために実行には至らなかった。残念ながら，2007 年 12 月 1 日に脳梗塞で逝去された。

§6. 東大生の時代 (1940〜1942)

● 二年半の下宿

　東京帝国大学理学部の，第一志望の物理学科に入学したが，3 年の在学期間は前期，中期，後期の三つに分かれていた。まず，前期の 4 月と 5 月は大田区大森，入新井の姉の家に居住した。ここには主人の七郎さん，姪の園子と尚子，甥の晋介がいた。ところで，母方の叔母のスエ・コルブは世田谷区の環境の良い，等々力渓谷の不動尊の近くの洋館に住んでいた。その夫のフリッツ・コルブさんが 5 月に亡くなり，6 月から 9 月までは，その等々力の家に下宿することになった。

　どちらも教室まで時間がかかることもあって，以後卒業するまでは文京区白山御殿町の大田氏（琵琶の教師）の家に下宿した。すぐ近くに東大理学部付属の植物園があって，徒歩での教室までの時間は 20 分の程度であった。夜の多くは，通学途中の指ヶ谷町の電停近くにある，一膳飯屋で粗末な食事をとった。たまに，白山上の食堂で肉丼や親子丼を食べるのが贅沢であった。朝と昼は，教室のすぐ近くの学生食堂で食事をした。

●前期の授業と余暇 (1940〜1941)

　講義は午前中に行われ，前期の必須科目は力学，物理数学などが主体であった。午後には演習と実験が行われた。演習は，力学と物理数学があり，今井功講師の力学演習では，はじめの数週間はヴェクトル解析の講義が行われた。どちらの演習も，提出された問題は非常に難しく，解ける人は殆ど無かった。

　前期の実験は，やすりのかけ方やねじり秤用の水晶糸の作り方など技術的なものが多かった。

　さて，授業の無い時間帯があったので，文学部の哲学概論や美学などの講義を聴きにいったが，その内容は期待したほど充実したものではなかった。また，昼食時には，法学部の同学会が主催する古典音楽のレコード鑑賞の会によく出席した。その他，暇なときは三四郎の池をよく散歩した。また，柔道部には入部することなく，法学部に入学していた同級の井上義光君と，本郷の近くの彼の下宿で碁をよく打った。ところで，教練は授業の必須科目で，理学部の全部の同級生が集まって，配属将校の軍人勅諭の朗読と講義を聞いた。また，年に一回，一週間程度の実習が千葉県習志野の練習場で行われた。

●岩波講座「物理学」

　入学の一年ほど前から岩波講座「物理学」の出版が始まり，その頒布は30回近くのシリーズにわたった。著者の多くが東大物理の教授・助教授・講師であったので，私の聴いた多くの講義内容の補足と確認に，この講座は非常に役立った。また，講座の内容自身も高水準であったので，外国語の原本を買って読むことなしに物理の十分な勉強ができた。山内恭彦先生の一般力学，小谷正雄先生の電磁気学，坂井卓三先生の統計力学，落合駿一郎先生の一般相対論などはその典型的なものであった。これらの書の内容は，高校生時代の物理の教科書とは全く違った学問的な雰囲気を持っていて，物理の正確な理解には極めて役立った。

●中期の授業 (1941)

　さて，中期になると，電磁気学・量子力学・相対論・統計力学を積極的に勉強して，その結果，現代物理の理論の魅力に取り付かれることになった。実験は助教授や助手が担当しておられたが，実験の目的や操作の説明が不十分のせいもあって，あまり魅力を感ずることは無かった。回折格子のX線写真を撮る実験

では，相棒の級友が欠席して，報告書を提出できなかったこともあり，また，電位差測定用のねじり秤を壊して，担当の嵯峨根助教授に謝りに行ったこともあった。ところで，授業の試験の成績は教室の事務室で聞けばわかるとのことであったが，どうしたことか，私は全然聞きに行くことは無かった。

● 後期の授業とゼミ (1942)

1941年12月に始まった後期では，理論を専攻して，落合麒一郎先生主催の原子核・素粒子の理論のゼミに参加することにした。我が級では，例年になく，理論（原子核と物性）の専攻者が多く，全体のほぼ1/3にのぼった。落合研のゼミは，南部陽一郎・井上健男・菅原仰・山内禎吉君の計5名が参加して，週に二回，「Review of Modern Physics」(1935, 1936)に載った，H. ベーテの長大な原子核物理学の総合論文を読むことから始まった。このうちの実験の部分は省略して，最後は，湯川先生たちの中間子理論の論文を読んだ。このとき身に着けた原子核・素粒子の知識が，私の後の研究に非常に役立つことになった。

落合先生は，多数の「Review of Modern Physics」を諸先生方から借りる手配をして下さった。長期にわたる借用は，その先生方に迷惑をかけるので，井上健男君は神田神保町の裏通りにある出版屋と復刻の交渉をして，これがうまく成功した。このとき，すでに太平洋戦争は始まっていて，これが外国の科学書の海賊

1942 落合麒一郎先生のゼミ（原子核・素粒子理論），左より井上健男・山内禎吉・菅原仰・南部陽一郎，写真は南部氏所蔵，井上氏はベーテの論文を翻刻し，これはわが国戦時中の海賊版出版の嚆矢となる

版がわが国で多数出版される嚆矢となったのである．私は，以来非常に多数の海賊版を購入して，これが戦後から現在に至る，長い期間の研究に大いに役立った．

●日米戦争と卒業 (1942)

1941年12月8日の日米開戦の大本営報道は晴天の霹靂であったが，どういうわけか，国民として身の引き締まる思いがした．当時は，ソ連に侵入したドイツ軍がまだ優勢の状態にあり，日独伊の三国同盟の軍事的優位さから観て，将来の敗戦の危惧を身近に感じていなかったことも，その理由の一つであったと思われる．また，真珠湾の成果も我々の眼を曇らせたのであろう．しかし実際には，我々国民のほぼ全員は，日米の資源保有量と工業生産力の大きな違いを知らなかったのである．翼賛会としての議会や検閲に縛られたマスコミは全く機能していなかった．ところで，当時の国民感情からして，私はラジオを買って，初期の戦果の報道に耳を傾けた．

さて，1941年のはじめの頃には，戦時の措置として，大学生の在学期間が短縮されることになり，一年上の級は三ヶ月，われわれの級は半年短縮された．このために，卒業に必要な上述のゼミと，教室全員出席のもとでの論文紹介は，忙しい状況のもとに行われた．私には，二篇の論文の紹介が割り当てられた．一つは，超新星起源に関する，G. ガモフとM. シェーンベルグの「ウルカ過程（ニュウトリノ対の放出, 1941）」の論文であって，引用されているA.S. エディントンの恒星の内部構造の本をこのときに初めて読むことになった．もう一つは，磁場の断熱消磁による超極低温の実現の論文であった（著者のオランダ人の名は忘れた）．上の「ウルカ（URUCA）」とは，当時ガモフが滞在していた，ブラジルの首都リオデジャネイロにある遊戯場の名前であると聞いている．

ゼミと論文紹介の成績の評価が良かったせいか，卒業に際して，落合ゼミでは南部君と私が教室に嘱託として残ることになった．他方，私は徴兵検査に合格していて，卒業と同時に軍隊（滋賀県八日市の飛行連隊）に入隊せねばならなかった．私は，この陸軍入隊の通知を受けた後，間もなく，海軍の短期現役技術士官を志願して，その試験を受けて合格した．口頭試問で尊敬する人の名前を聞かれ，戦死した兄孝之助の名をあげた事を覚えている．結局，1942年9月30日には，卒業と同時に，教室の嘱託は休職となって海軍に入ることになった．南部君は色弱のために不合格になったが，陸軍の技術士官の試験には合格した．

§7. 海軍技術士官 (1942〜1945)

● 中国青島での訓練 (1942)

大学の卒業式の翌日には，技術見習尉官としての，総勢7個中隊の約1,500名は東京の品川駅に集合し，訓練のために中国の青島に向かって出発した。このとき，姉の千代とその子供の見送りを受けた。青島は第一次世界大戦の終わりまでドイツの租借地であって，ここの兵舎で，1942年10月から12月までの3ヶ月間，海軍の常識一般，制度，規約，歴史などについての講義と，体育や軍事教練を受けた。訓練はかなり厳しく，銃を担いで30分間の駆け足をすることは，私の体にとって大変なことであった。

1943 海軍技術中尉に任官，於横須賀海軍工廠・光学実験部

私は第四中隊の第一小隊に属していて，一部屋に約20名が寝泊りしていた。小隊の編成は造船，造機，造兵の順で，私は造兵に属していた。日曜には外出が許され，正規の服装に短剣を吊って街を散策した。青島の冬は非常に寒く，戸外は零下30度になることもあった。これは私が経験した最低の気温である。さて，第四中隊長は，東大物理の四年先輩の入谷宰平技術大尉であった。同氏は，全員への訓示の際にニーチェの「人は心の中に夫々ポケットを持っているので，これをうまく利用すべきである」という旨の言葉を引用され，私は教養のある人だと思った。同氏は，戦後トヨタ自動車に勤務され，私が朝日賞を受けた時には，私のことを覚えておられていて，お祝いの手紙を頂いた。

● 呉海軍工廠 (1943)

翌年の昭和18年1月には青島から帰途につき，私は呉海軍工廠の光学部（部長は兵科の小野崎少佐）に配属され，技術中尉（従7位）に任命されて，呉工廠で3ヶ月間の工業技術の講習を受けた。住居は，呉市北部の狩留賀町所在の，呉工廠狩留賀寄宿舎であった。講習は，造船工場，造機工場，造兵工場に属する電気・機械・砲熕（大砲）・航海・光学などの各工場において，それぞれ1〜2週間の程度

行われ，16吋の大砲の中をくぐるような経験もした。これらの各工場の技術のレベルは非常に高く，大学の物理学科では学べなかった先進的な工学技術，例えばブロック・ゲージを用いた精密機器の厚さの測定など，を数多く習得することができた。この実験的知識は，後に大学で物理教室の教授になったときに非常に役立った。ところで，寄宿舎は玄米食であったので私は咀嚼・消化の不良を起こし，3月の終わりには体調を崩して肺結核症と診断され，休職となって，療養のために京都の自宅へ帰った。

● 横須賀工廠の光学実験部 (1943)

　近くの竹田医師の診察のもとでの，3ヶ月間の自宅療養の後に復職して，7月には，横須賀海軍工廠造兵部の光学実験部に配属された。ここでまた3ヶ月間の，光学兵器についての技術講習を，今度は私一人だけで受けた。これは，レンズの研磨の実習に始まり，光線の行路と収差の計算，双眼鏡などの製造・修理の過程，光学機器の精度の最終検査の方法などについて，幅広く勉強して専門知識を身につけた。この実習の報告書を作成して，私見を書き添えたが，土居技師のはからいで，この報告書は実験部の多くの人に回覧された。

　実験部は光学実験を主とする四つの科，光学兵器の製造修理の工場，艦船への装備作業班などからなり，実習の後，私は第三科に配属された。部のスタッフの高等官は計20余名の技師と技術士官（同期は浅見進一・鈴田望の両中尉）から成っていて，部長は兵科の少将，佐官クラスは土居・逸見両技師であった。技術士官には大学物理の出身者が比較的多かった。その他，20名程度の判任官の技手と，女子挺身隊員を含んだ100名程度の男女の工員が勤務していた。

● 光学実験部での勤務 (1943〜1945)

　ところで，私は横須賀在住の間，最初は，東大物理の一年先輩で，同じく光学実験部に勤める堀江弘中尉の，逗子市新宿のお宅に下宿した。ついで逗子の海軍士官宿舎に移り，最後は田浦町沼間の海軍工廠工員宿舎に舎監として寝泊りして，徒歩で実験部に通った。逗子からの通勤は，国鉄の横須賀線の二等車に乗って田浦の駅まで来て，我々高等官は埠頭から田浦湾上をモーターボートに乗って実験部に着いた。ところで，堀江中尉には，いろいろとご指導いただいたが，終戦後，同氏は岩波書店に就職され，1959年に私が「岩波物理学講座」の「核融合」を

執筆していた時に，わざわざ京都まで激励に来られてお世話になった。

　1943年9月には，光学実験部の第三科[研究部門]に配属された。ここには，東大物理の三名の先輩がおられ，また同期の東工大出身の浅見進一中尉が，研磨時間を短縮するための，レンズ成型の実験をしておられた。以後，同氏は私の良き相談相手であった。私は，まず水中写真の実験をすることになり，田浦湾の海水の透明度などを測定して，長距離の水中写真の撮影を試みたが，これは極めて困難な仕事であることを知った。ついで，双眼鏡の修理工場の主任になって，遠く東北や北海道の地から動員されてきた女学生達の人事管理の仕事にも携わった。この仕事の経験は，私が教授になってからの，教室や研究室の運営に役立った。

　また，大型の軍艦に装備されている，測距儀の安定自動制御の装置を，真空管を用いることなしに，多段階の機械的な接触によって作動させる方法を考案し，その実験を行って成功した。しかし，これをすぐに実用化する時間的余裕は無かった。さらには，兼務として，田浦町沼間の工具宿舎の舎監を約半年勤めた。舎監の仕事は宿舎の安寧維持であった。例えば，工具の出勤時には，門に立って見送り，また，朝鮮から来ていた工具達の中には賭博に耽る人があったが，これに注意するのが舎監の役目であった。ところで，舎監宿舎の寝具は衛生不良で，私は初めて虱にたかられる経験をした。さて，終戦後のある日，姉千代の夫の吉原七郎氏と長男の晋介君が舎監宿舎に見舞いに来てくれた。物資不足の折から，布団などをお土産に渡したこともあった。

　第三科には，1/1,000秒のシャッターが切れるドイツ製のライカなどの最新の写真機が備わっていて，私は写真の撮影・現像の技術を十分に習得することができた。また，上述の工場主任のときには，双眼鏡を製作している東京の中小企業の会社を訪れて，海軍への納入の催促や打ち合わせを度々行った。さて，当時のわが国の光学機器製造の技術は，陸海軍の工廠と大手メーカーの日本光学や東洋光学を中心にして，世界的にかなり高度のものがあった。戦後には，陸海軍の優秀な技術者が大手メーカーに就職し，これが光学機器の技術開発の原動力となって，写真機などが国産品の第一号として製造・輸出されることになった。このように，陸海軍の工廠の技術が戦後日本の工業・経済の発展に果たした役割は非常に大きいものと思われる。

● 敗戦の衝撃 (1945)

　1944年10月に，私は技術大尉（正7位）に昇進した。この当時は敗戦色が濃厚であり，私は技術科の軍人であっても，いざという本土決戦の時には，戦死しても悔いは無い，また神風が吹か無いことも無い，という心境になっていた。この心境を支えたものは，佐賀鍋島藩の「武士道とは死ぬことと見つけたり」という書物「葉隠」や，多くの禅の書物の読書であった。ところで，光学実験部の兵科の部長はよく，「暗闇を作り出す研究をすることが必要だ」と言っておられたが，これは兵科の士官の科学的知識の欠如，すなわち，海軍兵学校での科学教育の不十分さを物語るものであろうと思った。

　昭和20年に入って，私は工員数名を引き連れて，工廠の機材を姫路の工場に運搬する役目を命ぜられた。京都の実家に一泊して姫路へ行き，帰りには私だけ海軍舞鶴工廠に寄って，旧知の磯貝部員にお目にかかった。その後の，堀江弘部員の話によると，以上の出張は，私が生きているうちに家族に会う機会を作ってやるという光学実験部当局の好意ある配慮によるものであった。

　さて，同年になって，米軍のB29による都市爆撃は熾烈さを増したが，呉工廠とはちがって，横須賀工廠は二，三回の戦闘機による機銃掃射を受けただけであった。これは，横須賀を基地として温存するという，米軍の作戦によるものであろう。ところで，8月15日の終戦の後のある日，光学実験部では職員と女子工員合同の送別会が開かれた。その席上で私は，「今後はいつか神風が吹くであろう」という，自分でも訳の解らない発言をした。本土決戦無しに突然の終戦という，予想に反した状況変化で，精神的にまいっていたのであろう。またこのために，工員宿舎の舎監としての，朝鮮出身の工員の帰郷を故国まで引率する役目は果たせなかった。私の代わりに，光学実験部の先輩の土居技師がその役目を引き受けて下さった。

● 帰郷 (1945)

　終戦の約一月の後に復員し，京都の実家に戻って，戦争からの精神面の回復をはかった。兄嫁のフミさんが苦心して栽培していた薩摩芋が盗難に会うこともあって，私は奈良電車で田辺に行き，初めて食料の買出しの経験をした。農家から手に持てるだけの薩摩芋10キロを買って持ち帰った。私がこの農家の人に信用されたせいか，後に，兄嫁は同じ農家に買出しにいって，私が会ったこともな

い，その家の娘と私との間の結婚話が持ちかけられたこともあった．

● 東大物理嘱託に復帰 (1945)

　12月頃になって，心がやっと落ち着き，東大物理教室の嘱託に復帰して，月85円の給与を貰うようになった．住居は，日本無線の会社の社員用アパートが物理教室に提供されているのを利用した．これは三鷹市下連雀にあって，国鉄の吉祥寺駅から15分程度の環境の良い場所にあった．南部陽一郎君も陸軍の技術士官から復員してここに住んでいた．通勤時の国鉄中央線の電車の中の，御茶ノ水駅での混雑はひどいもので，乗客をかき分けて下車するのに苦労した．
　ところで，昭和21年の2月頃にアパートの管理人から立ち退きを申し渡された．当時の東京で住居を見つけることは至難のことであったので，実家のある京都の大学の湯川研究室に移ることを考えた．早速，落合先生に相談したところ，「近々湯川先生に会う予定があるから，その時に聞いてあげる」とのことで，結局京大へ転勤できることになった．他方，南部君は研究室に寝泊りするほかは無かった．

§8. 湯川研究室（副手，助手）(1946～1949)

● 湯川先生との初会 (1946)

　昭和21年5月，京都に転勤して，湯川秀樹先生に初めてお会いしたとき，先生は「物理教室は部屋が満員なので，私が教授を兼任している宇宙物理教室の部屋を使い，ついでに天体核現象の研究をしたらどうですか」とおっしゃった．私はもともと素粒子・原子核の研究をするつもりだったが，同時に天体の研究をすることも面白いと思って，先生の言葉に従った．大学時代にG.ガモフの「ウルカ過程」の論文を読んでいたのが助けになったのである．私は，天体の観測はしない代わりに，物理と天体物理の両方の「理論分野」を幅広く勉強するつもりであった．後には，夜寝る前に「フィジカル・レヴィユ」を枕元に置いたが，あまり長続きはしなかった．
　さて，東大では嘱託として月給85円を貰っていたが，京大では無給の副手であった．時たま湯川先生から小づかいを頂いたが，これは本などに執筆した際の

謝礼であった。しかし，一年半の後には，大学が無給の研究者を抱えていることは良くないという，マッカーサーの米軍司令部からの政府への訓令によって，私はやっと月給420円を貰うことになった。これが通称「ポツダム助手」である。これで，やっと兄に生活費を差し出すことができるようにになった。さて，上記一年半の間の月給額の大きな変化は，終戦後のインフレの激しさを物語っている。

●天体物理の勉強開始 (1946)

　入居した宇宙物理教室の部屋は，湯川先生の前任者であった荒木俊馬先生が使っておられたもので，十分に広く，かつこれから勉強しようとする天体核現象の多くの論文が載った「フィジカル・レビュウ」のほかに，天体物理の多くの雑誌が備えられていた。特に，1938年と1939年の「フィジカル・レビュウ」には，H.A.ベーテやJ.R.オッペンハイマーたちの重要な論文が数多く掲載されていた。また，隣の部屋におられた宮本正太郎助教授からは，天体物理の常識や，星の構造の数値計算には四次のルンゲ・クッタの方法が最良であることなど，いろんなことを教わった。

　そこでまず，湯川先生から頂いた1939年のソルベイ会議用にC.F.v.ワイゼッカーが書いた天体核現象の論文から勉強を始めた。ついで，湯川先生の部屋から借りてきたS.チャンドラセカールの「恒星の構造への序論」(1939)の本をほぼ1週間で，メモを取りながら，読破した。この本は，内容が論理的に整然としていて，また数式が適宜に使われていて，私には極めて読みやすかった。

　次に，A.S.エディントンの本「恒星の内部構造」(1926)に移ったが，今度は読み終わるまでに約1月を要した。この本は不明瞭な点が多く，何を言おうとしているかを理解するのに時間がかかったのである。さらに，英国のマンスリー・ノーティスなどに掲載されていた，E.A.ミルン，B.ストレームグレン，T.G.カウリングたちの星の構造に関する数多くの最新の論文を読んだ。これらの天体物理の新しい知識と大学で学んだ原子核・素粒子の知識を基にして，約1年後には研究が始められる状態になった。

　毎週の土曜日の午後には湯川先生主催のゼミが研究室の廊下で開かれ，最近の素粒子論を勉強することができた。神戸や大阪などから，先生の阪大時代の門下生であった谷川安孝氏・内山龍雄氏・中村誠太郎氏らも出席して，湯川先生を中心とした活発な質疑応答が行われた。1957年に私が教授になったときは，この

経験を生かして，土曜日の午後に研究室ゼミを開くことにした．

● 「赤色巨星の内部構造」の研究 (1947)

　戦後数年間は，大学で学術雑誌を直接見ることはできなかった．しかし，進駐軍の政策で，京都では大丸の横隣にアメリカ文化センターが設立されて，最新の学術雑誌が読めるようになった．ここで，「ヒィジカル・レビュウ」(1945) の中に，G. ガモフと G. ケラーの「星の殻状源泉模型」という論文を見付けた．星の中心領域で水素がヘリウムに変わって，薄い殻状領域で水素燃焼が起こると，星は赤色巨星に膨れ上がるという論文である．星が平衡状態にあるためには，この水素燃焼の殻の内側と外側の，密度や圧力などの分布とその微係数が連続していなければならないが，彼らの用いた殻の内部の等温領域の解が数値的に間違っていることに気がついた．

　この内部領域で電子は，中心近くでは強く縮退し，殻の近くでは非縮退の状態にある．そこで，私はこの縮退を考慮した構造の計算を正確に行って，赤色巨星である，カペラと御者座のゼータ星の半径が，実際に殻状源泉模型で説明できることを証明した．この論文は，湯川先生の推薦もあって，一年前の 1946 年に京大で発刊された，英文雑誌「理論物理の進歩（プログレス）」の第 2 巻 (1947) に掲載された．また後には，その要旨を「ヒィジカル・レビュウ」(1949) にレターとして発表した．そのドルでの掲載料は，当時米国のコロンビア大学におられた湯川先生に立て替えて頂いた．

● 「宇宙初期の中性子・陽子の存在比」の研究 (1949〜1950)

　1948 年のヒィジカル・レビュウに，G. ガモフ (R.A. アルファー，H.A. ベーテと共著) はビッグバン理論 ($\alpha - \beta - \gamma$ 理論) を発表した．その主な目的は元素の起源であった．つまり，膨張宇宙初期の高温時の始原物質であった中性子が β 崩壊によって陽子に転化し，核反応によって次々と重い原子核が形成される過程を計算したのである．質量数が 100 以上の元素の存在量はほぼ一定である，という観測事実を説明するには，中性子の捕獲反応が必要なのである．私はこの論文を読んで二つの欠陥があることに気がついた．一つは，初期には中性子だけが存在するという仮定である．もう一つは，ベリリウム 8 という不安定な原子核が途中に存在するために，炭素以上の重元素ができないことである．後者の問題は

E. フェルミと A. ターケビイッチによって指摘され，その論文は「フィジカル・レビュウ」に掲載された．私は約半年の間，前者の問題の解決に集中した．

私は膨張宇宙の温度降下に際して，中性子・陽子・電子・陽電子・ニュウトリノ・反ニュウトリノの間の，フェルミの弱い相互作用が非平衡的に起こる場合（反応と逆反応が釣り合ってない場合）に，中性子と陽子の存在比が時間的にどのように変化するかを計算した．この変化は，相互作用の反応率を係数とする非線形の微分方程式で記述されるが，電子・陽電子・ニュウトリノ・反ニュウトリノの夫々の数は中性子・陽子の数に比べて圧倒的に多いので，結局は，線形の方程式に帰着する．温度の関数としての反応率を数値計算し，これをもちいて，中性子と陽子の存在比の時間変化の方程式を数値積分したのである．ところで，線形の方程式の解が比較的簡単な式で表わされることは，三高同級生の桑垣君の注意があって，このとき思い出すことができた．

さて，宇宙の温度が一億度の程度に下がると重陽子（存在量は小さい）を経由してヘリウムがつくられる．中性子の半減期の当時の観測値を用いると，最後に残った水素とヘリウムの重量比はほぼ 3 対 2 であって，これは当時の星の表面の観測値とほぼ一致した．正確な半減期の値を用いると，水素とヘリウムの重量比は 3 対 1 の程度で，星の観測値との一致はさらに良くなる．この論文は 1950 年の「プログレス」に掲載された．私はこの結果をガモフに手紙で詳しく報告した．当時コウネル大学に滞在しておられた菊池正士先生は，私の仕事を引用したガモフの講演を聞かれた由である．ずっと後の 1977 年に，S. ワインバーグが「最初の 3 分間（宇宙起源の現代観）」（邦訳あり）という本を書いたが，この中に私の仕事が引用されている．

●転職の契機（1948〜1949）

宇宙物理教室では，上司の宮本助教授（第一講座）と上田穣教授（第二講座）との間に，教室人事にかかわる軋轢が生じて，両講座のスタッフの交流は断絶状態になった．私は，上のお二人との交際を続けたが，これが宮本氏の気を害した．1948 年の頃には，湯川先生ご不在のせいもあって，宮本氏から，教室の事務官を介して，私に転職を迫られることになった．私は知り合いの先生方に就職のお願いを始めたが，幸いにも，私と同室していた，阪大産業科学研究所の助教授の白銀善作先生が，設立されたばかりの大阪府立大学（当時は浪速大学と呼称）工学

部の物理教室の教授に就任され，先生のお世話によって，1949年4月に私はその講座の助教授になることができた．助手には湯川研の藤原出君が就任した．白銀先生の厚いご配慮の下に，私は週の半分を浪速大への出勤と講義に，残りの半分を湯川研での素粒子論の研究に当てることができたのは実に幸いであった．

§9. 大阪府立大学助教授（1949〜1954）

●嘉子と結婚 (1951)

1948年頃には，姉フミさんのお世話のもとに，京都市立紫明小学校の教員であった平井嘉子と見合いをし，交際を続けて，1951年5月に結婚した．近くの北区紫竹下緑町86（現在は紫竹下芝本町に改称）に新居を構えて，翌年の3月には長男暢夫が誕生し，嘉子は退職した．暢夫は1歳のときには丸まると太って，京都市の健康優良児に選ばれた．結婚後，面倒な家事万端を嘉子に任せて，私は研究に専念できるようになった（林嘉子の伝記を参照）．

1952夏　広島県竹原市の広島大学・理論物理研究所で行われた，素粒子・原子核理論の研究会の出席者，私は後列左から4人目，多数の若手研究者が参加

●住居の変遷（1951～）

　上の新居は，知り合いの竹田医院の隠居所を借りたもので，かなり古い二階建ての建物であり，風呂は無かったが後に付け足した。庭には七面鳥が飼われていた。交通の便の非常に良い環境にあった。嘉子の実家（紫竹大門町）と忠四郎の実家（紫竹西南町）のほぼ中間に位置し，また堀川通りの市バスの停留場（上堀川車庫）にも極めて近く，京大や京都駅に行くに要する時間は30分の程度であった。大阪府大への通勤には，京都駅への急行バスを利用することができた。

　この家には6年ほど住んでいたが，竹田医師の奥さんから，「京大教授がこんなボロ家に住むのはおかしい」と立ち退きを迫られた。嘉子は家探しを始めたが，当時の経済力では，大学の近辺に家を見つけることは不可能であった。たまたま京阪電鉄が桃山与五郎町に集団住宅（京阪住宅）の造成をしていたので，抽選に応募して，1958年9月に，平屋建ての住居に入ることができた。家は25坪程度だが，敷地は80坪とかなり広く，京阪桃山南口の駅から徒歩で僅か5, 6分の場所にあった。

　この入居金を支払うためには方々に借金する必要があったが，幸い嘉子の父の平井善次氏や湯川記念財団から借りることができた。京大への通勤には一時間以上の時間を要したが，京大近辺とは違って温暖の地であるので，嘉子の健康（喘息）のためにはかえって良かったと思われる。また，平生の通勤には朝と夜の遅い時間帯を選んだので，電車では座って種々の考え事をすることができた。大きい時間の無駄は無かったのである。さて，玄関横の四畳半を書斎としたが，NASAからの帰国後，1962年8月には，防音壁と当時は珍しいクーラーを付けた，書斎を現位置に建て増すことができた。防音壁は隣の京阪バスの女子寮の騒音に対するものであった。以後，玄関横の四畳半は暢夫の勉強部屋となった。

　さて，1984年の退職に際しては，経済力もあったので，平屋を現在の大きな木造の二階建てに建て替えた。設計は暢夫の友人の西山厚之氏に依頼し，細部のほとんど全部について，嘉子が西山氏と詳しく協議した。私が注文を出したのは自分の書斎だけであった。さて，後の1995年1月17日には，阪神淡路大震災が発生し，死者6,400名，住宅全壊10万棟，損害10兆円をだしたが，鉄筋製の家屋には損害が無かった。これが分かっておれば，自宅の建て替は鉄筋にして置けばよかったのであるが，当時は木造の家の見映えの方を重視したのである。

● 「二体の束縛状態の相対論的積分方程式」の研究 (林・宗像, 1952)

1949年に大阪府立浪速大学に移ってからは, 天体核物理の研究を中断して, 念願の素粒子論の研究に専念した。まず湯川研の喜多秀次君, 田中一君, 宗像康雄君とともに, 完全に相対論的な二体の束縛状態の定式化について研究した。かなり難しい問題で, 結局, 積分方程式での記述が良いことを見つけたが, H. ベーテと E. サルピーターも同じ問題を研究していたことを後で知った。

● 大阪市大の南部研究室

当時, 浪速大と時を同じくして, 大阪市大が設立され, 理学部物理の助教授として南部陽一郎君が東大から移ってきた。その部下として同じく移ってきたのは, 早川幸男 (講師), 山口嘉夫・西島和彦 (助手) などの錚々たる連中であった。私はしばしば, ここを訪問してこれらの人々と議論を交わした。南部君は翌年教授になり, 1952年には研究に集中するために渡米して, プリンストンの高等研究所の客員研究員を経て, 1956年にはシカゴ大学のスタッフに落ち着いた。

● 「非局所場理論のハミルトン形式」の研究 (博士論文, 1953)

ついで私は個人で, 非局所場理論のハミルトン形式の記述が可能かどうかについて研究した。非局所場理論は, もともと湯川先生がコロンビア大学で, 場の相互作用のエネルギーなどの無限大の発散を抑えるために提唱されたものである。この理論の相互作用は一点ではなくて, 三点の位置の関数であるために高次の摂動項は複雑な積分の式で表される。私はフェルミ粒子の場がスカラー粒子の場と一次の相互作用をしている系について, 四次までの摂動項の式を根気よく計算した。その結果, 二, 三, 四次の項をそれぞれ新しく, 一次の相互作用のハミルトニアンに付加することによってはじめて, 四次までのハミルトニアンがエルミット化されることを見出した。しかし, 摂動でなしに, まとまった形での付加項を求めることはできなかった。この論文によって, 昭和29年4月に理学博士の学位を受けた。

● 基礎物理学研究所の設立 (1953)

ところで, 1949年 (昭和24年) の湯川先生のノーベル賞受賞を記念して, 長谷川万吉理学部長や物理教室の小林稔教授の尽力のもとに, 1952年春には, 京大

理学部付属植物園の北側に湯川記念館が設立され，7月には開所式が行われた。1953年8月には全国共同利用の基礎物理学研究所がここに設立された。所員は所長の湯川先生と教授の木庭二郎・早川幸男氏ほか助手二名であった。また，湯川記念財団が設立された。

●湯川研への転職 (1954)

さて，私の「非局所場」の研究は湯川先生の高い評価を受けて，先生は白銀先生に私を湯川研に助教授として戻すように要請された。私は恩顧のある白銀先生の説得に従って，1954年4月には，多少渋りながらも，自宅からの交通の便と研究の環境の良い，京大に戻ることにした。

1953 秋の物理学会年会，於東大教養学部本館，前列中央に湯川先生と鳴海元氏，その後に私，その他は湯川研関係の諸氏

1954 京大物理・湯川研のゼミ，部屋が無いために研究室前の廊下を使用，中央に助教授の私，その他は若手

§10. 京都大学物理学教室助教授 (1954〜1957)

● 就任直後 (1954)

　湯川先生は基礎研究所が本務，物理教室は兼任であったので，物理教室では一年先輩の井上健さんと私の二人の助教授のポストが可能であった。さて，当時の素粒子論の研究はかなり困難な時代をむかえていた。すなわち，相互作用する素粒子のプロパゲーターの解析性を課題とする，分散理論が研究の主流であった。当時の私には，解析性が素粒子物理の本質であるとはとても思えなかったので，これから研究すべき課題を探し出すのに苦労していた。

● 「理論物理」の京都国際会議 (1954)

1953　会議出席の仏国人 C. Bloch と非局所場の理論について会談

　1954年9月には基礎研で，国際物理連合主催の理論物理（素粒子と物性）の国際会議が戦後初めて開催されて，多数の著名な外国人が来日した。会議では，朝永振一郎先生が「易しい英語を使ってほしい」旨の開会の挨拶をされて，これにメラー，マルシャク，パイスたちによる種々の講演が多数続いた。私どもの素粒子非局所場理論の研究グループを代表して片山泰久君が講演した。昼食は基礎研の地下室で行われた。夜は，外国人とともに祇園などで遊んだが，私にとって祇園は初めての経験であった。また宴会の席で R. ファインマンやフランス人のブロックと研究上の諸問題についても，いろいろと話し合うことができた。このとき私は，ファインマンの日本名を「不敗魔」と名づけて，ご本人にその意味を説明した。

● 基礎研の「天体核現象」研究会 (1955)

　1955年2月には，早川さんらの尽力のもとに，基礎研で天体核現象の全国的な研究会が2週間の長きにわたって開かれた。出席者は，物理と天文の両分野の，

1955 基礎研の「天体核現象」研究会終了後の「科学朝日」の座談会のメンバー，於基礎研所長室，前列左より畑中武夫・中村誠太郎・湯川秀樹，後列左より小尾信弥・林忠四郎・武谷三男・早川幸男の諸氏

武谷三男・畑中武夫・中村誠太郎・小尾信弥・一柳寿一・早川幸男・林忠四郎と，これらの人々の若い門下生たち（森本雅樹君などを含む）を合わせて計20名の程度であった。基礎研専用の宿舎が近くにあって便利であった。このような物理と天文の両分野にまたがった研究会の開催はわが国では最初であった。この研究会で星の進化についての一柳先生の講議を聞いて，私がここ5年間天体の研究を中断していた間に，米国のM. シュバルツシルドらによって星の進化の研究がかなり進んだことを知った。

この研究会を契機にして，出席者達の多くの共同研究が発足した。武谷・畑中・小尾による星の形成の研究，早川・林・井本・菊池の，星の内部でのヘリウム捕獲反応によるC・O・Ne形成の研究がその例である。ヘリウム反応の研究は米国のE. サルピーターとは独立に行われたことを後に知った。このように基礎研が全国共同利用研究所としての機能を発揮し始めたのである。

● 岩波講座「量子力学」の執筆 (1955)

この頃，湯川先生と井上健氏は，岩波講座「現代物理学」の「量子力学」を執

筆しておられたが，井上氏が病気のために，私が代わって第8章「多体問題」，第10章「輻射の理論」，第11章「ディラックの電子論」を書くことになった。この本は1955年12月に出版された。第8章は，〈パウリ原理〉・〈ヘリウム原子の理論〉・〈変分原理とリッツの近似法〉・〈多電子原子の近似理論〉から成っている。第10章は，〈輻射場の量子化〉・〈輻射と荷電粒子との相互作用〉・〈輻射の放出と吸収〉・〈多重極輻射とその選択則〉・〈スペクトル線の幅とずれ（繰り込み理論を使用）〉，から成っていて，量子電磁気学の本質を説明している。第11章は，〈ディラックの波動方程式〉・〈電子のスピンと磁気モーメント〉・〈水素原子〉・〈自由電子〉・〈陽電子の理論〉，から成っている。以上の量子論の基本と量子電磁気学の基本が最もわかり易いようにと，心がけて執筆した。

　当時私は，研究の時間が惜しくて，渋々上の執筆を引き受けたのであった。しかし，後に4回生後半の講義「量子力学特論」を行ったときに，この本は非常に役に立った。当時，私は4回生に，パウリや落合先生の本を基にした，「一般相対論」の講義をしていたが，学生に十分理解してもらうことの，一般的な難しさを実感していた。ところで，上の執筆の当時，私は原稿の校正を院生の荒木不二洋君にお願いした。これは，昔私が助手の頃に，湯川先生の著書「素粒子論序説」の校正をしたときの経験に従ったものであった。湯川先生が私を選ばれたのは，私の綿密さを評価されてのことと思ったのである。さらに，後に岩波講座「宇宙物理学」を書いたときは，校正を院生の高原文郎君にお願いした。

● **基礎研の「天上・地上の核融合」研究会** (1956)

　1956年には，前年の基礎研の研究会の出席者の研究分野を拡大して，天体核現象と地上の超高温核融合を合わせた研究会が基礎研で開催された。この開催は，米国のロスアラモスの研究所などが獲得してきた核融合研究の成果の情報が初めて公開されて，世界各国で多くの研究が発足・推進されるようになった状況に応じたものであった。この研究会を契機にして，わが国の核融合の研究会は基礎研以外の場所で頻繁に開催されるようになった。大学以外に，茨城県大洗や愛知県常滑などのホテルでも研究会は開かれた。私もこれらの研究会に出席して，東大物理の木原太郎・宮本梧楼氏をはじめとする多くの大学の研究者と議論する機会を得た。私にとっては，天上と地上の両方の核融合の物理を勉強する忙しい日々が続いた。ところで，上の基礎研の研究会の数年後の1961年には，伏見康治先

生を所長とするプラズマ研究所が名古屋大学に設立されるに至り，私は数年間この研究所の運営委員を勤め，高温プラズマの実験計画の審議などのために度々名古屋に出張した。

● 「理論物理」のシアトル国際会議 (1957)

他方，1957年の9月には，3年前の京都会議のリターンマッチとして，国際理論物理会議が米国シアトルのワシントン大学で開催された。私は，日本の出席者中の若い数名のうちの一員として，米軍が提供したプロペラの軍用機に乗って，初めて米国の土を踏んだ。羽田を出発し，ウエーキ，ハワイを経由して，カリフォルニアのサクラメント近くの空軍基地に着いて，翌日はサンフランシスコの街を一日中見物して脚が棒になった。このとき案内のリーダーは永宮健夫先生であった。ついで，民間機でシアトルに飛んだ。シアトルの会議の出席者は多士済々であった。私は，C・O・Ne からのヘリウム捕獲反応やその他の反応によって，Fe のピークにいたる，いわゆる 4N 核が形成される過程について講演した。また，ここで G. ガモフ（一生は 1904-1968）に初めて会って，美しい川のほとりでの遊宴のときに，話を交換することができたが，その著書からの予想に反して，口のやや重い人であった。

1956　シアトルの理論物理会議への出発時，左端は永宮健夫先生

● キャルテク訪問 (1957)

会議の終了後，軍用機で帰国するまでに一週間以上の余裕があったので，私は意を決して，パサデナのカリフォルニア工科大学の W. ファウラーを訪問して，原子核実験の様子を視察するとともに，天体内部の重要な核反応の断面積の値を知りたいと思った。ドルの持ち合わせが少なかったが，民間機でロスアンジェルスまで飛び，タクシーでパサデナに着いて，ホテルに一泊した。ファウラーは快く迎えてくれて，大学の客員宿泊施設に数日間泊まれることになった。ここには，

O. クラインが同宿していて，私の論文「宇宙初期の中性子と陽子の存在比」について質問を受けた。クラインは気さくな人で，二人は早速図書室まで行き，「プログレス」を紐解いて，私はその忘れていた回答を見付けた。私は，この論文が広く評価されていることを知って，意を強くした。

　ある一日，ファウラーが頼んだ院生の運転で，私はカーネギー研究所の A. サンデージを訪問することができた。星の進化について話し合った後，彼は自身の最新の研究結果である，多数の星団の H-R 図を提供してくれた。これは後に論文「HHS」(林・蓬茨・杉本, 1962) を書く際の貴重な資料になった。また，バービッジ夫妻とも星の進化について話し合い，1957 年の論文「BBFH」(Burbidge・Burbidge・Fowler・Hoyle) についていろいろと聞くことができた。パサデナからの帰路は，ファウラー自身がロスアンジェルスの停車場まで運転してくれて，クラインと一緒に送別の夕食をとった。ここで汽車に乗って，空軍の基地のあるサクラメントに着き，帰路は再び軍用機に乗って，同乗の韓国の軍人たちと共に羽田に着いた。出国は 9 月 10 日，帰国は 10 月 5 日であった。早速，着物を着た女の美しい日本人形を買ってファウラーに贈ったが，非常に喜んで皆に見せている旨の手紙が帰ってきた。

● **原子核理学教室の創設** (1957)

　1956 年の始めには，わが国に初めて原子力委員会が設置されて，湯川先生は一年間，非常勤の委員を勤められた。先生を支援するために，湯川研の我々は「原子力ハンドブック」などを読んで原子力の勉強をした。先生は，原子力委員会の他の委員や事務局には，原子炉設置についての急進的な意見が強いとこぼしておられた。ところで，文部省は全国の主要大学に原子力関係の大学院の講座を新設することにした。京大理学部では，核エネルギー学，中性子物理学，放射線生物学，放射線化学の四講座で原子核理学専攻を設置することになり，初年度の 1957 年には，核エネルギー学 (理論) と中性子物理学 (実験) の二講座が物理教室の建物内に置かれることになった。教授が公募されて，夫々私と四手井綱彦氏が就任した。二年後には放射線生物学の講座が設置されて (場所は動物教室内)，本城市次郎氏が教授に就任された。

§11. 京大原子核理学教室教授 I（1957〜1959）

●核エネルギー研究室の創設 (1957)

核エネルギー講座は当初私と，湯川研の院生であった西田稔君が助手になって出発した。同じく湯川研の院生であった寺島由之介・伊藤謙哉・井本三夫・津田博・大山襄の諸君が加わった。また原子核理学専攻の院生として，新しく天野恒雄・杉本大一郎・百田弘君が入学した。二年後には寺島由之介君は助手になった。当講座の主たる内容は，天上と地上の核融合の研究にあって，私はこの両方を，西田君は前者を，寺島君は後者を担当した。遠くの北海道大学からは坂下志郎君が星の進化の研究に加わり，他方，大山君は北大の大野陽朗教授の研究に参加した。また，京大宇宙物理教室の寿岳潤君も中間質量の星の進化の研究に加わった。以後毎年，優秀な院生が多数入学して，研究室は活気に溢れることになった。

研究室の助教授のポストについては，最初，学習院大学の長谷川博一助教授を考えて，三顧の礼をとったが，実現しなかった。それで，西田・寺島の両君を考えた。私は両君の将来を考えて，寺島君の方はプラズマ関係の助教授として就職できる可能性が高いと判断し（これは1961年にプラ研助教授として実現），このような可能性の低い西田君を選んだ。これは私一生の不覚であった。選択の基準は研究能力にすべきであるという教訓を得て，以後私はこれを遵守することにした。西田君の後任の助手には，湯川研の出身で，プリンストン大学のJ.A.ホイーラーのもとで一般相対論の研究をしていた若野正巳君を採用した。ホイーラーからは，5頁に及ぶ詳細な推薦状が送られてきた。これは，後に，私がいろんな人の推薦状を書く際の大きな参考になった。ところで，若野君は，私の期待した天体物理ではなしに，場の素粒子論の，相互作用の強いリミットの研究を始めた。

さて，私はいろいろな質量の星の進化と元素の起源について，多くの諸君との共同研究を行った。星の構造の研究と核反応率の研究を車の両輪として，星の進化の一生を明らかにするのが目的であった。当時は，核反応の観測データは乏しく，理論値を求めることは容易ではなかったのである。他方，地上の核融合については，1954年から1958年の間に，多数の論文とL.シュピッツァーの本「完全電離ガスの物理」(1955)やT.カウリングの本「磁気流体力学」(1957)などを読んで勉強したが，そのエネルギー利用の実現可能性については，確信が持てるよ

うな見通しが得られなかった。実現には，少なくとも，孫の代までは待つべきものと考えていた。

●研究室ゼミの開始 (1957)

　湯川研のゼミを見習って，毎週土曜日の午後，2～3時間にわたって，研究室全員が参加するゼミを始めた。これは，私が退職するまで続いた。講演者は全く自由に題目と論文を選び，何時でも自由に質問できることにした。これによって，全員は重要かつ広い分野の勉強をすることができた。大部分は天体物理の理論が主題であったが，なかには，天体観測や素粒子論などの重要なテーマを選んだ人もいた。研究用の人工衛星，星間雲中の分子反応，素粒子の超対称性理論などがこの例である。私は話が完全に理解できるまで，数多くの質問をして答えてもらった。そのお陰で，全員が数多くの勉強をすることができたものと思っている。私自身は，ゼミでは講演しなかった。しかし，1963年から数年間は「年頭教書」を用意して講演した。

　この年頭教書は，主として，研究の方法の一般論と，これに関する私の経験の話をしたのである。例えば，研究成果が或る閾を越えると，視野の地平線が広がって，新しい研究課題が次々と見つかるというような話である。また，例えば1964年1月には，次のような話をした。まず，天体物理研究の理論と観測の世界情勢と，諸外国の活動的な研究者の数の増大から見て，以前の素粒子物理における大加速器の出現後の情勢に似てきた。これに対応するためにはどうすればよいか？ 三つの対応が考えられる。1，他の研究室ではできないような理論を展開する。2，組織化されたグループ研究を行う。3，他の研究所との研究連絡や，組織化された研究会の開催を適宜に行う。以上の三項目について，かなり具体的な提案をしたことが当時のメモに残っている。

●大学院の講義開講 (1957) と岩波講座「核融合」の執筆 (1959)

　教授になって，1957年から大学院の講義「核エネルギー学」を始めた。その前半は星の内部の核反応と構造・進化，後半は地上の核融合についてである。この講義録を基にして，1959年には早川氏と共著で岩波講座「物理学」の著書「核融合」を執筆した。この本は，第一章「天の部」と第二章「地の部」から成っている。第一章は，1星のスペクトル，2星の内部構造，3熱核反応，4星の進化

と元素合成（以上林，33頁），5 太陽大気の構造，6 太陽面の異常現象，7 相似法則（以上早川，32頁）から成る．第二章は，8 核融合エネルギーの利用，9 核融合の制御に必要な条件（以上早川，7頁），10 高温プラズマの閉じ込め，11 不安定性と粒子の損失，12 プラズマの加熱，13，諸種のこころみ（以上林，27頁）から成っている．上の「こころみ」としては，英国・ソ連の「トカマク」やプリンストンの「ステラレーター」のほかに，多数の装置が提案・実験されていて，私は検討しながら執筆するのに非常に苦労した．とにかく，この本「核融合」はわが国の多くの研究者の参考になったものと思われる．

● 京大の「核融合」共同研究

　地上の核融合炉の実現の重要性に鑑み，若い教授であった私は，京大全休の共同研究を提唱して，そのシステムつくりに乗り出した．理学部物理では林（理論）・四手井（実験）・物性（理論と実験）の各研究室，工学部電気の林重憲教授などの諸研究室，教養部の三谷健次教授の研究室などの人々が度々集まり，研究の具体化が始まった．まず，プラズマ発生の実験装置として，半径50センチ程度の陶磁器製のトーラスを作り，制御用の磁場をつくるためのコイルを巻きつけた．磁場の設計・計算は，電気教室の宇尾光治助手が中心となり，この装置は「ヘリオトロン A」と名付けられた（命名者は四手井教授）．その作成の費用は私の講座の設備費から支出し，実験は主として四手井研究室の武藤二郎助教授が行った．この装置は，伏見稲荷の近くにある松風陶歯製造株式会社において，当時その従業員

1959　茨城県大洗での核融合研究会の出席者，後列中程に菊池正士氏の顔が見える

であった稲盛和夫氏（後に京セラの創設者）によって作られたとのことである。

この装置は次々と改良されて，やがて工学部付属のヘリオトロン研究施設が作られ，ついで工学部から離れて，1976年には京大のヘリオトロン核融合研究センター（センター長は宇尾光治教授）に発展した。最後には，1989年に名古屋大学のプラズマ研究所が核融合科学研究所（現在は岐阜県土岐市）に組織替えされた時に，大型ヘリカル装置（LHD）という名称で導入されて，現在もその実験は続いている。

● **研究室ハイキング**（1957〜）

ところで，天体核研究室が発足した1957年の秋には，室員全部で丹波亀岡の西にある瑠璃渓・通天湖へ研究室ハイキングを行った。以来毎年1〜2回，名所旧跡をめぐるハイキングを行い，全員が心おきなく話し合える機会が持てるようになった。この時のいろんな人のエピソードも私の記憶に残っている。私の在任中の27年間に訪れた場所は，京都では，近くの円山公園から，大原・貴船・鞍馬・嵐山・醍醐・宇治・八幡・天王山・ポンポン山（高槻の北，武田君入学時）などである。醍醐には三宝院や法界寺，宇治には，平等院鳳凰堂や三室戸寺があり，宇治田原の南方には，役の行者の行場で名高い鷲峰山金胎寺があって，鈴木博子君もロープで険しい岩場を上下した。

更に，洛南の名所の浄瑠璃寺（木津川市加茂町，柳生の東），奈良の室生寺（奈良県宇陀市，榛原（はいばら）の東）や長谷寺（榛原の西）などの国宝級の寺々を訪れた。遠くは（ただし一日で行ける範囲内で），瀬田・比良山・伊吹山・六甲山と有馬温泉・金剛山まで足を伸ばした。さて，伊吹山の山頂は5月であっても，寒風が極めて強く，早々に下山して，関が原の鍾乳洞に向かったことを覚えている。定年近くの，脚の弱っていた頃の，伊吹山と六甲山の山登りでは，原君たちの車の世話にならざるを得なかった。このように，定年までの間に数多くの名所を訪れることができたのは，ハイキングを世話してくれた幹事役の人達の御蔭である。

多くの場合，ハイキングの夜は非常に遅くならない限り，全員を桃山与五郎町の自宅に招いて，すき焼き鍋を囲んで妻の嘉子とともに歓談した。これは嘉子と院生との初めての交歓の場でもあった。さて，定年までの間に，私と嘉子は院生の結婚の仲人を数多く引き受けた（付録参照）。式場で新婚夫妻の経歴を紹介するスピーチの原稿が現在も多数残っている。ただし，結婚式が京都以外で行われる

場合には（例えば，富田君は広島県で結婚），出席のための時間を惜しんで，仲人を辞退することにしていた。

§12. NASAへの出張（1959～1960）

●ゴダード研究所（1959, 60）

　米国では，非軍事的な研究機構としての航空宇宙局（NASA）が1958年頃に発足して，科学アカデミー（NAS）がその短期外国人研究員の募集を始めた。私はかねがね米国出張を希望していたので，湯川先生に推薦をお願いして，結局1959年8月には，NASの第一号の研究者として，ワシントン近郊のシルバー・スプリングにあるNASAのゴダード研究所の理論部門で，10ヶ月の間，星の進化の研究を始めることになった。当時，研究所のグリーンベルトの建物は未完成であって，その理論部門は家具屋の二階と三階を借りていた。私はワシントンのほぼ中央にあるアパートの一室を借りて住み，バスで通勤した。住んでみて，アメリカ生活の快適さは，無臭で清潔な水洗トイレ，温水の出る蛇口，非常に便利な台所にあることがわかった。また，街の散髪屋で散髪したところ，日本と違って，効率的に15分以内に完了した。以後，京都に帰ってからは，道具を買って家内に散髪を頼み，その死後は孫の浩平に続けて貰っている。

　理論部門の所長は，原子核力のポテンシャルの研究で有名なR.ジャストロウであって，「ここで何を研究するか」と聞かれたので，「星の進化を研究したい」と答えたのである。私にとって最も成果を上げ易いテーマを選んだのであるが，当時のNASAでは研究テーマの選択は非常に自由であった。ジャストロウは，私が指導する米国人の若手研究員として，これからドクターを取ろうとしていた，ロバート・キャメロンを配置につけてくれた。その夫人も理論部門の研究員であった。キャメロン夫妻は，米国の万事に不慣れな私の世話を細やかにしてくれて，その自宅へもしばしば食事に招待された。また，休暇には，泊りがけの旅行に連れて行って貰った。

　理論部門には，ホーマー・ニュートンという名の黒人の運転手がいて私は世話になっていた。或るとき，一緒に食事に行こうと誘ったが，はっきりした返事は無かった。他の人に聞いてみると，白人の入る食堂では入っても，サーヴィスに

来ないとのことであった．実際には，黒人差別が現存していたのである．1960年代に米国で吹き荒れた黒人差別撤廃運動の必要性を実感することができた．また，同じ白人でも，知識層と非知識層との間には，人権問題などに対する意識に大きな差があることがわかった．これは，階層格差の小さいわが国では考えられないことである．

●電子計算機の初めての使用 (1959)

私は，初めて電子計算機を用いて，キャメロンとともに，太陽質量の15倍の星の炭素燃焼にいたる進化を計算することにした．理論部門の隣には数学部門があって，ワシントンのカーネギー研究所に設置されていた，IBMの電子計算機を用いた数値計算の援助をしていた．私は，この部門の一員であった，若い日系二世の住田氏（ハワイ出身）の援助を受けた．私はIBMのマニュアルを勉強して，数式とフロー・チャートを書き，住田氏がフォートランのプログラムを書いてカードにパンチした．その計算結果を見て，手計算の経験しかない私は，電子計算機の便利さに驚嘆した．

さて，ここNASAでのゼロックスによる便利な複写やIBMの高速電子計算機の使用は私の初めての経験であって，帰国後は，教室にゼロックスやカード・パンチ機を導入するとともに，共同の計算室を設置するように努力した．また，東大教養の小野周教授らと協力して，わが国の共同利用の計算機センターを七箇所に新設し，その一つを京大に設置することに数年間尽力した．京大の大型計算機設置委員会の委員になり，機種選定委員会の委員長やセンター設立後の協議員などを勤めたが，ここで工学部の情報工学の，若い助教授を含めた多くの方々と知り合いになれたのは，予期せぬ収穫であった．以後，この大型計算機の利用は，我が研究室にとって欠かせないものとなった．

●外国研究者との交流

NASAの理論部門では，短期，長期の滞在の，いろんな分野の研究者の訪問が頻繁であった．その一人の，ノーベル化学賞の受賞者である，H. ユウリーは月の起源の研究をしていた．彼は，月の低温起源の主唱者であった．私は彼に聞かれて，星の内部構造の特徴と基本式の説明をしたとき，彼は非常に感謝してくれた．その後，太陽系の研究について彼から厚く信用されて，月の起源について

の難しい質問を受けることになった。私はまた，暇を見てプリンストンを訪問し，天文教室の M. シュバルツシルドと L. シュピッツァーに会った。シュバルツシルドは，NASA で自由に「星の進化」の研究ができることに驚いていた。また，私の核状源泉構造の研究で，「変数 U ($=d\log M_r/d\log r$) と V ($=-d\log p/d\log r$) の対数を用いて内部と外部の接合 (fitting) をしたのは，林の発明である」といってくれた。その夕方の食事に自宅へ招待されたが，核融合研究でプリンストン滞在中の宇尾光治氏夫妻との先約があって，残念ながら訪問できなかった。また，物理教室の J.A. ホイーラーを訪ねて，一般相対論の諸問題，特にブラック・ホールについて話し合った。

● ニュウヨーク見物 (1960)

ところで，当時プリンストンには，湯川研の荒木不二洋君が大学の博士課程の院生として，また大阪市大の中野董夫氏が高等研究所の客員として滞在しておられた。私を含めて三人は荒木君の自動車でニュウヨーク見物に出かけ，エンパイア・ビル，ウオール街や自由の女神の内部などを観て回った。このとき偶然にも，エンパイア・ビルの見物人の中に，昔の横須賀光学実験部の同僚であった鈴田望氏を発見して驚くようなことがあった。当時は米国の実情視察に訪れる日本人の数が上昇していたのであった。さて，三高同級生の盛利貞君（京大冶金学教授）は，冶金工業の実情視察の途中にワシントンの私を訪れ，私と共に観光バスで，ワシントンの各名所と G. ワシントンのマウントヴァーノンの邸宅を見物した。

● 家族の合流 (1960)

1960 年の 1 月には，家族の旅費と滞在費が出ることを知って，嘉子と暢夫を呼び寄せ，NASA の同僚・同室の福島直氏（東大地球物理）と同じアパートの室を借りて住んだ。暢夫は近くの小学校に通学したが，ここの同級の子供の多くは黒人であった。嘉子は，英語はもともと苦手であったが，学校参観・買い物・家事などの日常生活に，とくに不自由を訴えることは無かった。土，日曜の休日には，数多の名所観光を行った。さて，6 月には帰途につき，パサデナのカリフォルニア工科大学に寄ってファウラーに会うとともに，ここの天体物理教室に滞在中の寿岳潤氏の自動車の世話になって，遠路パロマー天文台の 5 メートルの望遠鏡を見学し，またロスアンジェルスにあるデイズニーランド本部の遊技場で楽しく遊

んだ．

● ピッツバーグの米国物理学会 (1960)

　1960年の5月頃に，わが国では，日米安保条約に反対するデモが盛んになり，特に東京の国会議事堂の前で一人の死者を出す騒ぎになった．京大でも反対運動は盛んであったようであるが，幸い私は米国にいて，また研究室の連中もその影響をほとんど受けなかったようである．この頃，私はピッツバーグ大学で開催された米国物理学会に会員として初めて出席した．その総合講演で，L. シュピッツァーが月面上に望遠鏡を設置する計画の話をした．これは月面探査の衛星が打ち上げられるずっと前のことであり，私は彼の話のスケールの大きさに感銘を受けた．このような将来計画の経緯を経て，ハッブル望遠鏡が打ち上げられるに至ったのであろう．

§13. 京大原子核理学教室教授 II (1960〜1964)

● 論文「星の進化 (HHS)」の執筆 (1960〜1962)

　NASA出張から戻ると，院生であった杉本大一郎君，蓬茨霊運君とともに，「プログレスのサプルメント」に載せる183頁の長編の論文「星の進化」(HHS) を書き始めた．英語の文章と式の全部は私が書き，二人には種々の新しい問題の計算と，すべての図や表の作成をしてもらうことにした．その際，論文をより完全なものにするには，主系列前の準静的な，重力収縮の進化過程を調べる必要があることに気がついて，早速計算に着手した．1960年の夏休みの期間に，自宅の暑い部屋での私の研究はほぼ終了し，秋には研究室のゼミで報告して，その完結のための計算は蓬茨君に頼んだ．これが，いわゆる「林フェーズ」の研究である．このゼミでの報告のとき，ほぼ全員が理解し難いような不審な顔つきであったことを覚えている．

　論文「HHS」は単なる総合報告ではなくて，オリジナルな研究結果を数多く含んでいる．星の多層構造の解を見つけるために，ある境界の内部と外部の，組成の違った領域の解を，この境界でフィット (接合) するという，私が1947年に採用した方式を用いた．フィットする変数は，$U(=d \log M_r/d \log r)$ と $V(=-d$

$log\ p/d\ log\ r$) である．種々の境界条件やパラメーター値に対応した，単一構造の領域の数値解（UとVを含む）は，R. ヘルムとM. シュヴァルツシルドの論文 (1955) に多数載っているが，まだ十分ではなかった．それで，私の毎日新聞社からの学術奨励金50万円を使ってお嬢さんを雇い入れて，ガウスの5桁の対数表を用いた手計算で，数多くの必要な数値解を求めてもらった．上の奨励金はもともと武谷・早川さん達とともに貰ったものであるが，両氏は全額私に下さった．

学術振興財団からの科学研究費は普通人件費に使えないが，上の奨励金は全く自由であって，この点貴重なものであった．雇い入れたお嬢さんの一人，柿木克子さんは快活な人で，後に教室の正規の職員に採用された．余談であるが，教室の院生と結婚した女性職員の例は多い．柿木さん，慈道佐代子さん，杉本大一郎氏夫人薫さん，佐藤文隆氏夫人桂子さんはその例である．

● パノフスキー・フィリップスの「電磁気学」の翻訳 (1962)

1962年には，井上健氏の紹介で，百万遍の吉岡書店からその物理学叢書の一つである，パノフスキー・フィリップスの古典「電磁気学」の翻訳を出すことになった．上下に分けて，上巻（3月刊行）は林・西田稔，下巻（7月刊行）は林・天野恒雄が翻訳した．この頃には，西田君との間柄はかなり悪くなっていたので，下巻は天野君に変更した．この行きがかり上，私は翻訳にかなりの時間をさいたが，翻訳料は全然受け取らなかった．しかし私には，電磁気の良い勉強になったものと思われた．

● バークレイの国際天文連合 (IAU) 総会（第11回, 1961）

1961年6月から約3ヶ月の間，再びNASAを訪問してキャメロンと炭素燃焼段階の研究の打ち合わせを行い，帰途にはバークレイで開催されたIAUの総会に出席した．ここで，「星の構造」の分科会において，委員長のシュバルツシルドの司会の下に，「林フェーズ」の講演を約30分間行った．講演前に図と式を黒板に詳しく書いておいたが，出席者の大部分は理解しがたい様子であった．この後，F. ホイルとA.G.W. キャメロンはそれぞれ独立の計算をして，私と同じ結果を出してくれた．この仕事によって，私は後の1970年に，エディントン・メダルを受賞することになった．バークレイからの帰途に，東大天文教室の海野和三郎教授を訪ねて，用意してあった「林フェーズ」の論文原稿二編（林単独のも

のと蓬茨君と共同のもの）を，天文学会の「パブリケーション」（当時の編集長は海野氏）に掲載することを依頼し，同氏は直ちに快諾された。ついでに，天文教室の旧知の萩原雄祐先生を訪ねて，先生の留学時代のエディントンの思い出などの話を聞いた。

● 論文「星の進化 (HHS)」の完成 (1962)

1962年の終わりには，星の進化「HHS」をやっと書き終わって，翌年の始めには「プログレスのサプルメント No. 22」(1962) として出版された。反響が予想外に大きく，星の進化のバイブルと呼ぶ人もあり，海外の多数の人々から別刷りの請求がきて，計約500部を送ることになった。最近の尾崎洋二氏の話によると，当時の同氏は「HHS」を読んで，それまでの研究の続行を中止されたとのことである。同氏はその後間もなく，海野教授の勧めもあって，研究継続のために，我が研究室に一ヶ月間滞在された。

● 「宇宙定数を持つ宇宙論」の研究 (富田・林, 1962)

1962年には，修士課程の二回生であった富田憲二君とともに，アインシュタイン方程式の宇宙定数が値を持つ場合の，相対論的膨張宇宙論の定式化を行った。宇宙の年齢や，銀河の「赤方変移－光度の関係」などが宇宙定数の値にどのように依存するかの一般式を求めて，クェーサーの観測と比較したのである。アインシュタインはじめ当時の多くの人は，宇宙定数はゼロと考えていて，その導入は現在の先駆をなす一つであった。富田君はこの研究で優れた才能を発揮し，修士終了時には，広島県竹原市にある，広島大学の理論物理学研究所の成相秀一教授に請われて，その助手となった。後に彼は教授になり，その研究所が基礎研に吸収されて，京大教授として京都に戻ってきた。

● 「電子とニュウトリノの直接相互作用」の研究の大失敗 (1962)

NASA での R. キャメロンと共同の「炭素燃焼段階に至る進化」の研究を終わったとき，私は，炭素燃焼段階の進化時間を推定して，これを観測されている，ペルセウス座 h+χ 星団の H－R 図の赤色超巨星の数と比較した。R.P. ファインマンと M. ゲルマンが1958年に提唱した弱相互作用の理論に含まれる，電子とニュウトリノの直接相互作用 $((e^- v)\cdot v^- e)$ の形のハミルトニアン）が存在する場

合には，高温の炭素燃焼段階でのニュウトリノ対の放出によるエネルギー損失は非常に大きくて，進化時間はこの相互作用が無い場合の 10 分の 1 の程度に短縮されることを見出した。上の星団の星の数との比較から，私は上の直接相互作用は存在しないという推論を，1962 年 11 月の米国天文学会誌に発表した。このとき私は，上の観測の詳細と精度を十分に確かめておくべきであったが，それをしなかったのは大失敗であった。

さて，1970 年代に入って，J.L. ワインバーグ・A. サラムの弱電磁理論が提出され，この理論は実験でも確かめられて，上述の直接相互作用の存在は明らかに成った。ところで，我々は星の進化の終段階の計算を続けて，1968 年には，村井・杉本・蓬茨・林による「炭素星の進化 I（重力収縮と炭素燃焼の開始）」と杉本・山本義昭・蓬茨・林による「炭素星の進化 II（炭素燃焼段階）」の二つの論文を発表した。また 1970 年には，中沢・村井・蓬茨・林による「鉄の星の進化（重力収縮と鉄の分解）」の論文，更に 1971 年には，池内・中沢・村井・蓬茨・林による「超新星の前段階の星の進化（太陽質量の 1.5, 2.6, 5, 10, 30 倍の炭素・酸素の星）」の論文を発表した。以上の我々の論文では，電子とニュウトリノの直接相互作用が存在する場合と存在しない場合の両方についての計算結果を発表した。中心になって計算した人（連名の冒頭の人）の計算の苦労は大変であったと察せられるが，これも私の不明のせいであった。

●再度の NASA 訪問とニュウヨークの「星の進化」会議 (1963)

1963 年 7 月から 11 月まで，再度グリーンベルトの NASA の理論部門を訪問した。キャメロンに「HHS」の英語の添削を頼んだが，修正箇所の多さに驚いた。冠詞の使い方などの注意が非常に参考になり，以後は注意して論文を書くようになった。11 月 12 日から 15 日まで，NASA 主催の「星の進化」の会議がニューヨークのホテルで開かれ，B. ストレームグレン，G. バービッジ，A.G.W. キャメロンなどが出席した。デンマーク人のストレームグレンには初めて会ったが，非常に温和な人であった。私はそれまでの研究結果をまとめて，「収縮中の星の構造」と「星の進化の晩期段階」についての，二つの講演を行なった。

●「地上核融合」研究の中止

1960 年に NASA から帰国して，研究室の二大テーマの一つである地上の核融

1963 年 NASA での研究会。中央に G. バービッジが見える，左から 3 人目は Robert キャメロン

合の研究については，当時の知識をもとにして，核融合炉の実現の将来性について深く検討した。その結果，実現は多分，孫の世代以降になるので，私の研究室での研究は取り止めたほうが良いという結論に達した。この際，寺島・天野・百田の三君は，その業績が認められて，近い将来には名大のプラズマ研などに職を見つける可能性が高いと考えたが，この予想は正しかった。

● 大学院の講義

また，大学院の講義「核エネルギー学」については，1962 年頃から地上の部を取りやめ，一年間を通じて「星の構造と進化」の話を詳しくすることに改めた。以後，この講義は毎年改定・増補を重ねながら，退職するまで続いた。聴講者は主として林研・長谷川研と宇宙物理教室の一回生の院生であったが，時としては，素粒子や原子核の院生も聴講したことがあった。ところで，試験は全然行わないで，要求があれば，顔を見て合格のサインをした。他方，これまで東大の天文教室で 3〜4 日の特別講義を数回行ったが，ここではリポートの提出が合格の条件であった。

●物理学科の拡充と運営方式 (1962〜1964)

さて，京大理学部では，原子核理学科新設の概算要求を出していたが，1959年にはその名称を放射線理学科に変更した。しかし，理学部の将来計画委員会で議論の結果，私を含めて，学問の内容の将来性から見ると，放射線理学科よりも生物物理学科の新設に踏み切ったほうが良いとの結論に達した。この生物物理学科は1968年になって設置が認められ，以後我々の期待通りに，多数の人材育成と優れた研究成果を挙げることになった。

他方，1960年代に入って，文部省は全国旧帝大の物理学科の拡充を考えていた。それで，原子核理学専攻の物理系の二講座，核エネルギー学と中性子物理学の講座を物理学科に吸収する案が浮上した。さらに，学科が拡充されて講座数が増大すると，規模が大きくなり過ぎて，運営に必要な会議の進行に支障をきたす恐れもあるので，私は小林稔先生らと相談して，物性を中核とした教室A（第一教室）と素粒子・原子核を中核とした教室B（第二教室）の二つに分割して運営する案を提出した。研究室の構成やその人事などの重要事項は各教室で行い，その他の共通の事項は合同の運営委員会で処理するという案である。

上のA・B二教室案と各教室内の具体的な運営案は，何回も活発に議論されて，1962年頃には試行段階に入った。1964年には拡充が実施されて，8.5講座からなる第一教室と8講座からなる第二教室が正式に発足し，現在に至っている。私が属する第二教室では，議論の結果，内部の組織は講座制ではなしにグループ制をとり，教室の運営は研究計画委員会，院生の教育は教育委員会で行うことになった。当初の運営は，一人だけのグループの存在も認められるほど自由であって，西田稔助教授や若野正巳助手はこの一人グループの道を選んだ。

●西田稔助教授の問題

西田君はその後も教室内で孤独の道を歩んだ。ところで，ニュウヨークのNASAのH. チュー（中国人）から私宛に手紙がきて，西田君が英文のテキストブックを書いたが，中身の90％以上は剽窃した文章で占められているとのことであった。私は研究計画委員会に報告して，委員会で調査したところ，チューのいう通りであった。本人はモラルを問われて，結局本の刊行をとり止めた。本人はその後，宇宙線のグループに所属するようになり，他大学へ転勤することもなく，最後は助教授のままで定年を迎えて，その祝賀会が開かれた由である。

● **修士課程の一般教育**（general education）

　ところで，ずっと以前の 1953 年に，わが国の大学院の制度は旧制から新制に変化した。新制度は米国に倣ったものであるが，当初その具体的な内容はよく知られていなかった。私はしばしば米国の大学を訪問して，その大学院の教育の実情や講義科目などを調査した。1960 年に帰国して，それまでわが国では行われていなかった大学院の講義の開講と充実の必要性を説き，更に院生に対する物理の一般教育の重要性を強調して，まず天体核研究室の院生にはこれらを実施した。さて，学部の授業では，20 世紀後半に発展した物理を取り扱う十分な時間的余裕は無い。また，入学した院生は，この現代物理の基本を勉強する事なしに，専門分野の研究に走りがちである。したがって，修士課程の最初の一年間は広く基本を勉強すべきである。実際に，わが研究室で長期間にわたって，かなりの数の人材の養成ができた大きい要因の一つは，この一般教育の実施であると私は思っている。

§14. 京大物理学第二教室教授 I (1964〜1970)

● **「小質量星の主系列前の進化」の研究**（中野・林，1964）

　1964 年には，中野武宜君とともに，HR 図における種族 I の小質量星の，前主系列段階の進化の軌跡を詳しく計算した。その結果，太陽質量の 0.08 倍以上の星は水素燃焼の零歳の主系列星になるが，以下の質量の星は水素燃焼を起こさずに赤色矮星として冷却してゆくことを見出した。この臨界質量の値は，その後，他の人々による精密な計算があったが，全く変わらなかった。

● **基礎研の「太陽系の起源」の研究会**（1965, 66）

　1965 年と 1966 年には，基礎研で「太陽系の起源」の研究会が開かれた。この研究会は，わが国における太陽系の研究の出発点とも言える記念すべき研究会であった。その集録が岩波書店刊行の雑誌「科学」の特集号（1967 年 10 月号）として出版されている。講演者の分野は，天文，物理，地球物理，地球化学，地質，鉱物学と非常に広く，出席者は，林，中野，都城秋穂，本田雅建，小島稔，小野周，藤本陽一，松尾禎士，小沼直樹，上田誠也，木越邦彦，松井義人，早川幸男

といった多彩な人たちであった。現太陽系を構成する、ガス・固体微粒子・隕石・彗星・月・惑星などの多様な階層についての研究の現状が紹介された。

この研究会は私が1969年に、最も身近な天体物理の問題としての、太陽系起源の研究を始める機縁となったものである。中沢清、成田真二君たちも出席して、強い感銘を受けた様子で、これからは若手がこの研究を推進しなければならないと話し合っていた。この後、1968年から毎年の夏には、東京駒場の東大宇宙航空研究所の主催の「月・惑星シンポジウム」が開催され、これには私は毎年出席した。

● 「重力平衡にある星の中心温度と中心密度の関係」の研究（宝田・佐藤・林，1966）

1966年に宝田克男・佐藤文隆・林は、球対称・完全電離・一様組成の重力平衡状態（準静的平衡状態を含む）にある星または星のコアの、中心密度と中心温度の関係を、質量・密度・温度の広い範囲について調べた。質量の範囲は太陽の1/30～10倍、密度 (g/cc) の常用対数の範囲は1～10、温度 (K) の常用対数の範囲は6～10と非常に広く、電子の非相対論的・相対論的、縮退・非縮退の場合を含んでいる。計算の結果、星の中心の「(密度の対数) − (温度の対数) の二次元のダイアグラム」（論文の図参照）は、主として星の質量によって決まり、状態方程式のポリトロピック指数などの値にはあまり依らないことが明らかになった。

この結果によると、準静的平衡の重力収縮の進化では、星の質量がほぼチャンドラセカール質量より小さい場合は、密度の増大と共に温度は最初は増大し最大値に達した後に減少する、これに対して、チャンドラセカール質量より大きい場合は、温度は一方的に増大するのである。これは、電子縮退の効果であって、チャンドラセカール質量より大きい星はいくらでも収縮することを意味する。さて、回転がある場合はどうなるかが、次の課題である。この場合の研究の一歩は、1976年になって、中沢君たちによって踏み出された。

● 「原始星の熱的・力学的性質と準平衡状態への収縮」の研究（林・中野・服部，1965, 69）

原始星が分子雲から準平衡の収縮段階に達するまでの、動力学的進化の状況を明らかにすることは、1961年に準平衡段階の進化を発見して以来の私の夢であっ

た。動的進化の際に，ガスの密度と温度が変化する範囲は極めて大きいので，非常に難しい問題である。1965年に林・中野は，まず，この広大な範囲における，ガスの状態方程式や輻射の放出・吸収・輸送の係数などを，温度と密度の関数として求めた。ついで，太陽質量のガス球の，透明および不透明の場合について，その自由収縮・自由膨張・加熱・冷却の各タイム・スケールを，温度と密度の関数として計算した。これらのタイム・スケールの値の比較から，最初は透明であったガス球が不透明の準平衡状態に達するまでの，ガス球の平均的な密度と温度の変化と，HR図上の進化の軌跡を近似的に計算したのである。

更に，この延長として1969年に，服部嗣雄・中野・林は，質量が太陽の10^{-2}，1.0，10^2，10^4倍のガス雲を考えると共に，ダストや種々の原子・分子・イオンによる輻射の放出率と吸収率を詳しく計算して，「密度−温度」の図上でのガス球の進化を調べた。以上は半定量的な近似計算であって，1966年頃からは，以下に述べるような，ガス球を殻で分割した流体力学的計算を始めることになった。

● 「球対称ガス雲の収縮」の研究 (大山・中野・成田・林, 1966)

1966年頃から，大山，中野，成田真二君とともに，林フェーズに至る非回転・球対称の種々の質量のガス雲の流体力学的な収縮過程の数値計算を行った。まず，大山らは，輻射の効果は無視するが衝撃波の存在は考慮にいれて，30個の球殻（当時としては最大の分割数）に分割した，種々の質量のガス球の収縮過程を計算した。ついで1968年に成田・中野・林は，輻射と対流によるエネルギー輸送を入れた場合の，太陽質量の0.05，1.0，20倍の星についての数値計算を行なった。初期のガス雲の半径として太陽半径の5,000倍をとると，太陽質量の星の光度は最終的には太陽光度の約1,000倍の近くまで上昇することを見出した。ただし，計算時間の制約のために，分子雲のような低密度から出発していないので問題は将来に残されたのである。

私はこの結果を，1968年4月に米国ヴァジニア州のシャーロットヴィルで，S.クマールの主催のもとに開かれた国際シンポジウム「低光度の星」で報告した。同じ頃，R.B.ラーソンは初期密度を星間分子雲にとった計算を行って，最高の光度は太陽の数倍であることを見出した。ところで，ずっと後の1999年になって，この最高光度は太陽の約30倍であることが，国立天文台の増永浩彦氏の400分

割の詳しい計算によって見出された。以上はすべて非回転・球対称の場合の計算であるが，今から見ると，密度の変化の範囲が 10^{15} 倍に及ぶような，原始星の輻射力学的収縮過程の計算は非常に難しいものであった。

●中間報告会の発足 (1966)

1966年7月には，私が提唱して，研究室にとって極めて重要な，中間報告研究会が発足した。この会は，年に3～4回，O.B.(出身者)を含めた研究室全員が集まり，2～3日にわたって，全員が各自の研究状況を20～30分間話すものである。この会の目的は二つあった。一つは，院生の数が増大して，その研究状況をスタッフが適確に判断することが困難に成ってきたことへの対応である。各院生の研究が順調に進行している場合は問題がないが，障害に遭遇している場合や，あまりにも難しい問題にとりかかっている場合には，スタッフや先輩のアドヴァイスが必要である。

もう一つの目的は，研究室の規模を実質的に拡大することである。研究室の創設以来，ここで育った多くの院生が他大学のスタッフに就任した。1966年当時は，伊藤（立教大）・大山（静岡大）・津田（同志社大）・杉本（名古屋大）・富田（広島大）などの諸君がいた。これらの人達と院生やスタッフが交流の機会を持つことは，研究室の基本的な研究分野の多様化という意味で，極めて重要である。例を挙げると，根尾君は杉本君のところで博士論文を完成した。また，杉本君や野本憲一君は二重星の進化などの研究成果を紹介した。さて，この報告会は，私はじめ出席者の全員に，広く勉強する機会を与えてくれたことを忘れてはならない。この会は現在も続いているそうである。

● ボストンと NASA の訪問 (1968)

1968年4月のシャーロットヴィルのシンポジウムの後，私はボストンに飛んでハーヴァート大学の A.G.W. キャメロンとマサシュセッツ工科大学の I. イーベンを訪問して，星の進化の諸問題について議論した。その後，グリーンベルトの NASA に約二ヶ月滞在して，成田君のガス雲収縮のコードを用いた数値計算を，IBM7090 を用いて行った。当時，NASA の理論部門には，私がここに推薦した杉本大一郎君が滞在していて，私は同君の近くのアパートに住み，同夫妻には買い物や食事などいろいろとお世話になった。

1968 米国 NASA (ワシントン郊外の Greenbelt にある GSFC) の研究室で講演中

● トリエステの「理論物理」国際会議 (1968)

6月には，イタリヤのローマ経由でトリエステに飛んで，A. サラムが所長をしている理論物理国際センター (Miramare に在って，IAEA 所属) で約二十日間にわたって開催された現代理論物理の国際会議に出席した。会議の主な分野は，素粒子原子核・物性・プラズマ・天体物理であった。日本人の出席者は西島和彦・有馬朗人氏ら数人であった。ここでディラック，ウィグナー，シュヴィンガー，ギンツブルグなどのノーベル賞受賞者に初めて会うことができた。ところで，この会議でプラズマ物理の理論家 (B. Coppi) の話を聞いて，熱核融合研究の将来についての私のこれまでの考えが正しいことを実感した。ところで，会議の直前にワシントンからニュウヨーク経由でローマに飛んだが，ワシントンでの飛行機の出発が大きく遅れて，その結果，手荷物のトリエステへの到達が約一週間の程度遅れた。このため生活に大きな不便を生じてストレスを感じ，また期待していたヴェニスへの見学旅行の機会を失ったのは残念であった。

● リエージュの「星の進化」国際シンポジウム (1969)

1969年6月27日から7月4日まで，ベルギーのリエージュの天体物理研究所で開催された，「星の進化」の国際シンポジウムに出席した。P.J. ルドーが研究所長であった。私は，イントロダクトリー・トークとして，「主系列にいたるコラッ

プスと収縮」という題で，林フェーズとこれに至る球対称・非平衡の力学過程の詳細について講演した．会議の途中には，私の研究に対する表彰の辞をルドーから受けるという光栄に浴した．英国サセックス大学のR.J.テイラーやL.メステルたちも出席していて，この表彰の辞が，翌年のエディントン・メダル受賞の一つの契機になったものと思われる．また，出席していたR.B.ラーソンと休息時に，収縮過程についていろいろと話し合い，今後は回転しているガス雲の計算が重要であるという点で話は一致した．

● **炭素・酸素より成る星の進化の研究** (村井・杉本・山本・蓬茨・林，1968)

1968年には，村井忠之・杉本・山本嘉昭・蓬茨君とともに，太陽質量の0.7, 1.0, 2.6, 10.0倍の，炭素と酸素より成る星の重力収縮と炭素燃焼の段階の進化を計算した．ただし，当時は計算機の能力が低いために，単一組成の星のコアだけの進化を計算し，その外側に存在する水素とヘリウムのエンヴェロープの影響は小さいので無視したのである．

● **鉄より成る星の進化の研究** (中沢・村井・蓬茨・林，1970)

また，1970年には，中沢清・村井・蓬茨君とともに，太陽質量の2.6, 10倍の鉄より成る星の重力収縮の過程と，電子捕獲などによって鉄の原子核が分解する過程を計算した．その結果，中性子星になる前には，温度は300億度の高温になることを見出した．このように，「HHS」で概観した星の進化の終段階までの研究が具体的に進展した．

● **研究室スタッフの在任期間**

今から顧みると，1970年までの6年間には多種多数の宇宙物理の研究を達成することができたが，これは我々の研究室が多数の若い人材に恵まれていたせいである．また，物理教室の他の研究室と比べると，私以外のスタッフの在任期間はかなり短かく，これは研究室が活気に溢れていたことを示すものである（付録の天体核研究室のスタッフ一覧を参照）．

● **大学紛争** (1969〜1970)

1968年頃から世界各地の大学で，大学の規制的運営に反対する学生によって，

暴力によるキャンパス封鎖を伴った大学紛争が発生した。わが国でも1969年初頭に，東大では安田講堂立てこもりや入学試験の中止の事件が起こった。暴力的な新左翼の三派系と比較的に穏健な民青系の学生が対立して，改革の要求を大学当局につきつけた。京大では，1969年1月に，寮問題を契機として全学的紛争が勃発した。1月21日に，奥田総長の大学当局は部外者の学内立ち入り禁止の規制を実施した。これを契機に種々の建物が学生によって封鎖されて，紛争は全学の学部へ拡大し，2月の入学試験は学外で行われた。政府は「大学運営に関する臨時措置法」を8月に成立させて，警官の立ち入りによる学内の沈静化をはかった（京都大学百年史，総説編参照）。

この法律には，民青系の学生も反対して学内の紛争は長引き，物理の大学院入試の学科試験は学外（天王山の近辺）で実施され，第一教室主任の端教授と第二教室主任の私はその指揮をとる羽目になった。宇宙物理の院生らは我々の自動車を追跡してきたが，無事試験を終えることができた。また，翌日教室で行われた口頭試問も無事終了した。さて，翌1970年になって学内は一応静穏になった。

上の全学的紛争の影響を受けて，物理の研究室の中には，三派系の院生と民生系の院生の間に論争が生じたところもあった。しかし，わが研究室では，院生諸君は融和的に行動し，研究遂行に支障を起こすようなことは全く無かった。

§15. 京大物理学第二教室教授 II （1970～1975）

● エディントン・メダルの受賞 (1970)

1967年頃から私は，忙しい連日の研究と海外出張の影響のもとに，肝臓の不全に陥り，苦しい日々を送って，月一回は病院に通い，また嘉子に静脈注射を打ってもらった。このため，1970年のロンドン王立天文学会でのエディントン・メダルの授与式には欠席せざるを得なかった。代理として，ロンドンの大使館の事務官の方にメダルを受理して，送って頂いた。この私にとって，上述の大学紛争は海外出張の無い休養の機会ともなって，幸い1970年頃には肝不全の症状は軽減し，再び研究に専念できるようになった。

● 研究室スタッフの移動

1970年には，杉本君は名大助手から東大教養学部の助教授に昇任した．この頃また，講師の佐藤文隆君は基礎研へ助教授として転任し，1972年に中野君は基礎研助手から助教授として教室へ戻ってきた．また1971年に，蓬茨君は立教大学の助教授として転出し，1972年に池内了君が助手になった．

● 「太陽系起源」の研究の開始 (1969)

1969年頃から私は，日下迢（たかし），中野君とともに，太陽系の起源の初期段階の研究，特に太陽の回りを回転している原始太陽系星雲の温度・密度の分布と，その中でのダストの赤道面への沈殿・付着による成長の過程について研究を始めた．太陽系の研究に踏み切った理由は，原始太陽の光度や表面温度の時間変化が「林フェーズ」の研究によってほぼ明らかになったこと，また1960年代からの電波・赤外線・X線などによるHI雲・分子雲などの観測によって，星雲に含まれるダストの量や大きさなどがわかるとともに，人工衛星による重力場の精密測定によって木星がダスト成分のコア（質量は地球の約10倍の程度）を持っていることが明らかになったことなどである．昔の起源論とは違って，具体的な知識を基にした実証的な研究が初めて可能になったと判断したのである．

上の日下・中野・林の研究では，出発点となる原始星雲としては，原始太陽に照らされながらその周りを回転している，種族Iの化学組成を持ち，全質量が太陽の約50分の1のガスとダストよりなる熱的にも力学的にも平衡状態にある星雲を考えた．星雲のサイズは現太陽系の程度とした．最初，ダストは0.1ミクロン・サイズのものがガス中で一様に分布していて，太陽光が星雲の表面を照らしているモデルを設定して，ガスの温度と密度の分布を求めたのである．当時，ソヴィエトのV.S.サフロノフもこの小質量星雲モデルを採用した．これに対して，A.G.W.キャメロンは太陽質量の程度の大質量星雲モデルを考えたが，これは直ちに大きく分裂することが私にはわかった．

太陽系の研究を進めるために，私は50歳になって初めて天体力学の勉強を始めた．日本語の教科書としては荒木俊馬先生の［天体力学］（1980年刊行，404頁）は最良のものであった．英語では，物理教室の図書室からブラウワー・クレメンスの「天体力学の方法」(1961年) を借りて読んだが，良くまとまった本であった．以上の本の勉強は後の研究に非常に役立った．残念ながら，E.ポアンカレの仏

語の本を読むだけの余裕は無かった。

● 「超新星に至る星の進化」の研究 (池内・中沢・村井・蓬茨・林, 1971, 72)

　1971, 72年には, 池内了, 中沢, 村井 (名古屋大), 蓬茨の諸君とともに, 炭素・酸素の星から出発して, 中心での炭素燃焼から, ネオン・酸素・マグネシウム・珪素・ニッケルの燃焼を経て, 鉄のコア形成に至るまでの進化を, 太陽質量の1.5, 2.6, 5, 10, 30倍の炭素・酸素の星について詳しく計算した。前に述べたように, 電子とニュウトリノの直接相互作用によるニュウトリノの生成・放出が有る場合と無い場合の両方について計算した。ニュウトリノ放出が有る場合には, 進化が速く起こり, 密度の中心集中度は高く, 大質量の星では, 酸素と珪素の中心での燃焼は強いフラッシュとして起こること, また鉄のコアは収縮不安定をおこすことを見出した。ただし, 以上は影響の小さい, 水素とヘリウムのエンヴェロープの存在を無視した計算である。

　以上の研究の中心となったのは池内君であったが, この後同君は銀河の構造の研究を始めた。同じく私は, 原始星と太陽系の形成の研究に集中することにし, 星の進化の研究は杉本君の研究室に任せることにした。1987年にマジェラン雲に発生した超新星が詳しく観測されて, 超新星に至る進化のより詳しい計算が, 野本憲一・S. ウーズレイなど多くの人によって行われた。しかし, 2008年の現在, ニュウトリノの発生・放出などによる超新星の爆発の過程そのものの, 定量的な理論は未完成である。

● 学士院賞と恩賜賞の受賞 (1971)

　1971年6月には, 上野の日本学士院において, 天皇陛下 (昭和天皇) のご臨席のもとに, 私の「核反応と恒星の進化に関する研究」で学士院賞と恩賜賞を南原繁院長から頂いた。御紋付銀花瓶, 学士院賞牌, 賞金四十万円を受理した。式の後, 陛下は私の用意した研究資料をご覧になって種々の質問をされた。また, 随行の佐藤栄作首相から,「援助が必要なときは申し出てほしい」との言葉を頂いた。さて, 授賞の審査文書の作成とその説明や, 式当日の会員への紹介などについては, 学士院会員の朝永振一郎先生のお世話になった。この文書作成の下請けは小田稔氏がされた由である。授賞式の日の午後, 受賞者と学士院新会員の一同17名は宮中の午餐の会に招待された。これが私の最初の宮中への昇殿であった。

また，夜は文部大臣招待の晩餐会があった。

ところで，その後，私の受賞に関して横槍が入るという奇妙な出来事があった。兵庫県明石市相生町で按摩業を営む奇妙な人（柴谷鶴市氏）から，自分の研究結果（古来の陰陽説による）を以前に湯川先生宛てに送ったが，それを私が横取りしたという手紙が私に来たのである。この手紙を無視しておけばよかったのであるが，私は学士院の審査要旨のコピーを当人に送ってしまった。当人は京都の検察庁に私を告訴し，11月には著作権法違反の件で私は検事に呼び出された。私は二時間ばかり詳しく説明し，最後に当人を誣告罪で告発したらどうかと検事に尋ねたが，検事からは裁判に無駄な時間を使うだけであるので勧められないとの答えであった。この奇妙人は，自分の台風進路予測の特許のことで政府を告発したという，精神異常と思える人であった。結局，何事も無かったが，以上は私が二度と経験したことの無い変な出来事であった。

● オーバー・ドクター問題 (1971〜1988)

さて，我が研究室では，1971年から博士課程修了者の未就職問題，いわゆるOD（オーバー・ドクター）問題が始まった。1970年度の修了者であった，武田・日下・伊藤君は夫々順調に京大工学部・金沢工業大学・上智大学に就職できた。次の年次の池内了君は就職先がすぐには見つからなかったが，日本学術振興会（学振）の一年期限の研究奨励生になることができた。この学振の奨励生は，一つの研究室で最大一人しか当たらなかったので，以下の年次の院生の多くはODの悲運を味わうことになった。当時は大学予備校などのアルバイトの仕事は比較的容易に見つかったが，その精神的・時間的ロスを考えると，OD問題は，私にとって最も頭の痛い問題であった。

さて，地方大学からの教員の公募もあって，例えば，三重大学教育学部の公募に応募した，高原文郎君の推薦状を苦心して書いたが，採用は無かった。しかし，後に高原君はその能力が認められて，野辺山の研究所の助手を経て，東京都立大学の助教授に就職できた。他方，滋賀大学に応募したが駄目で，欧州へ留学して大きく成長し，早稲田大学教授に就任した前田恵一君もこの例である。また，助手であった観山正見君の福井大学助教授への応募もこの例であって，能力が認められての国立天文台の助教授への昇任は，私が考えていた通りの当然のことであった。ところで，オーバー・ドクター問題は，1988年頃には早川幸男氏らの

尽力によって，学振奨励生の増員と，期限の三年への延長が行われるに及んで，めでたく解消することになった。しかし，最近また問題は再発しているようでもある。

● 「回転ダスト層の重力不安定性」の研究 (1971)

1971年に私は，原始太陽系星雲中でのダストの沈殿によって生じた，薄い回転ダスト層の重力的不安定性を調べた。ダスト層のリング・モードの重力的不安定性の分散関係を計算して，最も多く形成される分裂片のサイズはkmの程度（質量は10^{16}グラムの程度）の微惑星であって，その星雲中の総数は約10^{12}個であることを見出した。この結果を宇宙航空研の「月・惑星シンポジウム」(1972)で報告し，その日本語の集録に掲載された。ダスト層のまわりのガスの差動回転によって生じる乱流の影響などは不明であったために，英文の論文にすることは差し控えた。他方，カリフォルニア工科大学のP.ゴールドライヒとW.ワードは，私と独立に全く同じ結果を得て，これは1973年のAp. J.に掲載された。ところで，ずっと後の1998年になって，関谷君は上述の乱流の効果を調べたが，分裂するかどうかの，結論はまだ出ていないようだ。これは，ダストの大きさのスペクトルを考慮しないと解けないほどに難しい問題であると思われる。

● 「非回転・自己重力系のガス平盤の不安定性」の研究 (1971, 72, 未発表)

上の研究に引き続いて，1971年の夏には星自身の形成問題に関連して，x－方向とy－方向とには無限に広がったガスの平衡平盤の分裂不安定性を調べた。つまり，波数がk_x, k_yの波の分散関係（成長率）を，ガスの状態方程式の種々の場合について，求めたのである。定式化は，ガスの流体方程式が全エネルギー（運動と重力）の変分原理から導かれるように行なった。そのトライアル関数としては，ルジャンドル多項式など種々のものを用いて，分散関係を数値計算した。その結果，「波長 - 成長率の関係」を，種々の状態方程式の場合について，十分な精度で知ることができた(1984年の退官記念講演の集録を参照)。

次に，1972年の初めには，一般に回転しているガス雲の平衡状態とその不安定性の問題に取り掛かったが，嘉子が外環状線伊賀の交差点の自動車事故で入院して，研究は頓挫した。また，S.チャンドラセカールが「テンサー・ヴィリヤル理論」の論文をAp. J.に発表した。その意図は私のものと似ていた。このよう

な事情で，私は上の変分原理の研究結果を論文にすることを断念した。しかし，回転ガス雲の平衡状態は，1980年代になって，成田・木口・林によって詳しく調べられた。ところで，我々が知りたいのは，星雲ガスの揺らぎからの星形成の理論である。これは平衡問題よりはずっと広い，初期値問題としての流体力学（更には電磁流体力学）であって，20世紀には解決できなかった課題であったことを，ここに強調しておきたい。

● 太陽系研究者の充実

上述のような太陽系起源の研究が進行すると，研究室の各年次の院生たちが次々と参加するようになって，研究者の数は次第に増大した。その名は，中川義次・水野博・観山正見・関谷実・小室輝芳などの諸君である。また，大阪大学基礎工学部の高木修二教授門下の院生であった，足立勲・西田修二君もわが太陽系研究のグループに参加して京都に通って来るようになった。これらの若い人々の参加によって，我々の研究の進展は大いに加速された。

● 「ダスト固体の成長」の研究 (中川・林, 1975)

1975年には，中川君とともに，周囲のガス分子との衝突によって熱運動状態にある，ダスト固体が相互の衝突・付着によって成長するときの，固体のサイズ分布の時間変化を研究した。まず，固体の成長方程式を定式化して，その解の特徴を解析的に調べた。ついで，数値計算によって，サイズ・スペクトルの形は方程式の相似解のものに近づき，このときのピーク質量は平均質量の8.8分の1であることを見出した。

§16. 京大物理学第二教室教授Ⅲ (1975～1980)

● 「固体へのガス・ドラッグの効果」の研究 (足立・中沢・林, 1976)

1976年に私は，足立勲・中沢君とともに，原始太陽系星雲中のダスト・グレインから微惑星にいたる，種々の大きさの固体を考えて，このような固体に働く，ガス・ドラッグの効果について研究した。すなわち，天体力学の摂動論を用いて，一般に楕円運動をしている固体の軌道半径や離心率などはガス・ドラッグによっ

て減少するが，これらの時間変化を調べたのである．その結果，太陽から1天文単位の場所では，質量が$10^3 \sim 10^8$グラムの範囲にある固体の軌道半径は，100年の程度の非常に短いタイム・スケールで半減することがわかった．

● 「回転するガス雲の等温的および断熱的収縮」の研究（中沢・高原・林・成田，1976，77）

非回転のガス球の収縮の計算は1970年に行われたが，回転する軸対称・赤道面対称のガス雲の収縮については，1976年には中沢・林・高原まり子が等温収縮の場合の，1977年には高原まり子・中沢・成田・林が断熱収縮の場合の数値計算を行なった．いずれの場合も，球座標のオイラー式を「FLIC (Fluid-In-Cell)」法を用いて，30×10の程度の数の分割で，種々の初期条件に対して計算したものである．結果として，等温収縮の場合は，比較的低温のときは回転リング，高温のときは回転スフェロイドが形成されることがわかった．また，断熱収縮の場合は，初期に比較的に速く回転している場合は回転リング，遅く回転している場合は回転スフェロイドが形成される．以上は勿論，輻射の計算を含んでいない．

さて，回転のある場合に，非常な広範囲の温度・密度の変化に対する，輻射輸送の効果を入れたガス雲収縮の計算は大変な時間を要するものである．ところで，2008年の現在でも，成田君は軸対称・二次元の輻射流体力学の，衝撃波を含んだ収縮計算を続けており，更に木口君は，「FFT (Fast Fourier Transform)」法による重力計算の時間の短縮に成功し，これを三次元の流体計算に役立てることを考えている．

● 理学部長就任と竹本助手処分問題（1977，78）

京大では，1969年の大学紛争の継続としての，竹本問題の解決が残されていた．すなわち，1972年1月，新左翼の理論家で，1969年の京大闘争の指導者の一人であった経済学部の竹本信弘助手が，埼玉県朝霞の自衛官殺害事件に関連して，全国に指名手配された．以来潜行した同助手からは経済学部への連絡が全く無く，1973年1月の経済学部教授会は免職の処分を決定して，前田総長に上申した．評議会での審査は，過激派の学生の強い反対運動のために開始が遅れ，やっと1977年2月に岡本総長のもとに始まった．この時，私は評議員であり，また1977年4月から2年間は理学部長であった．1977年6月には，処分案は評議会

1978年10月 9大学理学部長会議（東大），於学士会館，日本列島の南北の順に右左に並ぶ，学部長9名中物理が4名を占める：前列左より2人目は東北大の武田暁・5人目は名大の早川幸男・6人目は京大の林・7人目は阪大の内山龍雄，後列は各大学理学部の事務長

の賛成多数（過半数の1票差）で可決された（京都大学百年史，総説編参照）。

　この時の部局長会議のメンバーが集まって，岡本先生を囲む懇親会「52年会」が開かれ，この会は毎年6月に，大宮通上立売の料理店「万重」で開催されることになった。

　上述の評議会の審査の期間中に，私は次のような全く新しい体験をした。その一つは，理学部の山口昌哉評議員（数学）と私の，同学会系の学生との11時間にわたる団体交渉である。これは数学教室の大講義室で行われた。最後に，大学の医療室の医師の検診の結果，山口氏の血圧が異常に上昇したので，団交は打ち切られた。もう一つは，私が部長室にいたとき数人の学生が扉を壊して乱入し，時計台の下の広場まで私を拉致して，2時間ばかりの団交を強要したのである。この団交が2時間で終わったのは，警察の機動隊が近くに駐留していた為のようである。今顧みると，いずれの団交もその応答の内容は取るに足らないもので，比較的単純な質問と答弁の繰り返しであった。

　ところで，私は1977年の理学部長就任は，軌道に乗っていた太陽系の研究推進の大きな妨げになるもと考えていた。理学部協議会での私の予想外の選出は，当時理学部の職員組合の役員をしていた池内君の好意的な画策によるものであったようだ。私は助教授の中野君を通じて，就任回避の運動をしたが効果はなかっ

た。さて，私は学部長として，当時盛んだった左翼系の職員組合との団交や過激派の学生との団交に時間を費やし，研究の余裕がほぼ無くなったが，幸い中沢君たちが研究グループをうまくまとめてくれて，大きい支障なしに研究を進めることができた。当時，学部長としての2年間の空白は，私自身の研究能力の持続にとって大きい障害であると考えていた。また，他大学への転任も考えたが，新しい研究室の構築には更に時間を要するので考え直した。さて，任期が終わって見ると，2年間の空白に近い状態が続いても，私の研究能力は低下を来たさなかったのである。

● 9大学理学部長会議と理学部施設の視察 (1977, 78)

1977, 78年には，9大学理学部長会議が4回行われた。名大の早川幸男氏や東大の田丸謙二氏（化学）とはずっと一緒であった。九州大での会議の際には，阿蘇山までの自動車による旅行があり，私は京大理学部付置の火山研究所を初めて視察する機会に恵まれた。北大での会議では，洞爺湖を訪れて一泊し，有珠山の昭和新山を見学した。しかし，京大の概算要求の件で，翌日の朝早くに私だけは帰京して岡本総長と会談した。また，東工大の会議では，当時完成したばかりの，副都心新宿の高層ビルの内部を詳しく見学することができた。

ところで，京大理学部には多数の付属施設があって，阿蘇のほかに，白浜の臨海実験所と神岡の飛騨天文台の太陽望遠鏡を視察してスタッフと歓談した。阿蘇からの帰りに，別府の温泉研究所を視察する予定であったが，交通の便が悪くて機会を逸してしまった。さて，大学の権威のお蔭か，これらの施設は恵まれた環境の良い場所に設置されている。ところで，2003年の大学法人化以後は，常駐するスタッフの数が減少したとのことである。

● 「惑星の形成過程」の研究 (足立・中沢・林，1977)

さて1977年には，再び足立・中沢君とともに，惑星の形成にいたるまでの微惑星の長期の振る舞いを詳しく調べて，惑星の形成時間を計算し，これらの結果を33頁に及ぶ長編の論文として天文学会の英文誌に投稿した。我々は，日下たちが1970年に考えた太陽系星雲をもとにして，比較的小質量の原始惑星と多数の微惑星が太陽の周りを回転しているような進化段階を考えた。このとき，微惑星のケプラー軌道は，ガスの抵抗，他の微惑星との相互作用，原始惑星の重力と

いう三つ効果によって極めてゆっくりと変化する。我々は，これらの効果の各々による，長半径・離心率・傾角という三つの軌道要素の長時間変化を解析的および数値的に詳しく計算した。さらに，これらの変化を組み合わせることによって，微惑星集団の確率過程としての，長半径の時間変化の平均値を求めた。その結果，地球と木星のダスト・コアの形成時間は夫々 10^7 年と 10^8 年の程度であって，これらの時間は原始惑星の重力圏（ヒル球）の外部の領域で微惑星が移動に要する時間であることを見出した。

●教室での「太陽系起源」のワークショップ (1977〜)

1977 年 12 月には，中沢君の世話によって，京大物理教室で 3 日間の「太陽系起源」のワークショップを開催した（科学 1978 年 7 月号参照）。学外からは小沼直樹・小嶋稔・古在由秀・久城育夫などの諸氏が参加して，一年毎に数回続いた。その目的は，多分野の研究者が集まって，これまでの成果を統合して，系統的・実証的な太陽系進化のシナリオを作り上げることにあった。

●東大物理教室への佐藤勝彦君の推薦

さて，1978 年に，東大物理の級友であって，同教室の教授（光学実験）である桑原五郎君が理学部長室を訪問されて，教室で欠けている天体物理のスタッフの推薦を依頼された。両佐藤君と面談して，意向を聞いたところ，文隆君は，最近家を新築したばかりとのこともあり，勝彦君夫妻は移動してもよいとのことで，勝彦君を推薦することになった。結局，同君は 1982 年に東大物理の助教授に就任し，研究室を創設して人材を育成した。1990 年には教授に昇任し，1999 年には宇宙国際研究センターを新設して，センター長に就任した。

●「巨大惑星の形成過程」の研究 (水野・中沢・林, 1978)

1978 年には，水野・中沢君とともに，巨大惑星である木星や土星の形成過程を調べた。ダストより成る惑星のコアが成長すると，周りの大量のガスがコアを取り巻くようになり，コアの質量が地球質量の 10 倍の程度になると，ガス雲は重力的に不安定になって急速に収縮することを見出した。しかしこの収縮は，力学的なものではなくて準静的なものであることが，1980 年の IAU シンポジウムにおいて，P. ボーデンハイマーによって指摘された。なお 2000 年代になって，

中沢君たちはこの準静的な重力収縮過程を数値計算によって詳しく調べた。

● 「地球の原始大気」の研究 (水野・中沢・林, 1979)

他方1979年には，水野・中沢君とともに，微惑星の付着によって成長している原始地球の周りに形成される，比較的高密度のガスの原始大気の構造，とくにその温度分布を調べた。その際，温度を決める輻射の吸収係数については，ガス中のH_2とH_2Oの分子の寄与を考えた。計算の結果，原始地球の質量が地球の0.25倍を越すと，不透明なガス大気の底の温度は1,500度以上に上昇して，地球を構成するダスト物質は溶融し，また鉄は地球中心に向かって沈殿してコアを作ることを見出した。以上の原始大気の散逸は，太陽系星雲のガスが散逸した後に起こることになる。

● 「太陽系星雲ガスと地球原始大気の散逸」の研究 (関谷・中沢・林, 1980, 81)

1980年と1981年には，関谷・中沢君とともに，地球の原始大気の散逸時間を推定した。散逸の機構としては，種々のものを調べたが，Tタウリ段階にあった太陽の放出したfar-UV輻射（波長0.145-0.185ミクロン）をH_2OやH_2分子が吸収する際の加熱が，最も効率が良いことを見出した。この輻射の強度として，Tタウリ星の観測値を用いると，地球の原始大気の散逸時間は2×10^7年の程度であって，現在の地球大気の観測と矛盾するところは無い。

上の研究を基にして，その前段階の過程である，H分子とHe原子よりなる太陽系星雲の全体としての散逸時間を推定した。太陽風の効果を別にすると，Tタウリ段階にある太陽が放射するfar-UV輻射による散逸時間は$10^6 - 10^7$年の程度であることがわかった。土星のダスト・コアの形成時間は10^7年の程度であるので，木星と土星の質量の違いはこれによって説明できることになった。

● サンタクルツの「星の進化」のワークショップ (1979)

1979年7月より約一月半にわたって，米国のサンタクルツのカルフォルニア大学で「星の進化」の国際ワークショップが開催された。主催者はP. ボーデンハイマーとS. ウーズレイ，出席者は，R. ラーソン・F. シュー・L. メステル・D. ブラックなどをはじめとする多彩な顔ぶれであって，私は中沢・成田君とともに出席した。我々三人は一つの学生寮を借りて自炊した。学生食堂の食事がまずかっ

たのである．私は太陽系起源のこれまでの京都グループの成果の概要を講演し，多くの質問を受けたが，残念ながら現在その記録は残っていない．

● 「SPH の計算法」の研究開始 (観山・成田・林, 1980)

上述のワークショップにおいて，ケンブリッジ大学出身の D. ウッドから，彼の作った流体計算に便利な，いわゆる SPM (Smoothed Particle Method) 法があることを聞いた．これはまた，SPH (Smoothed Particle Hydrodynamics) 法と呼ばれている．帰国して早速，観山正見君に薦めて，成田君とともに，ウッドのコードを大きく改良した，次のようなコードを開発した．すなわち，流体は，中心の位置座標と大きさを持った等質量の球状粒子の集団から成り，各粒子の大きさは隣の粒子との距離によって決まり，各粒子はラグランジュ的な運動をすると考えた．各粒子の密度の分布はガウス分布に従うものとし，また，衝撃波の記述ができるように人工粘性項を導入した．1,000 個の粒子を用いた，この SPH 法の計算では，10^4 の程度の密度のコントラストを持った状態が記述できる事がわかった．

● 京都の IAU 国際シンポジウム 「星の進化理論の基本問題」(1980)

1980 年 7 月 22 日–25 日には，IAU の国際シンポジウム No. 93「星の進化理論の基本問題」が京大会館で開催された．組織委員会の委員長は杉本大一郎君と R.J. テイラー（英国，サセックス大学）であり，国内委員会の委員長は佐藤文隆君であった．出席者は外国人が約 40 名，日本人は約 90 名で若い人も多かった．さて，7 月 25 日は私の 60 歳の誕生日であって，最終日の晩餐会には私が E.E. サルピーターや A.G. マッセヴィッチたちから祝辞や贈り物を受けるように日程が組まれていた．会の開催のための諸種の予算の獲得などに努力された杉本，佐藤文隆君たちに感謝したい．

会議は杉本君の開会の辞に始まり，七つのセッションで，星の形成・二重星・星の回転・磁場の効果・星の爆発などについて，夫々レヴユと論文の講演が行われ，一般討論を経て，テイラーとサルピーターの閉会の辞で終了した．私はセッション 3 で，太陽系の起源についての，これまでの研究成果，特に全惑星の形成過程の時刻表を約 40 分にわたって講演した．非常に多数の質問があり，特にフランスの E.L. シャッツマンからは，微惑星の運動に対する，ガスの乱流の効果についての鋭い質問があった．差分回転に起因する，水平方向と上下方向の乱流

1980 IAU シンポジウム No. 93,「星の進化理論の基本問題」, 於京大会館, 前列私の左は順に R.J. Taylor・E.E. Salpeter・A.G. Massevich・杉本大一郎・鶴田幸子, 私の右は佐藤文隆の諸氏, 私の還暦の日の 7 月 25 日には, 祝辞と贈り物を頂いた

の大きさを知ることは, 非常に重要かつ難しい問題で, 21 世紀の現在でも多くの人が研究中の課題である。ところで, NASA Greenbelt の故 R. キャメロンの未亡人が出席されていて, 会議の翌日, 私宅に招待して食事した。私は再び, キャメロンに対する心からのお悔やみを申し上げた。

さて, 教室の近くの北白川でサルピーターと食事を共にしていたとき, 彼から「米国では連邦法によって大学教授の定年が 70 歳に延長された」という話を聞いた。定年があと四年に迫っている私にとっては羨ましい話であった。その後, 米国では定年は撤廃された。実際, 人間の平均寿命が昔の 50 歳から 80 歳に延びた現在, 定年の年限が変わらないことは, 全く理解し難いことである。わが国では, やっと 2000 年代になって, 東工大と東大で定年が 60 歳から 65 歳に延長されたが, 京大その他の大学ではまだ不変である。少子高齢化の現在, 大学教授だけでなく, 一般の公務員や会社職員の, 少なくとも 70 歳までの定年延長は国家の将来にとっての重要な課題であり, また, 老人の福祉に対する若者の負担はできるだけ下げるべきである。私はこれまで, 学士院などで機会があるごとに, 以上の定年延長論を説いてきたが, その反応は賛否半々というところである。

§17. 京大物理学第二教室教授 IV (1980〜1984)

● 「初期の太陽系星雲の密度分布」の研究 (1981)

1980年のIAUシンポジウムの集録は1981年に刊行されたが，この開催を記念する補助として「プログレスのサプルメント」70号が1981年に刊行された。佐藤文隆君からの要請を受けて，私は「太陽系星雲の構造・磁場の成長と減衰・星雲に対する磁場と乱流の効果」という三題の論文を発表した。その第一題の平衡状態にある星雲の初期構造については，(1) 輻射輸送の難しい問題を避けるために，ダストの大部分が既に沈殿していて，H分子・He原子のガスが太陽光に対して透明になっている段階を考え，(2) ダスト物質の太陽からの距離は時間的に変わらないという仮定のもとに，現在の惑星やそのコアのダストの質量に幅をもたせて平滑化すると，ガスとダストの密度分布が極めて簡単な式で表されることを見出したのである。

この式では，赤道面上の密度は，太陽からの距離の-2.75乗に比例する。また，ダストは，小惑星より遠方の領域では氷と鉱物からなるが，近傍では氷は蒸発していて鉱物だけからなり，ダスト密度は約4分の1に落ちている。ガスを含めた星雲の総質量は太陽の0.013倍である。さて，以上の初期星雲の構造は，標準的な京都モデルとして，多くの人々によって使われるようになった。

● 湯川先生の突然のご逝去 (1981年) と思い出

1981年9月8日に湯川先生は，急性の肺炎と心不全のために74歳で逝去された。全く予想外のことで，早速お宅を訪問した。9月11日には午後1時より，岡崎天王町の岡崎別院で密葬が行われ，私は受付の役についた。多数の弔問客があったが，とりわけ，これまでのよき対談相手であった司馬遼太郎氏が水溜りを元気よく飛び越して帰って行かれたことが思い出される。告別式は9月19日午後1時より，知恩院阿弥陀堂で行われたが，私は出席できなかった。

さて，思い出であるが，1947年頃，私は先生のお部屋で，物理が将来発展する領域として，生物物理と天体物理があるというお話を聞いた。私は，さらに数理経済学も含まれるであろうと申し上げた。この先生の予言は事実となって現れた。さて，先生は，核兵器廃絶や科学技術の平和利用の運動として著名な，ラッ

セル・アインシュタイン宣言やパグウオッシュ会議に署名・出席されているが，世界連邦運動にも大きく活躍された。先生は私に，「富裕な米国はこの運動に反対するから，早期の実現は非常に難しい」と話された。この運動は，ご夫人のスミさんが後を継がれ，私と妻嘉子は会員として参加した。会員には，スミさんお手書きの湯のみ茶碗が配られ，私は珍重して使用している。

1947年頃，湯川研究室の全員が農学部のグラウンドでソフトボールの練習をしていた時（私は捕手），見物しておられた先生はバッターボックスに立たれて，見事な安打を外野手の前に打たれ，全力疾走して二塁に向かおうとされた。しかし途中で脚の肉離れをおこされ，近くご予定の原子力委員会関係の外国旅行が不可能になった。他日，先生は私に，「君は柔道部で練習をしたが，私も学生時代にクラブ活動で体を鍛えておけば良かった」と話されたことがあった。

1964年に物理学科の拡充がきまったが，先生は研究室の井上健助教授の処遇に苦労された。井上氏は研究室に自由な環境を作り上げて，多くの人材を育成されてきたが，最近に執筆された論文が無いために，教室内では，残念ながら，教授に昇任を望む声はあまり聞かれなかった。そこで，先生は井上氏を説得されて，1965年に，井上氏は京大教養部の教授に就任された。ここで井上氏は，課題となっていた教養部改組の進行に手腕を発揮され，1971年度と1979年度の二回にわたって教養部長を勤められて，現在の総合人間学部と人間・環境学研究科を創生する基礎を築かれた。

● 「等温・回転ガス雲の平衡状態」の解析的な解の発見 (成田・観山・林, 1982)

1982年には，成田・観山君と共に，無限に広がった，回転・等温・軸対称のガス・ディスクの平衡状態については，平坦度を表わす一個のパラメーターで指定される，解析的な解のファミリーが存在することを発見した。この解はもともと私が発見したもので，成田君は，平坦な場合の解が安定であることを，数値計算によって明らかにした。この安定性の計算を別にすると，我々と独立に米国MITのA.ツウムレ (A. Toomre) も1982年に同じ発見をしていたことが後でわかった。

● 日光のシンポジウム出席と文化功労者に選出 (1982)

1982年9月には，栃木県日光において，国際地学のシンポジウムが開催されて，

中沢君と共に出席して太陽系起源について総合講演をした。この機会に東照宮を再び詳しく見学することができた。会議の途中で教室の武藤二郎教授の訃報が入り，急遽帰って葬儀に出席，告別の辞を述べた。武藤氏は極めて温和な人柄で，教室の運営に尽くされた。さて，私は11月には，文化功労者に選ばれて，宮中のお茶の会に招待された。受賞者の代表の一人として，文部省の隣の文化会館で「宇宙の階層構造」の題で，一般向きの講演を行った。聴衆の中に，杉本夫人の薫さんを見かけた。

●中沢君の東大への転出 (1982)

太陽系研究の進展に尽力してきた中沢君は，1982年に，小嶋稔氏の勧誘もあって，京大物理の助教授から東大地球物理の助教授に転任し，研究室を創設して中川君を助手に迎え入れた。また，学部のP4のゼミで指導した井田茂君は，私の勧めもあって，ここの院生となった。さて，後述の「原始星と惑星II」の論文の第7章の研究は，主としてこの研究室で行われたものである。中沢君は数年後には，東工大理学部の教授に栄転した。他方，我が教室の中沢君の後任の助手としては，観山君が就任した。

●「惑星の形成時間」の計算 (中川・中沢・林, 1983)

1983年には，中川・中沢君と共に，ガスの存在する星雲内での微惑星の付着による成長の方程式を定式化し，そのサイズ・スペクトルを考慮にいれて，数値計算によって解を求めた。電子計算機の高速化によって，この計算は可能になったのである。微惑星の離心率と傾角は，相互の重力散乱による励起とガス抵抗による消散との釣合いによって決まるものと仮定した。半径方向の運動としては，相互の散乱による拡散とガス抵抗による内向きの流れの両方を考慮にいれた。この拡散は，終期には重要になって，成長を大きく加速する。以上の計算の結果として，1×10^{27}gの質量をもつ原始地球，原始木星，原始土星の形成時間は，夫々，5×10^6，1×10^7，2×10^8年であることが，かなり正確にわかるようになった。

●「月の起源」の研究 (中沢・小室・林, 1983)

他方，同年には，中沢・小室輝芳君と共に，月の起源の一つの可能な過程を調べた。すなわち，(1) 月が地球の原始大気に突入し，ガス抵抗を受けて地球の束

縛軌道に落ちること，(2) 地球の潮汐力のために，月は地球に落下・衝突しないこと，の二条件を共に満たす解の存在の可能性を調べたのである．結果として，比較的低エネルギーの月が突入する場合には条件 (1) が満たされること，また潮汐力の効果は条件 (2) を満たすのに十分であることを見出した．A.G.W. キャメロンたちは月の起源の大衝突説を提唱しているが，上のような可能性もあることを知っている必要がある．最後の決め手となるのは，月の構造や化学組成などの詳しい観測のデータであろう．

● SPH 法による「回転・等温雲のコラップスと分裂」の研究（観山・成田・林，1984）

　分子雲における星の形成は，低密度で輻射に透明な段階から始まるものと考えられる．1984 年に我々は，開発した「SPH」法のコードを用い，ガス雲を最大で 4,000 個の粒子で分割して，回転する等温のガス雲の重力収縮・分裂の過程の特徴を明らかにすることに成功した．すなわち，初期のガス雲が一様回転・一様密度の球である場合，その熱エネルギーと重力エネルギーの比を α，回転エネルギーと重力エネルギーの比を β としたとき，収縮・分裂の過程の特徴は，その積 $\alpha\beta$ の値によって決まることを見出したのである．すなわち，$\alpha\beta>0.20$ の場合は，雲はあまり収縮せずに平衡形状の近くを振動する．$0.20>\alpha\beta>0.12$ の場合には，雲の内部はかなり収縮して，平坦なディスク状になるが分裂はしない．$0.12>\alpha\beta$ の場合には，雲の内部は非常に平坦なディスク状になって数個の雲に分裂する．上の $\alpha\beta<0.20$ の場合にできるディスクの平坦度（＝半径／厚み）は，$1/\alpha\beta$ の程度である．ところで，粒子の数が更に大きい場合の計算によるチェックが望まれたが，当時の計算機の能力では，4,000 個が精一杯であった．

● FLIC 法による「回転・軸対称・等温雲のコラップスの特性」の研究（成田・観山・林，1984）

　上の「SPH」法の計算の補足と発展のために，我々が改良した「FLIC (Fluid In Cell)」法のコードを用いて，回転・軸対称・等温の雲の，円柱座標を用いた二次元的な収縮過程を数値計算した．体積一定の境界条件を用い，一様密度・剛体回転の球やディスクを初期条件とした．FLIC 法では，SPH 法の計算とは違って，密度のコントラストが 10^{10} という大きい値をとる場合の計算も可能であった．

しかし，三次元の代わりの二次元計算であるので，分裂の状況を正確に記述できない恐れがある．さて，計算の結果，収縮が進むと雲の構造は，コア・内エンヴェロープ・外エンヴェロープの三領域に分かれることがわかった．コアは，密度はほぼ一様で，ジーンズ質量の程度であって，ランナウエイ・コラップスを起こす．コアと内エンヴェロープは，あまり平坦にならないで，リング不安定を起こさない．外エンヴェロープは，初期条件に依存して，平坦度が大きくなってリング不安定を起こす場合がある．

● 「原始星と惑星Ⅱ」シンポジウムの論文「太陽系の形成」の作成（中沢・中川・林，1984）

1984年1月には，米国コロラド州のツーソンで「原始星と惑星Ⅱ」の国際シンポジウムが開催された．主催者である，旧知のD.C.ブラックから招待状がきたが，退官間際のことで出席できなかった．ブラックからは刊行予定の論文集に寄稿するようにとの要請があったので，当時は東大地球物理教室に勤務していた，中沢・中川君と共に総合報告の論文作成に急遽取り掛かった．未発表のものを含めた，「京都モデル」の研究成果の集大成をしたのである．このシンポジウムの報告は1985年に刊行され，我々の長編の論文はその最後の54頁を占めた．

我々の論文は，序文と，進化の時間順に並んだ10章からなっている．〈第1章〉は，研究の進め方，〈第2章〉は，原始太陽と太陽系星雲の形成，〈第3章〉は，初期の星雲のモデル，〈第4章〉は，微惑星の形成，〈第5章〉は，地球型惑星と巨大惑星のコアの形成，〈第6章〉は，巨大惑星の形成と星雲の散逸，〈第7章〉は，原始地球の進化，〈第8章〉は，衛星とリングの起源，〈第9章〉は，小惑星と隕石，〈第10章〉は，まとめ，である．第2章までと，まとめの図は私が書き，残りは中沢・中川君にお願いした．私の考案したまとめの図は，太陽からの距離をr，初期からの時間をtとしたときの，太陽系進化の各事象を$\log r - \log t$の図上にプロットしたもので，付録の図1に示すように，極めて解り易いものになっている．

● 退官記念講演「膨張宇宙初期の星と銀河の形成」(1984)

私は4月1日に退官して，京都大学名誉教授の称号を得た．ところで，中沢君の転任後，1982年から私はひとりで，膨張宇宙初期における最初の星と銀河

1995 物理教室の南舘を中庭から見る．私の在職中の教授室は5階の左端から3番目，中庭の右手の低い木は私が定年退職時に購入寄贈した「アメリカはなみずき」

の形成の研究を始めた。私自身の星間雲の重力不安定性の研究や，成田・中沢・中野・観山正観君たちとの星間雲分裂片の力学的収縮過程の共同研究の結果を基にして，シナリオを書いてみたいと思ったのである。約2年間の研究結果をまとめて，1984年4月7日の定年退官記念の講演会で約一時間半にわたって発表した。この会は理学部の大講義室で行われ，約300名の聴衆があり，教官も数多く出席されて，基礎研の福来正孝氏の適切な質問もあった。この講演の採録は松田卓也君によって行われ，日本語で1985年の日本物理学会誌第40巻第1号9–23頁に掲載された。今から思うと，このとき英語の論文にしておいた方が良かったであろう。

　この論文の主題は「星と銀河の形成」，副題は「宇宙の全体の進化と非球的オブジェクトの形成・進化」で，次の6章からなっている。⟨1⟩私のこれまでの研究の主題，⟨2⟩天体の諸階層，(a) 観測，(b) 銀河超集団の特徴，(c) 諸階層の形成・進化の要因，(d) 星・銀河形成時の温度とガス圧，⟨3⟩回転・等温ガス雲の重力崩壊・分裂のシミュレーション（3次元計算），⟨4⟩ガス雲の収縮・分裂の理論，(a) 一様密度の楕円体の自由落下（3軸不等性の拡大），(b) 薄い円盤や円柱の分裂（重力不安定性によるゆらぎの成長），(c) 分裂に関するその他の諸問題，⟨5⟩ビッグバン宇宙における初代の星と銀河の形成，⟨6⟩私の研究の方法。この第6章は，これまでの私の研究の方法論と環境の重要性について回顧したものである。

　以上のような，初代の星と銀河の形成の過程を定量的に明確にするには，重力不安定性などによる，ガスの密度ゆらぎが大きく成長する過程を定式化して，この非線形の方程式を数値的に解かねばならない。私は今後，若い人々によって，このような研究が進展することを期待したが，問題が難しいのと，計算機の能力が足らないせいもあって，期待の通りには進まなかった。しかし，1990年代に入って，研究室の西亮一・大向一行君達によって研究は進展したようである。

　講演の当日の夜には，京都ホテルで記念パーティーが開かれて，退官記念事業

会（中心となったのは中野君）から富士通製のパソコン1台（FM11）・英語ワープロ1台（ソフト＋印刷機）・日本語ワープロ1台（ソフト＋印刷機）の寄贈を受けた。これは，退官後は教室の秘書の援助が無いために，自分で数値計算や論文のタイプをする必要があるので，私が事業会に希望した品々であった。この寄贈は門下生などの好意ある寄付によるもので，総額は約100万円を越した程度であったと聞いている。他方，退官の際の，物理教室へのささやかな寄付として，美しい花をつける「アメリカはなみずき」の樹を一本買って，教室中央の空き地の南寄りに植樹した。この植樹は，すべて浅井健次郎教授（物一教室主任）のお世話になった。

●退官後の教室出入とゼミ（1984～2003）

さて，退官の約一月前の，教室の研究計画委員会で，私は退官後も研究を続けたいので，研究室の片隅でよいから机を貸してほしいと申し出た。教授が退官後に教室に残ることはこれまでタブーであったが，米国の教授の状況などを参考にして，敢えて申し出たのである。幸い，小林晨作教授たちの好意によって，実験系グループ共同の，非常勤講義室に机を構えることができた。爾後2003年頃まで，この部屋で毎土曜日の午後には成田・観山・木口・武田その他の諸君とゼミを開くことができて，ここで議論を交わすことは，私の大きい生きがいとなった。ゼミの終了後は，研究室のゼミ室でコーヒーを飲むのを常としたが，このとき助手の山田良透君達によく会って種々の話を交わした。

§18. 定年退職後 I（1984～1990）

●パソコンとソフトの勉強

退官のときに贈られたパソコンとソフトは富士通製であり，これは，富士通のハードウェアは信用できるとの松田君たちの推薦によるものであった。しかし，実際はソフトが駄目で，大原謙一君の約二ヶ月の援助の後に，やっとパソコンは動き出した。東大物理に転勤していた佐藤勝彦君が後で言うところによると，当時，MSDOSのソフトを用いていた同君のNEC製のパソコンは簡単に動いていたのである。つまり，UNIXを簡略化したMSDOSの有用性を軽視したのは，富

士通の技術者の大きな失敗であった。

　ところで，私は大型電子計算機の設置の運動をしていた頃から，計算機のハードとソフトの両面の機構の奥底を一度は知りたい（ブラック・ボックスの中身を一度は覗きたい）と思っていたので，この機会に長期にわたる勉強を始めた。今考えると，これは時間の大きな損失でもあった。私は，アセンブラー，BASIC，FORTRAN，C言語などで数値計算をしてみて，その効率や便利さを比較した。その結果，ポインターをできるだけ使用しないC言語が実際的には最も便利であることを見出した。また，数値計算と，その結果の図の作成に限れば，C言語の多数の面倒な関数のうちの僅か十分の一を知っていれば十分であることがわかった。

　更に，上付き・下付き・ギリシャ文字などを含んだ数式を見やすく書くためのフォントの作成を試みた。非常に手の込んだ作業ではあった。この試作品を成田君は使用してくれた。しかし，クヌースが無料のソフト，「テフ（TeX）」を発表するに至って，私の努力はほぼ無駄になった。以上は，パソコン世界への思慮の無い深入りが，時間のロスであることを示す一例である。教官は新入の院生にたいして，C言語とTeXだけを勉強するように指導すべきであろう。

　パソコンの買い替えは，1986年にはFM11に代えてFM16βを購入，1996年には富士通製のMSウィンドウ95を購入，1999年にはNEC製のウィンドウMS98を購入，2003年にはウィンドウMSXPを孫の浩平に頼んで組み立て，2006年にはデル製のウィンドウMSXP（3.2 MHz）を購入した。この間，高速化・大容量化など性能の向上には驚異的なものがあった。パソコンの低価格化，高性能化とその普及は1,800代の当初から予想されたことであった。私はこれまで，当初の目的の通りに，パソコンの使用は数値計算とその図示およびワープロに限ることにし，2000年代になって初めて，インターネットによる情報取得を付け加えた。

●庭の手入れ（1985～）

　退職後は暇ができたので，庭の手入れや掃除をよくするようになった。さて，非常に古い紫竹西南町の生家の庭には，見事な枝ぶりの松を中心にして，燈篭・置物や手水鉢などが在り，特に1 m平方の狭い場所には見栄えのよい杉苔が密植していた。父誠次郎は何時も井戸から水を汲んで庭に打ち水をしていた。とこ

ろで，1958年に入居した桃山与五郎町の京阪住宅は，総面積80坪の約半分は庭で，種々の木が植えてあったが，当時はさらに目隠し専用に，金木犀・まき・かいずか伊吹などを付け足した．退職後1984～85年に現在の家を新築した際には，本格的な庭の造成を平井造園に依頼して，現在の庭が完成した．ほぼ40坪の土地を二分して南側は木・石・杉苔，北側は御影石の白砂からなるようにした．杉苔を選んだのは，上記生家の庭の影響である．この白砂は夏の日照が強すぎるので，二年後には私自身が，杉苔・石・万年青からなる島を三個造成した．また，孫の浩平とゆりの誕生を記念して，白梅と紅梅を買って植樹した．

　以上の庭の本格的な手入れは毎年12月に庭師が行っているが，日常の手入れ，つまり落ち葉の掃除や杉苔の保全（雑草や雑蘚苔（水ゴケや銭ゴケなど）の除去と杉苔の移植）は大変な仕事であって，これは現在まで私が行ってきた．ただし，家内の掃除は全然しないのである．庭仕事は，時間を要するが，案外，心身をリラックスさせる効果をもっている．さて，杉苔の保全に散水は是非必要であるが，水浸しにしてはいけない．また，移植はある程度硬い土の上に行う必要がある．杉苔は根からではなしに，空気から水分を吸収するのである．一番厄介なことは，銭ゴケの類が繁殖した場合であって，これを除去するにはかなりの手数を要する．木の根の成長や蚯蚓などは，杉苔には一般に悪影響を及ぼす．これまでの手入れで，庭の生態系について以上のような発見をした．

● 「ガス中の重力球へのドラッグ」の研究 (武田・松田・沢田・林，1985)

　1985年には，武田・松田・沢田君と共に，論文「ガス中の重力球の運動に対するガスのドラッグ」を発表した．これは，私が武田君に勧めて，微惑星が原始惑星に成長すると一次大気に包まれるが，このとき惑星にはたらくガス・ドラッグが惑星の質量にどう依存するかを調べたものである．問題は，惑星の重力を遠方でどのようにカット・オフするかにあった．武田君は詳しい数値計算を繰り返へすことによって，有意義の結果を得ることに成功した．この後も非常に長い間，同君は回転がある場合の計算を続けたので，私は他の重要なテーマに移るように忠告したが，その効果は無かった．

● 東京池袋のIAUシンポジウム［星の形成領域］(1985)

　1985年11月には，東京池袋のホテルでIAUシンポジウムNo. 115［星の形成

領域〕（理論と電波・赤外の観測）が5日間に渡って開催された。組織委員会の委員長は森本雅樹氏であった。出席者は外国人が17カ国の約90名，日本人が約110名の盛況であった。私は星形成のシナリオのセッションで，「等温雲の平衡と力学」という題のレヴュ講演をした。これは主として，私どものこれまでの研究結果を纏め上げたものである。バークレイのF. シューから，星とガスの質量比についての鋭い質問があった。

● 「層流の小質量太陽系星雲中でのダスト粒子の沈降と成長」の研究（中川・関谷・林，1986）

1986年の雑誌「Icarus」67巻に，表題の研究の成果を発表した。初期の太陽系星雲内に存在した垂直方向の対流や乱流は，ダスト粒子の急速な成長による，光の吸収係数の温度依存性の減少によって，消滅するものと考えられる。このように層流状態になった星雲中でのダスト粒子の沈降と成長の過程を，ガスとダストの二成分流体として，解析的に解いたのである。星雲の垂直ならびに水平方向のダスト沈積の道筋，ダスト・サイズの成長，ならびに，沈積時間を求めることに成功した。結果は次の通りである。まず，沈降過程は，初期のガス・ドミナントと終期のダスト・ドミナントの時期からなる。これまでは，粒子の道筋が垂直方向から水平方向に転ずるまでの，ガス・ドミナントの場合しか調べられていなかったが，ダストがガスを引っ張るような，水平方向から再び垂直方向に転ずるダスト・ドミナントの時期が存在するのである。計算の結果，地球（木星）軌道での，ダスト層の重力不安定が始まるときの粒子半径は20 cm (5.9 cm)，全沈降時間は1900年 (4600年) である。この論文は良くサイトされているようであるが，問題は層流の仮定の正否，つまり水平・垂直両方向の乱流の大きさとその効果を正確に知ること，にあると思われる。

● 文化勲章の受章 (1986)

1986年11月には，宮中正殿の間で，中曽根首相・後藤田官房長官の侍立のもとに，「文化勲章」を拝受した。正殿は，京都御所の清涼殿と同じく，東に向いていることに気がついた。式の後のお茶の会では，当時皇太子でおられた天皇陛下の隣に着席していて，「ブラックホールは本当に怖いものだ」という陛下のご感想をお伺いした。当時は，お土産に缶入り煙草を頂いた。さて，この勲章の推

薦については，山口嘉夫氏たちにお世話いただいたように聞いている。

● **日本学士院会員に選出** (1987)

1987年12月には，東京上野の日本学士院の会員に選出され，法律的身分は非常勤の公務員として，現在に至っている。私は第四分科（科学）の天文分野に属し，この時の天文分野の会員は現在と同じく藤田良雄先生と古在由秀氏であり，物理分野の会員は小谷正雄先生・江崎玲於奈氏・永宮健夫先生・久保亮五氏であった。その後，小田稔氏と今井功先生が物理の会員になられたが共にご逝去になり，2008年現在の物理の会員は西島和彦・近藤淳・小柴昌俊・山崎敏光・外村彰の諸氏である。

さて，1988年4月には，新会員歓迎のパーティが開かれ，私は，「宇宙物理は我々の生活に直接役に立つものではないが，自然の因果関係の存在を明確にした点で役に立っている」という旨の挨拶をした。ところで，私が選出されたときの会員の公募に際しては，当時の長谷川博一京大理学部長から推薦を頂いたものと推測している。

学士院会員になってこれまでの約20年の間，月にほぼ一回は，JRのグリーン車を利用して例会に出席してきた。主要な任務である会則の設定・改正，役員の選挙，学士院賞・学士院会員の選定などを行ってきたが，これを通じて多くの知己を得たことは幸いであった。特に，藤田良雄・永宮健夫・永田武・古在由秀・西島和彦・沢田敏男・関集三・伊藤清・今井功などの方々には，昼食やお茶の時間などにいろいろの話を聞かせていただいた。永田氏とは，1960年後半に宇宙研で太陽系起源のシンポジウムが開催され時以来の旧知の仲であった。所長をしておられた板橋の極地研究所の招待を受けたこともあった。同氏は1991年6月に逝去されたが，学士院の公開講演会の世話をしておられ，この年の初めには，私に京都での講演会で太陽系の話をするように強く勧められた。また，同氏は学士院第二部の会議室で会議中に平気で煙草を吸っておられた。これに意を強くして，私なども煙を燻らせた。現在では，ここで煙草を吸う人は皆無の状態である。

わが国の内外の学術に関する行政は，主として，赤坂の乃木坂にある学術会議で執行されている。この会員は研究者の選挙によって選出されている。これに対して，日本学士院は，諸外国のアカデミーとの交流と上述のような任務を遂行しているが，その特徴は会員の研究業績に対する報償という性格が強い。実際，会

員には終身，年250万円の年金が支給されている。これに対して，多くの諸外国ではアカデミー単独で学術行政が行われていることに注意する必要が在る。

● 「星間雲での星形成」と「宇宙初期の星・銀河の形成」に共通の問題

さて，1970年頃から2008年の現在まで，星間雲での星形成の動的過程について，数多くの共同研究による論文を書いてきた。この動的過程は，単純な球対称の星の準静的進化と違って，極めて多自由度の力学的かつ確率的な過程である。また，膨張宇宙における星・銀河の形成の問題は，さらに膨張効果と一般相対論効果とが付加されたものである。ただし，比較的小さい銀河集団の場合には，近似的なニュートンの重力理論で十分である。

上の二つの問題に共通するのは，(1) まず，ガス雲の温度・密度の微小な揺らぎが非線形領域まで成長して雲が分裂し，(2) ついで，その分裂片が周りの影響を受けながら分離・収縮して，単独のガス雲になり，(3) このガス雲が大きく収縮して，最後は準静的平衡の星になるということである。さて，星間雲と膨張宇宙の主な違いは，バックグラウンドの運動状態，ガスと輻射との相互作用，ガスを構成する原子・イオン・分子などの組成と状態方程式などにある。以上の点に注意すると次の研究は注目に値する。

● 「等温・平坦なガス雲の分裂 I（線形摂動と2次摂動の解析解），同 II（完全に非線形の数値シミュレーション）」の研究 (観山・成田・林, 1987)

この論文 I は，私が昔の学位論文の頃を思い出しながら，根気よく摂動を式として計算したものである。その結果の一つとして，一次の摂動と比べて二次の摂動の効果は，細い円柱が益々細くなることを助ける方向に働くことを見出した。また論文 II は，観山君が，「SPM」のコードを用いた3次元の数値計算の結果，揺らぎが成長して，大小様々の細長い分裂片が形成される状況を明らかにしたものである。この分裂の状況は，御者座の分子雲に見られるような，多数の星の形成の様子を彷彿とさせるものがある。

● 「回転・等温雲の平衡状態」の研究 (木口・成田・観山・林, 1987)

1987年に，分子雲の透明段階の進化の特徴を知るのに有用と思われる，等温雲の平衡状態の存在とその安定性を，次のような簡単な場合について数値計算で

調べた．すなわち，雲は軸対称・赤道面対称であり，外部境界では密度が一定，回転の角運動量則が比較的に簡単な場合である．この研究は 1983 年の S.W. スターラーの研究を拡張したものである．計算は「自己無撞着の場」の方法で行った．結果として，中心密度が境界密度の 800 倍以上の場合，雲は全体としての収縮・膨張に対して不安定であり，また雲の回転エネルギーが重力エネルギーの 0.44 倍以上の場合は，雲はリング形成に対して不安定であり，その他の場合は安定であることを見出した．更に，1990 年に成田・木口・観山・林は，上の計算では見つからなかった，「回転ドミナントの平衡解」を発見した．ただし，この解の雲は非常に平坦で，分裂に対して不安定である．

● プログレスのサプルメント No. 96「太陽系の起源」(1988) の刊行 (林・中沢・観山の編集)

1985 から 3 年間，毎年，京大物理教室で全国的な物理・天文・地球物理・地質・鉱物の研究者が参加した「太陽系起源」のワークショップが，学術振興会の援助のもとに，開催された．その成果は 1988 年に，プログレスのサプルメント No. 96 (319 頁) として刊行された．編集者は林・中沢・観山であって，本文は次の 7 部からなっている．〈第 1 部〉は「太陽系の年代記」，〈第 2 部〉は「原始星の形成過程」，〈第 3 部〉は「太陽系星雲の安定性」，〈第 4 部〉は「太陽系星雲内の物理過程」，〈第 5 部〉は「惑星への成長の物理過程」，〈第 6 部〉は「惑星の成長」，〈第 7 部〉は「小惑星と隕石の形成」であって，総計 26 篇の論文から成っている．このうちの次の 3 篇は，これまでの結果をまとめた，私の共同研究である．すなわち，「回転等温雲の平衡と安定性」(木口・成田・観山・林)，「等温雲のコラップスと分裂」(成田・観山・木口・林)，「原始木星と原始土星のガス捕獲」(関谷・観山・林)．

● 国立天文台の発足 (1988)

1988 年には，東大付属天文台は改組・拡充されて，全国共同利用の国立天文台が発足した．これに先立って，私は文部省の審議会の委員の一人に選ばれて，早川幸男・小田稔・古在由秀氏らと共に，発足に関する諸種の課題を検討した．私はこの会議で，共同利用の研究所は重要であるが，米国での実情にも鑑みて，各大学の大学院での人材育成の必要性を忘れてはならないことを強調した．この

ことを文部省の官僚は理解したようであった．国立天文台が発足して，我々は評議員となって重要事項を審議し，古在氏は台長になり，以後1994年まで在任された．

§19. 定年退職後 II（1990〜2000）

● ファウラーの京都来訪（1990）

1990年には，佐藤勝彦君の主催の下に，東大安田講堂で「宇宙論」の国際シンポジウムが開かれた．その晩餐会で私に話をするようにとの要請があったが，あいにく出席できなかった．代わりに早川幸男氏が話しをされた由である．出席していたカリフォルニア工科大学の W.A. ファウラーは，再婚したばかりの新夫人とともに，福来正孝氏の案内のもとに京都を訪れて，くに荘に宿泊した．私は物理教室に案内して再会を喜び，夜は三条寺町角の三嶋亭で和式のすき焼きを楽しんだ．ただし，気がかりなことに，彼は膝を悪くしていて，座布団に座るのが難しい状態であった．

● 早川幸男氏（1923〜1992）

1987年以来，名古屋大学の学長であった，早川幸男氏は1992年2月に大腸癌で逝去されたが，その1週間前には，国立天文台の評議員会が東大山上会館で開かれ，その終了後私は，早川氏と同道して新幹線で帰宅したばかりであった．そのとき，車中ではともに談笑して，同氏は苦しげな様子も無く，全く気力の満ちた人であった．顧みると，同氏との親交は，1955年の基礎研の「星の進化」の研究会に始まった．「地上の核融合」の研究会を通じて，共にプラズマ研の設立に努力した．同氏は，この研究所の核融合研への移行や OD 問題の解決を実現された．私は退職後の1965年に，中村卓志君が要望した重力波観測のプロジェクトの立ち上げを同氏にお願いして，科研費の交付が実現した．また，教室の非常勤講師を毎年お願いして，いつも新鮮な内容の講義をしていただいた．同氏は，学長になられた後も，夕刻には元の研究室に戻られ，また学長秘書にはよく論文のタイプを頼まれた．真に惜しい人を亡くしたものである．私にとっては，同氏を朝日賞と学士院賞に推薦できたことが，せめてもの慰めである．

●講書始のご進講と皇居での晩餐 (1993)

1993年1月には，宮中正殿の松の間で「講書始の儀」が行われ，私は「太陽系の起源」の京都モデルについて，15分間のご進講をした（内容は御進講参照）。他に，中根千枝さんのご進講があり，多数の皇族方や学士院会員の陪席があった。この10日後には，当時皇居があった赤坂御所での晩餐に招かれ，私が指名した杉本大一郎・佐藤文隆両君とともに参内した。天皇陛下とは，終戦時によく議論された，わが国の文化国家の目標やブラックホールなどの話をした。皇后陛下からは，ご進講のとき「宇宙塵」と「宇宙人」を取り違えた話などがあった。皇后は，細かいことまで良く気のつく方で，私がお茶をこぼした時にさりげなく給仕人に指示を頂いた。懇談は2時間近く続いて，午後八時半頃に辞去した。

●勲一等瑞宝章を拝受 (1994)

1994年5月には，宮中松の間に参内して，勲一等瑞宝章を陛下から直接に拝受した。お茶の会のおもてなしを受けた後，吉原家に帰って，近くの写真館で姉千代と一緒の写真を撮った。この写真は，2007年8月の姉の葬儀のときに用いられた。6月19日には，烏丸四条の京都ホテルで叙勲祝賀会が開かれて約100名の出席者があった。ところで，受賞の一月前には，京大事務局の世話のもとに，時計台で記者会見があったが，当日出席していなかった朝日新聞の記者（京都支局勤務）が翌日の朝日新聞に，私がオフレコにした内容のことを報道した。朝日新聞の記者には，モラルを欠く人が多いようである。

●「平坦な粘性ディスクの構造と進化（内向と外向の非定常流）」の研究（成田・木口・林，1994）

1994年には，原始太陽系星雲の流体力学的進化の様子を見るために，表面の半径と回転速度が一定な中心星の周りを回る，小質量のガス円盤の流体力学的運動，すなわち，質量と角運動量の内向きまたは外向きの流れを調べた。重力・遠心力・圧力勾配と粘性の効果は考慮したが,中心星からの星風の効果は無視した。結果として，中心星の表面の回転速度とケプラー速度の比が，小さい場合は質量と角運動量の流れは共に内向きであるが，中間の場合は質量の流れは内向きで角運動量の流れは外向きであり，大きい場合は質量と角運動量は共に外向きに流れることがわかった。更に，1995年の論文「薄いアクリーション・ディスクの構造」

(成田・木口・林)では,同じ問題を外側の境界条件(圧力と回転速度)を変えて調べた。しかしながら,星風を無視した,以上の二つの論文は明らかに不十分・不完全であって,その答えは1998年の論文「T タウリ星の星風」まで待たざるを得なかった。

● 第 11 回 京都賞 (基礎科学部門「地球科学・宇宙科学」) を受賞 (1995)

1995年11月には,松ヶ崎宝ヶ池の京都国際会館で稲盛財団から第11回「京都賞」を,英国の液晶の研究者ジョージ・グレイ,米国の現代美術の画家ロイ・リキテンスタインとともに受賞した。私は四年に一回の,基礎科学部門の「地球科学・宇宙科学」分野での受賞で,「宇宙初期の中性子・陽子の存在比」,「林フェーズ」,「太陽系起源」の業績に対するものであった。10日の授与式は,大会議場で,高円宮憲仁親王ご臨席のもとに,1,200名の来賓を迎えて行われた。このとき,荒木正太郎夫妻・林豊美・同ゆりの出席を頂いた。当日の夜は,都ホテルで祝宴が開かれ,京都府知事・京都市長はじめ多数の人々からの祝辞を受けた。式の翌日には,1時間にわたる一般講演「私と宇宙物理学(―研究の動機・方法・輪郭―)」を行った(稲盛財団1995,120-143頁参照)。

式の夜には,鹿ケ谷通丸太町近くの,京セラのゲスト・ハウス和輪庵で夕食会

1987年11月　J.M. オールト (中央) の京都賞受賞時の,ワークショップの役員と講演者,於京都国際会館　私は座長を務めた

が開かれた。岡本道雄先生・福井謙一氏・杉本大一郎君夫妻も出席し，私は「琵琶湖周航の歌」を歌うはめになり，これには多くの人の合唱を頂いた。12日には，多数の専門家を集めたワーク・ショップ「星と太陽系の形成」が4時間にわたって，佐藤文隆君の司会の下に開かれて，専門的な質疑応答が行われた。

翌13日には，京都観光として，京都御所の紫宸殿に登って，内壁の漢文の掛け軸などを詳しく観察し，また明治維新の王政復古が議せられた小御所の内部を拝見した。14日には，衣笠山の山麓にある，竜安寺の石庭を鑑賞した後，林家の先祖が大工の棟梁であった紫野大徳寺の三つの寺院，すなわち，千利休で有名な真珠庵，小堀遠州が建てた弧蓬庵，庭園が有名な大仙院を，ゆっくりと時間をかけて鑑賞した。16日には，東京に一泊して，皇居に参内して天皇・皇后両陛下から親しくお言葉を賜った。帰りの新幹線の車中で稲盛和夫氏から，会社京セラの設立時の前後の状況や，林重憲教授（京大電気）とのご関係について聞くことができた。

以上，数社の出版社のインターヴィユをも含んだ，非常に忙しいスケジュールであったが，お世話いただいた財団の理事長稲盛和夫氏・常務理事稲盛豊実氏・理事岡本道雄先生はじめ理事・評議員・事務長などの諸氏に厚く感謝する次第である。さて，受け取った賞金5,000万円については，杉本大一郎・佐藤文隆両君と相談の結果，夫々2,000万円を，日本天文学会の林忠四郎賞の資金，湯川記念財団の研究助成金の資金として寄付することにした。残りは，暢夫一家の4人と甥の林忠夫の各人に100万円ずつを贈った。上の林賞のメダルのデザインや審査委員会の設立などは，当時天文学会の理事長であった，杉本君の尽力によるものである。

● 京都の国際天文連合 (IAU) 総会 (第23回，1997)

1997年8月17-30日の2週間，IAUの第33回総会が京都松ヶ崎の国際会館で開かれた。これはわが国で初めての総会で，59カ国から約2,000名の会員が出席した。天皇陛下じきじきのご挨拶があった。私にとっては，1961年のバークレイの総会以来の二回目の出席であった。毎日多数のセッションが組まれていたが，老齢の私にとって毎日朝早くから出席することはできなかった。宇宙論のセッションには出席して，J.P.オストライカーの講演などを聴いた。また，夕刻の三つの招待講演，ウィリアムスの「ハッブル望遠鏡のデイープ・フィールド」，

ワーナーの「大変光星」，ノビコフの「宇宙のブラック・ホール」は興味を持って聴講した．他方，多数のポスター論文が掲示された建物では，L. メステル達と久しぶりの再会をした．

私は主として，会館の控室でコーヒーを飲みながら，久しぶりに福来正孝氏と宇宙論の諸問題について語り合い，また池内君から学術会議の天文研連とその将来計画などについて最近の話を聞いた．久しぶりに蓬茨霊運君に会ったが，同君はとても元気であった．総会の主催者の招待によるミーティングでは，多数の旧知の人々と再会した．また，最後の日の晩餐会は，ミヤコ・ホテルで行われ，井田茂君やその友人のサンタクルツの D.N.C リン達と再会した．

● 「T タウリ星の星風」の研究 (木口・成田・林，1998)

1998 年には，木口・成田君と共に，論文「T タウリ星の星風」を発表した．これは私がその 3 年程前から，T タウリ星の X 線観測の結果を説明できるようなモデルを調べて数値計算をしていたが，その見通しがついたので，木口君に詳しく計算して貰ったものである．このモデルは，光度と半径が与えられた星の大気の外側に，加熱された定常・球対称の高温コロナがあって，そのソニック点（密度差のない衝撃波面）を通って，外向きに定常風が流れているというものである．

その数値計算の結果，光度と半径の大きい T タウリ星の対流域の底は非常に深いので，対流のエネルギー輸送とその加熱に起因する星風の特性は，対流域が浅い現太陽とは本質的に異なっていることが明らかになった．すなわち，衝撃波のソニック点は大気のごく表面近くにあって，且つずっと高温であるので，星風と放射 X 線の強度は，ともに，現太陽よりも桁違いに大きいのである．

ただし，観測されているような，高光度の T タウリ星の大きな角運動量放出量を説明するためには，この論文では無視した，磁場の粘性効果を考えねばならない．ただし，星風の運動のエネルギーと同程度の磁場のエネルギーが存在すれば，それで十分である．今後は，磁場を入れた詳しい計算が望まれる．また，このような計算は，原始太陽系星雲のガスの運動や散逸時間の正確な算定にも必要である．

● 「輻射流体力学 (RHD)」の予備的研究 (林，1998，未発表)

分子雲での星形成を考えて，1 次元・2 次元の輻射場の時間発展を implicit 法

で解いて見た．簡単のために，輻射の吸収係数は波長に依らないものとした．また，流体の方は，一定の断熱指数を持ち，人工粘性項を導入して，ラグランジュの implicit 法で解くことにした．そこで，球・円柱・ディスクの1次元的な崩壊・バウンス・振動などの時間発展の数値計算を行った．結果はうまくいったが，問題は implicit 法の計算時間を如何に短縮するかであった．当時，学士院からの帰りに，杉本・中沢・観山君とともに八重洲口の近くで食事した際に，上の仕事の11頁の草稿をお渡しした．

●放送大学の視聴 (1999〜)

1999年には，36吋の大型テレビを購入し，パラボラ・アンテナを二つ設置して，BS（衛星放送）と CS（通信衛星）の両方の受信が可能になった．有益なテレビ番組が無いときに，CS によって無料の放送大学の番組を見る事ができるようになったのは，予想外に幸いであった．さて，放送大学の1998年までの学長は，1985年に東大教養学部教授を退官した，旧知の小尾信弥氏であった．同氏の招請で，杉本大一郎君は1970年に東大教養学部助教授に就任し，1997年には同教授を退官して，再び小尾氏の下の，放送大学の教授になり，10年間勤めて2007年に定年・退官した．同君は，この10年間に，多くのことを勉強しながら，非常に優れた多数の天文学の講義を立案して放送した．

私はまず，数学・天文・地球物理・物理・生物などの理科系の番組を視て，欠けている知識を補充した．特に，分子生物学・細胞生物学・遺伝学・生物化学など，近年の発展が著しい分野については，全く新しい勉強になった．ついで，日本・世界の歴史に大きな興味を持ち，哲学・政治・経済・医学の番組も良く見るようになった．しかし，教育・心理などの分野は，一般に講義の質が低くて見るのに耐え難い番組も多かった．これは，細かい個別の事象，古い歴史や研究方法にこだわり過ぎて，論理的な整理が不十分であるためである．これまで接触がなくて，関心が薄かった絵画・音楽・演劇の分野の講義も参考になった．さて，生涯学習にとって，放送大学は非常に便利なものである．

以上はテレビ番組であるが，ラヂオ番組は，図が使えないので，話の筋道が不明確なものが多い．ただし，東大の小島氏の「朱子学と陽明学」(2004) と東北大の野家氏の「科学の哲学」(2004) とは，明確なわかり易い話で，聞くことは非常に有益であった．前者の講義は，現代日本人の倫理観への影響を考える上で興味

があった．また，後者の 20 世紀後半の変遷の講義を聞いて，「論理実証主義」に対する異議・反論が，科学的研究の経験の無い人々から出ていることを知って，私自身の［新論理実証主義］の哲学を構築することを考えた．ところで，2004 年頃に，杉本君からラジオの 45 分の特別番組への出演の誘いを受けたが，ラジオでは，黒板を用いた講義と違って，簡単な図や文章も使えないので，残念ながら辞退した．

§20. 定年退職後Ⅲ（2000～）

●林忠夫の逝去，生家の家督相続と文化財指定

2000 年 7 月には，兄重一の長男忠夫（69 才，林家第 21 代当主）が衰弱のために京都第二日赤病院に入院した旨，妹の矢野絢子さんから連絡があった．忠夫氏は，京都三中卒業後，昭和 31 年京都工芸繊維大学工芸学部色染工芸学科を卒業して，自宅で，蝋纈（ろうけつ）染などの色染の研究に従事していた．サイクリングを好む人で，私が京都賞の受賞の際には，写真などの資料を自宅まで運んで頂いた．さて，私と嘉子は急遽日赤病院に赴き，絢子さんと甥の林宏一氏と共に看病に当たったが，残念ながら数日後に忠夫氏は亡くなった．

さて，直系の相続人は無かったので，結局，長姉の荒木清子さんが紫竹西南町 17 番地の土地と家屋を相続することになった．清子さんの夫の正太郎氏は，この家の整理，相続関係の仕事と文化財としての登録に大変な努力を払われた．結局，2007 年には，家は京都の古い町屋（1807 年，文化 4 年に再建）として有形文化財に登録されることになった．即ち，京都市の景観重要建造物に指定され，また，貴重な国民的財産として，文化庁によって番号第 26-0254～0255 の有形文化財に登録された．なお，大工職林家の古文書の数点は，兄重一の生存時の申し出によって，京都市歴史資料館（寺町通り丸太町上る）に保存されている．

●体力の衰退と初めての入院 (2002)

2000 年には 80 歳になったが，私はこの頃より次第に体調・体力の衰えを感ずるようになった．さて，2002 年 3 月 11 日の午前 6 時頃，ほぼ口いっぱいの喀血をした．まず沖医院で X 線写真を撮り，紹介状をもらって，醍醐の武田病院の

外来の呼吸器科などで X 線 CT の写真を撮り，痰の検査をした．14 日の朝に藤田医師の診察を受け，生まれて初めて，3 日間の入院をすることになった．15 日の午後に，内視鏡による気管支の約 30 分間の検査を受けて，翌日退院した．23 日には検査の結果が出揃ったが，それによると，在来菌以外の細菌は無く，また悪性細胞も無く，腫瘍マーカーに異常は無いとのことで，事なきを得た．3 月 31 日以後，痰は無色〜白色になり，結局，往時にできた，在来菌による病巣が今回剥がれて出血したものと考えられた．

2002 年 5 月には，沖医院で血圧を詳しく調べたところ，夕方前の最高血圧は 180〜200 mmHg と異状に高いことが判明した．長期間にわたって，高血圧の各種の薬剤の効果を調べて，結局，アンギオテンシン II 拮抗剤とカルシウム阻害剤の併用が適当ということになった．この服用は 2008 年の現在も続いている．さらに，2003 年 11 月には，雨上がりの庭を掃除中に滑って強く背中を打ち，しばらくの間，息が詰まった．これは，2〜3 年前から背骨の彎曲が大きくなって，長距離歩行や長期の直立がかなり困難に成っていたときのことであった．早速，伴整形外科病院で詳しいレントゲン撮影の結果，変形性脊椎症（加齢による脊椎の変形），すなわち椎間板の変性から来た脊椎の彎曲（後彎と側彎）と診断された．このために，介護保険による要支援の介護を受けることになって，現在に至っている．法人の福祉サーヴィス協会伏見支部から週 2〜3 回ヘルパーが派遣されて，買い物・炊事・洗濯・掃除などの世話を受けるようになった．

● 自宅での月一回のゼミ (2003〜)

2003 年の夏には，それまで各土曜日に，私たちがゼミに使っていた物理教室の非常勤講師室が使えなくなった．これは，物理と宇宙物理教室に日本学術振興会の COE (Center Of Excellence) プログラムが割り当てられて，研究員の数が増えるので，非常勤講師室を実験室に変えることになった為である．それで，成田・木口君には月に一回の土曜日に私宅へ来てもらって，ゼミを続けることにした．私も体が弱っているので，通勤がなくなって，楽になった次第である．

● ブルース・メダルの受賞 (2004)

2004 年 6 月には，サンフランシスコの太平洋天文学会からブルース・メダルを受賞した．この賞は女性のキャサリン W. ブルースの寄付によって 1898 年に

始まったものである。多くの人は若いときに貰っているので，老齢の私はどうかと思ったが，H.A. ベーテが2001年に貰っているので，学会の申し出に従うことにした。しかし，脊椎症の歩行困難のために式には出席できなかった。ところで，2008年2月には，上記の学会から手紙がきて，小惑星♯12141を発見した，オランダのライデン天文台の天文学者 (I. van Houten-Groeneveld) が，「IAU」の分科会へ申し出て，「Chushayashi」と命名されたという連絡があった。ブルース賞の受賞者のすべて名は，小惑星に付けられている由である。

● [新論理実証主義の哲学] の構想 (2004)

　2004年の放送大学の「科学の哲学」の講義によると，20世紀後半になって，その前半に発展した「論理実証主義の哲学」に対する修正や異論が数多く出てきた。これに対して私は，科学の哲学は「確率論的論理実証主義」というものに改正すべきと考えるようになった。つまり，実証や検証には，定量的な精度 (Precision，例えば，2シグマの精度) と確度 (正確度，Accuracy) を付与すべきであるという考えである。さらに，論理の演繹過程には，その出発点となる前提の，正確な定義を明記することが必要である。科学の論文の多くは，専門性のためと煩雑さを避けるために，その前提を明記していない。しかし，工夫によって，前提を簡潔に明記することは可能であって，これはまた，論文の内容の質を高めることにもなる。

　さて，以上のような哲学は，現在の多くの科学者が暗黙のうちに身に付けているものと思われる。すなわち，私が提唱したい，「新論理実証主義」の哲学とは，前提を明確に定義した論理の演繹過程と，統計的精度／確度を含めた検証過程とから成るものである (精度と確度については，例えば Wikipedia 参照)。我々の天体物理の場合には，上の論理の演繹過程の根幹をなすものは，代数方程式や微分方程式を解く数学操作である。

　また，放送大学などでは，現代は情報の時代と喧伝されている。即ち，情報の大量化と伝達の高速・ネット化に顕著なものがある。しかし，不思議なことに，情報の量を問題にしても，情報の質の問題には触れることが無い。私が思うのは，情報の内容の質 (有用性や効率性など) と信頼度 (真偽の程度や正確度) は極めて重要である。この質を記述するには，前述のように，確率的な精度や確度の概念が必要であろう。最も簡単な記述は，三ツ星や五つ星のような「お奨め度」の記号

を使用することであろう．さて，私のこれまでの経験によると，Google の Wikipedia の記事は，かなり信用が置けるものである．

● 京大会館での「星形成と太陽系起源」シンポジウム (2004)

さて，2004 年 11 月 27・28 日，「星形成と太陽系の起源 (京都モデル，その後の展開と将来展望)」のシンポシウムが，中沢君の主催のもとに，京大会館で開催された．私は老齢のため，往復には自動車を利用せざるを得なかった．この開催はもともと私が，学士院での講演に先立って，太陽系形成の研究の歴史と現状を確認しておきたいことを，中沢君に要望したのが契機となったものである．出席者は約 30 名で，これは足立・西田君を含めた旧京都グループの全員と井田・小久保君をはじめとする若手の人々であった．研究会の一月ほど前に，私が中川・関谷・井田君に要望した，太陽系形成の各段階の研究の現状報告に基づいて，この会の始めに，私は「京都モデルの展開」という題で短時間の話をした．そして，重要と思われる今後の課題を六つ列挙した．

上の京都モデルの発展については，次の講演があった．井田・小久保君は，内惑星形成の詳細 (ランナウェイ成長など) と，海王星の形成時間の問題は，軌道の移動を考慮すると解決するであろうという講演をした．中沢らは，木星形成の詳細な研究の結果，そのガス外層の形成は崩壊過程ではなくて定常的な付着過程であることを明確にした．関谷君は，ダスト層の重力不安定による分裂は難しいという話をしたが，私はダストのサイズ分布を考慮した，より正確な計算が必要であると思った．

2004　星形成・太陽系起源の研究会，於京大会館，京大天体核研究室と私に関係深い人々が出席

更に私は 30 分の講演で，次のような，星団の形成（N 個の等質量の質点の重力問題）に関する，最近の私の数値計算の結果を発表した（論文としては未発表）。初期状態としては，N 体が有限の長さの直線上（$x=y=0$）に小さい速度 v_x と v_y を持って等間隔に並んでいる場合と，有限の半径の円盤上（$z=0$）に小さい速度 v_z を持って等間隔に並んでいる場合を考えた。二つの場合の結果は本質的には変わらないので，以下では円盤の場合について述べる。

この N（$=30\sim1000$）体の運動の計算は，倍精度と 4 倍精度の，4 次と 6 次のルンゲ・クッタ法を用いて行った。重力のカットオフはしなかった。計算の結果，初期が非回転の場合は，自由落下時間の 3 倍以上の時間がたつと，粒子の存在領域は，球状のコア・楕円体状のハロー・拡がったエスケープ領域の 3 領域に分かれることを見出した。これは一つの散開星団である。さらに，初期が一様回転の場合は，回転の角速度が小さいときは上と同じく 1 星団，大きいときは 2 または 3 星団までが形成される。さて，精度や次数の異なった計算で得られた値を比較することによって，この N 体問題の本質はカオス的であるという重要な発見をした。すなわち，決定論的な予測ができる時間には限界があり，また初期条件への非常に強い依存性があることがわかったのである。

●学士院での「太陽系の形成過程」の講演 (2004)

2004 年 12 月 13 日，日本学士院第二部会議室において「太陽系の形成過程」の題で，約 45 分間の，農学や医学の方々にも分かるような講演をした。その「概要」は次の通りである。太陽系の起源は，ニュートン以後その科学的研究が始まり，カントやラプラス以来，多くの説が提案されてきた。1960 年代になって，その研究に必要な科学的知識が飛躍的に増大し，太陽系形成の理論が数多く提出されてきた。これらの理論はすべて，原始太陽とこれを取り巻く原始太陽系星雲から出発して，現太陽系の形成にいたる多段階の進化過程を解明しようとするものである。そのうちの重要な 7 段階の過程を選んで研究の現状を紹介する。さて，この講演の内容は，学士院の英文報告として発表する価値が十分あるものと思われるが，図の作成などが面倒であるので，この発表は見合わせている。

●基礎研の研究会「学問の系譜―アインシュタインから湯川・朝永へ」(2005)

湯川・朝永先生の生誕 100 年は，夫々，2007 年・2006 年に当たるので，京都

大学では両先生の生誕記念の行事が数多く行われることになった。その一環として，2005 年 11 月 7-8 日には，基礎研の大講義室で研究会「学問の系譜—アインシュタインから湯川・朝永へ」（素粒子論研究 112-6，2006 参照）が開催された。世話人代表は坂東昌子さんで，出席者は 79 名にのぼった。テーマは次ぎの 8 つから成っている。〈原子核物理学の展開〉・〈宇宙線研究と加速器〉・〈基礎物理学の系譜〉・〈宇宙物理学への発展〉・〈物性物理学とその広がり〉・〈生物物理学への発展〉・〈素粒子論の未来へむけて〉・〈自然の累層構造〉がこれである。

私は，「宇宙物理学事始」という題で，星の構造と進化が解明されるのに，20 世紀のほぼ 100 年を必要としたことを，具体的かつ解りやすく説明した。これに対して，佐々木・杉本・坂東君などから，私にとって適切な質問と補完があった。終了後のパーティーでは，南部陽一郎君・早川尚男君（幸男氏の次男）その他の人々と久しぶりの話をすることができた。

● 「質量が 1eV のニュウトリノのホット・ダークマターが存在する可能性」(林, 2005, 未完成)

2005 年頃には，WMAP などの観測によって，宇宙は平坦であって（$\Omega_m + \Omega_\lambda = 1$），現在は核子密度の約 7 倍のダークマターが存在し（$\Omega_m = 0.3$），従ってダークエネルギー Ω_λ は 0.7 であることがほぼ確かになった。さて，ニュウトリノの静止質量が 1eV の程度であると，その密度は上のダークマターに匹敵する。

しかし，ニュウトリノは軽量かつ高温であるので，重力的に収縮するためには，少なくとも銀河団という大きいサイズが必要である。ここで，収縮過程は確率的であって，例えば，扁平なモードでは，益々扁平度が増大して，小さい破片に分裂することに注意する必要がある。この収縮と分裂の確率過程を如何に定式化・数値化して，観測と比較するかが今後の問題である。さて，ニュウトリノの質量は，二重 β 崩壊の実験で求めることが試みられているが，2008 年の現在，まだ十分確かな値は得られていない。

● 日本天文学会百年史のインターヴュー (2006)

日本天文学会は 2008 年に百周年を迎えて，その百年史を出版するとのことで，2006 年 5 月 9 日には，編集委員長の尾崎洋二氏と福江純氏のインターヴューを受けた。出来上がった原稿は，(1) 物理学を志す，(2) 京都の湯川研究室へ，(3)

ビッグバン宇宙での水素・ヘリウムの形成，(4) 恒星内部構造と進化の研究,「林トラック」発見の経緯，(5) 太陽系起源の京都モデル，(6) 天体核研究室での後進の育成，(7) 最近のこと，の 7 部から成っていた．頁数が予定の 2 倍程度に超過したので，上の (3)・(4)・(5) という学術部分は，2008 年の天文月報にまわすことになった．

● 白内障の手術 (2006, 07)

2006 年 12 月 15 日と 2007 年 1 月 15 日には，近鉄伊勢田駅近くの千原眼科医院で，夫々，右眼と左眼の白内障の約 20 分手術を受けた．結果は極めて良好で，見えなかった右目も回復し，左目と同じ程度に見えるようになった．千原医師は，10 年前は京大医学部の助教授であったが，同氏の話によると，10 年前の白内障手術は非常に評判が悪かったとのことである．私は，ここ 10 年間の眼科の医療技術の発展には驚くべきものがあったことを実感した．

● 姉吉原千代と妻嘉子の死亡 (2007 年 8 月, 8 日と 12 日)

東京板橋区小豆沢に住んでいた姉の吉原千代は，郊外の療養所で 3 年を過ごした後に，2007 年 8 月 8 日の猛暑の日には，老衰のために 100 歳 7 ヶ月の長寿をもって逝去した．林家の先祖以来の最長寿であった．葬儀には参列できなかった．この 4 日後のお盆の日には，次に述べるように，妻の嘉子が死去したのである．嘉子は，2007 年 2 月 28 日に，京都国立医療センターの心臓外科に入院した．3 月 9 日には脳梗塞を発症して脳外科に移り，5 月 8 日から 6 月 15 日までは，武田病院系の十条リハビリテーション病院に入院，6 月 15 日には医療センター心臓外科に戻って，8 月 12 日の早朝には，心不全のために 81 歳 6 ヶ月で逝去した (詳しくは嘉子の伝記参照)．8 月 15 日にお通夜，16 日に親戚だけの告別式と火葬が行われた．お骨は自宅に戻り，約 40 名の方が焼香に来ていただき，私は嘉子について知らなかった多くの話を聞くことができた．9 月 29 日には，暢夫・浩平・ゆりと共に西方寺に赴き，その本堂で 49 日の法要を営んだ．この嘉子の入院と逝去は，私にとって，人生の大転換期となった．

私は嘉子の一生の記録を子孫に伝えようと思って，8 月 29 日に伝記を書き始めた．嘉子のアルバムから良い写真を選択して残す必要もあった．本文 5 頁と写真 3 頁にまとめて，10 月 24 日に完了した (林嘉子の伝記を参照)．これを嘉子の

親しい友人に見せたところ，反響が大きかったので，12月にコピーを親戚と親友の計約50名に送った。多数の礼状が送られてきた。以上に味を占めて，9月20日に，私はこの自叙伝を書き始めた。書いているうちに，遠い過去の些細なことまでも思い出すようになった。このように多数の記憶がまだ残っていることは，最初は予期しなかったことである。しかし，研究の内容については，論文によって忘れていることも多く，そのコピーを再び読んで前後をまとめるのに，かなりの時間を要した。

●家事の経験 (2007年3月〜)

結婚以来嘉子は，度々の入院の期間を除いて，家事万端を取り仕切ってきた。お陰で私は，区役所・税務署・銀行・郵便局・証券会社・保険会社などに全然タッチすることなく，研究に専念することができた。私は銀行のATM (自動支払機) を操作することもできなかったのである。しかし，2007年3月に嘉子が脳梗塞になってからは，家計の仕事を始めざるを得なくなった。私の衣食住に関することは，嘉子が入院前に，福祉サーヴィス協会からのヘルパー派遣（一時間半を週三回）の手続きを済ましておいてくれたので，たいした問題はなかった。しかし，家庭経済の諸問題は，それを理解して実行に移すことはかなり大変なことであった。私は，上記の区役所・銀行などの諸機関に出向くか，または電話で問い合わせて，得られた資料を整理・処理した。この際，銀行の自動支払機 (ATM) の暗証番号は，たまたま嘉子から聞いていたものを，私が正しく記憶していたようなこともあった。

上の調査の結果，手持ちの銀行預金と債券類の総額は予想外に大きかった。これは，1960年にNASAから持ち帰ったドルを基金にして，嘉子が苦労して，わが国の高度経済成長の時代の，株式投資や土地買売によって利益を得たものと思われる。嘉子の死後，暢夫と相談し，遺産はすべて暢夫が相続することにした。現在の私には，幸い，国家公務員共済組合・文化功労者・日本学士院の年金が入るので，経済的な苦労は全然ない。

●嘉子の四十九日の法要

2007年9月29日午前11時には西賀茂の西方寺の本堂で，忠四郎・暢夫・浩平・ゆりの出席のもとに，嘉子の四十九日の法要が行われた。この後，先祖の墓

に御参りし，矢野絢子さんのお宅を訪問して，御案内のもとに，この年の7月に文化財に指定された，紫竹西南町の林家の内部を詳しく見学した．浩平とゆりにとって，ここを見ることは初めての経験であった．多少残念なことに，私の勉強部屋は撤去されて，跡形も無かった．この後，今宮神社の焙り餅屋を訪れて餅を賞味し，さらに，今宮神社と大徳寺の建物の参観を予定していたが，駐車場が見当たらないので，すべて断念せざるを得なかった．

● 三高柔道部の会に出席 (2007)

2007年10月24日の昼には，金鶏会（三高柔道部OBの会，健在者は55名）の毎年の全国大会が，17名の出席のもとに，堀川塩小路のリーガロイヤル・ホテル京都で開かれた．私は久しぶりに出席し，たん熊の料理を食べて，植西・柴崎・北村・塩見・横田・遠山・中村・大田の諸氏と往時の思い出に花を咲かすことができた．最後に，「紅もゆる」を歌って，解散した．10月31日には，遠山正男君から写真3枚が送られてきた．

● 米寿祝賀の研究会と晩餐会 (2008, 4月)

2008年4月6日には，私の米寿（数え年88歳）を記念して，午後1時から天体核研究室OBの25名出席の研究会が，午後5時半からはOB29名（＋4名の婦人）出席の晩餐会が京大会館で開催された．研究会では，12名のOBが思い出・近況・最近の研究状況などを興味深く報告された．晩餐会は中沢・成田両氏の退官記念を兼ねるものであり，ご婦人方の出席は大いなる花を添えるものであった．私は，記念品として，近く発売予定のパナソニック製ヂジタル・カメラのカタログの贈呈を受けた．現物は5月17日に成田氏から受け取った．成田氏のアドヴァイスに従って，これまでに無く良い写真を撮ってみたいものである．

さて，感慨深い一日を過ごすことができて，OBの皆さんと世話人の松田・成田・中村の諸氏に厚く御礼申し上げたい．木口氏には，往復の自動車の運転をお願いし，不自由な脚を助けていただいて，川端通りで満開の桜の花見を，久しぶりに経験することもできた．さて私は，この自叙伝のコピーを33部持参して，出席の皆さんに配布した．早速，関谷・寺島両氏の名前の記入ミスの注意を頂いた．また，2日後には松田氏から感想文を送って頂いた．

●京都太陽系研究会と懇親会 (2008, 4 月)

翌日の 4 月 7 日の午前 10：30 から 17：30 まで，基礎研新館 2 階で総勢約 30 名の太陽系研究会が開催され，18：00 からは京大本部の正門近くのレストラン「カンフォーラ」で晩餐会が開かれた。私にとって太陽系研究会の出席は，2004 年 11 月の京大会館以来のものであった。中川義次・渡邊誠一郎・中本泰史・関谷実・田中秀和・田村元秀・生駒大洋・井田茂・須藤靖・小久保英一郎・中沢清氏から，15 分～30 分の講演があった。上のうち 7 名は，東工大の在職または出身者である。

私は，原始円盤の形成・進化の理論・観測，コンドリュールの詳細な観測，微惑星形成・ダストの合体過程の理論,系外惑星の理論・観測などの話しを聞いて，最近の研究が一方では大きく進展しているとともに，他方では，かなり複雑・難解な問題にも当面していることに驚いた。今後の理論の研究の進め方としては，十分に広い立場での，基本的・方法論的な考究と対策が必要であるという小久保氏の意見に同意したい。中沢氏はアミノ酸の形成理論の発展状況の話をされた。さて，懇親会では，多くの方々と久しぶりの対話をすることができて，時の経過を忘れるほどであった。この会の開催に万端のお世話を頂いた井田氏にお礼を申し上げる。

●村上 勲氏の焼香のための訪問 (2008, 4 月)

4 月 26 日には，千葉県佐倉市から，村上 勲氏が妻嘉子への焼香のためにわざわざ訪問され，昼食をとりながら 2 時間近く歓談した。村上氏は，昭和 31 年京大物理を卒業されたが,私が湯川研の助教授時代にゼミなどで指導した人である。同氏は，学業に熱心で大学院進学を希望されていたが，私は，一年上の級に優秀な荒木・中西・位田・福留君たちがいるので，素粒子論研究者としての定職を見つけることは困難と思い，同氏には会社への就職を勧めたのであった。同氏は最初，播磨造船に就職し，日本光電工業，更に大和科学に転職された。定年後は，歴史・哲学・免疫学などの専ら読書をされているとのことである。同氏からは，卒業後から現在まで絶えず，お中元とお歳暮を贈っていただき，真に奇特な方であった。来訪時には，高価なお土産と高額のご香典を頂いて恐縮した。早速この自叙伝をお渡しした。

●嘉子の一周忌と納骨の儀 (2008, 7月26日)

　嘉子の一周忌は 8 月 12 日であるが，8 月に入るとお寺は忙しいので，7 月 26 日（土）の午前 11 時から西方寺の本堂で法要の後，お墓への納骨の儀をおこなった。お墓は 5 月はじめに石留石材店（担当は児玉氏）に注文して，10 名の納骨者の名前が記入できる墓標つきの大理石製（中国産）のものが，養父寛次郎の墓の隣に，5 月末に完成していた。法要と納骨の儀の主席者は，忠四郎・暢夫・浩平・ゆり・荒木正太郎・同清子・矢野絢子・林智之（宏一氏は胃潰瘍で第二日赤に入院）の皆さん 8 名であった。二種の粗供養を捧げ，また卒塔婆は 5 枚を用意した。石留の児玉氏が納骨式の手はずをすべて整えてくれた。お墓の飾りつけなど出席者皆さんのご協力のもとで，私の懸案の式は無事終了した。ただし，私は持参するものが多かったので，肝心の位牌の持参を忘れてしまった。これは大失態であった。

　式の終了後，荒木氏のお世話で予約してあった，木屋町二条のホテルフジタの地下にある京都料理の割烹店「水明」で，午後 1 時から 3 時半まで 8 名で会食を行った。部屋の東側には，池があって鴨川の水が滝となって流入し，非常に眺めの良い場所であった。献立は，はもの洗いなど美味に富んだものからなり，一同，心置きなく歓談することができた。このとき，清子さんからお墓の墓標の文字がよく読めないから，白い絵の具を詰めたらどうかというご注意を頂いた。また，絢子さんからは，最近碁を練習していること，また経済的には何の心配も無いという話を聞いて安心した。本日は，祖供養の手配や自動車運転などいろいろと暢夫にお世話になった。

●桑垣 煥君の来訪 (2008, 8月5日)

　三高の同級生で数学専攻の桑垣煥（あきら）君が久しぶりかつ突然に来訪された。私の家の 1965 年の改築以前に，桑垣君は夫人とともに来訪された由であるが，私の記憶には全然残っていない。8 月 5 日の午後 3 時から 2 時間半にわたって，コーヒーを飲みながら歓談した。まず同級生の皆さんの消息や家族の様子が話題になった。嘉子の死去のことはご存じなくて，位牌に焼香していただいた。ついで，四面体の幾何学についての，ここ三年間の研究結果の別刷りをいただいた。これは，三高同窓会の会報と海軍機関学校第五十六期会の会報に掲載されたものである。平面三角形の幾何の余弦定理などは良く知られているが，三次元の一般四面

体の幾何については，どの書物にも載っていないので，桑垣君は新しく研究を始めたとのことである．米寿になっても，研究心は変わらないのである．

その要点は，四面体の交わらない対辺の間の，共通垂線を考えることにある．これから種々の角度についての正弦・余弦定理や体積の公式などが導かれるのである．さて，成田・木口君との月一度のゼミで，木口君は星形成の三次元Lagrange 法での流体計算を研究しているが，四面体の幾何が解らないとのことであったので，この桑垣君の結果を木口君に見せようと思う．さて，桑垣君は，健康のためには歩くことが重要とのことで，桃山南口の駅まで元気よく歩いて京阪電車で帰宅された．

● **付録の写真集の作成** (2008，9 月〜2009，2 月)

2008 年 9 月から付録の写真集の作成を始め，年末に第一版，2009 年 2 月 16 日に第二版が完成した．製作の目標は，私のアルバムにある膨大な数の写真を整理・編集して，年代順に配列した，手軽で見やすい，注釈付の写真集を作ることである．アルバムからの取捨選択の基準としては，人生の各時代の重要な出来事であること，記憶によく残っていること，写りが良いことなどを考えた．

まず手許の写真をスキャナーでコピーし，ワードの図形描画を用いて文書を作成するが，これはたいへん面倒な仕事である．ワードで，縮小・拡大・トリミングをして写真大きさを決め，明るさとコントラストを調節し，脚注を付け，位置を決めるのである．多くの場合，これらを繰り返す必要がある．さて，落合駸一郎・白銀善作両先生の写真をご家族のご好意でお送りいただいたのは幸いであった．また，荒木正太郎・吉原晋介両氏には，ご所蔵の多数の写真を利用させていただき，ともに御礼申し上げます．なお，インターネットのグーグルを利用して，肖像・神社・仏閣関連の写真をとりいれた．さて，写真集の印刷用紙としては，片面の光沢紙，両面の半光沢紙があるが，これらと CD を合わせて用いることにする

§21. おわりに

この伝記を書くための，古い記憶を呼び覚ますのに苦労をした．まず，家族の

謄本と履歴書・私の論文とそのリスト・研究の手書きのファイル（約120冊）・研究室卒業生一覧など，大量の資料を集めて整理し，重要な項目を選んで，できるだけ解りやすく記述することに努力した。ただし，手書きのファイルの内容は忘れているものが多く，すべてを読み返す余裕は無かった。

1階の私の書斎，寝室兼用

今から一生を顧みると，宇宙物理の研究者としてかなりの成果を収めることができたのは，非常に幸運であった。長い人生の進路には，選択を迫られる多数の分岐点が存在する。優れた研究者に成長できるような，最善の道を選ぶことは容易ではない。人間の社会では，この選択に際して多数の人々の援助やアドヴァイスが必要である。私の小，青年期に受けた援助は，主として，父母・兄夫妻・姉・学校の先生方からのものであった。さらに，結婚してからは，妻・長男・近所の人々・学内外の先輩後輩・研究室の門下生などから，大きな援助を受けた。以上の人々に，心から感謝の辞を述べさせていただきたい。

● 感謝の辞

最後に，以上の人々について，記憶に最もよく残っていることを書き留めることにする。父誠次郎とは長い間，同じ部屋に二人で寝ていたが，平生一度も叱られた覚えはない。小学生時代に，隣席の子と喧嘩をして持物を壊したことがあったが，父はわざわざ学校に出向いて謝ってくれたことを覚えている。また，模型飛行機や電気機関車などは，私の希望のままに買ってくれた。中学の入学式には，付き添ってくれて，帰りに学用品や制服などを多数買ってくれた。

母ムメは，幼少の私の湿疹の治療のために，乳母車を押して岩倉や滋賀県草津まで運んでくれた。また，海軍技術士官のとき，呉まで遠路，面会にきてくれた。兄重一・兄嫁フミ・姉千代・兄孝之助からは，これまで述べた通り，親代わりの教育と世話をして頂いた。家事万端を引き受けてくれた妻嘉子については，林嘉子の伝記に書いたとおりである。長男暢夫は，嘉子の入院中の看護や死後の葬儀・

相続などの万事にわたって私を援助してくれた。近所の人々としては，特に嘉子が，両隣の前田・島さんと阪田さん・広塚さんに長い間いろいろとお世話になった。さらに，学内外の先輩・同輩と門下生については，付録に書いたので参照していただきたい。

最後に，この自叙伝と付録の作成に当たって，ご注意や資料の送付など種々のご援助を頂いた方々に厚く御礼申し上げる。

以上で本文を終了する（2009 年 2 月）。

自叙伝付録

(履歴書,論文リスト,回顧録,学士院の記録,図,家系図,院生一覧など)

2008 年 3 月 24 日

履歴書(2008 年 3 月現在)

　　　　　　林　忠四郎

現職　　　京都大学名誉教授(1984 年 4 月-)
　　　　　日本学士院会員　(1987 年 12 月-)

出生　　　1920 年(大正 9 年)7 月 25 日,京都市北区紫竹西南町 17 番地において,林　誠次郎とムメの四男として出生,1921 年 7 月 12 日,林　寛次郎(祖父の弟)の養子となる。

本籍地　　京都市伏見区桃山与五郎町 1-71 番地(〒612-8025)

現住所　　同上

妻子　　　妻　嘉子(1926 年 1 月 25 日生,2007 年 8 月 12 日没),長男　暢夫(1952 年 3 月 8 日生,伏見区桃山町養斎 8-8 番地に居住)

学歴

　　　　　1927 年 4 月-1933 年 3 月　京都市待鳳尋常高等小学校
　　　　　1933 年 4 月-1937 年 3 月　京都府立京都第一中学校(四学年終了)
　　　　　1937 年 4 月-1940 年 3 月　第三高等学校　理科甲類
　　　　　1940 年 4 月-1942 年 9 月　東京帝国大学　理学部　物理学科(理学士)
　　　　　1954 年 4 月　　　　　　　理学博士(非局所場理論のハミルトン形式)

所属学会

　　　　　日本物理学会,日本天文学会,米国物理学会

外国人会員

　　　　　英国王立天文学会　(1981 年 3 月-)
　　　　　米国科学アカデミー(1989 年 4 月-)

職歴(専任)

　　　　　1942 年 9 月-1946 年 3 月　東京帝国大学　理学部　嘱託
　　　　　1942 年 9 月-1945 年 9 月　海軍技術士官(見習尉官,中尉,大尉)
　　　　　1946 年 4 月-1949 年 4 月　京都大学　理学部　副手,助手
　　　　　1949 年 4 月-1954 年 3 月　大阪府立浪速大学　工学部　助教授
　　　　　1954 年 4 月-1957 年 4 月　京都大学　理学部　助教授
　　　　　1957 年 5 月-1984 年 4 月　京都大学　理学部　教授
　　　　　1977 年 4 月-1979 年 3 月　京都大学　理学部長
　　　　　1984 年 4 月-　　　　　　　京都大学　名誉教授
　　　　　1987 年 12 月-　　　　　　日本学士院　会員

職歴（併任）

1953年3月-1955年10月		国際理論物理学会議　組織委員会委員
1956年12月-1960年10月		京大原子力利用準備委員会　専門委員
1959年5月		学術会議　核融合特別委員会委員
1961年6月		科学技術庁　宇宙開発審議会専門委員
1961年3月-1972年3月		京大基礎物理学研究所　協議員
1962年4月-1984年3月		京大理学部付属天文台　併任
1962年1月-1967年5月		名古屋大学プラズマ研究所　専門委員・運営委員
1966年4月		京大計算センター　運営委員会委員
1966年5月-1985年7月		学術会議　天文学研究連絡委員会委員
1967年3月		京大大型計算機センター設置準備委員会委員
1967年4月-1984年3月		京大数理解析研究所　運営委員会委員
1976年11月-1977年4月		京大評議員
1984年5月-1986年2月		文部省学術審議会専門委員（特定研究領域推進分科会）
1989年1月-1994年1月		国立天文台評議員

受賞，栄誉

1959年4月	京都新聞文化賞（元素の起源の研究）
1963年12月	仁科記念賞（天体核現象の研究）
1966年1月	朝日賞（文化賞）（元素の起源と星の進化に関する研究）
1970年5月	エディントン・メダル（英国王立天文学会，主系列前の星の収縮に関する研究）
1971年5月	恩賜賞，日本学士院賞（核反応と恒星の進化に関する研究）
1982年11月	文化功労者
1986年11月	文化勲章
1988年10月	京都市名誉市民
1993年1月	講書始の儀（宮中，太陽系の起源の講書），後に，赤坂御所に参内・夕食
1994年5月	勲一等瑞宝章
1995年11月	京都賞（稲盛財団）
2004年7月	ブルース・メダル（太平洋天文学会）

論文リスト（Bibliography of publications by Chushiro Hayashi）（2008/3/14）
英論文

1. （1947）C. Hayashi, Giant Stars Producing Energy by C-N Reactions. Prog. Theor. Phys. 2, 127-134.
2. （1949）C. Hayashi, Stars Built on the Shell Source Model. Phys. Rev. 75, 1619.
3. （1950）C. Hayashi, Proton-Neutron Concentration Ratio in the Expanding Universe at the Stages Preceeding the Formation of the Elements. Prog. Theor. Phys. 5, 224-235.

4. (1952) C. Hayashi & Y. Munakata, On a Relativistic Integral Equation for Bound State, Prog. Theor. Phys. 7, 481–516.
5. (1953) C. Hayashi, Hamiltonian Formalism in Non-Local Field Theories, Prog. Theor. Phys. 10, 533–548.
6. (1954) C. Hayashi, On Field Equations with Non-Local Interaction, Prog. Theor. Phys. 11, 226–227.
7. (1956) S. Hayakawa, C. Hayashi, M. Imoto & K. Kikuchi, Helium Capturing Reactions in Stars, Prog. Theor. Phys. 16, 507–527.
8. (1956) C. Hayashi & M. Nishida, Formation of Light Nuclei in the Expanding Universe, Prog. Theor. Phys. 16, 613–624.
9. (1957) C. Hayashi, T. Nakano, M. Nishida, S. Suekane & Y. Yamaguchi, The Catalysis of Nuclear Fusion Reactions by Mu-Mesons, Prog. Theor. Phys. 17, 615–616.
10. (1957) C. Hayashi, Giant Stars with Shell Sources of C-N and p-p Reactions, Prog. Theor. Phys. 17, 737–742.
11. (1958) C. Hayashi, A Remark on a Paper by Barasenkov, Nuovo Cimento 7, 116–117.
12. (1958) C. Hayashi, M. Nishida, N. Ohyama & H. Tsuda, Stellar Syntheses of the Alpher-Particle Nuclei Heavier than Ne^{20}, Prog. Theor. Phys. 20, 110–112.
13. (1959) S. Sakashita, Y. Ohno & C. Hayashi, The Evolution of Massive Stars. I, Prog. Theor. Phys. 21, 315–323.
14. (1959) C. Hayashi, M. Nishida, N. Ohyama & H. Tsuda, Stellar Syntheses of the Alpher-Particle Nuclei Heavier than Ne^{20}, Prog. Theor. Phys. 22, 101–127.
15. (1959) C. Hayashi, J. Jugaku & M. Nishida, Evolution of Massive Stars. II, Prog. Theor. Phys. 22, 531–543.
16. (1959) S. Sakashita & C. Hayashi, Internal Structure and Evolution of Very Massive Stars, Prog. Theor. Phys. 22, 830–834.
17. (1959) S. Hayakawa, C. Hayashi, K. Ito, J. Jugaku, M. Nishida & N. Ohyama, Chemical Composition of Cosmic Rays and Origin of Elements, Proc. International Conference on Cosmic Rays 3, 171–176.
18. (1960) C. Hayashi, J. Jugaku & M. Nishida, Models of Massive Stars in Helium-Burning Stage, Ap. J. 131, 241–243.
19. (1960) S. Hayakawa, C. Hayashi & M. Nishida, Rapid Thermonuclear Reactions in Supernova Explosion, Prog. Theor. Phys. Supp. 16, 169–197.
20. (1961) C. Hayashi, M. Nishida & D. Sugimoto, Evolution of a Star with Intermediate Mass after Hydrogen Burning, Prog. Theor. Phys. 25, 1053–1055.
21. (1961) S. Sakasita & C. Hayashi, Internal Structure of Very Massive Stars, Prog. Theor. Phys. 26, 942–946.
22. (1961) C. Hayashi & R. Hōshi, The Outer Envelope of Giant Stars with Surface Convection

zone, Publ. Astron. Soc. Japan 13, 442–449.
23. (1961) C. Hayashi, Stellar Evolution in Early Phases of Gravitational Contraction, Publ. Astron. Soc. Japan 13, 450–452.
24. (1962) C. Hayashi, M. Nishida & D. Sugimoto, Evolution of a Star with Intermediate Mass after Hydrogen Burning. I, Prog. Theor. Phys. 27, 1233–1252.
25. (1962) C. Hayashi & R.C. Cameron, The Evolution of Massive Stars. III. Hydrogen Exhaustion through the Onset of Carbon-Burning, Ap. J. 136, 166–192.
26. (1962) C. Hayashi, R. Hōshi & D. Sugimoto, Evolution of the Stars, Prog. Theor. Phys. Supp. 22, 1–183.
27. (1963) C. Hayashi & T. Nakano, Evolution of Stars of Small Masses in the Pre-Main-Sequence Stages, Prog. Theor. Phys. 30, 460–474.
28. (1963) K. Tomita & C. Hayashi, The Cosmical Constant and the Age of the Universe, Prog. Theor. Phys. 30, 691–698.
29. (1965) C. Hayashi & T. Nakano, Contraction of a Protostar up to the Stage of Quasi-Static Equilibrium, Prog. Theor. Phys. 33, 554–555.
30. (1965) C. Hayashi & T. Nakano, Thermal and Dynamical Properties of a Protostar and its Contraction to the Stage of Quasi-Static Equilibrium, Prog. Theor. Phys. 34, 754–775.
31. (1965) C. Hayashi, R. Hōshi & D. Sugimoto, Advanced Phases of Evolution of Population II Stars, Prog. Theor. Phys. 34, 885–911.
32. (1966) C. Hayashi, Evolution of Protostars, Ann. Rev. Astron. Astrophys. 4, 171–192.
33. (1966) C. Hayashi, On Contracting Stars, Stellar Evolution, ed. by R.F. Stein & A.G.W. Cameron, Plenum Press, New York, 193–201.
34. (1966) C. Hayashi, Advanced Stages of Stellar Evolution, Stellar Evolution, ed. by R.F. Stein & A.G.W. Cameron, Plenum Press, New York, 253–262.
35. (1966) K. Takarada, H. Sato & C. Hayashi, Central Temperature and Density of Stars in Gravitational Equilibrium, Prog. Theor. Phys. 36, 504–514.
36. (1968) T. Murai, D. Sugimoto, R. Hōshi & C. Hayashi, Evolution of Carbon Stars. I. Gravitational Contraction and Onset of Carbon Burning, Prog. Theor. Phys. 39, 619–634.
37. (1968) D. Sugimoto, Y. Yamamoto, R. Hōshi & C. Hayashi, Evolution of Carbon Stars. II. Carbon Burning Phase, Prog. Theor. Phys. 39, 1432–1447.
38. (1968) T. Nakano, N. Ohyama & C. Hayashi, Rapid Contraction of a Protostar to the Stage of Quasi-Hydrostatic Equilibrium. I. The case of One Solar Mass without Radiation Flow, Prog. Theor. Phys. 39, 1448–1467.
39. (1969) S. Narita, T. Nakano & C. Hayashi, Collapse and Flare-Up of Protostars, Prog. Theor. Phys. 41, 856–857.
40. (1969) C. Hayashi, T. Nakano, S. Narita & N. Ohyama, Rapid Contraction and Flare-Up of Protostars. Low-Luminosity Stars, ed. by S. Kumar, Gordon & Breach Science Publishers, 401–

415.
41. (1969) T. Hattori, T. Nakano & C. Hayashi, Thermal and Dynamical Evolution of Gas Clouds of Various Masses, Prog. Theor. Phys. 42, 781–798.
42. (1970) K. Nakazawa, T. Murai, R. Hōshi & C. Hayashi, Evolution of Iron Stars. Gravitational Contraction and the Decomposition of Iron, Prog. Theor. Phys. 43, 319–333.
43. (1970) T. Nakano, N. Ohyama & C. Hayashi, Rapid Contraction of Protostars to the Stage of Quasi-Hydrostatic Equilibrium. II. 10, 10^2, 10^3 and 10^4 Solar Masses without Radiation Flow, Prog. Theor. Phys. 43, 672–683.
44. (1970) S. Narita, T. Nakano & C. Hayashi, Rapid Contraction of Protostars to the Stage of Quasi-Hydrostatic Equilibrium. III. Stars of 0.05, 1.0 and 20 Solar Masses with Energy Flow by Radiation and Convection, Prog. Theor. Phys. 43, 942–964.
45. (1970) C. Hayashi, On the Early Stage of the Sun. Recent Developments in Mass Spectroscopy (Proc. International Conf. on Mass Spectroscopy, Kyoto) ed. by K. Ogata and T. Hayakawa, University of Tokyo Press, 586–590.
46. (1970) T. Kusaka, T. Nakano & C. Hayashi, Growth of Solid Particles in the Primordial Solar Nebula, Prog. Theor. Phys. 44, 1580–1595.
47. (1970) K. Nakazawa, T. Murai, R. Hōshi & C. Hayashi, Effect of Electron Capture on the Temperature in Dense Stars, Prog. Theor. Phys. 44, 829–830.
48. (1971) S. Ikeuchi, K. Nakazawa, T. Murai, R. Hōshi & C. Hayashi, Stellar Evolution toward Pre-Supernova Stage. I. Carbon and Oxygen Stars of 5, 10 and 30 Solar Masses, Prog. Theor. Phys. 46, 1713–1737.
49. (1972) D. Sugimoto, K. Nakazawa & C. Hayashi, Thermodynamical Quantities for Partially Relativistic and Partially Degenerate, Non-Interacting Electron Gas. Sci. Papers of College of General Education, University of Tokyo 22, 145–177.
50. (1972) S. Ikeuchi, K. Nakazawa, T. Murai, R. Hōshi & C. Hayashi, Stellar Evolution toward Pre-Supernova Stage. II. Carbon and Oxygen Stars of 1.5 and 2.6 Solar Masses, Prog. Theor. Phys. 48, 1870–1884.
51. (1975) C. Hayashi & Y. Nakagawa, Size Distribution of Grains Growing by Thermal Grain-Grain Collision, Prog. Theor. Phys. 54, 93–103.
52. (1976) C. Hayashi, I. Adachi & K. Nakazawa, Formation of the Planets, Prog. Theor. Phys. 55, 945–946.
53. (1976) I. Adachi, C. Hayashi & K. Nakazawa, The Gas Drag Effect on the Elliptic Motion of a Solid Body in the Primordial Solar Nebula, Prog. Theor. Phys. 56, 1756–1771.
54. (1976) K. Nakazawa, C. Hayashi & M. Takahara, Isothermal Collapse of Rotating Gas Clouds, Prog. Theor. Phys. 56, 515–530.
55. (1977) C. Hayashi, K. Nakazawa & I. Adachi, Long-Term Behavior of Planetesimals and the Formation of the Planets, Publ. Astron. Soc. Japan 29, 163–196.

56. (1977) M. Takahara, K. Nakazawa, S. Narita & C. Hayashi, Adiabatic Collapse of Rotating Gas Clouds, Prog. Theor. Phys. 58, 536–548.
57. (1978) H. Mizuno, K. Nakazawa & C. Hayashi, Instability of a Gaseous Envelope surrounding a Planetary Core and Formation of Giant Planets, Prog. Theor. Phys. 60, 699–710.
58. (1979) C. Hayashi, K. Nakazawa & H. Mizuno, Earth's Melting due to the Blanketing Effect of the Primordial Dense Atmosphere, Earth Planet. Sci. Lett. 43, 22–28.
59. (1980) M. Sekiya, K. Nakazawa & C. Hayashi, Dissipation of the Rare Gases Contained in the Primordial Earth's Atmosphere, Earth Planet. Sci. Lett. 50, 197–201.
60. (1980) H. Mizuno, K. Nakazawa & C. Hayashi, Dissolution of the Primordial Rare Gases into the Molten Earth's Material, Earth Planet. Sci. Lett. 50, 202–210.
61. (1980) M. Sekiya, K. Nakazawa & C. Hayashi, Dissipation of the Primordial Terrestrial Atmosphere due to Irradiation of the Solar EUV, Prog. Theor. Phys. 64, 1968–1985.
62. (1981) Y. Nakagawa, K. Nakazawa & C. Hayashi, Growth and Sedimentation of Dust Grains in the Primordial Solar Nebula, Icarus 45, 517–528.
63. (1981) C. Hayashi, Formation of the Planets, Fundamental Problems in the Theory of Stellar Evolution (Proc. IAU Symposium No. 93) ed. by D. Sugimoto et al., Reidel Pub., Holland, 113–128.
64. (1981) M. Sekiya, C. Hayashi & K. Nakazawa, Dissipation of the Primordial Terrestrial Atmosphere due to Irradiation of the Solar Far-UV during T Tauri Stage, Prog. Theor. Phys. 66, 1301–1316.
65. (1981) C. Hayashi, Structure of the Solar Nebula, Growth and Decay of Magnetic Fields, and Effect of Magnetic and Turbulent Viscosities on the Nebula, Prog. Theor. Phys. Supp. 70, 35–53.
66. (1982) C. Hayashi, S. Narita & S. Miyama, Analytic Solutions for Equilibrium of Rotating Isothermal Clouds. One-Parameter Family of Axisymmetric and Conformal Configurations, Prog. Theor. Phys. 68, 1949–1966.
67. (1983) K. Nakazawa, T. Komuro & C. Hayashi, Origin of the Moon. Capture by Gas Drag of the Earth's Primordial Atmosphere, Moon and Planets 28, 311–327.
68. (1983) Y. Nakagawa, K. Nakazawa & C. Hayashi, Accumulation of Planetesimals in the Solar Nebula, Icarus 54, 361–376.
69. (1984) S.M. Miyama, C. Hayashi & S. Narita, Criteria for Collapse and Fragmentation of Rotating Isothermal Clouds, Ap. J. 279, 621–632.
70. (1984) S. Narita, C. Hayashi & S.M. Miyama, Characteristics of Collapse of Rotating Isothermal Clouds, Prog. Theor. Phys. 72, 1118–1136.
71. (1985) K. Nakazawa, H. Mizuno, M. Sekiya & C. Hayashi, Structure of the Primordial Atmosphere surrounding the Early-Earth, J. Geomag. Geoelectr. 37, 781–799.
72. (1985) C. Hayashi, K. Nakazawa & Y. Nakagawa, Formation of the Solar System, Protostars &

Planets Ⅱ, ed. by D.C. Black and M.S. Matthews, the University of Arizona Press, Tucson, 1100-1153.
73. (1985) H. Takeda, T. Matuda, K. Sawada & C. Hayashi, Drag on a Gravitational Sphere Moving through a Gas, Prog. Theor. Phys. 74, 272-287.
74. (1986) Y. Nakagawa, M. Sekiya & C. Hayashi, Settling and Growth of Dust Particles in a Laminar Phase of a Low-Mass Solar Nebula, Icarus 67, 375-390.
75. (1987) M. Kiguchi, S. Narita, S.M. Miyama & C. Hayashi, The Equilibria of Rotating Isothermal Clouds, Ap. J. 317, 830-845.
76. (1987) C. Hayashi, Equilibria and Dynamics of Isothermal Clouds, Star Forming Regions (Proc. IAU Symposium No. 115), ed. by M. Peimbert and J. Jugaku, Reidel Pub., Holland, 403-416.
77. (1987) M. Sekiya, S.M. Miyama and C. Hayashi, Gas Flow in the Solar Nebula Leading to the Formation of Jupiter, Earth, Moon and Planets 39, 1-15.
78. (1987) S.M. Miyama, S. Narita & C. Hayashi, Fragmentation of Isothermal Sheet-Like Clouds. I. Solutions of Linear and Second-Order Perturbation Equations, Prog. Theor. Phys. 78, 1051-1064.
79. (1987) S.M. Miyama, S. Narita & C. Hayashi, Fragmentation of Isothermal Sheet-Like Clouds. Ⅱ. Full Nonlinear Numerical Simulations, Prog. Theor. Phys. 78, 1273-1287.
80. (1988) M. Kiguchi, S. Narita, S.M. Miyama & C. Hayashi, The Equilibrium and the Stability of Rotating Isothermal Clouds, Prog. Theor. Phys. Supp. 96, 50-62.
81. (1988) S. Narita, S.M. Miyama, M. Kiguchi & C. Hayashi, Collapse and Fragmentation of Isothermal Clouds, Prog. Theor. Phys. Supp. 96, 63-72.
82. (1988) M. Sekiya, S.M. Miyama & C. Hayashi, Gas Capture by Proto-Jupiter and Proto-Saturn, Prog. Theor. Phys. Supp. 96, 274-280.
83. (1990) S. Narita, M. Kiguchi, S.M. Miyama & C. Hayashi, Rotation-Dominant Equilibria of Isothermal Clouds, Mon. Not. R. Astr. Soc. 244, 349-356.
84. (1994) S. Narita, M. Kiguchi & C. Hayashi, The Structure and Evolution of Thin Viscous Disks. I. Non-Steady Accretion and Excretion, Publ. Astron. Soc. Japan 46, 575-587.
85. (1995) S. Narita, M. Kiguchi & C. Hayashi, The Structure of Thin Accretion Disks, The Science and Engineering Review of Doshisha University 36, 53-76.
86. (1998) M. Kiguchi, S. Narita & C. Hayashi, Wind from T Tauri Stars, Publ. Astron. Soc. Japan 50, 587-595.

邦論文
1. (1949) 林,「星と原子核」, 近代物理学全書 原子核論, 共立出版, 湯川・小林編, 348-401 頁。
2. (1949) 林,「星のエネルギー」, 現代物理学の諸問題, 増進堂, 伏見康治編, 289-297 頁。
3. (1952) 林,「元素の起源」, 日本物理学会誌, 第 7 巻, 第 2 号, 72-76 頁。

4. (1957) 林・西田稔,「元素の起源」, 岩波科学, 第 27 巻, 第 9 号, 432-438。
5. (1963) 林,「星の進化と元素の起源」, 日本物理学会誌, 第 18 巻, 第 5 号, 278-285 頁。
6. (1966) 林・佐藤文隆,「最近の宇宙論」, 岩波科学, 第 36 巻, 第 8 号, 402-408。
7. (1966) 林,「元素の起源」, 新天文学講座 7, 原子核物理学と星の内部構造, 恒星社, 一柳寿一編, 133-15 頁。
8. (1967) 林・中野武宜,「太陽の進化」, 岩波科学, 第 37 巻, 第 10 号, 514-519。
9. (1969) 林,「星の進化」, 基礎研 15 周年シンポジウム, 基礎物理学の進展 (VI), 天体・宇宙, 理論物理学刊行会, 153-159 頁。
10. (1971) 林,「核反応と恒星の進化に関する研究」, 日本学術振興会, 学術月報 第 24 巻, 第 4 号, 7-9 頁。
11. (1972) 林,「回転ダスト層の重力不安定性」, 東大宇宙航空研, 昭和 47 年度「月・惑星シンポジウム」。
12. (1975) 林,「宇宙における物質―物質の存在形態の概観―」, 日本物理学会編, 新しい物質観, 丸善, 1-12 頁。
13. (1976) 林,「宇宙―その様相の一断面―」, 共立出版創立 50 周年記念講演録, 40-44 頁。
14. (1977) 林,「太陽系の起源―ガスと粒子の系の非可逆過程」, 天文月報, 第 70 巻, 第 1 号, 6-13 頁。
15. (1980) 林・杉本・佐藤文隆,「星の進化をめぐる研究遍歴―林忠四郎教授大いに語る―」, 自然 8 月号, 26-40 頁。
16. (1983) 林,「宇宙の進化―結びにかえて―」, 日本物理学会編「宇宙と物理」, 培風館, 245-253 頁。
17. (1985) 林,「星と銀河の形成―宇宙の Over-all Evolution と Non-Spherical Objects の形成・進化―」, 日本物理学会誌, 第 40 巻, 第 1 号, 9-23 頁。
18. (2005) 林,「宇宙物理学事始」, 学問の系譜―アインシュタインから湯川・朝永へ―, 素粒子論研究 第 112 巻, 第 6 号, 青木健一・坂東昌子・登谷美穂子編, 92-101 頁。
19. (2008) 尾崎洋二,「林忠四郎先生へのインタビュー」, 日本の天文学の百年, 恒星社厚生閣, 271-278 頁。
20. (2008) 尾崎洋二,「林忠四郎先生インタビュー」, 日本天文学会, 天文月報, 第 101 巻, 第 5 号, 272-283 頁。

著書・翻訳書
1. (1955) 岩波講座 現代物理学 I.D「量子力学 (下)」, 湯川・井上・林編。林著は, 第 8 章「多体問題」, 131-175 頁；第 10 章「輻射の理論」, 216-251 頁；第 11 章「デイフックの電子論」, 252-284 頁。
2. (1959) 岩波講座 現代物理学 V.K「核融合」, 早川・林編。林著は, 第 1 章「天の部」, 2-23 頁；第 2 章「地の部」, 65-100 頁。
3. (1973) 岩波講座 現代物理学の基礎, 第 12 巻「宇宙物理学」, 湯川・林・早川編。林著は,

第 I 部，第 1 章「天体の諸階層」，3-78 頁；第 2 章「宇宙の基礎的法則と物質の状態」，79-120 頁。
4. （1978）「星の進化―その誕生と死―」林編，佐藤文隆・蓬茨霊運・中野武宣著，共立出版，1-206 頁。
5. （1962）「電磁気学（上）」，パノフスキー・フィリップス著，林忠四郎・西田稔訳，吉岡書店，物理学叢書 19，1-255 頁。
6. （1962）「電磁気学（下）」，パノフスキー・フィリップス著，林忠四郎・天野恒雄訳，吉岡書店，物理学叢書 20，257-483 頁。

未掲載論文
1. （1971）「非回転ディスクの不安定性とエネルギーの変化（変分原理と線形振動式）」，22 頁。
2. （1998）「輻射流体力学と Implicit 解法」，11 頁。
3. （1999）「一様・等方の膨張宇宙のニュウトン近似での揺らぎの分散式」，10 頁。

回顧（お世話になった人）（2008/3/19，未完）
（大学の卒業から就職まで）
落合麒一郎　東大教授　ゼミのご指導　嘱託として落合研究室に残る　著書：一般相対論
萩原　雄祐　東大教授　著書：天文学
白銀　善作　浪速大教授　浪速大助教授に採用時
湯川　秀樹　京大教授　湯川研究室に入室以来，長期間のご指導とご推薦
朝永振一郎　東京教育大教授　学士院賞受賞時
小林　　稔　京大教授　原子核理学教室教授に任用時　教室と研究室の運営

（京大宇宙物理教室の時代）
荒木　俊馬　京大教授，京産大総長　著書：天体力学
上田　　穣　京大教授　助手に任用時
宮本正太郎　京大教授　Runge-Kutter の積分法

（京大基研の研究会，共同研究）
武谷　三男　立教大教授　基研の研究会での討論
畑中　武夫　東京天文台教授　基研の研究会での討論
大沢　清輝　東京天文台教授　東京天文台訪問，基研の研究会での討論
早川　幸男　名大教授　天体核反応の共同研究，基研の研究会の計画と討論，天文将来計画等

（友人と同僚）
桑垣　　煥　京医大教授　線形微分方程式の解を示唆
盛　　利貞　京大教授　盛君新婚時の訪問・交流

西　　朋太	京大教授	三高生時代，京大原子炉創設時，竹本問題時の交流
鳴海　　元	広島大教授	大山，成田君の就職時
山口　嘉夫	東大教授	文化勲章受賞時の調査委員会委員

(外国人)
W.A. ファウラー	CIT 教授
R. ジャストロウ	NASA 所長
M. シュバルツシルド	Princeton 教授

学士院の記録（2007 年，学士院に提出）
林忠四郎の主要な学術上の業績

1) ビッグバン宇宙における最初の元素の形成。核反応が始まる以前の高温段階における，陽子・中性子・電子・ニュートリノの相互作用による陽子と中性子の存在比の時間変化を計算した。その結果，最初に形成される元素は水素（質量は約 70％）とヘリウム（約 30％）であって，炭素以上の重元素は形成されないことを明らかにした。

2) 種々の質量の恒星の一生にわたる進化を計算した。特に，主系列星に到達するまでの準静的な重力収縮段階における，星の構造と光度の時間変化を理論的に解明した。この高光度の進化段階は，有名な「林フェーズ (phase)」と呼ばれていて，T タウリ型の星の本性を説明するものである。

3) 太陽系の形成について，各惑星の存在領域において進行する種々の物理過程の理論的研究を行った。まず，ガス（水素とヘリウム）とダスト（氷や石の固体微粒子）からなる原始太陽系星雲から出発して，この中でダストが付着・成長しながら赤道面に向かって沈殿して薄い円盤を形成する。この円盤が重力不安定性によって分裂し，多数の微惑星が形成される。これらの微惑星がガス中を運動しながら衝突によって付着・成長し，最終的には現在の各惑星が形成されるまでの経過とその進行時間を計算した。以上はキョウト・モデルと呼ばれている。

主要な著書・論文（10 篇）

1) Proton-Neutron Concentration Ratio in the Expanding Universe at the Stages Preceding the Formation of the Elements, C. Hayashi, Prog. Theor. Phys. 5 (1950), 224–235.
2) Stellar Evolution in Early Phases of Gravitational Contraction, C. Hayashi, Publ. Astron. Soc. Japan 13 (1961), 450–452.
3) Evolution of the Stars, C. Hayashi, R. Hoshi, and D. Sugimoto, Prog. Theor. Phys. Supp. 22 (1962), 1–183.
4) Evolution of Stars of Small Masses in the Pre-Main-Sequence Stages, T. Nakano and C. Hayashi, Prog. Theor. Phys. 30 (1963), 460–474.
5) Rapid Contraction of Protostars to the Stage of Quasi-Static Equilibrium III. S. Narita, T.

Nakano and C. Hayashi, Prog. Theor. Phys. 43 (1970), 942-964.
6) Growth of Solid Particles in the Primordial Solar Nebula, T. Kusaka, T. Nakano and C. Hayashi, Prog. Theor. Phys. 44 (1970), 1580-1595.
7) The Gas Drag Effect on the Elliptic Motion of a Solid Body in the Primordial Solar Nebula, I. Adachi, K. Nakazawa and C. Hayashi, Prog. Theor. Phys. 56 (1976), 515-530.
8) Structure of the Solar Nebula, Growth and Decay of Magnetic Fields, and Effect of Magnetic and Turbulent Viscosities on the Nebula, Prog. Theor. Phys. Supp. 70 (1981), 35-53.
9) Accumulation of Planetesimals in the Solar Nebula, Y. Nakagawa, K. Nakazawa and C. Hayashi, Icarus 54 (1983), 361-376.
10) Formation of the Solar System, C. Hayashi, K. Nakazawa and Y. Nakagawa, Protostars & Planets II, ed. by D.C. Black and M.S. Matthews, University of Arizona Press, Tucson, (1985), 1100-1153.
(以上)

「林の研究の履歴（宇宙物理学事始）」（於基研の講演，2005/11/7）林忠四郎
研究履歴の概略
1942　東大卒　核理論と素粒子のゼミ（Bethe, 1936・1937）
　　　　論文紹介（Gamow の URCA 過程，1941）
1946　湯川研入門　部屋は宇宙物理教室の旧荒木教授室
　　　　Weizsaecker の Solvay 会議録（天体核現象，1939）
　　　　Chandrasekhar (1939), Eddington (1926) の本
1947　赤色巨星の shell-source 模型の研究
　　　　等温コア（縮退，非縮退）＋CN 反応の球殻＋外層
1950　宇宙初期の P-N の存在比（Gamow の Big Bang 理論）
　　　　$e^-, e^+, \nu, \bar{\nu}$ との相互作用により，P/N＝1（T10＞^{11}K）――4＞（10^9K）
　　　　10^9K での H^2 の形成に始まる核反応の結果，H：He＝6：4（重量比）
1950-55　浪速大，京大で素粒子論の研究
　　　　相対論的二体問題，非局所的相互作用のハミルトン形式
1955　基研の天体核現象研究会（星の進化など2週間）
　　　　出席者：早川，武谷，中村，畑中，一柳など
1956　基研の超高温研究会（星の進化，地上の核融合）
　　　　星の内部の He 捕獲反応（早川，林，井本，菊池）
　　　　Seattle の国際会議出席，Cal. Tech. 訪問
1957　原子核理学教室と研究室の創設。当初のテーマは
　　　　星の進化と元素の起源，地上の核融合の研究
1962　論文 HHS（星の進化）を発表。その一章は対流平衡の星の進化
1970　太陽系の起源，星形成の動的過程の研究

科学（物理と天文）の歴史の概略（ギリシャからニュウトンまで）(2005/11/9)

ギリシャ後期のアレクサンドリア時代の研究としては，物理はアルキメデス，天文はヒッパルコス（～-150）とトレミー（～100），数学はユークリッド（～-300）がある。

アレクサンドリアの陥落後，これらの古典はアラビヤ語に翻訳されて残り，十字軍によるサラセン文化の欧州への移入（～1100）に伴って，欧州でラテン語に重訳された。

欧州では，1200年頃から各地に大学が設立されて，法学，医学，天文学などが講義された。集中的な研究と幅の広い人的交流が可能になった。

コペルニコス（1473-1548）はイタリヤの大学で研究，講義の後に，トレミーの天動説への反論として地動説を提唱した（1543）。これを受けて，チコ・ブラーエはデンマーク王の援助のもとに天文台をつくって惑星運動を詳しく観測した。

これと自己の観測から，ケプラー（1571-1630）は，第1，2法則（1609），第3法則（1618）を発見した。他方，ガリレイは天文対話（1632）と力学対話（1638）を著した。

以上の研究を基にして，ニュートン（1642-1727）はプリンシピア（自然哲学の数学的原理，1687）を著し，万有引力の法則と運動の3法則を明らかにした。

以上から，科学などの学問の発展にとって，アレクサンドリアのミュージアム，各地の大学やアカデミーなどの公共の研究機関の存在が極めて有用であったことがわかる。

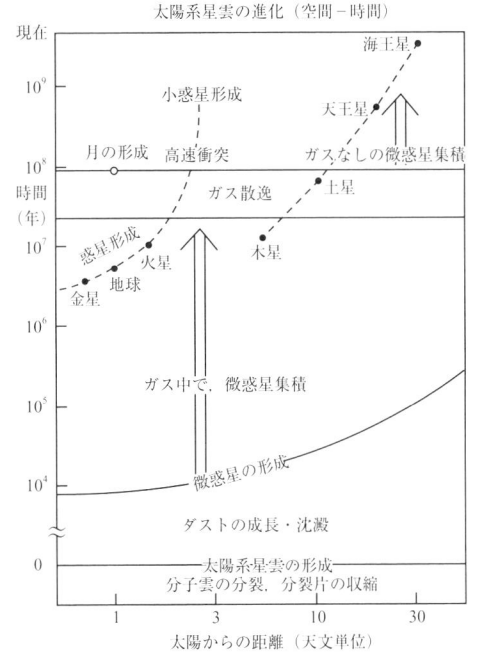

図1　太陽系星雲の進化

林家系図（冒頭の数字は代，年次は没年，＝は配偶，括弧内は注釈，続柄，旧姓，新姓を表す。）

平成 12 年 8 月 19 日　林忠四郎 書

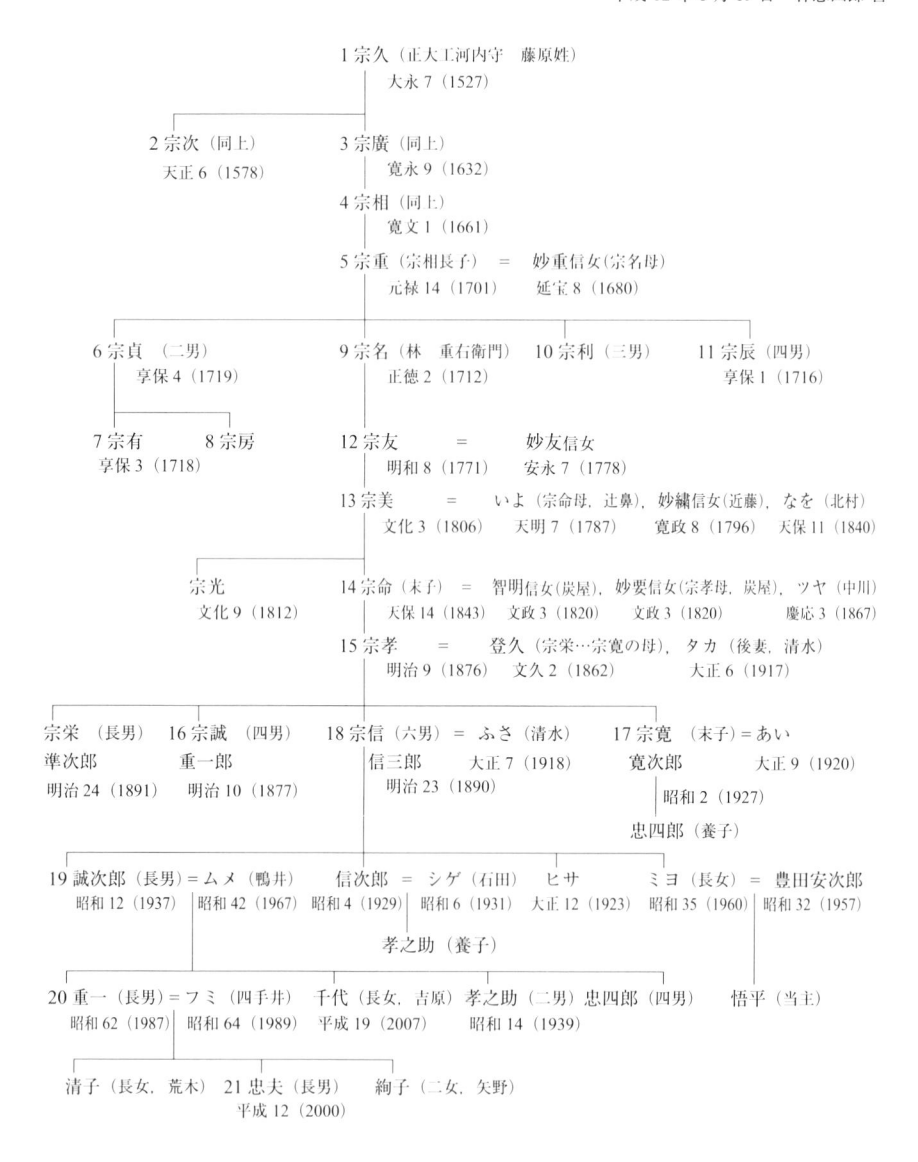

```
                         1 宗久（正大工河内守　藤原姓）
                             大永 7（1527）

        2 宗次（同上）        3 宗廣（同上）
          天正 6（1578）        寛永 9（1632）
                             4 宗相（同上）
                               寛文 1（1661）
                             5 宗重（宗相長子）　＝　妙重信女（宗名母）
                               元禄 14（1701）      延宝 8（1680）

  6 宗貞（二男）          9 宗名（林　重右衛門）    10 宗利（三男）    11 宗辰（四男）
    享保 4（1719）          正徳 2（1712）                          享保 1（1716）

  7 宗有    8 宗房       12 宗友      ＝    妙友信女
    享保 3（1718）          明和 8（1771）      安永 7（1778）
                         13 宗美    ＝    いよ（宗命母，辻鼻），妙繍信女（近藤），なを（北村）
                            文化 3（1806）    天明 7（1787）      寛政 8（1796）    天保 11（1840）

         宗光            14 宗命（末子）＝ 智明信女（炭屋），妙要信女（宗孝母，炭屋），ツヤ（中川）
         文化 9（1812）       天保 14（1843）  文政 3（1820）    文政 3（1820）      慶応 3（1867）
                         15 宗孝    ＝    登久（宗栄…宗寛の母），タカ（後妻，清水）
                            明治 9（1876）    文久 2（1862）              大正 6（1917）

宗栄（長男）  16 宗誠（四男）  18 宗信（六男）＝ ふさ（清水）  17 宗寛（末子）＝あい
 準次郎         重一郎         信三郎      大正 7（1918）    寛次郎      大正 9（1920）
 明治 24（1891） 明治 10（1877） 明治 23（1890）                 昭和 2（1927）
                                                          忠四郎（養子）

19 誠次郎（長男）＝ムメ（鴨井） 信次郎 ＝ シゲ（石田）  ヒサ        ミヨ（長女）＝ 豊田安次郎
 昭和 12（1937） 昭和 42（1967） 昭和 4（1929） 昭和 6（1931） 大正 12（1923）  昭和 35（1960） 昭和 32（1957）
                                            孝之助（養子）

20 重一（長男）＝フミ（四手井） 千代（長女，吉原） 孝之助（二男） 忠四郎（四男）  悟平（当主）
 昭和 62（1987） 昭和 64（1989） 平成 19（2007）   昭和 14（1939）

  清子（長女，荒木）  21 忠夫（長男）  絢子（二女，矢野）
                    平成 12（2000）
```

天体核研究室大学院生一覧
湯川研究室からの移動者（計 4 名）
1952 年（昭和 27 年）学部卒業　西田稔
1953 年（昭和 28 年）学部卒業　伊藤謙哉・寺島由之介
1954 年（昭和 29 年）修士入学　井本三夫

林在職中の入学者（計 52 名）
1956 年（昭和 31 年）修士入学　大山襄・津田博
1957 年（昭和 32 年）修士入学　辻弘幸
1958 年（昭和 33 年）修士入学　天野恒雄・湯川高秋
1959 年（昭和 34 年）修士入学　杉本大一郎・百田弘
1960 年（昭和 35 年）修士入学　佐藤文隆・蓬茨霊運
1961 年（昭和 36 年）修士入学　富田憲二・中野武宣
1962 年（昭和 37 年）修士入学　鈴木国広・服部嗣雄・元吉明夫
1963 年（昭和 38 年）修士入学　宝田克男
1964 年（昭和 39 年）修士入学　村井忠之・渡辺義昭
1965 年（昭和 40 年）修士入学　中沢清・成田真二・松田卓也
1966 年（昭和 41 年）修士入学　伊藤直紀・日下迢（たかし）・武田英徳
1967 年（昭和 42 年）修士入学　池内了
1968 年（昭和 43 年）修士入学　佐藤勝彦・佐藤通
1969 年（昭和 44 年）修士入学　根尾定幸・原哲也
1970 年（昭和 45 年）修士入学　鈴木博子・富松彰
1971 年（昭和 46 年）修士入学　木口勝義・三木佐登志
1972 年（昭和 47 年）修士入学　亀井（高原）まり子・高原文郎
1973 年（昭和 48 年）修士入学　中川義次・中村卓史
1974 年（昭和 49 年）修士入学　前田恵一・水野博
1975 年（昭和 50 年）修士入学　小玉英雄・観山正見
1976 年（昭和 51 年）修士入学　梅林豊治・佐々木節
1977 年（昭和 52 年）修士入学　関谷実
1978 年（昭和 53 年）修士入学　小笠原隆亮・小室輝芳
1979 年（昭和 54 年）修士入学　大原謙一
1980 年（昭和 55 年）修士入学　伊沢瑞夫・伏木一行
1981 年（昭和 56 年）修士入学　小嶋康史
1982 年（昭和 57 年）修士入学　長沢幹夫・森川雅博
1983 年（昭和 58 年）修士入学　岩田卓仁

林退職後の入学者
1984年（昭和59年）修士入学　郷田直輝・小谷岳生
1985年（昭和60年）修士入学　森田秀史
1986年（昭和61年）修士入学　窪谷裕人・山田良透
1987年（昭和62年）修士入学　後藤尋規・芹生正史・西亮一　（以下略）

天体核研究室スタッフ一覧（年次順，林在職中，基礎研を含む）
教授　　　林忠四郎，佐藤文隆（基礎研）
助教授　　西田稔，佐藤文隆（基礎研），中野武宣，中沢清
講師　　　佐藤文隆
助手　　　西田稔，寺島由之介，若野正巳，天野恒雄，佐藤文隆，中野武宣（基礎研），蓬茨霊運，
　　　　　中沢清，池内了，佐藤勝彦，中村卓史，観山正見，佐々木節

結婚の媒酌をした人（括弧内は旧姓）
1964年 5月　　天野恒雄・（神宮寺）温子夫妻　　於京大楽友会館
1965年　　　　佐藤文隆・（岡崎）桂 子夫妻　　新居は一乗寺日空尻町しろがね荘
1967年 1月　　中野武宣・（阿竹）富姉子夫妻　　於京大楽友会館　新居は茨木市
1970年 4月　　松田卓也・（武村）栄 子夫妻　　於京都社会福祉会館　新居は高槻市赤大路
1972年 3月　　中沢 清・（松田）真知子夫妻　　於京大楽友会館　新居は茨木市庄二丁目
1972年11月　　池内 了・（神代）靖 子夫妻　　嘉子が自動車事故のため仲人は急遽交代
1972年12月　　佐藤勝彦・（安井）昌 子夫妻　　於京大楽友会館　新居は深草平田町
1974年 5月　　木口勝義・（松本）幸 子夫妻　　於御車会館　新居は枚方市樟葉中町
1974年12月　　高原文郎・（亀井）まり子夫妻　　於京都教育文化センター　新居は修学院坪江町
1975年 5月　　原 哲也・（吹田）和歌子夫妻　　於京都ホテル　新居は聖護院山王町
1978年 4月　　中村卓史・（辻田）やよい夫妻　　新居は伏見区南大島町桃山南団地
1980年11月　　観山正見・（斯波）寿 子夫妻　　於平安会館　新居は壬生坊城町公団住宅

II

林先生による解説など

1. 星と原子核 (1949 年)

『近代物理学全書』共立出版 (1949 年)

量子論の出現により高温物質の電離並びに輻射の吸収の理論が知られるとともに，エディントンに始まる数多くの研究は完全気体よりなる恒星の内部構造を明らかにし，続いてフェルミ・ディラックの統計法が高密度の物質に応用されて白色矮星の理論が導かれた。しかし当時は星のエネルギーの源泉及びその生成の機構が未知であったために，これに対して種々の模型を仮定する他に道は無かった。この長い間未知であったエネルギー生成の問題は原子核物理学の発展とともにその解明が試みられ遂にベーテは炭素・窒素の連鎖反応を発見し，原子核理論は天体においても見事な成果を収めたのである。これに従って星の進化の問題も新しい見地より見直されることになり，更に宇宙の進化と関連して元素の起源の如き問題も取り上げられるに至っている。実際に，巨大な質量，極度の高温度，高密度を有する天体においては，地上の実験室では到底見られないような状態の現出が可能であって，その観測は原子核の問題に関連しても甚だ興味深いものがある。

1. 星の内部構造

§1. 観測的事実

観測により個々の星について質量 M，光度 (1 秒間に放出する全輻射エネルギー) L，半径 R または有効温度 T_e が知られている。T_e は次の黒体輻射の式により L, R と関係する。

$$L = 4\pi acR^2 T_e^4 \tag{1.1}$$

ここに $\alpha = 8\pi^5 k^4/15 c^3 h^3 = 7.55 \times 10^{-15}$ erg/cm^{3}deg^4 はステファン・ボルツマン常数である。L と T_e は多数の星について知られているが，M は二重星の軌道と周期，またはスペクトルの相対論的赤方変移より求められ，現在これが正確に知られている星は 50 個の程度に過ぎない。第 1 図に見られる如く，甚だ明確な**質量—光度関係**が存在し，質量が太陽[*1]の 10^{-1} より 10^2 倍になるとき光度は 10^{-3} より 10^6 倍にも及ぶ変化をする。

第 2 図は光度—スペクトル型の分布を示し，**ヘルツシュプルング・ラッセル図** (H-R 図) と呼ばれる。左上の L, T_e の共に大なるところより右下に向う線上には太陽を含んで甚だ多数の星が分布していて**主系列**の星と呼ばれる。右下に行く程 R は小に，平均密度は大となるがその変化は光度程に著しくない。内部構造の理論によれば中心温度は左上端で 35×10^6 右下端で 10×10^6 °K の程度で，この変化は光度の変化に比して甚だ小である。

[*1] $M_\odot = 1.985 \times 10^{33}$g, $L_\odot = 3.780 \times 10^{33}$erg/sec, $R_\odot = 6.951 \times 10^{10}$cm, $T_{e\odot} = 5710$°K, 平均密度 $\bar{\rho}_\odot = 1.411$g/cm^3.

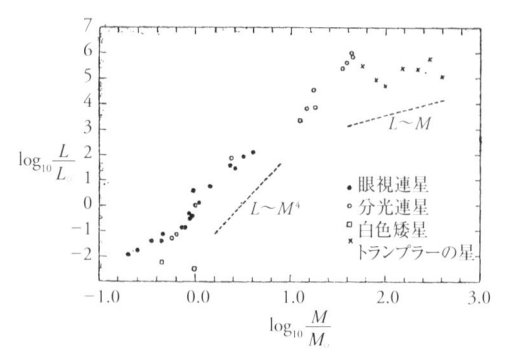

第1図　質量光度関係

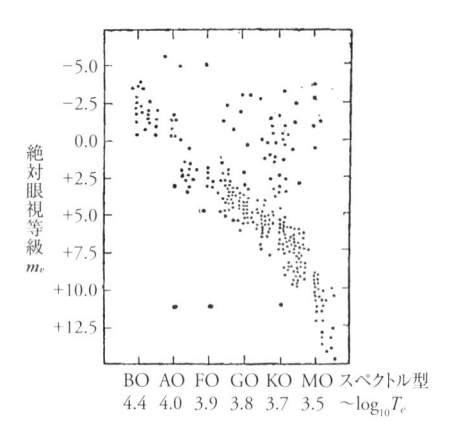

第2図*2　H-R図（T_e は大略の値を示す）

主系列の右上方には分散した一つの分岐が認められ，表面温度が太陽と殆んど同一で光度が数十倍の星に始まり，太陽の数千倍の熱線を出す最も赤い星まで拡がっている。これらの星は同一光度の主系列の星に比して半径が大であって巨星と称する。カペラでは半径は $16R_\odot$，平均密度は $10^{-3}\rho_\odot$ であり，赤色の馭者座 ζ 星では $200R_\odot$，$10^{-6}\rho_\odot$ にも達する。

第1図の左下方，第2図の中央の下方に質量は太陽の程度であるが，光度は $10^{-2}L_\odot$，半径は $1/100 \sim 1/20R_\odot$ の程度の星があり，白色矮星という。この星の平均密度は $10^5 \mathrm{g/cm^3}$ 以上に達し，物質は縮退した電子気体の状態にあると考えられている。質量が太陽の20倍以上の星は稀であるが第1図の右上には質量は $100M_\odot$，半径は $10R_\odot$ の程度であるが光度はさほど大でないトランプラーの星が見出されている。

§2. 内部構造の理論 [1)2)]

星を力学的平衡状態にあって定常的にエネルギーを輻射しているガス球と考える。自転の影響を無視すれば，r を中心よりの距離，ρ 及び P をその点における密度及び圧力，$M(r)$ を r より内部の球の質量とす

---

* 2　絶対眼視等級 m_v から各波長の光に対する視感度を考慮して絶対全輻射等級 m_b が得られる。$T_e = 6500°\mathrm{K}$ 近くで両者は等しいと定義され，他の温度では m_b は m_v より小であるが，その差は $T_e > 4500°$ では 0.5 等級以下である。m_b と光度との関係は $m_b - m_{b\odot} = -\frac{5}{2}\log_{10}\frac{L}{L_\odot}$ で定義される。

ると，平衡の方程式は

$$\frac{dP}{dr} = -\frac{GM(r)}{r^2}\rho$$

$$\frac{dM(r)}{dr} = 4\pi r^2 \rho \qquad (2.1)$$

または

$$\frac{1}{r^2}\frac{d}{dr}\left(\frac{r^2}{\rho}\frac{dP}{dr}\right) = -4\pi G\rho \qquad (2.2)$$

で与えられる。ここに G は重力常数である。

圧力 P は一般にガスの圧力 p_g と輻射の圧力 p_r よりなっている。星の内部の各点が局所的に温度 T の熱力学的平衡状態にあるときは p_r は

$$p_r = \frac{1}{3}aT^4 \qquad (2.3)$$

で与えられる。定常状態においては内部のエネルギー流は温度勾配に対する熱伝導によるものであって，半径 r の球面を通過する外向きのエネルギー流を $L(r)$ とするとき

$$\frac{dT}{dr} = -\frac{1}{\lambda}\frac{L(r)}{4\pi r^2} \qquad (2.4)$$

が成立する。ここに λ は物質粒子及び輻射のエネルギー輸送による熱伝導度である。

ε を単位質量，単位時間について生成されるエネルギー量とすれば，エネルギー連続の式は次の如くなる。

$$\frac{dL(r)}{dr} = 4\pi r^2 \rho \varepsilon \qquad (2.5)$$

ガス圧力 P_g，熱伝導度 λ，エネルギー生成量 ε は一般に物質の化学組成，温度 T 及び密度 ρ に依存する。ところが以上の

(2.1)，(2.4)，(2.5) の4箇の一次の微分方程式において，4箇の未知変数 ρ, T, $M(r)$, $L(r)$ の間には次の6箇の境界条件が存在する。即ち $r=0$ で $M(r)=0$, $L(r)=0$；$r=R$ で $M(r)=M$, $L(r)=L$, $T=0$, $\rho=0$。条件が2箇だけ多いから，M, L, R 及び組成の間に2箇の関係式が存在することになり，例えば M と組成を与えると L, R 及び内部状態は完全に定まる。最近にエネルギー発生の機構が明らかにされるまでは，$L(r)$ 従ってまた ε に関して或る仮定をおき，(2.5) を除いた残りの3式を積分して解が求められた。しかし結果はその仮定に強くは依存しないことが示された。従って，M, L, R, 組成の間の関係式は1箇得られるのみであるが，3箇の観測値 M, L, R を用いるときにはその内部状態はかなり正確に知られる。

エネルギー生成に関して簡単な模型を仮定するとき，または温度の分布があらかじめ知れている場合等においては，圧力と密度のあいだに次の如き簡単な関係が内部の全領域または一部の領域において成立することがある。

$$P = K\rho^{1+\frac{1}{n}} \qquad (2.6)$$

K 及び n は常数であって，このとき気体は指数 n の**ポリトロープ**の関係にあるという。この場合には (2.2)，(2.6) より平衡状態が定められる。ρ_c を中心密度として変換

$$\rho = \rho_c \theta^n, \quad r = \alpha \xi;$$

$$\alpha = \left[\frac{(n+1)K}{4\pi G}\rho_c^{\frac{1}{n}-1}\right]^{\frac{1}{2}} \qquad (2.7)$$

により変数を θ（重力ポテンシャルに比例する量）に変えると (2.2) はエムデンの指数 n のポリトロープ方程式となる。即ち

$$\frac{1}{\xi^2}\frac{d}{d\xi}\left(\xi^2\frac{d\theta}{d\xi}\right) = -\theta^n \qquad (2.8)$$

全領域で n が一定の場合に，境界条件即ち $\xi=0$ で $\theta=1$, $d\theta/d\xi=0$ を満足する解は n の種々の値について数値的に積分されている。θ の最初の零点が $\zeta=\zeta_1$ で起るとき（$n<5$ の場合に限られる）これは星の境界を与え，半径は $R=\alpha\zeta_1$ である。質量 M は (2.1) の第1式より

$$M = \times -4\pi\left[\frac{(n+1)K}{4\pi G}\right]^{\frac{3}{2}}$$
$$\times \rho_c^{\frac{3-n}{2n}}\left(\xi^2\frac{d\theta}{d\xi}\right)_{\xi=\zeta_1} \qquad (2.9)$$

で与えられ，平均密度を $\bar{\rho}$ とすれば (2.7)，(2.9) より ρ_c が，更に (2.6) より P_c が得られる。

$$\rho_c = -\left(\frac{\xi}{3}\frac{1}{\frac{d\theta}{d\xi}}\right)_{\xi=\zeta_1}\bar{\rho},$$
$$P_c = -\frac{1}{16\pi\left[\left(\frac{d\theta}{d\xi}\right)_{\xi=\zeta_1}\right]^2}\frac{GM^2}{R^4} \qquad (2.10)$$

(1) 完全気体の星

ガス圧力は次で与えられる。

$$p_g = \frac{k}{\mu H}\rho T \qquad (2.11)$$

k はボルツマン常数，H は水素原子の質量，μ は物質の平均分子量（$\rho/\mu H$ は単位体積中の電子を含めた自由粒子の数）である。後でわかるように普通の星においては，内部温度は 10^7°K 以上に達するが平均密度は $1\mathrm{g/cm}^3$ 以下の程度であるから，原子は大部分の電子を電離していて，比較的高密度であるに拘わらず少なくとも星の大部分の領域は完全気体の状態にある。物質 $1\mathrm{g}$ 中の水素及びヘリウムの量を X_H 及び $X_{He}\mathrm{g}$ とし残りは重元素よりなるとすれば，平均分子量 μ は充分良い近似で

$$\frac{1}{\mu} = 2X_H + \frac{3}{4}X_{He} + \frac{1}{2}(1 - X_H - X_{He}) \qquad (2.12)$$

で与えられる。

熱伝導度 λ は，物質粒子の寄与は輻射の寄与に比して無視出来ることが示され，輻射の物質による平均の**質量吸収係数** κ により次の如く与えられる[*3]。

$$\lambda = 4caT^3/3\kappa\rho \qquad (2.13)$$

従って (2.4) はまた次の形となる。

$$\frac{d\left(\frac{1}{3}aT^4\right)}{dr} = -\frac{\kappa\rho}{c}\frac{L(r)}{4\pi r^2} \qquad (2.14)$$

この式は物質が輻射の吸収によって得る運動量が輻射圧の勾配に等しいことを表していて，**輻射平衡**の式という。

星の内部における輻射の波長は X 線の程度であって吸収係数[3]は次の**クラマース・ガウントの式**で与えられる[*4]。

[*3] 気体運動論によれば $\lambda = \frac{1}{3}C_V v l$ で与えられるが，輻射の比熱 $C_V = \frac{d}{dT}(aT^4)$，速度 v は c，平均自由走路 l は $1/\kappa\rho$ で与えられる。

[*4] 輻射の吸収としては，原子のクーロム場にある電子の束縛状態より自由状態への遷移，自由状態より他の自由状態への遷

$$\kappa = \kappa_0 \rho T^{-3.5},$$
$$\kappa_0 = \text{const.} \frac{1}{t}(1+X_H)(1-X_H-X_{He})$$
(2.15)

ここに const. は，重元素の組成に依存する量で[*5]，t は guillotine factor と呼ばれ組成，温度及び密度に対して緩やかに変化する 1 の程度の量である。

エネルギー源泉の分布に関しては種々の模型が考えられるがここでは取扱いの簡単な次の 3 種について述べる。物質の化学組成は内部の到るところで一様と考える。

(a) Eddington 模型

エディントンは次の仮定をおくことにより M–L 関係の理論式を求めて観測的事実との一致を示し，星の内部状態を初めて明らかにした。即ち $\kappa\eta = $ 常数，$\eta = \dfrac{L(r)}{L} \bigg/ \dfrac{M(r)}{M}$，と仮定すると，(2.1)，(2.14) より

$$\frac{dp_r}{dP} = \frac{\kappa\eta}{4\pi cG} \frac{L}{M}$$

が得られるが，積分して境界条件を用いると

$$p_r = \frac{\kappa\eta}{4\pi cG} \frac{L}{M} P \tag{2.16}$$

となる。ガス圧力と全圧力との比を β とすれば

$$p_g = \beta P, \quad p_r = (1-\beta)P,$$
$$P = \frac{k}{\mu H} \frac{\rho T}{\beta} = \frac{1}{3} \frac{aT^4}{1-\beta} \tag{2.17}$$

であって，(2.16) は

$$1 - \beta = \frac{\kappa\eta}{4\pi cG} \frac{L}{M} \tag{2.18}$$

となり，β は内部の到るところで一定である。(2.17) の最後の式において T を消去すると

$$P = \left[\left(\frac{k}{\mu H}\right)^4 \frac{3}{a} \frac{1-\beta}{\beta^4}\right]^{\frac{1}{3}} \rho^{\frac{4}{3}} \tag{2.19}$$

が得られるがこれは (2.6) の $n=3$ の場合に相当している。(2.9) に数値を入れると

$$1 - \beta = 0.00309 (M/M_\odot)^2 \mu^2 \beta^4 \tag{2.20}$$

となり β に関する 4 次方程式が得られ，β は M と μ によって定まる。(2.10)，(2.17) より中心における値は

$$\left.\begin{aligned}
\rho_c &= 54.18\bar{\rho} \\
P_c &= 11.05 \frac{GM^2}{R^4} = 1.242 \\
&\quad \times 10^{17}(M/M_\odot)^2(R/R_\odot)^{-4} \text{ dyne/cm}^2 \\
T_c &= 0.854\beta \frac{\mu H}{k} \frac{GM}{R} = 19.72 \\
&\quad \times 10^6 \beta\mu (M/M_\odot)^2 (R/R_\odot)^{-1} \text{ deg}
\end{aligned}\right\} \tag{2.21}$$

で与えられ，各点における状態は $T = T_c\theta$，$\rho = \rho_c\theta^3$，$P = P_c\theta^4$ より知れる（第 3 図）。

移，及び自由電子のコムトン散乱が考えられるが，普通の星の内部の優位を占める第一，第二の過程について水素型の波動函数を用いて計算されたものである。これが重元素の存在量に比例することは (2.12) の μ の X_H に対する変化が大であることと共に注意されるべきである。

[*5] ラッセル組成では $3.9 \times 10^{25}\text{cm}^5\text{deg}^{3.5}/\text{g}^2$ となる。

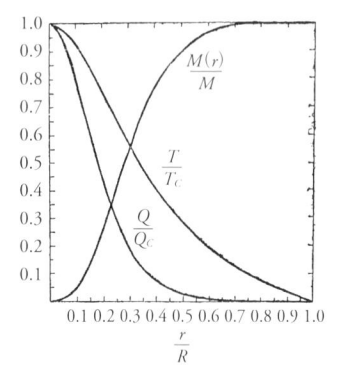

第3図 Eddington 模型による星の内部の温度，密度，質量の分布

(2.18) と (2.20) の右辺を等しいとおき，$\kappa\eta$ の値として $\kappa_c\eta_c$ を取り (2.15) の κ_c，(2.21) の ρ_c と T_c を用いると

$$L/L_\odot = 1.793 \times 10^{25}(\kappa_0\varepsilon_c)^{-1}(M/M_\odot)^{5.5} (R/R_\odot)^{-0.5}(\mu/\beta)^{7.5} \qquad (2.22)$$

の M-L-R の関係が得られる。

ここで得られた T と ρ の分布を用いて調べると，$\kappa\eta =$ 一定という仮定はエネルギー生成量 ε が T に比例するとき，または一定のときに充分良く満足されているが，ε が T の高冪に比例するときは近似は悪くなる。これを考慮して ε_c の値に対しては 2.5 が通常採用される。

(b) Uniform Source の模型

$\varepsilon =$ 常数と仮定する場合で，源泉の一方の極端な分布に当る。$\eta = \dfrac{L(r)}{L} \Big/ \dfrac{M(r)}{M} = 1$ が成立し，P_r を無視して κ_0 を一定とすれば，基礎方程式 (2.1)，(2.5)，(2.14)，は指数 $n = 3.25$ のポリトロープ方程式に帰着し，この場合に計算された数値を用いると，(a) の場合と同様に次の関係が得られる。

$$\left.\begin{array}{l}\rho_c = 88.15\bar\rho \\ T_c = 0.968 \dfrac{\mu H}{k} \dfrac{GM}{R} \\ \quad = 22.4 \times 10^6 \mu(M/M_\odot)(R/R_\odot)^{-1}\end{array}\right\} \quad (2.23)$$

$$L/L_\odot = 1.43 \times 10^{25}\kappa_0^{-1}(M/M_\odot)^{5.5} (R/R_\odot)^{-0.5}\mu^{7.5} \qquad (2.24)$$

(c) Point Source 模型

上と反対の極端として源泉が中心に集中した場合である。中心を除いて $L(r) = L$ であるから (2.14) より中心近くでは温度勾配は圧力勾配に比して急激に増大する。この場合には物質の断熱的膨張及び収縮を伴う対流が生じ，これが輻射に代わってエネルギーを輸送する方が安定となる。p_r が無視出来る場合には，対流領域における温度勾配は (2.14) の代わりに比熱の比が 5/3 である物質の断熱変化の式

$$\frac{1}{T}\frac{dT}{dr} = \frac{2}{5}\frac{1}{P}\frac{dP}{dr} \qquad (2.25)$$

で与えられ，基礎方程式は $n = 1.5$ のポリトロープ方程式となる。しかし外部でかような簡単な関係は成立しない。数値積分の結果，p_r が無視出来るすべての星において対流領域は 14.5% の質量を占め，$r = 0.17R$ まで拡がっていて

$$\left.\begin{array}{l}\rho_c = 37.0\bar\rho \\ T_c = 0.900 \dfrac{\mu H}{k} \dfrac{GM}{R} = 2.08 \\ \quad \times 10^6 \mu(M/M_\odot)(R/R_\odot)^{-1} \text{ deg}\end{array}\right\} \quad (2.26)$$

$$L/L_\odot = 5.43 \times 10^{24}\kappa_0^{-1}(M/M_\odot)^{5.5} \times (R/R_\odot)^{-0.5}\mu^{7.5} \qquad (2.27)$$

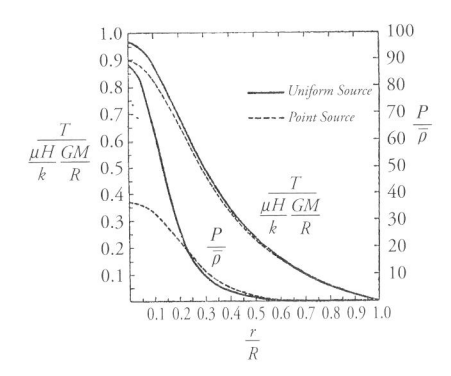

第4図 Uniform Source 及び Point Source 模型による星の温度，密度の分布

であることが示された．エネルギー源泉が対流領域内に存在する場合，従って熱的核反応（§4）における如く ε が T の高冪に比例する場合にはこの模型が真実に近いと考えられる．

(b), (c) の模型における T と ρ の分布を第4図に示す．T の分布は大して変わらないが，質量は (b) の場合の方が中心に強く集中している．両方の場合ともに，p_r が p_g に比して無視出来る場合（質量が太陽の程度またはこれ以下の場合）を考えた．しかし質量が大である場合にも上の関係式において μ を $\mu\bar{\beta}$（$\bar{\beta}$ は β の適当な平均値）でおき換えれば近似的な解が得られる．上の3箇の模型を比較して明らかな如く，ρ_c，T_c，L 等を与える関係式及び ρ，T の内部分布の状況等はエネルギー生成の機構に大して依存しないことが見出される．

エディントンは最初すべての星に対して $\mu=2.1$ を採用し，巨星カペラにおいて (2.22) による理論的光度が観測的光度と一致する如く κ_0 を定め，この値をすべての星について同一と仮定すると，(2.22)より得られる M–L 関係が観測結果と極めて良く一致することを示した．しかしその後量子力学的計算による κ_0 の理論値はその 1/10 に過ぎないことが示されたが，彼は大量の水素の存在を考えて μ の小なる値を採用することにより矛盾の解決し得ることを示した．

ストレムグレン[3] は星の物質中の水素を除いた重元素は**ラッセル組成**[*6] よりなると仮定し，観測値 M, L, R と (2.22) より各星の水素量 X_H を求め M と X_H をパラメーターとして H–R 図（第2図）における分布の特性を説明せんと試みた[*7]．彼によれば主系列の星では $X_H = 0.3 \sim 0.6$ であるが，巨星は同一質量の主系列の星に比して X_H が小として説明される．しかし §5, 6 に述べる如くこれでは巨星のエネルギー生成は全然説明されない．H–R 図の示す本質的関係はエネルギー生成の機構の解明をまって始めて説明されるべきものである．

(2) **白色矮星**

高密度の主系列の星では既に完全気体の状態よりの偏寄が考えられ，特に極度に高密度の白色矮星では電子は縮退した状態にある．かような高密度（$\rho \geq 10^5 \text{g/m}^3$）においては，いわゆる圧力解離により原子の大部分の電子は自由であると考えられる．

フェルミ・ディラックの統計によれば単

[*6] 組成元素の重量比が O : (Mg + Na) : Si : (K + Ca) : Fe = 8 : 4 : 1 : 1 : 2 であるものをいう．これは太陽の大気中の重元素の組成で，その他の星の大気，地殻，隕石等における組成に良く似ている．

[*7] 結果の一部は第3表（最後の列を除く）に示してある．

位体積中の運動量が p と $p+dp$ の間にある自由電子の数は，m を電子の質量として，

$$n(p)dp = \frac{8\pi}{h^3} \frac{p^2 dp}{e^{-\varphi + \frac{E}{kT}} + 1},$$
$$E = (p^2c^2 + m^2c^4)^{\frac{1}{2}} - mc^2 \quad (2.28)$$

で与えられ，単位体積中の電子の総数 n，運動の全エネルギー u 及び圧力 P は次で与えられる。

$$n = \int_0^\infty n(p)dp \quad (2.29)$$

$$P = \frac{1}{3}\int_0^\infty n(p)pv_p dp,$$
$$v_p = \frac{p}{m}\left(1 + \frac{p^2}{m^2c^2}\right)^{-\frac{1}{2}} \quad (2.30)$$

$$u = \int_0^\infty n(p)Edp \quad (2.31)$$

v_p は運動量 p の電子の速度である。

縮退の場合には電子の運動による熱伝導速度が甚だ大であるために，光度の小なる白色矮星では (2.4) によると内部は殆んど等温であって完全縮退と考えてよい。即ち $\varphi \gg 1$ の場合には電子の最大運動量を p_0 とすれば，上式は次のようになる。

$$n = \int_0^{p_0} \frac{8\pi p^2}{h^3} dp = \frac{8\pi m^3 c^3}{3h^3} x^3,$$
$$x = \frac{p_0}{mc} \quad (2.32)$$

$$P = \frac{8\pi}{3mh^3}\int_0^{p_0} \frac{p^4 dp}{\left(1 + \frac{p^2}{m^2c^2}\right)^{\frac{1}{2}}} = Af(x),$$
$$A = \frac{\pi m^4 c^5}{3h^3} = 6.01 \times 10^{22} \text{erg/cm}^3 \quad (2.33)$$
$$f(x) = x(2x^2 - 3)(x^2 + 1)^{\frac{1}{2}} + 3\sinh^{-1} x$$

$$u = \frac{8\pi}{h^3}\int_0^{p_0}\{(p^2c^2 + m^2c^4)^{\frac{1}{2}} - mc^2\}$$
$$\times p^2 dp = Ag(x)$$
$$g(x) = 8x^3\{(x^2+1)^{\frac{1}{2}} - 1\} - f(x) \quad (2.34)$$

電子の平均分子量（物質1原子量当りの自由電子の数の逆数）を μ_e とすれば，これは近似的に $2/(1+X_H)$ で与えられ，n と密度 ρ との間には次の関係がある。

$$\rho = n\mu_e H = Bx^3, \; B = 8\pi m^3 c^3 \mu_e H / 3h^3$$
$$= 9.82 \times 10^5 \mu_e \text{g/cm}^3 \quad (2.35)$$

(2.33)，(2.35) は x をパラメータとして P と ρ の関係を与える。$x \to 0$ は非相対論的場合で

$$P = K_1 \rho^{\frac{5}{3}},$$
$$K_1 = \frac{1}{20}\left(\frac{3}{\pi}\right)^{\frac{2}{3}} \frac{h^2}{m(\mu_e H)^{\frac{5}{3}}} = 9.91$$
$$\times 10^{12} \mu_e^{-\frac{5}{3}} \text{ c.g.s.} \quad (2.36)$$

$$u = \frac{3}{2}P \quad (2.37)$$

となり，$x \to \infty$ の極度に相対論的場合では次のようになる。

$$P = K_2 \rho^{\frac{4}{3}},$$
$$K_2 = \frac{1}{8}\left(\frac{3}{\pi}\right)^{\frac{1}{3}} \frac{hc}{(\mu_e H)^{\frac{4}{3}}} = 1.231$$
$$\times 10^{15} \mu_e^{-\frac{4}{3}} \text{ c.g.s.} \quad (2.38)$$

$$u = 3P \quad (2.39)$$

従ってこれらの場合には，重粒子及び輻射の圧力は無視出来るから，平衡の方程式は指数がそれぞれ 3/2 及び 3 のポリトロープ

第1表

$1/y_c^2$	$M\mu_e^2/M_\odot$	ρ_c/μ_e g/cm^3	$\bar{\rho}/\mu_e$ g/cm^3	$\mu_e R/R_\odot$
0.00	5.75	∞	∞	0
0.02	5.51	3.37×10^8	1.57×10^7	0.008
0.05	4.87	8.13×10^7	5.08×10^6	0.011
0.10	4.33	2.65×10^7	2.10×10^6	0.014
0.20	3.54	7.85×10^6	7.9×10^5	0.019
0.40	2.45	1.80×10^6	2.29×10^5	0.025
0.60	1.62	5.34×10^5	7.7×10^4	0.031
0.80	0.88	1.23×10^5	1.92×10^4	0.040
1.00	0	0	0	∞

方程式となり，その解はよく知られている．

しかし，一般の場合には[2] (2.33)，(2.35)を使用し

$$y^2 = 1 + x^2 \quad (2.40)$$

で定義される y を用い，その中心における値を y_c として

$$r = (2A/\pi G)^{\frac{1}{2}} \eta/By_c, \quad y = y_c \varphi \quad (2.41)$$

なる変換により，新変数 η, φ に移ると (2.2) は

$$\frac{1}{\eta^2} \frac{d}{d\eta}\left(\eta^2 \frac{d\varphi}{d\eta}\right) = -\left(\varphi^2 - \frac{1}{y_c^2}\right)^{\frac{3}{2}} \quad (2.42)$$

となる．これが $y=0$ で $\varphi=1$, $\frac{d\varphi}{d\eta} = 0$ なる境界条件の下に，種々の y_c の値について積分された結果を第1表に示す．

質量が，$5.75\mu_e^{-2}M_\odot$ より大なる星は完全縮退の安定な平衡状態を取り得ない．これ以下の場合では質量と水素量（平均分子量）を与えればその半径は定まる．シリウスの伴星では質量と半径の観測値より50％の程度の水素量が要求されるが，これとエネルギー生成量に関した困難は §6 で述べる．

(3) 複合模型

星の外層は完全気体の状態にあるが内部は縮退状態をとり，完全気体及び白色矮星の理論をその両極端として含むような一般的な複合模型が考えられる．完全気体の物質を一定温度の下に圧縮して行けば，先ず電子が縮退し次いで中性子等の縮退気体になり（§7参照）遂には原子核内に見られるような密度に到達する．ミルン[4]は密度に従って上の如く相を異にした領域より成る星の構造を調べるべきことを主張し，先ず完全気体の外層の内部に縮退電子気体の核を有する2相系を研究した．その方針は定まった質量の星があるとき，任意の光度を与えた場合にこの星の取り得る構造，従って半径を求めて観測と比較することにあった．簡単に $\varepsilon =$ 常数，$\kappa =$ 常数と仮定し，(2.36) の比相対論的な式を用いた結果によると，同一の質量を有し光度は殆んど変らないが，半径の相対的な大きさの異なる解が存在することが示されたが，その絶対値は白色矮星の程度であって主系列の星及び巨星とは一致しない．しかし縮退領

域の質量が全質量に比して充分小である場合には半径の大きな解も可能であって，通常の星は縮退した核を有してもその質量は比較的小であることが推論される。この複合模型も正確なことはエネルギー生成の問題と密接に関連した物理的基礎の上に立って研究されるべきものであって，巨星を説明する Shell Source 模型（§6.1）はその一例である。

2. 星のエネルギー

§3. 可能なエネルギーの源泉

現在宇宙に存在する星は莫大なエネルギーを周囲の空間に輻射している。我が太陽を例にとると，その輻射量は1年間に 1.19×10^{41} erg であるが，エディントンの模型によると現在その内部には輻射の形で 2.8×10^{47} erg，イオン及び電子の運動として 26.9×10^{47} erg，及びこれ以下の電離と励起のエネルギーが貯えられており，これらは 5×10^7 年の供給量に相当する。しかし地質学的には地殻のウランと鉛の含有率の比，天文学的には星雲のスペクトルの赤方変移等より，太陽は 3×10^9 年の程度の年齢を有すると考えられているから，特別にエネルギーを生成しているに違いない。化学反応による生成熱等が問題にならないことは明らかであって，星のエネルギーの可能な源泉としては次の4種が考えられる。

i) 収縮による重力エネルギー 星が無限に拡がっていた状態より収縮して現在の半径 R に至るまでに得る重力エネルギーは GM^2/R の程度である。この量は太陽では 2×10^7 年，巨星カペラでは 2×10^5 年の供給を与えるに過ぎない。またこれのみが源泉である場合には変光星の週期が観測にかかる程に減少せねばならないが事実はこれに反する。かくしてこの**ヘルムホルツ・ケルヴィンの仮説**によるエネルギーは主要な源泉ではあり得ない。

ii) 原子核エネルギー 4箇の水素原子核が結合してヘリウムを形成すると，水素 1g では 7×10^{18} erg が放出される。内部構造の理論より知られた如く太陽は全質量の 35％の水素を有するがこれは 10^{11} 年間の供給に耐える。ベーテは星の内部の温度と密度において可能な原子核反応を調べた結果，主系列の星の光度を良く説明し得る**炭素―窒素の連鎖反応**を見出した（§5，5）。この反応はまた巨星をも説明する（§6）。

iii) **中性子星形成**によるエネルギー 核反応によるエネルギー源泉を消費した星は自己の重力によって収縮を始める。§2.2 で見た如く質量が $5.75 M_\odot/\mu_e^2$ 以上の星は縮退した電子の零点圧力では支えきれず，中心が極度の高密度に達することが可能である。いま例えば $F_e^{56} + 26e = 56n^1$ の反応により中性子が創られるためには1箇の中性子当り 9.0 Mev のエネルギーを要するが，物質の密度が 10^{11} g/cm³ 以上になれば縮退電子の平均の零点エネルギーはこれより大となる。従って極度の収縮に際して重力エネルギーによって上のエネルギーの補給が続けば電子と原子核はすべて中性子に転換し，残余の重力エネルギーの放出が可能である（§7）。

iv) 物質の消滅 以前に，当時 10^{12} 年の

程度と見積られていた宇宙の年齢を説明するために質量の輻射への相対論的な転換が星のエネルギー源泉と考えられたことがあった[5]。しかし現在実験室においては星の内部におけるよりも高エネルギーの現象が観測されているが、陽子と電子との消滅の如き現象は未だ見出されていない。従って少なくとも平衡状態にある星のエネルギー源泉ではあり得ない。

§4. 熱的核反応 [6) 7)]

1. §2で示された如き星の内部状態（その温度は粒子の平均エネルギー数 kev に相当する）において発生する核反応のエネルギーを調べるため、温度 T の熱力学的平衡にある気体中の2種の自由な原子核が衝突によって反応を起す確率を求める。これらの粒子の質量を m_1, m_2；単位体積中の数を n_1, n_2 とすれば、相対運動のエネルギーが E と $E+dE$ の間にある対が単位時間、単位体積について行う反応の数は、気体運動論において知られている如く次ぎで与えられる。

$$2\frac{n_1 n_2}{(kT)^{\frac{3}{2}}}\frac{\sigma}{\pi}\left(\frac{2\pi}{\mu}\right)^{\frac{1}{2}}e^{-\frac{E}{kT}}EdE \qquad (4.1)$$

ここに σ は衝突して反応を起す有効断面積、$\mu = m_1 m_2/(m_1+m_2)$ は換算質量である。物質中のこれらの核の重量百分率を X_1, X_2 とすれば、$n_i = \rho X_i/m_i$ であって、単位時間、単位質量について起る反応の数は

$$p = \int_0^\infty 2\frac{\rho X_1 X_2}{m_1 m_2}\frac{1}{(kT)^{\frac{3}{2}}}$$

$$\times \frac{\sigma}{\pi}\left(\frac{2\pi}{\mu}\right)^{\frac{1}{2}}e^{-\frac{E}{kT}}EdE \qquad (4.2)$$

となる。σ は衝突の全断面積 σ_1 と衝突後一方が他方の核内に突入して反応を起す確率との積で与えられる。

入射粒子のド・ブロイ波長 $\Lambda = \dfrac{h}{\sqrt{2\mu E}}$ は核の半径に比して甚だ大であるから中心衝突のみを考えてよく、σ_1 は近似的に次式で与えられる。

$$\sigma_1 \simeq \frac{\Lambda^2}{4\pi} = \frac{\pi \hbar^2}{2\mu E} \qquad (4.3)$$

更に核内に突入するためには、核の電荷によるポテンシャルの障壁を通過せねばならぬが、α 崩壊の理論で知られる如く、この透過の確率 W は次ぎで与えられる。

$$W = e^{-2G} \qquad (4.4)$$

$$G = \frac{(2\mu)^{\frac{1}{2}}}{\hbar}\int_{r_0}^{\frac{Z_1 Z_2 e^2}{E}}\left(\frac{Z_1 Z_2 e^2}{r^2} - E\right)^{\frac{1}{2}}dr$$

$$= (2\mu)^{\frac{1}{2}}\frac{Z_1 Z_2 e^2}{\hbar}\frac{g(x)}{E^{\frac{1}{2}}} \qquad (4.5)$$

$$g(x) = \cos^{-1}x^{\frac{1}{2}} - x^{\frac{1}{2}}(1-x)^{\frac{1}{2}},$$

$$x = \frac{E}{V_m},\ V_m = \frac{Z_1 Z_2 e^2}{r_0} \qquad (4.6)$$

Z_{1e}, Z_{2e} はそれぞれの核の電荷、r_0 は合成核の半径、V_m は障壁の高さである。星の内部状態に相当しては $x \ll 1$ であって G は

$$G = \frac{\mu^{\frac{1}{2}}\pi Z_1 Z_2 e^2}{\hbar(2E)^{\frac{1}{2}}}2\left(\frac{2r_0}{a}\right)^{\frac{1}{2}},$$

$$a = \frac{\hbar^2}{\mu Z_1 Z_2 e^2} \qquad (4.7)$$

となり，電荷，質量の大なる核は透過し難い．

核の突入によって生じた合成核は一般に励起状態にあり，次の過程によって標準状態に移る．i) 同種の粒子の再放出即ち非弾性散乱，ii) 多種の粒子の放出即ち壊変，iii) γ 線の放出即ち合成．合成核内での粒子の固有振動数は $\hbar/\mu r_0^2$ ($\sim 10^{22}\text{sec}^{-1}$) の程度であるから，$\gamma$ 線及び粒子放出の確率を $\Gamma_\gamma/\hbar$，$\Gamma_Q/\hbar \text{sec}^{-1}$ とすれば，合成或いは壊変に対する断面積 σ は次の如く与えられる．

$$\sigma = \frac{\pi \hbar^2}{2\mu E} W \frac{\dfrac{\Gamma}{\hbar}}{\dfrac{\hbar}{\mu r_0^2}}; \quad \Gamma = \Gamma_\gamma, \ \Gamma_Q \quad (4.8)$$

また合成核が共鳴エネルギー E_r を有する場合には σ は次の1準位の分散の式で与えられる．

$$\sigma = \frac{\pi \hbar^2}{2\mu E} \frac{\Gamma_p \Gamma}{(E-E_r)^2 + \dfrac{1}{4}(\Gamma_Q+\Gamma_\gamma)^2};$$

$$\Gamma \simeq \Gamma_\gamma, \Gamma_Q; \ \Gamma_p = W G_P \quad (4.9)$$

ここに $\Gamma_p/\hbar$ は入射粒子の再放出の確率，$G_P/\hbar$ はその障壁のない場合の確率である．

ポテンシャル障壁の甚だ高い重元素を除いて一般に，$\Gamma_Q/\hbar$ ($\sim 10^{20}\text{sec}^{-1}$) は $\Gamma_\gamma/\hbar$ ($\sim 10^{14}\text{sec}^{-1}$) に比して甚だ大であるから，粒子の放出による壊変がエネルギー的に不可能な場合のみ合成が行われる．

軽い核においては一般に共鳴水準のエネルギーは数百 kev の程度であり，σ の入射エネルギーに対する変化は全く W によるから，今後簡単のため (4.8) を用い (4.4), (4.7) と共に (4.2) に入れると，E に関する積分は $y = E/kT$ とおいて

$$\int_0^\infty e^{-\frac{E}{kT}-2G} dE = kT \int_0^\infty e^{-y-2Q y^{\frac{1}{2}}} dy,$$

$$Q^3 = \left(\frac{\mu}{2kT}\right)^{\frac{1}{2}} \frac{\pi^2 Z_1 Z_2 e^2}{\hbar} \quad (4.10)$$

となるが，被積分函数は $y = Q^2$ ($\gg 1$) において鋭い極大を示すからこれは充分良い近似で

$$kT e^{-3Q^2} \int_{-Q^2}^\infty e^{-\frac{3}{4}\frac{\mu^2}{Q^2}v^2} dv \simeq 2kT \left(\frac{\pi}{3}\right)^{\frac{1}{2}} Q e^{-3Q^3}$$

となり，(4.2) は次のガモフ・テラーの式となる．

$$p = \frac{4}{3^{\frac{5}{2}}} \frac{\rho X_1 X_2}{m_1 m_2} \frac{\Gamma}{\hbar} a r_0^2 e^{4\left(\frac{2r_0}{a}\right)^{\frac{1}{2}}} \tau^2 e^{-\tau}$$

$$(4.11)$$

$$\tau \equiv 3Q^2 \equiv 3 \left(\frac{\pi^2 \mu e^4 Z_1^2 Z_2^2}{2\hbar^2 kT}\right)^{\frac{1}{3}}, a = \frac{\hbar^2}{\mu e^2 Z_1 Z_2}$$

$$(4.12)$$

これは ρ を g/cm^3, Γ を ev, T を 10^6 deg の単位で表わせば

$$P = 5.3 \times 10^{25} \rho X_1 X_2 \Gamma \varphi(Z_1, Z_2) \tau^2 e^{-\tau}/\text{gsec}$$

$$(4.13)$$

$$\tau = 42.7 (Z_1 Z_2)^{\frac{2}{3}} \left(\frac{A}{T}\right)^{\frac{1}{3}},$$

$$\varphi = \frac{1}{A_1 A_2 (Z_1 Z_2 A)^{\frac{1}{3}}} \left(\frac{8r_0}{a}\right)^2 e^{2\left(\frac{8r_0}{a}\right)^{\frac{1}{2}}} \quad (4.14)$$

となる．ここに $A_1 = m_1/H$, $A_2 = m_2/H$ はそれぞれの核の原子量で，$A = \mu/H = A_1 A_2/(A_1+A_2)$ である．合成核の半径 r_0 は次の如くおかれる．

$$r_0 = 1.6 \times 10^{-13} (A_1+A_2)^{\frac{1}{3}} \text{cm} \quad (4.15)$$

ある場合には，核Aと陽子またはα粒子等との反応は核Aのβ崩壊または電子捕獲と競争せねばならない。崩壊の平均寿命が実験的に知られていないときはフェルミの理論を用いて，崩壊常数βは次式で与えられる。

$$\beta = 3.3 \times 10^{-4} f(W) |G|^2 \qquad (4.16)$$

$$f(W) = (W^2-1)^{\frac{1}{2}} \left(\frac{1}{30}W^4 - \frac{3}{20}W^2 - \frac{2}{15}\right)$$
$$+ \frac{1}{4} W \log\left\{W + (W^2-1)^{\frac{1}{2}}\right\} \qquad (4.17)$$

ここに許容転移に対しては$|G| \sim 1$であり，Wは放出エネルギーをmc^2を単位として測ったものである

電子捕獲の確率は次で与えられる。

$$\beta_c = 3.3 \times 10^{-4} \pi^2 n \left(\frac{\hbar}{mc}\right)^3 W^2 |G|^2 \mathrm{sec}^{-1}$$
$$(4.18)$$

ここにnは単位体積中の電子の数であって密度ρと水素量X_Hにより$\rho(1+X_H)/2H$で与えられる。従ってβ_cは次のように書ける。

$$\beta_c = 5.5 \times 10^{-11} \rho(1+X_H) W^2 |G|^2 \mathrm{sec}^{-1}$$
$$(4.18')$$

2. 星の内部には大量の水素の存在が考えられることから，ワイゼッカー[8]は星は最初水素のみからなっていたが熱力学的に不可逆な核反応により核の結合エネルギーが放出されると共に，次第に重い元素が形成されて現在の化学組成を生じたのであるという仮説を提出した。即ち核反応はα粒子を触媒として水素を絶えず新しいα粒子に転換する連鎖反応であって，この途中で重水素が生成されて中性子発生の源となり，中性子の累加的結合により重元素が生成されると考えたのであるが，その後明らかにされた如く，発生する中性子の数は甚だ小であって重い核の生成は不可能である。しかし連鎖反応の考えはベーテにより見事な結実が得られた。

ベーテ[9]は(4.13)を用いて種々の核反応の確率を数量的に調べた。この式のΓの値は，反応の断面積の実験的に観測されている場合には，(4.8)より得られる[*8]。Γ_γに対しては実験値のない場合には理論より，2極または4極輻射に対して，振動子の強さを1/50とおいて，充分良い近似で次の式が用いられる。

$$\Gamma_\gamma \sim 0.1 E_\gamma^2 \quad \mathrm{ev}\ (2\text{極}),$$
$$\sim 5 \times 10^{-4} E_\gamma^2 \quad \mathrm{ev}\ (4\text{極}) \qquad (4.19)$$

但しγ線のエネルギーE_γはmMUと単位とする。

(4.18)で与えられる種々の核反応の速度を調べるのに，密度と化学組成に無関係な数値を得るために

$$P = (m_2/X_2) p/\rho X_1 \qquad (4.20)$$

を計算する。$P\rho X_1$は種類2の特定の核が種類1の任意の核と単位時間に反応する確率を与える。従ってもし種類2の核を生成若しくは消滅せしめる他の反応がないとき

[*8] 観測の断面積が共鳴エネルギーにおいて知られている場合が多い。このとき低エネルギーに対しても同一のΓが仮定された。しかしσとして(4.9)を用いて外挿する方が良いと思われる。

第2表 2×10^7 度における核反応の確率[9]

反応	Q (mMU)	Γ (ev)	τ	P (sec^{-1})	t
$H+H=H^2+e^+$	1.53		12.5	8.5×10^{-21}	1.2×10^{11} 年
$H^2+H=He^3$	5.9	1 E	13.8	1.3×10^{-2}	2 秒
$H^3+H=He^4$	21.3	10 E	14.3	1.7×10^{-1}	0.2 秒
$Li^6+H=He^4+He^3$	4.1	5×10^5 X	31.1	7×10^{-3}	5 秒
$Li^7+H=2He^4$	18.6	4×10^4 X	31.3	6×10^{-4}	1 分
$Be^9+H=Li^6+He^4$	2.4	10^6 X	38.1	4×10^{-5}	15 分
$B^{10}+H=C^{11}$	9.2	10 D	44.6	10^{-12}	10^3 年
$B^{11}+H=3He^4$	9.4	10^6 E	44.6	1.2×10^{-7}	3 日
$C^{11}+H=N^{12}$	(0.4)	0.02 D	50.6	10^{-17}	10^8 年
$C^{12}+H=N^{13}$	2.0	0.6 X	50.6	4×10^{-16}	2.5×10^6 年
$C^{13}+H=N^{14}$	8.2	30 X	50.6	2×10^{-14}	5×10^4 年
$N^{14}+H=O^{15}$	7.8	60 X	56.3	2×10^{-16}	4×10^6 年
$N^{15}+H=C^{12}+He^4$	5.2	10^7 X	56.3	5×10^{-11}	20 年
$O^{16}+H=F^{17}$	0.5	0.02 D	61.6	8×10^{-22}	10^{12} 年
$F^{19}+H=O^{16}+He^4$	8.8	10^5 E	66.9	4×10^{-17}	3×10^7 年
$Ne^{22}+H=Na^{23}$	10.7	10 D	71.7	5×10^{-23}	2×10^{13} 年
$Mg^{26}+H=Al^{27}$	8.0	10 D	81.3	10^{-26}	10^{17} 年
$Si^{30}+H=P^{31}$	7.0	10 D	90.4	4×10^{-30}	3×10^{20} 年
$Cl^{37}+H=A^{38}$	12.0	10 D	103.1	5×10^{-35}	2×10^{25} 年
$H^2+H^2=He^3+n$	3.5	3×10^5 X	15.7	10^3	
$Be^7+He^3=C^{10}$	16.2	1 D'	80.5	3×10^{-28}	
$H^2+He^4=Li^6$	1.7	4×10^{-3} Q	27.5	3×10^{-10}	
$He^3+He^4=Be^7$	1.6	0.02 D'	47.3	3×10^{-17}	3×10^7 年
$Li^7+He^4=B^{11}$	9.1	1 D'	71.0	2.5×10^{-24}	
$Be^7+He^4=C^{11}$	8.0	1 D'	86	3×10^{-30}	3×10^{20} 年
$C^{12}+He^4=O^{16}$	7.8	1 Q'	119	7×10^{-43}	

(第3列の X は実験値, D 及び Q は (4.19) より求めた2極及び4極輻射に対するもの, D' は (4.19) の 1/4 から 1/20 の値を採用したもの, E は推定値である)

は，この逆数 $t=1/P\rho X_1$ は種類 2 の核の平均寿命を与える。第2表に種々の核反応に対するエネルギー放出量 Q, Γ, $T=2\times 10^7$°K における (4.12) の τ 及び (4.20) の P, 及び太陽の中心に近い状態 ($T=2\times 10^7$°K, $\rho=80$g/cm^3, $X_H=0.35$) における平均寿命 t の値を示す。次にこれらの結果を用いて，最も容易な軽元素に対する陽子の反応から調べて行く。

i) $H^1+H^1=H^2+e^+$ (1.2×10^{11}年)

(4.21)

ここに ( ) の中は上の平均寿命を示す。低エネルギーにおいては両方の陽子が S 状態にあるときのみ反応の確率は大であって，そのとき両方のスピンはパウリの原理により反平行であるが，H^2 の基準状態では平行であるから，フェルミのもとの理論ではこの反応は禁止される。

ベーテ[10]はスピンの変化を許すガモフ・テラー型の選択律を用いて反応の確率を計算した。相対速度がvである2箇の陽子の結合に対する断面積は(4.16)より

$$\sigma = 3.3 \times 10^{-4} f(W) v^{-1} |G|^2,$$
$$G = \int \psi_p^* \psi_d d\tau \qquad (4.22)$$

で与えられる。ψ_dはH^2の基準状態の，ψ_pは無限遠において単位密度について基準化した2箇の陽子の波動函数である。放出エネルギーは$1.80mc^2$で(4.17)の$f(W)$は0.132となる。陽子―中性子，陽子―陽子間の力として同一の半径aを有し，深さ（それぞれV_0, D）が異なる井戸型ポテンシャルを仮定して，重陽子及び陽子―陽子散乱の理論で知られているψ_d, ψ_pを用いるとσは次のようになる。

$$\sigma = 3.3 \times 10^{-4} f(W) v^{-1} C^2 \left(\frac{4\pi}{\alpha^2}\right)^2 \frac{\alpha}{2\pi}$$
$$\times \frac{1}{(1+a\alpha)} \left(\frac{V_0 - \varepsilon}{V_0}\right) (\Lambda_1 + \Lambda_2 + \Lambda_3)^2 \qquad (4.23)$$

$$\alpha = \frac{(H\varepsilon)^{\frac{1}{2}}}{\hbar}, \quad C = (2\pi\eta)^{\frac{1}{2}} e^{-\pi\eta},$$
$$\eta = \frac{e^2}{\hbar v} \qquad (4.24)$$

ここにεは重陽子の結合エネルギーである。Cはクーロンのポテンシャル壁の透過に関するもので，Λ_1, Λ_2, Λ_3は2箇の波動函数の重なる状況によって定まる1の程度の量である。特に核力の範囲内からの寄与によるΛ_1は他に比して小であって，結果がポテンシャルの形に依存する程度が小であることを示す。また共鳴による項Λ_3は陽子間にクーロンの力のみが働く場合にも存在する項Λ_2に比して小である。重陽子及び陽子散乱より知られている核力の常数に対して計算されたΛの値を用い，反平行のスピンを有する同種の粒子の反応であることを考慮して(4.1)より(4.13)を求めたのと同様な計算により

$$p = 9.3 \times 10^7 \rho X_H^2 \tau^2 e^{-\tau} \text{ /g sec,}$$
$$\tau = 3 \left(\frac{\pi^2 He^4}{4\hbar^2 kT}\right)^{\frac{1}{3}} \qquad (4.25)$$

が得られる。これに対してフェルミの選択律を用いると，反応は$\alpha_{heavy} \cdot \alpha_{light}$（$\alpha$はディラックのマトリックス）を通じてのみ起ることになり上の10^{-5}程度も小になる。

この反応に続いて

$$H^2 + H^1 = He^3 (2\text{秒}) \qquad (4.26)$$

は瞬間的に起る。これに対して$H^2 + H^2 = He^3 + n^1$は2×10^{-4}の割合で起り，約5×10^{13}回の陽子結合に対して1箇の中性子が放出されるに過ぎない。これから先は

$$\left. \begin{array}{l} He^3 + He^4 = Be^7 (3 \times 10^7 \text{年}), \\ Be^7 + e^- = Li^7 (14\text{月}) \\ Li^7 + H^1 = 2He^4 (1\text{分}) \end{array} \right\} \qquad (4.27)$$

となり（但し第1の反応の寿命は$X_{He} = 0.35$の場合の値である），結局$H^1 + H^1$に始まる一連の反応によって4箇のH^1よりHe^4が生成されたことになる。この際放出されるエネルギーQは4.3×10^{-5}ergであって，反応速度は最も遅い$H^1 + H^1$の反応によって定まるから，エネルギー生成量$\varepsilon = pQ$は，Tの単位を10^6として

$$\varepsilon = 4\times 10^3 X_H^2 \rho \tau^2 e^{-\tau} \quad \text{erg/g sec,}$$
$$\tau = 33.8/T^{\frac{1}{3}} \tag{4.28}$$

となる*9。これは太陽の中心では21erg/g secを与え，後述のC-N反応の生成量と同じ程度である。この反応がシリウスの伴星の内部構造と矛盾することは§6で述べる。

ii) 軽元素の Li，Be，B は容易に陽子と反応して He^4 に分解し，合成が行われる場合は甚だ稀である。

$$\left.\begin{aligned}
&Li^6 + H^1 = He^4 + He^3 (5秒),\\
&Li^7 + H^1 = 2He^4 (1分),\\
&Be^9 + H^1 = Li^6 + He^4 (15分),\\
&B^{10} + H^1 = C^{11} (10^3年),\\
&B^{11} + H^1 = 3He^4 (3日)
\end{aligned}\right\} \tag{4.29}$$

$Li^7 + H^1 = Be^8$ の反応は上の α 粒子放出の 2×10^{-4}，$B^{11} + H^1 = C^{12}$ は $3He^4$ に比し 10^{-4} の割合で起るに過ぎない。

iii) C，Nの群においては他の元素の場合と異なって，自身消費されることなしに触媒として H^1 より He^4 を合成する連鎖反応が可能である。即ち

$$\left.\begin{aligned}
&C^{12} + H^1 = N^{13} (2.5\times 10^6年),\\
&N^{13} = C^{13} + e^+ (10分),\\
&C^{13} + H^1 = N^{14} (5\times 10^4年),\\
&N^{14} + H^1 = O^{15} (4\times 10^6年),\\
&O^5 = N^{15} + e^+ (2分),\\
&N^{15} + H^1 = C^{12} + He^4 (20年)
\end{aligned}\right\} \tag{4.30}$$

10^6 回の N^{15} の反応においては1箇の O^{16} が出来るが，これは $O^{16} + H^1 = F^{17}$，$F^{17} = O^{17} + e^+$，$O^{17} + H^1 = F^{18}$ または $N^{14} + He^4$（両者は同じ割合で起る），$F^{18} = O^{18} + e^+$，$O^{18} + H^1 = N^{15} + He^4$ または 10^{-3} の割合で F^{19}，の如く進行するから結局 10^{14} 回の陽子結合に対して1箇以下の C^2 が消費されることとなる。1回の連鎖反応の出すエネルギーQは中性微子により失われる量 $2mMU$ を除いて $26.7mMU = 4.0\times 10^{-5}$erg である。(4.13)よりエネルギー生成量 $\varepsilon = pQ$ は，T は $10^{6\circ}$ を単位として，

$$\varepsilon = 3.5\times 10^{23} X_H X_{C+N} \rho \tau^{2-\tau} \text{ erg/g sec,}$$
$$\tau = 152/T^{\frac{1}{3}} \tag{4.31}$$

となる。太陽の中心においては，GとNを合せた重量百分率 $X_{C+N} = 1/100$ とするとき，ε は 90erg/g sec となるが平均の ε はこの 1/20 の程度であるから観測値 $\varepsilon_\odot = L_\odot/M_\odot = 1.9$erg/g sec と一致する。

太陽の中心においての1回の連鎖反応の完了時間 6.5×10^6 年は太陽の年齢 3×10^9 年に比して甚だ短いから，反応はこの期間中に数多く繰返される。従って反応に与かるすべての核の間には統計的な平衡が成立し，おのおのの濃度はその平均寿命に比例している筈である。これより，N^{14} と C^{12} は同じ程度に存在するが，$N^{14} : N^{15} = 2\times 10^5 : 1$（地上では $3\times 10^2 : 1$），$C^{12} : C^{13} = 50 : 1$（地上では $90 : 1$）となる。地球との組成の差異は特に軽元素において著しく，$H^1 : H^2$ は地上では $5\times 10^3 : 1$ 程度であるが太陽の大気では少なくとも $10^{18} : 1$ であ

---

*9 Marshak 15) に従って 10) に示されている値の 10 倍を採用した。

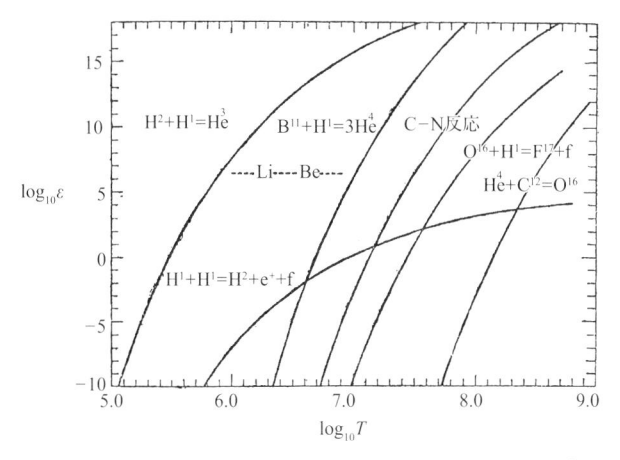

第5図 熱的核反応によるエネルギー生成量 ε erg/g sec ($\rho = 80\text{g/cm}^3$, X_H または $X_{He} = 0.35$, $X_2 = 0.10$。f は後続反応を意味する)

り，Li は地上では或程度存在するが太陽では H^2 と同様に全く稀な存在である。従って地球は太陽の高温な部分が分裂して出来たものとは考えられない[*10]。

iv) 更に重い核との反応はポテンシャル障壁が高くなるために困難になる。例えば

$$\left.\begin{array}{l} O^{16} + H^1 = F^7 (10^{12}\text{年}), \\ Mg^{26} + H^1 = Al^{27} (10^{17}\text{年}) \\ Si^{30} + H^1 = P^{31} (3 \times 10^{20}\text{年}) \end{array}\right\} \quad (4.32)$$

$(p-\alpha)$ 反応のア・プリオリの確率は $(p-\gamma)$ 反応の 10^4 倍の程度であるから，α 粒子の放出がエネルギー的に可能であって且つその透過の確率が大であるときにはこの反応が最も起り易い。前に見たように B までの軽元素はすべて α を放出して合成は起らない。C は捕獲のみを行い，N, O, F は捕獲と合成の中間の性質を示す。更に重い核では質量数が $4n+3$ のものに対してのみ $(p-\alpha)$ 反応はエネルギー的に可能である。しかし放出される α 粒子のエネルギーに比して障壁の高さは増大するから γ 線の放出のみが行われるようになる。

v) 次に He^4 が 35% 存在する場合を調べる。

$$\left.\begin{array}{l} He^3 + He^4 = Be^7 (3 \times 10^7 \text{年}), \\ Be^7 + He^4 = C^{11} (3 \times 10^{20} \text{年}) \\ C^{12} + He^4 = O^{16} (10^{33} \text{年}) \end{array}\right\} \quad (4.33)$$

このように最初の反応を除いては陽子との反応に比して全く起り難い。

今まで考えた反応中の代表的なものを選び，$\rho = 80\text{g/cm}^3$, $X_1 = 0.35$ (H^1 または He^4) とした場合のエネルギー生成量 ε の温度に対する変化を第5図に示す。

[*10] この点に関してもワイゼッカーの太陽系形成の理論は興味がある。C. F. v. Weizsäcker, Zs. f. Ap., 22, 319 (1944); S. Chandrasekhar, Rev. Mod. Phys. 18, 94 (1946).

同一温度では H^2 より B^{11} までの軽元素の反応は急激であって，かかる元素が存在すれば最初に焼尽する。その後は H^1+H^1 または C-N の反応が起って H^1 が He^4 に転換されるが C と N は消費されないから，H^1 は更に重い元素とは殆んど反応することなしに消費されてしまい，He^4 の緩慢な反応が残ることになる。すべての核反応は，速度の緩慢を問わず，その温度に相当した熱力学的平衡における元素の分布状態（§8参照）に達する方向に進行し，これに到達すれば核エネルギーの放出は見られなくなる。実際に $10^{9°}$ 以下程度の温度，普通の星の内部の程度の密度，における平衡状態では核子当りの結合エネルギーが最大な Fe 付近の核が最も大量に存在することになるから，現在星の内部に大量の水素が認められるのは熱力学的平衡状態より全く偏寄したものである（これに関しては §8.(2) 参照）。

§5. 主系列の星とその進化

(1) 主系列の星

　星のエネルギー源泉として最も適当と思われる C-N 反応によるエネルギー生成量と観測的事実を比較して見る。ストレムグレン[3] が観測値 M, L, R を用いて，エディントン模型による式 (2.20), (2.21), (2.23) より得た結果と，その水素量と中心密度の値を用いた場合に C と N と含有量を 1%，中心における ε を平均の 10 倍とするときに C-N 反応により観測値 $\varepsilon=L/M$ を与えるに必要な中心温度 T_c^* を第 3 表に示す。巨星カペラを除いた星はすべて主系列の星

であるが，これらにおいては T_c と T_c^* との一致は満足的である。太陽より白鳥座 Y 星への温度の小なる増加は後者の 10^4 倍のエネルギー生成量を与えるに充分であるが，これは反応の温度に対する強い依存（$\varepsilon\sim\rho T^{18}$）によるものである。以上に反して C-N 反応以外の他の反応が全く程度を異にしたエネルギー生成量を与えることは第 5 図より明らかである。

　エネルギー生成の機構が知れて ε が組成，T, ρ によって与えられると (2.23), (2.24) 等において T_c と L は独立であり得ない。従って M と組成を与えると L と R はそれぞれ定まった値をもつことになる。エネルギーの生成は温度の高い中心部に限られるから，Point Source 模型を用いてこの状況を簡単に調べて見る。$M<10M_\odot$ の星では (2.17) で定義された β の変化は小であるから，これには適当な平均値（例えば (2.20) で与えられる値）を用いると (2.1) の第 1 式は次のようになる。

$$\frac{k}{\mu\beta}\frac{d}{dr}(\rho T)=-\frac{GM(r)}{r^2}\rho \qquad (5.1)$$

(4.28), (4.31) 等の ε は近似的に次式で与えられる。

$$\varepsilon=\varepsilon_0 X_1 X_2 \rho T^\gamma,$$
$$\gamma=\frac{d\log(\tau^2 e^{-\tau})}{d\log T}=\frac{1}{3}(\tau-2) \qquad (5.2)$$

ここに ε_0, τ は反応の種類によるが，前者は常数であり τ は温度に対して $T^{-\frac{1}{3}}$ の如く緩やかに変化する。$N^{14}+H^1$ 反応では $T=20\times10^{6°}$ において $\gamma=18$，H^1+H^1 反応では $T=10\times10^{6°}$ において $\gamma=4.5$ である。(2.5)

第3表

星	$M/M_\odot$	$\bar{\varepsilon}=L/M$ (erg/g sec)	内部構造論より			エネルギー生成より
			水素量 X_H	ρ_c (g/cm³)	T_c ($10^{6\circ}$)	T_c^* ($10^{6\circ}$)
白鳥座 Y 星	17.3	1200	0.80	6.5	32	30
蛇遺座 U 星	5.36	180	0.50	12	25	26
カペラ	4.18	50	0.35	0.16	6	32
シリウス	2.45	30	0.35	41	26	22
太陽	1.00	1.9	0.35	76	19	18.5
クルーガー60	0.25	0.13	0.20	140	14	16

を近似的な積分して L は次のようにおける。

$$L = \varepsilon_0 X_1 X_2 \rho_c T_c^\gamma qM \quad (5.3)$$

ここに qM はエネルギーを生成している領域の質量で q は星によらない常数と考える。(5.2) の γ を常数と考えると (2.1), (2.14), (2.25), (5.3) の基礎方程式は次の相似変換に対して不変である。即ち

$$\left.\begin{array}{l} T \sim \mu\beta MR^{-1},\ M \sim \rho R^3 \\ T^{7.5} \sim y\rho^2 LR^{-1},\ L \sim M\rho z T^\gamma \end{array}\right\} \quad (5.4)$$

ここに $z = X_1 X_2$, $y = (1+X_H)(1-X_H-X_{He})$ である。上式において M, μ, y, z を独立変数と見れば、$\delta = \gamma+2.5$ とおいて

$$\left.\begin{array}{l} R \sim M^{1-\frac{6}{\delta}}(\mu\beta)^{1-\frac{10}{\delta}}(yz)^{\frac{1}{\delta}} \\ L \sim M^{5+\frac{3}{\delta}}(\mu\beta)^{7+\frac{5}{\delta}} y^{-1}(yz)^{-\frac{1}{2\delta}} \end{array}\right\} \quad (5.5)$$

が得られる。C-N 反応の場合には $\gamma=18$ とおいて

$$\left.\begin{array}{l} R \sim M^{0.71}(\mu\beta)^{0.51}(yz)^{0.05} \\ L \sim M^{5.15}(\mu\beta)^{7.24} y^{-1.02} z^{-0.02} \end{array}\right\} \quad (5.6)$$

H_1+H_1 反応では $\gamma=4.5$ を用いて

$$\left.\begin{array}{l} R \sim M^{0.14}(\mu\beta)^{-0.43}(yz)^{0.14} \\ L \sim M^{5.43}(\mu\beta)^{7.71} y^{-1.29} z^{-0.07} \end{array}\right\} \quad (5.7)$$

が得られる。これらが R と L を M と組成の函数として与える。

(5.6) における R, L の M に対する変化は主系列と良く一致し、特に M を消去した $L-R$ 関係は組成に或程度の変化を許しても第2図に見られる如き主系列の狭いことを説明する。

太陽より小質量の星においては中心温度は $15 \times 10^{6\circ}$ の程度以下となり H^1+H^1 反応が C-N 反応より優勢となる。従って主系列において (5.6) と (5.7) の間の遷移に相当する屈曲が現われ、H^1+H^1 反応が実際に小質量の星のエネルギー源泉となっているか否かが判定出来る筈である。しかし小質量の星には密度が大であって電離が完全でなく、従って完全気体の星の理論よりの偏寄が考えられるために決定的なことはいえないと思われる。

(2) 進化

4箇の H より He が合成される反応では

水素量35%を有する物質1gの放出し得るエネルギーは2×10^{18}ergである。第1図に見られる如く$L/M\sim M^3$の関係があるから星の質量が大なる程その水素の消費は急速であって，現在の割合でエネルギーを放出し続けるとすれば太陽は10^{11}，カペラは10^9，白鳥座Y星は10^7年の寿命を有することになる。従って宇宙の年齢$\sim 2\times 10^9$年を考えると，大質量の星は誕生の時期が遅かったのか，或は何か別個のエネルギー源泉を使用したものと思われる。我が銀河系の全質量の中で星を形成しているのはその約半分であることを考えれば，現在も何処かで星が形成されていても不思議はない。

ガモフは[7)11)]は主系列にある星がC-N反応による水素の消費に従って進化[*11]していく状況を調べた。この場合に問題となるのは内部における化学組成の変化の状況である。エディントンによれば自転している星の内部には大規模ではあるが緩慢な循環流が存在する。その正確な状況は現在未だ不明であるが，この周期[*12]がC-N反応に対する水素の平均寿命（太陽では5×10^6年の程度）より大である場合には中心部において消費される水素に補給が続かないた

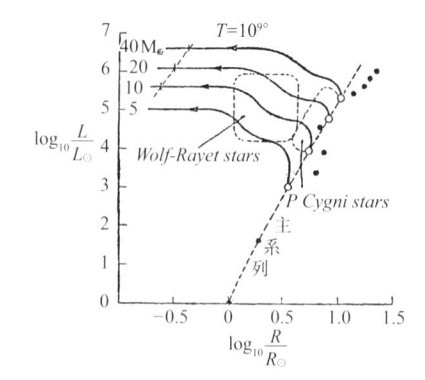

---

* 11 ここでは化学組成の変化に伴う準静的な過程を問題とし，従って，例えば一定の角運動量を有する星が収縮した場合に起すと思われる分裂の如き，dynamicalな問題（Jeans[5)]及び註13のWeizsäcker参照）は考えない。
* 12 A. S. Eddington, Monthly. Not., 90, 54 (1929) は10^{13}年の程度と評価したが，G. Randers, Ap. J., 94, 109 (1941) は太陽の表面に見られる程度の乱流運動を仮定すれば10年の程度に減少することを示した。

第6図 主系列の星の進化
（水素を一様に消費する場合）

めにヘリウムが堆積し，従ってその外部の領域でエネルギー生成が行われることになる。かような星は§6で述べる如く巨星になる可能性を有する。反対の場合，例えば自転速度の大なる星においては内部の化学組成の一様化が良く行われて星全体として水素量が減少して行くと考えられる。以下にこの場合の進化の模様を述べる（第6図参照）。

(5.6)において見られる如く，最初主系列にあった星は水素量の減少につれて最初は平均分子量μの増大により光度を増大し，太陽では10倍以上になる。しかし半径の増加は小である。水素量が甚だ小になるとzの影響が大になるために半径は減少し光度は増大する。遂には熱的核反応によるエネルギー生成は重力的なものに代って星は収縮を続ける。中心温度は(5.4)に従ってR^{-1}の如く上昇するが，これが10^8以上に達すれば吸収係数κは，主としてコムトン散乱の寄与によるものとなるために，殆んど一定となり，光度は半径に無関係に一定の極大値を取る。この後$10^4\sim 10^5$

年経過すれば内部温度は 10^9° の程度に達して urca 過程（§8.3）が活発になると共に星の収縮は著しく加速される。かかる状況では星の力学的平衡が破れて分裂或は爆発の如き現象が起るであろう。ガモフはこれを超新星の出現と考えた。

§6. 巨星及び白色矮星

(1) 巨星

主系列の星のエネルギー生成量は C-N 反応で良く説明されたが，巨星例えばカペラ及び駆者座 ζ 星ではエディントンの理論によれば中心温度はそれぞれ太陽の 1/3 及び 1/20。中心密度は 2×10^{-3} 及び 10^{-6} であるにも拘らず，単位質量当りのエネルギー生成量 ε は太陽の 30 及び 420 倍にも達する。これは巨星のエネルギー生成の機構または内部構造の特殊性によるものと考えられる。前者としては次の如き考えがあったがいずれも満足的なものではない。

i) 現在は収縮中であってその重力エネルギーを放出していると考える。半径が ΔR だけ減少するときに放出されるエネルギーは $(GM^2/R)(\Delta R/R)$ の程度であるが例えば駆者座 ζ 星では 1 年間に $\Delta R/R \approx 5\times 10^{-2}$ の変化が要求される。これは (2.22) より光度の変化 $\Delta L/L \approx 5\times 10^{-3}$ を起す筈であるが，観測上の変化は 2×10^{-4} 以下である。

ii) 核反応における合成核が低エネルギーの共鳴水準を有する場合には，このエネルギーに相当した温度を有する領域の質量が大であれば中心温度が低くてもエネルギー生成量は大になり得る。しかし軽い核の反応においてはかかる共鳴水準は認められていない。

iii) H^2, Li, Be, B 等の軽元素がある程度に存在すれば，第 5 図に見られる如く，低温においても充分なエネルギーが生成される。このときは (5.2), (5.5) よりわかるように，これらの元素を源泉とする星はそれぞれ R–L 図において主系列に平行な線上に分布し，軽い元素の線程主系列より遠くにある[12]。これは第 2 図において見られないことであり，また大気のスペクトルの示すところではかかる元素の存在は全く稀である。従って少量に存在したとしても極めて短時間の間に焼尽くしてしまう。

内部の構造の特殊性に関してガモフ[13]は次の **Shell Source** 模型を提出した。全体としての組成の一様化が行われない場合に Point Source 模型の星が先ず対流領域内で水素を消費してヘリウムを堆積して行くとき，最初の水素量 35% とすれば，この領域の平均分子量は 1 より 2 近くに増大して行く。このとき例えば太陽では L と R はともに 50% の程度増大することが示される。水素が全部消費されるとエネルギーの発生がないためにこの領域は等温度となり，その外側の水素を保有する薄い層においてエネルギーの生成が続けられ，水素の消費に伴って等温の核の質量は次第に増大する。

等温の核では一般に質量は中心に強く凝集していて，その質量が或程度以上に大となれば中心において電子は縮退を始める。かくして §2.1 の完全気体の理論は成立せず，§2.3 の複合模型を考えねばならないから中心の温度及び密度は (2.21), (2.26)

第 4 表

星	$M/M_\odot$	$L/L_\odot$	$R/R_\odot$	水素量 X_H	核の温度 ($10^{6\circ}$)	核の質量 ($M_\odot$)	中心密度 (g/cm^3)
カペラ	4.18	120	15.9	0.35	42	0.20	2.9×10^5
馭者座ζ星	14.8	6310	200.	0.37	65	0.41	1.2×10^6

の如き式では与えられない。等温核における状態方程式は (2.29), (2.30) で与えられるが,この場合は完全縮退ではなくて,相対論的効果を無視すれば

$$\rho = n\mu_e H = \frac{4\pi\mu_e H (2mkT)^{\frac{3}{2}}}{h^3} F_{\frac{1}{2}}(\varphi) \quad (6.1)$$

$$P = \frac{8\pi kT(2mkT)^{\frac{3}{2}}}{3h^3} F_{\frac{3}{2}}(\varphi) + \frac{a}{3}T^4 \quad (6.2)$$

$$F_\nu(\varphi) = \int_0^\infty \frac{u^\nu du}{e^{-\varphi+u}+1} \quad (6.3)$$

となる。$\varphi \ll -1$ の場合にはこれらは完全気体の状態方程式になる。一定温度に対しては P と ρ は φ をパラメータとして与えられ,平衡の方程式 (2.1) は中心より外方に数値的に積分される。この等温核の解が外層における Point Source 模型の解とその境界において接続すれば求むる解が得られる。

ガモフは核の温度,従ってまたエネルギーを出す殻状部分の温度として $20 \times 10^{6\circ}$,核及び外層における平均分子量 μ をそれぞれ 2 及び 1 と仮定し,外部の解としては Point Source 模型の解を相似変換したものを用いて,これと等温核の解との r, $M(r)$, P の接続を試みることにより,質量が 0.1, 0.4, 4$M_\odot$ の星において核の質量が増大する場合の L-R 図における進化の軌跡を求めた。その結果によると,0.1$M_\odot$ の星では R は殆んど変らないが,0.4$M_\odot$ では核の質量が 32% になれば R は 40 倍,L は 20 倍の程度になり,4$M_\odot$ では比較的小質量の核が出来ると,正確な値はわからないが,R は甚だ大になり得ることが示された。

実際に巨星がかような構造を有しているか否かが次の如くに調べられる[14]。代表的な巨星のカペラ及び K 型の馭者座ζ星について,それらの M, L, R の観測値を用いて平衡の方程式 (2.1), (2.5), (2.14) を表面より内方に数値積分すると,質量が中心近くに集中している場合には温度の上昇は大であって (4.31) によると C-N 反応は光度 L を与えるに足るだけのエネルギーを生成し得ることがわかる。これより内部は等温核であると考えた場合に上の解が中心で $M(r) = 0$ の条件を満足すればこれは求むる平衡状態の解となる。この解は外層領域の水素量が或る値を有するときにのみ可能であって,その値は第 4 表に示される如く主系列における値に極めて近い。かく

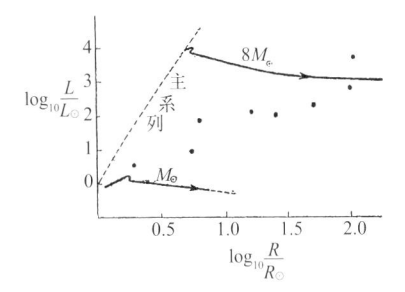

第7図 (a) Shell Source の星

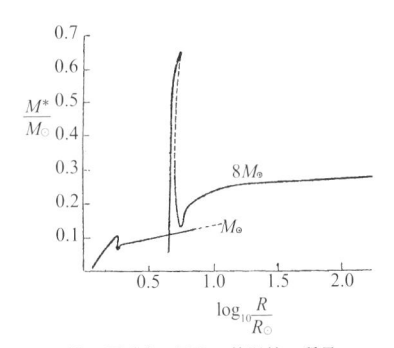

第7図 (b) 同上の等温核の質量

して巨星もやはり C–N 反応をエネルギー源泉とする星であると考えられる*[13]。

次に外層領域において水素量35%を有する星が中心部において水素を消費し果てている場合の状態を，質量が $M_\odot$ 及び $8M_\odot$ の星について，上と同様な方法で求めた結果を第7図に示す。主系列上の位置は等温核の質量が零である場合に相当し，これよ

---

*[13] C. F. v. Weizsäcker, Zs. f. Ap., 24, 181 (1947) は乱流運動の理論に基いて宇宙の進化を論じ，自転速度の大なる O, B 型（第2図参照）の星は比較的年齢が若くこれに反して自転速度の小なる巨星は既にその所有した角運動量を外界に放出したものであるから古いと考えた。これはまた以上の考えと一致する。

り曲線の屈曲点までは等温核が全く完全気体の，それ以後の半径の大なるところは中心近くで電子が縮退した状態にある場合である。

(2) 白色矮星

§2.2 においては完全に縮退した星を考えたが，実際に観測される白色矮星は完全気体の極めて薄い外層を有し，この領域では (2.14) に従って輻射の吸収による温度勾配が存在する。しかし質量及び半径の殆んど全部を占める高密度の部分では，電子によるエネルギーの輸送が大であるため，殆んど等温に近くて完全縮退の取扱いが出来る。従って第1表に示した如く R は M と μ_e (組成) によって完全に定まるが，40エリダヌスの伴星では水素量 $X_H=0$ として観測との一致は良好であって，シリウスの伴星 ($0.98M_\odot$, $1.98\times 10^{-2}R_\odot$, $3.02\times 10^{-3}L_\odot$) では $X_H=0.50$ が要求される。

マルシヤク[15] によれば，シリウスの伴星においては物質の殆んど全部がラッセル組成をなす重元素よりなると仮定した場合には中心温度は $15\times 10^{6\circ}$ となる。密度は $10^5\sim 10^7 \mathrm{g/cm^3}$ の程度であるから，陽子と他の核との反応は甚だ急速に起ることになり，その生成エネルギーが光度と一致するためには，C と N が1%存在してその連鎖反応が起る場合及び C と N が存在しないで H + H 反応のみが (4.28) に従って起る場合には，存在し得る水素量はそれぞれ 2×10^{-8} 及び 2×10^{-5} より小であることが要求される。また物質の殆んど全部が輻射に対してより透明なヘリウムより成ると仮定する場合には，中心温度は $7\times 10^{6\circ}$ と下

るが水素量は 1.5×10^{-4} より大ではあり得ない。

エネルギー生成量の下限を知るために，温度が零度における高密度の水素内の H^1+H^1 反応が調べられた[16]。電子が完全に縮退して陽子が結晶における如き面心立方格子の配列をしていると考えると，陽子はクーロム力のために 10^4, 10^6, 10^8g/cm^3 の密度においてはそれぞれ 22, 230, 2500 ev の零点エネルギーを有し，エネルギー生成量はそれぞれ 6×10^{-9}, 5.8×10^2, 4.7×10^8erg/g sec となるから，シリウス伴星が 50% の水素量を有するときは観測値の 10^3 倍も大である。またこの星において中心部に水素を有しない模型が考えられたが[17]，その外側におけるエネルギー生成量はやはり遥かに大に過ぎることが判明した[*14]。

しかしシリウスの伴星において $X_H\simeq 0$ の場合の理論的半径は $0.86\times 10^{-2}R_\odot$ であって観測値の半分に達しない。水素の存在を許してしかもエネルギー生成量を小にするために，H^1+H^1 反応の確率を求める際に用いたガモフ・テラー型の選択律をやめてフェルミのもとの選択律に帰ることが考えられるが，この反応と同様にスピンの反転を伴うと思われる $He^6=Li^6+e^-$ の確率の大なることからいまのところその当否は疑問である[18]。

40 エリダヌスの伴星の如く明らかに水素を所有しない白色矮星はその現在のエネルギー放出を重力及び内部の熱エネルギー

─────
[*14] 光度と表面温度，及び大気のスペクトルの相対論的赤方変移の 2 筒の独立な観測より得られている。

に負うている。その内部温度は主系列の星の中心温度の程度ではあるが，同質量の主系列の星が水素をすべて消費して進化した状態とは考えられない。何故ならば水素量 35% の程度を有する太陽またはそれ以下の質量の星が水素を焼尽くすには 10^{11} 年以上を要するからである。従って，例えば §2.2 において述べた如く質量が $5.75M_\odot \mu_c^2$ 以上の星は縮退電子気体として平衡状態を取り得ないから，大質量の星が水素の消費後に高度に収縮して爆発した際の破片より生じたものか，或いは (1) において述べた如く巨星においてその等温核の質量の増加は全半径の著しい増大を伴うことから，その水素を含有している外層が無限に拡がるに至った状態と考えられよう。

3. 極度の高密，高温の状態

§7. 中性子星

1. §2.2 において述べた縮退電子気体の式 (2.32), (2.35) によると，密度が 10^{11}g/cm^3 の程度以上になれば電子はその平均の零点エネルギーが 10Mev 以上になるために以下に示すように原子核と結合して零点エネルギーの小なる中性子の縮退気体に転化する[19]。かような高密度物質の状態を調べるため，いま簡単に一種類の原子核 Az（質量数 A，原子番号 Z）を取り，これと電子及び中性子間に成立する熱力学的平衡を考える。単位体積中の核 Az, 電子，中性子，すべての核子の数をそれぞれ n_{AZ}, n_e, n_N, n とすると，電気的に中性の物質においては

$$\frac{\rho}{H} = n = n_N + An_{Az}, \quad n_{Az} = \frac{n_e}{Z} \qquad (7.1)$$

となる。この原子1箇をA箇の自由中性子に転換するに要するエネルギーAQは，中性子及び核の質量をM_N及びM_{Az}とすると

$$AQ = AM_N c^2 - M_{Az} c^2 - Zmc^2 > 0 \qquad (7.2)$$

で与えられる。いま相互作用としては中性子間の核力のみを考え，重い核Azの運動エネルギーを無視すると，単位体積中の物質の全エネルギーは，低密度で中性子の存在しない状態を基準にして次で与えられる。

$$u = u_N(n_N) + u_e(n_e) + Qn_N \qquad (7.3)$$

ここにu_Nとu_eは中性子及び電子気体の内部エネルギーである。

温度零における粒子の分布は一定のnに対してuが極小値を取るという条件で定められる。即ちvを未定の乗数として$\delta(u - vn) = 0$より

$$\left.\begin{array}{l} \dfrac{du_N}{dn_N} + Q = v \;\; (v \geq Q), \\[4pt] n_N = 0 \;\; (v < Q) \\[4pt] \dfrac{du_e}{dn_e} = \dfrac{A}{Z} v \end{array}\right\} \qquad (7.4)$$

これと(7.1)よりu_Nとu_e，従ってuとvがnの函数として定められ

$$\frac{du(n)}{dn} = v(n) \qquad (7.5)$$

が成立する。このvは核子の化学ポテンシャルに相当する。次に圧力は自由エネルギーFより，Vを体積として$P = -(\partial F/\partial V)$

で与えられるがいまの場合は$F = uV$であるから

$$P = \int_0^v n(v)dv = nv - u \qquad (7.6)$$

となる。かくして問題は$u_N(n_N)$と$u_e(n_e)$を求めることに帰着する。

自由電子については既に(2.32)と(2.34)においてn_eとu_eはxまたは(2.40)のyをパラメーターとして求められている。中性子は非相対論的に取扱って（これは$n_N H \leq 10^{14} \mathrm{g/cm^3}$の場合には許される）ハートレー・フォックの近似を用い，無摂動状態として両方向のスピン状態を有する自由中性子の波動函数Ψを採用すると，この気体のエネルギーu_Nは第1近似迄では次の如くなる。

$$u_N = u_k + u_p \qquad (7.7)$$

$$u_k = \frac{3}{40}\left(\frac{3}{\pi}\right)^{\frac{2}{3}} \frac{h^2}{H} n_N^{\frac{5}{3}} \qquad (7.8)$$

$$u_p = \sum_{\substack{\mathrm{spin} \\ a,\,b}} \int \Psi^* J(a,b) \Psi d\tau \qquad (7.9)$$

ここにu_kは運動エネルギーの部分であって，(2.36)，(2.37)においてmをHでおきかえ得られる。中性子a，b間の核力ポテンシャルとしては次のスピン交換型を採用する[*15]。

[*15] G. M. Volkoff, Phys. Rev. 62, 134 (1942)によれば重い原子核における核力の飽和性を説明するためにはテンサー型及び普通型の力は交換型の力に比して小であることが要求される。従って核内におけるよりも小密度（$\leq 10^{14} \mathrm{g/cm^3}$）においては(7.12)の寄与が主要なものであると考えられる。上に採用した波動函数ではテンサー力の寄与は第1近似では全く消失す

$$J(a,b) = -g^2 \frac{e^{-\lambda r_{ab}}}{r_{ab}} \frac{1}{3}(\sigma_a \cdot \sigma_b),$$
$$r_{ab} = |r_a - r_b| \qquad (7.10)$$

ポテンシャル・エネルギーの部分 u_p は密度マトリックス $\rho(r)$ を用いて計算される.

$$u_p = \frac{1}{4} \iint |\rho(r_{ab})|^2 J(r_{ab}) \, dr_a dr_b,$$
$$J(r) = -g^2 \frac{e^{-\lambda r}}{r} \qquad (7.11)$$

$$\rho(r) = \frac{1}{\pi^2 r^3} (\sin \kappa_0 r - \kappa_0 r \cos \kappa_0 r),$$
$$\kappa_0 = (3\pi^2 n_N)^{\frac{1}{3}} \qquad (7.12)$$

これは積分の結果次の如くなる.

$$u_p = -\frac{g^2 \lambda^4}{96\pi^3} \left\{ \frac{3}{2} z^4 - z^2 - 4z^3 \tan^{-1} z \right.$$
$$\left. + \log(1+z^2) + 3z^2 \log(1+z^2) \right\} \qquad (7.13)$$

$$z = \frac{2\kappa_0}{\lambda} = \frac{2}{\lambda}(3\pi^2 n_N)^{\frac{1}{3}} \qquad (7.14)$$

かくして u_N が z 従って u_N の函数として求められた結果, (7.4) は次のようになる.

$$\left. \begin{array}{l} \dfrac{1}{32\pi^2} \dfrac{h^2}{H} \lambda^2 z^2 \{1 - \gamma(z)\} \\ = v - Q \, (v \geq Q), z = 0 \, (v < Q) \\ \dfrac{Z}{A} mc^2 (y-1) = v \end{array} \right\} \qquad (7.15)$$

ここに $\gamma(z)$ は, u_k よりの寄与の 1 に対して, u_p よりの寄与を表わし

$$\gamma(z) = 16\pi \frac{g^2}{\lambda} \frac{H}{h^2} \left\{ \frac{1}{z} - \frac{2}{z^2} \tan^{-1} z \right.$$
$$\left. + \frac{1}{z^3} \log(1+z^2) \right\} \qquad (7.16)$$

———————
る.

で与えられ, $z \to 0$ では z に比例して零に向う. かくして y と z は v によって定まるが, (7.1) は (7.14), (2.32), (2.40) より

$$n = \frac{\lambda^3}{24\pi^2} z^3 + \frac{A}{Z} \frac{3\pi}{3} \left(\frac{mc}{h}\right)^3 (y-1)^{\frac{3}{2}} \qquad (7.17)$$

となるから, y をパラメーターとして n と v の関係が得られたことになる. 同様に (7.6) の P と n の関係が得られるが核力は負の寄与をすることがわかる.

(7.15) よりわかるごとく, $v < Q$ の t きは中性子は存在しないが $v \geq Q$ 従って n が次の n_0 より大になると突然現れる.

$$n_0 = \frac{A}{Z} \frac{8\pi}{3} \left(\frac{mc}{h}\right)^3 (y_0^2 - 1)^{\frac{3}{2}},$$
$$y_0 = \frac{A}{Z} \frac{Q}{mc^2} + 1 \qquad (7.18)$$

このときの質量密度 $\rho_0 = n_0 H$ は, Az として Fe 付近の核をとるときは Q は $9.7 mMU$ であって, 10^{11}g/cm^3 の程度である. これより高密度では中性子の数は電子の数を遙かに凌駕する.

星の重力的平衡の方程式 (2.2) は v を用いると次のようになる.

$$\frac{1}{r} \frac{d}{dr}\left(r^2 \frac{dv}{dr}\right) = -4\pi G H^2 n \qquad (7.19)$$

この解は (7.15), (7.17) の v と n の関係を用いて求められる.

(7.10) の g 及び λ に対して陽子—陽子散乱より求められた値を用いると, 自由中性子の近似を行ったことを考慮しても, (7.16) の $\gamma(z)$ は 1 に比して小であり ($<$ 0.4), 同様に u 及び P における u_p の寄与

は u_k の寄与に比して小である。

中心密度の種々の値に対して (7.19) を数値積分した結果によると，中心密度が $10^{11}\sim 5\times 10^{13}\mathrm{g/cm^3}$ においては内部の中性子領域 ($\rho\geqq\rho_0$) の質量がその外側の電子領域 ($\rho<\rho_0$) の質量に比して比較的小であって全質量は $M_\odot$ より小であるような解が得られるがこれは不安定な平衡であり，中心密度が $5\times 10^{13}\mathrm{g/cm^3}$ 以上では中性子領域が全質量の殆んど全部を占める安定な解が存在することがわかる。中心密度が $10^{15}\mathrm{g/cm^3}$ 以上になれば後に述べる如き相対論的な取り扱いをしなければならない。

2. ランダウ[20] は星の内部における中性子領域の形成は，その質量が或程度以上に大であればまた可能なエネルギー源泉であると考えた。簡単のために中性子のみよりなる密度の一様な星を考え，これが無限に拡がっていて原子核 Az と電子よりなっていた場合と現在のエネルギーを比較する。核力の影響を無視すれば質量 M，密度 ρ の中性子星の有する全エネルギーは無限に拡がっていた場合の値を基準にして次で与えられる。

$$E=-\frac{3}{5}\left(\frac{4\pi}{3}\right)^{\frac{1}{3}}GM^{\frac{5}{3}}\rho^{\frac{1}{3}}+\frac{3}{40}\left(\frac{3}{\pi}\right)^{\frac{2}{3}}\frac{h^2}{H^{\frac{8}{3}}}M\rho^{\frac{2}{3}}+Q\frac{M}{H} \quad (7.20)$$

ここに第 1 項は一様な密度の球の重力の，第 2 項は (7.8) で与えられる中性子の運動の，第 3 項は転換の，エネルギーである。M を与えた場合には平衡即ち E の極小を与える密度は ρ_m は

$$\rho_m = 2^8(\pi/3)^3 G^3 H^8 h^{-6} M^2 \quad (7.21)$$

となり，このときの E の値は次の如くなる[*16]。

$$E_m = -\frac{6}{5}\left(\frac{2\pi}{3}\right)^{\frac{4}{3}}\frac{G^2 H^{\frac{8}{3}}}{h}M^{\frac{7}{3}} + \frac{Q}{H}M \quad (7.22)$$

中性子，星の形成においてエネルギーが放出されるために必要な極小質量 M_0 は $E_m=0$ より次で与えられる。

$$M_0 = \frac{3}{2\pi}\left(\frac{5}{6}\frac{h^2 Q}{G^2 H^{\frac{11}{3}}}\right)^{\frac{3}{4}} \quad (7.23)$$

Fe^{56} を Az 核ととれば，M_0 は $0.37M_\odot$ となり[21]，このときの密度 ρ_m は $4.5\times 10^{13}\mathrm{g/m^3}$ の程度となる。従ってこれ以上の質量を有する星は中性子への転換エネルギーと運動エネルギーを補った余分の重力エネルギーを外界に放出することが可能である。しかし前に述べたことから普通の安定な大質量の星の内部に中性子領域の存在する可能性は小であると思われる。

3. 中心密度が $10^{15}\mathrm{g/m^3}$ の程度になると星の重力エネルギーは固有の質量エネルギー Mc^2 に近くなるために，ニュートンの重力理論の式 (2.1)，(2.2) を用いる代わりに一般相対論的な取り扱いをしなければならない。

オッペンハイマー[22] は固有座標系における状態方程式の縮退気体の一般式，即ち (2.32)，(2.33)，(2.34) において m の代わりに中性子の質量 H を用いたもの，を用いて一般相対論的に平衡状態にある中性子星の構造と安定性を調べた。中性子気体の

---

*16 正確にいえば自由中性子気体よりなる星の平衡は (7.8) より $n=1.5$ のポリトロープ方程式で定められる。この場合には第 1 項の数値は $\frac{6}{5}$ の代わりに 1.40 となる。

固有の運動量・エネルギーテンソルは $T_1^1 = T_2^2 = T_3^3 = -P$, $T_4^4 = \rho$ で与えられる。ただしこの ρ は静止質量を含めたエネルギー密度である。中心密度が種々の値をとる場合に，アインシュタインの球対称の場の方程式をそれぞれ中心から外方に数値的に積分して圧力 P が零になる点を星の境界とすると，遠方の観測者の見る質量 M がそれぞれ定められる。その結果によると $M < \frac{1}{3} M_\odot$ の場合には非相対論的な縮退の状態方程式とニュートンの重力理論（これは1.で与えた場合である）で近似的に記述される1個の安定な解が各質量について存在する。$\frac{1}{3} M_\odot < M < \frac{3}{4} M_\odot$ の場合には2個の解が存在して1個は上と同様な性質を有するが他の1個は強く中心に凝集していて不安定である。$M > \frac{3}{4} M_\odot$ の場合には解は得られない。

これより質量の大なる高密度星の終局的運命がどうなるかという問題に関しては次の2個の場合が考えられよう。一つは星は平衡に達することなしに際限なく収縮を続けると考えられる[23]。他の一つは上に用いたフェルミ・ガスの状態方程式は，例えば 10^{15} g/m^3 以上の高密度では中性子間の強い相互作用等のために，成立しなくなると考える場合である。かくして同一の ρ に対して P がフェルミ・ガスの場合よりも十分大になるならば大質量の星の安定な平衡状態を与える解も存在する可能性がある。

4. ツウィッキー[24]は莫大なエネルギーの放出を伴う超新星の爆発は普通の星の中性子星への転化によるものと考えた[*17]。超新星の残骸に関しては充分な観測はなくまた他の場所においても今のところ中性子星は未だ見出されていないが，極度の物理的状態の現出するこの星の存在は今後の観測上極めて興味深い問題である。

§8. 極度の高温状態

(1) 平衡状態

極度の高温における物質の熱力学的平衡状態を考える[19)25)]。エネルギーの保存系のみを考えるから中性微子が発生するような温度ではこれも統計の中に入れねばならない。これは一般相対論における一様等方な宇宙の中において，若しくは中間子の崩壊，後述の urca 過程等によって発生する中性微子の脱出によるエネルギー喪失が無視出来るような系において成立する。以下においては，中間子の存在しない温度（$< 10^{12°}$）において平衡状態にある種々の素粒子（光子，陰陽電子，陽子，中性子）並びに種々の原子核の分布状況をそれらの間の相互作用が無視出来る場合について求める。中性微子の分布も同時に求められるがこれは (8.4) の α の意味を変えるのみであるから省略する。

N_s, n_{es}, n_{ps}, n_{Ns}, n_{Hs}, n_{Azs} を単位体積中の運動量が p_s と $p_s + dp_s$ の間にある光子，電子，陽電子，中性子，陽子，Az 核の数とすると，これらはボルツマン・プランクの方法によって次の如く求められる。即ち

---

*17 1. で見た如く中性子領域においては電荷は全部消失するのではないから，輻射の吸収は彼が考えたごとくに小であるとはいえない。従って彼の説はこの点で疑問と思われる。

各種粒子の運動量が p_s と $p_s + dp_s$ の間にある固有状態の数は

$$g_s = \frac{3\pi}{h^3} p_s^2 dp_s \qquad (8.1)$$

で与えられ，可能な分配状態の取る重価の値は

$$W = H_s \frac{(g_s + N_s - 1)!}{(g_s - 1)! N_s!} \cdot \frac{g_s!}{n_{es}!(g_s - n_{es})!} \quad (8.2)$$

である。求める分布 N_s, n_{es}, … は次の条件の下に W を極大にするものとして与えられる。

$$\left.\begin{array}{l}
電荷 \quad \sum_s n_{Hs} + \sum_s Zn_{AZs} + \sum_s n_{ps} \\
\qquad - \sum_s n_{es} = n = 一定 \\
エネルギー \quad \sum_s (N_s h\nu_s + n_{es} E_{es} \\
\qquad + n_{ps} E_{ps} + n_{Hs} E_{Hs} \\
\qquad + n_{Azs} E_{Azs}) = E = 一定 \\
核子の総数 \quad \sum_s (n_{Ns} + n_{Hs} + An_{Azs}) \\
\qquad = N = 一定
\end{array}\right\} (8.3)$$

ここに $h\nu_s$, E_{es}, … は運動量 p_s に対応する光子，電子，… のエネルギーである。$\log W - \alpha n - \beta E - \gamma N$ の極大を求めて

$$\left.\begin{array}{l}
N_s = \dfrac{g_s}{e^{\beta h\nu_s} - 1}, \ n_{es} = \dfrac{g_s}{e^{-\alpha + \beta E_{es}} + 1}, \\
n_{ps} = \dfrac{g_s}{e^{\alpha + \beta E_{ps}} + 1}, \\
n_{Hs} = \dfrac{g_s}{e^{\alpha + \gamma + \beta E_{Hs}} + 1}, \ n_{Ns} = \dfrac{g_s}{e^{\gamma + \beta E_{Ns}} + 1}, \\
n_{Azs} = \dfrac{g_s}{e^{Z\alpha + A\gamma + \beta E_{Azs}} \pm 1}
\end{array}\right\} (8.4)$$

が得られる。ここに±はそれぞれ核がフェルミ及びボーズの統計に従う場合である。

β は $1/kT$ であって，α と γ は (8.3) の第1，第3式に従って単位体積中の全電荷量と核子の総数より定まる。中性微子の分布を求めるには，n_{ns}, n_{as} を中性微子及び反中性微子の数とするとき $\sum_s (n_{ps}, -n_{as} - n_{es} + n_{ns}) = 一定$ の条件をさらに (8.3) に附加すればよい。

(8.4) によると $T \geq 10^{11°}$ では光子ははなはだ多数の電子対と平衡にあって，単位体積中の電子対の質量は 10^7g 以上に達する。かかる高温の領域が半径 10^{10}cm の程度の球状に拡がっているときはその重力エネルギーは質量エネルギーと同じ程度になるから，核子の密度が小であっても，中性子星の場合に見られたような一般相対論的効果が無視出来ない。

$10^{11°}$ 以上の温度では，極度の高密度でない場合 ($\rho < 10^{12}$g/cm^3) には，小量の He^4 核を除いて重い核の存在は稀である。温度が降下するとともに軽い核から順次に出現し，$10^{9°}$ 以下になると中性子は消失して中間の重さの核が大量に存在することになる。

(2) 元素の起源

現在地殻，隕石，太陽及びその他の星の大気等にみられる元素の存在量の頻度分布はよく似ている（第8図参照）。ワイゼッカー[8)] は現在星の内部において元素が生成されている可能性のないこと，また有限の寿命を有する自然の放射性元素が存在することから，その形成の時期が存在し，これは宇宙が膨張を始めて星雲の分離を生じたときであると考えた。その生成の機構として先ず次の二つの可能性が考えられる。即

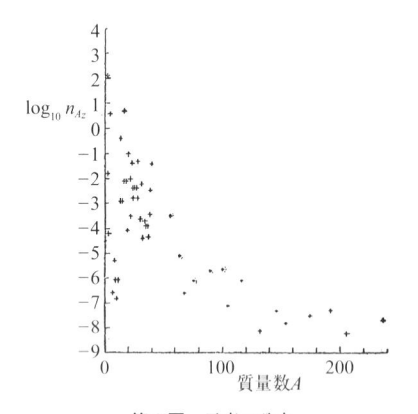

第8図　元素の分布
（Goldschmidt による）

ち当時の高温度における熱力学的平衡状態がそのまま凍結したものか，或いは何か一方的な核反応の進行によって元素が生成されたものと考えられる。

第一の可能性についてワタギン等[26]は(8.4)を用いて高温における元素の分布状況を調べた。熱的核反応によって分布を全く変化してしまっていると考えられる窒素以下の軽元素は別にして考えられねばならない。先ず観測値を説明し得るような温度と密度に対しては，陽子と中性子を除いて各原子核は完全気体の分布則に従うこと，また E_{A_z} に非相対論的近似を使ってよいことがわかるから，(8.4)を運動量 p_s について積分すれば，$A'z'$ 核の数を標準にして

$$\left.\begin{aligned}\log_{10}\frac{n_{A_z}}{n_{A'_{z'}}} &\fallingdotseq \frac{3}{2}\log_{10}\frac{M_{A_z}}{M_{A'_{z'}}} + d(A-A') \\ &\quad - a(Z-Z') - b(M_{A_z} - M_{A'z'}) \\ a &= \alpha\log_{10}e,\ b = \frac{c^2}{kT}\log_{10}e, \\ d &= -\gamma\log_{10}e,\end{aligned}\right\} \quad (8.5)$$

が得られる。ここに M_{A_z} は核 A_z の静止質量である。OよりCaまでの範囲においては，上式において $a=0.15$, $b=525.85$, $d=525$ ($kT=0.77\mathrm{Mev}$) として与えられる分布は同位元素の頻度と良く一致する。しかし元素全体を通じての分布，特に質量数が100以上の元素の頻度が殆んど一定であることは，上式では得られそうにない[*18]。

これに対してガモフ[27]等は第二の可能性，すなわち最初宇宙が極度に高密度であった場合に大量に存在した中性子が，宇宙の膨張による温度と密度の急激な減少に際して，一部は陽子にβ崩壊すると共に一部は陽子に捕獲されて重水素を生じ，以下逐次的な中性子捕獲とβ崩壊によって重い核が形成される場合を考えた。それによると，1Mevの程度のエネルギーを有する中性子の種々の核における捕獲断面積の観測値を用いて元素生成過程の進行を計算すると，一般的な頻度分布の傾向を説明することが出来て，相対論的膨張宇宙論における密度と膨張速度の関係を用いると，この形成過程は極めて短時間（数十分の程度）の間に完了したことになる[*19]。

[*18] 26)の (1948) において一般的傾向を与えるものとして得られた分布は $a=1.58$, $d=10.56$, $kT=40\mathrm{Mev}$ であるが，a のかように大なる値に対しては彼らの考えなかった同重元素が大量に存在することになる。

[*19] 詳細はR. Alpher, Phys. Rev. 74, 1577 (1948) 参照。さらにガモフはこの膨張宇宙内の一様な物質はその約 10^8 年後には重力的不安定性のために分裂して現在見られる程度の質量と半径をもつ星雲を形成したものであることを示した。
Gamov, Phys. Rev. 74, 505 (1948); Nature

(3) urca 過程

§4に述べた核の連鎖反応には高速度の中微性子の放出を伴う β 過程が含まれている。この中性微子はなんらの困難なしに星から脱出するが，この際中性微子によって失われるエネルギーは全生成エネルギーの一部分であるから，これは星の平衡及び進化の問題においては第二次的意義を有するに過ぎない。しかし原子核エネルギーを消費した星の重力による連続的収縮の場合には，内部の温度と密度は充分高くなって自由電子は種々の核に捕獲され不安定な同重元素を生ずる。かかる状況の下ではいわゆる urca 過程が起こる[28]。即ち

$$\left. \begin{array}{l} A_Z + e^- \rightarrow A_{Z-1} + 反中性微子 \\ A_{Z-1} \rightarrow A_Z + e^- + 中性微子 \end{array} \right\} \quad (8.6)$$

この過程で発生した中性微子によるエネルギー喪失のために物質は余分の熱量を急激に失う。従ってかかる星はいわば内部に負のエネルギー源泉を有することになり，その効率は以下に示される如く温度と共に急激に増大する。連続的収縮の過程において星がこの状態に達すると，中心温度はある程度以上に上昇し得ないから，内部の圧力は外側の重量を支えるに不充分となり，遂には急激な崩壊に至るであろう。

いま単位体積中の電子の数を n_e，A_Z 及び A_{Z-1} 核の数を n_Z 及び n_{Z-1}，その和を n_Z^0，この元素の重量百分率を X_Z とすれば

$$n_e = \frac{1}{2}\frac{\rho}{H}, \quad n_Z^0 = n_Z + n_{Z-1} = X_Z \frac{\rho}{AH} \quad (8.7)$$

である。電子が非相対論的なマックスウェル分布に従うときは，エネルギーが E と $E+dE$ の間にある電子の数は

$$n_e(E)dE = \frac{2}{\sqrt{\pi}} n_e \frac{1}{(kT)^{\frac{3}{2}}} e^{-\frac{E}{kT}} E^{\frac{1}{2}} dE \quad (8.8)$$

である。この電子が核 A_Z に捕獲されるまでの平均寿命はフェルミの理論より次で与えられる。

$$\tau(E) = \pi \log 2 \frac{\hbar^4 c^3}{g^2 n_Z (E-Q)^2} \quad (8.9)$$

ここに Q は核 A_{Z-1} が放出する電子の最大エネルギーであり，g は相互作用の常数である。単位時間，単位体積について捕獲される電子の数は

$$\left. \begin{array}{l} N^- = \int_0^\infty \frac{n_e(E)dE}{\tau(E)} \\ = \frac{2g^2 n_Z n_e}{\pi^{\frac{3}{2}} \log 2 \cdot c^3 \hbar^4} (kT)^2 I\left(\frac{Q}{kT}\right) \\ I(x_0) = \int_{x_0}^\infty e^{-x}(x-x_0)^2 x^{\frac{1}{2}} dx \\ \cong 2.15\left(x_0 + \frac{5}{2}\right)^{\frac{1}{2}} e^{-x_0} \end{array} \right\} (8.10)$$

となる。ただし積分は鞍点の方法により近似的に求めたものである。他方不安定な核 A_{Z-1} より放出される電子の E と $E+dE$ の間にある数は

$$dN^+ = \frac{g^2 m^{\frac{3}{2}} n_{Z-1}}{2^{\frac{1}{2}} \pi^3 \hbar^7 c^3} (Q-E)^2 E^{\frac{1}{2}} dE \quad (8.11)$$

で与えられるから，単位時間，体積あたり放出される総数は

$$N^+ \cong 0.152 \frac{g^2 m^{\frac{3}{2}} n_{Z-1}}{2^{\frac{1}{2}} \pi^3 \hbar^7 c^3} Q^{\frac{7}{2}} \qquad (8.12)$$

となる。平衡状態では $N^+ = N^-$ であるから (8.7), (8.10), (8.12) より n_Z, n_{Z-1} は

$$\left.\begin{array}{l} n_Z = \dfrac{B}{1+B} \dfrac{X_Z \rho}{AZ}, \; n_{Z-1} = \dfrac{1}{1+B} \dfrac{X_Z \rho}{AH} \\[4pt] B = 6.4 \times 10^{-3} \hbar^{-3} m^{\frac{3}{2}} (kT)^{-2} H \rho^{-1} \\[4pt] \left(\dfrac{Q}{kT} + \dfrac{5}{2}\right)^{-\frac{1}{2}} Q^{\frac{7}{2}} e^{\frac{Q}{kT}} \end{array}\right\} (8.13)$$

となる。また電子捕獲に際して放出される反中性微子のエネルギーは単位時間, 体積あたり, 同様にして

$$W^{(1)} = \int_Q^\infty \frac{n_e(E)(E-Q)}{\tau(E)} dE = \frac{8.5 g^2 n_e n_Z}{\pi \log 2 \cdot \hbar^4 c^3}$$

$$- \left(\frac{Q}{kT} + \frac{7}{2}\right)^{\frac{1}{2}} (kT)^3 e^{-\frac{Q}{kT}} \qquad (8.14)$$

となり, 電子放出の際の中性微子のエネルギーは

$$W^{(2)} = \int_0^Q (Q-E) dN^+ = \frac{2}{3} Q \lambda n_{Z-1} \quad (8.15)$$

となる。ここに $\lambda = N^+/n_{Z-1}$ は核の崩壊常数である。(8.14), (8.15), 及び λ に対する式より

$$W^{(1)} = 5.5 \frac{kT}{Q} W^{(2)} \qquad (8.16)$$

となるから, 放出される全エネルギーは次で与えられる。

$$W = W^{(1)} + W^{(2)} \cong \left(1 + 5.5 \frac{kT}{Q}\right) \frac{3}{2} Q \lambda n_{Z-1}$$
$$(8.17)$$

この過程に関係する電子が極度に相対論

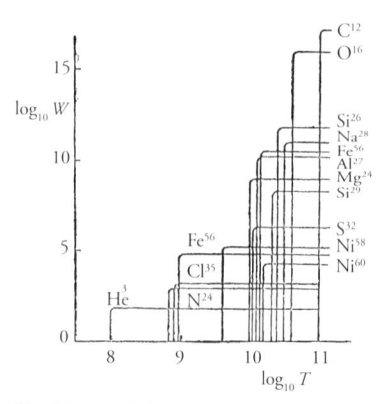

第9図 urca 過程によるエネルギー喪失量 $W \dfrac{\text{erg}}{\text{g sec}}$

(元素の頻度分布は Goldschmidt による)

的な場合も同様にして次で与えられる。

$$\left.\begin{array}{l} n_Z = \dfrac{B'}{1+B'} \dfrac{X_Z \rho}{AH}, \; n_{Z-1} = \dfrac{1}{1+B'} \dfrac{X_Z \rho}{AH} \\[4pt] B' = 1.2 \times 10^{-3} \hbar^{-3} c^{-3} H \rho^{-1} \\[4pt] \{12 (kT)^2 + 6Q' kT + Q'^2\}^{-1} \\[4pt] \left\{1 + \left(\dfrac{mc^2}{kT}\right)^2\right\} Q^5 e^{\frac{Q}{kT}} \\[4pt] Q' = Q + mc^2 \end{array}\right\} (8.18)$$

$$W \cong \left(1 + 8 \frac{kT}{Q}\right) \frac{Q}{2} \lambda n_{Z-1} \qquad (8.19)$$

いずれの場合も W は $T \cong Q/k$ の近くで急激に増大しそれ以上の温度では飽和して穏やかに増大する。また電子が縮退に入っている場合には空虚なエネルギー準位の数の減少のために反応の割合は小で, 完全縮退になるとこの過程は全く停止する。

安定な原子核はいずれも電子を捕獲すれば不安定な同重元素になるから, その崩壊エネルギーと崩壊常数によって, 比較的低温で始まるが不活発なものから高温で始ま

るが急激な反応に至る多種の urca 過程がある。現在観測されている元素の頻度分布（第8図参照）を仮定した場合に，主要な urca 過程による単位質量当りのエネルギー喪失量の温度に対する関係を第9図に示す。ただし $T=Q/k$ において突然反応を始め以後は飽和値 $\simeq Q\lambda Xz$ をとるものとして書いてある。

　超新星の爆発は中性子星形成による星の崩壊であるとツウィッキーは考えたが，ガモフは，その急激な崩壊は中性子気体の圧縮可能性だけでは説明されず，収縮に際して生成される莫大な量の重力エネルギーの除去を必要とするが[*20]，これは urca 過程によって説明出来ると考えた。例えば太陽程度の質量と半径を有する星がシリウスの伴星の大きさの程度までに自由落下に近い崩壊をする際の時間は半時間の程度であって，放出される重力エネルギーは 10^{50}erg であるからその生成の割合は 10^{14}erg/g sec の程度である。超新星の崩壊は数日内の程度であろうから，実際に必要なエネルギー除去は全質量の1%以下が O^{16} の urca 過程にあずかればよいことになる。

§9. 超新星と宇宙線

　組織的な観測によって我が銀河外の星雲において星の爆発と解される超新星が多数認められているが，その発生が突然であることとエネルギー放出量の莫大なことより普通の星においては存在しないような高温，高密度の状態がそこでは現出されてい

るものと思われる。観測の困難と相まってその発生の機構及びその物理的状況はまだ詳しく調べられていないので正確なことはいえないが，以下に観測結果の概要とこれについてなされている解釈について述べる[24) 29)]。

　超新星は新星と多くの共通點を有するが，その最大光度及び発生の頻度によって判然と区別される。新星は普通の明るさの星が突然に光度を増大して1〜2日の間に太陽の 10^4 倍の程度に達し，その後は次第に光度は減少する。超新星は光度の時間的変化の傾向は新星に良く似ているが最大光度は太陽の 10^7〜10^8 倍に及ぶ。発生の頻度は新星の各銀河当り1年間に20〜30回に比して600年間に1回である。ツウィッキーは超新星の特徴として次の7箇をあげている。

　1）絶対等級は -14 の程度で，その出現する星雲の全光度と同じ程度である。2）発生後1年間に放出する輻射エネルギー中の可視部分は 10^{48}〜10^{49}erg である。3）スペクトルは他のいかなる星とも異なっている。4）銀河当り600年に1回発生する。5）表面温度は 10^5〜$10^{6°}$ 以上の程度である。6）宇宙線の源泉である。7）普通の星から中性子星への転移に際して発生する[*21]。

　スペクトルは甚だ複雑でその分析は困難であるが，すべての超新星においてよく類似していて，赤及び青色部分にそれぞれ多数の幅の広い放出帯を有している。青色帯は長期間持続して次第に赤方に変移するがツウィッキーはこれを中性子星形成に伴う

[*20] 注17参照。

[*21] これは §7.4 及び §8.3 で述べた如く疑問である。

重力場の増大によるものと解した。

　可視部分の全輻射量は最大光度において10^{42}erg/secの程度であって，発生後放出される全可視エネルギーは，$10^{48}\sim 10^{49}$ergとなる。これより，輻射のエネルギーの分布が黒体輻射の法則に従うと仮定すると，全放出エネルギーとして$10^{51}\sim 10^{54}$ergが得られ，その殆ど全部は短波長の光及び粒子の運動エネルギーよりなると考えられる。また上のスペクトルの赤方変移を中性子星形成によるものと解すれば，その際に放出される重力エネルギーもこの程度になる。このエネルギーが宇宙線として放出されると仮定すると地球に入射する宇宙線の強度は観測値の程度になることが次の如く示される。

　超新星の発生は全宇宙内で一様であると仮定して，その単位体積より単位時間に放出されるエネルギーをε erg/cm³secとする。地球より距離rの場所より出るエネルギーは赤方変移のため$\left(1-\dfrac{r}{R}\right)$倍に減少すると考えられる。ここに$R$は宇宙の半径であって$2\times 10^9$光年を採用する。半径$R$の半球内の全源泉より出て地球に入射するエネルギー流の強度は次で与えられる。

$$\sigma = \iiint \frac{\cos\theta}{4\pi r^2}\varepsilon\left(1-\frac{r}{R}\right)r^2 dr \sin\theta\, d\theta\, d\varphi$$
$$= \frac{1}{8}\varepsilon R \qquad (9.1)$$

星雲は10^6光年立方に1箇存在するとして，超新星発生の頻度及び全放出エネルギー10^{53}ergを用いると$\sigma\sim 10^{-3}$erg/cm² secが得られ，これは程度において宇宙線における

観測値と一致する。

　高エネルギー粒子の発生の機構に関しては，ツウィッキー[30]は超新星の爆発時における強力な輻射圧の原子及び電子に対する選択的な作用，あるいは残骸と放出物が分離する際にそれらが取得する電子とイオンの数の彷徨偏倚によって，陰陽電荷の分離が行われその間に巨大な電位差（後の場合では10^9volt以上であることが示される）を生じ，放出物の膨張による粒子密度の希薄化に際してこれが急激に崩壊して粒子を加速すると考えた。しかしこの説も未だ仮説の域を脱していないと思われる。

　宇宙線の起源に関してはこの他に星と星の間の高電位差説，サイクロトロンと同様な作用をする二重星起源説，原子核の消滅説等の諸種の説があるが，この問題は今後の一次宇宙線に関する詳細な観測と相まって解決されるべきものであると考えられ，宇宙の構造並びに進化の問題と共に将来の重要な課題であろう。

〔参考文献〕

天体物理学の基礎知識を解説したもの
　H. N. Russell, R. S. Smith and J. Q. Stewart, Astronomy II (1938)

内部構造論を解説したもの
　S. Chandrasekhar, An Introduction to the Study of Stellar Structure (1939)

星のエネルギーについては
　C. F. v. Weizsäcker, Solvay Berichte (1939)

高温高圧の状態については
　F. Hund, Ergeb. d. Exak. Naturwiss. 15, 189 (1936)

邦文では
　一柳壽一，量子物理学と天文学　共立社発行　量子物理学第8巻（昭和15年）

宮本正太郎, 恒星内部構造論, 東西出版社発行現代物理学大系宇宙物理学 (昭和 24 年)
荒木俊馬・清水嘉一, 恒星物理学 宇宙物理学研究会発行 (昭和 24 年)

〔引用文献〕

1) A. S. Eddington, The Internal Costitution of the Stars (1926).
2) S. Chandrasekhar, An Introduction to the Study of Stellar Structure (1939).
3) B. Strömgren, Zeits. f. Astrophysik, 7, 222 (1933); P. M. Morse, Astrophys. Journ., 92, 27 (1940).
4) E. A. Milne, Monthly Notices of R. A. S., 91, 4(1931), 92, 610 (1932); L. Landau, Phys. Zeits. Sowjet., 1, 285 (1931).
5) J. H. Jeans, Astronomy and Cosmogony (1928).
6) G. Gamow and E. Teller, Phys. Rev., 53, 608 (1938).
7) G. Gamow, Zeits. f. Ap., 16, 113 (1938).
8) C. F. v. Weizäcker, Phys. Zeits., 38, (1937); 39, 633 (1938).
9) H. A. Bethe, Phys. Rev., 55, 434 (1939); Ap. J., 92, 118 (1940).
10) H. A. Bethe and C. L. Critchfield, Phys. Rev. 54, 248 (1938).
11) G. Gamow, Phys. Rev., 53, 595, 908 (1938); 55, 718 (1939); 65, 22 (1944).
12) G. Gamow and E. Teller, Phys. Rev. 55, 791 (1939); G. Gamow, 同, 796.
13) G. Gamow and G. Keller, Rev. Mod. Phys. 17, 125 (1945).
14) C. Hayashi, Progress Theo. Phys. 2, 127 (1947).
15) R. E. Marshak, Ap. J. 92, 321 (1940).
16) W. A. Wildhack, Phys. Rev. 57, 81 (1940).
17) G. Chertock, Phys. Rev. 65, 51 (1944).
18) J. R. Oppenheimer, Phys. Rev. 59, 908 (1941).
19) F. Hund, Ergeb. d. Exak. Naturwiss. 15, 189 (1936).
20) L. Landau, Nature 141, 333 (1938).
21) J. R. Oppenheimer and R. Serber, Phys. Rev. 54, 540 (1938) にはスピン交換型の核力を考慮して~$0.1M_\odot$を得た。
22) J. R. Oppenheimer and G. M. Volkoff, Phys. Rev. 55, 374 (1939)
23) J. R. Oppenheimer and H. Snyder, Phys. Rev. 56, 455 (1939). は不安定な高密度星の重力的収縮を相対論的に取り扱っている。
24) F. Zwicky, Phys. Rev. 55, 726 (1939).
25) G. Wataghin, Phys. Rev. 66, 149 (1944).
26) C. Latters and G. Wataghin, Phys. Rev. 69, 237 (1945); G. Wataghin, Phys. Rev. 70, 430 (1946); P. S. d. Toledo and G. Wataghin, Phys. 73, 79 (1948).
27) G. Gamow. Phys. Rev. 70, 572 (1946); R. A. Alpher, H. A. Bethe and G. Gamow, Phys. Rev. 73, 803 (1948).
28) G. Gamov and M. Schönberg, Phys. Rev. 59, 537; 617 (1941).
29) W. Baade and F. Zwicky, Phys. Rev. 45, 138 (1934); Proc. Nat. Acad, Sci. 20, 254, 259 (1934).
30) F. Zwicky, Phys. Rev. 55, 886 (1939); Proc. Nat. Acad. Sci. 25, 338 (1939).

2. 星のエネルギー (1949年)

『現代物理学の諸問題』増進堂 (1949年)

§1.

この宇宙に殆ど無数に存在する恒星は自身で莫大な量のエネルギーを周囲の虚空に輻射しており，その放出したエネルギーは再び星に帰ることはない。わが太陽では，その表面の$1cm^2$は8馬力の，またさらに表面温度の高い星，例えば白鳥座Y星ではその千倍の，機関を運転するのに十分なエネルギーを放出している。エネルギー保存則が確立されて以来，このエネルギーの起源の謎を見出すために多くの努力が払われてきた。地球に等しい質量の隕石が太陽表面に落下したとしても，これは百年間の輻射を維持するにすぎないことより推測されるように，エネルギーは外部から流入したものではあり得ない，従って問題となるのは表面の$1cm^2$より放出されるエネルギーの量ではなくて，内部の質量1gの発生するエネルギーである。太陽は1グラムあたり毎秒1.9エルグを生成しているが，地質学的に現在地球上に存在する放射性元素の割合から，また天文学的にわが銀河系の回転及び宇宙の膨張速度から太陽の年齢は$2×10^9$年の程度と考えられるから，この期間中にその物質1グラムは約10^{17}エルグを放出したに違いない。現在太陽の内部に貯蔵されている熱エネルギーは1グラムあたり10^{15}エルグ以下であり，また化学反応による生成熱ではかかる量のエネルギーの供給はまったく不可能である。例えば炭素と酸素より1グラムの炭酸ガスを生ずる場合では10^{11}エルグが放出されるにすぎない。ヘルムホルツとケルビンは太陽が自身の重力のために収縮しそのポテンシャル・エネルギーが放出されると考えたが最初太陽が無限に大なる半径を有していたとしても現在までに放出する量は$2・10^{15}$エルグで必要量の2%である。ウランやラヂウムの如き放射性元素が貯蔵されていたという考え，また陽子が電子と結合して消滅し，その質量エネルギーが輻射エネルギーに転換したという考えは共に可能性のないものであった。

量子論の出現により一方では1924年にエヂントンが星の内部構造の理論を樹立して内部の温度，密度並びに化学組成中の水素原子の量が明かになり，他方原子核に関する実験及び理論の進展に伴って原子核反応によるエネルギー発生の問題が取上げられ，ワイツエッカーやガモフの多くの示唆に富んだ研究から1939年にベーテが炭素及び窒素の原子核を媒介として4個の水素原子核より1個のヘリウム核が連鎖的に形成される機構を見出して，太陽はじめ主系列の星におけるこの反応のエネルギー生成量が観測値と良く一致すること，また水素1gがヘリウムに転換する際に放出するエネルギーは$6×10^{18}$エルグの程度であって，太陽は現在までに全質量の2%の水素を消

費したにすぎないことを示した。かくしてここに最も巨視的な天文学と最も微視的な核物理学の間に美しい提携が成就されることになった。これを基にしてガモフたちは巨星及び白色矮星のエネルギー，並びに星の進化の問題を論じ，さらにまた超新星の爆発現象や宇宙における元素の起源の問題等も取上げられるに至っている。

§2.

エヂントンは星が力学的な，またその各部分が局所的に熱力学的な平衡状態にあって，その温度勾配は外向きの輻射のエネルギー流を物質が吸収することによる所のいわゆる輻射平衡の条件により定められることを基礎にして，エネルギー生成の機構の詳細には触れることなしに内部構造の理論をたてたが，これによると星の質量，光度及び半径より内部の温度，密度及び水素量がかなり正確にわかることになる。代表的な星について求められた値を第1表（最後の列を除く）に掲げる。第2列は太陽を単位にした質量，第3列は1グラムあたりのエネルギー生成量（Lは光度である）。第4列は水素量の重量百分率であり，最後の列は後で説明する。

かかる温度においては重い原子は殆んど大部分の電子を，水素原子はその唯一の電子を完全に，電離しているために密度が大なるにもかかわらず，物質は完全気体の状態にあり，イオン及び電子はこの温度に相当したマックスウエルの速度分布をもって運動している。即ち運動エネルギーがEと$E+dE$の間にある粒子の数は

$$n(E)dE = n_0(2\pi)^{-\frac{1}{2}}(kT)^{-\frac{3}{2}}e^{-\frac{E}{kT}}E^{\frac{1}{2}}dE$$

(1)

で与えられる。n_0は考える種類の粒子の単位体積中の総数であり，Tは温度，kはボルツマンの常数である。平均の運動エネルギーは$\frac{3}{2}kT$であって太陽の中心では3000電子ボルトに相当し，これは実験室で原子核の転換に普通用いられているエネルギーに比しては小であるが，星の中では大量の原子核が相続いて，またあらゆる方向の衝突をするために転換の回数は少なくない。

各種の元素の原子核は陽子と中性子より構成されていてその間の強い引力によるポテンシャル・エネルギーのために全質量は個々の陽子と中性子の質量の和より小である。この質量欠損の陽子，中性子1個あたりの値は，鉄付近の原子核において最大でこれより軽い核及び重い核では次第に小となる。即ち軽い核では結合，重い核では分解する場合にエネルギーは放出される。現在地上において水素を初め軽い元素が存在しているのは温度が低くて結合の反応が全く不活発であるためである。

質量及び電荷がそれぞれM_1, M_2, z_1, z_2の二種の原子核を考え，これらが温度Tに相当するエネルギー分布(1)をもって運動しているとき，相互の衝突による核反応によって新しい原子核がつくられる割合を考えると，これは次の三つの確率の積で定められる。(i)両者が衝突を起す回数。(ii)その時に両者の正電荷によるクーロムの斥力により反発されることなしにそのポ

第1表

星	M/M_0	L/M ergs/g.sec	水素量%	中心密度 g/cm³	中心温度 10^6	中心温度 $10^{6°}$（エネルギー生成量から）
太　　陽	1.00	1.9	35.	76.	19.	18.5
シリウス	2.45	30.	35.	41.	26.	22.
カペラ	4.18	50.	35.	0.16	6.	32.
蛇遣座U星	5.36	180.	50.	12.	25.	26.
白鳥座Y星	17.3	1200.	80.	6.5	32.	30.

テンシャルの障壁を通り越して一方が他方の核内に飛びこむ確率 e^{-G}。(iii) こうして生じた合成核が高エネルギーの γ 線または新しい原子核を放出する確率 $\frac{1}{h}$（これは実験及び理論より知られる）

(ii) の確率は放射性元素の崩壊の理論からよく知られていて

$$G = \frac{\pi M^{\frac{1}{2}} z_1 z_2 e^2}{h(2E)^{\frac{1}{2}}} - 2\left(\frac{2r_0}{a}\right)^{\frac{1}{2}},$$

$$M = \frac{M_1 M_2}{M_1 + M_2}, \quad a = \frac{h^2}{M z_1 z_2 e^2} \quad (2)$$

で与えられる。e は電子の電荷，h はブランクの常数を 2π で割ったもの，r_0 は合成核の半径である。これから核の電荷が大である程反応は困難であることと核の種類が一定の時は運動エネルギー（従ってまた温度）が高くなると反応速度は急激に増大することがわかる。また (1) 式より高エネルギーの粒子の数は急激に減少するからちょうど中間のエネルギーをもつものが主として反応にあずかることになる。

上の3個の確率より温度 T，密度 ρ の状態にある1グラムの物質において重量組成が X_1，X_2 の二種の核が反応して新しい核を作る，いわゆる熱的核反応の確率は

$$p = \frac{4}{3^{\frac{5}{2}}} \frac{\rho X_1 X_2}{M_1 M_2} \frac{T}{h} a r_0^2 e^{-4\left(\frac{2r}{a}\right)^{\frac{1}{2}} \tau^2} e^{-2}$$

$$\text{g}^{-1}\text{sec}^{-1}, \quad \tau = 3\left(\frac{\pi^2 M e^3 z_1^2 z_2^2}{2\hbar^2 kT}\right)^{\frac{1}{3}} \quad (3)$$

で与えられる。これに1回の反応の際に放出されるエネルギーQを乗じたものが物質1グラムがこの反応により1秒間に生成するエネルギーとなる。

§3.

星の内部には大量の水素が存在しまた温度も高くないから，最も起こり易い水素原子核と軽い原子核との反応を順次に調べてみる。以下括弧の中の時間は太陽の中心の状態（$T = 20 \cdot 10^6 °C$，$\rho = 80$），水素量（$X_{11} = 0.35$）において，他にこれらの核を生成または消滅する反応がないとき，この反応に対して (3) 式より計算した平均寿命を表わし，Q は1個の反応の際の放出エネルギーを示す。mMU（質量単位の千分の1）は $1.48 \cdot 10^{-6}$ エルグに相当する。

$$H^1 + H^1 = H^2 + e^+$$
$$(1.2 \times 10^{11}年, \quad Q = 27\text{mMU}) \quad (4)$$

原子記号の左肩の添字はその核の質量数即

ち陽子と中性子の総数を示す。この反応は陽電子 e^+ を放出する反応であるために他に比して甚だ寿命が長い。ここに生じた重水素は陽子と迅速に反応し，さらに (4) より急速な後続反応が続いて結局 4 個の陽子から 1 個のヘリウム核ができる。(4) の Q はこの一連の反応の放出するエネルギーの総和を与えてある。この反応は太陽の中心温度以下では後述の炭素・窒素の連鎖反応よりエネルギー生成量は大であるが，太陽及び光度の大なる星のエネルギーを説明するには足らない。

重水素 H^2 より硼素 B^{11} までは次の反応が起る。

$$\left.\begin{array}{l} H^2 + H^1 = He^3 \,(2秒,\ 5.9\text{mMU}); \\ Li^7 + H^1 = 2He^4 \,(1分,\ 18.6\text{mMU}) \\ Be^9 + H^1 = Li^4 + He^4 \,(15分,\ 2.4\text{mMU}); \\ B^{11} + H^1 = 3He^4 \,(3日,\ 9.4\text{mMU}) \end{array}\right\} (5)$$

これらの平均寿命はきわめて短いからこれらの元素が太陽内に大量に存在すれば太陽は爆発を起すに違いない。また小量存在するのであればきわめて短時間の中に消費されてしまう。

これに対して炭素及び窒素の群においては自身は消費されることなしに触媒として陽子からヘリウムを合成する循環的な連鎖反応が可能である。即ち

$$\left.\begin{array}{l} C^{12} + H^1 = N^{13} \,(2.5 \times 10^6 年); \\ N^{13} = C^{13} + e^+ \,(10分) \\ C^{13} + H^1 = N^{14} \,(5 \times 10^4 年); \\ N^{14} + H^1 = O^{15} \,(4 \times 10^6 年) \\ O^{15} = N^{15} + e^+ \,(2分); \\ N^{15} + H^1 = C^{12} + He^4 \,(20年) \end{array}\right\} (6)$$

最初消費された炭素 C^{12} は最後において再び放出されている。1 回の連鎖反応の出すエネルギーは陽電子放出の際中性微子により失われる量 2mMU を除いて 26.7mMU $= 4.0 \times 10^{-5}$ エルグである。太陽内の物質中の炭素と窒素を合わせた重量百分率を 1% とするとき，中心におけるエネルギー生成量は (3) 式より 90ergs/g・sec となるが，太陽全体の平均はこの 1/20 の程度であるから観測値 1.9ergs/g・sec と一致する。第 1 表の最後の列は中心における生成量を平均の 10 倍としたときこの連鎖反応による生成エネルギーが観測値 L/M を与えるために必要な中心温度を示す。恒星カペラを除いた他の主系列の星においてはエヂントンによる温度との一致は良好である。(3) 式はまた近似的に常数 $\times \rho T^\gamma$ の形に表わされるが，問題となる温度においてはこの反応の γ の値は 18 の程度でエネルギー生成量は温度に甚だ敏感に依存する，これより星の化学組成に比較的広範囲の揺動を許しても，ラッセル図（光度とスペクトル型を座標軸とした星の分布図であって，光度と半径の分布図と本質的には等価である）における主系列の狭いことを説明することができる。

酸素より重い核では反応は甚だ不活発である。例えば

$$\begin{array}{l} O^{26} + H^1 = F^{17} \,(10^{12}年 0.5\text{mMU}); \\ Mg^{26} + H^1 = Al^{27} \,(10^{17}年 8.07\text{mMU}) \end{array} \quad (7)$$

また陽子の代りにヘリウム核の反応は相手が軽い核であっても一般に不活発であると共に放出エネルギー Q は小である。

§4.

カペラ等の巨星では中心温度が低いため観測との一致が見られなかったが，これは巨星ではエヂントンの完全気体の仮定が成立していないためであって次の三部分よりなる構造，即ち (i) 既に水素を消費してエネルギーの生成がないため等温且つ甚だ高密度であって一般に完全気体の状態とは考えられない所の中心近くの部分，(ii) この外側のエネルギーを生成している薄い殻状の部分，(iii) 最も外側の水素を保有しているが低温である部分，を考えると (ii) の部分の温度は例えばカペラでは 40×10^6°C となって，やはり炭素・窒素の反応によりエネルギーを生成していることがわかる。

太陽の今まで消費した水素量は全質量の2%程度にすぎないが，光度の大なる星例えば白鳥座 Y 星ではその全水素量を消費する時間は 10^7 年の程度である。ガモフは最初主系列にあった星が水素量の消費に伴って進化し，光度及び半径を変化してゆく状況を考えた。この場合に問題となる内部の化学組成の各場所における変化は物質の循環流の速度によって定まるが，これに関してはまだ正確なことは研究されていない。しかし両極端の場合として，星が全体として一様に水素を失ってゆく場合と，その中心部より水素を失い反応生成物のヘリウムが次第に堆積してゆく場合の二つが考えられる。第一の場合には光度と半径の図の左側の如き軌道を示し，最初光度は増大するが水素を完全に失って原子核エネルギーが使い尽くされた後では一定となり星

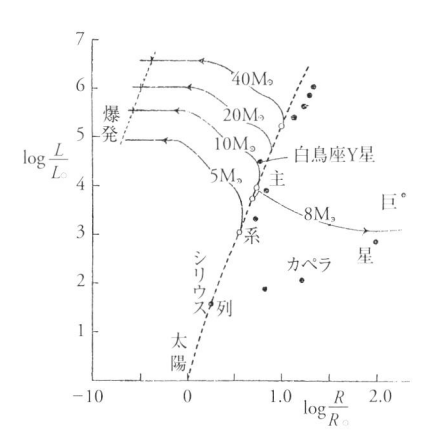

主系列の星の進化（R は半径，L は光度）
図　星の主系列の星の進化

は収縮を始めて中心温度は次第に増大する。この温度が 5×10^6°C 以上に達すると原子核による電子の捕獲並びに再放出が盛んに行われるようになり，その際に中性微子によって外部に失われるエネルギーは 10^{10} erg/g・sec 以上の値に達し，ここに星の崩壊が期待されるが超新星はこの現象に相当すると考えられる。第二の場合には巨星の領域に向って進化が行われ，半径は甚だしく増大するが光度の変化は比較的小である。かくして水素を使った部分の質量が或る程度以上に増大するとこれも第一の場合の終末と同様な運命をたどるものと思われる。

§5.

星の中にはシリウスの伴星の如く質量は太陽の程度であるが，光度はその1%以下で，半径は1/50の程度，従って平均密度が 10^5 g/cm^3 に達するような高密度のもの

があり,白色矮星とよばれている。この内部では自由電子はちょうど金属の内部におけるような縮退気体をなしていて,その巨大な圧力で星は自身の重みを支えている。この力学的平衡の条件からシリウスの伴星内には50％近くの水素量が存在せねばならぬことが知られる。ところが中心温度は太陽より低いから,(4)の反応によるエネルギー生成量を求めて観測値と比較すると存在し得る水素量は10^{-5}も小でなければならない。これは星の観測が誤っているのか,または(4)の反応の確率を計算した際に採用したガモフ・テラ型の遷移（スピンの変化を許すもの）が成立しないのか,今のところ矛盾は解決されていない。

白色矮星の密度を遙かに越したところの10^{11}g/cm^3以上に物質が圧縮されるときは,原子核はその電子と結合して電気的に中性な中性子に解離した方が安定になる。かような高密度の星を中性子星とよんでいる。星が中心部分にこの中性子領域を有する場合に,その外側の物質が中性子に解離してこの領域の質量を増大,半径を減少する際に放出する莫大な重力エネルギーが中性子形成に必要なエネルギーより大であれば余分のエネルギーが外部に放出されることになる。しかし現在の所これをエネルギー源泉とする星は知られていないし,またかかるエネルギーの放出を行わない所の安定な中性子星自身も観測されていない。

超新星は各銀河あたり平均600年に1回発生するが,その急激な爆発は高速度粒子を放出し得ることを考えて,ボーデとツウィツキーは宇宙内の星雲の分布と超新星発生の際に放出されるエネルギーの総量より,地球に到着する粒子のエネルギー流を計算したところ,観測されているところの宇宙線の強度の程度の値を与えることを示した。このほか宇宙線の天文学的な起源に関して種々の説があるが,今のところ決定的なものはないように思われる。

現在地球上並びに太陽の大気等にみられる元素の頻度分布の起源を宇宙または星の過去における極度の高温,高密度の状態に求めて,熱力学,原子核物理論,さらに膨張宇宙の考えから説明しようとする企ても最近試みられている。

〔参考文献〕

炭素・窒素の連鎖反応については
　H. A. Bethe: Phys. Rev., 55, (1939) 434.
星の進化については
　G. Gamow: Phys. Rev., 53 (1938), 595, 908; 65 (1944), 22
総合報告として
　C. F. v. Weizäcker, Solvay Berichte (1939)
邦文では
　一柳壽一："量子物理学と天文学"（昭和15年）共立社,量子物理学
　湯川秀樹,林忠四郎："星と原子核"（未刊[*1]）共立社,近代物理学全書　第9巻
一般的な解説書として
　ガモフ："太陽の誕生と死"邦訳,創元社

[*1]　1949年,共立出版より刊行（本書前掲論文）

3. 元素の起源 (1952年)

日本物理学会誌第7巻第2号 (1952年)

§1. 序論

太陽や他の恒星に大気,恒星間の空間に存在する gas 雲,隕石,地殻等を構成する元素の相対的な頻度分布は,Li,Be,B の如き小数の例外を除いて,極めて良く一致している。ところが第1図に示したその分布は,現在の温度に於ける熱力学的平衡状態の分布,この場合には核子あたりの結合エネルギーが最大な Fe 近くの原子核が最も大量に存在する筈である,とは全然異なっているから,宇宙の初期か或いは星の内部の如き高温,高密度の場所に於て元素が形成され,その後の温度と密度の急激な減少に際して往時の分布の全部または一部が残存,いわゆる凍結,したものと考えられる。原子核の結合エネルギーや反応の断面積に関する知識の増大と天体物理学の進展に伴って,最近10年間に元素の頻度分布のかような説明が可能か否かという問題について甚だ広範囲の議論がなされてきた[1),2)]。

それを大別すると,すべての元素の分布を説明出来るような熱力学的平衡状態を見出そうとする平衡論と,元素が過去に於ける原子核反応によって形成されたと考える非平衡論とに分かれる。以下に於て,諸理論が如何なる仮定に基いてどれだけを説明して来たか,今後更に如何なる問題が解決せねばならないかという点を述べることにする。

§2. 元素の頻度分布

隕石の組成と星のスペクトルの分析を基礎にして Brown[3)] の得た,質量数に対する頻度分布を第1図に示す。数値の不確定性

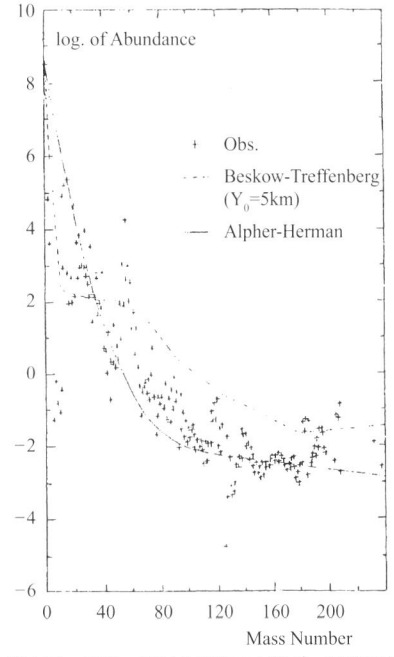

第1図 元素の相対的頻度の対数[*1]。観測値並びに Beskow and Treffenberg (平衡論) と Alpher and Herman (非平衡論) の理論値。

[*1] 以下すべて常用対数を用いる。

は factor 4 以内, factor 2 が普通である。その主要な特徴として, H, He, O, その存在比は $1:10^{-1}:6\times10^{-4}$, が大部を占め, 質量数 A が 100 迄の軽元素では頻度は指数的に減少し, 以下の重元素では殆ど一定である。微細な点では (a) Li, Be, B がその周囲の元素に比して $10^{-6}\sim10^{-8}$ 倍も小である。(b) Fe の付近に 10^4 倍も高い peak がある, (c) 陽子または中性子の数が 50, 82, 126 の "magic number" nuclei は他に比して 10 倍も大量に存在する, (d) A が偶数の核は奇数の核に比して平均 10 倍大量にある。(e) $A<80$ では同一元素では重い同位元素が大量に存在するが, $A>80$ では逆になっている。

§3. 平衡理論

高温, 高密度の熱力学的平衡状態における陽子, 中性子, 各種の原子核, 陰陽電子, 光子等の濃度は, 相互作用を小とすれば, 核の結合エネルギーがわかれば統計力学に依って計算できる。かような分布がそのまま凍結したものが現在の元素の分布であると考える。先ず密度と温度が一定の状態では分布がどうなるかが調べられた。

(a) 温度と密度が一定の状態

H や He が大量に存在するためには, 問題となる温度は kT が核の核子当りの結合エネルギーの程度でなければならない。このとき密度が核内の密度 10^{14}g/cm^3 を越さない限り, 陽子と中性子を除いて, 核の縮退を考える必要はない。従って陽子数 N の核の濃度は

第 1 表[5]

同位元素	$T(10^9\,°\text{K})$	$\log Cn$
O (16, 17, 18)	4.2	26.5
Ne (20, 21, 22)	2.9	19.7
Mg (23, 25, 26)	10.0	30.7
Si (28, 29, 30)	12.9	31.2
S (32, 33, 34)	3.3	19.1

$$C(N,Z) = g\cdot(2\pi AMkT/h^2)^{\frac{3}{2}}\exp([\mu N+\lambda Z+E(N,Z)]/kT)\ (1)$$

で与えられる。ここに M は核子の質量, $E(N,Z)$ は核の基底状態の結合エネルギー, μ と λ (化学ポテンシャル) は電子を含めての電気的中性の条件と密度で定まる常数, g は励起状態の状態和[2)8)]である。

Weizsäcker[4] に続いて Chandrasekhar and Henrich[5] は上式を用いて先ず第 1 表に示した同位元素の存在比を与えるに必要な温度と中性子濃度 Cn を求めた。

次いで彼等及び Klein 等[6] は全般にわたっての頻度分布を計算した。後者は軽元素に於て観測値と最も良く一致する値として, $kT=1\text{Mev}(T\sim10^{10}\,°\text{K})$, $\mu=-7.6kT$, $\lambda=-11.6kT$ (密度 $\sim4\times10^8\text{g/cm}^3$) を得た。このときの分布は, 第 2 図 (陽子の 50 倍も存在する中性子は $A=1$ に含めてない) に見られるように $A=50$ 迄は一致は比較的良いが, 以後は異常に小さい値, $A=100, 150$ でそれぞれ観測値の $10^{-20}, 10^{-40}$ の程度しか与えない。以上は核の励起状態を無視した計算であるが, これを考慮しても大した救済は得られない。この重元素の困難を解決するために以下に述べる諸理論が提出された。

温度と密度が一定の平衡理論は, 問題を

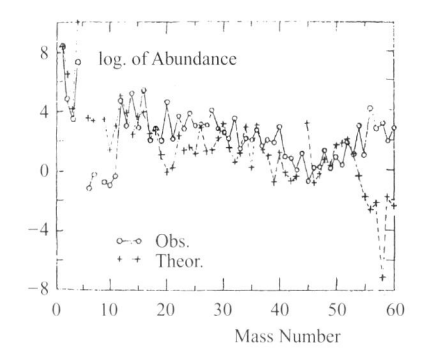

第 2 図 電子の縮退した高密度状態

第 2 表

$\log \rho$	6.7	10.0	10.9	11.2	11.3	11.4
A		60	80	120	160	200	240
Z		26.9	32.0	40.8	48.6	55.8	62.5

軽元素に限ったとしても，大量に存在する中性子の凍結時に於ける反応が問題になるし，第 1 表と第 2 図の示す所では，分布を定量的に説明したとはまだいえないであろう。

(b) 電子の縮退した高密度状態

元素全般を一定密度，温度の平衡状態で説明することは断念して，重元素の形成に必要な状態を調べる。$\sim 10^{10} \text{g/cm}^3$ 以上の高密度では，$kT < 1\text{Mev}$ なる限り，電子は縮退して大なる零点エネルギーをもつから，Z/N の値が比較的に小である重い原子核が存在する方がエネルギー的に都合がよい。Albada[7] は，簡単に $T = 0$ として，一種類の核 (A, Z) と電子よりなる gas のエネルギー，これは電子の零点エネルギー，核の質量エネルギー，電子と核の間の静電エネルギーより成る，を計算し，与えられた密度 ρ に対して核子当りのエネルギーを最小にする A と Z，即ち最も大量に存在する核を求めた。第 2 表に示したように，密度が大なれば U よりも重い，甚だ neutron-rich な核が存在することになる。しかしこのような計算，次の (c) や §3 の (b) の計算も同様である，は核の結合エネルギーとして半経験的な式を用い，これを neutron-rich な領域に外挿しているから定量的なことは今後更に吟味されねばならないであろう。

(c) 不均質な状態

以上の結果から，密度と温度の異なった gas を適当に混合すれば，元素全般の分布を得る可能性があることがわかる。Beskow and Treffenberg[8] は重力的平衡にある等温，高密度の星を考えた。即ち星の内部の各点は局所的に電気中性でその密度に相当する熱力学的平衡状態にあり，その圧力で外側の質量を支えているとする。

彼らは，$kT = 1\text{Mev}$ ととって，先ず種々の密度に於ける平衡状態を核の励起状態[*2] をも考慮して調べた後に，星の中心密度が，$5 \times 10^{12} \text{g/cm}^3$ の場合，及び中心に一定密度 $1.4 \times 10^{14} \text{g/cm}^3$ の半径 r_0 が，$(3 \sim 6) \times 10^5 \text{cm}$ の core がある場合について，重力的平衡の式を数値積分して星の密度分布を求め，各 shell に於ける核の数を総計した。何れの場合も中心近くは高密度で重元素が存在し，外層では密度が，$10^6 \sim 10^8 \text{g/cm}^3$ の，

[*2] 彼等は Bohr and Kalckar の model に従って状態和を計算して次の値を得た。
$g = \exp (0.14A + 0.36A^{\frac{2}{3}})$　　$A \leq 100$
　　$= \exp (3.4 + 0.184A)$　　$A \geq 100$

第3表

v (km/sec)	5	20	100
T_c (°K)	$>4\times10^9$	$>4\times10^9$	1.3×10^9
ρ_c (g/cm³)	10^{13}	2.6×10^9	1.7×10^5

第2図の如き分布をもつ，領域が星の質量の大部分を占めるので，第1図に見られるように，元素の分布の一般的傾向は観測値と一致する．

彼等はかかる星の爆発に際して元素の混合と凍結が起こったと考える．しかし最初にかかる等温，高密度の星がいかにして存在し得たかという問題が残っている．

これと独立に，Hoyle[9]は元素形成の期待し得る星として次の場合を考えた．質量が太陽の10倍以上の星は，そのエネルギーを生成している C-N の連鎖核反応によって，宇宙の年齢（$2\sim5\times10^9$年）の1/10以内の期間に水素を消費し尽くすから，その後は収縮を始めて，内部の温度と密度は次第に増大する．ところが星は本来角運動量をもっているから，遠心力と重力が同程度になるところで星は回転的に不安定となり，爆発的に分裂する．これが新星または超新星の現象と考えられる．

彼は質量が太陽の10倍の星が，最初の半径 3.5×10^{11}cm，中心密度 3g/cm³，中心温度 3.5×10^7°K より出発して，回転的に不安定になるときの中心の温度 T_c と密度 ρ_c を星の最初の回転速度 v の種々の値に対して求めた．第3表に見られるごとく，v が大でなければ重元素形成が可能な高密度が実現されるから，Beskow and Treffenberg の求めたような元素の分布が期待される．しかし星の角運動量の分布に関する観測知識が十分でない現在では定量的な分布は計算されていない．

これらの理論に於て形成される重い核は甚だ neutron-rich であると共に励起状態にあり，また中性子が陽子の数倍も大量に存在するから，星の爆発後の凍結期間に於て，中性子の捕獲反応，重い核からの中性子蒸発や $\beta-$ 崩壊等がどの程度までもとの分布を変化するかという重大な問題が残される．以上の理論の正否の判定は天体物理学上の問題を別にしても，以下に述べるような反応論的な研究にまたねばならないと思われる．

§4. 非平衡理論

最初に中性子からなる高温の gas を仮定し，これから非平衡的な核反応によって逐次に重い核が形成される過程を考える Gamow and Alpher のいわゆる $\alpha-\beta-\gamma$ 理論と，これと全く反対に，中性子よりなる巨大核，polyneutron から出発して，その fission によって重元素の形成を説明しようとする Mayer and Teller の理論が代表的なものである．

(a) 中性子捕獲理論

Gamow 等[10]は，膨張宇宙の高温度の初期には物体は中性子 gas の状態にあったが，膨張に伴って温度が降下し，kT が重陽子の結合エネルギーの程度になったときに，中性子の崩壊した陽子と中性子が反応して重陽子を生じ，以下中性子の捕獲と $\beta-$ 崩壊を繰返すことにより次第に重い核が形成され，中性子が全部消費されて反応

が停止したときに元素の分布が定められたと考えた。

一般相対論によれば，等質，等方な膨張宇宙[11]に於ては，任意の proper length l の時間的変化は，G を重力常数，ρ をエネルギー密度とすると

$$\frac{1}{l}\frac{dl}{dt} = \left(\frac{8\pi}{3}G\rho\right)^{\frac{1}{2}} \quad (2)$$

で与えられる。いま輻射のエネルギー密度が物質の質量エネルギー密度より大なる宇宙（元素形成のためにはこの条件が必要）では，温度と物質密度 ρ_m の変化は，膨張開始後の時間 t を秒で表せば

$$T = 1.52 \times 10^{10} t^{-\frac{1}{2}} \,°\text{K},$$
$$\rho_m = \rho_0 t^{-\frac{3}{2}} \text{g/cm}^3 \quad (3)$$

となる。ここに ρ_0 は初期値である。

いま一定量の物質を含む有限の体積を $V = l^3$ とし，その中に含まれる質量数 A の核の数を N_A，中性子の数を N_n，濃度を $C_n = N_n/V$ とすると，中性子が崩壊または捕獲されて次第に重い核が作られる反応の方程式は

$$\frac{dN_n}{dt} = -\lambda N_n - \sum_A p_A C_n N_A \quad (4.1)$$

$$\frac{dN_1}{dt} = \lambda N_n - p_1 C_n N_1 \quad (4.2)$$

$$\frac{dN_A}{dt} = p_{A-1} C_n N_{A-1}$$
$$\quad - p_A C_n N_A \quad (A > 2) \quad (4.3)$$

で与えられる。ここに λ は中性子の崩壊常数，p_A は熱的核反応に於て核 A が1秒間に sweep する有効中性子捕獲体積（速度と反応断面積の積の平均値）で断面積として 1Mev の fission 中性子による Hugher 等[12]の観測値をならした値を用いると，

$$p_A = \begin{cases} 1.4 \times 10^{-19+0.03A}\left(\frac{1+A}{A}\right)^{\frac{1}{2}} & A < 100 \\ & \text{cm}^3/\text{sec} \quad (5) \\ 1.4 \times 10^{-16} & A > 100 \end{cases}$$

と表わされる。重元素に於て p_A が一定なことがその一定の頻度分布を与える役目をする。

Alpher and Herman[13][14] は適当な近似をして (4) 式を数値積分したが，(3) の ρ_0 として 1.5×10^{-3} g/cm^2 をとると観測値と最良の一致が得られた（第1図の実線）。このときは反応は，$t \sim 140$ 秒，$T \sim 1.3 \times 10^9\,°$K，$\rho_m \sim 0.9 \times 10^{-6}$ g/cm^3 で始まり，約30分で終了する。

さらに Smart[15] は理論的に neutron-rich な核の中性子捕獲の断面積と β-崩壊の寿命を計算して，元素形成時の密度は $10^{-2} \sim 10^{-11}$ g/cm^3 の間になければならないことを見出し，上の二つの反応が競争して重い核が形成されていく過程を詳細に論じている。

以上の計算では $A = 5, 8$ が不安定な核であるという事実が無視されている。これらの核を越えて反応が進行するためには中性子捕獲だけでは不可能である。Fermi and Turkevitch[2] は先ず陽子，中性子，H^2，H^3，He^3，He^4，相互間の反応を考慮して He^4 が形成される迄の過程を計算した。$\rho_0 = 1.8 \times 10^{-3}$ g/cm^3 を用いると H-He^4 比の観測値との一致は良好であったが，次に $A = 5$ を越す反応，H^2 + He^4 = Li^6，H^3 + H^3 =

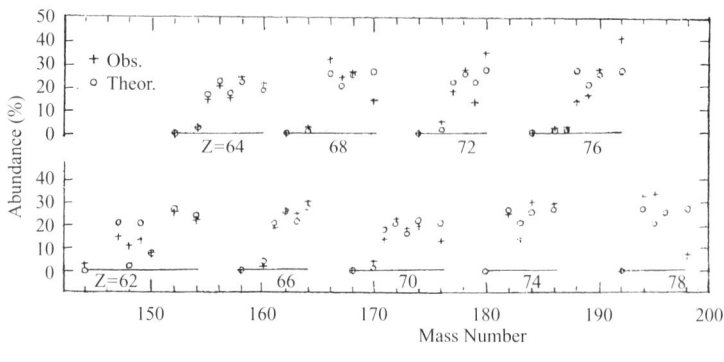

第 3 図　同位元素の存在比。

He^6, $H^3+He^4=Hi^7$ を計算した所, He^4 1 個に対して 10^{-7} 個程度の Li^7 が形成されるに過ぎなかった。ρ_0 として上の 100 倍の値を用いると Li^7 は 10^{-4} 個出来たが, さらに $A=8$ の gap があるから, O の観測値 10^{-3} が説明出来るかどうかは疑問である。

膨張宇宙の考えを基礎におく限りでは, 最初中性子だけが存在したとする仮定は改められねばならない[16]。元素形成前の高温 ($T>10^{10}°K$) の状態では, 中性子 n, 陽子 p, 陰陽電子 e^-, e^+, 中性微子 v, 反中性微子 v^* 相互の間に n+e^+, $\rightleftarrows p+v^*$, $n+v\rightleftarrows p+e^-$, $n\rightleftarrows p+e^-+v^*$ の反応が活発である。$T>10^{12}°K$ では中間子の関与する急速な反応のために陽子―中性子の存在比は 1 であるが, 以下の温度では (3) 式に従う温度下降と上の反応が競争して元素形成時には陽子―中性子比は 4 となることが計算される。かように最初から陽子が存在すれば, 中性子の崩壊を待たずに, 従って高温度で元素形成の反応が開始されるから, ρ_0 を大にすれば $A=5$, 8 の gap を越える確率が大になるが, その ρ_0 の値が Smart の見出した重元素形成の条件と矛盾する恐れがある。いずれにしても, Fermi and Turkevitch のような計算を O まで遂行しなければ, 中性子捕獲理論に対して決定的な判定は下せない。

(b) polyneutron の fission 理論

軽元素と重元素はその頻度分布及び同位元素の存在比が全然異なっているという観測事実から, Mayer and Teller[17] は, 軽, 重元素の形成を独立な出来事と考え, 軽元素は多分陽子捕獲の熱的核反応で説明出来るとして考慮外に置き, 重元素は形成当時はずっと neutron-rich であったという証拠, かような核でなくては重い核の形成は不可能であるしまた §2 (e) の事実がある, を基にして次の如き polyneutron の fission でその形成の説明を試みた。

現存する原子核よりはずっと大であるが星より小なる質量の中性子から成る低温の原子核流体が最初存在したと仮定する。内部で中性子が β- 崩壊して, 先ず H^3 の configuration をつくってその結合エネル

ギー〜9Mevを，次いでHe^4 の configuration をつくって20Mevを放出する．この電子が polyneutron を去るならば内部の静電斥力が増大して，まもなく $\beta-$ 崩壊は停止するが，電子は内部に留まって電荷を中和することが出来るから，電子の零点エネルギーが9Mevに達するまでは $\beta-$ 崩壊が進行する．かくして外側に一部浸みだした電子雲は，静電エネルギーをもつから，polyneutron の表面張力を減少させる．このため表面の安定性が破れて，多数の液滴への分裂が起る．彼等の計算によると，液滴の電荷 Z は最大が500に及び，また液滴が分裂に際して得る内部エネルギーはある範囲に広がっている．これらの液滴はすべて neutron-rich であるから，エネルギー的に可能なところ迄中性子の蒸発が起り，以後は $\beta-$ 崩壊によって安定な核に到達する．

いま分裂直後の荷電 Z の液滴の一群を考え，これから中性子が蒸発して残りの中性子数が N の核ができる個数は次の Gauss 分布をなすと仮定する．

$$P(N, Z) = K_Z [E(N, Z) - E(N-1, Z)]$$
$$\exp[-|E(N,Z) - E_0|^2/a^2] \quad (6)$$

ここに E_0 は $P(N, Z)$ が極大値をとる核の結合エネルギー，a は観測値と一致するように選ぶ常数，K_Z は normalization である．彼等は，結合エネルギーには Bohr and Wheeler 及び Albada[7] の式を用い，closed shell の影響の最も小さい $62 \leq Z \leq 78$ の範囲を選び，$E(N_A, Z) - E_0 = 35.69$mMU．(N_A は最も安定な核の中性子数)，$a = 24.15$mMU，K_Z を常数として，(7)

式から最後に帰結される同位元素の存在比を求めた．第3図に示したように，定性的な計算としては，観測との一致は非常に良好である．

彼らの計算は，shell structure や中性子の再吸収等を考慮して，より定量的な基礎に立って，重元素全般に拡げられねばならぬとともに，軽元素形成や polyneutron の生成の場所等に関した問題が残されている．しかしこの理論は平衡理論に現れた非常に重い，neutron-rich な核の普通の核への遷移の問題にも適用出来るであろう．

§5. 結語

以上述べた諸理論は，定量的な考察がいずれも不十分であるために，いま確実な判定を下すことは困難であるが，これら自身だけでは完全に解決出来ない問題を蔵しているから，今後互いに相補って発展されるべきものと思われる．現在その定量化を阻んでいるものは，問題自体が必要とする計算の複雑なことを別にして，一方では星の爆発現象である新星や超新星，膨張宇宙等の天体現象に関する知識の不足，他方では neutron-rich な核の結合エネルギー，励起状態，種々の反応の断面積等に関する原子核理論が不完全なことである．

〔参考文献〕

総合報告として (1)，(2) があるが特に後者は詳しい．
1) D. ter Haar, Rev. Mod. Phys. **22**(50) 119.
2) R. A. Alpher and R. C. Herman, Rev. Mod. Phys. **22**(50) 153.

3) H. S. Brown, Rev. Mod. Phys. **21**(49) 625.
4) C. F. von Weizäcker, Phys. Zeits. **38** (37) 176; **39** (38) 633.
5) S. Chandrasekhar and L. Henrich, Astrophys. J. **95** (42) 288.
6) O. Klein, G. Beskow and L. Treffenberg, Arkiv. f. Mat. Astr. o. Fys. **33B** (46) No. 1.
7) G. B. van Albada, Astrophys. J. **105** (47) 393.
8) G. Beskow and L. Treffenberg, Arkiv. f. Mat. Astr. o. Fys. **34A** (47) No. 1; No. 17.
9) F. Hoyle, Mon. Not. Roy. Astr. Soc. **106** (46) 343; Proc. Phys. Soc. London **59** (47) 972.
10) G. Gamow, Phys. Rev. **70** (46) 572; Rev. Mod. Phys. **21** (49) 367. Alpher, Bethe and Gamow, Phys. Rev. 73 (48) 803.
11) R. C. Tolman, *Relativity, Thermodynamics and Cosmology* (34).
12) Hughes, Spatz and Goldstein, Phys. Rev. **75** (49) 1781.
13) R. C. Alpher, Phys. Rev. **74** (48) 1577. R. A. Alpher, and R. C. Herman, Phys. Rev. **74** (48) 1737; **75** (49) 1089.
14) R. A. Alpher and R. C. Herman, Phys. Rev. **84** (51) 60.
15) J. S. Smart, Phys. Rev **75** (49) 1379.
16) C. Hayashi, Prog. Theor. Phys. **5** (50) 224.
17) M. G.. Mayer and E. Teller. Phys. Rev. **76** (49) 1226.

4. 元素の起源 (1957年)

岩波科学第27巻第9号 (1957年), 共著：西田稔

　最近, ますます豊富かつ精密になってきた核反応のデータに基づいて, 星の一生にわたってその内部で進行する各種の元素合成の過程を追求し, これによって銀河内に観測されている元素の存在量を説明しようとする研究が大きくクローズアップされてきた.

　銀河内における各元素の起源を究明することは, 天体の進化と関連して天体物理学における現在の重大課題のひとつである. わが国でも, すでに1955年に京都大学基礎物理学研究所での'天体核現象'シンポジウムでこれらの問題がとりあげられ, その結果 TAKETANI らの宇宙の進化に関する理論などのすぐれた仕事がうみだされた. また最近この問題にとりくんだ California 工業大学グループの活躍にはめざましいものがある.

　さて, 元素の起源についてはこれまでに二つの異なる立場の理論が提出されてきた. 一つは, 元素が宇宙の原始段階でつくりあげられると考える立場で, いわゆる $\alpha\beta\gamma$ 理論[1]はその典型的なものである. この理論では, 原始物質は高温の中性子ガスからなり, 宇宙が膨張する結果, ガスの温度低下がおこって, 逐次的に中性子捕獲と β 崩壊とによって次第に重い元素がつくりあげられると考えている. この理論の最大の欠点は質量数 $A=5, 8$ の原子核に安定なものがないために十分量の C, O をつくれぬことである. ただ最近, 著者ら[2]は $3He^4 \rightarrow C^{12}$ 反応を利用し, 膨張初期での物質密度を大きくとれば十分量の O^{16}, Ne^{20} をつくれることを示したが, 同じ条件では Fe 以上の重い元素ができる見込みはない.

　もう一つの理論は高温・高密度の星の内部で大部分の元素の合成がおこなわれるという考え[3]である. $\alpha\beta\gamma$ 理論が宇宙の原始段階という明確な証拠をもたぬ現況に依存するのに反して, 前者では星の内部で諸種の核反応が現におこっているという事実に結びつけて考えるのである.

　最近, SUESS と UREY[4]は, 隕石の分析と太陽スペクトルの観測結果から, 太陽系における元素の存在量について詳細な結果をえた. 第1図はその特徴を示したものであるが, これはあとで述べるように BURBIDGE ら[3a]が元素合成の反応過程を分類する基礎となった.

　また, 1952年のビキニの水爆実験でつくられた死の灰の中に, 半減期55日の Cf^{254} が発見されたことから[5], Cf^{254} の自然分裂で超新星 I の光度変化をうまく説明できること, また, 星の中での元素合成の理論の一つの困難とされていた Bi 以上の放射性元素の合成が, 超新星の爆発の段階では可能であることがあきらかとなった.

　最近の観測の進歩から, 特定の星の大気

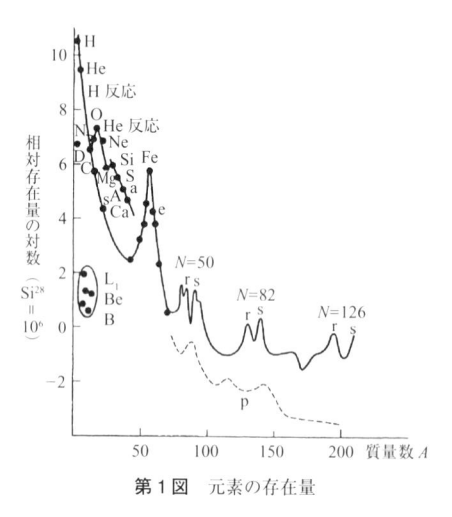

第1図　元素の存在量

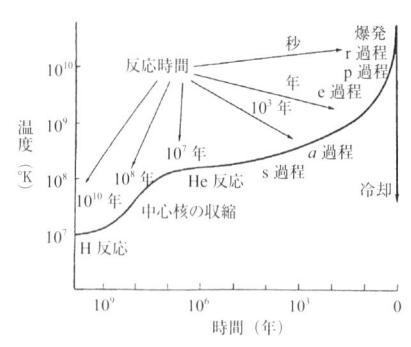

第2図　星の中心部における種々の核反応の過程

H 反応と He 反応

の化学組成の異常性（たとえば S 型星での Tc の存在）や星の二種族における金属元素の存在量の差異があきらかになり，原子核物理学の実験および理論の進歩の結果 $3He^4 \to C^{12}$, $C^{12}(\alpha, \gamma) O^{16}$, $O^{16}(\alpha, \gamma) Ne^{20}$ などの He 融合反応，$C^{12}(\alpha, n) O^{16}$, $Ne^{21}(\alpha, n) Mg^{24}$ などの中性子生成の反応についての知識は次第に豊富かつ精密なものとなってきた。

また，Hoyle と Schwarzschild[6] は球状星団の星について，最初水素の融合反応によってエネルギーを生成していた星の中心部が，水素消費にともなう温度上昇によって He 反応をおこすに至るまでの進化の状況を明らかにした。第2図は，それにつづく進化の様子を予想し，星の一生における温度変化と各時期におこる核反応の種類を図式的に示したものである。以下において，進化の各段階に対応したこれらの核反応による元素合成の過程を説明しよう。

主系列にあって質量が太陽質量の2倍以下の星の内部では，pp 反応

$$H^1 + H^1 \to D^2 + \beta^+ + \nu_+ + 0.42 \text{Mev}$$
$$D^2 + H^1 \to He^3 + \gamma + 5.50 \text{Mev}$$
$$He^3 + He^3 \to He^4 + 2H^1 + 12.85 \text{Mev}$$

が進行していることが知られている。この反応は水素のみからできている星の内部でもおこり得るという点で元素の起源の問題では重要であろう。pp 反応については Salpeter[7] の理論的研究があるが，$O^{14}(\beta^+ \nu_+) N^{14}$ の実験データによる β 崩壊の常数の値の分析から，これらの値[8]よりも29%だけ反応率を小さくすべきことが最近になってしめされた[3a]。

星の内部で pp 反応が進行して，星の中心部から次第に He がたまっていくと，その部分でのエネルギー発生はそのすぐ外側の H 殻で発生し続ける。このような星は等温核の成長とともに主系列を離れて，H-R 図上をゆっくりと右方向に（第3図

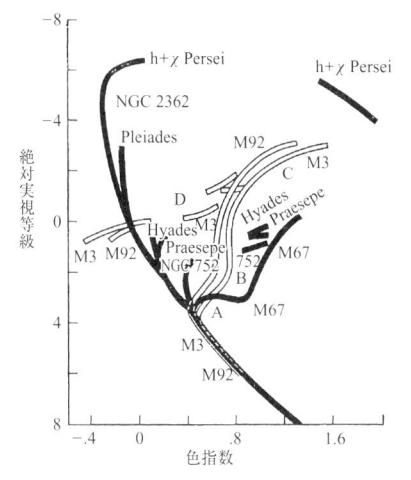

II. 林先生による解説など   177

第3図 球状星団（白線）と散開星団（黒線）に対する H-R 図

$\sim 10^3 \text{g/cm}^3$ の星の内部状態では，太陽よりも数百倍明るい星のエネルギー源となり得ることが示された．この反応が星の中心部でおこりはじめると，超巨星は収縮して H-R 図上で左方へ（C → D）進化することの詳しい計算が OBI[12] によってなされた．

'最初の星' がたとえ純粋に水素からできていたときでも，こうして星の内部で合成された各種元素が外に放出されて星間物質が汚染されると，この星間物質から生まれた '二代目の星' のなかでは，まずこの不純物と H との核反応が，そして H がなくなったあとはこの不純物と He との反応がおこるだろう．'最初の星' の内部でも，中心部でつくられた C^{12}, O^{16}, Ne^{20} が外層部の H と混ざってくるときには，He 反応生成物と H との反応がおこるだろう．このような核反応のなかで，CN の循環反応

$$C^{12}(p,\gamma)N^{13}(\beta^+\nu_+)C^{13}(p,\gamma)N^{14}(p,\gamma)$$
$$\longrightarrow O^{15}(\beta^+\nu_+)N^{15}(p,\alpha)C^{12}$$

が最も重要である．ただ最近の実験結果からこの一連の核反応のなかで，$N^{14}(p,\gamma)O^{15}$ がもっともおそく[13]エネルギー生成率は以前の値[8]の 9% に減少することがほぼ確かとなった．したがって，第1図に示したような組成（C, N の数は H の $\sim 10^{-4}$ 倍）をもつ星においては，中心温度が 19×10^6 °K 以上であれば，CN 反応によるエネルギー生成率が pp 反応よりも大きくなる．

これらの核反応率と温度の関係から，循環の平衡状態にある存在比として

$$N^{14}/C^{13} = (440/T_6)^2, \quad C^{12}/C^{13} = 4.6$$

（ただし，$T_6 = T/10^6$）がえられる．この式と，

A→B）進化していく．さらに進化がすすんで内核の質量が増加すると，外層部に対流層を生じて H-R 図上で C 方向にすすみ，光度が太陽の 10^3 倍という超巨星の領域に達する．この進化の道筋は，種族 II に属する球状星団の星の H-R 図の分布とよく合うことが，SCHWARZSCHILD ら[6]によってしめされた．

中心温度が 10^8 °K 以上になると中心核では He 反応が始まる．3He → C^{12} 反応，つまり

$$He^4 + He^4 \rightleftarrows Be^8 - 0.096 \text{Mev}$$
$$Be^8 + He^4 \longrightarrow C^{12} + \gamma + 7.374 \text{Mev}$$

最初 ÖPIK[9] と SALPETER[10] によって調べられた．つづいて $C^{12}(\alpha,\gamma)O^{16}$, $O^{16}(\alpha,\gamma)N^{20}$ がおこる．最近になって原子核実験データにもとづいた理論的計算が行われ[11]，これらの反応が温度 $T \sim 1.4 \times 10^8$ °K，密度 ρ

Suess と Urey の値 $N^{14}/C^{13} = 168$ より，太陽系のこれらの元素は $T = 3.4 \times 10^7 \mathrm{K}$ において進行した CN 反応の生成物であることが示唆される．ただし，C^{12}/C^{13} の地上における値 89 は上の平衡値 4.6 に合わないが，これは He 反応でつくられる C^{12} によって説明できるであろう．

他の軽い核と H との反応のうち

$$O^{16}(p, \gamma) F^{17}(\beta^+ \nu_+) O^{17}(p, \alpha) N^{14}$$
$$Ne^{20}(p, \gamma) Na^{21}(\beta^+ \nu_+) Ne^{21}(p, \gamma)$$
$$Na^{23}(\beta^+ \nu_+) \longrightarrow$$
$$Ne^{22}(p, \gamma) Na^{23}(p, \alpha) Ne^{20}$$

は Fowler[14] らにより調べられた．これら核反応でC，N，O，F，Ne，Na の同位元素の生成が一応説明できる．

スペクトル線の観測によれば HD160641，HD168476 のような B 型星やある種の白色矮星は完全な H 欠乏を示し，窒素型ウォルフ・レイエ星では部分的な H 欠乏と C に比して N の過多を示している．これらの星は H が H 反応により消費されてしまったことを示しているものとみられる．また，炭素型ウォルフ・レイエ星では C が多くて N がみとめられないがこれは中心部での He 反応の生成物 C^{12} が急速な混合によって H 反応をおこすことなしに星表面に出てきたものと考えられ，星の中での He 反応の存在を示唆しているとみてよいであろう．

s 過程

H がなくなってくると C，N，O，Ne，Na の同位元素と He^4 との核反応がおこり

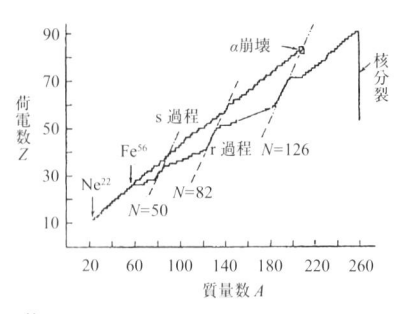

第4図　s 過程と r 過程での重元素合成の道筋

はじめる．このなかで重要なものは (α, n) 反応である．Cameron ら[15] は，$C^{13}(\alpha, n) O^{16}$，$Ne^{21}(\alpha, n) Mg^{24}$ でつくられる中性子の捕獲によって星の内部で重い元素が合成される可能性があることを指摘した．星の内部でこれらの反応が進行する段階での反応の時間は第 2 図に示したように $10^3 \sim 10^5$ 年の程度であるので，中性子捕獲と β^- 崩壊とは第 4 図にしめすように，AZ 図での安定線に沿って重元素を合成していく．このようなゆっくりとした中性子捕獲による重元素合成を s 過程とよぶことにする．中性子捕獲に要する時間のほうが，β 崩壊にくらべてはるかに長いから，s 過程による元素の生成量は中性子捕獲断面積の大きさに左右される．中性子が十分量あるときには，質量数 A の元素の生成量 $N(A)$ は断面積 $\sigma(A)$ に反比例し，$N\sigma = $ 一定という定常状態が実現される．中性子が十分量ないときには，$N\sigma$ は A の増加とともに減少する函数となる．$22 < A < 50$ の同位元素のうち，s 過程で作られるものについては，中性子と Ne^{21} の数の比を 2.2 にとれば，$A = 46$ までは第 1 図に示した存在量をうまく再現できることが，Fowler たちにより

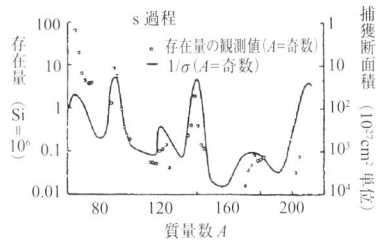

第5図 s過程でつくられる元素の存在量

示された。この領域では$N\sigma$はAの増加とともに急減し，定常状態が実現されていないことをはっきりと示している。第5図ではs過程で作られたとみられる$63 \leq A \leq 209$の同位元素の観測された存在量$N(A)$と中性子捕獲断面積$\sigma(A)$の逆数との比較を示す。$A > 100$で両者の傾向は良く一致し，特に魔法の中性子数$N=50, 82, 126$における存在量の山が再現されている。

また$N\sigma$とAの関係をしらべると，$63 < A < 100$では$N\sigma$の値はAの増加とともに急傾斜で減少し，$A > 100$では，傾斜はゆるやかになっている。このことから$63 < A < 100$の領域は$23 \leq A \leq 46$と同様，中性子の量が少なかったこと，$A > 100$では定常状態がほぼ実現されていたことがわかる。このような二重の性格はs過程の生成物が2回以上のs過程で作られたと考えれば理解できる。現在の段階では，二つの異なる過程が二つの赤色巨星でおこったものか，同一の星のちがった進化の段階でおこったものかはわからない。しかし，s過程が最近おこったと考えられるS型星，Ba Ⅱ星の組成をしらべればこの問題になんらかの解答があたえられるかもしれない。

事実S型星では，中性子数が魔法の数である元素のスペクトル線がM型星にくらべて強いほか，地上では存在しないTcの線が観測されている。これらの観測事実はその内部でのs過程でつくられたTc^{99}が混合によって，そのβ崩壊の寿命2×10^5年より短い時間内に星表面に現れたと解釈できる。

α過程とe過程

He^4が消費しつくされると，星は重力収縮をおこし，C^{12}, O^{16}, Ne^{20}からなる中心核の温度は上昇しはじめ，10^9°K以上になると，Mg^{24}以上の重い核をつくる反応がおこるようになる。この温度になると(γ, α)反応をおこすに足るだけのエネルギーをもつ光子の数が急に増してくる。そこでまずα粒子の結合エネルギーが一番小さいNe^{20}からα粒子がもぎとられ，このα粒子とNe^{20}とでMg^{24}ができる。

$$Ne^{20}(\gamma, \alpha)O^{16} - 4.75 \text{Mev}$$
$$Ne^{20}(\alpha, \gamma)Mg^{24} + 9.31 \text{Mev}$$
$$\longrightarrow 2Ne^{20} \to O^{16} + Mg^{24} + 4.56 \text{Mev}$$

Mg^{24}ができると$Si^{28}(\alpha, \gamma)S^{32}, S^{32}(\alpha, \gamma)A^{36}, A^{36}(\alpha, \gamma)Ca^{40}$の反応がつぎつぎにおこる。この過程を$\alpha$過程といい，$A = 4n$核（$n \leq 10$）の存在量はこの過程で説明できるものと思われる。

さらに温度が上昇して3×10^9°K以上になると，$(\alpha, \gamma), (p, \gamma), (n, \gamma), (p, n)$反応とともにこれらの逆反応が急速におこるので，平衡状態の分布が実現すると考えられる。これをe過程とよぶ。元素の存在

量曲線での Fe 付近の大きな山は, e 過程でうまく説明できる. Fe 付近で核子あたりの結合エネルギーが最大になるからである. 白色矮星 van MAANEN 2 では Fe の巾広い強いスペクトル線が観測される. これは e 過程がおこるほどの高温まで温度が上がったのち, 爆発などによって外側のかなりの質量を失って, Fe の多い芯が残ったのではないかと考えられる.

r 過程

星の中心温度がさらに上昇すれば, 平衡状態の分布に He^4 が現れる. $T=7.6\times10^9$ °K では He^4 と Fe^{55} とは等質量できるが, さらに高温の $T=8.2\times10^9$°K では Fe^{56} は He^4 の 2% になってしまう. この Fe 1g を He に分解するのに必要なエネルギーは 1.65×10^{18}erg であり, 8×10^9°K における物質 1g の熱エネルギー 3×10^{17}erg よりも大きい. そこで重力収縮の際に放出される重力エネルギーの大部分が Fe の He への分解に使われる. このため, 星全体の重量に耐えるだけの圧力をあたえるに必要な温度上昇がないので, 中心部では陥落的崩壊がおこる. 崩壊は内部領域の密度が $\sim 10^8$g/cm^3 のときは 1/5 秒位の短時間しかかからない. この吸熱反応の能率は GAMOW と SCHÖNBERG[16] が考えた中性微子放出による urca 過程よりもはるかに大である. 崩壊の結果, 外層部の物質は陥落による重力エネルギーの熱エネルギーへの変換のために急激に熱せられ, 温度が 2×10^8°K まで上昇すれば $C^{12}(p,\gamma)N^{13}$, $O^{16}(p,\gamma)F^{17}$, $Ne^{20}(p,\gamma)Na^{21}$, $Mg^{24}(p,\gamma)Al^{25}$ などの H 反応が急速におこる. これらの核反応で放出されるエネルギーによって外層物質は 10^9°K まで温度が上がり, 爆発的に膨張する.

10^9°K の高温では, s 過程とちがって $Ne^{21}(\alpha,n)Mg^{24}$, $Mg^{25}(\alpha,n)Si^{28}$ などの中性子生成の反応が急速におこる. この中性子は, 星の外層部にある Fe 付近の原子核に捕獲されて中性子過剰の核が急速につくりあげられていく. これを r 過程という. この過程の最初の段階では星の外層部では H と He と軽元素がほぼ同数個存在し, C^{12}, O^{16}, Ne^{20} が軽元素のそれぞれ 1/3 をしめていると仮定すれば, Ne^{20} の密度は $10^{22}\rho$ 個/cm^3 (ρ は物質密度) である. この Ne^{20} が全部 Ne^{21} に変わり, (α,n) 反応で中性子をつくり出すものとする. 中性子捕獲は, 爆発の後半期において, 物質密度が 10^2g/cm^3 まで低下したときにおこるとすれば, 中性子密度は $\sim 10^{24}$ 個/cm^3 となる. 温度が 10^9°K では, 熱中性子の速度は 4×10^8cm/秒であるから中性子束は 4×10^{32} 個/cm^2 秒という大きなものになる. (α,n) 反応はこの段階では数秒〜数十秒でおこるから, 短時間にきわめて大きな中性子束が存在することになる. そこで星の外層部に Fe 附近の原子核が多数存在するときには, 中性子はまずこれらの核から出発してつぎつぎと捕獲されていく. 中性子捕獲は温度が 10^9°K, 中性子密度が 10^{24} 個/cm^3 の条件下では, 中性子結合のエネルギー Q_n が 2Mev になるまで可能であり, それ以上の中性子捕獲に対しては逆の (γ,n) 反応がうちかつ. そのために, ある荷電数 Z の原子核が捕獲し得る中性子数には限度があ

り，さらに中性子を捕獲するためには，この中性子過剰の核がβ^-崩壊をおこすのを待たねばならない。Zが増加すればQ_nは増加し，さらに2～3個の中性子捕獲が可能になる。各β^-崩壊の寿命の平均を約3秒とし，Zが1だけ増すごとに平均3個の中性子が捕獲されるとすれば，Fe^{56}からCf^{254}をつくるには約200個の中性子の捕獲が必要であるから約200秒の時間がかかる。

実際にr過程での元素の生成量を知るためには，中性子捕獲の条件$Q_n > 2\mathrm{Mev}$のもとに中性子がつぎつぎと捕獲されていく道筋をAZ面上で詳しく追う必要がある。この際，Q_nの決定にはWEIZSÄCKERの質量公式[17]に，中性子と陽子の殻構造，非閉殻の四重極変形の効果による補正を考慮したものを使うと，第4図にしめすようなAZ面上の道筋が得られ，$N = 50, 82, 126$のところに殻構造の影響があらわれる。

r過程では，s過程とは逆にβ^-崩壊に必要な時間で中性子捕獲過程の進行が制限される。定常状態では，荷電数Zの核の全生成量$N(Z)$はそれ以上中性子捕獲ができずに，おこるのを待っているβ^-崩壊の寿命に比例する。この寿命の計算にもQ_nでつかった質量公式が用いられる。質量数Aでβ崩壊した核が，Zが1だけ増したため，さらにΔA個だけの中性子捕獲が可能になったとすれば，質量数Aの核の存在量は$n(A) = n(Z) \cdot (\Delta A)^{-1} = n(Z)(dZ/dA)$となる。

このようにしてつくられた中性子過剰の核は，中性子照射が終わればβ崩壊によって安定核にうつる。上のようにして計算さ

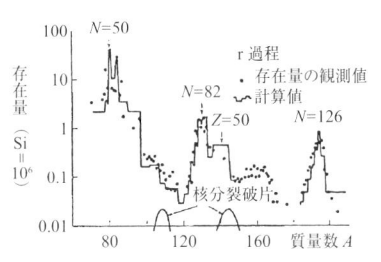

第6図　r過程でつくられる元素の存在量

れた元素の生成量とその観測値との比較を第6図に示す。$A = 80, 130, 190$附近の存在量の山がうまく再現されているが，これらの核は，中性子照射時においてそれぞれの中性子数$N = 50, 82, 126$をもっていたものである。

中性子捕獲がFe^{56}から出発すると，つくられた元素の平均質量数は94になるので，Fe^{56}当り38個の中性子が必要だということになる。Aが260以上の核は，中性子による核分裂によって$A > 110$の領域に戻ってくる。したがって，特に中性子が十分量あって，中性子捕獲と核分裂の循環が何回もくりかえされるような場合には，$A > 110$の存在量は$A \leq 110$より大きくなり，$A > 150$の存在量は$110 \leq A \leq 150$の約2倍になる。

超新星と放射性元素の生成

1952年のビキニの水爆実験での死の灰の分析と，材料試験用原子炉MTRでのU^{238}への強力な中性子線照射の実験[18]とから，自然分裂の半減期が55日であるCf^{254}の存在が見出された。

超新星I型は，銀河1個当り200～300

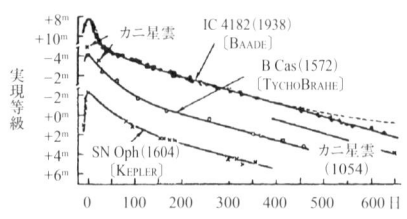

第7図 超新星Ⅰ型の光度曲線（実線）と全r過程生成物からの放出エネルギーの変化（点線）との比較
両方の曲線は100〜250日のところで重なるようにした。

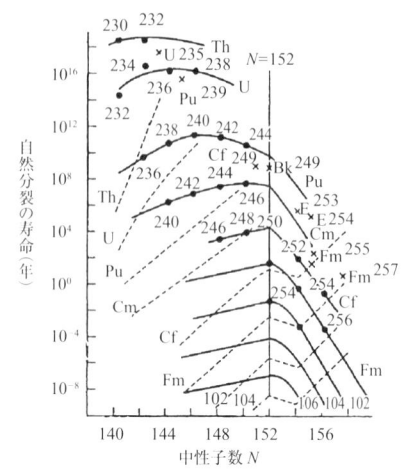

第8図 超ウラン元素の自然分裂の寿命（実線）。点線はα崩壊の寿命をあらわす。

年に1回の割合で発生し、1054年のカニ星雲、TYCHO BRAHEが発見した1572年の爆発、KEPLERが観測した1604年の爆発、BAADEが1938年に観測したIC 4182はこれに属する。第7図に示すように、この超新星の光度は、いずれも爆発後数日で太陽の10^8倍の最大値に達し、初めの50日のあと、600日間にわたって、55日の半減期をもって減少することが観測されている[19]。これに対して超新星Ⅱ型は、50年に1回の頻度で生じその光度曲線は不規則で著しい特長をもたない。

BURBIDGEら[20]は、Cf^{254}の自然分裂の半減期とその放出エネルギーで、超新星Ⅰ型の光度曲線を説明できることから、超新星の爆発の際にはr過程がおこっているという結論をみちびいている。

第8図でみられるように、中性子数Nが152以下では超ウラン元素の自然分解の寿命はゆるやかに増加するが、$N=152$（魔法の数）をこえると急激に減少する。そのためCf^{254}、Fm^{256}以上の同位元素はできてもすぐに分裂してしまう。Cf^{254}が重要な役割を果しているのは、Cf^{254}が$N=152$の殻構造効果のためかなり多量に作ら

れることと、自然分裂ででるエネルギーは核当り約220Mevで他のα崩壊などにくらべて大きいこととのためと考えられる。しかし600日以上ももつと、第7図に示したような2.2年の寿命でα崩壊をおこなうCf^{252}などの影響があらわれてくるはずである。この点で超新星の今後の観測は重要である。

Cf^{254}の自然分裂で放出されるエネルギーが、どういう機構で光のエネルギーに変えられ、光度曲線の半減期55日を再現するかという問題は、現在のところまだ解決されていない。

r過程でつくられた超ウラン元素はα崩壊とβ崩壊でTh^{232}、U^{235}、U^{238}などになる。そこでU^{235}とU^{238}の生成比と現在の存在比とから、r過程によるU同位元素の形成の時間をしらべることができる。

U^{235}の親は、$A=235+4m$の核であるが、$m>5$の核はα崩壊よりも自然分裂をお

第1表 放射性元素の親の生成量

Th^{232}		U^{238}		U^{235}	
A	生成量	A	生成量	A	生成量
232	0.084	238	0.110	235	0.057
236	0.057	242	0.157	239	0.110
240	0.110	246	0.103	243	0.157
244	0.157	250 (25%)	0.035	247	0.103
248	0.139			251	0.097
252 (97%)	0.094			255	0.139
全生成量	0.641		0.405		0.663

こし易いから，結局，$A=235$, 239, 243, 247, 251, 255 の核だけが U^{235} の親と考えられる．U^{238} の場合には $A=238$, 242, 246 の核がその親であり，$A=250$ の核 Cm^{250} は 25％が α 崩壊を，75％が自然分裂を行なう．親の核がすべて等量ずつつくられたと仮定すると，U^{235} と U^{238} の生成比は $6/3.25=1.85$ となる．r 過程での生成量からこの比をもとめると（第1表），$U^{235}/U^{238}=0.663/0.405=1.64$ となり前の値より少し小さい．これは偶奇効果のため U^{238} の親である偶数 A 核がより多く作られるためである．現在の存在比 0.0072 にあわすためには，6.6×10^9 年前に r 過程で U の親が作られたとしなければならない．

Th^{232} と U^{238} の現在での存在比は 3～3.5 である．r 過程での生成量からは，$Th^{232}/U^{238}=1.58$ があたえられる．したがって，現在の存在比にあらわすためには，Th の親は $6.2～7.7\times10^9$ 年前におこった r 過程でつくられていなければならない．これは U の存在比から求めた値と矛盾しない．

p 過程と x 過程

重元素の陽子過剰の同位元素には s 過程でも r 過程でもつくり得ないものがある．たとえば，Te の 8 個の同位元素のうち，Te^{120} だけがそうである．このような同位元素の存在量曲線の形は，第1図からわかるように，s 過程や r 過程でつくられたものと似ており，その存在量は附近の同位元素の約 $10^{-1}～10^{-2}$ 倍になっている．そこで Burbidge ら[3a]は，これらの存在量を説明するために，s 過程や r 過程の生成物が $\rho \geq 10^2 g/cm^3$, $T=2～3\times10^9$ °K の条件下でかなりの量存在した陽子を捕獲する反応をおこなったものと考えた．これを p 過程という．p 過程がおこりうる条件は，超新星 II 型および I 型の外層部で実現されるだろう．

D, Li, Be, B の存在量の説明は一番厄介である．そこでこれらの元素が合成される過程を x 過程とよんでおく．星のなかではこれらの核は水素との核反応で容易にこわれ，星が主系列をはなれる前に全部が He に転化してしまっている．そこでこれらの元素の存在を説明するには，低温低密

度の領域か，水素のない領域での合成を考えるか，合成のあとの極度に急速な膨張にともなう冷却のため破壊をまぬがれたものと考えねばならない。低温低密度の領域としては星の大気が考えられる[21]。A 型磁気星の大気や太陽の黒点の近傍では磁場による粒子の加速が可能である[22]。このような高エネルギー陽子による C，O の破砕反応での Li，Be，B の生成が考えられるが，x 過程に対する完全な説明，とくに D/H = 10^{-4} の説明はまだできていない。

元素の合成と銀河の進化

1955 年，TAKETANI ら[23] は，元素の合成と銀河の進化について次のような理論を提出した。

宇宙の始まりである段階で，最初の元素から原始星雲ができて，その一部が最初の主系列星になり，その生残りが現在の種族 II の星である。最初の主系列星の内部では核反応の結果，次第に重元素が合成されていく。これらのうちで大質量の星は，爆発して空間にちらばり，これらの物質が星間空間に残っていた最初の元素（おそらく水素が大部分）と混合して星に凝縮する。これが現在の種族 I の星であると考える。

最近，BURBIDGE 夫妻，FOWLER，HOYLE ら[3a] は，次のような新しい観測事実と元素合成の理論をもとにして，進化の理論を発展させた。

(i) SCHWARZSCHILD ら[24] は太陽の内部構造の理論より太陽の年令を 5×10^9 年と推定したが，一方 U^{235}/U^{238} 値から r 過程がおこった時期は 6.6×10^9 年前と推定される。

(ii) 種族 II に属する球状星団 M3 と，種族 I の散間星団 M67 は，現在知られている最も古い星団でその年令はいずれも ~6×10^9 年と推定されている[25]。したがって種族 I，II の差を単に星の年令に負わせることはできない。しかし，球状星団は主に銀河の halo（銀河を球状にとりまく大気）と中心核の部分に，散間星団は銀河面に存在し，さらにその化学組成に差がみとめられる。すなわち金属の存在量については，後者は第 1 図で示したような値をもつのに対して，前者はその 1/10 程度しかもたない。また，両種族の中間的な性格をもつ星も観測されている。

(iii) これまでわれわれの銀河では，星間ガスの質量は星の質量とほぼ同じくらいと考えられていたが，波長 21cm の電波による最近の研究[26] は，中性水素原子が，銀河の総質量の 1～2 % だけしか存在しないことを示唆している。宇宙塵はガスの総質量の僅かの部分しか占めないし，水素の大部分が分子の形で存在することもありそうにない。そこでこの少量の水素原子が銀河のガスを形成していると考えられる。

以上の事実を考慮して BURBIDGE らは銀河の進化を次のように考えている。

6×10^9 年以上前に，銀河面や halo に存在した星によって元素の合成がかなりおこなわれた。銀河に現在存在するガスの量から判断して，最初銀河は殆どガスからできていたとしても次第にガスの量が減少し，星の形成ならびにその内部での元素合成の割合が次第に遅くなってきたと考えられる。

まず質量が $10^{11} M_\odot$（$M_\odot$ = 太陽質量）の

ガスが凝縮して星になりはじめる。同時に重力のために銀河の中心方向へ，回転のために赤道面へと収縮しはじめる。この凝縮開始の時期を$\sim 7.5 \times 10^9$年前とする。この値は，一番古い星の年令とU^{235}/U^{238}の値から出る元素の年令とに矛盾しない最小値である。また初期の銀河の力学的条件の下では，物質の大部分は大質量の星に凝縮し，この星は6×10^9年以前にその進化の全段階を完了してしまうと仮定する。この星を種族Oとよび，この星の寿命の上限を5×10^8年と考えておく（質量は$2.5 M_\odot$以上に対応）。種族Oの星は進化の各段階において，諸種の過程で元素を合成していく。この星から放出された物質は再び星に凝縮し，種族IIの星になる。

一方，ガスの銀河中心と赤道面への収縮でつくられた扁平な高密度の領域では大質量の星が形成され易い。haloで球状星団がつくられているあいだに，銀河面でつくられた星は，元素合成・爆発・凝縮をくりかえし，重元素の濃縮が急速におこなわれる。種族IとIIにわかれた質量の比は，力学的条件と磁場で支配されるだろう。残りのガスは粘性のために赤道面に集まるが，星ではそのようなことがなく，このガスはさらに磁場のために渦状構造の腕へ集中する。この後では，この種族Iの領域で星の形成・進化・死滅が定常的に，しかし6×10^9年前よりはずっとおそい速度でおこなわれたものと考えられる。

SALPETER[27]は星の形成，進化が最近の6×10^9年間は一様であったと仮定して，現在観測されている種族Iの星の質量分布函数を用いることにより，主系列星の質量は全体の55%であり，残りの45%は白色矮星とガスになったと推定した。また，6×10^9年間に死滅した星の平均質量は$\sim 4 M_\odot$と推定され，白色矮星の質量の上限は$1.4 M_\odot$であることから現在の白色矮星とガスの質量はそれぞれ全体の16%，29%と考えられる。そこで種族Iでは，未進化星，白色矮星，ガスの質量比が$4:1:2$となる。種族IとIIの質量比が$1:9$であることから，全銀河質量に対するガスの質量の比は0.029となり，21cmの電波による観測結果とあう。

また，いまのべたような銀河の進化の考えを使うと，太陽系でのα過程，e過程生成物の量が説明できる。種族Oの星の生成の初期から太陽が凝縮しはじめるまでに2×10^9年の期間があったと考えられるから，その間に超新星の爆発が今と同じ割合（200年に1回）で起ったとすれば総数10^7回の爆発があったことになる。種族Oの星の平均質量を$20 M_\odot$として，α過程とe過程での生成物がそれぞれ，質量の5%だけ放出されると仮定すれば，生成物が銀河全体にばらまかれたとして，水素に対するα過程およびe過程での生成物の質量比は，ともに$0.05 \times 20 \times 10^7/10^{11} = 10^{-4}$，種族Iだけにまかれたとして，この比は$10^{-3}$となる。観測では，太陽系でこれらの比は，それぞれ$1.1 \times 10^{-3}$，$0.7 \times 10^{-3}$であり，全銀河での推定値は，それぞれ$1.6 \times 10^{-4}$，$1.0 \times 10^{-4}$であって上の値とよく合う。

結論

以上のべたように，水素からウラニウム

までのすべての同位元素の存在量は，星の中での核反応による元素合成によって一応説明することができる．宇宙の初期での元素起源の理論とちがって，星の中での元素合成では，

(i) 星の内部の温度が 10^7K（pp 反応）から $10^9 \sim 10^{10}$°K（超新星の爆発）までの広範囲にわたる

(ii) 密度の点でも 10 倍の変化がある

(iii) 反応時間も 10^9 から数秒に拡がっている

などの点で有利である．また，この理論によれば，すべての元素の存在比が宇宙内で一定であるという必要はない．例えば，別の太陽系では r 過程の合成元素が第 1 図に示したものよりずっと少ないかもしれない．

しかし，今の段階では，すべての元素が上にのべた過程によって星の内部で合成されたものと断定することはできないであろう．宇宙塵を含まない水素ガスが星に凝縮するには比較的長い時間を要することから考えて，種族 O の星をつくったガスが，水素だけからなったものか，または $\alpha\beta\gamma$ 理論のような過程でつくられた軽元素を含んだものであったかは問題である．いまのところ，種族 O の生きのこりと解釈できるような，水素だけからなる星は見出されていない．

さらに，元素合成の過程に関しては，多くの問題が残されている．先に超新星の爆発をひきおこす原因については，一応定性的な説明をあたえたが，爆発の力学的理論はないし，超新星のスペクトルの特徴もまだ説明され得ないでいる．また，赤色巨星から超新星への進化の問題も未解決のままである．理論的研究の面では，赤色巨星以後の進化の問題ではきわめて複雑な計算が必要だし，観測面でも，これらの星が H-R 図上で右方から進化したものか，左方から来たものかさえわからない状態である．

多くの場合，星の大気の化学合成と星の中心部のそれとには差異があるはずで，星の中での混合による組成の変化を考えると星の化学組成の問題は一層複雑になる．とくに，M 型星・S 型星・Ba II 星・炭素星の組成の差を進化と関係させて説明することは重要な課題であろう．

さらに，元素合成の理論を決定づけるためには，$10 \sim 100$kev のエネルギーの核反応のより精密なデータを得ることが必要である．とくに，He 反応では $C^{12} (\alpha, \gamma) O^{16}$ にはじまる融合反応と，$C^{13} (\alpha, n) O^{16}$ などの中性子生成反応の断面積を，s 過程ではすべての安定な核による中性子捕獲の断面積を，また r 過程については中性子過剰の核の結合エネルギーと β 崩壊の寿命を正確に知ることがのぞましい．

x 過程のところでのべた D, Li, Be, B の存在量の説明は単に思弁の領域を出ないものであり，今後に残された問題であろう．

さらに，他の銀河の化学組成の問題は宇宙論にとって重要なものであるが，その観測については，銀河外星雲で加速されて，われわれの銀河に入ってきた 10^{18}ev 以上の宇宙線の知識に頼ることができるだけである．

〔文献〕

1) ALPHER, R. A., & HERMAN, R. C.: Rev. Mod.

Phys., 22, 153 (1950)
2) Hayashi, C., & Nishida, M.: Prog. Theor. Phys., 16, 613 (1956)
3) Hoyle, F.: Ap. J. Suppl, 1, 121 (1954); Fowler, W. A., Burbidge, G. R., & Burbidge, E, M.: Ap. J., 122, 271 (1955); Hoyle, F., Fowler, W. A., Burbidge, G. R., & Burbidge, E. M.: Science, 124, 611 (1956)
3a) Burbidge, E. M., Burbidge, G. R., Fowler, W. A., & Hoyle, F.: to be published in Rev. Mod. Phys.
4) Suess, H. E., & Urey, H. C.: Rev. Mod. Phys., 28, 53 (1956)
5) Fields et al.: Phys. Rev., 102, 108 (1956)
6) Hoyle, F., & Schwarzschild, M.: Ap. J. Suppl., 2, 1 (1955); 畑中武夫・小尾信彌: 科学, 25, 436 (1955)
7) Salpeter, E. E.: Phys. Rev., 88, 547 (1952)
8) Bosman-Crespin, D., Fowler, W. A. & Humblet, J.: Bull. Soc. Sci., de Liège, 9, 327 (1954)
9) Öpik, E. J.: Mem. Soc. Roy. Sci. Liège, 14, 131 (1954)
10) Salpeter, E. E.: Ap. J., 115, 326 (1952)
11) Hayakawa et al.: Prog. Theor. Phys., 16, 507 (1956); Nakagawa et al.: Prog. theor. Phys., 16, 139 (1956)
12) Obi, S.: Publ. Astro. SOC. Japan, 9, 26 (1957)
13) Lamb, W. A. S., & Hester, R. E.: unpublished
14) Marion, J. B., & Fowler, W. A.: Ap. J., 125, 221 (1957)
15) Cameron, A. G. W.: Ap. J., 121, 144 (1955); Fowler, W. A., Burbidge, G. R., & Burbidge, E. M., Ap. J., 122, 271 (1955)
16) Gamow, G., & Schönberg, M.: Phys. Rev. 59, 539 (1941)
17) V. Weizsäcker, C. F.: Zeits. f. Phys., 96, 431 (1935)
18) Harvey, Thompson, Choppin & Ghiorso.: Phys. Rev., 99, 337 (1955)
19) Baade et al.: Pub. Astr. SOC. Pacific, 68, 296 (1956)
20) Burbidge, Hoyle, Burbidge, Christy & Fowler: Phys. Rev., 103, 1145 (1956)
21) Heller, L.: Ap. J.: in the press
22) Fowler, W. A., Burbidge, G. R., & Burbidge, E. M.: Ap. J. Suppl., 2, 167 (1955)
23) Taketani, M., Hatanaka. T., & Obi, S.: Plog. Theor. Phys., 15, 89 (1956)
24) Schwarzschild, M., Howard, R., & Härm, R.: Ap. J. 125, 233 (1957)
25) Johnson, H. L., & Sandage, A. R.: Ap. J., 124, 379 (1956); Hoyle, F., & Haselgrove, C. B.: M. N. Roy. Astr. SOC., in the press
26) van de Hulst, H. C.: Verslag Akad. Amsterdam, 65, 157 (1956)
27) Salpeter, E. E.: Ap. J., 121, 161 (1955)

5. 星の進化と元素の起源 (1963年)

日本物理学会誌第18巻第5号 (1963年)

§ まえがき

わが銀河内の元素の大部分は，星の内部において進化にともなって逐次的に形成されたものと考えられる[1]。これらの元素は，超新星として爆発的に，または赤色巨星などの進化の晩期において定常的に外界へ放出されて，星間ガスと混合し，再び星に凝縮する[2]。

星の一生におけるエネルギー源の大部分は核エネルギーであり，重力エネルギーはその1/100以下に過ぎない。星の内部では温度の上昇に対応して，第1表に示したような核燃料の燃焼が逐次的に進行する。これらの熱核反応のエネルギー生成率[3)4)]は，第1図に示すように，pp－反応を除いては，温度に強く依存する。ところが，星が自己の重量を支えるに必要なエネルギー生成量は，電子が縮退した高密度の星を除けば，一生を通じて大きな変化はない。例えば，質量が$M_\odot$から$15M_\odot$の星に対して，中心でのエネルギー生成量はそれぞれ10^2から$10^6 \mathrm{erg\, g^{-1}\, sec^{-1}}$の程度である[*1]。したがって，C－燃焼以後の核反応率の理論値にはかなりの不確実性があるけれども，各燃焼段階にある星の中心温度はかなり正確に定められる。第1図の点線は電子とneutrinoの間にuniversal Fermiの相互作用

[*1] 添え字$_\odot$は太陽の記号—以下よく現われる。

$(ev)(ev)$を採用した場合のneutrinoによるエネルギー損失量[5)6)]を表わし，それぞれ$\gamma + e^- \rightarrow e^- + v + \bar{v}$ (photo-neutrino)，$e^+ + e^- \rightarrow v + \bar{v}$ (pair-neutrino)の過程に対応するものである。

星の内部では逐次に重い元素が形成されるが外層の低温領域には初期の組成が残っていて，進化にともなって第2図に示したような殻構造が発展する[3]。図のNe－燃焼以後は図式的なもので，定量的な結果はまだ得られていない。図の影をつけた対流領域では化学組成の混合が十分に行われているが，この領域の質量がどれだけの割合を占めるかは殻構造を定める上に重要である。

質量の変化が無視できる場合の星の進化は，原理的に二つのparameter，質量と初期の化学組成によって定まる。質量が大きい星は完全気体のガスからなるが，質量が小さいほど，同一の中心温度に対して中心密度が大きく，電子は縮退したFermiガスの状態をとりやすい。第3図は，C－燃焼段階までの星の中心の温度と密度の変化を示したものであるが，図の$\varphi=0$の線より上方は電子の縮退領域である。初期の組成の大部分はHとHeであるが，その他の重い元素の存在量については，銀河のarmにある種族(population) Iの星とhaloにある種族IIの星では大きな差があり，後者は前者の10^{-1}から10^{-2}程度である。これ

第 1 表

燃焼段階	主な核反応	主な生成核 (残存するものを含む)	温度 (10^8 K)	エネルギー放出量 (10^{17}erg/g)
H	$4H^1 \to He^4$	He^4	0.1～0.4	60
He	$3He^4 \to C^{12}$, $C^{12}(\alpha, \gamma)O^{16}$	C^{12}, O^{16}	1～3	6～9
C	$2C^{12} \to Ne^{20} + He^4$, $Na^{23} + H^1$	O^{16}, Ne^{20}, Mg^{24}	6～7	4
Ne	$Ne^{20}(\gamma, \alpha)O^{16}$, $Ne^{20}(\alpha, \gamma)Mg^{24}$	O^{16}, Mg^{24}, Si^{28}	11	2
O	$2O^{16} \to Si^{28} + He^4$, $P^{31} + H^1$	Mg^{24}, Si^{28}, S^{32}	13	4
S	$S^{32}(\gamma, \alpha)Si^{28}$, $Mg^{24}(\alpha, \gamma)Si^{28}$	Mg^{24}, Si^{28}	16	
Mg	$Mg^{24}(\gamma, \alpha)Ne^{20}$, Ne と O の燃焼が続く	Si^{28}	18	3
Si	$Si^{28}(\gamma, \alpha)Mg$, Ne, O の燃焼が続く	Fe^{56}	20	

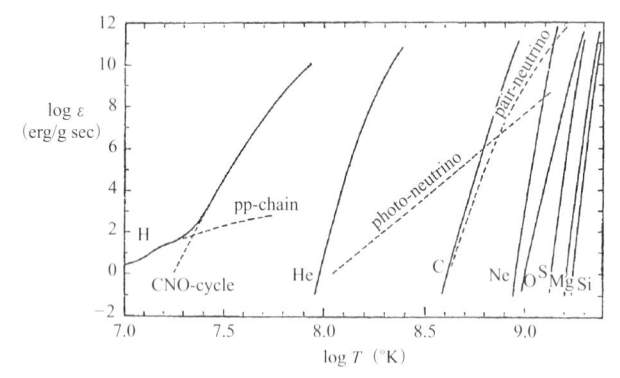

第 1 図 各燃焼段階のエネルギー生成量と neutrino による損失量。核燃料の濃度は 1：H- 燃焼では $\rho = 10^2$ gcm^{-3}，CNO の濃度は 0.013；He- 燃焼では $\rho = 10^4$ gcm^{-3}；他はすべて $\rho = 10^5$ gcm^{-3} にとってある

らの金属元素は光の吸収係数 (opacity) に大きい影響をもつが，星の進化については質量ほどは重要でない。

星の進化の理論と比較すべき観測材料は，星の Hertzsprung-Russell 図 (HR 図) とスペクトルから求められた表面の化学組成である。この HR 図は星の等級と色指数，または光度と表面温度を plot したもので，第 4 図は種族 I の銀河星団 9 個[7,8]と種族 II の球状星団 M5[9]を示したもので，大部分の星は主系列 (main-sequence) と赤色巨星の領域にある。その他のあとで述べる星の位置を斜線で示してある。種族 I の星の大多数は，太陽に似た表面の組成を示すが，なかには水素欠乏の星，炭素星，rare earth の多い星など異常組成をもつものが観測されている[10]。これらの異常は，星の内部でつくられた元素が対流などによって表面に運ばれたものと考えられるが，現在のところではまだ決定的な結論は得られていない。

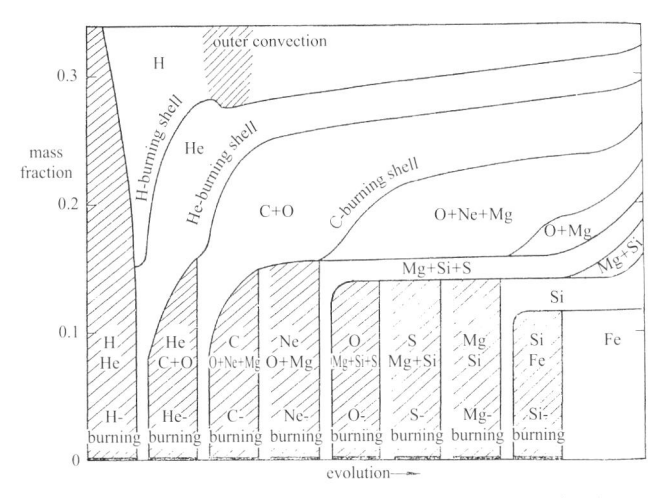

第2図　$16M_\odot$ の星の化学組成と殻構造。斜線は対流領域を表わす

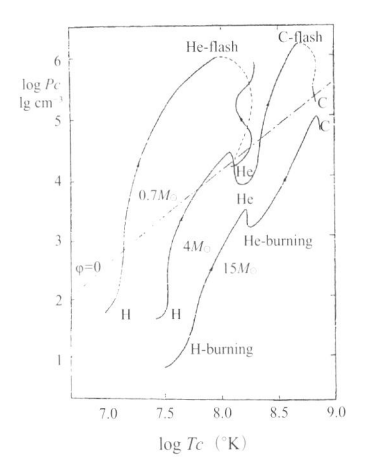

第3図　中心の温度と密度の変化

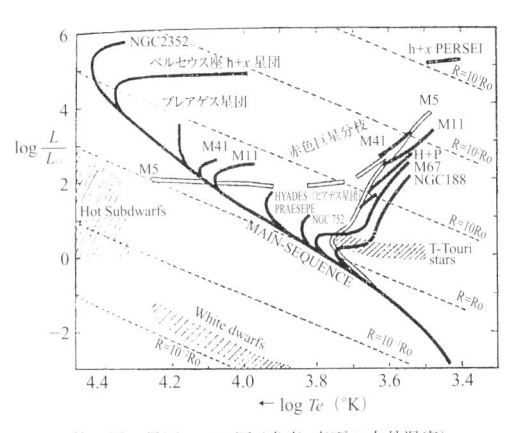

第4図　星団のHR図（光度-表面の有効温度）

§星の構造[11)]

　星が核燃料を消費する時間は，重力平衡を達成する時間 — これは星の固有振動の時間，または音波が中心から表面へ伝播する時間に等しい — に比べてはるかに長いから，星は進化の各時期において重力平衡にある。また，内部は高温，もしくは高密度のために原子は完全電離に近い。

　まず，化学組成が一様で，完全気体の場合を考えると，単位質量あたりの熱エネルギーと重力エネルギーは釣合っている。す

なわち，T_c を中心温度，M と R を星の質量と半径とすると

$$kT_c/\mu m_H \simeq GM/R \qquad (1)$$

ここに μ は平均分子量，G は重量定数で，簡単のため数因子はすべて省略することにする．中心密度は $\rho_c \simeq M/R^3$ であるから，(1)を用いて

$$\rho_c/T_c^3 \simeq (k/\mu m_H G)^3 M^{-2} \qquad (2)$$

この式は，核燃焼の温度として，T_c を一定にとると，小質量の星ほど中心密度が高く，電子の縮退が起りやすいことを示している．

さらに，中心からの表面へのエネルギーの流れが輻射によって運ばれている場合，いわゆる輻射平衡の場合には，その温度勾配の式から（簡単には次元解析），(1)と(2)を用いて

$$\kappa L \simeq ac(\mu m_H G/k)^4 M^3 \qquad (3)$$

が得られる．ここに，a はStefan-Boltzmann定数，L はエネルギー流，すなわち星の光度，κ は輻射の吸収係数（単位質量あたり）である．一般に，κ は定数でないが，星の内部についての適当な平均値を採用すればよい．上の式は，星が重みを支えるに必要なエネルギー流が μ と M の値に強く依存することを示している．

中心領域での核燃焼によるエネルギー生成は，pp-chain 反応を除くと，中心に強く集中している．このような点源の近くでは温度勾配が大きいために，対流が起こり，その領域は全質量の 15～30％ を占めることが知られている．これに対して，ある核燃料が対流領域で消費されたあと次の核燃焼が始まるまでは，収縮によって温度が上昇する．この時期では，収縮によって重力エネルギーの一部が熱に変わり，残りが放出されるが，その量は大体温度に比例し，上の点源に対して一様源に近い．このような一様源では対流領域は現われない．

上は完全気体の場合であったが，電子が縮退している場合には，(1)の左辺を電子の零点エネルギー（単位質量あたり）$\hbar^2 \rho_c^{2/3}/m_e(\mu_e m_H)^{5/3}$ で置き換えればよい．ここに，μ_e は電子の平均分子量である．温度は内部エネルギーまたは圧力に影響しないから，温度に無関係に星の構造がきまる．星の光度は，(3)ではなしに，内部の温度分布と熱伝導率によって定まる．完全縮退の星の質量には Chandrasekhar limit という上限 $5.75 \mu_e^{-2} M_\odot$ があることが知られている．

以上は一様組成の星であったが，殻構造をもった不均質の星では，中心のエネルギー源のほかに，第2図に示したような，shell-source が存在する．これらのエネルギー源の外部の領域の重みを支えるにはそれぞれ適当なエネルギー流，または温度勾配が必要であり，これが不足であれば収縮が起こって温度が上昇しエネルギー生成量が増加する．また，エネルギー流が過剰であれば逆が起こる．このように，核エネルギー源は自動温度調節器として星の構造—密度と温度の分布—を定めている．ある物質の element の温度は(1)から推測されるように，中心からの距離によってきまるか

ら，各 shell-source は半径がほぼ一定の位置を占める．したがって，進化にともなって shell-source の内外の領域で収縮，膨張が起こっても，shell-source は node として位置を変えない．

さらに，第1表と第1図が示すように H-，He-，C-燃焼の温度の比はかなり大きい．中心温度と shell-source の密度は中心密度，したがってまた内部の平均密度に比べて極めて小さい値をもち，shell-source の内部の構造は単独の星に近い性格をもっている．すなわち，shell-source と同一温度の熱輻射の中に置かれた星と同一で，shell-source の内部の質量を M，エネルギー流を L として (1)，(2)，(3) が近似的に成立する．

§ 水素燃焼前の収縮段階

星の表面近くの温度が，$6\sim10\times10^3{}^\circ K$ の領域は水素原子の電離がはじまって終る領域で，ここでは比熱が大きいので対流が起こりやすい．表面温度が低い星では対流領域は上よりずっと高温の内部まで延びていて，第5図に示したような，星の質量で定まる曲線（白丸より上部の実線と点線）上では対流は中心まで達している[12]（wholly convective）．これを表面条件の境界線とよぶことにする．この境界線から左方に遠ざかるにしたがって対流領域は表面に向かって退き，表面温度が $6\times10^3{}^\circ K$ 以上の星では対流領域は極めて薄くなって無視できる．境界線の右方は平衡解の禁止領域である．第4図に示した星団の赤色巨星の分枝はこれらの境界線に沿って延びてい

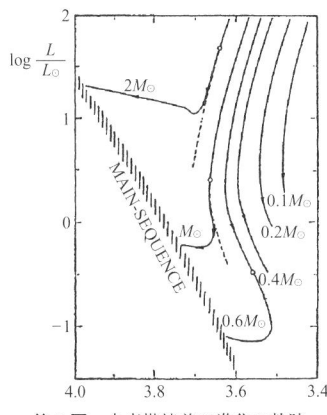

第5図 水素燃焼前の進化の軌跡

る．

星間ガスの凝縮によって星が生れて後に，上の禁止領域内をどう進化するかは明らかでないが，境界線に近づくと急に光度を増大しながら境界線上の一点に達する[3]．その後は wholly convective の星として境界線に沿って収縮しながら光度が減少する．第5図の白丸の点まで光度が減少すると，輻射平衡の領域が中心から成長して，進化の軌跡は左方に曲がり，(3) 式の光度をもった wholly radiative の星となる[3][13]．そのうちに水素が燃え出して，星は主系列に落ちつくことになる．

第5図の示すように，質量の大きい星ほど wholly radiative の期間が長く，$0.2M_\odot$ 以下の質量の星では wholly convective の間に水素が燃えはじめる[14]．さらに，$0.07M_\odot$ より小質量の星では，収縮とともに中心では電子の縮退が進んで，水素燃焼の温度に達する前に中心温度が減少をはじめ，主系列にとどまることなしに冷却して行く[14][15]．

上の収縮過程において，対流領域の下端の温度は，輻射領域が生長をはじめる時期に極大値をとる．この温度は $2M_\odot > M > 0.5M_\odot$ の質量の星では $3\times10^{6}{}^\circ K$ の程度であり，Li は (p, α) 反応を起こすが，Be は燃えない[3)16)]．この Li の欠乏は星の表面に現われるはずである．観測によると，存在量の比 Li/Be は地球や隕石では 5～10 の値をもち，T-Tauri 型の星でも同程度[17)]であるが，太陽ならびに太陽より暗い主系列星の表面では地球の値の 10^{-2} 以下である[18)]．

§ 水素の燃焼段階

上の対流による混合の結果として，H-燃焼の初期，すなわち zero-age の主系列においては，化学組成は一様であると考えられる．中心領域での H の He への転換によって組成の不均一が生じて星の構造が変化して行くが，その様子は星の質量の大小によって二つの型は大別できる．

質量が $1.5M_\odot$ より大きい種族 I の星は，中心温度が $2\times10^{7}{}^\circ K$ より高いので CNO-cycle が働き，対流の core をもっている．水素の消費はこの core の内部で行われ，平均分子量の増大にともなって星の光度と半径は増大する．第 6 図の進化の軌跡は多くの人の計算結果[19)～25)]をまとめたものである．水素量が 2% 以下に減少すると，エネルギー生成量を保持するために，収縮による中心温度の上昇がおこる．図の軌跡の右方への方向転換がこれに相当する．さらに，core の H が全部 He に変わって温度が上昇すると，He-core の外側の水素が shell-source として燃えはじめる．前述のように，shell-source は node となって，内部領域の重力収縮に対応して外層は膨張し，星は赤色巨星に向って進化するが，そのうちに中心で He が燃えはじめることになる．

小質量の星では，初期は pp-chain が主であるために，対流の core をもつことなしに水素の消費が進行する．その結果として光度が増大することは大質量の場合と同じであるが，pp-chain は温度の依存性が小さいから中心温度の上昇の割合が大きく，半径の増大は比較的に小さい．やがて，中心には He-core ができて H の shell-source が燃えると半径は急に増大する．また，pp-chain から CNO-cycle への切りかえが起こる．He-core は質量が小さいので，自己の重みを支えるのに温度勾配を必要としない．この core は質量の成長にともなって収縮し，中心では電子の縮退が進行する．半径の増大にともなって，表面の対流領域が生長し，第 6 図の $1.4M_\odot$ の例のように，前述の表面条件の境界線に沿って光度が増大する．

上の He-core の質量が $0.5M_\odot$ まで成長すると[3)]星団の巨星分枝の頂上に達し，core 内部に十分な温度勾配ができて，He が中心で燃えはじめる．このエネルギー放出による中心温度の上昇は電子の縮退が解けるまで続くので，He-燃焼は爆発的におこり，これを Helium flash という[26)]．この際，core の膨張によって縮退は解け，外層は収縮して，星は定常的な He-燃焼の段階に入る．上の flash に際して星の質量の一部が吹き飛ぶことも考えられる[27)]．

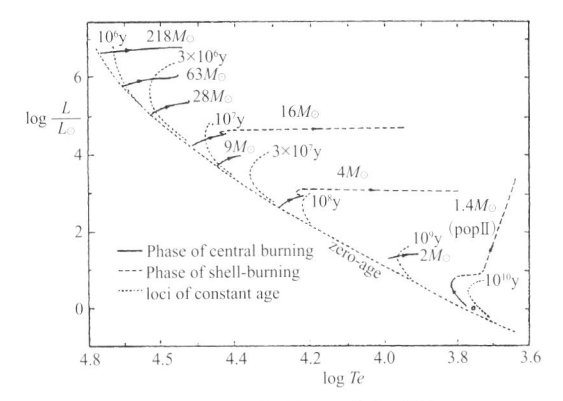

第6図　水素の燃焼段階の進化の軌跡

　上の H-燃焼段階は星の一生の時間の大部分を占める。ところで，主系列の星の光度は近似的に M^4 に比例するので，中心領域で水素を消費して主系列を離れるまでの時間は $M/L \propto M^{-3}$ に比例する。第6図には zero-age の主系列から測った時間一定の線を示してあるが，これと星団の HR 図の主系列の頂上附近の形との比較から，星団の年令を知ることができる。とくに興味があるのは，最も暗い銀河星団 NGC188 と球状星団の年令が 1.5×10^{10}y よりも長く，これは相対論的宇宙論による宇宙の年令を超過していることである[28]。

　水素燃焼の CNO-cycle にあずかった同位元素の存在量は各反応の時間に比例している。存在量の多いものは C^{12}, N^{14}, O^{16} で，その比は 1.7×10^7K で 1/150：1：1/140, 4×10^7K で 1/40：1：1/500 であって，N^{14} が圧倒的に多い[31]。

§ヘリウムの燃焼段階

　初期の段階の星は，中心から順に対流 core，輻射平衡の He-領域，H の shell-source，H の外層からなっている。このような星の He-消費にともなう進化は，質量によって二つに大別される。

　質量が $4M_\odot$ より大きい星では，H の外層の質量も大きいために，He に比べて H-shell の燃焼が早く進み，H-shell の内部の質量の増大のために，中心では (2) 式にしたがって膨張がおこる。したがって，外層は収縮して第7図に示したように表面温度は上昇する。そのうちに，対流 core では He が C と O に転化し，He の質量濃度が 0.3 の程度に減少すると，エネルギー生成層を保持するために core は収縮して中心温度が上昇し，外層は膨張に転ずる。第7図の $16M_\odot$ と $4M_\odot$ の星の軌跡[24)25)] の方向転換はこれに対応したものである。He-燃焼段階の時間の大部分はこの転換点の近くで費される。

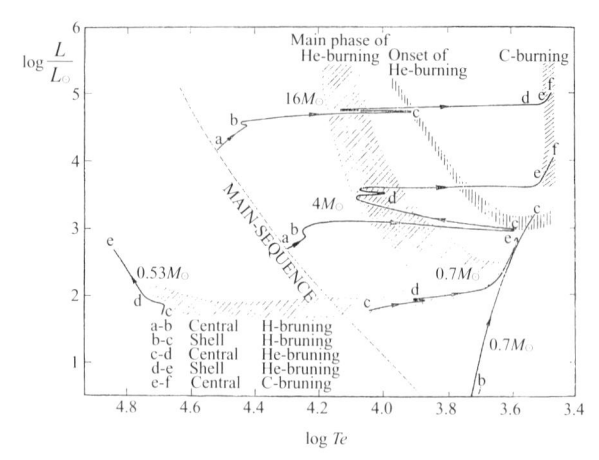

第7図　炭素の燃焼段階までの進化の軌跡

さて，core の中で He が完全に消費されると，core はさらに収縮して，その外側で He の shell-source が燃えはじめる。この source の外部は膨張して，H の shell-source は外方へ押出されて温度が低下し，燃えなくなって温度調節の機能を失ってしまう。星は赤色巨星となって，表面の対流領域が成長する。C と O の core は収縮を続けて中心温度が上昇し，そのうちに C が燃えはじめる。この際，$4M_\odot$ の星では中心で電子が縮退しているので，C の燃焼は carbon flash として急激におこる。この flash がおこる core の臨界質量は $0.7M_\odot$ の程度である[3]。

つぎに，小質量の星を考えよう。Helium flash の後の種族 II の星は $0.53M_\odot$ の He-core をもっているが，その外側に $0.17M_\odot$ の H の外層がある場合と外層が全然無い場合の進化[3]が第7図に示してある。このように外層の質量が小さい場合，H の shell-source は温度が低いために燃えない。

しかし，小質量でも H の外層があると星の半径は非常に大きくなる。さて，$0.7M_\odot$ の星の対流の core で He が消費されて平均分子量が増大すると中心では膨張がおこるが，node となる H の shell-source がないために外層も同時に膨張する。He の濃度が 0.1 の程度に減少すると，エネルギー生成量の保持のために星全体として収縮し，ついで He の shell-source が燃えはじめると，その内部では収縮が続くけれども外層は膨張に転ずる。第7図の S 字型の屈曲は上の変化に対応したものである。球状星団の水平分枝は $0.7M_\odot$ の進化の軌跡と大たい一致している。

その後は C と O の core の質量の増大とともに中心では電子の縮退が進み，星は赤色巨星として表面の対流領域が成長する。He の shell-source が H の外層の底に近づくと，底の温度は上昇して H の shell-source が燃えはじめる。その後の進化は計算されていないが，He と H の二つの

shell-source が燃えながら表面に近づいて外層は収縮し，carbon flash を起こすことなしに白色矮星に向って進化するものと考えられる。

He-燃焼段階の生成核 C^{12} と O^{16} の相対存在量は $3He^4 \rightarrow C^{12}$ と $C^{12}(\alpha, \gamma)O^{16}$ の反応率の比によって定まるが，後者の反応率の値はまだ十分確立していない。理論値を用いて評価すると，どの質量の星においても C/O は1の程度である[3]。

$16M_\odot$ と $4M_\odot$ の星の各燃焼段階の時間をまとめると第2表のようになる。星団の星が同時に生れたものとすると，これらの進化の時間は，星団の HR 図の対応する領域内の星の数に比例するはずである。H-燃焼の主系列と He-燃焼の B, A 型星について，観測される星の数と比較した結果は，$16M_\odot$ と $4M_\odot$ の両者とも factor 1.5 以内で合っている[24) 25)]。

§炭素燃焼とその後の段階[3]

C-燃焼段階の星は，第1図に示したように，中心と He の shell の二重のエネルギー源をもっている。このような星の H の外層を除いた内部の構造と進化は，この外層の存在にほとんど影響されない。これは，H の外層の底の温度が低く，かつ平均分子量がここで不連続に変化し，外層が遠くまで拡がっているためである。したがって，$16M_\odot$ と $4M_\odot$ の星はともに赤色巨星として外層は深い対流領域をもっている。とくに，$16M_\odot$ の星では対流の底は昔の H の shell-source の少し内部にまで達し，H-燃焼の生成核である He と N^{14} が星の表面まで運ばれる。やがては，対流の core で C が，shell で He が消費されて，He-領域の質量が減少すると，H の shell-source が再び燃えはじめる。

星の core で C が完全に消費されると，core は重力的に収縮して Ne の燃焼が始まり，その後は第2図のような燃焼段階が逐次的におこる。この際，新しい shell-source がどの段階で現われるかは，中心の source とこの shell-source の温度比によってきまる。対流 core の中心と外端の温度比は，$16M_\odot$ の星では 1.8 の程度であるが，二つの source の温度比がこの値より小さい場合は，shell-source は現われないで，対流 core 内の組成の混合によって中心で燃えてしまう。第2図の Ne 燃焼以後の殻構造は以上の考察をもとにして描いたものである。

$16M_\odot$ の星の中心に Fe の core ができるまでの時間は shell-source の内部の領域が自己を支えるに必要なエネルギー生成量から，第2表に示した $6 \times 10^5 y$ の程度である。この値には factor 3 程度の不確実性がある。この時期に shell で燃える水素量は全質量の4％以下であり，超新星の爆発時には，全質量の60％以上は H-外層として残っている。第2表の shell での He-燃焼以後の時間 $\sim 9 \times 10^5 y$ は赤色超巨星の期間で，この時間は早期型の超巨星である He-燃焼の時間 $12 \times 10^5 y$ と同じ程度である。銀河星団 $h+\chi$ Persei および大マゼラン雲の星団 NGC 330 では，赤色超巨星と早期型超巨星の数は factor 2 の範囲内で等しい。

上のような晩期の赤色巨星では対流が表面から内部へ深く入っていて，ある時期に

第2表　進化の時間 ($10^5 y$)

質量	主系列前の収縮	H-燃焼 中心	H-燃焼 shell	He-燃焼 中心	He-燃焼 shell	C-燃焼	その後
$16M_\odot$	0.5	157	0.7	12	0.5	2.3	~6
$4M_\odot$	3	580	32	130	13	9.5	

は昔の He の shell-source の内側に達することも考えられる。この場合，He-燃焼の生成核が表面に現われるが，これが炭素星の起源であるかも知れない。

上においては，第1図の neutrino によるエネルギー損失を考慮しなかったが，この損失量は C-燃焼段階でエネルギー生成量に近い値をもつ。ところで，$16M_\odot$ の星では，He-燃焼段階で形成された C と O の core の質量は $2.7M_\odot$ であり，これは重力平衡にありうる縮退の core および完全気体の等温の core の質量を越している。したがって，neutrino 損失がある場合，これを上まわるだけの核エネルギーの生成があって，そのエネルギー流に対応した温度勾配によって core が支えられねばならない。このようにして，第2表の寿命は，shell の He-燃焼が $0.25 \times 10^5 y$ に，C-燃焼が $0.6 \times 10^5 y$ 以下に，その後は 10^{-3} 倍以下に減少する。したがって，赤色超巨星としての寿命は 1/10 以下に減少することになり，前述の星団内の星の数の比較から (ev) (ev) 相互作用の定数は universal Fermi の相互作用の 1/10 以下であることが期待される。

§白色矮星への終段階

星の内部に Fe の core ができて核エネルギーが完全に消費されると，core は収縮によって温度と密度が増大し，遂には Fe が He と中性子に吸熱的に分解して core は陥落するが，これが超新星II型の爆発の原因であると考えられている[29]。この際に内部で発生した衝撃波の伝播によって外層部の質量が吹き飛ばされ[30]，残骸は次第に冷却して，電子が高度に縮退した白色矮星に向って進化するであろう。他方，前に述べたように，小質量の星は質量に応じてそれぞれ H-燃焼，He-燃焼，C-燃焼を起こす前に，中心温度が降下をはじめて白色矮星への道をたどる。

上のように核エネルギーを使いはたしたか，またはそれを放出できない星の進化の例として，金属元素だけからなる $0.6M_\odot$ と $0.4M_\odot$ の星の進化[3]を第8図に示す。最初は光度を一定に保ちながら全体として収縮するが，中心から縮退領域が成長すると，重力エネルギーは電子の零点エネルギーの上昇に用いられて，冷却と光度の減少がはじまる。大部分の質量が縮退すると，半径が一定の線に沿って光度が減少し hot subdwarfs の領域を通って白色矮星となり，遂に黒色矮星となって視界から消えて行

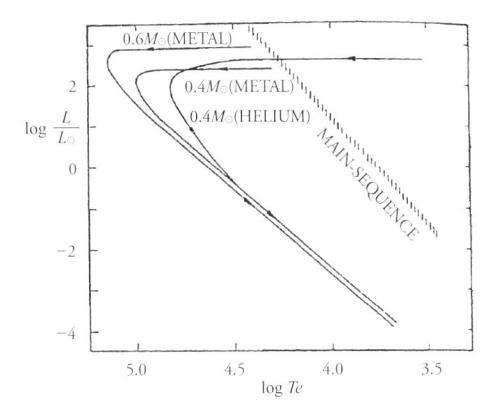

第8図 白色矮星にいたる収縮段階の軌跡

く。第7図には，helium-flash を経験しなかった $0.4M_\odot$ の He-星の最終的な進化[3] も示してある。

§あとがき

以上は星の一生についての概観であるが，元素の起源について定量的な結論を得るにはまだ多くの問題が残されている。その一つは，Ne-燃焼以後の殻構造と超新星において吹きとぶ領域を定量的に明らかにすることである。単独の星による元素の形成量がわかれば，銀河全体について星間ガスから星へ，またその逆の質量の移動を調べることによって，銀河の物理的ならびに化学的な進化が明らかにされねばならない。ある種の元素については，星以外の場所，例えば膨張宇宙の初期，でつくられたという可能性も現在のところでは残っていると思われる。

〔文献〕

1) E. M. Burbidge, G. R. Burbidge, W. A. Fowler and F. Hoyle: Rev. Mod. Phys. **29** (1957) 547.
2) M. Taketani, T. Hatanaka and S. Obi: Prog. Theor. Phys. **15** (1956) 89.
3) C. Hayashi, R. Hōshi and D. Sugimoto: Prog. Theor. Phys. Suppl. No. **22** (1962).
4) H. Tsuda: Prog. Theor. Phys. **29** (1963) 29.
5) H. Y. Chiu and R. C. Stabler: Phys. Rev. **122** (1961) 1317.
   H. Y. Chiu: Phys. Rev. **123** (1961) 1040.
6) M. Ida and M. Uehara: Private communication.
7) A. R. Sandage: Astrophys. J. **125** (1957) 422.
8) A. R. Sandage: Astrophys. J. **135** (1962) 333.
9) H. Arp: Astrophys. J. **135** (1962) 311.
10) L. H. Aller: *The Abundance of the Elements* (1961), Interscience, New York.
11) M. Schwarzschild: *Structure and Evolution of the Stars* (1958), Princeton Univ.
12) C. Hayashi and R. Hōshi: Publ. Astron. Soc. Japan **13** (1961) 442.
13) C. Hayashi: Publ. Astron. Soc. Japan **13** (1961) 450.
14) C. Hayashi and T. Nakano: unpublished.
15) S. S. Kumar: private communication.
16) A. G. W. Cameron: private communication.

17) W. K. Bonsack and J. L. Greenstein: Astrophys. J. **131** (1960) 83.
18) W. K. Bonsack: Astrophys. J. **130** (1959) 843.
19) M. Schwarzschild and R. Härm: Astrophys. J. **128** (1958) 348.
20) S. Sakashita, Y. Ono and C. Hayashi: Prog. Theor. Phys. **21** (1959) 315.
21) F. Hoyle: Month. Notices Roy. Astron. Soc. **119** (1959) 124.
22) L. G. Henyey, R. LeLevier and R. D. Levee: Astrophys. J. **129** (1959) 2.
23) F. Hoyle: Month. Notices Roy. Astron. Soc. **120** (1960) 22.
24) C. Hayashi, M. Nishida and D. Sugimoto: Prog. Theor. Phys. **27** (1962) 1233.
25) C. Hayashi and R. C. Cameron: Astrophys. J. **136** (1962) 166.
26) M. Schwarzschild and R. Härm: Astrophys. J. **136** (1962) 158.
27) S. Sakashita and Y. Tanaka: Prog. Theor. Phys. **27** (1962) 127.
28) A. R. Sandage: Astrophys. J. **135** (1962) 349.
29) F. Hoyle and W. A. Fowler: Astrophys. J. **132** (1960) 565.
30) Y. Ono, S. Sakashita and N. Ohyama: Prog. Theor. Phys. Suppl. No. **20** (1961) 85.

6. 元素の起源 (1966年)

『新天文学講座7』恒星社 (1966年)

I. 天体の化学組成

§1. 太陽系と正常な星の組成

わが銀河をつくっている水素からウランまでの各種の元素がどのようにして形成されたかという問題は，天体の進化の理論と密接に関連した天体物理学の重要課題の一つである。ここでまず，銀河を構成する星と星間ガスが，どのような化学組成をもっているか，その組成は天体に共通のものか，または天体の種類によって差があるかどうかという観測事実をまとめておこう。

組成の観測にとってもっとも手近かなものは，地球の表面である。地殻の各場所からとった標本について，これを構成する各種の岩石の存在量と，その化学組成を調べ，これを集計することによって，地殻をつくる元素の分布が求められる（第1表第2列）。地殻は大部分が酸化物からなり，これは主として Al, Ca, Mg, Na, K, Fe の珪酸塩である。地球の内部については，地震波の速度などから，Fe と Ni を主とする大体の組成が知られている。これから，地球全体としての組成の推定値が得られる（第1表第3列）。ところで，この分布は地球形成時の組成をそのまま表わしているものとは考えられない。すなわち，揮発性の気体をつくりやすい元素 H, C, N, O, F, Cl，不活性気体の元素 He, Ne, A, Xe などは地球形成の初期に大部分が地球から脱出してしまったものと思われる。

つぎに，隕石は組成の精密な分析ができる標本として，きわめて重要なものである。隕石の種類は大別して，Si の多い石質隕石と Fe, Ni, の多い隕鉄にわかれている。これらの各種類の組成はわかっているが，その落下した数の割合はそう正確でない。ユーリーは石質隕石の大部分を占める球粒隕石の組成が隕石を代表するものと考えた（第1表第4列）。隕石の成因が明確でなければ，隕石の組成が太陽系の組成をどの程度によく代表しているかという点に疑問がのこるわけであるが，地殻の組成ならびにつぎに述べる太陽の組成と非常によく似ている点と，その分析値が精密な点は注目に値する。とくに稀土類元素（57番の La より 71番の Lu まで）は化学的によく似た性質をもつので，地殻や隕石の形成時における元素の物理化学的な分離作用を共通にうけたものと考えられるから，相互の存在比はもっとも信頼のおけるものである。

星の組成については，大気の温度と密度などの物理的状態がわかっている場合には，スペクトルの吸収線の波長，強度，輪郭から大気中に存在する原子の数を求めることができる。この定量的な分析は太陽と主系列の早期型の数個の星，とかげ座 10 (O9.5)，さそり座 τ (B0)，ペルセウス座 ξ (B1)，はくちょう座 55 (B3)，こと座 α

第1表 元素の存在量 log N（原子の数の対数）

元素	地殻	全地球	隕石	太陽	早期型星	惑星状星雲	ジュース・ユーリー
1 H	7.11			12.40	12.54	12.35	12.60
2 He	0.88				11.60	11.62	11.49
3 Li	4.51		4.00	1.26			4.00
4 Be	3.34		3.20	2.83			3.30
5 B	3.45		3.30	[5.4]			3.38
6 C	5.43			8.96	8.45		8.56
7 N	4.52			8.38	8.66	8.72	8.82
8 O	8.47	8.59		9.40	9.17	9.12	9.33
9 F	5.57		4.48			5.7	5.20
10 Ne	−1.74				9.35	8.29	8.93
11 Na	7.09	6.13	6.71	6.70			6.64
12 Mg	6.94	8.19	7.94	7.68	8.37		7.96
13 Al	7.48	6.56	6.82	6.61	7.00		6.98
14 Si	8.00	8.00	8.00	8.00	8.00		8.00
15 P	5.59	4.70	5.88	5.84	6.12		6.00
16 S	5.21	7.28	6.99	7.57	7.70	8.08	7.57
17 Cl	4.95		5.32		(7.4)	6.65	5.95
18 A	1.00				(8.1)	7.23	7.18
19 K	6.82	5.60	5.56	5.36			5.50
20 Ca	6.96	6.53	6.75	6.78			6.69
21 Sc	3.65		3.23	3.60			3.43
22 Ti	5.97	5.28	5.25	5.36			5.39
23 V	4.47		4.17	4.43			4.34
24 Cr	4.59	4.60	5.91	6.40			5.89
25 Mn	5.26	5.56	5.83	5.70			5.84
26 Fe	6.95	8.15	7.83	7.16			7.78
27 Co	3.60	5.88	5.46	5.14			5.25
28 Ni	4.14	7.01	6.59	6.20			6.44

元素	地殻	隕石	太陽	ジュース・ユーリー	元素	地殻	隕石	太陽	ジュース・ユーリー
29 Cu	3.94	4.62	5.45	4.33	38 Sr	4.41	3.61	3.20	3.28
30 Zn	4.23	4.25	4.93	4.69	39 Y	3.50	2.99	3.41	2.95
31 Ga	3.46	3.00	2.56	3.06	40 Zr	4.31	4.15	2.56	3.74
32 Ge	2.32	4.04	3.71	3.70	41 Nb	3.42	1.85	2.40	2.00
33 As	2.83	3.58		2.60	42 Mo	2.42	2.77	2.36	2.38
34 Se	1.06	3.11		3.83	44 Ru	0.30	2.32	1.76	2.17
35 Br	2.31	3.69		3.13	45 Rh	−1.00	1.85	1.10	1.33
36 Kr	−2.85			3.71	46 Pd	0.00	2.11	1.40	1.83
37 Rb	4.62	3.17	2.68	2.81	47 Ag	0.97	2.19	(−0.1)	1.41

元素	地殻	隕石	太陽	ジュース・ユーリー	元素	地殻	隕石	太陽	ジュース・ユーリー
48 Cd	1.04	2.34	2.16	1.95	68 Er	2.17	2.20	[0.5]	1.50
49 In	1.00	1.43	1.20	1.04	69 Tm	1.08	1.46	[0.9]	0.50
50 Sn	3.53	3.26	[1.6]	2.12	70 Yb	2.19	2.18	1.82	1.34
51 Sb	2.00	1.90	1.88	1.39	71 Lu	1.63	1.68	[1.4]	0.70
52 Te	−0.85	1.20		2.67	72 Hf	2.40	2.15	[0.8]	1.68
53 I	1.38	2.17		1.90	73 Ta	2.07	1.42	[0.4]	0.81
54 Xe	1.00			2.60	74 W	1.70	3.1	[0.6]	1.69
55 Cs	2.69	2.11		1.66	75 Re	0.43	0.85		1.13
56 Ba	4.86	2.52	2.66	2.56	76 Os	−0.40	1.99	[0.9]	2.00
57 La	3.12	2.32	[2.2]	2.30	77 Ir	−0.30	1.49	[0.2]	1.91
58 Ce	3.52	2.36	[2.8]	2.35	78 Pt	−0.50	2.18	[2.0]	2.21
59 Pr	2.60	1.98	[1.0]	1.60	79 Au	−0.50	1.32		1.16
60 Nd	3.22	2.52	[2.4]	2.16	80 Hg	0.60	<−0.20		1.45
62 Sm	2.64	2.04	[1.9]	1.82	81 Tl	1.81	1.04		1.03
63 Eu	1.85	1.45	[1.8]	1.27	82 Pb	1.86	1.67	3.08	1.67
64 Gd	2.61	2.20	[1.5]	1.83	83 Bi	1.00	0.15		1.16
65 Tb	1.76	1.72		0.98	90 Th	2.70			
66 Dy	2.44	2.30	[2.0]	1.74	92 U	2.23			
67 Ho	1.85	1.75		1.07					

地殻はランカマ (1954),全地球はメイスン (1952),太陽はアラー (1957) とラッセル (1929) ([ ] の値),早期型星と惑星状星雲はアラー (1957) による。

(A0) などについて行われている。第1表の第5,6,7列に太陽の組成,早期型星の平均組成,ならびに輝線を出す惑星状星雲の平均組成を示しておく.太陽の値は,精度のよいもので2倍,悪いものは5倍の程度の不確実さをもつといわれている。

第1表の示すように,Naより重い元素においては地殻,隕石,太陽,早期型星の組成が観測の精度内でよく一致している。また,Neより軽い元素については天体の各標本は一致した傾向を示している。このことから,太陽を含んだ種族Iの星は現在の観測の範囲内で共通の化学組成をもつものと考えられる。ただし,Pbについては隕石の値と太陽の値に大きな差があるが,これは今後検討されるべき問題である。

同位元素の存在比については,天体における定量的な資料は少ないので,地上の値をそのまま用いるほかはない。重水素と水素の存在比についての星の値は地上の値 1/7000 よりは小さく,太陽の C^{13} と C^{12} の比は 1/40 より小さい(地上の値は 1/89)。

最近ジュースとユーリー (1956) は,隕石の組成を主にして,これに天体の軽元素の資料を補足し,HからBiまでのすべての同位元素の存在量について理論的な検討を加えることによって,不確実な値を修正して,第1表の最後の列に示した値を得ている。元素の起原の理論と比較すべき観測値としては,この値を採用することにする。

図1 元素の存在量

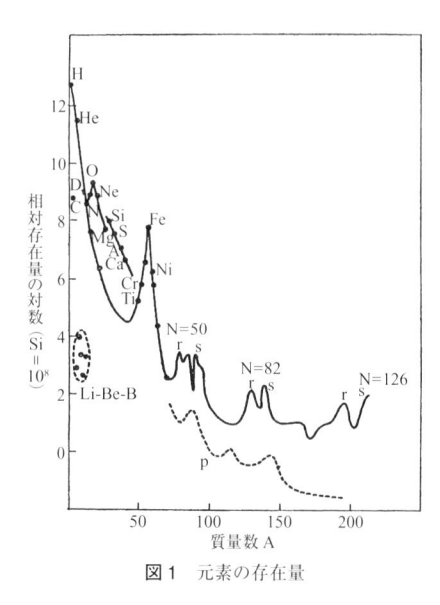

その特徴は次の通りである（図1）．

(a) 水素がもっとも多く，HeとC，N，O，Neの群がこれにつぎ，原子の数の比は，H：He：O＝1：10^{-1}：5×10^{-4}の程度である．

(b) Oより重い軽元素の量は指数函数的に減少するが，Feの附近には，10^3倍も高い山がある．質量数が100以上の元素の量はほぼ一定である．

(c) Li，Be，BはHeにくらべて10^{-8}倍も少ない．

(d) 質量数が偶数の同位元素は奇数のものにくらべて数倍多い．

(e) いわゆる魔法の数50，82，126の中性子をもった元素は附近のものにくらべて約10倍多い．

(f) 原子番号が34より大きい元素のおのおのにおいては，重い同位元素が軽いものより多いが，原子番号34がより小さい元素では逆に軽い同位元素のほうが多い．

§2. 星の異常組成

異常なスペクトルを示す星の大気は，一般に組成の決定がむずかしい条件のもとにあるので，星の異常組成を定量的に調べることは容易でない．しかし，ここ数年来，異常組成が確かめられた星の数が次第に増してきている．まず，種族Ⅱの星は水素に対する金属元素の量が，一般に少ないことが知られている．とくに種族Ⅱの星である高速度の準矮星では，金属元素は正常組成の星にくらべて1/10の程度しかない．また，ホイルとシュヴァルツシルドの進化の理論にしたがうと，球状星団の星の金属元素は上の程度に少なくなければならない．

上の場合とは逆に，水素の欠亡を示すO，B型の星も観測されている．これらの星には，水素が全然ないものと，水素とヘリウムがほぼ等量存在すると推定されるものがある．これらの星では内部で進行した熱核反応によって，水素の全部または大部分がヘリウムに変わってしまったものと思われる．

ウォルフ・ライエ星は一般に水素欠亡の傾向を示し，CもしくはNが非常に多いという特徴をもっている．窒素型の星はHe：C：N＝20：1/20：1といった存在比をもち，炭素型の星はNが欠亡していてHe：C：O＝17：3：1のような値をもっている．

M型以外の低温星では，一般に炭素が多い．とくに，C型星（炭素星）ではCは

Oより多くて，Cの存在量の異常が100倍の程度に違するものがある。S型星ではZrが実際に多いことは確からしい。さらに，C型星とS型星のスペクトルには，地上に存在しない43番の元素Tc（テクネシウム）の線が観測されている。Tcの同位元素のうちでもっとも寿命の長いものは2×10^5年の半減期をもってβ崩壊を行なうTc^{99}である。したがって，上の星の年令は少なくとも2×10^5年よりは若いか，または現在その内部で熱核反応によってTcをつくりつつあるものと考えられる。さらに，比較的まれな存在ではあるが，BaⅡ星のように質量数が75以上の重元素が異常に多い星が観測されている。

以上の星の異常組成は，もともと星をつくった星間物質の組成の異常にもとづくものか，または星の内部の核反応の生成物によるのであろうが，いずれにしても銀河内における元素形成の過程が一様ではないことを示している。その観測資料は，銀河や星の進化の理論に重要な手がかりを与えるのみでなく，元素形成の過程そのものの究明に多くの示唆を与えるものと思われる。

II. 元素形成の理論

§1. 平衡理論

上に述べたような分布をもつ元素の形成を説明しようとする理論は，これまで数多く提出されてきた。そのもっとも古いものは，現在の分布が過去の高温高密度の熱的平衡状態の分布を表わしているものと考える平衡理論である。

安定な原子核をつくっている陽子と中性子は，いずれも7～10Mevの結合エネルギーをもっている。このエネルギーは分子をつくっている原子の結合エネルギーの10^7倍の程度である。したがって，普通の分子の解離がおこる温度の10^7倍，すなわち10^9～$10^{10\circ}$Kの温度では，原子核の分解がおこるようになる。温度が高いほど核の分解が進むから，水素やヘリウムなどの軽い核が大部分を占めることになるが，逆に温度が上の値より低い場合には重い核，特に陽子と中性子の1個あたりの結合エネルギーが最大なFe附近の核ばかりが存在することになる。また，密度が大きいときは結合が進み，小さいときは分解が進むことも通常の化学反応の場合と同様である。このように，熱的平衡状態における各元素の存在量は，温度と密度ならびにそれぞれの原子核のもつ結合エネルギーの大きさによって完全に定められる。

このような存在量の計算は，統計力学でよく知られた式を用いて，多くの人によって遂行された。クラインら(1946)は，$10^{10\circ}$Kの温度と4×10^8g/cm^{3}の密度をとると，質量数が40以下の核については観測値とあった分布が得られることを示した（図2）。しかしこの分布曲線は質量数が増すときに，指数函数的に減少して，質量数が50以上の領域ではきわめて小さい値しか与えない。たとえば，質量数が100の核では観測値の10^{-20}の値を与えるに過ぎない。したがって，重元素についても観測値とあうように分布を得るためには，温度と密度がいろいろに異なった状態の適当な混合を考えねばならないことになる。これ

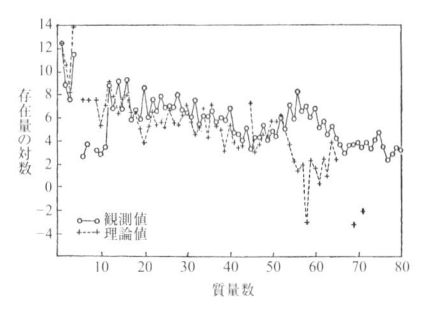

図2 平衡理論と観測値（ブラウン）の比較

は平衡理論の一つの欠点であろう。

平衡理論においては，高温高密度の平衡状態は宇宙の原始段階か，または特種の星の内部で実現されたものであるが，温度降下が急激であったために平衡状態の分布を変えるような核反応が進行しなかったものと考えられている。現在の太陽の表面や地球のような低温度のもとに熱的平衡状態が実現されているとすれば，Fe附近の元素だけが存在するはずである。したがって，現在はすべての元素からFe附近の元素がつくられる方向に核反応が進行しているはずであるが，低温のために反応速度が小さすぎて問題にならない。しかし，温度が10^{10}Kから降下する途中の高温状態における，はやい核反応による元素の分布の変化は，無視できないものと思われる。上のような平衡理論に対して，つぎに述べる三つの理論は非平衡的な核反応が元素形成の主な過程であると考える。

§2. アルファ・ベータ・ガンマ理論

平衡理論では軽元素と重元素の形成を同時に説明することができなかった。とくに，質量数が100以上の重元素の存在量が一定なことの説明は困難であった。ガモフは1948年に，重元素をつくる過程としては，荷電をもたない中性子の捕獲反応が都合のよいことに着目して，アルファ，ベーテと共同のいわゆる$\alpha\cdot\beta\cdot\gamma$理論を提出した。

現在の宇宙膨張を過去にさかのぼると，初期にはきわめて高温の状態が存在し，宇宙の物質は中性子と陽子だけからなったものと考えられる。宇宙の膨張にともなって温度が10^{10}Kの程度まで降下すると，中性子の一部は陽子に崩壊するとともに陽子は中性子と結合して重陽子をつくりはじめる。この重陽子はさらに中性子を捕獲し，以後は中性子捕獲とβ崩壊をくりかえすことによって，次第に重い原子核が形成されていく。中性子が全部消費されて反応が停止したときに元素の分布が定められる。

形成された元素の量の分布を定めるものは，中性子捕獲の反応率と反応開始時における中性子密度，または物質密度である。原子炉の中性子を用いた実験によると，中性子捕獲の反応率は核の質量数が100までは質量数とともに増大するけれども，それ以上の重い核では，魔法の中性子数50，82，126をもつ核を除けば，大きい変化がない。重元素の存在量がほぼ一定なことは，その反応率が一定なことによって説明される。反応の初期の物質密度については，この値が大であれば重元素が多くできすぎるが，逆に小であれば水素とヘリウムだけが残ることになる。観測値の分布を与えるような密度が，この中間にあって（図3），その値は10^{-6}g/cm^{3}の程度である。一般相対性理論より導かれる宇宙の膨張速度の式に

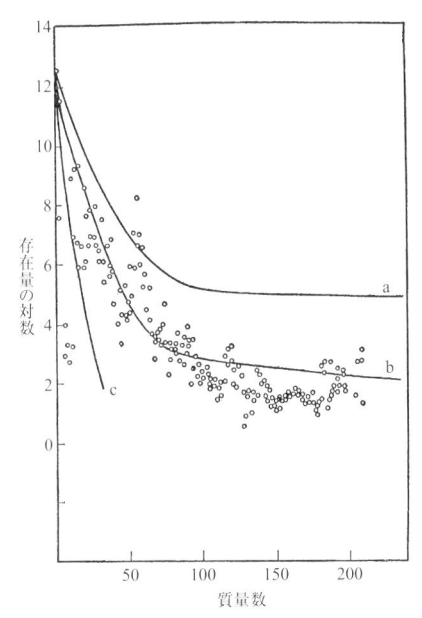

図3 α, β, γ理論と観測値（ブラウン）の比較. aは中性子密度が大きすぎる場合, cは小さすぎる場合を表わす.

したがうと，反応は宇宙が膨張を開始してから2分後に起こりはじめ，20分後には元素形成の全過程が終了したということになる．

中性子捕獲過程によれば，同位元素のうちで中性子の多い原子核がつくられやすい．これは観測値の示す傾向と一致している．しかし，安定な同位元素のうちには，比較的小量ではあるが中性子捕獲とβ崩壊だけではつくれない原子核があるが（図1の点線p），この存在を説明することは困難である．さらに，この理論の最大の困難は，質量数が5と8の安定な核が存在しないことである．陽子と中性子からHeまでがつくられても，中性子の捕獲の反応だけでは，質量数が5と8の間隙を飛び越してC以上の重い核を実際に合成することができない．この困難を救うものとして，He^4の融合反応 $3He^4 \to C^{12}$ が考えられるけれども，この反応が十分に進行するためには，反応時の物質密度がきわめて大きい宇宙を考える必要がある．しかし，大きな物質密度を採用すると，OやNeなどの軽い元素の十分量はつくられるが，中性子が短時間のうちにHe^4の形成に消費されて，Fe以上の重元素形成の時期に欠乏してしまうので，十分量の重元素が合成される見込みがなくなる．

§3. 超中性子核の分裂理論

上のような軽い核から出発した重い核の合成とは逆に，マイヤーとテラー（1949）は中性子からなる巨大な原子核の自己分裂による元素形成の理論を提出した．このような考えは，初期の宇宙は一個の巨大な原子核であったが，膨張の開始に際して分裂を起こしたというルメイトル（1931）にはじまる．

マイヤーとテラーによれば，最初は中性子よりなる低温，高密度の原子核流体が存在する．その質量は星よりは小さいが，現在存在する原子核よりはずっと大きいものとしておく．この流体の内部で中性子から陽子へのβ崩壊が進行して，荷電が増すと，電気的斥力によって表面張力が減少するので，流体は多数の液滴，すなわち超ウラン原子核に分裂する．これらの液滴は中性子を過剰に含んでいるので，分裂時に得た余分の内部エネルギーが尽きるところまで中

性子を蒸発し，その後はβ崩壊をくりかえすことによって安定な原子核に転化する。この中性子蒸発の割合を計算すると，荷電数が 62 から 78 までの同位元素の存在比として観測値とよくあった結果が得られる。しかし，この理論は大量に存在する軽元素の形成を説明することはできない。また，最初に仮定した中性子流体がどうしてつくられたかという問題に対する宇宙論的なうらづけは難かしい。

§4. 星内合成理論

最近，星の進化の理論が発展し，星の内部において可能な各種の原子核反応の知識が増すとともに星の異常組成の観測が進むにつれて，星の内部における元素合成の各種の過程が次第に明らかになってきた。

ホイルとシュヴァルツシルド (1955) は球状星団の星について，最初は主系列にあって水素の融合反応によって，エネルギーを生成していた星の中心部が，水素消費と He の堆積にともなう温度上昇によって，C と O への He の融合反応を起こすにいたるまでの進化の状況を明らかにした。ついで，カメロン (1955) ならびにファウラーとバービッジ夫妻 (1955) は，He の融合反応が起こる温度 10^8°K においては，C^{13}, Ne^{21} などが He と反応して中性子を放出し，この中性子はアルファ・ベータ・ガンマ理論の場合のような重元素形成の源になりうることを示した。

さらに進化が進んで星の中心温度が 10^9°K の程度に上昇すると，さきにつくられた C，O などは次第に重い元素に転化し，最後には最も安定な Fe 附近の元素が形成されるものと考えられる。このようにして原子核エネルギーを使い果した星は，自己の重量を支えきれなくなって，遂には爆発を起こすが，これが超新星に相当するものと思われる。ホイル, ファウラー, バービッジら (1956) は，この爆発に際して星の外層部では C^{13}, Ne^{21} と He による中性子生成の反応がきわめて急速に進行し，この中性子の捕獲によって Fe から超ウラン元素にいたる各種の重元素の合成が可能であることを示した。また彼等は，このときの生成物である 98 番の超ウラン元素 Cf^{254} (カリフォルニウム) の 55 日の半減期をもつ自己分裂のエネルギーによって，同じ半減期をもつ超新星 I 型の光度曲線が説明できることを示した。

上のようにして，星の内部で水素から出発して，超ウラン元素までがつくられる過程が明らかになってきた。太陽と同一質量の星を例にとって，その一生の進化における中心温度の時間的変化と，各温度における元素合成の核反応の概要を図4に示しておく。これらの各反応のくわしい説明は以下の節でおこなうことにする。

星が一生の間に経験する温度と密度は非常な広範囲にわたっていて，内部で進行する核反応の種類は多く，また反応時間にも広い幅がある。この点において，宇宙初期の比較的単純な過程で，元素形成を説明しようとする理論にくらべて，星の内部における合成理論は元素の複雑な分布を説明する上に有利であると考えられる。

星間ガスの凝縮によって生まれた星が，一生の間に合成した元素は，星の爆発また

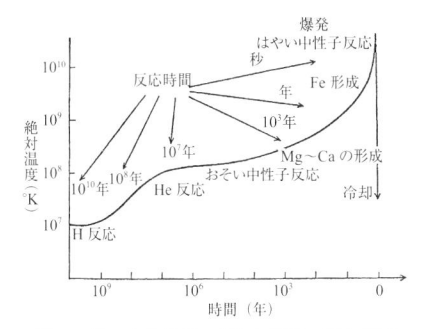

図4 星の中心温度の変化と各種の反応過程

は表面からの物質の放出などによって，再び星間空間にもどる。このような星の生成と死がくりかえされることによって，水素を主成分とする星間ガスのなかで，重元素が次第に濃縮されていく。このように考えると，種族ⅠとⅡの星の化学組成の差は，これらの星をつくった星間ガスにおける重元素濃縮過程の進行度の差として説明される。

Ⅲ．星内合成の諸過程

§1．水素反応とヘリウム反応

荷電をもった2個の原子核が反応を起こすためには，相互の電気的斥力にうちかって，一方の核が他の核の内部に突入せねばならないから，熱核反応率は，核の荷電が小さいほど大きく，また温度が増すと急激に増大する。したがって，星間ガスから生まれた星の内部で最初におこる反応は，水素の反応である。

主系列にある正常組成の星は，質量が太陽質量の2倍以下の場合には 18×10^6 K より低い中心温度のもとに，主として pp 反応

$$H^1 + H^1 \longrightarrow H^2 + \beta^+ + \nu,$$
$$H^2 + H^1 \longrightarrow He^3 + \gamma,$$
$$He^3 + He^3 \longrightarrow He^4 + 2H^1$$

により，また質量が太陽の2倍以上では上より高い中心温度のもとに，CN 循環反応

$$C^{12} + H^1 \longrightarrow N^{13} + \gamma,$$
$$N^{13} \longrightarrow C^{13} + \beta^+ + \nu,$$
$$C^{13} + H^1 \longrightarrow N^{14} + \gamma,$$
$$N^{14} + H^1 \longrightarrow O^{15} + \gamma,$$
$$O^{15} \longrightarrow N^{15} + \beta^+ + \nu,$$
$$N^{15} + H^1 \longrightarrow C^{12} + He^4.$$

によってエネルギーを生成していることが知られている。これらの反応はいずれも4個の H から He^4 をつくるが，とくに pp 反応は水素だけからなる星においても，He^4 合成が可能であることを示すものとして注目に値する。

CN 循環反応にあずかっている各同位元素の存在量は，それぞれの反応率に逆比例する。最近の原子核実験によると，N^{14} + H^1 の反応が最もおそいことが確実になったが，この場合には存在比として

$$N^{14}/C^{13} = (440 \times 10^6/T)^2, C^{12}/C^{13} = 4.6$$

が得られる。ここに T は絶対温度である。上の式より，地上の観測値 $N^{14}/C^{13} = 168$ は $T = 3.4 \times 10^7$ K に対応している。これより，太陽系をつくった星間ガス中の C，N 同位元素は，温度が 3.4×10^7 K であったような星の内部で進行した CN 反応の生成物であると解釈することができる。ただし，

C^{12}/C^{13} の観測値 89 は,上の値 4.6 とあわないが,これはつぎに述べる He 反応の生成物 C^{12} が大量に混合したものとすれば,説明可能である。

主系列星の中心温度より少し高い温度では,さらに重い原子核と水素の反応が進行する。O と Ne については,O^{16} を破壊する反応

$$O^{16} + H^1 \longrightarrow F^{17} + \gamma,$$
$$F^{17} \longrightarrow O^{17} + \beta^+ + \nu,$$
$$O^{17} + H^1 \longrightarrow N^{14} + He^4$$

ならびに NeNa 循環反応

$$Ne^{20} + H^1 \longrightarrow Na^{21} + \gamma,$$
$$Na^{21} \longrightarrow Ne^{21} + \beta^+ + \nu$$
$$Ne^{21} + H^1 \longrightarrow Na^{22} + \gamma,$$
$$Na^{22} \longrightarrow Ne^{22} + \beta^+ + \nu,$$
$$Ne^{22} + H^1 \longrightarrow Na^{23} + \gamma,$$
$$Na^{23} + H^1 \longrightarrow Ne^{20} + He^4$$

が重要である。CN 反応と上の反応によれば,C^{12}, O^{16}, Ne^{20} から出発して C, N, O, F, Ne, Na のすべての同位元素の形成が可能である。

水素反応の生成物 He が中心領域にたまっていくと,星は主系列を離れて巨星に進化し,中心温度は次第に上昇する。この温度が $10^8°$K の程度に達すると,He の融合反応

$$He^4 + He^4 \rightleftarrows Be^8,$$
$$Be^8 + He^4 \longrightarrow C^{12} + \gamma,$$
$$C^{12} + He^4 \longrightarrow O^{16} + \gamma,$$

が起こりはじめる。Be^8 は 0.1MeV のエネルギーを放出して 2 個の He^4 に崩壊する不安定な核であるけれども,$10^8°$K の高温においては崩壊とその逆反応とのつりあいによって極く少量の Be^8 が存在し,これが He^4 を捕獲して安定な C^{12} を形成する。

星の中心領域で上の He 反応が進行していても,外側のより低温の領域では一般に H 反応が起こっている。このとき,内部において物質の混合があって,これが比較的に急速な場合には He 反応の生成物 C^{12}, O^{16} がそのまま星の表面に出てくるが,急速でない場合には途中で H 反応を起こして C, N, O, F の各種の同位元素をつくることになる。C の過剰と N の欠亡を示す炭素型ウォルフ・ライエ星,ならびに低温の炭素星は C^{12} がそのまま星の表面に出てきたものと考えられる。

§2. おそい中性子反応

上の He 融合反応が起こる温度では,He と C, N, O, Ne の同位元素との反応も進行する。とくに,反応

$$C^{13} + He^4 \longrightarrow O^{16} + n,$$
$$Ne^{21} + He^4 \longrightarrow Mg^{24} + n$$

は星のエネルギー源としての寄与は大でないが,重元素形成の中性子源としてきわめて重要である。この中性子は Ne, Mg および,もともと存在した Fe などに捕獲されて遂次的に重い核が合成されていく。この過程はアルファ・ベータ・ガンマ理論に似ているが,異なる点は反応の時間がきわめて長いことである。上の中性子生成の反応時間は,0.8×10^8 から $2 \times 10^8°$K の温度においては 10^6 年から 10^2 年の程度である。

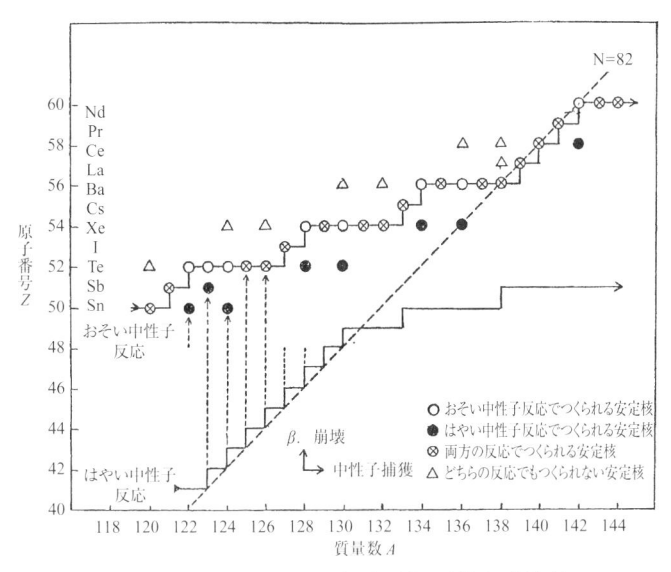

図5 中性子反応における重元素形成の道筋（一部拡大）

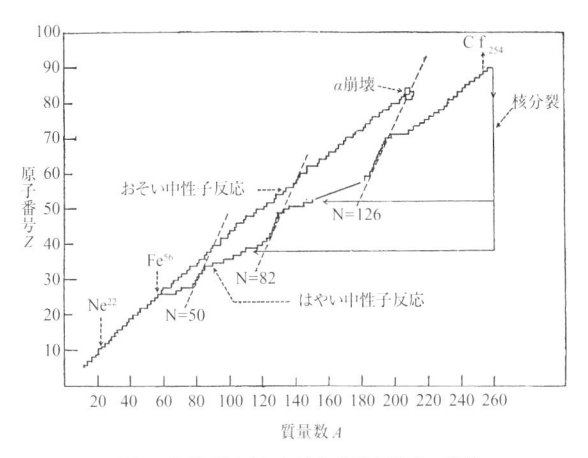

図6 中性子反応における重元素形成の道筋

この時間は核の β 崩壊の寿命よりずっと長いから，中性子を捕獲した核は β 崩壊によって安定な核に転化した後に次の中性子捕獲を行う。このような元素合成の道筋を原子番号 Z と質量数 A の面上に書くと，安定な核の存在領域の右側にそったジグザグの線となる。（図5，6）

この道筋にそった原子核の形成量は，各

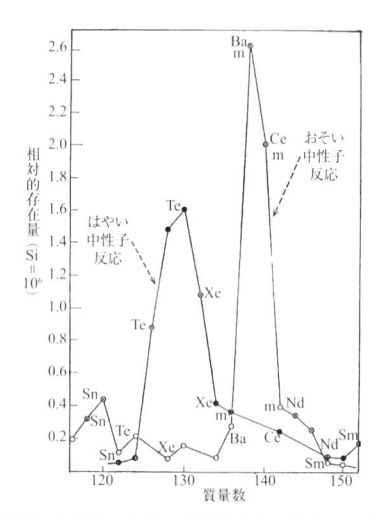

図7 中性子のおそい反応とはやい反応でつくられる同位元素（偶数の質量数）の存在量（観測値）。mは魔法の中性子数82をもつ核を示す（図5参照）。

原子核の中性子捕獲の反応率と供給される中性子の量によって定まる。とくに，中性子の補給が十分である場合には，原子核の存在量は捕獲の反応率に逆比例する。図1に示された，質量数が22から50までの下方の存在量曲線は，Ne^{21}からはじまる不十分な量の中性子捕獲で説明される。質量数が70以上の同位元素には，その合成がこのおそい中性子反応によったものと，あとで述べるはやい中性子反応によったものとの二種があるが（図7），前者の存在量は捕獲反応率の逆数によく比例していて，十分量の中性子の供給があったことを示している。とくに，魔法の中性子数$N=50$，82，126をもつ原子核は捕獲反応率が特別に小さいので，図1にsで示したような存在量曲線の山をもっている。

上のような元素の十分量を合成するに足りるだけの中性子の供給が，星のなかで実際に可能かどうかという問題は，中性子源となるC^{13}とNe^{21}の存在量の多少，ならびに反応

$$N^{14}+n \rightarrow C^{14}+H^1$$

によって，中性子を強く吸収するN^{14}の量の多少によってきまる。これらの同位元素の量は星の内部における物質の混合の状況と，H反応，He反応の進行度に依存する。物質の混合の状況については正確なことが知られていないので，問題はまだ解決されていない。

低温のS型星とC型星の大気に見出されているTcは，これらの内部でおそい中性子反応によって合成されたTc^{99}が星の表面に現われたものと解釈できる。また，S型星とBaⅡ星などに重元素がとくに多いことも，星の内部におけるこの反応の進行を示唆している。

§3. 高温の反応過程

星の中心領域でHeが消費されて，C^{12}，O^{16}ができると，重力収縮が起こって温度はさらに上昇する。$6 \times 10^8 °K$以上の温度になると，炭素の燃焼，$C^{12}+C^{12} \rightarrow Ne^{20}+He^4$，$Na^{23}+H^1$がおこる。さらに，$10^9 °K$以上の温度になると，数Mev以上のエネルギーをもった光子の数が急に増してくるので，α粒子の結合エネルギーが最も小さいNe^{20}は，これらの光子を吸収してα粒子を放出するようになり，このα粒子は他のNe^{20}に結合してMg^{24}をつくる。

$$Ne^{20} + \gamma \longrightarrow O^{16} + He^4 - 4.8 \text{MeV},$$
$$Ne^{20} + He^4 \longrightarrow Mg^{24} + \gamma + 9.3 \text{MeV}$$

中性子と陽子の結合エネルギーは5MeVよりずっと大きいので、上の温度では光子吸収による中性子、陽子の放出は起こらない。上のように Mg^{24} ができると、つぎつぎに α 粒子が結合して Si^{28}, S^{32}, A^{36}, Ca^{40} などの4の整数倍の質量数の核がつくられる。図1が示すように、これらの核の存在量が多いことは、上の過程で説明できるものと思われる。

さらに温度が上昇して 3×10^9K 以上になると、各種の原子核が光子を吸収して α 粒子、陽子、中性子を放出する反応とともに、そのすべての逆反応が急速におこるようになる。このとき、各同位元素の存在量は反応と逆反応がちょうどつりあうような分布をすることになる。これが熱的平衡状態の分布にほかならない。3×10^9K 近くの温度では、電子の縮退がおこるほど密度が大でないかぎり、平衡状態の分布は図1にみられるような Fe 附近の鋭い山をもった曲線で表わされる。前に述べた平衡理論がここで部分的に復活したわけである。

質量が太陽の1.4倍以上の星は、縮退電子の圧力で自己の重量を支えることができないので、安定な白色矮星として存在し得ないことが知られている。このような大質量の星においては、重力収縮の結果として中心温度がさらに上昇すれば Fe が再び He^4 に分解するようになる。物質密度が 10^8g/cm³ の熱的平衡状態においては、温度が 3×10^9K では Fe ばかりで、He は存在しないが、7.6×10^9K では Fe と He はほぼ等量存在し、少し高温の 8×10^9K では He が全質量の98%を占めるようになる。さて、一定量の Fe を He に分解するに必要なエネルギーは、8×10^9K における同量の物質のもつ熱エネルギーの6倍も大である。そこで、星の収縮に際して放出される重力エネルギーの大部分が、Fe の He への分解に使われて、温度上昇による十分な圧力の増加が得られないので、星の中心領域では自由落下に近い状態の崩壊がおこるものと考えられる。星の中心密度が 10^8g/cm³ のときには、自由落下の時間は1/5秒の程度である。

星の内部崩壊にともなって、外層部も陥落をおこし、重力エネルギーの熱エネルギーへの転換によって、その温度は急激に上昇する。水素とヘリウムのほかに多量の C^{12}, O^{16}, Ne^{20} を含んだ外層部の温度が 10^8K 以上になると、急速に進行する $C^{12} + H^1 \rightarrow N^{13} + \gamma$ などの水素反応の放出エネルギーによって、外層部は 10^9K の温度まで急熱され、爆発的な膨張を開始することになる。このような爆発が超新星であると考えられる。超新星の大気の膨張速度 10^3km/秒は 10^9K における分子の熱運動の速度と同じ程度である。

上の爆発時において、外層部では次に述べるはやい中性子反応による重元素合成が行われ、その生成物は内部の物質の一部とともに星外に放出される。この放出物はその後冷却するとともに次第に星間ガスに混合して、ガスの重元素の量を濃縮することになる。

§4. はやい中性子反応

超新星爆発時の10^9Kの高温においては、§2で述べた中性子生成の反応は10〜1000秒という短い反応時間をもつ。また、生成された中性子の密度は10^{24}個/cm³の程度に達し、この中性子の流れは原子炉内の最大値10^{14}個/cm²秒の10^{18}倍という巨大な値をもつものと推定される。このような中性子の照射をうけた原子核が、中性子を捕獲する反応時間はβ崩壊の寿命にくらべて、ずっと短かいので、核は最初は荷電を一定に保ちながら、つぎつぎと中性子を捕獲していく。核の中性子数が増すと中性子の結合エネルギーは次第に減少する。上の温度と中性子密度のもとでは、中性子の結合エネルギーが2MeV以下の核になると、逆反応としての光吸収による中性子放出がうちかつようになる。したがって、ある荷電数Zの原子核が捕獲できる中性子の数には限度があり、これ以上の中性子を捕獲するためには、β崩壊がおこるのを待たねばならない。β崩壊によって荷電Zが一つ増すと、中性子の結合エネルギーが増すので、さらにひき続いた数個の中性子捕獲が可能になる。

このような中性子捕獲とβ崩壊によって、最初に存在したFe^{56}から出発して重い核が合成されていく道筋を図5、6に示す。道が中性子過剰の領域を通っていることが、おそい中性子反応の場合とちがっている。魔法の中性子数$N=50$, 82, 126のところで道が大きく屈曲しているのは、これらの核に結合する中性子の結合エネルギーが異常に小さいためである。この道に沿った原子核の形成量は、最大限度の中性子を捕獲した各原子核のβ崩壊の寿命によって定められ、とくに中性子の十分な量の供給がある場合には、この寿命に比例する。

上の道筋にそって形成された中性子過剰の核は、中性子照射が終ると、β崩壊を何回も続けて行うことによって、中性子数が比較的に多い安定な核に転化する。このような同位元素の存在量の観測値(質量数が120と150の間については図7参照)は、十分量の中性子の供給があったことを仮定することによって説明される。とくに、図6.1にrで示した$A=80$, 130, 190附近の存在量の山は、中性子照射時にそれぞれ魔法の中性子数50, 82, 126をもっていた核が多量に存在したことによって説明される。

はやい中性子反応では、§2のおそい反応とちがって、Biより重い自然放射性元素、さらに超ウラン元素を合成することができる。Feから超ウラン元素のCf^{254}をつくるまでの時間は200秒の程度にすぎないのである。超ウラン元素は質量数が260以上になると、自然的な核分裂または中性子捕獲による核分裂を急速におこすので、これ以上の重い元素はつくられない。水爆ならびに原子炉の中性子照射実験によってつくられたCf^{254}は55日の半減期をもって自然分裂を行うことが知られている。この核分裂のエネルギーは他の放射性原子核のα崩壊やβ崩壊にくらべて数10倍も大である。このCf^{254}の核分裂のエネルギーによって、55日の半減期をもって減衰する超新星Ⅰ型の光度曲線を説明することが

できる。しかし，原子核エネルギーがどういう過程で光のエネルギーに変化して，半減期55日を再現するかという機構はまだ明らかでない。

合成された超ウラン元素は，Cf^{254} などの自然分裂を行うものを除けば，α 崩壊と β 崩壊を行って比較的短時間のうちに，寿命の長い Th^{232}，U^{235}，U^{238} に転化する。これらの同位元素の生成比がわかれば，現在の地上の存在比と比較することによって生成の時期を推定することができる。U^{235} の親としては質量数が 235, 239, 243, 247, 251, 255 の6個の核，U^{238} の親としては質量数が 238, 242, 246, 250 の4個の核がある。これらの親の核がすべて等量存在したものとすると U^{235} と U^{238} と生成比は 6/4 である。U^{235} と U^{238} の半減期はそれぞれ 7.1×10^8 年と 4.5×10^9 年であるから，上の生成比と現在の存在比 0.72% より，U 形成の時期として 60〜70 億年前という値が得られる。これは太陽の年令 50 億年より古いから，太陽系をつくった星間ガス中の U は，その 10〜20 億年前の昔に爆発した超新星のはやい中性子反応で合成されたものと考えられる。

§5. その他の反応

重元素の安定な同位元素のうちのもっとも軽いもの，すなわち陽子をもっとも多くもつものには，中性子捕獲と β 崩壊ではつくり得ないものがある。例えば，Xe の9個の同位元素のうちの Xe^{124} と Xe^{126} がそうである（図5）このような同位元素の存在量は，図1の点線 p で示したように他の同位元素の在存量の 1/10 から 1/100 の値をもっている。これらの同位元素は，中性子捕獲でつくられた同位元素から，3×10^9 °K 以上の温度における陽子捕獲反応または光子による中性子放出の反応によってつくられたものと思われる。このような高温の状態はたとえば超新星の爆発時に実現されたものであろう。

ところで，H^2，Li，Be，B の存在量の説明は容易でない。これらの核は 3×10^6 °K の程度の低温で水素と反応を起こして He になってしまうから，星が主系列を離れる前にほとんど全部がこわれてしまうはずである。そこで，これらの元素の存在を説明するためには，低温低密度の領域か，水素の存在しない領域での形成を考えるか，または形成のあとのきわめて急速な膨張と冷却のために水素反応による破壊をまぬがれたものと考えねばならない。

このような低温低密度の領域の一つとして星の大気が考えられる。太陽の黒点の近傍や A 型の磁気星の大気においては，変化する磁場による粒子の加速が可能であって，これが宇宙線の源の一つであることが知られている。この高エネルギー陽子が C，O などの原子核に衝突すれば，核を破砕して Li，Be，B をつくることも可能である。しかし，地上にみられるような H^1 に対する H^2 の大きな存在量（$H^2/H^1 = 1/7000$）を破砕反応によって説明することは難かしい。

§6. 結び

以上述べたように，星の内部の原子核反

応によって水素からウランまでの同位元素の形成が，一応説明されると考えてよいであろう。しかし，すべての元素の存在量の定量的な説明ができたわけではない。今後は，核反応の精密なデータと星の進化のくわしい理論をもとにして，元素の形成量に関する定量的なうらづけが進められねばならない。

　種族Ⅰの星で，古いものは100億年，新しいものは100万年の年令をもっているが，これらの星は第1表に示したような相似た化学組成をもっている。これらの元素が主として100億年以前の時期に合成されたことを考えると，100億年以前における銀河内の星の形成と死は，何かの理由で現在よりはずっと頻繁におこり，とくに種族Ⅰの星が存在する渦状構造の腕の領域では，星間ガス中の重元素の濃縮の度が大であったとしなければならない。また，現在のところでは水素だけからなる星は見出されていないから，もっとも初期の銀河を構成したガスが，水素だけからできていたものか，またはアルファ・ベータ・ガンマ理論のような宇宙初期の核反応で形成された元素を含んでいたものかどうかという点は，いまのところ明らかでない。いずれにしても，100億年以前の比較的短期間のうちに，元素形成の主な過程が進行したのであろう。

7. 最近の宇宙論 (1966年)

岩波科学第36巻第8号 (1966年), 共著: 佐藤文隆

ここ20年の間, 相対論的な膨張宇宙論と定常宇宙論の二つが対立してきた[1)2)]。しかし, 最近の2～3年の間に, これらの理論の成否を決めるのに重要な観測がいくつかなされた。それらは, スペクトル線の波長が2倍も赤方に変移しているような遠方の銀河, 宇宙を一様に満たしている黒体輻射, あるいは古い星の表面に存在するHe量などである。これらの一見無関係な観測結果は, 相対論的宇宙論では互いに関連していて, 全体としてこの宇宙論の真実性を高めてきたように思われる。

相対論的宇宙論

EINSTEIN が一般相対性理論を一様で等方な宇宙モデルに適用したのは, この理論を完成してまもない1917年であった。彼はその時, 静的なモデルをつくるために, 奇妙な'万有斥力'に対応する'宇宙項'を重力場の方程式にわざわざ導入した。当時また, DE SITTER は物質のない等方なモデルを考えた。これらの研究を通じて, 宇宙の空間は彎曲しているという考えが導入された。

1922年頃, FRIEDMANN は, 静的なモデルは不安定であり, 重力場の方程式から導かれるモデルは常に時間的に変化することを見出した。その後, 1929年に HUBBLE は, 銀河がその距離に比例する速度で私たちから後退していることを発見した。これにより FRIEDMANN の解は急に具体性を帯び, その後 LEMAÎTRE らがこの理論を発展させて, 現在のような相対性理論に基づく膨張宇宙論がつくられた[3)4)]。

この宇宙論の特徴は, 空間が彎曲していることと, それが膨張していることにある。この膨張は, 過去のある時刻において宇宙の大きさが無限小, したがって物質密度が無限大であったような状態から爆発的に始まり, その後は次第に減速して現在にいたる。この密度の変化に応じて, 宇宙はその姿を刻々と変えるはずである。上の意味で, この宇宙論は 'big bang' 理論とも, また進化的宇宙論ともいう。

膨張が開始して以来の時期, すなわち宇宙年令のだいたいの値は, 銀河の距離とその後退速度の比である HUBBLE 定数 H_0 の逆数で与えられる。1952年頃までは, H_0 の観測値から得られた年令は 1.8×10^9 年の程度であり, これがウラニウムの崩壊などから算定される地球の年令 5×10^9 よりも短いことは, この宇宙論の最大の欠点と考えられていた[3)]。

この時期に, 膨張宇宙論にかわるものとして, いくつかの異なった宇宙論が提出されたが, その代表的なものが定常的宇宙論である。(BONDI, GOLD, HOYLE, 1948)[5)6)]。この宇宙論では, 銀河の後退によって宇宙の物質密度が減少する分だけ物質が創生さ

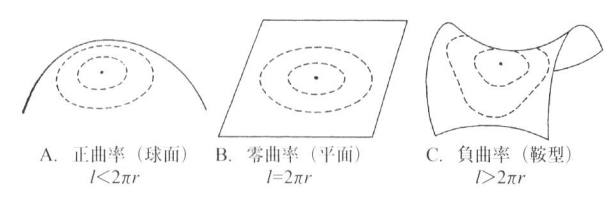

A. 正曲率（球面）　B. 零曲率（平面）　C. 負曲率（鞍型）
　　$l<2\pi r$　　　　　　$l=2\pi r$　　　　　　$l>2\pi r$

第1図　2次元の曲った空間．点線は，定点から一定距離 r にある点の軌跡を示す．その一周の長さ l は，$2\pi r$ より小 (A)，$2\pi r$ に等しい (B)，$2\pi r$ より大 (C) である。

れ，宇宙の姿は一定に保たれると考えるので，宇宙の年令についての困難は消え，また膨張宇宙の初期の密度が無限大であるという'特異性'の問題も避けられる。

しかし，1952年頃からの銀河の距離，したがって Hubble 定数の算定に誤りがあったことが明らかにされ (Baade, 1952; Sandage[7], 1958)，膨張宇宙理論における宇宙の年令もそれまでの7～8倍も大きくなって困難はなくなった。また，特異性の存在は理論の不完全さを表すようだが，無限大はともかくとして，現在の 10^{30} 倍の密度をもった初期の状態が実際にあったことも確からしくなっている。さらに重要なことは，相対論的宇宙論が定常的宇宙論や他の宇宙論と異なって現在の物理学に基礎をもっていることである。

相対論的宇宙のモデル

現在，10^9 個の程度の銀河が観測されるが，これらの銀河または銀河集団の宇宙内の分布は比較的に一様である。このような大局的な意味で，宇宙は一様かつ等方であると考えられる。一般相対論によれば，このような空間は一様な曲率をもつ'曲った空間'であり，この曲率の大きさは時間的に変化している。ただし，曲率の符号は変化しないので，その正，零，負の値に従って宇宙のモデルを大別することができる。

曲率が零の空間はユークリッド幾何学を成立する平らな空間であるが，曲った空間ではリーマン幾何学が必要になる。例えば，ある点を中心とした球の体積は，半径を増すとき，正曲率の空間では半径の3乗よりもゆっくり増大するが，負曲線の空間ではこの逆である。その様子は2次元の例（第1図に示した曲面）から類推される。正曲率の空間では，曲率半径を R とすると空間の全体積は $2\pi^2 R^3$ と有限で'閉じている'といわれ，零および負曲率の空間の全体積は無限大で'開いている'といわれる。

曲率半径 R の時間的変化は，Einstein の重力場の方程式で記述される。この方程式のなかの圧力の項は，宇宙のごく初期を除けば無視できる。このとき，方程式の解は二つの初期値，例えばある時刻における $\dot{R}$ と $\ddot{R}$ の値（・は時間微分）を指定すると，完全に定まる。この値としては，現在（添字 0 で表わす）の曲線半径 R_0，膨張速度 $\dot{R}_0$，加速度 $\ddot{R}_0$ と，関係

$$\ddot{R}_0 = -q_0 R_0 H_0^2, \quad \dot{R}_0 = H_0 R_0$$

で結ばれた，Hubble 定数 H_0 と減速係数 q_0 を選ぶと便利である[7]．

重力場の方程式によれば，次の二つの関係が成り立つ．

$$2q_0 - 1 = kc^2/H_0^2 R_0^2$$
$$q_0 = 4\pi G \rho_0 / 3H_0^2$$

ここに c は光速度，k は曲率の正，零，負に従って 1, 0, -1 の値を取り，G は重力定数，ρ_0 は現在の質量密度（質量と等価なエネルギーを含む）である．上の第 2 式は ρ_0 は正であるから q_0 も正であり，宇宙の膨張は常に減速していることを示す．また第 1 式は，この減速度が空間の開閉の別と密接に関連していることを示す．

宇宙のモデルは H_0 と q_0 の値，または H_0 と ρ_0 の値を与えると定まるが，その曲率半径の時間的変化の様子は第 2 図が示すように曲率の符号に対応していて，三つの型（第 1 表参照）に大別できる．開いた宇宙はどこまでも膨張を続けるが，閉じた宇宙は減速が大きく，ある時点で収縮に転ずる．三つの型のモデルの代表的な例として，H_0 を観測値 75km/sec Mpc（次節参照）にとり，q_0 の値を適当に選んだ場合の諸量を第 2 表に示す．ここに年令とは R が零の時刻から現在にいたる時間，'horizon' とは現在の私たちが原理的に観測可能な最大距離であり，3C9 は現在知られている最も遠方の銀河である．

現在，銀河を形成する物質を全空間に均したときの密度は約 3×10^{-31}g/cm^3 と推定される（Oort, 1958）[8]．このほかに，銀

第 1 表 膨張宇宙のモデル

モデル	A	B	C
曲率の符号	正	0	負
減速係数 q_0	> 0.5	0.5	0.5～0
空間	閉		開
時間的変化	振動		膨張だけ

第 2 表 膨張宇宙のモデルの例．$H_0 = 75$km/sec Mpc ととってある

モデル	A	B	C
q_0	1.0	0.5	0.01
ρ_0 (10^{-30}g/cm^3)	20	10	0.2
年令 (10^{10} 年)	0.74	0.87	1.25
R_0 (10^{10} 光年)	1.3	—	1.3
'horizon' の距離*	2.0	2.6	6.9
3C9 の距離*	0.95	1.1	1.4

*単位は 10^{10} 光年

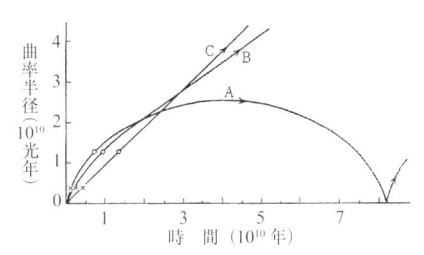

第 2 図 曲率半径の時間的変化．曲線 A, B, C は第 2 表の各モデルに対応し，○印は現時刻を，×印は現在見ている 3C9 が光を発した時刻を表わす．B のモデルでは，現在の R の値をモデル A の曲率半径に等しくとってある．

河外の空間にも物質はあろうから，上の値は ρ_0 の最低値と考えられる．例として，第 2 表の $q_0 = 1$ の閉じた宇宙を考えると，宇宙内に含まれる全質量は太陽の 4×10^{23} 倍，陽子の数では 5×10^{80} 個にあたる．

Hubble 定数 H_0 の測定

現実の宇宙に合うモデルをきめるには，H_0 と q_0 の観測値を知る必要がある。銀河の不規則運動の速度は数百 km/sec の程度なので，10^3km/sec 以上の後退速度を持つ銀河について，距離と後退速度を測れば H_0 の値がわかる。このような銀河はそれほど遠いものではない。後退速度は，銀河が放出した光のスペクトル線の波長のずれ（赤方変移）の観測から求められる。最近では，光の連続スペクトルの形のずれや，水素原子が放出する波長 21cm の電波の波長のずれも同一の後退速度を与えることが確かめられている。距離の測定は，Cepheid 型変光星，新星，球状星団，HⅡ領域，最も明るい星などの絶対光度を規準にして行われる。現在のところ，Hubble 定数の値は，観測者によって異なり，75～113km/sec Mpc（1Mpc = 3.2×10^6 光年）の範囲にある。ここでは一応，Sandage の 1958 年の値[9)10)]，$H_0 = 75 \pm 25$km/sec Mpc を用いることにする。

減速係数 q_0 の測定

上の H_0 の測定は，距離が 3×10^8 光年以内の銀河の観測で十分であるが，q_0 の値は空間の曲がりに関係するから，この値を知るためには曲率半径と同じ程度の距離，すなわち 10^{10} 光年またはこれ以上の遠方にある銀河を観測する必要がある。q_0 の値の判定に役立つ観測としては，次の三つの関係が考えられている[9)]。(1) 銀河の赤方変移と見かけの等級（明るさ）との関係，(2) みかけの等級とこの等級より明るい銀河の総数との関係，(3) 銀河のみかけの直径と赤方変移との関係。このうち，(3) の観測は現在のところ難かしく，(2) の関係は最近ラジオ銀河 (Ryle, 1961)[11)] と準星的銀河 (Quasi-stellar-galaxy)[12)] について観測されているが，q_0 の値についての結論は出ていない。現在では (1) の観測が最も進んでいるので，これを次節に述べる。

赤方変移と等級の関係

銀河のスペクトル線の固有の波長を λ_0，私たちが観測する波長を λ とすると，赤方変移の大きさはふつう，$z = (\lambda - \lambda_0)/\lambda_0$ で表わされる。相対性理論によれば，λ と λ_0 の比は，銀河が光を放出した時刻の曲率半径と観測時（現在）の曲率半径の比に等しい[7)]。

1960 年頃から，ラジオ銀河の赤方変移の測定が始まり，z として 0.5 という大きい値も見出された。さらに 1963 年頃には，準星的ラジオ銀河[13)] (Quasi-stellar radio source, Star-like object) が発見され，現在まで約 20 個の赤方変移が観測されている。その絶対光度はふつうの銀河の 100 倍も明るいために，ずっと遠方の宇宙を見ることが可能になった[14)15)]。例えば，3C9 という準星的ラジオ銀河の輝線スペクトルは，第 3 表に示したように波長が 3 倍も長くなって，もともと紫外部にあった線が可視部にまでずれている。第 2 表に示したように，この銀河の距離は 10^{10} 光年の程度である。

H_0 を一定にして q_0 をいろいろに変えた

第3表 3C9の赤方変移[14]

スペクトル	固有の波長	観測の波長	z
Hのライマンα線	1217Å	3666Å	2.01
Cの3価イオンのライン	1550Å	4668Å	2.01

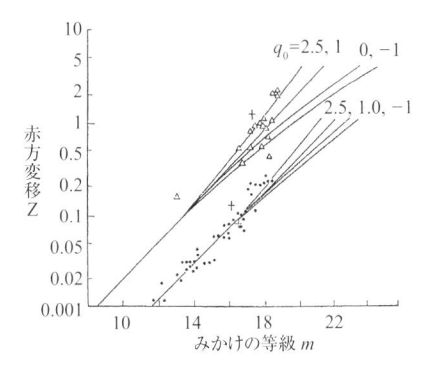

第3図 赤方変移と等級の関係。△は準星的ラジオ銀河，●はラジオ銀河，+は準星的銀河の観測値。理論曲線を引く際に，ラジオ銀河と準星的ラジオ銀河では異なった絶対光度を仮定してある。

場合，絶対光度の等しい銀河の見かけの等級 m と赤方変移 z との間には，第3図のような理論的関係が成立つ[7]。この関係は，z が小さいときはモデルによらないが，z が大きい場合は q_0 の違いによってはっきり分れてくる。したがって，この図上に z と m の観測された銀河をプロットして q_0 の値をきめることは原理的に可能である。現在のところ，観測結果は図のようにばらついていて，結論を出すにはまだ十分でないが，少なくとも定常宇宙論のモデル（図の $q_0=-1$ の線）には合いそうにない[12]。

上の方法で q_0 の値をはっきりさせるには，z がさらに大きい，より遠方の銀河の観測が必要となる。これは銀河の遠い過去の状態を見ることであるから，銀河の進化，とくにその絶対光度の時間的変化の効果も無視できないであろう。結局，上の方法による宇宙モデルの決定には，銀河の進化を明らかにすることも必要なのである。

宇宙の年令

宇宙が膨張を始めて現在までの時間は，$q_0=0$ のモデルがいちばん長くて $1/H_0$ に等しく，第2表のように q_0 が大きなモデルほど短い。太陽系やわが銀河の最も古い星団の年令を第4表に示すが，宇宙の年令がこれらの年令よりも長くなければならないことから，q_0 の上限または現在の質量密度 ρ_0 の上限を決められる。この ρ_0 は，銀河を構成している物質のほかに，銀河外空間の物質，光を放たなくなった星，ニュートリノ，重力波など，現在ではまだ直接の観測が不可能なエネルギーをすべて含めた密度である[16]。例えば，宇宙の年令を 10^{10} 年以上とすれば，HUBBLE 定数の不確定性を考慮しても q_0 は2以下，ρ_0 は 2.10^{-29} g/cm³ 以下でなければならない。

定常宇宙論では年令に制限はなく，また相対的宇宙論でも宇宙項を導入すれば年令は十分長くとれる。しかし，現在のところでは年令の問題に決定的な困難はなく，そうした必要はないと思われる。

現在の輻射の温度

昨年，Bell Telephon 研究所の PENZIAS と WILSON はつの型のアンテナをもった電波

第4表　諸種の天体の年令（単位は 10^{10} 年）

太陽系	0.45	放射性元素の半減期をもとにした年令
地球上のウラニウム	0.66〜1.15[a]	
NGC188 星団（種族 I）	1.0±0.2[b]	星の進化の理論をもとにした年令
M3 星団（種族 II）	1.2±0.3[c]	

(a) 重元素の起源の理論による。BURBIDGE, BURBIDGE, FOWLER & HOYLE: Rev. Mod. Phys., 29, 547 (1957) (b) DEMARQUE & LARSON: Astrophys. J., 140. 544 (1964) (c) DEMARQUE: Astron. J., 70. 535 (1965)

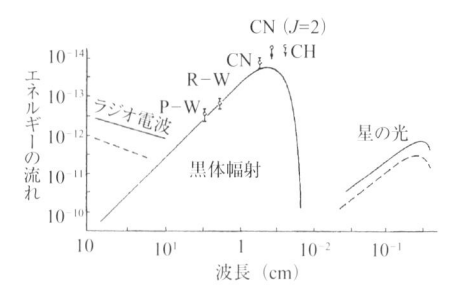

第4図　background の輻射の強度。縦軸の単位は erg/cm^3 sec ster cps。ラジオ電波と星の光は，実線が銀河内，点線が銀河外での値を表わす。

　受信機で天体のすべての方向から一様に入射する波長 7.3cm のマイクロ波を発見した[17]。彼らは，もともと通信衛星 Telstar プロジェクトの一環として，低ノイズの通信装置を開発していたが，その過程で地球大気からの輻射や装置内で熱的に発生するノイズなどすべて差し引いても一定の強さのノイズが残ることを見出した。このノイズから算定される電波の強さは銀河電波の強さよりもはるかに大きく，新しいタイプの宇宙電波が存在することを示している。DICKE らは，この輻射は宇宙を一様に満たしている黒体輻射であると解釈した[18]。このとき，上の輻射の温度は 3.5±1.0°K となる。最近，他の波長 3.2cm でも観測が行なわれ，3.0±0.5°K の値が得られている[19]。第3図に，3°K の黒体輻射のスペクトルと観測値を示す。

　黒体輻射がピークをもつ mm の波長域の強度については，その直接的な観測は地球大気の吸収などのために困難であるが，

＊星間空間の宇宙線電子によるシンクロトロン輻射。

星間ガス雲内の分子による星の光の吸収線を測定する間接的な方法が最近試みられている。(HERBIG, HITCHCOCK, FIELD, 1965)[20)21)]。これは，2本の接近した吸収線の強さの比から基底状態と励起状態にある分子の存在比を求め，励起が黒体輻射によるものと仮定してその温度を算定する方法である。これまでのところ，CN 分子の回転の第1励起状態を用いて，波長 2.6mm での輻射温度 3.0±0.6°K が得られている。同様の測定を CH 分子の第1励起状態，CN 分子の第2励起状態について行えば，波長 0.6mm と 0.3mm の輻射の強度がわかるが，現在のところ上限の値だけが得られている。

　これまでにも，宇宙にはラジオ電波や星の光の連続スペクトルの延長としての，第4図に示したような back-ground の輻射があると考えられていたが，上述の黒体輻射のピークはその間に高くつきでている。この輻射は宇宙を一様に満たし，その光子の数の密度は 10^4 個$/cm^3$ という大きなものであるから，宇宙空間を走る高エネルギー

第5表　黒体輻射の光子と高エネルギー粒子の反応とそのエネルギー領域

高エネルギー粒子	光子との反応	エネルギー
γ線	電子対発生[a]	10^{14} eV 以上
電子	逆コンプトン効果によるX線, γ線の発生[b]	10^{13} eV 以上
核子	π^0 および $\pi^\pm$ の発生[c]	10^{20} eV 以上
原子核	光核分解[c]	10^{18} eV 以上

(a) GOULD & SCHREDER: Phys. Rev. letter. 16. 252 (1966)　(b) HOYLE: ibid., 15. 131 (1965)　(c) GREISEN: ibid., 16. 748 (1966)

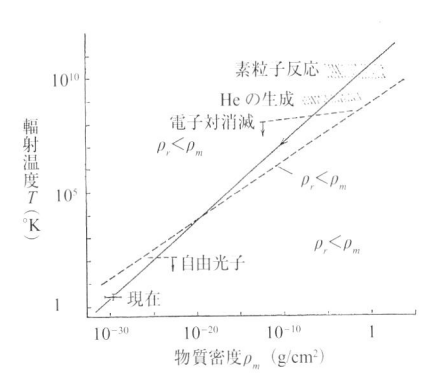

第5図　物質密度と輻射温度の変化

粒子はこの光子と作用して，第5表のような反応とおこすものと考えられる。したがって将来は，X線やγ線の観測，あるいは空気シャワーによる銀河外起源の宇宙線の観測などを通じても，宇宙を満たす黒体輻射の存在が確かめられるだろう。

宇宙初期の状態

上の黒体輻射の起源としては，過去における輻射と物質との相互作用が考えられる。現在のような稀薄な宇宙（物質密度は10^{-30} g/cm³ の程度）では，光子と物質の作用はほとんど無視できるが，物質密度ρ_mが10^{-25} g/cm³ 以上であった過去においては，互いに作用して熱平衡にあったのである。宇宙の膨張過程で，輻射の温度は物質との相互作用の有無にかかわらず$T \propto R^{-1}$のように変化するが，輻射のエネルギー分布はプランクの分布則の形を保つのである。他方，物質密度は$\rho_m \propto R^{-3}$のように減少するから，黒体輻射の温度は$T \propto \rho_m^{1/3}$のように変化する。輻射エネルギーの質量密度$\rho_r (= aT^4/c^2$，aは輻射の定数$)$は$\rho_m^{4/3}$に比例するから，現在の$\rho_r (\simeq 10^{-33}$ g/cm³$)$はρ_mよりはるかに小さいが，十分過去にさかのぼるとρ_rはρ_mよりも大きくなる。第5図は，現在の観測値から推定される過去の温度と密度の変化，ならびに諸種の反応がおこる領域を示したものである。

一般相対論の膨張をきめる式によれば，宇宙初期の温度は$T \simeq 10^{10} \times t^{-1/2}$ K のように変化する。ここに，tは膨張開始後の時間で，単位は秒である。この関係は宇宙のモデル，すなわちH_0とq_0の値にはほとんど依存しない。このように宇宙初期が非常に高温であったという 'hot universe' のモデルは，かつて元素の起源との関連で考えられ（GAMOV, ALPHER, BETHE, 1948）[22]。GAMOV はさらに銀河形成の問題との関係から，現在の黒体輻射の温度が 7°K の程度であることを予言していた[23]。DICKE らは PENZIAS らの発見したマイクロ波を，このような黒体輻射であると解釈したのである。第5図に示すように，この輻射の温度は宇宙初期が非常に高温であったことが示

すが，この高温状態の存在は別の方法で確かめられる．宇宙初期における元素生成の問題がその方法の一つである．GAMOV らは宇宙の原始物質を中性子だけと考え，この崩壊で生じた陽子が残っている中性子を捕獲して重水素となり，これに続く一連の核融合反応で重い元素ができると考えた（$\alpha-\beta-\gamma$ 理論）[22) 24)]．

中性子と陽子の共存

原始物質が十分高温なら，種々の素粒子が発生，消滅する反応がおこっているから，中性子だけが存在するという仮定は変更せねばならない．相対論的宇宙論に従って，膨張を始めて1秒後の宇宙を考えると，その温度は $10^{10°}$K，物質定数は 10^{-1}g/cm^3 程度である．これより以前には，さらに高温で重核子や中間子が存在した時期もあったが，1秒後にはこれらの不安定粒子はすべて崩壊している．しかし，陰，陽電子 $e^\mp$ やニュートリノ ν_e とその反粒子 $\bar{\nu}_e$ が対創生でつくられていて輻射と平衡にあり，中性子と陽子はベーター崩壊とその逆過程によって互いに転換しながら共存する（HAYASHI, 1950）[25)]．これらの陽子 p と n の存在比をきめる反応は，

$$n+e^+ \rightleftarrows p+\bar{\nu}_e$$
$$n+\nu_e \rightleftarrows p+e^-$$
$$n \rightleftarrows p+e^-+\bar{\nu}_e$$

である．宇宙のごく初期では，上の反応時間は宇宙の膨張時間よりも短かいので，陽子と中性子の存在比は各時刻において熱平衡値をとる．しかし，1秒後にはこれらの時間は同程度になり，平衡はくずれていく．

一般相対論によると，各時刻の膨張の速さはエネルギー密度の平方根に比例する．温度が $10^9 \sim 10^{10°}$K の範囲では，このエネルギーに寄与するのは，輻射，ニュートリノ，電子対および物質（核子）である．このうち物質の静止エネルギーは，他の成分より 10^{-6} も小さいが，他の成分はだいたい同程度の大きさである．ただし，電子対は温度が $6 \times 10^{9°}$K 以下になると急激に消滅する．また，ニュートリノは温度が $1 \times 10^{10°}$K までは熱平衡にあるが，それ以後では生成，消滅することなしに冷却していく．こうしたニュートリノの現在における密度とエネルギーを観測することは，hot universe の仮定を検証する一つの方法ではあるが，現在のところ非常に困難である．

エネルギー密度から膨張速度，したがって温度と密度の時間的変化がわかるので，上述の反応による陽子と中性子の存在比の変化を計算できる[25) 26)]．結果を第6図に示す．ごく初期の存在比は熱平衡値に一致しているが，温度の降下とともに平衡値からのずれが始まる．$3 \times 10^{9°}$K 以下では中性子の自然崩壊（半減期11.7分）だけがおこるようになり，中性子の数は急激に減少する．

He^4 の生成

膨張初期の約10分の期間は，中性子と陽子が共存していて，陽子は中性子を捕獲して重水素 d をつくる．この重水素は γ 線によって分解するが，その反応時間は $10^{-2} \sim 10^{-3}$ 秒であって膨張時間よりはる

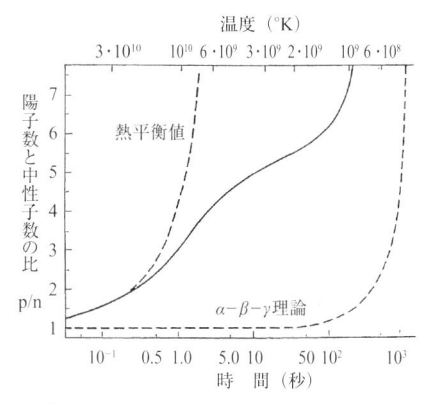

第6図 宇宙初期の陽子と中性子の存在比

第6表 元素の生成量[27]。現在の輻射温度は$3°K$としてある。t/p と He^3/p は 10^{-7} より小さい。

現在の密度 ρ_{0m} (g/cm³)	He^4（重量比）	d/p（個数比）
2×10^{-20}	0.31	3×10^{-3}
7×10^{-31}	0.27	3×10^{-5}
2×10^{-31}	0.17	10^{-5}

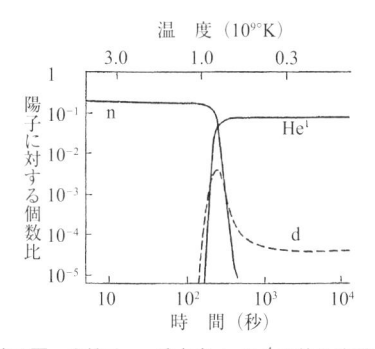

第7図 中性子 n,重水素 d,He^4 の数の時間変化（第6表の $\rho_{0m}=7\times10^{-31}$ g/cm³ の場合）[27]。

かに短かく,重水素と陽子,中性子とは熱平衡にある。この重水素から,次の一連の反応によって He^4 がつくられる。

$$d+d \longrightarrow He^3 + n, \; t+n,$$
$$He^3 + n \longrightarrow t + p,$$
$$d+t \longrightarrow He^4 + n,$$
$$d+He^3 \longrightarrow He^4 + p$$

1948年頃,FERMI と TURKEVICH は,α-β-γ 理論に従って,原始物質が中性子だけの場合について上の反応の計算を行ない,陽子とほぼ等量の He^4 がつくられることを示した[26]。しかし,その後 HAYASHI が示したように,原始物質には陽子と中性子が共存し,その存在比が第7図のように変化することが明らかにされた。この理論に従って,PEEBLES が d と He^4 の生成量を計算した最近の結果を第7図と第6表に示す[27]。ここに,He の重量比とは物質の全重量に対する He の割合である。第6表には現在の物質密度の値の不確定性を考慮した三つの場合があげられている。現在の密度が大きい場合には,宇宙初期でも物質密度が大きいから,He をつくる核反応がおこりやすいが,逆の場合は大部分の中性子が反応をおこすことなしに陽子に崩壊するのである。いずれの場合も,He より重い元素の生成は無視できる。

上の He 生成の反応は温度が $5\times10^{8°}$ K に下るまでに終了するので,銀河の形成以前の物質にはすでに He が含まれていたということになる。このことは,銀河の初期に生まれた星の He 量の観測で確かめられるはずである。

星のヘリウム量

星の表面の化学組成は，だいたいその星が生まれたときの星間ガスの組成と同じである。ところで，星の内部でつくられた元素が星の爆発によって星間空間にまきちらされるから，星間ガスの組成には次第に重い元素が多くなる。このように，2代目以後の星（種族Ⅰの星という）の表面には前世代の星の内部でつくられた元素も含まれるが，銀河の初期に生まれた星（種族Ⅱの星という）の表面は宇宙初期のガスの組成を表わすと考えてよい。

星の表面の組成は分光観測によって調べられるが，Heのスペクトル線はかなりの高温の星でないと観測されない。種族Ⅰの星についての観測データを第7表に示す。種族Ⅱの星の重元素の存在量は種族Ⅰの星の1/10以下である。そのHe量の直接的な観測はまだ少ないが，球状星団の星2個は種族Ⅰと同程度のHe量をもつことが報告されている[28]。また，琴座RR型変光星についても，その脈動に対する不安定性の理論的な研究から，やはり同程度のHe量が必要とされている（CHRISTY, 1965）[29]。

種族Ⅰの星の組成を重量比で表わせば，水素，ヘリウムおよび炭素以上の重元素はそれぞれ $X=0.72\pm0.02$, $Y=0.26\pm0.02$ および $Z\fallingdotseq0.02$ の程度である。上に述べたように，種族Ⅱの星では，Zが0.002以下であり，Yは種族Ⅰの値に近いと考えられる。この両種族の組成の差は，種々の元素が星の内部でどれだけつくられ，どれだけ星間空間に放出されたかによってきまる。

第7表 He量の観測データ

天体	He/H (個数比)	観測者
太陽	0.09	GAUSTAD (1964)[a]
オリオン星雲	0.09	MENDEZ (1963)[b]
ガス状星雲	0.11	MATHIS (1962)[c]
惑星状星雲	0.09〜0.19	O'DELL (1963)[d]
B型星	0.16	ALLER (1961)[e]
小マゼラン銀河の星	0.11	ALLER et al. (1962)[f]

(a) Astrophys. J., 133. 406 (b) Cal. Tech. theses (c) Astrophys. J., 136. 374 (d) ibid., 138. 638 (e) The abundance of the Elements, Interscience, 1961 (f) Pub. A. S. P. 74. 219

現在の星の進化の理論によると，十分に進化した星の内部の化学組成は殻構造をなし，重い元素ほど内側にある。星の内部における各元素の存在量の割合は星の質量の大小によって異なるが，最終的な爆発に際して放出される外層部の質量を考えあわせると，放出されるHeと重い元素の質量はだいたい同程度であるとしてよい（HAYASHI, 1963）[30]。これに従って両種族での差を $\varDelta Y\fallingdotseq\varDelta Z\fallingdotseq0.02$ とすると，種族Ⅱの星の組成は $X=0.74\pm0.02$, $Y=0.26\pm0.02$, $Z\fallingdotseq0.00$ となる。この組成は第6表に示した値と同程度であり，hot universeのモデルに基づいた宇宙初期のHe生成量が星の進化の理論と矛盾しないことがわかる。また，第6表に示した重水素の生成量が地上の観測値 $d/p=6\times10^{-4}$ に近いことも，重水素の起源を考えるうえで都合がよい。このようにして，宇宙初期の高温状態の存在は元素の起源と矛盾しない。しかし，最近ではHe欠乏の種族Ⅱの星があるという報告もあるので，最終的な結論は将来にまたねばならない。

定常宇宙論の転回

これに反して，定常宇宙論では高温，高密度の状態はないから，黒体輻射と He 量を説明することはできない．このような状況になって，定常宇宙論の主唱者の一人である HOYLE は最近，その理論を大きく変更せざるをえなくなった[32]．彼は，もともと物質創生のために導入した 'C-field'（重力場と結合する負エネルギーのスカラー場）が物質の収縮に際しては斥力の作用をすることから，空間的には一様でなく，時間的には振動しながら膨張するような宇宙のモデルも，もとの理論の枠内で可能であることを示した．

このように，時間的空間的な一様性の仮説から出発した定常宇宙論は，もとの姿をほとんどとどめないような修正が必要になったのである．

今後の問題

宇宙が正曲率の空間かどうか，時間的には一方的に膨張を続けるのかどうかというモデルの決定についてはまだ結論が出されていないが，相対論的宇宙論が正しいとすれば，この問題は主として遠方の銀河の観測によって解決されるべきものである．これには，'q_0 の測定'の項で述べた三つの方法があるが，いずれの場合にも銀河の進化の問題が関連してくる．

GAMOV はかつて，膨張宇宙における元素の起源とともに，温度が十分降下した際の銀河の形成について論じたことがある[23)33]．これは，膨張宇宙のなかで密度の非一様性がどのように生長するかという問題である．この問題は，古典的な JEANS の重力不安定性の理論の一般相対論への拡張として LIFSHITZ によって研究され[34]，また最近他の見地からも調べられているが，十分な結論はまだ得られていない．

相対論的宇宙論の特徴の一つは，密度が無限大の時点から膨張が始まることである．この無限大の特異性が相対性理論に特有なことか，それとも一様等方という数学的仮説からくるものかという問題がある．LIFSHITZ らはこの特異性が一様等方の仮定によるものと考えているが，特異性のないモデルを具体的に見出したわけではない[36]．また一方では，この問題を現在の物理学の枠内で議論することは不十分であって，時空構造についての量子論的考察や，超高温，超高密度の物質の状態に関する新しい考察が必要であるという見解もある[37]．

その他，宇宙を構成する物質と反物質の対称性についての考察が種々なされている[38)39]．反物質の存在は古くから議論されてきたが，最近では物質と反物質の消滅に際して放出されるエネルギーによって宇宙の膨張を説明する試みもある[40]．

このように，宇宙論はそれ自体として閉じたものではなく，ミクロには素粒子物理学の進歩と密接に関連し，またマクロには銀河の構造やその進化の研究とも関連しながら発展していくものと考えられる．

〔文献〕
1) 早川幸男：自然，1960 年 9 月号
2) GAMOV, G: Scientific American, 1954 年 3 月

号：自然，1954 年 10 月号
3) A. Einstein：相対論の意味，岩波 (1958)
4) H. Bondi: Cosmology, Cambridge Univ Press (1961)
5) H. Bondi & T. Gold: Month. Notice R. A. S., **108**, 252 (1948)
6) F. Hoyle: ibid., **108**, 372 (1948)
7) A. Sandage: Astrophys. J., **133**. 355 (1961)
8) J. Oort: La Structure et L'Evolution de L'Univers, Editions Stoops, **163** (1958)
9) A. Sandage: Astrophys. J., **127**, 513 (1958)
10) 〃 : Problem of Extra-Galactic Research, ed. by G. McVittie: Macmillan, 359 (1962)
11) M. Ryle: ibid., 326 (1962)
12) A. Sandage: Astrophys. J., **141**, 1563 (1965)
13) 科学，**34**．No. 10 (1965)
14) M. Schmidt: Astrophys. J., **141**, 1, 1295 (1965)
15) 〃 : ibid., **144**, 443 (1966)
16) Ya. Zeldonich & Y. Smorodinsky: Soviet Phys. JETP, 14, 647 (1962)
17) A. Penzias & R. Willson: Astrophys. J., **142**, 1155 (1965)
18) R. Dicke, P. Peebles, P. Roll & D. Wilkinson: ibid., **142**, 1149 (1965)
19) P. Roll & D. Wilkinson: Phys. Rev. Letter, **16**, 405 (1966)
20) G. Field & J. Hitccock: ibid., **16**, 817 (1966)
21) P. Thoddeus & J. Clouser: ibid., **16**, 819 (1966)
22) R. Alpher, H. Bethe & G. Gamov: Phys. Rev., **73**, 863 (1948)
23) G. Gamov: Kgl. Danske Videnskab. Selskab., **27**, No. 10 (1953)
24) R. Alpher & R. Herman: Rev. Mod. Phys., **22**, 153 (1950)
25) C. Hayashi: Progr. Theor. Phys. **5**, 224 (1950)
26) R. Alpher, I. Follin & R. Herman: Phys. Rev., **92**, 1347 (1953)
27) P. Peebles: Phys. Rev. Letter., **16**, 410 (1966)
28) G. Traving: unpublished
29) R. Christy: Rev. Mod. Phys., **36**, 555 (1964)
30) C. Hayashi: Stellar Evolution, ed. by A. Stein & A. G. W. Cameron. Plenum Press, 253 (1966)
31) L. Searle and W. Rodgers: AP. J., **142**, 809 (1966); W. Sargent and L. Searle: unpublished
32) F. Hoyle: Nature, **208**, 111 (1965); F. Hoyle & J. Norlikar: Month. Notice R. A. S., **290**, 162 (1966)
33) G. Gamov: Rev. Mod. Phys., **21**, 367 (1949)
34) E. Lifshitz: J. Phys. USSR, **10**, 116 (1946)
35) P. Peebles: Astrophys. J., **142**, 1317 (1965)
36) E. Lifshitz & I. Khalatnikov: Advances in Physics, **12**, 185 (1963)
37) 例えば J. Wheeler: Relativity, group and Topology, ed. by DeWitt & DeWitt, Gordon and Breach, 314 (1964)
38) B. Pontecorno & Ya. Smorodinsky: Soviet Phys. JETP, **14**, 173 (1962)
39) S. Hayakawa: Progr. Theor. Phys. Supple. Extra number. 532 (1965)：科 学，**34**, 458 (1964)
40) H. Alfven: Rev. Mod. Phys., **37**, 652 (1965)

8. 太陽の進化 (1967年)

岩波科学第37巻第10号 (1967年);共著:中野武宣

　星間雲が収縮して星が生れる過程と,その星がさらに収縮して,中心で水素の核燃焼が始まり,現在の太陽の状態にいたるまでの進化について,最近の研究成果にもとづいて,太陽系の起源との関連に留意しながら概説する。太陽の今後の進化についても簡単にふれる。

　太陽系の起源の問題は Kant-Laplace 以来,自然科学者にとって最大の関心事の一つであった。これまでにいろんな仮説が唱えられたが,その多くは重大な困難に直面して,姿を消していった。その結果として,現在では,惑星は太陽や他の恒星から放出されたものではなく,惑星と太陽は同一の星間雲からうまれたものと考えられている[1,2]。

　太陽は,太陽系の全質量の99.9%を占めているから,その進化は,惑星の形成過程に大きな影響を与えたものと考えられる。太陽系を造った原始星雲の,中心部分の収縮によって太陽本体が生れ,周辺の低密度部分が惑星に凝縮したものであろう。周辺部分は,中心部分の強い重力の影響を受け,また,中心部分が太陽として輝きだすと,その強い光にさらされる。このように,惑星の形成過程は,重力的にも,熱的にも,太陽本体の強い影響のもとに進行したに違いない。

　太陽系の全角運動量の98%は,全質量の0.1%を占めるにすぎない惑星がもっている。過去における太陽系起源の仮説のいくつかは,この異常性を説明できないために姿を消した。最近では,うまれて間もない頃の太陽は,角運動量の大部分を持っていたが,その表面とまわりの星雲を結ぶ磁力線を通じて,角運動量が太陽から星雲に運ばれたという考えもある[3,4]。惑星系の形成過程における角運動量の重要性を疑う余地はないが,太陽本体の形成過程で角運動量がどの程度の役割を果たしたかは,現在のところ,明らかでない。角運動量を考慮した取扱いは難しいので,ここでは,太陽本体をつくった物質分布は球対称であったものと仮定して,話を進めよう。

進化の諸段階

　星間雲の収縮に始まる太陽本体の進化は,次のような段階に大別できる。(1) 星間雲,(2) 星間雲の収縮と分裂,(3) 自由落下に近い急速な収縮(これは,初期の透明な段階と,幅射が内部に貯えられるようになった後の不透明な段階とに分けられる),(4) 準静的な重力収縮,(5) 水素の核燃焼(現在の太陽はこの段階の途中にある),(6) ヘリウム,その他の核燃焼,(7) 最終的な冷却,である。さて,恒星進化の理論の現状としては,(4) と (5) の段階が,定量的に最もはっきりしているが,その他

第1表　進化の諸時期

	時期とその説明	光度*	半径**	時間（年）
B	不透明なガス雲の初期	~0.1	~2×10^4	~100
C	力学平衡状態の開始	~10^3	~10^2	~1
D	星全体で対流が起こる	~300	~50	~1×10^6
E	中心で対流が消える	15	24	~9×10^6
F	質量の半分が対流外層	0.5	1.2	2×10^7
G	中心で水素燃焼が開始	1.0	1.0	5×10^7
H	零才の主系列星	0.7	0.9	4.4×10^9
I	現在	1.0	1.0	5×10^9
J	ヘリウムの中心核形成	2.1	1.4	1×10^9
K	質量の約半分が対流外層	2.7	2.5	1×10^8
L	ヘリウム燃焼の開始	1400	130	

B，C，D，…は進化の特徴的時期，第1図以下にあるものと同じで，最後の欄はこれら各時期の間の時間を示す。
＊単位は現在の太陽の光度。　＊＊単位は現在の太陽の半径。

の段階にはさまざまな問題も残されていて，今後の研究にまつべきことが多い。しかし(3)の段階は，太陽系の起源に深く関連しているので，著者のこれまでの研究結果を中心にして話を進める。

　上記の段階(3)，(4)，(5)の特徴的な時期を第1表にまとめておく。以下の本文および各図表において，これらの時期を第1表と同じ記号B，C，…で表わすことにする。

　上記の時期の特徴について概観してみよう。巨星の進化の理論と観測結果の比較には，星の色（または表面の有効温度）と，絶対等級（または光度）を両軸にとった，HR図 (Herzsprung-Russell diagram) がよく用いられる。巨星の内部構造の理論から，HR図の低温領域（第1図の曲線abの右側の領域）にある星は，力学平衡（圧力と重力の釣合い）の状態にあり得ないことが知られている[5),6)]。太陽は低温の星間雲から生れるから，その初期の進化は，重力だけできまる急速な収縮である（第1図のBC）。これが終って，力学平衡が達成されたときの光度は著しく大きい（第1，第2図の点C）[7),8)]。その後，太陽は，表面から輻射エネルギーを失ないながら，準静的な重力収縮を行なって，光度を減少させる（第1，第2図のCDEH）[6)]。収縮とともに星の中心温度は上昇し，10^7°Kの程度になると，中心領域で，水素がヘリウムに変る核反応が始まる。この反応によるエネルギー生成量が，表面からのエネルギー放出量に等しくなると，星の収縮は停止する（第2図の点H）。この後は，非常にゆっくりした水素の燃焼が続いて，現在の太陽（第2図の点I）にいたる。将来の太陽は，

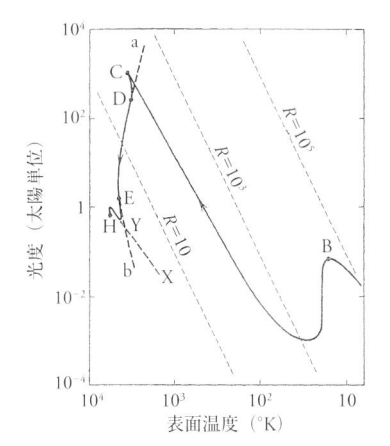

第1図 HR図上での太陽の収縮の道すじ
曲線 ab より右辺が，力学平衡の禁止領域．点線は半径(R)一定の状態を表わす．Rの単位は太陽半径．

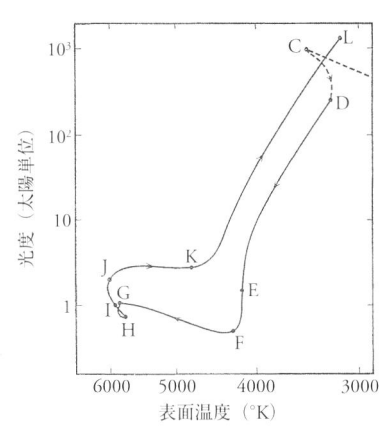

第2図 HR図上での太陽の進化の道すじ

中心での水素の消費が進んで，ヘリウムの中心核が形成されるとともに，半径が増大して，赤色巨星（第2図のKL）となり，さらには，中心でヘリウムが燃えだすようになる（第2図の点L）．上述した進化の様子を，以下の各節で，順を追って説明しよう．

星間雲

太陽系の属する銀河は，星と星間雲の集中した円板状の部分（disk）と，それをとりまく，電離水素ガスと球状星団からなる球形部分（halo）から成立っている．太陽系は disk の周辺近くに位置している．disk は，アンドロメダ星雲の天体写真に見られるような渦状構造をもち，渦の腕には，星や星間雲が多いが，腕と腕の間の領域の物質密度は，はるかに小さい[9)10)]．

星間雲の元素組成は，太陽とほぼ同じで，質量比にして，水素が約70％，ヘリウムが約30％，それよりも重い元素は約2％である．水素原子のいくらかは，分子を構成しているものと考えられている[11)12)]．星の光が星間空間を伝わる間に赤化する現象（reddening）から，星間雲には，半径が10^{-5}cm 程度の固体微粒子（grain）が存在することが知られている．その構成物質は，星間物質の組成と，相平衡の理論から H_2O, CH_4, NH_3, Fe_2O_3, $MgSiO_3$, SiO_2 などと推定されている[13)]．星間雲の密度は，普通は水素原子が1cm^{3}に1個，高いものでも10^3個程度である．grain の数は，水素原子の数の10^{-13}倍の程度と推定されている．星間雲の温度は，水素原子のだす波長21cmの電波の観測から，100°K 前後の値が得られている[9)10)]．

われわれの銀河が，今から約100億年前に形成されたとき，水素とヘリウム以外の重元素の存在量は，現在の星間雲よりもはるかに小さかったものと考えられてい

る。星間雲から生れた星の内部では、核反応によって重元素が合成され、質量が十分大きい星は、進化の終段階に近づくと、爆発を起して、重元素を星間空間に放出する。

この爆発現象は、超新星として観測されている。以上のように、太陽が生れるまでの約50億年の期間に、銀河内では、多数の星の形成と爆発がくりかえされて、星間雲の重元素の量は、しだいに増加したのである[14]。

星間雲の収縮と分裂

星間雲は重力によって収縮しようとするが、分子の熱運動は、逆にこれを膨張させようとする。質量 M、温度 T、密度 ρ の星間雲が、収縮するか、膨張するかは、その重力エネルギー GM^2/R と、熱エネルギー RTM の大小によってきまる。ここに、$R=(M/\rho)^{1/3}$ は星間雲の半径 G は重力定数、R は気体定数である。上の大小関係により、星間雲は、その質量が $(RT/G)^{3/2}\rho^{-1/2}$ より大きいものだけが、収縮することができる。星間雲の代表的な値として、$T=10^{2°}$K、$\rho=10^{-23}$g/cm³ を入れると、収縮の臨界質量は、太陽質量の 10^4 倍の程度となる。

ところで、観測されている恒星の質量は、太陽の 1/10 から数十倍の間にある。これは上述の臨界質量よりはるかに小さいから、星間雲からどのようにして恒星が生れたかは、問題のあるところである。この答として、理論的には、まだ十分、裏づけられてはいないが、現在、かなり広く受け入れられている考えを、次に紹介しよう。上記の臨界質量より重い星間雲があって、そ

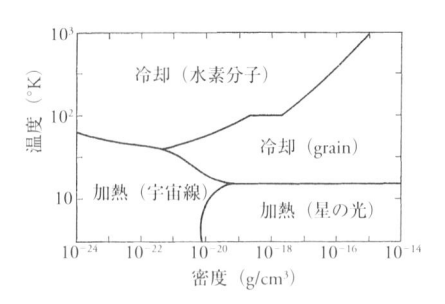

第3図 星間雲の加熱および冷却過程

の内部の密度分布にゆらぎがあると、星間雲全体としての収縮が進むとともに、このゆらぎは増大していく。最後には、密度の大きい部分から、星が生れるのである[15)16)17]。銀河の中に多数観測されている星団は、このような星間雲の分裂によって生じた星の集団と考えられる。

透明な時期の進化

上に述べたような、星間雲の収縮、分裂によって、太陽の質量をもった、独立な原始雲が生れた後の進化を考える。このガス雲が収縮するにつれて、温度がどのように変化するかは、その加熱と冷却の過程の能率の大小によってきまる。冷却過程としては、次のものが考えられる。第一は、水素分子が、他の原子や分子との衝突によって、回転準位の励起を受けて、再び基底状態にもどるときに、輻射を放出する過程である[18)19]。第二は、grain が、衝突した原子や分子の運動エネルギーを得て、それを熱輻射として放出する過程である[18]。ガス雲の密度が十分小さくて、これらの過程で放出される輻射が、そのまま星間雲の外に逃

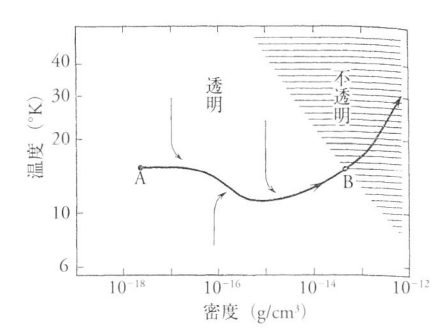

第4図　透明な時期の太陽の収縮の道すじ

げ出す場合は，冷却の能率はひじょうに良い。加熱の過程としては，宇宙線による原子の電離[18) 20)]と，恒星から出た光の吸収がある。これらの過程がどのような温度，密度において有効であるかを，第3図に示す[8)]。

ガス雲の温度は，上述の加熱と冷却の過程だけでなく，ガス雲の収縮自身によっても変化する。これらによる温度の変化の速さを，収縮による密度の変化の速さと比較することによって，ガス雲の温度と密度がどのように変化していくかを知ることができる（第4図）。

ガス雲の初期の密度が 2×10^{-18} g/cm^3 より大であれば，初期の温度がどうであっても進化の道すじは，曲線 AB に漸近的に接近していく（第4図）。初期状態が曲線 AB から十分離れている場合には，加熱または冷却が，密度の変化よりもずっと急速に進行するからである。第4図の A 点は，前節の冒頭で述べた，収縮と膨張の境界点に相当し，この密度 2×10^{-18} g/cm^3 より大きい密度のガス雲は収縮できるが，以下の密度のガス雲は膨張する。

透明な段階のガス雲は，収縮によって温度は上昇しないで，10～15°K という低温に保たれる。したがって，収縮によって重力は十分増大するが，これに伴わないことになり，収縮が進むにつれて，力学平衡からのずれが増大する。このずれの影響のため，ガス雲が不透明になった後も，自由落下の状態が続くのである。

不透明な時期の収縮と太陽の誕生

収縮が進んで，密度が増大すると，ガス雲は輻射に対して不透明になる（第4図の点B）。このような状態では，雲の中のガスや grain の放出した輻射は，散乱，吸収されるので，直接に雲の外に逃げることがむずかしくなる。したがって，雲は断熱的に収縮していく[7) 8)]。

密度の大きい領域，とくに中心近傍は，他の領域にくらべて，収縮が速く進む。断熱的な収縮では，圧力が比較的急速に増大するので，中心近傍の収縮がある程度進むと，圧力が重力にうちかって，この部分の収縮は止められる。しかし，外側の部分は超音速で収縮してくるので，収縮の終った中心核との間で衝撃波が発生し外に向かって伝播していく。衝撃波の通過によって，ガスが熱せられて，水素とヘリウムはほぼ完全に電離する。衝撃波が雲の表面まで達したとき，雲全体としての急速な収縮は終り，星が誕生するのである。このとき，表面は衝撃波で熱せられて，温度が上昇するので，星は急激に明るくなる[7) 8)]。

このような収縮過程を，最近，著者と大山襄氏が，電子計算機で追求した。球対称

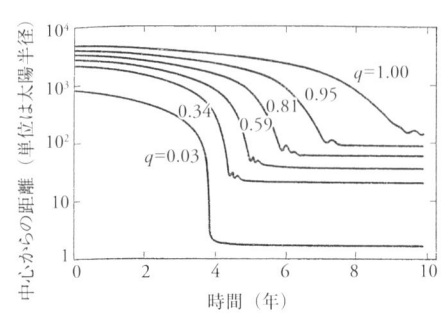

第5図　不透明な時期の収縮の様子
qは、その球殻の内部に含まれる質量の、全質量に対する割合。

のガス雲を数十回の球殻に分割し。各々の球殻の運動を調べた結果を第5、第6図に示す。第5図はいくつかの代表的な球殻の運動を示し、第6図は中心の温度と密度の変化をあらわす。これに対応するHR図上の進化を第1図に示した。雲が不透明になると（点B）、光度は減少し始めるが、その後、収縮が十分進んで衝撃波が表面に達すると、急激に増大する（点C）。第1図のB点からC点までの収縮は、自由落下に近いために、進化の時間は短かく、100年の程度である。なお、光度の計算を正確に行なっていないので、第1図のB点からC点までの進化の道すじは、推定である。

現在の地球や隕石には、Li, Be, Bが太陽表面の100倍程度存在する。これらの元素は、星の内部における熱核反応によっては、造ることのできないものである。これらの元素の起源の時期や場所については、これまでに、いくつかの考えが提出されているが[21)22)]、その一つとして、上述の星の誕生の時期があげられる[7)]。ガス雲がもともと弱い磁場を持っていると、表面領域か衝撃波の進行によってかき乱されたときに、磁場は大きく増幅される。このような状況のもとでは、磁場によって荷電粒子が加速され、高エネルギー粒子（大部分は陽子）が生れる。これらの粒子が、C, Oなどの原子核と衝突して、これを破砕し、Li, Be, Bをつくるものと考えられる。高エネルギー粒子は、Li, Be, Bをつくるだけでなく、惑星や隕石の他の元素の量にも影響を与えたであろう。

準静的な収縮

急速な収縮を終えたあと、太陽は力学的平衡状態を達成する。この状態では、表面領域を除した内部の水素とヘリウムはほぼ完全に電離していて、中心温度は約$10^5°K$で核反応を起すほど高くはない。その後、太陽は、力学的平衡状態を保ちつつ、その表面から放出するエネルギーを重力エネルギーで補いながら、ゆっくりと収縮し、中心温度は上昇していく。

このような重力収縮段階の星の進化について、数年前に大きな理論的変革があった。それ以前には、重力収縮段階にある星の中心から表面への熱の流れは、輻射によってだけ運ばれると仮定されていた。この理論によると、重力収縮段階の太陽は、現在よりも光度がかなり小さかったことになる[23)24)]。第1図の点線XYは、この理論による進化の道すじである。

しかし、その後間もなく、赤色巨星の外層には、水素原子の不完全電離に起因した対流領域が存在し、この領域では、熱の大部分が対流によって運ばれていることがわ

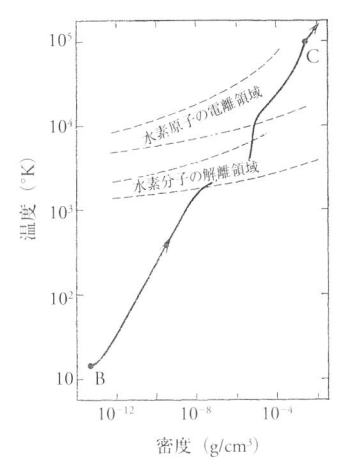

第 6 図　不透明な時期における，太陽の中心の進化の道すじ

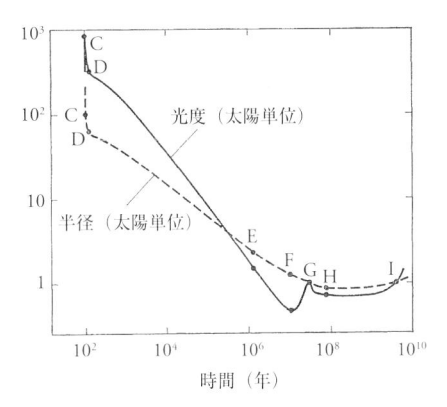

第 7 図　太陽の光度，半径の経時変化．時間は B の時期から計ったもの．

かったのである[25]．さらに 1961 年には，このような対流領域が内部全体を占めるような星の平衡状態を調べることによって，HR 図の低温領域に，力学平衡状態の存在しえない，いわゆる'禁止領域'があることが発見された（第 1 図参照）[5]．これに伴なって，第 1，第 2 図に示したように，太陽は，現在の 10^3 倍程度の非常に明るい状態から出発して，表面温度をあまり変えずに，光度を減少しながら収縮したことが明らかになった．これは，原始惑星系が太陽からの非常に強い輻射にさらされた時代があったことを意味し，太陽系の起源の理論に修正が必要になったのである．この非常に明るい準静的な収縮の時代は，発見者の名をとって 'HAYASHI phase' とよばれている．これは表および図の C と F の間の期間で，およそ 10^7 年である．

この収縮の様子をさらに詳しく述べよう．力学平衡が達成された初期には，太陽の内部で対流は起っておらず，HR 図上での位置は禁止領域の境界よりかなりはなれた点にあると推定される（第 2 図の点 C）[7)8)]．しかし表面には，すぐに対流領域が発生し，この領域は時間とともに星の内部に向かって拡がって，やがて星全体を占める[7)8)]．この対流領域の成長期間の進化は，まだくわしく計算されていないが，第 2 図に示したような点線 CD にそって進むものと推定される．この間に要する時間は数年以下である．

その後，星は禁止領域の境界にそって，しだいに光度を下げながら収縮していく[6)26)27)28]．第 2 図の E 点まで達すると，星の中心に対流の起こらない領域が生じる．この領域は収縮とともに次第に成長し，点 F では星の質量の半分を占めるに至る．その後，対流領域が表面に退くにつれて，星は禁止領域から遠ざかり，それとともに光度が少し増加する．すなわち進化の道すじは対流が起らないと仮定した昔の進化理論にしたがうようになる．点 G に達して，

中心温度が 10^7°K 近くになると，水素の核燃焼が開始して，光度は再び少し降下する．核エネルギーの生成量が表面からのエネルギー放出量に等しくなると，重力収縮は終る（点 H）．この時期を零才の主系列星とよぶ．点 B から H までの収縮の間に，太陽の光度と半径が時間的にどのように変化するかを第 7 図に示す．

誕生初期の星の観測

上述の，太陽が非常に明るかった時期において，太陽をとりまく原始惑星系の雲がどのような状態にあったかは十分明らかではないが，最近の赤外線星の観測結果などから，次のようなことが想像される．原始惑星系の雲がかなり厚い場合，太陽から出た光（可視光）の大部分は雲に吸収されて，grain を加熱し，結局のところ grain の出す熱輻射（赤外線）に変化する．つまり，遠方から見ると，太陽は赤外線星であった．このような状態にあると思われる星が，最近，いくつか発見されている[29]．

また，最近，HERBIG は，ハーバード大学天文台に保存されている古い天体写真を調べたところ，オリオン座の FU 星は，1936 年の約 120 日の間に，16 等級から 10 等級まで明るさを増したことを見出した[30]．また，現在のこの星の表面には，太陽表面の 100 倍程度の Li が存在する．これらのことから，この星は生れて間もない状態にあると考えられる．上の 120 日という時間は，衝撃波によって表面が熱せられ，ガス雲が星として輝き始める時間と同程度である[7]．しかし，この星が明るくなる前にも可視光で見えていたことは，上の解釈の難点であろう．あるいは，最初は星を球状に包んでいた雲が，その回転運動の軸の方向に収縮して，円板状になったために，雲のヴェールがなくなって明るくなったと解釈することもできる．この雲が晴れあがる時間が 120 日程度になるかどうかは，現在のところ，十分明らかでない．

零才の主系列から現在まで

主系列に達するまでの太陽のエネルギー源は，重力エネルギーであったが，主系列の段階では，水素がヘリウムに変るときに解放される核エネルギーである．これは，重力エネルギーにくらべてはるかに大きいので，主系列段階の進化時間は，それ以前の重力収縮段階にくらべて，100 倍以上も長い．

水素燃焼段階の進化については，最近，電子計算機による詳しい計算がなされている[26)31)]．それによると，零才の太陽は，現在の 0.85 倍の半径と 0.71 倍の光度をもっていた．水素がヘリウムに変ることによって，太陽内部の化学組成の分布が変化し，それに伴って，星の構造はゆっくりと変化していく．太陽内部の水素量の時間的変化のようすを第 8 図に示す．この図の直線 1 は零才の分布をあらわし，曲線 2 は，現在の分布をあらわす．水素の量が減少するとともに星の半径と光度はゆっくりと増大し，約 45 億年後に現在の状態（第 2 図の点 I）になったのである．第 8 図からわかるように現在の太陽の中心における水素量は，零才のときの約半分に減少する．

今後の進化

中心領域の水素量は今後も減少を続け，それに伴なって，半径と光度は増大する．現在から約50億年後には，第7図の曲線3のように，中心領域では水素が完全に消費されて，ヘリウムの中心核がつくられ，その外側の薄い殻状領域で，水素が燃えるようになる．このとき，太陽は第2図の点Jに位置する．その後，水素の燃焼によって，ヘリウムの中心核の質量が増大するにつれて，太陽は，光度をほぼ一定に保ちながら，外層を膨張させていく．HR図上では，点JからKの方向に進む．この時期には，中心核の密度が10^4 g/cm^3 以上に増大するために，電子に対してPauliの排他律がきき始め，縮退が進んでいく．この縮退のために，中心核は等温状態に近い．

半径の増大とともに，表面温度が降下して，HR図の禁止領域に近づくと，表面近くの対流領域が次第に成長する（第2図の点Kの近傍）．この後，ヘリウムの中心核の質量が増大するにつれて，半径と光度が増大して，赤色巨星となり，禁止領域の境界にほぼ平行に（第2図の点KからLに向かって）進化していく．

光度が現在の太陽の100倍をこえるようになると，中心核の質量の増大と，それに伴なう収縮が非常に速くなるために，中心核内に温度勾配が生じて，中心温度が急速に上昇し始める[6]．中心核の質量が全質量の42%，光度が現在の1400倍，半径が現在の100倍程度になったときに，中心温度は9×10^7°Kに達して，中心でヘリウムの燃焼が始まる（第2図の点L）．この

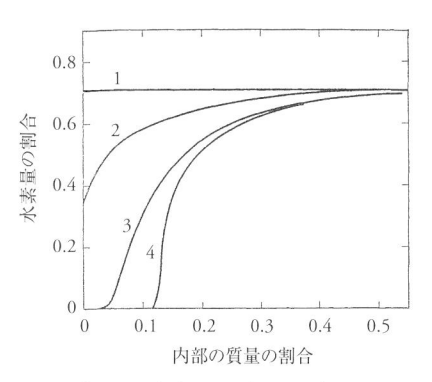

第8図 水素量の分布の時間変化．横軸は第5図のqと同じ．

とき，中心は5×10^5 g/cm^3 の程度の高密度であって，電子は強く縮退しているので，核エネルギーの放出によって温度が上昇しても，ガスの圧力はほとんど変化しない．したがって，電子が縮退しているかぎり星の構造は変らない．ところで，核反応の能率は温度に非常に敏感なために，温度の上昇は核反応を加速度的に促進し，ヘリウムの燃焼は爆発的に起こることになる．核反応のエネルギーによって電子の縮退が解ける程度まで温度が上昇すると，ガスの圧力は増加し始める．このために，中心核が膨張して，その温度は降下し，ヘリウムの爆発的な燃焼は終る．この現象を'ヘリウム・フラッシュ'とよんでいる[33]．

ヘリウム・フラッシュが終ると，中心でヘリウムがおだやかに燃焼して，炭素と酸素に転化する段階となる．中心でヘリウムが燃えつきると，炭素と酸素からなる中心核が形成され，その外側の薄い殻状領域で，ヘリウムや水素が燃焼する．このヘリウムの燃焼は，熱的な不安定性をともなって，

間けつ的に進行することが知られている。これを'ヘリウム・フリッカー'とよぶ[33]。

第2図の点IからJまでの進化に要する時間は約50億年, JからKまでは約10億年, KからLまでは約6億年である[31]。中心におけるヘリウム燃焼の段階は1億年の程度と推定される[6)34)]。

その後の進化については，現在のところ完全な計算が行なわれていないので，中心で炭素の燃焼が開始するかどうかは明らかでない。しかし，炭素の燃焼の開始の如何にかかわらず，太陽程度の質量の星では，酸素の燃焼が開始するまでに，電子の縮退の影響や中心温度が降下を始めることが知られている。このような進化の終期には，赤色巨星として膨張していた外層は急速に収縮して，表面温度は10^5°Kの程度まで一たんは上昇するが，最後には光度と表面温度を減少させながら，白色矮星になるものと考えられる。さらに熱エネルギーの放出で冷却が進むと，この星は次第に暗くなって見えなくなるだろう。

文献

1) 鈴木敬信：新天文学講座第3巻 太陽, 227 (野附誠夫編, 恒星社), (1957)
2) R. JASTROW & A. G. W. CAMERON: Origin of the Solar System (Academic Press, 1963)
3) F. HOYLE: QUART. J. Roy. Astr. Soc. 1, 32 (1960)
4) A. G. W. CAMERON: Icarus. 1. 13 (1962)
5) C. HAYASHI: Publ. Astron. Soc. Japan 13, 450 (1961)
6) C. HAYASHI, R. HOSHI & D. SUGIMOTO: Prog. Theor. Phys. Suppl. No. 22, 1 (1962)
7) C. HAYASHI & T. NAKANO: Prog. Theor. Phys. 34, 754 (1965)
8) C. HAYASHI: Ann. Rev. Astron. Astrophys. 4, 171 (1966)
9) L. WOLTJER: Interstellair-Matter in Galaxies (W. A, Benianiin Inc., 1962)
10) A. BLAAUW & M. SCHMIDT: Stars and stellar Systems vol. 5, Galactic structure (Univ. Chicago Press, 1965)
11) R. J. GOULD & E. E. SALPETER: Astrophys. J. 138, 393 (1963)
12) R. J. GOULD, T. GOLD & E. E. SALPETER: Astrophys. J. 138, 408 (1963)
13) J. E. GAUSTAD: Astrophys. J. 138, 1050 (1963)
14) M. TAKETANI, T. HATANAKA & S. OBI: Prog. Theor. Phys. 15, 89 (1956)
15) F. HOYLE: Astrophys. T. 118, 513 (1953)
16) C. HUNTER: Astrophys. J. 136, 594 (1962), ibid. 139, 570 (1964)
17) M. P. SAVEDOFF & S. VILA: Astrophys. J. 136, 609 (1962)
18) L. SPITZER: Astrophys. J. 190, 1 (1954)
19) K. TAKAYANAGI & S. NISHIMURA: Publ. Astron. Soc. Japan, 12. 77 (1960)
20) S. HAYAKAWA, S. NISHIMURA & K. TAKAYANAGI: Publ. Astron. Soc. Japan 13, 184 (1961)
21) E. M. BURBIDGE, G. R. BURBIDGE, W. A. FOWLER & F, HOYLE: Rev. Mod. Phvs. 29, 547 (1957)
22) W. A. FOWLER, J. L. GREENSTEIN & F. HOYLE: Geophys. J. Roy. Astron. Soc. 6, 148 (1962)
23) R. D. LEVÉE: Astrophys, J. 117, 200 (1953)
24) L. G. HENYEY, R. LELEVIER & R. D. LEVÉE: Publ. Astron. Soc. Pacific 67, 154 (1955)
25) F. HOYLE & M. SCHWARZSCHILD: Astrophys. J. Suppl. 2, 1 (1955)
26) D. EZER & A. G. W. CAMERON: Canadian J. Phys. 43, 1497 (1965)
27) I. IBEN: Astrophys. T. 141, 993 (1965)
28) P. BODENHEIMER: Astrophys. J. 142, 451

(1965)
29) F. J. LOW & B. J. SMITH: Nature 212, 675 (1966)
30) G. H. HERBIG: The Report of the Flagstaff Symposium on the HR Diagram (1964)
31) I. IBEN: Astrophys. J. 147. 624 (1967)
32) M. SCHWARZSCHILD & R. HARM: Astrophys. J. 136, 158 (1962)
33) M. SCHWARZSCHILD & R. HÄRM: Astrophys. J. 142, 855 (1965)
34) J. L' ECUYER: Astrophys. J. 146, 845 (1966)

基礎物理学研究所 15 周年シンポジウム
9. 星の進化（1968 年）

『基礎物理学の進展』（1968 年）

　基研において天体核現象の第一回の研究会が 1955 年に開かれてから，今日に至るまでの間に，星の進化と元素の起源について数多くのことが知られてきた．星の一生は，第 1 図に示したような段階に分けることができる．1955 年には，$3He^4$ から C^{12}, O^{16} が生ずる熱核反応率の計算から研究を始めたのであるが，上の諸段階のうちの H や He の燃焼段階についての進化の本質はほぼ明らかになったものといえる．これらの段階について，現在においても研究が行われているが，それは電子計算機による精密な計算であり，基研における最近の研究会の目標は，それ以外の未知の進化段階の解明にある．

　さて，進化に従って星の中心温度は一般には上昇するが，小質量の星では，電子の縮退が比較的初期の段階で始まるために，H や He の燃焼温度に達する以前に降下を始めることをわれわれは見出した．このように，星の進化の様子は星の質量によって著しく異っている．比較的大質量の星，例えば太陽質量の 10 倍以上の星では，中心で次第に重元素が形成されて，第 2 図のような殻構造が発達し，中心には Fe の core が形成される．このように中心で核エネルギーを使いはたした星のその後の進化はどうなるであろうか．以前から予想されているような超新星としての爆発現象を引き起すのであろうか．このような星の進化の最終段階を明らかにすることは現在の重要な課題の一つである．

　もう一つの重要課題としては，星がどのようにして生まれて，原始星としてどのような進化段階を経て，水素燃焼を始めるかという問題が残されている．このような星の生成と終末過程を明らかにすることは，銀河全体としての進化や現在の構造を論ずるためにも，不可欠のことであろう．ところで，原始星や Fe の core の進化は，従来の重力平衡の枠をはみだした取り扱いが必要であり，星の hydrodynamics という困難な問題を克服しなければならない．最近の基研の研究会では，このような問題が焦点

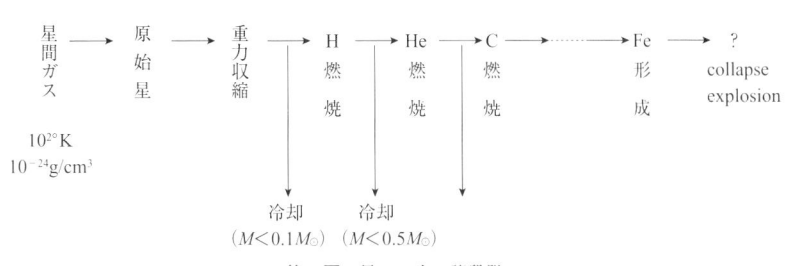

星間ガス → 原始星 → 重力収縮 → H 燃焼 → He 燃焼 → C 燃焼 → ⋯⋯ → Fe 形成 → ? collapse explosion

$10^2°K$
$10^{-24}g/cm^3$

　　　　　　　　　↓　　↓
　　　　　　　　冷却　冷却
　　　　　　　($M<0.1M_\odot$)　($M<0.5M_\odot$)

第 1 図　星の一生の諸段階

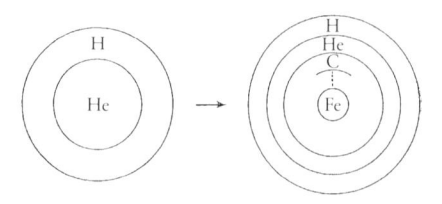

第2図　進化に伴なう殻構造の発達

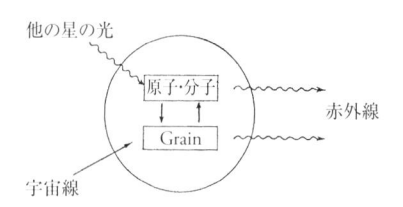

第3図　原始星の雲（透明時期）

となっているので，その研究の現状の紹介と将来の問題点の提出を兼ねて，原始星並びに高温高密度星（Fe の core）について述べることにする。

原始星

　星間ガスの凝縮によって，星のもとになる雲が生じたものとする。その初期は稀薄，透明であって，雲の温度変化は第3図に示したような energy の loss と gain の過程によって定められる。密度の変化は，重力と圧力の大小によって定められ，重力が圧力より大きい場合には，ガス雲は自由落下に近い状態にある。ところで透明なガス雲の冷却や加熱の time scale は，自由落下の time scale より著しく短いので，ガス雲の温度は energy の loss と gain がバランスするような値をとりながら変化することになる。このように，ガスの密度が 10^{-13} g/cm^3 の程度まで上昇すると，ガスの放出する輻射の mean free path が雲の半径と同じ程度になって，雲は不透明になる。つまり，輻射が雲の内部に閉じこめられて，原始星と呼べる段階が始まることになる。この時期のガスの温度は 15°K の程度であって，これが低すぎるために，ガスの圧力は重力より著しく小さい。つまり原始星の初期は重力的な collapse の状態にある。この初期状態の温度と密度は，主として，grain の輻射放出・吸収の過程で定まり，雲の進化の過去の歴史には殆んどよらないことが見出されている。

　さて原始星が collapse を続けると，一般に中心近くの領域ほど圧力が急速に上昇して重力とつりあうようになる。このために，shock wave が中心に発生して，外方に向って伝播する。shock wave が表面に到達して，表面領域を加熱すると，星の光度は異常に増大（flare up）して，表面に対流領域が出現する。対流による熱の流れがしばらく続いて，星は重力平衡の状態に落ちつき，表面から輻射を放出するためにゆっくり収縮していく。このとき半径が太陽の100倍，中心温度が 10^5°K 中心密度が 10^{-2} g/cm^3 ぐらいである。

　星を多数の球殻に分割して，その力学的運動と熱の流れの変化を，電子計算機を用いて計算した結果を第4図に示す。これらの計算は最近，成田・中野・林が行なったものである。太陽質量の原始星については，不透明になり始めてから100年の間は光度が減少するが，急に flare up して10日の間に最大光度（太陽光度の2,000倍）に達する。その後は，表面に対流領域が現われ，光度は振動しながら10年ほどして重

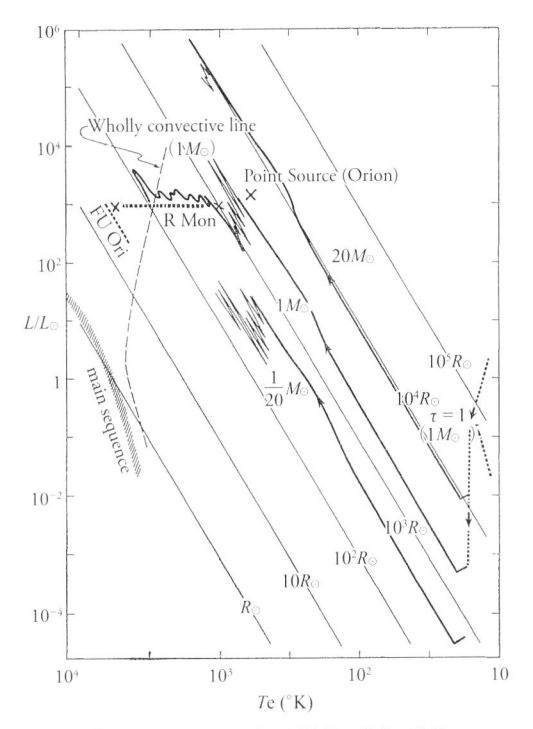

第4図　HR図における原始星の進化の軌跡

L は光度（$L_\odot$ は太陽光度），Te は表面の有効温度で，星の半径が一定の線が示してある．太陽質量（$1M_\odot$）の原始星は，図の $\tau=1$ の点で不透明になり始め，100年後には実線に沿って急に flare up する．太陽質量の20倍，ならびに 1/20倍の原始星の flare up の様子を比較のために示してある．図の×印は観測された赤外線星，また太い点線（左上）は最近に flare up が観測された星 FU Ori の位置を示す．さらに，重力平衡にあり，かつ全体が対流状態にある星の位置を細い点線が示してある．太陽質量の原始星は，flare up してこの線に達すると，その後はこの線に沿ってゆっくりと光度を減少しながら収縮する．10^7 年後には主系列（main sequence）の位置に到達して水素の燃焼が始まる．

力平衡の状態に落ちつく．

これから後は，ゆっくりと図の点線に沿って光度が減少するが，この進化段階は1961年に林が明らかにしたものである．原始星の flare up 時の光度は星の質量に強く依存し，太陽質量の20倍の星では，太陽光度の 10^6 倍以上になることは注目に値する．第4図には最近発見された赤外線星の観測値を×印で示したが，その光度は上の計算値の範囲内にある．太陽についても，その原始時代の光度がこのように大きいことは，隕石や惑星の形成即ち太陽系の起源に対して無視できない効果を与えたものと思われる．

高温高密度星

星の中心に生じた Fe の core の進化を考える。簡単のために星の外層を無視して，最初は Fe だけからなる単一の星があった場合，その中心密度や温度，組成がどのように変化するかを考える。

一般に，物質の状態方程式，即ち温度 T と密度 ρ の関数としての圧力 P，がわかっていると，重力平衡にある星の温度と密度（中心値，または平均値）の関係を次のように知ることができる。重力平衡の状態では，星の内部エネルギーと重力エネルギーがつり合っているので，

$$\frac{P}{\rho} = \frac{GM}{R}\left(\frac{1+P/\rho c^2}{1-GM/Rc^2}\right)$$

の関係がある。ここに，M と R は星の質量と半径で，上式のかっこ内は一般相対論的な効果を表わしたものである。上式から，関係式 $M = \rho R^3$ と状態方程式 $P = P(\rho, T)$ を用いて，T と ρ の関係がわかる。

さて，高温高密度の星では，上の重力平衡の状態が安定でないような温度，密度の領域がある。このような領域に入ると，星は collapse せざるを得ないのである。この安定性の条件は，物質の断熱変化の指数 $\gamma \equiv (d\ln P/d\ln \rho)_{\text{adiabatic}}$ を用いて

$$\gamma - \frac{4}{3} > k\frac{P}{\rho c^2}$$

と表わされる。上の不等号が逆の場合は圧力が重力に打ち勝って不安定となる。右辺は一般相対論的効果を表わし，k は1の程度の正の定数である。一般相対論の効果は，不安定性を増す方向に働く。上の条件は次のようにして求められる。簡単に Newton 力学の場合に話を限ると，重力平衡の状態からの変位に対して，星の内部エネルギーは $P/\rho \propto \rho^{\gamma-1}$，重力は $GM/R \propto \rho^{\frac{1}{3}}$ のように変化するからである。

さて一般に自由粒子の集団としてのガスについては，粒子が非相対論的な場合は $\gamma = \frac{5}{3}$ であり，相対論的な場合（例えば輻射）には $\gamma = \frac{4}{3}$ である。ただし，これらの値は組成の変化がない場合であって，次のような組成変化の遷移があるような温度，密度の領域では γ の値は $\frac{4}{3}$ より小さくなりうる。

高温領域：Fe^{56} の分解（$\to 13He^4 + 4n$），
　　　　　He^4 の分解（$\to 2p + 2n$），
　　　　　μ の対生成（$2\gamma \to \mu^+ + \mu^-$）
高密度領域：電子捕獲（$Fe^{56} + e^- \to Mn^{56} + \nu$，$\cdots$，$Sr^{120} + 38e^- \to 120n$），
　　　　　Hyperon 生成（$n+n \to n + \Lambda$，$p + \Sigma^-$：$\cdots$）

これらの不安定領域を第5図に示す。電子捕獲による neutron rich な核の生成は，縮退電子の Fermi energy が 4MeV のときに始まり，23MeV になると終って，さらに高密領度の域では，星は neutron ガスとして安定になる。この neutron Fermi energy が 180MeV 程度になると，Λ や Σ^- などの hyperon が現われる。第5図の斜線の領域は不安定領域で，これは Fe の nucleon への分解領域（$\gamma < \frac{4}{3}$）と，高温高密度における一般相対論の効果による不安定領域（$P/\rho c^2$ が1の程度になる）とからなる。

以上の結果をもとにして，最初は Fe か

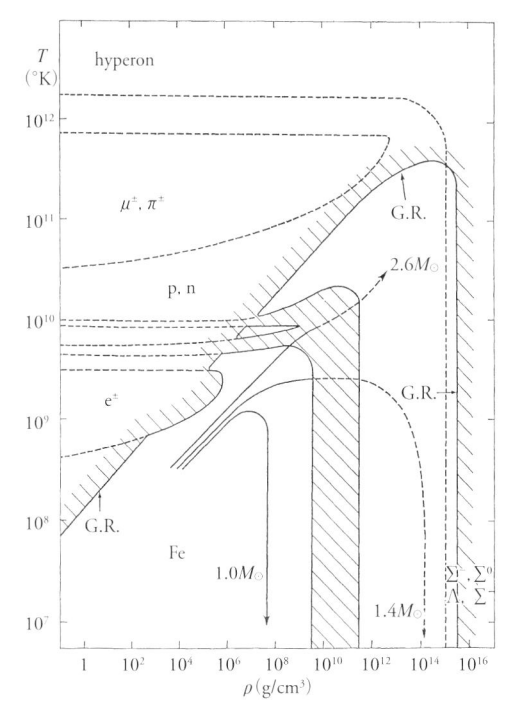

第5図 高温高密度のガスの組成と星の不安定領域
低温・低密度の熱平衡状態のガスは Fe^{56} 電子から成るが，高温・高密度になると，まず Fe^{56} は核子（高温では $p+n$，高密度では n）に分解する．この分解の遷移領域（図の斜線領域）では γ の値は $\frac{4}{3}$ より小さい．このほかに，電子対，中間子対の発生の遷移領域（図の $e^{\pm}$, $\mu^{\pm}$, $\pi^{\pm}$ の点線で囲まれた領域）でも γ は $\frac{4}{3}$ より小さい．
さらに，図の G.R. で示した実線より高温，高密度の領域（やはり斜線で示してある）では，一般相対論の効果によって，星は不安定である．

らだけなる星の進化の様子を展望してみよう．星の温度と密度が比較的小さくて，安定領域にあるときは，輻射や neutrino を放出しながら重力平衡を保ちつつ星の温度と密度は変化する．第5図に示した $1.0M_\odot$（太陽質量）の星の進化の軌跡は，星の温度は最初は上昇するが，やがて電子縮退が始まると温度が下降し，不安定領域に突入することなしに，最終的には完全縮退の電子ガスの星に落ちつくことを示している．質量が $1.0M_\odot$ より小さい星は，すべて上述のような進化をして，安定な白色矮星に落ちつく．

上に反して，質量が $1.0M_\odot$ 以上の星は，Fe の分解または電子捕獲の不安定領域に突入するために collapse を始める．この不

安定領域を通過して，再び安定領域に入っても，一般には重力平衡が回復されるとはかぎらない。何故なら安定領域に入った直後の温度，従ってまた圧力は重力平衡を保つに十分でないからである。以上のように，一たん collapse が始まってからの進化の様子は，現在のところまだ十分に明らかにされていない（第5図の $1.4M_\odot$ と $2.6M_\odot$ の軌跡は想像的に描いたものである）が，次の2つの場合が考えられる。

① 星は重力平衡に達することなしに collapse を続けて一般相対論的不安定領域に入る。ついで半径が Schwarzshild limit $\left(GM/Rc^2 = \dfrac{1}{2}\right)$ に達した後は，見えない天体となる。

② 安定領域内のどこかで，中心部で圧力が重力に勝つようになり，bounce がおこる。原始星の場合と同じように，中心で shock wave が発生して，外層が加熱される。この際質量の放出（超新星としての爆発）も考えられる。その後は，残った質量が十分大きい場合，例えば $2M_\odot$ より大である場合，これは再び収縮を続けて一般相対論的不安定領域に突入するであろう。残った質量が小さければ，第5図の $1.4M_\odot$ の例に示したように，中性子星として重力平衡の状態に落ちつく。

以上の問題を解くためには，高温高密度の物質，すなわち，核物質や素粒子物質の物性を知らねばならない。この際，核子相互間，一般には種々の hyperon 間の相互作用を考慮に入れねばならない。このような問題は，原子核理論や素粒子論にとっても，容易ではないが，興味ある問題であろう。

むすび

以上のように，星のごく初期の進化を明らかにするためには，原子，分子，grain の物理学が必要であり，また最終段階の進化には，核理論，素粒子論の知識を欠くことはできない。さらには高温高密度の星において一般相対論がそのまま成立するかどうかという問題も残されている。

他方，原始星と高温高密度星の両者に共通の問題として重力系の流体力学の特徴を明らかにするという課題がある。重力的な collapse の現象では，一般に shock wave の発生・伝播を無視することはできない。このような流体力学は，単に星の問題だけでなく，銀河の進化の解明にとっても重要である。宇宙・天体の多様な現象形態を理解する一つの鍵はここにあるかも知れない。

上に述べた原始星や高温高密度星の collapse の電子計算機による計算は，われわれの研究グループの大山，中野，松田，中沢，成田の諸君が多年にわたって開発したプログラムによって行なわれた。これは球対称のガス球に対するものである。その計算結果から，非球対称の場合の collapse—bounce—shock wave の様子を次のように推察することができる。軸長の異なった回転楕円体が collapse する場合，最初の bounce は圧力勾配が最大の方向に起るから，shock wave の伝播もこの方向に進むということである。第6図に示したように，自由落下の重力系では，球対称から

球からのずれ
の成長 →

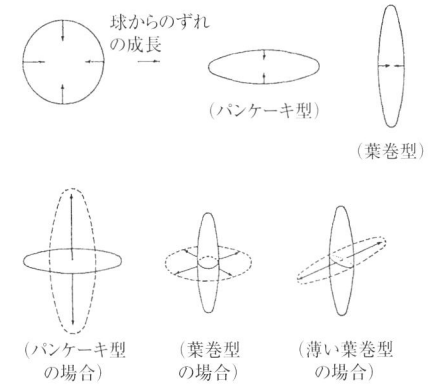

（パンケーキ型）

（葉巻型）

（パンケーキ型
の場合）　（葉巻型
の場合）　（薄い葉巻型
の場合）

第6図 非球対称のガスの重力的 collapse と shock wave の front（点線）

のずれがあると，このずれは collapse とともに成長し，このずれの方向に bounce が起ることが期待される。このような問題を解くことは，異常な形をした銀河の構造や，多くの銀河に見られる中心核の activity などの解明にとって重要なことと思われる。

恩賜賞　日本学士院賞
10. 核反応と恒星の進化に関する研究 (1971年)

学術月報第24巻第4号 (1971年)

　今回の受賞の対象になった筆者の研究は，(1) 膨張宇宙初期における元素の起源，(2) 主系列以前における原始星の進化，(3) 主系列以後における星の進化の三つにまとめられる。これらの研究は，いずれも巨視的な宇宙現象が原子，原子核，素粒子などの関与する微視的物理現象とどのように密に関連しているかを問題にした点で共通している。

I　膨張宇宙の初期における元素の起源

　これまで数多くの宇宙論が提出されてきたが，アインシュタインの一般相対性理論の出現以後は，この理論を宇宙全体に適用した相対論的宇宙論が支配的なものであった。とくに，1929年に銀河の後退に関するハッブルの法則が発見されてからは，現在にいたるまで，相対論的膨張宇宙論が主流をなしている。

　この宇宙論の発展の初期においては，宇宙全体の時空構造や宇宙構成物質の大局的な運動が主要な問題であった。これらは，どちらかといえば，一般相対論に固有な巨視的な問題であって，宇宙の物質自身の微視的な物理的変化とは一応無関係に論じられたのである。

　宇宙物質の物理的，化学的変化を最初に問題にしたのは，1948年のガモフらの宇宙初期の元素形成の研究であった。一様，等方な宇宙では，その膨張の初期にさかのぼるほど，物質や輻射の温度は高く，また温度の時間的変化も急激である。ガモフらは，宇宙の原始物質は中性子だけであったものと仮定し，宇宙の膨張が少し進んで，中性子の一部が陽子に崩壊するとともに温度が 10^9 度以下に降下すると，陽子と中性子の核融合が始まり，以後は中性子の遂次的な捕獲反応が進行して，現在見られるようなすべての元素が形成されたものと考えた。

　これに対して，1950年に筆者は，宇宙のごく初期の高温状態においては，中性子以外の諸種の素粒子が存在し，これら素粒子の組成は相互転換の反応速度によって決定されるという理論を提出した。この理論によると，宇宙の原始物質が中性子だけであるというガモフらの仮定は成立しないこと，さらに，新理論にしたがって計算したヘリウムの生成量が現在見られる各種天体のヘリウム量に一致することを示したのである。

　この理論の骨子となる考えは次の通りである。膨張宇宙の温度と密度は，巨視的な一般相対論の法則にしたがって変化する。この温度は，正確にいえば，宇宙を構成する各種粒子の分子的な熱運動に対応するものである。宇宙膨張に伴ってこの温度が

$\frac{1}{2}$ に降上するまでの時間と，各種素粒子の存在量が相互の反応によって 2 倍または $\frac{1}{2}$ 倍に変化するに必要な時間とを比較する。前者が後者より十分長い場合には，宇宙膨張の各段階において熱平衡の組成分布が実現される。しかし，逆の場合には組成の変化はなくて，過去の組成分布がそのまま凍結されて残ることになる。両者が同じ程度の大きさであれば，組成の時間的変化を定量的に計算しなければならない。

以上のようにして，宇宙初期の陽子と中性子の存在比について次の結果が見いだされた。膨張を開始して 1 秒後の宇宙の温度は 1×10^{10} 度の程度である。これ以前のより高温の時期には，中間子や重核子が多数存在していたが，この時期にはすでに崩壊していて，物質組成の主要分は，光子，陰陽電子，中性子と陽子，中性微子（ニュートリノ）と反中性微子である。中性子と陽子は電子や中性微子の捕獲，放出によって相互に転換していて，この反応時間は宇宙の温度変化の時間より短かい。つまり，1×10^{10} 度以上の温度では，陽子と中性子の数の比は熱平衡の値，すなわち，1 に近い値をもつ。

しかし温度が 1×10^{10} 度以下の時期になると，反応時間の方が長くなって，熱平衡値からのずれが起る。計算の結果によると，核融合が開始する 1×10^9 度の温度の時期には，中性子の数は陽子の $\frac{1}{5}$ の程度になっている。同一温度の熱平衡状態では中性子の数は陽子の 10^{-6} の程度にすぎないが，前に述べたように，高温時の組成が部分的に凍結したのである。

さて，陽子と中性子の核融合は，いったん開始すると，ヘリウムの形成まで急速に進行する。その結果として，物質の全質量の 30% 程度がヘリウムに変わって，残りは水素のままで残る。このヘリウム量の値は，現在の恒星の表面や星間ガスの観測値とほぼ一致している。

以上の筆者の研究から 15 年経た 1965 年に，電波望遠鏡の観測によって，現在の宇宙には絶対温度が 3 度の黒体輻射が充満していることが発見された。これが正確な黒体輻射であるかどうかについては，現在まだ多少の疑義が残ってはいるが，このような黒体輻射の存在は，初期が高温であったと考える膨張宇宙論では容易に説明がつく。

上の発見を契期にして，膨張宇宙論の研究が再び活発になり，宇宙初期の元素形成の問題も多くの人によって，より精密に計算された。その結果によると，ヘリウム量だけでなく，地上の重水素の存在量も，これらが宇宙初期に形成されたものとして説明がつく。

II 主系列以前における原始星の進化

観測されている恒星の約 2/3 は，中心で水素が燃焼している進化段階の星であることが知られている。これらを主系列の星と呼び，わが太陽もこれに属する。水素の核融合反応が起こるためには，10^7 度の程度の中心温度を必要とする。低温の星間ガス

から生まれた星が，このような高温の主系列星になるまでの進化の道筋を明らかにすることが，この研究の目的であった。

この進化については，筆者が1961年に新しい理論を提出する以前は，次のように考えられていた。恒星はその表面から輻射によって失うエネルギーを重力エネルギーで補なうために徐々に収縮する。ただしこの収縮はその各段階で重力と圧力がつり合った状態，いわゆる重力平衡の状態を保ちながらの非常にゆっくりした収縮である。収縮によって内部に貯えられた熱エネルギーは，輻射によって表面に運ばれて，星はいわゆる輻射平衡の状態にある。このような重力平衡と輻射平衡を仮定した星の収縮過程がいく人かによって計算されて，星の光度と表面温度はともに時間的に徐々に上昇するという結果が得られ，また主系列に達するまでの時間が推定された。

これに対して，筆者の研究は，星の物質の大部分を占める水素の電離が星の構造に本質的な影響を与えるために，上記の重力平衡と輻射平衡の仮定は星の表面温度が 3×10^3 度より十分高い場合に限って成り立つことを示した。したがって，表面温度の低い，初期段階の進化は重力的な崩壊の過程であって，これは比較的短時間のうちに終了して星は重力平衡の状態に達したものと考えられる。

筆者は，この重力平衡が達成してから主系列にいたるまでの進化を計算して，次のような結論を導いた。初期の星の表面温度はだいたい 3×10^3 度で，光度は一般に主系列段階の光度より大きい。また，星の内部の全領域では対流によってエネルギーが運ばれている。星の収縮が進行するとともに，最初は表面温度をほぼ一定に保ちながら光度が徐々に減少し，対流領域は次第に表面に向かって退く。

やがて，星の内部の大部分の領域が輻射平衡の状態になり，その後の進化は，以前に考えられていた輻射平衡の星の進化の道筋をたどるようになる。すなわち，光度をあまり変えずに，表面温度が上昇するのである。このような輻射平衡の状態に達するまでの収縮段階は Hayashi Phase と呼ばれている。

この段階の進化においては，水素原子の電離が基本的な役割を演ずるのであるが，その理由は次のように要約される。星を構成するガスの温度が数千度以上であると，水素原子は陽子と電子に電離しているが，これ以下の温度では不完全電離の状態にある。この状態のガスは比熱がきわめて小さいので，星の内部に温度勾配があると対流が生じる。また，このようなガスは，断熱圧縮に際して，温度と圧力がともにほとんど上昇しないという特別の性質をもっている。したがって，表面温度が 3×10^3 度以下の星は，水素の不完全電離の領域が星の大部分を占めるために，重力平衡の状態をとり得ないのである。

筆者の理論の結果は，多くの観測事実と一致する。実際に，表面温度が 3×10^3 度以下の恒星の数はきわめて少ない。また，主系列以前の星を多数含んだ若い星団における，星の光度と表面温度の分布は理論の結果とよく一致する。さらには，これまで正体が不明であった，おうし座T型星が主系列以前の進化段階の星であることが判

明した。

さらに，ここ数年の間，筆者は共同研究者とともに，重力平衡に達する以前の原始星の進化，すなわち，急速な重力的崩壊過程にある低温度の星の進化の研究を進めている。

III 主系列以後の星の進化

主系列の星においては，中心領域で水素が徐々にヘリウムに転化することによって構造が変化する。中心で水素が完全に消費された段階では，星は内部のヘリウム領域とその外部の水素を含んだ領域の二つからなり，その境界の薄い殻状の層で水素が燃焼している。

このような殻状の核エネルギー源をもった星の構造を明らかにすることは，1940年代の星の進化の研究の主題であった。筆者は1947年にこの研究に取り組み，ヘリウム領域はきわめて高密度であって，電子は強く縮退したフェルミ・ガスの状態にあるが，水素を含んだ外層は著しく膨張していて，これが赤色巨星にほかならないことを見いだした。その後1955年頃までの間に，シュヴァルツシルドその他の人々によって，筆者と同一の計算方式を用いた研究が行なわれ，水素燃焼による主系列星から赤色巨星への進化の基本的な特徴が明らかになった。

この後の進化については，当時の核反応の知識をもとにして，次のように考えられた。ヘリウム領域が重力的に収縮して，中心温度が 10^8 度の程度まで上昇すると，中心でヘリウムの核融合反応が開始する。こ

の反応によって炭素と酸素が形成され，ヘリウムが燃えつきると，星の中心に炭素と酸素の高密度領域が生じる。さらに，この領域が収縮して，10^9 度近くの温度で炭素の融合反応が開始する。このように，中心温度の上昇とともに，鉄までの元素が逐次的につくられる。

このような星の進化の様子は，星の質量の大小によって大きく異なるはずである。その理由は，星の中心温度と中心密度は一般に進化とともに増大するが，星の質量が小さいほど電子が縮退しやすいこと，ならびに，質量が大きいほどガス圧に対する輻射圧の割合が大きいことによる。

上記の予想にしたがって，筆者は共同研究者とともに，1956年から1959年までの期間に，ヘリウムから鉄の形成に至るまでの各種の熱核反応率とエネルギー生成率を理論的に計算した。この結果を用いて，筆者らは1962年までの期間，炭素燃焼段階までの進化の計算を行なった。すなわち，太陽質量の0.7倍，4倍，15倍の星を選んで，主系列から炭素燃焼段階にいたる構造の時間的変化を追求した。その結果，水素燃焼，ヘリウム燃焼，炭素燃焼の各段階の進化の特徴を明らかにするとともに，各段階における星の光度，表面温度，進化時間などの計算値が多く観測事実と一致することを示した。この研究の成果は180頁の論文として1962年に発表されている。

上の研究によって明らかになった進化の特徴の一つを次に述べる。高度に進化した星は，化学組成の異なった多くの層からなっていて，内部にはいるほど重い元素が存在する。各層の境界で，水素やヘリウム

が燃焼しているが，この燃焼層の中心からの距離は時間的にあまり変化しない。したがってこの層より内部の領域が，たとえば内部の核融合反応の停止（または開始）によって，収縮（または膨張）すると，外部の領域は逆に膨張（または収縮）する。このために，高度に進化した星は半径の大きい外層をもった巨星である場合が多い。

　上の研究の終了後ここ数年の間，筆者は共同研究者とともに，電子計算機による星の進化の自動計算のプログラムを完成し，これを用いて炭素燃焼以後，星の中心に鉄の領域が形成されるまでの進化を計算した。さらに，その後に鉄の原子核がヘリウムと中性子に分解することによる，星の重力的崩壊の過程を追求した。その後の進化については，現在のところまだ確実なことはいえないが，星の中心領域の重力的崩壊はやがて膨張に転じ，外層部の物質は爆発的に放出されて，残骸が白色矮星または中性子星として残るものと予想されている。

11. 太陽系形成の理論 (1972年)

「月・惑星シンポジウム」(東大宇宙航空研究所, 1972年)

太陽系の起源については,ここ10年間に次のような観測dataが集められてきた。例えば,星間雲,赤外線星,若い星団など星の形成に関連すると思われる観測や,太陽系物質の化学組成やそのisotopic anomalyの研究,隕石や月の年代測定(Rb/Sr, U, Tb/Pb法など)などがあげられる。上のdataと平行して,太陽系起源の種々のmodelが提出されてきた。例えば,Alfvén, Cameron, Hoyle, Safranov, Schatzman, Ter Haarなどのmodelである。最近では,Kusaka-Nakano-Hayashi(以下KNHと略称する)のmodelやCameron (Preprint 1972)のmodelがある。これらのmodelがそれ自身,物理的にconsistentであるかどうかという問題を別にしても,上述の観測的dataを説明できるかどうかという点を取り上げて考えることは極めて重要であろう。しかし,ここでは月・惑星のもととなった原始太陽系星雲の形成,進化などの物理的側面に主眼点を置いて話を進めることにする。

太陽ならびに惑星系のもとであった星間雲は,その平均密度が10^{-17}g/cm^3,温度が10~20°Kの時から重力的Collapseを始めたものと考えられる。この時のガス雲の半径は現太陽系の100倍の程度である。この雲は回転しているが,その角運動量の分布,ガスの密度の分布の様子の如何によって,Collapse終了時,すなわち重力平衡達成時の様子は異なる。これを大別すると,次の三つの型になるであろう。

(1) 太陽本体ならびにこのまわりを回転している比較的大質量のガス球。このガス球の質量が太陽と同程度の場合は,2重星,3重星である。

(2) Cameron (1972)のmodel。$2M_\odot$の程度の質量が$r=30$AUまで拡がっているようなrotating diskが先づ形成されて,やがてこのdiskの内部でdustの集積によって惑星が生じ,ガスは角運動量輸送を行いながら原始太陽にcondenseすると考える。原始太陽と惑星はともに,disk形成後数千年の間につくられるという主張をCameronはしているが,その批判については後で述べる。

(3) KNH (1970)のmodel。ガス雲のCollapseの初期の,角運動量が比較的小さい中心領域から太陽本体は形成されたものであり,周辺の密度の小さい部分は,本体よりCollapseの速度が小さいために,本体より少し後れてdiskを形成したと考える。diskの全質量は$0.05M_\odot$の程度であって,太陽本体(原始太陽で半径は$70R_\odot$以下とする)のまわりをKepler運動している。このgas状星雲の内部でgrainは衝突により生長すると同時に赤道面に沈殿し,diskはガス層とgrain層に分離する。grain層の収縮が進むと重力的不安定性が生じて,grain層は小惑星の程度の質量の球に分裂

中心からの距離 r (AU)	赤道面の温度 T_e (°K)	赤道面の密度 P_e (g/cm³)	Disk の厚さ (AU)	表面密度 P_s (g/cm²)
1	2000	10^{-8}	0.3	10^5
10	300	10^{-9}	0.6	10^4
30	40	10^{-10}	1.0	10^3
100	10	10^{-12}	1.2	10

すると考える。このときの grain の大きさは 0.1cm の程度であり、時期は disk 形成後 $10^5 \sim 10^6$ years の程度である。この KNH の model を補足、発展、濃密化したものを、あとで述べることにする (Hayashi, unpublished)。次に、上の model (2)、(3) について、もう少し詳しく述べる。

§ Cameron の model

Collapse 以前のガス雲は、一様密度で一様回転をしていて、全角運動量として 9×10^{53} g cm²/sec を持った $2M_\odot$ のガス球であると仮定する。Collapse の途中で密度が 10^{-12} g/cm³ になるまでは透明で等温 (10°K) とし、これ以上の密度では断熱変化をしたものとする。雲の各素片の entropy がこのようにして定まり、角運動量が保有されるとすると、hydrostatic な重力平衡状態に達したときの物理量が定まることになる。Cameron and Pine は、z 方向 (回転軸の方向) とこれに垂直な r 方向の重力平衡の式を電子計算機で解いて、次のような数値的結果を得ている。

上の表が示すように、薄い disk 状をしていて、その表面密度 P_s は $r=30$AU までは $1/r$ に比例し、r の大きいところでは急激に減少している。つまり、全質量 $2M_\odot$ は 30AU まで拡がっている。私の計算によると、disk の光度は $600L_\odot$ の程度である。また、$r \geq 10$AU では disk は ring mode の分裂に対して不安定であると考えられるが (後述の disk の不安定性に対する結果を用いた。)、Cameron-Pine は注意していない。

さて、回転していて少し扁平になっている星の内部では、Eddington-Sweet の循環流が存在して、これが熱や角運動量を輸送することが知られている。この子午面還流が disk 内にも存在するものとして、Cameron-Pine は角運動量の輸送の time-scale を estimate した。$r=1, 10, 30$AU では、それぞれ、$2\times10^2, 2\times10^4, 4\times10^5$ years の程度の time-scale でもって、ガスが中心に向って落ち込むという。この数値は信頼がおけないと思われる。

以上のような、原始太陽系星雲の model をつくったあとで、Cameron は dust の集積過程を計算した。ガス雲が Collapse を始めてから重力平衡に達するまでに、雲の内部には turbulence が存在し、大きい渦は小さい渦に decay している。渦と渦とが衝突すると、適当な大きさの渦の場合には、dust は他の渦の内部に飛び込んで、thermal velocity 以上の速度 (相対的) をもった grain 同志の衝突附着が可能になる。このような附着過程による grain の生長の可能性を指摘したのは KNH が最初であった。

Cameron の計算によると重力平衡に達して turbulence が消えるまでに，grain は 10cm の程度の半径に成長しているという。しかし，Cameron の計算には間違いがあって，せいぜい 0.1cm の程度にしか生長しないことに注意しておこう。

　Cameron に従うと，半径が 10cm の grain は 100〜400y のうちに，disk の赤道面に沈殿し，赤道面では r の小さい方向へのゆっくりした運動を行うことによって，小さい grain を sweep して成長し，2×10^3y の間に半径は 10^7cm に成長するという。この程度の大きさになると重力的な集積過程が始まり，10^{29}g の質量になるのに 3×10^3y を要し，その後はガスを集積して数年のうちに木星の質量に生長するという。

　他方，前に述べたような角運動量の輸送によってガスの大部分が中心に集中して原始太陽が形成される。この質量の集中に際して，惑星の軌道半径は 1/10 の程度に減少したものと考える。

　以上のように，Cameron は太陽系星雲が重力平衡に達してから，数千年の間にすべての惑星ができたものと考えるのであるが，上述のいろんな箇所で指摘したように数多くの疑問点がある。太陽系が 2 重星になったり，また数百の木星が形成されてもおかしくはないのである。

§KNH の model の発展

　もともと，この model では $0.05M_\odot$ の disk の温度は原始太陽本体（半径は水星軌道より小さい）の輻射によって定まっていると考えた。しかし，disk 形成の極く初期やこれに続く比較的短期間の時期においては，disk の温度はより高温であったと考えられる。何故なら，disk をつくったガスの free-fall の運動エネルギーが熱エネルギーに転化したはずである。以下の (1)，(2) において，このような加熱過程とそれに続く冷却過程を考えよう。disk の温度の時間変化を知ることは，dust がどのような化学変化を受けて隕石や惑星母体が生じたかという問題を考える上で極めて重要であろう。さらには，赤道面に生じた grain の沈殿層がどのように分裂するかという重力的不安定性の問題について述べる。

(1) Disk 形成時の温度

　角運動量をもったガス雲の disk への Collapse の問題を正確にとくことは難しいが，disk 形成時の温度の order を次のように estimate することができる。太陽から距離 r の点に落ちてくるガスの z 方向の速度は Kepler 運動の速度に近く，また落下時間も Kepler 運動の周期に近い。disk の表面には密度や温度が不連続な shock front ができていて，この面を通じて流入するガスの運動エネルギーと放出する輻射エネルギーが釣合っているとする。このようにして estimate すると木星軌道で 1×10^3°K の程度の温度が得られる（free fall するガスの運動エネルギーがすべて熱に転換するとすると，10^4°K 以上の温度になることに注意）。地球軌道では，さらに高温の値が得られるが，上の値は order を表すものであることに注意していただきたい。

(2) 熱輻射放出による冷却

　上のような高温のdiskはその表面からの熱輻射によってエネルギーを失い，diskはz方向に縮むことによって，その重力エネルギーと熱エネルギーを放出する。これは，重力平衡を保ちながらdiskが収縮して行く問題で，球対称の星Helmholtz-Kelvin収縮に対応するものである。diskのz方向の温度分布は，質量吸収係数が一定の場合は，indexがそのpolytropeに近づく（証明は省略する）。最初からindexがそのpolytropeであるとすると，赤道面の温度Tの時間変化は次の式で与えられる。

$$t-t_0 = \alpha \frac{\gamma}{\gamma-1} \frac{k}{\mu H} \frac{xP_s^2}{ac}\left(\frac{1}{T^3}-\frac{1}{T_0^3}\right) \tag{1}$$

ここに，t_0とT_0は初期の時刻と赤道面の温度，γはガスの断熱指数（H_2では$\gamma=7/5$），kは質量吸収係数，μはガスの平均分子量，αはpolytropeの指数の値で定まる10^{-1}のorderの量である。kとして$0.1 cm^2/g$，P_sとして地球軌道のKNHの値$10^4 g/cm^2$をとると，冷却のtime-scaleは$T=10^3°K$，$4\times10^{2°}K$，$6\times10^{2°}K$において，それぞれ$20y$，$300y$，$2\times10^4 y$程度となる。

　前に述べたように，初期温度T_0の達成時間はKepler周期のorderであって，その達成数は上の式に従って，Tは減少する。この$10^3°K$の程度の高温時期にdustは還元されるものと思われる。さて，十分低温になるとdiskのガスの温度を定めるものは太陽本体の輻射になり，KNHで求めた温度に落着く。

(3) grainの生長沈澱

　Cameronのmodelのとこで述べたように，diskが重力平衡に達してturbulenceがdecayするまでに，turbulenceによって星間ガス中のgrainが衝突附着して$0.1 cm$の半径まで成長している可能性がある。この半径のgrainは$10^4 y$の期間には赤道面に沈澱する。ただし，disk形成時の温度が$1500°K$より高い場合は，grainは全部とけて，この冷却時に再び形成，生長することになる。この場合には，KNHに従うと，生長と沈澱をともに考慮した場合，$10^5 \sim 10^6$年経つと半径$0.1 cm$の程度のgrainの層が赤道面にできることになる。

(4) grain層における重力的不安定性の発生

　grainの沈澱の進行に伴って，grain層の密度は増大する。KNHではこの密度がRoche密度を越すとgrain層の分裂が起るものと予想したが，この点は次のように訂正しなければならない。これを説明するためには，回転するガスのdiskの重力的不安定性の一般理論について説明しなければならない。

　まず，一様・等方なガスの静止した平衡状態において，平衡状態からの小さい変位（$e^{i\omega t+i\vec{k}\cdot\vec{x}}$に比例するものとする）を考えたとき，分数式

$$\omega^2 = c^2 k^2 - 4\pi G\rho \tag{2}$$

が得られる（Jeansの関係式）。ここに，cはガスの音速（$c^2=\gamma P/\rho$），kは波数ベクトル$\vec{k}$の大きさである。$\omega^2<0$である波は不安定であって，自己重力の項$4\pi G\rho$が

圧力項 c^2k^2 より大であり，ガスは分裂する。

ついで，x, y 一方向には一様であるが，z 方向には有限の厚さをもった disk を考える。z 方向には重力と圧力と釣合った静的平衡状態にある。等温ガスの場合，z 方向の密度の分布は次のような形をしている。

$$\rho = P\rho/\cosh^2(z/z_0) \qquad (3)$$

ここに，$2z_0$ は disk の厚さを表わす。disk は非回転として，静止した平衡状態からのガスの素片の Lagrange の意味での変位 ξ, τ, ζ を考える。つまり，素片の位置は

$$x = x_0 + \xi, \quad y = y_e + \tau, \quad z = z_0 + \zeta$$

のようにずれたものとする。変位 ξ, τ, ζ は時間的には $e^{i\omega t}$ に比例し，空間的には $e^{i\vec{k}\cdot\vec{x}}$（細枝に分裂する mode）または $J_1(kr)$（ring に分裂する mode）に比例するとする。

最も不安定な mode と波数を見出すのに，次のようなエネルギー原理を用いる。すなわち，ω^2 の最小値は，

条件：$\int(\xi^2+\tau^2+\zeta^2)\rho dv = -\Delta$ のもとに重力エネルギー＋内部エネルギーが最小になるようなもので与えられるという原理である。これに従って，分数式を求めると Jeans の式に代わるものとして

$$\omega^2 = c^2k^2 - 2\pi G\rho_s k \frac{1+fkd}{1+kd+f(kd)^2} \qquad (4)$$

が近似的に得られる。ここに ρ_s は disk の表面密度，d は disk の厚さ，f は 1/4～1/6 の値をとる factor で，γ の値や z 方向の密度分布（平衡状態）の形に依存する。上の結果から，等温ガスで $\gamma=5/3$ の場合，最もはやく分裂のおこる波長 $\lambda = 2\pi/k$ は $10d$ の程度であることがわかる。この波長に対しては，上式の分数の分子，分母はともに 1 と置いてよい。このように，非回転の disk は細枝または ring の mode の分裂が必ず起こる。

次に，回転している disk を考える。重力平衡状態といっても，ガスの素片は回転運動をしているから，問題は難しいが，エネルギー原理を用いて，変位について種々の形の trial function を仮定して，ω^2 の最小値を estimate することができる。disk は軸対称とし，回転の角速度 $i\Omega(r)$，音速 $c(r)$ は一般に回転軸からの距離の函数とする。ring mode の変位が最も成長しやすいが，その波長の範囲内で $\Omega(r)$, $c(r)$ などの変化が小さい場合，分数式として (4) 式の右辺に次の項を加えたものが得られる。

$$2\Omega^2 \times d\log(r^2\Omega)/d\log r$$

太陽のまわりに Kepler motion している disk に対しては，この附加項は Ω^2 に等しい。かくして，方程式は近似的に

$$\omega^2 = \Omega^2 + c^2k^2 - 2\pi G\rho_s k$$
（潮汐力）（圧力）（自己重力）

$$= \Omega^2 - \left(\frac{\pi G\rho_s}{c}\right)^2 + \left(ck - \frac{\pi G\rho_s}{c}\right)^2 \qquad (5)$$

となる。この Ω^2 の項は，潮汐力によって安定性が増したものと解釈できよう。

さて，disk が ring に分裂する条件は $\omega^2 < 0$, すなわち

$$\rho_s > \frac{c\Omega}{\pi G} \qquad (6)$$

で与えられ，このとき最も早く分裂が起る

場所	地球軌道	木星軌道	海王星軌道
ring の厚さ d (cm)	100	1400	8000
ring の γ 方向の中 (cm)	5×10^8	5×10^9	3×10^{10}
grain 層の密度 (g/cm³)	0.15	8×10^{-4}	8×10^{-6}
ring の質量 (g)	7×10^{23}	3×10^{24}	3×10^{24}

波数は

$$k = \pi G \rho_s / c^2$$

であることが，(5) 式の右辺からわかる。

上の (6) 式を用いて判定すると，KNH model の disk のガス層は r のいたるところで安定（分裂しない）なことがわかる。しかし，Cameron-Pine の model では $r \gtrsim$ 10AU で不安定である。冒頭に述べた 2 重星，3 重星形成の可能性は P_s の値が十分大きい場合にありうるのである。

さて，grain の沈澱層の密度が時間的に増大すると，音速 c がこの領域では減少するために (6) の条件をみたすような時期がくることになる。ここで，grain 層は多数の ring に分裂する。この結論を出すためには，ガス層と grain 層からなる disk についてエネルギー原理を適用して不安定性を調べねばならない。平衡状態からの変位としては，ガス層では零であって grain 層だけが値をもつようなものを考えることによって，上の結論は確かめられる。

以上の結果を用いて，KNH の model の P_s の値を用いて計算した分裂 ring の大きさを次の表に示す。（ただし，disk の温度としては，太陽が現在の光度 $1L_\odot$ をもって，透明なガス層を照射しているときの温度の値を採用した）

表の示すように，分裂した ring は極め

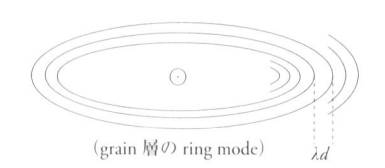

(grain 層の ring mode) λd

て薄いもので，その r 方向の幅は惑星間距離に比べてずっと小さい。これは上の分裂式を導くときに用いた近似が全く許される状況である。ring の質量は月の質量の $10^{-1} \sim 10^{-2}$ の程度である。また，前に述べたように分裂時の grain の size はせいぜい 0.1cm であり，より小さな size のものも含まれている。化学組成としては disk 形成時，さらには冷却時の化学変化を受けたものを考えねばならない。

上の ring が凝縮（途中で円周方向にさらに分裂し，または附着することも考えられる）して，小惑星や月の程度の size のものが作られると考えられるが，その後惑星までに生長するには多数回の衝突 (distant and close) があったものと考えられる。この衝突の際に，個々の原始小惑星，月の間の重力は重要な役割を果したであろう。何故なら，上述の ring への分裂は自己重力が利くことによったのである。10^5 個の天体の天体力等の問題を何かの方法で，例えば統計力学的な考えに従って解かねばならないであろう。ただし，周囲には十分なガスが存在することを忘れてはならない。

12. 宇宙における物質 ── 物質の存在形態の概観
(1975 年)

『新しい物質観』序論（日本物理学会編）丸善（1975 年）

1.1 物質の存在形態と階層

本書では，物質を 3 つの階層に大別して話が進められる。すなわち，(1) 電子と原子核の集合体としての原子・分子・液体・結晶など，(2) 陽子と中性子の集合体としての原子核，(3) 素粒子である。これらの階層の間には，構成粒子の種類やその結合の強さによって大きな差がある。また，各階層は非常に多様な存在形態をもっている。この多様性をもつ理由や各階層を支配する基礎的な法則の類似性などについては，あとの各章で詳しく説明されるであろう。

これらの物質の存在形態は，もともと，種々の条件を設定した実験室において見出されてきたものである。極度の真空や高圧，極低温や超高温，強い電磁場や急速に変化する電磁場などがその例である。実験室で設定された条件に比べると，宇宙の種々の天体では，その巨大な質量による強い自己重力のもとに，はるかに広範囲の条件が実現されている。たとえば，星間ガスの密度は 10^{-24}g cm^{-3} の程度，つまり cm^3 当り 1 個の水素原子の程度に小さく，逆の極端な例である中性子星の中心密度は 10^{15}g cm^{-3} またはこれ以上であると推定されている。温度については，星間ガスが約 10K の低温であるのに対して，中性子星の形成時は 10^{11}K の程度の高温であると考えられる。また，磁場については，星間ガスの 10^{-6}G （ガウス）に対して，中性子星の内部や大気には 10^{12}G の程度の強磁場が存在するものと推定されている。

わが銀河内に存在する各種の天体は，上記の星間ガスと中性子星を両極端として，その中間の温度・密度・磁場をもっている。以下では，このような宇宙の物質の存在形態を概観して，序論としよう。ただし，この話のもととなる宇宙物理学の知識そのものは，近代物理学の理論や実験とともに集積，発展してきたものであって，実験室における物質の知識がその基礎にあることを強調しておこう。天体の現象は，地上の実験とちがって，その観測はより間接的であり，また精度が劣ることは止むをえない。たとえば，上記の中性子星についての数値は，最近発見されたパルサー (pulsar) の観測と原子核理論や中性子星の内部構造論から推定されたものである。

宇宙の天体は，次のような階層に大別される。(1) 惑星系（惑星，すい星，いん石，固体微粒子，ガス），(2) 恒星（原始星，主系列星，赤色巨星，白色わい星，中性子星，ブラック・ホール (black hole) など），(3) 星間ガス（中性水素（HⅠ）のガス雲，電離水素（HⅡ）の領域，超新星残骸のガスなど），(4) 銀河（恒星と星間ガスの集合体で，楕円状銀河，うず状銀河，QSO（準星状天体）など）。最近，特にここ 10 年間の

観測技術の発展によって，上記の諸階層の天体について新しい発見がつづいてきた。可視光のほかに，電波・赤外線・紫外線・X線などの種々の波長域のふく射や，高エネルギー宇宙線粒子を用いた観測が発展し，さらには，ニュートリノ（neutrino, 中性微子）や重力波の検出も試みられている。本章では，上記の階層のうちで温度と密度の極限状態にある星間ガスと恒星に話を限ることにしよう。恒星については，身近かな太陽から出発して，進化を追いながら話を進めることにする。

1.2 星間ガス

わが銀河の全質量の約5％は希薄な星間ガスの状態にある。残りは恒星になっている。星間ガスは，大きさや密度・温度が異なった雲をつくっているが，恒星から十分に離れた領域にある平均的なガス雲は

温度：$T=50 \sim 200$K，密度：$\rho=(5 \sim 50) \times 10^{-24}$g cm^{-3}（3～30 水素原子/cm^3）

半径：$R=1 \sim 10$pc（パーセック，1pc $\simeq 3 \times 10^{18}$cm $\simeq 3$ 光年）

質量：$M=1 \sim 10^4 M_\odot$（$M_\odot$は太陽質量 $=2 \times 10^{33}$g）

磁場：$H=10^{-6} \sim 10^{-5}$G

の程度の値をもっている。ガスの化学組成は，大量に存在する元素をあげると，原子の数の比にして

H:He:C+O:Mg+Si:Fe
 $=1:10^{-1}:10^{-3}:10^{-4}:10^{-4}$

の程度である。このうち，H, He, O は非電離の中性原子であるが，C, Mg, Si, Fe は遠方の星の光によって電離して1価のイオンになっている。原子やイオンの気体のほかに，半径が 10^{-5}cm の程度であり，数は水素原子の 10^{-13} の程度の固体微粒子が存在する。

ガスの温度，正確には原子・イオン・電子の熱運動の温度を定めているのは，次のようにガスの加熱と冷却の過程のつり合いであると考えられている。加熱は宇宙線粒子や星の光のエネルーの吸収が主なものである。冷却は，原子・イオン・電子の相互の衝突に際して，10^{-2}eV 程度の低い励起準位をもつ原子やイオンが励起されて，基底状態にもどる際にふく射（赤外線）を放出することによる。希薄な星間雲は，このようなふく射に対してほとんど透明である。

上記の平均的なガス雲のほかに，ずっと高密度（10^4 水素原子/cm^3 の程度またはこれ以上）のガス雲（暗黒星雲など）が存在する。このような高密度のガス雲の内部には，OH, H$_2$O, CO, NH$_3$, H$_2$CO（ホルムアルデヒド）などの分子が存在することが，最近の mm 波の電波の観測によって見出された。これらの分子は，希薄なガス雲では紫外線によって短時間のうちに破壊されるので存在しないが，これら高密度のガス雲の内部には紫外線は到達しないのである。以上のように，星間雲は部分的に電離した，いわゆる磁化プラズマであって，電子・原子・分子・固体微粒子の相互衝突による散乱，電離，化学反応，ふく射の放出と吸収などのミクロの過程がゆっくりと起こっている。

表面が2万度以上の明るい恒星のまわりの星間ガスでは，星の放出する紫外線によって水素はほぼ完全に電離していて，温度が約 10^4K，半径が1～100pc のH II 領域になっている．オリオンの大星雲はその例である．また，超新星爆発の際に放出された高温のガス雲が高速度で膨張している領域がある．この代表的な例は，かに星雲であって（1054 年に爆発した超新星），現在の半径は 1pc の程度，温度は 10^5K 以上，密度は 10^3 水素原子/cm^3 の程度と推定されている．かに星雲の中心には，周期 1/30 秒をもって電波，可視光，X線をパルス的に放出しているパルサーが発見された．このパルスは，回転している中性子星の高温，高磁場の大気から放出されているものと考えられている．

1.3 主系列星（太陽）

星間雲の自己重力による収縮，分裂の結果として原始星がつくられる．ここにいう原始星とは，ガス雲の密度が 10^{-12} g cm^{-3} 以上になってふく射に対して透明でなくなり，ふく射が内部に閉じこめられて，自身で輝き出した星である．原始星の収縮に伴って，中心温度が増大して 10^7K 以上に達すると，水素の核反応が始まる．星の中心領域では，陽子・陽子の連鎖反応（$1.5M_\odot$ より小質量の星）または CN 循環反応（大質量の星）によって，表面から失われるふく射エネルギーを供給するだけの核エネルギーがゆっくりと放出されて，水素が He に変わる．このような水素燃焼段階の恒星を主系列星という．その代表的な例は太陽である．

太陽ふく射の連続スペクトルが放出されるとともに，フラウンホーファー（Fraunhofer）吸収線がつくられている，太陽表面のごく薄い領域を光球という．光球のガスの温度は約 6000K，密度は 10^{-7} g cm^{-3} の程度である．光球の外側の約 1000km の範囲を彩層という．これは，フラウンホーファーの輝線を放出していて，日食のときに赤く見える領域である．彩層のガスの温度は $(4.4\sim10)\times10^3$K，密度は $10^{-8}\sim10^{-13}$ g cm^{-3} の範囲にある．彩層の外縁では，ガスの温度は急に上昇して，コロナの温度 2×10^6K につながっている．コロナの密度は，内縁で 10^{-15} g cm^{-3}，半径 $3R_\odot$ の層では 10^{-19} g cm^{-3} の程度である（$R_\odot$ は太陽半径 7×10^5 km）．

光球の内部では，中心に向って温度と密度は大きく増大している．物質の化学組成は星間ガスと同じであって，主成分の水素は 10^4K 以上の温度では完全に電離している．太陽の内部構造については，重力と圧力のつり合いの式，定常的な熱の流れの式，ガスの状態方程式（理想気体のボイル―シャルルの法則）をもとにして，温度と密度の分布が詳しく計算されている．その結果によると，中心の温度は 1.5×10^7K，密度は 150g cm^{-3} の程度である．このような高温では，Heはもちろん，Feの原子もほぼ完全に電離しているので，密度が大きくても，イオンと電子がともに自由に運動して，理想気体の状態に極めて近い．太陽の内部や大気の構造の断面を図1に示してある．

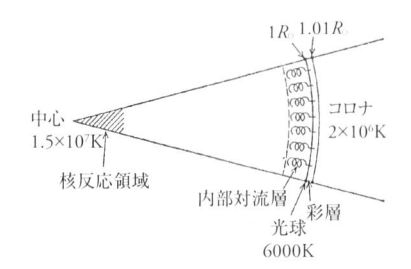

図1の説明内ラベル：
1R 1.01R
コロナ 2×10^6K
中心 1.5×10^7K
核反応領域
内部対流層
彩層
光球 6000K

図1 太陽の構造（内部と大気）

1.4 赤色巨星（高密度の芯と広がった外層をもつ恒星）

現在から約 5×10^9 年の後には，太陽の中心領域では水素は He に完全に変わって，高密度の He の芯 (core) ができて，水素の核燃焼はこのすぐ外側の薄い層で進行することになる。このような高密度（10^5cm^{-3} の程度）の芯ができるにともなって，星の外層部は大きく膨張し，光球の半径が $10^2 R_\odot$ 以上の赤色巨星になる。水素燃焼によって主系列星から赤色巨星に進化する時間は，星の質量の約3乗に逆比例していて，太陽より質量の大きい星の進化時間は宇宙年齢より短かい。したがって，現在の銀河には多数の赤色巨星が存在している。

さて，太陽質量の赤色巨星では，He の芯の温度は $(2\sim3)\times10^7$K であるのに対して，中心密度は 10^5g cm^{-3} と大きいので，電離ガス中の電子の速度分布は，理想気体のマックスウェル (Maxwell) 分布ではなしに，図2に示したようなフェルミ (Fermi) 分布をとる（これは金属中の伝導電子の分布と同じである）。このとき，自由電子は縮退しているという。この縮退は，物質の温度を T，密度を ρ として

$$\rho \gtrsim 1\times 10^{-8}\mu_e T^{3/2} \quad [\text{g cm}^{-3}] \tag{1.1}$$

のときに起こる。ここに，T の単位は K，また μ_e は電子の平均分子量（μ_e^{-1} はガス中の核子1個当りの自由電子の数）であって，完全電離の場合には，水素ガスでは $\mu_e=1$，He ガスでは $\mu_e=2$，重元素のガスでは $\mu_e \simeq 2$ である。

電子が縮退すると，電子ガスの圧力は理想気体の法則

$$P = \frac{k_B}{\mu_e M_H}\rho T \tag{1.2}$$

(k_B はボルツマン定数，M_H は水素原子の質量）の与える値よりもずっと大きくなり，図2のフェルミ・エネルギーだけできまるようになる。このフェルミ・エネルギーは，電子の数密度，すなわち，物質密度だけできまり，電子ガスの圧力は，式 (1.2) の代わりに

$$P = \begin{cases} 1.0\times 10^{13}(\rho/\mu_e)^{5/3} & \text{dyn cm}^{-2} \\ (\rho<1\times10^6\text{g cm}^{-3}\text{の非相対論的場合}) \\ 1.2\times 10^{15}(\rho/\mu_e)^{4/3} & \text{dyn cm}^{-2} \\ (\rho>1\times10^6\text{g cm}^{-3}\text{の相対論的場合}) \end{cases} \tag{1.3}$$

のように表わされる（ρ の単位は g cm^{-3}）。密度 1×10^6g cm^{-3} を境にして，低密度では電子の運動のフェルミ・エネルギーは静止エネルギー mc^2 より小さく，高密度では逆になっている。上のように，電子が縮退すると，物質の状態方程式が大きく変化するだけでなく，熱伝導率や電気伝導率は

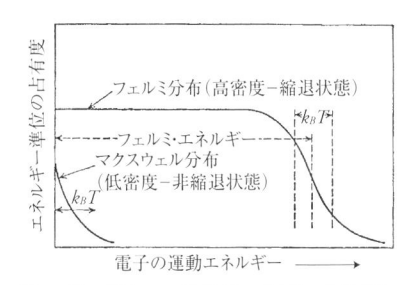

図2 同一温度 T の電子ガス（縮退，非縮退）のエネルギー分布

ずっと大きくなる。

さて，He 芯の外側の水素燃焼が進行して，この芯の質量が増大すると，中心温度は次第に上昇する。温度が約 10^8 K に達すると，He の核融合反応 $3^4\mathrm{He} \to {}^{12}\mathrm{C}$，${}^{12}\mathrm{C} + {}^4\mathrm{He} \to {}^{16}\mathrm{O}$ がはじまり，He から C と O がつくられる。この反応熱によって，中心領域は膨張して電子の縮退は一時解けるが，He が燃えつきて C+O の芯が生ずると，この芯の内部の電子は再び縮退する。このようにして，質量が十分大きい星（たとえば，$8M_\odot$ 以上）は，以後 ${}^{12}\mathrm{C} + {}^{12}\mathrm{C}$ の反応，${}^{16}\mathrm{O} + {}^{16}\mathrm{O}$ の反応などが中心で起こって，ついには，最も安定な原子核 ${}^{56}\mathrm{Fe}$ がつくられて中心では核エネルギーの源が尽きることになる。この後は，Fe の芯が急速な重力崩壊を起こして，その中心領域の物質は非常な高密度の中性子物質に変わる。この重力崩壊が引金となって，超新星の爆発が起こり，星の質量の大半は吹きとばされ，中心部は中性子星（場合によっては，ブラック・ホール）として残るものと考えられている。上に対して，質量が太陽程度の星の場合には，中心の電子の縮退度（＝フェルミ・エネルギー／$k_B T$）が大きいので，炭素燃焼が起こる前に中心温度は降下をはじめる。この結果として，赤色巨星として広がっていた希薄な外層部はゆっくりと収縮し，また，表面から外界へゆっくりと質量が放出されて，やがて高密度の縮退電子が星の大半を占めることになる。これが白色わい星であると考えられている。

1.5 白色わい星（冷却中の電子縮退の恒星）

以上に述べたように，恒星の進化の最終段階は，白色わい星や中性子星としての冷却である。さらには，ブラック・ホールに向かって収縮中の星が考えられる。白色わい星や中性子星を構成する物質の圧力は，主として，縮退電子や縮退中性子によるものであって，式 (1.3) の示すように，圧力は密度だけに依存している。したがって，重力平衡にあるこれらの星は，密度と半径を変えることなく，温度だけがゆっくりと降下していく。安定な重力平衡の状態をとりうる中性子星の最大質量は 1〜$2M_\odot$ の程度と推定されていて，これ以上の質量の中性子星（または，ハイペロン星）は，重力収縮を際限なく続けて，遂には，ブラック・ホールになるものと考えられている。これらの星の性質を表1にまとめておく（これらの数値はまだ確かなものではない）。

白色わい星の内部の物質は，薄い表面層を除くと，原子核（イオン）と強く縮退した電子からなっている。電子のフェルミ・エネルギーは $k_B T$ よりずっと大きいから，電子はガスの状態にある。ところで，イオ

表1　進化の最終段階の星

	最初の主系列星の質量	質量	半径	中心密度	中心温度
白色わい星	$1.5M_\odot$ 以下	$0.3\sim1M_\odot$	$\sim10^4$ km	$10^5\sim10^{10}$ g cm^{-3}	$\sim10^7$ K 以下
中性子星	中間	$0.1\sim2M_\odot$	~10 km	$10^{14}\sim10^{16}$ g cm^{-3}	$\sim10^9$ K 以下
ブラック・ホール	$30M_\odot$ 以上	$2M_\odot$ 以上	$3M/M_\odot$ km 以下	10^{16} g cm^{-3} 以上	$\sim10^{10}$ 以上（？）

ンの状態はどうであろうか．原子核の質量数を A，荷電数を Z，数密度を n，平均距離を a とすると

$$n = \frac{3}{4\pi a^3} = \frac{\rho}{AM_H} \tag{1.4}$$

の関係がある．自由電子の荷電密度の分布は一様であって，イオンは1個当り $(Ze)^2/a$ の程度の静電エネルギーをもっている．この静電エネルギーが，イオンの平均の運動エネルギー k_BT に比べて，十分小さいような高温の場合には，イオンの運動は自由であって，イオン相互の配置には相関がない．すなわち，イオンは気体の状態にある．逆に，静電エネルギーが k_BT よりずっと大きいような低温の場合には，イオンは静電エネルギーが最小になるような状態，すなわち，周期的な結晶格子の配置をとるようになる．また，両方のエネルギーの大きさが同じ程度の場合には，イオン間のクーロン力は結晶のような遠距離的な秩序をつくるほど強くはないが，短距離的な秩序や相関が存在する．すなわち，物質は液体の状態にある．上のような，イオンの気体から液体，固体への転移は，静電エネルギーと k_BT の比が

$$\frac{(Ze)^2/a}{k_BT} = 50\sim150 \tag{1.5}$$

のところで起こるものと推定されている．この比として100の値を採用すると，原子核が ^{56}Fe ($A=56, Z=26$) の場合，イオンの結晶化は式 (1.4) と式 (1.5) から

$$T \leq 4\times10^5 \rho^{1/3} \text{ [K]} \tag{1.6}$$

で起こっていることになる（ρ の単位は g cm^{-3}）．現在観測されている白色わい星には，冷却が進んでいて，上のような結晶化を起こしたと考えられるものがある．

1.6　中性子星

中性子星の中心温度は，超新星爆発時には 10^{11}K の程度の高温であったが，ニュートリノの生成・放出によって 10^9K の程度までは急速に降下し，表面温度は 10^6K の程度またはこれ以下であると推定されている．また，パルサーの観測などから，10^{12}G の程度の磁場を伴っていると考えられている．中性子星の内部構造については，古く1938年ごろに原子核の知識がかなりはっきりしたときに，Landau や Oppenheimer たちによって研究が進められて，中性子星の存在の理論的可能性が指摘され

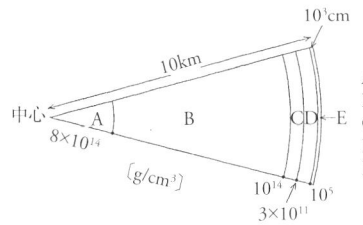

```
                    10³cm
           10km
  中心          CD←E         A 素粒子物質（ハイペロン，中間子）
       A    B                B 中性子物質（電子と陽子を含む）
  8×10¹⁴                      C 原子核（¹²⁰Srなど），電子，中性子
         〔g/cm⁻³〕             D 原子核（⁵⁶Fe～¹²⁰Sr），電子
                   10¹⁴  10⁵   E 薄い表面層
                3×10¹¹
```

図3　中性子星の構造（物質密度と組成の分布）

た．その後，現在まで，高密度の中性子物質（核物質）やさらに高密度の素粒子物質の性質が多くの人によって調べられて，かなりのことがわかってきた．しかし，現在でも密度が 10^{15} g cm^{-3} 以上の核物質や素粒子物質の物性がよくわからないので，太陽質量以上の中性子星の内部構造には不明な点が数多く残されている．図3は，太陽質量の程度の中性子星の内部構造の推定断面図を示す．

前に述べたように，白色わい星の構成物質は ^{12}C，^{56}Fe などの原子核と電子であるが，高密度になるほど電子のフェルミ・エネルギー E_F は大きい．密度が $1×10^9$ g cm^{-3} では，E_F は 3.7MeV になって，原子核 ^{56}Fe による電子捕獲がエネルギー的に可能になり，電子捕獲とその逆過程である β 崩壊がつり合うようになる．すなわち，

$$^{56}\text{Fe}+e \rightleftarrows {}^{56}\text{Mn}+\nu-3.7\text{MeV} \qquad (1.7)$$

さらに高密度では，E_F が大きいので，電子捕獲が進行して，中性子がずっと過剰な原子核が存在するようになる．密度が $3×10^{11}$ g cm^{-3} では，E_F は 24MeV の程度であって，このとき大量に存在するのは ^{120}Sr（$Z=38$）のような中性子過剰の原子核

である．この原子核を構成している最後の中性子の結合エネルギーはほぼ 0 である．したがって $3×10^{11}$ g cm^{-3} 以上の密度では自由中性子が現われる．さらに密度を増すと，^{120}Sr などの原子核の数密度は変わらないが，自由中性子の数密度は大きく増大して，縮退中性子が物質の主要成分になる．中性子の数密度の増大に伴って，原子核の内外の境界は次第に不明瞭になり，密度が $1×10^{14}$ g cm^{-3} の程度を越すと，核内の陽子は核外にしみ出して原子核は消失する．このようにして，中性子物質は数％の陽子とこれと同数の縮退電子を含むことになる．

上のように，高密度になるほど，原子核の内外を含めて，陽子に対する中性子の数の過剰が起こる．これは，大きいフェルミ・エネルギーをもつ電子が核内外の陽子に捕獲されて，陽子が中性子に変わった方が物質の全エネルギーが小さくなるためである．同様な理由で，縮退中性子のフェルミ・エネルギーが十分大きい密度（$8×10^{14}$ g cm^{-3} 以上）では，中性子が Σ^-，Λ などのハイペロンに変わり，また，電子が μ^- 中間子に変わったり，π^- 中間子が出現した方がエネルギーが小さくなるものと推

定されている。このような高密度の素粒子物質の状態方程式やその他の物性は，現在のところはっきりしていない。それは，素粒子間の相互作用（核力など）のエネルギーを正確に知ることが困難なためである。各種のハイペロンや中間子の出現の密度も確かなことはわかっていない。また，最近，密度が $1\times10^{15}\mathrm{g\ cm^{-3}}$ の程度以上では，中性子間の核力の効果によって，中性子はガスの状態であるよりも結晶格子をつくった方がエネルギーが低いという計算結果が報告されている。

地上に存在する安定な原子核の内部の密度は $3\times10^{14}\mathrm{g\ cm^{-3}}$ の程度である。したがって，密度が $5\times10^{14}\mathrm{g\ cm^{-3}}$ の程度以下の中性子物質は，現在の原子核理論の適用範囲内にあって，中性子相互の核力の効果を入れた中性子物質の物性の研究が多くの人によって行なわれてきた。その例は，中性子物質のもつ超流動性の理論である。密度が $10^{13}\mathrm{g\ cm^{-3}}$ 以上，温度が $10^{10}\mathrm{K}$ 以下の中性子物質では，中性子間に引力が働くために，中性子対がボース粒子として行動するので超流動性が現われる。これは，地上の極低温における超伝導の現象と本質的には同じであって，超伝導では格子振動を媒介としてフェルミ粒子の対の間に引力が働いて，電子対がボース粒子として行動するのである。

図3に示したように，中性子星の外層部（図の領域CとD）には原子核（イオン）が存在して，これは，白色わい星のところで述べたように，結晶した固体をつくっていると考えられている。電子による熱や電気の伝導性は極めてよいので，磁場は物質に凍結していて，磁力線は中性子星とともに回転している。ところで，1969年には，かに星雲およびVela星雲（帆座）の中心にあるパルサーの周期が突然に変化したことが観測された。これは，回転している中性子星の上記の結晶領域で起こった地震によって，中性子星の回転周期が変化したためであるという説が提出されている。

密度が $10^5\mathrm{g\ cm^{-3}}$ 以下の表面領域（図3のE）は，$10^{12}\mathrm{G}$ 程度に強く磁化した固体または液体の状態にあるものと思われる。このような強い磁場のもとでは，電子の運動は磁力線に強く束縛されて，磁場の方向には自由に運動できるが，磁場に垂直な方向の運動エネルギーは，量子化の効果をうけて，10keVの程度の間隔をもって離散的な値をとる。この強磁場のもとにある物質の性質は，まだ不明な点が多いが，極限状態の物理現象として興味深いものがある。

中性子星をとりまく外部の物質は，強く磁化したプラズマであって，中性子星とともに回転しながら，高エネルギー粒子を生成，放出することによって，回転エネルギーを失いつつあるものと考えられている。高エネルギー粒子とともにふく射のパルスを放出しているのであろうが，パルサーのふく射機構の正確なことはまだわかっていない。

1.7 ブラック・ホール

質量が $2M_\odot$ の程度以上の中性子星（およびハイペロン星）は，自己重力が大きすぎて，中性子物質や素粒子物質の圧力では支

えきれないものと考えられている。このような星は，重力的収縮を際限なく続けて，非常な高密度になり，一般相対論の効果が重要になってくる。すなわち，星の近傍領域の空間の湾曲度は，星の収縮に伴って増大する。星の物質分布が球対称の場合，質量 M の星の半径がシュヴァルツシルト (Schwarzschild) 半径

$$r_s = 3(M/M_\odot) \ [\text{km}] \qquad (1.8)$$

まで縮むと，星の表面から放出されたふく射は無限大の赤方偏移をうける。また，このふく射がわれわれに到達するのに無限大の時間を必要とする。このように，シュヴァルツシルト半径の球面内に落ちこんだ星（正確には，落ちこみつつある星）をブラック・ホール (black hole) という。ブラック・ホールの表面を，その放出するふく射によって観測することはできないが，そのつくる重力場は残っていて，遠方でも観測可能である。たとえば，ブラック・ホールが普通の恒星と二重星をつくっている場合，相互の重力によって可視星は共通重心のまわりに楕円軌道運動をする。したがって，可視星の軌道運動を観測することによって，ブラック・ホールの存在やその質量を知ることは原理的に可能である。または，可視星の表面から放出された物質がブラック・ホールに向かって落ちていくのを観測できるであろう。最近の観測によると，X線源として知られている Cyg X-1（白鳥座のX線星 No. 1）は，上のようなブラック・ホールと普通の星（白色超巨星）の近接連星であって，白色超巨星の表面から放出されて，ブラック・ホールに向かって流れ込んでいる高温ガスによってX線が放出されているという可能性が指摘されている。

1.8 宇宙における物質

以上に述べたように，宇宙における物質の状態は，星間ガスから中性子星に至るまで，非常な広範囲に分布している。種々の天体の物質の温度と密度を図4にまとめておく。図のうち，星間ガス，地球，太陽，白色わい星などの値はかなり信頼がおけるが，中性子星やブラック・ホールは推定値である。なお，図4の膨張宇宙と書いた直線は，一般相対論的な一様，等方の膨張宇宙論，いわゆるビッグ・バング理論 (big-bang 理論) に従ったときの，宇宙の平均の温度と密度の時間変化を示したものである。この直線は，現在値を表わす左下方の点（$T = 3\text{K}, \rho = 10^{-30}\text{g cm}^{-3}$）を通る，ふく射＋物質の断熱変化（等エントロピー）の線である。恒星や惑星など，宇宙の平均密度からはなれて，重力的に凝縮した物質は，この断熱変化の線の下側（エントロピーの小さい領域）にあり，高温の星間ガスや超新星残骸のガス雲は，エントロピーの大きい領域にある。

図4の密度が 1g cm^{-3} 程度以下の領域では，物質の主要な構成粒子はすべて気体の状態にある。中性原子，分子の気体や電離したプラズマなどがこの例であって，とくに，10^9K 以上の高温では，陰陽の電子対が大量に存在し，10^{11}K 以上の高温では大量の中間子対が存在する。密度が 1g cm^{-3} 以上の領域では，十分高温であれば，物質

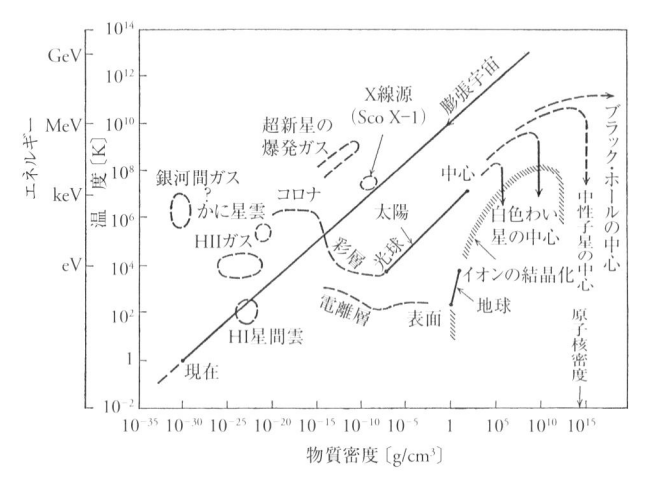

図 4 　各種の天体の温度と密度（膨張宇宙については 10^4 K 以下の部分はふく射の温度を表わす）

の構成粒子はすべて気体の状態にある．原子は完全に電離していて，イオンの静電エネルギーは運動エネルギーより小さいからである．しかし，図 4 の斜線より以下の温度では，式 (1.6) が成立していて，原子核は結晶した固体の状態にある．ただし，密度が 10^2 g cm^{-3} の程度以上では，電子はフェルミ・エネルギーが大きいので，ほぼ自由なガスの状態にある．また，これらの電子のイオンとの衝突に対する平均自由行程は長いので，物質の熱や電気の伝導性は非常に良い．

前に述べたように，諸種の天体には磁場が観測されている．星間ガスは 10^{-6} G，太陽表面は平均として 1 G，黒点では 10^3 G，白色わい星のなかには 10^6 G の表面磁場が観測されているものがある．さらに，中性子星には 10^{12} G の磁場の存在が想定されている．このような磁場の，物性や流体運動に対する効果や，磁場の変動によって生ずる電場の効果を表わすには，図 4 の 2 次元プロットでは不十分であろう．また，元素の起源など化学組成の問題については，やはり次元数を増した考察が必要であろうが，ここでは省略しよう．

図 4 に示した各種の天体の物質のほとんど全部は，熱平衡状態またはこれに極めて近い状態にあると考えられている．つまり，天体の温度や密度などのマクロ量が変化する時間に比べて，ミクロな構成粒子の相互の衝突時間はずっと短かいので，局所的な熱平衡状態が達成されている．すなわち，気体の場合には，構成粒子の速度分布はマクスウェル分布（または，フェルミ分布やボース分布）である．このような粒子を熱的粒子という．これに対して，かに星雲のパルサーなどの変動する電磁場で加速されて高エネルギーを得た宇宙線粒子は，星間

空間における平均自由行路が非常に長いので，そのエネルギー分布は熱平衡の分布から大きくずれている．このような粒子を非熱的粒子という．地球に入射する宇宙線粒子のエネルギーは 10^9eV から最大 10^{21}eV という大きい値にわたっている．わが銀河内に存在する宇宙線粒子の個数は大きくないので，そのエネルギー密度は 1eVcm^{-3} の程度である．このエネルギー密度を c^2 で割って質量密度に換算し，また宇宙線粒子の平均エネルギー 10^9eV を k_B で割って温度に換算すると，密度は 10^{-33}g cm^{-3} 温度は 10^{13}K の程度であって，図 4 の左上の GeV と書いた領域の近くに宇宙線は位置する．これらの宇宙線粒子は，星間ガスの加熱などを通じて，わが銀河の構造や星の形成にも大きな影響を与えているものと考えられている．

13. 太陽系の起源 —— ガスと粒子の系の非可逆過程 (1977 年)

天文月報 (1977 年 1 月)

§1. まえがき

太陽系の起源については，カント (1755) やラプラス (1796) 以来数多くの理論が展開されてきたが，その内容には各時代の学問の発展状況が如実に反映している。例えば，カントとラプラスの理論はニュートン力学の初期に対応し，バークランド (1912) らの電磁気説は電子やイオンの物理学の発展に対応している。また，ワイツェッカー (1944) の渦理論は流体の乱流理論の展開と深い関連をもっている。

1960 年代に入って，惑星のもととなった太陽系星雲の構成物質，すなわち，星間ガスと星間微粒子の物理的・化学的本性がかなり明確になるとともに，原始星の形成やその進化の理論も展開されるようになった。さらに，人工衛星などによる現太陽系の観測データの集積は，固体微粒子・隕石・彗星・月・惑星の本性を明らかにしつつあり，太陽系の進化の研究は実証科学の段階に入ったということができる。つまり，太陽系起源の理論には，これらの物理的・化学的・鉱物学的なデータを統一的に説明することが要求されているのであって，これは 1940 年以前には考えられなかったことであろう。

§2. 最近の理論

一般にいって，太陽系の形成過程はガスと粒子集団の相互作用系の非常に長時間にわたる非可逆過程と考えねばならない。ここに，粒子とは，半径が 10^{-6}cm の固体微粒子 (dust grains) から現在の惑星にいたる大小様々のものの総称である。また相互作用といってもガスと微粒子との間の分子的相互作用や，粒子相互間の分子的または重力的相互作用が含まれていて，微視的なものから非常に巨視的なものにわたっている。直接的な粒子衝突による粒子の付着・成長・破壊の過程もその一例である。

ところで，太陽系進化の非可逆過程を現在から過去にさかのぼって考察することは難しい。従って，原始太陽系星雲という初期条件を設定する必要があり，この条件のとり方によって多くのモデルがつくられる。この初期条件は，さらに過去にさかのぼると，銀河内の星間雲という初期条件にたどり着くであろうが，ここでは立入らないことにする。

原始太陽系星雲の最近のモデルは，星雲の質量分布の違い，ならびに，電磁気作用を重要と考えるかどうかの違いによって大別される。まず，質量分布によってモデルは二つに分類される。一つは，サフラノフ (1969) や日下・中野・林 (1970) が考えたように，原始太陽の周りに比較的小質量，

例えば太陽質量の 1/20 の程度のガス円盤が回転しているというモデルである。これに対して，キャメロン (1973) は太陽質量の 2 倍程度の，密度が比較的一様なガス円盤を考えている。しかし，この円盤は自己重力が大きすぎて不安定であり，現在の惑星よりも大質量のガス球に分裂するものと考えられる。

他方，電磁作用を重要視するものとしては，ホイル (1960) や最近のアルフヴェン (1970〜) の理論がある。電磁作用は重要でないという明確な結論を現在出すことはできないが，少なくとも次のことに注意しておこう。原始太陽系星雲は，その形成のごく初期には 10^3°K の程度の温度をもっていたが，円盤表面からの輻射によって 10^3 年の間には 10^2°K の程度まで冷却する。ガスの平均密度は 10^{-9} g cm^{-3} という大きい値をもつので，太陽のごく近傍と星雲のごく表面を除いた大部分のガスの電離度は 10^{-10} 以下である。このような非電離ガスでは，磁場の散逸時間は非常に短かい。実際，太陽の紫外線や低エネルギー宇宙線の入射によって電離されるガスは星雲のごく表面に限られる。ホイルやアルフヴェンのモデルが現実的な意味をもつためには，上述の物理過程を考慮した根本的な再建が必要であろう。

以上の理由で，我田引水ではあるが，電磁作用を無視した日下・中野・林のモデルを星雲の初期条件として採用する。以下では，まずこのモデルについて簡単に説明し，ついで最近，林・中沢・足立 (1975〜) が展開した惑星形成過程の理論を紹介しよう。

§3. 原始星雲と粒子層の形成

原始太陽とこの周りの原始星雲の円盤は，もともと星間雲の重力崩壊によって形成されたもので，力学的な平衡状態に落ち着いたときの円盤のガスの温度は 10^3°K，密度は 10^{-10} g cm^{-3} の程度であろう。もともと星間ガスに含まれていた固体微粒子の大半はこの高温時に蒸発したが，次に述べる温度降下によって直ちに再生したであろう。さて，円盤の表面からの輻射（赤外線）放出によって，約 10^3 年の間には温度と円盤の厚さはともに 1/10 に減少し，太陽輻射の流入と自己の輻射放出とが釣合った熱的定常状態に落ち着く（図 1 参照）。日下らはこの状態にあるガス円盤の構造を調べたのであって，その結果を表 1 に示す。この円盤の全質量は太陽の 1/20 であって，その自己重力は太陽重力に比べて無視することができ，重力的に安定であって分裂することはない。

太陽を原点として，円盤の赤道面を極座標 r, θ で表わし，この面に垂直な方向に Z 軸をとる。ガスに働く r 方向の力として，太陽重力，回転の遠心力，ガスの圧力があるが，これらはつり合っている。Z 方向の力については，ガス圧のこう配が太陽重力の Z 成分とつり合っていて，ガス温度が円盤の厚さを決めている。この温度自身は主として円盤表面の熱の出入のつり合いで定まっている。

さて，固体微粒子はガスとともに太陽の周りを回転しているが，太陽重力の Z 成分のために円盤の赤道面に向って極めてゆっくりと沈下する。この沈下速度はガス

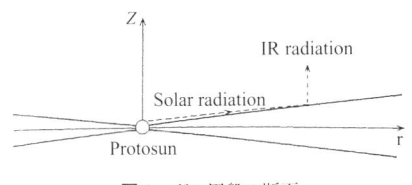

図1　ガス円盤の断面

表1　ガス円盤

場所	円盤の厚さ A.U.	ガス温度 °K	ガス密度 g cm^{-3}	η
地球	0.08	230	6×10^{-9}	0.002
木星	0.65	100	2×10^{-10}	0.004

の抵抗によって決まるが，抵抗は微粒子の表面積とガス密度に比例していて，半径 10^{-5}cm の微粒子の場合，沈下時間は 10^7 年の程度である。微粒子はもともとガス分子との相互作用のもとにブラウン運動をしていて，相互の衝突によって付着・成長する。約 10^5 年の間には，微粒子の平均半径は mm の程度に増大し，この半径の粒子は同じく 10^5 年で赤道面に沈殿する。以上のような生長沈殿の過程によって，ガス円盤の赤道面には，mm 半径の固体粒子の集団からなる非常に薄い円盤が形成される。この粒子層には比較的少量のガスが含まれている。上のガスと固体の分離時間 10^5 年は，ガス円盤に乱流や循環流がないとした場合の値であるが，この値は円盤の表面密度だけに依存し，円盤の温度や厚さに関係しないという一般性をもっている。

§4. 粒子層の分裂

前述の粒子層は沈殿の進行に伴って薄くなるが，その厚さがある限度以下になると，重力的に不安定になって，質量が 10^{18}〜10^{20}g 程度の大きな，多数の塊に分裂する。これらは，あとで考える微小惑星の前身である。この粒子層の分裂機構は，60年代に銀河問題に関連して発展した円盤の安定性理論に従って次のように説明される。

微分回転している円盤のリング・モードの重力的不安定性については，厳密な分散式が求められている。すなわち，分裂の条件は，ケプラーの回転角速度を Ω，粒子層の音速を c，分裂の波数を k（$2\pi/k$ が波長），粒子層の表面密度を ρ_s として

$$\Omega^2 + c^2 k^2 < 2\pi G \rho_s k \tag{1}$$

で与えられる。左辺の第1項 Ω^2 は太陽の潮汐力の効果，第2項は粒子層の圧力の効果を表わし，ともに分裂を阻止する要因である。これらの和が，右辺の表わすリングの自己重力の効果より小さくなった場合に，リングは分裂する。さて，粒子層が薄くなるに従って，そこに含まれるガス分子の数が減少するので，上の圧力項は小さくなり，ある段階で式(1)の不等号が成立つようになる。

この式に従うと r 方向の波長が約 10^9cm という非常に細い，多数のリングへの分裂が起ることになる。これらのリングの各々はさらに数珠玉状に分裂すると考えられる。以上の結論は，サフラノフ(1969)，林(1972)，ゴールドライヒ・ワード(1973)がそれぞれ独立に導いたものである。上のリング・モードのほかに，放射状のモードや渦巻状のモードなどへの分裂も考えられるが，微分回転円盤については，式(1)のような厳密な条件はまだ見出さ

れていない．しかし，数値的には式(1)と大差があるとは思えないので，どのモードの分裂が先に起るにしても終局的な分裂片の質量には大差がないであろう．

以上のように，固体微粒子の層は10^{18}～10^{20}gの塊に分裂する．太陽系全体として，その数は10^{11}～10^{13}個という膨大なものである．分裂直後の塊はmm半径の粒子とガスからなる比較的低密度のものであるが，自己重力による収縮を行って，徐々にガスを放出しながら固まって微小惑星になる．図1に示したガス円盤はそのまま残るので，この後の太陽系の進化の問題は，ガス円盤の赤道面近くを運動する微小惑星の大集団の進化過程を調べることにほかならない．このように，微粒子層の分裂という大事件を境にして，これ以前の段階ではガス分子と微細な粒子の相互作用が基本的な素過程であり，これ以後は微小惑星とガスからなる系の巨視的過程が問題となる．対象となる固体粒子の平均質量は，分裂を契機にして，大きく飛躍するのである．

§5. 微小惑星の遭遇効果

上のような微小惑星（以下では簡単に粒子と呼ぶこともある）の大集団から，非常な長時間を経て，現在の惑星がどのように形成されたかという問題を考えよう．集団の変化を引き起こす要因としては，粒子相互の直接的な衝突，遭遇の際の重力的な散乱，ガスの抵抗作用などがある．この節ではまず散乱効果を，次節以下で逐次的に他の効果を調べる．

形成直後の微小惑星は，太陽の周りにはほぼ円運動をしていたものと考えられる．すなわち各粒子のケプラー運動の離心率eと軌道傾斜iはともに非常に小さかったであろう．何故なら，短い緩和時間をもつガスの運動は円運動であって，粒子層の分裂の前段階における粒子運動は，ガスの摩擦力の影響を受けて，やはり円運動に近かったからである．さて，微小惑星の運動の円運動からのずれ，すなわち，eとiに対応する運動をランダム運動と考えよう．ここに，ランダムというのは，非常に多数の粒子集団を問題にしていて，集団の確率過程（stochastic process）を考えるからである．このランダム運動の主要な原因は，2粒子が遭遇するときの重力的散乱である．ところで，いまの場合，ランダム運動についての統計力学の正確な理論をつくりあげるのは容易でない．何故なら，気体運動論の場合と違って，粒子群は強い太陽電力場のなかにあり，さらに，2粒子間の重力は遠距離力であるからである．

そこで，以前にチャドラセカール（1942）が星団の力学について得た結果をできるだけ利用することにする．その結果は，プラズマ物理における電子・イオンの衝突時間の算定に用いられている（シュピッツァーの教科書，完全電離プラズマの物理，1962年，参照）．これらの結果を次に簡単に紹介しよう．

同一質量mをもち，マクスウェルの速度分布をもった粒子集団を考える．相互作用の時間を除いて，粒子はすべて自由とする．集団の平均速度vをもった粒子に着目し，時間Δtの間に他粒子と多数回遭遇することによって受ける，速度の平行成分

$v_{//}$, 垂直成分 $v_\perp$, 運動エネルギー $T=v^2/2$ の変化を考える. 多数回の変化の和を記号 $<\ >$ で表わすと, 1次の変化量 $<\Delta v_\perp>$ や $<\Delta T>$ は零である. しかし, 変化量の2乗の和は零ではなく, 次のように表わされる.

$$\frac{<(\Delta T)^2>}{T^2} = 4\frac{<(\Delta v_{//})^2>}{v^2}$$
$$\simeq \frac{<(\Delta v_\perp)^2>}{v^2} \simeq \frac{\Delta t}{t_c} \quad (2)$$

ここに, t_c は集団の自己衝突時間または緩和時間と呼ばれるもので

$$t_c = 1/nv\sigma \quad (3)$$

$$\sigma \simeq \pi\left(\frac{2Gm}{v^2}\right)^2 \ln\left(\frac{v^2 d}{2Gm}\right) \quad (4)$$

と表わされる. ここに, n は粒子の数密度, σ は散乱の有効断面積, $2Gm/v^2$ が1回の遭遇において粒子軌道が90°曲げられる衝突引数 (impact parameter) であり, 対数項の中の d は粒子間の平均距離である. 式 (2) は, 時間 $\Delta t=t_c$ だけ経過すると, 粒子のエネルギーは1/2または2倍に変化し, また速度分布が異方的であった場合に, 等方的になることを示している.

以上は太陽の重力場が無視できる場合の結果である. さて, 太陽の周りを回転している粒子の運動は, ケプラー軌道の3要素, 長半径 a, 離心率 e, 軌道傾斜 i で記述され, 残りの3要素 (昇交点経度, 近日点引数, 近日点通過時刻) はすべて 2π を周期とする角変数であって, 粒子集団における分布は完全にランダムであると考えよう. いま, ほぼ等しい長半径 a をもつ粒子の集団を考え, 離心率と軌道傾斜の平均値を e と i で表わし, これらは1に比べて十分小さいものとする. この場合, 上に考えたマクスウェル分布の平均速度 v は, 近似的に

$$v^2 \simeq (e^2+i^2)v_k^2 \quad (5)$$

で与えられる. ここに, v_k は長半径 a に対応するケプラー速度である. さて, 集団の平均的な粒子に着目して, その $<\Delta a>$, $<(\Delta a)^2>$ 等を求めるのであるが, これらと上述の $<\Delta v_\perp>$, $<(\Delta v_\perp)^2>$ 等との間の関係を用いて, 次の結果が得られる. まず, $<\Delta a> = <\Delta e> = <\Delta i> = 0$ であり, ついで

$$\frac{<(\Delta a)^2>}{a^2 \Delta t} \simeq \frac{<(\Delta e)^2>}{\Delta t}$$
$$\simeq \frac{<(\Delta i)^2>}{\Delta t} \simeq \frac{e^2+i^2}{t_c} \quad (6)$$

上述の関係を導くにはかなりの紙数を要するので省略したが, 詳しいことは林・中沢・足立の論文を参照していただきたい.

式 (6) の t_c としては, 式 (3), (4), (5) を用いるのであるが, t_c は e, i のほかに数密度 n にも依存している. 平均の軌道傾斜 i をもつ粒子群は, 黄道面をはさんだ厚さ ai の層内を運動しているから, 粒子数の表面密度を n_s として

$$n = n_s/ai \quad (7)$$

の関係がある. この n_s は長半径 a と時刻 t の関数として与えられているものと考える. 微小惑星の全質量, つまり固体の全質量はガスの質量の 1/100 として, 表1のデータと $m=10^{21}$g の値を採用した場合の n_s の

表2　粒子 ($m = 10^{21}$g) の特性

場　所	n_s (cm^{-2})	τ_c (yrs)	τ_g (yrs)
地　球	7×10^{-20}	9×10^{13}	1×10^2
本　星	2×10^{-20}	2×10^{14}	1×10^4

値を表2に示す。

上の式(7)を用いて，結局，式(6)の右辺は

$$\frac{e^2+i^2}{t_c} = \frac{1}{\tau_c}\frac{1}{i(e^2+i^2)^{1/2}} \tag{8}$$

と表わされる．ここに，τ_c は e, i には無関係で，m と n_s に依存する時間尺度であって，すべての量をc.g.s.単位で測って

$$\tau_c = 9 \times 10^{63}(\Omega a^2 n_s m^2)^{-1} \text{sec.} \tag{9}$$

と表わされる（表2参照）．ただし，式(4)の対数項の値は15にとってある．

さて，式(6)と(8)は次のような意味をもっている．いわゆるマルコフ過程としての確率過程においては，平均粒子の a, e, i の値は，それぞれ $<(\Delta a)^2>/2\Delta t$, $<(\Delta e)^2>/2\Delta t$, $<(\Delta i)^2>/2\Delta t$ で与えられる拡散係数をもって，拡散的（つまりブラウン運動的な）時間変化をするのである．この拡散は $i(e^2+i^2)^{1/2}$ の値が小さいほど速いのであって，この i は粒子運動領域の厚さから来たものであり，$(e^2+i^2)^{1/2}$ は速度の小さい粒子ほど大きく散乱されることから来ている．この拡散によって a が1/2 または2倍になる時間は，式(6)の逆数で与えられる．図2は，e と i が拡散的に増大する様子を模式的に画いたもので，白い矢印は，次節に述べるガス効果によってその増大が抑制されることを示す．また図3

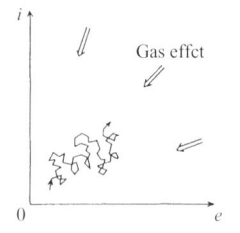

図2　遭遇効果による離心率と軌道傾斜の拡散的変化

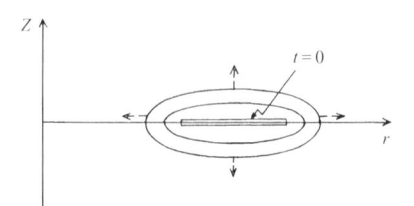

図3　遭遇効果による粒子分布の拡散

は，太陽の周りに円運動している粒子集団があった場合に，拡散によって，i が特大するとともに a の分布が拡がって行く様子を示したものである．

上の図に示したような a, e, i の分布の変化の非可逆性は，系全体としてのエネルギー保存則や角運動量保存則とは全然矛盾していないのである．すなわち，ケプラー粒子集団は a の分布が拡がることによって常にエネルギーを得るが，このエネルギーは e と i に対応するランダム運動に転化していて，これはエントロピー増大の法則にほかならない．この非可逆性は，a, e, i 以外の軌道要素が完全にランダムであるとした仮定に由来している．

§6. ガス抵抗の効果

前節の遭遇効果は粒子集団の e と i を増大させるが,次に述べるガス抵抗の効果はこれらを常に減少させる方向に働くのである。前に述べたように,円盤のガスは太陽の周りに円運動しているものとする。太陽を中心とした黄道面において,ガスに働く r 方向の力のつり合いは

$$r\Omega_g^2 = r\Omega^2 + \frac{1}{\rho}\frac{dp}{dr} \quad (10)$$

と書ける。ここに,Ω_g と Ω はそれぞれガスと粒子の円運動の回転速度,p と ρ はガスの圧力と密度である。粒子と違ってガスには圧力が働き,圧力こう配 dp/dr は一般に負であるから,ガスは粒子よりも少しだけゆっくりと回転している。すなわち,式 (10) を書き直すと

$$\Omega_g = \Omega(1-\eta), \eta = -\frac{c^2}{v_k^2}\frac{d\ln p}{d\ln r} \quad (11)$$

となる。ここに,c はガスの音速,$d\ln p/d\ln r$ は 1 の程度の量であって,η は表 1 に示したような 10^{-3} の程度の小さい値をもつ。

粒子の軌道要素を a, e, i (ただし,$e, i \ll 1$) とすると,粒子とガスの間には相対速度,$u \simeq (e+i+\eta)v_k$,が存在し,粒子はガスの抵抗 $\sim \pi r_p^2 \rho u^2$ (r_p は粒子半径) を受けて,長期的には a, e, i のすべてが減少する。天体力学の摂動論に従った足立・林・中沢の計算によると,これらの時間変化は近似的に

$$\frac{1}{a}\frac{da}{dt} \simeq -\frac{2}{\tau_g}(e+i+\eta)(\eta+e^2) \quad (12)$$

$$\frac{1}{e}\frac{de}{dt} \simeq \frac{1}{i}\frac{di}{dt} \simeq -\frac{e+i+\eta}{\tau_g} \quad (13)$$

で与えられる。ここに,τ_g は粒子質量 m とガス密度 ρ に依存する時間尺度であって,固体密度を $3\mathrm{g\,cm^{-3}}$ にとると,c.g.s. 単位では

$$\tau_g = 7m^{1/3}v_k^{-1}\rho^{-1}\mathrm{sec} \quad (14)$$

と表わされる。表 1 のデータと $m=10^{21}\mathrm{g}$ に対する τ_g の値を表 2 に示す。

上の式 (12),(13) より,a の減少率は e や i の減少率に比べてずっと小さいことがわかる。すなわち,ガス効果だけがある場合には,粒子の楕円軌道はまず円軌道に近づき,その後は徐々に a が減少する。しかし,次節に述べるように,実際は遭遇効果が働いて e と i が η より大きな値をもつので,遭遇効果がないとした場合に比べて,a は速く減少する。最後に,粒子集団の a, e, i の分布に対して,遭遇効果が "拡散" を引き起こすのに対して,ガス効果は "流れ" を引き起こすという違いがあることに注意しておこう。

§7. 遭遇効果とガス効果の結合

粒子集団に遭遇効果とガス効果が同時に働く場合を考えよう。まず,ほぼ同じ長半径 a をもつ粒子集団の平均の離心率 e と軌道傾斜 i の時間変化は,式 (6),(8),(13) から,近似的に

$$\frac{1}{e^2}\frac{de^2}{dt} \simeq \frac{1}{\tau_c}\frac{1}{e^2 i(e^2+i^2)^{1/2}} - \frac{e+i+\eta}{\tau_g} \quad (15)$$

$$\frac{1}{i^2}\frac{di^2}{dt} \simeq \frac{1}{\tau_c}\frac{1}{i^3(e^2+i^2)^{1/2}} - \frac{e+i+\eta}{\tau_g} \quad (16)$$

表3 遠方粒子 ($m = 10^{21}$g) の特性

場所	$e = i$	t_d (yrs)	t_f (yrs)
地球	0.003	1×10^9	8×10^6
木星	0.006	1×10^{10}	2×10^8

と表わされる。両式の第1項は遭遇効果，第2項はガス効果を表わしている。

後に示すように，上式による e と i の変化時間は，a の変化時間に比べてずっと短かいので，まず e と i の各々はその増減がつり合った平衡値をとることになる。この平衡値は，$de^2/dt = di^2/dt = 0$ を解くことによって，$e, i \gg \eta$ の場合には

$$e = i = (\tau_g/\tau_c)^{1/3} \tag{17}$$

と表わされる。この式はまた，式 (9) と (14) を用いて，c.g.s. 単位系では

$$e = i = 1 \times 10^{-13}(an_s m/\rho)^{1/5} m^{4/15} \tag{18}$$

と表わされる。表1のデータと $m = 10^{21}$g の値に対しては，e と i の平衡値は表3に示したような小さい値をとる。しかし，質量の表面密度 $n_s m$ を一定に保って，m を 10^{25}g に増大すると，e と i の平衡値は表3の値の約10倍になる。これが現在の惑星軌道の e と i の値に近いことは注目に値する。実際，微小惑星が相互の衝突によって，10^{25}g の質量に成長することは可能であるからである。

さて，以上のように e と i の値がわかると，これを用いて，遭遇効果によって長半径 a が1/2または2倍に変化する時間（拡散時間） t_d，および，ガス効果によって a が1/2に減少する時間（流れの時間） t_f を知ることができる。この t_d と t_f はそれぞれ式 (6) と式 (12) の逆数で与えられ，c.g.s. 単位系では

$$t_d = 4 \times 10^{38} v_k^{-1} \rho^{-2/5}(an_s m)^{-3/5} m^{-7/15} \text{sec} \tag{19}$$

$$t_f = 1 \times 10^{13} v_k^{-1} \rho^{-4/5}(an_s m)^{-1/5} m^{1/15} \eta^{-1} \text{sec} \tag{20}$$

と表わされる（ただし，$e, i \gg \eta \gg e^2$ の場合）。上の t_d と t_f は，太陽系空間における粒子集団の r 方向の大規模な移動の速さを表わす時間尺度であって，その ρ, n_s, m などのパラメーターに対する依存性を上式で示してある。さて，表1のデータと $m = 10^{21}$g の値に対する t_d の値は，表3に示すように，t_f の値よりずっと長い。しかし，$m = 10^{25}$g の場合，t_d と t_f は同じ程度の大きさであることに注意しよう。

以上の結果から，遭遇効果とガス効果は互いに協同的に働いて，粒子集団の r 方向の移動を促進していることがわかる。例えば，遭遇効果のない場合を考えると，e と i はほぼ零であって，流れの時間 t_f は τ_g/η^2 の程度である。これに比べて，式 (20) の t_f は $\tau_g/e\eta$ の程度であって，因子 e/η だけ小さくなっている。また，ガス効果が存在しない場合には，おおざっぱにいって $e \simeq i \simeq 1$ であって，拡散時間 t_d は τ_c の程度である。これに比べて，式 (19) の t_d は $\tau_c e^2$ の程度であって，かなり短かくなっている。最後に，e と i の平衡値達成に要する時間は，t_d の e^2 倍，t_f の η 倍であって，t_d と t_f のどれよりも短かいことに注意しておこう。

§8. 原始惑星の形成

微粒子層の分裂によって生れた 10^{18}〜10^{20}g の微小惑星は, 前節に述べたように, 10^{-3} の程度の e と i をもってランダム運動している. この運動の平均速度は $(e+i)v_k$ の程度であって, この速度をもった粒子が, 他粒子との遭遇の際にそのヒル球 (Hill sphere, 重力作用圏) を横切る時間はケプラー周期に比べてずっと短かい. また, 粒子間の重力相互作用の平均エネルギーに比べて, 粒子のランダム運動のエネルギーは大きく, 粒子集団はこの意味で"高エネルギー的"または"高温"であるといえる.

このような速度をもった微小惑星が, 直接的な衝突によって付着・生長するとき, 集団粒子のスペクトルがどのように変化するかを中川は調べている. 付着の断面積としては

$$\sigma = \pi (r_1+r_2)^2 \left\{ 1 + \frac{2G(m_1+m_2)}{v^2(r_1+r_2)} \right\} \quad (21)$$

を採用している. ここに, r_1 と r_2 は衝突2粒子の半径, m_1 と m_2 は質量であり, v は2粒子が十分離れているときの相対速度であって, 式 (5) で与えられる. 計算結果によると, 最初は 10^{20}g の同一質量の集団であったものが, 約 10^4 年後には, ごく小数のものは 10^{25}g 程度の原始惑星に成長する. しかし, 大多数の微小惑星はほとんど成長することなしに残っている. 従って, 次の課題は小数の原始惑星が, 残っている微小惑星をどのように捕獲して惑星に生長するかを調べることである.

ところで, 質量が 10^{26}g 以上の原始惑星の場合には, 微小惑星捕獲の機構が変わってくる. 小質量の原始惑星では, 重力が大きくないので, これを取り巻くガスの密度はガス円盤の密度と大差はない. しかし, 10^{26}g 以上の質量になると, 惑星表面からの脱出速度がガスの音速を越すようになる. 換言すると, ガスは原始惑星の重力場に捕えられて, そのヒル球は比較的高密度のガスで満たされるようになる. 従って, 微小惑星が原始惑星に直接衝突しなくても, そのヒル球内に一度入りさえすれば, ガスの抵抗を受けて運動エネルギーを徐々に失い, 遂には惑星表面に落ちることになる. 次節では, 原始惑星のヒル球に捕えられるまでの微小惑星の運動に対して, 原始惑星の重力がどのような摂動効果を及ぼすかを考えよう.

§9. 原始惑星の摂動効果 (制限3体問題)

われわれの数値的な軌道計算の結果によると, 微小惑星に対する原始惑星の摂動効果が遭遇効果やガス効果を上回るのは, 原始惑星からの距離がヒル球の半径の約10倍以内の領域である. 以下においては, この領域内に軌道が入るような粒子を考え, 簡単のために遭遇効果とガス効果を無視することにする. すなわち, 太陽, 原始惑星, 微小惑星に対する制限3体問題を考える.

簡単のため, 原始惑星の離心率と軌道傾斜はともに零とし, さらに黄道面内の粒子運動に話を限ることにする. 太陽と原始惑星の重心を座標原点とし, 両者が x 軸上に静止しているような回転座標系 (x,y) を採用する. 上の重心と太陽の間の距離は実質

的には無視できる．さて，長さの単位として太陽と原始惑星の間の距離，質量の単位として太陽と惑星の質量の和，時間の単位として座標系の回転角速度の逆数を選ぶと，この単位系での微小惑星の運動方程式は

$$\ddot{x} - 2\dot{y} = -\frac{\partial U}{\partial x}, \quad \ddot{y} + 2\dot{x} = -\frac{\partial U}{\partial y} \quad (22)$$

となる．Uは遠心力を含んだ力のポテンシャルで

$$U = -\frac{1-\mu}{r_1} - \frac{\mu}{r_2} - \frac{1}{2}(x^2+y^2) + \frac{3}{2} + \frac{9}{2}h^2 \quad (23)$$

と表わされる．ここに，r_1とr_2はそれぞれ太陽と惑星からの距離，μは惑星の質量で$10^{-8} \sim 10^{-4}$の範囲にある小さい量である．また，$3/2 + 9h^2/2$は，h^3以上の小量を無視したとき，ラグランジュ点L_1とL_2（図4参照）において$U=0$になるように付加した定数である．ただしhは

$$h = (\mu/3)^{1/3} \quad (24)$$

で定義されたヒル球の半径である．われわれは$h \leq 0.03$の場合を考える．

図4には，点L_1とL_2を通る$U=0$の等ポテンシャル曲線を示してあるが，この2曲線が囲む狭い領域（ただし，ヒル球を除く）内だけで$U>0$であり，他のすべての領域では$U<0$である．この様子をさらに詳しく見るために，惑星の近傍のx軸上におけるポテンシャル曲線を図5に示してある．さて，式(22)より運動の定数としてのエネルギー積分

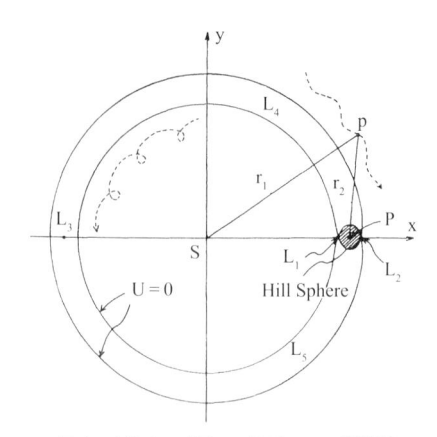

図4 太陽S，惑星P，粒子pの3体問題

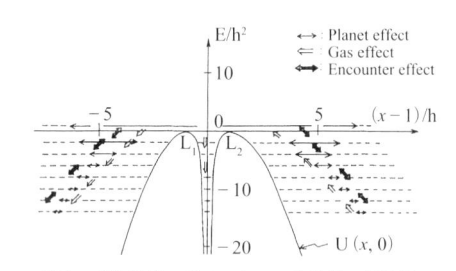

図5 惑星近傍のポテンシャルと粒子の振る舞い

$$E = \frac{1}{2}(\dot{x}^2 + \dot{y}^2) + U \quad (25)$$

が導かれる．この符号を変えたものはヤコビ積分と呼ばれている．図5には，このエネルギーEの準位が模式的に示してある．制限3体問題の範囲内では，粒子の運動は一つのエネルギー準位上に限られる．従って，図5のポテンシャル曲線の外側の領域にある負エネルギーの粒子はヒル球内に入ることは許されない．入るためには，前に述べた遭遇効果やガス効果によって，少しずつエネルギーを変えながら正エネルギー準位に移行することが必要である．

ところでわれわれは，μ と E が種々の値をもつ場合について式 (22) を数値的に積分して，粒子が惑星と最大 1000 回の会合をするまでの期間の粒子運動の変化，とくに軌道の 3 要素 a, e, i の永年変化の様子を詳しく調べた．その結果として，粒子の e は惑星と会合するたびに一般にランダムな変化をするが，この変化の振幅や e のとる最大値 e_{max} は E/h^2 の値に強く依存し，e_{max} の値は近似的には次のスケール則

$$e_{max} = hf(E/h^2) \qquad (26)$$

で表わされることが見出された．ここに，$f(x)$ は x の増大関数であって，とくに $x \simeq -1$ のあたりで急激に増大する．例えば，$\mu = 1 \times 10^{-4}$ ($h = 0.032$) の場合の e_{max} の値は，$E/h^2 = -5$ の粒子では 0.02 の程度であるが，$E/h^2 = -0.5$ の粒子では 0.1 という大きい値をとる．

また，上の e_{max} の値が §7 で求めた e の平衡値を上回るのは，$E/h^2 \gtrsim -20$ の粒子であって，このような粒子の長半径 a は $1 + 10h \gtrsim a \gtrsim 1 - 10h$ の範囲にある．これらの粒子を惑星の近接粒子，上の範囲外の粒子を遠方粒子と呼ぶことにする．

近接粒子は遠方粒子よりも大きい e をもつので，式 (8) に従って，その遭遇効果による拡散 (E の変化といってもよい) は遠方粒子の拡散に比べて抑制されることになる．他方，ガス効果による a の変化は遠方粒子に比べて促進される．ただし，説明を省略するが，0.1 という大きな e をもつ粒子に対しては，ガス効果は E を減少させる方向に働くのである．結局のところ，比較的小質量の原始惑星の摂動効果はヒル球

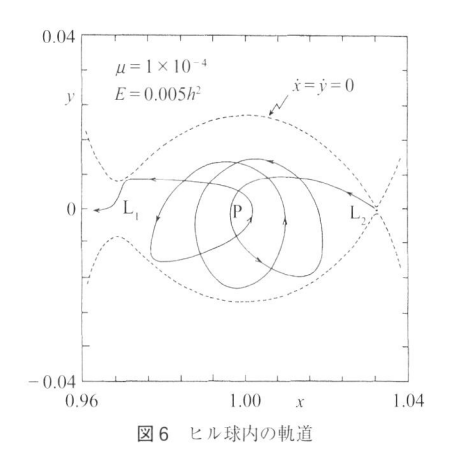

図 6　ヒル球内の軌道

への粒子の流入を助けるが，大質量の原始惑星の摂動効果は流入を抑制する方向に働くのである．

以上の話は，主として負エネルギー ($E \leq 0$) 粒子の運動についてであった．われわれはさらに，E が正の小さい値をもつ場合の粒子の 3 体問題の軌道を多数計算することによって，これらの粒子は惑星と平均 20 回の会合をする間には，ラグランジュ点 L_1, L_2 の近傍にあるポテンシャルの狭い門を通って，ヒル球内に突入することを見出した．従って，粒子が $E > 0$ のエネルギー準位に移行すれば，比較的短時間のうちにヒル球内に捕えられることになる．

このようにしてヒル球内に入った粒子の軌道の簡単な例を図 6 に示す．この外に，非常に複雑な軌道もあるが，どの軌道も次のような 2 つの特徴をもっている．(1) 軌道は原始惑星の近傍に接近し，最近接距離はヒル半径の 1/10 以下である．従って，惑星を取り巻くガスの抵抗を十分に受けて，ヒル球から再び脱出することはない．

(2) 惑星の周りの運動の向きは，常に惑星の公転の向きに一致している。このことは，惑星の自転や衛星の公転の向きを説明するのに都合がよいであろう。

§10. 惑星への生長

これまで述べてきた遭遇効果，ガス効果，原始惑星の効果の3つを総合することによって，原始惑星が微小惑星をヒル球内に捕獲することによって惑星に生長するまでの時間を計算することができる。ガスの密度は表1の値を採用し，初期条件としては，質量 10^{25} g の1個の原始惑星と表2の表面密度 n_s をもって一様に分布した微小惑星の集団を考える。われわれは，粒子集団の平均の離心率 e と軌道傾斜 i を長半径 a の関数，または前節のエネルギー E の関数として表わし，集団の長半径 a の分布関数 $f(a,t)$ の時間変化を記述するフォッカー・プランク（Fokker-Planck）方程式を設定した。この方程式には，遭遇効果による拡散の項とガス効果による流れの項の2つが含まれている。なお，遠方の境界条件については，原始惑星の軌道半径の3/4倍および4/3倍の半径をもつ太陽中心の2つの円を境界と考え，これらの境界を横切る粒子の流れはないものとする。

上の方程式を数値的に解くことによって得られた，原始地球の成長曲線を図7に示す。微小惑星の質量 m として，10^{21}，10^{23}，10^{25} g の値を採用した場合の生成曲線を実線で示してある。これは，遠方粒子が原始惑星に近づくまでの間に，相互の衝突によって生長することを考慮したのである。

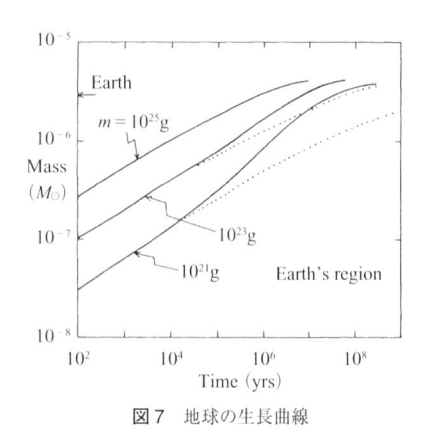

図7 地球の生長曲線

また，図の点線は，ガス密度として表1の1/100の値を採用した場合の結果を参考のために示したものである。これらの結果は，約 10^7 年の間に地球が形成されることを示している。原始木星についても，同様な計算の結果，約 10^8 年で現在の木星の1/50の質量をもった固体のしん（core）が形成されることになる。このようなしんが重力的に円盤のガスを大量に捕獲することによって，現在の木星が形成されたのであろう。

以上は，微小惑星の質量を一定と仮定した場合の結果であって，微小惑星自身の生長過程は計算されていない。実際は，微小惑星の質量はあるスペクトル分布をもち，これが時間的に変化するはずである。このような分布の変化を調べるためには，微小惑星相互の衝突過程において，付着や破壊がどの程度の割合で起るかをまず知らねばならない。

§11. むすび

　惑星が形成された後に，円盤のガスは太陽系から逃げ出したものと思われる。ガスの脱出機構はまだ明らかでないが，可能な機構の一つとして，太陽風が円盤表面の電離層を徐々に吹き飛ばすというシャツマン（～1970）の考えをあげることができる。他方，次のような機構がどれだけの効果をもつかを定量的に調べることも必要であろう。現在の木星のヒル球の半径は約 0.4 A. U. であって，これは表1に示したガス円盤の厚さの半分以上である。さらに，木星は優に離心率 0.05 をもってガスをかく乱していて，そのガス運動に対する重力効果は大きいものであろう。

　衛星の形成過程は，定性的には，本稿で述べたような惑星の形成過程に似た点が多いと思われる。しかし，定量的な話をするためには，惑星のヒル球を満たしていたガスの分布，運動，その時間変化の様子をまず知らねばならない。ついで，このガス中での微小惑星の遭遇効果とガス効果を調べる必要がある。ところで，このガスは円盤のガスが太陽系から脱出したときに同時に逃げ出したはずである。この時期にヒル球内で運動していた微小惑星は衛星として取り残されたであろう。

　本稿では，主として，膨大な数の粒子集団における確率過程を考えた。現在の惑星・衛星系のように粒子数が大きく減少した集団については，もちろん確率過程の仮定は成立しない。かわってラプラス以来考えられてきた惑星系の永年摂動が問題となる。他方，現在の惑星・衛星の自転，公転の周期の間には，簡単な尽数関係が存在する列が多く知られている（堀源一郎，天文月報。69巻第6号）。これは集団の粒子数が次第に減少して行く過程において，粒子数がある程度以下になった段階では，尽数関係を満たすような粒子が選択的に取り残されたためであると思われる。

湯川秀樹博士追悼講演会
14. 湯川博士の思い出 (1981 年)
「湯川秀樹博士を偲ぶ —— 追悼行事の記録」(1982 年 3 月)

　学問の各分野に広く興味を持たれていた湯川先生は，機会あるごとに若い研究者に対して，狭い領域に閉じこもることなく，新分野の研究を手がけるように奨められました．これも，先生が各分野の学問の将来について深い見透しを持っておられたからであります．先生がとくに奨められた分野の一つは，次に福留氏が話される生物物理であり，もう一つの例は，これからお話しする宇宙物理とプラズマ・核融合であります．

　私は終戦後復員して間もない 1946 年の春に，先生の研究室へ入れていただくようお願いしました．私はもともと素粒子・原子核の理論の研究を希望していましたが，当時先生は故荒木俊馬教授のあとをうけて，宇宙物理学教室の第一講座を兼担しておられたこともあって，私に天体の核反応の勉強を始めることを奨められました．私は東大の学部学生時代にたまたま，天体内部のニュートリノ反応過程に関する Gamow の論文を読んだことがあって，宇宙物理に多少の興味もあり，また宇宙物理と素粒子論の研究が両立しないこともないであろうと考えて，先生のお奨めに従って宇宙物理学教室の一室に机をいただいて勉強を始め，以来先生の御指導をいただく幸運に恵まれました．

　当時先生が宇宙物理に興味を持っておられたのは，一つは荘子への御愛着に見られるような先生の哲学的背景があったかも知れません．しかし，より具体的な理由としては，1939 年の先生の最初の欧米旅行において，新進気鋭の原子核物理の建設者たちとの交流があり，Bethe や Weizsäcker が発見した星のエネルギー源としての核反応に強い興味を持たれたためであると思います．御帰国の後，天体核現象に関する会議の報告を研究室のゼミナールの資料として使用されました．この当時，原子核物理学は文字通りの新興の学問であり，その研究者と天文学者の間に話が疎通するのはかなり困難な状況にあったと思います．しかし，約 20 年の後には，先生のお見透しの通りに，原子核物理学と天文学が結びついた天体核物理学の分野が確立し，現在では核反応に起因する星の進化や元素の起源の本質が一応理解されるという段階になっています．

　他方，宇宙論や中性子星・ブラックホールなどは一般相対論なしには語れませんが，一般相対論のもつ理論的完全性の魅力は，先生の一生を通じて先生の心を深くとらえていたものと思われます．実際，一般相対論を修正，変更しようとする論文が数多く現われましたが，先生は終始 Einstein 理論の支持者でありました．先生には退官されるまで，理学部の学部学生に通年の「物理学通論」の講義をしていただきましたが，その主要な部分は一般相対論で占め

られていました。

　次に，原子力平和利用についての先生の思い出にうつりたいと思います。

　1956年1月に先生は発足したばかりの原子力委員会の委員になられました。初代の委員のうち，科学・技術の関係の委員は先生お一人だけでありました。この委員会で，この年に「原子力開発利用長期計画」が作製されたのですが，問題の山積するなかで，わが国の原子力政策の方向を決定するという困難な仕事にあたられました。当時は，基礎的な実験資料も十分ではなく，また技術開発に要する時間の算定も容易ではない時代でした。他方，産業界からは実用炉早期開発の強い要望が出されていて，原子力委員会は具体的な年次計画の決定をしなければならない状況にあり，先生は早急な決断をせまられることの悩みを度々もらしておられました。

　1950年代に入って，米英ソを中心とする諸外国で核融合の平和利用の研究が始められ，1955年頃にはその実験結果が公表されるようになりました。当時，核分裂のエネルギー利用の実用化がまだ行われていないのに，さらに難しい核融合の研究が取り上げられたのは，将来のエネルギー資源の需給についての予想が当時すでに立てられていたからでした。

　湯川先生は，武谷三男氏や当時基礎研の教授であった早川幸男氏と相談され，1956年5月には基礎研でわが国最初の核融合の研究会を開催されました。このとき，天文，物理，電気工学などの多分野の研究者が一堂に会して，核融合研究の現状認識と将来性について討論が行われました。このころ私は先生に次のような質問をしたことがありました。核融合の研究を進めるためには，水爆の爆発過程の物理をある程度は知っておく必要があるが，核融合の平和利用を目的とする我々にとっては大きい抵抗を感じるとの旨を先生に申し上げたところ，「我々科学者は兵器であってもその原理と機構の基本を理解していなければならない。このことは，核兵器廃絶の平和運動を進めるためにも必要なことである」というお答えをいただき，強い感銘を受けました。

　ところで，基礎研での核融合研究会がきっかけになって，全国の大学，研究所，会社の研究者が一団となって核融合の研究を進めようという気運になり，原子力委員会の下には専門委員会が，学術会議では特別委員会がつくられ，核融合の将来計画についての討論が活発に行われました。このとき，研究の進め方の基本方針について二つの主張が大きく対立しました。その一つは，さしあたりは外国の摸倣でよいから，早急に大規模の実験装置をつくるべきであるという主張であり，他方は，独創性をもった小規模の実験から始めるべきであるという主張でした。この対立意見の最終的な裁定は湯川先生と菊池正士先生にまかされ，結局後者の主張に沿った道をとることになりました。この結果，1961年には名古屋大学にプラズマ研究所が設立されましたが，核融合研究所ではなしにプラズマ研究所という名称になったのは上述の経緯による所が大きいのであります。

　基礎研ではこれまで，上述の宇宙物理やプラズマ核融合の研究会のほかに，非線型

数学，地球物理，太陽系起源などに関する研究会が例年のように開催され，異なった分野の研究者が集って，いわゆる境界領域の学問についての討論が重ねられてきました。これも，所長としての湯川先生の御方針に沿ったものであります。最近では，学問の細分化が進行する一方では，細分化した各分野の内容は大きく増大しています。しかし，異分野間の交流や連携の方は難しくなっている傾向があります。この点，学問交流についての先生のこれまでの御努力のほどをしのんで，自戒といたしたいと存じます。

15. 宇宙の進化 — むすびにかえて (1983年)

『宇宙と物理』（日本物理学会編）培風館（1983年）

宇宙は，大きさや密度が大きく異なった種々の階層からなっている。この最後の章では，まとめとしてこれらの階層の形成・進化の方向を要約し，その統一的な理解が，物理学としてどのような形で進められているかを概観する。さらに，将来の宇宙の長期的な進化について，理論的に予想されることを述べることにする。

1 宇宙進化の概要

これまでの各章で，ビッグバン宇宙から始まり銀河や星の形成・進化を経て，惑星の形成に至るまでの説明があった。このような宇宙の諸階層の形成・進化の系統図をつくると，図1のようになるであろう。

まず，宇宙は極度の高温・高密度の状態から始まる。素粒子の大統一理論によると，温度が 10^{28}K になった時期に，真空の相転移が起こって巨大なエネルギーが放出され，これが宇宙膨張の大きな駆動力になったものと考えられる。この膨張に伴って温度が 10^9K まで降下した時に，陽子と中性子から重水素やヘリウムの原子核が合成されるが，現在の太陽や太陽系に存在する水素，重水素，ヘリウムの大部分は，この時期の核反応の産物であると考えられている。さらに，宇宙のガスの温度が 10^3K の程度まで降下した時に，ガスの自己重力の効果が宇宙膨張やガス圧の効果に打ち勝つようになって，これまで一様であったガスは分裂・凝縮して，銀河や銀河集団の原型が形成されたのであろう。この際にとり残された光子は，現在の3Kの黒体放射として観測されている。

このようにして生まれた原始銀河は，最初はほぼ一様なガスからできていたであろうが，その大部分は自己重力によって分裂・凝縮して星をつくったと考えられる。この原始銀河における星の形成過程は，現在においても，まだよく理解されていない難問の1つである。また，現在観測されている銀河には多くの種類があり，とくにQSO（クェーサー，準星状天体）や電波銀河など活動度の高い銀河があるが，これらの銀河とわが銀河のような普通の銀河との違いが，どうして生じたかという問題も未解決である。

さて，現在のわが銀河内部の状況を考えよう。ここでは，星間ガス雲，とくに分子雲において星が生まれている。生まれた星は収縮して，比較的短時間（といっても太陽の場合 10^7 年の程度）のうちに主系列の星となる。したがって，われわれがみる星の大部分は，主系列星ならびに赤色巨星として，原子核反応によって生じたエネルギーを外界へ放出している。この核反応はきわめてゆっくりと進行し，核エネルギーが消費される時間，つまり星の寿命は星の質量によって異なるが，太陽の場合は，約

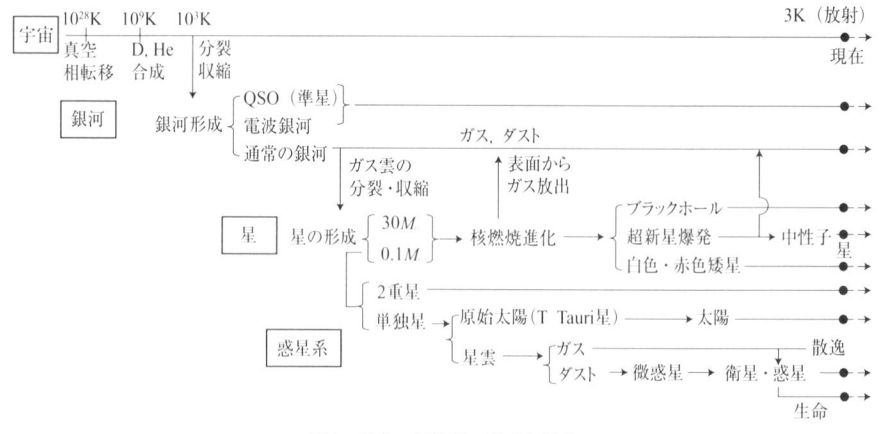

図1 天体の各階層の形成と進化

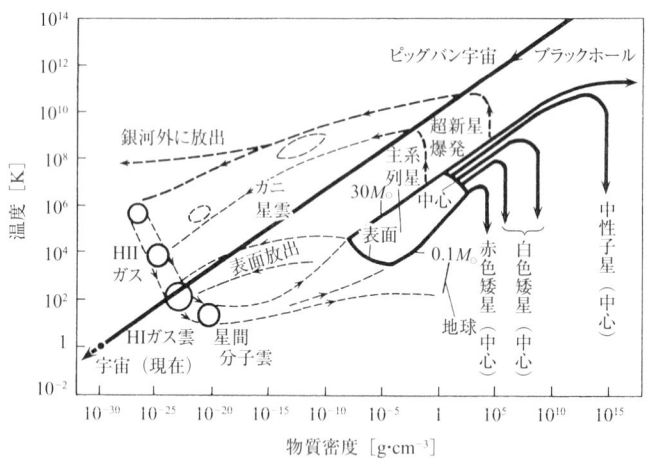

図2 わが銀河内の物質の状態変化

$1×10^{10}$ 年である。このような核燃焼段階の星の進化については，ここ 20〜30 年間の理論的計算によって，かなり正確なことがわかるようになった。さらに，核エネルギーを使い果たした星の最終的な落ちつき先を推定することも，できるようになった。たとえば質量が約 $30M_\odot$ より大きい星は，ブラックホールに向かって収縮する（図2参照）。ほぼ $8M_\odot$ 以上の星は超新星爆発を起こして，中心部は中性子星として残るが，質量の大部分を占める外層部は吹き飛んで膨張を続け，最終的には星間ガスに戻ってしまう。質量が $3M_\odot$ 以下の星は，その赤色巨星の段階で表面から質量をゆっ

くりと放出することもあって，最終的には白色矮星や赤色矮星になって冷却していく．

ところで，星間ガスから星が生まれる過程については，現在なおわからないことが多い．たとえば，太陽近傍の星の約半数は2重星であるが，2重星と単独星の別はどうして生じたのか．また，大多数の星の質量は $0.1 \sim 2 M_\odot$ の範囲にあって，大質量の星は非常に少ないが，このような星の質量スペクトルはどのようにして定まったか．さらには，現在の星の数の観測値と進化の理論値（星の寿命の計算値）との比較から，わが銀河全体としては，1年間に $3 \sim 7 M_\odot$ の割合で星が生まれていることが知られているが，この星の生成率をどのように説明するかなど，多くの課題が残されている．このような星の形成過程を明らかにすることは，各種の銀河の形成と進化を考える際に不可欠のことである．

さて，わが銀河の星間ガスの観測，超新星残がいのガスの観測，星の進化理論などをもとにして，現在のわが銀河において星間ガスから星へ，逆に星からガスへ，物質がどのように形態を変えているかを描いたのが，図2である（参考のために，ビッグバン宇宙の温度・密度の変化を直線で示してある）．この図は，ガス→星→ガスという循環的な流れと，赤色・白色矮星や中性子星などの高密度物質へ向かう一方的な流れの2つがあることを示している．この循環流が1循環する平均時間は 2×10^9 年の程度であって，時間がたつとともに，星間ガスの総量はしだいに減少していく（現在のガスは銀河の全質量の数％である）．やがて銀河の全質量は，赤色・白色矮星や中性子星，さらには，これらが冷却した暗黒の星やブラックホールで占められることになる．しかしながら，これはたぶん 10^{12-13} 年以上も後のことであって，それまでの間，わが銀河は星の形成・進化という活動を続けることになる．

2　宇宙進化の要因

以上に概観したように，宇宙の構造と進化は次のような特徴をもっている．まず，宇宙は銀河とその集団，星とその集団，ガス雲，惑星系などのように，大きさが著しく異なった階層からなっていて，大きい階層から小さい階層に向かって進化することである．さらに，これらの階層のそれぞれは多種多様であって，銀河にも多くの種類があり，星にも大小さまざまなものがある[1,2]．これらの多様性が生じた原因は何であろうか．また，最初は宇宙全体に広がっていたガスが分裂して銀河が生まれ，銀河内のガス雲の分裂によって星が生じたという，階層間の移行を決定したものは何であろうか．このような天体の多様性と，進化の因果性を完全に理解し説明することが，宇宙物理学の最終的な目標であろう．現在のところ，われわれはまだこの目標に到達してはいないが，観測と理論の発展を通じて，徐々に核心に近づきつつあるといえる．というのは次に述べるように，宇宙進化を決める要因としての物理的な基本過程の理解が，着々と進みつつあるからである．

この基本過程は，ミクロの過程とマクロの過程に大別される．宇宙進化は，この両

方の過程が密接に関連しながら進行した結果である。まずミクロの過程としては，原子，分子，イオン，光子の相互作用，原子核と素粒子の反応，さらには，最近の大統一理論が予言する超高エネルギー素粒子反応などがある。他方，マクロの過程として重要なものは，重力をはじめとして，温度や密度の広範囲にわたる物性（たとえば圧力や熱伝導性など），膨張と収縮の流体力学，さらには電磁場の生成と変動の過程などである。重力については後で述べることにして，まず他のものについて少し触れておこう。

宇宙の諸天体は，ばく大な数の原子から成る，自由度が極度に大きい系である。このような多自由度の系を記述する流体力学，さらには電磁流体力学の方程式を解析的に解くことは，不可能に近い。とくに天体の場合は，物質の運動に伴う重力場の変化を考える必要があるからである。ところで，最近では計算機の発達によって，以前には予想できなかったシュミレーションの計算が可能になってきた。たとえば，星間ガス雲の3次元的な重力崩壊や分裂の計算もできるようになってきていて，星の形成過程が明らかになるのも，遠い将来のことではないであろう。

さて，重力は宇宙の諸天体の構造と進化を決めるもっとも重要な力である。重力は，原子と分子の間の力や，陽子と中性子の間に働く核力などの近接力と違って，遠方まで働く力であり，天体のもつ階層性や多様性の原因は重力にあると考えられる。たとえば天体の分裂を考える場合，ガス圧や回転の遠心力は一般に分裂を阻止する方向に働くが，重力がこれらにうち勝つと，分裂が進行するのである。

重力の法則については，通常の天体ではニュートン理論を用いて十分である。この場合，球状の天体の重力場の様子は簡単であるが，回転楕円体やリングのような形状をもったガス雲の重力場の分布は，かなり複雑であって，われわれにとっても周知のことではない。電子計算機が必要な理由が，ここにある。

ところで，中性子星やブラックホールなどの高密度の天体や，宇宙全体という巨大な質量を対象とする時は，ニュートンの重力理論では不十分であって，これを一般化したアインシュタインの一般相対論によらねばならない。いま，対象とする天体の質量を M，半径を R とすると，この天体のもつ重力エネルギーの大きさは GM^2/R（G はニュートンの重力定数），静止質量エネルギーは Mc^2（c は光速度）である。この両者の比

$$\gamma = \frac{GM}{Rc^2} \qquad (1)$$

は，一般相対論の効果がどの程度重要であるかを表わしている。すなわち $\gamma \ll 1$ である場合は，この γ の程度の小さい補正値を問題にしないかぎり，ニュートン理論をそのまま用いてよい。しかし，宇宙全体やブラックホールの場合は，γ は1の程度の値をもつので，一般相対論にしたがった取り扱いをしなければならない。上の γ の値は，太陽では 10^{-6}，白色矮星では 10^{-4}，中性子星では 10^{-1} の程度であり，わが銀河全体では 10^{-6}，比較的大きい銀河集団

でも 10^{-5} の程度の小さい値である。

さて，A. Einsteinが1915年に一般相対論を完成して以来，多くの人がその修正や変更を試み，一般相対論にとってかわる重力理論を提案した。ブランス・ディッケ（C. Brans, R. Dicke）理論（1961）や，ホイル・ナリカー（F. Hoyle, J. V. Narlikar）理論（1963）などは有名であるが，結局のところ，これらの提案はすべて不成功に終わっている。

ところで，いまから数年前に，電波望遠鏡によって2個の中性子星（その1つはパルサー）の連星が発見されて，その公転軌道と公転周期の精密な観測が，J. H. Taylorたちによって行われた。2～3年にわたる観測の結果，公転周期（これは7.8h）は1年間に 1×10^{-4} sec の割合で短縮していて，この短縮は一般相対論にしたがって，重力波が放出されているためであることが明らかになった。すなわち，一般相対論の正しさが，さらに確認されたのである。

以上のように，宇宙の進化を決めるミクロとマクロの物理法則について，現在のわれわれはかなり正確な知識をもつに至っている。また，最近の観測技術や計算機の進展にはめざましいものがある。したがって，図1に示したような宇宙の諸階層の進化過程がすべて明確になるのは，そう遠い将来のことではないであろう。

最後に，宇宙進化を統一的に理解するために重要と思われる，具体的な課題を列挙しておこう。

(1) ビッグバン宇宙の検証（バリオン数と光子数の比，^{2}D, ^{3}He, ^{4}He の形成量，ハッブル定数と宇宙年齢など）
(2) 銀河の形成（宇宙の密度ゆらぎの大きさと分裂の機構，QSOや電波銀河の形成過程など）
(3) 銀河の進化（大局的な構造変化，中心核の活動性，化学組成の変化など）
(4) 星の形成（星間分子雲の分裂と重力崩壊の過程，2重星と単独星の成因，星の質量スペクトルの説明など）
(5) 星の進化（表面からの質量放出，超新星の爆発機構，パルサーの放射機構など）
(6) 惑星系（形成の年代，隕石の母天体，太陽系以外の惑星系の存在など）
(7) 宇宙の将来（太陽系，銀河，宇宙全体は長期的にどう変化するか）

以上の諸問題の多くは，これまでの各章で述べられている。ここでは，宇宙の将来についての予想と，太陽系以外の生命をもった惑星の存在の可能性について，以下に述べることにする。

3　宇宙の将来

銀河の後退速度の詳しい観測，もっとも古い球状星団の年齢などをもとにした，A. SandageとG. A. Tamman の研究（1981）によると，宇宙が膨張を開始してから現在に至るまでの時間は，$(15\sim 20)\times 10^9$ 年である。ただし，宇宙が開いているか閉じているかは，現在のところまだ明確でない。上記の時間の間に図1に示したような宇宙の進化が進行したのであるが，今後の遠い将来を考えた時，太陽系，星，銀河などの状態はどうなっているであろうか。現在までの進化過程がまだ十分明確になっていない

以上，宇宙の将来について正確な予想をすることには，限界がある。しかし，種々の予想をすることは重要であるので，最近のF. J. Dyson (1979)[3] その他の人々の予想を紹介しよう。ただし時間の数値などについては，筆者の考えにしたがって，多少の変更をすることにする。

(1) 太陽の将来

太陽の中心では，過去の 4.6×10^9 年の間に進行した水素の核融合反応の結果として，水素の半分はすでにヘリウムに変化している。今後は，やがてヘリウムだけからなる「しん」が生じ，約 5×10^9 年の後にこの「しん」の質量が太陽質量の約40%を占めるようになって，太陽の光度と半径は急速に増大する。理論的計算によると，太陽は現在の100倍以上の半径と1000倍程度の光度をもった，赤色超巨星になる。その大気が地球をのみ込むかどうかははっきりしないが，のみ込まない場合でも，地球の表面温度は1600Kくらいまで上昇する。その後，太陽中心では He → C, O の核反応が進行し，また表面からかなり大量の質量が放出されることもあって，最終的には，太陽は大きく収縮して高密度の白色矮星になり，冷却していくものと考えられている。

さらに遠い将来における星や銀河については，宇宙が閉じている場合と開いている場合とで，状況がまったく異なる。現在のところ，この宇宙の開閉についての結論は得られていないので，次に両方の場合を考えよう。

(2) 閉じた宇宙の場合

最近，ニュートリノが $10 \sim 20eV$ の程度の質量をもっている可能性があることが指摘されたが，その当否ははっきりしない。しかしこれが事実とすると，宇宙の密度はこれまで考えられていた値より大きいので，宇宙は閉じていて，いまから約 10^{11} 年の後には膨張をやめて収縮に転ずることになる。宇宙内の放射やガスの温度はしだいに上昇し，図2に示した膨張宇宙の線を逆にたどることになる。この温度上昇のために，いずれ星や銀河はすべて蒸発してしまうであろう。

(3) 宇宙が開いている場合

宇宙は際限なく膨張を続けて，宇宙黒体放射の温度はいくらでも小さくなる。このような環境においては，以下に述べるような変化が起こるであろう。

(4) $10^{12} \sim 10^{13}$ 年後

図2に示したように，時間とともに銀河内のガスの量は減少し，高密度星の数が増大する。いまから $10^{12} \sim 10^{13}$ 年の後にはガスは尽きて，わが銀河は高密度の矮星，中性子星，ブラックホールだけから成るようになる。しかも，これらの星は十分に冷却して，暗黒星となっているであろう。

(5) 10^{14} 年後

これらの暗黒星はランダムな速度をもっていて，2つの星が遭遇すると重力的な散乱が起こる。太陽の近傍の領域において，暗黒星が数密度 $0.2pc^{-3}$ ($1pc = 3.1 \times 10^{18}cm$)，ランダムな速度 $20km \cdot sec^{-1}$ をもつもの

とすると，その1つが太陽に接近して，90°の程度の大角度散乱が起こるまでの平均時間は，10^{14} 年くらいである。90°散乱の時の最近接距離は2AU（AUは地球の公転軌道の半径）の程度であって，この散乱の際に惑星はすべて，太陽から離れてしまうであろう。

(6) 10^{17}～10^{19} 年後

さらに長時間が経過すると，上記の遭遇よりもずっと接近した遭遇，より大角度の散乱が多数回起こって，一方の星は大きな運動エネルギーを得て銀河から脱出する。他方の星は，エネルギーを失って銀河中心に近づいていく。この結果，最終的には銀河中心に，巨大な質量をもったブラックホールが形成されるであろう。

(7) 10^{30} 年後

素粒子の大統一理論によると，この時期には陽子は陽電子に崩壊してしまう。したがって，銀河から蒸発して銀河間空間に存在している高密度星は，陰陽電子となって宇宙空間に蒸発するであろう。これらの陰陽電子は，巨大なポジトロニウムをつくるものと考えられる。

(8) 10^{64} 年以上の後

星の程度の質量をもったブラックホールや，銀河中心に生じた巨大なブラックホールはどうなるであろうか。S. W. Hawking (1975)[4]によると，ブラックホールは一般に黒体放射を放出しながら，ゆっくりと蒸発するという。つまり，ブラックホールの近傍では，真空であっても強い重力場があるために，素粒子とその反粒子（空孔）の対創成が起こり，粒子は外界へ放出されるが，反粒子はブラックホールに落ち込んで，その質量が減小することになる。Hawkingによると，質量 M をもったブラックホールの蒸発時間は，

$$t = \frac{G^2 M^3}{\hbar c^3} = 1.3 \times 10^{63} \left(\frac{M}{M_\odot}\right)^3 \text{（年）} \quad (2)$$

で与えられる。質量 M として $2M_\odot$ をとると，t は 10^{64} 年となる。他方，放出される黒体放射の温度は，

$$T = \frac{\hbar c^3}{kGM} = 1.6 \times 10^{-6} \frac{M_\odot}{M} \text{（K）} \quad (3)$$

で与えられる。ここに，k はボルツマン定数である。

4　太陽系以外の惑星系

わが銀河内の，他の惑星に存在するであろうと思われる知的生物との電波交信が現実に試みられているが，このような生物が存在する惑星の数を推定することは，難しい問題である。明確な答えは出せないが，9章の惑星系の形成の話を補足する形で，ここに推定を試みてみよう。

太陽系の惑星における生命発生の条件としてもっとも重要なものは，太陽からの距離と惑星の質量であろう。まず距離についていうと，地球のすぐ内側にある金星（距離 0.72AU）は，太陽に少し近いために太陽放射が強すぎて，生命発生に必要な H_2O の海は蒸発してしまっている。他方，火星 (1.52AU) は太陽放射が弱すぎて，H_2O は

氷になっている。距離の点で地球は最適になっているが、質量についてはどうであろうか。地球と同じ場所に質量の異なった惑星が形成された場合を考えよう。質量が地球の数分の1以下であれば、惑星の重力は弱すぎて、大気を長期間保持することはできない。逆に、質量が地球の数倍以上であると、9章の木星型惑星の形成のところで述べられているように、この惑星は重力が強すぎて、まわりの太陽系星雲のガスを寄せ集めて、巨大惑星になってしまう。このように質量についても、地球は生命にとって最適の惑星である。

惑星の形成時の位置と質量を決めたものは、それぞれ、太陽系星雲のもっていた角運動量と質量であったと考えられる。この角運動量が大きすぎると、惑星は太陽から遠く離れた場所につくられ、逆に小さすぎると接近した場所につくられる。

さて、わが銀河の星の総数は約 2×10^{11} 個であるが、このうち太陽に近い表面温度と光度をもつ単独星の数は、10^{10} 個くらいであろう。2重星は惑星系をつくらないので、除外しなければならない。これらの単独星を取り巻いていた原始星雲が、上記のような適当な角運動量をもつ確率は 10^{-2} の程度であり、また適当な質量をもつ確率も、10^{-2} の程度と推定される。これらの確率を乗ずると、地球のような生命発生の条件を満たす惑星をもつ星は、銀河内に 10^6 個程度存在することになる。

この 10^6 個のうち、どれだけの惑星において生命が現実に発生して、これが現在までの間に高度の知的生物に進化しているかを推定することは、きわめて難しい問題である。生命の発生・進化は、一種の確率過程であって、進化の時間は外的環境に大きく影響されるであろう。たとえば、恐竜時代から哺乳類時代への転換が大隕石の落下によってひき起こされたという説が、最近 L. W. Alvarez らによって提唱されている。さらに、人類の歴史、とくに近代文明の発展成長の期間が、地球形成から現在までの時間 4.6×10^9 年にくらべて、桁はずれに短かいことを考えると、人類が高度の知的文明を所有するに至るまでの社会進化の機構と、その進化時間の法則が明確にならないかぎり、わが銀河内の知的生物が存在する惑星の数を推定することは、困難であろう。

〔文献〕

1) 林忠四郎：新しい物質観．日本物理学会編（丸善，1975）第1章.
2) 林忠四郎：(岩波講座　現代物理学の基礎，11，岩波書店，1978) 第1章.
3) F. J. Dyson: Rev. Mod. Phys. 51 (1979) 447.
4) S. W. Hawking: Commun. Math. Phys. 43 (1975) 199.

退官記念講演（1984年4月）
16. 星と銀河の形成 — 宇宙の Over-all Evolution と Non-Spherical Objects の形成・進化（1984年）

日本物理学会誌第40巻第1号（1985年）

本日の主題を何にしようかと前から考えていました．太陽系の起源は私どもの，ここ10年来の課題であります．また星の形成問題も20年来の宿題でありまして，最近展望もやや開けてきましたので，今日はこれについてお話しします．私は，星間雲が球状であるというこれまでの仮定は悪い，つまり単純化しすぎたものと考えてきました．そこで非球的な天体の力学を考え直す必要があります．また昨年の今ごろから，宇宙全体のスケールでの天体の諸階層の形成問題の見直しをおこない，宇宙の進化を統一的に考えたいと思っていましたので，表記のような題を選んだわけです．

1. これまでの研究の主題

これまでの私の研究を大別しますと次のようになります．

1946～50　赤色巨星の構造とエネルギー源（CN反応）
　　　　　ビッグバン宇宙初期の素粒子・核反応（Heの形成）
1955～70　星の進化：early phases と advanced phases（核反応）
　　　　　星間雲の収縮（原子・分子反応）の力学過程
1970～　　太陽系の起源（over-all model）
　　　　　星間雲（回転）の収縮と星の形成（2，3次元計算）
1983～　　宇宙論的スケールでの星（球状星団）と銀河（集団，超集団）の形成

1950年までの研究は湯川先生の激励はありましたものの，単独の研究であり，それ以後の大部分は研究室員の諸君との共同研究であります．昔，宇宙初期の元素起源の研究をしていた頃は，かなり宙に浮いた研究だなと感じていました．戦争経験のあるものとして，物事を観念だけで進めることの欠陥を身にしみて感じていましたので，実証可能な理論を作る必要性を強く感じていました．従って，ヘリウム量の観測値を説明できることが当時の慰めでありました．

さて星が丸いのは，星が光に対して不透明だからです．しかし，透明で稀薄な星間ガスでは，状態方程式が違うので，星間雲は一般には非球対称的になります．この物理が今日のテーマであります．

2. 天体の諸階層

(a) 観測

天体には様々なものがあります．まず恒星があり，その典型的なものは太陽です．散開星団は星が20～500個集まったもの，球状星団は星が10^5～10^7個集まったものです．銀河は，星団のくずれたフィールド

星の集まりで，小はマゼラン雲から大はずっと巨大なものまであります。質量は$10^9 \sim 10^{12} M_\odot$，大きいもののサイズは0.1Mpcの程度です。ここで，1pc（パーセク＝3光年）は星の平均間隔であり，1Mpc（メガパーセク＝3×10^6光年）は，ほぼアンドロメダ銀河までの距離です。

銀河は集団（cluster）をつくる傾向があります。小さいものは銀河が10〜20集まったもので，集団とよばず，群（group）とよびます。我々の銀河はアンドロメダはじめ，20個ばかりの銀河とあつまって局所群（local group）をつくっています。大きな銀河集団には1000個もの銀河が含まれています。さらには，銀河集団の集団，つまり超集団（super cluster）の存在が，最近，観測的に明らかになってきました。これは宇宙論的に重要な階層です。超集団どうしの間には，大きな空隙があり，そのサイズは100Mpcもあります。ちなみに，パロマーの望遠鏡で見ることのできる銀河集団の距離は2000〜3000Mpcの程度です。

第1図は球状星団です。この年令は，観測されるHR図と，進化の理論との比較から$1.5 \sim 2.0 \times 10^{10}$yであって，宇宙の初期に出来たものと考えられています。球状星団は銀河面から離れたところに存在しています。銀河面近くには散開星団が存在しており，これは現在も生まれつつあります。第2図は$h + x$ペルセイの散開星団で，その年齢は10^7y程度の若いものです。

我々に最も近い銀河集団は，乙女座の銀河集団で，その中心部には巨大楕円銀河が存在しています。（第3図）。かみのけ座の

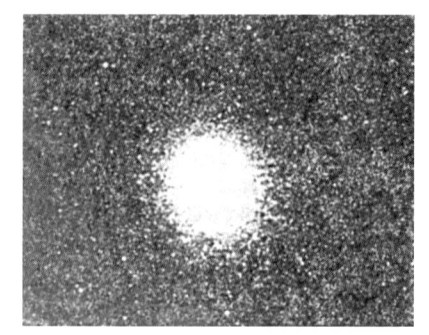

第1図 球状星団M13（年令＝$1.5 \sim 2.0 \times 10^{10}$年）（Palomar Sky Surveyより転載，California Institute of Technologyの好意による。©1960 National Geographic Society）。

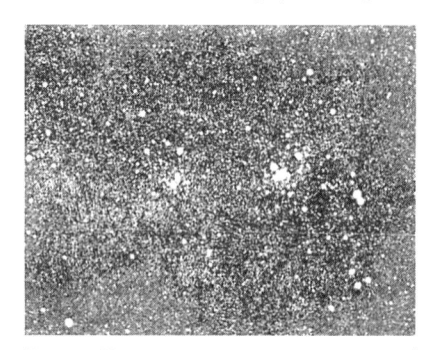

第2図 散開星団h＋Xペルセイ（年令＝1×10^7年）（Lick Observatory Photographsより転載）。

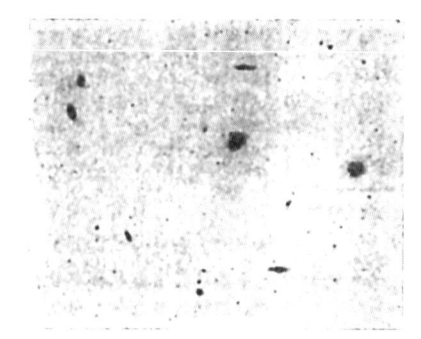

第3図 乙女座（Virgo）銀河集団の中心部（高瀬文志郎，他：An Atlas of Selected Galaxies（東京大学出版会，1984）より転載）。

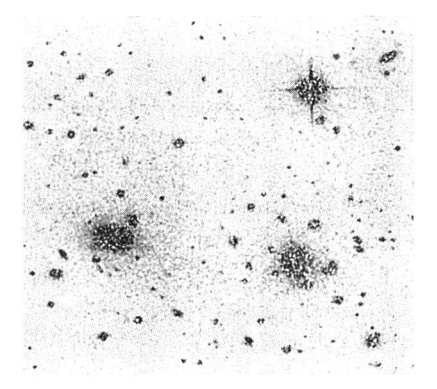

第4図　かみのけ座（Coma）銀河集団（高瀬文志郎，他：An Atlas of Selected Galaxies（東京大学出版会，1984）より転載）。

第5図　ヘルクレス座銀河集団（高瀬文志郎，他：An Atlas of Selected Galaxies（東京大学出版会，1984）より転載）。

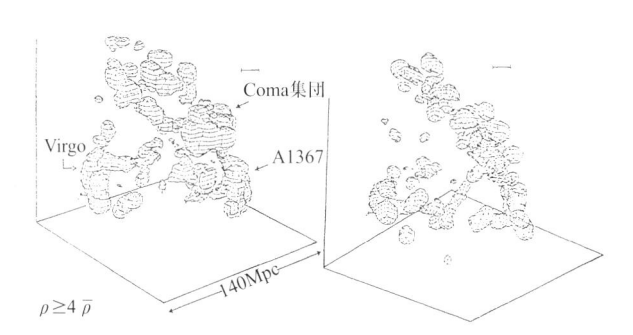

第6図　局所超集団とコマ超集団。平均密度の4倍以上の領域が示してある（C. S. Frenk, et al.: Astrophys. J. 271 (1983) 417 より転載。University of Chicago Press 出版，©1983 The American Astronomical Society）

銀河集団を第4図に，ヘルクレス座の銀河集団を第5図に示します。種々の形をした，大小の銀河が見られます。

　超集団の3次元的分布の様子（銀河の数密度が平均値の4倍以上の領域）を示したものが第6図です。視角を変えた図も同時に示しました。我々は左端の座標原点の近くに位置しています。銀河集団をつなぐ橋とか，銀河集団の存在しない空隙などがみられます。超集団は球状ではなく，細長いか，または平たい形をしています。第7図はウェッジダイアグラムとよばれるもので，ある円錐の内部の銀河を紙面に投影したものです。かみのけ座の銀河集団と Abel 1367 の銀河集団を結ぶ橋がよく見えます。第8～10図は局所超集団の銀河を3面に投影したものです。60Mpc の範囲内にある2000個の銀河を示したものです。

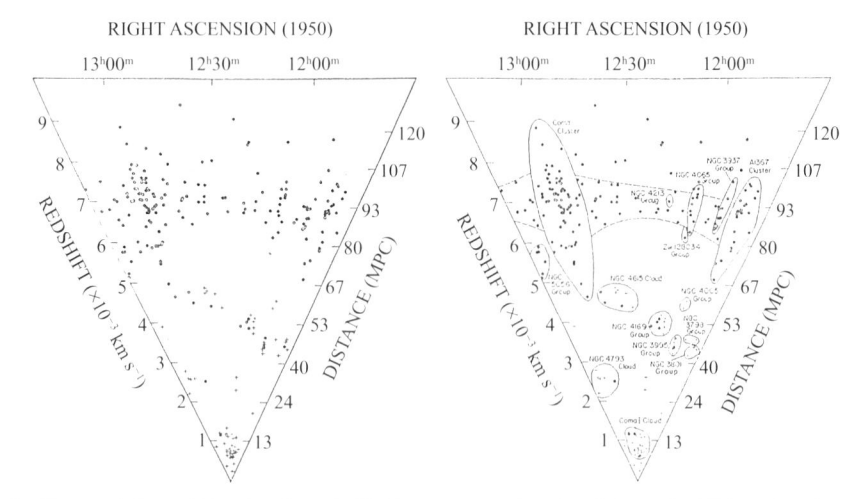

第7図　コマ超集団に対する銀河集団の投影図（wedge diagram）。開きの角度は2倍に増幅してある（S. A. Gregory and L. A. Thompson: Astrophys. J. 222 (1978) 784 より転載。University of Chicago Press 出版，©1978 The American Astronomical Society）。

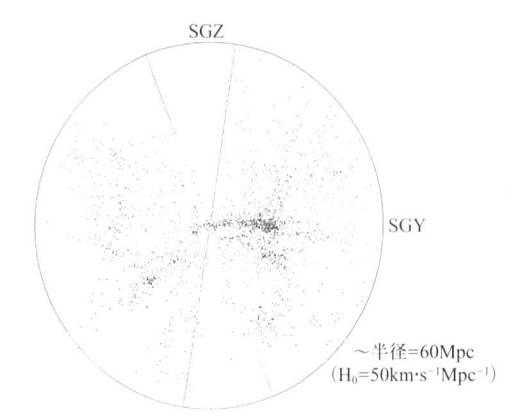

第8図　局所超集団に属する銀河の3直交平面への投影図。SGX・Y・Zは，わが銀河を中心とした超集団座標を表す。わが銀河面はSGX-SGZ面にある。（R. B. Tully: Astrophys. J. 257 (1982) 389 より転載。University of Chicago Press 出版，©1982 The American Astronomical Society.）

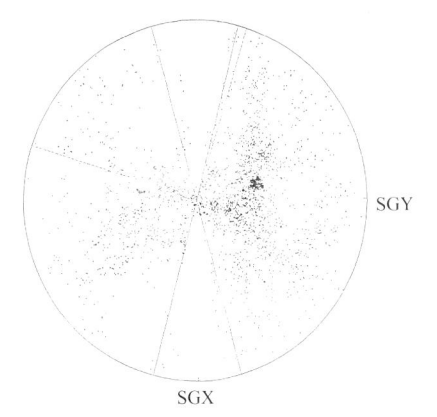

第 9 図 （第 8 図と同じ）

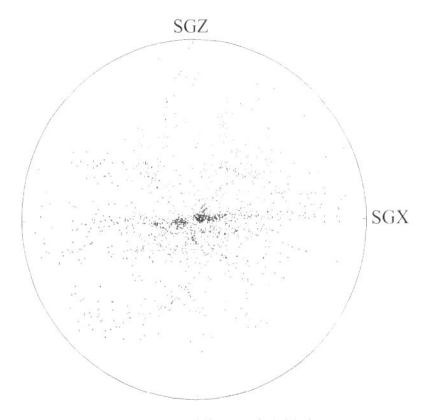

第 10 図 （第 8 図と同じ）

銀河までの距離はハッブルの法則から推定したもので，かならずしも正確かどうかはわかりません。第 8 図と第 9 図の抜けているところは，我々の銀河の銀河面に相当するところで，銀河にある塵のために見えないのです。局所超集団は円盤状に近く，我々の銀河は，その端近くに存在しています。

(b) 超集団 (supercluster of galaxies) の特徴

J. H. Oort (1983)[1] にしたがって超集団の特徴をまとめると次のようになります。

(1) unrelaxed structure を持つ (cf. cluster 内の銀河は relaxed)。つまり，銀河の random motion による crossing time は宇宙の年令より長い。
(2) 明確な対称性や中心集中性はない。
(3) 形状は細長いか，扁平。
(4) 大きなものの質量は $10^{15}～10^{16} M_{\odot}$，サイズは 100Mpc。
(5) 大きい cluster の長軸は隣の cluster の方にむいている。この correlation は 30Mpc の距離にわたって存在。
(6) 上のような構造は，宇宙の物質がガスであった段階 (つまり，星や銀河形成の前) に形成されたものであろう。

(c) 諸階層の形成・進化の要因

天体において最も重要な力は重力です。重力はニュートン理論であれ一般相対論であれ，遠距離力でありスケールがない。つまり距離を測る単位がありません。何処までいっても距離の二乗に反比例します。星のような小さなスケールから超集団のような大きなスケールにいたる種々の階層が存在するのはそのためです。太陽から超集団まで質量は 16 桁も変化しています。

天体を形成するガスの化学組成はかなり正確に分かっているので，温度，密度の関数としての熱力学量，たとえば圧力はエントロピーについて，我々は正確な知識を

持っています。これが，宇宙進化論や太陽系形成論を展開するときに，カントやラプラスの時代と全く違う点です。

　ガス雲の運動は，超音速の場合が多いので，超音速の気体力学が本質的に重要です。さらにガス雲が分裂して星になると，その間は大きな空隙になりますので，星どうしは無衝突系と考えられます。そこでの重力相互作用による多体系の非可逆過程は，秩序からカオスが生まれるひとつの例です。

　以上はマクロの過程ですが，これと密接に連係して天体の進化を決めるのが，ミクロの過程です。非常な高温では強，電磁，弱相互作用の素粒子反応があります。これらを統一する大統一理論，さらに超重力理論などは，今後それがいかに確証されるかが興味あるところです。原子核反応は，星のエネルギー源や元素の合成に関して重要です。さらに星や銀河のできる段階は，温度があまり高くないので，電子，原子，分子反応が重要です。塵（個体微粒子）は宇宙の初期には存在しませんが，現在の銀河では星の形成に重要な役割をはたしています。また，輻射の放出，吸収過程を的確に理解することも重要です。これが重力に代わって，天体のスケールをきめるからです。

(d) 星・銀河形成時の温度とガス圧

　ビッグバン宇宙において温度が3000Kに低下すると，電子が陽子と結合して中性の水素原子をつくります。光は中性の原子とは相互作用しないので，輻射と物質の相互作用が切れます。これを断絶 (decoupling) とよんでいます。そのときに存在していた物質密度のゆらぎが成長して星などの天体になるのですが，多くの場合ガスの温度は$10^3 \sim 10^4$Kで，音速は2〜10km/sの程度です。収縮していくガス雲の密度が5〜10桁も変化しても，温度はあまり変化しないので，最初の収縮はほぼ等温と考えてもよろしい。この等温性を保つ冷却過程としては，ビッグバン宇宙の場合には，電子と陽子の衝突による制動輻射，水素分子の線輻射などがあります。現在の銀河の分子雲の場合には，冷却は塵からの輻射により能率よくおこなわれるので，ガスの温度は10K程度です。従って，一般に等温のガス雲の収縮・分裂が分かると，これを宇宙から分子雲にいたる様々な現象に適用することができます。この等温性が成立している様子を第11図に示します。

　現在の星間分子雲の密度は10^{-20}g/cm^3，これにたいして空気の密度は10^{-3}g/cm^{3}程度です。ガス雲が収縮して密度が10^{-13}g/cm^{3}程度になると，輻射にたいして不透明になり，それまで一定に保たれていた温度は上昇を始めます。すると圧力は等温の場合よりもずっと上昇して，ガス雲は丸くなります。不透明な星が丸いのは，このとき重力エネルギーとガスエネルギーの和が最小であるからです。

　膨張宇宙の初期の進化についていえば，decouplingの後は，輻射と物質の温度は，独立に変化します。ある時点で密度ゆらぎが十分に成長すると，この高密度部分は自己重力のために膨張をやめて収縮します。第11図には，Salpeterら[2]の計算結果が示

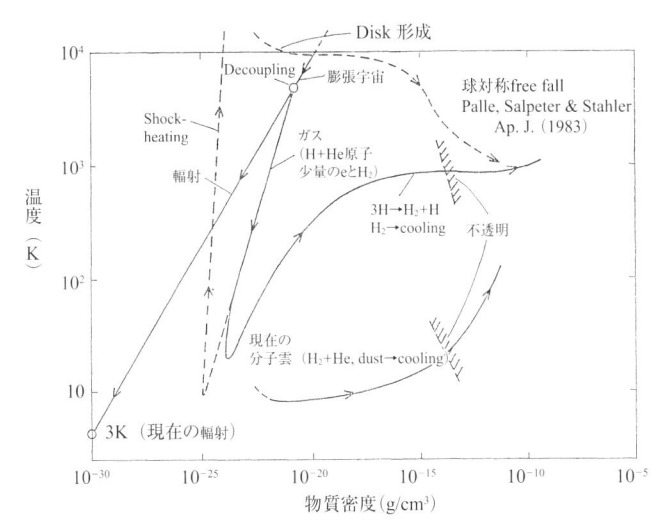

第11図 ビッグバン宇宙のガスと輻射，ならびに現在の銀河内の分子雲の温度・密度の変化．密度が 10^{-24} g/cm³ 以上の宇宙の場合，実線は F. Palla, et al.[2] の球対称収縮の結果を示す．破線はディスク収縮の場合の林の結果を表す．いずれの場合も，等温の近似が良いことを示している．

してあります．彼らの結果は，ガス雲が球対称であるとして計算したものです．冷却は水素分子がきいていて，最終温度は 1000K 程度になっています．私はガス雲が球対称ではなく，薄い円盤になるものとして，その際の衝撃でガスが高温になり，それが制動輻射で冷却すると考えました．図の点線は私が推定したもので，初期の温度は 10^4K の程度です．最後には Salpeter の温度に近付き，ガス円盤の分裂によって太陽質量以下の星が形成されると考えています．

3. 回転・等温ガス雲の重力崩壊・分裂のシミュレーション（3次元計算）

星間雲のなかで星ができる様子をシュミレートするために，数値計算が沢山の研究者によって，1970 年頃からなされており，数十の論文が発表されています．私の研究室でもその当時から種々の計算をしてきました．2次元計算については中沢・林・高原 (1976)，最近の3次元計算については次に述べる観山・成田・林 (1983)[3] の結果があります．

計算手法は smoothed-particle method とよばれるもので，ガス雲を 1000〜4000 個の等質量の球の集団として表現します．そ

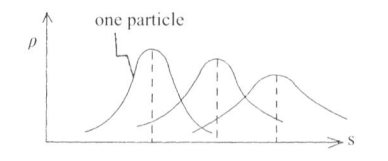

第 12 図 粒子法の数値計算における各粒子の密度分布。粒子の質量はすべて同一。

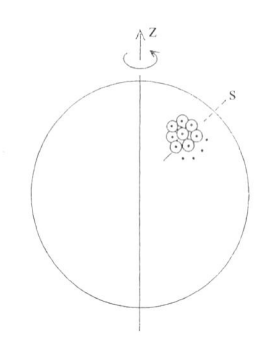

第 13 図 重力崩壊の初期状態。

の球は第 12 図で示すように、ガウス型の密度分布を持っているとして、その球の運動を追跡することにより、流体の方程式を解くわけです。

初期条件としては、ガス雲は第 13 図で示すように一様回転している一様密度のガス球であるとします。この初期条件は簡単のために選んだのであって、その妥当性は今後の問題です。初期密度のゆらぎをできるだけ小さくするために、ガス雲に大きい圧力をかけて初期状態を設定しました。球を乱数的に配置したのでは、ゆらぎが大きすぎるからです。粒子数が 1000 の場合、密度ゆらぎは 5%、4000 の時は 3% ぐらいです。

初期条件は基本的にはつぎのふたつのパラメーターで指定できます。

α = 熱エネルギー／重力エネルギー
β = 回転エネルギー／重力エネルギー

我々は $\alpha = 0.1 \sim 1.0$, $\beta = 0.1 \sim 0.3$ の 17 ケースの計算をしました。計算の結果、重力崩壊の様子は、α と β の積の値で分類できることが分かりました。この積は無次元の保存量であって、次のように表されます。

$$\alpha\beta = (c_s J/GM^2)^2. \tag{3.1}$$

ここで c_s は音速、J は全角運動量、G は重力定数、M は全質量です。計算結果は、スケールさえかえれば、星にも銀河にも適用できます。

結果をまとめると

1. $0 < \alpha\beta < 0.12$：収縮が進むと、遠心力とガス圧がきいてガス雲はバウンスし、中心領域に薄いディスクができる。それは 3 個 ($\alpha\beta = 0.12$) または 8 個 ($\alpha\beta = 0.06$) に分裂する。これは 2, 3 重星（または銀河）の形成に対応する。

2. $0.12 < \alpha\beta < 0.2$：ディスクは薄くないので分裂しない。単独星の形成。

3. $0.20 < \alpha\beta$：少し収縮すると膨張に転じ、収縮・膨張を繰り返す。

$\alpha\beta = 0.12$ の場合の 4000 体の運動を追跡すると、最終的には 3 個の分裂片ができます。その前に楕円盤ができ、それが細いフィラメントになって S 字状になり（第 14 図参照）、伸びてストリングになってから 3 個に分裂します。1 個の分裂片はガス雲の全質量の約 10% をしめています。

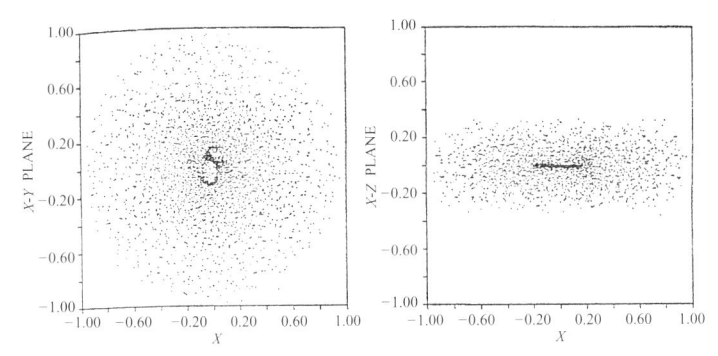

第14図 分裂がおこる直前の粒子分布。粒子中心を赤道面（左図）と子午面（右図）に投影したもの[3]。

4. ガス雲の収縮・分裂の理論

上のような分裂がどうして起こるかについて考えてみます。出発点になる基礎の方程式は次のオイラー方程式です。ガスの密度を ρ、速度を v とすると、完全流体の運動を記述する方程式はつぎのようになります。

$$\partial \rho / \partial t + \nabla(\rho v) = 0, \tag{4.1}$$

$$\{\partial/\partial t + v \cdot \nabla\} v = -\nabla \phi - \rho^{-1} \nabla p + (\text{ショックの粘性項}), \tag{4.2}$$

$$\phi(x) = -G \iiint \rho(x') dx' / |x - x'|, \tag{4.3}$$

$$p = p(\rho). \tag{4.4}$$

完全流体といっても、ショックによる粘性効果をいれておく必要があります。ショックで運動エネルギーが熱エネルギーにかわることを考慮するためです。(4.2)式の ϕ は重力ポテンシャルであり、重力が時間・空間的に大きく変化することが地上の流体と大きく違う点です。重力ポテンシャルは式では簡単ですが、一般形状にたいして3重積分を計算するのが難しく、簡単な解析式で表すことはできません。Gauss などの有名な数学者たちが、このため様々な関数を考えました。しかし、現在では計算機で直接計算することができます。ただし、それだけでは一般性を欠くので、できるだけ一般的かつ簡単な理論を作る必要があります。(4.4)式は状態方程式で、いまの場合、等温ガスを考えていますので、$p/\rho =$ 一定という簡単な式で与えられます。

(a) 一様密度の楕円体の自由落下（3軸不等性の拡大）

簡単のため一様密度の楕円体状のガスを考えます。ここで密度一様としたのは、重力ポテンシャルの解析的な解が分かっているからです。表面が式

$$\left(\frac{x}{a}\right)^2 + \left(\frac{y}{b}\right)^2 + \left(\frac{z}{c}\right)^2 = 1 \quad (4.5)$$

で表される楕円体内部の重力ポテンシャルは，次式で与えられます．

$$\phi(x) = -\frac{3}{4}GM(J_A x^2 + J_B y^2 + J_C z^2 - J). \quad (4.6)$$

ここに，M は全質量 $(4\pi/3)\rho abc$ であり，J_A, J_B, J_C は3軸の長さ a, b, c の関数として，次のように表されます (Jacobi, 1834)．

$$J_A = \int_0^\infty \frac{ds}{(a^2+s)\varDelta}, \quad J_B = \int_0^\infty \frac{ds}{(b^2+s)\varDelta},$$
$$J_C = \int_0^\infty \frac{ds}{(c^2+s)\varDelta}. \quad (4.7)$$

$$J = \int_0^\infty \frac{ds}{\varDelta},$$
$$\varDelta = |(a^2+s)(b^2+s)(c^2+s)|^{1/2}. \quad (4.8)$$

これらは，一般の場合，楕円積分で表され，数値の大小がすぐには分からない形をしています．しかし，非常に扁平な楕円体 ($a=b \gg c$) では，上の積分は簡単に

$$J_A = J_B = \frac{\pi}{2}\frac{1}{a^3}, \quad J_C = \frac{2}{a^2 c} \quad (4.9)$$

となります．すなわち，z 軸の長さが小さい極限では，重力の大きさは，x 軸の頂点で1とすると，z 軸の頂点では $4/\pi = 1.27$ になります（第15図参照）．

$$F_x(x=a, 0, 0) = -\frac{3}{4}\pi\frac{GM}{a^2},$$
$$F_z(0, 0, z=c) = -3\frac{GM}{a^2}. \quad (4.10)$$

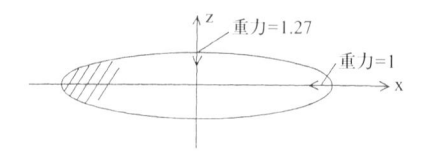

第15図 一様密度の扁平な回転楕円体表面の重力比

初歩的な簡単な計算で，この比1.27を求めるのが難しいことは，重力分布の複雑さを表しています．

さて，密度は時間的には変化するが，空間的には一様であると仮定すると，軸比 a, b, c の時間変化は次の式で記述されます．

$$\frac{\ddot{a}}{a} = -\frac{3}{2}GMJ_A + \left(\frac{c_s^2}{a^2}\right),$$
$$\frac{\ddot{b}}{b} = -\frac{3}{2}GMJ_B + \left(\frac{c_s^2}{b^2}\right),$$
$$\frac{\ddot{c}}{c} = -\frac{3}{2}GMJ_C + \left(\frac{c_s^2}{c^2}\right). \quad (4.11)$$

ここで括弧のなかの部分は，圧力による力ですが，この項はさしあたり無視します．球の場合には，密度が無限大になるまでの時間，すなわち自由落下時間 t_{ff} は次の式で表せます．

$$t_{ff} = \left(\frac{3\pi}{32G\rho}\right)^{1/2} \simeq \left|\frac{a}{\ddot{a}}\right|^{1/2}. \quad (4.12)$$

しかしガス雲が球から少しでもずれていると，そのずれは収縮にともなって拡大することが，(4.9) を用いて (4.11) の係数を比較することによって分かります．いま $a>b>c$ とすると，$J_A<J_B<J_C$ ですので，短軸つまり z 軸が最も先に収縮します．これが Zeldovich (1970)[4] のパンケーキ理論です．このように扁平な楕円盤になると圧力の効

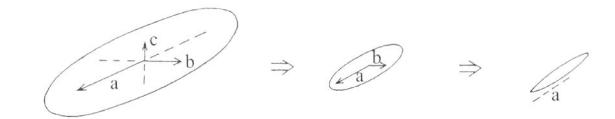

第16図　重力崩壊する楕円体の軸比の変化。

果がきいて，z方向の収縮は止まります。つぎに中間軸，つまりy軸の方向に縮み，細長い円柱になります。円柱の軸は，もとの長軸の方向を向いています（第16図参照）。

(b) 薄いディスクや円柱の分裂（重力不安定性によるゆらぎの成長）

上のようなガス雲の重力破壊によって生じたディスクや円柱が，ある時期の間は，重力と圧力が釣りあった平衡状態にあるものとします。これに，微小なゆらぎが加えられたとき，そのゆらぎがどう変化するかを線形理論で調べてみましょう。密度，速度，重力を次のように表わします。（0：平衡状態，1：ゆらぎ）

$$\rho = \rho_0 + \rho_1, v = v_0 + v_1 (v_0 = 0),$$
$$\phi = \phi_0 + \phi_1, \cdots. \quad (4.13)$$

ゆらぎの量は，時間的には$\exp(i\omega t)$のように変化し，空間的には周期関数で表されるものとします。すなわち

$$\rho_1(x, t), v(x, t), \phi_1(x, t) \propto e^{i\omega t}$$
$$\times (空間的な周期関数). \quad (4.14)$$

ここで空間周期の波数をk，波長を$\lambda = 2\pi/k$とします。

これらの式を元のオイラー方程式に代入すると，速度成分v_iにたいして，シュレーディンガー方程式に似た形の固有値方程式が導かれます。

$$\omega^2 v_i = \Lambda_{ij} v_j \quad (i, j = 1, 2). \quad (4.15)$$

ここでΛ_{ij}は自己共役な微積分オペレーターで，固有値ω^2は実数です。積分が表れるのは，重力のせいです。重力をPoissonの微分方程式で表すと，高階の微分方程式になるので，その固有値方程式は面倒なものになります。だから微積分オペレーターを用います。(4.15)を変分原理や数値計算で解いて固有値を求めればよいわけです。

この固有値と波数の関係を分散関係とよびます。

$$\omega^2 = \omega^2(k). \quad (4.16)$$

ここで$\omega^2 > 0$の場合，ωは実数ですから，波は音波として伝わります。一方，$\omega^2 < 0$の場合，ωは虚数になり，成長する波と減衰する波をあらわし，結局，ゆらぎは不安定ということになります。

(1) 無限に広がった一様・等方な等温ガス雲 (Jeans, 1928)[5]

まず，最も簡単な場合として，無限に広

がった一様・等方な等温ガス雲のなかのゆらぎを考えます。平面波の形のゆらぎ

$$\rho_1, v_1, \phi_1 \propto \exp(i\omega t + i k \cdot x) \quad (4.17)$$

に対して分散式は

$$\frac{\omega^2}{4\pi G \rho_0} = \left(\frac{k}{k_J}\right)^2 - 1 \quad (4.18)$$

となります。ここで k は波数ベクトルの大きさで

$$k = (k_x^2 + k_y^2 + k_z^2)^{1/2} \quad (4.19)$$

であり，k_J は次式で定義されたジーンズ (Jeans) 波数です。(λ_J をジーンズ波長，下の式の M_J をジーンズ質量とよびます。)

$$k_J = \frac{2\pi}{\lambda_J} = \frac{(4\pi G \rho_0)^{1/2}}{c_s} \simeq \frac{1}{c_s t_{ff}}. \quad (4.20)$$

ここに t_{ff} は (4.13) の自由落下時間です。(4.20) 式から分かるように波長がジーンズ波長 λ_J より短い波は，音波として伝わりますが，長い波は重力不安定性のため，ゆらぎは成長します。その条件を式に書けば

$$\lambda \geq \lambda_J, \quad M \geq M_J \equiv \rho_0 \lambda_J^3. \quad (4.21)$$

第17図には (4.18) の分散式を示しました。

図を見て分かるように，ゆらぎは $k=0$ で最も速く成長します。つまり，小さなスケールのゆらぎより，大きなスケールのゆらぎの成長が早いので，ガス雲全体として収縮するのが最も速い，つまりガス雲は分裂しないということになります。多くの人は分裂の理論として Jeans の理論を採用し

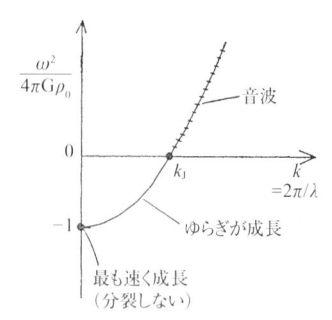

第17図 球対称・等温ガス雲のジーンズ不安定性の分散関係。

ていますが，私にとっては 1960 年代から，この考えは納得できませんでした。そこで次のようなディスクや円柱におけるゆらぎ成長を調べました。

(2) 一様な等温ディスク

xy 方向に無限に広がった等温ディスクを考えます。z 方向は圧力平衡状態にあるとして，ディスクの厚みを $2z_0$ とします。平衡状態の z 方向の密度分布は分かっており，第18図のような形をしています。赤道面における密度と $2z_0$ をかけると，質量 (表面密度) になります。

この平衡状態に加わるゆらぎを次のように表します。

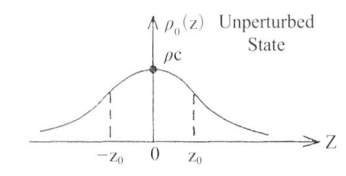

第18図 等温ディスクの密度分布。ディスク面に垂直な方向 z では，重力とガス圧が釣り合っている場合。

$$\rho_1/\rho_0, v = \mathrm{func}(z)\cdot\exp\{i\omega t + i(k_x x + k_y y)\}. \tag{4.22}$$

この場合の分散式は，(4.15) 式を近似的に解いて，次のように表せます．

$$\frac{\omega^2}{2\pi G\rho_0} = (kz_0)^2 - \frac{2kz_0}{1+kz_0},$$
$$\text{ここに } k = (k_x^2 + k_y^2)^{1/2}. \tag{4.23}$$

固有関数をゲーゲンバウアー (Gegenbauer) 多項式で展開することによって，より正確な固有値を求めることができますが，ここでの議論には上の近似式で十分です．第19図にこの分散式を示します．

Jeans の場合と異なるのは，$k=0$ で $\omega=0$，つまり中立ということです．ω が最小値をとる波長，つまり成長が最も速い波長は

$$kz_0 = \frac{1}{2}, \quad \lambda = 4\pi z_0 \tag{4.24}$$

で与えられます．つまり，無限に広がったディスクは，厚みの 2π 倍のスケールで，密度のコントラストがついて分裂します．(第20図参照)．

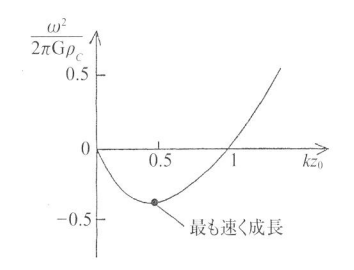

第19図　等温ディスクの重力不安定性の分散関係．ρ_c は赤道上の密度を表わす．

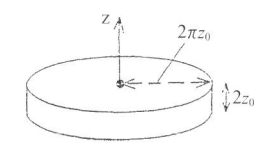

第20図　最も早く分裂がおこる円盤モード．

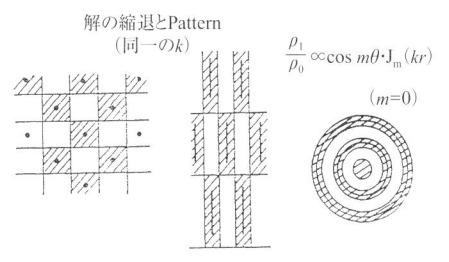

第21図　最も早く分裂がおこる種々のモード．

上の解は縮退しています．つまり，同一の k に対して k_x, k_y についての色々な自由度があり，同じ速さで成長する様々なモードがあります．第21図にその例を示しました．格子縞（パターン）の場合，非線形効果を入れると斜線の部分が収縮して点になったり，線になったりします．他方，ベッセル関数的なパターンの場合は，同心円の模様になります．これは $m=0$ の場合で，そうでない場合はもっと複雑なパターンになります．

(3) 長い等温の円柱

次に半径 r_0 の無限に長い等温のガス円柱を考えます．これにつぎのようなゆらぎを加えてみます．

$$\rho_1/\rho_0 = \mathrm{func}(r)\cdot\exp\{i(\omega t + kz + m\theta)\}. \tag{4.25}$$

$m=0$ のゆらぎはソーセージ型，$m=1$ の

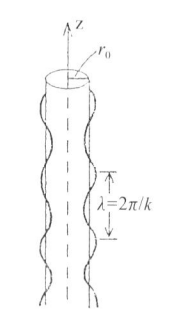

第22図 円柱のソーセージ型不安定モード。

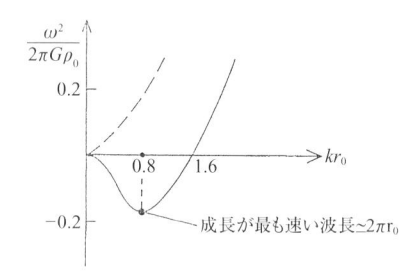

第23図 等温円柱の不安定性の分散関係。ρ_c は中心軸上の密度を表す。

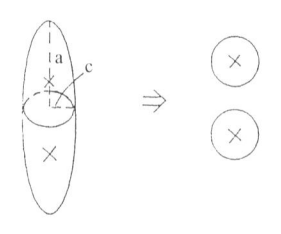

第24図 偏長回転楕円体の分裂。

ゆらぎはねじれ (kink) 型とよばれます (第22図参照)。この場合の分散関係を図示すると、第23図のようになります (林, 1983)。点線はキンク型に対応し、常に安定であることがわかります。ソーセージ型のゆらぎに対しては、$k=0$ で2次の接触をしていることから分かるように、波長の長いゆらぎの成長は、ディスクよりも遅れます。成長が最も速い波長は、ほぼ $2\pi r_0$ です。この分散関係がガスの状態方程式にどのように依存するかも調べましたが、等温ガスでも非圧縮性流体でも本質的には変わらないことが分かりました。

これらの結果を定性的に理解するため、次のようなモデルを考えます。長軸が a、短軸が c の偏長な回転楕円体を考え、これを上下に等分して、それぞれが球になるとします (第24図)。このとき全体の体積も、重心も変化しないとします。分裂前後のエネルギーの差は次のように表せます。

$$\Delta E = \Delta E_{\text{grav}} + \Delta E_{\text{gas}} \tag{4.26}$$

重力エネルギーは、分裂前は楕円体全体のものですが、分裂後はそれぞれの球のものと、球同士が引き合うものとの和で与えられています。ガスのエネルギーの差は、体積を変化させないという仮定から、ゼロです。エネルギーの差が負である条件、つまり、分裂したときにエネルギーが放出される条件は $\pi c < a$ です。つまり、ある程度以上に細長い楕円体は分裂できるということです。これは我々のナイーブな直感と一致します。

以上の結果をまとめると、薄いディスクや円柱は、球 (Jeans) の場合と違って、

1. 有限波長のゆらぎが最も速く成長する。
2. 正方形の縞と矩形の縞では、含まれる質量が異なる。また、少しだけ後れて成長する波長の少し違ったゆらぎもある。従って、様々な質量をもつ星や銀河がつくられる。
3. ゆらぎは次のように指数関数的に成長

するので，ゆらぎの初期値 $(\delta\rho/\rho)_0$ の大きさが重要である。

$$\delta\rho/\rho = (\delta\rho/\rho)_0 \exp(|\omega|t). \quad (4.27)$$

4. 成長のもっとも早いものは，自由落下と同じ程度の時間で成長する。

$$|\omega|_{\max} \simeq \sqrt{\pi G\rho} \; (\simeq 1/t_{\mathrm{ff}}). \quad (4.28)$$

(c) 分裂に関するその他の諸問題

(1) 非線形性の効果

ゆらぎの大きさが0.1程度までは線形理論で十分ですが，それが1に近づくと非線形効果がきいて，分裂片は大きく収縮します。ところで，初期のゆらぎについては縦ながの格子縞のほうが正方形の縞より確率的な頻度が高い，つまり波数空間の体積が大きいので結局のところ，細長い分裂片が多くできます。それらの間は空隙になります。実際，星と星の間は巨大な空隙です。銀河の場合は，星ほどでもないがやはり空隙ができるはずです。

(2) 分裂はいつ停止するか

収縮していくガス雲が不透明になると，温度変化が等温から断熱的に変わり，分裂しにくくなります。圧力と密度の関係を

$$p \propto \rho^\gamma \quad (4.29)$$

のように表すと(単原子分子では $\gamma > 5/3$)，$\gamma > 4/3$ がその臨界的な値です。$\gamma > 4/3$ でであれば，収縮にさいして得た重力エネルギーの増加が，ガスのエネルギーの増加より小さいので，薄いディスクや円柱はできにくくなります。これが星が丸い理由です。これと反対に等温ガスでは $\gamma = 1$ ですから分裂しやすいわけです。

(3) 分裂終了後(空隙形成後)の多粒子系の力学的緩和過程

分裂の後に，星と星の間に大きな空隙ができますので，星の集団は無衝突の多粒子系と考えることが出来ます。それらは，いわゆる violent relexation (virialization) を起します (Lynden-Bell[6], 1967)。この violent という意味は，多体の効果により，2体の衝突によるよりも速く，系が平衡化することです。統計力学的にいうと，多体系の重力のため粒子系の位相空間内への分布が均質化することです。秩序状態からカオスへの移行過程の一つの例といえましょう。

この緩和過程の結果，薄いディスク面に分布していた分裂片(星)には，面に垂直な方向(z 方向)の速度成分が発生し，ディスクの xy 方向は縮み，z 方向は膨張します(第 25 図参照)。

5. ビッグバン宇宙における初代の星，銀河の形成

以上の結果をもとにして，私がここ1年間考えてきました宇宙進化のシナリオの最新版について，お話します。宇宙の温度が低下して $(3\sim4) \times 10^3 \mathrm{K}$ になると，陽子と電子が再結合して中性の水素になります。すると，輻射と物質の相互作用が切れて (decoupling)，それ以前に存在していた密

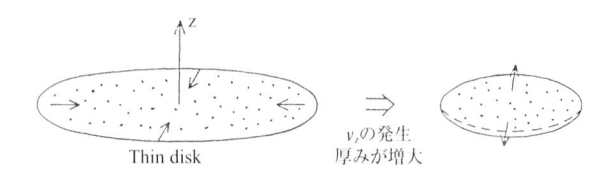

第25図　多粒子間の重力相互作用の効果。最初は薄いディスク状に分布していたものが、厚みを持つようになる。

度ゆらぎが成長を開始します。

宇宙における背景輻射のゆらぎ $\delta T/T$ は、サイズにもよりますが、銀河集団、超集団くらいの大きさについては、5×10^{-5} 以下であることが観測的に分かってまいりました。再結合以前においては、物質と光は一体となって運動していて、ゆらぎは断熱的に変化します。すると、上の温度のゆらぎの大きさから、密度ゆらぎの大きさ $\delta\rho/\rho$ は 10^{-4} 以下ということになります。

断熱的ゆらぎの他に、等温的ゆらぎという考えもありますが、その当否はまだ解決されていません。ここでは断熱的ゆらぎのみが存在したとします。

さて仮定として、decoupling 時においては、超集団が宇宙最大の単位であるとします。つまり、$10^{16}M_\odot$ のサイズの密度ゆらぎが最大（10^{-4}）であったとします。もっと小さい質量サイズのゆらぎに関していえば、銀河サイズまでは、上と同じ程度の振幅ですが、それ以下のサイズのものは、decoupling 時には、ほとんど減衰してしまったものとします。（例えば、Weinberg (1972)[7] を参照）。

現在の宇宙の密度は、重水素やヘリウム量の観測とあうように、5×10^{-31}g/cm^3 ととり、ハッブル定数は 50～100km/s/Mpc とします。密度ゆらぎが $\delta\rho/\rho=1$ まで成長するためには、10^{-56}cm^{-2} の程度の大きさの宇宙定数をもった宇宙モデルがどうしても必要ですが、それについてはここでは触れません。decoupling 時においては、$z=1000$（z は赤方変移 $\Delta\lambda/\lambda$ を表わす）、$T=3000$K で、その時の宇宙の大きさは現在の 1/1000 ですので、密度は 10^{-21}g/cm^3 の程度です。

第26図に天体の発生（上のゆらぎが成長して現在に至る様子）を図式的に示しました。点線で囲まれた領域はいずれ超集団になる所で、その部分の密度は周囲より 10^{-4} だけ高いとします。質量は $10^{16}M_\odot$、相互の距離は decoupling の当時で 1kpc です。ゆらぎの形が球である確率は低いので、3 軸不等の楕円体とします。宇宙の膨張が進むとやがて、ゆらぎの短軸は収縮しますが、長軸の方はまだ膨張しています。ゆらぎの重心は、常に Hubble の法則に従った膨張をしています。短軸が縮むと、100～1000km/s の速度が発生し、ショック加熱が起りますが、発生した熱は制動輻射で外部に逃げます。そして非常に薄い楕円盤ができます。これは $z=4$ くらいの時期です。というのは、観測されているもっとも遠いクェーサーの z は 3.7 であるからです。こ

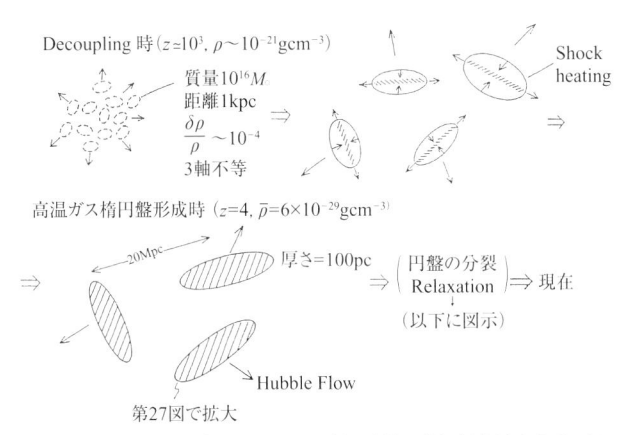

Decoupling 時 ($z \approx 10^3$, $\rho \sim 10^{-21} \text{gcm}^{-3}$)

質量$10^{16}M$
距離1kpc
$\dfrac{\delta\rho}{\rho} \sim 10^{-4}$
3軸不等

Shock heating

高温ガス楕円盤形成時 ($z=4$, $\bar{\rho}=6\times10^{-29}\text{gcm}^{-3}$)

20Mpc 厚さ=100pc

円盤の分裂
Relaxation
(以下に図示)

⇒ 現在

Hubble Flow

第27図で拡大

第 26 図 ビッグバン宇宙におけるゆらぎの生長. 銀河超集団サイズの個々のゆらぎが生長して, ガスのディスク (第27図に拡大) と間隙をつくる.

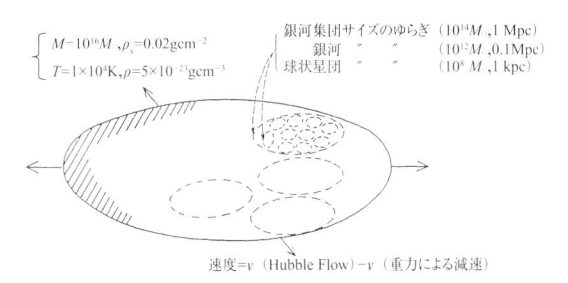

$M=10^{16}M_\odot$, $\rho_s=0.02\text{gcm}^{-2}$
$T=1\times10^4\text{K}$, $\rho=5\times10^{-23}\text{gcm}^{-3}$

銀河集団サイズのゆらぎ ($10^{14}M_\odot$, 1Mpc)
銀河 〃 ($10^{12}M_\odot$, 0.1Mpc)
球状星団 〃 ($10^8 M_\odot$, 1kpc)

速度=v (Hubble Flow) $-v$ (重力による減速)

第 27 図 超集団サイズのガス・ディスクの内部における種々のサイズ (銀河集団, 銀河, 球状星団) のゆらぎ.

の当時の宇宙の大きさは, 現在の1/5, 密度は125倍です. 一つの楕円盤の質量は$10^{16}M_\odot$, 温度は10^4K, 密度は6×10^{-29}g/cm^3, 厚みは100pcの程度です. 楕円盤は薄いので, 向こうが透けて見えます. 透明なガス雲が分裂しやすいことを思い出して下さい.

たくさんの楕円盤のうちのひとつを取りだしたのが, 第27図です. 楕円盤のなかにも, 種々のゆらぎがあります. 銀河集団サイズのゆらぎは, 質量が$10^{14}M_\odot$, 長さが1Mpcあり, その内部には銀河サイズのゆらぎがあり, これは質量が$10^{12}M_\odot$, 長さは0.1Mpcです. さらにその内部には, 球状星団サイズの小さいゆらぎがあり, 質量$10^8M_\odot$, 長さ1kpcです. 球状星団の質量が少し大きめですが, このほうが現在の値を説明するのに都合がよいと思われます.

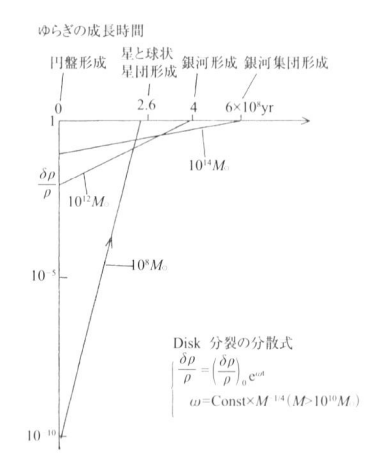

第28図 超集団ディスク内での各種サイズの密度ゆらぎの成長. 球状星団サイズのゆらぎは, 初期に微小であっても, 最も早く成長する.

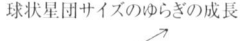

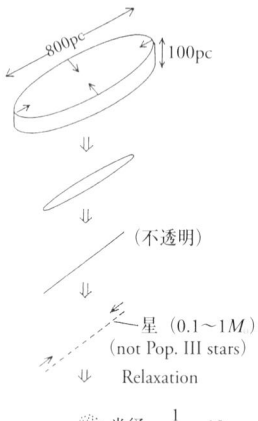

第29図 球状星団サイズのゆらぎの成長. 短軸方向が最も早く収縮して円柱状になり, 不透明になったあとには星に分裂する. 最初は連鎖状に分布していた星は, 重力相互作用によってやがて球状分布となる.

　球状星団サイズのゆらぎは, その初期振幅が 10^{-10} (あるいは 10^{-15} かもしれない) という小さいものであっても, 分散式 (4.23) によれば, このサイズのゆらぎが最も速く成長します. 長い波長のゆらぎの成長はこれより遅いので, 銀河, 銀河集団サイズのゆらぎは遅れて成長します. その様子を示したのが第28図です. 密度ゆらぎの振幅が1の程度になると, 非線形の効果がきいてきますが, それは無視してあります. また, これらの天体ができた時刻の数値は大ざっぱなものです.

　球状星団サイズのゆらぎを取り出したのが第29図です. それは楕円盤になっており, 厚みは100pc, 長軸は800pcの程度ですが, その中間軸が収縮するとフィラメント状になります. その収縮が進んで不透明になると中間軸方向の収縮は停止します. すると, 時間の余裕ができるので, フィラメントの内部でゆらぎが大きく成長して分裂し, 分裂片が星になります. 星の質量は $0.1 \sim 1 M_\odot$ の程度と考えられます. 数年前, M. Rees (1978)[8] は, 宇宙に初めて出来る星は, $10^2 \sim 10^6 M_\odot$ の種族IIIとよばれる大質量星であると主張しました. その根拠となったジーンズ的な球状のゆらぎについては4(b)で話したように, 私は同意できません. 私は種族IIの星が, まず初めにできたと考えています.

　さて鎖状に並んだ星の集団は, 緩和過程を経て丸くなります. この過程は計算機実験で確かめてみるべきでしょう. ただし, 簡単な計算によりますと, 鎖の全長を l, 星の数を N とすると, 丸くなった後の球の半径は, $l/\ln N$ の程度です. $\ln N = 20$ と

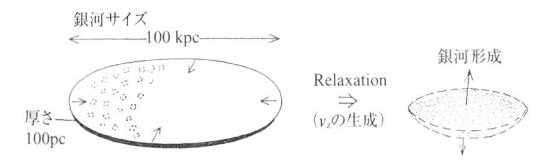

第30図 銀河サイズの形状変化。最初は薄いディスク状に分布していた球状星団は、無衝突的重力相互作用によって、ディスク面に垂直な方向の速度 v_z を得る。すなわち、銀河は厚みをもつようになる。

すると、この半径は 10pc の程度となり、その大きさのオーダーは球状星団の観測値に一致します。銀河サイズのゆらぎは、もっとゆっくり成長します。そのディスク面に生まれた多数の球状星団が重力的に相互作用します。この緩和過程の際に、各球状星団は速度の z 成分を得て、厚みをもった銀河ができると考えられます（第30図参照）。ついで、銀河集団サイズのゆらぎについても、同様のことが起こります。

銀河の角運動量についてですが、ここまでは、すべて非回転的な運動だけを考えてきました。銀河集団のなかにある銀河は、ある確率をもって、相互に衝突するでしょう。もし、この衝突が中心衝突でなければ、潮汐力などによって角運動量の輸送が生じて銀河は回転を始めるでしょう。

このような考えが正しいとしますと、楕円銀河と渦状銀河の違いは、衝突の効果によるのでしょう。また現在の銀河のうちで、ほぼ $1/10^5$ 程度がクェーサーであると思われます。decoupling 時のゆらぎのうちで、丸いものの存在頻度はかなり小さいものと思われますが、完全に丸いゆらぎは収縮を続けてブラックホールに近い存在になるでしょう。これがクェーサーや電波銀河の起源であるかもしれません。

6. 研究の方法

これまでの私どもの研究をふりかえって見ますと、その研究の進めかたは、次の図式の示すようなサイクルになっています。

```
観測・実験
 ↓
→問題提起→計算機実験→定量的明→一般的理→
              確化     論の構築
              発見
             （ヒント）
```

計算機実験の良いところは、何かを発見することにあります。発見からヒントを得て、より一般的な理論の構築に進むわけです。わたしの35年の研究生活は、このようなサイクルを繰り返して発展していくものと思われます。このためには、種々の条件が必要です。研究者はまず個人として自立することが必要です。しかし、他の研究者との交流もぜひ必要です。研究室内での交流、教室の人々との交流、学部レベルでの他分野との交流、他大学との交流などです。天体物理学者が物理教室に所属してい

ることは，物理の基礎分野との交流の便宜に恵まれています。必要になればいつでも，例えば素粒子物理や流体物理の先生方からお話を聞くことができます．研究を進めるためには，このような環境がとても大切です．また，年とった研究者には若い世代との交流も必要です．若い人びとは種々の新しいことに興味をもって反応します．以上の機能を備えたものが，大学であるといえます．皆さん，御静聴ありがとうございました．

文献

1) J. H. Oort: Annu. Rev. Astron. Astrophys. 21 (1983) 373.
2) F. Palla, E. E. Salpeter and S. W. Stahler: Astrophys. J. 271 (1983) 632.
3) S. M. Miyama, C. Hayashi and S. Narita: Astrophys. J. 279 (1984) 621.
4) Ya. B. Zeldovich: Astron. Astrophys. 5 (1970) 84.
5) J. H. Jeans: *Astronomy and Cosmogony* (Cambridge Univ. Press, 1928).
6) D. Lynden-Bell: Mon. Not. Roy. Astron. Soc. 136 (1967) 101.
7) S. Weinberg: *Gravitation and Cosmology* (John Wiley, New York, 1972).
8) M. J. Rees: Nature 275 (1978) 35.

Ⅲ

林先生の対談，講演記録，
インタビューなど

1. 座談会　統一的自然像とは何か (1970)

『物質・生命・宇宙』共立出版 (1970年)
小谷　正雄, 林　忠四郎, 湯川　秀樹, 渡辺　格 (司会)

はじめに

渡辺　お忙しい中をお集まりいただきましてありがとうございます。さて，さっそくですが，この「物質・生命・宇宙」という本書ですけれども，本来この本のねらいは，物質・生命・宇宙という，いわば自然の各階層での物質観の流れを追い，そこに，現時点での"統一的な自然像"を探し求めようという点にあったわけです。しかし，ひとくちに自然といってもその様子はきわめて多様であり，奥深いものであって，そうした多様性や奥行きの底からどのような統一性を汲みとるかということは，ひじょうにむずかしい問題であると思います。また仮りにある統一像が求められたとしても，それはやはり現時点でのそれであって，物質観というものも，たえず変革を受けていくものでしょうから，けっして絶対的なものではない。そういう意味からも，本書では，できるだけドグマ（教条）的性格を排し，むしろ読者には，統一像を組み立てていくための素材を提供するといういき方をとっているわけです。

しかし，そうはいっても，やはり実際にある新しい自然観といったものを組み立てようというときに，なにか手引きというか，考え方の手がかりになるものが必要だろうと思いますので，いったいそれでは編者の先生方ご自身は統一的な自然像というものをどのようにお考えになっておられるのか，一つそのへんのお話を出していただければ，読者にとってたいへん良い参考になるのではないかと思うのです。

もちろん，人によっていろいろな考え方なり，見方なりがあると思いますし，それはそれでよいわけですが，それらを読者への手引きとしていろいろと違った形で出していただければと思います。正直のところ，われわれの間でも統一的自然像についての"統一"はまだできていないわけですから（笑）。

それでは，小谷先生から一つ。

1. 統一ということの意味

小谷　私は本書の序章のはじめの部分に，その統一像に相当する意味の序論を少し書いてみました。

だいたい前章まで記された内容は，大部分がいわゆる物性物理学といわれているような範囲ですね——光と電波，プラズマなどといったところは多少物性物理学とは違うかも知れません。この物性物理学のところでは，ひじょうに現象が多種多様で興味のあることがたくさんあるわけです。それで，そういういろいろな現象がけっきょくは基本的な物理法則を基にして筋道

よく理解できるということ，そういうことを統一ということばでいい表わしているのではないかと思うのです。

いま，現象が多種多様だといいましたが，実際，水の流れ方だとか，粘性だとかいうような性質もありますし，熱的な性質とか光学的な性質とか，いろいろなものがありますね。たとえば，第1章の「水の話」のところでは，水がふつうの液体とは違って異常なものであることが強調されておりますし，それからまた個々の特殊な物質についていえば，第3章「固体を流れる電流のしくみ」のところでは，半導体の性質といったものも出てきます。さらにまた半導体と大まかにいいましても，その中にもひじょうにたくさんの興味ある個々の現象があり，半導性をもっている物質の種類もたくさんあって，きわめて多様であるのだと思います。これが生物にいきますと──後章で，生物の話が出ると思いますが，みたところさらに格段と多様なものがあると思います。それで，そういうものを理解するために，たぶんその多くは経験的に整理された上で，いろいろな現象に即して法則が作られてきていると思うんです。そしてそれらがバラバラに存在するものとしてではなくて何か──私は物理が出身だから物理的にみるということになるのですけれども──物理的な法則というようなものを基礎にして理解できるような筋を作っていくということですね，そういうことで統一的な自然像というものができるのではないかと思うのです。

その場合に，各現象に即して法則がつくられ整理されていくというのにはいろいろな段階があると思います。段階という意味は，たとえば力学のニュートンの法則をとりあげてみますと，ニュートンの法則自身は随分基礎的なところにある法則ですね。それで仮りにニュートンの法則とかマックスウェルの電磁気学の法則とか，そんなところが物理の基礎にあるとすると，すべての物理現象はそれをもとにして説明されるはずであると，まあ統一的自然像ができれば，そう考えるだろうと思うんです。

しかしまた，一方たとえば熱力学というものがあって，それが有効に使われていろいろの身近な現象を整理しますね。そうすると，熱力学というものも，マックスウェルの法則や力学の法則と独立にあるのではなく，統一的にみるといううえでは，やはりそういうものから説明されなくてはならない。しかし実際には，科学の発展のうえでは，ニュートンの法則，電磁気学のマックスウェルの法則がはじめにみつかって，それからだんだん熱力学が結論として出てきたというわけではなくて，熱力学自体はかなり古くからあったわけですね。あるいはもっと複雑な現象に，そこで適用されるような法則──たとえば固体の性質を整理するグリューナイゼン（Grüneisen）の法則とか──そういうようなものは，その段階で作られているので，それが熱力学から説明されているかというとそうではないのですね。けっきょく，人間がはじめに認識するときには，そうしたいろいろな段階での認識であると思うのです。それを，だんだん基礎的な物理学の法則から説明できるように組み立てていくところが統一というものではないでしょうか。

それから化学ですけれども，化学という学問は，はじめは一応物理とは独立に，たとえば錬金術というようなところから出てきたのだと思うのです。それもかなり最近まで化合とか，いわゆる化学的な力とかについての法則は化学独自のものであって，そういうものは物理とは違ったものとして理解されていたと思いますけれども，それが量子力学が出てきて，その量子力学を正当に使えば物理法則で化学的な力というものも理解できるということで，化学がその意味では物理学とつながり，物理的に理解できるようになったといえるわけです。それは1930年ころでしょうかね。

それからまた最近になりますと，分子生物学的な発展というようなことで，生物学のかなり本質的な部分がやはり物理や化学と，つまりは物理学とつながっているとみることができるということで，そのあたりからわれわれは統一的な像をもつことができるようになり，さらにそういう傾向が促進されるという状態になってきているのだと思います。

渡辺　湯川先生，いかがですか。

湯川　そうですね。いま小谷さんがおっしゃったようにいままで本書でとりあげられた内容は，物理では物性論，化学に関しては物理化学という，そういう部分の話であったと思います。そしてだいたいはわれわれに身近な物から出発して話を進めてきていますね。だれでも知っているように，物には固体・液体・気体があるし，電気には良導体とか絶縁体といったものがある。あるいはまた機械のことなどについてもいろいろと知っているわけです。

ところが，現在の物理学──化学も入れて考えてよいでしょうが──の立場からの「自然の構成」の理解の仕方というものは，ちょっとそういうのとは違ってきていますね。

さきほどもちょっと話に出ましたが，たとえば半導体などというものは，電気の流れ方ということでは，いままであまり予想もしていなかったような複雑で，特徴的な様子を示しますし，またその性質がいろいろと利用されて，今日の社会の中ではひじょうに便利な技術としてとり入れられています。それからまた極低温などというものもあって，極低温までいくと物のふるまいは，われわれの日常的な感覚でとらえていたものとはひじょうに違っていて，たいへんおもしろいふるまいをするし，その性質がまたいろいろと利用されます。あるいはまた光ですね。われわれが自然をよく知るためのいちばんの手がかりは光でしょうが，その光も量子力学などというものが基礎的な法則になってだんだんとその本質が明らかにされ，いままでわれわれが日常的に考えていた光とはひじょうに違ったレーザーなどというものも出てきて，それがまた違った使い道を見いだすといったわけです。

昔はどんなことが考えられていたかというと，レウキポスやデモクリトスなどという人が，「物というのは原子からできておるものであるぞよ」という，ご託宣みたいことをいったわけですが，それが実はほんとうのことであったんですね。それがほんとうであるということは生物を理解するうえにもひじょうに役立つわけですが，その

話は後まわしにしまして，無生物に関してはますます有用になってきた。しかし，実はそれよりももっと奥底がありましてね，電子のようなものになってきますと，量子力学を使わなくては理解できないということになってくる。つまり，そのふるまいというものは，デモクリトス的，ドルトン的あるいはボルツマン的——19世紀的といってもよいでしょうが——原子論ではどうにもならなくなってきた。そこのところが，いままで本書で議論されてきた基礎法則の主要部分になっているわけです。

ですから，ニュートン力学で片づくものもあり，熱力学である程度まで理解できるところもあり，マックスウェルの電気力学ですむ場合もあり，さらにまた量子力学とか量子電気力学とかいうもっとむずかしい理論を知らないと理解できないものもあり，というわけです。しかし，だいたいまあそういうような普遍法則をもとにして，統一的に自然を理解できるということに一応常識はなっていますね。なってはいますが，このところはひじょうにデリケートな問題でして私もうっかりした意見を出せないわけなんでして（笑）……。

どうしてうっかりいえないかというと，人間が自然を認識するという場合，それを実証しようとし，理解しようとしている主体が人間だということですね。つまり人間が理解しようとしているのであって，人間以外のものが理解しようとしているのではないということです。

それではその人間とはいったい何ぞやということになりますと，これはまたひじょうにむずかしい問題ですが，この人間をまた物理，化学あるいはそれにつながる生物学というような自然科学の側からみるならば，それ自身が最も複雑な組織をもち，最も複雑な物性を備えた"もの"ですね。複雑な組織をもっているということは，またそうとう大きい体積あるいはスケールをもっているということでもあります。スケールからいいますとそうとう大きなものであって，長さのスケールはメートル程度，時間のスケールは寿命でいえば数十年から百年くらいまでのものでしょうが，そういう人間が自然を理解し，その営みが科学を生み出しているわけです。ですから，そういう点ではそれぞれの人がそれぞれ多少ずつ違った仕方で自然を理解しているといってもかまわないでしょう。つまり，人間ぐらいのスケールの世界というものは，個々の原子や分子のレベルからみれば，おそろしく複雑で，たくさんの原子や分子の集合であるわけで，それであってこそはじめて現実に科学を生みだす能力を備えるものと考えざるを得ないわけです。

そうしますと，われわれは個々の原子なり分子なりあるいは素粒子なりについては，それを理解するための法則をある程度知っているわけですが，そういう人間のような大きな複雑なシステム——原子のレベルからみて——が自然を理解しようとするときには，それだけでは足りなくてやはり力学的な考え方のほかに統計力学的な考え方がつけ加わらざるを得ないと思いますね。そして，そういうものまで含めて，はじめていままで本書で論じられてきた部分が理解できるのではないかと思うのです。それが一応の私の見解です。

渡辺 では次は林先生から一つ。

林 いままで，自然の統一的な理解ということで，小谷先生，湯川先生からいろいろお話がありましたが，私も小谷先生がさきほどおっしゃった段階説を考えてみるわけです。したがって，素粒子から宇宙までいろいろな段階の現象があって，それをわれわれは研究の対象としているわけですが，とにかく各段階においてそれぞれの法則があり，それをみつけ発展させて，それによって自然を理解していこうということだと思います。

もちろん素粒子から宇宙までをつなぐ途中の各段階は，ひじょうに細かく分かれるでしょうし，必ずしもそれらを一本の線につなぐことはできないと思います。つまりそのつなぎ方にはかなり多様性があるわけです。ふつう，ある段階における自然の構成を認識するという場合，われわれはその一つまえの段階から組み立てるのが常識的なやり方です——細胞から分子のレベルへと進む場合のように。また場合によっては，2段階，3段階まえのものが，直接に関係してくることもあるでしょうが，とにかく，その場合，各段階のつながりの機構がどうなっているかということはひじょうに重要なことだと思います。各段階の間にそういう関連性があるということは，われわれは経験的に感知しているところでして，多分それに関するかぎり例外というものはないんじゃないかと思います。逆にまたそうであるからこそ，われわれが物理的な自然像を宇宙の現象まで外挿して理解できるということの根拠になっているのだと思います。まあ，私は一つはそんなふうに考えているわけです。

渡辺 今まで3人の先生から，統一的自然像とか自然の統一的理解とかいう場合の，統一ということの意味についてそれぞれご意見をきかせていただいたわけですが，もう少し問題の焦点をしぼって，そもそも"自然を理解する"というのはどういうことなのか，そういう根本的なところを少しお話していただきたいと思います。

小谷 私はさきほど自然の理解にはいろいろな段階があって，その基礎的な段階からだんだんと系統づけて積み上げていくのが，統一ということの意味ではないだろうかといったのですけれど，現在，その基礎的な法則から系統立てて積み上げていくところが完全に論理的にいっているかというと，それはちょっとあやしい点があると思います。

たとえば，さっき熱力学の話を出しましたが，これが統計力学というものが出来て統計力学で説明でき，その統計力学は力学の法則および電磁気学の法則から出てくるというわけなんですけれども，そこのところも完全に論理的にいっているとは必ずしもいえないのではないでしょうか。湯川先生はどうお考えになるか知りませんが（笑）。すなわち，エルゴードの問題をはじめいろいろと複雑なものがあるし，あるいはまた数学的な問題もある。それが現実の体系に適用できるように完全に解けているかというと必ずしもそうではないでしょう。そういう筋道をつけていくことも，またそこをしっかりさせることもまだ残っている問題だと思いますね。

ただ現実には，人間はしょっちゅう自然

の複雑なものをみているわけで，法則をみつけていくというときには，いつでもある基礎から演えきしてきたわけではなくて，いろいろな段階でいろいろな法則をみつけてきたのですね。それをあとからつなげて理論的な構成をつくっていったものと考えられますね。そしてそれがいまもなお発展しつつあるわけですから，そういう論理的なつながりが完全にできているのだといってしまうのも，いい過ぎだと思います。

　湯川　私はちょっとニュアンスが違うのですが，物理学者というのは —— まあ小谷さんも林さんも物理学者だから，こういい方はまずいけれども（笑），何か普遍法則があるという考え方ですね。たとえば量子力学 —— ニュートン力学でもいいですが，そういうものが基本法則であるというわけです。そしてそれがどういう形で表現されてきたかというと，いままではなにかある方程式 —— おもに微分方程式で表現されてきたわけです。そして，物理の問題は，けっきょくはその方程式を解くという問題に還元されるというのがふつうにとられてきた考え方です。しかしそれだけが自然認識であるかというと，私はそれは違うと思いますね。

　たとえば，化学というのは錬金術が成長してひじょうに筋道の通ったものになってきたものですけれども，そこでは，亀の甲がズラリと並んだのや，いろいろな原子が数珠つなぎになった構造式などが出てきますね，豆細工みたいなものですね。そういうものは，実は一つのひじょうに簡単なモデル（模型）であるわけです。ところが，そういうモデルによる考え方というものは，われわれが想像しているよりはずっとよく自然界に当てはまるわけですね。生物を構成する物質でも，そういうモデルで理解が片づく部分がひじょうに多いということは驚くべきことです。

　もちろん，どの場合でも，根底で支配しているものは量子力学であるはずですが，しかし量子力学を使って波動関数をどうこうするということよりも，化学構造式を書くことのほうがはるかにものがよくわかるという場合も多い。あるいはまた，ここにDNAという，遺伝を支配するひじょうに大事なむずかしい高分子がありますが，その中にはたくさんのいろいろな原子があり，原子の中にはさらに原子核や電子があるわけです。ですが仮りにその全体を完全な波動関数で表わしたとしても，それで完全な理解が得られるとは思いませんね —— もちろんまだどなたもそんなことはなさっておられないし，できもしないでしょうが。それよりは，もしもDNAという分子が一対であるというのなら，それはなにかねじれたハシゴみたいなものであるという把握の仕方があるわけで，実際そういう模型的とらえ方はひじょうにいい理解の仕方だと思いますね。ある理解の仕方が，さらに定量的に基礎づけられるということはもちろんあるでしょうが，しかし定量的に基礎づけられるから，つまり，数学的な表式で置きかえられるから，それがほんとうの自然の理解かといいますと，そうとはいい切れないのですね。つまり，この自然というものは，われわれ人間が理解するのであって，この人間の世界というのは色も香もある世界であるわけです。ですから，

たとえば，"ものが赤い"という現象を理解しようとする際に，赤いものは赤いという素朴な理解の仕方や，赤いということはある波長の光が目にはいってくることだという理解の仕方などいろいろあるわけでしょうが，それらが矛盾なくつながっているということが大事なんだろうと思いますね。

渡辺　今の湯川先生のお話と関連するかも知れませんけれども，さきほどの統一像のことですね。つまり量子力学によって物理と化学の世界がつながったとか，分子生物学の例にみられるように，生命現象が分子のレベルで物理，化学の法則によって説明できるようになったとか，そういうような見方ももちろんあるのでしょうけれども，実際にはそういうことのほかに，そういうものを一つのものとしてみようとする人間の意欲というか，志向といったものもあるのではないでしょうか。要するに，たとえていえば，ひと昔まえの自然哲学の立場に立って，物理も化学も生物も一つの同じ立場から見ようとする志向そのものが出ているということですね。

湯川　確かにそういうことはいえますね。

渡辺　やっぱりわれわれ人間には，何か全体を関連させて理解したいという意欲があるんでしょうね。それを支える基盤として，量子力学の発展とか物質構造の知識の集積ということがあるんだと思います。

小谷　私はさきほど，いろいろな段階での法則とか理解の仕方があるといったのですけれども，その段階というものをある意味では湯川先生のおっしゃることと対応させて考えることができると思うのです。つまり，湯川先生が人間というものから出発して考えられたとすると，法則の段階というのは，その人間にいちばん近いものということができます。仮りに，それを０次の認識としますと，それを原子から組み立てていく量子力学の法則というのは，マイナス何次かの認識ということになりますね。いわゆる電子とか原子核が問題となる物性物理学，化学物理学あるいは分子生物学などの法則がマイナス何次であるかは知りませんが，そういうところ，あるいはそれ以下のところまでいけば矛盾なくつながっていて，統一的，体系的なつながりをもってみえるということですね。

もちろん，プラス何次という段階もあるでしょうけれども，その各段階において，そこに特有な現象といいますか，その段階の見方で一応自然に理解されるような現象があるわけです。しかし，そういう違った段階のものがまったく独立にあるのではなくて，マイナス１次はマイナス２次から考えて，そこから導き出されないまでも，それと矛盾しない体系として把握できるということ，そういう形になってはじめて，マイナス何次からプラス何次までへ伸びた一つの体系としてとらえられるはずで，それが統一的ということの意味でもあると思うのです。

2. 生命と自己主張

渡辺　話がやや一般論に片寄っているようですので，生物のことなど，もう少し具体的な例をまじえながらお話していただき

たいと思いますが。

小谷 自然認識の問題では，生命は相当高度なものですね。それで，たとえば生体の中で行なわれている現象 ── 酵素反応だとかその特異性のようなもの ── がもうちょっと低次の，たとえば物理，化学から完全に理解できたとしますね。そうしたときに，それで生命を本当に理解したことになるのかということがいちばんの問題ですね。それはさきほどの湯川先生の話と関連していると思いますが。

ところで，熱力学では，たとえばエントロピーという量を導入し，それが，熱的現象を整理してゆくうえでひじょうに有力な概念になっていますね。そこで，われわれが将来生命現象を物理的立場から理解していこうというときに，かつて熱力学でエントロピーを導入したように，何か新しい概念を導入する必要があるのかどうかということ，またその新しい概念は ── そこでは物理的概念と生物学的概念とに区別されるかどうか知りませんけれども ──，物理の立場からみたときには，統計力学ないしは熱力学におけるような，同種のものが無限に多くある体系ではなくて，なにか有限的構造をもった体系の典型的な現象を説明できるものであるのかどうかということ，そのへんに，将来の生物学の物理学に対する寄与というか，その発展を促がす要素があるというような気がするのですけれども。

湯川 私もそれはひじょうに重要な問題だと思うんですよ。ただまあ現状では ── 私は生物物理学とか生物学とかをあまりよく知りませんけど ── 生命現象を物理，化学的にとらえていくうえに必要ないくつかの重要な概念が，あまりはっきりした形で出ていないだけであって，将来当然出てくるべきものじゃないかという気がするんです。

たとえば，本書の第6章にもありましたプラズマというようなものですね，そういうものは昔の人は考えていなかったわけです。つまり，液体・固体・気体というような概念はだれにでもわかるのだけれども，そこを一歩踏み出したプラズマというような概念になると，なかなか簡単には生まれてこない。それと同じように，もっと生物の複雑なもののほうへゆくと，そういう新しい概念に当るものがいろいろと出てきて，それが有効な自然の認識につながるのではないかと思いますね。

渡辺 生物の問題を解明していくうえで新しい概念の導入が必要ではないかという，今の先生方のお話ですが，それは，現在ははっきりした形で出ていないと思います。

たとえば，こういう考え方 ── これはちょっと無理な注文なんですが ── 仮りに理想生物というか理想生命というものを考えてみるということですね。そういう考え方は現在ははまだないわけで，現在はむしろ一応生物を与えられたものとして，その解析だけをしているわけです。しかし，そのときに，やはりほんとうは何を解析しているのかを考えてみた場合，理想生物というか理想的な生命というかそういう概念を作ってみる必要があるのではないか，そこがはっきりすれば，もう少し生物学の目的とか方向性といったものも明確になるの

ではないかと思うのです。

　それともう一つは，生命の問題の考え方の底にはつねに進化みたいな問題を考えなければならない。もし，なにか理想生命というものが考えられたとすれば，あるいはその生命は死ななくともいいと考えるようになるかもしれない。生命体というのは現在は子供をつくって死ぬものということになっているけれども，それはわれわれの知識がまだ未熟なためで，理想生命は永久に生命体として残りうる —— もちろん環境条件はいまのままという条件で —— ということもあり得るかも知れない……。

小谷　生命の定義によっては，特殊な生物として星が生命をもっているといっていえないことはないでしょう。

渡辺　ええ。私はこのごろふざけていっているのですけれども，生命というものは一種の自己主張だということですね。要するに自分と同じ構造体なり自分と同じものをよそに対して主張するものであると思うんですよ。つまり自分と同じような特異性をもった物質系なり機能なりをふやし，存続させ，発展させるという，そういう自己主張であると思うのです。そういう点は，ほかの物理的なものにもあり得るかどうかが問題ですね。たとえば星の場合ですと，進化というようなことがそれに当るということなんでしょうが，私はそれはちょっと違うと思うんです。

　まあ現在はそこのところが，明確に概念的に出ていないと思う。それを出すことが生物学のひじょうに大きな問題だと思うんですが。

湯川　それじゃ，考え方の一つのポイントとして増殖という問題を考えてみましょうか。われわれの常識的な意味での生物というのは，自分と同じようなものをつくる機能をもっていますね。そうすると，たとえば，理想生物なら理想生物を考えるというとき，それが必要条件になると考えられますか。

渡辺　よくわからないですけれど，それは結果の一つなんで，必要条件というものではないんじゃないかと思うんですが……。要するにいまの生物は，地球という制限された環境でしか生きながらえていないということで，本質的にはやはり環境の変化に対応して自分を保存させるなり適応させるなりする存在だと思うんですね。その一つの現われ方が増殖ということであって，それはいわば仕方のない現われ方だと思っているわけですが。

湯川　なるほど。しかし理想生物は別として，現に地上に存在する生物というのは，相当複雑なものであって，ウイルスといえどもかなり複雑な分子からでてきており，それなりの特異性をもったものであるというわけですね。そうなるとそれは程度の問題ではないですか。話が少しむずかしくなるんですが……。

　仮りにここで人間の自己主張ということを考えてみますね。たとえば渡辺さんが生物学をやっておられて，ある説を唱えるとしますね。この説は真理であると主張する。真理だということは，その説はほかの学者が遅かれ早かれ皆受け入れなければならないということですから，これは，生物のほうでいう増殖みたいなものです（笑）。その自己主張が，学問の場合には，客観的な

真理であるがゆえに増殖していくということですね。ですから生物学の場合でも，なにかそういう点から考えてみられたらどうでしょう。

渡辺 ええ。ただ問題は増殖だけではないと思うのです。たとえばそれ自体が拡大していくというような形の自己主張も考えられるのではないかという気がしますね。そのことがひじょうに能率的であるという場合には。

湯川 それ自体の拡大ですか。これはまたえらい問題が出てきた（笑）。

渡辺 つまり必ずしも個体として別の同じ形ができるというのが唯一の方法ではないということなんですが……。

湯川 そういうことも考えられるでしょうが，それはとにかくとして，理想生物というあなたの考え方はたいへんおもしろいし，それはひじょうにいいアプローチの仕方だと思いますね。

3. 歴史性の諸問題

渡辺 ただ，歴史的にみますと，たとえば分子生物学のきっかけをつくった物理学者とか，そういうことを始めた人というのは，やはり進化みたいな概念ですね，そういうものにそうとう強く影響されているところがあると思います。

湯川 確かに，地球上の生物というのはひじょうに長い歴史をもっていて，つまり歴史的発展というものにひじょうに大きな比重があるわけですね。しかし，そこに圧倒的な比重を置いて考えるということが，将来の生物学のためによいかどうかということ，そこは問題だと思いますね。渡辺さんがいまおっしゃっていることを，もっと広く考えると，そういうことだと思うんです。生物学という学問では，生物というものは何億年という歴史を背負ってこうなったんだから，それを忘れてはいかんぞということばかり年がら年中いっておられるようですが……（笑）。

渡辺 その傾向は，いわゆる生物学者にはひじょうに強いですね。

湯川 それは確かにそうではあるけれども，しかしその面だけではいかんのではないかというと，生物学者からひどくしかられるんです（笑）。そうした歴史性の強調の背景になっているのは，これまでの長い歴史を経てきてさえ，生命が人間の手でつくられなかったではないかという考えですね。けれども，生命の素材になっている部分はだんだん人工的になんとかできるようになってきたわけでしょう。もちろん生命そのものはまだ純粋に人工的につくられていないでしょうけれど。

渡辺 だから，その意味でも，生命というものの概念がはっきりしてくれば，人工的な生命というもの，つまり歴史性を背負わないものができる可能性がある。そうしたら現在のものと違った，もっといい生物もできるかもしれないわけです。

小谷 たとえば，工学者の一部に，タンパク質や核酸からできたものではなくて，まったく違ったものでできていて，たとえば増殖をするしくみの機械をつくるとか，ある理想生物の備えているような部分的な性質を機械で実現するというようなことを考えて研究している人もいますね。そうい

うこととの関係はどうなりますか。

渡辺 それは，増殖という面では同じようなものができるという，ただその一面だけではないかと思いますが。たとえば，それを追っぽり出して独り立ちさせても，自分で代謝を行なってやっていけるというような機械ではないわけでしょう。

小谷 追っぽり出すといっても，ある作られた環境があるわけなんでしょう。機械の場合でも，ひじょうに特殊な環境を作って，その中へ機械を入れ，増殖に相当する現象がみられるだろうかということを調べる工学的なモデル実験がありますね。それはある意味では，細胞という環境の中で核酸が分裂し，増殖していく事情に似ているものですね。

湯川 生物のほうで純粋培養ということがあるでしょう。純粋培養というような考え方は工学的考え方と似ている。つまり環境を一つ決めるわけです。環境のほうは人間が創造すればよい，そしてその中に何物かを持ち込んで，何事かを起こさせる。そうすると，それがたとえば生物みたいなふるまいをするかもしれない。

だいたい生物というのは，何かある環境と適応していこうとするわけでしょう。DNA だけあったってなにもできないでしょうし，タンパク質だけでもそうでしょう。つまり何か環境的なものと，それから種みたいなものとがあって，それがいっしょになって，そこから何かが出てくるというふうになっている――生物の起源なんかは大ざっぱにいってそうでしょうね。そういう状況というのは工学者や物理学者はひじょうに扱いなれているわけです。

渡辺 しかし単なる機械とは違って，それ自体でやはり発展性をもっていて，地球なら地球という環境において新しい多様性を増して進化していくようなものでなければ生物とはいえないのじゃないですか。機械では，とくにさきほどの増殖機械では発展する契機をもっていない。

小谷 私は生物の方にまえから一つお聞きしようと思っていたことがあるんですが，"種"というものがあるでしょう，species ですね。ところで，分類学というのは，究極的には生物の個体の間に距離というか，なにかメトリックのようなものを導入する学問だと思うのです，ちょうど空間に距離を導入するようにですね。ところが，その場合に連続的でないわけですね，イヌとネコの中間なんていうのは存在しないわけです。つまり，かなりディスクリート（疎）*¹ に，種というものが存在するわけです。それはどういうわけなんでしょうね（笑）。

仮りに，ある初期条件が与えられて，それからずっと次はどうなっていくという形で解けたとしますね。そうしたときに自然とあるところにディスクリートに解が集まってくるようなカラクリがあると考えられるわけですね。それを理解することが，生物学の一つの重要問題なんだと思うのですが。

渡辺 たとえば分子生物学の立場から問題をとらえると，やっぱりウイルスの世界でもすでに連続的変化というものがないのじゃないかと思うのですが。物質構造とか

＊1　discrete「疎な」，「離散的な」という意味。連続的でなく，まばらなこと。

組織化とかいうことでも，ある種というか，ウイルスならウイルスの同じ構造をもっているもの同士のささいな変化の状態と，それから少し違った状態との間には相当間隙があって，途中の段階が全部満たされている状況はないんじゃないか，それは構造的な面で将来説明できることじゃないかと思うんですが。ですから，マクロな生物のほうがむしろその点では連続的でもいいという気がするんです。

湯川 いやしかし，ウイルスの段階にしてでも，どうしてそうなったのか不思議ですね。

渡辺 ウイルスのほうが，それを構成している要素の数が少ないため，組織化された粒子形成の条件がひじょうにきびしくなってくるわけですから，連続的なものがむしろなくてもいいわけなんですが。

湯川 うーむ。その意見は簡単には納得できませんね（笑）。それは，自然界というものが少なくとも主要な点においてはアトミスティク（原子論的）であることは確かですよ。しかし，アトミスティクというのは，もちろんひじょうにミクロなレベルでの話なので，ウイルスともなればすでに巨大分子であり，細かくいえば互いにディスクリートに違うにしても，しかし相当よく似ておってもいいと思うんですけどね。

渡辺 私は分類と進化の問題をこれから少しやろうと思って，ファージ（細菌で増殖するウイルス）を集めていますが，どうも連続じゃなさそうなところがあるわけです。

湯川 もしウイルスの段階でもそうとうキャラクターが違うとしたら，それはたいへんおもしろいし，確かに重要な問題ですね。

4. ミクロとマクロの両極

小谷 私はさきほど段階説のことをいいましたが，天文学というものもひじょうに変化していることだと思います。天文学のひじょうに特異な点は，きわめて高い段階ときわめて低い段階とが結びつくということですね。たとえば，中性子だけの星があったり，いろいろなことがあるんだろうと思います。それで，素粒子物理学あるいは，それよりもっと低い段階と天文学とが結びつくということもあり得るのでしょうね。

林 ええ。原子や分子のレベルと天文学との結びつきというのはしだいに明らかになっていますが，それとまったく同じ程度とまではいえませんが，やはり原子核のレベルでも関与してきていますね。

ただ，天体物理学の泣きどころというか，けっきょく天体現象というのは地上で実現されない状態であるということですね。実験室で星を作ったりすることは現在ではできないわけです（笑）。したがって原子や分子のようにひじょうにはっきりした理論構成がとれないということに問題があるわけですね。

湯川 それはそうでしょうけれど，たとえば，星の内部の温度というとだいたいまあ数千万度から数億度というような，その辺の温度ですね。そこへわれわれが地球上でよく知っている温度，つまり高いほうでは千度とか万度という程度 —— 最近は百万度程度まで知っているといってもよい

かもわかりませんが——、低いところでは絶対0度まで下げて考えていいでしょうが、その段階での法則をずっと高い温度のほうへ外挿してやるわけですね。それではいけないのですか。

林　ええ、たとえばまったく直接に数千万度の温度を地上では実現してやってはおらないわけなんです。しかし加速器では、つまりその温度に相当するエネルギーの現象は観測しているわけですね。そこに統計の問題がはいってくるわけなんです。

小谷　いろいろの粒子の転換ですね、たとえば陽子ができたり反陽子ができたり消滅したりする、そういう温度はどのくらいですか。そんな温度なんてない？（笑）

林　いや、それはないとはいえないのです。ただ、そういう現象が起こるのは星の進化の中のごくわずかの時間ですね。したがって、われわれがそれを観測するチャンスがないわけなんです。たとえあったにしても、比率からいえばごくわずかなものですね。

小谷　たとえば、ある粒子が10のマイナス何乗かの寿命でできたとしますね。それがどんどんつくられていく状況というものを観測にかけることはできないわけですか。

林　そのおたずねに対する直接の答にはならないのですが、たとえば中性子星というのをランダウが30年前に予言したわけですね。そして、現在ではそういう高密度のものが存在するかどうか、そういう星があったとするとどのくらいの半径や表面温度になるか、そういう星はX線を出しているはずだが、そのX線の点源を探した

らどうか、などといろいろ研究が行なわれています。ところが、最近発見されたX線源はもっと広がっているので、結局中性子星の直接的な手がかりはまだ得られていないのですね。

これは、さきほど湯川先生がおっしゃったほど極端な高温、高密度の条件で起こっている例ではありませんが、たとえば、太陽の中心温度が測定できるかどうかということがあるわけです。太陽の中心を、われわれは無論直接にはみることはできないけれども、太陽の中心で起こっている核反応によってニュートリノつまり中性微子が出ていますが、それを観測しようという試みがアメリカで始められていますね。精度を数倍上げていけば、観測にかかるだろうと思うんですが。

湯川　それはニュートリノの検出の点に問題があるのではないですか。

林　ええ、ニュートリノを観測するのはひじょうにむずかしいことですけれども、太陽の中心からは比較的高エネルギーのニュートリノが出てくるわけで、そういうものを観測することは、精度を上げることによって可能と考えられているわけです。

小谷　反粒子の星なんてのはあるんですか（笑）。

林　それはたいへんむずかしい問題でして、まあ昔いろいろな人が宇宙線の起源に関して、粒子と反粒子の消滅でできたのだという説を出したわけです。けれども、地上で精密にそのエネルギーを測ってみますと、消滅でできたんならディスクリートなエネルギースペクトルが出てくるはずなのが、そういうものはなかったということで

その説は下火になりました。しかし，現在では，われわれが直接には観測できないというだけで，反粒子でできている銀河のようなものがあっても別段かまわないということになっていて，そういう理論を作っている人もおります。

　湯川　林さんは，昔からアインシュタインの一般相対論の立場で膨張宇宙のことを考えておられるけれども，膨張宇宙という考えには二つあるのですね。一般相対論的な膨張ということと，別にただ単に膨張していってどんどん広がっていき，その代わり，あとからあとから物がばあっとわき出してくるという考え方とですが，どちらがほんとうかよくわかりませんでしたね。しかし，最近はどうもアインシュタインのいっていたことのほうが，ほんとうらしくなってきましたね。違いますか？

　林　問題はどちらが正しいか最終的には何で決めるかということに帰着するわけですね。

　湯川　なかなか用心深いいい方をしておられる（笑）。

　林　いやどうも（笑）。まあ定常的な宇宙論というのは最近いろいろな困難がみつかってだめになりましたが，それをもう少し広く考えますと，われわれの宇宙は現在膨張しているけれども，もっと広くみれば，わが宇宙のほかに膨張している宇宙もあれば収縮している宇宙もあり，全体としては定常的になっているのではないかという考えはまだ残っています。

　渡辺　私，素人で全然わからないんですけれど，素粒子の起源はどうなっているのですか。

　湯川　素粒子の起源という考え方には二つありましてね，つまり歴史的起源と，それからもっと時空を超越した意味での起源と二つあるわけですね。

　まずその歴史的起源ですが，昔，ひじょうに小さく固まっていてエネルギーをたくさんもった，ものすごく高温度の物がその辺にかたまってあった。そうするとどうなるかということは林さんがくわしく調べられたのですが，要するにはじめに中性子とか陽子とかがすでにたくさんあったというのです。しかし，それだってそのもう一つ前の状態はどうだったかという問題が残りますね。

　ところがもう一つのほうは歴史的ではなくて，なぜこの世にこんなものがあるんだろうかと考えることですね。それは神のみぞ知るといってもいいけれども，しかしそこまで話をもっていかずに，なぜこんなにいろいろな素粒子があるのかということですね，それを研究しているのが私たちですが，その答はまだ出ていませんね。

　渡辺　それはまだ新しい素粒子があり得るということですね。随分種類がふえているわけでしょう。

　湯川　ぼつぼつ素粒子らしくないのがこのごろみつかってきていますね。つまりむちゃくちゃに寿命が短くなると素粒子とはいいにくいのです。

　小谷　電荷 e の分数の粒子はどうなのですか。

　湯川　そういう話もありますね。つまり電気というものには最小単位 e があるけれど，その 1/3 とか 2/3 の電荷をもったものがあるかもしれんという珍説があります

が，私はそんなことを信じませんね（笑）。林さんは信じるかもしれませんが（笑）。宇宙線の実験をやっている人は，それをみつけたいという衝動が働いているために，みつかったとかいって騒いでいるらしいですが。しかしどうもかなり否定的らしい。私はそんなものはないと思ってますけれど，みつかったらえらいことになる（笑）。

　小谷　いろいろな普遍定数の中で，たとえばプランクの定数の絶対値を説明するというようなことが可能かどうかはしりませんけれども，たとえば質量比など，無次元の数というものについては理論があるべきでしょう。

　湯川　それはあるべきでしょうね。われわれはやはりそういう理論はあり得ると思って努力するのが当たりまえでしょうね。絶対値のほうは仕様がないでしょう。

　林　その絶対値がまた時間的に変化するという宇宙論的な話もあるわけですね。

5．科学と人間の未来

　湯川　そう，そうなれば時間的変化を規定する法則がまた問題にできる。そこで歴史の話にもどると同時に，歴史を超えるわけですけれど（笑），歴史を離れて生物を論じるのは，馬鹿な物理学者のすることだと，生物学者は思っておられるかもしれないが（笑），それはそれで一理あるけれども，天文などでは，地球を離れて宇宙全体を考えるわけです。宇宙全体を考えるときに，そこで一つのひじょうに哲学的な問題が出てきますね。つまり，この宇宙というものは，われわれの生まれる先からずーっ

とあるけれど，われわれはこの宇宙以外のことは何も知らない。それはあると思っても仕様がないので，発見なんていったって，この宇宙より外へ出ることはできないではないか，というふうな考え方をしますとね，これは現実にある宇宙一つだけを認める宇宙一元論というものになる。しかし，私は宇宙一元論ではないのです。それは歴史一元論でもないことを意味しています。

　つまりこの宇宙はこんな宇宙だけれども，もっと違った宇宙だってかまわなかったわけです。いろいろな宇宙が考えられるし，考えたっていいわけです。生物の場合でも，生物の進化の仕方のいろいろな場合を考えたっていいでしょう。そうすることによってはじめて合理的な把握ができるのだと思うのです。

　渡辺　物理学は昔はやはり目の前の現象がおもな対象だったわけですね。ところが今は日常的じゃない問題にまで広がっちゃったわけです。それは一体物理学の特質なんですか。化学なんかは当然のこととして現地球上での物質の変化の学問だけでしかないわけですが。

　湯川　私はそれは物理学の必然的傾向であると思いますね。それと一方では，宇宙全体は議論できぬという説があります。宇宙全体というけれど，自分もその中にいるわけですね。そうすると自分を除外しなければならないから宇宙全体は議論できないという説ですね。それには私は反対です，宇宙全体を議論してもいいと思いますね。1人の人間は宇宙にとって物の数でもないのですから。

　小谷　もっと次元の低い問題ですけれど

も，まあそういうお話を聞いていると，人間がやてあらゆることを理解しそうな気がするんです（笑）。

たとえば，数百年前までは，あらゆる科学を通してひじょうにわずかしか理解していなかったわけですね。仮りに千年としても生物の進化からいうとひじょうに小さな時間ですね。その間の科学の進歩というものを将来に外挿するとどうなるでしょうか。もうすぐやがて科学の知識の拡大ということはすんじゃう —— その後どうなるのかしりませんが —— という状態になるのか，それともわれわれ人間はいまそう思っているけれども，千年たっても百万年たってもまだ知らないことがあって，それをどんどん知っていくということになるのか，ということですね。

渡辺 それともう一つの問題は，自然の構成というものをわれわれはいま現在の段階でぼんやりと理解しているわけですね。それは，まえにもいいましたように，現在の時点での自然の構成であって，それ自身も変わってくるはずなんですね。ただ，それがどの程度根本的に変わるのかということです。たとえば，現在がピークだと考えれば，本質的にはそう変わらないわけですね，細かい点ではいろいろ出てくるかもしれないけど。現在はあるいはそうとうのところまで見通しがついている時点にあるのかもしれないとも思うのですが，その点はどうでしょう。

湯川 私はかなり見通しがついているというほうの説です。たいていの人は反対しますがね（笑）。確かに科学の発達は幾何級数的ですが，それと同時に細分化されて

いくわけですね。それが，ひじょうに分割された知識の集積のままではつまらないわけで，ある段階にきますとそれはまとまるわけです。そういう調子で科学が進んでいきますとね，生物なら人間の大脳，機械なら電子計算機のあたりに問題が残っているというようなことはあるでしょうが，それが解決するのも大した時間はかからないでしょうね。

ところが，もう一つの考え方がありまして，これは古い人の考え方と若い人の考え方とが一致するらしいんですが，つまり大自然というものは広大なものであってですね，人間には絶対に汲みつくせぬものであるというのです。ニュートン先生もそうおっしゃったけれど（笑）。いまの若い人には案外そういう考え方の人が多いですね。しかし私はそんなことはないと思っています。それは数学者のいう無限大みたいな，きわめて抽象的な考え方ですね。

渡辺 小谷先生は，さきほどの段階説のお話では，現段階ですでにそうとうのところまできちゃったというお考えですか。

小谷 ええ，それに近いですね。

渡辺 確かに，将来も現在の調子で自然認識ということがずんずん変革していくということはちょっと考えられないような気がしますね。

湯川 ただ，生物のほうはいろいろおもしろい問題をかかえているから若い人は生物をやったほうがいいですよ（笑）。

小谷 これは工学部の先生にちょっと聞いてみたいんですが……。これからの問題として，生物学の一つの展望は，生物を技術的にみるということでしょう。技術的に

みるという意味は，生物の現象がなにか合目的的なものとみることです．それでそういう断面から見ると，人間のつくった技術よりかなり巨大なものが生物の中にある，つまり進化の作った技術があるわけですね．それで，将来どのくらい人間の技術が繁栄してくるかという問題があるわけです．

湯川 それは，人間もやがていわゆる生物の機能というものを理解してそれを素材として，いろいろな有機物を使うだろうし，またいろいろな生物の巧妙なメカニズムを有効に利用するようになるでしょうね．そのことはそれほど遠い先のことではありませんね．

渡辺 そうですね．

小谷 石器時代に対して現在は何時代というのか知りませんが，そのうちに生物技術時代というものがくるような気もするんです．技術の観点からみても．

渡辺 たとえば分子生物学なら分子生物学という学問が ── 量子力学もそうかも知れませんが ── 学問の歴史の中で，ある時期を画したわけですね．そういうことは今後ないのじゃないかと思うんですが……．少なくとも，そういう興味で生物学をやるという時期は過ぎたといってもいいんではないでしょうか．

湯川 確かにそうだと思いますね．それなら，問題はどこにあるかといいますと，脳とか神経とかいうとチャチなもののいい方になりますが，物と非物との相関ですね．── 非物の中には心だけでなく，情報とかシンボルとか，いろいろ含まれていますが ── それが非常に基本的な問題として残っているわけです．なぜ基本的な問題かといいますと，つまり将来科学がずんずん進歩して，本質的にわからないことはないということになるでしょうが，やはり人間は幸せになりたいという問題がいつまでも残るわけですね．つまり幸せになる科学をつくり上げるように努力することですね．"幸せ"こそ非物の中でいちばんたいせつなものだと思うのです．

渡辺 私がいいたかったのも，そういう問題点が，現在の自然科学の構成の上からみて，もう各分野から出てくるべきであるということだったのです．心とか物とかという問題は現実にもう提起できる問題だと思うんです．

湯川 つまり人間を幸せにするものなんていうものが実際できてくることになるでしょう．昔は不老不死の薬を作ろうと苦労したけど，不老不死より自分は幸福だという気持を永続させる薬のほうがずっといいわけです（笑）．

小谷 しかし，そのときにはまた"幸福とは何ぞや"という問題が出てきますね．

湯川 そう，"幸福とは何ぞや"という問題はあるけれども，しかし，それも薬のほうで適当にそういう気持にしてくれるという面もある．まあ，話が夢物語になりすぎたから，この辺でやめておきましょう（笑）．

渡辺 どうも長時間ありがとうございました．

2. 星の進化をめぐる研究遍歴 —— 林忠四郎教授，大いに語る（1980年）

自然1980年8月号（中央公論）
林　忠四郎，聞き手：杉本大一郎・佐藤文隆

ハヤシの名は戦後間もなく彗星のごとくに現れて世界の注目を引いた。爾来，星の進化を精力的に開拓して，1970年に「ハヤシ・フェイズ」の発見によりエディントン・メダルを受賞している。7月末，林教授の還暦を記念して国際学会が開かれるのを機に，二人の愛弟子を相手に研究の発端から現在までの"進化"を縦横に語ってもらった。

天体物理学との出会い

佐藤　この7月に，星の進化をテーマとして，杉本さんなどを中心に京都で国際学会が開かれることになっていますし，それから林先生がことし還暦を迎えられるということもありますので，きょうは，物理学の立場から宇宙の研究を進めてこられた林先生に歴史的なことも含めていろいろな話をお聞きしたいと思います。

天文学はもちろん以前から日本でやられていましたから天文学の始めというわけではないのですが，先生のやられたことは，平たく言えば物理教室で宇宙の学問をやることの事始ということであったのではないかと思います。そこでまず，先生が研究を始められたあたりのことについて私もあまりお聞きしたことがないので，ぜひ伺いたいと思います。文献でみると，1947年，49年あたりから巨星の仕事があって，それから50年にたいへん有名な宇宙の初期の仕事があるんですが，どういうことで最初に星の進化の研究に取り組まれたのでしょうか。

林　42年というのは，ぼくが東京大学理学部の物理学科を卒業した年なんですが，その物理学科では，科目のうちの一つに物理学演習というのがあったのです。3回生になると各学生に論文が割り当てられて，それを紹介する。時間はたぶん20分か30分くらいで，学生1人に二つぐらいの論文が当たりました。ぼくらのときは2年半で卒業なので，たぶん9ヵ月で3回生の1年分をすませたことと思います。

杉本　戦争のせいで少し特殊だったのですか。

林　そうです。戦争で，1年前の久保（亮五）先生なんかは，3ヵ月早く卒業されたのです。ぼくらのときはさらにそれが2倍の6ヵ月早くなって，それからあと数年間続いたわけです。それでそのときに，どうしてぼくにこんな論文が当たったのかよくわからないのですけど，それは現在でも有名なガモフ・シェーンベルクの「ウルカ・プロセス」の論文でした。これはニュートリノ損失の有名な論文で，現在でも高密度の中性子星から実際ニュートリノの逃げる問題がありますが，その原型の論文です。

ウルカというのは，ぼくも正確には知りませんが，ガモフが共著者のシェーンベルクと最初に出会ったのは，ブラジルのリオデジャネイロにあるカジノ・ド・ウルカという名前の賭博場で，それを記念して論文の表題を「ウルカ・プロセス」としたということです。

佐藤 原子核が高いエネルギーの電子を一度吸収し，それが次にベータ崩壊で再び電子を放出し，原子核はもとにもどる。そういうサイクルをくり返すのですが，吸収・放出の両方の反応でニュートリノがエネルギーをもって逃げる。そのため星の内部の温度は上らない。それはちょうど賭博場でお金がどんどん減っていくみたい。

杉本 チップが行ったり来たりしている間に，お金がフーッと蒸発していくという意味ですね。

林 その論文がなぜぼくに当てられたのか，これは想像でしかないのですが，ぼくら数名は南部陽一郎君と一緒に原子核物理の理論のゼミをやっていたのです。ですから，いまでも有名であると思いますが，ベーテたちが1935年ごろ著した Reviews of Modem Physics という雑誌の長大な論文（原子核研究者のバイブルといわれた）を勉強した一人であるわけです。ニュートリノのことは勉強していたので，それで指導教官の落合駿一郎先生がぼくにあの論文を当てられたのであろうと思っています。とにかく30分で報告しなきゃいけないわけで，一所懸命に数式や計算のチェックをしたわけです。そうすると，そのなかにいろんな引用文献があるわけです。たとえばエディントンの『星の内部構造』があって，ポリトロープというような言葉も出てくるので，それでエディントンの本を必要な箇所だけ読んだのです。まあ，現在からみるとどの程度理解していたか知りませんが，とにかく一応理解して報告することはできたのでしょう。ベーテの論文を一所懸命やってたのですから。

佐藤 ガモフ・シェーンベルクの論文は1941年に出ているから，当時は真新しい論文だったわけですね。

林 現在では，まったく新しい論文を学部学生が紹介するということは，とても考えられないでしょう。その当時の学生は，ある意味でそれをやるだけの力を備えていた。

宇宙学事始

林 そのあと卒業して，海軍の技術将校として3年間暮らし，1945年に東大へ帰ったが，そのときの東京の食糧事情，住宅事情はひどいものだった。それで，自宅が京都でもあるので，ひとつ京都の湯川先生のところで勉強したいと思って，落合先生にご相談したことがあったのです。そうすると落合先生は，湯川先生に別の用事でお会いするために京都へ行くことがあるから，そのときに聞いてあげましょうというご返事だったのです。その結果，話がうまくいって，終戦の翌年，46年の3月ごろに湯川先生のところで勉強することになったのです。もちろんそのときは，ぼくは素粒子論を主として研究していくつもりだった。そしたら，たまたま湯川先生が宇宙物理学教室の教授を兼任されていたわけです。だか

第1図 ハヤシ・フェイズについて講義をする林教授。その左はG.バービッジ,左端B.ストレームグレン(1963年,NASAゴダード研究所にて)。〔R. Jastrow: *Red giants and white dwarfs*, 1971 より〕

らぼくに,原子核物理に関係した天体の問題をひとつ勉強してみたらどうかという話をされました。以前から湯川研究室では天体関係の論文のゼミをやっておられたこともあったのです。そこで,素粒子論と一緒に天体の原子核反応の問題の勉強を始めたわけです。宇宙物理学教室には退任されて間もない荒木(俊馬)先生の部屋があいていたので,その部屋へ入ったわけですが,その部屋には,幸いなことに *Physical Review* という雑誌がずっとそろっていた。二人ともよく知っているでしょうが,38,39年,それから41年のころの *Physical Review* には,天体核現象に関する初期の有名な論文がずっと網羅されているのですね。ツヴィッキーなんかの超新星や中性子星の話も出ています。それだけではなしに,素粒子論の論文も全部そこで読んだわけです。さらに,もう一回エディントンの本をちゃんと読み,チャンドラセカールの『星の構造に関する入門学』も勉強したのです。

佐藤 47年と49年の巨星に関する論文,

これが先生の最初の論文ですか。

林 そうです。46年の半年間は雑誌の論文とか本とかを勉強していたのですが,そのころ,たまたま新しい雑誌がアメリカから到着したのですね。当時,雑誌は大学へはなかなかこずに,京都では大丸百貨店の横にあったアメリカ文化センターにきたので,そこへ雑誌を見に行きました。場合によっては大阪の中之島の図書館へも行き,そこで菊池正士先生にお目にかかったようなことがあります。その当時は新しい文献を読むことは大変なことでした。そのときは星の勉強のほかに,素粒子論や物性論の論文も読んでいました。何か仕事をしなければならないと思っていたとき,ちょうどアメリカからきた雑誌に,ガモフとケラーの赤色巨星の内部構造に関する論文が出ていたのです。高密度で電子が縮退しているコア(中心核)にエンベロープ(外層)をくっつけるという,それは現在知られているモデルなんですが,エンベロープの解とコアの解との接続がちゃんとしてないのです。ですから,正確な解じゃないのです

ね。そこでまず手始めに，その問題を物理的に正確に解いてみることを始めたのです。そのために，杉本君がよく知っている等温縮退コアの構造の解とエンベロープの解の両方を数値計算してくっつけたわけです。このような星の構造について，その当時までの人は非常に精密な数値計算をしていました。小数点以下6桁とか7桁の計算をするのが普通でした。それでは時間がとても足りないし，星の構造が6桁も7桁もきまっているはずはないから，4桁，場合によっては3桁でもいいであろうと考えて計算したわけです。当時はモンローの計算機を使ったんじゃないんです。

杉本 筆算でしょ。

林 そうなんです。対数表がいちばん静かでよろしい（笑）。対数表も厚いのは大変だから，5桁の対数表で4桁の計算をするのがいいんですよ。

杉本 ぼくは学生のとき，それを見せてもらいましたよ。終戦直後の焼けて黄色くなった紙に，小さい字ですみからすみまで書いてあるのを，机の引き出しに残しておられましたね。あれを見せてもらったのは，ぼくだけじゃないかな。佐藤さん，知らないでしょう。

林 当時，いろんな解を求めました。ずっとあとになって「サプルメント」（1962年に発行された *Progress of Theoretical Physics* 誌の Supplement No. 22）にたくさんの解を載せていますが，その原型の計算をそのときにやったわけです。

杉本 そのころの星の話では，主系列星が進化して巨星になるけれども，ああいう半径の非常に大きい星がどうして内部構造論的に存在しうるのかということが大問題だったですね。

林 そうなんです。その理由が全然わからなかったですね。

佐藤 その問題は，当時の星の進化論の問題としては，わりあいみんな注目していた問題なんですか。

林 この問題に直接取り組んでいた人は少なかったと思います。

杉本 解明しなければならないむつかしい問題であったけれども，実際にやっていた人は少なかったという意味で。

林 当時，星の中心で水素がヘリウムに変わると，このヘリウムはエンベロープ（外層）の水素とよく混合し，一様組成となって進化するという考え方が強かったのです。私はこのような進化の計算もしていて，とうてい巨星にはならないことを確かめたのです。

それから，星の現実的なエンベロープとコアとを接続して解を求めるという考えが出る前には，ポリトロープを使った考え方がありまして，1930年代にミルンがポリトロープのエンベロープとコアをくっつけるという問題をやっているのです。それは U と V という変数を用いてグラフの上で接続するんですけど，その人たちがしらべたのは U の値がみんな大きなところだけだったのです。U の非常に小さいところ，ゼロに近いところでくっつくのが巨星の解であることを見つけたのが，この論文なんです。U をそのままプロットしたのでは原点の1点に集中して，解の存在はわからないのです。そこで U の対数でグラフを書いたのがそのときの発見です。

杉本 その U が小さいときに U の対数でやるというのは、その後もたいへん威力を発揮したので、林のインベンションだと言われています。

$\alpha\beta\gamma$- ハヤシ理論

佐藤 ちょっと話を進めて、1950年の宇宙論に関係した仕事にいきましょう。1946年ころからガモフは元素の起源に関係して現在ビッグ・バン宇宙論と呼ばれる理論を展開しはじめます。そして1948年に $\alpha\beta\gamma$ 理論と呼ばれる論文で、宇宙の初期物質を中性子であると仮定して元素の合成を考えるわけです。この仮定の誤りを正すというかたちで1950年の先生の仕事があるわけですが、この仕事の発端というか、いきさつみたいな話を伺いたいのです。

林 元素の起源問題は、もともと非常に高温・高密度の状態に物質をおくと、いろんな種類の原子核の分布がどうなるだろうか、軽い水素が多いか重元素が多いか、という問題ですね。この元素の起源の問題は38、39年にワイゼッカーなんかを先駆者としてはじめられていました。ぼくはこの平衡理論の計算も、いろいろとやってみました。ところが、結果は宇宙の元素組成にどうしても合いません。そんなとき48年に、アルファ・ベーテ・ガモフの論文が出ましたね。この論文を読んで、宇宙の初期はすべて中性子であるとしている点はまったく納得できないので、宇宙初期の素粒子反応の仕事をはじめました。その結果の発表は50年になってますけど、実際に仕事をしたのは49年のことで、結論を出すの

に大体半年かかりました。どうして時間がかかったかというと、膨張宇宙のなかで起こる多数の素粒子反応のうちでどの反応が速いか遅いか、どの反応が重要かということを明確にするために、反応の素過程を全部しらべました。いまからみると大した素過程ではないんだけれど、そのころは中性子のベータ崩壊の寿命もはっきりしていなかったのです。その関係の実験の論文をいろいろしらべたりしてたのと、もう一つは、陽子―中性子の存在比（p-n比）が宇宙の初期条件に左右されるかどうかをしらべていたのです。宇宙のごく初期では中間子が非常に多く、しかも中間子は非常に速く反応しますから、宇宙のごく初期の歴史とは無関係に p-n 比が決まるということを見つけたので、論文にして発表しました。

佐藤 そうすると、あとで見ると p-n 比を計算した仕事として大体引用されているわけですけれども、むしろ、さらにひとつ前のところをずいぶん考えられたわけですね。p-n 比にきくのは、実際はむしろベータ崩壊ですね。中間子の反応というのは、結局は数値的には出てこないのですけども、そのことを確かめられたということですか。

林 そうなんです。p-n 比の初期値がどんな値をとろうと、それと無関係にあとの p-n 比は決まってしまうということです。

佐藤 どんな初期比にしても、平衡にすぐ戻るという図をあの論文に書いてますね。

林 いまから論文を見ると、ちょっと舌足らずのところがある。

佐藤 そうですね。いま見る人は、むし

温度（°K）

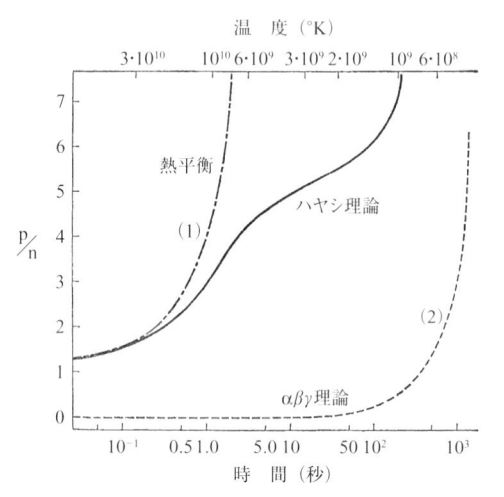

第2図　ビッグ・バン宇宙論とp-n比。ビッグ・バン宇宙論によると，宇宙は過去のある時点，きわめて大きな温度と密度のもとに膨張しはじめたと考える。膨張後十数秒で輻射のエネルギーは物質のエネルギーにまさっているため，温度は膨張開始時刻からの経過時間によって決まってしまう。この温度で決まる光子（γ），ニュートリノ（ν_e），電子（e^-），陽電子（e^+），陽子（p），中性子（n）は，次式のように反応して組成比〔(陽子数密度)/(中性子数密度)〕を変える。

$$n + e^+ \rightleftarrows p + \bar{\nu}_e, \quad n + \nu_e \rightleftarrows p + e^-, \quad n \rightleftarrows p + e^- + \bar{\nu}_e$$

本文中のp-n比とは，この組成比のことである。p-n比の時間発展は，図の実線のようになる。破線(1)は熱平衡とした場合，(2)は宇宙の初期物質がすべて中性子であるとした場合で，ガモフたちが仮定したもの。(1)，(2)ともに，上の反応を考慮すると正しくない。

宇宙の現在の温度が3°Kとして測られたのは1965年になってからのことだが，上のp-n比はこの温度と無関係である。ただし，膨張開始から100秒ほど経過し，温度が10億度以下になってからはじまる核反応で合成されるヘリウムや重水素の量は，現在の温度と物質密度に依存する。現在の温度と密度から逆算した状態で核合成を計算すると，水素とヘリウムの組成比の観測値と一致する。これはビッグ・バン宇宙論を実証する重要な根拠の一つである。

ろそういうふうには読まないのじゃないですか（笑）。

杉本　林先生はいちばん大事なことだけしか論文に書かれないということが，わりとあるでしょう。ほかのもろもろのことも書いてあれば，あとで役に立つこともあるのでしょうけれども。

林　いまだったら書くでしょうね。そこが重要だからね。

佐藤　65年以後にもう一ぺんこの問題が起こってきたとき，ぼくはあの論文を詳細に読んだことがあるのです。そのとき知ったのですが，中性子の半減期の数値がいまのと違うんですね。

林　あのときはたしか20分で，現在は10分でしょう。

佐藤　すでに原子炉とか原爆がつくられているわけですよね。中性子の半減期がそんなにあやふやで，よく動いたものだという気がしたんです。

林 正確な測定値があるかどうか，いろいろ雑誌を探したのですが，見つかりませんでした．それからもう一つわからなかったのは，ニュートリノと反ニュートリノの関係です．

杉本 それがわかったのは，ずっとあとのことですね．

林 そうです．ニュートリノのことはわからなかったので，二つの可能な場合について計算しました．

佐藤 ところで，この仕事について，日本の周りの物理学者の受けとめ方はどうだったのでしょうか．

林 p-n 比は物理学会で講演したんですが，いろんな先生方が聞いておられた．しかし，どこまで正確な理解をしていただいたかは別にして，多少の反響はあった[*1]．それから巨星のほうは主として天文学会で発表しました．

非局所場から天体核物理へ

佐藤 また話を先に進めますが，1955年の 2月に，ものの本によると基礎物理学研究所で武谷三男先生らが，もちろん湯川先生の激励のもとにですが，天体核物理学というものの研究会を 2週間ぐらいにわたってやられた．そこから THO というような論文が出てくるわけです．先生は当時

[*1] そのころワシントンで開かれた米国の物理学会で，当時滞米中の菊池正士氏が出席したが，そのときガモフからハヤシについて聞かれ，林氏のことを知らなかった菊池氏は困ったということである．（編集部）

は素粒子論，とくに非局所場などの場の理論をやっておられたようですが，この 55年の研究会のあとのころから星の進化と元素の起源の問題でたいへん精力的に仕事をされるわけですね．この研究会が，先生が再び天体の問題に戻るきっかけになったのでしょうか．

林 なぜ場の理論の研究をそこでやめたか，それはなかなかむつかしいのですが……（笑）．当時は非局所的な相互作用の研究をやってたわけですね．複雑な式の計算をいろいろとしていたのですが，論理的に完結した場の基本的な理論がどうしてつくれるかという壁にぶつかったのですね．そういう事情も一つあったのです．

杉本 早川幸男先生が基研にこられたのはこのころですか．

佐藤 基研ができて，理論物理学の国際会議のあったのが 53年ですね．

林 53年ごろですね．早川さんといろいろ話していたときに，たまたま天体の研究会をやろうということになったのです．

杉本 早川先生は，55年に研究会をやって林先生に天体のほうへ戻ってきてもらったことが自分の最大の功績の一つだと，前におっしゃってました．

佐藤 そうすると，それが呼び水になったというのと，場の理論のほうがちょっと行き詰まっていたというのがうまく……．

杉本 一致したということですね．

林 それがあったのです．非局所場理論はむつかしい問題でした．

佐藤 北大の大野陽朗先生も同じような経過をたどられるわけでしょう．やはり非局所場の理論をやられていて，そのあと宇

宙の問題にかわるというような……。

林 ぼくには以前の経験がありましたから，少し事情はちがうと思います．基研の研究会が機縁になって，ヘリウムが燃焼する星の進化段階の研究を進めることになるわけです．

星の進化と核融合

林 それから，このときほぼ同時に，プラズマ，核融合の研究をはじめました．この核融合の研究は長期間は続かなかったが，星の進化と並行してやりました．プラズマ研究所ができる前ですね．

佐藤 そのころ出た岩波講座「現代物理学」の『核融合』という項目には，先生が核融合の"地の部"を，早川先生が"天の部"を書いておられる．先生はそのころ湯川研におられたわけでしょうが，林研究室ができたのはいつなんですか．

林 1957年の5月，ぼくが教授になったときにできました．新しい研究室といっても研究者や院生は湯川研や小林(稔)研から移った人が大部分でした．

杉本 教室は「原子核理学」という名前だったですね．

林 そういう名前です．教室の各講座の内容については，当時さかんに議論しました．現在でも私どもの講座の名前は「核エネルギー学」になっているでしょう．これは天体ならびに地上における核融合を研究するという構想でした．

佐藤 あの原子核理学科自体が，一種の原子力政策でできたから．

林 しかし，原子炉そのものではなしに，原子核，放射線に関係した基礎理学をめざすということだったのです．

佐藤 核融合の関係では，いまでいうヘリオトロンにつながる研究のグループに先生も当時はだいぶタッチしておられたですね．

林 理学部や工学部の若い人を集めてグループをつくりました．若い人たちが自由に動けるように，所属研究室の先生方のご了解をとってまわりました．

佐藤 研究室ができたということもあって，その後はこういう研究をやれる人がだんだんふえてきたんだと思うのですが，そのころNASA(米航空宇宙局)へ行かれますね．これは何年でしたか．

林 59〜60年です．これがまた一つ，大きい分岐点となりました．というのは，それまでは研究室のなかで，星の進化と核融合の研究がほぼ並列していました．このどちらに重点をおいていくかということが，NASAへ行ったことである程度決まっていくのです．諸外国へ行って核融合の実験の詳しい状況を見てきたいとも思っていましたが，たまたまNASAへ行くことになって，宇宙科学のほうに重点をおくことになりました．

佐藤 そのとき核融合の研究所へ行ったとすると，そちらの研究に進んだかもしれませんね(笑)．ところで，杉本さんは59年に大学院へ入るわけでしょう．

杉本 そうです．ぼくは59年に入って，星なんかやっていたのですけれどもその1年前の58年に入った天野(恒雄)君は林先生のお手伝いをして，ヘリオトロンの磁場の計算なんかをやっていました．彼はい

までも核融合をやっていますが，それ以後の人はほとんど全部天体で，その辺が変わり目みたいな感じです。

佐藤 杉本さん，そのころの研究室はどんなふうに見えましたか，何をやるところだと思いましたか。

杉本 核融合のほうに興味をもっている人と，天体のほうに興味をもっている人と両方いたわけです。林先生が NASA からお帰りになって，今後この研究室は天体核現象 —— そのころそう言われていました —— のほうを中心にやるか，核融合のほうを中心にやるか，核融合のほうが就職はよいだろうがどうするか，ということを研究室会議で聞かれたことがありましたね。

林 この選択は，そのとき相当悩んだ問題です。

佐藤 ぼくはマスター1年だから，それは全然知らないのです。

杉本 林先生は，そのときすでに天体のほうの研究を NASA でずいぶんやってこられまして，そっちのほうがワーッと動き始めていたものですから，まあ就職は悪くても天体のほうが，ということになったのを覚えています。

佐藤 NASA で先生が厖大な数値計算をされて，持って帰られたのを覚えているのですが，研究のやり方というか，研究の段階の上でも，これがどういう役割を果したのですか。

林 NASA へ行ってはじめてコンピューターを使ったわけです。当時はまだ真空管のコンピューターだったが，その計算能力にはまったく驚異的なものを感じました。

NASA はぼくが行く少し前にできていました。

杉本 スプートニクの直後で，NASA の景気がいちばんよかったというか，力が入れられていたころですね。

林 そうです。ソヴェトに負けちゃいかんというので，アポロ計画の準備を進めていました。ぼくは NASA の理論部門へ行ったのですが，部長は原子核ポテンシャルで有名なジャストロフでした。このジャストロフから，何を研究するかと聞かれて，星の進化をやることになった次第です。

杉本 NASA に，そういうことをやっている人がいたわけでもないんでしょう。

林 そうなんです。あとでシュバルツシルトに会ったら，NASA で星の進化の研究をやるのかといって驚いていました（笑）。しかし，アメリカの当時の気風として，できるだけ数多くの分野でそれぞれ開拓的な研究を進展させねばならないということがあったのですね。というのは，ロケットでソヴェトにおくれをとったけど，その昔アメリカ人のゴダードが液体燃料のアイディアを出していた。しかし，アメリカはこれを発展させなかったという苦い経験があったのです。

杉本 その反省に立っているわけですか。

佐藤 だから，その研究所にはゴダード・スペース・フライト・センターという名前がついていた。

ハヤシ・フェイズの発見

佐藤 そのあたりからハヤシ・フェイズ

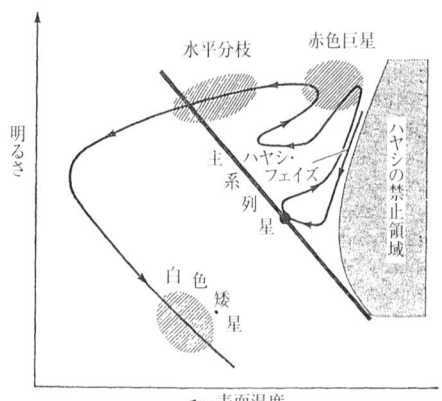

第3図　H・R図上での星の進化。星の性質を明るさと色（表面温度）で分類した図をH・R（ヘルツシュプルング・ラッセル）図という。星の進化にともない，これらの性質がどのように変化していくかを表わすのにH・R図が用いられる。典型的な星の進化は，図の矢印の方向に進む。星は，水素を燃やしてヘリウムを合成するときに生じるエネルギーで輝いているのであるが，この水素燃焼の段階は星の一生の90％以上を占める。水素の燃焼が終わりに近づくと変化のきざしが現われ始め，外層がふくらみ，星の色は赤くなってくる。そして星の半径は最初の100倍くらいまでふくらみつづける。この段階の星を"赤色巨星"という。太陽は50億年後にこの段階に達する。林教授は巨星の表面条件の考察から，H・R図に"禁止領域"のあることを見出し，さらにその副産物として，星が生まれてから主系列星になる前に高光度のハヤシ・フェイズを経過することを指摘した。この業績に対して，1970年に天文学分野の国際的な賞として有名なエディントン・メダルが授与された。

の発見につながる研究がはじまり，ぼくらが「サプルメント」と呼んでいる星の進化の集大成というべき分厚い論文を1962年に完成されるのですが，そのハヤシ・フェイズ発見の動機についてお聞かせ下さいませんか。

林　まず50年代には，多くの星のH・R図がはっきりした時代です。

杉本　そのころ光電測光をやるようになり，星の明るさと色がくわしく測られるようになったからですね。

林　多くの星団のH・R図を比べてみると，赤色巨星の系列はかなりよく重なっています。この説明はどうするのかと，NASAに行く前に北大の坂下（志郎）君とよく話していたことがあります。このためには，星の表面の温度と密度が満たすべき条件，つまり表面条件を明瞭にしなければならないのです。星の進化をずっと追究しようとすれば，いずれにしてもこの表面条件の問題を片づけておかねばならなかったのです。低温度では水素原子が電離していないことを考慮に入れて，この表面条件の計算を1961年にやったわけです。この最初の目的は，赤色巨星だったのです。しかし，計算結果を見てすぐ気がついたことは，赤色巨星にかぎらず，新しく生まれた星も，その条件に従わねばならないことでした。

つまり，平衡状態にあるかぎり星はその条件に従い，2000°K 以下の表面温度をもちえない，古きも若きも，ということになったわけです。

佐藤 で，H・R 図のそこの領域（のちのハヤシの禁止領域。第 3 図参照）に星が抜けている。

林 表面温度が 2000°K 以下の星は抜けています。ところで，ハヤシ・フェイズというのは，表面条件に従った若い星の進化段階のことですが，この進化を計算した仕事は副産物ともいえます。

杉本 その前にペルセウス座にある h + χ という星団の星について，進化の研究を NASA でおやりになった。それをもっと先の進化段階へ進めていくには赤色巨星分枝の解を求めなければならない。ところが，それまでのやり方で計算すると，星の半径が何桁も大きくなりすぎて観測と合わない。そこで赤色巨星の解を求める際の境界条件を根本的に考えなおそうという方向でいろいろおやりになったんですね。そして，ある日，研究室会議のときにぼくが先生の研究室へ行ったら，"杉本君，副産物が出たよ"とおっしゃった。それが，このハヤシ・フェイズのもとなんです。

佐藤 いつごろですか。

林 論文の発表は 61 年ですが，実際の計算は 60 年の夏の暑いときに，また対数表で計算したのを覚えています。

佐藤 研究室は暑かったですね。3 階の屋上につぎ足したバラックみたいなところで……。

林 いや，夏休みに自宅でやりました。ところで，論文の発表については，ある意味で幸運なことがありました。61 年にもう一度アメリカへ行きましたが，そのときにシュバルツシルトに会ったのです。行く前に論文のプレプリントをつくって送っておいたのです，論文というものは短いこともいいのですね。シュバルツシルトはそれをすぐ理解してくれまして，その年の 8 月のバークレーの IAU（国際天文学連合）の会議で講演することができたわけです。

佐藤 タイミングよく，非常に早く世界に広まったわけですね。

林 その通りですが，そのときの出席者の多くは内容がよくわからなかったようです。20〜30 分の時間では，うまく説明できないわけです（笑）。いまでも，表面条件の説明はなかなかむつかしいのですね。

杉本 シュバルツシルトは 55 年にホイルと一緒に球状星団の星の進化の論文を書いていますが，そのなかでその種の問題にわりと明快な理解を示しているのですね。だから林先生の話もパッと直観的にわかったんです。だけどほかの人には理解されにくい。

林 それで当時の多くの人が疑問をもち，ホイルなどは表面条件を再計算しました。その結果，やはり H・R 図上の星の位置は表面条件によってシャープにきまるということを確認したわけです。

佐藤 NASA で，先生が黒板を前にして講義されている有名写真がありますけど（第 1 図），あれは 61 年のときですか。

林 あれは，63 年 11 月にニューヨークで NASA 主催の星の進化の会議があったのですが，そのときのものだと思います。

サプルメントと学風と

杉本 もう61年のころから，細かい計算をしてみないとわからないという時代にそろそろ入りかけていたのです。そういう理解のしかたしかないという萌芽があるわけですね。

林 それどころか，巨星がどうしてふくれているかというのさえも，なかなか理解できない問題だったのです。

佐藤 簡単に説明しろといわれると，いまでもたいへん困るのです。

杉本 べつに困らないと思うけど（笑）。

佐藤 いやいや，しょっちゅうそれを考えている人にはわかるのだけども……。69年にベーテが基研に滞在したとき，林先生が巨星はなぜふくれるかという話をしたら，はじめてわかったと言っていましたね。それほど明快な説明を聞いたのははじめてだと。

ところで61年ころに，サプルメントと呼んでいる論文が完成するのですが，そのころ杉本さんもだいぶ力を入れていたのじゃないですか。

林 そのときは杉本君や蓬茨（霊運）君とともに，星の進化の大きなシナリオをつくって，これを具体化するために数多くの計算を二人にやってもらいました。すぐ発表すれば数篇の論文がつくれたとは思いますが，もうちょっとしんぼうすれば全体としてまとまるからというので，1冊のサプルメントにまとめました。これはレヴューだけではないのです。オリジナルなものを数多く含んだものです。

杉本 あのときには新しいことを計算して，答えを出しながらサプルメントに取り入れていたのですね。だから，ものすごく時間がかかったのです。ほんとは61年ごろに出るはずだったんですね。それが遅れたのは著者の責任であって，『プログレス』の責任ではありませんという広告が出たんです（笑）。それでも林先生は，やはりちゃんとしたのを入れないといかんと言って……。ぼくらはもちろん，その計算や図を書くのを手伝っただけですけどもね。

林 しかし中身の仕事をやってますからね。

杉本 あれは62年の出版ということになっているけれども，その年の12月31日にまだ最後のタイプを打っていたのを覚えています。

佐藤 杉本さんは，そのときに林先生の研究のしかたなどを学ばれたのじゃないかと思うのですが，どうですか。

杉本 あのころは大学院生もまだそんなに多くなかった。各学年に1人とか2人ぐらいで，みんなのやることというか，やらせていることというか，を林先生が全部押えておられて，順番にとっちめるわけですよね。サプルメントを書いているときなんか，おしまいには毎朝やりましたね。そうなると，前の日に何かしていかざるをえないわけです（笑）。

林 そのときは，ぼくもまだ42歳ですからね。いちばん脂の乗りきったときだし，杉本君は二十何歳だったかな。

杉本 林先生のやり方というのは，もちろんいろいろな側面があるんでしょうが，いつも強調されていたことは，少し自己流

の解釈も加えていうと，素過程というか，基本的な物理をまずしっかり押える．その点で競争相手に対して優位な位置に立ち，こんどはそれを武器にして天体物理として新しい問題を攻めるということです．そして，秀才的にあちこち突っつきまわるのではなくて，じっくりとひとまとまりの体系を展開するということです．それから，はじめのほうで論文を書かなかったという話がありますけれども，論文を書くなら，ひとまとまりのことを非常に明確な理論に組立ててから書けということとか，いろいろありましたね．

コンピューターの役割と宇宙論と

佐藤 62〜63年はそういうことでしたが，その後はハヤシ・フェイズの続きの原始星の問題，そして中野（武宣）君のやっている星の形成の問題へといき，最近は太陽系の起源の問題を中心に研究しておられるわけですが，その間にも進化の進んだ星の研究をずっと続行するわけです．私が見ておっても，そのころからコンピューターを使った研究という面がふえてきて，それまでのやり方とはちょっと変わってきたようにも感じるのですが……．実際，林先生は，コンピューターの使用ということについては初期のころからずいぶん熱を入れられて，京都大学の計算機センターをつくるというような仕事にもだいぶ関与されたわけです．それからもう一つ，ちょうど同じころ，つまり60年代の初めぐらいから中ごろにかけて準星（クェーサー）の発見とか，それから林先生が50年になされた研究に関係のある3°K背景黒体輻射の発見とかいう，宇宙論あるいは一般相対論が関係するような話がいろいろ出てきて，その辺をだいぶご自分でもおやりになり，研究室のなかでもそういう分野を育てることをなされてきたので，その辺のことを少しお伺いしたいのですが……．しかし，さっきの話からの続きで，星の進化との関係でコンピューターがどんな役割を果たしてきたか，ということからまずお聞かせ下さい．

林 一つは星の進化の問題でいいますと，まず中心で水素が燃えてヘリウムになり，ヘリウムが燃えて炭素や酸素になっていく．その後，星はかなり複雑な構造をもつようになり，最後には爆発するであろうと，もともと考えていました．しかし，この進化を定量的に追いかける場合，手の計算では限界があるということがわかったわけです．アメリカへ行ってコンピューターを実際使ってみて，自分の昔の労力と比べてどこが違うかということをしみじみと感じました．これから先の学問の進展，とくに星の進化とか宇宙物理の進展がコンピューターによらざるをえないということは自明なことですね．

杉本 それをかなり早い時期からおっしゃっていましたね．59〜60年にNASAでやられたときは真空管式のコンピューターだったですね．その当時，自然科学の大計算が二つあって，一つは気象学で，もう一つは星の進化の計算という感じだったですね．それで日本へ帰ってこられてすぐ，コンピューターを使った研究をすることができるようにいろいろ努力されましたね．それが，そのころからずっとあとまで続い

第4図　学士院恩賜賞受賞当時(1971)の林忠四郎教授(共同通信提供)。

た。

林　そのときいた人たちにも，みんな苦労をかけたわけですね。その当時，もちろん大学にはコンピューターがなくて，IBMの営業用のを使って，しかも研究費の少ないなかでやった。そのころからみると，いまは隔世の感があります。

杉本　いまは世界一ですよ（笑）。

林　ぼくは，もともと計算機を使っていたときから考えているのは，計算機というのは一つの発見手段であると。だから計算機でいろいろと発見すると，こんどはそれを裏づける理論といいますか，一般性をもった理論をつくりあげるのが当然ですね。ところが，いまは，一般化した理論をつくるという仕事が十分に評価されないこともあるんだね。

佐藤　いまは使い過ぎぐらいのところがありますけどね。当時，原始星の星間雲が星になるところの動的な過程を追って，主系列の前に非常に明るいハヤシ・フェイズの星ができるかもしれないというので，それをやっておられましたが，あれはほとんどコンピューターですか。

林　そうですね。宇宙論の問題というのは，もうちょっと早かったかな。

佐藤　宇宙論の問題は，3°K輻射発見の論文が出たのが65年なんですけれども，この1年半ぐらい前から先生が言われだしたのです。

林　そのころ，ロバート・キャメロンという，ぼくと一緒にNASAで仕事をしたことのある人が，ときどきいろんなニュースをぼくに知らせてくれることがありまして，あるとき，あるソヴェト人が宇宙初期のp-n比とヘリウム形成量の計算をしたら，現在のヘリウムの存在量と合わない結果を得たという論文のあることを知らせてくれた。もう一度しっかり計算をする必要があると思っていたのです。

佐藤　スミルノフとかいう人ですね。

林　ええ，それが3°Kの黒体輻射が発見される前のことでしたが，佐藤君にその問題を提供したんだけども，佐藤君はどうもコンピューターと性が合わないということがあってね（笑）。

佐藤　ヘリウムの問題を与えられたのは3°K輻射の発見より前なんですね。それと，そのとき言われたことは，星の進化のほうからみるとヘリウムと重元素とが同じぐらいしかできないはずだから，宇宙初期でヘリウム合成が必要だと，それでスミルノフの論文をチェックせいということで始めたのです。で，なかなか数値計算がうまくいかないのです。そのうちにペジアス・ウィルソンの論文が出た。温度がこう決まった

とかいうような話を聞いて，それから大して時もたたないうちに，プリンストンのピープルズだったと思うんですが，ヘリウム量をその3°Kの数値を入れて計算した論文を出したのです．

林　ワゴーナーの仕事はいつでしたか．

佐藤　それはずっとあとです．ピープルスの短い論文が *Physical Review Letters* 誌に出たのです．それはヘリウムだけですけどね．そのあとしばらくして，ワゴーナーが何でもかんでも入れて計算したのが出たわけです．

林　あのときはちょっと作戦がまずかったですね．杉本君のようなコンピューターに有能な人もいたんだから．そのような人との交流をはかっておくべきであった（笑）．

杉本　そのころは計算機とのコミュニケーションが大変な時代でね．どんな短いものでも，計算に出してから1週間は答えが返ってこないような時代でした．大阪や東京まで計算機を使いに行きましたよね．

林　当時，杉本君には星が進化して超新星にいたるまでの過程を明らかにしようという話をしていましたが，原始星の進化とそれから宇宙論の研究が時期的には大体重なってしまいましたね．

佐藤　そうですね．60年代の半ばぐらいからそういう感じですね．

林　結局，三つの大きい問題が並列したので，宇宙論は佐藤君，星の進化は杉本君に一任するようになりましたね．

杉本　宇宙論は非常にいいタイミングだったですね．

佐藤　いいタイミングだけども，ちょっと出遅れたわけだ．もさもさしていたから．

林　だけど，それが機縁になって，あとずっと宇宙論の研究を続けることになるのですからね．

佐藤　そうです．松田（卓也）君とか武田（英徳）君とか富松（彰）君が入ってビッグ・バン宇宙や一般相対論の研究をすることになるのですから，効果はあったわけですね．

太陽系の起源

佐藤　1970年に日下・中野・林の論文，太陽系のいまの仕事がスタートするような論文が出るのですけれども，原始星の話あたりから，太陽系といってもむしろ惑星の起源というような感じの問題に移っていかれた動機というのはどういうことだったのですか．

林　61年に星の表面条件とごく若い星の進化をしらべたことから，さらにその昔へさかのぼって，星がいかに生まれるかという問題を考えることは一つの自然な成り行きなんですね．星の形成は，銀河の構造や進化とも関係した重要な問題だと思っています．ところで，70年ごろに太陽系の起源の問題を取り上げたのは，それまでの原始星の研究結果から原始太陽についてのかなり具体的なイメージが得られたからなのです．太陽系をつくった物質は，原始太陽の重力や輻射の影響をいちばん強く受けたはずですから．

もともと，太陽系には若いころから興味をもっていました．47〜49年ころにはいろんなことを勉強しましたが，その一つに，

太陽系の起源についてのワイゼッカーの渦の理論がありました。70年になって，原始太陽のこともかなりわかったので，太陽系の研究をひとつ始めてみようということになったのです。

杉本 物理の問題として，いままでのいろいろな問題は相互にわりあい密接に関連していたけれど，太陽系の問題というのはちょっと違うような気がしますね。そのあたりのことをどういうふうにお考えですか。

林 これも47〜49年に戻りますけれども，その当時から太陽の大気やコロナ問題は天体物理学の重要な問題であったわけですね。しかし，星全体としての構造や進化を研究しているものにとっては，星の表面現象はまったくさざ波でしかないわけですね。星の構造の本質に関係のないものは一切無視して進化の研究をやったわけですね。

ところで，太陽系をつくっている地球や木星は太陽に比べるとやはり非常に小さいものです。このような微小天体の起源をどうして取り上げたかという理由を簡単に話すことは，ちょっとむつかしい。問題は，そもそも天体現象とか天体核現象……，その前に物理学をなぜ始めたかというところにあるのです。

佐藤 えらい根本的になってきた (笑)。

林 つまり，大学で物理学を始めたのはどうしてか。その一つは，大学へ入る前の旧制の第三高等学校の時代に社会科学や哲学の本をいろいろ読んだのですが，どの本を読んでも，はっきりしない (笑)。それに対して自然科学では，たとえばデカルトが『方法叙説』に非常に明瞭に書いているように，客観性と実証性があり，普遍性がなければならない。このような実証科学としてのたぶん最も進んでいると思われたのが物理学であったのです。そうすると，人間にとって重要な社会科学を勉強するためには，まず物理学を勉強する必要があるということになった (笑)。

以上のように，若いときには社会科学の学問をしたいという願望もあったが，この点，太陽系はもっとも人間に近い問題であるので，取り上げることになったのでしょう。

それから，太陽系の起源については，昔のデカルト，カント以来，数多くの説が出ていますが，残念なことに60年までの諸説は実証科学としての性格に欠けるところがあると思います。しかし，現在では太陽系の起源を明らかにする手がかりや観測データは十分にあると判断しています。

佐藤 実際，先生のそういう人生観的な遍歴だけじゃなくて，このあたりから太陽系内の情報というのは，ずいぶん豊富になってきているということもありますね。

林 それは10年ほど前に，きみが強調していたことですね。

一貫した研究方針

佐藤 人生の遍歴とうまくタイミングがあっているわけですか。太陽系の研究は，こういっちゃ何だけど，還暦を迎えられたいまでも中沢 (清) 君や若い人たちと一緒になって研究を進めておられるわけで，これからますます発展する段階にあり，最近

は地球科学というか，地球物理の人たちともずいぶん交流があるようですね。物理と天文の間に天体核物理といった新しい分野を日本で拓かれたのと同じように，太陽系の問題を通じて，こんどは地球物理と天体物理の間の新しい境界領域を大きく伸ばしているような気もするのです。星の問題なら天文学があるし，惑星，地球については地球物理も天文学もそれを対象として研究しているわけですが，先生のやり方というのは，対象は非常に変わっているのに，ある意味では一貫している。それで境界領域の分野を新しいやり方で拓いてこられたと思うのですが，何が勘所なんでしょうか。

林 さきほど杉本君からも，太陽系というのは研究のアプローチのスタイルが，これまでと違うのじゃないかという質問があったでしょう。これは振り返ってみると，核融合の研究を始めたときに，ヘリオトロンAという実験装置を自分自身で設計したことがあるのです。設計といっても具体的な機械設計ではなくて，実際に電子やイオンがどのような相互作用をするかという電子・原子の衝突過程を計算して，実験のときにどのような現象が起こるかを予測したのです。太陽系の問題は，この理論的な予測に似ている面もあるのですね。もっと端的にいいますと，素過程を知らずして天体物理学の研究はできないということです。

佐藤 それはよく言われておりますね。

林 天体現象にしろ，核融合にしろ，太陽系にしろ，いろんな素過程からなっている。とくに太陽系の場合には原子，分子，それから宇宙塵などの間の相互作用を明らかにした上で，マクロの現象に対する理論を組み立てていく必要があるということですね。この考えは昔から一貫していると思います。星の進化や宇宙初期の研究では，原子核や素粒子の間の素過程を問題にしました。原始星の研究では，原子，分子の反応が問題となり，さらに太陽系の場合には宇宙塵や微小惑星を要素と考えて，これらの要素間の相互作用をしらべるのですから，問題はかなり複雑になっています。

佐藤 ぼくは太陽系の研究会に出ていないので詳しいことは知らないのですが，地球物理の分野などに新しい研究のやり方をもちこむことになっているのではないか，という印象をもっているのです。

林 物理，天文，化学，地球物理，鉱物など多くの分野の研究者はそれぞれのスタイルで研究しています。ぼくらの太陽系の研究は，銀河のなかの星間雲から出発し，収縮の結果として原始太陽と太陽系星雲ができて，そのなかでいかに複雑な過程を経て現在の惑星が形成されるに至ったかを理論的に明らかにすることが目標です。しかし，理論は観測と比較して実証しなければならない。

佐藤 だけど，ふつう観測と合わすことを気にする人は，往々にして研究自体が現象論的になるし，素過程を問題にする人は，現象と合わすのはどうでもいいという感じになりがちなんですが。

杉本 ぼくらが見てて林先生のやり方は，なにかひとまとまりの理論をつくられる。たとえばこういう新しい観測があったから，これをパッと器用に説明するというのではなしに，ひとまとまりの理論を素過

程から押さえていって組み立てていく．そして観測の基本的なところを一連のものとして，ひとまとまりで説明するということで，そこが人と違うところじゃないんですか．

林 だれでも最初から首尾一貫した理論体系をつくるわけにはいかない．ある部分から出発して，考察を順次広げていって，できるだけ広げてしまうと，もう一度もとへ戻って，これで首尾一貫したシステムになっているかどうか，矛盾がないかどうかを検討する．これが普通の研究の進め方だと思いますがね．

佐藤 先生は以前，いちばんネックになっている大きな問題にトンネルをあけなきゃいかんということをよく強調されていた．正月の最初の研究室のコロキウムのときに，アメリカの大統領の年頭教書にならって先生の年頭教書というのがありましたね．そこでいつも，その時点での大事な問題というのを先生が話されたのを覚えています．あるときには，回転のある星の運動を計算できる2次元運動のコンピューターのプログラムをつくれ，というようなことを言われた．いろんな問題を素過程という観点でいつも見ておられるから，銀河の問題にしろ，星の最終の問題にしろ，星のできるときの問題にしろ，素過程でいえばみな同じ問題になる．共通していちばんネックになっている問題に風穴をあけなければいかん，トンネルをあけなきゃいかんというふうに言われたようにぼくは覚えているのです．そういうことが若い人を刺激して，ある意味での一貫した流れをつくってきた面もあるのではないかと思うのです．

林 最近はあまりそのような話をしないが，学問にとって方法論は重要ですね．

杉本 それともう一つ，林先生の研究室は，われわれもそこの出身なんですけれども，林先生があって，その周りに何人かいて，それぞれ独立な問題をやっていながら，根本問題ではお互いに関係みたいなのがあって，こっちのほうがうまくいけば，その良い影響がすぐ別のところへ波及して，そこがまた進むというようなふうに研究全体をオーガナイズしてこられましたね．そこのところが，ほかの研究室と違うと言ったら，ほかの研究室に失礼ですけれども（笑），そういう形でもってお互いにうまくいくようになってたというか，生き生きしてやってきたと思います．そういう見本をつくられたということです．

佐藤 最近では研究室の話題も，現象としては地球の大気の話から宇宙の初期の素粒子の話まで広がってる．広がるだけ広がったという感じがしますけどね（笑）．

林先生と夏の国際学会

編集部 これまでの先生方のお話を伺っていますと，林先生の研究室を出られた人があちこちへ広がって，いろんな分野を受け持っておられるのですね．それから先生ご自身の研究についていえば，終戦後の45年から50年ぐらいにかけていろいろ勉強されたときに先生の頭のなかにあったものが，のちの観測の進歩による思いがけない発展もあって，再び第一線のテーマになっているということは，非常におもしろ

いと思うのです．先生ご自身は振り返られて，どうお感じでしょうか．

林 ある意味で幸運に恵まれていたというところはあるかもしれませんね．これはまた別のいい方をすると，この問題はこれから取りかかっていい問題かどうかという判断をした際に，大きな間違いをせずにすんだということでもあるでしょう．実際の場合，たとえば20年前には手をかけても解くことが無理な問題も，20年後には違ってきますしね．また宇宙物理学では60年より前は，きわだった観測の発展があまりなかった．それで理論の役割が非常に大きかったが，60年代から観測が非常に進んで，新しい天体現象がたくさん発見されましたね．

杉本 近ごろは，どっちかというと観測主導型で，観測結果があまりにもたくさん出過ぎて，わけがわからなくなっているという面がありますね．

佐藤 そういうときこそ，ちゃんと物理の素過程から組み立てるのが再び必要ですね．

杉本 問題は，そういうときに，何がいちばん大事なところかを見抜け，ということでしょう．

佐藤 このあたりで，まあ夏の国際学会の宣伝ということもあるらしいから（笑），杉本さんからそのことについて一言……．

杉本 こういう問題に対する興味の持ち方には，いろいろな側面があります．観測をして新しい現象を見つけるというのは，最近，たとえばアインシュタイン衛星に乗せたX線望遠鏡を使った観測で，中性子星がばっちり見えているとか，いろいろな種類の観測が進んでいる．それから理論のほうもずいぶん裾野が広がっていますね．近ごろは天体物理の人口もかなりふえて，日本はそれほどでもないのですけど，アメリカあたりは物理のなかでの天体物理の割合がずいぶん大きくなっている．それであらゆることを手がけていて，観測でも，コンピューターによる数値実験でも，モデル作りや目先の理論でも，ずいぶんいろいろな結果を出している．だけど，それらの多くは個個の結果という感じで，全体としてなにか根本的な理解が進んだという実感がもうひとつない．そこでやはり，それらの問題のなかで基本的に重要なところは何かをよく考えて，こっちの問題で考えている基本と，別の問題に関連して考えている基本との間を互いにうまくつなげ合ってやっていくことを，もう少し意識的に進めていく必要があるのではないだろうか．そうしなければ，せっかくそれぞれの研究に費された多大な努力も有効に生かされないのではないかと思っているわけです．

いっぽう，林先生がずっとおやりになっていたことでは，そういうことを常に考えられていたわけです．つまりそれは，基本をちゃんと押えて，その上に立って新しい現象を説明していくということであったし，さっきの太陽系の話における物理学的なアプローチと地球物理的な観測事実とを関連づけていくというようなインターディシプリナリーなことであったし，さらにふつうの物理現象のように繰り返しの可能な現象と，ある物理系がどういうふうにして進化発展してきたかということを結びつけるということであったわけです．

そこで，そういうことをふまえて，現在も活躍しておられるのに還暦というのは悪いでしょうけれど（笑），林先生の還暦を記念して，日本でそういう基本的な問題がどこにあるかということをディスカッションして，飛躍的発展のきっかけをつくろうというのが，ことしの7月22日から25日まで京都で行う「恒星進化論の基本問題」という国際学会です。これについては，林先生の還暦を記念してそういうことを日本でやるのはなかなかいいことだという国際的な賛同を得ておりまして，IAU（国際天文学連合）シンポジウム No. 93 として開催し，外国からもその方面の研究者が50人くらい参加する予定になっています。

林 ぼくの還暦を国際学会開催のダシに使っていただいたものと思っています。しかし，もう開かれることが決まった以上，還暦のことは絶対に口にしないでほしい（笑）。

京都賞記念講演（1995年11月）
3. 私と宇宙物理学 —— 研究の動機，方法，輪郭
（1995年）

「稲盛財団1995年 —— 第11回京都賞と助成金」

　私はこれまで，主として，宇宙物理学の研究を続けてまいりました。この機会に，過去を振り返りまして，私がどのようにして宇宙物理学を選択したか，どのような方法を用いて研究を遂行したか，また，どのような結果を収めることができたか，などについてお話ししたいと思います。私の研究の題目を大別しますと，宇宙初期の元素の起源，星の構造と進化，太陽系の起源の三つになります。これらの問題は，私を含めた多くの研究者によって解決されてきたものですが，その現状についてもお話ししたいと思います。

　私は，1937年，17歳のときに旧制第三高等学校に入学しました。当時は，日中戦争の始まる前で出版の規制はなく，私は哲学や文学の書物を自由に読むことができました。哲学書の多くはまったく難解でしたが，デカルトの本とカントの一部の本はかなりよく理解できました。

　デカルトは，その著書『方法序説』（1637年）において，数々の有益なことを書いています。例えば，学問を進めるためには次の4つの方法を用いるだけでよいといっています。その1は，内容は理性的に明瞭，明晰であること。その2は，必要なだけ小さい部分に分割すること。その3は，最も単純で認識しやすいものから始めて，複雑なものへ進むこと。その4は見逃しがないように，一つ一つ数え上げて全体を見わたすことであります。この方法論は，その後の私に大きな影響を与えました。

　また，カントは1797年に，数学と自然科学の違いについて，次のように述べています。「物理学では，多くの原理は，経験的な検証を経てはじめて，普遍的なものと見なすことができる」。ところで，現在の自然科学の哲学の主流は，論理的実証主義の哲学であると言われますが，デカルトとカントはその先駆者でありました。この哲学によりますと，正確な論理の展開と，実験や観測による厳密な検証の両方を兼ね備えることが科学の満たすべき条件であります。このことは，私が後に宇宙物理学を研究する際の指針となりました。

　私は高校から大学へ進学するにあたって，志望学科の選択に頭を悩ませましたが，結局，物理学科を選ぶことにしました。当時，私が読んだいろいろな解説書によりますと，量子力学の発展には目覚ましいものがありました。それで，科学のうちで，論理的かつ実証的な学問として最も先端的であると思われた物理学を選んだわけです。東京大学理学部物理学科に入学して，量子力学，一般相対論や統計力学などをもっぱら勉強しましたが，これらの科目は後の宇宙物理学研究に欠かせないものでありました。3回生になって，落合麒一郎先生の原

子核・素粒子理論のゼミに所属し，当時の第一線級の論文を勉強することができました。また，論文輪講という科目がありまして，学生一人一人に最新の論文の紹介が割り当てられましたが，私にはどうしたことか，ガモフの天体核反応の論文が与えられ，それに引用されていたエディントンの『星の内部構造』の本を読みました。これは，私が後に宇宙物理学の研究を始める機縁の一つになりました。

大学卒業の後は，嘱託として落合先生の研究室に残ることになりましたが，すでに太平洋戦争が始まっていて，兵役につかねばなりませんでした。私は海軍技術士官として，3年の間主として横須賀の海軍工廠に勤務し，終戦になって大学へ戻りました。

東京大学の落合研究室で素粒子論の研究を始めてまもなく，居住していたアパートの部屋の明け渡しを要求されました。私は落合先生に相談して，実家が京都にあるので，できれば京都大学の湯川秀樹先生の研究室に移りたいという希望を申し出ました。この希望がかなえられて，1946年4月に京都に戻りましたが，もとより素粒子論の研究を続けるつもりでした。それが宇宙物理学の研究を始めることになったのは，次のような次第でありました。

湯川先生は，当時たまたま宇宙物理学教室の教授を兼任されていました。また，湯川研究室の部屋は非常に手狭でもありました。湯川先生は私に，宇宙物理教室の部屋で，「天体の原子核反応」を研究してはどうかと奨められました。前に申しましたように，私は学生時代に読んだガモフの論文を通じて，なすべき研究の内容を多少なりとも理解できました。それで，素粒子と天体核現象の理論をともに研究することにしました。原子核理論，統計力学や一般相対論の基礎知識はありましたので，宇宙論や星の内部構造に関する教科書や論文を読むことによって，比較的簡単に，星のエネルギー源や元素の起源の研究を始めることができました。

私が最初にとりかかったのは，赤色巨星の構造とエネルギー源の研究でした。ついで，膨張宇宙の初期における陽子と中性子の存在比を計算しました。これらの結果については，後で申し上げます。1949年に，大阪府立浪速大学工学部物理学教室の助教授に就任してからは，宇宙物理を離れて，素粒子論の研究に専念しました。この成果が認められたのでしょうか，私は1954年に湯川研究室へ助教授として戻ることになりました。私は，非局所・非線形の場の理論の研究を続けましたが，当時の素粒子論は学問的に非常に難しい状況にありました。このとき，1955年に湯川先生が所長をされていた京大基礎物理学研究所では，「天体核現象」の研究会が2週間の長きにわたって開催されました。東京や仙台などから天文や物理の先生方が多数集まって，星の進化や元素の起源などの研究の現状と将来について，非常に活発な質問や討論が行われました。

この研究会が契機になって，私は天体核現象の研究を再開することになりました。まず，赤色巨星の問題を再検討するとともに，故早川幸男教授らと共同して，ヘリウムの核融合によって炭素や酸素の原子核が作られる核反応の研究を始めました。これ

は，ヘリウム燃焼段階の星の構造と進化を調べるために必要なことでありました．1957年には教授に就任して，京大物理教室に新しく天体核物理の研究室を作りました．以後，若いスタッフと大学院生と共同して，星の内部の元素合成と星の進化の研究を進めました．その際，ミクロな核反応の計算とマクロな星の構造の計算が，研究を進めるうえでの車の両輪となりました．その結果は後でお話しいたします．

以上のような星の進化の研究を15年ほど続けまして，1970年からは太陽系の起源の研究を始めました．その理由の一つは，最終段階に至る星の進化の特徴をほぼ把握することができたと思ったことです．もう一つは，太陽系の形成に大きい影響を与えた原始太陽の進化の様子がわかってきたことです．私は，1984年に定年退職するまで15年間，研究室の若い人々と共同で太陽系の形成過程を追求して，キョウト・モデルと呼ばれる理論をつくり上げました．太陽系起源については，世界的に多くの理論が提出されていますが，われわれの理論の特徴は，ダストから惑星が形成されるときに，その周辺には大量のガスがまだ残っていたとする点にあります．この場合には，水星から冥王星に至るすべての惑星の形成を統一的に説明することができます．

以上，宇宙物理学における私の研究の履歴をお話しいたしました．次に，研究の主なテーマでありました宇宙初期の元素合成，星の構造と進化，太陽系の起源の3つについて，少し立ち入った説明をしたいと思います．

1929年に米国のハッブルは，遠方にある銀河がその距離に比例した速度を持ってわれわれから遠ざかっているという法則を発見しました．この法則と熱力学の法則に従って，現在から過去にさかのぼって考えますと，さかのぼるほど宇宙の物質や輻射は圧縮されて，いくらでも高温の状態になります．10億度の高温になると，原子核は陽子と中性子に分解し，さらに50億度になると，エネルギーを持った光子と光子の衝突によって，電子と陽電子の対が作られるようになります．

1948年に米国のガモフは，宇宙はこのような非常な高温・高密度の状態から爆発的な膨張を始めたというビッグバン宇宙論を発表しました．彼はさらに，宇宙の始原物質は中性子だけであったという大胆な仮定を立てて，宇宙膨張による温度の降下とともに中性子がゆっくりと陽子に崩壊し，この陽子と中性子の核融合によって，現在の太陽や星を構成しているすべての元素が合成されたという理論を発表しました．

当時，私は元素の起源に興味を持っていろいろと調べていましたが，ガモフの論文を読んだとき，宇宙の初めに中性子だけが存在するというのはおかしいと思いました．なぜなら，非常な高温の状態では電子，陽電子，ニュートリノが大量に存在し，これを媒介として中性子と陽子の相互転換が活発に起こったはずであります．ところで，宇宙の温度が10億度近くまで下がりますと，それまでは自由であった陽子と中性子は結合するようになって，元素の合成が始まります．この元素合成の直前の陽子と中性子の数の比が，種々の元素の合成量

を決めることになります。それで、私は素粒子論と統計力学の法則を使って、陽子と中性子の存在量の時間変化を計算しようと思い立ちました。

さて、ビッグバン宇宙論では、宇宙の膨張開始後の時刻と、輻射や物質の温度との関係は、マクロの法則である一般相対論によって与えられます。この温度は時刻の平方根に逆比例していて、例えば、時刻が 0.1 秒のときの温度は 100 億度程度です。このような高温の宇宙では、輻射としてはガンマ線が充満していて、次のような非常に速い反応,

光子 + 光子（ガンマ線）$\rightleftarrows$
電子 + 陽電子　　　　　　　　　　（式 1）

によって、大量の電子対が作られています。他方、物質としては比較的少量の陽子・中性子と大量の電子・陽電子・ニュートリノが存在していて、ベータ崩壊の理論によると、次のような陽子と中性子の転換の反応が起こっています。

中性子 + 陽電子 $\rightleftarrows$ 陽子 + ニュートリノ，
中性子 + ニュートリノ $\rightleftarrows$ 陽子 + 電子
中性子 $\rightleftarrows$ 陽子 + 電子 + ニュートリノ
　　　　　　　　　　　　　　　　（式 2）

これらの反応は、高温では宇宙膨張より速く起こり、低温では膨張より遅くなります。

私は、宇宙の温度が急激に降下しているときに、この温度変化と競合して、式 2 の反応がどのように進行するかという、いわゆる非平衡の反応過程を計算して、次のような結果を得ました。300 億度の高温では、式 2 の各反応とその逆反応が宇宙膨張よりも速く起こるために、陽子と中性子はほぼ同数存在します。温度が下がると、式 2 の正反応が逆反応に勝ってきて、陽子の数は次第に中性子よりも多くなります。宇宙の膨張開始後 100 秒の時刻には、温度は 10 億度近くに下がって、陽子と中性子の結合によるヘリウム核の合成が始まります。このときの陽子と中性子の数の比は 4：1 程度になっています。これから作られるヘリウム核の数と残される陽子、つまり、水素核の数の比は 1：6 であることがわかります。この値は、太陽表面の観測値にほぼ一致しています。このように、私の計算は一応成功しました。

その 15 年後の 1965 年には、電波のマイクロ波の観測から現在の宇宙には絶対温度が 3 度の黒体輻射が充満していることが発見されました。この輻射は、宇宙初期の高温時にはガンマ線であったものが、宇宙膨張によって、その波長がマイクロ波まで大きく変化したものとして説明できます。この発見を契機に、先にお話ししたような元素合成の過程が多くの人によって詳しく計算されました。その結果、太陽表面などに観測されている、ヘリウムやごく少量の重水素、リチウム、ベリリウム、ホウ素などの軽い元素の存在量がこれでよく説明できることがわかりました。

以上のような、3 度の黒体輻射の発見と軽い元素の合成は、ビッグバン宇宙論を実証する二つの重要な証拠となりました。ところで、次にお話しするように、星の内部の高温領域ではヘリウムや炭素以上の重い元素が合成されます。これらの元素は、や

がて星から放出されて，周りの星間ガスと混合し，このガスから再び星が生まれます。太陽の化学組成は，重さにして水素約73％，ヘリウムが約25％，炭素以上の重い元素が約2％ですが，ホウ素以下の軽い元素は宇宙初期に，炭素以上の重い元素はすべて星の内部で作られたものです。

今世紀に入って，数多くの恒星の距離が測定されるようになり，その明るさ，すなわち，光度がわかってきました。また，星の表面から放出される輻射のスペクトルの形から表面温度もわかってきました。1910年頃，デンマークのヘルツスプルングと米国のラッセルは，多くの星の光度を縦軸に表面温度を横軸にプロットした，いわゆるHR図を作りました。その結果，太陽をはじめとした大多数の星は主系列と呼ばれる一つの線上に並んでいて，比較的少数の星は半径が大きい黄色や赤色の巨星の分枝を作り，また，少数の星は半径が太陽の百分の一の程度の，いわゆる白色矮星の分枝を作っていることが発見されました。白色矮星は，その1立方センチあたりの重さが1トンもあるような非常な高密度の星です。以上のようなHR図は，これまで星の構造や進化の理論の検証に使われてきました。

星の構造の研究は，その中心から表面に至る温度や圧力の分布の様子を明らかにすることです。星の内部の各点で圧力と重力が釣り合っています。また，各点で温度の勾配に比例した熱の流れがあって，これが表面から外界に放出されたものが星の光度です。これらの温度と圧力の分布は，いわゆる非線形の微分方程式で記述されます。

さて，太陽の平均密度は地上の水と同じ程度です。1920年以前は，太陽のような星がガスでできているか，液体でできているかは，はっきりしませんでした。1920年頃になって，英国のエディントンは，当時の新しい量子論を使って，この問題を解決しました。すなわち，星の内部は非常に高温であるために，原子は原子核と電子に電離していて，物質は理想気体の状態に極めて近いこと，さらに熱の流れは輻射によって運ばれることを見出して，HR図の主系列星の内部構造を明らかにしました。このエディントン理論によりますと，星の中心温度は星の質量に比例し，その半径に逆比例していて，太陽では1千万度程度です。この当時，星のエネルギー源の正体はまったく謎でしたが，これが星の中心にあるという仮定だけから，エディントンは星の構造を知ることができました。

このエネルギー源の謎は，1938年頃になって，米国のベーテとドイツのワイツゼッカーによって解かれました。この二人は，ともに原子核理論の開拓者ですが，陽子と炭素や窒素の原子核との核反応の系列を調べて，結果的には4個の陽子が融合して1個のヘリウム核ができるという，いわゆる炭素・窒素の循環反応を見つけました。さらにベーテは，陽子と陽子の融合に始まって，同じく4個の陽子から1個のヘリウム核ができる，いわゆる陽子－陽子の連鎖反応を発見しました。温度が2千万度より高い場合は炭素・窒素の循環反応，低い場合は陽子－陽子の連鎖反応が速く起こります。ベーテは，これらの核融合反応によって放出されるエネルギーが星の光度に等しくなるような星の中心温度を求めま

した。主系列の星については，この温度はエディントン理論の値によく一致していて，ここにエネルギー源の謎は解決しました。

ところが，次のような謎が新しく発生しました。エディントン理論によると，太陽の百倍の半径を持つ赤色巨星の中心温度は太陽の百分の一ということになりますが，この赤色巨星は太陽の百倍以上のエネルギーを放出しているのです。私が最初，1946年に研究を始めたのは，この赤色巨星の謎を解くことでした。このためには，次にお話しするような星の進化の効果を考えねばなりませんでした。

現在の太陽の中心では，非常にゆっくりと水素がヘリウムに変わっています。やがて中心の水素はすべてヘリウムに変わり，今から数十億年の後には，太陽の中心部にヘリウムからなるコア（芯）ができて，そのすぐ外側の薄い球殻状の領域で水素の核融合が進行するようになります。このような水素の燃焼にともなって，ヘリウム・コアの質量はゆっくりと増大します。コアの内部にはエネルギーの発生源がないので，その温度はあまり上がりませんが，重力的な収縮によって中心の密度は著しく増大し，例えば，1立方センチあたりの重さが10キログラム以上の密度になります。このような高密度のガスは，縮退した電子のガス，またはフェルミ・ガスと呼ばれています。

この縮退電子ガスについて少し説明いたします。今，低温度に保った状態で，ガスを圧縮していきますと，やがて原子どうしが接触するようになります。さらに圧縮を続けますと，次のような量子力学的な効果がきいてきます。量子力学によりますと，電子の運動エネルギーは非連続的なとびとびの値を持ちます。さらに，電子はパウリの禁制原理に従って，二つ以上の電子が同一の状態を占めることはできません。このような効果によって，原子を作っている電子の運動エネルギーが増大し，電子は原子核の電気的な引力を振り切って，自由な状態になります。この自由電子のガスでは，圧縮すればするほど電子の運動エネルギーは増大し，従って，ガスの圧力は増大します。この圧力は，温度が0の状態でも値をもち，ガスの密度の5/3乗に比例します。このようなガスを縮退電子ガスといいます。白色矮星の強い重力はこの圧力によって支えられています。

さて，以上のような等温・高密度のヘリウム・コアと水素が豊富な外層からできていて，その境界の薄い殻状領域で水素が燃焼している星は，どのような構造を持つかというのが，私の研究の主題でした。私は，先にお話ししたような微分方程式を数値的に積分して，圧力と温度の分布を求めました。初めは解がわかっていませんので，星の中心温度や光度などについては種々の値を仮定して，星の外層領域では表面から内側に向かって積分し，コアでは中心から外側に向かって積分しました。そして，その境界では，圧力と温度が一致するとともに，光度に等しい核エネルギーが放出されているものを探すという方法で解を求めました。

核エネルギー源が中心にある太陽の場合と違って，殻状のエネルギー源を持つ星は，

非常に凝縮したコアと希薄な外層からなる二重構造を持ちます。その境界であるエネルギー発生源の位置は、太陽半径のおよそ十分の一のところにあります。コアの密度は、中心の非常に大きい値から急な勾配をもって減少し、外層との境界の密度は、太陽の場合に比べてかなり小さくなります。つまり、外層は太陽よりもずっと希薄であって、これは星の半径が大きいことにほかなりません。

私は、1955年ごろから、上のようなヘリウム・コアの成長による星の進化の問題に取り組み、やがては研究室の若い人々と共同して、その後の進化を追跡しました。その結果を次に概観したいと思います。

まず、太陽の今後の進化についてお話しします。今から数十億年の後には、中心にできたヘリウム・コアの質量は全質量の20％にまで成長して、半径は現在の10倍程度まで増大します。さらに、コアの質量が40％近くになると、半径は100倍、光度は1,000倍程度の赤色超巨星になります。このとき、コアの温度は1億度近くまで上昇して、その中心では、ヘリウムの原子核が融合して炭素と酸素の原子核を作る反応が始まります。すなわち、星は中心と殻状領域に二重のエネルギー源を持つようになって、半径は多少減少します。さらに、中心でのヘリウムの核融合が進むと、中心には炭素と酸素からなるコアが作られ、その外側にはヘリウムの中間層、さらに外側には水素の豊富な外層があるという三重構造が作られます。時間がたつとともに、炭素・酸素のコアの質量は成長しますが、太陽質量の星の場合、コアの中心温度の上昇には限界があって、炭素の原子核の核融合は起こりません。このような巨星は、その後ゆっくりと表面からガスを放出しながら、全体として冷却し、やがて核反応は停止します。最終的には、希薄な外層は剥ぎ取られて、高密度のコアが残りますが、これが白色矮星として観測されているものです。

以上は、太陽に近い質量をもった星の一生です。星の進化の様子は、それが生まれたときの質量によって大きく異なります。例えば、太陽の10倍程度の質量を持った星は次のような進化をします。炭素・酸素のコアができるまでは太陽の場合と同じですが、このコアの成長にともなって中心温度は上昇して、これが数億度になると炭素からマグネシウムを作る核反応が始まります。さらに少し高温では、酸素からケイ素を作る核反応が起こり、最後にはケイ素から鉄が作られて、多重構造ができ上がります。この鉄のコアの質量が太陽質量の程度まで成長しますと、その強い重力を縮退電子ガスの圧力では支えきれなくなって、コアは陥没して、超高密度の中性子星が作られます。他方、星の外層は爆発的に膨張し、その衝撃波は、1、2日のうちに星の表面に到達して、星は太陽の10億倍も明るくなります。これは、超新星として観測されている現象です。

ところで、私が1960年頃、赤色巨星の進化を研究していましたときに、星の表面温度の低いほうに限界があるのかどうかという疑問が生じました。これを解くために、星の表面条件、つまり表面近くの構造が星全体の構造にどのような影響を持つかとい

う問題を詳しく調べてみました。その結果，次にお話しするように，HR図に限界線があることを見つけました。

さて，星の内部では中心から表面に向かって熱が流れていますが，この熱は輻射または対流によって運ばれています。輻射が運ぶとしたときの温度勾配がある限度以上に大きい場合は実際には対流が起こって，これが熱を運びます。地球大気の対流圏がその例です。赤色巨星では，その表面から内部のかなり深いところまで対流が起こっています。このような対流領域が星の中心まで広がって，星全体で対流が起こっているような構造は，星がとりうる限界の構造です。この限界の構造を持った星のHR図上の位置を求めましたところ，ほぼ鉛直に走る線が得られました。太陽質量の星の場合，この限界の表面温度は3,000〜4,000度程度でありまして，これより低温の領域は，重力と圧力が釣り合った星が存在しない領域になっています。

以上の結果が得られたとき，私はこれを使って，水素の核融合が始まる以前の星，すなわち，主系列以前の星の進化が計算できることに気がつきました。このような原始的な星は，重力エネルギーを放出しながら，重力と圧力が釣り合った，非常にゆっくりした収縮をしているはずです。さて，生まれたばかりの星は，比較的短時間のうちに，上の限界線上のどこかの点に落ち着きますが，このときの光度は太陽の10倍から100倍程度と思われます。

この星は，上の限界線に沿ってゆっくりと収縮して，光度は次第に減少し，中心温度は上昇します。太陽質量の星の場合，約千万年の後には，星の光度は現在の太陽程度まで落ちますが，このとき中心近くでは，対流の代わりに，輻射で熱が運ばれるようになります。このとき，HR図上の進化は鉛直方向から水平方向に向きを変えます。やがて，主系列に到達して，中心で水素の核融合が始まります。ところで，オリオン星雲やおうし（牡牛）座の星雲には，特異なスペクトルを持った，いわゆる，Tタウリ星が数多く観測されていますが，これらの星は，以上のような進化の段階（ハヤシ・フェイズ）にあることが判明しました。

太陽系の起源は，多くの神話や宗教の経典に見られますように，古来人類の大きな関心事の一つでありました。1687年にニュートンが力学と重力の法則を発見してから，その力学的な研究が始まり，哲学者のカントやラプラスは有名な星雲説を提唱しました。1755年に，31歳の若いカントは「自然の歴史と天体の理論」という題で，原始的な星雲から，その凝縮によって太陽と惑星が生まれる過程を論じました。これは当時の宇宙開闢論でありました。

以後，種々の説が数多く発表されてきましたが，1960年代になって，太陽系起源の研究は，天文学だけでなく，広く物理学，化学，地球物理学，鉱物学などを含んだ総合科学の時代に入りました。そして，基礎的な知識が飛躍的に増大してきました。すなわち，Tタウリ星のような原始星の観測とその進化の理論が進展するとともに，現在の太陽系を構成する惑星，衛星，彗星（ほうき星），隕石などの構造や化学組成，さらには年代などが明らかになりました。例えば，太陽系を作る物質の化学組成は先に

お話ししたように，重さにして，水素が約73％，ヘリウムが25％，残りの2％が氷や岩石を作る元素であります。また，木星や土星の中心領域には，氷と岩石物質から成るコア（芯）があることがわかりました。

このような状況のもとに，ここ20〜30年の間に，太陽系形成の理論的なモデルが数多く発表されてきました。私どもも1970年から約15年の間，研究を続けて，いわゆるキョウト・モデルを作り上げました。その概要を次にお話しします。

わが銀河の星間空間には，非常に希薄で低温の水素分子を主成分としたガス雲，いわゆる分子雲が数多く観測されています。これが星の誕生する場所であります。典型的な分子雲は太陽の1,000倍程度の質量を持っています。その形状は，球ではなくて，扁平なものが多く観測されています。分子雲は，自分自身の重力によって，ますます扁平になり，十分薄くなりますと，重力的に不安定になって，多数の薄い小円盤に分裂するものと考えられます。この小円盤の質量は太陽の程度，半径は現在の太陽系の1,000倍程度であります。

この小円盤の一つは，自分自身の重力で，その半径方向に大きく収縮し，約100万年の間に大部分のガスは原始太陽を形成します。残りの数パーセントのガスは，太陽の周りを回転しながら，ゆっくりと太陽に向かって収縮して，現在の太陽系程度の大きさのガス円盤を作ります。これを太陽系星雲と呼びます。

さて，キョウト・モデルはこの太陽系星雲のなかで惑星が生まれる過程を理論的に追求したものです。この過程はかなり複雑ですが，その基本的なものは次の4段階に大別されます。

まず第1の段階は，太陽系星雲中のガスとダスト（宇宙塵）が分離して，薄いダスト円盤が形成される過程であります。もとの分子雲は水素分子が主成分ですが，氷や岩石のもとになるミクロン大のダストを含んでいます。太陽系星雲の地球より太陽に近い領域では，温度が高いために氷は蒸発していますが，木星より遠い領域では，ダストには大量の氷が含まれています。ところで，これらのダストは，相互の衝突による付着，合体を繰り返して，最終的にはセンチメートル大に成長します。ガス中のこれらダストは，太陽の重力によって，太陽系星雲の中心面，すなわち，赤道面に向かって沈澱します。この結果，ガス円盤の中心面に，薄いダストの円盤が形成されることになります。

続く第2の段階は，ダスト円盤の分裂による微小惑星の形成であります。ダストの沈澱が進行して，ダスト円盤の厚さが十分薄くなりますと，円盤は重力的に不安定になって，ほぼ1兆個という，極めて多数の小片に分裂します。この分裂片の半径はキロメートル，質量は彗星の程度でありまして，微小惑星，または微惑星と呼ばれています。これらの微惑星は，ガスを多く含んだ固体の状態にあります。

第3の段階は，微惑星の集積による固体惑星の形成です。多数の微惑星は，太陽の周りをケプラーの円運動をしながら，相互の衝突による付着，合体を繰り返して次第に成長します。水星，金星，地球，火星などのいわゆる地球型惑星や，木星と土星の

コア（芯）はこのような微惑星の集積によって形成されました。地球の形成には約100万年，木星の固体のコアの形成には約1,000万年を要したものと推定されています。

次の第4の段階は，固体の惑星が周りのガスを取り込んで，木星や土星のような巨大惑星に成長する過程です。太陽系星雲中の木星や土星などが作られる領域には，もともと大量の氷が存在したために，固体惑星の質量は地球の10倍以上に成長することができます。このような大質量の固体惑星は，その強い重力で，周辺にある大量のガスを引き付けます。このガスが降り積もったものが木星と土星であります。ところが，地球型の小質量の惑星は，重力が弱いのでガスを引き付けることはできませんでした。

この後，太陽系星雲の残りのガスは一部が太陽に落下し，残りは遠方に逃げ去って，結局，太陽系から散逸してしまいます。最も遠方にある天王星と海王星は，ガスの散逸後に微惑星の集積によって作られたので，ガスを集めることができませんでした。

最後に，太陽系の将来についての予想を申し上げます。先にお話ししたように，星の進化の理論によると，今から約50億年後には，太陽の中心には炭素と酸素からなる高密度のコアができて，太陽は大きく膨張して赤色の超巨星になります。その表面は地球まで到達して，地球型惑星は太陽に呑み込まれますが，木星とその外側にある惑星は生き残ることになります。さらに，1,000兆年の後には，ほかの星がたまたま太陽系に突入する可能性があります。この突入の確率は，1,000兆年に1回の割合であると推定されます。この突入した星の重力に引かれて，残っていた惑星は太陽系から放出され，ここに太陽系の一生が終わるものと考えられます。

これをもって，話を終了させていただきます。ご静聴ありがとうございました。

追加資料

1995年の京都賞（稲盛財団）基礎科学部門の受賞者に林先生が選ばれた。1995年11月10日に授与式・晩餐会があり，翌日午後には，先端科学部門，基礎科学部門，思想文化芸術部門の受賞者三名の市民講演会が開催された。本講演記録はこの際のものである。京都賞の記念行事としては更に12日に当該分野の専門家を主としたシンポジウムが開催された。このシンポジウムの概要を下記に記す。

シンポジウム「星と太陽系の形成」

【星の形成・進化と太陽系形成の理論的研究による宇宙科学への多大な貢献】

原子核から流体力学に及ぶ基礎物理学の知識・手法を宇宙現象の解析に導入し，星の進化や，太陽系起源などの研究により，天体の諸現象を理論的に解明し，現代宇宙物理学の発展に多大な貢献をした。

企画・司会：佐藤文隆　基礎科学部門専門委員会委員長，京都大学理学部教授

13：10　開会　　　　佐藤文隆
　　　　挨拶　　　稲盛豊美　稲盛財団

		常任幹事			爆発」
	挨拶	甘利俊一　基礎科学部門審査委員会委員長，東京大学工学部教授		講演	海部宣男　国立天文台教授「星の形成」
13：25	受賞者紹介	佐藤文隆	15：45	休憩	
13：30	記念講演	林忠四郎　基礎科学部門受賞者「星と太陽系の形成」		座長挨拶	中澤清　東京工業大学理学部教授
14：30	座長挨拶	杉本大一郎　基礎科学部門審査委員会委員，東京大学教養学部教授		講演	井田茂　東京工業大学理学部助教授「惑星の形成について」
	講演	野本憲一　基礎科学部門専門委員会委員，東京大学理学部教授「星の進化と超新星		講演	水谷仁　基礎科学部門専門委員会委員，宇宙科学研究所教授「実験・観測惑星科学の最近の進展」
			17：15	閉会	佐藤文隆

基礎物理学研究所研究会（2005年7月11日）
「学問の系譜 —アインシュタインから湯川・朝永へ—」

4. 宇宙物理学事始（2005年）

素粒子論研究 112 巻 6 号（2005）

　私はここにおります佐々木くんを通じてこの研究会の話をうかがったのですが、やはり何をお話すべきかということについて非常に迷いました。表題が「宇宙物理学事始」ということですから、宇宙物理学が私の研究室でどう始まったかという話なのでしょうけれども、しかしそれでは必ずしもグローバルな、世界的な話にはならないだろうし、科学史的な実証性もないかもしれないとは思いましたが、そういうことをいろいろと、今日はお話いたすことにしたわけです。

　最初に「事始」と言う以上、私の経歴が一番問題になると思いますので個人の経歴から始めることにいたします。私は東大の物理学科を1942年に卒業しまして、先ほどの南部さんと同じクラスでございます。落合麒一郎先生のもとに、核理論と素粒子のゼミに参加したわけです。そのとき、Bethe の *Reviews of Modern Physics* に出た Nuclear Physics という Review Article を詳しく勉強いたしました。それで原子核理論の大勢については勉強できました。そのときに湯川先生の論文などもゼミで読みました。

　ところでもう1つ、このゼミのほかに卒業の必須の科目として論文紹介というのがありまして、ここで私に割り当てられたぶんの1つが、Gamow の URCA プロセスでございました。これは1941年にできた、つまり前年に出た *Physical Review* の論文の紹介なのです。もう1つは、物性論の極低温の理論の2編の論文を紹介しているのですが、Gamow の天体核現象の論文が、どうして私に割り当てられたかということは疑問でございました。

　しかしこのときに、Gamow の論文に refer されている Eddington の『星の内部構造』という本と Heitler の『輻射の量子論』などは多少は勉強いたしました。それが、私が宇宙物理学を始める機縁の一つでもあるのです。

　1942年に卒業して3年間は、先はどの南部さんと同じように、南部さんは陸軍でしたが私は海軍の技術士官として横須賀にいまして、1945年の秋に東大へ帰ってきたわけです。

　ところが住居にしておりましたのが、日本無線という会社の社員用のアパートでした。これは物理学教室の職員に対して、その当時開放されていたアパートだったのですが、そこから立ち退いてくれという問題が起こりました。私は実家が京都ですから、湯川研究室へ入ったほうが素粒子論の研究もしやすかろうということで、そのことを落合先生に話しました。落合先生は、湯川

```
林の研究の履歴                              11/7/2005 林 忠四郎
1942   東大卒  核理論と素粒子のゼミ (Bethe. 1936, 37)
            論文紹介 (Gamow の URCA 過程，1941)
1946   湯川研入門  部屋は宇宙物理教室の旧荒木教授室
            Weizsaecker の Solvay 会議録 (天体核現象) 1939
            Chandrasekhar (1939)，Eddington (1926) の本
1947   赤色巨星の shell-source 模型の研究
            等温コア (縮退，非縮退) + CN 反応の球殻 + 外層
1950   宇宙初期の P - N の存在比 (Gamow の Big Bang 理論)
            $e^-$，$e^+$，$\nu$ との相互作用により，P/N = 1 ($T > 10^{11}$K) → 4 ($10^9$K)
            $H^2$ の形成に始まる核反応の結果，H : He = 6 : 4 (重量比)
1950-55 浪速大，京大で素粒子論の研究
            相対論的二体問題，非局所的相互作用のハミルトン形式
1955   基研の天体核現象研究会 (星の進化など 2 週間)
            出席者：早川，武谷，中村，畑中，一柳
1956   基研の超高温研究会 (星の進化，地上の核融合)
            星の内部の He 捕獲反応 (早川，林，井本，菊池)
            Seattle の国際会議出席，Cal.Tech. 訪問
1957   原子核理学教室と研究室の創設。当初のテーマは
            星の進化と元素の起源，地上の核融合の研究
1962   論文 HHS (星の進化) を発表。対流平衡の星の進化
1970   太陽系の起源，星形成の動的過程の研究
```

[Slide 1]

先生が東大の兼任をしておられるので，近々湯川さんとお会いするから話してみるということでした。その結果，湯川研への入門がオッケーということになりました。それが 1946 年です。

さっそく湯川先生をおたずねしたところ，湯川先生から最初に，いま，物理教室の湯川研究室の部屋は満杯であるといわれました。ところが湯川先生は，宇宙物理教室の教授を併任しておられて，後に京都産業大学を興して総長になられた荒木俊馬先生の教授室が空いているので，天体核現象の研究を始めたらどうかと勧められたわけです。どうしてそういういきさつになった

のかを今から考えてみると，たぶん落合先生と湯川先生の間で何かの話し合いがあったとは思っているのですけれども，そこは明らかではありません。

そのとき湯川先生は，私に Weizsaecker の Solvay 会議の会議録のコピーをくださいました。これは天体核現象，星のエネルギー源，元素の起源などについて書いてありましたが，湯川研究室においては，これをもとにして，私の入門以前にゼミナールが開かれていたとのことです。

しかし湯川先生は，天体核現象に非常に興味を持っておられました。というのは，私の想像なのですが，1939 年に湯川先生

は，Solvay 会議の出席を主目的に外遊をしておられ，ドイツ，ノルウェー，アメリカを回られたのです．ちょうどその年に，ドイツのポーランド進入の第 2 次大戦が 9 月に起こったので，湯川先生は急遽帰国されたのです．しかし，そういう外国滞在中に，新鋭の研究者たち，Gamow とか Bethe，Weizsaecker など，先生と年があまり変わらない人たちですが，と会い天体核現象の研究の重要性を，充分はっきりと理解されて帰られたのだろうと私は想像しております．

私は，荒木教授室でほとんど独学的に勉強することができました．Chadrasekhar の本とか Eddington の本を読み，また，1938 年，39 年の *Physical Review* には，天体核現象のいろいろな人の論文が非常に多数載っていますが，そのバックナンバーがちょうど荒木教授室にございました．それを自由に読むことができたことは，非常にいい環境のもとにあったと思います．

以前に私は，Gamow の，先ほど申しました URCA プロセスの論文を見ておりましたので，湯川先生の勧めに比較的素直に従うことができたわけです．ただし，やっぱり素粒子論が目的ですから，素粒子論と天体核現象の両方の研究を続けていけばいいのだろうと，当時は思っておりました．それでさっそく，天体核現象の勉強と研究を始めたのです．若いときですから，比較的，勉強は速く進んだと思います．そして 1947 年と 50 年にここに書いてあります 2 つの論文を出したわけでございますが，これはいずれも Gamow の研究に関係しています．

主系列の星につきましては，核エネルギー源が CN サイクルであることはベーテ，Weizsaecker によって 1938 年にわかっておりました．それで赤色巨星はどうなっているのか，つまり赤色巨星は半径が大きいものですから中心温度は低いはずなのです．低温で起こる特別の核反応を考えることは非常に無理がありまして，Gamow は shell-source モデルというのを提案いたしました．つまり中心ではもう水素がヘリウムに変わり，ヘリウムの等温コアがあるというモデルです．コアの中心では非常に密度が大きくなっていまして，現在の白色矮星と同じくらいの密度，10^5 から 10^6 g/cc くらいの密度で電子は強く縮退しています．このコアの外側のまだ水素が残っている薄い spherical shell のところで CN 反応が起こって，星のエネルギーを出している．この spherical shell の外側は，結局，輻射によって energy が運ばれている envelope であるというモデルです．

このモデルを正確に計算するためには，等温コアの計算をちゃんとしなければいけません．それで私はこの数値計算を非常にたくさんやりました．おそらくこの解も 10 個ぐらいは必要なのですが，1 つの解の積分に 1 日ぐらいを要するのです．これは現在から見ると本当に長い時間ですけれども，とにかくそのようにして実際の赤色巨星がこのような構造を持っているということを結論付けました．

1950 年のペーパーは，1948 年に Gamow が提唱した Big Bang 理論，当時 $\alpha\beta\gamma$ 理論と言われていましたが，それに関するものです．Gamow の主目的は，元素

の起源の問題でして，非常に軽い元素からずっと重いウランに至る元素の存在量を全部説明しようということでした．私がすぐ気づいたのは，Gamow は，初期には neutron だけが存在すると仮定していることと，捕獲反応で重い核ができるときにベリリウム8は不安定な原子核なので，そのギャップをどう乗り越えるかということでした．

あとの問題は，実際に Fermi が指摘しました．最初の問題は，この neutron が大量のポジトロンや，ニュートリノとの相互作用によりまして，proton に変わることです．

宇宙初期の，非常に温度の高いときは，neutrino pair の数が非常に多いので，proton と neutron はほとんど同数なのですが，kT が electron の rest mass energy より小さくなると neutron の数が減ってきます．低温で neutron から proton への free decay が効いてきます．温度が 10^9°K のあたりでは，陽子と中性子の存在比は4というぐらいの値です．ここまでは weak interaction が主役ですが，10^9°K 以下に下がりますと，今度は普通の電磁気反応や，strong interaction の核反応が非常に早く，つまり宇宙膨張よりも非常に早く起こってくるわけで，それから後は核反応の時代になるわけです．

核反応で最初にできるのは deuteron です．deuteron は非常に小さいので，すぐ photon によって分解されます．従ってはその存在量は小さいのですが，そういう threshold を乗り越えるとあとはヘリウムになるということです．

その結果，初期の proton-neutron 比が4であるということを使いますと，結局最終的にできた水素とヘリウムの重量比は6：4になります．この4という数字は，プロトン・ニュートロンの比は8：2ということです．8：2からプロトンとヘリウムをつくるとすると，どうしたって6：4になってしまうわけです．実は私はこの結果を出しまして，観測と合う答えが出たと思いました．

当時ヘリウムの存在量は40％であるということで満足いたしました．現在では，ヘリウムの存在量は30％程度であります．この間違いはどこからきたかといいますと，私はその当時に用いた weak interaction の coupling constant，つまりそれは1つのパラメターだけなのですが，これは neutron の寿命です．私はその当時調べた文献から，現在の正確な値の2倍の Life-time の値を使ったわけです．

1949年には，当時できました大阪府立浪速大学に移りました．1954年には助教授として湯川研究室に帰ったわけです．この間，素粒子論の研究を目指しまして，一つの問題は完全に相対論的な二体問題を formulate することでした．もう1つは，湯川先生が提案されていた非局所場の理論です．これは無限大の困難を解決するためにどうしても必要だと考えておられたものです．私の問題は interaction が1点の point interaction であったものを3点の interaction にすることでした．それをハミルトン形式で書くためには摂動論を使わなければならないのですが，私はこれを摂動論の4次まで計算しました．

ところがたまたま，1955年に基研の天

体核現象研究会が開かれることになりました。これをお世話されたのは，早川幸男さん，それから年寄りのメンバーで，年寄りと言っても最高40歳代の，武谷三男さん，中村誠太郎さん，畑中武夫さん，一柳寿一さん，これは東北大の先生で，小尾信彌さんもおられまして，30歳代，40歳代の人々とそのお弟子たちがたくさん集まったのです。例えば中村誠太郎さんは，東大物理で原子核理論をやっておられましたが，そこの若い方々が数名出席されていました。それぞれそのお弟子さんを引き連れての研究会だったのです。

この頃私は，素粒子論の研究に5年ほどを費やしまして，星の構造や進化の問題については論文をあまり読んでおりませんでした。それが一柳先生の講義を通じて，ちょうど1950年ごろからシュバルツシルドが星の進化の研究を始め結果も教わることができました。

この研究会は，翌年1956年にもつながりました。それはさらに超高温研究会と名前が変わりまして，星の進化と地上の核融合の両方の問題を取り上げることになりましたが，ちょうどこのころ，湯川先生は原子力委員をされていまして，原子力問題の一つとしての地上の核融合を実現することは湯川先生のテーマでもありました。この2つの研究会におきまして，私は当時湯川研究室におりましたが，研究室の方向として少し変わった天体核現象の問題を取り上げることになったわけです。この点で基研の研究会の役割は，私にとっては非常に重要であったと思います。

その当時，素粒子論の研究では先ほどの南部さんの話にありましたように，dispersion 理論がある意味で全盛の時代でありまして，私としては，そういう propagator の analyticity が物理法則の基本になるというのはどうも納得できなかったのです。研究をどう進展させるかと非常に悩んでいた時期でもありました。それでここで，天体核現象の研究を再び始めました。これが私の宇宙物理学事始の経歴であります。

1956年には Seattle で国際理論物理学会がありまして，Gamow も出席していました。その後，Cal. Tech. を訪問いたしましたが，ここには核反応の実験家の William Fowler がおりまして，いろいろな研究者に会うことができました。そのとき，星の進化の研究に必要ないわゆる HR 図：Hertzsprung-Russell 図を，Sandage から得ることができました。理論の発展にとって実験データは非常に重要です。その後1959年には，NASA に 10 カ月滞在いたしましたが，そのときいろいろな外国の研究者と交流できたというのも幸いだったと思います。

1957年には，全国に原子核理学，原子核工学の教室ができまして，私は原子核理学研究室をつくることになりました。当初のテーマは，星の進化と元素の起源という天体核現象の問題，あと半分は地上の核融合の研究ということにして研究を出発させたわけです。3, 4年経ちますと，地上の核融合は少なくとも数十年は実現が不可能であろうということを悟りまして，天体の問題に集中することにしました。

1962年には，ここにおられます杉本大

一郎, 蓬茨霊運との共著の論文「星の進化」を Progress の Supplement に発表いたしました。これは, いろいろな原子核の核反応, 星のなかでの元素形成の問題と, 星の進化の全体の scheme を記述したものです。そのなかには, 星の中で水素が燃え出る以前に対流平衡の星がどう進化したかという研究も含まれています。

1970 年までは, 私は研究室でもっぱら共同研究をしていたわけです。星の進化の問題はだいぶ進めました。また, 一般相対論に関係する, 例えば宇宙論は, 1965 年に Big Bang 理論の検証となる 3°K の背景輻射の観測以来大きく発展しました。それから neutron star の問題も重要になってきました。

さて, 私個人としては一般相対論の問題はここにおられる佐藤文隆さんに任せる, また 1970 年以後の星の進化の問題は, 杉本大一郎さんに任せるというように考えていました。私自身は, 1970 年から, 太陽系の起源の問題と原始星形成のダイナミックスの問題を研究することになりました。星の進化の研究は, quasi-static な場合から, 難しい dynamic な場合に移ったわけです。

太陽系の起源につきましても, 基研の研究会が, 重要な役割をしております。1965, 66 年に太陽系の起源の研究会がおこなわれました。このときには, 天文, 物理, 地球物理化学, それから地質, 鉱物の全国の研究者たちが集まって議論しました。それで私が太陽系の起源を取り上げることの非常に大きな機縁の一つになったわけです。起源の理論の状況がわかったのです。

それまで, 私は宇宙全体の問題, 星の問題を研究してきましたので, より身近な, われわれのいる惑星, 地球に関する太陽系の問題をやってみたいという気がありました。その研究を進めるためには, 昔の太陽の光度の時間変化がどうであったかということを知っておくことがどうしても必要だったわけで, そういう知識が存在したということが太陽系の起源の研究に進ませる原因になりました。私の研究歴としてお話したいことは以上であります。

ところで, これだけではまだ, 科学史的に興味ある問題には立ち至っておりませんので, 昔のことを思い出しながら, 具体的な宇宙物理学の例として星の構造と進化の問題についてまとめてまいりました。この問題はみなさん, 必ずしも, あまり正確にはご存知ないかもしれません。どういうふうにして学問が発展したかということについてもひょっとしたら参考になるかもわかりません。

この問題は, 20 世紀になって展開されました。星の構造と進化はこれを理解するのに 100 年を要したような問題であったわけです。星はガスと輻射からなって, quasi-static で平衡状態にあり, さらに簡単化して球対称とします。実際に太陽は遠心力が非常に小さくてその扁平度は 10^{-5} 以下であります。さて, 星の進化の理論と比較すべき観測は, 先はどの HR 図でございまして, これは星の質量を M, 光度を L, 半径を R, もしくは星の表面の有効温度を T として, 多くの星の $\log T$, $\log L$ を Hertzsprung と Russell が plot したものです。Hertzsprung は, ちょうど 1911 年にこ

[Slide 2]

星の構造と進化　　　　　　　　11/7/2005

　ガスと輻射からなり，quasi-static の平衡状態にある星を考える。構造は球対称とする（非回転：太陽では遠心力／重力 = 10^{-4}）。理論と比較すべき観測量は，質量 M，光度 L，半径 R (or 表面温度 T_e，$L = \sigma 4\pi R^2 T_e^4$)。多くの星の $\log T_e$-$\log L$ の plot を HR (Hertzsprung-Russell) 図という。

　星の構造のマクロの基本式。
半径 r の関数として，密度 ρ，温度 T，球面を通る熱の流れ L_r，球面内の質量 M_r の 4 変数の連立式：
　　$dp/dr = GM_r\rho/r^2$，$dT/dr = -L_r/4\pi r^2\lambda$，（重力平衡，熱伝導）
　　$dM_r/dr = 4\pi r^2\rho$　　$dL_r/dr = 4\pi r^2\rho\varepsilon$（質量，熱流の連続）
ここに圧力 p (ρ, T. 組成)，熱伝導率 λ (ρ.T. 組成)，エネルギー生成率 ε (ρ, T. 組成)，化学組成は H. He. 重元素の存在量，輻射の熱伝導率は $\lambda = 4acT^3/3\rho\kappa$，$\kappa$ は輻射の吸収係数。
　境界条件（ρ と T は中心で有限，表面で零）のもとに，全質量 M と組成が与えられると上の連立式の解が決定。

[Slide 3]

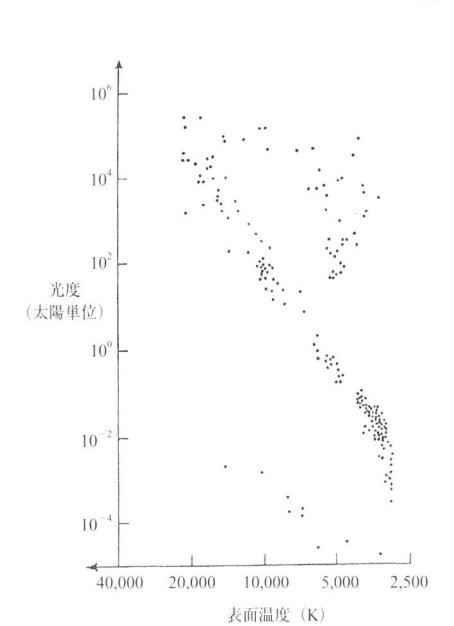

の plot を始めました。

　一番星が多数存在するのが主系列でして，これは水素が中心で燃えている星の系列です。その右上にあるのが，赤色巨星ならびに赤色超巨星です。主系列の下にある 10 個程度の点が白色矮星でありまして，中心密度は太陽の 100 万倍です。半径一定の線というのは，ちょうど白色矮星が，半径一定の直線でございまして，半径一定の線はこれに並行になっていまして，右上ほど半径が大きいのです。

　星の進化の理論の骨子を 4 枚のスライドにまとめました。

　1 つは星の構造のマクロの基本式です。これは 19 世紀の古典物理学でわかってきたことでして，Helmholtz や Kelvin たちは使っていたと思います。半径 r の関数としまして，密度や温度，半径 r の球面を通る熱の流れ，それから半径 r の球面内の質量を M_r とすると，4 つの r の関数，変数に対して非線形の連立式が成り立ちます。上の 2 つは重力平衡，それから熱伝導の式です。下の 2 つはただ，質量や熱流の連続の式です。P というのは圧力，それから λ というのは熱伝導率，それからエネルギー生成率が ε です。実際に 1938 年の Bethe の発見に至るまで，このエネルギー生成率の形はわからなかったわけです。

　もう 1 つ，化学組成というのが変数としてあるわけですが，これは簡単に，水素やヘリウム，それから炭素以上の重元素の存在量を用います。実際に輻射で熱が伝わる場合には，熱伝導率は輻射の吸収係数 κ を使って，スライドの式で表されます。さて，

[Slide 4]

　星の構造を知るに必要な，ミクロ過程で決まる状態量 p, κ, ε は，20世紀になって量子論の発展に伴って明らかになってきた。これらの量は，星の構成要素である光子，原子，イオン，電子，原子核の基本的な相互作用の法則と集団の量子統計から，温度と密度の広い範囲にわたって求められた。

　まず，星の内部は高度に電離した理想気体に近いガスとプランク輻射からなっていて，圧力は電子，イオンの圧力と輻射圧の和で与えられる。電子の圧力は，低密度の場合（Fermi energy $E_f < kT$）は ρT に比例するが，高密度では電子が縮退していて圧力は $\rho^{5/3}$ に比例する。極度の高密度（$E_f > m_e c^2$ の場合）では $\rho^{4/3}$ に比例する。

　輻射の吸収係数は，原子やイオンの電子の束縛—自由遷移，自由—自由遷移，自由電子による散乱の3過程の和で与えられる。前の2過程は最初 Kramers によって，Bohr の対応原理（1911）に従って求められ，後に量子力学的補正が行われた。

　エネルギーの生成率は原子核反応によるものと，収縮の際の重力エネルギー放出によるものとの和で与えられる。後者は $-T\partial s/\partial t$（s はガスの単位質量あたりのエントロピー）であたえられる。

　種々の核反応によるエネルギー生成率は，反応の断面積の分散式と複合核の準位の幅の観測値または

[Slide 5]

推定値を用いて計算される。

　一様組成の星のモデル。
　上の輻射の吸収係数の値をもとにして Eddington（～1920）は，主系列星の内部は高温の理想気体に近い電離ガスからなり，主として輻射によって熱が輸送されていることを初めて見出した。彼は $\kappa L_r/M_r$ =一定というモデルを設定し，半径がわかっている主系列星の中心温度（10^7 °K の程度）や質量—光度の関係を求めることに成功した。

　1930 年代には，エネルギーの生成が星の中心に集中しているモデルや一様に分布しているモデルなどがつくられ，Eddington モデルと本質的には同じ結果が得られた。また，Chandrasekhar (1935) は電子が縮退した高密度の白色矮星の構造を計算して，白色矮星の質量には上限（～1.5M☉）があることを明らかにした。

　1938 年は天体物理学の発祥の年である。Bethe と Weizsaecker は水素と種々の軽い原子核の反応率を調べた結果，低温で起こる次の CN 循環反応を見出した。
　$C^{12}(p,\gamma)N^{13}(e^+\nu)C^{13}(p,\gamma)N^{14}(p,\gamma)O^{15}(e^+\nu)N^{15}(p,\alpha)C^{12}$
C と N を触媒として，H の融合によって He が形成

　境界条件の1つは，中心で密度や温度は有限であることで，もう1つの表面でゼロというのは，星の平均の密度内部や温度に比べて，表面の密度や温度は，非常に小さいということを簡略化したものです。これらの境界条件のもとでの数学的な解を考えますと，星の全質量 M と化学組成が与えられると，4個の連立方程式の解は完全に決定します。これを Russel-Vogt の定理といっています。これは 1920 年よりも前に，Russell と Vogt たちが見つけものです。

　さて，星の構造を具体的に知るためには先はどのミクロの過程で決まる状態量，すなわち圧力とか，輻射の吸収係数，エネルギーの生成率を知る必要があるわけですが，これは 20 世紀になって，量子論の発展に伴ってわかってきたわけです。星のミクロの構成要素としてはフォトン，原子，イオン，電子，原子核，さらにはいろいろな素粒子があります。これらの粒子間の基本的な相互作用の法則と，集団に対する量子統計から状態量を導かなければなりません。実際には，温度と密度の非常に広い範囲にわたって考えなければいけないというのが，星の構造を知るための条件でございます。

　まず，星の内部は高温の電離した理想気体に近いガスと，プランク輻射からなっているということが最初にわかりました。これは Saha の電離式などからわかります。圧力は，電子，イオンの圧力と輻射圧の和で与えられます。電子の圧力は，低密度の

される．Betheは，この循環反応によるエネルギーの生成率を計算して，主系列星の光度を説明するに必要な星の中心温度は10^7Kの程度であって，Eddingtonが求めた値に一致することを見出した．後に，太陽質量の2～3倍以下の星では，次のp p連鎖反応がCN反応よりも重要であることが見出された．

$H^1(p, e^+\nu)H^2(p, \gamma)He^3, He^3(He^3, 2p)He^4$

すべてのHがHeに転化した後は，10^8Kの程度の温度でHeの融合反応によってCとOが生成される（1950年代）．

$2H^4 \to Be^8, Be^8(\alpha, \gamma)C^{12}, C^{12}(\alpha, \gamma)O^{16}$

さらに，1960年頃には多くの人の研究によって，より高温でのCとOの核燃焼によるNeとMgの生成，さらにはSiが形成されて，最終的には最も安定な原子核であるFe^{56}が形成される核反応の系列と，その反応率の概要が明らかになった．

星の進化．

前に述べたように，quasi-staticな星の構造は質量と化学組成によって決まる．核反応の進行による化学組成のゆっくりした変化に応じて構造はゆっくりと変化する．これが星の進化である．

最初は組成が一様であった星の中心領域でHが次第にHeに転化し，Heのコアが形成されてその外

[Slide 6]

側の球殻でCN反応が進行している星が赤色巨星である．やがて中心領域の温度は10^8Kの程度に上昇し，HeのCとOへの融合が進行して，C＋Oのコアが形成される．

太陽質量の星の場合，中心温度はこれ以上には上昇しないのでC，Oより重い原子核は形成されない．HからなるH外層とHeの中間層の大部分のガスはゆっくりと外部に放出されて，白色矮星になるものと考えられている．

質量が太陽の10倍程度の星の場合，さらに重い原子核をつくる反応が順次進行して，Feのコアが形成される．このコアの質量がある程度以上に増大すると，コアは重力的に崩壊し，これが超新星爆発の引き金になるものと考えられている．

星の内部で形成された種々の元素は，赤色巨星の段階や超新星の爆発時に外部に放出される．現在までに放出されたHeの重量やC以上の重元素の重量は初期のHの2%の程度である．現在観測されているHe量は約30%であるから，Heの大部分はBig Bang宇宙初期につくられたものと考えられる．

未解決の問題．次のような動的過程
1. 形成段階の星の角運動量放出の機構
2. 赤色巨星の進化段階における質量放出の機構
3. 超新星爆発時の衝撃波発生の機構

[Slide 7]

場合にはボイル・シャールの法則，これは密度と温度の積に比例するという簡単なものですが，高密度では，Fermi統計にしたがって，電子は縮退して，圧力は高密度の5/3乗に比例して，温度にはdependいたしません．さらに密度が高くなって，Fermi energyがrest mass energyより大きい相対論的な場合には，密度の3分の1乗に比例する．これはChandrasekharが，1935年に見つけたもので，白色矮星の構造は，縮退電子によって説明できるようになりました．

次の問題は輻射の吸収係数です．これについては，原子やイオンの電子が束縛状態から自由状態に遷移する，また自由状態から別の自由状態に遷移して，その際に，フォトンが吸収されます．それからさらに自由電子によるフォトンの散乱，つまりトムソン散乱があります．これらの3過程によって，輻射の吸収率が決まるわけです．最初の2過程は，Bohrの対応原理に従ってKramersが古典電磁気の，Maxwell-Lorentzの式に従って計算したわけです．そのあと，結局，量子力学的な補正がGauntたちによっておこなわれて正確な値がわかるようになったのです．

最後の問題は，核反応のエネルギー生成率です．原子核物理の実験や理論が，1930年ごろから進展いたしまして，核反応の断面積は分散式と複合核の準位の幅を用いて

表されるようになりました。この幅としては，観測値，また推定値を用います。観測値がほとんどなかった時代には，推定値をもち，計算されました。

最初，星の構造を明らかにしたのは，Eddingtonでして，1920年当時です。当時，Jeansは星は液体からなっていると考えておりました。液体や固体を考えた人もいろいろとあったわけですが，流体というのは一つの潮流もありました。これは19世紀におきまして，非圧縮性の回転流体の平衡形状の研究が，いろいろな数学者，例えばMaclaurin, Jacobi, Riemannなどによって行われました。

ところで，量子論の結果として，1926年ごろにはEddingtonが，星は高温の理想気体に近い電離ガスからなっていることを証明しました。これをEddington模型と言います。星の構造の解は，先ほど言いましたように，質量と組成から決まるのですけれども，さらに半径の値を指定しますと，中心温度がこのモデルからすぐわかります。それでEddingtonは，先ほどの主系列星の中心温度は1千万温度のオーダーであるということや，質量-光度の関係を知ることに成功したわけです。

これで力を得まして，1930年代には，エネルギー生成量の分布をいろいろと仮定したモデルがつくられました。例えばエネルギーの生成が中心に集中している場合や，一様に分布している場合の解を，StroemgrenやCowlingが求めました。その結果は，本質的には，Eddington模型の結果と同じであります。

これらのモデルができてから，それまでまったく謎であったエネルギー源については，核反応の可能性が，いろいろと考えられてきましたが，ちょうど1938年にBetheが計算によって，水素がヘリウムに融合するCNサイクルを発見しました。1938年は天体核現象の発祥の年です。といいますのは，例えば1938年と39年のPhysical Reviewのバックナンバーを見てみますと，Gamow, Bethe, Weizsaecker, Oppenheimerたちの天体核現象の論文が並んでいます。実際にBetheはエネルギー生成率から主系列の星の中心温度を計算したわけですが，それはEddingtonの値と一致することを見つけました。

さらにBetheは，水素がヘリウムに融合するPP連鎖反応を見つけました。これは太陽の質量の2，3倍以下の星では，CNのサイクルより重要であります。中心領域ですべての水素がヘリウムに転化しますと，10^8度以上の高温では，ヘリウムの融合反応によって，炭素と酸素が生成されます。

この反応率がわかったのは，1950年の頃です。1960年ごろには，より高温での炭素と酸素の核燃焼による，いわゆる4N核のマグネシウム，シリコンが形成されて，最終的にはもっとも安定な原子核，鉄が形成されることが明らかになりました。このように，種々の核燃焼のエネルギー生成率がわかってきました。

さて，以上の状態方程式，輻射の吸収係数，核エネルギーの生成率を用いて，星のマクロの式を積分することによって，星の構造と進化が計算されました。まず，中心領域で水素がヘリウムに転換して，やがて

ヘリウムの core がつくられ，水素の燃焼はその外側の球殻領域で起こります。やがて中心領域で，温度が 10^8K に達しますと，ヘリウムが燃焼して，C と O の core ができます。さらに温度が高くなると，先ほど言いました 4N 核が形成されていって鉄の core ができますが，これは，星の質量が太陽の 10 倍以上の場合です。

太陽質量の星の場合，炭素と酸素の core の形成後は中心の反応は止ってしまい，最終的には冷却して，白色矮星になります。質量が太陽の 10 倍程度の星の場合には，中心で鉄のコアができまして，このコアの質量は，先ほど言いました Chandrasekhar の研究で出た，Chandrasekhar mass です。これは太陽の質量の 1.5 倍です。コアの質量がこれを越しますと，超新星爆発を起こして，コアは重力的に崩壊します。この崩壊は，超新星爆発の引きがねになるわけです。

星の内部で形成された種々の元素は，先ほど申しましたように，赤色巨星の段階や，超新星の爆発で放出されます。現在までに放出されたヘリウムの量やカーボン以上の原子核の量は，初期の水素の数％のオーダーです。多くの星の表面で，現在観測されている若い星のヘリウムの量は，30％なので，数％と 30％の差を考えますと，ヘリウムの大部分は，Big Bang 宇宙の初期につくられたことになります。

ところで，進化に関する現在の難しい問題は，dynamical な過程です。1 つは星間ガスから原始星が形成される段階の角運動量放出の機構です。

2 番目は，赤色巨星段階での外層の質量放出の機構，3 番目は，超新星爆発時の衝撃波発生の機構であります。ただし，佐藤勝彦氏によりますと，現在，3 番目の問題は 90％解決しているということです。

太陽質量の星の進化を図にまとめたのが [slide8] です。これは HR 図上の進化の道筋です。原始星の最初は対流平衡だったのです。これは T タウリ星として観測されています。太陽の位置に来まして，水素の融合反応が起こります。それで中心でヘリウムのコアができると，赤色巨星の段階に達します。ヘリウムが燃え出すと，ちょっと戻ってまた赤色巨星になります。赤色巨星の段階で，外側の物質が放出されて，しだいに中心に星が見えてきます。これは惑星状星雲の中心星です。この中心星が冷却していって電子が完全縮退して，白色矮星になります。以上が太陽質量の星の進化で，質量の大きな星は，赤色巨星の段階か，赤色超巨星段階で，超新星爆発を起こすことになります。以上で終わります。

討論

杉本＊　どうもありがとうございました。太陽系の話は出てきませんでした。太陽系形成の話など付け加えられることはありますか。

林　実は太陽系の起源の理論も，一つまとまった図があるのですが，今日来るときに忘れてしまいました。太陽系の起源は，最初は太陽とその周りを取り巻くダスト円盤，ガス＋ダストの円盤がありまして，その中でダストがしだいに衝突によって成長します，その中の固形成分は微小惑星，微

[Slide 8]

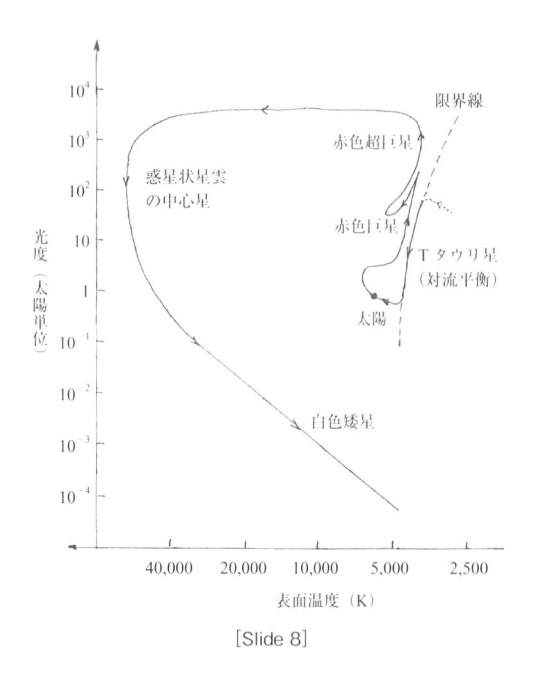

惑星を作ります．微惑星が相互に付着しましてしだいに成長していって，現在の惑星ができる，ということです．特に木星の領域では，そういう微惑星などの固体物質の存在量が非常に大きかったので，早くに現在のコアが成長したのです．そういう理論も，実は図を用いて定量的に説明したかったのですけれども，これは省略させていただきます．

杉本☆　残念ながら時間がないので，省略ということになりましたが，何かご質問があれば，その中ででも答えていただけるかもしれません．

佐々木　太陽に関する質問です．星の進化をやっていて，進化の最終段階までずっと進めていく研究もどんどん，それこそ佐藤勝彦さんの方向に進んでいくわけです．その逆に，もっと以前の太陽系形成が重要だと林先生は思われたのですか．林先生が，太陽系形成を自分がやろうと考えられたきっかけというのは何でしょうか．

林　太陽系形成は Kant, Laplace によって始まるわけですけれども，きっかけの1つは，1960年代に実際のいろいろな物理的な知識が得られ，その中の1つの重要なものとしては，先ほど出ました dust の化学組成の発見があります．それから理論的には私の対流平衡にある星の光度の理論ですね．そういう知識が1960年代に整ったということがあります．さらに基研の研究会が1965，66年に開かれたのです．私はまた，そこでいろいろと勉強することができたということもあります．さらに，ほかの人が誰も研究していないから，太陽系

の起源を研究しようと思ったわけです。

杉本★　それまでの林先生の，星の生まれるときとか，初期の進化とか，観測とか，いろいろなことがくっついて，太陽系の進化をサイエンスとしてきちんと論じる環境がちょうどできてきたので，それをやったという主旨ですね。

林　そういうことです。

杉本★　ほかにございますか。

坂東　林研というのは，先ほど相対論は佐藤先生にお任せとかいろいろとおっしゃったのですけれども，先生はあんまり長いこと同じことをやらないで，次々と新しく切り開いていかれたような気がするのです。前に確か，まだ物理教室におられたときに「5年以上同じことをやるのはあほや」というような話を聞いたことがあります。そのあたりの新しい学問の切り拓き方について何か。

林　私は若いときは仕事を完成すると，それを自分でペーパーに書くよりも，次の問題に取り掛かるほうが早かったのです。つまり終了時点に到着次第，次の問題が頭に浮かび上がってしまったんです。それからもう1つは，人と同じ問題をやらないほうがいいということは，一般的な利点と考えていたことがあります。しかし，太陽系の起源の問題は15年かかっています。

杉本★　早川先生だか誰だかが私におっしゃったのは「同じ問題をやると負けるにきまっていると思え。だから同じ問題をやるな」ということもございます。それはそうですけれども，林先生は切り開いたらあとは，下請け人の仕事，私や佐藤さんの仕事ということにされたらしいのです。

杉本★　相対論とか宇宙論の話は，佐々木さんのところにたぶん出てくると思いますので，そっちへ任せるとします。一つだけ言いたいのは，現在，相対論と宇宙論と素粒子論だけが天体だと思っている人が非常に多いのですが，天体の問題は，星の進化にしても，太陽系の形成にしても，要するに自然界のなかで構造がどのようにして形成されてくるかという問題です。そういう非線形物理のパラダイムはうんと広く，一般化してしまえば，川崎先生からそのうちにコメントがあると思います。

林　最近，複雑系の科学ということが言われていますね。星の進化というのは，その具体的な例でもあると思います。ただその解決のためには，非常に長い時間，つまり100年を要しました。ですから複雑系の科学といっても，そんなすぐに簡単に済むものでは，たぶんないであろうと思っています。

杉本★　じゃあ，またあとで議論していただくことにいたしまして，時間のこともありますので，佐々木さんのほうへ移りたいと思います。

日本天文学会百周年記念企画
5. 林忠四郎先生インタビュー（Ⅰ）(2008年)

『日本の天文学の百年』恒星社厚生閣 (2008年)

　林先生については，今さら説明もいらない世界の天体物理学界の巨人である。インタビューは，2006年5月9日，ゴールデンウィーク明けに京都の林先生の自宅にお伺いして行なった。インタビューアは，尾崎洋二が務め，録音係として編纂委員の福江純，ビデオ係に福江氏の研究室の研究生である渡会兼也があたった。先生は，前もってお知らせした質問事項に対して詳細なメモを用意されてインタビューに応じてくださった。インタビューは2時間を超えたが，難しい話もわかりやすく話していただき，色々と貴重なエピソードも拝聴できた，あっという間の2時間であった。

1　物理学を志す

尾崎　今日は百年史で林先生にお話をうかがうということで，色々とよろしくお願いいたします。

　林先生といえば天体物理学の分野ではいわゆる巨人といわれている方です。それで今日は，先生のよく知られた3つの大きな業績，どれ1つをとっても本当に大きな業績なのですけれども，色々な逸話などがあったらおうかがいしたいと思って参りました。それから日本天文学会にとっては，「林忠四郎賞」という先生の名前のついた賞，これは天文学会の研究者にとって一番大きな賞であるわけで，その林先生におうかがいすることはとてもうれしいことだと思っております。

　まずは時代的に一番古い時からおうかがいしたいと思うのですが，林先生は，第三高等学校を卒業されて，その後東大の物理学科に進学されたわけですね。それはどういうことをきっかけに物理学を専攻されたのですか？

林　旧制三高時代に，哲学に私は興味をもちまして，西田哲学をはじめとして，デカルトやカント，ニーチェ，ハイデッガーなどの本を乱読したのです。十分勉強したわけではないのですが，その結果，当時盛んであったマルクス主義は実証的でないと思いました。将来人類に重要なのは実証的な社会学だろうと考えたのです。その当時もっとも実証的な科学というのは物理学であることを知りまして，まず最初に物理学を勉強してみようというのが，物理学を選んだ理由です。

尾崎　ああそうなのですか。もともとは哲学に一番興味をもたれたのですね。それで三高から東大に行かれた理由は何でしょうか。京大に行く人が一番多いのではないですか？

林 僕はもともと京都に実家があって，ずっと住んでいますから，やはり外へ出てみたいということが一番です。当時，東大の教授陣と京大の物理の教授陣と，どれだけ違うかということはとてもわかりませんからね。しかし東大へ行ったのは，ある意味で幸いだったのです。教授陣をみますと，東大は人材が揃っていたのです。僕はその先生たちの講義を聞きながら，当時刊行されていた岩波の「物理学講座」を勉強したのです。東大の先生方の多くがその講座に執筆されていたのですね。

しかも一般相対論なども，東大には落合麒一郎先生がおられたから，僕はよく理解できたと思います。

尾崎 それで東大を選ばれたというわけですね。それで当時の東大物理学科の様子はどんな感じだったでしょうか。

林 僕は三高時代に物理学の講義を聴いても面白くなかったのです。それで東大へ入って，力学をはじめとする講義のきちんとした中身を聴きまして，非常に興味をもつようになりました。特に量子力学と統計力学と一般相対論は非常に興味をもって勉強したのです。

東大の物理では研究室に分かれるのですけれども，そのときにはまず理論か実験かということですが，当然，理論をやらなければと思いました，そのわけは，先ほど言った学問の内容に興味があったからです。量子力学とか統計力学とか一般相対論ですね，どうしても理論をやりたいと思いました。しかも理論では，原子核と物性に分かれていたのです。僕は原子核，素粒子の方を選びました。それが落合先生のゼミだったのです。

そのゼミでは，ベーテ(H. A. Bethe)の原子核理論のレビュー論文を読みました。それは，1936年，37年に「レビュー・オブ・モダン・フィジィクス」に出た論文なのですが，それが非常にわかりやすく書いてあった。あとは素粒子関係の個々の論文，湯川先生の中間子論などをゼミで勉強しました。ゼミには6人参加していまして，その中には有名な南部陽一郎さんがいました。

ゼミの他に卒業研究の一環としての論文紹介というのがありまして，それは各学生に大体1年に2回，最新の論文を割り当てて紹介させるというのがありました。僕にたまたま割り当てられた1つの論文が，ガモフ(G. Gamow)のウルカ過程の論文です。ウルカ過程というのは，ガモフが超新星の爆発を説明するために考えたものです。ベータ崩壊する原子核があると，それがニュートリノを出して転換する。非常に高温高密度ではその電子がもう1度吸収されて元へ戻って，絶えずニュートリノと反ニュートリノが飛び出して，それが急激な星のコラプス(崩壊)を起こす原因であるという論文なのです。その中に「内部構造論」というエディントン(A. S. Eddington)の本が引いてあったのです。そのときに僕は初めて天体物理の本に触れているのですね。

尾崎 では学部のときにもうエディントンのことをご存じで。

林 いや，中を全部見たわけではなく，一部分しか読んでないのですけれどね。そのときに天体物理の一部を知ったわけで

尾崎　卒業するために与えられた課題に、論文を読む機会があったわけですね。

林　そうなのです。ガモフの論文は最新の論文で、1941年に「フィジカル・レビュー」で出ていましたね。私が紹介したのは1942年なのです。

尾崎　もう戦争が始まっていますよね。

林　戦争のぎりぎりのときに雑誌が来ているのです。

2　京都の湯川研究室へ

尾崎　結局戦争中は外国の雑誌が入らなくなる時代があるのですけれども、その論文を読まれたのがちょうど日本に入ってくる最後の頃だったわけですね。その後、先生は海軍へ行かれたのですね。

林　ええ、それで1942年の9月に卒業しまして、幸い物理教室で嘱託として残るということになったのです。ところがちょうど同日、海軍の技術士官の見習いになりまして、後は終戦まで3年間、海軍の技術士官として勤務したのです。

主として勤務したのは、横須賀の海軍工廠の光学実験部です。ここで、光学兵器の製造修理や光学的な色々の実験をしました。例えば水中カメラとか測距儀の自動制御装置などの研究です。

それで終戦になって1945年の10月頃に大学(東大)へ復帰したのです。

尾崎　その後、京都に移られたと。

林　ええ、東大へ戻っても、東京が焼けたから住む所がなかなかなかったのです。たまたま日本無線の会社の社員寮が物理教室のOBに開放されていたので、そこに入ることができたのです。今度はそこも追い出されて、行く所がなくなったのです。南部君は研究室で寝泊りすることになりました。僕は素粒子論をやっていきたいと思っていたので、たまたま実家が京都ですから、湯川研に入門するという選択がありました。落合先生に相談したら、湯川先生に相談してあげるということで、結局、翌年の1946年の4月に湯川研究室に移ることになったのです。

尾崎　そうですか。すると住宅事情でもって湯川先生のところへ(笑)。聞くところによると、湯川研究室では宇宙物理教室に部屋をもらったという話ですが。

林　最初湯川先生にお会いしたときに、湯川研究室の物理の部屋はもう満杯だが、たまたま自分が兼任している宇宙物理教室の荒木俊馬先生の部屋が空いているので、そこへ入って天体核現象の研究をしたらどうかというお勧めなのです。僕は天体核現象の内容は、はっきり知りませんでしたが、ガモフの論文を読んだ経験上、まあ原子核の知識を使ってやっていける分野であると判断しまして、荒木先生の部屋に入ったのです。それで宇宙物理教室の副手ということになりました。東大では給料をもらっていたのですけれども、副手というのは無給なのです。結局僕は1年半OD(オーバードクター)を経験したのです。

福江　助手とは違うのですか？

林　助手とは違うのです。そして1年半経っていわゆる「ポツダム助手」という制度ができました。

尾崎　そんな制度があるのですか？

林　アメリカ軍の司令部から，大学が無給の人を雇っていることはよくないので，無給の人は皆助手にせよという訓令が出たのです。それで給料がもらえるようになったのです。

尾崎　じゃ副手でやっていても，それが結局実ったわけですね。

林　ですから「ポツダム助手」と称せられているのです。

尾崎　そういう制度があったのですね。それはアメリカ軍から給料が出るとか，そういうことでは？

林　ではないです。政府が出すのです。

尾崎　それは宇宙物理の助手ですか？

林　ええそうです。助教授には宮本正太郎さん，教授は兼任の湯川先生という状況の下で，結局天体核現象の勉強を始めたのです。

林　湯川先生は1939年にソルベー会議に出席するために外遊されて，ヨーロッパとアメリカを回っておられるのです。そのときちょうど，ナチスのポーランド侵攻がありまして，急遽，帰国されました。先生は外遊中にコペンハーゲン学派の人たちと深い交流があったらしくて，そこで天体核現象の重要さというのを改めて認識されました。ソルベー会議にヴァイゼッカー（F. V. Weizsäcker）がレポートを書いているのです。最初そのレポートのコピーをいただいたのです。その中には元素の起源とか，星の中の水素燃焼の核反応などが書いてあるのです。まずそういう物理関係の勉強をずっといたしました。それと同時に天体関係の勉強もしなくてはいけませんので，チャンドラセカール（S. Chandrasekhar）の本とか，先はどのエディントンの本などもじっくり読んでみました。その他，星の内部構造関係は，「マンスリー・ノーティス」（MNRAS）にたくさん論文がありまして，ストレームグレン（B. Strömgren）とかカウリング（T. Cowling）の論文なとでの勉強を開始したのです。

当時は若いために非常に読破力がありました。例えばチャンドラセカールの本が湯川先生の部屋にあったので，それを借りてきたのですが，早く返さないといけないと思って1週間で読みました。読むだけではなく，中身のエッセンスのコピーを自分で手書きしました。

尾崎　それはすごいですね。

林　しかしチャンドラセカールの方はわかりやすいのですけれど，エディントンの方は1月かかりました。エディントンはあれや，これやという書き方をする（天文学全般について博識であるため，1つの事柄を説明するにも関連する事項まで含めて書く）のです。

尾崎　エディントンの方が天文学的ですね。やはりチャンドラセカールの方が数理的というか数物的ですね。僕らなどは天文出身だとエディントンの方がわかりやすくて，チャンドラセカールは数式が多すぎて。

福江　いや，どちらも難しかったですけど（笑）

林　以上のような勉強をして1年後に研究に入りました。一番最初の研究が，赤色巨星の内部構造のシェルソース（球殻源泉）モデルです。1945年にガモフとケラーが赤色巨星のエネルギー源は何であるかと

いう問題を考えました。エディントンの理論によると，星の中心温度は半径に逆比例します。このような低温で起こる核反応があるかどうかというのが問題になりました。それに対してガモフは中心にヘリウムコア（芯）と外側に水素のエンベロープ（外層）があって，エンベロープの底で水素が燃焼しているというモデルを，1945年に出しました。

ところがその計算をよく見てみると，数値計算はしているのですけれど，正確な計算がされていないのです。私は，コアとエンベロープの解がちゃんとフィットしていないのにすぐ気がつきまして，それを計算し直しました。これが星の内部構造の研究の最初の仕事です。このとき，星の内部構造に関する色々な論文を「マンスリー・ノーティス」などで，調べたのです。後でHHS（注：林忠四郎，蓬茨霊運，杉本大一郎の名前の頭文字をとってHHSと略称される，恒星内部構造と進化についての集大成の論文で，Progress of Theoretical Physics, Supplement に1962年に発表された論文）を書く準備は，このときにできたのです。

尾崎 結局それ以前のモデルでは，ホモロガス・トランスフォーメーションすると，巨星では中心温度は下がってしまいますからね。だけどもセントラリーコンデンスした星のモデルの場合は，非常に拡がったエンベロープにもかかわらず中の温度は結構高いシェルソースですね。それは1947年ですよね，随分先端的ですね。

林 いや，それはガモフの論文が引き金にはなっているのです。私は，シェルソースモデルの論文をレターとして1949年に「フィジカル・レビュー」に出しました。

もう1つは元素の起源に興味をもちました。隕石や星の大気の分析で，元素の存在量が水素からウランまで大体わかっていました。それが実際にどうしてできたかという問題なのですね。ところがその元素の存在量は質量数が100以下では大ざっぱに言って指数関数的に下がっているのです。それからあとウランまでは一定になっている。

これを説明するのに，最初は多くの人が原子核のバインディングエナジー（束縛エネルギー）のデータを使って調べたのです。高温高密度の平衡状態が凍結したものであるというのが，最初の考え方なのです。それがどうしても合わないのですよ。質量数が100以上の原子核が大体一定量あるというのは説明できないのです。そういうことを色々調べていたときに，ちょうどガモフのビッグバン理論が出まして，その検討にとりかかりました。

尾崎 要するに宇宙の元素組成のようなことに興味をもたれていたときに，ちょうどガモフの論文が……。

林 来たのです。ちょうど時期的にマッチしているという感じですね。

1948年になってその論文がどこに来たかというと，京都では大丸百貨店の横にアメリカ文化センターというのを進駐軍がつくりまして，ここに色々な学術雑誌が来たのです。そこへ行きました。

尾崎 それはどういう人が見られるのですか？

林 一般の人が見られるのです。

尾崎　借り出せるのですか？

林　借り出せない。

尾崎　いわゆるコピー，筆写するわけですか？

林　ええ，筆写するのです．それが1948年ですね．

尾崎　そうですか．いわゆるガモフのいまで言う「ビッグバンの理論」で元素合成するという話が出て，ちょうど先生が興味をもたれたこととぴったり合ったということですか．

林　そうですね．あと雑誌によっては，京都ではなくて，大阪の中ノ島の図書館にきているというのも聞いて，そこへ一，二度行ってみたことがあります．すると阪大の菊池先生が来ておられてお会いしたことがあります．そういう状況だったのです．ただし当時の雑誌は現在ほど分厚くなくて，薄かったので見やすかったのです．筆記も取りやすかったですね．

尾崎　昔がよかったのは，論文の数が少なかったことですね．今は論文が溢れていて（笑）．

林　昔は研究者の数も少なかったですし．以上が学生時代から「中性子・陽子の存在比」の研究を始めるまでの経過です．

(この後，林先生の3つの大きなお仕事，1. ビッグバン宇宙での水素，ヘリウムの形成，2. 恒星内部構造と進化の研究，「林トラック」発見の経緯，3. 太陽系起源についての京都モデルの話が続いた．ビッグバン宇宙での元素合成は，林先生が30歳の少し前に行なわれたお仕事である．ビッグバン膨張宇宙の初期に，陽子と中性子の存在量が時間的にどう変化するかを当時のデータを用いて数値計算したもので，これによって基本的に現在の存在量を明瞭に説明できた．また日本人の名前を付した学術用語にもなった「林トラック」は，林先生が40代に行われたお仕事である．恒星が誕生する初期に，星の内部全体が対流状態になることを示し，それ以前の常識を覆したものであった．さらにいわゆる「京都モデル」は，林先生が50歳になってから始められたプロジェクトである．比較的質量の小さな原始太陽系星雲から今日の太陽系が形成されるというモデルで，今日の太陽系形成モデルの標準理論とされている．詳しい内容については，紙数の関係上，本書では割愛させていただいたが，2008年の天文月報百周年記念号の特集記事として連載予定)．

3　天体核研究室での後進の育成のこと

尾崎　もう1つ先生におうかがいしたいのは，天体核研究室のことです．やはり林研というか天体核研究室の大きな特徴は，非常にたくさんの優秀な人を育てられたということです．杉本大一郎さんや佐藤文隆さんから始まって，佐藤勝彦さん，観山正見さんなど本当に多くの優秀な人材を育成されたということなのですけれども，それは何かコツのようなものがあるのですか？

林　それはなかなか難しい問題で，本当に人材育成に貢献したのかどうかはっきりしないのですが．1957年から1984年まで27年間教授として，研究室の全員が研究

を推進できるような環境をどうやってつくるかということを考えていたのですけれども，基本的に必要なものは，言うまでもなく，研究を効果的に推進するための設備の充実ということ，また研究室全員の自由かつ緊密な交流ができること．共同研究もまったく自由であること．先輩と後輩との相互作用が重要であること．研究テーマは各人が自由に選択した方がいいということ．それからできるだけ広い学問分野について勉強していくことなどです．例えば天体現象だけでなく素粒子，物性の勉強もすることです．

具体的なスケジュールとしては，まず研究室ゼミが重要ですね．毎週1回研究室で1人が2, 3時間，自由に選んだ論文やテーマについて話をするのです．研究室全員が出席して聞いているのですが，話の途中でも質疑応答は自由です．実際私がもっともよく横槍を入れて質問をしましたが．そういうゼミを週1回やっていて，1年を通して色々な話題が出てくるのです．

尾崎 その当たった人は自分の責任で，どのテーマについて何を話すかというのは本人が決めるのですか？

林 そうです．素粒子論の話をする人がいたり，ある人は地球を回る宇宙基地の話をしました．鈴木博子君などは星間ガス中の化学反応の話をしました．とにかく本人が一番興味を感じた問題でいいのです．ほとんどは宇宙物理関係でしたけれども．

福江 なかなか怖いゼミだったという噂もありますが．

林 それは，おそらく私の質問が大変だったというのでしょう．僕は話の本質を理解しないと気が済まないので，とことん質問したのです．

福江 林先生が一番前に陣取っていたと．

林 横の方にいたのですけれども．しかし僕自身としてもゼミは非常に勉強にもなったのですね．そんな広い分野の論文を読む暇がないので．聞いている人は皆勉強したわけです．

尾崎 それはいいですね．参考になりました．

福江 今は，そんな2, 3時間やらないですよね．1時間半ぐらいかな．

林 ゼミは週末を選んで土曜日にしていました．昔は土曜日が休みではなかったので，それをずっと続けました．家事をするよりは，研究をやっていた方が良い（笑）．

ゼミの他に中間発表会というのをやりました．それは3ヵ月に1回程度，3日間ほどかけて全員が各自の研究の進捗状態について報告をするものです．

尾崎 これは研究室の全員の人が？

林 ええ，全員です．それぞれ各自が2, 30分程度話すということです．私がこれをつくったのは，研究室の人員が増えるに従って，私が各人の研究の進捗状況をちゃんと把握することができなくなったためです．その人が困っているか，また研究が進んでいるかということを知らないとアドバイスできないわけですから．しかし全員が聞いていますので，先輩が後輩に気安くアドバイスすることもできます．

天体物理の講義はずっと1年通してやっていました．講義の前の日には必ず講義ノートのチェックをしていました．

それから私が研究室にいるときは，できるだけ自分の部屋の机に座って勉強することにしていました。するとそれを見た院生たちも，ずっと机にしがみつくべきものだと思うだろうと。

尾崎 先生の背中を見てする，ということですね。

林 見本を示すのは必要だろうと思っていたのですね。

さて，実際に研究室にいい雰囲気ができますと，私の手の届かない問題について先輩の院生が後輩を指導してくれますね。

尾崎 結局先生がきちんと仕事をしていると，その生徒たちもきちんと進めるという見本のような。

林 なかなかそううまくいくのは難しいですけれども。

尾崎 そういう意味では天体物理の分野に限らず，非常に研究室自身が成功した例といえますね。

林 そうですかね。

尾崎 最後に賞のことをお聞きしてよろしいでしょうか。先生はそれこそ国内，国外非常にたくさんの，それも大きな賞をとられていますね。国内では，まず学士院の恩賜賞，これは1971年。それから文化勲章が1986年。日本の財団が主催する国際賞である京都賞を1995年。それから海外では一番有名なのが王立天文学会のエディントン・メダルを1970年。2004年に太平洋天文学会（アストロノミカル・ソサエティ・オブ・ザ・パシフィック）のブルース・メダルを受賞されました。

やはりエディントン・メダルというのが一番思い出深いのではないでしょうか。先生が内部構造をやって，20世紀の星の内部構造を築いたエディントンに因んだ賞を受けられた。あれはイギリスに行われたのですか？

林 当時はテーラー（R. J. Tayler）たちが色々世話してくれたのだと思いますが，私は働き過ぎのためかちょうど肝臓を悪くしていまして，出席できなかったのです。あの頃は毎年のように海外出張を盛んにしていまして，体を壊したのですね。

尾崎 体の具合が悪くて行かれなかったのですね。では，太平洋天文学会のブルース・メダルは？

林 これも出席できませんでした。腰が痛くて，海外旅行は無理でした。

尾崎 ブルース・メダルというのは国際的な天文学会の中では，かなり初期の頃から非常に権威があるものですね。

林 その最初は1890年頃です。受賞者のリストを見ると皆若いときにもらっているのです。ところが例外的にベーテが数年前にもらっているのです。ベーテは僕より年上です。ベーテがもらっているので，僕ももらうことにしましたけれどね。

福江 日本人ではそんなにおられない。

林 日本人は1人だけです。

尾崎 先生が最初で最後です，今の段階では。これから出るかもしれないけれど。

先生は学生のときにベーテの本を読んで勉強したのですよね。後は先生に影響を大きく与えたのはガモフでしょうか。星の内部構造とビッグバンとで，サイエンスの分野で影響を受けられたというのは，ベーテとガモフですか。

林 そうですね。2人ともコペンハーゲ

ン門下の人ですね．2人ともナチスが政権をとった1934年頃にアメリカに移住して，多くの業績を上げました．

4　最近のこと

福江　研究室の懇親会なり，色々レクリエーションも必要ですよね．

林　僕は余り外を出歩かないのですが，研究室のハイキングで色々なところへ行きましたね．亀岡近くの瑠璃渓とか，奈良近辺の山やお寺を相当回りましたし，伊吹山へも行きました．研究室のハイキングというのは懇親のためにも重要ですね．

福江　もちろん当時は男性ばかりですね．

林　しかし2人だけ女性がいるのです．1人は亀井まり子君で，同級生の高原君と結婚しました．それから鈴木博子君．

福江　女の人もおられたのですね．

林　2人いたのです．ですから女性を拒まなかったのです．大学院の入試の成績次第です．

尾崎　先生は最近，若い方と現在も何か研究されていらっしゃるのですか？

林　これまで私は，木口君と成田君と色々議論しながら研究してきました．最近では，宇宙初期の銀河形成に関係する，重力N体問題の計算をやりました．どういうことかというと，初期の重力不安定性で薄いガス円盤ができる．それから細長いシリンダーができる．このシリンダーが縮んで分裂し，紐状の星の集団ができた場合に，最終的な集団の形状がどうなるかという問題です．最後は球状星団になるのです．最初星が円盤状に分布している場合には，円盤回転がある限度より遅い場合は1個の球状星団に，回転が少し速いと二重の球状星団，さらに速いと最大3個の球状星団になります．

尾崎　それを数値計算で？

林　数値計算で以上の結果を出しました．

尾崎　先生自身も数値計算なさったんですか？

林　そうです．数値計算を盛んにやっています．

尾崎　それはパソコンで，ですか？

林　パソコンです．ただし大型計算機を使っていないから計算速度が遅いので，上の研究は最大で1000体の計算ですけれども．

尾崎　いつからパソコンを使って計算されるようになったのですか？

林　退官後です．退官以前は計算する余裕はなかったのです．皆若い人がやってくれましたから．退官後自分でしなければいけないというのでパソコンを使い出したのです．

僕はC言語を使っているのです．退官後に勉強しました．

尾崎　それはすごい（笑）．

林　いや，たいしたことはないですよ（爆笑）．数値計算に必要なのは言語の一部に限られているのです．Cを全部使いこなそうとすると大変だけれども，数値計算をして図を描かせることに限れば，一部の勉強で十分です．フォートランの勉強と同じ程度ですよ．

尾崎　パソコンの言語などは基本的には

言葉を学ぶようなものですよね。ところが言葉を学ぶというのは，若いときはできるけれども，それも退官後に新しく始められるとは。

　林　まだ60歳のときは大丈夫なのです(爆笑)。80歳になると，もうだめです。

　尾崎　普通の人は60歳でもうだめなのですが。

　林　僕は70歳定年説です。多くの人は70歳まで大丈夫と思いますよ。

　尾崎　林先生，長時間にわたって貴重なお話を有難うございました。

日本天文学会百周年記念企画
6. 林忠四郎先生インタビュー（II）（2008年）

天文月報第101巻第5号（2008年）

　日本天文学会創立百周年記念事業の一環として，2008年3月に日本天文学会百年史（本のタイトル「日本の天文学の百年」（恒星社厚生閣），以下では「百年史」と略す）を出版，その中で林忠四郎先生にインタビューを行いました．林先生については，今更説明もいらない，世界の天体物理学界の巨人です．インタビューは，2006年5月9日に京都の林先生の自宅にお伺いして，行いました．インタビューアは百年史編纂委員長の尾崎洋二が務め，録音係りとして百年史編纂委員の福江　純さん，ビデオ係りに福江さんの研究室のポスドク研究生である渡会兼也さんがあたりました．

　このインタビューには，一般的な話と林先生の三つの大きな業績についての専門的なお話（1. ビッグバン宇宙での水素，ヘリウムの形成，2. 恒星内部構造と進化の研究，「林トラック」発見の経緯，3. 太陽系起源についての京都モデル）の両方が含まれておりました．その内の一般的な話は，すでに百年史のほうに掲載されています．一方，専門的なお話については，内容的には天文月報に載せるほうがよりふさわしいと考え，林先生および天文月報の編集長の和田桂一さんの同意を得て，天文月報に載せていただくことになったのが，本インタビュー記事です．本インタビュー記事に先立ち，林先生にどのようなきっかけで天体物理を研究されるようになったかについてのお話を伺いました（百年史の中の第1節「物理学を志す」第2節「京都の湯川研へ」）．それに続くのが以下のビッグバン宇宙での水素，ヘリウムの形成の話です．したがいまして，百年史の林先生のインタビュー記事と本インタビュー記事とを合わせてお読みください．

1. ビッグバン宇宙での水素，ヘリウムの形成

　尾崎　そのときにガモフ（Gamow）の論文を読まれて，ガモフはいわゆる始原物質というものを考えて，それが中性子だけからできていたという仮定のもとで，「$\alpha\beta\gamma$理論」というのを作ったわけですね．それに対して林先生が，そこがおかしいということに気づかれた．

　林　それは1948年の「$\alpha\beta\gamma$理論」の論文を読んですぐに，二つの矛盾があることに気がついたのです．一つは始原物質が中性子だけということ．もう一つは中性子と陽子が反応しながら重い原子核ができるときに，ベリリウム8のギャップを超えなければならない．ベリリウム8というのは不安定な原子核で，二つのアルファ粒子（ヘリウムの原子核）に壊れてしまうのです．

　尾崎　ガモフ自身はそこに気づかずに，

どんどん次々に重い原子核ができるというように。

林 そうです。ベリリウム8の問題はフェルミが気づきまして，すぐに論文を書いています。私は始原物質の問題に精力を注いだわけです。

尾崎 中性子からスタートするのではなく，その前の状況を考えて，ビッグバンの温度の高い状態にニュートリノなどのいろいろなものができて，陽子と中性子が入れ替わってということを考えられて，ガモフの理論をより正しい方向になされたと理解してよろしいですか。

林 ええ，そうです。

さて，陽子と中性子の質量エネルギー差は1.3MeVで，これは大体10^{10}Kの温度に相当します。もっと高温度の10^{12}Kは，中間子の質量エネルギー100MeVに相当します。この温度では多数の中間子が存在しまして，中性子と陽子は中間子をやり取りするので，ほとんど等量存在するはずなのです。それをガモフが中性子オンリーにしたのが，間違いなのです。

低温で起こる中性子と陽子の転換プロセスとしては，電子と陽電子，ニュートリノと反ニュートリノが関係する弱い相互作用があります。ところで電子と陽電子のほうは電磁相互作用によって，宇宙の膨張よりも非常に速く2個のγ線によって電子対が形成され，またその逆が起こっているわけで平衡状態の分布をとります。つまりケミカルポテンシャルがゼロのフェルミ分布です。ニュートリノのほうの存在量については，中間子の崩壊によって，π中間子からμ中間子，μ中間子は電子とニュートリノへ変換しますから，ニュートリノは非常に早い時期にできて，やはり平衡分布に近かったはずです。これら電子とニュートリノの数は，陽子，中性子の数のほぼ10^{10}倍も多かったのです。

さて，ウィーク・インタラクション（弱い相互作用）ですが，これは次の3種があります（ここに図1を使いながら説明）。まず電子が陽子と反応して，中性子とニュートリノができる。それから陽電子が中性子と反応して陽子と反ニュートリノに変わる。もう一つは，中性子が自然崩壊して，陽子，電子，反ニュートリノができる。さらにそれぞれ逆プロセスがあるわけですけれど。この3種の反応の断面積を使っていろんな温度における反応率を数値計算したのです。

宇宙は膨張していますから，一般相対論に従って，温度は時間的に変化します。宇宙の膨張は，よく知られているように重力の影響のもとで，温度の関数として変化します。一方，反応率が温度の関数としてわかっているので，中性子と陽子の存在比が時間的にどう変化するかを数値計算したのです。

福江 数値計算は，当時どういう方法でやったのですか。

林 赤色巨星の内部構造の数値計算と同様に，「ルンゲ・クッタ」の4次の方法を使いました。実際の計算はガウスの5桁の対数表を使って，手計算でやったのです。実質的には5桁の精度はいらないと考えまして，4桁の精度で計算しました。

ところがイギリスの連中は星の構造の研究に7桁の計算をやっているのです。僕は

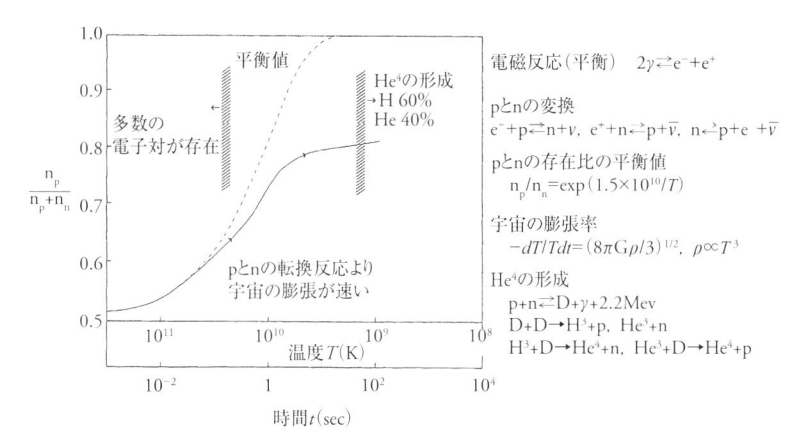

図1 ビッグバン宇宙での陽子,中性子の存在比の時間変化.

天体の計算では7桁の精度はいらないと考えました.その当時回転式の計算機(タイガー計算器)がありましたが,これは音がうるさいので使いませんでした.そこで,僕は対数表を片手にして,計算用紙に罫線を引いておいて,そこへ次々に数値を入れていきました.そうすると星の構造を,中心から表面まで一つを計算するのに丸一日かかったのです.現在の電子計算機では数秒でできます.

しかしこのような手計算は完全には無駄ではなかったと思います.というのは,ルンゲ・クッタの4次だと計算の精度がよくわかるのです.1ステップを4段階に分けて計算しますから,途中の2段目と3段目の数値を比べて,それがわかるのです.さらに,今考えている方程式の解の特徴がよくわかりました.例えば特異点の近くをぐるりと回るような場合の特性がよくわかるのです.

それから HHS(1962年の *Progress Theoretical Physics* の Supplement に出版された林,蓬茨,杉本3人による恒星の内部構造と進化の計算の総合報告)を書くときには自分で計算する時間が惜しかったから,お嬢さんをアルバイトで雇って,計算の仕方を教えて,大量の数値計算を実行しました.HHS にはいろいろなカーブがたくさん書いてありますけれども,それ皆お嬢さんにやってもらったものです.

尾崎 とにかく最初のころは皆,手計算だったわけですね.

林 私はもう全部手計算です.回転式の計算機を使った人ももちろん非常に多かったと思いますけれども,あれを回していると頭が動かないのです.手計算ではいろいろなことを考える余裕があったように思います.

そういう数値計算をして,結局,問題の中性子と陽子の変換の過程を図1にしました.まず図の横軸には時間をとって,宇宙のはじまりから100分の1秒,1秒,100

秒の時刻と，それに対応する宇宙の温度が書いてあります。一方，中性子と陽子の存在比の各温度での平衡値というのがある。この平衡値は中性子と陽子の結合エネルギーの差を温度で割ったものの指数関数で与えられます。図1の点線が平衡値です。もし中性子，陽子の変換過程が宇宙膨張よりも非常に速いと仮定しますと，存在比はこの線上を動くわけです。もし膨張のほうが非常に速いと，存在比は一定です。実際は両方が競争し合って，初期は平衡値に近く，時間が少し経つと膨張のほうが速くなって，図の実線が示すように昔の状態が凍結することになります。

温度が10^9度ぐらいになるとデューテロン（重水素）生成の反応が起こり始めます。重水素は結合エネルギーが2.2MeVで，原子核の中では結合エネルギーが非常に小さいのです。重水素が少しできても，温度がある程度高いときには高エネルギーのγ線がたくさんありますから，このγ線の影響で壊れてしまいます。低温になりますと，γ線の影響が弱くなってきて，ある程度の重水素ができます。そうすると，重水素同士の反応で三重水素やヘリウム3（質量数3のヘリウムの同位元素）ができます。できたヘリウム3は重水素と反応して，ヘリウム4を作ります。このようにしてヘリウムができる段階のときの陽子と中性子の存在比は4対1ぐらいの割合です。ほとんどすべて中性子は陽子と結合してヘリウム4になるので，結局最終的に重量比で水素が60パーセント，ヘリウムが40パーセントできるという結果になります。

当時星を構成する水素量の観測値は，はっきりしていなかったのです。水素量が割合はっきりしたのは，ヴィルト（Wildt）による水素負イオンの研究以後です。私が研究したのはその前で，水素量は50パーセントから80パーセントの間であるといわれていました。私の結果がそれに合ったので，論文を書いてガモフに送りました。彼は高く評価してくれました。

さて反応率の計算をやるときに，実は私はパラメーターの値として不適当な値を使いました。中性子と陽子の変換反応で，弱い相互作用のカプリング・コンスタント（結合定数）の値が必要ですが，それを何から求めるかというと，中性子の自然崩壊の実験値です。私は，その中性子の半減期として20分を使ったのです。当時アメリカの物理学会の講演録から見つけて，それを使いました。しかし，その2，3年後にはその半分の10分という値が知られるようになった。それでガモフの弟子のアルファたちが，10分の半減期を使って計算したら，水素が70パーセント，ヘリウムが30パーセントぐらいという結果が，1953年に得られました。彼らの計算は，私のと基本的には同じです。

尾崎 そのパラメーターだけの差で。そうですか，でもこういう形でヘリウムが宇宙の初期にできるということを示したのは，林先生が一番最初ですよね。

林 これはたまたま宇宙の膨張の速さと，反応の速さがちょうど同じ程度の時代があったということなのです。これを見つけるのに，数値計算をよくしたなと思っています。

尾崎 この場合も膨張宇宙というマクロ

な過程と，いわゆる素粒子間の反応というミクロな過程，その両方を組み合わせることによって決まってくる。星の進化でも，星の内部構造というマクロな部分と，核反応というミクロな過程を結びつけるということで同じですね。

林 そうですね，ミクロの過程というのが，宇宙現象では非常に重要な役割を果たしているということをこれで痛感したのです。

尾崎 ああそうですか。これが第一番目のビッグバン宇宙でヘリウムの形成というお仕事で，結局この仕事自身は「3度K宇宙背景放射」が見つかるまでは，ある意味ではガモフのビッグバン宇宙論とホイル (Hoyle) の定常宇宙論とが競争していて，まだあまりビッグバンというのが広く受け入れられる段階ではなかったのですね。

林 そうですよ，その時は。

尾崎 1965年ですか，「3度K宇宙背景放射」が見つかって，それでビッグバンが宇宙論としては標準理論になったわけで。そこで林先生の仕事がまた注目されたわけですね。

林 そうなのですね。

福江 今のお話で計算は1日かかったと言われていましたけれども，研究のタイムスケールはどれくらい。

林 このヘリウム形成の中性子，陽子の存在比の問題は，全部で半年かかりましたね。若い当時は研究に集中できたのです。

尾崎 実は先生のその論文を見てみたのですが，このお仕事のときに所属が浪速大学ということになっていますね。

林 この研究は，実際には1949年に京大の宇宙物理学教室でしたものです。しかし論文を投稿したのは，ちょうど浪速大学に移った後のことです。

尾崎 浪速大学というのは。

林 現在の大阪府立大学です。

尾崎 浪速大学にはどれくらいいらっしゃったのですか。

林 浪速大学には5年間です。

福江 結構長くおられたのですね。

林 長くいましたよ。浪速大学時代は宇宙物理の研究を離れまして，大学時代の初志に戻って素粒子の研究をしたのです。

そのとき，どんな仕事をやったかといいますと，一つは相対論的な2体問題，陽子と電子が完全に相対論的だった場合の束縛状態はどんな伏態になるのかという問題と，もう一つは湯川先生の提唱されていたノンローカル・フィールド，すなわち非局所場の問題ですね。非局所場の相互作用を私は調べて，それはハミルトン形式で書けるということを論文に書いて，それが僕の学位論文になったのです。僕はその仕事で湯川先生に認められて，湯川研究室に戻りました。これは天体物理の仕事で認められたのではないのです（笑）。

尾崎 湯川研究室に戻られて，今度はまた天体物理のほうに。

林 3年後には，また天体物理に戻りました。

尾崎 5年間の浪速大学時代には素粒子の研究をされていて，そして京都の湯川研究室に戻られて，その後また湯川先生の非局所場ではなく，天体物理の方向へ行かれるわけですね。

2. 恒星内部構造と進化の研究,「林トラック」発見の経緯

林 天体物理に戻る契機になりましたのは,1955年に京大基研の早川幸男先生などが主唱されて,天体核現象の研究会が,基研で2週間にわたって行われたのです。そのときの出席者は,早川幸男さん,武谷三男さん,中村誠太郎さん,畑中武夫さん,一柳寿一先生,小尾信彌さん,その他若手の人々です。

その時に,一柳先生から星の進化の講義を聴いたのです。1950年頃からアメリカではシュヴァルツシルト(Schwarzschild)などが星の進化の研究を始めました。星の中心で水素がヘリウムに変り,だんだんヘリウムがたまっていって,できたヘリウムコアの周りのシェル(殻)で核反応が起こって,巨星になる,大体そういう研究結果の話を聞いたのです。

その研究会には湯川先生も時々出席されて興味をもっておられたので,私はそういう研究も多少してもいいだろうと思いました。まず,ヘリウムコアの中心で火がついた場合の核反応はどうなるかということを,早川さんたちと共同で研究し始めたのです。これは1955年のことです。ヘリウムの燃焼で炭素や酸素ができる熱核反応率を計算しました。この研究は,たまたまアメリカではサルピーター(Salpeter)が独立に行っていました。

1956年にはシアトルで理論物理学の国際会議がありまして,たまたま出席いたしました。私はヘリウム核融合反応の話をしました。その機会にキャルテク(カリフォルニア州パサデナ市にあるカリフォルニア工科大学)に1週間滞在をしたのです。キャルテクにはファウラー(W. H. Fowler)がいまして,ファウラーを頼って行ったのです。ファウラーは核反応の実験をしていて,その実験の結果とか,B^2FH (Burbidge, Burbidge, Fowler, & Hoyle 4人による恒星での核反応と元素の合成についての1957年の総合報告)などの話を聞いたのです。

パサデナにはカーネギー・インスティテュションがあって,サンデージ(Sandage)がいまして,そこへ行きましたら,当時,非常に多数の星団のHR図を見せてくれました。その未発表の資料を僕にくれましてね,これはまたHHSを書くのに非常に手助けになったのです。

尾崎 そこでまた天体物理のほうに。

林 戻ろうかと考えました。素粒子論はちょっと行き詰っていたのです。当時,素粒子論はいわゆるディスパージョン(分散)理論というのが全盛になりかけていました。ディスパージョン理論というのは素粒子の場の理論で,粒子の移動を記述するプロパゲータの数学的解析性の研究なのですね。僕はそれには物理はないと思って,素粒子のほうに見切りをつけて,天体の方へ戻ってきました。

ところがたまたま1957年に,全国に原子核理学,工学の大学院の講座が新設されたのです。京大では原子核理学教室というのができまして,まず二つの講座が新設されました。その一つは名前が核エネルギー学で,天上と地上の核融合の理論の講座です。そこで私は教授になって研究室を作ることになったのです。やがて助教授や助手

もそれぞれ決まり，院生も湯川研から数名の人が移ってきました．新しく院生も入ってきまして，一応研究室ができたのです．

尾崎 でははじめは，天と地と両方あったわけですね

林 地上の方の研究は，数年後にはやめることにしたのです．というのは核融合が実現する見込みは，ここ数十年はないだろうと判断したのです．それで天上の研究だけになったわけです．

星の進化が主眼目なのですが，各段階の星の構造，つまり温度，密度と，化学組成の中心から表面までの分布状況を計算するのです．その分布を決めるのは結局マクロの状態量，状態量というのは温度や密度や組成の関数なのですが，（1）状態方程式といわれている圧力の式．それから（2）輻射と対流による熱伝導の式があります．もう一つ重要なのは，（3）核エネルギー生成の式です．この三つの状態量を正確に知っている必要があります．そのうち状態方程式や熱伝導の式は大体わかっていましたが，全くわかっていなかったのは重い原子核の核反応率です．星の進化に伴ってだんだん重い原子核ができていくときの核反応率を原子核物理に従って計算する，というかなり難しい問題です．その反応率の計算を研究の一つの柱にしました．

もう一つの柱は星のマクロの構造の計算です．星の中心にコアができて，いろいろな元素組成の異なった層構造がつくられます．そこでミクロの核反応とマクロの星の構造の計算を二本柱，車の両輪として研究を行ったのです．その当時研究室には，協力者が多数いまして，それで結局1962年にHHSを書き上げることができたのです．

さて，HHSを書く段階で，HR図の表面温度に低温の限界があるのかどうかが気になっていました．それを調べていまして，主系列前の収縮段階にある対流平衡の星の構造というのを1961年に見つけました．「対流平衡」の問題でヒントになったのが，ホイルとシュヴァルツシルトが研究した赤色巨星の構造です．赤色巨星になると，その外層部には対流領域が現れます．その対流はどうして起こるかというと，その原因は水素の不完全電離のガスの断熱変化の式にあるのです．対流平衡の領域は，一般に，不完全電離の領域より内部の完全電離の領域まで広がっています．星の表面温度がある程度低い場合，星全体が対流平衡になります．これが図2の点線で示した限界線です．

水素が完全に電離していない場合や完全電離している場合は簡単で，断熱変化での圧力は密度の3分の5乗に比例して変化します．ところが，星の外層にある水素の不完全電離の領域では温度変化が非常に小さいのです（図3を参照）．つまりそこでは，深さとともに密度は変化するけれども温度はほとんど変化しない．すると何が起こるかというと，輻射による熱の流れは小さいのです．内部で発生した熱は，対流によって運ばれるようになります．ですから星の光度が十分大きいときには，星の外層は対流平衡の状態になります．

そういう対流領域をもつ星の構造を1961年に調べて，準平衡状態にある星のHR図上の位置には，ある限界があることを見つけたのです．これは私が最初に見つ

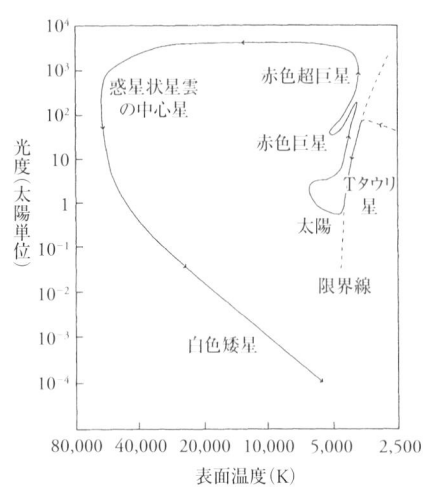

図2　太陽質量の星のHR図上の進化の道筋。

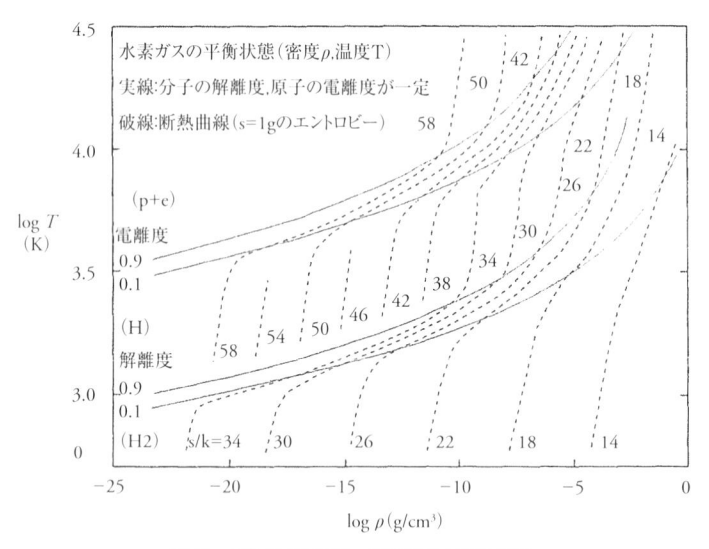

図3　水素ガスの解離，電離平衡と断熱曲線。

けて，あとは蓬茨君に頼んで，いろいろな質量の星の限界を調べてもらいました。

図2は太陽質量の星の進化のHR図です。図の点線はこのHR図の限界線で，実線は林トラックと呼ばれている進化の軌跡です。この限界線の存在にはある条件がありまして，それは恒星が準平衡状態にあるということです。準平衡というのは重力と圧力がほぼバランスしていて，熱の流れは定常であるということです。準平衡状態にある太陽質量の星は，すべて図の点線の左側に存在します。星が生まれる星間雲の温度は非常に低いですから，これから準平衡の星に至るにはダイナミカルな（動的）なコラプス（収縮）の過程が必要です。

尾崎 この仕事をなされたときに，以前赤色巨星の計算をされていたときに，星の構造というのが中心集中型ですね。それに対して，もう一つは，ポリトロープの場合にチャンドラセカールの教科書などにあるように，コラプスト型というのがありますね．しかしそれは結局中心条件を満たすことができない。その境目のところに，表面から中心までポリトロープというのが，限界であるということに林先生が気づかれた。ここからこちらには，平衡状態の解がないと。

林 平衡状態にある星の内部の各点のN（ポリトロープ指数）は1.5より小さくはなれません。この$N=1.5$は対流平衡の場合です。

さて，HR図の限界線の右側にある低温の星では，構造の式を光球から中心に向かって積分すると，対流平衡の状態が続いて，やがて有限の半径のところでその内部の質量がゼロになります。これは$N=1.5$のコラプスト型の解なのです。つまり星は平衡状態にはありません。これに対して限界線上にある星の場合には，ちょうど中心で質量がゼロになるエムデン解が得られます。つまり内部の全領域が対流平衡にある星の解です。また限界より右側の高温の星では，中心に達する前にNの値が1.5より大きくなって輻射平衡の状態に変ります。赤色巨星の外層の構造はこの場合にあたります。

尾崎 それで，前期主系列星の進化が林トラックに沿って起こるのですね。

林 私がそのトラックを考える前には，ヘニエイ（Henyey）たちが完全な輻射平衡，すなわち輻射だけがエネルギーを運ぶ場合を考えたのです。この場合，HR図上の星の収縮の道筋はほぼ水平方向になります。これに対して，私が見つけた準平衡の進化は次のとおりです。

星間雲からの力学的収縮が終ると，星は限界線上のかなり大きい光度の一点から準平衡の収縮を始めます。限界線に沿って光度が下がると，やがて中心に輻射平衡のコアが現れます。光度の減少とともにこのコアの質量は増大し，太陽光度の近くになると，コアの質量は全質量の半分近くになって，道筋は垂直から水平方向に変わります。

尾崎 それまでは，ヘニエイたちがこういう輻射による収縮の（HR図上の）道筋を考えたのですね。

林 そうです。彼らは対流の存在を考えなかったので，HR図の収縮の道筋はほぼ水平になったのです。

尾崎 ホイルとシュヴァルツシルトが

1955年に赤色巨星のモデルを計算して，ここの赤色巨星は外層が対流平衡であることを示しました。ホイルとシュヴァルツシルトは，赤色巨星の場合だけを，要するに進化の進んだ星については，外層は対流平衡だと思ったわけですね。しかし，結局は表面温度が低くなってくると，自動的に外側が対流層になって，それは前期主系列段階の星の場合に当てはまるということを先生が気づかれたのですね。

林 そうです。1961年にバークレーでIAU総会があって，そこで発表したのです。その前にちょうどIAUの恒星の構造のコミッションの座長がシュヴァルツシルトだったので，シュヴァルツシルトにこの論文を送ったら，彼はすぐに理解してくれまして，僕に30分ばかり講演する機会を与えてくれました。そのときにホイルとかキャメロン (A. G. W. Cameron) なども聞いていたのですが，信用しない様子でした。黒板に式を詳しく書いたのですが。

その後すぐにホイルとキャメロンはそれぞれ自分の弟子たちと一緒に再計算し，僕の結果が正しいという論文を，MNRASやApJに出してくれました。

福江 今非常にはっきりわかったのですけれど，いつも授業で全然うそを教えていたと思いました。授業では，対流が起こるのは，味噌汁の場合と同じように表面が冷えて，勾配が大きくなるからということをよく言っていたのです。むしろ勾配は小さくなるのが重要ですね。全く勘違いしていました。

林 僕も論文にちゃんと書かなかったものだからいけないので，1966年のアニュアル・レビュー (*Annual Review of Astronomy and Astrophysics*) にはもう少しわかりやすく書きました。

さて，以上のようにTタウリ星の正体を説明できたのですが，現在まだ残っている問題として，角運動量放出の機構があります。Tタウリ星では，明るい段階では割合速く回転している場合が多いのですね。それが光度が下がると，だんだん回転が遅くなる。これは何で起こるのかという問題ですね。現在，僕は表面から非常に強い恒星風が吹くためだろうと思っています。

尾崎 林先生が1960年を中心に星の内部構造の進化で，HHSでいわゆるおまとめになったお仕事がありますが，それ以外にその当時，ロバート・キャメロンと共同研究をされてますね。

林 この研究は先ほどのHHSの研究の一環として，太陽質量の15倍の星の進化を計算したものです。星の進化は，質量によって非常に違います。例えば太陽質量の星と10倍の太陽質量の星とでは，進化は違うわけですね。私はその当時キャメロンと一緒に，炭素燃焼の段階までの進化を追ったのです。この星の水素燃焼段階の進化は，最初北海道大学の坂下君と一緒に，また太陽の4倍の質量の星は，研究室の杉本君や西田君などと一緒に計算しました。これらの結果を集大成すると，いろいろな質量の星の進化の違いがわかります。HHS当時では炭素燃焼の段階までの進化が計算できていたのです。

尾崎 少し話がずれるかもしれませんが，NASAにはいつ行かれたのですか。

林 1959年です。10ヵ月いました。そ

こで初めて電子計算機に触れたのです。IBMの電子計算機が当時NASAにはなくて，ビューロ・オブ・スタンダードにありました。その計算機を使って，星の内部構造の計算を始めたのです。そのとき計算機は非常に便利だと思いまして，日本へ帰ってから，大型計算機を大学の共同利用のために設置する必要があるという運動もしました。

尾崎 そうですか。NASAでの向こうの現伏を見て，日本もやはり計算機をきちんと導入してやる必要があるということをお考えになった。

林 星の進化の計算で非常に苦労したのは，いろいろな質量の星の進化を追おうとしますと，非常に広範囲の状態量を知る必要があることでした。例えば，密度は10^{-6}から10^{14}g/cc，また温度は100度から10^{10}度ぐらいまでの状態を完全に知らないといけないのです。これには量子力学や統計力学の知識がどうしても必要なのです。

さて，星の進化の問題は，20世紀の最大の課題の一つだったのです。20世紀の初頭には，エムデン（Emden）が「ガス・クーゲルン」（ドイツ語でガス球という意味）という著書を著し，いろいろなポリトロープの数学的な基礎を築きました。1920年代にはエディントンが，サハ（Saha）の電離式と，当時知られた輻射の吸収係数（これは量子論の発展の段階で，対応論的な計算からクラマースが求めたものですが）を使って，初めて主系列星の構造を明らかにしました。それが1920年代です。その後，ストレームグレン（Stroemgren）やカウリング（Cowling）らにより，いろいろな星のモデルが作られました。次は1938年から39年のベーテ，ヴァイゼッカーによる核融合の発見ですね。これも量子論から発展した原子核理論の結果です。星の進化の研究は，その後ごく最近までまだ続いていました。超新星爆発の問題は最近まで行われていましたね。つまり，星の進化は20世紀の100年間かけて発展した分野ですね。

ところで，尾崎さんは1960何年だったかな，私の研究室へ来られたのは。

尾崎 私は1961年に学部を終えて大学院に入ったのです。先生のHHSの論文は，私が修士2年のときに出たのです。実は，私は畑中武夫先生の「宇宙と星」を読んですごく感激しまして，星の内部構造の研究をしたいと思って東大の大学院に入り，大学院の修士課程の修論は星の進化の研究で出そうと思っていたのです。まさにその時に，HHSが出たのです（笑）。それで私がゼミでHHSを読んで紹介しましたら，ゼミに出ていた人が，「じゃあ，もう内部構造はみんなやられてしまいましたね」って（笑）。そのときは私もどうしたらいいのだろうと思ったのですけれど，少し気を取り直して，星の内部構造とその周辺分野の研究をその後続けてきたわけです。それで東大で海野先生の助手になって何年目だったでしょうか，ちょっと一時期（1ヵ月ほど），林先生の研究室へ身を置いたことがありましたね。

林 しかし，その後連星の進化をずっと研究してこられましたね。

尾崎 はい，星の内部構造から派生して，近接連星の降着円盤の研究をしてきまし

た。

3. 太陽系起源についての京都モデル

尾崎 それでは，こんどは太陽系起源の研究の話に移りたいと思います。先生は宇宙論から始まって巨星の内部構造と進化の研究をされて，その後，太陽系起源の研究に進まれましたね。その理由は，やはり林トラックというか前期主系列星に興味をもったからでしょうか。

林 そうですね，それは大きい理由の一つです。そのほかに，1960年ごろから太陽系形成に関するいろいろな観測の資料が非常にたくさん出てきたのです。例えば太陽系を作る物質の化学組成がはっきりしてきたのです。これは隕石や星の表面の大気の分析から，相当正確にわかってきました。それから星間ダストの観測も出てきました。ダストというのは岩石や氷の微粒子ですが，半径が0.1ミクロンのオーダーだということもわかってきました。それから太陽系の年齢が46億年ということもはっきりしました。1970年代になると，データはさらに増えてきました。ミリ波の電波によって星間の分子雲が観測されてきましたし，また赤外線での観測では，一つの例ですけれども原始星の周りにダストの円盤があることが見つかりました。

もう一つ重要なのは，人工衛星によって，木星と土星の周囲の重力場，マルティポール（多重極）の重力場が調べられました。その精密測定から，木星と土星はコアをもっていて，そのコアは地球質量の10倍程度，氷と岩石からなっていることもわかりました。

さて，1970年にわれわれの原始太陽の周りを回る準平衡状態の原始太陽系星雲の進化の研究を始めました。この星雲はガスとダストからなっていて，円盤の形をしています。

尾崎 現在ではこれは「京都モデル」と呼ばれているわけですけれども，当時 A. G. W. キャメロンが出していたもう一つの太陽系形成モデルというのがあって，林先生を中心とした京都モデルと，二つが競争していたわけなのですね。

林 キャメロン一派も同じころに研究を始めたのです。彼らは，太陽系円盤としては太陽質量と同じ程度の星雲を考えたのです。しかし，そんな大質量のものは，木星程度の質量の多数のガス雲に分裂するのです。木星質量程度になってしまうのです。すると太陽系は木星ぐらいの惑星の集団になってしまって，地球などの内惑星がどうして作られたかという問題が起こるのです。

それに対して私たちは，太陽質量の100分の1から10分の1程度の薄い円盤を考えたのです。それは，現在の惑星を作るのに十分な質量です。これが京都モデルです。私たちは地球型惑星と木星・土星型惑星，それから天王星，海王星のすべてを一挙に説明することを考えたのです。

すべての惑星ができるまでのプロセスをいろいろな段階に分けて計算したのですが，それには15年ほどかかっているのです。

これらの計算は，私と当時助教授だった中沢清君が中心になって，多数の大学院生

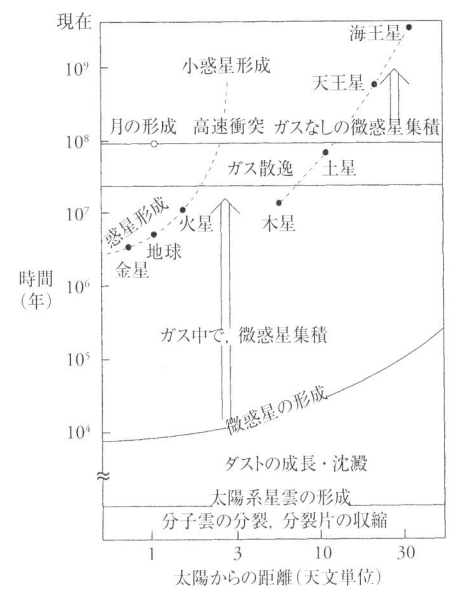

図4 原始太陽系星雲の惑星形成にいたる進化での惑星の形成。横軸は太陽からの距離で，縦軸は時間。

の協力を得て初めてできたものです。図4は，横軸は太陽からの距離，縦軸は時間です。初期は原始太陽系星雲が存在したというところから計算を始めました。ダストが衝突しながら成長して，円盤の赤道面に向かって沈殿していく。その結果，赤道面に非常に薄いダスト層ができて，それが重力的に不安定になって分裂するのです。分裂してできたのが，半径が1キロメートル程度の微惑星です。円盤内にはまだガスは存在していて，ガス中で微惑星が衝突しながら集積していくのです。どれぐらいの時間で地球型惑星ができるかという計算をしました。

木星より外部の領域では，温度が低いために氷のダストが岩石のダストの3倍以上も存在していて，微惑星は比較的早く成長します。その質量が地球の10倍ぐらいになると，その重力が非常に強くなって，周りのガスを早く集めて，木星と土星ができます。土星が完成する頃には円盤のガスの散逸が進んで，天王星と海王星はガスなしの状態で作られます。

小惑星の領域では，岩石のダストしかないので微惑星の成長に時間がかかります。微惑星がある程度成長したものが，現在の小惑星です。

尾崎 ガスの散逸は太陽からの放射圧によるのですか。

林 それは，太陽風と太陽紫外線のため

です。月はガスが散逸後にできたものと考えられます。

さて，以上の計算の結果のまとめを，1985年の「Protostars and Planet II プロトスターズ・アンド・プラネット II」（アリゾナ大学）の研究会で発表したのです。（冊子を示しながら）これがその時まとめたものです。

この京都モデルを研究中には，私どもの研究室で，数年間，毎年のように研究会を開いていました。そのときには小惑星関係の古在由秀さんも出席されていました。

さて，太陽系の研究を始めたのが50歳のときなのですが，私が天体力学の勉強を本格的に始めたのがその時なのです（驚）。ブラウワー（Brouwer）の本などを読みましたが，とくに役に立ったのは荒木俊馬先生の本です。

尾崎 50歳を過ぎてから天体力学という新しいことを始められたのですね。

林 現在では，50歳はまだ若いと思いますが。しかし，70歳を過ぎるともうだめですね（笑）。で，あなたは？（爆笑）

尾崎 私は，今67歳なのですけれども（大爆笑）。

尾崎 振り返ってみますと，先生は，最初に宇宙論でビッグバンでの元素の合成をやって，次に宇宙の中で星がどのように進化するかという話をして，それから星の中での元素の合成をやって，今度は太陽系がいかにしてできるかということをやってと，初めからレールを敷いてやってきたように見えるのですけれど。しかし実際には。

林 何も予定していたわけではないのです。結果的には遠方の宇宙から出発して，身近な地球に近づいてきました。

さらに夢としては，地球上の生物の起源，人類の発現，そして人間社会の発展にわたる研究があります。

尾崎 本当を言えばもっと，次は生命の起源，生命の進化，そして人間の進化，そして社会の進化ということですね。

林 まあそれは夢です。一人でそんなに研究できるものではない。ところで，最近では生命の起源に関して，中沢清君が高温の海水中でのアミノ酸の形成の問題を研究しています。

彼がそういう夢を継いでくれればと思います。

尾崎 先生に従って，弟子たちが後を継いでくれる。

林 そうなのです。

さて，宇宙での太陽系の形成についても，太陽系外の惑星の発見が1995年にありまして，現在までに系外惑星が150個ぐらい見つかっています。それも含めた太陽系形成の研究が中沢君，関谷君，中川君たちと，その門下生によって現在も続けられています。

尾崎 先生は最初に哲学に興味をもたれて，そういう形で最終的にはまたそこへ戻ってこられるという。

林 若いときの最初のビッグバン宇宙での中性子・陽子比の問題では，実際研究を始めてから完了に半年で済んだ。そしてHHSはもっと長くかかった。年をとるとともに一つのテーマの研究時間はだんだん長くなってきました。

福江 問題もだんだん複雑になってきていますしね。

林　そうなのです。

　専門的なお話はここで終了し，百年史の記事（第3節「天体核研究室での後進の育成のこと」）へとインタビューは続きます。百年史の林先生のインタビュー記事と合わせてお読みください。

核融合科学研究所　アーカイブ室企画
7. 林忠四郎氏インタビュー記録（2008年）

核融合文書100-09-01
聞き手・編集：木村　一枝，録音・写真：花岡　幸子
日時：2008.10.28　2：00-4：00p.m.，場所：林忠四郎氏宅

はじめに

京都大学名誉教授の林忠四郎氏にインタビューを行った2008年は日本の核融合研究者の組織である核融合懇談会（現プラズマ・核融合学会の前身）が発足してから50年目の年である．日本では1950年代の中頃からいくつかの大学や研究所で核融合の萌芽的な研究が行われるようになった．世界的な時代背景としては，1953年12月の国連総会でアメリカ第35代大統領のアイゼンハワー（Dwight D. Eisenhower）が"Atom for Peace"の演説を行い，1955年8月には，国連による第1回原子力平和利用国際会議で制御核融合の可能性が述べられていて，核融合への関心が高まっていた．

京都大学は日本で最も早く核融合研究に取り組んだ大学の一つである．核融合科学研究所アーカイブ室では核融合研究に関する史料を恒常的に収集・保存しているが，核融合研究黎明期の京都大学の史料は可能な限り収集・保管した．会議の議事録などの史料を基に歴史の事実の概略は知ることができるが，どのような背景や事情で核融合研究が進められたかは読み取れない．50年前の京都大学で核融合研究の黎明期の史料には林忠四郎氏が活躍した事実を示しているものの，東大で素粒子論を学んだ林氏が何故核融合研究に携わることになったのか，林氏率いる共同研究はどのようなものだったのか，さらに，何故数年後には研究の重心を宇宙物理学に変え，核融合から離れたのか，それらを説明できる史料は何もない．林忠四郎氏にインタビューを行い，京大において核融合研究がどのようにして始まったのか記録資料では分からない史実を明らかにして，核融合アーカイブスの史料として残したいとの意図からインタビューを行うことになった．

インタビューの準備をしている過程で入手した林氏に関する情報により，インタビューの構想を少し変更した．まず，2008年は核融合研究にとって50年目の節目であるが，奇しくも日本の天文学は100年目の記念の年であり，その記念行事の一環として林氏へのインタビューをすでに2006年に行っていた．また，米寿を迎えて林氏は私家版自叙伝を著わし，2008年春に（お祝いの席に集まった）門下生にコピーを配布されていた．この先行する二つの情報の二番煎じにならないように，伺うのは研究面では核融合に特化し，プライ

ベートな話は研究職に進まれた背景を理解できるような視点からインタビューを行った。

インタビューの背景として，第1回原子力平和利用国際会議前後，日本に核融合研究が具体的にどのように展開したかについて，核融合アーカイブスの史料に基づいて簡単に記しておきたい。

この原子力平和利用国際会議には，日本から政府関係者，国会議員，原子力関係の物理学者などが出席していたが，後に核融合に関係する研究者は参加していなかった。しかし，1955年9月にメキシコで開催された宇宙線国際会議に出席した早川幸男京都大学基礎物理学研究所教授（当時）がアメリカの核融合研究（マッターホルン計画）について聞きおよび，湯川秀樹京都大学教授（当時）に手紙を出した。その中で「日本でも，核融合研究を始める必要がある，日本においては基礎物理学研究所で始めるのがよく，今から始めれば米国に追いつくであろう。必要な学問分野は，宇宙線，分光，加速器，放電，天文などである」と述べている。
（早川幸男「湯川秀樹への手紙 1955. 9. 19」素粒子論研究　1955，530-533）

1955年当時，日本では，理化学研究所，電気研究所，京都大学基礎物理学研究所，東京大学，名古屋大学，大阪大学，東北大学，日本大学などで宇宙線，分光，加速器，放電，天文の学問分野の研究者が核融合研究に関心を持ち始めていた。京都大学では，原子力平和利用国際会議に先立つ1955年2月に基礎物理学研究所において全国規模の2週間におよぶ天体核現象のセミナーが行われ，核融合反応に対する関心が示されている。天体核現象セミナーは研究者の次のような問題意識を基に開催された経緯がある。「水爆の平和利用が可能か」（中村誠太郎），「天体と原子核物理学という境界領域の研究を協力し合ってしたい。自分たちの手持ちの物理学の知識で宇宙の現象が処理できるか」（武谷三男），「原子核反応の値だとか式がよいものかどうか。私の知らない原子核反応があるか」（畑中武夫）。
（「大宇宙の原子核反応を語る」科学朝日　1955. 4，pp. 41-51）

さらに翌年の1956年，京都大学では研究分野を拡大して天体の核現象と地上の超高温核融合を合わせた超高温研究会が開催された。これは世界各国で多くの核融合研究が発足，推進されるようになった状況に対応したものだったといえよう。湯川秀樹氏の研究ノートにも林忠四郎氏の講義メモが残っていて，いろいろな機会に任意の研究会が行われていたことが窺える。
（湯川記念館史料　史料番号：N151 010　原子力研究会・原子力懇話会，林君：融合反応の制御　Dec. 13, 1956　Bethe, Weizsaecker, Stellar Energy Source, 1. 熱核反応, 2. Energy gain & loss, 3. Confinement, 4. Pinch effect, 5. Necessary conditions などの3ページのメモ）

林忠四郎氏は地上の核融合炉の重要性を考え，京大全体の共同研究を構想した。理学部，工学部，教養部，基礎物理学研究所，化学研究所など領域を横断して組織作りを始め，リーダーとしてプロジェクトを推進した。最初に作成したプラズマ発生実験装

置は陶磁器製トーラスで，ヘリオトロンAと名付けられた．現在の核融合科学研究所の大型ヘリカル装置の源である．

冒頭に記したように1958年には研究者の組織である「核融合懇話会」が発足したが，時を同じくして，原子力委員会は我が国として最初の核融合研究に関する具体的方針及び研究体制を審議するために核融合専門部会を設置した（1958年4月～1960年10月）．原子力委員会，日本学術会議，文部省などでの審議の結果，1961年名古屋大学にプラズマ研究所が附置され，全国共同利用研究所として核融合研究を進めていく拠点が誕生した．

第1章　京大副手・助手（1946-49），大阪府立大助教授時代（1949-54）

木村　よろしくお願いします．

林　僕はよくたばこを吸うんですが，たばこを吸っていいですか．

木村　どうぞ．どうぞ．

木村　まず，東大をご卒業になる頃からのお話しを伺わせてください．

林　僕は南部陽一郎君とは学生時代同級で，同じ落合先生[注1]のゼミにいたわけです．それで2人とも大学に嘱託として残してもらえることになったんです．

木村　お二人が成績はよかったのですね．

林　そうだと思うんですけど，ほかの人は名古屋に回されたり，九州大学に行った人もおります．ところが戦争中だったので卒業の翌日には嘱託の方は停職になって僕は海軍の技術士官，南部君は陸軍の技術士官としてもう兵役に就いたんです．それで終戦までずっといまして戦後，東大に帰ったんです．ところが借りていたアパートが日本無線の社員用のアパートで，それは東大物理の関係の人たちには貸してくれていたんです．

木村　特別に．

林　ところがもう終戦になったので出ていってくれということになりまして，仕方がないからそのとき東京で下宿を見つけるのはとても至難のことだったですから，南部君は研究室に寝泊まりすることにしまして，ちょっと考えて，湯川先生がおられるので，僕は実家が京都ですから京都へ移ったんです．

木村　昭和21年の4月から京都ですね．

林　そうなんです．最初は素粒子原子核の研究をするつもりでいたんですけど，自叙伝[注2]に書いてありますようにそのとき湯川先生から，ついでにとおっしゃったかどうかわからないけども天体の核融合関係の問題をやったらどうかと．僕は両方やるつもりで研究を始めたんです．

木村　湯川先生の意図は，林先生が素粒子の勉強をされたものを土台に，天体のところが未開拓だったからということですか？

林　そうですね．湯川先生は天体における核現象には非常に興味を持っておられたんです．それは1939年にヨーロッパへ行かれまして，そのときにコペンハーゲンなんかで当時の量子力学を作られた方々と会われて，そのときはワイツェッカーなんかからいろいろな話も聞かれて，またアメリカへ回って帰ってこられたんです．アメリ

カでもたぶんいろいろな人に，ベーテとかに会われて，湯川先生は非常に重要な課題であるということは思っておられて帰ってこられて湯川研究室でそういうゼミもちょっとはやっておられたらしいです。それで僕が現れたので，僕にもそういうことをちょっとやってみよということだったと思うんです。

木村 ちょうどよかったのですね，ちゃんと原子核物理学のわかった方に新しい天体のところをつなげてほしいと。

林 そうなんです。

木村 先生の最初の研究が天体の核現象のことですね。大阪府立大に移られるまでにいくつか重要なお仕事をされています。

林 その点，すごくガモフ[注3]とは縁が強いので，特にビッグバン理論をガモフは出しましたのでそれについての仕事をやりまして，それが宇宙初期の元素形成の問題です。結局水素とヘリウムがちょうどうまい具合の割合でできるということをそのとき見つけたのは3番目ぐらいのペーパーですか。その前にもガモフのペーパーで赤色巨星の説明，どうして膨れあがるのかという問題があったので，そのとき僕はガモフの計算の誤りに気が付いて，正確にやればやっぱり広がるんだということは最初のペーパーだったんです。それで大阪府立大に移るまでにそういう天体の仕事をしていたんですけど，大阪府立大に移ったら今度はもう1回素粒子に戻ったんです。素粒子関係の論文を書きまして，それが学位論文になったんです。

第2章　京都大学助教授時代
（1954-1957）

林 また大阪府立大学に5年間ほどいたんですけど，僕が書いたその素粒子論の論文というのは湯川先生が当時，一番関心の深かったノンローカル理論，非局所場理論なんです。それがどうも湯川先生のお気に入りになったのか，京大に戻ってくるようにとおっしゃって，僕は京大の助教授として戻ってきたんです。それが1954年です。僕はそこで素粒子の論文を少しは書いたんですけども，なかなか当時の素粒子論は難しい状況にあったのでいいテーマを見つけるのに非常に苦労していたんです。そうしたらその翌年1955年にはちょうど天体核現象の研究会がありまして，これは早川さんなんかが中心になってされたんです。僕はそれがきっかけになりましてもう1回天体の研究に戻ることになるんです。

木村 それは2週間にわたる20人ぐらいの研究会で，核融合における意義というか役割は非常に重要な研究会ですね。

林 お詳しいですね。そのとき僕は数年間天体の星の進化の問題はやっていなかったんですけども，アメリカでもシュバルツシルト[注4]なんかが始めまして，そのおかげでそれが盛んになってきていることをそのときにもう1回教えられたんです。

木村 天体に戻られたというのは先生のお気持ちとしては，わりあい必然的な。

林 じゃないんです。いや，それはわかりません。ちょうど素粒子論に適しそうな問題がなくて当時は南部君なんかも苦労していたんだと思います。だから1961年に

今度のノーベル賞のもとになった「自発的対称比の破れ」という論文を書いているんです。

木村 先生の自叙伝に52年にはもう南部先生はアメリカに移られてしまったと。52年というのは30歳ぐらいですか。

林 すごい早かったです。

木村 物理学会で早川幸男先生をしのぶという座談会がありまして*5（座談会記録を開きながら）．

林 僕はそのときには出席できなかったんです。

木村 この中に林先生のことが出ています。座談会の出席者には山口嘉夫先生とか西村純先生，田中先生，菊池先生，梶川先生，早川先生のお弟子さんだった松本敏雄さん。

林 みんなよく知っています。

木村 その中で，林先生を引っ張りこんでまたもとの宇宙に戻したのは自分であると山口先生が発言しています。

林 そうです，このとおりです。

木村 湯川先生もそう望んでいらしたのかもしれない，どうでしょう？

林 必ずしも，そう言えません。当時の湯川研究室は井上健さんと僕が助教授だったけど，やっぱり素粒子論をちゃんと育てていかなければという使命があると思っていたんです。

第3章　天上ならびに地上の核融合理論

林 それでたまたま1957年に原子力関係の講座ができまして，それは核エネルギー学講座というのが教室は原子核理学教室になって，僕はその公募にアプライしてそれが通りまして57年，助教授になって3年目に新しい講座の教授になったんです。その講座の目標が，天上ならびに地上の核融合理論ということになっているんです。

木村 一貫して先生は理論を，そこで星の構造の研究と核反応率の研究を通して星の進化の一生を明らかにするという研究。

林 ちょうど天上と地上のこの中身の研究がその講座の目標に。

木村 先生の研究が始まったんですね。

林 講座を要求したときの書類を見ましたらそう書いてあるんです。それでいろいろそちらの研究をすることができるようになって僕もちょっと気が楽になったんです。湯川研究室にいたら素粒子論ばかりやっているようになるのが。

木村 55年の天体核現象研究会のときはまだ素粒子論のところにいらしたから。ここで初めて天体の研究，星の進化の研究に専念できるようになって。

林 そうなんです。その方が結局，性に合っていたんですね。

第4章　物理学者と原子力研究

木村 この57年，そのころまでに世の中では例えばアメリカの水爆の実験とか，

林 いろいろなことがありましたね。

木村 それから原子力の予算がついたとか原子力委員会ができて湯川先生がかなり政治的なところに引っ張り出されてしまったということもありましたね。学術会議で

も茅先生，伏見先生が原子核の研究を提案されたけれど通らなかったということがあります。世の中一般には核というとアレルギーがあるかもしれませんけれども物理の研究者はどうでしたか？

林　それは我々にすれば，特に原子核を研究していた人たちは物理学が原子爆弾を作ったということに対して後ろめたさを持っていたと思います。だから，あと，やっぱりそれを取り戻すためにも人類に最も貢献するのは核融合の炉ができれば取り返すことになるんだろうという気はありました。

木村　学術会議が昭和24年にできたときもやっぱり，その科学者の反省みたいなものがありましたね。

林　それはもちろんありました。ですから3原則なんかもいずれできたわけですけども，そうなんですね。

木村　ただ研究者の茅・伏見提案というのは学問としてきちんと原子力をやっていかなきゃいけないということだったわけです。それでも広島大学の先生が原爆のお話をされたのでやっぱりもう撤回せざるを得なかったとかいうことがあって。

林　それはあったんですかね。広島大学の先生，三村さん注6だったかな。

木村　そうです。やっぱりすごくそれは影響があったこと。

林　だから物理学者は，特に原子核物理学者はもっとちゃんとした人間の倫理を取り戻さないといけないというので地上の核融合の研究を始めたというのも一つの動機としてあるでしょう。

木村　湯川先生もやっぱりそういう原子力の平和利用については使命感のようなものを持っておられたのでしょうか？

林　そうです。昔，原子力委員になられてやっぱり湯川先生の大きい一つの仕事はそれを推進されることであっただろうと思うんです。

木村　原子力委員会の核融合専門部会に途中から林先生は推薦されて専門委員になられました。

林　その書類はコピーを送っていただきました。

木村　あれは日本における核融合研究の方向性というんでしょうか，方針を決めなければいけない委員会だったようですが。

林　ではあったんでしょう。しかしなかなか皆さん，その委員会はいろいろな分野の人の集まりだったですから。結局，焦点が決まらなくてA計画，B計画とかそういうことでいろいろな議論がされたんですけども，非常にはっきりした方針を打ちだすのはたぶん当時としては難しかったです。それで最終的にはプラズマ研究所を名古屋大学に作るということで決着はしたんです。

第5章　京大教授時代（1957-1984）とプロジェクトヘリコン

木村　やっぱりまだ始まったばかりだから，ある程度の大きさの装置をといってもなかなかむずかしいですね。

林　それは本当のちゃんとした実験をやろうとされていたけどもやられたところはなかったわけですから。僕のところの京大もヘリオトロンのAを作りましたけども，

それもちゃんとした結果は出せなかったわけです。

木村 それは1959年にできていますけれども，京大の共同研究のプロジェクトは理学部だけじゃなくて学部を越えていますね。

林 そうです。僕は57年に教授になりまして，そして早速その京大としての共同研究的なものを始めたらどうかということになりました。それには湯川先生と小林稔先生とか，それから当時，僕の原子核物理学教室の実験の方の講座の四手井綱彦先生，そういう方々の紹介を僕はもらいまして，工学部の電気教室の林重憲先生と，もう1人の方，今ちょっと電気教室は名前は忘れてしまったんですけども。それから教養部に物理出の三谷（健次）先生というのがおられまして，そこの研究室へ伺って。もちろん京大の物理教室は物性関係のいろいろな講座もありましたのでそこの先生方に面会して，共同研究したらどうですかということを提案したんです。そうしたら皆さんに賛成していただいて，若手の研究者，例えば林重憲さんとか宇尾（光治）さんです。宇尾さんは助手だったんですけど，そのときもう一つの電気の研究室の板谷さん。

木村 板谷良平先生。

林 ご存じですね。それで僕の研究室では寺嶋（由之介）君，それから四手井先生の研究室ではそのとき助教授だった武藤二郎さん。それから物理学第1教室の物性関係ではみんな助手とかそういう方であった田中茂利さんとか西川恭治さんとか，そういう人をみんな集めて。注7

木村 毛利明博先生は入っていましたか。

林 毛利さんも物理教室におられたんですね。それで皆さんそういう若手の方，四手井先生を除いて僕以外はみんな若いんです。そこでいろいろな議論をしました。そうしたらちょうど僕のところの講座ができましたので，その講座の設備費がついてくることになりました新設の設備費ですけど。そこの講座は理論ですからあまりお金のいらないところで，僕は講座へ確か100万円ぐらいだったと思うんですけどそれは出しますと。それで小さい装置を作ったらどうですかということになったんです。

それでその装置の磁場の設計なんかは宇尾さんにお願いしたかもわからないですけども実際，実験装置は原子核実験をやっておられた武藤さんが，ちょうど物理教室にはコッククロフトの加速器がありましたので，その加速器のビームを利用してプラズマを加熱するということにすればちょうどいいんじゃないかということでヘリオトロンAを注文したんです。そのときには林重憲さんのご紹介で，京都の稲荷神社の近くに松風陶歯製作所というのがあるんですが，そこに注文書を出したんです。それはまずセラミック製にやってみたんです。

木村 そのアイデアはどういうところから？

林 これはそのときどういういきさつだったかは知りませんけども，とにかく高温に耐えるものでないといけないというのがまず。

木村 材料として。

林 その当時，松風陶歯には京セラの創

始者の稲盛和夫さんがおられたんです。何か非常に熱心な方がおられるということだったんです。僕は後で稲盛さんにちょうど新幹線の中でお話しすることができたんですけど，そのときに「その装置を作られたのはどうですか」とかいうことを言っていたんですけど，思いだされることもなくてこれは確認されていないんです。だけど僕は非常に優秀な方がおられてそれでできたということだけは当時聞いてまして，それでそういうものができてきた。それはトーラスで，半径は，

木村 50センチぐらい？

林 半径50センチぐらいだとこれぐらいだと思っているんです。いろいろな測定装置の窓を開けなければならない問題がありまして，セラミックスにそういう加工をするというのはやっぱり難しいんです。実験を武藤二郎さんがやられたんだけども結局はちゃんとした結果を出すところまでいかなかったんです。一つは大きく，たぶん真空漏れの問題があったと思うんです。僕はその設計図は全然手元にないんです，持っていないんです。僕は実験をやらないから，お金だけは出すと。しかし，とにかく第1歩として，非常に高温のプラズマですからそういうものを，どれだけの温度が出るかわからないから作ってみるよりしょうがないんです。そのヘリオトロンはずっと工学部で宇尾さんの方でだんだん試算し続けてやっていかれて，一番出来上がったものが今，あなたの核融合研究所にあるわけですね。

木村 核融合研のLHDですね。

林 だからその最初の試作品の第1歩はそのとき作ったわけです。

木村 記念すべきヘリオトロンAだと思います。

林 その命名も，僕はヘリオトロンもいいと思ったんですが，四手井先生はそれもいいと，ヘリオトロンでいいということでヘリオトロンという名前は四手井先生が命名されたことになっているんです。

木村 発注するまでの設計に関してのアイディアですが，外国のステラレーターを参考にされたのですか。

林 そのときにステラレーターがあったんです。ステラレーターは楕円形ですけどそれを円形にして，そしてそのときに磁場を作ってコイルを巻いて，宇尾さんが考えておられて磁場を作ってみようということになったんです。

木村 宇尾先生のアイディアですか？皆さんの討論でそういうアイディアに？

林 討論で出たんです。

木村 実験で高温にしてはみたけれど，真空漏れのこともあってあまりいいデータは出なかったそうですね。

林 ちゃんとしたデータは出なかった。だからそのとき，しかし僕はもうそれでいいと思っていたんです。結局また全然新しいものを考えるんですから最初の1歩は何でもいいから踏み出すということをしなきゃ，ということだったんです。それだけ学内でも，先ほど言いましたいろいろな研究所の方に参加していただいて，皆さん非常に乗り気だったですから。そういう方々，あとプラ研に関係したりとか，ずっと核融合研にも関係した方がたくさんおられるので，そのときの人材養成には役立ったわけ

です。

木村 そうですね。先生のおっしゃった田中茂利先生もプラズマ研究所にいらしたし，西川恭治先生は広島で理論の研究センター長をなさっていましたし学部を越えてとか領域を越えて集まったというのは，その時代珍しいことですね。

林 そうかもしれません。僕もそのときは教授になったばかりなんですけど元気があったものだから，応援していただける湯川先生とかそういういろいろな先生がおられたものだからできたんでしょう．応援者があったわけです。

木村 先生ご自身は，例えば原子力委員会の核融合専門部会とかはそんなにご自身からいらっしゃりたいというわけではなかったと思うんですけど．

林 そうなんです。

木村 どちらかというと湯川先生をお助けしたいという感じですか。

林 それとやっぱり自分は使命のある講座の担当に任命されましたから，そっちの方でも運動しないといけないというのはあったんです。ですから自分の研究室は天上ならびに地上の核融合というように分けて，先ほど言いました地上の核融合の方は僕は寺嶋君と天野君などを養成したわけです。だから2分して天体の研究者と核融合の研究者，理論ですけども研究室では二つのことをやっていくというふうにしていたわけです。

第6章　核融合研究の難しさ

林 しかしそこでその決着の時だったですけども，僕はこれ（岩波講座「物理学」の「核融合」，早川幸男と共著で出版）を書くのに一生懸命勉強したわけです。そしてこれが59年です。僕は1960年にはアメリカのNASAへ行きまして，そのときにプリンストンを訪問したんです。そのときにスピッツァーにも会ったんですけど，そのときに宇尾さんがたまたまプリンストンに来ておられまして。

それで宇尾さんにステラレーターの状況についてもいろいろお聞きしたんです。スピッツァーからなかなか直接聞けなかったんだけども，ちょうど宇尾さんがおられたのでプリンストンの方は実際その中身とかいろいろなことをお聞きしました。それでアメリカから帰ってきて結局，僕はそれまでにこれだけ勉強していましたから研究室として高温プラズマ研究を続けるべきかどうかという問題を考えだしました。そして僕の結論は，孫の代にならないと地上の核融合は成功しないであろうと判断したんです。これは大きい判断だと思うんです。

しかし，そのときにこの核融合の高温装置は非常に難しい問題を抱えているということがわかりまして，それは現在，地上のいろいろな普通の磁場を伴わない低温の流体運動でもタービレンスというのは起こりますね。あの理論は本当にまだ確立していないんです。さらにそのほかに自由度として今の高温のプラズマ装置では磁場をどうしても入れなければ，そうすると自由度はぱっと増えるんです。そうするとプラズマ＋それの保持機構，コイルなんかで流す電流とかですが，その間の相互作用があるんです。それの結果いろいろな不安定性とか，

問題はフラクチュエーションが起こるんです。それをちゃんと解明しないと実現できないわけです。これは非常に難しい問題なんです。一つ自由度が増えるとなると、普通の流体に磁場が付け加わると大変なことになるんです。高温になりますといろいろな光を、光子を放射します。それは実際壁に当たったりそんなことをするわけです。ですからプラズマといってもある環境の中にあるプラズマで、その環境全体を明確にするというのは非常に難しいことなんです。だから50年はかかるであろうと、孫の代にならないと普及しないであろうと。その50年というのが今なんです。

木村 そうですね。ちょうど今です。やっぱり難しいところに来ているのですね。

林 僕が生きているうちにやっぱり何か実りのある研究をしたかったですから。だからずっと核融合の理論的な研究をやっていたら何の成果もなかったんだろうと思います。天体をやったから天体についてはいろいろな仕事をすることができましたけど、だから一番難しい問題にぶつかっていたということ。それは1950年代にはわからなかったわけです。若気の至りで勉強は非常にしましたけれども。しかし、これは何も僕だけじゃなし、世界中の人はみんな核融合の研究にそのとき打ち込んだんですから。

木村 その難しさにしてはずいぶんあるところまで来たんでしょうけれども、なかなかなのですね。

林 現在はね。しかし現在でも、これははっきり言いますとまだいろいろな装置が考えられているわけでしょう。例えば原子力研究所の装置。

木村 JT-60。

林 あれですね。それからまた阪大ではレーザー圧縮でしょう。まだ明確に決まっていないんです。

木村 だから山本賢三先生はもう1度そのスタートに戻るぐらいでもいいのではないかというような、そのぐらいの幅を持って考えてもいいのではないかとおっしゃっていますけど。

林 実際こういう大プロジェクトが実現するのは本当に難しいことです。僕はNASAに行っていましたから、僕が行った1964年ごろに月面着陸のプロジェクトが立ち上がるんです。それをちょうど10年ぐらいで実現しているんです。僕は普通10年ぐらいでできるのがプロジェクトで、核融合というのは超プロジェクトなので。これは実際、実現したら人類のためには非常にメリットのあることなんです。グッドアイデアなんです。ウラニウム資源が尽きますから。

木村 そのプリンストンでステラレーターをご覧になったときは、ステラレーターCか何かの非常に大きな建物。

林 あれはどんな何だったかはちょっと今はっきり覚えていないです。

木村 やっぱり装置はわりあい大きい感じで。

林 そうですね。それでスピッツァーも、早速62〜63年で所長を辞めているわけです。スピッツァーだってもう転向したわけです。

木村 ファウラーさんという方にお会いになっていると書いていらして、その方は

ずっと核融合の？[注8]

林 核融合に関係していないです。キャルテックの原子核実験をやっておられた方で星の中での核反応についての仕事をされまして，それでノーベル賞をもらわれたんです。それは僕がNASAへ行く前ですけども1956年に京都の国際理論会議のリターンマッチというのがシアトルでありまして，そのときの帰りに僕はキャルテックへ寄ってファウラーさんと会って，それ以来ずっと交流があったわけです。

それからもう一つ，1968年だったか。イタリアのトリエステで現代理論物理学という国際シンポジウムがあったんです。そのときには素粒子と物性とプラズマ，それから天体物理というのがあったんです。そのときにプラズマ物理に関して当時有名ないろいろな人が各国から来ておられたんです。僕はそのときに核融合に将来性はあるかという問題を聞いたら，みんなは否定的だったんです。

木村 68年のトリエステで。

林 これはそれなりに肯定的な人もおられたかもわからないけど，その人たちは僕が信頼しているような人，ちょっと名前は今，忘れたんですけど，否定的な人で。ギンツブルグなんかも来てくれました。

木村 ギンツブルグ，シュウィンガー，ウィグナー，ディラックという。[注9]

林 そんな調べられたんですか。

木村 先生のお書きになった自叙伝にそういうふうにお書きになっていらっしゃる。

林 もう1人のプラズマの理論家，何と言ったかな。その当時は名前をよく覚えていたんだけども今はちょっと思いだせなくて。

木村 やっぱり難しいというお話だったんですか。

林 そうなんです。そういう難しいということをはっきり知ってしまいましたから，ちょうど早川さんが亡くなられる2〜3年前だったかな。プラズマ研が核融合研に改称されて変わるときにあのとき早川さんからそのための審議会を文部省で作るからその長になってくれないかという話があったんです。僕はもう断ったんです。文部省の方から僕に電話があったんだけども，そのとき断りました。やっぱり将来性がわからなかったわけです。問題が難しいのはわが国の研究の予算ですけど，それを核融合のためにたくさん取るべきかどうかという問題で。しかし現在でも今，国際イーターか，あれで大きい予算を出していますよね。

木村 そうですね。日本の六ヶ所村には招致できなかったのですけれども，経済的な負担は相当あるのではないでしょうか。

林 炉もですね。

木村 だから研究者も相当送り込めればいいんでしょうけれども，大学から多くは参加していないと思いますが原研からは行っていると思います。

林 原研というのは今，スタッフは何人ぐらいおられるんですか

木村 原研について私は詳しく存じません。プラズマ・核融合学会の学会員は千数百人くらいでしょうか。大学，原研の研究者も産業界も全部含めてそのぐらいではないかと思います。プロジェクトが大きくな

るにしたがって各大学でそれぞれが実験をするのはむずかしくなりますね。

林 それはできないですね。

第7章　A計画・B計画

木村 話がまた，昔に戻りますが，先生が1958-59年に京都でヘリオトロンAを作っていらっしゃったころにB計画の委員会といいますか。山本先生が中心になった核融合研究委員会というのがあって学術会議のシンポジウムがあったと思いますけど．

林 その資料はいただきました。

木村 先生は当時どのようにお考えになっていらっしゃいましたか？

林 今はA計画，B計画，その他の議論ということになっていますが，そんなに違わなかったんでしょうね。みんな結局は自分の勢力範囲を考えていたんじゃないかな。それは政治的な論争ですよ。

木村 先生の自叙伝に茨城県の大洗の研究会に出席されたという記述があるんですけど，それはどういう研究会だったんですか。

林 これは昨日何か写真をもう1回整理しようと思って見ていたら大洗の研究会のメンバーの写真がありましたので，よく覚えていないんですけど，それのA・B計画の議論中の時期でプラ研ができる前です。ですから59年ぐらいのときなんですけど，そこにちょうど長期，1週間ぐらいだったと思います。常滑か，大洗か……，常滑は名古屋の近くですね。

木村 愛知県の常滑と，それから大洗で？

林 もう一つ銚子の大洗でみんな合宿して，というか旅館に泊まってシンポジウムをやりました。

木村 山本先生の『核融合の40年』という本がありまして，

林 それもコピーをいただいていました。それに写真が。

木村 あれは常滑での中型装置の研究会ですね。

林 そうでしょうね。この間いただいた，そうですね，40年というのは。

木村 何かとても活発な議論がなされて，同じようなことですか。

林 大洗も同じようなことだったと思います。これを拝見していたときに写真が載っていました。

木村 同じようなメンバーでまた大洗でも。

林 そうです。だいたい同じメンバーです。

木村 B計画の，史料をよく覚えていませんけどそのときのDCXとか，アメリカのステラレーターをいろいろ研究，勉強したのですか。

林 覚えていないですね。ステラレーターのニュースはそのときにはまだ入っていないでしょうから。

木村 ステラレーターは入っていないですか。大学の方も産業界の方もみんな一緒に合宿を？

林 ごく最初は原子力委員会の専門部会にはある程度入っていましたけど，この中のシンポジウムはもう学問的なものですから産業界の人は出席されていないです。

木村　入っていらっしゃらない。

林　このとき僕はいろいろな人に会って．

木村　大河千弘先生もそこに？

林　大河さんはそうです。このときには菊池先生は出席されていたのか。まるきり覚えていなかった。だから日本の大学の研究しておられるほとんどの人，実験しておられる方はみんな来ておられるんです。

木村　皆さんいらしたんですね。

林　東大の木原（太郎）さんは理論ですけども，日大の川崎栄一氏もそうだし，みんなそうだ。僕はこのときにいろいろな人と交流ができたことはよかったと思っているんです。

木村　その後も少しは，お知り合いになった方たちとご連絡がありますか？

林　その後は天体物理の人とは知り合いはたくさんあります。『核融合の40年』というのは，

木村　それは山本賢三先生のお書きになった本です。10年ぐらい前にお出しになって。

林　出されたんですか。そのときから40年というので現在は核融合の50年ですね。

木村　今年は50年の特集です。ちょっとお休みしましょうか。

林　そうですね。できたらちょっと。

（休憩：林忠四郎氏がコーヒーを沸かして入れて下さった）

木村　ここは静かなところですね。

林　ここはわりあい静かで，昔は交通渋滞のときに朝なんか抜け道みたいになっていたことがあるんです。最近はもう自動車は一日中通らないですから。ここの家ももう住んでから……

木村　ご結婚なさったころからですか？

林　じゃないんです。それは京都の北の方に住んでいまして，ここへ移ってきてから，何年になるかな。

木村　「自叙伝」にお書きになっていらっしゃいましたよ。50年くらい。

林　教授になってからですから50年近くて，そのときに京阪住宅，京阪電車，これは建てて，昔は経済能力がなかったものだからその入居金を支払うのに借金してということもありましたけど，そのうち現在の家に建て替えまして，建て替えてから25年ぐらいです。

木村　先生がお生まれになったおうちはとても古いんですね。

林　もう古いですね。

木村　文化財に指定されて？

林　新しく建て替えてからちょうど200年になっているんです。ですから最初建ったときは，昔はより上賀茂神社の近くの方にいたんですけど，京都の先祖は大徳寺の専属の大工の棟梁でして，大徳寺に近い方というので今から何年前か，300年ぐらい前に建ったんだと思います。

プラ研のとき評議員をしていたときにはよく名古屋へ行きましたけど，もうそれから後，辞めてから名古屋は行かないですけどあまり変わりはないですか。

木村　私は名古屋には昭和40年にまいりましたけど，その頃人口が200万だったんですが今は230万ぐらい。自動車の

トヨタがあるところなので産業が盛んで，町は元気かもしれないです。

林　しかし，あの核融合研というのは行ったことないんですけど，この前，僕は放送大学のテレビで特別講義がありまして核融合研究所が映って，あのとき説明された方が2〜3人おられてそれを聞いていたんです。今，お住まいはあそこで？

木村　名古屋から通っています。土岐まで車で50分ぐらいです。景色のよい，とてものどかな田舎の街道を車でいきます。核融合科学研究所のあるところは岐阜県土岐市の丘陵地を開発したところです。

林　そういうところですか。

木村　周りはあまり人家のないような。

林　やっぱり自動車でないと駄目なんでしょうね。

木村　JRの多治見駅からバスがあるんですけれども，1時間に1本とか2本で。

林　そんなものですか。それは大変だ。

木村　大変なんです。その研究所のためにバスを走らせてもらったのですけれど，それでも昼間はほとんどないでしょう。だから朝と午後の会合に間に合う1時ごろのバスと夕方帰るバスとその間がなくて大変辺ぴなところです。

（再開）

第8章　アーカイブスについて

林　アーカイブスの総合研究大学院大学というのはどこにあるんですか。

木村　葉山です。それこそ先生が戦争中行かれたことのある横須賀の近くの，

林　本家は葉山，出張所はないんですか。

木村　出張所というか，葉山の総合研究大学院大学の基盤の研究機関が18，全国にあって，……それが出張所みたいなものでしょうか。実質の学生はそれぞれの，核融合研とか天文台とか，天文台も組織としては自然科学研究機構になっていますので，やっぱり天文台も総研，葉山の基盤研究機関なんです。天文台には時折いらっしゃいました？

林　池内（了）君はそこで？

木村　そうです。

林　彼は京都・大阪の中間ぐらいに住んでいるのかな。

木村　そうなんですか。名古屋大学にもいらっしゃいましたね。

林　そうなんです。……奥さんが立命館大学にずっと勤めておられて。

木村　やっぱり本拠地はこちらの方で。

林　こっちなんですね。

木村　最近は佐藤文隆先生にお会いになることはありますか。

林　今年の5月だったかな。僕の米寿の祝いの会をやってくれて，そのときに呼びましたみんなに会いました。彼はまた正月にはたぶん来ると思います。

木村　佐藤先生は京都の方におうちがあるんですね。

林　ええ。それから忘れないうちにその天体核現象のときの写真ですけどね。

木村　ありましたか。

林　昨日ちゃんと用意しておいたんだけど，オリジナルはこいつなんです。これで一つ，僕は京大の理学部第2教室の天体核研究室にこれを提供したんです。それで昨

日か，このホームページから撮影したらこういうものが出ましたけど．

木村　ホームページにあるのですね．

花岡　これですね．

林　しかし写りが悪いですから，僕はスキャナーを持っていますからもう1回その現物でスキャンしてみたんです．そうしたらこれの方が．

木村　これはいただいてよろしいですか．

林　それは全部差し上げます．

花岡　大事なお写真ですから，

林　いやいや．それをスキャナーでやっていて，これはちょっと写りの悪いのは，暗いんです．

花岡　お名前もちょうど書いていただいたので，ありがとうございます．

木村　それはとてもいいですね．

林　あまり変わらずにこれは1955年の天体核現象の研究会の後で座談会をやりまして，そのときに「科学朝日」に載ったはずなんですけどそれは残っていないです．そのときは写真の専門家の人がいまして，それが撮ってくれたからきれいにできている．

木村　大変きれいな写真写りで．

花岡　なかなかいい写真はないんですよ．

林　僕，去年家内が亡くなってその後，家内の伝記を書いたんですけど，そのとき写真を探したら，アルバムが5冊もあって，そこから．

花岡　とても好評だったとか，皆さんにすごい好評で，先生がその伝記をお書きになっていろいろな人から自叙伝に．

林　そうだけど，これは私の自叙伝じゃなしに家内の方のやつですけどね．

花岡　最後の方にお書きになっていましたね．

林　そうなんです．その写真を選ぶのがちょっと大変だったんです．どういう選び方をしたかといいますと，やっぱり年齢の歴代に応じて．本文はもう簡単なものですけども5冊ぐらいのアルバムから選んで，そしてスキャナーで撮ったんです．そうしないと今は人が亡くなってアルバムを残しても見る時間的な余裕もないので，大変面倒ですから．

木村　とてもかわいい花嫁さんですね．

花岡　その当時でウェディングということですね．

林　だからスキャナーがあるとそれで撮っておくと．そして今，僕の自叙伝の方の写真もこれから整理しないとならないとは思っているんですけど．

木村　出来上がったらまたぜひ見せていただきたいです．

林　なかなか大変で，どういうふうに選ぶか．最初2段階に分けて選んでいかないと駄目だろうと思います．しかし，いい写真を集めるのは大変ですけども，結局その伝記を書いたのは我々の子孫が，昔こういう人がいたけどもそれはどんなだというのを知るためには簡単なものでなければ駄目だろうと思って．

花岡　でも本当，アーカイブで何十年後かにたぶん先生の子孫の方が見るにはとてもいい資料になると．今，私たちはそういうのはないですからやっぱり，スキャナーというのも本当に後から．

林　そうですよね。だから僕はアーカイブスが役に立つというのは、ちゃんとそれがどういう人に対して役に立つかということは考えておかなければならないと思って。私の今日の話も、それが一番役に立つのは岩波の核融合だろうと思うんです。たぶん、そのとき1959年あたりの世界中の核融合の研究はどんな状況であったかというのが。

木村　「核融合」に全部書かれたのですね？

林　そのときアーカイブスが役に立つのは、例えばこういう研究をしたいという若い人が読んだときに参考になれば一番いいんです。そうじゃないとなかなか一般の人、ほとんどの人は読まないと思うんです。そうするとそのときとしては、これはアーカイブスに残そうと思ったら岩波書店の承諾がいるんですかね。どうなる？

木村　先生が著者ですから大丈夫と思いますけど。

林　そうですよね。

木村　核融合研の先生方から私も先生の「核融合」を見せていただきました。

林　それはあると思います。あのときに皆さん買われたから。

木村　みんな勉強されていたと。それをコピーさせていただいて、林先生がお書きになったところはコピーしておきまして。

林　これはもう両方2人で書いたんですから。

アーカイブスの仕事をしておられて、それはどういう目標でされるというのは重要なことですよね。

木村　たぶん核融合が実現した暁には、

林　そうなんですよ。実現しなくても現在、やっぱり新しい大学の修士課程の学生なんかはずっと出てきているわけですから、そういう人はだいたいどういうものであるかということは最初知りたいでしょう。

第9章　研究の進め方

木村　それから先生たちがどういうふうに研究を進めていらしたかというのは、やっぱり若い方へのメッセージになると思います。

林　そうだと思うんです。

木村　希望を持ってとか。それから先生の研究が一貫して着実なのは、高等学校ぐらいにそれこそ哲学の本をお読みになって、研究の方法について学ばれたのですか。

林　あのときにデカルトの方法論とかいろいろ読んだことは役に立っているんですけど、確かにそれは必須であったかどうかはわからないわけです。

木村　でも今の高校生だとそこまで方法序説とか読んでいるかどうかわかりませんけれど。

林　それはたいていの人は読んでいないです。しかし方法序説は今の人が読んでも、僕は若い人が読んでも役に立つと思いますよ。それはほかのいろいろなこともデカルトは書いていますけど、一番重要なのはその中の研究を進めていくうちで、あの4段階[注10]はどういうものであるかということをちゃんと知っていることは知っていないのとは違いますよね。

木村　すべての研究のときにそのことを

イメージして，例えば最小の単位に分けて物事を進めるとかいうようなことはほとんどのことに当てはまりますか。

林　当てはまりますよね。

木村　それをそのまま常にきちんと適用させていらっしゃるというのはすごいことですね。

林　そうじゃないんです。必ずしも研究しているときにそれをいつも思いだしているわけじゃないですけど，ある程度やっていると身に付いてくるわけで。

木村　それと，人生のいろいろな岐路における選択で重要な意味を持つということをおっしゃって。

林　それもそうですよね。しかし選択のときには，本来これは確率的な問題なんです。しかし，そういう時期を逃したらいけないんです。ですから何かそういう機会があることにはやっぱりトライすることは必要でしょう。それがうまくいかないこともたぶんあるでしょう。しかし，その時期を逃すと駄目でしょうね。トライしなきゃ駄目なので。

木村　そのトライするためにはそれだけの素地がなければやっぱりだめではないでしょうか。

林　それはそうでしょうけど，しかしそれは段階的なもので，そういうものを何回か繰り返していくと自信がついてくるんです。僕はやっぱり学生が大成するかどうかは最初のステップのときに修士課程でどういう研究を始めて，どの程度の難しい問題をやるかということに関係していると思うんです。最初からあまりやさしい問題をやられても駄目なんです。うんと難しい問題でも駄目なんです。それは適当な問題。

木村　適当な難しさがないと。

林　いけないですね。

木村　達成感もあり，難しさもあり。

林　そうなんです。ですから最初からそういう達成感が得られると，後はわりあいに皆さん，順調にいくのと違いますか。

木村　核融合研究のように今の大きなプロジェクトになりますと，最初に先生が素粒子のところで困難を感じられたように修士とかドクターの学生さんにとって研究テーマの設定は非常に難しいと思います。

林　それはもう大変ですよ。だからそういう核融合研究みたいなものを現在においてもオーガナイズしていく人は大変でしょうね。

木村　オーガナイズといえば早川先生は総合研究大学院大学の基盤研究機関，天文台とか宇宙線研など共同利用研究所の創設にはずいぶん貢献なさいましたが，早川先生のことを伺ってもいいですか。

林　早川さんはその点いろいろなしごとをやられて偉いですよ。早川さんの大きな仕事の一つは，ドクターが済んでから後の3年間の研修員制度を作られたわけです。それまではオーバードクター問題というのが大変だったんです。

木村　今もまた大学院の学生を多くするという政策のために学生は多くなったんですけどその先の就職先が，

林　その問題がまた起こっているんですね。

木村　若い研究者が希望を持って研究する場がないと困りますね。

林先生は大阪市立大に早川先生がいらっ

しゃったころから，親しくされていらっしゃったのですか。確か大阪市立大でしたね。

林 早川さんはそうです。最初，南部さんと一緒に大阪市立大学へ行かれたわけで。

木村 そのころはよく素粒子の議論をされて。

林 そうです。南部君が移ってきまして，そのとき素粒子論をやっていたから，僕は府立大の方で浪速大学だったので，南部君の研究室を訪れていろいろ素粒子論についても議論しました。それで早川さんは基研に来られてからなんです。

木村 基研。早川先生も天文学の方をずっとなさいましたが，研究のマネジメントということではお力がありましたね。

林 もう基研の共同研究関係のマネージをされるのは早川さんが適任だった。彼はいろいろなことを知っておられる。他分野，それから他大学の状況に一番詳しかったですね。交際相手が非常に広かったんです。それは違いますね。それから学問の分野についても天体物理についてもいつも新しい分野を勉強されていて，僕の方の物理教室も毎年非常勤講師にお呼びしていたわけです。そうすると新しいことを毎年講義していただいていたんです。早川先生は学長になるまで研究をずっと続けておられて，学長になってもある程度最初はやられたんです。夕方になると研究室に戻られていろいろな実験をしておられたらしいです。

木村 そのお話はお聞きになったことはありますか。

林 直接聞いていました。そうして学長秘書という人がタイプを打つんです。その人には論文の方のタイプをお願いしていたんだと。ところが今度は次の学長選挙の頃ぐらいからほかの先生から，研究室へ行ったりしてもらっては困ると横やりが入ったとか言っていました。

花岡 木村さんはそのときは秘書だったのと違いますか。

林 それはもうずっと後でしょう。学長になられてから。

木村 私は1978年に名大プラズマ研の早川先生のところで一年くらいお手伝いしただけです。

林 その2期目の学長のときか。

木村 いえいえ，1期目よりも前，もっと前ですね。

林 あれは，78年はそうですね。そうだったのか。なるほど，よくご存じだ。

木村 だから嘆いていらっしゃいました。最初の学長の選挙のときは，

林 何もなかったんでしょう。

木村 皆さんが所信表明と言うか選挙公約を，こういうふうな学長になりたいということを書くところで，私は研究をしたいから選ばないでくださいとか書いて。

林 それで選ばれたんですか。する気はなかった。

木村 最初の投票は。だけどそれには理学部の先生方からも非常にそんなことを書いてはいけませんとかいうのがあって，医学部とかから対抗の先生がいらっしゃったものですから，選挙も事件のようなことがいろいろあって大変だったようです。結局は早川先生が選ばれたんですけれども，やっぱり研究の方がお好きだったからずっ

と研究されていて。

林　そうなんですね。早川さんはそういう，しかしまたそういう会議の運営問題なんていうのも達者だから私も行ったけど，あの人は会議中ほかの仕事をしておられるんだよね。

木村　内職ですか。

林　内職をしているんだと自分で言っておられたから。

木村　皆さんがおっしゃるにはよく眠っていらしたりして，本当に眠っているかどうかわかりませんけど，またちゃんと的を射たところで意見をおっしゃって，意見をおっしゃったらさっさと帰られてしまうと。

林　ああいう人も珍しかったです。だって学長になるまで，並みにああいう学長になってからでも研究を続けられたという人は早川さんと，もう1人知っているのは巽友正さんというのが京大の物理の出身者なんですけど，2人とも東京の大学院，あれは同期なんです。京都工芸繊維大学の学長をしておられた巽友正さんを知らない？だからそういう世代になってきたんです。昔の学長というのはもう研究を辞められて，あと選挙でなられたんですけど，それも研究者が学長になるという，アメリカではそういう人も多いわけです。それが日本にも移行したんです。しかし，その後はあまり知りません。

木村　共同利用研究所の話に戻りますが，制度としては日本の独特なものなんでしょうか。

林　そうなんでしょうけど，一つはプリンストンの Institute for Advanced Study というのはちょっとしたモデルになったのかもしれませんけども僕は京大の基礎研究所ができるときのいきさつはあまり知りません。しかし当時一つあったのは共同利用研究所というのはプリンストンにありました Advanced Study で。

木村　アインシュタインで有名な？

林　アインシュタインが呼ばれて行っていたところなんです。しかしそこのスタッフというのはあまり数がいないんです，少ないんです。その代わりにちゃんとしたゲストハウスがあって僕はそこへ1回見に行って，インスティチュートの中も1度見ました。共同利用研はやっぱりプリンストンのインスティチュートがモデルだったんでしょうね。

木村　だから基研でもそういうふうに共同研究が非常に機能して，いろいろなところから研究者が集まっていて。

林　そうなんです。しかし部門の教授の数も増えましたね。だからその中で特に早川さんのマネジメントの力量はすごかった。今はあんな人はいない。

木村　高エネルギー研究所を作るときも，

林　それはそうですよ。プラ研のときももちろんそうだったし。

木村　核融合研を作るとき，移行するときは，林先生が文部省の審議会をお断りになったというその審議会は非常に苦労なさって，さっきおっしゃったようにレーザーもあるしヘリカルもあるし，もう本当に悩んでいらっしゃいました。

林　そうでしたか。僕がもし審議員としてどうしても出席せよと言われたら，もう

移行はやめたらどうですかと言おうと思った。

木村 そうなんですか。小柴先生とか。

林 小柴氏になったんですか。

木村 いえ，核融合より，素粒子の方の研究に。

林 お金を向けろと言うんでしょう。

木村 そうだと思います。だから核融合がそんなにお金を使って。

林 小柴君はカミオカンデを大きくすると言うでしょう。

木村 だからやっぱり政治的な駆け引きといいますか，ご自分の専門分野を何とかしなければいけないという責任感からみんな主張しますね。

林 早川さんはそういう点でいろいろな力量があるから僕は1回，天体物理で一番重要な問題として重力波の観測というのがあるんです。それを最初，研究室として出発できればと思っていたんです。それは東大の物理教室にそういう関係の研究室もありまして，それで早川さんに頼んだらすぐ引き受けていただいて，今，天文台にその重力波測定のグループができているわけです。予算があれば，年間数発ぐらいの重力波のあれが観測できるはずなんです。これは核融合と違って僕はもっと実現性があるプロジェクトだと思っているんですけど，まだなかなか世界中で発見していないんです。

木村 林先生がそのことをおっしゃったんですか。亡くなる10年か数年前から大変熱心に早川先生はそれをなさって。

林 早川さんは，よく顔が利くから。

第10章　林家の人々

木村 全然話は違いますが，先生がお書きになっていることでご家族のことをちょっと伺っていいですか。お父さんとかお母さんとか。

林 いや，もうそれは。

木村 研究に進まれることになったのはお兄さんたちのお勧めというか。

林 直接は言っていないけども，僕は商売人には向かないという話は聞いているんです。

木村 実はお兄さんたちも本をたくさん読んでいらしたりしていた。

林 だからたぶん行きたかったんでしょうけど，昔は大学へ行く人は少なかったから行けなかった。僕ぐらいの世代になるとちょっと増えてきたんです。

木村 本がたくさんお家にあって。

林 それは僕として便利だったんです。いろいろなものに触れ，そういう哲学なんかに触れたのも兄が買ってそろえてあった全書の中のものを読んで，それがきっかけだったんです。

木村 下のお兄さんも勉強は好きだったのでしょうか？

林 本人はやっぱり大学へ行きたかったんだろうと思っているんです。ところが家が衣料品店をやっていたものだから。その点，僕は末っ子に生まれてよかったんです。

木村 みんなからかわいがられてというか。自叙伝にありました，お父さまとは長く，一緒に寝ていらしたというのは小学校のころのことで？

林 そうですね。

木村　いろいろなお話をお聞きになりました？

林　あまり聞いていないですけど，あまりしゃべる方ではなかったと思う。

木村　旅行に連れていっていただいたりとか。

林　そういうこともありました。それは最近では皆さん，父親としては子どもを必ず旅行に連れていくのと違いますか，今では。

木村　そうですね。だけど，例えば小学校とかに入学するときは学用品とかをたくさん買っていただいたと自叙伝に書いてありましたが，他に思いだされることはありますか。

林　僕が学校でちょっとまずいことをやってしまって「これはまずいな」と思ってもう家に逃げて帰ったんです。そうしたら父親は学校へ行ってちゃんと謝ってくれて，そういうことをやってくれたのでありがたかったと思っているんです。自分からどうも謝ることはできなかったんだな。

木村　やっぱり正義感というか，そのけんかにはどうしてもなってしまったわけですか，小学校のときに友達との間で。

林　けんかになったのは1回だけあったんです。

木村　お母さんは先生が京都大学の教授になられた後もまだご存命で，お喜びになった。

林　と思うんだけど。

木村　自叙伝の中にある，東京にお住まいになってからお姉さんのところにいらっしゃったり，それからお母さまの関係のコルベさん。研究者の方なんですか？

林　それもコルベの叔母さんのご主人というのは輸入業者で肥料，南米のたぶんチリからソーセージの輸入業者だったんですね。ドイツ人だったんです。叔母がどうしてそういう国際結婚をしたのか，それは知りません。

木村　その時代では非常に珍しいですよね。

林　そうですね。

木村　でも，ご家族の中ではやっぱり研究者になったのは先生ぐらいですか。その研究を。

林　それは僕の祖父の兄，だから長兄ですかね。その人のことは書いていないと思うんです。その人は大工の棟梁の跡取りだったんです。ところが自由恋愛の結婚をして，それで家を出されてしまったんです。その人は，そのとき東大があって東大に行って建築に関する講義をしていた，講師になったということを聞いています。

木村　優秀なご家系ですね。おじいさんの，

林　長兄です。名前は準次郎だったかな。

木村　本当はその方が，

林　家を継いでいるはずなんです。

木村　だからここは6男の方が継いでいらっしゃるんですね。先生はここの寛次郎さんのところのご養子さんになっていて，（家系図を指しながら）

林　養子になっているんですね。これは僕の全く子どものときの，

木村　ご存じないことなんですか。

林　いや，父親が決めてしまって，寛次郎は僕が10歳ぐらいのときまでは生きておられました。しかし僕は実家の方で，実

家というか，その人は僕の家の隠居所に住んでおられまして，だから僕はもう実家にいたんです。

木村　そのままいらして，京都大学に初めていらしたときには，それこそ1年半ぐらいにポツダム助手だけど，それまで無給だったときはこのお父様の配慮が。

林　もうそのときは兄の世話になっていたわけです。兄も家計は苦しかったと思いますけど。

木村　重一さんに。

林　東大の学生のときには未成年だったから，そのときにはたぶん僕の養父の恩給が足しになっていたと思うんですけど，その辺の経済的なことは正確に私は知っていないんです。

木村　そういう意味ではいろいろな皆さんの周りの愛情というか，恵まれて。

林　そうですね。

第11章　再びアーカーブズについて

林　だからこういうものを残しておくと，今度は子孫がどう思うかというのは。

木村　非常によく覚えていらっしゃいますね。たくさんの方のことを。

林　これは忘れていることの方が多いと思うんです。しかしそういうものを実際に書き始めてみると次々と思いだすので，だからこういうものは日記をずっと書いていればもっと違ったかもわかりません。

木村　そうですね。

林　僕は日記をほとんどつけていないんです。

木村　でもこれは思いだされたことですごく克明に下のお名前までみんな。

林　研究関係のものは論文が残っているのと，論文を書くときに計算したいろいろな資料はファイルにして，それはたくさん残っているんです。だから今度の核融合のときもヘリオトロンに関するやつが何か残っているかなと思ったら全然残っていない。一つはこの家を建て替えるときにもう始末してしまったのかもしれないです。

木村　先生がご退官なさるときまでヘリオトロンAは装置としてはあったんですか。

林　そうなんです。

木村　もったいなかったですね。

林　我々が特別設備費として買ったものはちゃんとした，ずっと残っていっているんです。それで教室の事務の人からこれはどうなっていますかと聞かれたんです。そうしたら実験室のどこか片隅にあるはずだと。これはもう廃棄処分にしてくれと頼んで，僕の在職中に廃棄処分にしたんです。

木村　でも陶器だから割れそうですけど割れずに残っていたんですね。

林　そうですね。僕も知らなかったです。もう全然忘れていて，これは結局失敗したものだからと思って。

木村　でもその後ずっとヘリオトロンはB, C, Dと行って。

林　それは行ったんですから意味があったとは思っています。

木村　最初の取り掛かりとしては。

林　ああいうものをちゃんと残しておけば今の核融合研究所の資料にはなるのでしょう。本当それこそ，

花岡　私はこの目でぜひ見てみたかっ

たです。

林　僕も今になるとそう思うんですけど，あのとき廃棄処分にせずに自分で廃棄処分だと称して家に引き取っておけばよかったです。だけどああいうのは置く場所がない。

花岡　そのころはアーカイブとかそういう観念はない，装置とかもやっぱりそうですか。

林　僕の退官は1984年ですけど，なかったですね。

木村　早川先生がそのころにそうおっしゃったけれども，現場の研究者の先生からはとんでもないと。昔のことをするなんて，これからのことをやらなきゃいけないのに，使命はこれからの将来の研究の育成で過去のことではないということをよく言われました。

林　そうなんですよね。

木村　それは残念なことをしました。

林　僕の科学的な，科学論文の多くは「Progress of Theoretical Physics」に残っていますから，それは基礎研の出版元で今，それこそアーカイブとして残っています。

木村　やっぱり中心は研究だから研究はきちんと論文で残っているんですけれども，そういう研究体制をそのころどうしていこうとか，そういう資料はみんなもう，ほとんど皆さん廃棄しちゃうということで。

林　だからそれをどううまく，あまり大部にわたって残しておくと読む人は大変だというのがやはりあって，それの付録のところで僕の全体関係の仕事の一番あれなのは学士院のアーカイブのページがありま

す。

木村　学士院の記録。

林　学士院の記録というところがあるんですけど，そこはわりあい，もうそれだけぐらいの文章で残っているんです。

あと主な論文がちょっとある。これぐらいが一番，仕事の主要なところだけは書いてあるんです。

木村　三つですね。これは陽子と中性子の存在というのが最初の論文ですよね。

林　僕の仕事は大きいのは三つなので，その三つだけを書いてあるんです。それは京都賞をもらったときにもそうなんです。もう一つ詳しいのは稲盛財団が京都賞関係で毎年本を出しているんですけど，その中にもっと詳しい僕の調べていることが書いてあるんです。だからそういう稲盛財団の本を読むというのは，ちょっと普通の人は読めないだろうと。

木村　それは探せばわかると思います。稲盛財団の本ですね。

林　参考のために現物は，例えばこんな本です。これはなかなか。

木村　ちょっと見せていただけますか。1995年。

林　僕が京都賞をもらった年の，あれは3人でもらっているんですけどそれぞれの仕事です。

木村　第11回京都賞。稲盛財団。これは写真を撮って。

林　それで1時間半にわたって講演をしているんです。講演の中身が中に書いてあるんですけど，それは三つの仕事について先ほどの講演をしたわけです。それはある程度一般向けということだったんです。

木村　本当に3人の方がきちんとお話しして。

花岡　これは何ですか。

木村　これは稲盛財団が，それでさっきの稲盛さんというか。

林　それはちょうど九州へ訪問したことがあって，その帰りに新幹線の中で稲盛さんといろいろな話をしたんです。ところが先ほどのヘリオトロンAの製作関係の話をちょっと出したんだけども，そのときにははっきり覚えているとはおっしゃらなくて，後で確認を取っていないんです。

木村　事業を興されて頑張られた方なんですね。

林　そうなんです。稲盛さんとちょうど話したときに先ほど出ました林重憲先生には京セラ設立のとき非常にお世話になったとおっしゃっていました。

木村　大変面白いお話をいろいろ伺えてありがとうございます。

花岡　大林先生にお借りになったんですか。（注：岩波講座「核融合」のこと）

木村　そうです。全部コピーさせていただきました。核融合の皆さんの教科書，それで勉強されたんだと思うんです。だから大林先生が持っていらして。

花岡　寺嶋先生とかも。

木村　持っていらして。

花岡　色が違うなと。

林　もうそれは全然変わってしまって，ここがぼろぼろになったから僕は表紙をちょっと直したわけです。

木村　大林先生のものもああいうふうに赤茶け，焼けて。

花岡　大林先生はもうちょっと白っぽかったですね。

木村　本と本の間に入っていたのかもしれない。

林　僕はもうこれは自分のすぐ前に置いて，今でもよく見るんです。自分が書いたものだから一番よく覚えているんですけど。

木村　ありがとうございました。大変貴重なお話を伺えてよかったです。お疲れになりませんか。

林　いいや。

木村　それでは，ここを片付けさせていただきます。（終了）

おわりに

林忠四郎氏へのインタビューは京都桃山の宇治川に近いご自宅で行った。数年前からの脊椎の変形で「この頃は，もう外を歩くことはできません」とおっしゃってご自宅でのインタビューを希望されたためである。米寿を過ぎての長時間のインタビューはお疲れになるのではないかと案じたが，終始明快で積極的にお話しになった。むしろ私が横道にそれてしまうと軌道修正して下さり，時折助けていただいた。2007年8月に嘉子夫人を亡くされた後，家事は介護ヘルパーの助けを借りて，一人で暮らしていらっしゃり，インタビューの休憩時には自らコーヒーやお菓子を用意してくださった。

京都大学において公に核融合研究が始まった事情が明らかになったことは，核融合アーカイブズにとって大きな収穫だった。また，1950年代に天文学や素粒子物

理から核融合の研究が分化していき、同時に核融合研究のために必要な分野が境界を越えて連携・統合されていった経緯がヘリコンプロジェクトという共同研究を通してよく理解できた。しかし、最も興味深いのは林忠四郎氏個人における「学問の始まりと終わり」の歴史を核融合研究という一つの事例の中に見ることができたことである。核融合研究の黎明期の中心的存在の一人であったが、プラズマ研究所が創設されるとまもなく核融合の研究を中止され"肌のあった"宇宙物理に戻られた。若いころの専門分野の変更には、ご自身の学問上の関心以上に先輩たちのアドヴァイスや人間関係の問題が、強く働いていたが、最終的に宇宙物理を選択されたのは、極めて論理的な学問上の判断だったことも判明した。門下生に配布された自叙伝に"長い人生の進路には、選択を迫られる多数の分岐点が存在する……最善の道を選ぶことは容易ではない。その選択に際しては多数の人々の援助とアドヴァイスが必要である"と書かれているが、教育にも力を注がれた林氏の説得力のある述懐だと思う。

この自叙伝は林氏を理解するには必須の資料であるが、ご自身の気持ちや考えが率直に書かれているので部外秘にするのが適当か伺ったところ、その必要はないとのことだったので、私はインタビューの中で再三自叙伝に言及した。それは、自叙伝や先行する天文学会のインタビューに載っている以上に詳しいことを聞き出さなければ、インタビューする意味がないと思ったからであるが、この記録のみを読まれた方には分かりにくい点もあったに違いない。核融合アーカイブスに林忠四郎氏インタビュー関連資料として天文学会のインタビュー記録や自叙伝も収めたので、ご参照いただければ幸いである。

林忠四郎氏が今年の2月に亡くなったことを、ここに記さればならないのは大変残念な思いである。インタビューを通して、学問に対する真摯な姿勢と厳しい研究の日々が窺われ、仰ぎ見る高い存在であると感じたのは確かだが、一方、ご家族の話をされた時の優しい表情も印象的であった。自らを律して生活のすべてを物理学の研究に捧げたのも、周囲の人々の支えに対する感謝や戦争を経験した世代の責任感が後押ししたように思われた。とりわけ幼少時代を愛情深く育ててくれたご両親や、研究者の道へ進むよう背中を押してくれた2人のお兄さん、身近でいつも世話をしてくれたお姉さんの話は感謝の思いがこもっていて心温まる気持ちがした。私どものインタビューにも快く応えて準備をしてくださり、記憶を辿って古いことを思い出していただいた。林忠四郎氏のご冥福をお祈りするとともにインタビューへのご協力に心からお礼を申し上げたい。

最後にこのインタビューのために平田光司総合研究大学院大学教授、野口邦男国立天文台教授、寺嶋由之介名大名誉教授、大林治夫核融合科学研究所名誉教授から多くのことを御教示いただき、またご支援を頂いた。ここにお名前を記して、心から感謝の意を表したい。

(2010年6月　木村　一枝)

付録 I

注1) 落合麒一郎 (1899-1959)

注2)「林忠四郎の自叙伝（長い人生と宇宙研究の回顧）」執筆期間 2007年9月20日-2008年3月7日　2008年4月米寿のお祝いの席で林研の弟子達に配布。

注3) George Gamov (1904-1968) 宇宙の誕生とその後の急速な膨張の中でヘリウムなどが合成されるメカニズムに関する論文，いわゆる「$\alpha\beta\gamma$ 理論」を Ralph A. Alpher (1921-2007)，Hans A Bethe (1905-2005) と共同で発表した。林はこの理論の一部に誤りがあることを指摘した。

注4) M. Schwarzschild (1912-1997) プリンストン大学，1965年ブルースメダル受賞

注5) 座談会［早川幸男先生を偲ぶ。I］及び座談会「早川幸男先生を偲ぶ。II」機械振興会館 (1994-07-02) 出席者（山口嘉夫，西村純，田中靖郎，菊池健，梶川良一，松本敏雄，江沢洋）日本物理学会誌 50, pp. 43-51 及び pp. 105-114，(1995)

注6) 三村剛昂 (1898-1965) 1944年広島文理大理論物理学研究所の初代所長。被爆の体験から原子力研究に反対した。

注7) ヘリコン計画の参加者については Project Helicon 名簿 (NIFS Fusion Science Archives ID: 320-19) 参照

注8) William Alfred Fowler, (1911-1995) はアメリカ合衆国の天体物理学者。1983年「宇宙における化学元素の生成にとって重要な原子核反応に関する理論的および実験的研究」の功績によりノーベル物理学賞を受賞した。

注9) Vitaly Lazarevich Ginzburg (1916-2009) ロシアの物理学者。
Julian Seymour Schwinger (1918-1994) アメリカの理論物理学者。
Eugene Paul: Wigner (1902-1995) ハンガリー出身の物理学者。
Paul Adrien Maurice Dirac (1902-1984) イギリスの理論物理学者。

注10)「自叙伝」（前掲）に「デカルトは学問を進めるためには次の4つの方法を用いるだけでよいと言っている」と述べて4つの方法を紹介している。

〈その1〉内容は理性的に明瞭，明晰であること

〈その2〉必要なだけ小さい部分に分割すること

〈その3〉もっとも単純で認識しやすいものから初めて，複雑なものへ進むこと

〈その4〉見逃しがないように，一つ一つ数え上げて全体を見渡すこと

付録 II

林忠四郎氏年譜
1920年7月　京都市に生まれる
1937年-1940年　三高
1940年-1942年　東大
1942年　落合麒一郎教授の原子核・素粒子の理論ゼミ（南部陽一郎など6名）

1942年9月　東京帝国大学理学部物理学科卒業
1942年9月-1946年3月　東京帝国大学理学部嘱託
南部陽一郎と同じ下宿
1942年9月-1945年9月　海軍技術士官（見習尉官，中尉，大尉）
1945年　京都帝国大学理学部湯川秀樹研究室に入る
1946年4月-1949年4月　京大理学部宇宙物理学教室副手，助手
天体核現象の研究開始
1949年4月-1954年3月　大阪府立浪速大学（現・大阪府立大学）工学部助教授
念願の素粒子論研究を始める。天体核現象の研究から離れる
1949年大阪市立大が設立され理学部物理の助教授に南部陽一郎，その部下に早川幸男（講師），山口嘉夫，西島和彦（助手）
（南部陽一郎1952年プリンストン，1956年シカゴ大学）
1954年4月-1957年4月　京大理学部助教授
1955年2月　基礎物理学研究所にて天体核現象研究会
1955年8月　第一回原子力平和利用国際会議（ジュネーブ）
1957年4月-1984年4月　京大理学部原子核理学教授（核エネルギー学）
1957年　カリフォルニア工科大学 W. Fowler を訪問。
原子核実験の視察，天体内部の核反応の断面積の値について
1959年5月　日本学術会議核融合特別委員会委員
1959年　京大ヘリオトロン A（装置は陶製）
原子力委員会核融合専門部会委員，B 計画準備委員会委員
1959年8月-1960年6月　NASA ゴダート研究所で星の進化の研究
1961年6月　プラズマ研究所運営委員，理論専門委員会委員
1962年4月-1984年3月　京大理学部附属天文台併任
1966年5月-1985年7月　日本学術会議天文学研究連絡委員会委員
1977年4月-1979年3月　京大理学部長
1984年3月　退官，京大名誉教授
1987年12月　日本学士院会員
1989年1月-1994年1月　国立天文台評議員

受賞・栄誉

1963年　仁科記念賞
1966年　朝日賞
1970年2月　英国王立天文学会エディントン・メダル
1971年6月　日本学士院賞恩賜賞
1982年11月　文化功労者
1986年11月　文化勲章
1994年4月　勲一等瑞宝章
1995年11月　京都賞
2004年5月　太平洋天文学会ブルース賞

著作

『物理学』「核融合」（共著者：早川幸男，岩波書店　1959年）

『電磁気学』（訳書，パノフスキー，フィリップス著　吉岡書店　1962年）

『星の進化』（編書，共立出版社　1978年）

『宇宙物理学』（著書，岩波書店　現代物理学の基礎11　1978年）。

付録Ⅲ

インタビュー関連核融合研究年表（核融合アーカイブス年表から抜粋）

1951.03　米　プリンストン物理学研究所ライマン・スピッツァー（Lyman Spitzer, Jr.）AEC（Atomic Energy Commission）に磁場閉じこめの装置製作を提案

1952.06　湯川記念館建設　湯川秀樹が日本人としては初めてノーベル物理学賞を受賞したことを記念して建てられた。1953年に基礎物理学研究所（英称：Research Institute for Fundamental Physics，略称：RIFP）が設立された。

1952.06.27　日本学術会議第60回運営審議会にて原子核特別委員会設置決定（委員長：朝永振一郎）

1952.07.25　茅誠司東大教授，学術会議運営審議会に原子力委設置を政府に申し入れるよう提案（いわゆる茅・伏見提案）

1952.10.24　第13回総会にて茅誠司，伏見康治の「原子力問題検討について」と題された提案撤回

1953.01.16　第39委員会第1回会議「原子核物理学に対し日本学術会談は如何なる態度をとるべきか」について討議。

1953.12.08　アイゼンハワー米大統領，国連総会にて原子力の平和利用に関する演説

1954.03.01　ロンゲラップ環礁の島民および近海で操業中の第五福竜丸や日本漁船多数が「死の灰」で直接被曝した。

1954.03.02　原子力予算23,500万円衆院に上程（1954.03.04成立）

1954.03.18　日本学術会議原子核特別委員会は日本における原子力平和利用研究には，自主・民主・公開の三原則が守られなければならないという立場を決める。

1954.04.23　日本学術会議　原子力問題に対する政府の態度を非難し核兵器研究の拒否と原子力研究にあたっての3原則（自主・民主・公開）を声明。自主・民主・公開は学術会議の原子力研究3原則といわれ，のちに原子力基本法に取り入れられ，わが国原子力開発利用の基本方針となる。

1955.02.01-15　京都大学　天体核現象研究会
基礎物理学研究所の研究計画として，天文学者（一柳，畑中，小尾）の講義を聞いて，核物理学の立場から天体の核現象をテーマにとりあげた。問題がどこにあるかを

違った立場から討議することに目的があった。題目は「星の内部構造や進化についての模型」「元素の起源と abundance 星におけるエネルギー生産」「電波天文学及び宇宙線の起源」など。
出席者：早川幸男，武谷三男，中村清太郎，畑中武夫，一柳寿一，小尾信弥，林忠四郎，湯川秀樹

1955.08.08-20 第1回原子力平和利用国際会議（ジュネーブ会議）
President：Homi J. Bhabha の開会の辞
日本人参加者21人
代表：田付景一（首席，在ジュネーブ総領事），安芸政一（資源調査会），藤岡由夫（東京教育大学），駒形作次（工業技術院），都築正男（日赤中央病院）
顧問：矢木栄（東京大学），三井進午（東京大学），岡村誠三（京都大学），武田栄一（東京工業大学），加藤正夫（東京大学），本田雅健（東京大学），阿部滋忠（経済企画庁），栗野鳳（外務省），一本松珠磯（関西電力），奥田克己（三菱重工），神原豊三（日立製作所）
オブザーバー：中曽根康弘，前田正男，志村茂治，松前重義（以上4人衆議院議員）立花昭（電源開発）

1955.10.24-25 京都大学 第2回天体物理学シンポジウム 天体の核現象，星の進化，天体の電波の起源

1955.10.27 原子力特別委員会設置

1955.11.30 日本原子力研究所設置
1956.06.15 特殊法人に改組

1956 L. Spitzer Jr., "Physics of Fully Ionized Gases"
1963年邦訳『完全電離気体の物理 —— プラズマ物理入門』（山本充義，大和春海他）

1956-1957 独 ゲッチンゲン大学，ミュンヘン大学にて放電実験による核融合研究始める。

1956.1.01 総理府に原子力委員会設置 原子力3法施行 原子力委員会委員長（国務大臣：正力松太郎）総理府原子力局発足（局長：佐々本義武，5.19，科技庁発足と同時に原子力局はその管轄下に入る。初期の核融合反応懇談会の事務を担当していた）

1956.04 京都大学基礎物理学研究所 超高温研究会
我が国における核融合研究が公になった研究会である。
世話人：湯川秀樹，武谷三男
天体物理：畑中武夫，林忠四郎，早川幸男
核物理：中村誠太郎 統計力学：木原太郎，小野満雄

1956.04.26 クルチャトフ英国ハーウェルにてソ連における熱核融合反応の研究成果を発表 クルチャトフの研究は直線状の大電流ピンチ放電による核融合反応実験 温度100万度が数マイクロ秒発生し核反応生起による中性子の観測

1956.06.26 大阪大学 枚方学舎にて直線

ピンチ，回転プラズマの公開実験　溶接工学科岡田実教授と理学部伏見康治教授の共同研究。我が国最初の核融合基礎実験として位置付けられる。最初は，IKJ コンデンサーで実験に着手したが，間もなく日新電気 KK から 20KJ のコンデンサーが提供された。

1956.10.26　阪大超高温研究会　1956.6.26 に大阪大学で行われた核融合基礎実験に集まった研究者が超高温研究会を結成する事を申し合わせた。会長：伏見康治，岡田実，吹田徳雄，山中千代衞，荒田吉明，伊藤博

1956-1958　名古屋大学工学部　機関研究費により名大トーラス 1 号機（トロイダルピンチ）アルミニウム製トーラスで縦磁界（1,000 ガウス）の安定化ピンチ放電，電源は低インダクタンスコンデンサ（100kV50kJ）を用い電流 14 万 A，温度 10 万〜40 万度を得た。1956-1958　3 ヵ年計画　装置は 1958.10 完成

1957.02.06　第 1 回核融合反応懇談会（原子力委員会会議室）
当時，原子力委員であった湯川秀樹教授の尽力により，原子力委員会と科学技術庁原子力局の世話で，核融合研究に関心のある研究者の最初の会合が開かれた。この結果，原子力局と 3 共同利用研究所（原子力研究所，原子核研究所，基礎物理学研究所）の代表が中心になって，核融合研究の組織化を図ることになった。
出席者：石川一郎，藤岡由夫，有沢広巳，湯川秀樹（以上原子力委員），法貴四郎（原子力局），伏見康治（阪大），中村誠太郎（東大），駒形作次，嵯峨根遼吉，杉本朝雄（以上原研），本多侃士（東大），林忠四郎（京大），畑中武夫（東大），岡田実（阪大），後藤以紀（電試），他原子力係官，幹事は原子力局次長：法貴四郎　学者と行政官の意見交換の場

第 1 回核融合反応懇談会（原子力委員会会議室）

1957.05.03　京大　原子核工学講座開設
1957.06.27　日本学術会議原子核特別委員会設置（委員長：朝永振一郎）
1957.10.16　英　核融合実験装置 ZETA（Zero Energy Thermonuclear Assembly）による実験　ハーウェル研究所で行われた大電流環状ピンチ放電実験　装置は ZETA（Zero Energy Thermonuclear Assembly 1957.8.12 完成）重水素ガスで実験を行い，600 万度，4 ミリ秒持続，中性子発生が観測された。
「Nature」誌 1958.1　P. C. トーネマン
大半径 1.5m，小半径 0.5m，縦磁界 400 ガウス，プラズマ電流 2MA，4 秒
持続　総重量 120 トン，建設費 10 億円

1958　京都大学理学部工学部の共同研究グループがヘリオトロン研究を始める

1958-1962　東京大学理学部　プラズマベータトロン建設（特別施設費）

1958.01　日大　ミラー型誘導ピンチのプラズマ発生装置設計開始（東芝と共同）

1958.02.10-11　第1回核融合懇談会（学士会館）　核融合懇談会の実質的成立　核融合懇談会に参加する研究者は飛躍的に増大したが、懇談会の運営、研究の育成に必要な研究費を原子力局に期待できなくなった。懇談会を広く公開して研究者の自主的な運営とし、必要な研究費は文部省予算に求め、総合研究を申請することとなった（1958.01　科研費核融合総合研究の申請）

1958.02.29　原子力委員会に核融合専門部会を設置決定　宮本梧楼　東大教授、菊池正士　核研所長、後藤以紀　電気試験所長、岡田実　大阪大学教授　出席

1958.03.31　第26回総会にて原子力特別委員会「核融合反応研究の基本方針」

1958.04　京都大学工学部　原子核工学科設置

1958.04.11　核融合専門部会（-1960.10.19　専門部会は全部で15回開催）　我が国最初の核融合に関する政府の委員会　核融合反応の研究方針を検討し、その具体的方針及び研究態勢を審議するために設置　委員は当初11名、間もなく5名追加

湯川秀樹（京大教授）、早川幸男（京大基研教授）、宮本梧楼（東大教授）、本多侃士（東大教授）、渡辺寧（東北大教授）、岡田実（阪大教授）、伏見康治（阪大教授）、山本賢三（名大教授）、畑中武夫（東大天文台教授）、嵯峨根遼吉（原研副理事長）、後藤以紀（通産省電試所長）、第7回から委員に任命　川崎栄一（日大教授）、大河千弘（東大助手）、林忠四郎（京大教授）、宮田聡（理研主任研究員）、杉本朝雄（原研理事）

1958.05.19　原子力委員会核融合専門部会（部会長湯川秀樹）第1回会合
各大学の現状
東大（宮本）：加速器から入る。空間ピンチ、誘導ピンチ方式を考えて設計している
東北大（長尾）：磁気流体の共鳴研究をしている
東大（本多）：プラズマの低い所から測定の技術を開発
大阪大（岡田）：100k joule の衝撃放電の研究、強電流アークの実験、トランストロンのアイディアを開発、予備実験に成功
電気試験所（後藤）：衝撃電流発生装置の改良、測定を中心
名大（山本）：ゼータに近い研究

1958.07.15　核融合懇談会誌「核融合研究」創刊

1958.09.01-13　第2回原子力平和利用国際会議（ジュネーブ会議）各国の核融合研究の成果公表

　第1回会議以来3年間のわが国の原子力の分野における進歩を考え合わせて，わが国が第2回会議に特に期待したことは，動力原子炉工学と核融合関係の最近の発展状況の認識を深めることであり，また，他方わが国における研究成果を広く外国に発表することであった。したがって代表団もこの基本的方針に沿って構成された。首席代表には湯川秀樹，代表としては石川一郎原子力委員がそれぞれ任命され，その他の顧問，随員とともに52名の代表団を構成することとなった。52名という代表団は当初予想していたよりはるかに大規模のものであったが，学界，産業界から強い参加要望があり，国際会議政府代表団としては前例のない規模のものとなった。核融合反応に関する我が国からの論文は4編であった。

　核融合の責任者は宮本梧楼，豊田利幸，理論物理が中村誠太郎，大槻昭一郎，冶金，材料に橋口隆吉が参加している。

1958.10.15　湯川秀樹核融合懇談会会長より兼重寛九郎日本学術会議会長宛に「核融合反応研究の促進」に関する申し入れ，核融合研究を進める研究環境整備の勧告依頼および研究方策を審議するために日本学術会議付置の組織の設置要望の申し入れが行われた。

　その主旨は，第一に研究費の増額，施設の増強等が必要であり，日本学術会議を通じて文部省に強く働きかける事を申し入れた。

1958.10.31　日本学術会議（兼重寛九郎会長）は，第27回総会の議に基づき，三木武夫科学技術庁長官宛に「核融合反応研究の促進について」勧告。政府に対し核融合予算の増強を求めた

1959　京都大学工学部　ヘリオトロン磁場における超高温プラズマの加熱と制御に関する研究（ヘリオトロンA）

1959.03.30　原子力委員会核融合専門部会「核融合反応の研究の進め方について」答申

　A計画（新しい着想の育成と具体化），B計画（中型装置の建設）よりなる研究計画答申案を立案

　原子力委員会核融合専門部会設置当時の核融合研究推進方針は　i) さしあたり各所で行われている基礎研究に力を入れる　ii) ある段階で，どこかで，研究機関を作る　iii) 基礎研究を実行するためには，大学の設備拡充，科学研究費の増額など求める

1959.04　核融合専門部会の下に核融合研究委員会設置

　B計画推進作業計画として核融合各形式の調査研究を目的とする委員会

委員長：山本賢三，副委員長：森茂（東大），委員：長尾重夫（東北大），宮本梧楼，木原太郎，大河千弘（東大），川崎栄一（日大），小島昌治（教育大），岡本耕輔（理研），野畑金弘，早川幸男（名大），林忠四郎，宇尾光治（京大），岡田実，伊藤博，有安富雄（阪大），笹倉浩，田中正俊（原研），関口忠（東大），玉河元（名大），村川黎（東大），水野幸雄（東大），森英夫（電気試）

1959.04.22- 核融合研究委員会（B計画委員会）は1960.02.21まで，6回の委員会を開催 報告書「日本原子力研究所調査報告 No. 15 JAERI 4015」日本で取り上げるプラズマ発生装置としてステラレータ，DCX，イオンサイクロトロン共鳴加熱ミラーが適当であるとの報告をした．

1959.08.03 第10回核融合専門部会山本賢三委員長がB計画第1次設計について説明 「B計画に要する経費を暫定的に昭和35年度原子力予算として要求することの可否」について採決の結果，B計画に要する経費を要求する意見が1票多かった

1959.08.10 原子力委員会核融合専門部会（第11回）と核融合特別委員会（第5回）との核融合研究体制について合同会議でB計画について審議．核融合特別委員会からはB計画に反対の意見が多かったが，B計画の取扱いを専門部会に一任．同部会終了後，緊急専門部会が開催され，B計画の取扱いを湯川部会長に一任した．部会長は菊池正士原子力委員，伏見康治核融合特別委員会委員長，嵯峨根遼吉原研理事と相談することになった．

1959.08.13 湯川秀樹核融合専門部会長は，菊池正士原子力委員，伏見康治核融合特別委員会委員長，嵯峨根遼吉原研理事と相談し，B計画のための予算要求提出を見合わせることを決定．核融合専門部会員に通達．

1959.10.23 第29回日本学術会議総会においてプラズマ研究所設立案可決 提案者：核融合特別委員会，原子核特別委員会，原子力特別委員会，原子力問題委員会，物理学研究連絡委員会
議案：プラズマの科学を体系的に研究し，合わせて核融合制御の原理を探求し，関連技術を開発するため，文部省所管のプラズマ研究所を設立する

1961 米 プリンストン・プラズマ物理学研究所 創設

1960-1961 東京大学工学部 トラップストロンによるプラズマ研究（トラップストロン）

1960-1962 京都大学工学部 ヘリオトロン磁場における超高温プラズマの加熱と制御に関する研究（ヘリオトロンB）

1961.04.01　プラズマ研究所創設
　　　　　　理論2部門・基礎実験2部門・高温発生3部門，計7部門構成
　　　　　　QP計画およびTP計画発足

付録 IV

参考文献

1. 「科学朝日」1955.4（NFSAD*301-20-10）*NIFS Fusion Science Archives Database
2. 「科学朝日」1960.2（NFSAD 301-20-04）
3. 「核融合の40年」山本賢三，ERC出版　1997（NFSAD 075-06）
4. 「素粒子から宇宙へ」早川幸男，名古屋大学出版会　1994
5. 座談会「早川幸男先生を偲ぶ。I, II」日本物理学会誌 Vol. 50, No. 2, 199
6. 湯川記念館史料　史料番号：N151 010　原子力研究会・原子力懇話会
7. 湯川記念館史料　史料番号：N151 151　各国の実験　10例
8. 湯川記念館史料　史料番号：N151 142　プラズマの加熱，各国の装置
9. 湯川記念館史料　史料番号：N151 155　科研費一覧表
10. 湯川記念館史料　史料番号：N151 140　高温プラズマに関する懇談会開催について　1958年3月6日
11. 湯川記念館史料　史料番号：N151 051　談話会通知
12. 素粒子論研究　Vol. 8, No. 5, 483-497（1955）
　　天体の核現象　武谷三男・中村誠太郎
13. 素粒子論研究　Vol. 9, No. 5, 530-533（1955）
　　海外通信　早川幸男→湯川秀樹
14. 素粒子論研究　Vol. 10, No. 1, 99-105（1955）
　　"超高温"の研究計画　早川幸男・武谷三男
15. 素粒子論研究　Vol. 12, No. 2, 132-139（1956）
　　"超高温"研究会の報告　早川幸男
16. 「日本の天文学の百年」日本天文学百年史編纂委員会編　恒星社厚生閣 2008，2章「林忠四郎先生へのインタビュー」271-278
17. 「天文月報」第101巻　第5号　「林忠四郎先生インタビュー」272-282
18. 「林忠四郎の自叙伝（長い人生と宇宙研究の回顧）」2007年9月20日-2008年3月7日

追加資料
山本賢三著「核融合の40年」（ERC出版，1997年）25-35頁より抜粋

1.2　日本の基本方針の審議（1957～60年）
(1) 原子力委員会の始動

　わが国の原子力研究・開発・利用の政策を図り決定するため1956年総理府に原子力委員会が設置され，その事務は科学技術庁原子力局が当たることになった。1958年の第2回ジュネーブ会議で，海外の核融合研究が急速に進んでいる一方，わが国の研究活動が著しく出遅れたことがわかり，核融合を原子力研究開発の一環として位置づけている欧・米にならい，わが国も原子

力委員会がその方策を立てるべきとされた．科学技術庁は発足後の新鮮な時期であったので，当時，全く新規なこの課題に熱心に当たった．

原子力委員会は 1957 年 2 月 6 日，下記の学識経験者を招集して第 1 回核融合反応懇談会（総理府）を開いた．会長は湯川秀樹に決まった．

　　　核融合反応懇談会（第 1 回）メンバー
石川　一郎（原子力委員会委員）
藤岡　由夫（原子力委員会委員）
有沢　広巳（原子力委員会委員）
湯川　秀樹（原子力委員会委員）
駒形　作次（日本原子力研究所副理事長）
嵯峨根遼吉（日本原子力研究所理事）
杉本　朝雄（日本原子力研究所理事）
後藤　以紀（電気試験所長）
岡田　　実（大阪大学工学部教授）
伏見　康治（大阪大学理学部教授）
中村誠太郎（東京大学理学部助教授）
畑中　武夫（東京大学理学部教授）
本多　侃士（東京大学理学部教授）
武谷　三男（立教大学理学部教授）
林　忠四郎（京都大学理学部助教授）
法貴　四郎（科学技術庁原子力局次長）

　この会合では，関係する分野についての基礎，高温発生，天体物理における現況が報告され，今後どのように進めるかの意見が交換された．すなわち各研究機関における研究を総括し，相互の連絡，意見交換を密接にすること，散在する関係研究者の統合に努めるべしとされた．第 2 回会合は 1957 年 10 月 19 日に開かれ，上記主旨にかんがみ出席者の追加交代が行われた．

　原子力委員の交代：湯川秀樹から兼重寛九郎に．有沢広巳が退任．

　委員の交代：武谷三男から中川重雄（立教大学）に．

　委員の補充：菊池正士（核研），宮本梧楼（東京大学），大河千弘（東京大学），長尾重夫（東北大学），山本賢三（名古屋大学），川崎栄一（日本大学），山田太三郎，川俣修一郎（電気試験所），早川幸男（基礎研）：村上成一（文部省），佐々木義武，井上啓次郎（科学技術庁原子力局）

　委員の退任：駒形作次
以上計 23 名となった．

　この会で宮本梧楼のプラズマ粒子加速，本多侃士のベニスでの国際電離現象会議における超高温プラズマ研究についての報告があった．原子力委員会はこの 2 回の討議・意見聴取をまとめた．すなわち核融合反応制御の完成によってもたらされるであろうばく大な効果と欧米諸国の盛んな研究状況よりみて，わが国は早急に研究を開始すべきであり，この懇談会の今後の運営方針として湯川会長*，幹事に嵯峨根，菊池，伏見，早川の 4 名が当たる．開放的な会として広く各分野に呼びかける．核融合研究について目下決定的な良い方法がないので，可能性あるすべてのものに援助する方針とする．具体策として差し当たり昭和 32 年（1957 年）度委託研究費の要望課題として「核融合反応を目的とした超高温プラズマに関する研究」を取り上げ，昭和 33 年 1 月 10 日〜31 日に公募する（その結果，電気試験所の予算 2,000 万円などが決まった）．

　湯川会長の意見では，本懇談会でこのように当面，科学技術庁原子力局の世話で研

究方針の議論が始まったわけだが，今後文部省所管の大学の研究費の予算措置を申し入れることにしたい，とのことであった．これについては別に述べる．

なお原子力開発利用長期基本計画策定上の問題に関して1956年7月11日付で科学技術庁長官から日本学術会議に諮問があり，それに対して同年9月14日，同会議会長より長官に意見が答申された．

＊湯川会長：原子力委員は辞めたが，基礎研からの委員として第2回会合にも出席，会長を務める．

その中で「核融合の研究は日本原子力研究所において行うか，他の機関において行うほうが妥当か」という問に対する学術会議側の見解は，「これはまだ基礎研究の段階のものであるから，他の基礎研究と同じような取り扱いを受けるべきであるが，特に大切な問題であるから，研究費の面で積極的促進がなされるべきである．研究手段が，いわゆる原子力とは大変違うから，原子研究所がその研究の場所として特に選ばれる理由はない．融合反応の利用を遠い目標とする基礎研究が各所でまちまちに行われている状態であるから，これらを連絡する組織ができることを希望する」との内容であった．

(2) 核融合専門部会，同研究委員会

核融合反応懇談会の基本的対応策にのっとり原子力委員会は核融合専門部会を設置し，1958年4月11日発足した．核融合反応の研究方針を検討し，その具体的方針および研究態勢を審議するため，構成委員は下記に示すとおり当初11名，その後間もなく5名を追加した．

核融合専門部会委員（1959年）
湯川　秀樹（京大教授）
早川　幸男（京大基研教授）
宮本　梧楼（東大教授）
本多　侃士（東大教授）
渡辺　　寧（東北大教授）
岡田　　実（阪大教授）
伏見　康治（阪大教授）
山本　賢三（名大教授）
畑中　武夫（東大天文台教授）
嵯峨根遼吉（原研副理事長）
後藤　以紀（通産省電試所長）
川崎　栄一（日大教授）
大河　千弘（東大助手）
林　忠四郎（京大教授）
宮田　　聡（理研主任研究員）
杉本　朝雄（原研理事）

この部会は湯川部会長の下で1958年5月19日第1回会合が開かれ，1960年7月15日の第15回をもって終了した．本部会は，わが国最初の核融合に関する政府の委員会であることから，第1回から第9回までの要点を記録しておこう．

表

回	開催日	審議事項
1	1958年5月19日	・推進方法の具体策　文部省の原子力に関する科学研究費の増額
2	6月21日	・民間における研究計画の調査 ・文部省科学研究費の説明（この頃はほとんど大学の研究が主であった）
3	7月22日	・民間（理学研究所，東芝，神戸工業，三菱原子力，関西二井）の担当者の説明 ・核融合研究開発方針（菊池試案*）の検討
4	10月27日	・昭和34年度予算の説明 ・第2回ジュネーブ会議報告 ・今後の核融合研究の進め方の討議（昭和35年度以降に核融合の中間的規模の実験を前提として日本原子力研究所内に研究グループを置く必要を認め，答申を出すことを決定）
5	12月16日	・ジュネーブ会議および欧州諸国の研究状況の報告（宮本委員）・今後の進め方の討議（前回に引き続き）。その結果(1)外国である程度成功の可能性ある型式の装置（ステラレータ，ゼータ，ミラー等）を速やかに建設する。(2)以上と異なった装置の研究開発を並行させる。その答申案の作成は事務局で行う。
6	1959年2月20日	・答申案原案の検討（次回に決定） ・Bグループの準備会を設け専門委員の追加を考える。 ・核融合反応の研究の進め方についての核融合懇談会でとったアンケート報告**
7	3月30日	・菊池原子力委員の帰朝報告***（米国の核融合研究の現状） ・専門部会答申案の決定 ・B計画の具体的進め方，グループ主査は菊池，湯川が選定する ・昭和34年度原子力平和利用委託費について，要望課題の募集と各委員からの意見
8	5月15日	・核融合研究委員会中間報告（山本，森） ・今後の研究体制のあり方

9	6月22日	・核融合研究委員会第2次中間報告の説明（山本，森），結果としてステラレータが最有力，DCXはまず加速器の研究にかからなければならない
		・昭和34年度原子力平和利用研究委託費（核融合の分）の申請状況
		・研究体制の検討

*　菊池案「熱核反応推進計画」（1958年7月23日）の要点：
(i) 熱核反応の研究は国際的にみて極めて初期の段階にあり，ある特別の点を押して行けば必ず成功するという突破口は明確でない．ここ数年間に行われたピンチ効果による高温プラズマ発生実験では，数百万度に達して熱核反応が起こったと信じられる証拠がある．
　プラズマ自身について未知のことが多い．今は少数のプロジェクトに直ちに重点的に予算を投入するよりは探査の手を広げる必要がある．
　現行の主として大学研究室での研究は予算不十分で成果は期待すべくもない．差し当たり昭和34，35，36年は文部省科学研究費の増額をはかり，一方，これに並行して総合研究所を昭和35年度より発足させ，海外における発展をみて必要な研究を順次移して相当の規模の実験研究を開始するのが有効な途であろう．
(ii) 5ヵ年計画の提案
　第1年　昭和33年度（1958年）：現行大学・研究所の研究を進め，一方，科学技術庁の補助金により会社を支援する．予算は科学研究費4,500万円．科学技術庁補助費金額は決定ずみ．
　第2年　昭和34年度：文部省科学研究費の3ヵ年計画を増額する（昭和34年度1.51億円，35年度2億円，36年度2億円，4〜5テーマに絞る）．
　第3年　昭和35年度：新研究所の発足，相当規模の実験開始．
　第4，5年　昭和36，37年度：科学研究費による大学研究と並行して新研究所を増強する．併せて科学技術庁の補助金，助成金で会社に対する関連技術の開発を推進する．
(iii) 研究所の構想（大学研究所を経て総合研究所とするなどの途を考える）
形式：下記（イ）（ロ）（ハ）が考えられる．それぞれ一長一短あり．
　（イ）大学付置研究所：在来と異なり大学連合研究所が望ましい．共同利用研ではない
　（ロ）原子力研究所に部門を増設する
　（ハ）科学技術庁に属する新研究所とする
予算：昭和35，36，37年度に総額20億円．最終人員250名．
　この計画はまず科学技術会議／学術会議（核特委／力特委）にはかる．
　当時，非常に貧しかった大学の研究ベースからいかにして海外の（当時いわれた戦勝国の）盛んな研究に伍するかの苦心がここににじんでいる．この考え方，計画はすぐこの後に続くB計画推進案の原点とみられる．
**　核融合懇談会が会員に対しとったアンケート
［問］核融合のこの新計画（方針）について，昭和35年度（または36年度）の予算編成を行うためスタディグループをつくる場合，参加希望者（自薦，他薦）を申し出て欲しい．また研究体制について意見を伺いたい．
［回答］主要な各大学および会社に属する各グループまたは個人から計16の回答があった．内容は様々であってまとめ難いが，整理すると，(i) この計画の主旨はよろしいが，実施（予算）年度を少々遅らせる方がよい，(ii) 回答は大学側の人は消極的，会社側は積極的のように伺える，(iii) 現状の大学では高度の，規模の大きい実験研究はほとんど不可能に近い．ゼータ程度の実験や研究者養成のためには何らかの考慮が必要である．一つの案として尊重したい，等々で，後述のB計画論議の前哨である．
***　菊池正士原子力委員の海外視察談

1959年1月18日～3月10日，米国およびカナダの原子力事情を視察された。その中の核融合についてプリンストン大学プラズマ物理研究所ステラレータCの施設の巨大さに驚かれた。「実験室は丸ビルのような大きい建屋で，電源は横型直流発電機（はずみ車付）300MJX12台，ピーク出力20万kVAという大きい変電所のような電源室であって，日本の大学の小実験室とはケタが違うとの印象を受けられた。B計画を強く推す所以であろう。旅行中，原子力局長柄畑にA・B計画の議論が自分の出張不在中に決まってしまうことを心配する旨のAerogramを出されるなど，日本の研究の現状を憂慮された。

核融合反応の研究の進め方について（専門部会答申）（要約）

1959年3月30日，湯川秀樹専門部会長が原子力委員会高碕達之助委員長に宛てた答申の要点を記す。

1. 研究の現状：先般の第2回原子力平和利用国際会議で世界の研究状況が明らかになった。それによると，米・英・日は1950年頃から基礎研究を始め，数百万度の発生に成功するなど核融合の制御という目標達成に進んでいる。わが国は1955年頃より着手したが，これまでに支出された研究費は文部省科学研究費と原子力予算を合わせて約8,000万円であって，米国と比較して0.2%に過ぎない。基礎科学振興の一翼としても，この研究を強力に推進する必要がある。
2. 今後の研究方針：推進に当たって柔軟性をもった研究体制が望ましく，組織化された研究として，次のA，B両計画を実施することを提案する。

A計画―新しい着想の育成と具体化

今の研究段階では，新しい着想を積極的に育てていくことが必要で，当面次の措置を講ずることが望ましい。

（i）大学にプラズマ科学促進の目的で講座増強，基礎研究の推進，研究者の養成を行う。

（ii）多額の経費を要する高温プラズマ発生装置について，新着想の検討，装置試作を目的とする研究グループを作る。

B計画―中型装置の建設

諸外国では，ピンチ型，ステラレータ型，磁気鏡型など高温発生装置を建設し，プラズマ物理学に多くの成果をもたらした。わが国も100万度級の小規模装置をもつに至ったが，1,000万度程度の高温領域のプラズマは質的に違いが予想されるので，3億～10億円の中型装置を速やかに建設し研究の場を供するのが望ましい。

（i）そのための装置の形式，規模を調査し，具体案を設計するグループを組織する（日本原子力研究所内に）。

（ii）1959年度中に中型装置の形式，規模などを選定し，具体案の検討を行う。

（iii）上記に基づき建設，運転，研究を行う実施計画を決め，1960年度から出発する。

核融合研究委員会（B計画委員会）（1959年4月22日～1960年2月21日）

専門部会は上記第7回までの審議を経て研究計画の具体化，特にB計画立案のための委員会を設けることにした。運用の都合上，日本原子力研究所の核融合研究委員会とし，6回の委員会を開いた。計画は日本原子力研究所調査報告No.15「JAERI 4015」1959年11月にまとめられた。

委員構成は表1-2に示されるように参

加可能な事情にある活動的研究者のほとんどが網羅され，委員またはオブザーバーとして関与している。専門は物理，電気などの理論と実験屋で，宿舎での泊まり込み作業で十分な意見交換を行った。こうした研究者の会合は当時としては日本で初めてのことであったかと思われる。理・工の異なる分野の発想・表現・論理はなかなかかみあわず，特に古典的工学技術者にとっては物理屋のいうことが，非現実的，高踏的に思えて理解に手間どった。しかし，こうした人間的接触が，その後の核融合研究者社会を形成していく上での基礎になったと思われる。

この委員会の報告を要約すると，プラズマ発生装置としてどの型が優れているかは現段階で決定できない。選定の基準として発生したプラズマが安定して，静かで再現性があり，加熱や計測に利便であるなどを考慮した。その結果，保持の磁界（磁気ビン）としてステラレータまたはミラーが適当であり，加熱方式としては磁気容器内にて低温を高温に加熱する方法と，高エネルギー粒子を磁気容器に注入蓄積熱化する方法とがある。

これらを考慮して，ステラレータ，DCX，イオンサイクロトロン共鳴加熱ミラーが適当であり，それぞれの特徴を生かして年次的にずらせて取り上げることを提案した。

その一例としてステラレータ型はレーストラック型で管長7.4m，管半径6cm，磁界3T，問題点はポンプアウト（異常拡散）の解明などが挙げられる。最小限予算編成に役立つ程度の設計を行った。予算概算は約6億円程度となった。

表1-2　核融合研究委員会構成

委員長	山本　賢三（名大・工）	
副委員長	森　　茂（東大・理）	
委員（50音順）	有安　富雄（阪大・工）	大河　千弘（東大・理）
	川崎　栄一（日大・理工）	笹倉　浩（原子力研）
	玉河　元（名大・工）	早川　幸男（名大・理）（保留）
	宮本　梧楼（東大・理）	伊藤　博（阪大・工）
	岡田　実（阪大・工）	木原　太郎（東大・理）
	関口　忠（東大・工）	長尾　重夫（東北大・工）
	林　忠四郎（京大・理）	村川　契（東大・航研）
	宇尾　光治（京大・工）	岡本　耕輔（理研）
	小島　昌治（東教育大・理）	田中　正俊（原子力研）
	野畑　金弘（静岡大・工）	水野　幸雄（東大・理）
	森　英夫（電気試）	
特別参加者	荒田　吉明（阪大・工）	今村　元（三菱電機）
	鴨川　浩（東芝）	小林　久信（理研）
	里山　正蔵（東芝）	杉田慶一郎（東北大・工）
	高山　一男（通研）	百々　太郎（日立）

八田　吉典（東北大・工）	前田清治郎（東北大・金研）
山村　　豊（阪大・工）	安藤　安二（三菱電機）
岡田　武夫（三菱電機）	河合　　正（三菱電機）
桜井　良文（阪大・工）	沢田　昌雄（阪大・理）
高津　清一（通研）	槌本　　尚（日立）
中野　義映（東工大）	藤家　洋一（東大・理）
松田　仁作（東芝）	横田　昌広（日大・理工）
犬石　嘉雄（阪大・工）	上島　千一（三菱原子力）
後藤　正之（三菱電機）	佐藤　照幸（東北大・工）
吹田　徳雄（阪大・工）	高橋　　誠（東北大・金研）
遠井　淳友（阪大・工）	西田　　稔（京大・理）
藤本　　敦（三菱電機）	山中千代衛（阪大・工）
吉川　允二（東大・理）	

IV

語られた林先生

基礎物理学研究所15周年シンポジウム
1. 自然の進化と学問の進化 (1968年)

早川幸男

「基礎物理学の進展」(1968年)

　物理学が対象としている"物"というものが一体どういうわけでこの世の中に存在するのであろうかという事に我々は非常に興味を持っています。これは物理学者といわず,非常に素人らしい素朴な疑問ですが,ひと頃にはこういった疑問に対して答えたり,あるいは疑問を発する事自体が無意味なのではないかという意見が強く出されました。つまり物が何故存在するのかというような事は大して問題ではなくて,物は最初からあって,その物が如何に存在するかという事がむしろ問題だというわけです。"物理学者としては物が如何に存在するかという事を考えさえすれば良いので,それ以上,何故物が存在するのかという事を問題にするのは自然哲学とか形而上学とか云われるもので,自然科学らしくない"と大変おしかりになった偉い先生方が大勢いらっしゃった訳です。しかしこの問題をまたむしかえして,それをただ論争の上だけで解決しようとすれば,無限の論争になってしまい,決して答が出てこないだろうと思います。そもそもそういう問題がおこりかけたのは,物理学の論理構造の分析 ── 例えば自然科学は自然を記述するものである……等 ── から出てきたのが主であるから,別の立場で色々な分析を行って別の考えを述べれば,それもそれとして認められるべきであるという事になるだろうと思います。物がどうなっているのかという事が判れば,恐らくそういう論争は解決すると思います。もし我々の対象である物が万古不易であり,最初から与えられていて変らないものであるとするなら,一体物が何故存在するかという事は大して問題にする必要はなくて,実際ある物がどういう風に変化していくかという事を知りさえすればよい訳です。

　実際,物理学には物質であるとかエネルギーであるとかの保存則があって,保存則の下に物が如何に変化するかを研究してきたわけで,従って物の存在という事より,存在している物の変化に研究の中心が移っていったという事は無理からぬ事だと思います。ところがよく考えてみると,物といっても決して万古不易とは限らない。保存則があっても,しばっている保存則が非常に広いしばり方をしていて,矢張り物は変化し,生まれたり無くなったりするという事が有り得る。そういう事が次第に判ってきたわけです。もしそういう事が実際にあるとすれば,物は何故存在するかという問題を提起したって一向にかまわないと我々は考えているわけです。自然は進化している。自然が進化しているからこそ物は何故存在するかという事を提起し,それを研究しても良いという事になるんではないかと思います。

今日，午前中の色んな話はそういうことを問題にしたグループ，自然の進化がどんな風であるかという事を色んな面からとらえて研究してきたグループの話であります。このようなグループがどのように進化してきたかをここである程度話すというので，自然の進化と学問の進化というような題にした訳です。その代り公式的な内容のものはパンフレットにどなたか非常にうまくまとめてお書き下すっておりますので用意してきた原稿を大分はしょることができますから，後の方々に可成りの時間を使っていただければ良いかと思います。唯，ちょっと公式の原稿には書き難い裏話もいくらかあると思いますので，それをお話してみたいと思います。

パンフレットに研究会がたくさん開かれているという表があります。私達がやった公式の研究会で一番古いのは，1955年2月の天体の核現象ということで行われたもの，新しいのが多分今年の2月に宇宙論，3月に月・惑星という名前で行われたものです。その間に，我々の問題にしている物に色々な階層があって，その夫々の階層に於ての進化という事が研究されました。例えば一番初めの頃取り上げられたのは，元素というものが如何にして作られたか，初めは全然無かったような元素が現在どうして在るかというような事，それからもっと複雑なものでは，我々の住んでいる地球がどういう風にして作られたかという問題，又素粒子が何故作られ，どうやってここに存在するようになったか。そしてここにおられます大勢の方がそれを使って飯が食えるようになったか。夫々の問題は決して切り離す事が出来ないのだけれど，それを複雑なままに置いておいたのでは仲々分析が出来ない。そこでいろいろの階層に分けて，その階層毎にある程度の単純化をして問題を追求してきました。後でお話になります3人の方も夫々の階層をある程度代表してお話し下さると思いますが，私が最後に一つ例に挙げたいと思っておりますのは逆の面からの例であります。実際やりますのは，階層別に可成り分けて若干単純化をしてそこである答を出し，そして階層と階層の間をつなぐといった方法をとってきました。

ところで，私達がこのような研究を始めました時，実はどの問題に対しても殆んどの人が素人でした。ですから，素人としての非常な苦しみとか悲しみというものを味わってきたわけです。が，その反面こわいもの知らずでというか，素人程こわいものはないというので，可成り大胆な事も出来たという特徴も逆にありました。ですが，いつまでも素人のままで終るという事ではこれはアマチュアでありまして，現在では純粋なアマチュアというのはオリンピックにも出場出来ないような状態になっておりますので，やはりどこかでは玄人にならなければいけない。この研究会に出てから玄人になるというのでは困るので，夫々の分野で玄人であるような人を集めてきて，全体としては素人であるが，夫々の分野で玄人であるという事で何とかそういう知識を分け合おうという事，それが研究会という形で出来て共同研究というものになって実ったわけです。そういう恰好がとれたというのは我々として非常に良かった事であ

ると思っています。要するに色んな分野の人が色んな対象について研究したわけです。

　そもそもこういう話がおこったのはどういう事かというと，基研が出来た時に基研に四つの研究部門が出来て，それらがある程度自分の分野，領地を固めて次第に封建的な体制を築き上げてきました。このパンフレットにも載っているように，初期の研究会というものがどういうもので出来ているかというのを見ると，例えば場の理論，中間子論，原子核，物性というビッグフォーがあるローテーションを組んでやっておって，後の2軍のピッチャーというのはベンチをあたためる以外に仕様がなかったような状態であったわけです。その4つの分野の中に次第に大勢の人が集まってきて，一つの封建的な領地を強化していく時代が1953年から54年と続いてきたわけです。そしてしかも夫々が別々になって，夫々の分野で業績の評価というのを行い，全体から見ると何でそんな事をするのか判らないというような事迄も高く評価してみたり，そういう評価の倒錯とか研究の硬直という現象が起ってきそうな状態にあったわけです。そういう時に，基研のサロンで湯川先生と武谷先生と私と3人で何かダベっておりましたところ，湯川先生が急にどういう拍子かお星様の事を勉強したらどうだという事をおっしゃったわけです。その頃，原子核とか地上の事は非常に詳しくわかってきた。最初の記念講演の時にも湯川先生がおっしゃっていましたように，そういった地上で判った事が果して天上の事に応用出来るかどうか，これだけ地上のことが判っ

て天上の事が同じように判らんというのはおかしな話ではないか，一つそれを調べてみてはどうかというような話が急におこった訳です。その頃，日本でもある程度そういう事が行われていたわけですが非常に少ないという状態でした。しかし少なくてもその中では非常に立派な仕事がありました。例えば，次にお話になります星の内部構造の理論とか元素の起源とかそういうものが有ったわけです。ところが，そういう事をやっていては飯が食えなかったので，林さんにしましても実は非局所場理論というものをその当時専門にやっておられましたし，私も基研に来たら原子核をやっているような顔をして家に帰ってから内職として又趣味として宇宙線の起源をやっておりました。一応そういう趣味を大っぴらに基研というとこでやってみてはどうか，どうせまあ素粒子とか原子核とか偉そうな話にしましても，へたの考えという事も多いわけで，趣味とどれ程差があるか判らないわけでありますから，天体物理というのをやってみても一向かまわないであろう。という事になって，武谷先生を中心にこの仕事を組織しようという事になったわけです。

　最初は原子核の仕事を中心にやってみようという事になりました。原子核の研究が進みまして若干スコラ学的になってきて，あまり細かい事をやるよりももうちょっと広い事を問題にしてはどうかという事で，原子核を熱核反応にどれ位応用できるか，それをもとにして星の構造と進化というのを議論してはどうかという事を考えたわけです。それで原子核理論の連中が中心に

なってやったわけです。しかし星の質量がどれ位あって，どの位の寿命を持っているか全然知らないではお話にならないので，教育という面から色んな専門家を口説きにまわったわけです。例えば，林先生は大いにノン・ローカルに魅力がおありになったのを，昔取った杵柄でひとつというんで是非講義をして下さいといってお願いしたり，天文の方では畑中先生に御出場をお願いしたりしました。一番最初の教育の労をとっていただく方としまして，東北大学の一柳先生をお願いしました。原子核の連中が大勢集まって可成りの盛会にはなりましたが，最初に認められた費用5万円ではどうしても出席された人達の旅費もまかなう事が出来ないというので，私達は科学朝日に座談会をやってくれるように掛合いまして，それでもって3万円もらい合計8万円で会を開きました。私はその座談会の記録の整理でウンウンうなって高い熱を出し，2，3日寝た事を覚えております。そういう事で何も知らない連中が集まって，一柳先生，林先生，畑中先生達に夫々講義をしていただきまして，素人の考えをねったわけです。

その頃外国ではどうだったかと言うと，外国でも矢張り原子核の人が若干その方面に向いつつあったわけです。その中で代表的なのがFowler —— これは原子核の実験をやった人，理論をやったのではSalpeterと，そういった人達が天体物理の方に非常に力を入れておりました。例えばSalpeterのEffective range theoryを使ったPP-反応の理論が出たのが当時であったわけです。

私達がそこで色々議論した結果を武谷，畑中，小尾3先生がまとめられたのがT.H.O.理論というものであって，それがどういう役割を果したかというのは，後で林さんなんかがお話し下さると思いますし，色んなとこで十分知られているので省きます。それが丁度その当時外国である程度議論されていた事で，我々は全然知らなかったのですが，可成り時間的にも一致していたわけです。T.H.O.理論というのは銀河系が円盤状になっていくと同時に星がどういう風に出来て，元素がどういう風に合成されていったかという過程をずっとあとづけていった訳ですが，夫々の部分に対して例えばSchwarzschildとかSpitzerとかHoyleとかWeizsackerなどといった人が議論をしていました。実はそれを知らないで我々作ったわけでありますけれど，その議論の一端がリエージュ会議の報告として我々の手元にとどきました。それと比較検討して我々の理論が本当に正しいかどうかを確かめるため，秋に又小さな会を開いて，確かに我々の方がもっと包括的であって，発表しても大丈夫だとわかりました。初めは随分こわごわだったんですが，リエージュ会議の報告を見ますと可成り自信が持てるというのでプログレスに投稿するに至ったわけです。それから同時に，進化のスキームに関連して色々個々の場合をあたらなければならない。又全体の筋道が出来たからといって，それがそのままに終ってはどうにも仕様がないので，個々の場合を細かくあたって，本当にその道筋が正しいのかどうかを検討する必要があります。まず最初に手がけられるものとしては，原子核出身者としては核反応に関連したもの

であろうというので、a 粒子が 3 個くっついて炭素になるという過程を東京と京都のグループで計算致しました。それには原子核の理論の方が何人か入ってやったわけですが、どうもその内だんだんその人達が元気がなくなってきて結局、その仕事一つ位で天体物理の方から逃げていくという現象が起りました。それは一つは今になって考えてみますと、大体原子核の研究をする人と天体をやる人の性格の違いにあった様です。原子核というのは、今になってみると可成りたちのわかっているもので境界もはっきりしている。筋道は判っていて、それをやる途中のテクニックは大変ですけれど、大体筋道の判った事をやる。所が天体物理の場合、此頃は大分筋道が判っているんですが、その当時ですと先づ筋をつけていかねばならない。筋をつけていかなければならない程、ボーとしているものには、どうも取付きが悪いという事が一つあったと思います。もう一つは社会的な状況であって、当時は原子核の理論というのは日本では若い学問でありまして、就職口も無くて、皆あぶれていた。何か仕事は無いかと、鵜の目鷹の目で、探していて、そういう仕事があると飛びついてきたわけであります。所が 1956 年になって原子核研究所が出来、それを契機に原子核がだんだん盛んになって方々に就職口が出来る様になると、自分の本職で飯が食えるというのでどんどんそちらへ流れていったわけです。結局その当時の考え方として、今ではもっとひどいと思うんですが、寄らば大樹の蔭という様な事大主義の思想力が強かったわけで、新しい分野に仲々入りこんでこれな

かったわけです。

結局原子核出身の人は殆んど残らなくて、それをやったのは天文出身の人と、物理出身の人としてはごく少数の、天体物理で飯を食っていこうという人だったと思います。一方そういう若い人が定着出来る為にはその人達の住む所がどうしても必要であろうと思います。基研の場合には年に何日か来て、そこで研究会をする事はあるがやはり自分の住んでいる家というのではない。ある種の旅行先の宿屋みたいな感じがしないでもない。住む家がなければ若い研究者というのは浮浪児ではないので、仲々育たないわけです。それが今日の様に割合い盛んになる事が出来たのは研究室が出来たおかげです。ここに、お座りになっていらっしゃる大野先生、林先生の研究室が夫々、北大と京大に出来てそこに若手をかかえる事が出来たわけです。若い研究者を育てる為には、矢張り、講座制というものが必要であるという証拠ではないかと思います。

こういう事をもう少し例証するグラフ —— 論文のプロダクションレイトと年代、の関係（第 1 図）を持ってきたんですが、それを見ますと、丁度大野研究室、林研究室が出来た数年後に非常に大きなピークがあります。まさにそれはそこで若い研究者が育ってドクター論文を書き始めた時に当っています。勿論第一のピークは最初の研究会の後で、研究会の成果をまとめた段階、その後で大きな谷底があるのは原子核研究者が逃げた時です。

もう一つこういう研究会と並行して、パンフレットにも書いて有りますが、プラズ

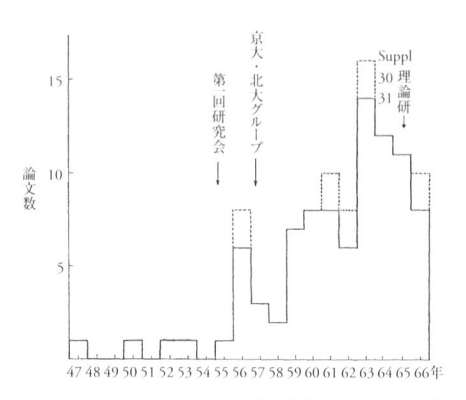

第1図 Prog. Theor. Phys. に発表された天体物理関係の論文数（点線は外国人の論文）

マ研究会というのが行われました。それまでは原子核が中心でありましたが，物性関係の人，統計力学なんかやっている人達にもある程度入ってもらわないといけないというので少しそれに近いプラズマという事を目的として，それを表題としてやったわけです。我々が始めた頃はまだ政治的問題に余りなっていなかったわけですが，"いずれは核融合の研究が盛んになるであろう．従ってそれに必要な基礎的な学問を何とかして育てておかなければならない"という考えでそういう研究会を二，三回開いたのです。これにも，最初は物性の方が何人か来て景気が良かったのですが，結局そういう方々はある程度散ってしまって，プラズマを本職にしてやろうという人が残って，それが現在，プラズマ研究所を中心としたグループに育っていったわけです。これが大体1958年位までの段階ですが，その後実は物理の方から入ってくる人の流れが変って参りました。それは，これまでは純粋に理論という事に限られていたわけですが，1958年頃になって実験のグループが関係してきたのです。

元素の起源に関連して宇宙線の組成が問題になってきて，それの実験が日本でも出来る様になったという事に関連して宇宙線の研究者がこのグループに入ってきたのは1958～59年にかけてであります。宇宙線の起源につきましては，例えば名古屋の関戸先生の様な先覚者が居られて様々仕事をされてこられたわけですが，又そのグループも1955年2月に天体核現象研究会に続いて基研で研究会を行いました。そのグループの主題というのは，太陽─地球間の空間を研究する事でありました。現在それが Solar terrestrial physics という名称をもらって独立して international な union を作ったわけですが，その当時は物理と地球物理，天文（特に太陽物理）の境界領域として結成されておりました。しかし星に関係する内部構造の問題，あるいは元素の起源に関係する方ではむしろ宇宙線の組成の方が重要であったわけです。それについての実験材料が入ったのは現在東大におられます小柴氏がシカゴ大学から Prince Albert

Stackを持ち帰った時で，原子核研究所にそれを解析するグループが結成されました。基研の方でも，それに対して可成り興味を示して，それを中心とする長期研究のグループを作って，乾板の実験結果の解析をやると共にそれと星の進化という事との関連を色々調べました。その時のデータは非常に立派なものでありまして，今でも色々な方面でreferされています。原子核研究所の写真乾板グループが殆んど全員それに参加して非常に苦労の多い解析をされました。又原子核研究所のもう一つの宇宙線グループもやはりその頃から異方性という事に関心をもって天体物理に関連のある仕事を始めました。それから又宇宙線強度の永年変化を測る目的で^{14}Cの量の精密測定が提唱され，結果は地球磁場の永年変化を測っているという事になったわけですが，そういうグループが矢張り宇宙線のグループから出ました。そして後に物理学者が主宰する化学の研究室として非常にユニークな早稲田の藤本研究室と京都の長谷川研究室とが生まれるに至りました。宇宙線に関連して起こる問題は，銀河系の磁気的構造でこれは又電波天文学とも深く関連する問題ですが，宇宙線の人が参加してきた機会に，銀河の構造と進化を系統的に研究し，星のいれ物についても進化論を作ろうと試みました。その一つの面は既にT.H.O. 理論の中に出ていますが，それを銀河系全体にあてはめて進化のスキームが描けないかというので色々苦労したんですが，どうも前の星の時程うまくいかない。というのは一つは我々にとって流体力学が不慣れであったという事です。そういう時

に東京天文台の石田憲一氏とか，現在名古屋に居られます藤本光昭氏等天文出身の若い人達の力で非常におもしろい理論を作って何とかまとめる段階にまで参りましたが，星の場合程うまくいっていないという感じであります。

むしろその頃非常にうまくいったのは，星間物質に関する研究でありまして，これには原子，分子の専門家が非常な貢献を致しました。一昔前の日本の物理学の主流というのは，現在素粒子が中心の様になっていますが，原子分子というのが中心であったわけです。1960年前後にはそういう研究分野が有るのか無いのか判らない様になっていたのですが，そのわずかに残った人達が細々とした伝統を活用して，それを天体物理学に応用したわけであります。これは現在，宇宙研の教授をして居ります高柳さんが中心となっているグループでありまして，宇宙の雲の冷えていく過程，星の出来ていくプロセスを一生懸命調べたわけです。その結果冷たくなり過ぎるというので，私が少し暖める方に助けを出したりしました。

その後雲が冷えていって星になる過程を量的に追求していったのが林さんのグループで，今では良く知られている「林phase」という普通名詞になる程有名な理論になりました。これについては今日林さんは話のうち半分を費される様ですし，林phaseの存在と太陽系の起源，元素の起源との関連については多分小野さんがお話し下さると思います。

その次に特徴のある分科は，これを一つのジャンプ台にしまして別の実験物理学の

ブランチが育った事です。

それは俗に space physics と言われているものです。勿論 space physics の中には天体物理学以外に，地球物理学あるいは先程いいました太陽―地球物理という様なのがもっと大きな部分を占めて居りますが。天文の問題については，我々のグループで理論的意義が十分討論されて，それが実験に移されました。最初に企てられたのが宇宙電子の観測で，気球を使ってやろうとしたのですが，どうも日本ではうまく行かなくて，我々のグループの中に居ります田中靖郎氏が，オランダに行ってそこで成功しました。もう一つが X 線天文学で，一昔前のγ線の予言と星間雲の加熱に関しての紫外線の発生と関連し，その中間のエネルギーを持つ X 線の強度推定が行われました。所がそれを上廻る強度の X 線が発見されたので，当時使用可能になったロケットを利用して観測が行われました。第三は赤外線であります。これは星間雲の冷却，星の形成，太陽系の起源の研究に端緒を持っています。これらはロケット，気球という乗物を利用して，実験天文学に新たな手段をつけ加える事になりました。我々のグループがそれに比較的早く手をつけた利点はありますが，研究室の質と量，技術，金等に於て他と勝る点は余りないように思います。このような状態は 1955 年に我々が理論的研究を始めた頃に似ており，これからの努力に待つ所が多いと思います。

大気圏外で行う観測では，大気の吸収や，それが作るノイズを避け易いという利点があるので，宇宙の background 輻射が測定出来ます。先程お見せしたスライド（第2

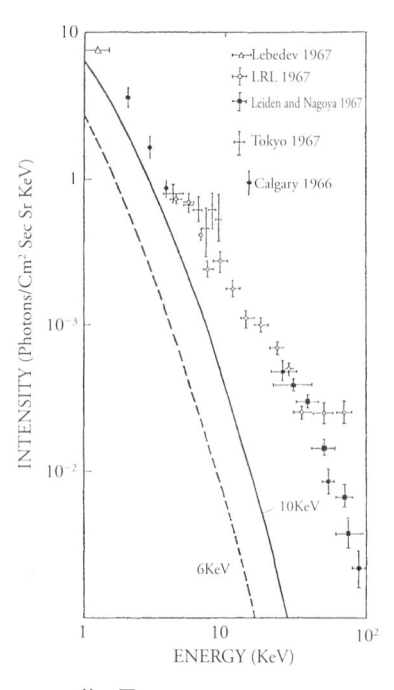

図）は X 線領域のエネルギーを持っている background 輻射であります。X 線が特殊の星から出ている。星というのはガス密度の 2 乗に比例して出来る。銀河系が出来た時は殆んどガスであるが，だんだん星になってガスが減ってきた。従って昔の銀河系はガスが多く，X 線の源も多かったという仮定を入れて，夫々の源から出た X 線を重ね合わせると，ほぼうまく，少くとも softX 線の領域では X 線強度をうまく説明出来る事になります（実線，破線は X 線星が夫々 10 KeV，6 KeV の熱制動輻射を出すとした場合の理論値）。

最後に一つ申し上げたいのはヘリウムの問題です。一体宇宙の最初の状態がどうい

第 2 図　Diffuse Background

う風に現在にきいているかという事です。ヘリウムの量について色々なデータがあります。例えば，林さんが昔やられた事で，ガモフが最初にとったモデルですけれど，これを新しいデータによって計算し直すと，ヘリウムの重量比，これをYと書いていますがY>0.24という答えが出てきます。それからスペクトロスコピックに非常に高温の星を測りますと0.3位，これはまさに，めでたし，めでたしです。それから後は相当むづかしい星の構造の議論をやります。種族Iの赤い巨星，あまり赤くなくてもいいんですが，そういう星の内部構造でやりますと，それが例えば0.25±0.05位です。これは最初の日の講演にありましたneutrinoのcurrent-current interactionが有るか無いかで少し違いますが，その違いは2％程度であまりきいてきません。又変光星（RR-Lyrae）からはこれと同じ0.3とか0.35とかが出て居ります。これ位ならばめでたしめでたしであったんですが，問題は，太陽という我々に近い所でどういうデータが出てきたかという事です。太陽の表面の物質というのは太陽のsolar windとしてやってきます。その風の中の物質をイオン分析で分析しますと，0.14〜0.17という非常に低い値が出てきました。これはコロナがちぎれて飛んで来るという事から出した値です。コロナと光球面とでは色々な点で違うらしいという話が，X線の観測なんかから出て居ります。光球面ではどうか？　光球の中でHeは分光的には測れません。所が幸にして太陽から出てくる高エネルギーの粒子があります。それの組成と光球の組成と非常に似ておりますのでそれを使いますと，ほぼ0.20±0.03という値が出てきて，どうもこの限界より下らしい。それにしても太陽の表面であるから，もっと中の方まで入れば，あるいは沢山あるかもしれない。太陽の中をどうやって見るかというのは非常にむつかしいんですが，我々は，大変透過性の強いもの——neutrino——を持っています。太陽のneutrinoを測りますと，太陽の中にHeがどれ位あるかというのが判ります。それから出てきた答がどうもおかしい事には，色々パラメーターを動かしましても，0.15〜0.20の範囲にしか収まらない。という事は初めに有ったHeの量に比べて減っているという事で，深刻な矛盾におちいります。でこの問題は実は宇宙の初めから終り迄の色々な歴史を調べていく上での一つの鍵になって居ります。

〈討論〉

湯川　秀樹（基研）　最後に言われた事は，膨張宇宙の考え自身に疑問があるという事ですか。

早川　膨張宇宙，つまりガモフ，林流にやりますと，最初に熱い火の玉があって，そこで核融合が行われてヘリウムが出来たという様にして計算します。そうするとY>0.24が出てくるわけです。現在の輻射温度を3°K，それから現在の物質量が星やガスを集めていくらというのが判って居りますから，膨張宇宙を逆にさか上って初期の状態を推定できます。それは膨張宇宙が悪いのか，あるいは核反応のcross sectionの取り方が悪いのか，あるいはスペクトロ

スコピイのやり方が悪いのか，イオン分析器が悪いのか，どこが悪いのか判りませんけれど，どこかに矛盾があるという事になります。膨張宇宙を疑うという事も十分有りうる事だと思います。

（1968年10月30日基礎物理学研究所15周年記念シンポジューム講演）

エディントン・メダル受章記念特集
2. 星の進化（1970年）

蓬茨霊運

天文月報 1970 年 4 月

1 はじめに

1963年頃を境として星の進化の理論にある種の変化がおきた。理論の内容に大きな変化があったというのではない。理論を立てる上で欠くことの出来ない数値計算の方法が，指先からエレキへと大変化したのである。ことのおこりは1959年にアストロフィジカル・ジャーナル誌にのった10ページたらずのヘニエたちの論文に始まる。電子計算機を使って星の進化を時間を追って自動的に計算させようというものであった。大型電子計算機の出現やプログラムの開発に数年を要し，1964年頃には自動計算による結果がいろいろと発表されはじめた。内部構造家の多くは一度は自動計算に手を染めるほどの流行をきたしたものである。この研究に大きな影響を及ぼしたことはたしかである。1963年以前とそれ以後において星の進化の理論がいかに展開されてきたかを，筆者の片よった見方ではあるが述べてみたいと思う。

2. 1963年頃の理論

1962年にプログレス誌のサプルメントにのった林・蓬茨・杉本のEvolution of the Stars（以下HHSと省略する）でいわゆる前期は終ったという人がいる。前期最後というのは，多分，あまり評判のよくなかった（わかりにくいということで）U-V curveに機関銃のような音のする電動計算機でなされた最後のものという意味であろう。ここでは上記のHHSの論文をもとにしてその当時どの程度星の進化がわかっていたかをふり返ってみる。

星の誕生：星の誕生から主系列星までの進化は非常に興味ある理論の展開があった。この分野の研究は太陽系の起源の問題と関連して今後大いに発展が期待される。最後の節でくわしくのべるのでここでは省略する。ただ，この当時は主系列星への進化はHAYASHI Phaseと呼ばれる進化の段階を経過することがすでにわかっていた（後述）。

水素燃焼段階：新しくこの世に誕生した星はHAYASHI PhaseにそってHR図上を進化する（第1図）。この段階は収縮の段階であり，中心温度，中心密度は共に増大する。やがて中心でH→Heの熱核反応がおこる（水素燃焼段階）。中心で水素燃焼の状態にある星が主系列星と呼ばれる。質量が太陽質量の約0.1倍より小さい星では，収縮につれて中心付近の電子が縮退を始め，中心温度は水素燃焼に必要な温度まで上昇することができず，白色矮星へと進化していく。水素燃焼段階にある星の中心付近では水素が徐々にヘリウムに変る。中

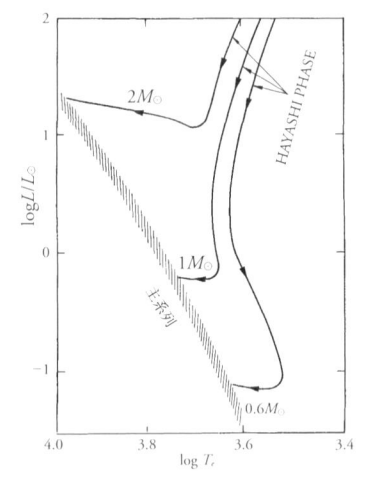

第1図 主系列に到達するまでのHR図上の進化。縦軸は太陽の光度を単位にした光度の対数，横軸は表面温度の対数

心付近の水素が完全に消費されると，水素の燃えかすであるヘリウムの中心核が成長する。ヘリウムの核をとりまくごくうすい殻で水素燃焼がおきている。この段階の星は主系列をはなれ巨星の領域へとHR図上を進化する。

ヘリウム燃焼段階：水素殻状燃焼のために進化につれてヘリウムの中心核は成長をつづける。このさい，中心核は重力収縮により釣り合いを保っている。そのため中心温度，中心密度は共に上昇する。中心温度が10^8Kを越えると中心でHe→C熱核反応（ヘリウム燃焼）が始まる。このさいほぼ太陽質量の3倍の星を境として進化の様子が非常に異なる。太陽質量の3倍以下の星では，ヘリウムの中心核では電子は縮退を始め

ている。電子の縮退した領域で熱核反応がおきると，このエネルギー放出による中心温度の上昇は電子の縮退が解けるまで続く。ヘリウム燃焼は爆発的におこることになる。ヘリウム・フラッシュと呼んでいる。HHSによると，星の質量に無関係にヘリウム中心核の質量がほぼ$0.5M_\odot$（$M_\odot$は太陽質量）に達したときに上記のフラッシュが始まる。もし星の質量が$0.5M_\odot$より小さければヘリウム燃焼はおこらず，あとは白色矮星へと進化していく。$3M_\odot$より質量の大きい星ではヘリウム燃焼はおだやかに始まる。

エネルギー源がヘリウム中心核をとりまく殻状水素燃焼から中心におけるヘリウム燃焼へと移行するさい，星は収縮してHR図上で表面温度の高い領域へと進化する（第2図）。特に太陽質量程度の星ではHR図上で水平分枝と呼ばれる領域がこのヘリウム燃焼段階であることがわかった。

進化が進むにつれて中心付近でヘリウム

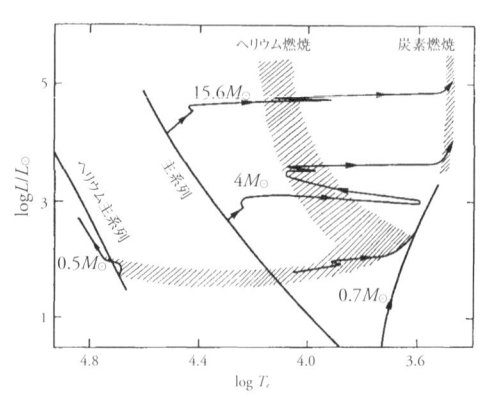

第2図 水素燃焼およびそれ以後の進化の段階にある星のHR図

第1表　15.6$M_\odot$星の寿命（単位は10^5年）

元素	ヘリウム中心燃焼	ヘリウム殻状燃焼	炭素中心燃焼	それ以後
ニュートリノなし	12	0.5	2.5	~6
ニュートリノあり	12	0.6	~0.2	0
観測される星の数の比（星団$h+\chi$）	1.5~2（青色巨星）	1（赤色巨星）		

が炭素（C）と酸素（O）に転化する。やがて，C＋Oから成る中心核とそれをとりまくヘリウムの中間層および水素の外層をもつような構造の星となる。C＋O中心核が成長するにつれて星は赤色巨星へと進化する。赤色巨星の段階では星の表面に対流領域が成長する。この対流領域は進化とともにますます深く星の内部へ侵入する。最近，この対流領域が星の進化に思わぬ影響をおよぼすことが明らかになった（後述）。しかし当時はまだそこまで進化の理論は明らかにはなっていなかった。

炭素燃焼段階：C＋O中心核の内部で電子が縮退を始めるか否かによってその後の進化は違ってくる。ほぼ$6M_\odot$以下の星では，C＋O中心核の内部で電子は縮退する。このような星では炭素燃焼時（中心温度は約5×10^8K）にヘリウムの場合と同様なフラッシュ現象がおきる。炭素フラッシュのおきるときのC＋O中心核の質量は約$0.7M_\odot$である。質量が$0.7M_\odot$より小さい星は炭素燃焼段階を経験せずに白色矮星へと進化していくであろう。また$6M_\odot$より大きな星では炭素燃焼はおだやかにおこる。このような高度に進化した段階の星はHR図上では赤色超巨星の領域にある。表面の対流領域は星の内部深く侵入している。それゆえ，内部でのエネルギー源がヘリウムから炭素に変る変化があったとしてもHR図上での位置はほとんど変化しない。

以上が非常に大ざっぱな1963年当時の理論の展開である。当時，星の進化と関連して次に述べるニュートリノの問題が大きくクローズアップされていた。

3. ニュートリノの問題

もし星の内部で何らかの過程でニュートリノが作られたとすると，このニュートリノはたちまち星の内部エネルギーの一部をもち逃げしてしまう。ニュートリノは他の物質とほとんど反応しないため，作られるやいなや星から逃げ去ってしまうからである。

進化の進んだ星の内部で電子を媒介としてニュートリノが発生することを1959年にポンテコルボが指摘し，チウたちによって反応率が計算された。β線（電子）を出して崩壊することはずっと以前からわかっている。その際ニュートリノが発生するという話は有名である。β崩壊は素粒子反応のうちでもっともゆっくりした反応の一つであり，弱い相互作用という分類の内に入れられている。弱い相互作用の理論はファイマンとゲルマンによって1958年に提案された。この理論では相互作用の強さをあ

らわす結合定数は，現在実験室で実験できる弱い相互作用をする反応については，実験誤差の範囲で全て等しい値をとっている。チウたちの計算は，実は電子とニュートリノの相互作用はこの理論および結合定数の値がそっくりそのまま使えるであろうという仮定の上に立っている。実験室でまだたしかめられたわけではない。

1962年に林・カメロンは，もし以上のことが事実であるなら，進化の進んだ星ではこの影響が大きくあらわれることを示した。炭素燃焼段階以後の星では中心温度は$5 \times 10^8 K$以上に上昇しており，大量のニュートリノの発生が予想される。これらのニュートリノは星の内部のエネルギーを大量にもち去る。そのため，ニュートリノの発生を考慮する場合としない場合とでは星の寿命は大幅に変ることになる。林たちは$15.6 M_\odot$の星について計算を行なった。結果は第一表に示されている。

星団$h+\chi$ペルセイの星の質量がほぼ$16 M_\odot$程度であることが知られている。第一表のヘリウム中心燃焼段階はこの星団の青色巨星に対応し，ヘリウム殻状燃焼段階およびそれ以後の段階は赤色巨星に対応することがわかっている。$h+\chi$星団で青色巨星として観測される星の数と赤色巨星のそれの比は，ヘリウム中心燃焼段階とヘリウム殻状燃焼段階およびそれ以後の進化の段階の寿命の比をあらわしている。観測からこの比は$1.5 \sim 2:1$がえられる。この結果はニュートリノを考慮しない場合の進化で説明できる値である。

このことは，電子-ニュートリノの結合定数がβ崩壊のそれより小さいのではなかろうかという結果をもたらす。その後この問題についていくつかの試みがなされている。ある場合には，結合係数がβ-崩壊のそれと同じである方が良いという結果もえられている。

星の進化の理論はいろいろの物理過程の綜合として得られるものである。上記のニュートリノもそのうちの一つとして進化に影響を及ぼしている。ある観測事実がたしかにニュートリノによる影響であるといい切ることはなかなかむずかしいことである。

4. 自動計算による星の進化

1964年頃より，ヘニエの方法による自動計算の結果がいろいろと発表されてきた。わが日本においては大型電子計算機がわりと自由に使えるようになるのが1965年頃以後である。日本でも自動計算のプログラムに興味がもたれ始めたのがこの頃であったようである。

ヘニエの方法とは，簡単にいえば，星の釣り合いの状態をあらわす圧力，温度等のもっともらしい値を計算機に入れてやり遂次近似を上げていこうという方法である。進化の計算でやっかいな点の一つは，星の構造を記述する式の中に時間微分が入っていることである。つまり，星の進化には過去の歴史の影響がきいてくることになる。そのため，星の進化を計算する場合には過去の歴史の影響を考慮しながらある時間間隔後の構造を決定しなければならない。特別な場合を除いて一足飛びにうんと進化の進んだ段階の星の構造を計算することはで

IV. 語られた林先生　469

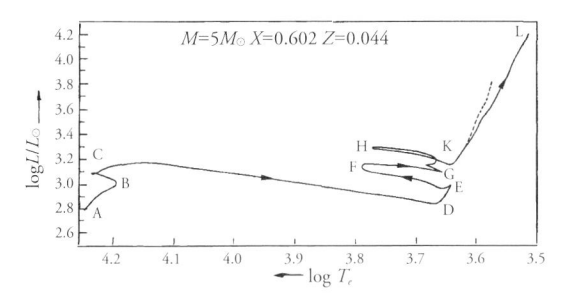

第3図 キッペンハーンたちによって計算された $5M_\odot$ 星の HR 図上での進化

きない。

　ヘニエのアイデアのすばらしさは次の点にある。今時刻 t における星の構造が決定されたとする。それより Δt 時刻後の星の構造を決定する場合，時刻 t の星の圧力，温度分布等をもっともらしい値として計算機にあたえ，遂次近似を上げて Δt 時刻後の星の構造を決定できるということである。最初にもっともらしい圧力，温度等の分布を計算機に入れてやるだけで自動的に時刻を追って星の進化を計算してくれることになる。

　このようにして自動計算による結果がいろいろと発表された。特にドイツのキッペンハーンたちのプログラムは非常にうまくできているらしい。彼らの結果の一例は第3図に示されている。自動計算による方法は星の進化の理論の横幅を大いに広げてくれた。いろいろの質量の星についての進化がきわめて精密に計算されている。しかし，もっとも進化の進んだ星の計算はキッペンハーンたちによる炭素フラッシュの所までで終りとなっている。星の進化とはあくまで先へ先へと理論を展開することであると信じている単細胞的人間にとっては何かものたりない気がする。

　例外はないわけではない。1967 年にラカビーたちによって，最初炭素と酸素から成る星が最も安定な元素である鉄の中心核ができるまでの進化を計算した仕事がある。私達京都のグループでも超新星の爆発段階までの進化を明らかにすべく自動計算を進めている。

　ヘニエたちやキッペンハーンたちの計算方法とラカビーやわれわれの計算方法とは違ったやり方をとっている。進化の進んだ段階では星の寿命は短くなる。もしニュートリノの存在を仮定すると寿命は極端に短くなる。ヘニエたちの方法は寿命の短い進化の段階の計算はにが手であるらしい。一方ラカビーやわれわれの方法は寿命の短い進化の段階の計算は得意である。水素燃焼段階やヘリウム燃焼段階のような寿命の長い進化の計算はヘニエたちの方法で非常にうまく計算が行なわれる。以上のようなことがほぼ明らかとなった。もしこの両方の特徴を取り入れ，寿命の大小によってどちらかの方法になるようなプログラムを作ることができれば —— ということが考えられる。もうそういうプログラムが杉本に

よって完成されている。

星の進化の理論を精密にすることも進化を先へ進めることと同様に大切なことである。星の進化の理論を書き改めなければならないような新しい事実がどこにひそんでいるかわからないからである。割愛させていただいたが，フリッカーと呼ばれる新しい不安定性がみつけられたのは，シュパルツシルドたちによるヘリウム燃焼段階のくわしい計算の結果である。

流体力学の分野では電子計算機による数値実験でしばしば新しい事実が発見されている。非線型微分方程式を解かなければならない星の進化の分野でも，計算機によって新しい事実が明らかにされる可能性は十分考えられる。

5. 最近の動向

ストザースは今でも古典的な方法で星の進化の計算を行なっている。古典的というのは自動計算でない方法と思っていただきたい。彼は炭素燃焼段階以後の進化の進んだ段階では表面の対流領域が非常に深く侵入し，これまでは第4図 a のように進化するであろうと考えられていたものが，実は b のようにごくわずかの芯の部分を除いてほとんど対流によってかきまぜられるという結果を得た。その後杉本によりくわしい計算が行なわれ，事実は確実なものとなった。ただ，ニュートリノの存在を考慮した場合には進化の寿命が極端に短くなるため，対流外層が内部深く侵入できなくなる。この場合は，今まで，予想されていた星の構造がわずかの修正のみで，そのままあてはまることになる。ニュートリノなしの場合には，表面の対流領域は内部に存在した核反応生成分を巻きこみ，この対流領域での重元素の量はふえる。重元素の多い晩期星の観測と上記の結果からニュートリノの存否に関する情報を得ることができるかもしれない。

上記の結果を前超新星段階まで延長して考えてみる。星は多分鉄の中心核と対流外層から成る単純な構造をしていることが予想される。鉄の光分解，または電子捕獲による不安定性が引き金となって始まる超新星爆発の機構はわりあい単純であるかも知れない。

6. 原始星の進化

ホイル・シュパルツシルド (1955) によって，赤色巨星の外層には水素の不完全

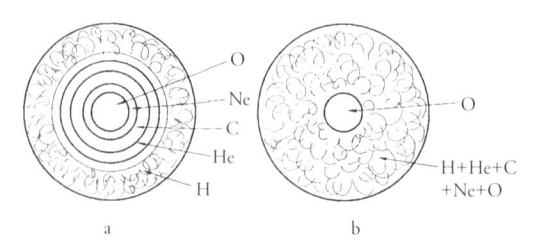

第4図 進化の進んだ星の構造の概略図

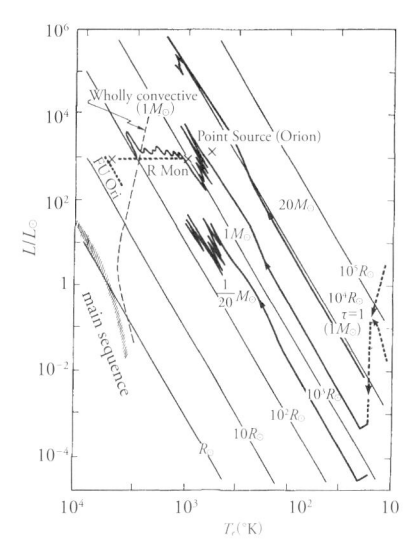

第5図　HR図における原始星の進化（成田・中野・林による）

電離に起因する対流外層が存在することがわかっていた。1961年に林は中心までこのような対流領域の存在する星の平衡状態を調べた。その結果，このような星は第一図で示されるように表面温度はあまり変らず，光度を減少しながら進化することが明らかになった。このような進化の段階を HAYASHI Phase と呼んでいる。さらに，HR図上で HAYASHI Phase より低温度の領域では平衡な星は存在できないことがみつけられた。

今星間雲から原始星が誕生する場合を考えてみる。誕生した原始星は多分表面温度は低く半径は非常に大きいであろう。もしこのような星をHR図上にプロットすれば，HAYASHI Phase より低温度領域にくることは明らかである。そうだとすれば，このような原始星は平衡な状態にはあり得ないことになる。

林・中野によって雲の収縮から星が誕生するまでの進化がくわしく調べられた。初期には雲は透明であり，その温度はまわりの星からの光と雲に含まれているグレインによる光の放射とのつり合いで決まる。その温度はほぼ15°Kである。この温度は非常に低く，圧力は重力より著しく小さい。つまり雲は重力的な陥没の状態にある。陥没状態が続くと雲は不透明になり，輻射は雲の内部に閉じこめられて原始星の誕生をみる。原始星がさらに陥没状態を続けると，中心近くの領域ほど急速に圧力が上昇して重力と釣り合うようになる。そのために衝撃波が発生し，外層に向って伝播する。衝撃波が表面に達すると，星の光度はたちまち増大する。やがて表面に対流領域が出現し，あとは HAYASHI Phase にそってお

だやかな進化を開始する。成田・中野・林によって上記の様なダイナミカルな原始星の進化が電子計算機により計算された。太陽質量の原始星の10日間くらいの間にげんざいの太陽の2,000倍も明るくなる（第5図）。太陽についてもこのような時期があったであろう。太陽系起源に対して無視できない影響をあたえるものと思われる。

エディントン・メダル受章記念特集
3. 宇宙におけるヘリウム形成 (1970年)

佐藤文隆

天文月報1970年4月

1. ヘリウム量の謎
　　　── 1964年頃まで

　水素について，多量に存在するヘリウム (He) の形成は古くから1つの謎とされていた。

　元素の起源論は1957年頃までに，星でのエネルギー生成に伴う核反応と超新星爆発時の核反応による元素の合成というかたちで一応の集大成をみた。ここで元素形成のいくつかの道すじが整理され，相対組成比を説明することの基礎が与えられた。しかし初期の水素の内どれだけがHeより重い元素に転化したのかという基本的な問に答えたものではなかった。なぜならこの問題は (イ) 銀河内の物質が星間ガスと星とをどのような早さで循環するのか？, (ロ) 物質が星の段階を通る間にHがどれだけ原子核に転化するのか？ という銀河進化と星の進化とのからみ合った問題だからである。H以外の原子核の大部分はHeであるから，初期のHがどれだけ星の中で料理されたかというバロメーターとしてはHeをとるのが一番よい。

　THO理論に整理されているような星とガスの相互転化と元素の合成という銀河の進化を定量的に扱う試みが1959年頃にSalpeter, Schmidt等によりなされたが，上記の (イ), (ロ) の2点について定量的理論を欠いているため，多くのパラメーターを抱えて悩まねばならなかった。現在でも (イ) のガスをどれだけ星で料理するかについては明らかでない。ただ次のような一つの矛盾が以前から指摘されていた。それは現在の銀河の明るさをだす程度の核反応の割合では，宇宙の年令かかっても現在のHe量に達しないという矛盾である。明るさを L, 質量 M, 単位質量当りのエネルギー発生量を ε とすれば，ΔY は

$$\Delta Y = \frac{L\Delta t}{M\varepsilon}$$
$$= \frac{(4\cdot 10^{13}\mathrm{erg/sec}) \times (3\cdot 10^{17}\mathrm{sec})}{(2\cdot 10^{44}\mathrm{g}) \times (6\cdot 10^{18}\mathrm{erg/g})}$$
$$= 0.01 \qquad (1)$$

となり，現在のHe量 $Y \simeq 0.3$ には1桁以上およばない。この推定は星の中で出来たHeを全て星間ガスに混合されたと仮定したもので Y の上限である。したがってもし現在のHeを全て星の中で合成しようと思えば現在よりはるかに早いスピードでHeが作られていた銀河活動の活発な段階があったと考えねばならない。これは1つのうす気味悪い矛盾である。

　次に (ロ) の星の進化での元素合成については1963年頃まで林先生を中心とするグループで $15.6 M_\odot$, $4 M_\odot$, $0.7 M_\odot$ の計算が行なわれた。それによると爆発で質量放

出の期待できる段階での各シェルの質量比は第一表のようである。Heはどの星でも一時は多量に作られるのであるが爆発する頃にはその大部分がさらに重い元素になってしまっているためHeはあまり形成されないのである。Z（炭素より重い元素の重量比）の相対比についても矛盾をひきおこすのである。すなわちHe/H比の矛盾を何んらかの手段で解決したとしてもそれに伴ってZの値が大きくなりすぎるという矛盾につき合わされる。林グループの計算をもとにCameron達が銀河の元素の時間的変化を追求する計算を行なったがYとZの相対比の問題はかくされている。

ともかくわれわれはHeの星での合成という説についてはその絶対量と重元素との相対比という二つの矛盾につき当るのである。

2. 3°K輻射の発見 —— 1965年頃

ここで少し個人的な話しになるが、1965年に発表されたいわゆる3°Kの宇宙輻射発見当時に私が経験したことにふれてみる。

1964年11月に基礎物理研究所で「ニュートリノ天文学」という研究会があり、この時、私が宇宙のBig-Bangモデルから予想されるニュートリノの海についてレビューをしたり、杉本さんがHe flashに関連してν-lossとHe量をからませた議論があったりした。それからしばらくして林先生が1950年にやられた宇宙初期の陽子と中性子の比率(p/n)の計算をもとにそれに続くHe形成を計算してみるべきだといいだされた。

この話は、1946年頃からGamowが中心にすすめた宇宙初期の数分間で元素を作ろうという元素起源論であるが、この理論はC以上の元素が作れないということで挫折していた。Heの形成はHayashi理論以前に初期物質を中性子のみとした場合についてFermi-Turkevichが行なっていたがp/n比をもとにしたものはなかった。1958年にHayashi-Nishidaが一応これを行っているが、3α反応をつなぎ目として重い元素も作ろうとする目的を持っていたため現在からみれば異常に低い温度を仮定していたことになっていた。Heだけを作るのであれば、最初Gamovが仮定した温度が最近の観測とも大体同程度であり、Fermi-Turkevichの状況に近いものでよかったのである。1950年のHayashi論文のp/nをもとにしたこうしたSmirnovのHe量の計算がその頃（黒体輻射発見より前）発表された。しかし、1950年の論文では中性子のhalf-lifeを20.8分としており、その後に訂正された11.7分と大部違っているので、このあたりをもう少し正確に計算し直そうというのである。

林先生は1950年の計算とその後になされたAlpherたちの計算をもとにhalf-lifeの補正を行い、またHe合成過程を簡単化して（第3節参照）Heの生成量を簡単に推定する話を私達に話された。私は宇宙論の勉強をはじめていたこともあってこの計算を正確にやってみることになった。

こちらはむしろアカディミックな問題としてこれを考えていたせいもあって、のんびり構えて今から思えば細かいところに

第1表　進化した星の各シェルの質量

星の質量	X	Y	Z	
$0.7M_\odot$	0.24	0.8	0.68	He-
$4M_\odot$	0.71	0.3	0.26	炭素燃焼後
$15.6M_\odot$	0.73	0.5	0.22	

凝ったりしていたように思える。ところが，ちょうどその頃すでに Penzias-Wilson の発見があり，これに解釈を下した Dicke のグループではこの問題が中心問題の一つであったからすぐに計算がされていたのである。私達は3°K輻射のことは雑誌で初めて知ったのであるが，それに引き続いて公表された Peebles の計算やさらに徹底的にやった Wagoner, Fowler, Hoyle のそれにはいつも先をこされた。それで仕方なく，Li, Be, B の核反応でまとめざるを得ないようなはめになった。こうなった理由にはもちろん，能力の差が第一であるが，実験との関連の有無からくる緊迫感の差も1つの原因でなかろうかという言訳めいたことを付け加えたい。それは日本での自立した研究の発展ということにも関連していると思える。

それはともかく，宇宙初期での He 生成量は $Y = 0.25 \sim 0.3$ の値となり，現在の He 量とほぼ一致することが明らかになった。したがってこの話と第1節の星の話と合わせれば次のように謎は解けるように思える。すなわち星での元素形成では $\Delta Y = \Delta Z$ であるとし，たとえば

　種族IIの星 $X \simeq 0.74$, $Y \simeq 0.26$, $Z \simeq 0$
　種族Iの星 $X \simeq 0.72$, $Y \simeq 0.26$, $Z \simeq 0.02$

と考えるのである。これは現在でも有力な見方であるが，最近いろいろの新しい矛盾が出ていることを以下に見る。

ここでついでにいうと，上のスキームでもやはり種族IIのZをどう考えるかという問題がある。これについては銀河形成の初期に Supermassive star 爆発の段階を挿入する考えが出されている。この考えは He 問題とも関連して Hoyle, Tayler が1964年にすでに指摘している。星間雲の cooling の問題とも関連して通常の質量の星を作るのにZが必要だとも考えられる。

3. 宇宙初期での He 形成

先に述べた He 形成の過程をもう少し精しくみてみる。

He 形成は陽子(p)と中性子(n)の比がきまる弱い相互作用の過程とそれらから He 核までいたる核反応の過程とに分れ，次のようになる。

弱い相互作用 $\begin{cases} n + e^+ \rightleftarrows p + \bar{v} & (2) \\ n + v \rightleftarrows p + e^- & (3) \\ n \rightleftarrows p + e^- + \bar{v} & (4) \end{cases}$

核反応 $\begin{cases} n + p \rightleftarrows d + \gamma & (5) \\ d + d \rightarrow t + p, \text{He}^3 & (6) \\ d + t \rightarrow \text{He}^4 + n & (7) \\ \text{He}^3 + n \rightarrow t + p & (8) \\ \text{He}^3 + d \rightarrow \text{He}^4 + p & (9) \end{cases}$

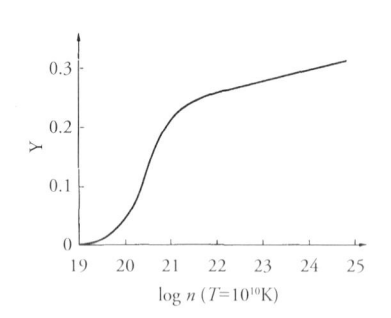

第1図 宇宙初期に形成される He の重量比 Y。横軸は宇宙のモデルを示すパラメーターで，ここでは $T=10^{10}$K における物質密度をとってある。現在の密度は $n_0 = (2.7\text{K}/10^{10}\text{K})^3 n \; (T=10^{10}\text{K})$

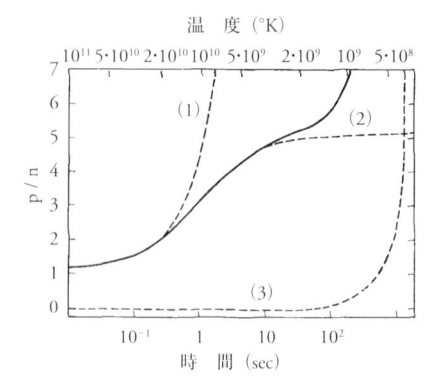

第2図 陽子と中性子の比 p/n 点線は(1)熱平衡とした場合，反応だけ仮定した場合，(3)初期に中性子だけとして自由崩壊を仮定した場合。

これらの反応で作られる He の量の計算値を第1図に示す。ここで上の過程を少し分解してみると次のようになる。初期 ($t<$ 0.3 秒，$T>2\cdot10^9$K) では n と p は(2)-(4)の反応で熱平衡にあるがその内に n ができる吸熱反応が切れて，以後は ($t>10$ 秒)(4)の n の自然崩壊だけがおこる。この様子は第二図に示す。一方核反応は高温では出発点での(5)の d の光分解が早く，d はわずかしか存在しない。d と n，p は熱平衡によりおのおのの密度は次の関係にある。

$$\frac{n_d}{n_p n_n} = \frac{3}{4}\left(\frac{4\pi\hbar^2}{m_H kT}\right)^{3/2} e^{Q/kT} \qquad (10)$$

ここで Q は d の結合エネルギー。n_d は温度の減少とともに急激に大きくなり，$T=10^9$K より低温になると(6)の反応以下がおこるようになる（第3図参照）。(6)から(9)までの反応はすばやいものであるから d+d 反応がおこって直接に He ができると考えてもよいほどである。こう考えれば中性子数の変化は次のようになる。

$$\frac{dn_n}{dt} = -\lambda n_n - n_d^2 \langle\sigma v\rangle_{DD} \qquad (11)$$

ここで λ は n の half-life，$\langle\sigma v\rangle_{DD}$ は(6)の反応率，2つの行先の確率の比 $\Phi = n_d^2 \langle\sigma v\rangle_{DD}/\lambda n_n$ が1よりおおきければそれまで残っていた n は全て He 核を作るのに使われるとしてよい。だから結局 $\Phi=1$ となる時刻での $(p/n)_{t_c}$ を知れば最終的な He 量は

$$Y = 2/\{(p/n)_{t_c} + 1\} \qquad (12)$$

と推定できる。したがって n が自然崩壊に移る時刻がわかれば(10)を用いて，$\Phi\simeq1$ となる t_c が求まり Y がだせるという簡単な関係にある。t_c の実際の値は(10)からも明らかなように宇宙の物質密度によっているが比較的高密度の方のモデルで $t_c=100$ 秒，$(p/n)_{t_c}=5.7$ したがって $Y=0.3$ となる。

以上述べてきた数値は等方的に膨張している Friedman モデルで，さらに ν の化学ポテンシャルがゼロの場合である。反応の

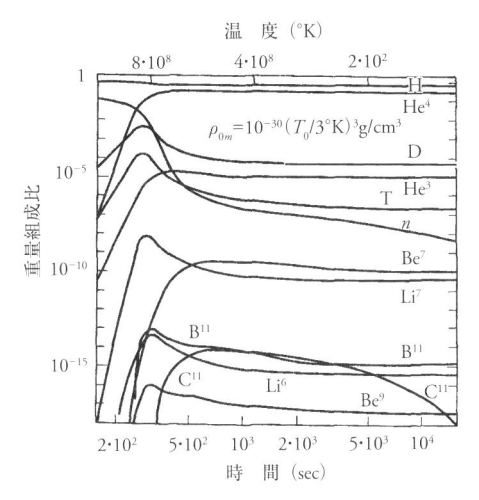

第3図 核合成の時間的変化。

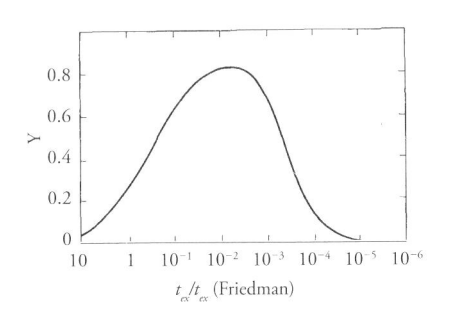

第4図 膨張の time scale t_{ex} を変えた時の He 量 Y

おこる温度 ($T \leq 10^9\,°\mathrm{K}$) での膨張の time scale t_{ex} を変えると He 量も変化するが，その様子を図4に示す．核反応の time scale t_{nu} はこのモデルでは t_{ex} より十分短かいから，残存している n の量が大きくなり Y が増加する．しかしさらに t_{ex} を小さくして $t_{ex} < t_{nu}$ になれば反応時間が十分でなくなるから Y は再び減少する．このように t_{ex} が Friedman モデルと異なる原因として次の（イ），（ロ），（ハ）が考えられる．

（イ）非等方な膨張．たとえば一方向の磁場があればこのような非等方な膨張が期待される．普通は t_{ex} は小さくなる．

（ロ）重力定数が宇宙的時間の間には変化している．これらの仮定は通常 G が過去で大きかったとするから t_{ex} は小さくなる．

（ハ）膨張を支配するエネルギー源は普通光子とそれと同程度の ν などであるが，この他にもっと大きな未知のエネルギー源

があったとする。この場合も t_{ex} は小さくなる。

（ニ）次に弱い相互作用は ν の吸収，放出を含むから ν のエネルギー分布に強く依存する。Fermi-Dirac 分布だから温度と化学ポテンシャルで決められるが普通は ν と反 ν の密度が等しいと仮定して化学ポテンシャルをゼロとする。しかしこの根拠はそれほどはっきりしたものではない。もし ν を反 ν より多くすれば n の decay が大きくなって Y は減り，反 ν を多くすれば n の decay が押えられて Y は増加する。化学ポテンシャルをゼロでなく取ればエネルギー密度が大きくなり再び（ハ）の効果で Y は減る。

（ホ）弱い相互作用はまた電子の吸収，放出を含むから電子のエネルギー分布にも依存する。ただし化学ポテンシャルはこの場合はゼロである。しかしもしこの時期に強い磁場 $(H > mc^2/[e(h/mc)] = 4.4\cdot 10^{13}$ gauss) があれば Larmor 回転が量子化されるのでエネルギーレベルが変ってくるので運動量空間の大きさが変ってきて n→p の反応率は一般に増加する。しかし磁場のエネルギー密度が非常に大きくなるという効果のために結局は Y を減少させる。

一般に Friedman モデルからの小さいずれでは（ニ）の場合を除き一般に Y は増加する。最近の n の half-life が 10.8 分だとする実験もありこれだと Y は 23〜27% 減少する。

4. He 量の新しい矛盾

He 量の観測値と星の進化理論との矛盾が 2 節の最後に述べたような形で一応の解決をみたように思えたのであるが，最近またこれに反抗する新しい観測も始めてきた。

ここで He 量の観測にはどんなものがあるかを見てみよう。He 問題のレビューには Tayler のものがあり，それには 1967 年頃まで He 量の分光観測についてまとめられている。第二表にそれらを追加して観測の現状を示す。単位は水素との数の比で示してあるが，Y との関係は $Z=0.02$ とすれば He/H=0.1 で $Y=0.28$ である。この表からわかることは特別の He-deficient 星と太陽以外は $Y \approx 0.24$〜0.4 の間にあり，大部分は 0.27-0.3 である。Y の推定とも大体一致する（主系列星の光度，主系列から曲がる点，脈動星のメカニズム）これが 1965 年頃までの状況であった。その後 He-deficient 星が発見されたのと太陽風，太陽ニュートリノ，QSO3C273 の観測などが一時確立されたかに見えた調和を打ち破った，こうした天体は He だけが小さくて重元素は普通である場合が多い。

Y の値が 0.25 よりも小さいということは He の宇宙初期生成説を覆がえすもので，Big-Bang モデルを支える 3°K 輻射と He 形成という 2 本柱の 1 本がゆらぎだすことである。（もちろん，Big-Bang モデルをいろいろと修正すれば合わせることもできるが少しゴテゴテして明快さに欠けてくる。）したがって，小さい He 量の意味について注意深くみる必要がある。この問題はこれらの天体に関する幅広い現象と関連して今後しだいに明らかにされるであろう。ここでは二，三の議論を紹介するにとどめ

第2表　ヘリウムと水素の比（数）の観測

天体	He/H	観測者
惑星状星雲[a]	0.18〜0.08	3), Aller ('64), Harman & Seaton ('65)
オリオン星雲	0.12〜0.10	Aller & Liller ('59)
その他のガス状星雲（分光）[b] （ラジオ波）[c]	0.12〜0.08 0.084	Mathis ('62), Palmer,
B型星[d]	0.20〜0.13	Scholz & Traving ('67),
種族II的星[e]	0.20〜0.11	Traving ('64),
He-星	$\sim 10^{-3}$	Searle,
3C 273	0.007	Bahcall & Kozlovsky ('69)
太陽　分光＋宇宙線	0.09 0.063	Biswas & Fichtel ('64) Lambert ('67)
太陽　プロミネンス	0.16	
太陽　風	0.05〜0.02	Neugebauer & Snyder
太陽　ニュートリノ	0.05＞	Davis, ('68)
宇宙線	0.07	Webber ('67)

a) IC 418,
b) M 20,
c) Orion, M 17,
d) τ Scorpii,
e) BD+33°2642 の中の B star,

る。

　He-deficient 星について考えると，Y の観測値というのが見かけ上なのかそれとも実際にそうなのかという点が問題となる。星は普通の Y をもつ星のすぐ近くにあったりして星の形成時の組成を忠実に表現しているとは考え難い。したがって何か元素を分離するメカニズムが働いていて He が見かけ上小さくなるというようになっているのかも知れない。沈殿（ただしこれでは重い元素は全て沈むから観測とは合わない）や原子のイオン化の差を利用しての磁場による分離などが考えられる。太陽風の場合も磁場との関連があると考えられる。たとえば太陽活動の quiet な時は $Y<0.16$ であるという報告もある。さらに太陽 ν のflux からする初期 He 量の推定には核反応率，状態方程式，opacity，回転，対流，太陽の年齢などの複雑に絡み合った問題がある。最近の専門家の分析をみると Lambert の組成（$Y=0.218$）をとって他のパラメターをあわせるようなことをやっており，しだいに Big-Bang 理論のいう Y に近づきつつある。3C273 の輝線をもとにした解析もまだまだ QSO 本体をとり囲むガス雲のモデルに依存するように思える。

　このように見てくると He 問題に関するかぎり，Big-Bang モデルによる説明を覆

えすほどに強力な観測はないようにも思える。しかし，最近，Big-Bangモデルの2本柱のもう一つである3°K輻射を黒体輻射とする解釈にさからう現象があらわれはじめている。Big-Bangモデル全体がゆらぎだした状態で問題を見直せば，Yの小さい天体を見る目は変ってくるであろう。

5. Big-Bangモデルの観測的基礎

Big-Bangモデルは一般相対論とHubble膨張の観測とを組合せれば比較的自然にでてくるモデルであり，理論的基礎もしっかりしている。しかし，直接的な観測的基礎は先にも述べたように宇宙黒体輻射の存在とHeの原始生成ぐらいである。He問題については4節で現状をみたが，もう1つの支えである「黒体輻射」の観測について簡単に見てみる。

第5図はマイクロ波，遠赤外波長域でのバックグランド輻射観測の現状である。観測事実をもっと生のかたちでいうと次のようになる。

(a) 地球に等方的に入射する輻射
　　　　{ 地上（0.33cm～73.5cmの間）
　　　　{ ロケット（0.4～1.3mmの間）
(b) 吸収をおこす星の中に存在する輻射（0.359, 0.559, 1.32mm）

(a)からいえることは「等方性」でありこれを空間を一様に満たすという「一様性」と考えるのには1つの立場がすでに入っている。(b)はこの点少なくとも星間空間では「一様」であることを主張している。「一様」と結びつけるのは自然であるが，どれぐらいの空間にわたって「一様」

であるとするかが次の問題となる。

それは大きくいって宇宙全体，なんらかの銀河集団中，銀河内だけの3つの立場がありえる。等方性は非常によく成り立つから，その輻射がその源内ですでにthickになりかけていると考えねばならない。銀河内に閉じ込めるには300pc以下でoptical thicknessが1よりも大きくなければならない。この波長域での観測に大きな修正が必要となってくるであろう。また銀河の外の天体のこの波長域での観測に大きな修正が必要になってくるであろう。また銀河外にも一様にこのような輻射がつまっているかどうかの直接証明には超高エネルギー粒子が遠方からやってこれるかどうかを見るのがよい。

mm波，遠赤外での輻射については，われわれはまだ身近な天体に関しても，星間物質に関しても知っていないので，この問題について決着つけることは現在では困難である。したがって既知の銀河からの輻射をよせ集めただけでもこのような輻射が宇宙を一様に満たすことになるとする仮説の余地が残っている。Seyfert銀河などアクティブな天体にその源を押し付けるのではなく，われわれの銀河のような普通の銀河が強力な遠赤外線域の輻射の放射体であると仮定する余地が残っている。ただしこの仮定をとれば銀河からのエネルギー放出としては可視光よりも大きくなり，銀河内での星からのエネルギー放出の形態についても考えを改めねばならなくなる。

第5図の観測は短波長域ではプランク分布から大きくずれる様相を見せている。しかし，前述のような既知の対象についてさ

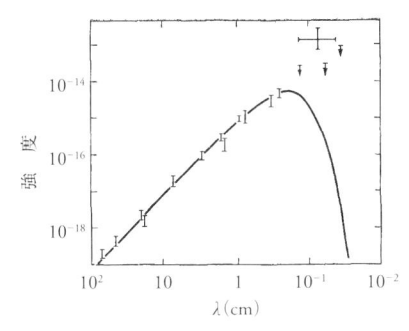

第 5 図　バックグランド輻射の観測値。（おのおのの観測の手段については本文をみよ。）タテ軸の単位は erg/cm² sec s

えその輻射の性質が知られていないため，Big-Bang モデルの支柱の 1 つがゆらいだと判断するのは早すぎると思える。しかし，未知であるがゆえに"ゆるがす"可能性は十分にあるともいえ，混沌とした状態である。

超高エネルギー宇宙線も 10^{19}eV 以上の粒子が相当数発見され，10^{21}eV という event も見つかっている。この宇宙線の源を QSO などのアクティブな天体とすればこれは明らかに黒体輻射が一様に満たしているという仮定に反している。したがって両方を立てるには源を数 10Mpc より近くに持ってこなければならない。あるいは一挙に銀河内の源でパルサーのような未知の天体に押しつけるという可能もある。これもまた宇宙線起源についてのこれまでの見方に大きな影響を及ぼすものである。

あまりすっきりしない内容が続いたがこれが公平に見た時の現状であると思う。少なくとも Big-Bang モデルをもり立てる観測は出て来なくなってきた。致命傷となるような鋭い攻撃ではないが，鈍痛を感じさせる攻撃が Big-Bang モデルにかけられていることは事実である。こうした時に Big-Bang モデルという大体系の域に入って新しい観測の矛盾をかわすか，ゲリラ的にこの城を攻めるか，立場によって問題を見る目も違ってくるであろう。

He 問題を通じて元素起源のスキーム全体がどうなるかを論ずるべき時がきているのかも知れない。その場合，次のような問題の研究がこれまでの考えに修正をしたり，追加をしたりすることになると思われる。

（イ）銀河形成初期での activity と種族 II の Z の問題

（ロ）星の構造論での envelope での対流層とそれによる元素の mixing の問題

（ハ）星の爆発時にそれまでに作られた元素が一度溶かされるかどうかという問題

などである。

He 問題はこうして結局広範な天体現象と関連してきてどこかで常識を破ることを強いているようにも思える。

エディントン・メダル受章記念特集
4. 林さんの横顔 (1970年)

早川幸男

天文月報1970年4月

林忠四郎さんの人となりについて随筆を書けという編集者の注文だが，謹直な林さんについて人を喜ばせるような種を見つけ出すのはむずかしい．筆者も劣らず謹直で学問以外の生活は甚だ狭いからなおさらである．もっとも京都で5年あまり近くにいたのだから，星の話だけではなく，地上のつき合いは確かにあった．林監督の率いるチームで捕手をやり，物理関係の野球試合で優勝したことがあった．ちょうどスプートニクが初めて地球を廻った日で，新聞記者につかまった時は歩行困難であったことをおぼえている．コンパでは，"忠四郎，柔道の型をやれ！"という声に応じて，素面のまま，けったいなかっこうをして見せるというお人好しぶりも拝見した．しかし，こういう月並の逸話を語るより，林さんが学界に出て十年くらいの間の業績を語る方が，月報にふさわしいと考える．私が初めて林さんを知ったのは，物理学会で"元素の起源"と題する講演を聞いた時であった．その頃私は天文のテの字も知らなかったので，その内容を理解することはもとより，その論文の意義についても全く気づかなかった．1950年コーネル大学にいた時，菊池正士先生がどこかの学会に出席された後，"ガモフが盛んに林の理論というのを話していたがあれは何だね"と聞かれ，はじめて$\alpha\beta\gamma$理論に関係があると気がついた次第であった．

後になって湯川先生からうかがって知ったことであるが，戦後暫く先生が京大宇宙物理の教授を併任され，その下に林さんが助手として就任した．湯川先生はお星様が大好きで，天体核現象研究グループ誕生の口火を切った方だが，その頃林さんとエディントンの星の構造の論文などを読み始めた．林さんがエディントン・メダルを受けるには十分な理由があったわけである．林さんが部分的に縮退した核をもつ星の模型を計算し，赤色巨星への進化を論じたのはその頃のことであった．

星のことを知らなかった私が，最初に林さんの学問的業績に接したのは素粒子論の分野であった．湯川先生のノーベル賞を記念してシンポジウムが開かれた時，林さんは相対論的2体問題の話をした．陽子と中性子が中間子を媒介として相互作用しているとき，2個の核子が時に大きな反跳を受けて大きな運動量をもつことがある．この影響がどんなに効くか，このような2体系を記述する運動方程式の正しい形は何か，という問題は当時よくわかっていなかった．また1個の核子と中間子とが相互作用している際，微分のあるのとないのと二つの相互作用があるが，それは反跳を正しく考慮すると同じ答になる．しかし2体問題のときはどうかという問題があった．これ

を取り上げたのが相対論的2体問題である．その時の共演者であった南部さんの南部の方程式，その後この問題の一般論を展開したベーテ・サルピーターの方程式が世に残っているが，林さんはこの領域で先駆的な役割を果した．

その後，林さんは非局所理論に打ちこんだ．これは湯川先生の非局所場の理論に端を発する．場の理論は元来，場の量を一点の関数として定義するものだが，これは2点の関数とするものである．これはなかなかむずかしいので，場は局所的だが相互作用が2点の関数とすればやや現存の場の理論に近くなる．これを非局所相互作用の理論という．林さんが主に研究したのはこれである．なお，今は天体物理学で有名な北大の大野陽朗さんも，非局所グループで活躍していたことを付け加えておく．もしこの2人がそのまま非局所理論の研究を続けたなら，天体物理学の進み方はよほど異なったものになっていたであろう．

林さんの非局所相互作用のは，1953年京都で開かれた理論物理学国際会議における花形論文の一つであった．基礎物理学研究所が発足すると共に，湯川先生の陣頭指揮で非局所グループは全国の研究者を吸収して肥っていった．林さんは大阪府立大学とかけもちで，大野さんは白川学舎で熊のようないびきをかき，$\psi(x, x')$や$\Gamma(x, x')$を論じた．

天体核現象の研究会を開こうということになって，林さんに講師をお願いに行ったときは，ちょうど非局所研究会の最中であった．林さんは極微の世界に没入しており大きな宇宙のことは忘れたと，なかなか首を縦に振らなかった．ひと月ばかり慎重考慮の末，やっと昔話をしてやろうという返事が帰ってきた．それから徐々に林さんは宇宙の古巣にもどってきた．

その頃，林さんは京大物理が本務となった。素粒子論研究室の助教授としてである．しかし私達といっしょに赤色巨星における3α反応の仕事をするのが主になってきていた．1957年核融合研究のブームに乗って京大に核理学教室が創設され，林さんはそこの教授となり，天体物理とプラズマの両方の理論を研究するグループを育てることになった．そして日本の核融合研究の方向を決めるのに参画し，プラズマ研究所の創設にも尽力した．また京大のプラズマ実験の研究計画にも参与した．

林研究室は核理学教室に属していたが，実際上は物理の一部であった．物理は素粒子王国で，秀才はこぞって素粒子をやりたがり，林研究室にくる人には素粒子くずれが多かった．もっとも湯川先生によれば，湯川研究室でちょっと骨のある人は他分野に転向するのだそうであるが．素質はどうであるか知らないが，林研究室には若い人が集った．その中から現在プラズマ理論の中堅になっている何人かが育った．しかし近頃では全部が天体物理になっている．

研究室創設の頃は天体物理の基礎の十分でない人が多く，原子核理論を多少手がけたというので天体の核反応の研究が主であった．それと平行して星の構造についての教育が進められたが，仕事となると林さんが独りでやるようなものであった．問題の提起や結果の評価には，基研で開かれた天体の研究会が重要な役をした．林さんは

もちろんこの会の主要メンバーで地元の世話役であった。この一例として林さんの失敗談に属する話を披露しておこう。

　武谷先生が水素だけから出発して宇宙の進化を説明しようとしていたことはよく知られている。1956年の頃であったか，東北大の一柳先生の室で小人数の集りをしたことがあった。林さんは宇宙初期の元素生成論をやったためもあったのか，水素だけから出発するのにはあまり賛成でないようで，それでは種族IIの星が赤色巨星にならないのではないかと述べた。理由は水素の燃える殻状領域が拡がりすぎて，種族Iの星のように文字通りの殻状エネルギー源ができないということであった。武谷先生はそれに対していろいろの反証を挙げ，林さんはさらに反反証を挙げるという議論があった。そこでともかく定量的な計算をしてみようということになり，林さんが計算した結果，進化の軌跡は種族Iの場合と多少異なるが，ともかく巨星になるということになった。武谷対林の問答はこのようにいつも研究会を楽しませてくれた。

　1960年以後の話については2人のお弟子さんが語っているので省略する。15年前の草分け時代に比べれば，量質共に充実したりっぱな研究室になった。しかし物理教室の中で天体をやる苦労は依然として残っている。素粒子や原子核の旧大勢力に狭まれ，天体の業績はなかなか評価されない。この受賞を機会に天体物理学研究所のようなものができ，もっとのびのびと研究できる環境が与えられればよいがと思っている。

文化功労者記事
5. 林忠四郎先生の研究 (1983年)

杉本大一郎, 佐藤文隆, 中野武宣

日本物理学会誌 1983年6月

昨年 (1982) 秋, 京都大学の林忠四郎先生が文化功労者として顕彰をお受けになった。門下生一同より心からお祝い申し上げるとともに, 林先生のこれまでの業績の一端を, 指導を受けた者の立場から記してみたいと思う。

林先生の研究室は「天体核」とよばれている。nuclear astrophysics の訳で, 天体物理と原子核物理の境界領域という意味である。この領域は 1950 年代から 60 年代にかけて目覚ましい発展をとげ, いわゆる「星の進化と元素の起源」を解明した。先生はこの発展を担われた一人であり, そのなかで国際的な地位を確立された。そしてまた 1970 年頃より,「太陽系の起源」論を独自の立場から展開され地球科学の分野に大きな刺激を与え, 現在も活発に研究を続けておられる。

「天体核」とは通常は先生の前半の研究を指すものだが, 我々の周辺ではこの言葉を林先生の研究における方法論と受けとっている。例えば最近の「天体核」の研究発表会では, 地球大気の話の次に宇宙ビッグバンでの GUT の話が飛び出すといった有様であるが, 両方とも「天体核」なわけである。対象を構成している物理的素過程を徹底的に再検討して理論を構築していく先生の方法論が「天体核」なのである。その素過程が素粒子物理であったり, 原子・分子過程であったり, また天体力学や流体力学であったりする。あるいは, それが古典的難問題で数値計算でしか進めない場合もあり, そのための計算技術の開発が必要となる場合もある。先生はそういうものを何時もねばり強く正面から突破されるわけである。必要とあらばどんな物理をも手がけ, その手段も解析的方法から数値的方法まで選り好みなく併用して解いてしまわれるのである。先生はまた一つの計算のスキームを開発すると研究室の他の研究にもその経験を応用することを勧められた。勿論そのまま利用できる場合だけとは限らないが, そのこと自体が星, 銀河, 太陽系, 一般相対論的天体といった系のそれぞれの特徴を認識することにも役立つわけである。こういうことを通じて研究室の共通の財産をつくり, お互いの有機的関連を心がけてこられたのである。

個々の研究にふれる前に, 上記のような方法論としての「天体核」を日本の物理学界に創造し, 根づかせたという業績を強調しておきたいと思う。そして, それを裏づけたものが先生御自身の数々の研究成果であったことはいうまでもない。

林先生は 1942 年に東大の物理学科を卒業されたが, 本格的な研究生活は京大の湯川秀樹先生の研究室で 1946 年から始められた。天体物理との"出合い"やその後の

"研究遍歴"について先生自身が語られたものが活字になっているのでぜひ見て頂きたい【自然（中央公論社），1980年8月別】。林先生は1949年から今の大阪府立大学に勤務しておられたが，1954年に湯川研究室の助教授となられた。この経歴からも推察されるように，先生は天体物理一本でこられたわけではない。1952〜54年頃の論文はBethe-Salpeter方程式や湯川先生の非局所場理論であるし，素粒子論での研究指導もされていた。しかし，先生の研究は素粒子から始まったのではなく，この時期以前に独力で星の構造とビッグバン宇宙の研究のスタートを切っておられたのである。

最初の研究は赤色巨星の構造の計算で，1947年には第一論文，49年にはPhysical Review誌に第二論文を発表された。これは電子の縮退がおこる程に高密度の星の中心核と平均密度の低い外層の解とを接続して半径の大きい巨星を説明するものである。先生の研究はこの接続を正確に取扱った最初のものであった。またこの研究にはその後の先生の星の研究で開花する芽が多く含まれていた。

もう一つの出発点となった研究はG. Gamowの$\alpha\beta\gamma$理論という宇宙論に関するものである。Gamowは1948年に宇宙初期物質は中性子のみであると仮定し，ビッグバン"3分後"までに核反応ですべての元素を合成するという説を提唱していた。林先生は高温状態での様々な素粒子反応の時間のスケールを計算し，ある時期までは熱平衡状態が成立しており，Gamowのような勝手な初期条件は許されないことを示された。そして，中性子と陽子間のβ過程を通じてこれらの組成比p/nが時間的にどう変化するかを計算された。1950年に発表されたこの研究はGamowが直ちに評価して有名になったが，宇宙のビッグバンそのものが当時は実証されていなかった。しかし，1965年になって3K輻射が発見され，先生の研究の重要性は急に高まり，現在では先生が初めて手がけられたp/n比をもとにしたHe, Dなどの軽元素の合成量が観測的検証の一つとなっている。

この50年の論文の後には主に素粒子論の研究をやられたが，55年頃から再び元素の起源や星の進化の研究が発表されることになる。これには創立間もなかった基礎物理学研究所を中心とした天体核プロジェクトの動きが背景にある。湯川先生の支援のもとで武谷三男，畑中武夫両先生などが旗をふられて始まったこの共同研究は素粒子論グループの人をかなりまきこんだ。このなかで林先生や当時基研におられた早川幸男先生などが天体物理を中心に研究されることになるわけである。林先生はもともとこの分野での研究実績があったわけだが，再び"戻られる"についてはこのプロジェクトが一役買ったわけである。

こうして1956年頃から天体核での論文が次々と発表されることになった。1957年には京大に新設された講座の教授に就任し，本格的に後進の指導にもあたられることになった。この頃より発表論文数は非常に多くなるので以下では個々の論文にはふれず大きな流れのみを記す。

当時の課題の一つに星の内部における水素燃焼に続いておこるα反応などの研究があった。これは星のエネルギー源の問題と

してだけでなく，重い元素の起源論へも発展していく。50年論文のリバイバルとしてビッグバンでの重元素合成の試みなども行われたが，焦点は星の進化に向いていた。

林先生はこの頃約十年ぶりに巨星の問題に戻られた。当時はまだ散発的にしか分かっていなかった主系列以後の巨星への進化をいろいろの質量の星について系統的に解析する研究に着手された。この問題は熱核反応の研究ほど"手軽る"ではなく，より"職人的"技術が要求された。ある意味では方程式があってそれをアタックするという問題だが，非線形性のため何が主要な要因かの見きわめが難しい。林先生はこの複雑さを明解に解きほぐし多くの知見を加えられたのである。そのなかでの最大のものが「ハヤシ・フェーズ」とか「ハヤシの禁止領域」とか呼ばれる概念である。林先生はそれらを含めた数多くの理論的分析をもとにして星の進化のグランド・シナリオを作られ，1962年に出版された。これは我々が"サプリメントと呼んでいるProgress of Theoretical Physics, Supplement No. 22 のことである。これは1960年代初期から始まる"計算機時代"の星の進化論の発展の礎石となったものであるとともに，今日でも"林流"の"徹底さ"の最大の見本となっている。

1959年から一年間，林先生はワシントン郊外のNASAの研究所にいかれた。この時は先生はむしろ外国に星の進化の研究の芽を育ててこられたわけだが，当時始まって間もなくの大型電子計算機を使うチャンスを得られたという意味で大きな収穫となった。その後，先生は日本での計算機設置にも努力され，京大の大型計算機センターが発足するときは機種選定委員会の委員長をされた程である。また計算機使用の経験者が少ない当時にあって，先生はいち早く，計算機を研究に生かす道を開かれたのである。

この"NASA行き"にはまた先生が天体核を中心にすることに踏み切られる分岐点ともなった。教授になられた当時に手がけられていたもう一つの分野にプラズマ・核融合があった。新設の講座名は「核エネルギー学」でもあり，はじめは天体とプラズマの2本立ても考えられたという。当時，京大のヘリオトロン計画にも参加し，計算などもしておられた。初期の林研究室の出身者のなかには現在はプラズマ分野で活躍している人が居るのはこうした事情による。

さて，ハヤシ・フェーズであるが，これは巨星の構造を計算するさいに星の表面での境界条件をどうとるかという問題に端を発していた。巨星になって半径が大きくなると外層の密度が下がり，熱エネルギーは輻射よりはむしろ対流で輸送されることになる。そういう対流平衡の表面から中心に向って方程式を積分していくと，星の表面温度がある値より低いときには星の中心まで達する解は存在しない。このことは赤色巨星の表面温度がどこまでも低温になりえないのはなぜかという問題に答えてくれるのである。この境界条件という問題は主系列以後の段階にある赤色巨星の内部構造を解こうとしたときに，派生的に出てきた問題であり，この発見はいわば"副産物"であった。しかし，林先生はこれを逆に主系

列以前のいわゆる原始星の進化に適用して重要な発見をされ，いわば"副産物"を"主産物"に転化されたのである。原始星の進化についてはそれまでの説では，Kelvin-Helmholtz 収縮といって，星はほぼ一定の光度を保ちながら準静的に収縮して主系列に至るものと考えられていた。ところが対流平衡の低温の状態にはそういう平衡解は存在しないことを発見されたのである。したがって原始星は動的な収縮の後に高光度のものとして誕生し，その後しだいに光度を減じつつ主系列に向うという進化が正しいことになった。この対流平衡の星として光度を減じつつ進化する段階がハヤシ・フェーズと呼ばれている。また平衡解の存在しないことに対応して，光度と表面温度で星を分類する HR 図上に禁止領域があらわれる。これはハヤシの禁止領域と呼ばれる。これは主系列以後の進化を考える上でも重要な概念である。

"サプリメント"以後，星の研究は超新星に至る進化の advanced phase を追究するものと，星間ガスからハヤシ・フェーズに至る過程を調べることの二つに分かれた。advanced phase の星は化学組成の多重殻構造になり，計算機の使用が不可欠となっていった。早くから計算機を使用した林グループは引きつづきこの研究でも世界をリードした。先生はこれらの段階の星で重要となるニュートリノ反応や高密度物質の重要性を早くから指摘された。一方，星の形成問題では星間ガスでの原子・分子過程，動的重力収縮の計算機コードの開発，衝撃波と輻射輸送，などの新しい素過程をひとつひとつ究めていかれた。

このように林先生は星の一生のグランド・シナリオを作るというプログラムを実行されるかたわら，たえず新しい領域の開拓にも心がけられた。その一つに宇宙論や一般相対論がある。1964 年頃に，星の内部で合成されたヘリウム量は観測値を説明するに十分でないことを指摘され再びビッグバンにおける元素合成の計算を手がけられた。60 年代は宇宙科学での"発見の時代"であったが，先生はそういう情況にいち早く対応され新しい問題を自ら手がけるとともに若い人に勧められた。こうして研究室は一段とバラエティーに豊んでいったのである。

1970 年前後から林先生ご自身の関心は主に太陽系の起源に向けられていった。ハヤシ・フェーズで明らかとなった原始太陽のふるまいのなかで惑星形成がどう影響されるかという意味では，これは星の研究の自然な延長ともいえる。そのうえ W. von Weizsacker らが参加していて活気のあった 1940 年代の太陽系起源論に，先生ご自身が若い時にふれられたという"原体験"もあり，何時か手がけてみたいという想いもあったと聞いている。

太陽系起源論は，とくに最近は，データの豊富さと複雑さに目を奪われて，何が主要な物理過程かの見定めが難しい分野である。林先生が展開されているモデルは力学モデルとでも呼ぶべきものである。原始太陽系星雲での固体微粒子が赤道面に広がる薄い円盤を形成し，それが重力不安定で分裂して微惑星という小天体がまず出来るという理論的結論をもとにその後の惑星形成論を展開する。1977 年に発表された太陽

系起源のグランド・シナリオはある意味で理論主導で描かれたものだが，これは地球科学者に大きな刺激を与えた。例えば微惑星から惑星への成長が太陽系星雲の濃厚なガス中でおこるといった指摘は地球科学の常識をゆるがすものだった。この頃から，地球科学者達との活発な交流を通じてシナリオの肉づけを行うことになり，それによって多くの地球科学の研究が活性化されるという影響も与えている。

1980年，林先生は還暦を迎えられた。それに合せて，IAU（国際天文学連合）のシンポジウムを京都で開催し，また林先生の関係者からの寄稿で記念論文集の発行をした。林先生御自身も原始太陽系星雲に関する論文を寄稿されたが，その直後にこの回転ガス体の平衡状態に関する"ハヤシ解"なる解析解を発見され新しい研究の領域をひらかれつつある。これは一般の等温的回転ガス体の収縮に関するいろいろな問題の解析に役立つもので，太陽系星雲のみならず星の形成や銀河の形成へも広がりをみせる勢いである。

以上ざっと林先生の研究のあら筋を見てきたが，これらはあくまでも「これまでの」成果である。先生の研究ではある素過程の研究が思わぬ領域に飛火する場合もある。上に述べた回転体の重力不安定の議論も，たしか十数年前からときおり論じられていたように思う。ある時には一様無限な場合に取扱われているJeans不安定性の不確かさをついたり，また量子力学で出合う問題に擬して論じられたり，いちいち論文にしないことでもいろいろ問題を温めておられる。そしてそういう長年きたえた勘どころをもとに，時々実にすっきりしたものを見つけられるのである。一方では大数値計算をも駆使した正面突破を図りながら，他方では珠玉のような理論も発見されるのである。

林先生の御業績は1960年代の初めから認められるところとなり，仁科記念賞（1963年），朝日賞（1966年）を受賞されたほか，日本人として初めて天文学での国際賞であるEddingtonメダルを1970年に受けられた。これはハヤシ・フェーズの発見についてであった。引きつづき1971年には学士院恩賜賞が授与され，そして今回の顕彰を受けられたのである。

文中にはいちいち名前をあげなかったが，先生のお仕事の周辺には先生によって育てられた多くの研究者の歴史がある。われわれはそういう歴史を共有していることを大変誇りに感じており，今後とも更に後進を啓発して頂きたいと念願している。

先生の益々の御健勝と御発展をお祈りする次第であります。

6. 退官記念会記録 (1985年)

退官記念講演会

1984年4月7日　午後2時〜4時
京都大学理学部大講義室
司会：町田　茂

林先生の業績について

長谷川　博一

　まことに僭越でございますが，林先生のお仕事をご紹介させていただきます。実行委員のなかで誰がこの役目を引受けるか相談をいたしましたが，私はどうやら，中学校，高等学校，大学は違いますが湯川研究室を通じて，林先生の後輩である期間が一番長いようで，それに最年長でありますから，もう少々ぐあいのわるいことを言ったとしてもあとで叱られ方が一ばん少ないであろうということで，必ずしも適任とは思いませんがその役目を引き受けることになりました。

　林先生の偉大なご業績につきましてはすでによく知られており，この中には私以上にご存知の方も多く，今さらという感じもございますが，改めて先生の40年近いご足跡をかえりみ，私共のはげみとする意味でご紹介させていただきます。

　先生は宇宙の物理学の研究のいくつかの面で大きな仕事をされ，そしてその仕事がもとになって新しい分野が開けております。数々の栄誉を受けられましたことはまことに当然であります。先生の論文は私共が調べました所では70編をこえており，その多くは Progress of Theoretical Physics に発表されております。

　1950年（昭和25年），これは先生の第3番目の論文ですが Proton-Neutron Concentration Ratio in the Expanding Universe at the Stage Preceding the Formation of the Elements が発表されました。ここに出て参りますのは今の言葉では宇宙初期の Big Bang であります。少し前にアルファ，ベーテ，ガモフがビッグバン宇宙初期の物質は中性子と仮定して元素合成を論じておりました。先生は，最初の物質は中性子と陽子とがほぼ熱平衡に等しい存在度をもち，それが宇宙の膨張によって熱平衡からずれていく，その間に軽い元素が合成されていくという過程を明らかにされ，内外から大きな注目をあつめました。このお仕事は宇宙の初期，いわば絶対ゼロ時の近くの素粒子の反応の重要性を具体的に示された点，現在の素粒子論と宇宙論との密接な結合をみるとき，まことに意味深いものがあります。

　林先生はこのあとしばらく素粒子論の研究に従事されますが，1955年（昭和30年）ごろ再び天体核現象の研究に復帰されます。湯川先生のノーベル賞を記念して1952年（昭和27年）に湯川記念館ができ，

翌年には基礎物理学研究所となったのであります。この研究所はもとより素粒子論と物性論の研究を目的としたものでありますが，湯川先生は敢えて宇宙物理や核融合など新しい分野の育成にのりだされたわけであります。それに林先生は積極的に参加され，指導的な役割を果されました。

しかし，林先生と湯川先生と，宇宙の研究とのつながりは，はるか以前にあったのであります。昭和56年10月湯川先生の追悼講演会の席で林先生ご自身は次のように語っておられます。

『私は終戦後復員して間もない1946年の春に，先生の研究室へ入れていただくようお願いしました。私はもともと素粒子・原子核の理論の研究を希望していましたが，当時先生は故荒木俊馬教授のあとをうけて，宇宙物理学教室の第一講座を兼担しておられたこともあって，私に天体の核反応の勉強を始めることを奨められました。私は東大の学部学生時代にたまたま，天体内部のニュートリノ反応過程に関するGamowの論文を読んだことがあって，宇宙物理に多少の興味もあり，また宇宙物理と素粒子論の研究が両立しないこともないであろうと考えて，先生のお奨めに従って宇宙物理学教室の一室に机をいただいて勉強を始め，以来先生の御指導をいただく幸運に恵まれました。』

さて1955年の研究会は素粒子からは武谷三男先生，天文からは畑中武夫先生が世話人となって組織された後世に残るといっても過言ではない意義深いものでありました。しかしテーブルの上にならんだのは皿でありました。そこにもられる料理の実質は林先生のお力によって始めて用意されました。先生は1956年から62年までの5年間に実に21編の論文を発表しておられます。まことに驚くべきことであります。元素合成の α-プロセス，重い星の進化とその内部構造，He burning stage, 中間質量星の Hydrogen burning stage, 超新星爆発時の速い元素合成，巨星の対流層，等々。そしてその大集成が "Evolution of Stars" として1962年に *Progress of Theoretical Physics*, Supplement 22 に林先生，蓬茨さん，杉本さんの名で発表されたものであります。

先生はさらに進んで星が形成される前段階の研究に進まれました。このことは本日のご講演の主題の一部でもありますので，これ以上語るのをやめますが，一言，あるいは先生のご講演の中で「林フェイズ」という言葉をおっしゃらないかも知れませんのでそれを申さねばなりません。星間空間のガスが重力収縮して星になる前に，その光度が何桁も大きい時期がある。この時期は林フェイズと呼ばれております。天文学にはノーベル賞はありませんが，それに匹敵する国際的な賞がエディントン・メダルであります。先生は1970年に日本人として初めてこれを受けられました。

星の進化の研究とならんで先生は太陽系の起源の研究にふみこまれます。再び先生の筆をかりましょう。これは「科学」（岩波）1978年7月号「太陽系の起源から惑星の形成まで」という特集号の巻頭言であります。先生は，この議論が神話時代以来の人類の大きな関心事であり，カント・ラプラスの星雲説以来多くの学説がでてきた

が1960年代より総合的な実証科学の段階に入ったと述べられたのち，このような時代的要請に対応してわが国では1965，66年の2回にわたって京大基礎物理学研究所で太陽系起源の研究会が開かれ，天文学，物理学，化学，地球物理学，鉱物学など多くの分野の研究者が一堂に会して議論を重ねた．1968年からは毎年，東大宇宙航空研究所（現，宇宙科学研究所）の「月・惑星シンポジウム」が開かれて現在に至っている．先生は述べておられませんが，1965，66年の研究会で焦点となったのは先生の林フェイズでありましたが，1970年の月・惑星シンポジウムで，先生はいわゆる日下・中野・林の太陽系形成のモデルを発表されます．以後，そのモデルは非常な発展をとげ，我国の惑星学研究において準拠すべき大きな座標となったのであります．月・惑星シンポジウムは年々盛大になりました．このシンポジウムが成果の発表の場とすれば，林先生が毎年組織してこられました太陽系起源のワークショップはいわば戦略を論ずるこの上もない場でありました．このような二つの場，性格のちがう場を持つことができましたのは我国の太陽系科学の発展のためにどんなに有効であったか，かえりみてますますその感を深くするものであります．

先生ご自身が直接手を下されたご研究について申し上げましたが，先生の大きなご貢献は決してこれにとどまるものではありません．宇宙論から一般相対論，重力の問題，中性子星やブラックホール，あるいは核融合・プラズマと，先生の研究室ではおよそ天体物理学の基礎的な課題が若い人々によってとりあげられ，進められてきました．それらすべてにわたって先生の強力なご指導があったことは申すまでもありません．先生が偉すぎると弟子は中々しんどいというのがしばしばあることでありますが，林先生の門下の方々はいずれもすぐれて独創的な研究に進まれ，物理学における仁科記念賞の受賞者が3人も出ております．林先生の研究，教育上のご功績，まことに大きなものと存ずる次第であります．

先生は4月1日をもって定年ご退官になられたのでありますが，もとより研究に定年はございません．物理教室へは今後もお越しいただき，研究をお続けいただくとともに，われわれをご指導いただくことができますことを，私共といたしましてこの上なく喜びに存じます．

星と銀河の形成
―― 宇宙の Over-all Evolution と Nonspherical Objects の形成・進化 ――

第II部16に同じ．

質　　　問

福来　宇宙項の値の素粒子論的意味は何ですか．

林　ひとつの可能性としては，大統一理論（GUT）の宇宙論の場合での真空の相転移のさいに，真空エネルギーのごく一部が Higgs 場に残ったことが考えられます．

福来　$10^{16} M_\odot$ を最大とした理由は何ですか．

林　観測的には，超集団以上の階層は見付かっていないからです。それ以上の階層は存在したとしても，密度のコントラストは非常に低いでしょう。

寿岳　種族Ⅲの星を考えないとしたら，種族Ⅱの重元素をどう考えますか。

林　球状星団を形づくった初代の星のなかには，少数の 3-4$M_\odot$ の星もあったはずです。それによる元素合成を考えれば良いわけです。さらに，現在のパルサーの位置分布から，超新星爆発後には，種々の物質の空間位置の大きな変動があったことが，考えられます。さらに重要なことは，種々の大きさの空隙の質量は 0 ではなく，コンデンスした物質と同程度の質量が含まれています（ゆらぎ成長の非線形理論から）ので，これらのガスの降りつもりの効果も考える必要があります。

退官記念会資料

記念事業会記録（1983 年）

林忠四郎先生定年退官記念事業趣意書

謹啓，時下益々御清栄のこととお慶び申し上げます。

さて，京都大学理学部教授林忠四郎先生は，昭和五十九年四月一日をもって定年退官されることとなりました。

先生は昭和十七年に東京帝国大学理学部を卒業され，戦後直ちに京都大学の湯川秀樹教授の研究室に入られました。その後，昭和二十四年大阪府立浪速大学助教授，同二十九年京都大学理学部助教授を経て，昭和三十二年には京都大学理学部に新設された核エネルギー学講座の教授に就任され，天体核物理学の研究，教育に尽力され，今日を迎えられたのであります。この間，いわゆる"ハヤシーフェイズ"の発見をはじめ，宇宙論，元素の起源，巨星の構造，星の形成と進化，太陽系の起源などの研究において，数々の輝かしい業績をあげられました。とりわけ，一九五十年代から六十年代にかけて目覚ましい発展をとげた，"星の進化と元素の起源"の研究において，先生は中心的役割を果され，国際的地位を確立されたのであります。

これらの顕著な業績によって，昭和三十八年に仁科記念賞，同四十一年に朝日賞，ついで同四十五年には天文学の国際賞であるエディントン-メダルを日本人として初めて受けられました。さらに，昭和四十六年には学士院恩賜賞の授与，同五十七年には文化功労者の顕彰の栄に輝かれたのであります。

この間，先生はその御研究を通じて，わが国の当該分野の研究の発展を主導されるとともに，数多くの後進を育成され，今日におけるこれらの研究分野の隆盛の基礎を築かれたのであります。先生はまた学内におけるプラズマ研究の発足に寄与されたほか，大型計算機センターの設立にも尽力され，発足時の機種選定委員会委員長を勤められました。さらに昭和五十一年より評議員，同五十二年から二年間理学部長として，大学および学部の運営に尽されました。

先生は現在もなお若々しい情熱をもって宇宙物理学の研究に取り組んでおられます。いま先生が御退官されることには，私

達にとって寂しさを禁じ得ないものがあります。今後とも一層の御活躍を祈って止みません。

　先生の御退官を機会に，先生の長年の御功績を讃え，関係者一同の心からの感謝の意を表わすため，別紙のような事業を行いたいと存じます。

　なにとぞ，その趣旨に御賛同賜わり，事業に御協力いただきますようお願い申し上げます。

敬　具

昭和五十八年十二月

林忠四郎先生定年退官記念事業会

発 起 人 一 同

各　　　　位

世話人

浅井健次郎　天野恒雄　池内　了
一戸時雄　海野和三郎
大家　寛　小嶋　稔　小田　稔
香月裕彦　加藤幹太
川口市郎　古在由秀　佐藤勝彦
佐藤文隆　杉本大一郎
巽　友正　田中　正　玉垣良三
寺嶋由之介　寺本　英
冨田憲二　中沢　清　中野武宣
長谷川博一　早川幸男
蓬茨霊運　牧　二郎　増田彰正
町田　茂　松田卓也　山口昌哉

協力者　301名（内発起人　211人）
会津　晃　赤羽賢司　秋本俊一
浅井健次郎　安宅　康
足立　勲　天野恒雄　荒井賢三
荒木不二洋　安藤和彦

池内　了　池田清美　池田次郎　池永満生
池部晃生
伊沢瑞夫　石沢俊亮　石田慧一
石田　晋　泉　邦英
位田正邦　板谷良平　伊谷純一郎
一戸時雄　一丸節夫
伊藤謙哉　伊藤直紀　伊藤栄彦　稲垣省五
伊原千秋
今井憲一　今村峯雄　井本三夫　入山　淳
岩田卓仁
上杉　明　上田　顕　上田誠也　植原正行
宇尾光治
内田　豊　梅林豊治　海野和三郎
江夏　弘　遠藤裕久
大谷　浩　大西俊一　小川　潔　大林辰蔵
大原謙一
大家　寛　大山　襄　小笠原隆亮
岡田節人　小方　寛
岡野事行　荻田直史　奥田治之　尾崎正明
小沢泉夫
小嶋　稔　小関治男　小田　稔　小沼直樹
小尾信弥
恩地　勝　柿沼隆清　加治有恒　片井健夫
可知裕次
香月裕彦　加藤正二　加藤幹太　加藤利三
兼古　昇
上条文夫　上西啓祐　亀井節夫　川口市郎
川那部浩哉
河鰭公昭　川原琢治　神野賢一　神野光男
木口勝義
菊地柳三郎　喜多秀次　北村正利
北尾一夫　九後太一
日下　迢　楠　幸男　国司秀眉
隈部　功　蔵本由紀
黒岩澄雄　小池千代枝　小暮智一

古在由秀　小鳥康史
小平桂一　小玉英雄　後藤金英　小林具作
雑賀亜幌
斎藤　衛　坂口治隆　坂下志郎　坂本　浩
桜井邦朋
桜井健郎　笹尾　登　笹川辰弥
佐々木　節　佐藤勝彦
佐藤桂子　佐藤修二　佐藤哲也　佐藤　通
佐藤文隆
沢田敏男　塩谷　茂　慈道佐代子
芝井　広　清水幹夫
下田真弘　寿岳　潤　新福太郎　菅野礼司
杉本大一郎
杉本　薫　鈴木国弘　鈴木博子　須田和男
関谷　実
曾我見郁夫　大師堂経明　高岡宣雄
高木修二　高窪啓弥
高倉達雄　高田容士夫　高野義郎
高原文郎　高原まり子
高柳和夫　宝田克男　滝本清彦　竹内郁夫
竹内　峯
竹腰秀邦　武田英徳　武田　弘　巽　友正
田中　茂利
田中　正　田中　一　田中靖夫　谷内俊弥
田原博人
玉垣良三　田村剛三郎　田村詔生　辻　隆
辻　哲夫
辻　英夫　辻川郁二　津田　博　恒藤敏彦
鶴田幸子
手塚泰彦　寺沢敏夫　寺嶋由之介
寺本　英　嗤道　恭
徳岡善助　戸田　宏　富田憲二　冨松　彰
中井祥夫
長岡洋介　中川直哉　中川義次　中沢嘉三
中沢　清

中沢　宏　長沢　宏　長沢幹夫　永田　忍
永田雅宜
中西　襄　中野武宣　中村快三　中村卓史
中杜輝男
中村　昇　中村正信　成相恭二　成相秀一
成田真二
西岡道夫　西川恭治　西田篤弘　西田修三
西原　宏
西村奎吾　西村史朗　丹羽義次　根尾定幸
野上幸久
野口邦男　野間元作　野本憲一　端　恒夫
長谷川哲夫
長谷川博一　長谷川　洋　幡野茂明
蜂巣　泉　服部敏彦
浜　満　浜口　実　浜田哲夫　早川幸男
原　哲也
原田　馨　原田英司　播磨良子　坂東弘治
坂東昌子
坂野昇平　東村武信　日高敏隆　平井　章
広田　勇
福岡孝昭　福島　直　福留秀雄　伏木一行
藤本正行
藤本光昭　藤原　顕　藤原　出　逸見康夫
蓬茨霊運
星崎憲夫　堀内　昶　堀江正治　舞原俊憲
前田　豊
牧　二郎　政池　明　益川敏英　増田彰正
町田　茂
松尾禎士　松岡正浩　松岡　勝　松木征史
松田　哲
松田卓也　松本敏雄　松柳研一　丸山和博
美木佐登志
水崎隆雄　水野　博　溝畑　茂　皆川貞一
三宅弘三
宮地英紀　宮西敬直　観山正見　向井　正

牟田泰三
宗像康雄　村井忠之　室田敏行　元吉明夫
百田　弘
森川雅博　森田正人　森本信男　山口昌哉
山口嘉夫
山越和雄　山崎和夫　山下泰正　山田勝美
山田道夫
山村正俊　山本悦子　山本哲生　山本嘉昭
山元竜三郎
吉川恭三　吉沢尚明　吉村宏和　米田満樹
若野省己　和田　明

実行委員会活動
昭和58年9月　実行委員会発足
昭和58年10月「林忠四郎先生定年退官記念事業会発起人の御依頼」を世話人名で発送
昭和58年12月「林忠四郎先生定年退官記念事業趣意書」を発起人名で発送
昭和59年4月7日（土）午後2時～4時　記念講演会
昭和59年4月7日（土）午後5時～7時　記念パーティー

記念パーティー
　　　　　於　からすま京都ホテル　双舞の間
式始第
　林先生，嘉子夫人ご入場
　開会の辞　　佐藤文隆　京都大学教授
　祝　辞　　　沢田敏男　京都大学総長
　祝　辞　　　巽　友正　京都大学理学部長
　門下生代表謝辞
　　　　　　　杉本大一郎　東京大学教授
　記念品贈呈　中野武宣　京都大学助教授
　花束贈呈

　林先生ごあいさつ
　乾　杯　　　早川幸男　名古屋大学教授
　歓　談
　閉会の辞　　　　　　　司会者

京都大学広報　1982年11月12日号記事
〈大学の動き〉
　西谷啓治名誉教授，林忠四郎理学部教授が文化功労者に選ばれる

　西谷啓治名誉教授および林忠四郎理学部教授は，昭和57年度文化功労者に選ばれ11月4日，国立教育会館で顕彰式が行なわれた。以下に略歴，業績等を紹介する。

　林　忠四郎教授は，大正9年7月25日，京都市に生まれた。昭和15年3月，第三高等学校理科を卒業し，同17年9月，東京帝国大学理学部物理学科を卒業した。昭和21年4月より，京都帝国大学理学部で研究に従事し，同24年4月浪速大学工学部助教授，同29年4月本学理学部助教授，同32年5月同教授となり，核エネルギー学講座を担任，現在に至っている。その間，昭和51年11月より同54年3月まで，本学評議員，同52年4月より同54年3月まで，理学部長をつとめた。また，昭和45年1月，イギリス王立天文学会エディントン・メダルを受章し，同46年5月，恩賜賞・日本学士院賞を受賞した。本年62歳。

　同教授の研究業績は，宇宙物理学の広い分野にわたっている。この分野における最初の研究は，ビッグ・バン宇宙における，陽子と中性子の存在比に関するものである。当時，宇宙の初期物質を中性子であると仮定して元素合成を考える一派があった

が，同教授は，宇宙のごく初期における素粒子反応を検討して，陽子と中性子の比はほぼ熱平衡値をとることを示し，さらに，それが宇宙膨張によって熱平衡値からずれていく様子を明らかにし，内外から注目された。

次に同教授が精力的に取り組んだのは，星の進化の研究である。主系列星から巨星を経て，白色矮星，あるいは超新星爆発に至る過程，生まれた星が収縮して，主系列に至る過程，さらにさかのぼって，星間ガスが重力収縮して，星になる過程を系統的に研究し，多くの優れた成果をあげた。中でも，生まれた星が主系列に向って収縮する段階で，星の光度が主系列における光度よりもはるかに大きい時期があることを示した研究は，特筆すべきもので，星の進化のこの段階は，「ハヤシ・フェイズ」と呼ばれている。

その後，同教授の研究は，太陽系の起源に移っていった。まず，太陽の誕生と同時に，そのまわりに作られた原始太陽系ガス雲の構造を明らかにし，次に，このガス雲中での固体微粒子の沈澱による固体層の形成，固体層の分裂による微惑星の形成，微惑星の合体・集積による惑星への成長など，ガス雲中で起こる種々の素過程を調べ，惑星の形成過程を明らかにしつつある。同教授を中心に展開されているこの理論は，太陽系起源論の中で，現在最も注目されている学説であろう。

教育の面でも同教授の貢献は大きく，多くの優秀な研究者を指導育成された。その中から，物理学における仁科記念賞の受賞者が2人も出ていることは，注目に値する。

以上のような研究・教育の両面にわたる業績が今回の栄誉をもたらしたものであり，まことによろこばしく，今後の研究の一層の発展が期待される。（理学部）

文化勲章受章記念特集
7. 林先生と恒星進化論 (1987年)
杉本大一郎

天文月報 1987年6月

1. 恒星進化論の夜明け

　恒星進化論がいつ始まったかを決めるのは難しい。エムデン (R. Emden) が「ガス球 (Gaskugeln)」という本を書いたのが1907年のことだから，恒星の内部構造が議論されたのはそのころまで遡る。しかしその頃は，ガスの密度と圧力の間にポリトロープという関係を仮定して，恒星の内部構造を論ずるものであった。次の時期を画するのは，エディントン (Sir A. S. Eddington) の「恒星の内部構造 (The Internal Constitution of the Stars)」という書で，1926年に初版が出された。ここで進んだのは，恒星内部でのふく射による熱の流れを考慮にいれたことである。その結果，恒星内部の温度分布が定まり，それを媒介にして，密度と圧力の関係も決まる。こうして，ポリトロープという仮定はいらなくなったわけである。最近はあまり聞かなくなったが，そこで提出されたのがエディントン・モデルである。第3の進歩を代表するものは，1939年にチャンドラセカール (S. Chandrasekhar) が著した「恒星内部構造論入門 (An Introduction to the Study of Stellar Structure)」である。その少し以前に，ファウラー (R. H. Fowler) は，シリウスの伴星のような白色わい星の内部では電子ガスが量子力学的に縮退しているという

ことを指摘していた。チャンドラセカールはその理論を詳しくし，特殊相対性理論の効果を考えるとともに，恒星内部構造論を数学的に整備して，白色わい星の限界質量，チャンドラセカール限界を見つけたのである。

　しかし，これらの話はまだ恒星「内部構造論」であって，「進化論」ではなかった。実際，恒星のエネルギー源が原子核反応によるものであることは，1920年にペラン (J. Perrin) とエディントンによって推測されていた。しかし，その反応が具体的に分かるようになったのは1938-9年のことで，ベーテ (H. A. Bethe) やワイツゼッカー (C. F. von Weizsäcker) が水素をヘリウムに転換する pp チェインや CN サイクルを理論的に示してからである。それによって，恒星の進化を議論する材料がそろうことになったわけである。

　林先生が大学を出られたのは1942年というから，それはちょうど，恒星の内部構造論が進化論になろうとしているころであった。その年に，恒星の中心部で水素がヘリウムに転換されてヘリウム中心核ができるが，「その大きさが恒星の質量のおよそ10パーセントを越えると，恒星の内部構造の解が存在しない」という論文をシェーンベルグ (M. Schonberg) とチャンドラセカールが書いた。その限界値が

シェーンベルグ・チャンドラセカール限界と呼ばれるものである。そして，解のなくなった恒星は，その後，どうなるのだろうかというのが大問題であった。

もうひとつの大問題は，赤色巨星のように半径の大きい星は，いったい，どのような構造になっており，どのようにして出来るのだろうかという疑問であった。ポリトロープの大きい星は低温の，まだ原子核反応の起こっていない星に対応する。ところが，そのような星では寿命が短すぎて，観測される赤色巨星の数を説明できないことになるからである。

これら2つの問題は結びついて，ヘリウム中心核のまわりに水素の外層があるという，化学組成の不均一な星は赤色巨星のような半径の大きい星になるのではないかということが研究された。その可能性を最初に指摘したのは，ガモフ（G. Gamow）とケラー（G. Keller）で1945年という，第2次大戦の終わった年のことであった。このことを定量的に計算して確かめられたのが林先生で，1947年と1949年に論文を書いておられる。当時はまだ終戦直後の混乱の時期だったから，その意味でもずいぶん早く始められたものである。

その後，林先生は素粒子の非局所場理論のほうへ移られた。そして，天体核物理のほうへ戻られたのは1955年ころのことである。その間に，赤色巨星の問題はマーチン・シュバルツシルド（M. Schwarzschild）が中心になって，アメリカのプリンストン大学で進められた。彼は今日いうブラックホールのシュバルツシルド解を最初に求めたカール・シュバルツシルドの息子である。マーチンは1952年から1953年にかけて，赤色巨星の構造に関する3篇の論文を発表した。その第2論文で，ヘリウム中心核がさきに述べたシェーンベルグ・チャンドラセカール限界を越えた星では，中心核が自分自身の重力で収縮すると，外層は逆に膨張し，星は赤色巨星に向かって進化することを示している。こうして，恒星進化論は，原子核反応で化学組成が変わっていくほかに，星の中心核が重力で収縮するという面でも，時間的変化を考慮しなければならないことになった。名実ともに，星の内部構造論から星の進化論になったのである。話の文脈からは余分のことであるが，この第2論文の共著者はサンデイジ（A. R. Sandage）である。いまでは，彼は観測的宇宙論の大御所であるが，かつては，そのような計算もしたのである。その後，彼の興味は，球状星団の観測，青い星の観測，そのような天体としてクェーサーが見つかったこと等を通して観測的宇宙論に繋っていったのであろう。

2. 天体核グループの形成

1955年になって，湯川秀樹先生の勧めもあって，京都大学基礎物理学研究所で天文学と原子核物理学の，今日の言葉でいうと，インター・ディシプリナリーな研究が発足した。核物理の方では武谷三男先生や早川幸男先生，天文学の方では亡くなられた畑中武夫先生らが，林先生をその分野に呼び戻して始められたものである。当時は，一方では，原子核構造論や反応論が軌道に乗ってきたころであり，他方では，ホイル

(F. Hoyle)とシュバルツシルドが球状星団の星の進化を，赤色巨星の問題も含めて解釈し，アストロフィジカル・ジャーナルのサプリメントに大論文を発表した年であった．そのような背景のもとで，原子核物理の人たちは天文学者の講義を聞き，恒星内部での核反応を計算した．そこに集まった人たちの半数は，その後は核物理や素粒子論に戻ったが，残りは天体核物理学のグループとして定着した．

林先生も核反応の研究をやられたが，同時に恒星内部構造と進化の研究の中心であった．東京の畑中先生の方では，小尾信弥氏が若い人と一緒に内部構造の研究を始められた．両氏は，1957年に物理学会から「天体の核現象」と題する論文選集をだされた．当時は今と違って，コピーの機械はないに等しかったから，重要な論文をリプリントにして出版した論文選集は学問を進めるのにおおいに貢献したものである．同時に，そのような題目で論文選集がだされたことは天体核物理学が市民権を獲得しつつあったことを意味する．

恒星の進化はまた，宇宙で元素を合成していく過程でもある．銀河系のなかで，どのようにして重い元素が合成され，星の種族と銀河系の中での分布が決まっていったかについて，武谷・畑中・小尾の3氏がその頭文字をとってTHOと呼ばれるシナリオを提出されたのも，1956年のことであった．そして，元素合成の具体的な過程については，1957年にバービッジ夫妻，ファウラー，ホイルの4人が104ページ2列組みの大論文「恒星における元素合成(Synthesis of the Elements in Stars)」をだ

したが，それはその後，B^2FH と称され，その分野でのバイブルになった．

ところで，原子核反応自身は，恒星の内部における，ある場所，というよりは，ある与えられた温度と密度のところでどういう反応が起こるかという問題である．恒星との関係は，その温度や密度が恒星の内部で実際に存在するような値で，考えなければならないという点にある．これに対し，恒星進化論は，恒星のある1点だけでなく，内部全体にわたって構造を解かなければならないという意味で，原子核反応の問題とはかなり異なる様相をもっている．しかも，恒星の内部構造を記述する微分方程式は，たちの悪い非線形のものだから，論理構造としても，ひとつの新しいジャンルになっているわけである．当時林先生が取り組まれたのは，中心部で水素が消費されてしまった重い星はどう進化するか，という問題であった．北海道大学の坂下志郎氏は林先生の研究室に寝泊まりして，先生と一緒に計算を進めていた．この時期に，林先生はそれまでの湯川研究室から独立して，新設の核エネルギー学講座を担当されるようになったが，その創設予算で，当時50万円もする歯車式の電動計算機を2台も導入された．これは，いまでは1000円の電卓程度の機能をもつものであるが，その後，おおいに活躍した．そのやや後に，私は大学院生になって，先生の計算のお手伝いをしこの計算機をおおいに使ったものである．そのほかに，対数の逆をひくテーブルをつくったこと，数値計算をする女性を2人雇ったこと，私が小学校で毎朝やらせられた，そろばんの腕が役にたったこと等が

あって，計算の能率が非常にあがったものと思っている．これは，いまからいうと笑い話のようなものであるが，やはり研究には，その時々の最新の手段に惜しみなく予算を使うことが大切なことを意味している．

その後，電子計算機の時代になっても，林先生はいち早く，それを使うことを考えられた．1959年にはアメリカのNASAに行かれて，当時最新のIBM7090を使い，重い星が主系列星からヘリウム燃焼段階を終わるまでの計算をして帰ってこられた．当時，世界的にみても，自然科学分野では電子計算機の大口利用者はまだ少なかったが，そのうちの一人になられたわけである．日本へ帰られてからは，いろいろと努力をされて，計算機を使えるようにしてくださったが，まだしばらくは，機械式の計算が主なものにならざるをえなかった．

3. 林フェイズの発見

林先生がアメリカでされた計算で分かったことの一つに，ヘリウム燃焼段階に星は黄色い超巨星になるということがあった．その後，星の中心核でヘリウムが消費されてしまうと，星の半径はふたたび増大する．そして，次の段階である炭素の原子核反応が始まる直前には，ふつうの計算では半径がべらぼうに大きくなってしまうということまで計算された．こうして，次の問題は，半径を赤色巨星の程度におさめるには，どのようにすればよいかということであった．赤色巨星の半径をだしてくる問題は，1955年にホイルとシュバルツシルドによって球状星団と関連して議論されていたが，彼らの議論は，星の表面での条件だけを考えたものであった．そこで，林先生は星の表面で対流が起こっている場合について，表面近くの構造も詳しく解いて，表

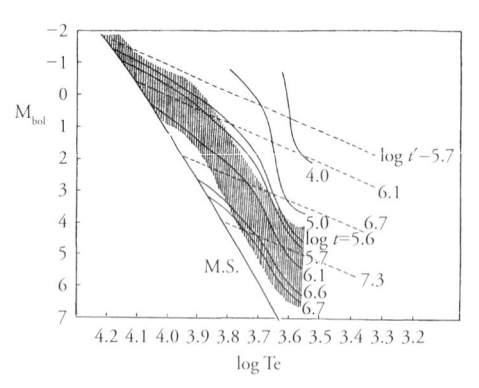

星団が生まれてからそれぞれの時刻において理論的に期待されるHR図．点線はヘニエイ収縮の場合で，実線は林フェイズを経過する場合．それぞれの線につけた数値は時刻（年）の対数（$\log t$）．実際に観測された星団，NGC 2264の主系列はハッチングで示されている．とくにその下部のあたりを見ると，林フェイズがある場合の時刻一定の線に乗っていることが分かる．林先生の1961年の論文（Publ. Astron. Soc. Japan）より再掲．

面条件を定めようとされた。

そのころ，林先生の重い星に続く問題として，私は中質量の星の進化を計算させられていたが，私が数値積分をしている間に，林先生が表面条件の取扱いを決めようということであった。今でもかなり鮮明に覚えているが，ある日，研究室のセミナーがあって先生の部屋へ行ったら，先生が「杉本君，副産物がでたよ」とおっしゃった。そして，見せられたのが，後にいう，林フェイズの理論であった。

主産物の表面条件の方は，HR図に引かれた赤色巨星のブランチ，すなわち林ラインであった。その右側にあたる，星の表面温度の低いところには，星が重力平衡にある解は存在しえないというのが結論である。そのような領域を林先生は「禁止領域」と名づけられた。進化して半径の大きくなった星は，禁止領域ぎりぎりのところまで膨れるが，それ以上には大きくなれないので，林ライン上にほぼ留まり，徐々に明るくなっていくことになる。そして，進化した結果としての内部構造の変化には，星は半径を大きくすることによって適応するのではなく，表面から内部に広がっている対流領域を深くして適応することになる。

そこで林先生のアイデアは，そのような状況は進化した赤色巨星だけに関わるものではなく，生まれた星が主系列星に収縮してくるときにも起こるはずのものだということであった。そうだとすると，生まれた星が収縮する過程は，それまで，言われていたヘニエイ収縮，すなわち，「ほぼ一定の光度を保ちながら半径が小さくなっていき，星の内部に対流は存在せず，ふく射平衡の状態にある」というものとは，かなり違うものだということになる。

それに対し，林先生の考えられた描像は次のようなものであった。まず，星は林ライン上，かなり光度の高いところに現れる。そして表面温度をほぼ一定に保ちながら収縮し，同時に星は次第に暗くなっていく。林ラインに乗っているために，対流が星の表面から内部へ深く広がっている。星の内部が収縮してくるにつれて，その対流は次第に浅くなる。そして，ついに対流がなくなってしまうと，その後，わずかの間はヘニエイ収縮をして主系列星に至るというのである。林先生の描像とそれまでのものとの違いは，観測的には，若い星団の主系列の下部に現れる。林先生は若い銀河星団 NGC 2264 と比較して（図参照），新しい描像の方が正しいことを示された。

その論文が出版されたのは1961年のことであったが，同じ年にアメリカのバークレーで開かれた IAU（国際天文学連合）の総会で，林先生はその論文を発表された。座長をしていたのはシュバルツシルドで，彼はその論文の重要性にすぐ気づいたが，多くの人にはよく分からなかったらしいというのが，林先生の後日談である。研究において，新しい概念（コンセプト）を提出するときは，おうおうにして，そのようなものである。しかし，1960年代後半になって，主系列星への収縮が電子計算機で詳しく計算されるようになり，誰が計算しても，林ラインに沿った収縮という，林先生の予言どおりの結果が得られたのである。このようにして，林フェイズは次第に浸透していった。そして，林先生は，1970年に天

文学分野で国際的な賞として特段のものである。エディントン・メダルを授与されたのであった。

4. 生まれたばかりの星と進化した星

話は少し戻るが，1962年に林先生はそれまでの研究に一段落をつけるものとして，基礎物理学研究所が出版している「理論物理学の進歩 (Progress of Theoretical Physics)」のサプリメントに183ページからなる論文を書かれた。大学院生であった蓬茨霊運氏と私の2人が手伝ったので，著者の頭文字をとってHHSと呼ばれることになった論文である。

それは星の内部構造論を再構成するほかに，新しいこととして，主に次の二つの主題を含んでいた。第一は，林フェイズと直接に関係するもので，巨星の表面条件から始まって，主系列への収縮という林フェイズを議論したものである。その前の段階として，星間物質から生まれた星がダイナミカルに進化し，林フェイズに至る描像についても論じてあった。第二は，ヘリウム燃焼段階の詳しい研究から始まって，その後の進化についての描像まで議論したものであった。こうして，林先生とその門下生の研究は，星が生まれる段階と進化の進んだ段階の2つに分かれていったのだが，後者の研究も林フェイズの発見と無関係ではない。というのは，ヘリウム燃焼段階を終わった星は，いずれにしても，赤色巨星になる。その表面温度は林ラインによって決まっている。だから，逆に，星の表面のことは詳しく議論する必要がない。星の中心核で原子核反応が次第に進み，その内部構造が変わっていくところだけを，いわば切り離して研究することができるのである。そして，中心核の進化が星の外層に及ぼす影響は，星の外層での対流の深さというパラメーターに吸収されてしまう。その影響が出るのは，星の光度，すなわち明るさだけである。そして，その光度は，中心核だけを取り出したモデルに，外層の代わりをする適切な境界条件をつけることによって計算できる。こうして，中心核の進化と外層の進化は分離して扱えるようになり，当時の電子計算機でも処理できる程度のものになった。

林先生は中心核の進化の研究も指導されていたが，そちらの研究は次第に私が引き継ぐようになり，先生自身は林フェイズの前の段階である星の誕生を主に研究されるようになった。そして，その延長上に林先生の太陽系起源論がある。そのあたりのことと，林フェイズの発見がさらに与えた大きい影響のことについては，この特集のなかで中野武宣氏や中沢清氏によって書かれるだろうから，ここでは省略させていただこう。

1962年のHHSの論文は電子計算機万能時代以前の恒星進化論に1つの時期を画するもので，その後もバイブルと呼ぶ人があるほど，いろいろなところで引用された。しかし1970年代になって電子計算機が大々的に使われるようになって，研究の方法もかなり変わってきた。そして，具体的な内容は，HHSに画かれた予想よりも，はるかに豊富なものとなり，当時私たちが夢に見た，超新星爆発の段階まで，モデル

を計算することも実際に行なわれている。しかも恒星内部のそれぞれの層で，どのような原子核反応が起こり，どのような元素がどのような割合で形成されるかということまで詳しく計算され，観測と比較されている。こうして，内容はきわめて豊富になったが，基本的な理解が新しく進んだかとい うと，その答えは必ずしも明らかではない。本当はその点をつめて議論し，今後の恒星進化論の進むべき方向を見定めるのが大切であろう。しかし，紙数も尽きたし，この特集の主旨に一致すると思わないので，そのような議論は別の機会にゆずることにしよう。

文化勲章受章記念特集
8. 林忠四郎先生と星の誕生の研究 (1987年)

中野武宣

天文月報 1987 年 6 月

　京都大学名誉教授の林忠四郎先生は，1986 年 11 月に文化勲章を受章された．林先生は宇宙物理学の多くの分野で優れた研究業績を残されたが，その中でも後にハヤシ・フェイズと呼ばれるようになった主系列に至る星の進化の研究は，星の誕生と太陽系の起源の研究に強い衝撃を与えた点で特筆すべきものである．その後この分野の研究は大発展を遂げ，今日では理論面に留まらず，観測的にも宇宙物理学の重要な分野に成長している．先生はこの 2 つの分野でも輝かしい足跡を残されている．私はハヤシ・フェイズの理論が日本天文学会欧文研究報告 (PASJ) に発表された 1961 年に大学院に入学し，主として星の形成の研究を行ってきた林先生のそばで研究に従事してきた者から見たこの分野の学問的状況，研究の経過等について，この機会に記してみたい．

ハヤシ・フェイズへの道

　1950 年代には星の進化と元素の起源が宇宙物理学における第一の関心事であった．私が大学院に入った頃，林先生達は Prog. Theor. Phys. (PTP) Suppl. No. 22 として 1962 年に発表された，星の進化に関する長くて難解な半 review 的論文（いわゆる HHS）を執筆中であった．修士 1 年の時には，その原稿による講義を冨田憲二君と一緒に聞かせていただいた．それより数年前における星の進化に関する 1 つの謎は，赤色巨星の有効温度 T_e がどうして約 3000 K よりも低くならないのかということであった．水素が部分的に電離している領域での気体の状態方程式は，完全電離気体のそれとは全く異る．しかし部分電離領域は，在ったとしても星の表面近くの極く狭い領域に限られるので，それを無視して表面まで完全電離気体の状態方程式を使い，また，表面近くは輻射平衡にあるとして，表面で温度と圧力を 0 とする境界条件のもとで星の構造を解くのが一般的であった．

　この解がいわゆる radiative zero solution である．比較的早期型の星では，現実的な表面境界条件から出発しても，すぐにこの解に近づくことは，M. Schwarzschild の教科書にも書かれている．光度から求めた T_e は，あまり晩期型でない星の場合，観測とよく一致する．しかし，主系列を離れ，巨星になっていく星をこのように扱うと，T_e は進化とともに低下していくが，3000 K になっても低下は止まらない．

　表面境界条件に部分電離領域を含む星の大気の構造を反映させねばならなかったのである．しばらく堅苦しくなることをお許し願いたい．部分電離領域では，温度

(T) - 圧力 (P) 図上での adiabat の勾配 ($d\log T/d\log P)_{\rm ad}$ は 1 に比べて非常に小さい。これはガスを断熱圧縮しても，水素の電離にエネルギーが食われるため，温度の上昇が非常に小さいからである。一方，エネルギーを輻射で運ぶためには，その強度に比例した温度勾配 $d\log T/d\log P$ が必要である。この勾配が $(d\log T/d\log P)_{\rm ad}$ より大きいと，星の外部へ行くほど単位質量当りのエントロピーが小さくなり，対流が起る。部分電離領域では $(d\log T/d\log P)_{\rm ad}$ が非常に小さいため，必ず対流が起ると考えてよい。この領域では温度がほんのわずか低下する間に圧力と密度は大幅に低下する。領域から抜け出した所は，非常に低密度で，光球のすぐ近くになっている。そのため Te はせいぜい約 3000K までしか下れない。HR 図上の，T_e が約 3000K よりも低い領域には，力学平衡状態の星は存在できない。このようなことを示した林先生と蓬茨霊運氏の論文が 1961 年 PASJ に発表された。

ハヤシ・フェイズとは

星は非常に低温の星間雲が重力収縮して生れるので，生れた星は徐々に温度を上昇させて主系列に到達すると考えるのが自然である。このような進化を最近に調べたのは Levée (1953) や Henyey 等 (1955) であった。彼等は初期の赤色巨星の構造の研究と同じように，星は輻射平衡にあるとした。結果は図1の水平に近い線に沿って，T_e が徐々に上昇していくというものであった。この進化の道筋は俗に Henyey track と呼ばれている。

しかし，このような星も言うまでもなく準静的力学平衡状態にある T_e が非常に低いと，主系列を去った赤色巨星と同じように，水素の部分電離領域が星の中に入るため，対流が起こる。そのため T_e は 3000K よりも低くなることはできない。そうすると進化の道筋は図1の実線のようにならざるを得ない。このようなことを林先生はわずか3ページの論文で非常に明解に示されたのである。この道筋の垂直に近い部分が Hayashi track と呼ばれ，星がここにある時期が Hayashi phase と呼ばれることは周知のことであろう。ハヤシ・フェイズの宇宙物理学的意味は2つあるであろう。1つは太陽系の起源との関連においてである。この時期の星の光度が大きいことは，同じ半径をもった Henyey track 上の星と比較してみれば明白である。そのため惑星の材料物質は強い光に照らされて，かなりの高温になったかもしれない。これは惑星の組成や形成過程に大きな影響を及ぼしたかもしれない。

もう1つの意味は星の誕生との関連においてである。Hayashi track の右側の領域は，星が力学平衡にはあり得ないので，ハヤシの禁止領域と呼ばれる。星は低温の星間雲から生れるので，この禁止領域を横切らねばならない。従って，少なくとも星の形成の最終段階は，Henyey track に沿った静かな収縮ではなく，動的な収縮である。

水素の部分電離領域では定圧比熱と定積比熱の比は 4/3 よりも小さいので，この領域が星（あるいは雲）の内部の相当部分を占めていると，星は重力的に不安定である。そのため，Henyey track 上のある部分では，

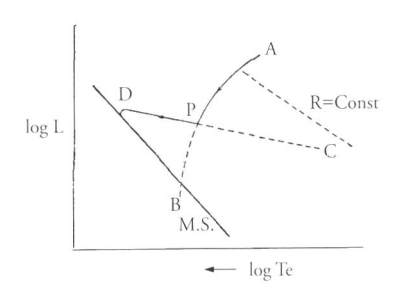

図1 主系列 (M. S.) に向けての星の進化の道筋 (Hayashi 1961, P. A. S. J. 13, 450 より)。

収縮は準静的ではあり得ないだろうという推定を A. G. W. Cameron がしていた。しかし、このようなことが起るのは Hayashi track と Henyey track の交差する点 (図1の点P) よりも半径が50倍以上も大きい時である。ハヤシの禁止領域はそれよりもはるかに広いのである。

しかし、ハヤシ・フェイズの理論も直ちに世界中に受け入れられたわけではなかったようである。星の大気での輻射吸収係数が必ずしもよく知られていなかったこと、星の表面近くでは対流によるエネルギー輸送の効率が悪いため、対流域の構造を正確に決めるのが難しいこと等が原因だったと思われる。F. Hoyle 等 (M. N. R. S. 126, 1) は、星の大気に固体微粒子が存在するという仮想的な場合を考えても、ハヤシ禁止領域を消すことができないことを確認している。しかし、大気に強い磁場があれば、対流が抑えられるので、星が Henyey track をたどる可能性は残っていると主張している。当時既に水を含む炭素質隕石の存在が知られていたため、原始太陽の光度を小さく抑えたいという強い願望があったようである。

ここで私事を述べさせていただくならば、私の修士論文は太陽よりも質量の小さい星の主系列に向う進化に関するものであった。小質量星は密度が高いので、大気に水素分子が存在する。そのため分子の部分解離領域が存在し、部分電離領域と同じような効果をもたらす。また、密度が高いと、内部で電子が縮退しやすく、構造に影響を及ぼす。このような星の構造と進化を調べることによって、主系列の晩期型の部分の星の性質、特に定常的な水素燃焼を行う星の質量の下限が $0.08M_\odot$ であることを明らかにすることができた。ハヤシ・フェイズの理論が発表された直後にこのようなテーマをいただき、私は研究者として非常に幸運なスタートを切らせていただいた。

星間雲の熱的、力学的性質

星の形成の最終段階が動的収縮であることが明らかになると、星間雲の収縮に関心が集まるのは当然の成行きである。しばらくして Gaustad の論文 (1963, Ap. 138, 1050) が星の形成に関心を持つ人々の目を引いた。彼は数10Kから数1000Kのガス

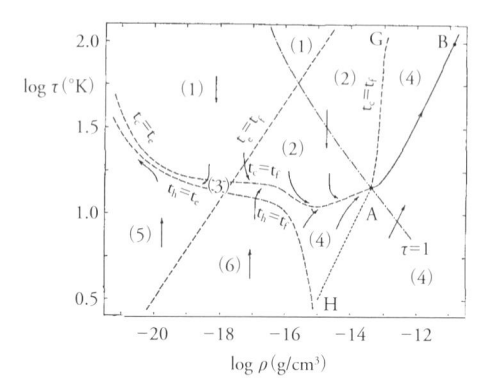

図2 太陽質量の星間雲の温度—密度図上での進化（Hayashi and Nakano 1965, P. T. P. 34, 754 より）。

の輻射吸収係数を調べ，それを使って自己重力とガス圧がほぼ釣合った雲の輻射によるエネルギー放出率を計算した．雲の質量が $0.1M_\odot$ よりも小さくない限り，これは雲が自由落下と同じ速さで収縮しているとしたときの圧力による仕事率よりも大きいことを彼は示した．これは言いかえると，雲のエネルギー放出の時間尺度が力学平衡への緩和時間よりも短いことであり，従って，準静的に収縮することが許されないことを意味する．

Gaustad の論文が出てすぐに，林先生は星間雲の収縮過程をもっと堀り下げてみる必要があると言われ，私が協力することになった．Gaustad の取扱いには不十分な点がいくつかあった．宇宙線や星の光によるガスの加熱が無視されている，塵による 100K での輻射吸収係数をもっと低温でも使っている，吸収係数が十分大きければかまわないのだが，エネルギー放出率を輻射の拡散方程式によって推定している，等であった．星間雲の温度での熱輻射の波長は塵の大きさよりもはるかに長いので，吸収係数は相当強く温度に依存するはずである．そのため低温での吸収係数の計算から始めねばならなかった．

雲の進化にとりかかってからしばらくは手さぐりの状態であった．まず雲を平均密度と平均温度の2つの量（いわゆる一層モデル）で記述し，勝手な初期条件を与えたとき熱的，力学的にどんな進化をするかを調べてみた．少し高温から出発すると，まず温度が急速に低下し，その後収縮または膨張が見えてくる．このような結果を眺めているうちに，種々の時間尺度を比較してみれば，このような進化の様子はすぐにわかることに気付いた．雲の温度を変化させる過程は4つある．加熱，冷却，膨張，収縮がそれである．雲の温度と密度を定めると，それぞれの過程による温度変化の時間尺度を決めることができ，雲の進化の様子を知ることができる．図2は太陽質量の雲についての結果（1965）である．雲の質量で決まる臨界密度よりも高密度ならば，初期の温度にほぼ無関係に雲は最終的には動的に収縮していくことが明らかになった．

次に，質量の異なる雲についての同様の研究を，服部嗣雄君を加えて行った(1969)。$0.01M_\odot$ よりも重い雲の性質は，図2と本質的に同じである。しかし $0.01M_\odot$ の雲の様子は全く違う。このような小質量の雲の自己重力がガス圧よりも強くて，膨張しないような状態では，雲は熱輻射に対してほぼ不透明になっており，エネルギー放出率が小さい。そのためこのような雲は準静的に収縮することになる。このことは自己重力による収縮によって生れる天体の最小質量が約 $0.01M_\odot$ であることを意味する。1976 年 M. Rees は "opacity-limitted fragmentation" 説を唱えた。雲は熱輻射に対して不透明になるまで分裂を続けるという主張であり，彼が得た最小質量は，当然のことながら我々が7年早く得た値と同じであった。

私は 1965 年の論文によって就職することができ，アメリカでの研究生活の機会をつかむことが出来た。半分はお世辞だろうが，ある人からこのような仕事がアメリカでできなかったのは残念だと言われた。当時日本では，高柳和夫，西村史朗両氏が星間ガスの加熱と冷却から平衡温度を求める仕事 (1960, PASJ 12, 77) をしておられた。また，早川幸男氏は，当時観測から推定されていた星間ガスの温度は，宇宙線と星の光による加熱だけでは説明できないほど高かったので，10MeV 程度の "subcosmi ray" が銀河の中に相当量あり，主要な熱源になっているのではないかと考えておられた (1960, PASJ 12, 110)。星間ガスの物理状態の研究において日本が第一線にあったことが，我々の研究の着想や比較的短期間での仕事の完成の素地になっていたように思う。

星間雲の動的収縮

星間雲はその質量で決まる臨界密度よりも高密度ならば動的に収縮することが明らかになると，この収縮の様子をもっとくわしく調べてみたくなるのは当然である。当時外国では電子計算機による天体現象のシミュレーションが始まっていた。林先生は星の進化の計算に NASA の計算機を使われた経験から，計算機が研究に大きな変革をもたらすことを早くから察知しておられたようである。その頃 Colgate と White の論文 (1966) のプレプリントが林先生に届いた。星の重力崩壊と超新星爆発のシミュレーションに関するものであった。状態方程式を変えれば，彼等の方法はほとんどそのままで星間雲の重力収縮に使える。日本でも東京大学に大型計算機センターが発足したので，出来ないことではない。そこで超新星爆発の研究をしていた大山譲氏 (当時広島大学) の協力を得て，このプロジェクトを始めることにした。

星が Hayashi track の上に現われるまでを追いかけたい。臨界密度近くから出発すると，透明な状態から不透明な状態までを追わねばならず，取扱いは極めて複雑である。そこで，十分不透明な状態を初期状態とし，差し当たりエネルギー輸送を無視して行うことにした。収縮が進むと，まず中心部分にほぼ力学平衡状態の芯が出現し，外の物質がそれに降り積って，芯が次第に太っていくという重力収縮の基本的な振舞

を確認することができた (1968)。この仕事は星間雲の収縮のシミュレーションとしては最初のものと言ってよい。更に成田真二君が中心になって，雲の中でのエネルギー輸送の効果を取り入れたシミュレーションを行い，Hayashi track 上の光度が相当大きいところに星が現れるまでを追跡することができた (1970)。

この研究によって，星間雲の重力収縮は極めて非相似的であることがわかった。このことは，初期密度を変えると，収縮の最終段階はかなり違った様相を呈する可能性を示唆している。我々の仕事の少し後に Larson はエネルギー放出の取り扱いの難しさを意に介さず，臨界密度に近い状態を出発点とするシミュレーションを行った。その結果は Hayashi track 上の光度のあまり大きくないところに星が出現するというものであった (1969)。計算機事情の格差もあっただろうが，彼の大胆さには敬意を表すべきであろう。

おわりに

星の形成に関して私が林先生と研究を一緒にさせていただいたのはここまでであった。その後先生は中沢清，高原まり子氏と軸対称雲の重力収縮のシミュレーションを行われ，また最近では，成田真二，木口勝義，観山正見氏と非軸対称雲の収縮と分裂，回転雲の平衡形状とその安定性等の研究を続けておられ，その活動は当分止まりそうにない。

私の拙い文章ではうまく表現できなかったと思うが，林先生は技葉の問題には見向きもせず，いつも基本的な問題を手がけてこられたと思う。しかしタイミング良くである。何が基本的問題かは，漠然となら誰にでも解るだろう。しかし，機が熟さなければ研究は中々進展するものではない。林先生は周辺分野の発展，研究環境の整備等によって機が熟したことを逸速く見抜く眼力を持っておられるように思う。そのためには，どこに困難があり，それを克服するためには何が必要かを知っていなければならない。林先生は絶えず広い分野に目を配り，時々いくつかの重要問題について考察し，アイディアを温めておられるように思う。このことが多くの分野で優れた業績を挙げることにつながったのではないだろうか。

林先生は，「研究者は critical thinker でなければならない」，「研究の上で black box を作るな」等とよく仰っていた。著名な人の言がすべて正しいとは限らない，と言うのはやさしいが，権威に対して批判精神を維持するのは必ずしも容易ではない。研究室のコロキュウムや日頃の研究活動を通じて，何事にも批判精神を忘れないこと，研究を進める上で安易な妥協をしないことを，知らず知らずのうちに教え込まれていたように思う。最近は研究の事で林先生に話を聞いていただく機会が少なくなったが，こんな事をやっていたら先生は何と仰しゃるだろうかと考え，時々自分の研究の進め方を反省している。林先生は私にとっては今も怖い先生である。

文化勲章受章記念特集
9. 簡単な星の話 —— 林先生との研究 (1987年)

佐藤文隆

天文月報 1987年9月

林教授年頭教書

　私が院生の頃から6-7年の間，林先生は新年（1月）の最初の研究室のコロキウムで"年頭教書"なる話をする習わしになっていた。アメリカ大統領の年頭教書に倣ったものである。

　林研の部屋は京大物理教室の北館の屋上に急造されたバラックのような所で，先生の部屋も大して広くなかったが，コロキウムは何時もその部屋にギュウギュウつまったかたちで行われた。膝を寄せあってといった雰囲気でした。

　ある年の年頭教書で林先生は次のような話をしたと記憶している。"越えられない山があればトンネルをあけねばならない"と。いろんな問題に関係する重要な難題があって，何時もそれを避けてばかりいてはだめだという意味だったと思う。しかし，後になって，還暦を迎えられた時の"対談"（「自然」（中央公論社）1980年8月号）で確認を求めたら，「覚えてない」ということでした。教訓などというのは聞く方が勝手に解釈することなのかも知れない。

1. ビッグバン元素合成，星の不安定領域

　私は長いこと林先生の近くで研究をする幸運に浴しながら共著の論文は一編しかありません。しかし，先生から受けた指導は，単に相対論とか宇宙論の方に目を向けさせて頂いたという大筋での指導だけでなく，1960年代においては"手とり足とり"のものでした。とりわけ，細かい内容にまでわたって林先生と関係があったのは「ビッグバン後の元素合成」と「星の不安定領域」についての研究です。ともに，1960年代の中頃のことで，1964年にD3の途中で助手にしてもらったので，何か先生の研究のお手伝いをしなければならないという気がこちらにも強くあったからかも知れません。私はそれまで宇宙線起源，電波源，QSOのモデルなどをわたり歩いていました。

　「ビッグバン後の元素合成」については，先生の示唆で1965年の3K輻射発見以前に手がけていたにもかかわらず大魚を逃がしました。この話はすでに，林先生がエディントン賞を受賞された時に「天文月報」が行った特集の原稿として書かせていただいてますのでここでは繰り返さないことにします。「天文月報」63 (1970年) 92頁 (4月号) に載っています。以下ではもう一つの方の話をさせてもらいます。

2. グローバルにみた星の進化

その頃(1964-66年),林研のコロキウムでは星の進化の話が多く,1つは"advanced phase",もう一つは"原始星"でした。それでも杉本さんが名古屋に移ったりしたので,やや雰囲気が変わりつつあった。原始星に重点が移りつつあったと思う。大学院に入って以来,UV図による星の構造の話を年中聞いていた。その問題にはそれ一本で弟子入りしなければ理解できないもののように思われました。

そこで"星"から離れていたのですが,次のようなわけで私も星を扱うことになった。それは準星(QSO)のモデルとしてホイルとファウラーとが提唱した超重質量星(Supermassive star)を扱うことになったからです。宇宙線→シンクロトロン輻射→電波銀河→超重質量星→重力崩壊・ブラックホール→一般相対論。このルートで星及びそれを通りこして一般相対論にまで興味がひろがったわけです。その頃の"流行"のメーカーはホイルとファウラーで私もその影響で,彼らの尻馬にのっただけといえます。

林先生の所には,CaltechのOrange Aidのプレプリントが何時もきていました。そこがホイル-ファウラーの活躍の場であった。林先生はその関係のプレプリを私のところに最初に手渡してくれました。コピーが容易でない時代なので,それを何時も急いで読んだのを覚えています。

超重質量星に話をもどします。この星の話に入るとまずエディントンモデルというのが出てくる。質量をパラメータにして大幅に変えるので半径や温度といった量も解析的に書いておかねばならないが,このモデルではそれが出来る。そこで,"Core-envelope"の"fitting"にはいささか食わず嫌いで近づけなかったが,この星は何とか扱えた。それとともに,通常の質量の星から$10^8 M_\odot$といった超重までの広い範囲にわたる星のグローバルな性質が急に見えてきた。単ポリトロープの単純な構造の星についてだけではあるが,何か急に「星のことはこれで分った」といった気分になったものである。最近では,大学院生に星の進化を講義する立場になったが,正直いって私の星の知識は上の場合以上には今でもでていないのです。

林先生はNASAのコンピュータIBM 7090で計算させた有限温度のフェルミーデイラック関数のアウト・プットを持っていました。また,それを数値計算するプログラムを皆んなに見せておられた。電子計算機事始めの頃である。

もう1つ,伏線を話すと,その頃ゼルドビッチ-ノビコフによるコンパクト星やブラック・ホールなどについての総合報告が出た。(後に彼らの単行本の一部となっている)ここに書かれている星の解説はいたく私の趣味に合っていた。特に彼らがよく使っている,中心の密度と圧力を与えると質量が決まるという関係

$$M = \left[\frac{1}{4\pi G^3} \frac{P_c^3}{\rho_c^4} \right]^{1/2} \varphi_N$$

は大変気にいった。φ_NはポリトロープNできまる数係数。

この関係を温度ゼロの縮退星に用いれば

チャンドラセカール質量が出る。では,せっかく有限温度のフェルミ-デイラック関数があるのだから,それを入れてみればどうなるか? これは仕事になると思い,やり出した。温度一定を結んだり,エントロピー一定を結んだり,あれこれやった。今でも"未発表"のコンピュータのアウトプットがある。何故か私は $T \to \infty$ とかの極限にだけ興味をもっていて,その漸近形などを計算した"原稿"も持っている。"極限"に傾くのは例によって計算機でトラブルのを恐れて,なんとか手でやろうとするからです。

この話に林先生に結着をつけていただいたのが,K. Takarada, H. Sato and C. Hayashi "Central Temperature and Density of Stars in Gravitational Equilibrium" Prog. Theor. Phys. 36 (1966), 504 であります。林先生が持っていたアウト・プットを用いて手で数値計算する方が早かったようである。計算は宝田君が全部やった。これはスッキリした論文なので,私があれこれやっていた計算は全て"未発表"にしてしまった。

この星構造論の最初に書かれてもよいようなこの論文が何故この時期に書かれたのかは,フェルミ-デイラック関数を計算機にやらしたということもあるが,もう一つはこの頃高まっていた星の進化や構造についてのグローバルな性質を把みたいという要求に沿っていたためともいえます。ともかく私自身はずい分この図(図1)でスッキリしました。

この図には"不安定領域"が斜線で示しであります。実はこの部分は私が計算したもので,この少し前の私の学位論文

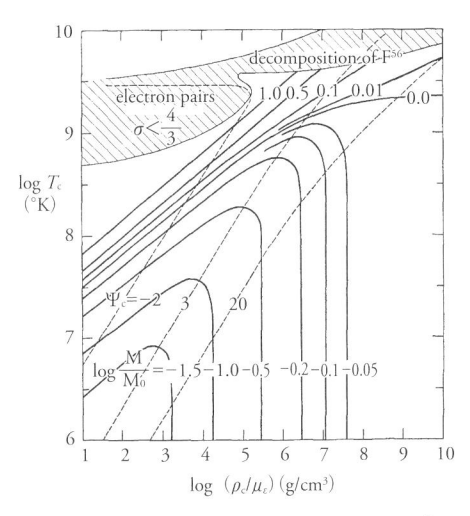

図1 中心温度 T_c—中心密度 ρ_c 図上に質量 M が一定の平衡線を描いたもの。M_0 はほぼ Chandrasekhar 質量にあたる。(Takarada, Sato and Hayashi (1966) が出典)

"General Relativistic Instability of the Supermassive Stars", で最初に示したものです。

3. QSOのエネルギー源：電子対創生

再び超重質量星の話に戻る。そしてさらにQSOのモデルにまで戻す。QSOでの驚きはそのエネルギーの大きさである。10^{60}ergという数字が当時よくいわれた。これは超新星10^8～10^{10}個分にあたる。銀河核で短いタイム・スケール（$\ll 10^4$y）でこれだけの数の超新星を爆発させるメカニズムとしては"形成時がそろっている"とか"1つの爆発が他を誘発する"とかが考えられた。日本でもその頃（1963-6年）いろいろなアイデアが出された。林先生も超重質量星中での白色矮星のいっせいフラッシュとか超重質量原始星とかのアイディアを出したと私の古いメモに書いてある。ともかく星だけではだめで、濃いガスの中に星を入れる必要がある。それは原子炉のようだと武谷三男先生が言い出されて"パイル理論"といった名前も登場した。超重質量星のモデルは超新星の連鎖爆発がむづかしいので一つの大きな星にしてしまったものといえる。

ところがこの星からエネルギーをどう取り出すかをめぐっていろいろな混乱があった。その一つが電子対発生に伴って星のエネルギーがプラスになり、それで飛び散れば爆発だという珍説がまず登場した。結合エネルギー

$$Q = \int \varepsilon dV - G\int \frac{M_r}{r} dM_r = U - Q$$

は確かに超重質量星のような輻射圧優性では

$$|Q|/\Omega \approx \beta \equiv P_g/P_t \ll 1$$

である。そこにもってきて、電子・陽電子対が発生するとその静止質量分がQにプラスに寄与するのである。すると図2に示してあるようにプラス・エネルギーの星になる。一見奇妙な結果であるが、必らずしもエネルギー保存とは矛盾しない。なぜなら、図3に示したように核子が原子核になって静止質量が下ることができるからである。しかし、その場合プラスエネルギーの上限もこの核エネルギーでおさえられることになる。ともかく、一体こんな星は可能なのかということになる。これは安定性を考えるとありえなくなることを示したのがチャンドラセカールでした。

4. 不安定領域

ニュートン重力での不安定条件は

$$\int(\gamma - 4/3)PdV = (\bar{\gamma} - 4/3)\int PdV < 0$$

である。輻射優性ならγは$\gamma = 4/3 + \beta/6$のように4/3に近いが$(\gamma - 4/3) >$だから不安定にはならない。チャンドラセカールが示したことは一般相対論の重力効果を摂動で取り入れて先の不安条件を

$$\bar{\gamma} - \left(\frac{4}{3} + K\frac{r_g}{R}\right) < 0$$

と変えたことです。かっこ内の第2項は一

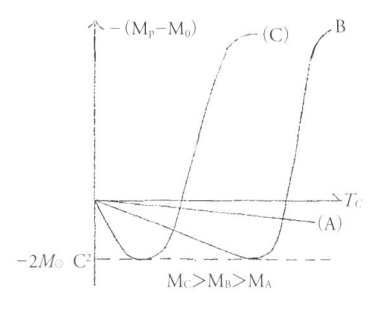

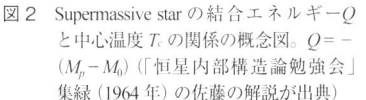

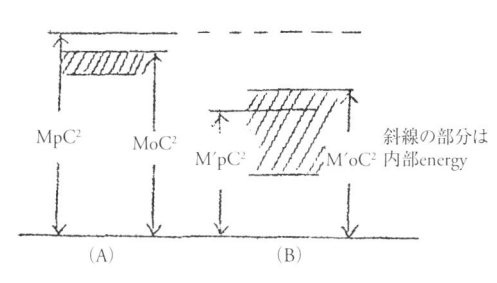

図2 Supermassive star の結合エネルギー Q と中心温度 T_C の関係の概念図。$Q = -(M_p - M_0)$（「恒星内部構造論勉強会」集録（1964年）の佐藤の解説が出典）

図3 固有静止質量 M_p と重力質量 M_0 の関係。斜線部は内部エネルギー。原子核になった時の質量が M_p'。（出典は図2と同じ）

般相対論の効果で $\gamma_g = 2GM/c^2$ は重力半径，$K = 1.1$ は数係数，この項は小さいが γ の 4/3 からのずれも小さいので，$\beta \ll 1$ の星は不安定になるわけです。超重質量星については，その不安定性は対創生よりはるか手前でおこることになる。

しかし，M を小さくすると不安定になる温度は結構大きくなり再び対ができる。その時は $\gamma < 4/3$ となり，ニュートン重力でも不安定になるのである。私の学位論はこのあたりを分析したもので，その時に T_c-ρ_c 図上に不安定領域をはじめて図示した。特に $e^\pm$ 対発生にともなう不安定領域の図はそれまで一切なく初めてのものであると思う。

その後この不安定領域の図示はさらに内容が拡大された。図4は林先生が基礎物理学研究所15周年記念シンポジウムの際の講演で初めて示したものである。この図については私もいろいろ討論させてもらった記憶がある。いまみても実にスッキリした概念図である。この図の完成であれこれ先生に刺激を与え得たことを私は密かに誇り

に思っています。

この不安定領域の図示は林先生のお気に入りで，その後の星の進化の論文にはトレードマークのようによく書かれてあります。それを見る毎に私にはいささか気になることがある。それは $e^\pm$ 対の所の図がどれだけ正しいのか自分の計算に全く自信がないからです。多分，あとから誰かが計算機であっという間に再計算したものが用いられているのだろうと思うが，もし私の論文の引き写し（少なくとも Takarada et al. の論文ではそうである）なら冷汗ものである。私は数値計算はダメでこの時の γ の計算もチウか誰かの論文から2，3点で微分を出すという強引なことをして出したものである。誰か後で再計算したのであろう不安定領域と私のとがどれだけ一致しているのか，いささかこわいので較べたことはない。ざっと見たところは一緒である。もっとも，あの領域はあくまで"概念図"であるから誰にも被害はないはずである。

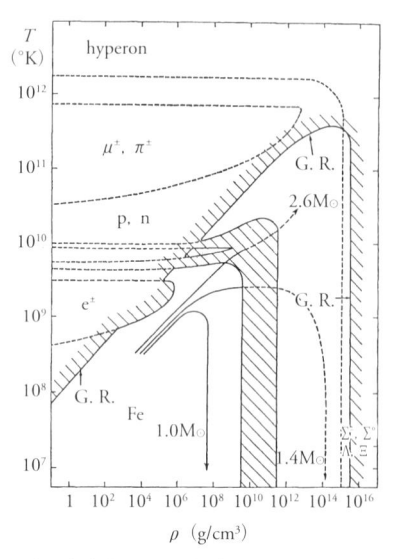

図4 高温高密度のガスの組成と星の不安定領域

低温・低密度の熱平衡状態のガスは Fe^{56} 電子から成るが，高温・高密度になると，まず Fe^{56} は核子（高温では $p+n$，高密度では n）に分解する．この分解の遷移領域（図の斜線領域）では γ の値は 4/3 より小さい．このほかに，電子対，中間子対の発生の遷移領域（図の $e^{\pm}$, $\mu^{\pm}$, $\pi^{\pm}$ の点線で囲まれた領域）でも γ は 4/3 より小さい．さらに，図の G.R. で示した実線より高温，高密度の領域（やはり斜線で示してある）では，一般相対論の効果によって，星は不安定である．
出典は「基礎物理学の進展」の林忠四郎"星の進化"（1968年）．

5. 超重質量星を爆発させる方法?

　核反応の温度よりも低温で不安定となるこの星を爆発させるのは無理である．そこで，回転を入れて不安定を押さえるとか考えられた．珍説としてはコア部分の質量がニュートリノで欠損し，重力が小さくなって envelope が飛ぶというものもあった．また，ホイルの定常宇宙論用の C-field 理論というのがあって，それを星に適用して爆発をさそうというものもあった．林先生はその頃（1963-64年）このいささかゲテものの理論に興味をもっていて，何か計算されておられたように記憶している．なんでも正統的に正面から問題を解いていかれるというのが先生のイメージになっているから，現在では想像しがたいことかも知れないが，当時はそれ程ゲテものにも見えなかった気がする．何しろ，まだ「定常宇宙」が正しいかも知れなかった時代である．ともかく，超重質量星は爆発しないことがわかり，話題はブラックホールに移っていった．ブラックホールからエネルギーをどう取り出すか？　現在は降着円盤であるが，それにいたるまでにはやや時間が必要であった．

日本物理学会50周年記念企画
10. 天体物理理論
―― 京大天体核研究室の足跡から（1996年）

佐藤文隆

日本物理学会誌 Vol. 51, No. 3 (1996年)

1. はじめに

本稿で触れる範囲を限定する幾つかの事項をはじめに記しておく。第一に，天体物理には素粒子の「標準理論にいたる途」のような一筋の歴史の階梯があるわけでなく，何が「主な進歩か？」に客観的な答はない。また天文学という物理学全体と制度的には肩を並べる老舗の隣接分野がある。現実には過去50年の歴史を見れば「物理学化」が即天文学「近代化」であり，現在では研究内容から天文学と天体物理を分ける客観的な基準はない。観測も含む天文学が独自の学問的使命を見失って物理学の価値観に併合されつつあることの問題はあるが，ここでは論じない。

第二に，仮に天体物理を，物理教室で宇宙の現象を研究することであると「現象論的」に定義すれば，我が国における理論天体物理の発祥は比較的明確に特定できる。基礎物理学研究所が1955年に物理学者と天文学者を集めて企画した共同研究がそれである。これについて第2節で述べる。

第三に，今から振り返って見ると，我が国での天体物理理論の展開にとって，林忠四郎と彼が主宰した京都大学の「天体核研究室」の役割が大きかったことは衆目の一致するところである。したがって第3節には林の研究歴とその研究手法の特徴について記す。

第四に，私自身の研究の遍歴は前述の林の研究歴と相補的であるので，第4節では私の経験した1960年代における天体核研究室と基研を中心とした研究活動を述べる。

第五に，この時期までは基研と天体核グループの研究を述べれば我が国の理論天体物理の相当な部分をカバーすることになるが，70年代からは事情が変わる。X線天文学などがこの時期に興隆期を迎え，また基研以外の共同利用研究所の活動が活発になり，日本でも観測と関係した研究が生まれ，理論研究も多極化した。これらの歴史は前史・動機とも多岐にわたり，理論研究の観点から記述するのは適当でなく，また私が記述するのも適当でないので触れない。第5節には，1970年代での天体核研究室からみた多様化のスケッチと私自身の周辺で起こったことを記す。それ以後については，紙数が尽きるので私自身が関心を持つテーマについての感想を第6節に述べる。

これでは日本での研究の全貌は記述できないが，私が特徴を持って書ける内容とい

うことで上記に限定する。また文中で敬称は略す。

2. 基研研究会「天体の核現象」

「1954年の初秋，武谷三男先生を交えて（湯川秀樹，早川幸男）三人でサロンでだべっていた。何かの拍子に湯川先生が，お星さまの話はどうかねといい出された。地上の研究で発展した物理で，天体現象がどこまで理解できるのか知りたいということであった」[1] 基研の原子核理論部門の初代教授に着任した早川は早速この企画に取りかかり，55年2月に第一回の研究会が開かれ，その後も半年おきぐらいに集まった。天文学からは畑中武夫が中心になった。最初の会では天文学の一柳寿一，畑中の他に，当時京大物理教室湯川研の助教授として非局所場の理論やBethe-Salpeter方程式などを研究していた林忠四郎などが，物理学者に対して天体物理を講義した。次節で見るように，林は1947，9年に恒星の内部構造の論文を書いたが，その後はこの分野から遠ざかっていた。早川はその林を口説いて講義を実現したのである。

この研究会の議論を基礎にまとめたのがTHOと呼ばれた論文である。[2] これは星の種族，球状星団の分布などから渦巻き銀河の形成の筋書きを総合的に論じたものである。この研究会を期に天体核の論文がプログレスに出るようになった（図1[3] 参照）。この展開の背景にはいろいろな動機があった。湯川は新しい型の研究所に相応しい構想を模索しており，天体以外にも生物物理を入れてくる。また所長業としての提案だ

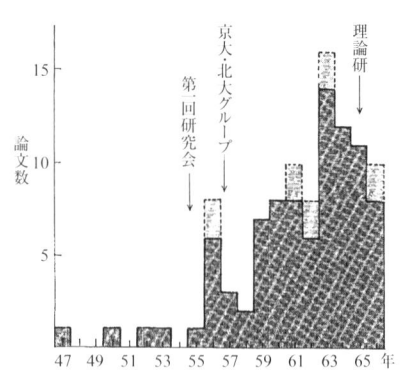

図1　プログレスに発表された天体物理関係論文数（点線は外国人）

けでなく，湯川と天体との出会いは1939年のSolvay会議にまで遡るという。この会議はナチスのポーランド侵攻で中止になったが論文は配られ，その中にH. BetheやC. F. Weizsackerらの熱核融合反応での太陽エネルギーの論文があり，原子核物理の展開の一つの方向として早くから認識していたようである。[4]

早川は二次宇宙線の研究で既に地位を築いていたが，素粒子実験の主役が宇宙線から加速器に交代しつつあり，天体物理としての宇宙線物理へ研究を転換しつつあった。軽元素D, Li, Be, Bの存在比などから早川は宇宙線の超新星起源説を展開した。宇宙線と天体物理の接点は，電波天文学が初めに捉えた電波源の多くが高エネルギー電子によるシンクロトロン放射だったことにもある。早川らは1958年にこれらの研究の大論文を書いた。[5]

宇宙線の加速とも関連する天体プラズマの研究は，次に述べる核融合以外に，ロケットや人工衛星の打ち上げで活気づいていた

宇宙空間（space）科学とも関係していた。1961年には京都で宇宙線とspace科学合同の国際会議があった。当時は，日本で原子力研究が解禁になって間もない時期であり，原子力ブームで研究機関が拡大した。1956年5月には基研で核融合の研究会が初めて開かれ，61年に創設されたプラズマ研究所の性格決定に重要な役割を果たした。大学でも原子力関連講座の増設があり，京大理学部にも3講座新設され，1957年には林がそのうちの一つ「核エネルギー学」講座担当の教授に就任した。この時期に林と同様に非局所場理論から天体物理に転向した北大の大野陽朗の研究室と林の研究室が物理教室の中に初めて天体物理の拠点を築いた。名大に移った早川は実験を主にしたグループを作った。当時，湯川ノーベル賞効果で増加していた素粒子や原子核の理論物理学を修めた若手の就職問題が深刻化していたが，このブームはその緩和に若干寄与した。

3. 林の研究経歴

1980年に林は天体物理との出会いを語っている。[6] 東大学部生時代のBethe「赤本」の学習会，卒論でのウルカ過程（ニュートリノ放射で星の冷却に効くβ過程）のG. Gamowらの論文学習。終戦で海軍から解放されて実家のある京都に帰り，京大の湯川研究室に入った。当時，湯川は宇宙物理学教室のある講座を兼担していた。これは戦争に熱心だった前任教授が敗戦で若くして辞職し，空席となっていたためである。湯川は林にこの教授室に机を与

えた。そこは天体物理文献の宝庫で，林の独学には理想的な環境であった。新情報は市内のアメリカ文化センターに出向いて雑誌から学んだ。こうして巨星の内部構造説明に必要な星のコア（中心核）とエンベロープ（外層）のポリトロープ解を繋ぐという問題で最初の論文を書き，第二論文は当時では珍しくPhysical Reviewに投稿した。

1949年，湯川がNobel賞を受賞した。「素粒子論研究」の記念号に林は日本語でいわゆるビッグバン宇宙でのp/n比の論文を寄せ，翌年英文で出版した。1948年の論文でGamowが始原物質の組成を中性子と勝手に仮定したことを批判した林論文を，Gamowはじめ当時の一流の核物理学者が評価した。当時アメリカを訪れることのできた日本のボス物理学者が「ハヤシ」のことを尋ねられたという逸話がある。この論文には後に林が口癖のように云った「素過程から積み上げる」手法の原型を見ることができる。中間子の反応まで遡って超高温状態での素粒子反応を論じることで，Gamowが無視していたニュートリノ黒体放射の存在を明らかにした。これは暗黒物質を初めて導入した論文という評価もできる。[7] ビッグバン宇宙論はその後注目されなかったし，また素粒子論の主流の研究を手掛けたいという志向が林に強かったから，前節で述べた基研の強い要請があるまで天体物理に戻る気はなかったという。1957年に発足した「核エネルギー学」講座は当初，湯川研と小林研からの移籍組で構成され，林は研究室の半分を天体物理，半分をプラズマ核融合にする構想を持って

いた。スタッフもそういう配置で考えた。1959年に出版された「核融合」という岩波講座の冊子は「天の部」を早川が，「地の部」を林が執筆している。[8] 林は天体物理だけでは就職に苦労するだろうという危惧をもっていた。しかし1959年から一年間，NASAで研究する機会を得て帰った後，林本人は天体物理に熱中することになった。

1950年代の後半における星の天体物理の課題は，様々な質量と組成をもつ星の進化を総合して，天文学の観測で描かれた星団のH-R図を説明することであった。エネルギー輸送を含めて，星の構造を表面まで解く計算と観測を定量的に対比する段階になっていた。林はこの星の進化を広い質量範囲にわたって系統的に調べ，この複雑な課題を解明する目標を立てた。これには「熱核融合反応」と「内部構造論」の二つの側面があったが，理論的に難しいのはガス球の重力平衡を扱う後者の方であり，これは林が1947, 9年の論文で扱った問題である。非線形性を数値計算でうまく扱うことが要求される問題で，従来扱われていた量の対数を変数に取り直し，広い数領域での計算を行うなどの工夫をして，解の振舞を一般的に理解する努力をした。この経験が十年近く経た後の研究再開に役立った。

1950年代後半は戦後の原子核物理の興隆の一翼を担って，国際学界でも〔星の進化と元素の起源〕という天体核物理が活発な段階にあった。3α反応に導くBe核の励起レベルが特定されたことをはじめとする，核物理と天文学の知識の統合があった。元素起源の大筋を明らかにしたB^2FHと呼ばれた1957年の大論文[9]は，この時期の到達度を表している。また，1955年，Hoyle-Schwarzschildの仕事から低質量星の巨星の計算と球状星団のH-R図との対比が本格的に始まった。1960年にはHoyle-Fowlerが超新星爆発の二つのメカニズムを提案し，Feynman-Gellmannの弱い相互作用の中性カレントが存在すれば，高温・高密度になる星の終段階で中心部の進化に影響を与えることを，B. Pontecorvoが指摘した (1959年)。また，この時期から始まったコンピュータの性能向上が，この分野の研究にも大きく影響した。進化して多重組成層になった星構造の計算を可能にする，L. G. Henyeyに始まるコンピュータを駆使した計算法が，60年代に急進展した。

こうした活発な状況に新たに参入した林がとった戦略は見事なものであった。その戦略の中身を外から窺えるのは，1962年に出版された「サプルメント」と呼ばれた論文である[10]。それは徹底した物理素過程の再吟味と，星平衡方程式の解の包括的な理解である。当時既にこの分野では種々の観測結果と理論モデルを直接対比する研究もあったが，林はこの前線には参入せず，基礎から組み立て直すという戦略をとったと思われる。この論文がその後息の長い影響を及ぼすことになるのはこの為であろう。

この徹底した再吟味の中であぶり出された成果が，原始星に関する林フェーズの発見である。[11] 林の表現によれば，これは「巨星研究の副産物」だった。半径が大き

くなってエンベロープが低温になれば原子が中性化し，放射輸送よりも対流による熱輸送が卓越してくる。こういう表面条件での平衡解の考察から，H-R 図上の低表面温度領域に平衡解の禁止領域（解の存在しない領域）が存在することを発見したのである。そしてこれは，巨星の半径がどこまで大きくなるかという問題に答えるだけでなく，主系列に向かう原始星の進化過程を支配する。即ち，動的重力収縮で準平衡状態に達した後に，対流平衡のかたちで光度を減じ，その後に放射平衡で冷却するHelmholz-Kelvin 収縮という段階に達することとなる（図2参照）。これは天文学でそれまでの定説を変更するものであったから，非常に大きいインパクトを天文学に与え，1970年には Eddington メダルを受賞した。この「思わぬ発見」で林の星研究は主系列から最終段階への進化（advanced phase）と，星間雲から原始星（protostar）への進化の二手に分かれることになった。ちょうど新講座の大学院生が増加した時期とも重なり，幾つかのサブグループに分かれるきっかけになった。研究室運営でこの時期に林が重視したのは，コンピュータによる計算の積極的導入である。これは1959-60年の NASA 滞在で IBM の大型計算機を使った経験と，それが星研究に不可欠な時期にさしかかっていたことによる，数値計算の経験蓄積をサブグループを繋ぐ共通課題と位置づけていた。1962年のサプルメントは前コンピュータ時代の精華であり，複雑な数値計算の結果のみに着目するスタイルに批判的な観点を強調していた。しかしこの手法に拘ることをせず，新

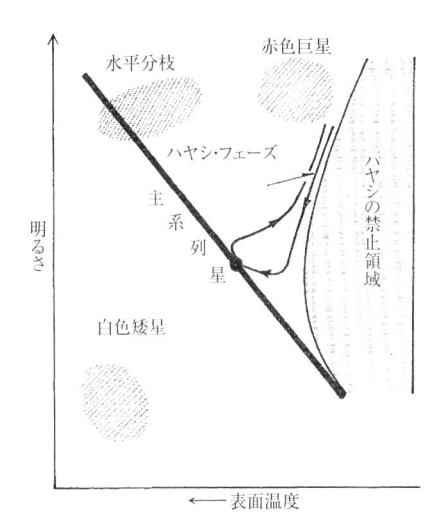

図2 H-R 図上での星の進化。ハヤシの禁止領域の限界に沿って明るさが減少する段階がハヤシ・フェーズ

時代の道具を先進的に導入したのは先見の明があった。東京にしか IBM 機がない段階から，これを使う手だてを講じた。

　advanced phase の計算にはますますコンピュータが不可欠になり，複雑で錯綜したものとなった。この面で若手を指導しつつも，林自身は未開拓な protostar に大筋をつけることに力をいれ，星間物質の加熱・冷却といった新たなテーマの大局的解析を行った。[12] これらが1970年以降に太陽系形成に集中する出発点になった。多分，50年代末に星研究に戻った頃は，ニュートリノ過程や中性子星などを通じた素粒子・核物理との接点が大きくなるという見通しがあったし，また研究室の分野も実際その方向に拡大したが，林自身が直接手を下す問題は，非球対称自己重力ガス体の不安定や惑星・地球科学との接点を求める方向に

移っていった．70 年代には研究室のコロキュームのテーマは「地球の大気」から「宇宙初期の素粒子」まで拡大していた．林の研究の後半期のテーマ「太陽系の起源」は，天文学から地球科学に拡がる漠然としたものとして長い間止まっていた．他の星での惑星系形成は観測されておらず，他方では，一個の例である太陽系については衛星の数から岩石まで含めて事細かな情報がある．したがって探究の手法も一通りではありえない．林は，1962 年のサプルメントの精神で，ここでも一つの例に関するあり余る観測情報から説き起こすのではなく，物理素過程からモデルを積み上げて太陽系での一般性と偶然性を相対化する分析を徹底して行った．原始太陽系星雲での固体微粒子が赤道面に集中して薄い円盤を形成し，それが電力不安定で分裂して，まず微惑星という小天体ができ，これらの衝突集積で惑星に成長する，という大筋である．特に微惑星の集積が，原始星雲のガスが存在する中で起こり，太陽表面の活動性と絡んで，ガスが原始太陽から吹き飛ばされる時期などが内惑星，外惑星の形成に連なるといった，グランドシナリオを提出した[13]．これは個別に増えつつある観測データを総合的に理解する段階にあった地球惑星科学に大きなインパクトを与えた．

4. 1960 年代 —— 天体核研究室と基礎物理学研究所

当初，星と並ぶ研究室のテーマはプラズマ，核融合で，前者は宇宙線の起源を含んでいた．私が 4 回生の時に「核融合」が出版され，これを種本に 11 月祭でポスター展示をした記憶がある．1960 年に大学院に入ったのが蓬茨霊運と私で，蓬茨は一年先輩の杉本大一郎とサプルメントの完成のため林に協力した．早川と宇宙線の起源を研究し，当時助手だった寺島由之助と私は天体プラズマを研究しようとしたが，彼は直ぐにプラズマ研究所に転出した．院生は星とプラズマに分かれるのが「正常な」あり方だった．M1 ゼミもテキストは Spitzer と B^2FH や Schwarzschild の本[14] の一部だった．しかし，プラズマ分野は拡張期で就職がよく，後を継いだ天野恒雄，百田弘も次々と他に転職し，この分野は 60 年代後半になくなった．私自身は宇宙線起源を勉強中の 1961, 2 年頃の準星（クェーサー）発見により，それを追いかけて急速に天体物理に移っていった．

1963 年に HFB^2 というプレプリント[15] を林から手渡され，その紹介をした．これは，1939 年の Oppenheimer-Snyder の重力崩壊とブラックホールの論文を観測と対比するような場面に引き出す画期的なものであった．この頃，J. A. Wheeler や Ya. B. Zeldovich がこの課題について理論物理的議論をしていたが，準星のエネルギーが核エネルギーでは不足で，相対論的重力系の形成がそれを上回るエネルギーを提供できる，という Hoyle 達の論点は新鮮なものだった．また 1964 年 10 月に基研で「ニュートリノ天文学」という素粒子と天体合同の研究会があり，私は 1950 年の林論文を含むビッグバン宇宙と残存ニュートリノの報告をした[16]．その頃，林は星起源では He は C 以上の重元素と同程度にしか

作れないから，He にはビッグバン合成が必要になるとして，ビッグバン元素合成の再考を言いだし，私がそれに取り組んだ。そこに 1965 年の Pezias-Wilson の「3K 放射」（宇宙マイクロ波背景放射）の発見が公表された。

こうした時代の動きに小突かれて天体プラズマの初志は霧散し，60 年代中頃には膨張宇宙，一般相対論などで私は仕事をするようになっていた。高エネルギー天文学と一般相対論の進展を活気づけたのは，1963 年から始まった Texas シンポジウムであった。早川はよくこれらに出席して話題を教えてくれた。国内的には基研の研究会が私の研究遂行に重要な役割を果たした。

基研研究会の初期の話題は準星のエネルギー源で，武谷が音頭をとって，「パイル理論」が提唱された。これは現在でいうスターバーストの様なもので，超新星の連鎖的爆発理論である。新天体の発見には「同じカテゴリーに属する異常なものが最初に発見される」という法則性がある。これは少数でも強力なものから観測にかかるので当然である。準星のときも非熱放射にまず目が奪われ，超新星では同様に例外的なカニ星雲の集合体とみなす見方に引きずられた。その後の観測の進展では，AGN（活動的銀河中心核）は輝線や熱 X 線の放射が基本で，シンクロトロン放射の電波源を持つものはむしろ例外である。反省するに，銀河の観測天文学の全般的な素養がないので，「異常なもの」の同類項の探索が次にどう進展するかについて正しい判断を持っていなかったように思う。

国際的には HFB[2] の影響で，星の最終段階も含めて，一般相対論的な重力崩壊への理論的関心が天体物理の前面に出てきた。日本では成相秀一がこれについて論文を書き始め，また天体核研究室で相対論を研究しはじめた冨田憲二が広島大学理論研に移った。私の学位論文も超重量星の一般相対論的不安定性であった。実は 1962 年に Wheeler が基研で一般相対論について何回かの連続講義をしたことがあった。中性子・星，重力崩壊から量子時空までの彼の先駆的業績の講義であるが，聴講した我々にはいささか"ネコに小判"であった。数学がかっていた当時の一般相対論の専門研究では，何が"質のよい"もので，何が"質の悪い"ものかが判然としなかった。天体物理から相対論に接近すると，当時は Hoyle の C 場理論とか Brans-Dicke 理論に出会うという変な状況にあった。こうした修正理論ではなく，一般相対論を正準形式で書いた ADM 論文のような，Einstein 理論そのものを展開する手段の発展はなかなか見えなかった。[17] 山内・内山・中野の教科書が出たのが 1967 年であるが，重力の正準量子化への興味が前面に出ていて，天体との接点は日本ではしばらくなかった。

3K 放射発見当時，私は林の示唆で宇宙起源の元素合成の計算を手掛けていたが，日本では当時まだ開拓的だったコンピュータでの数値計算で骨を折り，また軽元素核反応データをゼロから集めることで手間取った。結局，この計算の決定版とも云うべき Wagoner, Fowler, Hoyle の論文と同じ頃に私の論文[18]も出たが，核データ等での差は歴然としていた。私の論文では Li,

Be, B も宇宙初期起源でないかという観点を出したが,当時これは斬新な主張だった。D も含め軽元素組成は隕石の分析から主に得られていたから,これらの起源は太陽系内での宇宙線による核破砕であると信じられていた。軽元素が宇宙初期起源でないかと真剣に議論されだしたのは,紫外線衛星 COPERNICUS が星間空間に D を発見した 1973 年以後のことである。

会津晃と私が提案者となって 1967 年から 70 年にかけて宇宙論の研究会が基研で行われた。60 年代,基研で走っていた宇宙関係の研究計画は星の進化,銀河の構造と進化,ニュートリノ天文学などの他に,地球と惑星の内部という物性との境界を目指すものがあった。初期にあった宇宙線,核融合プラズマ関係は新しい共同利用研究所に移っていた。宇宙論の研究会は途中から「宇宙論と銀河の形成」と目的が絞られた。現在は Silk 質量と呼ばれる,放射粘性によるゆらぎの散逸スケールが銀河質量に近いことを発見し,放射と物質の脱結合後での水素分子形成を計算した。また原始雲収縮での水素分子による冷却について,京大と立教のグループが初めて大筋を明らかにした。[19] 松田卓也,武田英徳が加わり,コンピュータで数値計算が簡単になり,面白いほど結果が出た。最近これらの問題が再び詳細に調べられるようになったが,25 年以上前の仕事では引用もされず,少し早すぎた感じがする。この他に,木原太郎,束述浩夫による銀河分布の統計的相関関数を出すという仕事 (1969 年) もこの研究会で発表されたが,これはその後このアイデアを体系的に展開した J. E. Peebles の業績になってしまった。この研究会の成果の一部はプログレスのサプルメントとして出版された。[20]

5. 1970 年代
―― 一般相対論と素粒子宇宙

大学紛争を間に挟んで 70 年代に入り日本の天体物理も拡大した。第一節で断ったように,ここには私の周辺での 70 年代の歴史を記す。天体核グループでの星の advanced phase の研究はコンピュータが主役になり中沢清,池内了らが引き継いだが,主流は京都からでた杉本グループになっていった。中沢はその後,林の太陽系研究に協力し,地球惑星科学に進んだ。また原始星の動的形成を林と初めから研究していた中野武宣は星間物質の研究に傾斜していった。我々の「宇宙論と銀河形成」の興味は,重元素を全く含まない星や重元素の濃縮過程に移っていった。松田は銀河の化学進化を学位論文にした。元素の拡散は超新星爆発によるとの観点から,池内を巻き込んで爆発残骸の膨張の論文を一緒に書いたりした。彼はその後,星間空間での泡形成を研究し,後に銀河間物質のテーマに拡大した。我々のグループは職場がバラバラになって一段落した。

この頃から重力崩壊,ブラックホールが一般相対論の課題として注目を浴びてきた。Caltech のオレンジ色カバーのプレプリントの発行数が急増し,大抵が相対論になっていくのに刺激された。当時,Princeton と Caltech の相対論のグループに全米から優秀な大学院生が集中したといわ

れた程の活況を呈した。話題は準星の巨大ブラックホールと異なって、もっと定量性のある近接連星 X 線源の観測が結果を出し始めたことで、ブラックホールの現実感が増した。また少し後れて 1975 年、連星パルサーの電波観測で一般相対論のきれいな検証がなされた。一般相対論的な研究をフォローしていくと、どれも Kerr 時空を用いて議論されている。1972 年当時、これがブラックホール時空として唯一であるという「奇妙な」証明が試みられていたが、私にはその証明の動機が真面目なものには思えず、理解しなかった。そこで、回転を持つこの解以外のものを出すという目標をたてた。そして当時は全く無視されていた Ernst 形式に着目して、Kerr 解を含む整数で分類される一群の厳密解シリーズ（T-S 解）を 1972-3 年に冨松彰と見いだした。[21] 観測的には現在でもブラックホール時空が Kerr 解かどうか探ることはできない。しかし、いわゆる裸の特異点を許さないという数学的要請が Kerr 解の唯一性を導くことは、その後の証明で完結した。T-S 解が動機となって、この厳密解問題はソリトンの数学と同一であるとの認識に達した。定常軸対称での Einstein 方程式は、ソリトンと同じ 2 次元空間上の非線形方程式である。その対応で云うと、1978 年頃に T-S 解は多重ソリトンのシリーズであることがわかった。[22] こうして T-S 解は数理物理の研究に刺激を与えた。ブラックホールがどんな時空構造になるかは解決済みでなく、重力崩壊を実際に解いてみなければ判らない、という見解を私は周辺に話していた。これは当時も主流の見解ではなかったが、こうした風潮が重力崩壊を数値計算でやってみるという仕事を若い人を啓発することになった。1979 年、ADM 形式と数値計算を組み合わせて先駆的な仕事をした。[23] またその後、佐藤勝彦のアイデアを定式化したワームホール形成（1982 年）、膨張宇宙のゲージ不変な摂動（83 年）、ブラックホール摂動での重力波放出（84 年）、などの研究を推進した中村卓史、前田恵一、小玉英雄、佐々木節、等は本格的な一般相対論の研究を日本に根付かせた。重力崩壊の数値計算に参加した観山正見はその後天体物理のシミュレーションで活躍する。

1974 年のチャームの発見前後での素粒子標準理論の確立は天体物理にとっても大きな意味を持った。星の物理には中性カレントは折り込み済みであったが、現象論的パラメーターの数値が確定した。さらに膨張宇宙を温度が 1GeV 以上の時期に理想気体の状態方程式で遡ることが正当化された。このことは「物事をよく考えない連中が結局正しかった」ということなので、現在は殆ど指摘されないが、こうなる直前にはハドロンの弦模型に基づいた温度には最高値があるという説に熱中していた。弦模型の熱力学として理論的には結構面白いこの議論に終止符を打ち、単に理想気体でよいとなったのは電弱理論と QCD のおかげである。

標準理論とその延長上での GUT（大統一理論）を超高エネルギーの宇宙初期状態に適用する考察が始まった。現時点で整理した課題を次節で述べることにして、ここでは当時の自分の周辺であったことを記す。一年間の Berkeley 滞在後、基研に帰っ

て間もなくチャーム騒動（74年）があったが，当時多くの理論屋を惹きつけていたものに S. Hawking のブラックホール蒸発があった。私もこれに関心を持ったが，場の量子論の勉強におわった。その頃，佐藤（勝）が宇宙現象での Higgs 粒子の効果を考えているので議論して欲しい，とやってきた。彼はそれまで中性子星物質，超新星，r-プロセス（中性子吸収による重元素合成過程）等の星の終末を研究テーマとしていて，WS（Weinberg-Salam）理論をよく勉強していた。彼と一緒に Higgs 粒子の効果を論文にしたが，[24] その後彼は引き続き弱作用粒子の質量と寿命を宇宙現象から現象論的に狭めていくという仕事をし，素粒子宇宙論に本格的に入っていった。これらについて「自然」に解説を書き[25] 1977 年には海外でも講義をしたが，当時は学界の関心がそこにないことを知った。

1978 年に素粒子の国際会議が東京であり，WS 理論の大成功と GUT が喧伝された。陽子崩壊，宇宙バリオン数生成，等のGUT の予言が確認される日が間近に迫った緊迫感があった[26] 吉村太彦のバリオン数の論文，KAMIOKANDE 計画等，日本も中心となり熱気があった。この興奮冷めやらぬ内に書いた「自然」の解説（1978年）に登場するのが図3である[25]。これはGUT の説明で，エネルギー（横軸）と相互作用の強さを描いた図を縦にして，エネルギーと一緒に時間を入れただけのものである。この「力の分岐発展図」は 1980 年代の素粒子宇宙論流行の中で繰り返し登場した。我々は英文の論文にもこの図を用いた

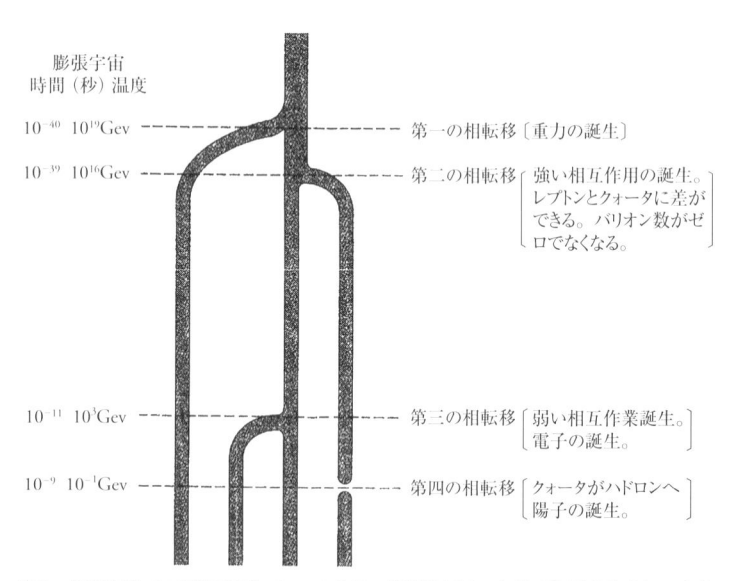

膨張宇宙
時間（秒）温度

10^{-40} 10^{19}Gev ————— 第一の相転移〔重力の誕生〕

10^{-39} 10^{16}Gev ————— 第二の相転移〔強い相互作用の誕生。レプトンとクォータに差ができる。バリオン数がゼロでなくなる。〕

10^{-11} 10^{3}Gev ————— 第三の相転移〔弱い相互作業誕生。電子の誕生。〕

10^{-9} 10^{-1}Gev ————— 第四の相転移〔クォータがハドロンへ陽子の誕生。〕

第 2　初期宇宙での温度降下によって真空の相転移が起こり相互作用が分化してきたという，現代の「力の統一理論」のパラダイムを表現した図。

ので，あちらの解説本にまでこの図が登場し，その翻訳本で再上陸もした。

1980年の春に軽いニュートリノ質量が検出されたという報道があった。これは私が1964年に勉強した課題である。早速，高原文郎と構造形成の論文を書き，その年の暮れのTexasシンポジウムに招待された[27]。ニュートリノ等の暗黒素粒子がこの会のメイントピックスであったが，A. Guthのインフレーション説が話題になりかけていて，夜の分科会，サテライトの会議で彼の話に多くの人が聞き入ったが，どう評価するか皆迷っていた。これが爆発的に流行り出すのは新インフレーション説になり，場の量子論真空の量子ゆらぎで天体構造形成の種である密度ゆらぎが形成される，という理論が追加されてからである。80年夏にコペンハーゲンから帰った佐藤（勝）は旧インフレーションでのバブル膨張ではうまく相転移は完結しないと言っていた。何れにせよ，モノポールを薄める動機といい，この説はマッチポンプであるというのが私の第一印象で，当時物理学会の特別講演でもそのように紹介した記憶がある。

6. 現状と未来

1980年以後については歴史を離れて私が関心を持つ事項についてコメントする。

(イ) 素粒子宇宙論の憂鬱[28]

「1984年の虚脱感」ということを私は言ってきたが，この頃にGUT理論への緊迫感が遠のいたことを指す。勿論，嘘となったわけでもないが，Higgs部分の具体的構造などが当分確定しない雰囲気になった。素粒子宇宙には新粒子論と真空理論の課題がある。前者の代表は暗黒物質，宇宙バリオン数，後者は大別して位相欠陥（モノポール，宇宙ひも等）とインフレーション説にわかれる。真空部分の不定性はインフレーション説の研究を繁盛させたが，物理としては押さえどころがないことを認識する結果に終わって，白けてしまった。マッチポンプ的でないポジティブな主張はゆらぎ生成だが，1992年のCOBEで観測されている振幅を予言する能力を持っていない。Friedmanモデルで許されるHarrison-Zeldovich型に近いスペクトルを導くことは必要条件を満たすに過ぎない。Einstein方程式に真空エネルギーがどう入るか，あるいは真空エネルギーの絶対値に意味があるのか，こうした問題はくりこみ理論の時もやり過ごした，場の量子論の大問題である。また，これは現在の宇宙項問題とも絡む。宇宙の問題になった途端にこの物理学上の歴史的難問が軽く扱われている印象を持つ。ともかく課題山積で挑戦的分野ではあるが，一通り荒らし回った後で意味のある前進をするのは大変である。一様等方時空は量子宇宙での「選択」である可能性もあり，量子宇宙とインフレーション期を分離して考えねばならない必然性も定かでないと思う。何れにせよ実証が遠のいた現在，現実をどう押さえるかは憂鬱な事態である。

(ロ) 大規模構造とlook-backの観測

1981年頃から話題になった銀河分布の

大規模構造の発見は, 今後さらに SDSS (Sloan Digital Sky Survey) などの観測で明確になっていくであろう。またスバルを初め大型望遠鏡の活躍で, ますます古い原始銀河を look-back することが可能になる。また look-back の限界である宇宙マイクロ波背景放射のゆらぎの観測が, 大立体角での COBE 衛星での観測から小立体角での地上観測に移り, 着実に進みつつある。これら天文学的 look-back 観測はしばらくは順調に結果を出すであろう。ただし観測の進展は多様性を確認し, 物理学が好む単純さは失われていく可能性もある。いちいち騒いで狼少年にならない注意がいる。理論的な考察で欠けているのは, ちゃんと星を含む銀河をどう作るかである。これは単純な重力系の問題でなく, 原子分子, 放射過程の絡んだものであろう。

(ハ) 高エネルギーガンマ線

SN1987A 出現は KAMIOKANDE と日本の X 線天文学に幸運な贈り物であったし, また, 生の観測データを有効に宇宙物理の発見にもっていける理論的素養が日本に存在することを世界に実証した。この際, この天体からの高エネルギーガンマ線を New Zealand で観測する実験に私は関わった。[29] これは KAMIOKANDE の発見に刺激されて何か観測をしたいという実験家のフィーバーがもたらしたもので, たまたま私が 1977 年に書いた話がきっかけになった。超新星爆発で形成された中性子星や膨張する残骸雲で宇宙線が発生すれば, 濃い物質で囲まれた爆発直後では, それがシャワーをつくって高エネルギーガンマ線やニュートリノとなるという話である。やや紛らわしいポジティブイベント一回以外は上限を押さえただけであったが, この経験は Australia での CANGAROO を生み出す動機になったし, さらに宇宙線望遠鏡に進展している。

(ニ) 重力波実験

病に倒れた早川が晩年情熱を傾けて立ち上げたのがレーザー干渉系重力波検出であった。平川浩正が先駆的に 70 年代に方形アンテナ等での実験を始めていたが, 実験室からはみ出る大型化を考えればレーザー干渉系に将来性があるという世界の風潮に沿ったものである。

(ホ) 観測実験との共同を

1960 年代は素晴らしい「宇宙の発見の時代」だった。クェーサー, 3K 放射, パルサー, ブラックホール発見や「検出」が話題になった重力波や太陽ニュートリノといった課題が登場して観測と理論の双方で天体物理の枠が広がり, しかも物理学者の活躍する舞台が用意された。こんな観測上の研究が日本でできるとは私は当時考えたこともなかった。しかし経済と技術で豊かになった日本の観測実験は, 現在, 世界一を目指せる可能性を持っている。このことは, これまで我々理論家の周辺ではお手本であった「林スタイル」での研究だけでなく, 積極的に観測実験とも絡んで理論研究も進める「早川スタイル」の研究の環境ができてきたことを意味する。宇宙物理のテーマは観測可能性を第一条件にしていることを歴史は教えている。[30] 次の世代に期

待したいものである。

参考文献

1) 早川幸男：天文月報 **63**（1970）No. 4.
2) M. Taketani, T. Hatanaka and S. Obi: Prog. Theor. Phys. **15**（1956）89.
3) 早川幸男：基礎物理学の進展，基研創立15周年シンポジュウム記録（1967）p. 114.
4) 林忠四郎：湯川秀樹博士追悼講演会記録（理論物理学刊行会，1982）．
5) S. Hayakawa, K. Ito and Y. Terashima: Prog. Theor. Phys. Suppl. No. 6 (1958).
6) 林忠四郎，杉本大一郎，佐藤文隆：自然（中央公論社，1980）8月号（佐藤：『宇宙のしくみとエネルギー』朝日文庫（1993）に再録）．
7) H. Sato: Dark Matter in the Universe, ed. H, Sato and H. Kodama (Springer 1990) ― Yukawa and Dark Matter.
8) 早川幸男，林忠四郎：『核融合』岩波講座現代物理学，第2版（岩波書店，1959）．
9) E. M. Burbidge, G. R. Burbidge, W. A. Fowler and F. Hoyle: Rev. Mod. Phys. **29**（1957）547.
10) C. Hayashi, R. Hoshi and D. Sugimoto: Prog. Theor, Phys. Suppl. No. 22 (1962)．
11) C. Hayashi: Publ. Astron. Soc. Jpn. **13**（1961）450・
12) C. Hayashi: Annu. Rev. Astron. & Astrophys. **4** (1966) 171.
13) 林忠四郎：月・惑星シンポジュウム，第5回（宇宙航空研究所，1972）．K. Nakazawa and Y. Nakagawa: Prog. Theor. Phys. Suppl. No. 70 (1981)（林還暦記念号）11. C. Hayashi, K. Nakazawa and S. Miyama, ed.: Prog. Theor. Phys. Suppl. No. 96（1988）．
14) M. Schwarzschild: *Structure and Evolution of the Stars* (Princeton Univ. Press, 1958).
15) F. Holye, W. A. Fowler, G. R. Burbidge and E. M. Burbidge: Astrophys. J. **139** (1964) 909.
16) 素粒子論研究 **30**（1964）No. 3―Neutrino Astronomy 研究会報告．
17) 佐藤文隆：素粒子論研究 **36**（1967）385 参照．
18) H. Sato: Prog. Theor. Phys. **38** (1967) 1089.
19) T. Matsuda, H. Sato and H. Takeda: Prog. Theor. Phys. **42**（1969）216. T. Hirasawa: ibid. 523。
20) Prog. Theor. Phys. Suppl. No, 49 (1971).
21) A. Tomimatsu and H. Sato: Phys. Rev. Lett. **29** (1972) 1344; Prog. Theor. Phys. **50** (1973) 95.
22) A. Tomimatsu and H. Sato; Prog. Theor. Phys. Suppl. No. 70 (1981) 215.
23) T. Nakamura: Prog. Theor. Phys. No. 70 (1981) 202.
24) K. Sato and H. Sato: Prog. Theor. Phys. **54** (1975) 912, 1564.
25) 佐藤文隆，佐藤勝彦：自然（中央公論社，1976）6月号，(1978) 12月号，(1981) 6月号．
26) 佐藤文隆編：『宇宙論と統一理論の展開』（岩波書店，1987）．
27) H. Sato: Proc. 10th Texas Symp., ed. R. Ramaty and F. Jones, Ann. NY Acad. Sci. (1981) 43.
28) 佐藤文隆：科学 62 (1992) No. 7；天文月報 **85**（1992）No. 11．**86**（1993）No. 9．S. ワインバーグ：『宇宙創生はじめの三分間』（ダイヤモンド社，1995）解題．
29) 佐藤文隆，政池 明：学術月報（1990）No. 4，367．
30) 佐藤文隆：『宇宙物理』岩波講座現代の物理学 11（岩波書店，1995）．

基礎物理学研究所研究会「学問の系譜 ── アインシュタインから湯川・朝永へ」
11. 林研究室の気風と宇宙物理学 (2005年)

佐々木節

素粒子論研究 112巻6号 (2005年)

　実はここには天体核研究室出身の正当派後継者の中村卓史さんが来て，ちゃんと正統的に天体核の話をされる予定だったのですが，現在，金沢に集中講義に行っていて「おまえやれ」と言われました。私は劣等生なので，非常に独断と偏見に基づいてお話をします。ただ，若い人にひと言だけencourageしたいのですが，私のような劣等生でもそれなりに一所懸命やるとなんとかなるということもあるという話を少しします。林先生と佐藤さんの前でやるのは本当にやりづらいです。

　[slide2] 私が修士に入学したのは1976年なのですが，その前後の動きは世界的にも，あるいは天体核研究室にも，また，京都にとっても学生にとっても非常に重要だったと思います。冨松・佐藤解という，佐藤さんによると，ブラックホール，uniqueness theoryも信用しなかったおかげで発見した解らしいのですけれども，これが非常に話題になってその後のいろいろな数学的な相対論の解の生成の話に発展していくのです。

　私が学部時代に，名前は忘れましたが，何とか会議に招待されたという記事が新聞に大きく載ってすごい人がいるものだと思ったことを覚えています。そのすごい人の身近に行くとは思いもよりませんでした。ちょうど同じ年に，実は小林・益川の論文が出ているのですが，これが私は全然知りませんでした。正しいですか。
益川：そうです。1973年です。

　ひそっと出している雰囲気ですが，のちのち，ものすごく重要になります。同じ年，このへんの話をいろいろと先輩やニュースや，素粒子をよく知っている友だちに聞いたりして，世の中いろいろと騒がしい時代なんだなというか，いろいろなことが起こっているなというのを感じていました。

　もう1つ，われわれにとって重要なのは，私が大学院に入る直前ぐらいでしょうか，Hawkingが量子揺らぎで量子論を考えると，ブラックホールの周りでブラックホールが蒸発すると発表しました。しかもそれが熱力学の法則に従っていて，それまでに言われたブラックホール熱力学というのを完全に再現すると，量子論と古典論が対応している，あるいはブラックホールは量子重力のテストベッドになるということでした。実はこれは現在まで続いているのです。現在はストリング理論でブラックホールのエントロピーが出せるかという話につながっていると思います。いずれにしても，そういう動きがあったころに入学しました。

　[slide3] 同じ頃，先ほど言ったようないろいろな動きがあったからだと思うのですが，こういう非常に先駆的なことがなされ

slide1

天体核研究室の気風

1976年(昭和51年：修士入学)から
1984年(昭和59年：林先生退官)までの
個人的経験に基づく独断と偏見

佐々木節

slide2

1970年代前半の動き

1973年　冨松-佐藤解
　　　　回転＋歪みを持ったブラックホール'的'厳密解

1973年　小林-益川論文

1973年　中性カレントの発見、1974年　J/ψ粒子の発見
　　　　Glashow-Weinberg-Salam 理論の確立

1975年　Hawking radiation
量子揺らぎによるブラックホール熱力学(古典論)再現の驚き
ブラックホールが量子重力のテストベッドに

slide3

Astro-particle physicsの始まり

K. Sato & H. Sato
- *Primordial Higgs mesons and cosmic background radiation*
  PTP 54, 912 (1975).
- *Higgs meson emission from a star and a constraint on its mass*
  PTP 54, 1565 (1975).

K. Sato & M. Kobayashi　（小林誠さん）
- *Cosmological constraints on the mass and the number of heavy lepton ν's*
  PTP 58, 1775 (1977).

異なる研究室間の壁が低かった...

この頃入学した院生
　...
　1972年入学: 高原(亀井) まり子、高原 文郎
　1973年入学: 中川 義次、中村 卓史
　1974年入学: 前田 恵一、水野 博
　1975年入学: 小玉 英雄、観山 正見
　1976年入学: 梅林 豊治、佐々木 節
　...

ています。ようするに，素粒子論が宇宙論，あるいは astrophysics にどう影響を及ぼすか，あるいはそれがどのような constraint になるかということを分析されています。これはどちらの佐藤さんの考えかよく知りません，あるいは，林先生がそういうやり方をされたということの影響なのかも知りませんが。

それから，そのちょっと後に，今度は佐藤勝さんと素粒子の小林誠さんの2人で，これも今は教科書に載るような話ですが，neutrino の数や質量などに，宇宙の nucleosynthesis から constraint が付くという話をやったのです。ちなみに，佐藤勝彦さんはもちろん天体核，小林誠さんは素粒子論なのですが，まったく違う研究室の2人が世界でほとんど最初のこういう論文を書ける環境があったというのは，現在のわれわれとしては大いに反省すべきというか，学ばなければいけないと思っています。

この頃には，いまの天体核や学会で偉そうな顔をしている連中がどんどん入ってきます。私はその最後にひょろんと入って一所懸命後ろをくっついて行ったのですが，

> **天体核研究室の取った戦略**
>
> 1950年代後半は戦後の原子核物理の興隆の一翼を担って、国際学界でも「星の進化と元素の起源」という天体核物理が活発な段階にあった.
>
> ···中略···
>
> こうした活発な状況に新たに参入した林がとった戦略は見事なものであった. その戦略の中身を外から窺えるのは、1962年に出版された「サプルメント」と呼ばれた論文である.*) それは徹底した物理素過程の再吟味と、星平衡方程式の解の包括的な理解である. 当時既にこの分野では種々の観測結果と理論モデルを直接対比する研究もあった が、林はこの前線には参入せず、基礎から組み立て直すという戦略をとったと思われる. この論文がその後息の長い影響を及ぼすことになるのはこの為であろう.
>
> 日本物理学会50周年記念(第51巻, 1996)
> 佐藤文隆:天体物理理論—京大天体核研究室の足跡から—
> より抜粋
>
> *) C. Hayashi, R. Hoshi and D. Sugimoto (通称HHS)
> *Evolution of the Stars*, PTP Suppl. No. 22 (1962).

slide4

なかなかついて行くのもしんどかった記憶があります。

［slide4］これは佐藤文隆さんの物理学会の50周年記念から取ったのですが、先ほどの林先生のお話にもありましたように、林先生は、いろいろと活発な時期に徹底した物理素過程の再吟味と、そのあとは星の話ですから、星平衡方程式の解の包括的な理解するという方針を取られました。いずれにしても、基礎から組み立て直し、安易に現象論に走らず、もちろん現象があってはじめて理論が作られるわけですが、現象を説明するモデルをつくる時にも基礎から組み立てるといわれました。つねに基礎から、ようするにコロキウムなんかでも、林先生は「なんでや」ばかりおっしゃっていたような気がするのですが、特に宇宙論の話になると「なんでや」「わからん」が増えたような気がしています。もちろん、私は全然わかっていなくて、はあと思って見ていました。

そのころのわれわれ院生は、全員林・蓬茨・杉本、通称HHSを全部読まされています。そういう意味では、実は私は、ほとんどわからなかったから、偉そうなことは言えないのですが、こういう基本になる世界に誇れるレビューを一つきちんと読むことは必要だと思っています。現在、われわれには足りない面だと思っている今日このごろです。

［slide5］このころのスタッフを見ていただくと、言い方は悪いのですが面白いのです。すごいです。先ほどお話にありましたが、林先生は一つのテーマが終わるとすぐに次にいくせいなのかよくわかりませんが、研究室の中でこれだけの分野を、いまのいわゆる宇宙物理学の分野のほとんどと言うのは言いすぎかもしれませんが、上から下、あるいは右から左と言うべきか知りませんが、ものすごく幅広い内容の研究をやっていました。

実はこれは私に関係することですが、その頃、まだまだ院生であった中村卓史氏は、これに加えて独自に数値相対論なる勉強会を始めました。これは当時、中国に悪者4人組というのがいましたが、それに合わせ

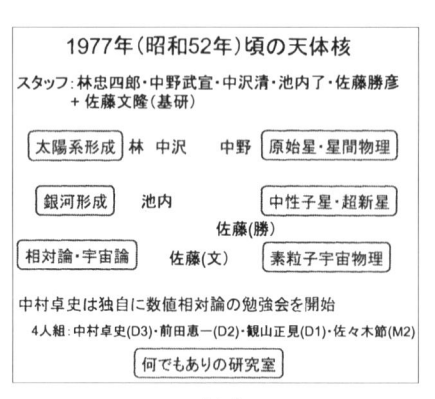

```
┌─────────────────────────────────────┐
│      1977年(昭和52年)頃の天体核      │
│ スタッフ：林忠四郎・中野武宣・中沢清・池内了・佐藤勝彦 │
│        +佐藤文隆(基研)              │
│                                     │
│  ┌─────────┐ 林  中沢  中野 ┌─────────────┐ │
│  │ 太陽系形成 │              │ 原始星・星間物理 │ │
│  └─────────┘                └─────────────┘ │
│  ┌─────────┐ 池内         ┌─────────────┐ │
│  │ 銀河形成  │              │ 中性子星・超新星 │ │
│  └─────────┘                └─────────────┘ │
│              佐藤(勝)                │
│  ┌─────────┐              ┌─────────────┐ │
│  │ 相対論・宇宙論 │ 佐藤(文)    │ 素粒子宇宙物理 │ │
│  └─────────┘              └─────────────┘ │
│                                     │
│  中村卓史は独自に数値相対論の勉強会を開始    │
│  4人組：中村卓史(D3)・前田恵一(D2)・観山正見(D1)・佐々木節(M2) │
│        ┌──────────────┐           │
│        │ 何でもありの研究室 │           │
│        └──────────────┘           │
└─────────────────────────────────────┘
              slide5
```

て「ギャング of 4」と呼ばれていまして，こういう一癖も二癖もありそうな院生を引き連れていました．こういう時は一番下というのは楽で，何か問題があっても悪いのは全部先輩だと言えますし，気楽について行けばよかっただけという感じのところがあります．独自に勉強会を始めるという，非常な幅広さというのがあり，何をやってもいいという雰囲気がありました．これは，林先生がそういうふうにしたかったのかそれとも勝手になってしまったのか，私にはわかりません．

[slide6] 1980年代にはいりますと，ちょうど私が大学院を出るころですね，佐藤勝彦さんが inflation の話をはじめたり，なんだかんだというのが始まって，宇宙論，量子宇宙論が盛んになります．さまざまなことをやっているということの集大成で，いろいろな話が出てくるのだと思うのですが，私の知っているところは相対論，宇宙論だけなので少々，我田引水で話をさせていただきます．中村さんの始めた数値相対論から始まって，重力波物理というのを，世界的と言えるかどうか知りませんけれども，少なくとも世界をリードする，one of them になるような下地を，この天体核研究室でつくり始めました．重力波については，当時実験的には，平川研究室があったわけですが，その後を引き継いで坪野さんがいろいろとやっておられます．それから新しいものがりやという意味では，林先生の年代の方はみなそうなのかもしれませんけれども，早川先生が加わりまして，1980年後半に基研で最初に研究会が企画され，それが重力波天文学の始まりとなりました．私は，運良くその理論的な方でのきっかけに絡めたということです．もう1つは，最近の inflation の検証に関係してますが，CMB の物理とか宇宙論の perturbation の話をああでもない，こうでもない言っていたのですが「わあわあ言わずに何か一つにまとめや」と言ってくださったのが佐藤文隆さんです．おかげさまで，私にとっては非常に重要な仕事ができました．あまり長く話していてもしょうがないのですが，これは言っておかないといけません．そう

```
1980年代
1980年 Inflation宇宙モデル 佐藤(勝), Guth, Starobinsky, ...
  以降, 初期宇宙論・量子宇宙論が盛んに
さらに, 少々我田引水を許してもらうと...
  T. Nakamura, K. Maeda, S. Miyama and M. Sasaki
  ・General Relativistic Collapse of an Axially Symmetric Star.1
    PTP 63, 1229 (1980).
  M. Sasaki and T. Nakamura
  ・Gravitational Radiation From A Kerr Black Hole.
    .Formulation And A Method For Numerical Analysis
    PTP 67, 1788 (1982).
             数値相対論・重力波物理
  H. Kodama and M. Sasaki
  ・Cosmological Perturbation Theory
    PTP Supplement 78, 1 (1984).
             観測的宇宙論・CMB物理
```
slide6

```
"天体核"の拡散

1980年前後

池内了:'78北大へ転出. その後, 天文台で共同利用研化,
  理論部創設に尽力. 阪大, 名大を遍歴し, 現在は早大.

中沢清:'82東大へ転出. その後東工大へ移る.
  日本惑星科学会設立に中心的役割を果たす.

佐藤勝彦:'83東大へ転出. ビッグバンセンター設立など, 東大を
  宇宙論の一大拠点に.
```
slide7

いう非常に幅広い部分があったおかげで,いろいろな人がいろいろなところに行っていろいろなことを,いいかわるいか知りませんが,やりました.

[slide7] 1980年前後にいたスタッフは,もちろんどんどん外に出られるのですが,池内さんは天文台の理論部をつくるということに非常に尽力を出されました.要するに日本の観測的宇宙論を,理論の側面から非常に強化するということに非常に尽力されたと思います.中沢さんは,日本惑星科学会というものをつくってしまったと聞いています.現在では,京都モデルという名前で一般名詞みたいになっている.太陽系の形成について林先生が作られたシナリオを,いろいろと学会で研究されるようになるきっかけを中沢さんは作られたのではないかと思います.佐藤勝彦さんは,宇宙論をやっている方も素粒子の方ももちろんご存じだと思いますが,東大で京都に対抗すると言うべきか,非常な一大拠点を作られました.

[slide8] 最後に,これは呑みながらやった方がいいような話,エピソードを紹介します.ここだけをやれば林研究室気風がわかるのではないかということです.その1.

```
┌─────────────────────────────────────────────┐
│           最後にエピソードを少々              │
│ その1                                        │
│ 佐々木：(院入試に合格し，喜び勇んで)これから半年間，宇宙物理  │
│         についてどんな勉強をしたら良いでしょうか？  │
│ 林先生：君はこれまで遊んでばかりいただろう．そんなことは考える │
│         必要はない．ランダウ・リフシッツでも勉強しておきたまえ！ │
│          物理の基礎を重視．M1でのGeneral Education │
│ その2                                        │
│ 林先生：(中村卓史さんを部屋に呼んで)太陽系形成で問題の微惑星の │
│         成長の研究をやってみないか？           │
│ 中村(卓)：しかし，参考文献も何もない分野で仕事をするのは難しいです． │
│ 林先生：参考文献がないテーマだからこそ，活躍の場があるのではないか． │
│         みんなと同じことをやっていては，重要な貢献はできない！ │
│          常に新しいテーマにチャレンジする開拓精神 │
└─────────────────────────────────────────────┘
                    slide8
```

これは私が劣等生だったためなのですが，大学院修士の入試に必ず落ちると思っていたのですが，合格したのです．受かったと言われて，喜び勇んで林先生の部屋へ行って，これから半年，宇宙物理のどんな勉強をしたらいいでしょうかと言いましたら，林先生は覚えておられるかどうかわからないのですが，答えはこうでした．「遊んでばかりいたのだからそんなことを考える必要はない．ランダウ・リフシッツでも読んでおけ」．

これは非常なショックでした．ショックでしたが，これは非常にいい，確かにそのとおりです．逆に言うと，私がその時に，宇宙物理学を勉強していたら，たぶん何の役にも立っていなかっただろうと思います．というのは，M1になってから宇宙物理を一所懸命勉強したのですが，身に付いたのは30%あるかなしかという感じでした．その代わり，一般の物理を真面目に一所懸命やる．やるなかで，宇宙に関係したことに何か疑問があったら，それにちょっと勉強した物理の基礎を応用してみて，何かおもしろいことができないか考える．そういう考え方を，ここで教えていただいたような気がします．これが先ほど紹介した，佐藤文隆さんの書かれていた，基礎から積み上げるということにつながっていくのではないかと思います．

もう1つは，先ほど，林先生がお話になったことそのものなのですけれども，実はこれは中村さんにちゃんとインタビューをしてチェックをしましたので，嘘はないと思います．何かと言いますと，何かの折に中村さんを研究室の部屋に呼んで，その時，先生は難しい問題にぶつかっておられたのかどうなのか，私はそのへんはよくわかりませんが，太陽系形成で，微惑星，つまりダストが集まって惑星がつくられていくという形成の研究をやってみないかと声をかけられたそうです．中村さんは，もちろん，そんな誰もやっていない，参考文献も一つもないようなそんなところでやるのはたいへんだから，嫌だと言ったそうです．それが本当の理由だったかどうかは知りませんが，そのような返事をされたのです．林先

生の答えは「参考文献がないテーマだからこそ，活躍の場があるのではないか。みんなと同じことをやっていては，重要な貢献はできない」。まったくそのとおりですね。耳が痛いです。というわけで，つねに新しいテーマにチャレンジする開拓精神。実はこれが，天体核にとっては，一番大きかったのでしょう。それで先ほどのように，天体核が拡散する原因にもなっているのではないかというのが，劣等生の個人的な感想です。以上です。

討論

杉本$_{大}$　どうもありがとうございました。佐々木さんは，1975年に大学院に入ったと言いましたよね。それが正しいとすれば，林先生と私は学年で言うと16年違うのです。私と佐々木さんとも16年違うのです。佐藤さんは私の1年下ですから，気風の話をするのだったら，始めの16年が抜けていたと思うのですけれども，佐藤さん，何かコメントはありますか。

佐藤$_{文}$　あとで挨拶をしろと言われているので，懇親会で話します。

杉本$_{大}$　では，あとに残しておくということで，ご質問かつコメントはございますか。

坂東　普通，ボスというのは自分がやっていることを下にやらせたがりますよね。それが，林研では，あれをやってもこれをやっても受け入れられたのですか。

佐々木　受け入れられたというのが正しいですね。やらせようとはしているのです。言うことを聞かないのです。みなさんが言うことを聞かない。最初から言うことを聞かなかったそうです。

坂東　杉本さんから以下みんなですか？

佐々木　杉本さんは出て行くし，佐藤さんは逃げるし。一番弟子がそうなのですから，しょうがないですよね。

林　その問題は，結局，中沢くんがしたから。

佐藤$_{文}$　あとは言わない。

杉本$_{大}$　林先生のやり方から学んだことは，私はそういうふうにはできませんでしたけれども，ようするに本当のボスというのはやらせていると思わせないで，実はうまくみんなにやらせているということです。他に何か，ございますか。佐藤さんか誰かが「お釈迦さまの手の上で」とか。

坂東　あの頃，よく「林太陽系」って，みんな言っていましたよね。

杉本$_{大}$　林先生が中心にいて，みんなが周りを回っている。だけど楕円軌道もあったのですよ。

佐藤$_{文}$　弟子たちに問うといわれると，いろいろな話があるのですけれども，1つの話をします。私は1973年からBerkleyに一年行ってたんですが，帰って来て林さんの所に行ったら，ある助手が非常にできる院生をつかまえてしようもない問題をやらせていると言われるのです。だからと言って，教授先生は全然介入していないわけですが，林研にはたくさん院生がいましたけど，わりあい個別にこいつには大きな問題とか，こいつには誰かがきちんとつくというのを見ていらっしゃったんだなと初めて感じました。

林　それは，中間報告発表会があったためなのです。研究室では3カ月ないし4カ

月ぐらいのインターバルを置いて発表会を持ったのですが, そこで, みんながどの程度問題がうまくいっているか, 悩んでいる問題を私はちゃんと理解しているかを確認するのがもともとの私の目的だったのです。

杉本★　中間報告会でわれわれは評価されていた, テストされていた。今日の話で, 出なかったことの一つに, 林先生が最初に星の進化を計算されたときに, 日本では未だいまで言うコンピューターですね, そのころは電子計算機ですが, それを使っている人は数えるほどしかいなかった。その頃に, そういうことを始められた。私たちはそれを真似して, その頃からわりと使っていました。佐藤さんは計算機が嫌いでしたけれども, 私なんかは計算機を始めてからもう四十何年です。林先生は, 非常に理論的な, 基本的なことを言いながら, そういうこともおやりになったということを付け加えさせていただきます。

湯川・朝永生誕百年記念特集

12. 共同利用研の発明と宇宙物理，プラズマの揺籃期（2006年）

佐藤文隆

日本物理学会誌 Vol61, No.12（2006年）

　1950年代，湯川，朝永は日本の物理学研究の基盤を築く上で重要な役割を演じた。それは，彼らの古い環境と新しい環境での体験を基礎にした主体的な行動であり，また，量子・原子物理学の科学革命が横に広がる動向をリードしていったものと言える。ここでは共同利用研創設と宇宙物理，プラズマ分野の開闢について，当時の原子力問題を含めて記述する。

1. 生誕百年記念企画展

　湯川・朝永生誕百年記念事業の一つとして企画展「素粒子の世界を拓く」が2006年3月末から2007年1月までの間に，国立科学博物館，筑波大学，京都大学の博物館で順に開催され，その後，大阪大学でもミニ展示会が計画されている。この企画展は京都大学の関係者が大学当局に提案して採択され，基礎物理学研究所の所轄で準備が出発した。コンテンツ作成は主に江沢洋，小沼通二と佐藤が責任を持つかたちで始まり，途中から筑波大学，大阪大学の関係者も参加して製作されたものである。ぜひご一覧の上，批評をいただきたいと思う。

　この企画展準備の中で両博士の歴史に改めて触れて筆者が持った感慨は，彼らの貢献は，物理学に限っても，論文等の狭い意味の研究業績だけでは十分に俯瞰できないということである。前記の企画展でも，「生い立ち」（受けた教育），「世界の最先端へ」（研究）に続けて「戦後日本の科学復興」と「核兵器の廃絶」というコーナーを設けた。本誌のこの特集では，後者については別稿が準備されているので，本稿では前者に触れるかたちで筆者の分担である宇宙物理とプラズマ物理の日本での開闢の歴史を記述することにする。「プログレス」創刊，共同利用研制度，宇宙物理や生物物理などの新分野振興，核研，物性研，プラズマ研，KEK創設などの推進といった彼らが関与した「復興＝創造」はながく日本の物理学の基盤となった。

2. 湯川・朝永の制度発明

　二十年ほど前，ある席で（多分，伏見康治の発言と記憶するが定かでない）「夏の学校を発明したイタリア（の物理学者は）偉い」という発言を聞いて「この評価の発想はすごいな」と思った記憶がある。19世紀はじめ，ケンブリッジ大のトライパス試験が口頭から筆記に変わったことで選ばれる人の質が微妙に変わったと言われる

し，ドイツの大学で発明されたゼミ方式教育についても似たことがある．同じように研究の行動様式の変化は研究界の景色にも影響するだろうし，近年のようにサイテーションやパワーポイントが支配する時代にはそれに応じた研究の世界が出現するのであろう．

この流れでいうと湯川・朝永のコンビは大学共同利用研という日本の学術制度を発明したのである．この制度は物理学から始まり相当な広い分野に拡大して，二十世紀後半における日本の学術制度史に一時代を画するものとなった．また彼らが示したこの先進性は学術界で物理学のステータスを高からしめた源泉の一つでもあったといえる．

さらにこの制度は米国の理論物理はじめいくつかの国の制度に影響を与え，ひとつの時代を回した国際的な制度の発明であったと言える．ここでこのことを改めて言うのは，彼らの制度発明以後に彼らの独創性に勝ることがこの方面でもできたのであろうかと慨怛たる思いがするからである．この制度に安住して細部をいじくることにきゅうきゅうとしてきたのではないか．どんな制度でも時代の産物であって2,30年でリフレッシュすべきものと考える．この制度の強力な枠の中にあった物理学の基礎研究の分野ではこの制度依存の自覚が大事になっている．

この制度のアイディアは，もちろん両博士の実体験，ボーア研究所，戦前の理研ならびに戦後のオッペンハイマー所長のプリンストンの高等研究所での体験に起源がある．またこの制度を作ったのは終戦直後の窮乏と民主改革の真っ只中での若手研究者たちのエネルギーも重要だった．しかし両博士なかりせば，このエネルギーだけでこの制度がこの時期に誕生しなかったことは事実であろう．

3. 三つの背景

本稿では湯川・朝永の研究制度や新領域の振興に果たした役割の歴史を語るのであるが，これの背景として押さえておくべき次の三つの事項がある．

イ) 二十世紀の物理学の流れでの1950年代の性格

ロ) 共同利用研としての基礎物理学研究所発足

ハ) 原子力ブーム

最初の事項は，もちろん世界的な情勢である．拙著「物理学の世紀」[1]では百年を「創造」「展開 (1935-74年)」「成熟」の三時代に分かつ史観で書いたが，1950年代は「展開」期の絶頂であった．純粋に学問の進展からみても原子と量子力学をキーワードとする基礎が「創造」期に整って横への「展開」期に入った．戦争での中断と蓄積を経て，戦争の傷跡も癒えた1950年代での物理学の大躍進は目ざましいものであった．またこの「展開」期で量子物理は物性・ハイテク応用と核・素粒子へと分化した．

1953年夏に日本で開かれた「理論物理国際会議」は実質上この分化以前の最後のものと言われる．

特に，全く新たな手段である放射線とアイソトープの利用は過剰なほどの勢いで広

まった．天体，地球，生物への拡大の尖兵は原子核がらみのものの応用から始まった．こうした横に広がる動向は欧米でも一般的であったが，日本でそれが発酵する場所として基研が重要な役目を果たしたと言える．大学の枠を超えて研究者の交流を促す共同利用研という新制度が直ちに効果を発揮したのである．

　三つ目の「原子力」というのも世界的な情勢であったが，日本の動向をみるには次の特殊性も念頭に入れておく必要がある．一つは大戦前の日本の原子核・宇宙線物理の水準が高かったことである．これはサイクロトロンが三つも動きつつあった事実でも分かるし，湯川理論，仁科芳雄の実験グループの活躍などでも分かる．二つには原子爆弾の被災と占領政策による5年に及ぶ核研究の禁止令である．湯川・朝永が科学行政に関与した時代をみるには，原子力が持っていた当時の威力を理解しておく必要がある．表1の年表に概観を与えておく．

4. サイクロトロン復元から核研創設へ

　占領当局は日本国内での核研究の監視に神経質であった．研究行政の面からみるとこのことは当該分野には功罪両面あった．厳しい「監視」であると同時に，もろもろの分野の薮に埋もれることのない「特別」扱いである．占領当初に理研，阪大，京大のサイクロトロンを水上投棄したのは日本の「実力」を知っていたからである．この学問的な「実力」は，「投棄」は「原子力」と核物理の境界の荒っぽい判断ミスであったという見方を米物理学界にかもした．占領軍政のアドバイザーとして来日したローレンスはサイクロトロンの復元を示唆した．2回来日したローレンスは，嵯峨根遼吉との知己を活かして，学術会議原子核研究連絡会の仁科委員長に再建を勧めた．[2)]
仁科の急逝により，この復元話の担い手は後任の朝永委員長に託された．この「連絡会」はもともとは占領当局の監視の一翼を担うために作ったものであったが，占領終了後これは原子核特別委員会となる．

　サイクロトロンの「復元」が曲りなりにも実現したが，この動きは本格的な加速器を持つ研究所創設の話に発展し，1953年の学術会議勧告を経て，1955年に原子核研究所が発足した．この実現に核特委員長の朝永の果たした役割は大きく，こうした方面での彼の"隠された才能"を顕在化させ，学長や会長に押し上げられる流れが作られたと言える．当該分野の学術会議の委員会で全国的な意見を結集し，学術会議で勧告をあげて文部省に持ち込むという，すぐ後の物性研究所をはじめとする，全国共同利用研設置のパターンはこの核研創設を基点とする．核研以前に基研が発足しているが，基研は設立の経緯が特殊であり，また小規模であったから，この経験が全体に広がるという展望があったわけではない．その意味では，定着した共同利用研制度の基点はやはり核研である．研究者の意見を結集し，学界，行政の各方面を説得した朝永の手腕は，まさに日本の一時期の学術行政のお手本となったのである．

5. 原子力解禁と湯川原子力委員

1952年の講和条約発効で原子力禁止令は自然消滅した。サイクロトロン復元は，これとは無関係にローレンスの介入による「誤り」の修復話として先行したものである。一方，禁止令の消滅を受けた動きはまず学界の中に現れた。学術会議会員であった茅誠司と伏見康治が原子力研究に学界主導で打って出ようという提案をした。しかし，この提案は学術会議内の議論で否決され，学界主導の芽は消えた。これには広島大学の物理学者三村剛昂の反対演説も効果があったようである。1953年12月の米大統領のAtoms for Peace演説に刺激されて，いわゆる改進党中曽根提案が出てきて，日本の原子力は政治主導で慌しく出発することとなった。朝永委員長の核特委の提案を受けた学術会議の努力で原子力基本法に自主・民主・公開の三原則を書き込まれたが，動き出した原子力行政では，日本の先進的核物理とは独立に，発電炉と核燃料の

表1 湯川，朝永の動向と原子力関係事項

広島，長崎原爆，日本敗戦	1945	
	1948	湯川渡米 (-1953年)
	1949	朝永渡米 (-1950年)
		湯川　ノーベル賞受賞
朝鮮戦争勃発 (6月)	1950	菊池正士渡米 (-1952年)
	1951	仁科急逝 (1月)
講和条約発効 (4月)	1952	茅・伏見提案学術会議が否決 (10月)
		朝永　文化勲章受章
	1953	京大基礎物理学研究所発足，湯川　所長
		国際理論物理学会開催
国連でのアイゼンハワー演説 (12月)		
改進党中曽根原子力予算提出 (3月)	1954	学術会議　原子力三原則 (4月)
ビキニ水爆実験福竜丸被爆報道 (3月)		
第一回原水禁止大会 (8月)	1955	東大原子核研究所発足
第一回ジュネーブ会議 (8月)		湯川　ラッセル・アインシュタイン宣言署名 (8月)
原子力基本法公布 (12月)		
日本原子力研究所発足 (6月)	1956	湯川　原子力委員就任 (1月)，衆院委員会で陳述
		(5月) 朝永　東京教育大学学長 (7月-1962年)
第一回パグウォッシュ会議 (7月)	1957	湯川　原子力委員辞任 (3月)，後任は菊池
スプートニク成功 (10月)		物性研究所発足
第二回ジュネーブ会議 (9月)	1958	湯川　核融合懇談会会長 (2月)
	1959	核融合の進め方A計画に決定 (10月)
日米安全保障条約問題	1960	
	1961	名大プラズマ研究所発足
	1962	第一回科学者京都会議 (5月)
	1963	朝永　日本学術会議会長 (1月-1969年)
米原子力潜水艦寄港問題	1964	東大宇宙航空研究所発足
	1965	朝永　ノーベル賞受賞

移入策の路線が急ピッチで進んだ．この当時，欧米各国での核物理と原子力の関係は必ずしも無関係ではなかった．日本でこうなった原因には，核物理再興話が原子力解禁に先行して進んでいたこと，および禁止令で出足が遅れて海外からの「売り込み」にさらされたこと，といった背景がある．しかし，さらに大きな心理的な原因は被爆国の政治・財界に原子力崇拝が逆説的に刷り込まれていたのではないかと推察する．この点は別の機会に論じたい．

このように核物理とは関係してない原子力委員会の初代委員に湯川が就任した．1956年1月に就任し，4月には辞意を表明するも，結局翌年3月まで一年強務めて辞任した．湯川のこの一連の「想定外」の行動をめぐってはさまざまな憶測があるが，本人の口から明確な説明がなされることはなかった．この間に湯川記念財団ができ，若手研究者の育英制度ができたのも事実である．

辞意表明後であったが，1956年5月11日には，湯川は衆議院科学技術振興対策特別委員会に参考人として招致されて「原子力問題の一般情勢」のテーマで証言している．[3)] 中村誠太郎，伏見康治も参考人として同席し詳細を語った．中村には核融合について語らせている．この後，湯川はこの委員歴任の影響力を活かして日本でのプラズマ・核融合の研究立ち上げに大きな役割を果たすことになる．

6. 基研での天体核研究会

基研での宇宙物理の発端については，初代教授の一人だった早川幸男の回想で次のように語られている．[4)] 基研の当初の講座は「中間子論」「場の理論」「原子核論」「物性論」の四つであり，次の増設予定は「統計力学」であった．このうち「原子核論」は原子核と宇宙線を含んでおり，教授は早川，高木修二，玉垣良三，佐藤と続いた．

「1954年の初秋，武谷先生を交えて三人でサロンでだべっていた．何かの拍子に湯川先生が，お星さまの話はどうかねと言い出された．地上の研究で発展した物理で，天体現象がどこまで理解できるのか知りたいということであった．武谷先生は直ちにこれに応じ，物理と天文の専門家で研究会をやろうと提案され，私にお膳立てをせよということになった．」「これは研究所として，異分野の専門家が共通の問題について討論する最初の試みであった．また，わが国の天体物理学が今日の隆盛をみるようになった芽を育てたのであった．このグループは武谷先生を中心にして半年に1回の割合で集まり，少しずつ主題を変え，さらに広い分野の専門家を引き入れた．核融合や太陽系の研究は，これから派生した分野である．また観測天文学者も次第に参加するようになり，大気圏外での観測を主とするX線天文学や赤外線天文学は，この研究会を通じて生まれたといってよい．」(図1)

この研究会はこのような実験と理論の両面で日本のその後の研究振興に大きな役割を果たした．当初は新分野だから勉強会から始まり，オリジナルな研究を持ち寄って発表する場ではなかった．しかし大研究室を主宰している幾人かの教授が研究会で提起される課題に取り組むように研究室の内

図1 1954年秋の湯川の発意から翌1955年2月に「天体の核現象」なる研究会が開かれた。敬称略にて後列左より小尾信彌，林忠四郎，武谷三男，早川幸男，前列左より畑中武夫，中村誠太郎，湯川秀樹。小尾，畑中は天文学者であり，畑中は日本に電波天文学を建設途上の1963年に49歳の若さで急逝した。

を変えていったので，まもなくオリジナルな研究を牽引する場になっていった。特に京大の林忠四郎は，この当時は場の理論を研究していたが天体核に大きく方向転換し，その研究室から数多くの宇宙物理の理論研究を担う研究者が輩出し，多くの大学に広まっていった。終戦直後に林が自力で宇宙物理に取り組んだ"終戦秘話"的な興味ある歴史と1957年からの天体核研究室の歴史については，既に本誌特集「50年をかえりみる」シリーズの1つとして筆者が歴史を書いているので重複は避ける。[5]また林の回顧談も参考にされたい。[6]

基研で開催された研究会のうち"宇宙物理がらみ"のものを表2に示した。[7]

もともと境界領域であるから切り分けるのは一義的ではなく，筆者の編集したものである。一般相対論は1970年代以後は宇宙物理がらみになったが1960年代には別の理論的関心の中に位置づけられていた。また高密度核物質は原子核物理そのものの展開であると同時に中性子星も動機となっていた。これらは [ ] で囲んだ。1960年当時，プラズマ物理は核融合だけでなく，人工衛星で発見が相次いだ太陽活動・宇宙空間科学の課題としても関心をもたれていた。1961年には京都で国際地球観測年会議と宇宙線国際会議の合同の国際会議もあった。

筆者は1960年に京大の大学院に入ったが，1960年代の前半は基研で開かれる研究会を見ていると，日本全体の宇宙物理や宇宙空間科学の動向が居ながらにして俯瞰できた。関係者全員が基研詣でにやってくる感じであった。それが研究会の魅力を一層増大させ，ときどき湯川が顔を出すこと

表2　基礎物理学研究所の宇宙物理関係研究会，1977年まで

年度	研究会名
1954	天体の核現象
1955	天体の核現象
1957	超高温研究会，天体シンポジューム，［重力理論］
1958	プラズマについて，宇宙線の起源
1959	宇宙線の起源と元素の生成
1960	惑星プラズマと宇宙線の起源，銀河の構造と進化，宇宙構造
1961	銀河の構造と進化，宇宙線強度の長期変動
1962	Wheeler教授を囲む研究会
1963	宇宙線の起源，地球と物性物理
1964	［相対論に関する諸問題］
1965	素粒子と宇宙論，星の進化とneutrino astronomy，上層大気中の原子・分子諸過程，地球及び惑星の内部構造，銀河の構造と進化
1966	ニュートリノ天文学，地球及び惑星の内部構造
1967	天体物理の諸問題，星の進化，宇宙論，地球及び惑星の内部構造
1968	宇宙空間物質の研究，星の進化，宇宙論と銀河の進化
1969	銀河中心核の構造と進化
1970	惑星間空間物理と太陽系の起源の諸問題，宇宙空間物質の研究，多体系量子論と天体，宇宙論と銀河の起源
1971	太陽系の起源の理論的研究
1972	重力とその諸問題
1973	宇宙物理の今後の問題
1974	一般相対性と重力
1975	一般相対性と重力
1976	一般相対性と重力，太陽系の起源，［高密度核物質］，超新星爆発の理論とニュートリノ観測の問題
1977	［高密度核物質］，曲がった時空での量子論および重力論

もその熱気を加熱した。プラズマ研が発足して一部のテーマがそちらに移り，さらに東大の天文台や宇航研が共同利用研としての活動を強化してくるにつれて，研究会の数も参加人数も急増し，基研の研究会はオールマイティーではなくなり，薄まっていった。1970年代での宇宙物理の新たな動向を受けて，基研の宇宙物理の課題は一般相対論や素粒子物理に重点を置くものとなっていった。

7. 原子力講座と宇宙物理開闢

話を再び湯川周辺に戻す。「正力松太郎氏から就任要請があったことは聞いていたものの，よもや先生が受諾されるとは私には思われなかった。……自主・公開・自由の三原則を基軸とする原子力基本法の制定をみたものの，当時の米国の原子力における独占的地位と政府の対米姿勢からすれば政府の原子力委員会の運用が三原則から逸脱する方向に走る恐れは十分懸念されるこ

とであり，……素粒子論グループの内部でも先生の委員就任に対しては批判的な空気が強かった」「それに対して"科学者の社会的責任から"との決意は翻ることはなかった。ビキニ水爆実験による被爆という事件を契機として"科学者が科学者であるために必要な価値判断と，その人が人間らしくあるために必要な価値判断とを，完全には分離できないことが明白になったのである"と断じて，アインシュタイン・ラッセル宣言への共同署名者としての関与，世界平和アッピール七人委員会の結成等の積極的な動きをされつつあった湯川先生の口から出た科学者の社会的責任という言葉には，有無を言わせぬ力があった。しかし……，先生はどうも無理をしておられるような感が拭えなかった。」これは，当時，湯川研の助教授をしていた井上健の証言である。[8] 案の定，在任1年3月で辞任するのであるが，「先生は原子力委員の仕事を研究所の仕事とすっぱり分け，所員には原子力のことをほとんど語られなかった。物理教室の若い人を相手に勉強をしておられることで，原子力の仕事がわかる程度であった。」当時，湯川は基研と理学部を併任しており物理教室では大きな研究室をも主宰していた。河辺六男氏は，湯川史料の中にこれに符合する「天体核・融合反応関係 1 May 1957～」と題したノートブック（と挟み込まれた資料）を見出している。[9] これによると1956年暮れ頃から核融合関係の研究会やコロキュームによく顔を出している様子が分かる。1958年2月の核融合懇談会発足での会長就任挨拶の頃でこのノートは終わっている。この懇談会は現在のプラズマ・核融合学会の前身である。

実は，この時期，湯川研究室に大きな変動があった。1957年5月に湯川研の助教授の一人であった林が新設の「核エネルギー学」講座の教授になり，続いて湯川研から助教授，助手のポストに就くものおよび大学院生の一部が移籍した。湯川は物理学のリーダーの役目で勉強していただけでなく，自分の研究室にも関係していたのである。

原子力基本法制定当時の国大協が大学予算と原子力行政を分離する原則を申し入れたのを受けて，後まで続く二元行政が出現した。[*1] しかし原子力人材養成のために学科，大学院の講座新設がなされた。全国の国立大に，1956-59年の間に，専攻講座7，学科講座49が新設されたという。[2] 京大理学部には専攻講座3ができ，「核エネルギー学」講座はその一つであった。他の二つは中性子物理学と放射線生物学であった。

京大理では「核エネルギー学」の講座設置の目的を核融合を目指すものとして教員人事を行った。1959年5月には，配本中の「岩波講座現代物理学」の1冊子として早川幸男，林忠四郎著「核融合」が発行された。[10] たぶん日本で核融合と題した成書はこれが初めてであろう。これは筆者が四回生の時で，この本の新鮮さに惹かれて大学院をこの研究室に決めた。この本は「天

---

*1 原子力での「二元行政」とは普通は通産省と科学技術庁の「二元」を指す。これは原子力の主要課題であった原子力発電と核燃料をめぐる二元行政である。科学技術庁と文部省の二元行政は，文部省が原子力発電に関わらなかったから，主には核融合をめぐるものである。

の部」(早川執筆)と「地の部」(林執筆)から成るもので,天体核と(地上の)核融合が一体のものとして始まった基研周辺の歴史を反映している.

8. 核融合をめぐる A 計画,B 計画

原子力委員辞任後,湯川は政府と関係を持つことはできるだけ避けるようにしていたが,核融合に関しては積極的役割を演じることになった.後にプラズマ研究所の初代所長になった伏見康治の証言を引用する.[11]「菊池先生(当時原子力委員)は,後になって取り下げるのは自由だから,一応暫定的に予算を組んでおこうというのであった.B 計画に関する議論は限りなく続き,かつ繰り返されて,いつ果てるともしれないから,少し気の短い人は,早く決断して実行に移りたいと思うのは当然であった.

しかし湯川先生は慎重であった.核融合特別委員会の意向は決して一つにまとまっているわけではないが,それでも文部省予算で「プラズマ科学研究所」のようなものを作っていくのがよいという考え(A 計画)が大勢を支配しており,原子力予算で B 計画を推進するという考えと対立している.湯川先生はこの意見の対立をそのまま踏み切るのは後にしこりを残すと見られて,最後の決定を一週間後の(1959 年)八月十日に延ばされた.」原子力委員会の核融合専門部会と学術会議の核融合特別委員会との合同会議が十日に開かれた.「しかし,ついに B 計画についての積極派と消極派の意見は対立したままで,とんと「融合」しないのである.それで会議としては結論を出さず,湯川先生を中心として,菊池,嵯峨根,伏見の四人に最後の断をゆだねることになった.そして,それから数日後,「B 計画の予算を三十五年度に組むことはやめる」という記事が新聞に出た.」

この年の前年 1958 年秋には第二回ジュネーブ会議があって核融合早期実現論が国際的に高まった.[*2] 湯川はこの会議に政府代表の一員として出席している.[*3] この会議の熱気を受けて日本でも前記のように議論が高揚したのである.特に,発電炉移入で原子炉の開発研究に一切関わる機会を逸した大学の工学関係者などからは大きな核融合炉を製造しての実験の要望が高かった.こうした意見が伯仲する中で湯川は A

---

*2 「ジュネーブ会議」の正式名称は「原子力平和利用国際会議」で国連決議をうけて第一回が 1955 年,第二回が 1958 年にいずれもジュネーブで開かれた.当時,中立国として国連で重きをなしていたインドの物理学者バーバが議長を務めた.第二回会議での彼の「核融合はあと 20 年」という発言が当時の世界中を闊歩した.

*3 1958 年の湯川の海外旅行は 6 月 23 日出発から 9 月末帰国までに欧州,南米,欧州と移動する長期のものであった.この間 9 月には第二回ジュネーブ会議に出て,その後第三回のパグウォッシュ会議にも出席した.筆者はこの年は京大物理学科三回生で,4 月に湯川の「量子力学」が開講したが,この出張のため代講になった記憶がある.当時,講義には基研から物理教室の講義室に出向いてきた.こうした休講,代講が重なったためか,その後,湯川は学部生の講義では量子力学のような基幹科目は担当せず,「物理学概論」といった全般的内容の講義を基研の大講義室で行うようになった.

計画に断を下したのであった.

9. 核物理展開についての湯川の構想

先の早川の回顧を読むと,日本の宇宙物理の大きな展開が湯川のある日突然の発意から始まったことになる.それではこの「湯川発意」は熟考の上のものか,それとも対談でふと口に出た思いつきであったのか? 少なくともこの発意は国内の研究者の中に存在していた意見や提案を"取り上げた"ボトムアップのものではない.ボトムアップでないとすると,湯川個人の履歴の中で登場したオリジナルなものと考えなければならない.この発意が湯川に芽ばえた源の可能性は二つある.一つは湯川は5年にわたる米国滞在から帰国してまだ1年も経っていない時期であり,いわばアメリカ仕込みの学界動向情報であるというものであり,もう一つは,渡米前からあたためていた構想に,5年の中断を経て戻ったというものである.

筆者は,以下に述べるような理由でこの源は後者なのではないかと考えている.湯川が招待された1939年のソルベー会議は欧州事変の勃発で中止になった.しかし講演発表予定の論文のプリントが湯川研に存在していたという証言がある.軍隊から解放された林が戦後に湯川研に入るときにワイッゼカーのソルベー会議のコピーを貰ったといい,それ以前に湯川研でこれでセミナーをやっていたと聞いたとしている.太陽のエネルギー源となる核反応問題は,ベーテのドイツ時代の先輩でもあったワイッゼカーが1937年に具体的に計算したあたりから定量化した研究となり,1938年にガモフがワシントンで主宰した研究会での議論に,ベーテが刺激されて計算して翌年にかけて大きな進展があった.すでにナチスドイツを逃れて米国にいたベーテが確定的なことをし,それが後のノーベル賞となった.時期的にみて,これら全体の急速な進展の動向がワイッゼカーのソルベー会議論文に書かれていたと思われる.論文は会議流会後に参加予定者に送られてきたのではないかと推察する.

ソルベー会議の中止で湯川はアメリカ回りで帰国する.翌年に学士院賞を受け,1943年には文化勲章を受章する.この時期から湯川は一般向きの文章を数多く依頼されるようになり,これらの文章から自分の研究課題の周辺,物理学,科学,学問一般について当時考えていたことを知ることができる.これらの文章は戦後1948年に渡米するまでに『極微の世界』(1942年),『存在の理法』(1943年),『物理学を志して』(1944年),『自に見えないもの』(前書を含む)(1946年),『科学と人間性』(1948年)などとして出版され,当時の学生中心に愛読された.

研究課題の周辺を彼がどう見ていたかであるが,例えば「欧米紀行」なる文章を『極微の世界』に再録する際の追記には「尚最近の著しい傾向は,核物理が一方では天体物理や地球物理に応用されると共に,他方では医療や生物学のみならず,化学や冶金等応用方面の研究にも盛んに使われだしたことである」と記している.また『存在の理法』にある「理論物理学の方向に就いて」なる文章には図のような各分野

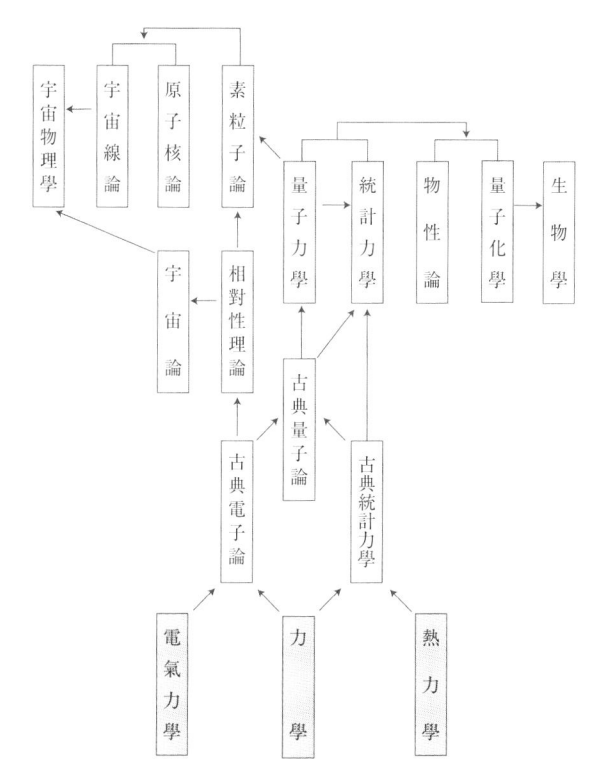

図2 1940年に書いた湯川による分野の「系統樹」

の関連図が載せられている[12]（図2）。

さらに天体核に関しては「エネルギーの源泉」というまとまった文章が『目に見えないもの』に収められている。[13] これにはCNサイクルの反応式が具体的に書いてある。この反応式は1939年のベーテ論文によって初めて提出されたものである。奇妙なことにベーテの星のエネルギーを論じた反応式ではニュートリノが記されていないのが特徴であるが，湯川の記述もそれを引きずっているから，それを写したものであろうと考えられる。[14]

この文章の執筆時期は1942年9月となっている。この太陽エネルギーの核反応の説明は相当詳しいもので，これがベーテのPhysical Reviewの論文からのものか，ソルベー会議論文からのものかは明らかでないが，ベーテ論文の情報はソルベー会議論文で知ったのではないかと思う。執筆は太平洋戦争開戦（1941年12月）後であるが，1939年のPhysical Reviewは入手していた。また文章では太陽エネルギーの解明史や研究の展開の記述はなく，したがってCNサイクルがベーテの提唱であるとの記述もない。この文章の終わりでは，エネルギー源としてこうした反応の地上での可能

性に触れ，またウラニュームの連鎖反応にも触れている。さらに原子核転換に伴うエネルギーの巨大さを説明するために次のような比較も行っている。「坪井忠二博士によると，これは厚さが50キロメートルで150キロメートル四方の地層中にたくわえ得る最大の弾性エネルギーに相当する。ところがこれはせいぜい10キログラムの物質の固有エネルギーにしか匹敵し得ない。換言すれば10キログラムの物質を全部エネルギーに変えると大地震ほどのエネルギーが得られることになる。」

このように湯川は渡米前から核物理の宇宙物理への展開を視野に入れていたとみられる。

参考文献

1) 佐藤文隆：「物理学の世紀」（集英社新書，1999）。
2) 吉岡斉：「原子力の社会史」朝日選書 **624**（朝日新聞社，1999）。
3) 国会の議事録は http://kokkai.ndl.go.jp/ で読める。検索で日付，委員会を入力する。
4) 早川幸男：「新分野開拓に示された情熱」（「自然」湯川秀樹追悼特集 1981 年 11 月）。
5) 佐藤文隆：「天体物理理論京大天体核研究室の足跡から」日本物理学会誌 **51**（1996）172。
6) 「林先生の研究遍歴—鼎談林忠四郎，杉本大一郎，佐藤文隆」「自然」1980 年 8 月；佐藤文隆：「宇宙のしくみとエネルギー」（朝日文庫）374；青木健一，坂東昌子，登谷美穂子編「学問の系譜」素粒子論研究（2006 年 4 月号）研究会報告 F92。
7) 「基礎物理学研究所 1953-1978」，基礎物理学研究所発行。
8) 井上健：「旅路」（桑原武夫，井上健，小沼通二編：「湯川秀樹」（朝日新聞社，1984）32）。
9) 河辺六男 湯川史料室目録 YHAL Resources，N 151，素粒子論研究 **90-1**（1994 年 10 月）26。
10) 早川幸男，林忠四郎：「核融合」岩波講座現代物理学（第二版）V. K.（岩波書店，1959）。
11) 伏見康治：「核融合研究の進め方」（「科学朝日」1959 年 9 月），伏見康治著作集 7 巻 153。
12) 湯川秀樹：「理論物理学の方向に就いて」（「科学知識」1942 年 8 月）「存在の法則」（岩波書店 1943）3。
13) 湯川秀樹：「エネルギーの源泉」，「目に見えないもの」講談社学術文庫。
14) バコール，サルピータ〈佐藤文隆訳〉「星のエネルギー生成と太陽ニュートリノ」「パリティ」2006 年 5 月，21。

Hayashi Phase 50 年国際会議

13. Biography of Professor Hayashi (2012 年)

Humitaka SATO

"First Stars IV - From Hayashi to the Future (AIP Conference Proceedings 1480), ed. M. Umemura, K. Omukai, 2012" より一部転載。

abstract

Biography of Chushiro Hayashi (1920−2010) is described with an emphasis on his early career as a theoretical physicist. In spite of his well-recognized achievements in theoretical astrophysics, such as Hayashi phase, p/n-ratio at Big Bang, stellar evolution and nucleosynthesis and Kyoto Model on the origin of solar system, Hayashi had once wished to devote in study of non-local field theory of particle physics. However, the various changes of situation around Hideki Yukawa (Nobel prize laureate in 1949) had guided him to the study of astrophysics.

§ 1 Hayashi: a Man of Astrophysics

Chusiro Hayashi is an eminent astrophysicist, whose contribution to astrophysics ranges from Big Bang cosmology, to stellar evolution, nucleosynthesis and origin solar-system. His achievement in astrophysics has been well-recognized world wide as we can see from the Hornors he received as below:

1963 Nishina Prize (Nishina Memorial Foundation)
1966 Asahi Prize (The Asahi News Paper Co.)
1970 Eddington Medal (Royal Society)
1971 Japan Academy Medal (Japan Academy)
1986 Order of Culture (Japanese Government)
1994 Order of Scred Treasure (Japanese Government)
1995 Kyoto Prize (Inamori Foundation)
2004 Bruce Medal (Astronomical Society of the Pacific)

As a great researcher and educator of astrophysics, Hayashi contributed also to create and elevate the research community of astrophysics in Japan. Hayashi really deserves to be called as the founder of astrophysics in Japan.

His contribution toward the Japanese community of astrophysics has still continued: when Hayashi received Kyoto Prize from the Inamori Foundation, he donated most of the prize money to the

Astronomical Society of Japan and to the Yukawa Memorial Foundation. By this fund, the Astronomical Society of Japan created the Hayashi Prize awarded annually, and the Yukawa Memorial Foundation started the Hayashi Lecture Meeting all over Japan by turns. (The Kyoto Prize has been awarded to three persons annually and the prize money is fifty million yen each. In every four years, one laureate is selected from the field of "earth science and astrophysics" and the past laureates in this field are as below: 1987 J. H. Oort, 1991 E. Lorenz, 1995 C. Hayashi, 1999 W. Munk, 2003 H. Kanamori, 2011 R. Sunuyaev).

All of these Hayashi's success stories impress us that he had been really a man of Astrophysics. However, we should notice the following fact that, at the time of finding Hayashi-phase (or Hayashi-track) in 1961, he was forty-one years old and was already holding a prestigious position as a professor of Kyoto University. This situation awaked us a question: By what achievement in research he had been promoted to this position in 1957?

At that time, this position was very a prestigious one, not only because Kyoto University was the major university in Japan but also the prestige of theoretical physics was at the climax.

Such situation in Japan was aroused by fact that Hideki Yukawa won the Nobel prize in 1949 as the first Japanese. In 1935, Yukawa proposed the meson theory for nuclear force, and the experimental finding of meson at this time brought him the Nobel prize. This happy happening gave a great courage not only to the scientific community in Japan but also to all devastated Japanese people by the surrender at the War. Yukawa was a professor of Kyoto University and, since an experimental study was limited in the crushed economical situation, a professor of theoretical physics was an earnest desire among the science-aimed ambitious youth at the time.

An important fact we should recall is that Hayashi was already the winner in this severe competition when the Hayashi-phase was found. In this biography of Hayashi, I will describe a rather winding history of his research career before the Hayashi-phase.

§ 2 First Encouter with Astrophysics

Hayashi was born and grown up in Kyoto up to the high school. In the junior-high school and the Third National High School (now merged to Kyoto University), he was a captain of judo-wrestling club. Then he spent a few years (1938 April–1940 September) in Tokyo as an undergraduate student in the physics department of University of Tokyo. Since it was under a war-time, the school period of three years was shortened to two years and a half, and all students were recruited to the military service.

In the last half year of the university, he

chose to study under Prof. Ochiai of theoretical physics. Ochiai guided the students to read Gamow's URCA-process paper (cooling of star by neutrinos). At the time, this paper was very new and it was necessary to learn the current nuclear physics first. Under the Ochiai's guidance, they read Bethe's review paper in the Review of Modern Physics. It is amazing to hear that twenty-years-old students could read and understand these English scientific papers. One of the five students of this group other than Hayashi was Yoichiro Nambu, who later became the professor of theoretical physics in University of Chicago and the Nobel prize laureate in 2008.

This was the Hayashi's first encounter with astrophysics and also the first encounter with Gamow. Not only that, the encounter with Nambu would revive after the War.

In the September of 1940, they had to leave the university: Hayashi was recruited to the Navy and Nambu was to the Army. Hayashi served as the technical sublieutenant in the optical instrument department at Yokosuka till the end of the War.

In December of 1942, the World War II broke out by Pearl Harbor attack and the War ended in August 1945 by the surrender of Japan, after the severe aerial bombing to big cities and atomic bomb to Hiroshima and Nagasaki.

Hayashi's personal history
1920 July 25 & borne in Kyoto city
1938–40 & undergraduate student at Univ. of Tokyo
1940–1945 & military service at Navy
1946 & member of Yukawa's group in Kyoto Univ.
1949 & associate professor at Naniwa Univ. in Osaka
1954 & associate professor of Yukawa's group at Univ. Kyoto
1957 & Professor of nuclear energy research at Univ. Kyoto
1984 & emeritus professor of Kyoto Univ.
2010 Feburay 28 & passed away

§ 3 Laboratory of Yukawa

Ending the military service, Hayashi returned to his home in Kyoto. The living condition was much better in Kyoto rather than in Tokyo, because Kyoto was the only big city which escaped a severe destruction by bombing.

In the spring of 1946, through the introduction of Ochiai, Hayashi joined the theoretical physics group led by Hideki Yukawa in the physics department of Kyoto University.

Yukawa's group was an unique one in Japan studying the theory of particle physics, which had also included the physics of nucleus and secondary cosmic-ray.

At the time, another big group of nuclear physics in Japan was one led by Y. Nishina of the RIKEN in Tokyo, oriented mainly to experiment.

When Hayashi knocked a door of Yukawa's

laboratory, Yukawa happened to hold professorship both in physics department and astronomy department. This unusual situation happened due to a drastic political change just after the surrender of Japan. One professor of astronomy department, Toshima Araki, resigned suddenly, because he was very enthusiastic to the War in the wartime. That was a reason why Yukawa held professorship in astronomy.

Yukawa's group was crowded by young members those were liberated from military duty and eagerly aimed to study physics. There were no room for desks, even if using the corridor of the building of physics department. Then, some of these members were packed into the office of the resigned professor at astronomy department. Accidentally, Hayashi was included in that part.

In the crowded Yukawa's laboratory, many members were just let be free without any particular guidance of staffs or senior members, and they tried to study by themselves. Furthermore, at the summer of 1948, Yukawa, a head of the group, left Japan to Princeton in US by the invitation of R. Oppenheimer. One year later, he moved to Columbia University and had stayed there until the summer of 1953.

§ 4 The first Phase of research career

In these peculiar situations, Hayashi started his research career. As described in this article, Hayashi's research career can be divided into three phases; roughly, the first phase in 1946−1950, the second phase in 1950−1957, the third phase after 1957. The first phase started by an accidental re-encounter with astrophysics and he self-taught himself by utilizing an accidentally given situations. In the second phase, he arose up to get a prestigious position in the study of non-local field theory in particle physics. And this position made it possible for his third phase in astrophysics to flourish.

Let us go back to the 1946 when Hayashi packed into the office in astronomy department. In the office abandoned by the sudden resignation of Araki, Hayashi found a plenty of books and journals on astrophysics. He concentrated to read the standard textbooks by Eddington, Chandraseckhar and others. Since other members of this group were trying to study particle physics, he could monopolize these books. Such situation was essential at the time when copying was impossible.

Through these self-taught study, Hayashi wrote two short papers on giant star. In order to write a scientific paper, it is necessary to investigate current scientific journals. At the time just after the surrender at the War, the import of European and American journals had been stopped at the university. Then Hayashi had to commute to American-culture-center in the downtown Kyoto in order to check papers in Physical Review and to copy the interesting papers to his note by hand.

The third paper written in this way was about the most advanced topics. Motivated by the so-called $\alpha\beta\gamma$ theory of the primordial nucleosynthesis proposed by Bamow et al, Hayashi revised Gamow's hypothesis that the primordial matter was solely neutron, by introducing the neutrino interaction among proton and neutron. At present, this theory on the primordial proton/neutron-ratio is a basic matter in standard big-bang cosmology. In this paper, Hayashi firstly introduced the neutrino black-body radiation besides the Gamow's photon black-body radiation, and we can recognized that it was the first introduction of the massive neutrino dark-matter.

Hayashi wrote this paper first in Japanese in order to contribute to the memorial volume dedicated to Yukawa's Nobel prize in 1949, and the English version was published in 1950. From the present point of view after the discovery of CMB in 1965, this paper was really pioneering one: it would be recognize as the opening of the particle cosmology, which became fashionable after the late1970's.

However, this pioneering p/n-ratio paper was too much preceded and it was too early to get a high reputation in academia to secure a prestigious position. He needed to show his capability in more fashionable research theme in the 1950's.

§ 5 Hayashi in Particle Physics: the second phase

In spite of quick recognition from Gamow to the p/n-ratio paper, Hayashi's main interest was still in particle physics. The second phase of Hayashi's research career started in 1950.

Nambu got a professor position at newly-formed university and moved from Tokyo to Osaka. Hayashi was also teaching in a different university in Osaka from 1949. In 1950, Nambu proposed some equation about relativistically covariant formalism of a bound state in quantum field theory. Hayashi tried to develop this Nambu's idea. Thus, Nambu and Hayashi, the past classmates in Tokyo, re-united at Osaka to collaborate in research.

In some memoir of Nambu, he recollected as follows; one day, he visited Hayashi's home in Kyoto for discussion. There, Nambu was impressed by looking Hayashi wearing kimono and smoking by kiseru (Japanese traditional pipe).

Due to Nambu's sudden disease and his move to US, this collaboration was interrupted. But Hayashi had continued this research and the paper was published in 1952. This research theme is now called Bethe-Salpeter equation (1951), and Hayashi's paper in 1952 was hidden away by more powerful trend of the BS-equation with time.

However, this work brought a great

chance to young Hayashi. He developed his research to the study of non-local field theory. At that time, this theme was very popular all over the world, reflecting "divergence cricis" in the quantum field theory. Yukawa was one of the advocator of this line in the world. Hayashi quickly became a leader of this research in Japan. Hayashi's PhD thesis in 1953 was "Hamilton formalism in non-local field theory".

In 1953, International Conference on theoretical physics was held in Japan by the initiative of Yukawa, which was the first international conference after the end of War. Yukawa just returned finally from US at this occasion after a long stay of 1948–53. The conference was full of eminent theoretical physicists, such as Anderson, Bardeen, Bloch, Feynman, Frohlich, Heitler, Mott, Onsager, Peierls, Prigogine, Schiff, Slater, Townes, Van-Vleck, Wheeler, Wigner, Yang, ... Personal discussion with some of them was so exciting for young Hayashi. His work was recognized as one of the major contribution from Japan to this conference.

This reputation seemed to bring him a new position of associate professor at Yukawa's group in 1954. In 1956, he was selected as one of Japanese delegates to the conference on theoretical physics held at Seattle next to Japan, which was his first trip abroad. There, he could meet with Gamow.

At Yukawa's group, Hayashi devoted himself to manage this big laboratory, which was full of ambitious youth because of Yukawa-boom all over Japan. But this situation of Hayashi did not continued for long.

§ 6 Return to Astrophysics: the third phase

The third phase of Hayashi's career had been brought by two outer powers, not by his initiative: Those are

1) in 1953, Research Institute of Fundamental Physics (RIFP and now called as Yukawa Institute) was founded as a gift from the government to Yukawa's Nobel prize. In 1955, as a director of newly formed Institute, Yukawa proposed some inter-university and interdisciplinary projects such "Star and Nuclei", "Life and DNA", and so on. Hayashi was persuaded to back to astrophysics from particle physics.

2) in the same time, Nuclear Power Age started in Japan also. In order to promote the nuclear power, the government created new laboratories in major universities. Kyoto University got several new laboratories, one of which was a theory laboratory.

Yukawa promoted Hayashi as a head of this theory laboratory in 1957 and Hayashi decided to change his research career. By these two sudden moves, he was forced to stop an esoteric study of non-local field theory, and changed to another fashionable theme at the time, nuclear fusion.

The formal name of this group was "Study of nuclear energy (核エネルギー学)". So,

Hayashi formulated his laboratory as Part I: thermo-nuclear fusion in universe (天の部) and Part II: thermo-nuclear fusion in device (地の部). Until the beginning of 1960's, the graduate students in this group was half-and-half in Part I and Part II.

However, through Hayashi's international reputation in astrophysics had grown, he changed his policy of laboratory to concentrate solely in astrophysics. Since about 1965, his group had been recognized as astrophysics.

§ 7 From big-bang, stars to solar system

Hayashi started the study of stellar evolution from the current topics at the time, such as the advanced phase after main-sequence, three-α reactions, shell-burnig, shell-flash, and so on. The RIFP-project of "Star and Nuclei" had well developed involving many groups in other university. Based on his experience of the one-year stay in NASA (1959-60), he promoted to consolidate a computer-facility in university and the number of researcher in astrophysics increased rapidly in Japan. Thick paper called HHS (Hayashi-Hoshi-Sugimoto) published in1962 was a bible for the successors. This time, Hayashi created a new trend by himself.

Although he firstly intended to study astrophysics in relation to nuclear-particle physics, the finding of Hayashi phase in 1961 and a thorough study of star-forming cloud (published in Annual Review of Astronomy and Astrophysics in 1966) shifted his research direction apart from his original intention.

Ironically, just in this period, new trend of astrophysics such as big-bang, black holes, neutrinos and so on had rapidly grown, stimulated by observational discoveries. Hayashi's 1950-paper was a pioneer in this trend and this new trend was just what he had intended to develop astrophysics in relation to fundamental physics such as general relativity and nuclear-particle physics.

At the time, Hayashi encouraged some members of his group to explore this new trend, and the author of this article could enjoy such circumstance. However, Hayashi himself did not change his on-going study of star formation, which was getting more and more reputation in the field of astrophysics. Furthermore, after 1970, he extended his research theme toward the origin of solar system, which is much far apart from general relativity and nuclear-particle physics.

The origin of solar system is one of the oldest problem of natural science, and there were many aspects of approach. As a senior scientists, he organized research groups including planetary science, and actively adopted the current trend of research in traditional field. However, he started his own starting point of physics and formed a big story called as Kyoto Model of solar system origin, educating and collaborating with many researchers.

Finally, a figure is shown in Fig. 4, which is taken from the lecture given at his retirement from Kyoto University in 1984. This figure which is related to the topics of this FS IV conference shows Hayashi's characteristics of research: he always liked a wide scope. Once I had asked him what was an essential step in the study of core-halo structure, his answer was that the essence was to take a logarithm of radius not radius itself as a variable. (The density-temperature diagram including evolutional pathes of the big-bang, the primordial clouds, metal-rich clouds, in cases of the sock-heating, spherical or disk, transparent or opaque, and so on (1984)).

(この国際会議はハヤシ・フェーズ50年を記念して,2011年に開催予定であったが,直前の東日本大震災で海外の参加者のキャンセルが相次ぎ,1年延期して2012年5月に京都で開かれた。)

V

追悼の林先生

『日本物理学会誌』追悼記事
1. 林忠四郎先生を偲んで

佐藤文隆

日本物理学会誌 vol65, No.6 (2010年)

　林先生は二年半前に奥さまに先立たれてから1人でくらしておられたが，昨年12月に病に伏せられ，約2カ月半の入院の後に，2010年2月28日，89歳で他界された．1984年に京都大学教授を退官後，他大学の教師や公職にも一切つかずに研究を続け，論文も書いておられた．ただ，私があとを受け継いだ研究室のゼミやコロキュウームには顔を出されず，現役時代に院生であった関西の研究者と研究されていた．退官後しばらくは非常勤講師室の使用を教室に了承して貰っていたが，ここ十年ほどは自宅に集まられていた．こうした個人的活動だけでなく，研究会にも参加しておられた．

　林さんの研究上の業績はすでに数々の栄誉を受けておられ(1963年仁科賞，65年朝日賞，70年エディントンメダル，71年学士院恩賜賞，82年文化功労者，86年文化勲章，94年勲一等瑞宝章，95年京都賞，2004年ブルースメダル)，各節目で業績の意義は学会誌等でも紹介されている．業績の多くは1957年の教授就任後のことであり，そこまでの経歴はあまり語られておらず，この追悼文ではそこに焦点をあてる(以下敬称略)．

　1920年に京都市に生まれた林は三高を卒業後に東京大学物理学科に進んだが2年半で卒業し海軍に徴兵された．南部陽一郎氏と一緒だった卒業研究では落合麒一郎教授のもとでガモフのウルカ過程論文(恒星内のニュートリノ反応)を読んだのが宇宙物理への洗礼といえる．彼らはベーテの原子核のレビューを自主ゼミで読んでいた．戦後，落合教授の紹介で実家のある京都の京大湯川研究室へ入った．復員学徒で満杯だった湯川研では各自が勝手に研究を始めた．林はあてがわれた居室の本棚にある専門書と，アメリカ文化センターに届く学術雑誌を手掛かりに，巨星の構造とビッグバン宇宙での元素合成に関する二つの論文を独力で書いた．しかしその後は素粒子論の湯川研究室のテーマであった場の理論の研究に移り，当時書いた博士論文は「非局所場理論のハミルトン形式」である．

　このように一度は素粒子論に埋没したかにみえたが，新しい活躍の場が林に巡ってきた．一つは1950年のビッグバン元素合成の論文の評価が欧米で高まったこと，もう一つは当時の原子力ブームである．原子力講座の一つとして湯川も支援していた核融合の理論講座が京大理にも新設され，熱核反応を手掛けていた林は湯川の推挙で「核エネルギー学」講座の教授に就任した．これは基礎物理学研究所の課題に湯川が「原子核と宇宙」を掲げたことと符号する．当時，米国を先頭にNuclearAstrophysicsが勃興した時期だったが，その後も長くこ

の研究室は，教授やテーマが変わっても，「天体核」と呼ばれている．

発足時に林は恒星での核反応と核融合プラズマの二本柱にしてスタッフや院生を配置した．この初期の歴史を反映して，例えば核融合科学研究所に 3 人の天体核出身者がいたことがあり，私も核融合プラズマ組で 1960 年に大学院に入った．NASA に一年滞在し大型計算機を経験して帰国した林は巨星の構造論を追及する中で"副産物"として原始星のハヤシ・フェーズ理論を 1961 年に発表し，ハヤシの名は宇宙物理学の国際学会で一気に高まった．この時期以後，研究室は宇宙物理一本に変身していったのである．

原始星に飛び火したことで天体核の課題は二つに分岐した．「原子核と星」の標語は主系列以後の進化を追って元素起源，ニュートリノ，高エネルギー現象といった素核の物理と提携する方向で，もう一つは星形成に連動する星間物質から隕石や月にまでおよぶ地球惑星科学の方向である．1960 年代，QSO，CMB，パルサー，X 線星，ニュートリノ，重力波などの新テーマが大開花し，一般相対論と素粒子標準理論と関係してブラックホールやビッグバンの研究はブームを迎えた．多くの天体核出身者がその中で大活躍をした．しかし，林自身はこの熱気をしり目に自分が撃ち込んだ原始星の方向へのくさびを力技で押し込んでいった．そして 1970 年以後，惑星科学の進展とも共鳴して，この大河ドラマのような研究は太陽系起源の京都モデルに結実した．惑星科学の学科にも天体核出身者が多い．

私が助手だった 1964-70 年はこの時期で，記憶に残る林の言葉は「素過程」と「突き当たったらトンネルを掘る」である．素過程とはその業界の仕来りに囚われず物理学の基本に戻ることで，「素」には原子・分子・核・素粒子過程だけでなく，回転する連続体の力学なども含まれる．後者は当時パイオニア的だった大型計算機を使いこなすことである．

先生は 60 歳の頃，自宅を改築された際，書斎を南向きにしても暑すぎないか，壁の熱伝導を計算したと言っておられたが，まさに研究と生き方が一貫しておられた．

（2010 年 3 月 30 日原稿受付）

2. 『天文月報』林忠四郎先生追悼特集

林先生のご経歴と研究・教育スタイル

松田 卓也　(神戸大学名誉教授・元日本天文学会理事長)

かねてからご病気で静養中であられた林忠四郎先生が，2010年2月28日午後3時に，ご自宅近くの京都市伏見区の病院にて89歳で亡くなられた。林先生は日本の宇宙物理学の創始者とも言うべき人である。林先生はその画期的な研究業績により世界的な研究者であっただけでなく，多数の弟子を育てることにより，日本の宇宙物理学を世界のトップレベルにまで育て上げた教育者でもある。ここに林先生のご遺徳を偲び，林研究室いわゆる天体核研究室で林先生のご薫陶を賜った人々から追悼文をいただいたので，まとめたい。

林先生は1920年京都府でお生まれになった。府立一中（現洛北高校），第三等学校（現京都大学）を経て1942年東京帝国大学を卒業された。東大では南部陽一郎先生と同級であった。戦時中は海軍で仕事をされたが，敗戦後の東京の混乱を期に，京都に戻られて1946年（終戦の翌年）京都大学理学部の湯川秀樹先生の研究室に入られた。湯川先生はいうまでもなく，日本で初めてノーベル賞を授与された素粒子論の創始者である。林先生も湯川先生に憧れて素粒子論を研究しようとされたのだが，湯川先生は林先生に宇宙物理学への道を勧められた。

当時の京都大学理学部宇宙物理学教室には宇宙物理学の権威，荒木俊馬先生がおられたのだが，敗戦を機に教授を辞されて京都府の田舎に隠棲された（1947年公職追放）。そのため空いた宇宙物理の教授職を湯川先生が兼ねられた。林先生は1946年に湯川研の副手となり，空いた宇宙物理学教室の荒木教授室に入られた。そこには荒木先生が残された大量の宇宙物理学の文献があり，林先生はこれで宇宙物理学を勉強したと後年述べられた。林先生は1949年浪速大学（現大阪府立大学）の助教授となられ，1954年京都大学助教授，1957年同教授になられた。1984年に京都大学を定年退官され，名誉教授となられた。

林先生には数々の賞と栄誉が与えられた。たとえば仁科記念賞，朝日賞，エディントン・メダル，日本学士院賞恩賜賞，文化功労者，文化勲章，勲一等瑞宝章，京都賞，ブルースメダルがある。特に講書始でご進講されたことから天皇陛下の晩餐に招かれ，杉本，佐藤氏を伴って参内されたこともある。亡くなられたときは密葬ではあったが，天皇陛下のお使いとして古在氏が参加されたと聴いている。京都賞の賞金を日本天文学会に寄付されて，日本天文学会林忠四郎賞が1996年に創設された。

林先生の研究テーマは，初期の頃は素粒子論，それから有名なビッグバン宇宙における素粒子反応を論じた n/p 比の研究，初期の頃はプラズマ物理学，星の進化の理論，

前列右から湯川秀樹，中村誠太郎，畑中武夫，後列早川幸男，武谷三男，林忠四郎，小尾信彌（林先生作成の記録より，杉本，観山の文章参照）

星の形成とハヤシフェーズ，70年代以降は太陽系形成の標準理論とされる京都モデルなど多岐にわたっている．

林先生の研究スタイルに関しては，後の各氏の文章を参照していただきたいが，要点は個々の観測結果を帰納的に説明するというよりは，物理学の第一原理から考察を始めて，天体現象を演繹的に解明するというものである．そして壮大なストーリーを作ることを好まれた．

またコンピューターの有用性を早くから認識しておられた．東大についで京都大学に大型計算機を導入することに尽力された．現職中は計算は院生に任せられたが，定年後はご自身でC言語をマスターされた．米寿近くになっての研究会で，N体問題についてのご自身の研究を発表され，小久保氏と熱心に議論しておられたことは瞠目に値する．

教育においては，General Educationを力説された．一般教養という意味だが，ここでは数学や物理学の基礎知識をさす．昨今では，学生が大学院に入ると，すぐに専門的研究に入りたがるし，指導者もそれを推奨する．そうしないと早く論文が書けず，日本学術振興会の特別研究員になれないし，ひいては職にもありつけないからだ．林先生はこのスタイルを非常に嫌われた．まずは基礎をしっかり勉強することを強調された．修士時代に「勉強」ではなく「研究」をして論文を書いたりすると，褒めてもらえるどころかしかられたものだ．研究は博士課程に入ってからでよいと．現在はこのようなスタイルは絶滅して，その結果育つ研究者も小物になっているのではないかと，林先生なら嘆かれるであろう．

林忠四郎先生と星の進化論

杉本大一郎　（東京大学名誉教授・元日本天文学会理事長）

　星の進化に関する先生の論文は，1947年にさかのぼる。先生27歳の年であった。1949年の「フィジカル・レビュー」に出版された湯川秀樹先生に論文も含めて，テーマは，どのようにして赤色巨星よって，理論物理学刊行会から発刊されることに星のように半径の大きい星の存在が可能になるかなった「プログレス」の第2巻に載っている。

　この問題は1938-9年にCNサイクルの原子核反応が発見されて以来，中心問題の一つであった。ヘリウム中心核とそれを取り巻く殻（シェル）エネルギー源という一様ではない構造の星を考えてその謎を解こうというのが，1950年代前半まで続いたのである。

　林先生はその後，素粒子の非局所場理論を中心課題とされた。一方，湯川先生の呼びかけで物理学，特に核物理と天文学を融合しようという動きが始まった。1955年に両分野の研究者が集まり，2週間にわたって基礎物理学研究所でワークショップが行われ，武谷三男・畑中武夫・小尾信弥の3先生によって，星と銀河の進化のシナリオに関する予見的理論が，翌年まとめられた。それはTHO理論として，「とても・ほんとと・おもえない」理論と冗談で呼ばれたものである。この研究会をきっかけにして，林先生は星の進化の研究に戻られた。当時，基研で宇宙線起源論を展開しておられた早川幸男先生は，林先生を呼び戻したことをご自慢の一つとしておられた。

　京都大学に原子核理学教室ができて，1958年から天体核研究室に大学院生が入るようになった。当時にしては多額の創設予算が出て，林先生は電動の歯車式計算機を2台も購入された。当時の手回し計算機に代わるものであったが，1台で助教の年俸を大きく超える高価なものであった。新しい研究には新しい投資が必要ということは，その後も，コンピューターの先進的利用と設備の推進にもつながっている。

　1959年，先生はアメリカ科学アカデミーの第1回在外研究員としてNASAに滞在され，当時始まったばかりの大型コンピューターIBM7090をロバート・キャメロンとで駆使して，太陽質量の15.6倍の星の進化を計算された。当時，コンピューターを天文学で本格的に使っていたのは，マーチン・シュバルツシルドくらいであった。進化の計算はヘリウム燃焼段階後の星の中心核が収縮して，炭素燃焼へ向かう途中までなされ，1962年に出版された論文は星の進化論をリードするものになった。そして同じ年に，林・蓬茨霊運・杉本による，HHSと呼ばれることになる論文 Evolution of the Stars（星の進化）を出版された。これは183ページにも及ぶもので，かなりの間，バイブルと呼んで引用されたものである。

　その第8章では星の内部に鉄の中心核ができる進化の最終段階までのシナリオが，

第10章には原始星が生まれて林フェイズをたどる初期段階の進化が論じられている。両者は，実は，赤色巨星の表面に対流があるときにどう扱うかという問題では共通である。こうして，進化の進んだ段階の研究が林フェイズの発見に，そして先生のエディントン・メダル受賞につながった。

そのあたり以降は，これに続く記事を見て欲しい。

最後になったが，ここに名前を引用させていただいた先生方は，小尾先生と私を除いてすでに故人になられた。林先生のご業績を称え，ご冥福をお祈りする次第です。

1950年 p/n 論文

佐藤文隆 （甲南大学・元日本物理学会会長）

ビッグバン宇宙での元素合成といわれるこの論文は，1949年の湯川秀樹のノーベル賞受賞記念の月刊誌「素粒子論研究」の特集号に日本語で書き，その後に英文化したものがプログレスに発表された。この記念の論文募集がなければもっと発表は遅れたのかもしれない。

ガモフらはいわゆるビッグバンの論文を1946年から続けて短いレター論文を書いていたが1948年の $\alpha\beta\gamma$ 論文が林の考察を刺激した。彼らは初期物質を中性子オンリーと仮定した。中性子の一部が崩壊し，陽子と中性子で重水素ができていくという元素合成を語ったのである。光子の黒体放射が密度を支配する宇宙膨張の方程式と，陽子もできた時刻での核反応が起こる密度の推定から現在観測されるCMBの温度の上限などを初めて推定した。

林はこの「中性子オンリー」という仮定は許されないことを示したのである。ここで基本的なのはガモフらが仮定している温度では電子陽電子対があるから，それらが核子との弱い相互作用の β 反応を繰り返して瞬く間にニュートリノ黒体放射を生じるため，中性子と陽子は完全な化学平衡の状態にあることを主張した。この議論はさまざまな素粒子反応のタイムスケールを計算して，膨張のタイムスケールを比較してなされている。

この林論文で一番大事なことはニュートリノ黒体放射が初めて導入されたことである。ガモフらは光子の黒体放射しか導入していない。このニュートリノがニュートリノ暗黒物質の起源に結びつく。ニュートリノ反応は素粒子標準理論の完成で β 過程だけではなくなったので数値的には再計算が必要になったが，ニュートリノ黒体放射の先駆性は変わらない。

当時，軽元素から積み上げる元素起源論はヘリウムから炭素につながるところで足踏みしていたが，ホイルらの 3α 反応でつながり，星の進化論も動き出した。その時期に，膨張する媒体の中での元素合成を計算したのが林・西田論文（1956年）である。これは3K放射発見前だから，3α 反応で炭素から先につながる密度を仮定して

いるから，現在では膨張宇宙初期とは結びついていない。ビッグバンがらみでの筆者との関係は天文月報（1970年4月号）に書いたことがある。

1950年代，フェルミがこの論文に注目して，渡米していたある日本人に「ハヤシを知ってる？」と聞かれ，それが湯川に伝わりこの論文の先駆性を初めて認識したようである。数多くの湯川研出身者がひしめいている中で，素粒子論では際立ったものがあるわけでもないのに，大阪府立大から京大湯川研の助教授に呼び戻されたのにはこの論文の存在も大きいと思う。なおこの頃に書かれた学位論文はこの論文ではなく，「非局所場理論のハミルトン形式」である。

ハヤシフェイズと林忠四郎先生の思い出

中 野 武 宣　（国立天文台名誉教授）

ハヤシフェイズの論文がPASJに発表された1961年に私は大学院に入学しました。こういう巡り合わせだったためか，私の研究生活はハヤシフェイズに関することで始まりました。

その少し前まで，表面有効温度が約3,000Kよりも低い赤色巨星が存在しないことが，恒星内部構造論の一つの謎でした。林先生と私の1年先輩の蓬茨霊運さん（故人）は，低温度星では水素原子の電化領域（原子状態から電離状態への遷移域）が光球の内側に入ることを考慮した大気モデルを内部構造に対する境界条件とすることによって，この謎を解きました。このような星では内部のほぼ全域で対流が起こります。

このことは進化の後期だけでなく，主系列に向かって収縮中の星にも適用されます。林先生の論文が発表されるまでは，このような星の内部は輻射平衡にあるとして，3,000Kよりもはるかに低温の状態から表面温度を上昇させながら準静的に収縮していくと考えられていました。林-蓬茨理論ではこの状態は力学平衡ではありえず，同じ半径の状態で比較すると，古い理論に比べて光度がかなり高くなります。このような状態にある時期は，後にハヤシフェイズと呼ばれるようになりました。ハヤシフェイズの発見は赤色巨星の謎解きの副産物だったと言えるでしょう。

私が修士2年になって間もない頃，林先生からどんなことをやりたいかと聞かれ，「星形成」と答えると，それに関係する良い問題があると言われました。それはハヤシフェイズの理論を太陽よりもはるかに低質量の星にまで拡張することでした。低質量になると水素分子の解離域（分子から原子への遷移域）が光球の内側に入ります。このことを考慮して，主系列に至る進化を調べ，主系列の下限質量が0.08と$0.07M_\odot$の間にあることを明らかにしました。この値は最新の値とほとんど同じです。この下限よりも低質量の星は後に褐色矮星と呼ばれるようになりますが，その一例として

0.05$M_☉$の星の進化を調べ，HR 図上での進化の道筋を求めました。これらの結果は林先生との共著論文として 1963 年に Prog. Theor.Phys. に発表しました。

　この結果を論文にまとめていた頃，林先生に「君の計算はすべてチェックした」と言われました。解離域にある水素ガスの統計力学は相当複雑です。駆け出しの M2 の学生のやることですから，チェックされるのは当然かなと思いました。

　この論文をめぐっては後日譚があります。われわれの論文と同じ年に Kumar が Astrophysical Journal に短い論文を 2 編発表しました。彼は表面有効温度は計算せず，「光度を適当に仮定して」主系列の下限質量を求めたと称し，褐色矮星の進化について極めて簡単な議論をしました。われわれの論文は，天文の分野ではあまり読まれない雑誌に出たためか，ほとんど引用されず，Kumar が下限質量と褐色矮星の進化を最初に調べたと長い間見なされていました。2002 年に開催された IAU Symp. #211「褐色矮星」での研究の歴史についての招待講演でわれわれの論文に触れられなかったため，日本人参加者が SOC 議長にわれわれの論文について話したところ，参加していなかった私にこの論文の紹介記事を研究会集録に書く機会を与えてくれました。こうしてわれわれの論文はようやく日の目を見たかなと感じています。この顛末は林先生がまだお元気だった頃に報告することができました。先生からは「よく頑張った」とのお言葉をいただきました。

　紙面が尽きました。先生のご冥福をお祈りします。

林先生とニュートリノ宇宙物理学

伊 藤 直 紀　（上智大学）

　林先生の講義を初めて拝聴したのは，1966 年 4 月に私が京都大学理学研究科物理学第二専攻に入学したときであった。林先生は当時，毎週土曜日の午前 10 時から 12 時まで，天体核物理学という講義を主に修士課程の学生向けに担当しておられた。林先生の天体核研究室の看板ともいうべき講義であった。ちなみに，天体核研究室では当時，研究室のゼミ（コロキュウムと呼んでいた）は土曜日の午後に 5 階の林先生の教授室で行われており，研究室の助手の天野恒雄さん，佐藤文隆さん，蓬茨霊運さんから始まって，次は中野武宣さんというように，学年順で毎週当番に当たったものが約 2 時間の発表を行っていた。当時は，林先生の教授室のかなり大きな黒板に必要事項をチョークで板書して行っていた。論文紹介が多かったと記憶するが，ゼミで質問するのは林先生が最も多く，私も林先生のほうを向いて話していたように記憶する。先に約 2 時間と書いたが，林先生が納得されるまでというのが正確で，ときには 3 時間以上に及んだゼミもあったと記憶する。ともあれ，この天体核研究室ゼミ

で，自分の物理の理解力不足を林先生に徹底的に指摘していただいた。林先生の大学院教育の真髄はこの研究室ゼミにあったといってよいであろう。また，ときに触れて，林先生の学問に対するお考えをうかがえるのがこのゼミであった。あるとき，林先生が，既存の観測結果を説明する理論より，新しい観測結果を予言する理論のほうが価値のある理論だと言われたのを記憶している。林先生は，このことをご自身で実行されて，私たちに最高の範を示された。

さて前置きが長くなってしまったが，林先生はニュートリノ物理学に早くから注目しておられた。周知のように，宇宙の初期における中性子と陽子の存在比を予言された1950年の林先生の有名な論文においては，当時の最先端の素粒子の弱い相互作用の理論が駆使された。さらに私が林先生の研究室に入れていただいた1960年代には，林先生は，ファインマンとゲルマンが1958年に発表した普遍フェルミ相互作用の理論を恒星の進化の理論と観測により検証するという壮大な研究を行っておられた。現在では，素粒子の理論を宇宙の観測により検証するという研究が多く行われているが，その源は1960年代の林先生の研究にさかのぼることができる。ファインマンとゲルマンの理論に基づくと，進化した恒星の内部では大量のニュートリノが作られて大きなエネルギー損失が起こり，恒星の進化が格段に速くなる。その後，ワインバーグとサラムの理論を使った詳しい計算を私たちが行い，40年前の林先生のお考えとはいささか異なる結果となったが，素粒子理論と宇宙を結びつけた林先生の先見の明は，後世までも記憶される偉大な功績である。

林先生について

原　哲也　（京都産業大学）

林先生は，私が今まで研究生活を送ってきた中で，一番影響を強く受けた人であり，かつ結果として一番お世話になった先生でもあった。

修士1年の頃だと思う。つまり今から40年ほど前のことである。どこかへ，行楽に出かけたときのバスの中で，林先生の隣に立って，先生に，なぜ粒子と，反粒子が対称なのに，この粒子ばかりの宇宙ができたのでしょうかということを，尋ねたことがあった。今から思えば，粒子と反粒子の非対称なK粒子のことは恐らく知ってはいたが，その非対称性がこの粒子ばかりの世界の形成に関係するとは，十分理解していなかった。もちろんサハロフの粒子ばかりの世界の形成の条件等は知る由もなかった。林先生からも，あまり明確な返事を聞いたような記憶はない。少なくとも当時の私が理解できるような形の返事ではなかったように思う。

やはり修士1年の頃だと思う。先生から研究の心得として，一つの分野だけでな

く，いくつかの分野の研究を試みなさいと言われた。また，ある分野について，〜10ほどの論文を，眼光紙背に徹するくらい十分深く読めば，何かアイデアは出てくるとも言われた。残念ながら，なかなか真剣に読んでいないのか，私の研究は遅々と思うようには進まなかった。

後は，修士から，博士へ進学するとき，何か迷って，それを相談したように思う。当時は，すでにオーバードクターの先輩が何人かいて，その人たちに論文を書くようにといつも先生は叱咤激励をされており，果たして自分がその立場になったとき論文が書けるのかどうか不安だった。また当時，学会発表で，同世代の人の講演の内容が，かなり高度な感じがして，それに圧倒されたという話もした。若いときは感じやすく，きっとそう思うほどでもないと言われ，少し元気づけてもらったような気がした。

しかし，大学院の時代の一番の思い出は，当時毎週土曜日の午後，1時頃から始まるコロキュウムのたいへんさが意識に上る。特に自分の担当が1年に2回ほど回ってきたのだろうか，その準備が本当にたいへんであった。自分に関心のある分野の重要な論文を読んで，その内容を紹介し，時には批判的にその論文を評価しなければならない。それが難しい。根掘り葉掘り尋ねられ，具体的に何が書いてあるかを説明しなければならない。その準備をするのがたいへんで，コロキュウムの前の晩は，半ば徹夜になることが当たり前であった。

定年も迫り，先生が退官講演の準備をされているときに，宇宙の大規模構造についても言及されることになったようで，私に当時のその分野のことを，何か気恥しそうにかつ謙虚に尋ねられたことを思い出す。

林先生の，数々の受賞に対してその受賞記念会に出席したことも懐かしい思い出である。また，先生は煙草が好きで，かつ私も当時はかなりヘビースモーカーで，"煙草が害ということは無いですよ" という先生の独特の論理を暫し拝聴し，当時は私も相づちを打ったりしていた。

こうして思い出すと，林先生には公私にわたって本当にお世話になり，有り難く深く感謝しているとともに，いまだ十分にその学恩に報いていないことが，今も心の中で時にうずく次第である。

全てにオーバーオールな研究スタイル

観山 正見 （国立天文台・台長）

林忠四郎先生の代表的研究成果としては，「宇宙初期の元素合成」「星の進化の研究」「星の形成」「太陽系の形成」等が挙げられると思いますが，それぞれの過程の一部を研究すると言うことではなく，その全過程を矛盾なく説明する姿は，よくオーバーオールな研究スタイルであると言われてきました。それは先生の研究スタイル全てにわたっていました。これは，門下生に大きな影響を与えたと思います。

例えば，私も参加した「星形成・太陽系形成」研究においても，そのスタイルは顕著でした。太陽系の現在の姿を分析することから，太陽系の初期条件を設定して，そこから進化によって得られるさまざまな過程を論理的に解決していくという進め方（京都モデル）でした。さまざまな過程を説明するため，別々の都合のよい初期条件やモデルを設定するのではなく，統一的な説明を求める姿でありました。地球のような岩石質の惑星，木星のような巨大ガス惑星などがよく説明できました。木星の質量も導かれましたが，これら結果が，一つの作業仮説から導かれる点で意義はたいへん高いです。論理構成が極めて明確であるため，最近の太陽系と異なる惑星系の発見に際しても，初期条件の異なるモデルの検討などで，京都モデル自体は生き残っています。ちなみに，先生たちはずっと以前より，冥王星は惑星として扱われていませんでした。したがって，国際天文連合が，「冥王星は惑星の定義から外す」とした結論は当然のものでした。

オーバーオールな面は，さまざまな点に及びました。林先生の京都大学退官記念に，皆でパソコンを贈呈しました。そのパソコンを使って，論文で使うギリシャ文字のフォントが気に入らないと，先生はフォントの作成をされました。またより高速な計算ができるようプログラムの一部を機械語で書いたりされました。その知識の豊富さでは，私の京都時代に参加していた，週一度の成田真二氏，木口勝義氏とのセミナーでは，ついていけるものはないほどでした。そして，さらに驚かされたのは，2年前に，多くの門下生に先生の生涯記録が送られてきたことでした。写真を含めて150枚を超える大作で，家の家系図から，天体核研究室の記録（仲人をした夫婦のリストも含めて）まで，林先生のほとんど全てがわかる資料でした。

研究室でメンバーが一番緊張するのが，コロキュウムでした。主として論文紹介を基本としていましたが，その論文のオーバーオールな説明が厳しく求められました。観測論文に関しても「最近の観測ではこのようなことがわかった」などと説明するとしかられました。その観測の原理，正当性，および，信頼性についても問われるため，準備はたいへんでした。科学探究の本質をたたき込まれたと思います。これらの精神は，多数の門下生に受け継がれ，そのセミナーには独特のスタイルが残っていると思います。先生には，研究のやり方を一から教えていただいたと思います。本当にありがたいことと思っています。

遠望 ── 1 孫弟子から見た林先生

梅 林 豊 治 (山形大学)

　天体核研究室に入った者は，どんな研究をしていようが，林先生の弟子なのだ。
　私が研究室に入った翌年には，理学部長就任で多忙を極め，直接の指導はスタッフであった佐藤文隆さん，中津清さん，佐藤勝彦さんなどに任せることが多くなっていた。しかし，全員，ときには部屋に呼びつけられて先生の指導を直接受けるという，容赦のない厳しい経験をしている。ところが，不思議なことに，私にはその経験が全くない。当時指導を受けていた中野武宣さんの弟子，すなわち「孫弟子」のような扱いで，常にワンクッションありだった。毎週土曜日午後のコロキュウムでの発表と，自分のいまやっている研究についての中間発表会で，先生から「詰問」を受けるのが唯一の指導であり，研究室のみんなから不思議な印象をもたれていた。
　したがって傍観者であったが，研究室と先生の研究情況はいまでも鮮明である。当時は「太陽系の起源」の研究が佳境を迎えており，中沢さんのもとで，院生であった中川義次さん，水野博さん，関谷実さんなどが最終的に Protostars and Planets II のレヴューにまとめられる一連の研究を精力的に行っていた。また，年に1度，長谷川さん，小沼さん，小嶋さん，久域さん，古在さんなど少数の錚々たるメンバーに限定したワークショップが先生主催で開かれていた。出席者の問題提起が一夜にして「地球原始大気の毛布効果」という先生の解答になり，論文にまとまるというワークショップの醍醐味を見せつけられたこともある。
　私にその経験はないが，先生と共著論文を書くのがどのくらいたいへんかも知っている。まだ，ワープロのない時代だったが，とりあえず，完成したタイプ原稿を渡すことになる。ほぼ一週間の検討期間の後，執筆者本人が呼びつけられ，内容が徹底的に批判される。木星型惑星の形成過程の研究で同意が得られず，青ざめて中沢さんの助けを求めていた水野さんの様子がいまでも目に浮かぶくらいだ。しかし，問題があってもダメになることはまずなく，結局，あっという間に先生自身の手で困難は解決される。そして，内容が固まり，さらに一週間ほどすると「君，できたよ」と手書き原稿が渡される。それですべてなのだ。元の原稿は完全に書き直され，明快かつ平明な「林の論理と結論」に貫かれた論文の完成である。この後，投稿以降で先生をわずらわせることは全くない。共著だけでなく，中間発表会でも先生の「裁可」は絶大であり，その恩恵は私も十分過ぎるほど受けている。
　ここはどれほどたいへんであろうが正面突破を図るところか，それとも極端な場合を押さえて簡単に済ますべきところかという研究の勘所も，到底まねができない。当時は西田修三さん，後に井田茂さんが引き継いだ微惑星の衝突断面積などに関する大規模な数値計算，成田真二さん，木口勝義

さん，観山正見さんによる回転ガス雲収縮の数値シミュレーションが前者の好例である．太陽系星雲の磁場の問題は後者で，あの林モデルを提示した論文のなかで，磁場の増幅と散逸という本質が見事にとらえられている．これを見せられて「やられた」と思ったが，いまでも困ると先生ならどうするかと考えていることに気づかされる．いつも，そのはるか上を示唆，指摘されて及ばなかった経験ばかりなのだが，それを考えることは今後も私を導く指針であり続けると思う．

林先生を偲ぶ

小 鳥 康 史　（広島大学）

　晩年に研究室に入った世代から見た先生の姿を書かせていただきます．その後約30年にもわたり研究を続けられたわけですから，今にして考えれば，そのときは決して研究人生の晩年でなかったわけですが．林先生に初めてお会いしたのは大学院入試の面接で，すでに還暦を迎えられ白髪のおじいさんでした．前年まで理学部長をなされ，岩波講座の「現代物理学の基礎」などの著者として，また，Weinbergの啓蒙書「宇宙創成はじめの三分間」の中でも初期宇宙の陽子と中性子存在比の研究が紹介されているなど，その名前は学部生にも広く知られていました．他のグループの教授よりはるかに大御所の風格が漂っていました．大学院生になり，恐る恐る修士論文の研究テーマについてうかがったところ，ご自身の定年や進行中のスタッフの異動のため特段の指示はなく，それぞれのスタッフに聞くようにとのことでした．当時，大学院生教育は放任主義であったというより，常に研究に重心があったようです．そのことを強く印象づけられたのは1984年3月の定年退官の最終講義でした．（収録は日本物理学会誌1985年第40巻第1号に掲載）．多くの最終講義では昔話とともにいかに研究を進めたかを披露されますので，林先生の数多くの業績に関連した諸々の裏話を期待しました．しかし，林先生の場合，現在形に力が入っていたように思えました．その数年前から研究の興味は「太陽系形成」から「分子雲からの星形成過程」に移りつつあり，ご自身が1982年に発見された解析解も触れられました．自己重力と釣り合う等温の回転する円盤の構造は非線形の偏微分方程式となります．言うまでもなく非線形系に解法の一般論はなく，問題に応じた解法が必要です．無限に広がった軸対称で等温・回転円盤の平衡解として，平坦度を特徴づけるパラメーターで表せる自己相似解を見つけられました．数値計算の結果を見て，そのような解の示唆を得られたそうです．数学者Hammingの言葉によれば，「計算の目的は洞察であって数値でない」．まさに，深い洞察による数値計算からの解析解の導出でした．

　当時研究内容は多岐にわたっていましたが，院生教育にも有効に働いていたのはコ

ロキュウムでした。土曜午後1時開始。学外から参加しやすいという点で半ドンの午後だったそうですが，1分以内に20平米程度の林先生の居室に約20名全員が揃うという厳格さでした。その雰囲気は林先生から発して先輩諸氏に受け継がれたものと想像しますが，発表内容にも容赦ない議論を沸き起こさせました。専門的な指摘はもちろんのこと，発表が曖昧な話になると，「本質的な点は何か」，「君がどう理解したか」などと問われていたのが印象に残っています。すっきり理解しようとする表れでしょうが，結果的に発表者への教育的発言となっていました。また，イライラ度が増すと煙草が進むようでした。終了時には部屋が煙で充満することがよくあり，煙草の本数が発表のバロメーターと若手が陰で評していました。

2008年4月米寿を祝う会でお話をする機会があり，研究への関心と喫煙が以前と変わりないことを知りました。禁煙社会が進んだ現在，先生の逝去は一つの時代が去った印象です。ご冥福を祈ります。

3. 『日本物理学会誌』小特集：林忠四郎先生追悼

日本物理学会誌 Vol.65, No.10（2010年）

はじめに

佐 藤 文 隆

　林忠四郎先生は2010年2月28日に89歳でお亡くなり，5月16日の「偲ぶ会」には二百数十名の関係者が参集した[1]。林先生は1963年仁科賞，65年朝日賞，70年エディントンメダル，71年学士院恩賜賞，82年文化功労者，86年文化勲章，87年学士院会員，94年勲一等瑞宝章，95年京都賞，2004年ブルースメダル，と数々の栄誉を受けられた．戦後日本の物理学を築かれた巨人がまたひとり去ってゆかれた．本小特集では先生の研究の力強い展開を理解して頂くことを目的とした．物理学を外向きに拡げた功労者としても記憶されるべきであろう．

　1961年の林フェイズ理論の発表で，世界の宇宙物理学界で確固たる地位を築くまでの研究遍歴は屈折したものであった．図1は2005年11月に京都大学基礎物理学研究所（基研）での研究会で林先生が「宇宙物理事始」と題して話された時のslidelである[2]．戦前の東大物理学科落合麒一郎教授のもとで南部陽一郎氏と一緒に原子核物理を勉強し，ガモフの論文に触れたのが天体核物理との出会いであった．しかし，戦争，敗戦，素粒子論全盛，原子力ブーム，などの時代の波を乗り切って，1960年頃からは宇宙物理一筋に次々と業績をあげられた．また1984年の京大の定年まで数多くの研究者が研究室から巣立った．

　1956年の基研での天体核研究会の経緯については文献3を参考されたい．またこれまでに先生について語られた参考文献をまとめて記しておく[4-9]．

　林先生は学士院の会員としてご自分の研究を次のように三つにまとめて提出している．

　林忠四郎の主要な学術上の業績[10]

　1) ビッグバン宇宙における最初の元素の形成．核反応が始まる以前の高温段階における，陽子・中性子・電子・ニュートリノの相互作用による陽子と中性子の存在比の時間変化を計算した．その結果，最初に形成される元素は水素（質量は約70%）とヘリウム（約30%）であって，炭素以上の重元素は形成されないことを明らかにした．

　2) 種々の質量の恒星の一生にわたる進化を計算した．特に，主系列星に到達するまでの準静的な重力収縮段階における，星の構造と光度の時間変化を理論的に解明した．この高光度の進化段階は，有名な「林フェイズ（phase）」と呼ばれていて，Tタ

林の研究の履歴
1942 東大卒 核理論と素粒子のゼミ (Bethe. 1936.37) 論文紹介 (Gamow) の URCA 過程, 1941)
1946 湯川研入門 部屋は宇宙物理教室の旧荒木教授室 Weizsaecker の Solvay 会議録 (天体核現象) 1939 Chamdrasakhar (1939). Eddington (1926) の本
1947 赤色巨星の Shell-source 模型の研究 等温コア (撤退, 非縮退) +CN 反応の球殻 + 外層
1950 宇宙初期の -N の存在比 (Garow の Big Bang 理論) e, e⁺, ν との相互作用により, P/N=1 (T>10^{11}K) → 4 (10^{11}K) If の形成に始まる核反応の結果, H : He=6 : 4 (重盛比)
1950-55 浪速大, 京大で素粒子論の研究 相対論的二体問題, 非局所的相互作用のハミルトン形式
1955 基研の超高温研究会 (星の進化, 地上の核融合) 星の内部の H_0 捕獲反応 (早川, 林, 井本, 菊池) Seattle の国際会議出席, Cal. Tech. 訪問
1957 原子核理学教室と研究室の創設. 当初のテーマは星の進化と元素の起源, 地上の核融合の研究
1962 論文 HHS (星の進化) を発表. 対流平衡の星の進化
1970 太陽系の起源, 星形成の動的過程の研究

図 1　2005 年講演の際の Slidel.[2]

ウリ型の星の本性を説明するものである。

3) 太陽系の形成について, 各惑星の存在領域において進行する種々の物理過程の理論的研究を行った。まず, ガス(水素とヘリウム)とダスト(氷や石の固体微粒子)からなる原始太陽系星雲から出発して, この中でダストが付着・成長しながら赤道面に向かって沈殿して薄い円盤を形成する。この円盤が重力不安定性によって分裂し, 多数の微惑星が形成される。これらの微惑星がガス中を運動しながら衝突によって付着・成長し, 最終的には現在の各惑星が形成されるまでの経過とその進行時間を計算した。以上は京都モデルと呼ばれている。

たしかに論文リストに並ぶ先生自身が自ら手掛けられた研究はこの三つである。1947-98 年の間に, 九十数編の英文論文を発表されているが, その内で第一項目のビッグバン宇宙がらみの論文は 1950 年のもの一編である。

一方, 世界的な宇宙物理の流れには, 1960 年代にクェーサー, 宇宙背景放射, ビッグバン宇宙, パルサー, X 線星, ブラックホール, ニュートリノ, 重力波などなど, 次々と一般相対論や素核の物理が関与する新テーマが登場した。筆者自身は 1963 年にはブラックホールにつながる Hoyle-Fowler-BB のプレプリントを林先生より与えられ, 1964 年には宇宙ニュートリノを基研の研究会でレヴューする機会を与えられ, 1965 年のビッグバン確証の "3K 放射" 発見情報など, 実に適切な指導と激励を受けた[11]。そこから, この宇宙物理の大展開に日本から世界のフロントに飛び出すことが出来たのである。その後, この研究室は 1985 年に筆者が, 2002 年には中村卓史氏が継いでいるが, 何れも主なテーマは先生が開拓された第二, 第三のテーマではない。

筆者は研究室の院生 (1960-64), 助手 (1964-70) として, さらに基研の教員として, ずっと先生の傍にいた。我々ブラックホールやビッグバンにいった連中が世界の流行にのって派手にやっていることを先生がどう思っていたかについてはいろんな局面があった。もともと先生は素核の物理や

相対論で宇宙に切り込むスタンスであったのだろうと思うが，1961年の林フェイズがテーマ的にはそれと逆方向のものであった。このままならぬ事態を定めと覚悟して，先生はこの流行分野の熱気をしり目に自分が撃ち込んだくさびを力技で押し込み，惑星科学へのトンネルを開通させたのである。

参考文献

1) 佐藤文隆：日本物理学会誌 65 (2010) 453；松田卓也，他：天文月報 103 (2010) 394—林忠四郎先生追悼文集。
2) 林忠四郎：素粒子論研究 112 (2006) F92。
3) 早川幸男：基礎物理学の進展，基研創立 15 周年シンポジューム記録（理論物理刊行会，1967）。p. 114；林忠四郎：湯川秀樹追悼講演会記録（理論物理刊行会，1982）。
4) 蓬茨霊運：天文月報 63 (1970) 87—星の進化；佐藤文隆：天文月報 63 (1970) 92—宇宙におけるヘリウム形成；早川幸男：天文月報 63 (1970) 98—林さんの横顔（林忠四郎教授エディントンメダル受賞特集号）。
5) 林忠四郎，杉本大一郎，佐藤文隆：自然 35 (1980) 26 星の進化をめぐる研究遍歴。
6) 杉本大一郎，佐藤文隆，中野武宣：日本物館学会誌 38 (1983) 433—林忠四郎先生の研究
7) 杉本大一郎：天文月報 80 (1987) 160—林先生と恒星進化論。中野武宣：天文月報 80 (1987) 164—林忠四郎先生と星の誕生研究。佐藤文隆：天文月報 80 (1987) 256—簡単な星の話（文化勲章記念特集）。
8) 佐藤文隆：日本物理学会誌 51 (1996) 172—天体物理理論京大天体核研究室の足跡から—；日本物理学会誌 61 (2006) 923—共同利用研の発明と宇宙物理，プラズマの揺籃期。
9) 佐々木節：素粒子論研究 112 (2006) F102—林研究室の気風と宇宙物理学。
10) 林忠四郎：『自叙伝付録』（「偲ぶ会」配布冊子 9p に掲載）。
11) 佐藤文隆：『宇宙物理への道』（岩波ジュニア新書，2002）。

著者紹介

佐藤文隆氏：1960 年京大理学部卒業，1974-2001 年京大教授，近著に『アインシュタインの反乱と量子コンピュータ』（京大出版会）

（2010 年 6 月 30 日原稿受付）

星の進化論と林忠四郎先生

杉本大一郎

星の進化論のはじまり

星が進化するという考えは 18 世紀に遡る。ガスから生まれた星は自分自身の重力で次第に収縮して太陽のような星になるというものである。つまり半径の大きい巨星から半径の小さい矮星へ向かって進化する。収縮説と呼ばれる。

20 世紀に入って，放射能による年代測定が行われ，堆積岩に 13 億年という古いものがあることが分かった。収縮説では太陽は重力エネルギーを解放して光っており，寿命は 3 千万年にしかならない。1920 年になって，エディントン (A. S. Eddington) らは，水素がヘリウムに核融合する際に解放される原子核エネルギーが

太陽の光をまかなっていると考えた。それだと100億年程度は十分にもつ。

その後，原子核物理が進んで核融合のメカニズムが分かるようになったのは，1938年頃である。こうして星の進化論は核物理と結びつくようになった。後に天体核物理学，略して天体核と呼ばれるようになる。

林先生と巨星

太陽のような主系列星の内部で水素の核融合が進むと，星の内部にヘリウム中心核ができ，その外を元からの水素の多いガスが取巻いていることになる。そのように組成分布が一様でない星だと半径の大きい巨星になるのではないかと考えられ，1940年頃からの中心的課題の一つであった。

林先生の最初の論文[1]はこの問題を扱っている。電子の（量子力学的）縮退も考慮して，巨星の内部構造の解をきちんと求めたものである。それは発刊間もないプログレス(PTP: Progress of Theoretical Physics)に掲載された。それらを通して，星の進化の方向は収縮説の「巨星から主系列星へ」から，「主系列星から巨星へ」と逆転させられることになった。

林先生は宇宙初期での元素合成に関する重要な論文も発表されたが，そのことは前掲の佐藤文隆氏の記事にある。

その後1956年まで，天体核に直接関係する論文はない。素粒子の非局所場理論の研究に集中しておられたからである。

天体核研究への復帰

林先生が天体核関係の研究に戻られたのには，基礎物理学研究所が発足して2年目の1955年に開かれた短期研究会「天体の核現象」がきっかけになっている。所長の湯川秀樹先生の意向を受けて早川幸男先生が中心になって組織されたものである。短期と言っても2週間の長きにわたり，物理学と天文学の指導的研究者が20名ほど集まり，交流して，新しい分野に取り組み始めた。今でこそ物理学と天文学は一体となって研究するものだと思われているが，当時はそうでなかった。分野にまたがって研究を進める会は他に例がなかったと言ってよいくらいであった。新しい概念である共同利用研究所が設立された役割は大きい。

成果の一つは，武谷三男，畑中武夫，小尾信弥の3氏によって，"Population and Evolution of Stars"として発表されている[2]。それは銀河と星の進化についてシナリオを作り上げたもので，その後の指針となった。先進的だったので，逆に，著者3人の頭文字を取って，「とても-ほんとと-おもえない」THO理論と，冗談交じりに呼ばれたものである。

天体核研究室の発足

当時のもう一つの動きは，核融合研究の始まりである。1955年に第1回の原子力国際会議がジュネーブで開催され，H. J. パーパ（インド）議長は120年以内に制御された核融合の方法が見つかるであろ

う」と述べた。日本もそれに呼応して，京都大学に3講座をもつ原子核理学教室が新設された。1957年のことで，林先生はその核エネルギー学講座の教授に着任された。

そこでのミッションは地上と天体での核融合であった。

「天体での」が入っている理由は，第1に，太陽や星の内部では核融合が進んでいるからである。第2に，星の集まり（星団や銀河）の力学（恒星系力学）では，その要素（星）の間に万有引力が作用して，系の性格を支配しているが，地上核融合のプラズマでも関数形が同じクーロン力が支配しているからである。

林先生は核融合関係の著書を執筆され，工学部が中心になって進めることになったヘリオトロン計画に寄与された。

しかしその後，林先生の研究は恒星の内部構造と進化を中心とするものになっていった。

1957年，ソ連のスプートニクが打ち上げられたこともあって，米国では1958年にNASA（米国航空宇宙局）が発足した。そしてNAS（米国科学アカデミー）は外国人の滞在研究員を募集しNASAに派遣することになった。林先生はその第1期研究員として受け入れられ8月から1年間滞在された。そこでの先生の主な研究は，太陽質量の15.6倍という重い星の進化のことであった。

NASAには電子計算機の名機と言われたIBM7090があった。それは星の内部構造を記述する微分方程式を数値積分するのに使われただけだが，日本で歯車式計算機を使って積分しているのに比べると画期的であった。そして帰国された後，大学に計算機センターを設置すること，研究に計算機を使うことを積極的に推進された。今なら当然と思われるかもしれないが，当時は数値計算を使ってする研究は「理論」として高尚でないという雰囲気に抗するものであった。

新しい手段や新しい分野が物事を切り開くことを，林先生は実行してこられた人である。核エネルギー学講座が発足したとき，当時としてはたっぷりと新設予算が出た。その一部を使って，2台の電動式歯車計算機を購入された。オランダのモンロー製で1台45万円という破格の買物だった。そして数値積分の実行で，タイガー印の手回し式歯車計算機を使っていたグループを追い越して，優位にたってしまった。駆け出しだった私は，お金は使うべきところにはたき，有効な道具を手に入れることの意味を知った。

NASAから帰国された林先生は，研究の方向について研究室会議に諮られた。天体核は今後発展が見込まれるうえに林先生は先端を走っている。ただし現在は研究者の社会が小さく，研究職への就職口はあまりないかもしれない。

一方，核融合はプラズマ研究所も開設されることだし，就職口は多いだろう。若い人はどちらに賭けますか，ということであった。結論は天体核になった。

実際は林先生がそういう方向に引っ張られたのだが，若い人が自分たちで納得して選んだふうに仕組まれていた。その頃の先生は何かというと大学院生の部屋へ来られ

た。そして互いに納得のいくまで議論された。夜まで続き，私が「先生に議論してもらうとお腹が減る」と言ったからとして，クラッカーと紅茶までもってきて議論が続けられた。

院生にとってもそのほうが安全である。考えが間違ってオーバーランしても，そのことが判明するまで議論してもらえるので，安心して広く自由に発想できる。

巨星と矮星の違い

NASA で計算された重い星の進化は，1962 年に論文[3)]として出版され，一躍有名になった。そこでは，星の内部で水素が消耗されてヘリウム中心核ができ，ヘリウム燃焼段階を経て炭素燃焼が始まる直前までが計算されていた。そこまできちんと計算したものは初めてだったからである。

それ以前には，1955 年にホイル (F. Hoyle) とシュワルツシルド (M. Schwarzschild)[4)]が球状星団を構成する太陽質量程度の軽い星の進化について，水素の消耗後には HR 図 (星の光度を表面有効温度に対してプロットしたもの) の巨星分枝に来るという計算と，ヘリウム燃焼段階には HR 図の水平分枝に来るという推定を発表していた。林先生のよりもやや遅れて始めたものだが，私の関係した球状星団の軽い星と中間質量の星[5)]についても，ヘリウム燃焼段階の進化は計算されていた。

それらに比べて林先生らの計算が優れていたのは，その結果が散開星団 h＋XPersei の観測された HR 図の上で，星の分布状況と比較できるほど詳しいものだったということである。そのことが，後に問題の発端になる。

それを説明するには，まず星の構造の非線形がもたらす性質について理解してもらうのがよい。星の内部の各点では重力と圧力 P の勾配が釣り合っている。星を球対称だとすると，中心から内部のある点までの距離 r の関数として，その点の状態が記述される。密度を ρ，半径 r の球殻より内側にある質量を Mr とすると，力学的釣合いは，

$$\frac{dP}{dr} = -\frac{GMr\rho}{r^2}$$

$$\frac{dMr}{dr} = 4\pi r^2 \rho$$

となる (G は万有引力の定数)。ポリトロープ指数 N を

$$1 + \frac{1}{N} = \frac{d\log P/d\log r}{d\log \rho/d\log r}$$

で定義し，その値を与えると，解は求められる。

現実の星では N の値は場所によって変わる。対流が起こっていれば $p \propto \rho^\gamma$ の断熱定数を使って，$1+(1/N)=\gamma$ になる。それに対し放射平衡すなわち光子の拡散が熱を内部から外部へ運んでいるときは，温度 T に関わる熱伝導の式がそれを決めることになる。それは温度とエネルギー流束との関係である。そしてエネルギー流束の発散は，核反応によるエネルギー解放率，発生したニュートリノが星の内部を素通りして持ち去るニュートリノ損失率，熱力学第 1 法則で記述される質量要素からの熱の出入りで表せる。

こうして放射平衡の場合，熱の流れに関

する微分方程式が2つ増えるが，変数も温度 T とエネルギー流束との2つが増えた。話を閉じさせるためには，局所的関係として状態方程式 $P=P(\rho, T; 組成)$ が必要である。これは理想気体，黒体放射，電子の縮退，原子のイオン化の程度などで大きく変わる。しかも星の内部では，いろいろな状況が混ざって出てくる。しかし力学平衡だけで見ると，それらの影響はすべてポリトロープ指数 N の中に取り入れて表現されている。そこで p, ρ, N だけを使って力学平衡だけを解き，温度 T との関係は後で考えることにすれば単純になる。つまり P と ρ の組み合わせは良い概念で，ρ と T はそうではない。しかし伝統的な議論は ρ と T でなされてきたので物事がスッキリしないことが多かったし，今でもそうである。

ここでは P と ρ で議論する。力学平衡の式は

$$U = \frac{d\log Mr}{d\log r} = \frac{4\pi r^3 \rho}{Mr}$$

$$V = \frac{d\log P}{d\log r} = \frac{G\pi r\rho}{rP}$$

と書き直せる。この U と V は無次元量だから，それを使って求めた相似解はホモロジー変換を許す。だから星の中心からの積分と表面からの積分を接続して固有値を求める際に探すべきパラメーター空間の次元が下がって，計算量が減る。さらに重要なことは，

$$d\log Mr = -U\frac{d\log U - d\log V}{2U+V-4}$$

だから，縦軸を V，横軸を U とする UV 面で $f=2U+V-4=0$ の線上では特異(singular)であり，解の曲線がそれを横切るときには分子もゼロでなければならない。また星の内部へ向かって見ていく（$d\log Mr<0$）と，f の正負によって UV 曲線の伸びていく向きが逆になる。

こうして UV 面上で $f>0$ の領域にあるか，$f<0$ の領域にあるかで，星の構造の性質は全く異なることになる。後に，私は解が $f>0$ の領域内に留まるものを矮星タイプ，$f<0$ の領域まで入ってくるものを巨星タイプと名づけた。なお，星の表面と中心では原理的に $f>0$ なので，解が $f<0$ の中だけに留まっているものはない。

このようなことが起こるのは，力学平衡の式が掛け算ばかりで表される非線形の極致だからであり，それは重力の到達距離が無限大だからである。さらに天体での重力は自己場であり，これも非線形性をもたらす。

重い星の進化計算がもたらしたもの-I

林先生は重い星の進化を散開星団 h+χ Persei の HR 図と比較された。星にヘリウム中心核ができると，星は HR 図上で右の赤い方へ進化する。そして赤色巨星になる手前でヘリウム燃焼が始まり，星は黄色い超巨星に戻って，そこでヘリウム燃焼段階を過ごす。その後，星は再び赤くなり，炭素燃焼が始まるときには赤色巨星になる。

こうして h+χ Persei に観測される赤色巨星の星ぼしは炭素燃焼以降の段階にあると推定された。一方，星の内部が十分高温になると，電子とニュートリノの直接相互作用 $(\bar{e}\nu)(\bar{\nu}e)$ によって大量のニュートリ

ノが発生して星のエネルギーを持ち去る（ニュートリノ損失）ので，赤色巨星としての寿命は短くなる。それらの比較から，$(\bar{e}\nu)(\bar{\nu}e)$ は現実には存在しないのではないかとされた。当時，その実験的証拠はなかったからである。

その後の研究室では，進化の計算はニュートリノ損失があると仮定したときと，ないとしたときの2つの場合について行うことになった。観測と比べることによって，どちらが良いかを判定しようというわけである。天体は極限状態の実験室という言葉で語られた。

顛末は次のようである。実験によってその相互作用は確立された。林先生が2008年3月に纏めて，林研究室仲間に配られた自叙伝の中で，そのことを「『電子とニュウトリノの直接相互作用』の研究の大失敗」と記しておられる。

その後，多くの人の計算によって，ヘリウム燃焼が始まるときには星は赤色巨星であるから，ニュートリノ損失とは矛盾しないという結果が示された。一方，1987年にマゼラン星雲で超新星が発生したが，写真に残っていた爆発前の星の像は黄色い超巨星であった。炭素燃焼以降の段階でも，星は赤色巨星とは限らないということである。

このような混乱が起こったのは，前節に述べたことから説明できる。巨星の解は $f=0$ という特異線の近くで外層と中心核がつながる。そのため物理パラメターの値が少し異なると，星の半径は大きく変わる。例えば以前の進化段階で星からガスが流れ出し，水素外層の質量が減っていると，赤色巨星に比べて，半径の小さい黄色い星になる。

今から反省すると，この「大失敗」は，少なくとも私には多くの積極的な面をもたらした。転んでもそれ以上のものを掴んで起き上がったというわけである。私が進めたことからいくつかを挙げる。1) 星の進化は多様な時間尺度（multi-time scale）だけでなく，各時間の比率が場所によって極端に変わる問題との認識が進んだ。その解析から始めて，星の進化計算における数値不安定を克服し，準静的進化から爆発段階まで安定して計算し通せるようになった。2) 矮星タイプと巨星タイプの解の違いは，星の進化をもたらす見かけ上の負の比熱と相まって，星の内部での核反応の安定性を規定する。それは核反応のフラッシュ現象，新星爆発，Ⅰ型超新星，中性子星のX線バーストなどを系統的に説明する。3) 星の構造のホモロジーを考慮してオイラー座標で扱うと，何度も繰り返すフラッシュ現象，近接した連星間で質量が一方から他方へ大量に流れる進化も扱える。4) 重力と熱が同時に関係する電力熱力学系を理論化し，宇宙の中の多様なサブシステムの振舞を統一的に理解することができたことなどである。

これらの話は私が林先生の大学院を終えてから行ったものである。ただ，そのような理解は研究者の間に膾炙したわけではない。1970年頃から観測技術が格段と進歩したので，非線形問題を理解するよりも観測された詳細を説明することに学界の興味が移っていったからである。また計算機の発達によって，細かいことが計算に取り入

れられるようになったことも関係している。

それでも私がこだわったのは，1962年にPTPのサプリメントに出版されたいわゆるHHS（林・蓬茨霊運・杉本）[6] の183ページに及ぶ論文が基にある。大学院生であった私はほんの一部分を執筆しただけで，主に数値的な仕事を手伝った。この論文はバイブルと呼ばれるほどに一世を風靡したが，そこにはUV曲線を使った議論が展開してある。もちろんUV曲線はシュワルツシルドの教科書[7] で広範に使われていた。違いは林先生のやり方では，それまでのUV面ではなく，log U–log V 面にプロットされていることである。こうして U の小さい値のところが本質的になる巨星の解を捉えることができるようになった。この対数面でのプロットは，後に林の発明として賞讃された。

重い星の進化計算がもたらしたもの – II

素直な延長として，林先生の大成功をもたらしたのは原始星の進化と太陽系起源論の研究である。NASAでの計算で炭素燃焼が始まるところまで来ると，星の半径がどうしようもなく大きくなるという事態に陥った。原因は星の表面近くで放射平衡だとする境界条件を課していたことにあった。

この困難を解決するためには，表面近くで対流が起こっているときの境界条件を定式化しなければならない。それはホイルとシュワルツシルド[4] が1955年に球状星団の巨星分枝を研究したときに指摘され，1958年の教科書[7] にも詳しく論じられているが，定量的には満足できるものではなかった。星の表面近くが低温になると，イオン化していた水素が結合して分子になり，密度が低すぎて対流だけでは熱エネルギーが輸送できず放射による輸送と共存するようになる（地球大気の状況と同じ）。しかし温度・密度の勾配がある場での対流の扱いには混合距離理論くらいしかない。

NASAから帰国された林先生は，イオン化は正確に，対流による輸送は効率のパラメターにして詳しく計算し直された。常々言っておられた「物理過程としてきちんとしたものは取り入れ，仮定は物理的に意味のはっきりしたものでないといけません」，「結局は自分で計算しないとダメです」ということを実行されたのである。その結果は，星の表面温度がある値よりも低いと星の外層は平衡状態にありえないということであった。その温度は星の光度によって少し変わるので，それをHR図にプロットしたものは，後にHayashi lineとかHayashi limitとも呼ばれることになった。

それは星が星間ガスから生まれてくるときの描像を一変させることになった。それまでは，ほぼ一定の光度を保ちながら星が収縮して高温になっていくというヘニエイ (L. G. Henyey) 収縮だと思われていたのが，ガス球の半径をほぼ一定に保ちながら急に明るくなり，その後はHayashi lineに沿って，100分の1程度の明るさまで暗くなって（Hayashi phaseと呼ばれる）から，ヘニエイ収縮の段階に移るというものである。そしてHayashi phaseでは星の内部の

ほぼ全域で刻流が起こっている。この点でも放射平衡のヘニエイ収縮とは異なる。

この違いは原始星の進化と太陽系の起源の描像も大きく変えるので，1970年にエディントン・メダルを授与されるものになった。発見の最初の論文は1961年に出版され，その後の成果はHHSにも取り入れられている。これを契機に林先生は原始星の動力学的進化や太陽系起源論に研究の軸足を移し，大きい成果をあげられた。詳しいことはこれに続く中野武宣氏の記事を見られたい。

進化の進んだ段階に関するその後の林先生の研究は，水素とヘリウムの層は取り除いた炭素と酸素からなる星から出発して鉄の中心核，つまり超新星直前の段階まで計算されたものである。そのような星は矮星タイプの解になる。

それに対し，私はマグネシウム燃焼のところまでしか計算しなかったが，水素外層までを考慮し，そこでの対流がヘリウム層まで侵入するかを調べた[8]。これは巨星タイプの星である。その後のことは，林先生の自伝に「私は，原始星と太陽系の形成の研究に集中することにし，星の進化の研究は杉本君の研究室に任せることにした」と書いておられる。

おわりに

林先生が亡くなられて，私は新聞や雑誌の記事を作るのに協力させられた。もちろんこれらでは林先生のご業績を褒め称えた。ただこの原稿は物理学会誌に載せるものなので，物理学としての内容と経緯をキチンと書くことにした。執筆中に気になっていたことを一つ計算し直してみた。私は1980年頃から研究の中心を移したので，棚上げになっていたことである。

分かったことは2つある。第1はHR図上でのHayashi lineの傾きである。光度と表面温度との関係を$L = T_{eff}^\beta$で表すと，表面近くでの平均のポリトロープ指数が$N_{eff}=3$のときには$\beta=0$つまり$L=$一定のヘニエイ収縮，$N_{eff}=3/2$（理想気体の断熱）だと$\beta=-6$，$N_{eff}=1$では$\beta=\mp\infty$，$N_{eff}=0$（圧力つまり高さによらず密度は一定）では$\beta=+6$になる。Hayashi lineのβは8から-9である。対流が起こっていれば，いずれにしても$0<N<1.5$だから，ふつうの目盛間隔のHR図では，これらの線はほぼ垂直に立っている。だから本質はそこにあって，細かい計算はβの値を詳しく決めたのだということになる。

第2はシュワルツシルドと林の相違に関することである。前者では外層は中心核の巨星タイプの解に接続されているが，表面条件に接続するパラメターEの値は選ばれていない。後者では表面条件は満たされているが中心部の解とは接続されていない。そして$E=45.48$の値になるEmden解につながればというのが暗黙に仮定されている。要するに，それぞれ反対の方向から問題を不完全に見ているのである。しかし原始星に関する限りは矮星タイプの解になり，$E=45.48$という全域が対流の近似は悪くない。

この意味では，林先生が巨星に見切りをつけて原始星に集中されたのは賢明だったとも言える。研究の中途段階は所詮そのよ

うなものだとも言える．偉い先生がおやりになることは，全ての辻褄が合っていなくても結論がほぼ正しかったりする．物理に関する直観力の違いであろうか．

参考文献

1) C. Hayashi: Prog. Theor. Phys. 2 (1947) 127.
2) M. Taketani, T. Hatanaka and S. Obi: Prog. Theor. Phys. 15 (1956) 89.
3) C. Hayashi and R. C. Cameron: Astrophys. J. 136 (1962) 166.
4) F. Hoyle and M. Schwarzschild・Astrophys. J. Suppl. 2 (1955) 1.
5) M. Nishida and D. Sugimoto: Prog. Theor. Phys. 27 (1962) 145; CHayashi, M.Nishida and D. Sugimoto: Prog. Theor. Phys. 27 (1962) 1233.
6) C. Hayashi, R. Hōshi and D. Sugimoto: Prog. Theor. Phys. Suppl. 22 (1962) 1.
7) M. Schwarzschild: Structure and Evolution of the Stars (Princeton Univ. Press, 1958).
8) D. Sugimoto: Prog. Theor. Phys. 44 (1970) 599.

著者紹介

杉本大一郎氏：専門は天体物理学と計算科学．特に自己重力系の非線形性と多体問題．必要に応じて超高速コンピュータを制作．

(2010 年 6 月 11 日原稿受付)

林フェイズと星形成の研究と林忠四郎先生

中 野 武 宣

林フェイズの発見

林フェイズの論文が発表された 1961 年以前，表面有効温度 T_{eff} が約 3000K より低い赤色巨星が存在しないことが，恒星内部構造論の一つの謎であった．林先生と蓬茨霊運氏は，低温度星では水素原子の電化領域（原子状態から電離状態への遷移域）が光球の内側に入ることを考慮した大気構造を内部構造につなぐことによって，この謎を解いた[1]．これは林フェイズの発見につながることなので，もう少し詳しく述べる．

恒星の内部ではエネルギーは輻射（光子による熱伝導）と対流によって運ばれている．対流が起こるための条件は，単位質量当たりのエントロピー s が外に向かって減少していることであるが，実質的には対流域では $s = $ 一定とみなすことができる．輻射によるエネルギー流束は温度勾配 dT/dr に比例する．T は温度，r は星の中心からの距離である．熱伝導率が小さいと，必要なエネルギー流束を維持するためには大きな $|dT/dr|$ が必要である．これがあまり大きくなりすぎると，外に向かって s が減少することになり，対流が起こる．そのため，星全体で $s = $ 一定となる状態，すなわち星全体で対流が起こっている状態は，星の構造に関する一つの極限状態になっている．星の中では圧力勾配と重力が釣り合った力学平衡状態にあり，圧力 P は r の関数である．上記の温度勾配に関する議論は r による微分よりも P による微分で表す方が見通しが良い．そこで，必要なエネルギー

流束を輻射だけで運ぶのに必要な温度勾配を $\nabla_{rad} \equiv (d \log T/d \log P)_{rad}$ と書くことにする。対流域での温度勾配は $s=$ 一定の下での微分 $\nabla_s \equiv (d \log T/d \log P)s$ で与えられる。対流が起こらないための条件は $\nabla_{rad} < \nabla_s$ である。完全電離の理想気体では $\nabla_s = 0.4$ であり、∇_{rad} は普通 1 の程度の大きさの量である。そのため、どの領域で対流が起こるかを知るためには、詳しい構造計算が必要である。ところが、水素の電化領域では $\nabla_s \sim 0.1$ と非常に小さい値を取る。例えば、断熱圧縮により増加した内部エネルギーの大部分は電離度を高めるために使われ、温度はあまり上昇しないのである。そのため、対抗が極めて起こりやすい。

また r の増加に伴う $\log P$ と $\log \rho$ (ρ は密度) の減少に比べて、$\log T$ の減少は非常に小さいため、光球の温度 T_{eff} はあまり低くなれない。林と蓬茨[1]は $1M_\odot$ 程度 ($M_\odot$ は太陽の質量) の星について詳しい数値計算を行い T_{eff} に数 1,000K の臨界値 (値は星の質量と半径の関数) があることを示した。T_{eff} が臨界値に等しい星では、光球付近の極めて薄い領域を除く星の内部全域で $s=$ 一定となり、穏やかな対流が起こっている。臨界値よりも高い T_{eff} の星では、内部に輻射だけでエネルギーが運ばれる $ds/dr>0$ となる領域が存在する。逆に、臨界値よりも低い T_{eff} をもつ星が仮に存在したとすると、その星の中には $ds/dr<0$ となる領域が必ず存在し、そこで激しい対流が起こって、極めて短い時間 (動的時間) で s の分布が変化し、$ds/dr<0$ の領域が存在しない状態に変わってしまう。すなわち、臨界値よりも低い T_{eff} を持つ星は存在できないのである。

このことは進化の後期にある赤色巨星だけでなく、主系列に向かって収縮中の生まれて間もない星にも適用されねばならず、この段階の進化は従来の理論とは大きく異なるものになる、というのが林先生の主張である[2]。

林先生の論文が発表されるまでは、このような星の内部では輻射によってエネルギーが運ばれるとして、3,000K よりもかなり低温の状態から Teff を上昇させながら、HR (Hertzsprung-Russell) 図上を図 1 の曲線 CD に沿い、主系列 (M. S.) に向かって準静的に収縮していくと考えられていた[3]。この進化の道筋はヘニエイ (L. G. Henyey) トラックと呼ばれる。この理論では、電化域に起因する対流を無視し、∇_{rad} で構造が決まっているとした。これでは r の増加に伴う $\log P$ と $\log \rho$ の減少と同程度に $\log T$ も減少するので、林と蓬茨の臨界値よりも低温の T_{eff} でも星は存在できることになってしまっていた。

図 1 の曲線 AB はある質量の星の T_{eff} 状

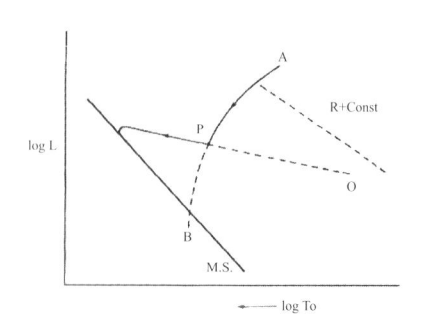

図 1 古い理論と林理論による生まれてから主系列に至るまでの HR 図上での進化の道筋の比較. 文献 2 より.

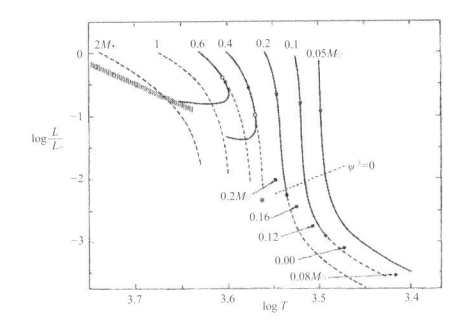

図2 HR 図上における小質量星の主系列に至る進化の道筋。黒丸は0歳の主系列の状態を表す。実線の下左端はその直前の状態である。文献4より。

態を表す。先に述べたように，この線よりも低温側（右側）では星は力学平衡状態にあり得ず，同じ半径の状態で比較するとT_{eff}が高い分古い理論に比べて光度が大きくなる。このような状態にある時期は，後に林フェイズと呼ばれるようになった。また，曲線 AB は林ライン，または林リミット，それよりも低温側の星が存在できない領域は林の禁止領域と呼ばれるようになった。生まれて林ライン上に現れた星は，このラインに沿って光度を下げ（この道筋を林トラック，この時期を林フェイズと呼ぶ），この線とヘニエイ・トラックの交点 P の近くで方向を変えて漸近的にヘニエイ・トラックに近づき，その後はヘニエイ・トラックに沿って主系列に向かって収縮していく，というのが林先生の理論である[2]。

星を生み出す材料である星間雲は極めて低温なので，星が生まれるときには林の禁止領域を横切らねばならない。従って，星形成は少なくとも最終段階において，準静

的ではなく，動的に進む。また，太陽は林フェイズにおいて現在よりもかなり明るく輝いていたことになる。太陽系内の惑星等の天体は太陽が生まれて間もない頃に形成されたと考えられている。その材料物質や原始太陽系ガス雲は，太陽からの強い光の影響を受けたと考えられる。林フェイズの発見は星形成や太陽系起源の研究に大きなインパクトを与えた。その発見者である林先生がその後これらの分野で活躍されるようになったのは，必然のことと言えるだろう。

小質量星の林フェイズと褐色矮星

林フェイズの論文が発表された 1961 年に私は大学院に入学した。こういう巡り合わせだったためか，私の研究生研は林フェイズに関することで始まった。修士2年になって間もない頃，星形成に関することをやりたいと言ったところ，林先生から勧められたのは，林フェイズの理論を太陽よりもはるかに小質量の星にまで拡張することだった。内部のほぼ全域が理想気体で構成されている星では，質量が小さいほど，中心温度が同じ状態で比較して，星の平均密度が高くなっている。水素原子の電化域も全体的に高密度になり，それに伴って，質量作用の法則に従い，電化域の温度がわずかだが高くなる。これは∇_sを大きくし，電化域がT_{eff}の低下を抑える効果を小さくする。また，光球付近の密度も高くなる。これらが原因となって，林ラインは質量が小さくなるにつれてT_{eff}の低い方へずれていき，やがて水素分子 H_2 の解離域（分子

状態から原子状態への遷移域) が光球の内側に入ってしまう。解離域は電化域と同じように T_{eff} の低下を抑える効果があり,小質量星の林ラインに大きな影響を与える。H_2 の解離域の効果を取り入れて,小質量星が生まれてから主系列に至るまでの進化を調べた。図 2 はその結果を示している[4]。実線から破線に滑らかに移る曲線 (実線または破線だけのものを含む) は,各質量の星に対する林ラインである。質量が小さくなるにつれてヘニエイ・トラックの部分が少なくなり,$0.26M_\odot$ 以下では全てが林トラックとなることがわかった。質量が小さくなるにつれて,林フェイズの重要性は増すのである。

この研究のもう一つの成果は,主系列星の下限質量を決めたことである。主系列星では中心領域で水素の核燃焼によって単位時間に解放されるエネルギー L_n と星の表面からまわりの空間に単位時間に放射されるエネルギー (星の光度) $L_\star$ が等しい定常状態にある。L_n は中心領域の構造で決まる。一方,光度 $L_\star$ は一般的には中心領域だけでなく星全体の構造で決まる。しかし,林フェイズのように表面域を除く星の内部全域で対流が起こっている場合は,光球を含む表面域の構造だけで光度 $L_\star$ が決まる。ある半径 R を持った林フェイズの星の場合,HR 図上で $R=$ 一定を表す線と林ラインの交点が $L_\star$ と T_{eff} を与える。

星の光度 $L_\star$ は半径 R に穏やかに依存する。例えば,ヘニエイ・トラックでは $L_\star \propto R^{-0.8}$ で近似でき,林トラックでは $L_\star \propto R^2$ としても大きな間違いではない。一方,水素の熱核反応はマクスウェル分布の裾野の粒子によって起こるので,それによるエネルギー解放率 L_n は星の中心温度 T_c に極めて敏感である。星の質量があまり小さくなければ,星のほぼ全域は理想気体で構成されていると考えてよく,T_c は R に反比例する。そのため,L_n は R に極めて敏感である。主系列から遠く,R が十分大きいときは,$L_n \ll L_\star$ で,表面からのエネルギー損失に応じて星は収縮していく。収縮が進み,T_c が 10^7K に近づくと,L_n は急速に $L_\star$ に近づき,両者が等しくなると,表面からのエネルギー損失が水素の核燃焼によって補填されるため,星は収縮を止める。これが "0 歳の主系列" の状態である。

小質量星の場合にはこの話に修正が必要である。収縮によって密度が上昇すると,やがて電子のフェルミ縮退が始まる。この状態の気体の圧力は,同じ密度と温度の理想気体の圧力よりも高いため,密度が同じ状態で比較して,理想気体の場合に比べて低い温度で星を力学平衡状態に保つことができる。そのため電子の縮退がある程度進むと,収縮に伴う中心温度 T_c の上昇は理想気体の場合よりも遅くなり,ある半径で最大値を取り,その後は低下していく。そのため,R の減少とともに増加してきた L_n は,R のある値で最大値を取り,その後は減少していく。R の関数として L_n を表す曲線と $L_\star$ を表す曲線の R の大きい側での交点が,0 歳の主系列に対応する。既に述べたように,理想気体とみなせる場合,中心温度が同じ状態で比較して,質量が小さいほど星の平均密度は高い。中心密度も同様である。そのため,星の質量が小さいほど,電子の縮退は低い温度で始まり,T_c

の取り得る最大値も低くなる。その結果，質量がある値よりも小さいと，この2つの曲線が交差しなくなる。2つの曲線がちょうど接する場合の質量が主系列星の下限質量である。我々はこれが $0.08M_\odot$ と $0.07M_\odot$ の間にあることを示した。なお，私が知っている最新の計算では，$0.08M_\odot$ と $0.075M_\odot$ の間となっている[5]。

この下限よりも質量の小さい星は，表面から失われるエネルギーを熱核反応で十分補充することができず，電子の縮退がある程度進んだ後はただ冷えていくだけである。このような星は後に褐色矮星（brown dwarf）と呼ばれるようになった。我々はその一例として $0.05M_\odot$ の星の進化を調べた。電子がほとんど縮退していない状態から相当強く縮退した状態に至るまでのHR図上での進化の道筋を求めた。図2に示されているように，電子の縮退が弱い頃は，T_{eff} をほぼ一定に保ちながら光度 $L_\star$ が減少していくが，縮退が強くなると，白色矮星の場合と同様に，ほぼ半径Rが一定の線に沿って $L_\star$ と T_{eff} を減少させ，星は次第に冷えていく。

この仕事を始めるに当たって，林先生から問題の概要の説明を受けたが，その後は進行状況について時々たずねられるだけだった。行き詰っていなければ任せておくという姿勢だったようだ。とりあえず結果を論文にまとめた段階で，先生から「君の計算は全てチェックした」と言われた。解離域にある水素ガスの統計力学はかなり複雑である。その上，駆け出しのM2のやることである。先生はやるべきことは抜かりなくやっておられたということであろう。

この結果は1963年に Prog. Theor. Phys. に発表した[4]。この論文を巡っては後日譚がある。ほとんど知られていなかったこの論文が日の目を見るに至るまでの経緯について述べる。

我々の論文が発表されたのと同じ年に，クマー（S. S. Kumar）が短い論文を2Astrophysical Journal に発表した[6]。第1の論文では T_{eff} あるいは林ラインは計算せず，「$L_\star$ としてもっともらしい値を仮定して」主系列の下限質量を求めた，と称している。前もって下限質量はわからないので，その質量の星の光度 $L_\star$ もわからない。何をもって $L_\star$ の「もっともらしい値」としたのか，クマーは説明していない。これに続く第2の論文では T_{eff} が時間的に一定だと仮定して，褐色矮星がある半径まで収縮するのにかかる時間を求めた。星の全エネルギーの時間変化を記述する微分方程式は，T_{eff} が一定だと仮定すると簡単に解析的に積分でき，得られた結果は T_{eff} を含むが，彼は T_{eff} の値は求めなかった。T_{eff} が一定とみなせる時期があるとしても，それは電子があまり縮退していない時期だけで，縮退がある程度進むと，既に述べた通り T_{eff} でなくRがほぼ一定となる。

我々の論文は，天文の分野ではあまり読まれない雑誌に発表したせいか，数年前までは引用されることはほとんどなく，主系列星の下限質量と褐色矮星の進化はクマーが最初に調べたとみなされていた。このように書いた天文学の教科書もある。このようなことを林先生が知っておられたかどうかはわからない。知っていても，泰然としておられたのかもしれない。我々の論文は

クマーの論文に比べて決して見劣りするものではないと私は思っていたので，機会がある度に我々の論文の宣伝に努めてきた。その結果，国内では生まれて間もない星の観測や褐色矮星の研究をしている人達の一部に知ってもらうことができたが，国外では難しかった。

転機が訪れたのは 2002 年に開催された国際天文学連合（IAU）シンポジューム No. 211「褐色矮星」においてであった。この研究会では最初に褐色矮星の研究の歴史についての招待講演があった。その講演では我々の論文について全く触れられなかったため，何人かの日本人参加者が後でSOC委員長に会い，我々の論文について説明した。その結果，まとめの講演の前に我々の論文を紹介する時間を取ってくれた。更に，研究会集録に我々の論文を紹介する短い記事を書く機会を，参加していなかった私に与えてくれた。こうして我々の論文はようやく日の目を見ることができたかなと感じていた。2004 年に林先生はアメリカの太平洋天文学会（Astronomical Society of the Pacific）のブルース（C. W. Bruce）メダルを受賞された。この学会のホームページの受賞者を紹介する欄では，先生の研究業績に褐色矮星の進化が含まれている。研究会集録が出版されてから1年程の間にここまで知られるようになったのは驚きである。

星間雲の重力収縮

林の禁止領域の存在は，星形成が，少なくともその最終段階において，動的過程であることを意味する。この過程に関して林先生と私が最初に手がけたのは，質量の決まった（例えば $1 M_\odot$）星間雲の平均密度 ρ と平均温度 T が時間とともにどのように変化していくかであった。雲の構造変化まで考えると複雑で，それは次の段階でやることと考えたのである。

手法はいくつかの基本的過程を特徴付ける時間尺度を比較することであった。重力が圧力に比べて十分強いと雲はほぼ自由落下収縮するが，その時間を t_f，逆なら自由膨張の時間を t_e と記すことにする。星間ガスでは種々の冷却・加熱過程が働いており，それによって温度が変化する。冷却が勝る場合は冷却時間 t_c，逆の場合は加熱時間 t_h がその系の物理過程を特徴付ける。例えば，$t_\mathrm{f} = t_\mathrm{e}$ は重力と圧力が拮抗した力学平衡状態に対応する。$\log\rho$-$\log T$ 面上の任意の点でのこれら4つの時間の大小関係から，その点での進化の方向がわかる（図3）。冷却と加熱が釣り合う状態を表す曲線と $t_\mathrm{f} = t_\mathrm{e}$ を表す直線の交点の密度 ρ_cr が境界となる。初期にこれよりも高密度だと，密度がほぼ一定のまま急速に $t_\mathrm{f} = t_\mathrm{e}$ を表す線に近づいた後，ほぼこの線に沿ってほぼ自由落下収縮していく。断熱圧縮による温度上昇を冷却過程によってほぼ打ち消しながら収縮していくのである。逆に初期に ρ_cr よりも低密度だと，最終的にはほぼ $t_\mathrm{e} = t_\mathrm{h}$ の線に沿って膨張していく。$1 M_\odot$ の雲の場合，$\rho_\mathrm{cr} = 2 \times 10^{-18} \mathrm{g\,cm^{-3}}$ である。曲線 $t_\mathrm{f} = t_\mathrm{e}$ に沿って収縮していくと，雲はやがて熱輻射に対して不透明になる（図3の点A）。質量が $0.01 M_\odot$ に比べ十分大きい雲はその後はほぼ断熱的に自由落下収縮を続ける

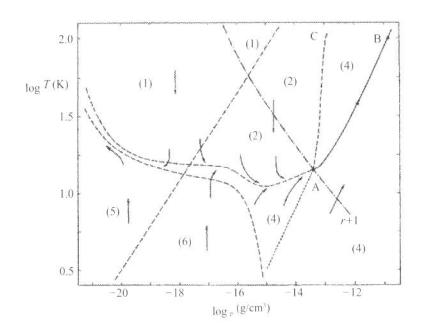

図3 $1M_\odot$の星間雲の$\log\rho$（平均密度）-$\log T$（平均温度）面上での進化の道筋．文献7より．

（図3の曲線AB）．

　熱輻射に対して十分不透明になると冷却過程は無視でき，取り扱いが少し容易になる．そこで，不透明になったある時期にrの減少関数となるある密度分布をしていると仮定し，その後の自由落下収縮を調べた．この収縮は平均内部密度が高い中心近くほど速く進む．そのため圧力勾配による力と重力の比は中心近くほど速く増加し簡単に1を超えることがわかった．この比が1を少し超えると，収縮が止まる．まず中心を取り巻く非常に小さい部分が収縮を止め，その後この中心核にまわりのガスが降り積もっていくことになる．

　このようにして，熱輻射に対して透明な非常に低密度の状態から，中心部分が収縮を止め，星の芯が生まれるまでの星形成過程の概略を押さえることができた[7]．

　その頃国内の大学でもようやく電子計算機が使えるようになってきた．そこで熱輻射に対して不透明になってからの収縮を，上記のように自由落下とするのでなく，コンピュータ・シミュレーションによって調べることにした．最初は輻射輸送を無視して[8]，その後輻射輸送を考慮して[9]，行った．その結果，まず中心部分が収縮を止め，非常に小さいほぼ力学平衡状態の中心核が生じ，遅れて収縮してきた外側の層が次々と力学平衡状態の核に加わっていくことがわかった．雲の初期の質量が$1M_\odot$の場合，ほぼ全てのガスが力学平衡状態に落ち着き，星が生まれたとみなせるときの光度は$10^3 L_\odot$に達した（$L_\odot$は現在の太陽の光度）．

　収縮する雲が次第に力学平衡状態に落ち着いていく過程の概略は，このシミュレーションによって示されている．しかし，星が生まれたときの光度は初期条件による．雲が動的収縮を始めるのは，平均密度が上述したρ_{cr}に近い状態からと考えられる．これは上記のシミュレーションの初期状態の平均密度よりもはるかに低い．輻射に対して透明な状態から不透明な状態までを統一的に扱うことの難しさと当時のコンピュータの性能から，我々は上記の初期条件を採用したのである．初期の密度が低いと，収縮にも中心核の成長にも長い時間がかかり，中心核は成長中のエネルギー損失が大きく，成長が終わったときの半径はエネルギー損失が小さい場合に比べて小さい．そのため，林ライン上で光度が$10^3 L_\odot$よりもかなり小さいところに出現することになる．

星形成の素過程

　星形成は極めて複雑な現象である．前節では1つの雲から1つの星が生まれる過程について述べたが，星団や星の群落

京大物理学教室における退官記念パーティの一コマ．右から林先生，鈴木博子，筆者

(association) の存在からわかるように，星は集団で生まれることが多い。大きな雲が個々の星を生み出す小さな雲に分裂していく過程はどのようなものか。種々の分子の線スペクトルの観測から，雲は乱流状態にあると考えられている。乱流は散逸するが，こういう雲の生成，消滅はどうなっているのか。このように種々の問題がある。林先生は星間雲や星形成に関する現象を"素過程"に分解し，その各々に挑戦しようとしておられたように思える。そのうちの1つを紹介する。

星間雲を分裂に導く可能性がある重力不安定性は，雲の種々の形状について，また種々の物理状況（回転の有無，磁場の有無等）について，調べられてきた。しかし，そのほとんどは線形解析によるものだった。平板状の雲には長方形の破片に分裂させる不安定モードが存在することが知られていた。しかし，ゆらぎが成長することによって長方形がどのように変形していくかは，線形解析ではわからない。林先生たちは，ゆらぎの2次の項まで解析的に扱い，また完全非線形の数値シミュレーションを行って，このモードの成長を調べた。その結果，初期の長辺と短辺の比が1.2よりも小さく，正方形に近い場合は，形状をあまり変えずに収縮していくが，逆の場合は短辺方向の収縮が速く，どんどん細長いものに変形していくことがわかった。星間雲にはフィラメント状のものがよく見られるが，このような構造はこの不安定性の結果ではないかと示唆している[10]。

おわりに

林先生は1984年に京都大学を定年退官された。退官記念講演は「星と銀河の形成」という題で行われた。星形成と銀河形成には多くの共通項がある。これまでの星形成の研究を概観し，銀河形成や初代の星の形成まで展望するもので，退官しても研究に対する情熱は当分冷めそうにないと感じさせるものであった。実際その通りになった。前節で述べた星間雲の分裂の非線形過程はその一例である。退官後も定期的に複数の門下生とゼミを続けられた。このゼミは昨年初冬先生が病に倒れられる直前まで続いた。先生の研究に対する並々ならぬ情熱を感じていたのは私だけではないであろう。このような先生の指導を受け，身近で先生の仕事ぶりを見ながら研究生活を送ることができたのは，大変幸運であった。先生のご冥福をお祈りする。

参考文献

1) C. Hayashi and R. Hoshi: Publ. Astron. Soc. Japan 13 (1961) 442.
2) C. Hayashi: Publ. Astron. Soc. Japan 13 (1961) 450.

3) L. G. Henyey, R. LeLevier and R. D. Levée: Publ. Astron. Soc. Pacific 67 (1955) 154.
4) C. Hayashi and T. Nakano: Prog. Theor. Phys. 30 (1963) 460.
5) A. Burrows, et al.: Astrophys J. 491 (1997) 856.
6) S. S. Kumar: Astrophys. J. 137 (1963) 1121, 1126
7) C. Hayashi and T. Nakano: Prog. Theor. Phys. 34 (1965) 754.
8) T. Nakano. N. Ohyama and C. Hayashi: Prog. Theor. Phys. 39 (1968) 1448.
9) S. Narita, T. Nakano and C. Hayashi: Prog. Theor. Phys. 43 (1970) 942.
10) S. M. Miyama, S. Narita and C. Hayashi: Prog. Theor 日 Phys. 78 (1987) 1051; ibid. 1273.

著者紹介

中野武宣氏:京都大学大学院において林忠四郎先生の学生として宇宙物理学を学ぶ。国立天文台名誉教授。趣味は山歩き。

(2010 年 6 月 29 日原稿受付)

太陽系形成「京都モデル」の意義

中 川 義 次

1. はじめに

「宇宙のはじまりから星の形成と進化,星の周りの惑星系の誕生,惑星上の生命の誕生と進化,人類の誕生,人間社会の形成,人間社会の進化,私はあらゆるものの起源と進化に興味があってねえ」私がまだ京都大学の天体核研究室の院生かポスドク研究員であったころ何度か林忠四郎先生の口からお聞きした言葉である。林先生にとって太陽系の起源の研究は,「林フェイズ」の発見や星の形成過程の解明など,林先生のそれまでの研究の自然な延長であったと推察されるが,上のお言葉からすると,もともと予定されていた研究テーマの一つだったのかも知れない。私が大学院生として林先生の天体核研究室に入った1970年代の初めは,ちょうど日下・中野・林による原始太陽系星雲に関する研究論文[1]が発表された頃で,林先生の研究が太陽系起源の問題に大きく一歩を踏み出した時期であった。これに先立つ 1965 年および 66 年,京都大学基礎物理学研究所において,我が国に於ける太陽系起源研究の出発点とも言うべき研究会が開催されている。当時は,宇宙物理学の主要テーマであった星の進化の研究が成熟期を迎え,次の課題として星の形成さらに惑星系の形成過程が大きな関心を集めようとしていた。

太陽系起源の研究には他の宇宙物理学の問題と大きく異なる点がある。それは,研究が宇宙物理学に閉じず地球科学の多くの分野と関連することである。上記研究会では,林忠四郎,早川幸男ら宇宙物理学者とともに島津康夫,都城秋穂ほか多くの地球科学者が参加しており,参加者の分野の広がりから学問の総合に向けた意識が伺われる。研究会のコーディネーターを務めた早川の見識が拝察される。雑誌「科学」1967年10月号に研究会の集録が特集されたが,

島津が巻頭言の中で「まず共通言語を見つける困難」があったと率直な感想を述べているのは面白い。時あたかも米アポロ計画により人類が月に立つ前夜と言うべき時期であった。1968年には当時の東京大学宇宙航空研究所（現在，宇宙航空研究開発機構・宇宙科学研究所JAXA/ISAS）で第1回「月・惑星シンポジウム」が開催されている。このシンポジウムは以後毎年開催され，惑星科学全般の研究発表の場として今日に至っている。一方，京都大学では基礎物理学研究所の上記研究会から少し間を置いて，1970年代後半から80年代前半にかけて林の主宰する「太陽系起源ワークショップ」が地球科学研究者を交えて物理学教室で毎年開催された。このワークショップの中で発表された林グループの研究を中心として太陽系の起源「京都モデル」が誕生することになる。以下では，「京都モデル」構築の経緯をたどりつつ，今日における本モデルの意義，先駆性，その後の発展など，について述べる。

2. 原始太陽系星雲モデル ── 観測に先駆けたモデルの発案（1970）

惑星は太陽誕生の言わば副産物としてつくられる。星間雲の重力収縮によって誕生した太陽の周りには，円盤状のガス・ダスト雲が取り巻いていたと考えられる。角運動量をもつ雲片は遠心力に妨げられて太陽本体に直接降着できず，太陽の周りを公転する円盤を形成することになるからである。このガス・ダスト円盤が惑星系を生む母体であり，原始太陽系星雲（solar nebula）と呼ばれている。我が太陽系の惑星達を誕生させた原始太陽系星雲はどのようなものであったか。林とその弟子の日下・中野は，現在の惑星の質量，軌道分布から，原始太陽系星雲の構造を再現したモデルを1970年に発表した[1]。これが日下・中野・林の原始太陽系星雲モデルと言われるもので，太陽系起源研究の世界にはじめて現れた定量的な星雲モデルであった。このモデルは惑星形成の初期条件を与えるものとしてその後長く引用されることになった。当時，生まれたばかりの若い星の周りにガス・ダスト円盤が取り巻いていることなど観測的にはほとんど確認されず，原始太陽系星雲は理論上の天体に過ぎなかった。このモデルが発表されてから十数年の後1980年代半ばになってようやく，赤外線天文衛星IRASの観測データから若い星（T Tauri型星）の周りに過剰な赤外線を輻射する円盤の存在が明らかになったのであった。観測で円盤の存在が明らかになるや円盤の研究は観測的にも理論的にも大流行となった。今日では若い星の周りの円盤は大きく二つのタイプに分けられ，中心星の輻射量に匹敵する赤外輻射を放出している円盤をactive diskと呼び，それより少ない赤外輻射しか放出しない円盤をpassive diskと呼んでいる。前者の円盤は乱流状態にあって乱流による公転角運動量の輸送によりガス・ダストが中心星に向かって降着しつつあり，それによって解放される中心星の重力場のエネルギーが熱に変わって大量の赤外線を放出していると考えられている。また後者の円盤は，すでに乱流は衰えて中心星に向かうガス・ダストの降着は止

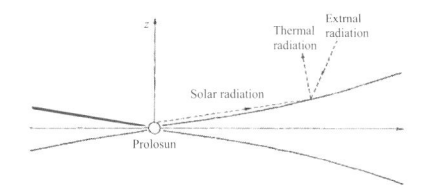

図1 日下・中野・林の原始太陽系星雲モデル[1]。円盤は表面で原始太陽の輻射を吸収し、それを赤外線の熱輻射に変えて放出する。末広がりの厚みを持つ偏平なガス・ダスト円盤。

図2 1967年、ソ連（当時）のサフロノフ（中央右）が京都大学に林（中央左）を訪ねたときの記念写真。両者の左右に、林研究室のOBたち、左から木口勝義氏、観山正見氏、お二人をおいて、成田真二氏、関谷 実氏

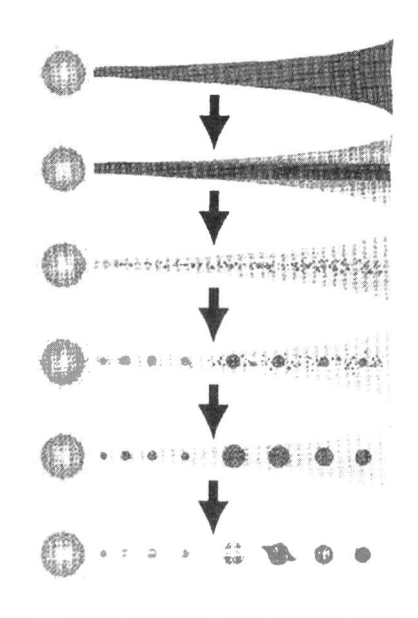

図3 太陽系の形成過程。初期の乱流がおさまると、ダストが円盤の中心面に沈殿してダスト層を形成する。層内の密度が一定値を超えると、重力分裂が起きて微惑星が誕生する。微惑星は衝突合体を繰り返し、やがて一人前の惑星に成長する。円盤のガスが散逸するとほぼ現在の太陽系の姿となる。

み、中心星の輻射が円盤表面を照射加熱することが主な熱源にすぎず、したがって大量の赤外線を放出することは出来ないと考えられている。時間進化的には、前者active diskがはじめの段階でこの段階ではまだ惑星系形成は始まっていない。乱流の減衰とともに円盤は後者passive diskに進化し、惑星系形成が始まると考えられる。この今日の分類にしたがうと、日下・中野・林の原始太陽系星雲モデルはまさにpassive diskの第一号のモデルであった。しかもactive disk, passive diskという概念が生まれる十数年も前に発表されたモデルで

あった。そのためか、円盤研究が流行した当時、この先駆的モデルの存在に気づいていない研究者の多くいたことは残念であった。

日下・中野・林のモデルから約十年後の1981年、依然としてactive disk, passive diskという概念の生まれる以前であったが、林は新しい原始太陽系星雲モデル[2]を発表した。このモデルは日下・中野・林のモデルと大きく異なるものではないが、円盤内のガス分布・ダスト分布等がすべて簡単な数学関数で与えられていて大変利用しやすい形になっている。林モデルと呼ばれ、

惑星形成の初期条件を与えるものとして今日でも依然として広く用いられている。

3. ダスト層の重力分裂 —— 微惑星誕生を示す（1972）

原始太陽系星雲のガス中に含まれるほんの少量（質量比で1/100程度）含まれるダスト（塵：固体微粒子）が惑星の材料物質である。このダストを選択的に集積したものが惑星である。原始太陽系星雲内の乱流がおさまると，ダストは太陽重力の鉛直成分に引かれて円盤の中心両に沈殿し，そこにダストの集中した薄い層，ダスト層ができる。この層内の密度が一定値（Roche密度）を超えると，ダスト層は自己重力により分裂し，膨大な個数の分裂片が生じる。1個の分裂片の質量は，地球軌道あたりで約10^{18}g，サイズにして数kmぐらいの天体である。惑星と呼ぶには余りにも微小なので「微惑星」と呼ばれている。これらの微惑星がその後相互に衝突合体を繰り返し，惑星へと成長したと考えられている。

惑星集積の出発点となるダスト層の重力分裂過程は，ソ連（当時）のサフロノフ，日本の林そして米国のゴールドライクとワード，これら2者と1グループによってほぼ同時期に独立に提案された。最も早くこの過程を指摘したのはサフロノフで，1969年に自国で出版されたロシア語の自著の中でダスト層の重力分裂と微惑星の誕生を述べている[3]。林は1972年，上に触れた東大宇宙航空研究所「月・惑星シンポジウム」の日本語集録の中で，自己重力を持つ回転円盤の軸対称モードの分散関係式を導き，それに基づき10^{18}gの微惑星誕生を示している[4]。これら二つの重要な研究はそれぞれの母国語（ロシア語・日本語）で書かれ自国内でしか発表されなかったため，英語圏の研究者にはなかなか認知されなかった。米国のゴールドライクとワードは1973年，林とほぼ同様にして10^{18}gの微惑星誕生を示した論文[5]を発表し，これが微惑星形成に関する最も有名な研究となった。

ダスト層の重力分裂による微惑星形成は今日では古典的モデルとなっているが，これに対しては現在大きな問題点が指摘されている。円盤内の乱流が減衰しない限りダストの沈殿は起こらないし，微弱な乱流でも残っていればダストは容易に舞い上げられてしまい，重力分裂が可能な密度集中は実現しない。さらに，例え乱流が十分減衰して沈殿によりダスト層が形成されたとしても，ダスト層の公転速度とガス層の公転速度の微妙な差からダスト層の表面には速度境界層が形成され，シア不安定が生じて再び乱流が発生し，ダスト層を破壊して重力分裂が可能な密度集中は実現しないという指摘である。ダスト層の重力分裂はこれらの指摘通り本当に起こらないのかどうか，この問題は公転するガス流体とダスト粒子集団の2成分系の微妙で興味深い問題であり，活発な研究が続けられているが最終決着はついていない。

さらにもし，重力分裂による微惑星形成が起こらないとすると，この場合にも深刻な問題が存在する。この場合にはダストは相互の衝突付着により徐々に大きくなっていく。

ダストが小さな間はダストはガス抵抗によりガスにしっかり追随して公転している。しかし，ダストが成長して1mぐらいのサイズになるとガスへの追従が弱まり，数千年ぐらいの短い時間でダストは太陽に落下してしまう[6]。惑星形成は材料を失い元も子もなくなる。もし重力分裂で一挙に数kmサイズの微惑星が誕生すれば，この危険はない。1mあたりのサイズの物体においてのみ，中途半端なガス抵抗の作用で軌道半径の減衰が著しくなるのである。果たして，重力分裂に頼らずに中心星への落下の危険を回避できるのか，これも現在の惑星形成研究における大きな問題となっている。

4. 惑星の成長 —— 集積の数値シミュレーション

ダスト層の重力分裂もしくはダスト相互の衝突付着成長により，数kmサイズの天体 —— 微惑星 —— になるとそれらはほぼ自己重力で凝縮する。以後本格的な惑星集積過程に入る。原始太陽系に生まれた膨大な数の微惑星（10^{18}g/個）が公転しながら衝突合体を繰り返し惑星（10^{27}-10^{28}g）へと成長していく。数十億個の微惑星が集積してやっと地球大の惑星が1個誕生することになる。この過程を追うにはコンピュータの力を借りることが不可欠になるが，これを最初からN体問題としてシミュレーションすることは不可能なのでサイズ分布関数を扱う方法が用いられる。1970-80年代，太陽系起源研究の先進国はソ連・日本・米国であったが，ソ連の研究は自国の

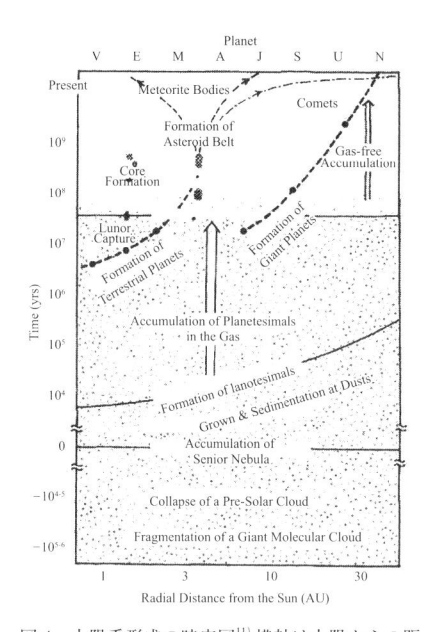

図4 太陽系形成の時空図[11] 横軸は太陽からの距離，縦軸は時間。分子雲の重力崩壊に始まり，様々な過程を経て現在の太陽系が出来るまでの様子を示している。Figure from *Protostars and Planets II*. edited by David C. Black and Mildred Shapley Matthews ©1985 The Arizona Board of Regents. Reprinted by permission of the University of Arizona Press.

コンピュータ事情により急激に減速してしまい，研究は日米の競争となった。林グループによる数値計算は，重力衝突しか考慮しない米グループの単純な数値計算とは異なり，重力散乱による微惑星の拡散移動やガス抵抗による軌道減衰等も考慮し，さらに計算精度を常に配慮するもので，より現実的，より信頼度の高い数値計算であった[7]。そして，地球は約1,000万年，木星の中心核も約1,000万年，土星の中心核は約1億年で成長することが示された。さらには，

天王星,海王星は太陽系の年齢46億年をかけてもまだ成長途上で現在の質量には達しないという困った結果も示された。この困った問題は,前掲のSafronovの著書[3]の中でもすでにその可能性が指摘されており,これらの惑星が現在の軌道付近で集積したと考える限り避けられない問題と考えられる。したがって,現在では多くの研究者は,天王星,海王星は今の軌道よりずっと太陽系の内部の成長の早い場所で形成され,何らかの理由で外に向かって移動し現在の位置にやって来たのではないかと推測している。実際最近,ある適当な初期配置のもと原始木星・原始土星の2:1軌道共鳴と外縁部の大量の微惑星を利用して,内部で生まれた天王星・海王星をほぼ今の軌道のところへ移動させることができたとする軌道計算例(Niceモデル)が報告されている[8]。これはまだ1グループによる報告なので,客観性,一般性については今後の検証を待たねばならない。太陽系起源論の大問題であった天王星・海王星の形成問題がこの方向で首尾よく解決されるのか,あるいはやはり依然として大問題なのか今大変気になるところである。

分布関数は粒子数の多い場合に有効であるが,粒子数が少なくなるとN体問題としての扱いが有効であり必要になる。林の弟子らによって開発された重力多体問題専用計算機GRAPEを用い,林の孫弟子にあたる世代がN体問題として惑星集積の数値シミュレーションを行っている。そして,惑星成長は「寡占的」に進むことを明らかにしている[9]。すなわち,多数の微惑星の中からほんの少数のものだけが急速に成長する。さらに,成長した惑起は自己重力圏(Hill半径)の数倍程度の間隔を置いて並ぶことも示している。これらは分布関数では得難い情報である。林グループの惑星集積の数値計算は,分布関数にしろN体問題にしろ,常に世界をリードしてきた。

5. 木星型惑星 —— コア・アクリーションモデル(1978)

微惑星の集積でもって成長を終えた地球型惑星と異なり,木星型惑星はその中心核を微惑星集積で形成した後に完成までにもう一段階ある。太陽系星雲のガスを取り込んで外層を形成しなければならない。これによって木星や土星は木星型惑星になる。火星軌道と木星軌道の間を境にして,太陽系の惑星はきっぱりと二つのタイプ,地球型惑星と木星型惑星に分かれている。お互いに入れ子になったりはしていない。林らはこの境界がちょうど太陽系星雲の氷の凝結境界線に一致していることに注目した。太陽に近くて氷の蒸発している領域に地球型惑星が分布し,太陽から遠く氷の凝結する領域で木星型惑星が存在している。これは何を意味しているのか。氷はダストの形で凝結するから,氷が蒸発する領域に比べ氷が凝結する領域ではダストの量すなわち惑星の材料物質の量が数倍近く増加する。氷の蒸発領域ではもともと岩石・金属物質のダストしか存在せず,それらから生まれた微惑星はたかだか地球まで成長して材料を使い果たした。氷の凝結領域では岩石・金属物質ダストに加えて氷ダストが加わり,それから生まれた大量の微惑星は地球

質量を超えて集積を続けたと考えられる．林らは，ガス星雲中で地球質量を超えて成長しつつある中心核の周りのガスの力学平衡状態を調べ，中心核の質量が地球質量の約10倍を超えると力学平衡状態が存在しないことを発見した[10]．したがって，中心核の質量がこの限界質量を超えると，周囲のガスは中心核上に崩れ落ち外層を形成することになる．ガスの崩落は潮汐力で妨げられるまで続き，木星がほぼ現在の木星質量となって停止する．土星でも同様のことが起こったが，中心核が限界質量に達するまでに時間がかかり過ぎ（前節参照），ガス崩落が始まったときにはガス星雲の散逸がすでに始まっていてガスが減少していたため木星のように大質量にはなれなかった．天王星・海王星については集積時間が長く，ガスが先に散逸してしまって外層形成はほとんど起こらなかったと考えられる．

以上が林らの木星型惑星形成モデルであり，木星型惑星の形成と特徴を矛盾無く説明している．現在ではしばしば「コア・アクリーションモデル」とも呼ばれ，木星型惑星形成の標準モデルとなっている．なお，林らは当初，中心核上へのガス崩落を動的崩落と考えていたが，その後の研究で準静的収縮によって進行することが明らかになっている．

6. 「京都モデル」"Protostars and Planets II" Book にデビュー（1985）

1978年米国で，隕石の研究者から天文観測・宇宙物理学の研究者までを幅広く集めて星形成・惑星形成に関する国際会議 "Protostars and Planets" が開催された．しかし，林グループは事前に会議開催の情報を得ていなかったため参加の機会を逸した．その6年後の1984年，第2回目の同会議 "Protostars and Planets II" が米アリゾナ州ツーソンで開催された．林は参加に興味を示していたが，主催者 D. C. Black から林に届いた招待状が余りに簡単な通り一遍の文面だったため，林はそれを見て行く気を無くしてしまった．私は林先生のお供をしてツーソンに行くつもりをしていたので，先生が突然，「行くのはやめた」と言われたときは大変残念な思いをしたのを憶えている．会議後，主催者 Black から再度林に手紙が届いた．今度は大変丁重な文面で，「会議に参加してもらえなかったことは大変残念．しかし，この会議の集録には是非とも林グループの研究をまとめた一章を寄稿して頂きたい」と誠意を込めて書かれていた．この Black の手紙がきっかけとなって，1985年アリゾナ大学出版から出版された1,000頁を超える大部な "Protostars and Planets II" Book の最終章に太陽系起源に関する林グループの研究の集大成[11]が載ることになったのである．林らはその要約の中で，自らの太陽系形成モデルを「京都モデル」と呼んだ．それまで国内の研究会では「京都モデル」の呼び名が使われることはあったが，この呼び名が世界的に定着したのはこの時からであった．「京都モデル」は今日，太陽系形成の標準モデルと見なされている．本稿で紹介したこと以外にも，「京都モデル」は地球原始大気の存在，地球形成時のマグマオー

シャンの存在，原始大気の流体力学的散逸機構[12]，等々の大胆な提案を行い，地球科学に対しても衝撃を与えてきたことを付言しておく。

1995年ペガサス座51番星の周りに惑星が初めて発見されて以来，今日までに500個におよぶ惑星が太陽以外の恒星の周りに発見されている[13]。そして，これらの惑星系の多くが我が太陽系とは大いに異なる特徴をもっている。したがって，惑星系形成研究の今日の課題は，我が太陽系の特殊性と普遍性を明らかにすること，および特徴の異なる様々な惑星系の起源を統一的に説明することである。研究は新しい発展の段階を迎えていると言えよう。

これまで幾人かの外国の友人から，"Protostars and Planets II" Bookの「京都モデル」の章は大変優れている，惑星形成論を志す若い研究者や大学院生は必ず読むべきだ，教育的で太陽系起源のよい教科書にもなっているね，といった言葉を聞いてうれしく思ったことが何度もあった。実際，あの章には惑星系形成の各過程に対して物理学をいかに適用し問題解明を進めるのかという例が連続して記述されている。しかし，最近は同じ友人から，この頃の若い人はあの章を余り読んでないね，勉強せずに目先の研究論文を書くことばかりに熱中して，という言葉を聞く。ここで翻って日本の現状について私は何も言うつもりはないが，私が大学院生として林先生の研究室に入ったときに先生が最初に言われた言葉を思い出す，「オリジナルな研究論文を書くのはまあ博士課程の2年生ぐらいになってから，それまでは物理学をきちんと勉強す

ること。宇宙物理の広い分野を何でも理解できないといけない，大学院在学中には異なる分野のテーマで3本ぐらいは論文を書くように」。先生のお言葉を実行できたためしの無い私であるが，先生の訃報を聞いて以来，これまでのいろいろなお言葉が改めてまざまざと思い出されてくる次第である。

参考文献

1) T. Kusaka, T. Nakano and C. Hayashi: Prog. Theor. Phys. 44 (1970) 1580.
2) C. Hayashi: Prog. Theor. Phys. Suppl. 70 (1981) 35.
3) V. S. Safronov: Evolution of the Protoplanetary Cloud and Formalion of the Earth and the Planets (Academy of Sciences. USSR, 1969)
4) 林忠四郎：昭和47年度月・惑星シンポジウム（東大宇宙航空研究所）5 (1972) 13.
5) P. Goldreich and W. R. Ward: Astrophys. J. 183 (1973) 1051.
6) I. Adachi, C. Hayashi and K. Nakazawa: Prog. Theor. Phys. 56 (1976) 1756.
7) Y. Nakagawa, C. Hayashi and K. Nakazawa: Icarus 54 (1983) 361.
8) K. Tsigabis, R. Gomes, A. Morbidelli and H. F. K. Levison: Nature 435. (2005) 459.
9) E. Kokubo and S. Ida: Icarus 131 (1998) 171.
10) H. Mizuno, K. Nakazawa and C. Hayashi: Prog. Theor. Phys. 60 (1978) 699
11) C. Hayashi, K. Nakazawa and Y. Nakagawa: Protostars and Planets II (1985) p. 1100.
12) M. Sekiya, K. Nakazawa and C. Hayashi: Prog. Theor. Phys. 64 (1980) 1968, Earth Planet. Sci. Lett. 50 (1980) 197, Prog. Theor. Phys. 66 (1981) 1301.
13) 生駒大洋，井田茂：日本物理学会誌65 (2010) 232.

著者紹介

中川義次氏：専門は惑星系形成理論。3年前，神戸大・理に生まれた「惑星科学研究センター」を全国・世界の共同利用センターにすべく奔走中。

（2010年7月1日原稿受付）

素粒子的宇宙物理学・宇宙論の創始

佐 藤 勝 彦

　素粒子的宇宙物理学・宇宙論の研究分野は，今日その専門学術誌があるように，素粒子物理学と宇宙物理学・宇宙論の境界にある大きな分野である。林はビッグバン宇宙での元素合成や星の進化の研究を通じてこの分野を開拓・創始した。この解説では，林の自伝[1]や基礎物理学研究所研究会「学問の系譜 —— アインシュタインから湯川・朝永へ ——」での講演[2]，『日本の天文学の百年』のインタビュー[3]，また林研究室を引き継いだ佐藤文隆[4]の学会誌記事に基づき，これらの研究を振り返りたい。また，この分野の初期段階での展開を紹介したい。加えて私自身が受けた指導を受けながら進めた研究，林先生の思い出も記したい。

宇宙初期の元素合成

　林の素粒子・原子核分野との出会いは1942年，東京帝国大学学生時代に落合麒一郎先生のゼミに南部陽一郎などと参加したことである。この時，卒業の必須科目として論文紹介があり，林に割り当てられた論文が前の年に出版されたガモフ（G. Gamow）のウルカプロセスの論文であったという。ウルカプロセスは温度の高い星の中でベータ反応が行き来しているうちにニュートリノが放出され星の熱エネルギーが失われていく過程，のことである。ウルカ（URCA）は当時彼が滞在していたブラジルのリオデジャネイロのカジノの名前で，お金があっちへ行ったりこっちへ行ったりしているうちに，結局失われてしまうことに掛けて名前をつけたのである。1946年，落合先生の紹介で京都大学の湯川研究室に無給の副手として移られたが，湯川研では林が参加する前から星のエネルギー源，元素の起源など天体核現象について書かれたワイツエッカー（C. F. Weizsaecker）のSolvay会議の会議録をもとにして，ゼミナールが開かれていた。そして湯川先生のお薦めに従い天体核現象の勉強と研究を始められることになるのである。2つの赤色巨星の構造に関する先駆的な論文の後，取りかかったのがビッグバン宇宙初期の元素合成の研究である。

　よく知られているように，ビッグバン元素合成の研究は1948年の $\alpha\beta\gamma$ 理論から始まった。彼らは宇宙が熱い火の玉として始まり，物質はすべて中性子だと仮定するならばこの宇宙を構成する水素からウランに至るすべての元素の起源を説明できると主張したのである。中性子は崩壊し陽子とな

り，両者が融合して重水素が合成され，以後中性子の捕獲とそれに引き続いて起こるベータ崩壊を繰り返すことで宇宙のすべての起源を説明できるとしたのである。林はこの論文を読んで直ちに二つの欠陥があることに気づいた。第一は宇宙初期に存在する素粒子は中性子だけとする仮定，第二はベリリウム8という不安定な原子核が合成経路に存在するため，これを越えて元素合成が進まないという困難である。まず林は第一の問題に取り組み，はじめに陽子，中性子が熱平衡で等量存在する高温の状態から宇宙が冷却すると共に中性子/陽子比がどのように変化するのかについて，弱い相互作用による反応 $\nu_e+n \Leftrightarrow p+e^-$, $e^++n \Leftrightarrow p+\bar{\nu}_e$ と中性子のベータ崩壊 $n \to p+e^-+\bar{\nu}_e$ を計算し求めたのである[5]。当初反応の速さが宇宙膨張より速いので熱平衡にあるが，温度の降下とともに反応率がさがり熱平衡からずれ始め次第に反応は凍結してしまう。宇宙の時刻が中性子のベータ崩壊の寿命くらいになると次第に中性子は崩壊し陽子となる。宇宙初期では弱い相互作用が凍結したころ中性子は重水素などを経てほぼ全量ヘリウムが合成される。林の計算では中性子/陽子比は4分の1，従ってヘリウムの重量比は40%くらいとなる。これは当時のヘリウムの観測値とほぼ一致した。この値は弱い相互作用のフェルミ結合常数に敏感による。フェルミ結合常数は中性子の寿命測定から得られる。現在の値は14.8分だが当時の中性子崩壊の寿命が30分であったことから，林の採用した結合定数は現在の値より小さな値を採用したことになる。現在の値を採用するとヘリウムの重量比は25%程度となり現在の観測値とほぼ一致する。林はこの論文の内容をガモフに手紙を書き詳しく伝えた。当時コーネル大学に滞在されていた菊池正士が林の論文を引用したガモフの講演を聞いたことを林に伝えている[1]。

林は引き続いて第二の問題に湯川研から移ってきた西田稔[6]と取り組んだ。重元素をビッグバンで作るためには，3アルファ反応，$^3He \to {}^{12}C$，で不安定な質量数8の原子核を超えて作るよりないと考え，宇宙のバリオン密度を大質量星の中心密度に匹敵するほど高くして合成を調べたのである。もちろんこれは，バリオン/光子比として推定されている値，10^{-10} と比べて，桁違いにバリオン密度が大きいもので現実的な状況ではない。ビッグバン初期で合成される元素は重水素とヘリウム，せいぜい存在量の極めて少ないLiまでであることが明らかになり，その他の元素はすべて星の中で合成されることが明らかになっていった。しかし近年，宇宙の温度が $10^{12}K$ あたりで起こるクオーク・ハドロン相転移でバリオン密度が大きく非一様になる可能性が指摘された。また同様にバリオン非対称性生成の一つの理論として提唱されているアフレック・ダイン理論（Affleck-Dine baryogenesis）では生成されたバリオン密度はある場所では平均値より遥かに大きな値を持つ可能性も指摘されている。林・西田の論文は宇宙背景放射の発見以後，非現実のものとなったが，ある意味では非一様ビッグバン元素合成の理論として復活しているとも言える。最近，極めて始原的と考えられる星でr-プロセス元素が見つかっ

ている。また球状星団の中にヘリウム星と見られる星が見つかったりしていることから，非一様な元素合成の研究も復活している。いくらかマニアックな研究だが，マイクロ波異方性探査衛星 WMAP 衛星から求められたバリオン／光子比～6×10^{-10}，を平均値として計算された非一様合成では，ある領域では炭素，酸素といった元素のみならず r-プロセス元素まで合成することが可能だということが示されている[7]。

さて，林は宇宙背景放射が発見される前，ヘリウムの宇宙組成の割合は星の中で作られるヘリウムでは説明できないことを認識し，ビッグバン元素合成をきちんとやりなおす重要性に気づいた。そして佐藤文隆にこの研究を勧めた。宇宙背景放射が発見された後，ワゴナー（R. V. Wagoner）などによってヘリウムのみならず Li^7，など軽元素をも加えた計算が行われるようになったが，佐藤文隆は軽元素合成の重要性に気づき，さらに Li^6，Be^9，B^{10} も加え元素合成の計算を行ったのである。今日 Li など軽元素まで含めて観測と比較するのが普通になっている。しかしながら WMAP の示唆するバリオン密度で合成される元素は重水素とヘリウムは観測量とほぼ一致するのに対して，Li は観測量と比べるとかなり大きい。Li の合成量は $\log(Li/H) = -9.35 \pm 0.10$ だが，現在の観測値は $\log(Li/H) = -9.90 \pm 0.10$ である。星の内部での破砕反応によって減少しているのではないかと推測されているが，この不一致はリチウム問題と呼ばれ，現在のビッグバン元素合成の問題となっている[8]。

さてこのように林は $\alpha\beta\gamma$ 理論を，定性的な話ではなく，真に素粒子反応を考えたビッグバン元素合成を創始した。これは単に今日の定量的なビッグバン元素合成研究を始めたということだけではなく，実は素粒子的宇宙論を創始したという大きな意味を持つのである[4,9]。高温の時代には物質の形態は素粒子であることは，ルメートルを始め多くの研究者は認識していたが，熱平衡にある電子・陽電子，ニュートリノ・反ニュートリノが宇宙初期に存在することを定量的に計算し，宇宙のエネルギー密度や膨張の速さを計算したのは世界で初めてである。このビッグバン由来のニュートリノ，反ニュートリノは温度 1.9K のフェルミ分布として現在の宇宙を満たしている。そして十数年前には，もしこれが 10eV 程度の質量を持つならば現存の宇宙をみたす暗黒物質を説明できると考えられていた。この可能性は 1998 年のスーパーカミオカンデによるニュートリノ振動の発見と，それから予想されるニュートリノの質量がはるかに小さな質量であるため，この可能性は消え去った。

しかし将来，ビッグバン時に生成されたニュートリノの検出が新たな実験技術の出現によって可能となったならば，それは宇宙開闢 1 秒後の宇宙を観測することができることになる。ニュートリノはこの頃より物質と相互作用することなくまっすぐ進み地球にやってきているからである。宇宙背景放射観測衛星 COBE や WMAP によって宇宙開闢 40 万年頃の宇宙の姿が電磁波の観測によって描き出されている。現在では夢物語であるが，これと同様にニュートリノ背景放射で宇宙開闢 1 秒頃の姿を描き

出すことは原理的には可能である。

現在の宇宙にはダークマターが宇宙のエネルギー密度の 24% を占めているが，その正体はわからないものの，ニュートリノと同様に宇宙初期の火の玉の中に存在していたものであると考えられており，遡れば林の研究に原点がある。

星の進化からの弱い相互作用に対する制限

1962 年，林は当時まだ良くわかっていない弱い相互作用に星の進化から制限がつけられるのではないかと考えた[10]。当時林は NASA 留学時代に指導していた若手研究者，キャメロン (R. C. Cameron) と炭素燃焼段階の星の進化を研究していた。もし，ファイマン・ゲルマンの提唱した不変フェルミ相互作用の理論に含まれるような電子とニュートリノの直接相互作用 (ev) (ev) 相互作用が存在するならば，この段階の星の中心温度は十分高いためニュートリノ放出によるエネルギー損失が大きく，進化時間が 10 分の 1 程度に短くなることに気づいた。これをペルセウス座 h + χ 星団のヘルツシュプルング-ラッセルズ図 (HR 図) の赤色巨星の数と比較した。HR 図とは星の光度を縦軸に，星の表面温度を横軸に（ただし，左が高温，右が低温とする）書いたものである。星は生まれた時からその死に至るまでの進化は HR 図上での経路として描くことができる。ほぼ同じ質量の星の集まった星団の星々の光度・温度をこの図上にプロットすると，進化経路のスピードが遅い段階では星の数は多く，また速い

研究室配属の際の記念撮影 (1967 年)。前側左から蓬茨霊運, 佐藤文隆, 天野恒雄, 林先生, 後ろ左から佐藤勝彦, 林 光男, 徳永 宏。

段階では数は少なくなる。林は，観測による赤色巨星の数は少なくないことからこの段階の進化の時間は短くなっていないと判断し，このような弱い相互作用は存在しないと結論づけたのである。この論文以後，林グループの星の最終段階の進化は，この相互作用がある場合とない 2 つの場合について計算が行われた。今日ではこのような相互作用があることは実験的にも知られているが，林は反対の結論を出したことになる。自叙伝[1]で林は＜「電子ニュートリノの直接相互作用」の研究の大失敗＞と書き，この観測の子細と精度を十分に確かめておくべきだったと悔やんでいる。また実際に計算にあたった若手の研究者の計算の苦労を察しこれも自分の不明のせいであったと悔いている。しかし，林の悔いの言葉にもかかわらず，この研究は，宇宙物理学から素粒子の理論を検証し，またその理論に対して制限を付けることができる可能性を示した画期的研究であった。1975 年，佐藤文隆と私は，ワインバーグ・サラム (Weinberg-Salam) 理論の予言するヒッグス粒子の質量や崩壊寿命に対して星の進化

や，宇宙マイクロ波のスペクトルから制限が付けられることを論じた[11]。また小林誠と私[12]は，タウレプトンが発見された直後，このパートナーであるニュートリノ（当時は，まだ"タウ"という名前が付けられていなかったので，ヘビーレプトンニュートリノと呼んだ。）の質量や崩壊モード，寿命に対して，同様にマイクロ波背景放射のスペクトルやビッグバン元素合成などの宇宙論から，また星の進化や超新星から制限を付ける研究を行った。当時，たいへん面白い先駆的研究と思っていたが結局は林の手法を拡張し，最先端の課題に適用していたのである。以後，各種の統一理論をはじめ，新たな素粒子の理論が提案されるたびに，そこから存在を予言される"新粒子"に対して，かならず同様な宇宙論・宇宙物理から制限を付けるのが常になった。特にダークマター候補となる粒子については，緻密な研究が行われている。

なお，星からのニュートリノによるエネルギー損失は，ワインバーグ・サラム理論に基づいた計算が林門下の伊藤直紀[13]によって行われ，星の進化計算に標準的に用いられている。

林先生の思い出

私が林先生の指導を受けるようになったのは1967年，学部4年で先生の研究室に配属されてからである。ビッグバンの研究にあこがれを持っていたので，林先生の研究室を希望したが，加えて林先生は物理教室内でもっとも学問的に偉い先生だということは学部生にも知れ渡っていたので，私

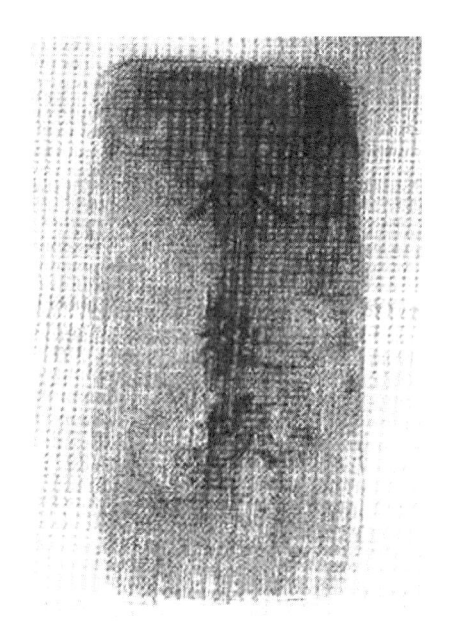

林先生の木製の名札。現在も天体核研究室で保管されている。

にも先生の指導を受ければ一人前の研究者になれるのではないかと考えたからである。ランダウ・リフシッツの「場の古典論」をゼミでは輪講したが，偉大な先生に直接指導して頂いていることに感激し，緊張しながらレポートをしていたのを思い出す。しかし修士課程に入って研究を始める段階になって，わかったことは，宇宙背景放射が発見されてすでに数年経っており修士の学生にできるような研究はし尽くされており，私がやりたいと思うような適当なテーマがなかったことである。しかし，たいへん幸いなことに修士1年のとき，カニ星雲の真ん中にある星が一秒間に33回も点滅していることが発見された。これは高速自転している中性子星，パルサーである。俄

然，超高密度の相対論的天体，中性子星に興味を持った。中性子星は超新星爆発で作られる。当時林研は星の最後の段階の研究を池内了さんを中心に進めており，さらに中澤清さんを中心に鉄のコアが不安定となり崩壊を始める段階の研究を始めていた。結局私は，林先生の敷いた路線の上に超新星や中性子星の研究を進めることになった。まず鉄の原子核から高密度中性子星物質に至る原子核の溶解を研究することになった。修士2年の夏，湯川先生の招きでベーテ（H. A. Bethe）が基礎物理学研究所に半年滞在されることになった。林先生は研究室のアクティビティを紹介するため，彼とジョイントセミナーをもたれた。その中で赤色巨星への進化のメカニズムなどを丁寧に講義し，ベーテに感謝された。私の研究も先輩の方の報告で紹介され，これがきっかけとなりベーテとの共同研究を行うという幸運に恵まれた。

林研のコロキウムが厳しいことは広く知られていることである。後に用があってとぎれてしまうことの無いように土曜日に行われることになっていた。林先生は自分が納得するまで徹底的に質問し，また批判し，たぶんコロキウムの時間は3時間を越えることは普通だったのではないだろうか？問題としている現象の物理的本質を明らかにする質問で，不十分な理解でレポートするとたちまち立ち往生し悲惨なことになる。コロキウムの番が回ってくる時は1，2ヶ月前から準備をするのが常であった。

林先生はヘビースモーカである。林先生の居室の窓ガラスがヤニで黄色くなっていた。その居室に研究室メンバーとOBがぎゅうぎゅう詰めの状態でコロキウムは行われ，終わる頃にはくたくたにつかれた。しかしいつも大きな充実感がえられ，快い疲労感に酔いしれたものである。私自身このコロキウムによって鍛えられ，研究者になることができたと信じている。

学生時代，一週間に一度，夜中に先生の部屋に侵入するのが習慣であった。先生の木製の名札の裏側にはドアの鍵がぶら下げてある。これを使って部屋に入り，先生の机の左側に積み上げられている新着のプレプリントをサーベイする。学術誌の論文チェックも行ってはいたが，それは投稿されてから半年ないし一年後のものである。高名な先生には世界の多くの研究者から大量のプレプリントが送られてきており，机の上は最新情報の宝庫で，このような機会が得られるのは世界最先端の研究室に在籍しているおかげと常に感謝していた。ある時，サーベイ中急用を思い出し，かき回した先生の机の上を片づけないままうっかり帰ってしまい，次の日にお叱りを受けてしまった。

私はベーテとの中性子星の共同研究が最初の研究だったこともあり，幸先良く研究生活を始めることができた。しかし，鉄のコアの重力崩壊をシミュレーションする研究を始めたものの，数値計算がうまくいかず博士課程1年の後半は悶々とした日々を過ごしていた。崩壊する星のコアから外に向かうニュートリノの輸送計算がどうしてもうまくいかない。崩壊している星の中心ではニュートリノはほぼ熱平衡であるが，コアの中頃から平均自由行程は長くなってしまい同時に計算はできない。当時先輩の

成田真二さんが，高密度の星間ガスから林トラックに向かう星の誕生を計算しており，そこでは透明でも不透明でもない状態の輻射輸送の計算が鍵となっていた．それが参考になるかと考え林先生にも相談したりしていた．しかし，ニュートリノの透過率はエネルギー依存性も大きく，まったくうまくいかない．行き詰まってしまい「自分は無能だ，こんな研究はほんとうに価値があるのか」と悩んでいた．博士課程の2年の春，研究室恒例の花見で，円山公園に出かけた．酒に酔った勢いで「宇宙の研究は価値があるのか」と林先生に絡んだこともある．林先生はとつとつと長いスケールで人類に貢献しているのだ，勝君なら頑張ってやれば良い仕事ができると勇気づけてくれた．そして，次の年には学生の身分ではあったが結婚を決意した時，仲人をお引受け頂いた．

当時から宇宙理論の分野で学位を取っても就職口はすぐにはない．当時の林研はポスドクが院生の数より多かった．この世代の必死の努力でさらに研究のアクティビティは高まった．現在はポスドクと呼ばれるが，博士浪人として3年10ヶ月すごしたが，結局，林先生に努力を認めて頂き助手にして頂いた．助手として研究生活を満喫していた頃，コペンハーゲンの北欧理論物理学研究所（NORDITA）の所長，アーエ ボーア（A. Bohr）から客員教授としての招聘を受けた．林先生に招聘状を持っていき，長期の出張が可能かお伺いした．林先生は，「ここが研究場所としては世界でも良いところだ，あえて行く必要はあるのか」とおっしゃった．今研究室が世界のトップを走って，成果が上がっているという自信からのお言葉であったのだろう．まったくその通りだと私も思ったが，しかし，これからの長い研究生活を考えた時，外国での研究生活の経験は不可欠のものではないかと思っていると申しあげると，何とかお許し頂いたおかげで1年間コペンハーゲンで雑用に追われることなく研究生活を送ることができ，後に評価も受けるような研究成果をあげることができた．これも，その前からの林研での研究成果の上にはじめて可能になったものであり，いまも長期の出張を許可頂いたことに深く感謝している．林研の助手の身分で1年を超える長期在外研究をお認め頂いたのは私がはじめてで，また最後ではなかったかと思う．

2008年，林先生の喜寿をお祝いする研究会が，林研のシニアな世代が集まって開かれた．この研究会では，修士の学生時代から続けている私のライフワークの一つでもある高密度物質中での原子核の溶解問題を話した．共同研究者と進めている分子動力学シミュレーションに基づいた原子核がつながったネットワーク，パスタ構造の話をしたが，興味を持って積極的に質問して頂いた．何ら定年退官された頃と変わりはない．「生涯現役を目指す」と定年退職時の最終講義で述べられる研究者が多いが実際問題として困難である．しかし林先生は退官後も研究に対する意欲は変わることなく，研究者として生涯現役を通された．先生のご冥福を祈りたい．

参考文献

1) 林忠四郎：林忠四郎の自叙伝（長い人生と宇

2) 林忠四郎：物性研究 86（2006）344-宇宙物理学事始。
3) 百年史編纂委員会編「日本の天文学の百年」（恒星社厚生閣，2008）p. 271。
4) 佐藤文隆：日本物理学会誌 51（1996）172—天体物理理論—京大天体核研究室の足跡から—
5) C. Hayashi: Prog. Theor. Phys. 5 (1950) 224.
6) C. Hayashi and M. Nishida: Prog. Theor. Phys. 16 (1956) 513.
7) 非一様元素合成は，例えば次の論文の引用文献 S. Matsuura, et al.: Phys. Rev. D 72 (2005) 123505。
8) A. J. Korn, et al.: Astrophys. J. 671 (2007) 402. ビッグバン元素合成の現状は F. Iocco, et al.: Physics Reports 472 (2009) 1.
9) 佐藤勝彦：日経サイエンス 2007 年 9 月号 4 頁。
10) C. Hayashi and R. C. Cameron: Astron. J. 67 (1962) 577.
11) K. Sato and H. Sato: Prog. Theor. Phys. 54 (1975) 912; K. Sato and H. Sato: Prog. Theor. Phys. 54 (1975) 1564.
12) K. Sato and M. Kobayashi: Prog. Theor. Phys. 58 (1977) 1775.
13) N. Itoh, et al.: Astrophys J 339 (1989) 354.

著者紹介

佐藤勝彦氏：専門と興味，宇宙物理学・宇宙論。宇宙の初期，超高エネルギー宇宙線，超新星の爆発機構に興味を持っている。

（2010 年 7 月 7 日原稿受付）

林先生と天体核 4 人組

中　村　卓　史　（1977 年度京都大学理学部物理学第二教室天体核研究室博士課程 3 年）
前　田　恵　一　（1977 年度京都大学理学部物理学第二教室天体核研究室博士課程 2 年）
観　山　正　見　（1977 年度京都大学理学部物理学第二教室天体核研究室博士課程 1 年）
佐　々　木　節　（1977 年度京都大学理学部物理学第二教室天体核研究室修士課程 2 年）

図 1　当時の研究室ハイキング，洛南嶽峰山にて 1975 年撮影。後ろ右から林先生，佐藤勝彦，成田真二，前側右から中川義次，美木佐登志，池内了，中村卓夫，鈴木博子。

はじめに

（文責：中村卓史）

中村が京大に入学したのは東大入試のなかった 1969 年だった。生物物理をやるつもりだったが，宇宙の勉強も少ししたので大きい話もいいなと思っていたところ，現在では廃刊になった科学雑誌「自然」に林先生がエディントンメダルを受賞されたという記事が載っていたのを見た。それで，大学院は天体核研究室を受験した。M1 から D1 までは助手の池内了さん年上の高原

文郎さんと銀河の渦状腕の密度波理論や5年上の佐藤勝彦さんと対称性の自発的破れの研究等をしていたが，これらもD1のころには一段落してD2の最初のころは，中村はスランプというか落ち込み状態であった．当時のOD問題が原因だった．大学院に入学した頃にすでにOD問題があったので，「これから，どうなるのでしょうか？」と心配すると確か当時基礎物理学研究所教授の佐藤文隆さんが「中村君がD3の頃にはOD問題はなくなっているよ．」と言って慰めてくれた．しかし，現実はどんどんひどくなって行った．我々が特に落胆したのは佐藤勝彦さんと野本憲一さんらの当時既に世界的に有名な方々がOD3年，4年状態であった．どう考えても何かがおかしいとしか，言いようがなかった．院生の会の代表として天文学会の理事長と理事会に直接陳情したが，現実はなかなか変わらなかった．佐藤勝彦さんでさえODを何年やっても職がないのだから自分なんか全然ダメだと落ち込んだわけである．

私の落ち込みをたぶん見ていて，林先生が助手の中沢清さんと，ある日ふらっと大学院生の部屋にやって来られて「惑星形成で岩石と岩石が衝突するとどうなるかと言うのは面白い重要なテーマなので，やってみませんか？」と誘われた．当時特にやるテーマがなかったのでしばらく考えさせて欲しいと返事をした．しかし，考えてみると何をするのか見当はつかないし第1どういうreferenceを読んだら良いのか分からないのでとてもやる気になれないと，後日林先生の部屋に伺ったところ，少し憤然として「最近の若い人はそういう考え方をするのですかreferenceがたくさんあるということはその分野の研究が既にかなり進んでいて今から自分がやってもあんまり寄与できない．referenceがない分野こそ良いテーマなのだが…」と残念がられた．頭がガーンとした．なるほど，普通referenceがあるテーマの方が良いと思いがちだが実は，研究テーマとしてはreferenceがない分野の方がいいのだ．これは良いことを教えてもらったと大変喜んだことを今でも鮮明に覚えている．

もうひとつ頭にガーンと来た話がある．学部の時に溝畑茂先生のルベーグ積分を受講した．最後の講義で次のような話をされた．「私はこの3月で退官します．そこで一つ話をしておきます．数学である問題があったとします．それが解けない．この時に二つの態度があります．努力が足りない．だから解けないのだ．しかし，もう一つ別の態度があります．問題が悪い．解けるような問題にしなさいというものです．みなさん，こういう態度もあるということを覚えておいて下さい．」それまでの受験の習慣があって，問題とは解くものであって，それが悪いとか言うのは思いもしない発想だった．しかし，研究とはきっとそういうことなのだろうと瞬時に理解できた．ルベーグ積分は，ほとんどいたるところ分からなかったが，溝畑先生の最後の話ははっきりと理解できた．京大に入学して大変得をした気分になった．

OD問題の事を考えて落ち込んでいたが，それから，どう抜けだしたらよいのか？今から1つや2つ普通の論文を増やしてもあんまり役に立たたい．失敗してダメも

とだから「重要だが reference がほとんどないテーマで解ける問題をつくれ！」と言うことではないかと思うようになった。2つの頭にガーンと来た話を一言でまとめるとこういうことだ。そこで1年下の前田と相談をはじめた。2年下の観山・3年下の佐々木を加えて4人で何かやろうということになり，それが天体核四人組の誕生につながっていく。

四人組誕生とその背景

（文責：前田恵一）

中村は確か3つぐらい候補となるテーマを持ってきた。クェーサー（特にジェットの形成機構），高エネルギー宇宙線の起源，そして数値相対論である。これらは当時あまり系統的な研究がなかった宇宙物理の最重要課題で，なかでも相対論の問題を計算機を使って解くというのはほとんど聞いたことがなかった。しかし重要だが reference がほとんどないテーマ」というだけでなく，当時の天体核グループの最も得意とする分野である一般相対論と数値シミュレーションをテーマに取り入れれば，現実に「解ける問題をつくる」ことを可能にしそうに思えてきた。そして数値相対論をやろうということになった。

テーマが決まるとダイナミカルな時空の定式化を与えている Chandrasekhar の論文から早速読み始めた。生協で夕食を取った後の時間無制限のゼミが始まったのである。手探りでいくつかの文献に当たったあと，アメリカのある院生の学位論文を見つけた。その論文は数値誤差が多くてまともな結果は得ていなかったが，そこで数値相対論の標準的な手法である ADM (Arnowitt-Deser-Misner) 形式にたどり着いた。これは一般相対論を正準量子化するために編み出された手法であるが，それを数値相対論に応用していたのである。検討の結果，我々もこの形式を用いて研究するのが良いだろうという結論に達し具体的な研究に取りかかろうとしていた矢先である。「Smarr (Illinois 大) がブラックホール衝突のシミュレーションを行い，もう論文が出ているよ」とプレプリントを手に帰国したばかりの松田卓也さん（当時京大航空工学科助教授）が教えてくれた。この事実は，我々にとって「ブラックホールに衝突し，事象の地平面内に入ってしまって，この世とおさらばした。」にも匹敵するほど大きな衝撃だった。「重要だが reference がほとんどないテーマ」の答えはすでにアメリカで出されていたのだ。しかし「もっと重要な星の重力崩壊からのブラックホール形成についてはまだまだ解明されていない！」と気を持ち直し，彼らに追いつけ追い越せと，毎晩研究を続けた。実際，Smarr の研究はその後に大きく進展する数値相対論の幕開けでしかなかったのである。

この院生だけで勝手に研究していた4人のグループを，1960年代の中国の文化大革命において勢力を伸ばし中国共産党指導部で大きな権力を握るようになった四人組（江青，張春橋，姚文元，王洪文）を揶揄し，誰かれと言うことなく「天体核四人組」と

呼ひだした*1。現在でもそうであるが，当時は，院生は誰か指導教員について研究指導を受けつつ，研究者として育っていくというのが普通だったので，院生だけで研究活動をするというのは「異様」に映ったのも事実であろう。しかし，天体核研究室ではそのようなことが可能だったのである。多くの研究室では教授を中心としたスタッフのテーマに近いところから研究をスタートするので当然 reference もはっきりわかっていて，研究成果も出しやすい。ところが，天体核ではいろいろな学生が自分の興味に従って研究をしていた。

前田が天体核に入ったときは，たまたま誰も一般相対論の研究をしていなかったが，自らの興味に従い相対論の研究を勝手にやり始めても誰からも「忠告」は受けなかった。林先生も当然口を出すことはなかった。だからといって，まったくほったらかしにしているということではない。宇宙物理を研究するには物理学すべての分野を深く知っている必要があるという林先生の考えから，修士時代は天体核だけでなく，素粒子や原子核のゼミに強制参加させられた。おかげで当時京大物理学教室に居た小林・益川両助手の興味深い考え方に接することができた（小林・益川 matrix はちょうど前田が M1 の時のお二人の仕事である。）。

また，研究室のコロキウムは，林先生に対して「御前講義」をするという感じで，学生にとってはかなりのプレッシャになっていた。1ヶ月以上前から周到に準備しておかないと発表のときに林先生や先輩から強烈なつっこみを受けることになる。前田は，「Hawking 輻射」，「Bardeen のゲージ不変摂動論」，「連星パルサー」，「相対論的回転星」などの最先端の研究を紹介したのであるが，今でもやったことをはっきり憶えているほど力を入れて勉強しなければならなかった。コロキウムそのものが研究室のみんなにとって非常によい「勉強の場」で，実際そのときに吸収したいろいろな知識や考え方が，後の研究に生かされている。このように林先生は，押さえるべきところは押さえて，あとは本人の興味に従って研究させるのが良いとわかっておられたのだろう。林先生にとっては，天体核4人組はお釈迦様の手のひらの上で暴れている孫悟空のように見えていたのかもしれない。このやり方が天体核の研究しやすい自由な雰囲気をつくり出し，院生だけの研究グループを可能にしたのではないかと思う。当時はあまり考えなかったことだが，自分が研究室を持って，はじめて林先生のやり方のすばらしさに気がついた次第である。

「厳格」「新しもの好き」で「シャイ」な林先生

（文責：観山正見）

四人組の一員であった頃は，大学院生だったので林先生とは，直接話をすることはあまりなかった。ただ，コロキウムがその頃唯一，先生と会話する（戦う）場面で

---

*1 中国の「四人組」は後に失脚したので，そのような名前を付けていただくのは我々にとってあまり縁起の良いことではなかったが。

あった。

　コロキウムこそ天体核研究室の最大の特徴であることは間違いない。毎週土曜日，博士課程の学生以上が一つのテーマについて論文紹介を行う。年に二回程度回ってくるが，論理へのつっこみ方は「厳格」で容赦のないもので，大いに緊張した。大体わかっているつもりでも，質問攻めにあうと如何にわかっていないかが明らかにされる舞台だった。数値相対論という分野の研究を始めたこともあって，重力波検出装置が，共振型検出器からレーザー干渉計へ転換していく一連の論文紹介をしたときだった。「皆さん今のような説明でわかりますかね？」と言ういつもの口調の連発で，どうにもこうにも説明できなくなり，もう一度同じテーマで発表することとなった。林研究室の門下生で，後にも先にも私（観山）だけの不名誉な記録を残してしまった。理論でも，実験・観測でもいい加減な説明には厳しい対応だった。先生は，あの表情と研究への「厳格」さとで，院生には近寄りがたい人だった。後で一緒に研究ができたので，様々な先生への疑問を，直接たずねる機会もあったため，私は幸い先生の人となりにふれる機会を得た。

　四人組は，大学院生ばかりで始めた研究グループだったが，数値相対論という分野だから当然研究費（計算機使用料）を必要とした。大学院生が科学研究費等の競争的経費を申請できなかったので，研究室の予算にお願いするしかなかった。四人組は1979年にイタリア・トリエステで開催される国際会議に佐藤文隆さんのお陰でなんとか工面してもらった2名分の旅費を4人で分けて全員で出席して，最新の成果を研究発表することを計画していた。切羽詰まっていたこともあったので，「我々としては，計算機使用料として今年度は60万円要求します！」と，観山は，研究室会議で宣言した。林先生は，「おお，居直ってきたな。」との反応だったが，結局は，援助していただいた。

　前田が書いたとおり，院生だけのグループにも理解があった。後から思うことだが，「4人組」を先生は随分信頼しておられたのだろう。

　林先生は，あの表情からは想像がつかない（失礼）が，随分「新しもの好き」だった。後から知ったことだが，米国から帰られて，物理教室にコピー機を導入されたり（信じられないことだが当時は反対もあった。），大型計算機センターの立ち上げや計算機導入には大いに尽力されたそうだ。ずっと以前より，計算機シミュレーションの重要性について大いに先見があったのだと思う。我々は，国際会議での発表のため，シミュレーション結果を映画（16ミリのフィルムに焼いて作ったこともあり，あえて動画とは言わない。）に撮ることを考えた。実は前述のSmarr達も作っているとの噂もあったのだが，林先生は，「そんなことをして何になる？」とは一度もおっしゃらず，映写機や制作費も結局研究室の予算を工面していただいた。おかげで，重力崩壊や重力波の伝播の映画は，国際会議で大好評だった。実はこの頃の可視化へのモチベーションが，国立天文台での4D2U

(4-Dimensional Digital Universe)[*2] に繋がった。

　中沢清さんや松田卓也さんの影響もあって，天体核研究室は，新しい研究機器を先陣を切って導入した。大型計算機の端末装置であった TSS (Time Sharing System)[*3]，パソコン，ワークステーション，ワープロなど，今でこそ TSS 以外はどこにでもある機器だが，天体核では早くから入っていたと思う。先生を始め多くのメンバーは，新しいものに臆することがなかったように思う。

　林先生は，とても「シャイ」な先生で，知らない人と話しをされるのが随分苦手のようだった。また，同様に親しくない先生に推薦状を書くのも苦手のようで，OD 問題に翻弄されている我々としては，先生の権威にすがるため，推薦状をお願いに行くのだが，嫌がられた。「大体，研究環境の整っていないところへ行くのは君のためにならん。」というのが口癖だった。その結果といっては変だが，多くの著名な研究者が研究室には多数いて，その方たちも四人組にとっては大いなるアドバイザーだった。ただ，当時は，その様なことを考える余裕もない毎日だった。

　退官記念講演もそうだったし，2004 年の研究会（当時 84 歳）でもそうだったが，先生の視点は常に前向きで，チャレンジ精神にあふれていた。そのこともあって，院生だけで始めた四人組の活動にも理解があったのだと思う。

林先生とダークエネルギー

（文責：佐々木節）

　林先生のことで，まず思い出すことは，大学院入試に受かって有頂天になり，挨拶も兼ねて，入学までにどんな勉強をしておけば良いのか聞いておこう，と林先生を研究室に訪ねたときのことである。天体核研究室で行われている具体的な研究内容のことをほとんど何も知らない状態であったので，宇宙物理に関する適当な教科書なり参考書なりを教えてもらえれば良いかな，程度の軽い気持ちであった。ところが，林先生はそんな私の浮ついた気持ちを吹き飛ばした。そのときの会話を（多少あやふやになっているが）再現すると：

　佐々木：「来年からお世話になることになった佐々木です。よろしくお願いします。ところでこれから半年間，入学するまでどのような勉強をしておけばいいでしょうか？」

　林先生：（少々ムッとした顔をされて）「君は大体，これまで物理をきちんと勉強してきたのか？遊んでばかりいたのではないのか？」

　佐々木：「はい…済みません…。」

　林先生：「ランダウ・リフシッツの物理学教程はすべて読んだのか？読んでいないのなら，まずランダウ・リフシッツから勉強し給え。」

　このような感じであった。林先生がこのような受け答えをされたのは，多分私の院

[*2]　あたかも自分が宇宙旅行をしているかのように見せる装置。
[*3]　当時は1台の計算機を同時に何人ものユーザーが使っていたのでそれを control するシステム。

入試の成績があまり芳しくなかったためで，勉強もきちんとして来なかった学生が背伸びをしても意味はない。「まずはもっときちんと基礎を勉強しなさい。」ということを言われたかったのだろうと思う。このように，林先生は教育のことや学問のことに関しては妥協は許さない，という信念を強く持たれていた。

しかしその一方，学問以外のことでは，あの厳つい顔からは想像できないほど，我々学生に「甘い」先生であった。当時，林先生の部屋には，アメリカ天文学会誌 Astrophysical Journal と Physical Review D が相当古いものから最新号まで揃っており，また世界中から来る論文の preprint も山積みであったので，先生が留守でも，文献を調べる必要があれば林先生の部屋に自由に出入りできるようにされていた。そして林先生の部屋には雑誌だけではなく，先生が訪ねてきた人から貰われたであろうウイスキーやら，林先生お気に入りの「ハイライト」のカートンの山などがあったのである。そこで，夜も更けてそろそろ勉強を切り上げようという時間になると，林先生の部屋に入り込んで飲み物を頂戴し，煙草を一箱失敬して宴会が始まる，というようなことがあった。しかしそうした無礼三昧の我々の行為を非難されたことは一度もなかった。

林先生のことで，思い出すもうひとつのことは，先生と宇宙の構造形成論についての議論をしたことである。私は先生が退官される数年前から宇宙論的摂動論に興味を持って勉強を始めていた。すると，ある日「佐々木君，宇宙論的摂動論のことでちょっと聞きたいことがある．部屋に来てくれないか？」と声を掛けて頂いた。私は，私のやっていることに林先生が興味を持たれるとは思いもよらなかったので，どうした風の吹き回しだろう，と怪訝な気持ち半分，初めて林先生に認めてもらったような嬉しい気持ち半分で先生の部屋に行った。そのとき，色々と質問されて議論をしている間に分かったことを今風の言葉で言えば，先生は「宇宙定数入りバリオン等曲率揺らぎ」のシナリオを考えておられた。そして，先生は退官記念講義でこの話をされた。初期天体の形成からその頃に問題となっていた宇宙年齢問題の解決，さらにはその時期にはまだ見つかっていなかった宇宙背景輻射の揺らぎの小ささ等をすべて一挙に解決するグランドシナリオを考えておられたわけである。残念ながら，その後の観測的進歩ではほぼバリオン等曲率揺らぎは否定されているが，宇宙定数の方は現在その存在が強く示唆されているダークエネルギーとして宇宙論の中心的話題となっている。その頃既に宇宙定数の必要性を明確に認識されていたことはさすがとしか言いようがない。実際，林先生は，「宇宙定数はだいぶ前に宇宙年齢解決のために富田憲二君と論文（PTP30（1963）691–698）を書いている。学問はあんまり進歩しとらんな！」と大笑いされていた。

エピローグ

（文責：中村卓史）

さて，学位に関しても林先生の考えについて書いておきたい。林先生が教授の頃は

単著の refereed journal に既に掲載決定の論文があるのが博士の学位取得の条件だった。もちろん制度的には thesis を書いても良いが天体核研究室では習慣として単著の論文であった。人によっては厳しい referee にあって随分苦労したが，きっと「かわいい子には旅をさせて苦労をさせろ。」という考えだったと思う。

しかし，もうひとつ難関があった。林先生の部屋に伺って恐る恐るこの論文で学位を取らせていただきたいのですが如何なものでしょうかと言って，まず，内容を説明する。「シャイ」な林先生がこちらを見ずに横を向いてハイライトを吹かしながら説明を聞かれて 2, 3 質問をされた後「うん，まあいいでしょう。中野君（助教授）も知っている話だね。」と言って貰って，ようやく学位申請の許可を博士課程終了後の 5 月頃に貰えれば上出来だった。学位は卒業証書の類ではなくて，一人前の研究者としてちゃんとした論文が書ける人に与えるものだ。そうでないなら愛弟子でも学位は与えられないと思っておられたのだと思う。今思うに，これは正しい。理論の研究者は，いざとなれば一人で思いつき，計算をして論文を書き上げ，referee と対峙できるのが条件だ。このように学問に対しても厳しい姿勢だったので，学位を軽く取るものと考えて林先生の部屋に入って行った人はさんざんな目にあったそうである。その人の場合，単著の論文で内容自身に問題はなかったのだが，軽く学位をとるという態度がいけなかったとのことである。

中村が林先生に太陽系の起源についての研究テーマを貰いながら，それを断った時の林先生の年齢に自分自身がなってみると，そんな非礼な態度を取る大学院生を全く叱らなかったこと，さらに天体核研究室の後輩の 3 人の大学院生を集めて，かってなことをやりだすのを許されたどころか，支援された事実を思い出すと万感の思いになる。常識的にはそんな院生は研究室に残ることはないだろうと当時も今も思うのだが，中村，観山，佐々木は林先生の退官の時に天体核研究室の助手（現在では助教という身分）であった。林先生の奥の深さだと今更ながら思う。前田が言うように「お釈迦様の手のひらの上で暴れている孫悟空」だったのかもしれない。後に林先生は，人事においてはそれまでのいきさつとか好き嫌いとか等のもろもろの事情は一切考慮すべきではなく，その研究者本人のその時の研究能力のみで判断しないと失敗するといつか言っておられたと聞く。その通りだと最近つくづく思う。

現在の天体核研究室では，林先生の時のようにコロキュウムは 3 時間位黒板で担当者が 1 つのテーマを解説するというスタイルで続いている。前田と観山が説明したような厳しさは林先生でないと不可能だけれども，少しはそれに近い形式は受け継がれている。もうひとつ中間発表会という林先生の作られたシステムも受け継がれている。これは年に 2 回，大学院生が今やっていることで困っていることを短時間で話して，それに林先生が優しく時に厳しく指導するというものであった。林先生にとっては，うまくいってない話に適切な suggestion をして自信を持たせるという趣旨だったようだ。だから，出来上がった話をしたり 1

人でたくさん話をすると林先生は不機嫌だった。内容は宇宙の初期から太陽系の起源論まで何でもありだった。私なりの理解だと，2日間程度の中間発表会は研究室のメンバーに他の院生の研究テーマに対しても共有意識を持たせるのに大変効果があり，長期的に見ると別のテーマや分野も理解できるという大きな効果があった。小学生だった私の娘に「今日は中間発表会があるので帰るのが遅くなる。」と言ったら「このあいだもあったじゃない！中間というのなら，いつ終わりになるの？」と聞かれたので「永久に中間発表会なの。」と答えたことを覚えている。

中村は「四人組」解散後も数値相対論を研究し続けたが2000年頃からはガンマ線バーストやダークエネルギー等の研究もしており現在天体核研究室の教授である。前田は高次元理論や一般相対性理論の研究の方向に向かい現在早大理工学術院教授である。観山はテーマを変えて林先生と星の形成の数値シミュレーションを研究したのち国立天文台に異動して現在は国立天文台長である。佐々木は宇宙論・一般相対性理論の研究に方向を変えて現在は基礎物理学研究所教授である。林先生を抜きにしてこのような現在の我々の姿はあり得ない。ここに改めて林先生に感謝をしたい。林先生の声はもう聞くことができないが，今書いてきたような学問に対する考え方，研究室の運営方法等の林先生が自ら身をもって示された concept は gauge invariant だと思う。すなわちどのような座標系（環境）でも応用可能だと思う。

著者紹介

中村卓史氏：所属：京都大学大学院理学研究科物理学第2教室，専門：天体物理学。
前田恵一氏：所属：早稲田大学理工学術院先進理工学部物理学科，専門：重力理論，宇宙論。
観山正見氏：所属：国立天文台，専門：理論天文学。
佐々木節氏：所属：京都大学基礎物理学研究所，専門：相対論・宇宙論。

（2010年6月19日原稿受付）

4.『日本惑星科学会誌』特集

日本惑星科学会誌「遊・星・人」Vol. 19, No. 4, 2010

林太陽系の日々：研究室での林先生

中澤　清

　2010年2月28日，林忠四郎京都大学名誉教授が他界された。林先生の生涯にわたる偉大な業績は物理学，理論天文学，惑星物理学分野を超え，世界の科学分野から広く認められ，訃報に際しては国内外の多くの方々から弔辞が寄せられた。

　林先生は宇宙初期での元素合成，恒星の進化，恒星（原始星）の形成過程，太陽系起源の分野で目覚ましい理論的研究成果を発表し続け，世界のこれら分野を牽引したことで国内外から最大級の評価を得てきた。林先生の各分野での業績や若い人たちへの研究指導などについては，日本物理学会誌[1]，天文月報[2]に詳しい紹介があるので，それらを参照して欲しい。特に，本会と関連の深い太陽系起源の研究に関わっては，中川義次君（神戸大学教授）によるすばらしい記事が日本物理学会誌[3]に掲載されている。ぜひ目を通していただきたい。

　五月頃「遊星人」小久保編集委員から，「林先生の人となり，林研究室の日々の生活」を「遊星人」の記事として投稿して欲しいと要請され，一時は断ったものの最終的には引き受けることになった。小久保編集委員との話し合いに従い，3部に分けて，「研究室での林先生」，「林先生の教育・研究指導（仮題）」，「太陽系起源の研究-こぼれ話（仮題）」の順に，林先生の人となりを紹介していきたい。林先生の研究への姿勢，研究指導・教育への思いを，断片的ではあれ，見ていただければ幸いである。なお，本誌で紹介する内容は，私が京都大学に在籍した時期に限り，また，研究に関する記述も太陽系起源の研究に限ったものであることを予めお断りしておく。

1. 研究室での一日

　『いやね，大したことではないんだけど…』と言って大学院生室に林先生が入ってくる。夕方，5時過ぎか，6時頃のことである。そう言って，空いている椅子にどっかり座りこみ，まずは「ハイライト」に火をつける。しかし，その後，「大したこと」に関わる話は一切出てこない。

　とにかく，林先生はシャイな方だった。院生室に入るにも先生なりの「理由」が必要だったようだ。先生のシャイさ加減を当時の学科秘書から聞いたことがあった。『先生が出勤してこられて1階からエレベーターに乗っておられた。私（学科秘書）は

2階から乗り込み，先生のお部屋のある5階までご一緒することになった。私は『おはようございます』と言い，先生は『あ…』と返事されましたが，そのとたん，くるりと体勢を入れ替え私に背を向けて，5階に着くまでエレベーターの隅下方を見つめ続けられたままでした。』この秘書はずっと前から学科に居た方で，林先生もよくご存じの職員であった。とにかく林先生はとてもシャイな方であった。

さて，院生室に座り込んだ林先生，それからが面白くもあり，大変でもあったが，その話は後に触れることとし，時系列を追って林先生の一日を紹介しておこう。

まずは紅茶タイムから

林先生は特別のことがない限り，10時半前後に研究室に到着する。まずはお湯を沸かし，紅茶を入れる。紅茶と「ハイライト」を味わいつつ，届いた書類や論文別刷，プレプリント[*1]に目を通すことから先生の一日が始まる。送られてきた論文やプレプリントの中から，研究室の誰かの研究と関連しそうなもの，誰かが興味を持ちそうなものだけをピックアップし，院生室に顔を出す（この時，院生たちは「今日，林先生は来てるんだ！」と認識する）。「誰か」が教授室に呼ばれ，『君が興味をもっていると思ってね…』と論文を手渡される。

これ以後，林先生がどのように過ごしていたのか，ほとんど誰も知らない。長ければ，7時間ほどご自分の部屋に籠ったままであった。研究，あるいは時として，教育の準備に没頭していたに違いない。昨今の大学教員でこれだけの長時間，しかも連続して研究に集中できる人は稀であろう。当時もすべての先生たちが林先生のように長時間集中できたわけではない。林先生は，ご自分の研究時間を確保できるよう，ずいぶん努力していた。雑誌社やマスコミからのインタビュー，執筆依頼はことごとく断っていた。私の知る限り，学部の授業も前期，後期合わせて1コマしか担当していなかった。さらに，学内外の委員も極力辞退されていた[*2]。理学部長（1977-1979年）に推挙された直後の林先生の不機嫌さは今でも忘れられない。

林先生は「集中すること」をご自身のことだけでなく，研究室の助手や大学院生にも強く求めた。『研究というのは一本道ではない。時には迷ったり，引き返さざるを得ないこともある。一見無駄な時間のように見える試行錯誤が研究を飛躍させるためには必要である。それを可能にするには，十分な時間研究に集中することである。』と院生室に来ては力説していた。院生がアルバイトに時間を割くことにも苦言を呈していた。『アルバイトを終えれば，今日は一仕事終えた，という気分になり，その日はもう研究に集中できなくなる』というの

[*1] 投稿論文がジャーナルに掲載されるまでにかなりの日時を要したことから，E-メールのなかった当時，投稿段階での「印刷前」研究論文として国内外の関連研究者に送付することが習慣であった。

[*2] にもかかわらず，京都大学計算機センターの設立には積極的に参画，設置後も運営委員（評議員？）として計算機環境のレベルアップのために貢献した。

が先生の弁であった。

　林先生の生活パターンを思い出すたびに，昨今，大学の教員たちが長時間にわたって研究に集中できる環境にないことに危惧を感じる。授業や会議に飛び回り，教員と院生の会話はごく限られた時間枠内でしかできないような現実，このような研究・教育環境はなんとしても変えなければ，と思う。教員すべてがそうである必要はない。しかし，そうしたいと考える教員が，そうできるシステムがぜひとも必要である。

院生室に移る

　『今日はどこの食堂に行こうか』と院生たちが夕食の相談をしている丁度その頃，林先生が院生室にやってくる。院生たち3〜4人，時には5〜6人が先生のお相手をすることになる。先生と院生たちとの話題は多岐にわたる。研究内容，研究に対する姿勢，教育に対する考え方，先生の若い頃やアメリカ留学生活，時々の社会的な事件・流行に対する感想，スポーツ談義，などなどである。

　印象に残っているいくつかの具体的なやりとりを紹介しておこう。最も時間を割いたのが「研究」であった。『A君の計算だけどね』と喋り始める。A君がその場にいようがいまいが関係なく議論は始まる。『彼の計算方式だと1セットのパラメーターで数値積分するのに随分時間がかかる，もっと精度を落とすなり，高速化の工夫をしないとどうにもならないではないか』と先生は言う。そして，『この計算の最も深いDo-loopはこの部分だから』と言って，演算の回数を「…x…x…x…＝…」と黒板に書く。これをめぐって，差分方程式の精度を落とす，積分の分割巾を変える，パラメーター空間を覆う数を変えるなど，さまざまな工夫について議論が続く。先生だけでなく，計算機に強い院生もあれこれ意見を言う。この間，短くて1時間，時にはそれ以上に及ぶ。結果的に「肯定的」な結論が得られれば，先生が『君，A君に伝えておきなさい』と指示してこの話は終わる。

　だが，いつも「肯定的」な結論に達するわけではない。その時は『結構難しい問題だな！』という言葉で一応その場は終わる。が，2，3日すると『君，ちょっと』と言われ，教授室に招かれる。『A君の問題だけどね，何とかなるよ。彼の計算では特殊関数をそのまま使っているが，近似式に代えれば演算時間は20分の1になるよ。メモを作っておいたのでA君に渡しておいてください。』と言われる。そう指示された院生が2，3日前にA君の計算について議論したことを覚えていないことも多かった。

　もう一つ，研究にまつわるやり取りを紹介しておこう。ある時期，西田君（摂南大学教授）が太陽系起源の問題とかかわって，制限3体問題の枠組みで軌道計算を行っていた。ある軌道要素をもって無限遠方から飛来した小質量天体が惑星重力によってどのように影響され，再び無限遠に遠ざかった時どのような軌道要素をもつか，軌道計算で調べていた。初期の軌道要素を連続的に変化させた時，最終的な軌道要素も連続的に変わる場合もあるが，ある

パラメーター領域では最終軌道要素が激しく変動することもある。院生室にやってきた先生がこの問題を話題にし，こう主張した。西田君は初期条件（軌道要素）をとびとびに与えているが，もっと稠密に設定すれば，最終的な軌道要素も連続的に振舞うはずである，と。しかし，林先生のこの主張に対して，私は根拠のない「勘」から，また，西田君はその場にいなかったが，後日，自らの数値計算の経験から，反対した。『賭けようか』ということになり，ビール10本を賭けることにした。そして，計算機の精度ぎりぎり（4倍精度）で初期条件を変え，どちらの意見が正しいか数値計算で確認しようということになった。

1週間ほど経った頃，林先生が院生室に現れ，『君たち，フラクタル理論って知ってるかい？』と問いかけ，『賭けは西田君の勝ちだ』と言う（このあたりが，林先生はすがすがしい）。フラクタル理論という言葉は聞いたことがあるものの，中身について十分理解している院生はいなかった。非線形性の強いシステムでは，どんなに初期条件を細かく設定しても，その結果が連続的に振舞うわけではないこと，しかしそれでもある種の規則性があることを，いくつかの具体的な例もとに丁寧に説明して貰った。西田君が詳細な計算を仕上げたのは随分後になってからで，その答えは林先生の予測通りであった。それにしても，以後「10本のビール」の話が出なかったことは残念である。

研究の話が一段落した後も，先生が立ち去る気配がない。一見，雑談に思えるが，話の内容は研究や教育の在り方に深くかかわっていた。たとえば，研究テーマはどのように選ぶべきか，どのような研究が質の高い研究なのか，若い研究者は当面の研究テーマ以外にどのような力量を身に付けておくべきか，大学院生を指導するような立場になった時何に一番注意しなければならないか，などなどである。そのほか，単名の論文なのに，なぜ「we」を使うのか[*3]，論文の著者の並べ方はどうあるべきか，といったさまざまな話を聞かされた。このような経験をした院生たちは，後の研究者としての，あるいは，教育者としての姿勢や倫理観に大きな影響を受けたに違いない。

とはいえ，ここまでくると，7時をはるかに過ぎていた。欠食児童にとってはもう限界である。『先生，お腹すきませんか？』と問いかけても，『いや，大丈夫』とわれわれの気分に気付くことなく，話は続く。煙草の在庫が尽きれば先生も帰るだろうとの思いから，『先生，タバコ1本いただいてもいいですか』と問えば，『いいよ，いいよ，部屋（教授室）にいくらでもあるから…』との返事であった。だが，8時半を過ぎることは決してなかったように記憶している。先生なりに決めたスケジュールが

[*3] 林先生によると，その理由は以下のとおりである。英国王立協会が創立され，学会誌が発行されるようになって（1660年代半ば），研究論文の発表は「自然界の調和（法則性）について，われわれ人類は斯く斯くしかじかの認識到達しましたと創造主に報告する」形を取っていた。その名残が今まで続いているという。実験と観察を基調として芽生えつつあった「自然科学」と教会権威との間の摩擦を回避する便法だったのでは，というのが筆者の勝手な想像である。

林先生の一日，もう一つのパターン

林先生の一日はこれまで紹介してきたパターンだけではない。3時頃から夕方まで，院生と彼の直接的な指導者である助教授，助手を先生の部屋に呼び，院生の研究指導に当たる，というもう一つのパターンがある。この時間帯の前後は上述した通りであるが，この研究指導は極めて濃密で，研究推進上の困難の克服，論文のまとめ方，さらなる研究への展望など，この場で受けた林先生からの教育は院生にとって一生忘れられない教訓として体に浸み付いているのではなかろうか。今回は，紙面の都合上このことに触れられないが，次回に「個別指導」という形で紹介したい。

2. 林先生の一週間

週休3日制

昨今の大学では，土曜日がお休みで日曜日と合わせ週休2日制が普通である。しかし，週休2日制が社会的に採用され始めたのは1980年代中頃で，私が京都大学に在籍していた頃は，日曜日だけがお休みであった。

だが，林先生のカレンダーは世間から大きくずれていた。金曜日と土曜日は必ず大学に出てこられた。月曜日から木曜日の4日間は，学部の授業日も含め，大学に出てくるのは2日程度だった。曜日は確定していないものの，当時としては異例の週休3日制であった[*4]。大学に顔を見せない日は，ご自宅で終日研究に没頭していたという。

金曜日と土曜日は上で紹介した「林先生の一日」とは全く異なった一日となる。金曜日には，京都大学物理学第2専攻として最も重要な執行機関である「研究計画委員会」が開催される。林先生は研究室を代表し，あるいは，専攻・学科の中心的な教官としてこの会議には必ず出席していた。多少余談になるが，当時の物理学第2専攻・物理学科の意思決定機関は，最上位に博士課程院生以上を構成員とした教室会議（年に数回開催），その下に執行機関としての「研究計画委員会」（毎週開催）があり，更にその下部実務組織として，庶務委員会，図書委員会などがあった。この意思決定・執行機能構造は林先生が率先して構築したものである。民主的な湯川先生の影響を受けつつ，また，アメリカでの経験を踏まえて，ボトムアップを最大限取り入れ，同時に執行責任がどこにあるかを明確にした運営組織を目指した，とのことであった。

土曜日の林先生

土曜日の林先生のスケジュールは結構大変であった。10時半から，大学院修士用の授業「天体核物理学」がある。この授業では，星の構造，恒星の進化，星の形成，元素の起源について，一年間にわたって詳しい解説があった。これら天体現象を理解する上で必要となる基礎的な物理学，量子

[*4] 当時，大学の教官は教育公務員特例法のもとにあり，「自宅研修」が認められていた。週休3日に法的な問題はない。

統計力学や原子核理論，輸送理論なども講義の中に自然な形で組み込まれていて，ブラックボックスのない講義であった．さらには，先生は毎年この授業を担当していたが，内容は少しずつ変わっていた．新しい研究が出るたびに講義ノートを書き換えていたからである．午後からは，林研究室として最も重要な2つのミーティングが待っている．

研究室会議

まずは「研究室会議」である．この会議に参画できるのはM2以上の院生，研究生，スタッフであった．研究室会議では，理学部教授会，先程述べた「研究計画委員会」，その他委員会の報告がある．この報告を通して，助手や大学院生は大学・学部の方針や専攻の教官人事の動向を知ることになる．多くの場合，院生側は報告されるまま聞いていたが，就職問題，OD（オーバー・ドクター）問題になると林先生と院生の間でそこそこのやり取りがあったように記憶している．

研究室会議は，研究室としてのスケジュールを決めていくという大事な機能があった．4月初めには年度内のおおよその予定を決め，6月頃には研究室の予算を議論する．林先生，あるいは，助教授の先生から今年度の収入見込みについて紹介がある．引き続いて，院生に対して予算要求を出すよう求める．『研究室として，…は用意（整備）して欲しい』とか，『計算機使用料として…万円認めて欲しい』といった予算要求である．当然のことながら，要求を単純に足し上げると収入見込みを超えてしまう．林先生はつじつまが合うよう調整しろ，と目で訴えるがご自身はあまり口出ししない．あーだ，こーだと行きつ戻りつの議論の末，何とか年度の予算案が決まり，あとは計算機委員（DC院生）と助手が財産管理することになる．

研究室会議では，このほか，一年間の節目，節目で行われる中間発表会やスポーツ大会に向けた研究室としての対応，ハイキングの日程や行き先，世話人等を決めていった．

コロキューム

研究室会議が終わり，多少の休憩の後，発表者にとっては恐怖のコロキュームが始まる．コロキュームでは発表者が自分の研究に関係する重要論文を紹介する．ここに参加するメンバーは林研究室在籍者（スタッフとM2以上の大学院生，研究生）の他に，林研究室出身者で学内の他部局に在籍する者，近くの大学に在籍する者も加わり，総勢は25名から30名に達する．これだけの人数が集まるにも関わらず，コロキュームが行われるのは1スパンの林教授室であった．ぎゅうぎゅう詰めの状態でセミナーが始まる．真夏の京都はひどく暑い．教室にはもちろんエアコンはあるが，これだけの人数が集まるともはや圧倒的にパワーが不足し，窓を開けてのセミナーとならざるを得ない．

コロキュームでは，毎回1人の発表者が論文を紹介する．特に若い院生（M2，D1）にとっては，発表の準備に1ヶ月ほど要し

ていたのではなかろうか．厳しい質問が矢のように浴びせられるからである．気の弱い若い院生は，1週間ほど前からだんだん無口になり，当日土曜日の昼食は喉を通らないという者もいた．なにしろ，林先生を始め，レベルの高い教授，助教授が数人居並ぶなかでの発表である．若い院生たちが緊張するのも無理からぬところである．

コロキュームでは，発表者の発表論文に対する完全な理解・評価と，あらゆる観点から浴びせられる質問への的確な対応が求められる．本当はちゃんと理解していないのに適当にその場を繕おうとすればたちどころに攻め立てられ，時には，『これ以上聞いても無駄だ』と30分でコロキュームが終わることもあった．また，発表者が余り気にしておらず，したがって，前もって準備もしていなかったような事柄についても矢継ぎ早に質問が浴びせられる．『その観測結果のグラフにエラーバーが示されてないが，エラーバーはどのくらいか』とか，『著者が採用した仮定を君は妥当だと思うのか』，『その結論はどれだけ一般性があると思っているのか，著者が示しているような状況以外に適用できると思うか』，『著者が前提としている状況が物理的にあり得ると思っているか』，などなどである．『エラーバーはこの図では見えないくらい小さなものだと書いてあります』などと答えようものなら，『君のいうエラーとはどんなエラーを意味しているのか』と先生からたたみこまれる．

年間の開催可能な日数を参加者数で割り算すると，年に2回発表するかしないかの頻度になる．しかし，自らが発表していなくても，同僚たち，後輩たちがどのように攻め込まれているかは毎週経験する．このような経験を通して，長じれば，林先生がどのようなことに，どのような質問を投げかけてくるか，大体分かるようになる．それでも，先生から本質的な「疑問符」が打たれないような発表ができるようになるには，早くてもD2，平均的には学位をとった後ではなかったろうか．

ある時，国立天文台の台長であった古在先生から『林研出身者の（研究会，セミナーなどでの）質問は林先生そっくりだな，ときとして，歩き方まで似ている』と本気とも冗談とも分からないことを言われたことがある．林研究室のコロキュームを数年間にわたって経験すると，本人の自覚ありなしには関係なく，「林先生」が身体に浸み込んでいるのかと，その時改めて思い知らされた．

3. 研究室の一年

中間発表会

私が在籍していた当時，林研究室の院生指導体制は，他の研究室からやっかみ半分，揶揄半分に「林太陽系」と呼ばれていた．太陽（林先生）の周りに惑星（中間指導者としての助教授，助手）が回り，その惑星の周りに衛星（院生）が回っていることを意味したものだ．林研究室全体としてカバーしていた分野は極めて広い．私の在籍していた当時，宇宙論，恒星の進化，恒星（原始星）の起源，太陽系起源，の大きなグループがあり，それぞれを助教授，助手

がまとめつつ，林先生が全体を統括していた。独立心旺盛な院生たちはこれらグループに属さず，独自のグループで研究を進める者もいた。なにしろ，20名近い院生，研究生がいたのだから，このような指導構造になるのは当然であった。

しかし，『院生の指導責任は自分にある』と先生は常々口にしていた。その具体的な形が「中間発表会」であった。林先生が，院生たちのある時点までの中間的な研究成果を聞き，進捗状況を知った上で次への指針を与えるための身内の研究会であった。先生はある時，『年に3回やろう』と言い出したこともあったが，『それでは喋る材料がなくなる』というのが院生たちの反応で，中間発表会は平均的には一年に2回程度開催された。

中間発表会は通常3日間開催された。1日7時間としても計21時間，30名近い林研究室関係者がいれば，全員が発表するのは難しい。各発表は30分程度を想定していたが，そんな時間で終わるはずがない。コロキュームと同様，林先生からの質問が矢継ぎ早に発せられるからである。したがって，一回の発表会で関係者の約7割が発表する，というのが通例であった。中間発表会では，院生だけでなく，スタッフも研究現況を報告した。林先生ご自身も自らの研究を紹介する発表者の一人であった。林先生がいま何に没頭しているのかよく分かったし，先生がどのような問題を取り上げ，本質を損なうことなくいかに問題を簡単化するのか，その手法を実感できるよい機会であった。

スポーツ大会・ハイキング

京都大学物理学教室では，研究室対抗のスポーツが盛んで，特に，ソフトボール，野球，バレーボールが教室認定の正式競技（?）であった。各種競技の試合は7月初め頃から始まり，7月末のある日に各種競技の優勝チームが出そろうようスケジュールされていた。そして，同日夕方からに大掛かりなビアパーティが開催された。

林先生はお若い頃（旧制中学，旧制高校時代に）柔道に打ち込まれていたという。腕前は，確か，5段だったと聞いた記憶がある[*5]。柔道だけでなく，野球や他のスポーツにも大変興味をもっていた。スポーツ大好きの林先生が，教室主催のスポーツ大会に興味を示さないわけがない。

夏場の暮は遅い。土曜日のコロキュームが終わった後でも十分明るい。再来週にバレーの試合があるとなれば，コロキューム終了後すぐに練習に入る。林先生はコートのわきの椅子に腰かけ，練習試合を見守る。当時，日下君（金沢工業大学教授），池内君（総合研究大学院理事），佐藤勝彦君（自然科学機構機構長）といった強力なメンバーがいたものの，残りの多くのメンバーはもう一つであった。林先生は監督として練習試合でメンバーを注意深く見定めておき，本番では，誰をどこに，どのタイミングで起用するか，指示する。

野球やソフトボールでも同じである。研究室対抗の試合が予定されると，コロ

[*5] 柔道5段，6段というのは実力的には最高段位であり，それ以上は多くの場合名誉段である。

キュームが終わるやいなや，農学部のグラウンドに出向き，練習試合での院生たちのプレーを監督する。打順とか守備位置にまで言及し，調子の上がらないバッター，ミス連発の野手の交代を告げる，など監督業に腕をふるった。ある時，林先生に『先生もプレーヤーとして入ってください。』とお願したことがある。その時の返事はこうだった。『昔，湯川研究室でのソフトボールの試合で，湯川先生（当時45〜50才）が内野にボールを転がし，全力で一塁に駆け込んだ時，アキレス腱を痛めてしまった。当時僕は若かったが，あの年になったら自分も無理はできないとその時悟った。』

研究室のハイキングも恒例であった*6。春は，新入生を歓迎するハイキング，秋は研究に集中した気分を和らげるハイキングとして，年に2度研究室こぞっての行事であった。京都は，東山，北山，西山，そして，宇治，摂津などハイキングに絶好の山々がある。4月初めの研究室会議で，春のハイキングの行き先，行程，世話人等が決まり，連休前後の天気のいい土曜日に（コロキュームをつぶして）山歩きとなる。当時，林先生は40代半ばから50代前半であったが，山頂を目指し，院生たちと同じ行程をクリアしていた。が，圧巻は下山したあとであった。

登った山が北山であろうが，東山であろうが，下山後向かった先は伏見，それも伏見の林先生のご自宅であった。ハイキング

---

*6 研究室ハイキングの他に，理論系の3つの研究室（素粒子論，原子核理論，天体核）合同の「理論ハイキング」も恒例化していた。

参加者は20人〜25人ほど。お腹を空かした若者の食欲はただごとではない。ご自宅に招き入れられ，まずは鍋料理に舌鼓，アルコールも飲み放題。当時の助教授，助手の奥さんたちがハイキング当日林邸に集まり，林先生の奥さまを手伝って夕食会の準備をしていたらしい。後日，ある先輩の奥さんから『ひたすら白菜とねぎを何時間も切り続けていました』という話を聞いたことがある。

だが，院生たちは林先生の奥さまやご家族に迷惑をかけているという意識もないまま，飲み，食べ続ける。それが一段落すると，碁や将棋，トランプに興じることになる。林先生は碁や将棋で何人もの助手・院生の相手をする。そうこうしているうちに，もはや伏見から京都に帰る電車はなくなり，当然林邸で雑魚寝か徹夜の遊びとなる。

後日，林先生からこんな話を聞いたことがある。『研究を進めるには，ただただ机に向かって集中しているだけではだめだ。時には，頭の中から「研究」がすっかり抜けるような気分転換が必要である。』林先生は，スポーツやハイキング，囲碁がそのような精神作用を持つことを若い人たちに伝えたかったようだ。

謝辞

私は当時の資料やメモを一切持っておらず，記憶のみに頼って本稿を書く破目になった。一部正確さを欠くこともあろうかと危惧し，当時をよく知るお二人に予め原稿をチェックしていただいた。お二人にはこの場をお借りして感謝したい。また，「遊

星人」編集委員会，小久保編集委員には企画の段階から，査読，掲載写真の選定にいたるまで随分とご迷惑をお掛けしました．ありがとうございました．なお，本稿に使用した写真の1葉は林先生ご自身が編集された「写真集」から転載させていただきました．写真の転載を快く承諾いただいた林先生の御子息，林暢夫氏に感謝いたします．

引用文献

[1] 佐藤文隆，杉本大一郎，ほか：日本物理学会誌「BUTSURI」，Vol. 65, No. 10, 777-799, 2010.
[2] 松田卓也，ほか：天文月報，Vol. 103, No. 6, 394, 2010.
[3] 中川義次：日本物理学会誌「BUTSURI」，Vol. 65, No. 10, 787-791, 2010.

「林太陽系の日々第2回，第3回」は同誌 Vol. 20, No. 1, No. 2.

5. 林先生追悼文集

まえがき

　2010年2月28日の林忠四郎先生の急逝の後、多くの方が多大な喪失感を覚えられたことと察します。先生を偲ぶとともに、先生の偉業と学問に取り組む姿勢を後世に伝えるべく、数々の追悼行事がおこなわれました。2010年5月16日に開かれた偲ぶ会には二百数十名の方が参列されました。偲ぶ会に先立って基礎物理学研究所に於いておこなわれた追悼研究集会では、林先生が切り開かれてきた学問のその後の目覚しい進展の様子が議論されました。本文集も、追悼行事のひとつとして偲ぶ会に参加の皆様を中心に自由な形で投稿を募ったものをまとめさせていただいたものです。皆様の林先生との貴重な思い出を財産として遺すことのお手伝いができたことを光栄に思います。

　印刷、製本に際しても執筆者の皆様には経費を出し合っていただきました。この点につきましてもご協力頂いたことを深く感謝いたします。加えて、湯川記念財団からも一部補助を頂いておりますこと、末尾ながら御礼申し上げます。

　　　　　　　　　　　　　　　　林忠四郎先生追悼実行委員

†印の写真は、林先生が「自叙伝の付録」とし元学生に配布された写真の一部を転載させて頂いたものです

寄稿者

林スクール	池内　　了
いまこそ General Education を	伊沢　瑞夫
林先生とニュートリノ宇宙物理学	伊藤　直紀
巨人の大きな手	犬塚修一郎
天体核現象研究会こと始め(1955年～)の頃の林先生	井本　三夫
悔恨、不肖の弟子にもなれなかった！	梅林　豊治
林先生と大喧嘩？	大原　謙一
林先生の思い出	小笠原隆亮
林忠四郎先生の思い出	木口　勝義
林忠四郎先生と核融合研究　林先生へのインタビューから	木村　一枝
林先生の思い出	小久保英一郎
すばる望遠鏡構想と林忠四郎先生	古在　由秀
大学院生の教育	小嶌　康史
巨星に遭遇できた矮星のつぶやき	小山　勝二
天体核の落ちこぼれ	佐々木　節
林先生の思いで	佐藤　勝彦
天体核人事事件簿その二	佐藤　文隆
林忠四郎先生を偲ぶ	慈道佐代子
土曜日の林先生	白水　徹也
還暦を過ぎて理解できた林先生の教え	菅本　晶夫
林先生の意外な側面	関谷　　実
林先生に教えられたこと	高原　文郎
女子学生にはシャイだった林先生	高原まり子
林先生の逝去に際して思うこと	田中　貴浩
林先生を偲ぶ：星形成から原始惑星系円盤へ	田村　元秀
林忠四郎先生の思い出	寺澤　敏夫
宇宙定数と林先生	冨田　憲二
Obituary: Chushiro Hayashi, 1920 - 2010	Yoshitsugu Nakagawa
林先生の思い出	中野　武宣
林先生と数値相対論	中村　卓史
恩師林先生を偲んで	成田　真二
天体核研究室の思い出	西　　亮一
林先生の思い出 ― 制限三体問題のこと	西田　修三
林さんと坂下さんと私	花見　仁史
林先生を偲んで	原　　哲也
天文学者の系図と日本天文学会公式インタビュー	福江　　純
天体物理学への転向と林先生	福來　正孝
天体核での研究教育と林先生	前田　恵一
林先生の思いで	松田　卓也
林先生の個人的思い出	美木佐登志
林忠四郎先生の思い出	水野　　博
林忠四郎先生から教わったこと	観山　正見
「偲ぶ会」へのメッセージ	益川　敏英
林先生の思い出	南部陽一郎

林スクール

池内 了

総合研究大学院大学

　林先生の弟子に対するスタイルは自由と集団主義を尊重するものであった。院生にテーマを強要せず自由に選ばせるのと、院生同士が議論し合うことを奨励したからだ。とはいえ、林先生が出したメニューから選ぶのが大半であったし、単にアレコレ議論するだけではダメで、きちんと勉強をした上での集団討議であるべきことを協調した。

　林先生は、さらに二つのタガを填めていたという意味で異色であった。一つは、若い時代は専門に特化せず、物理学の広い範囲を勉強せよというもので（ジェネラル・エデュケーション）、早い段階で狭い分野に蛸壺化してしまうことを嫌ったのだ。物理学はどこでブレークスルーが起こるかわからないから、どのような物理現象であってもそれを理解する力を身につけておかねばならないと考え、そのためには物理学全般に通じているべきだとしたのである。大学院生への物理教育に対する強い信念があったのだ。これに反発した院生も多くいたが、年をとってみると物性から原子核まで幅広く勉強をしていて良かったと思う。耳学問する素養が自然に培われていたからだ。

　もう一つは、研究室コロキウムの厳しさで、研究室メンバー全員が参加して論文紹介をするのだが、林教授から出される質問に答えられなければ放免されない。土曜日の午後一時から五時頃まで、問題の急所の捉え方や物理学の攻め方を徹底して叩き込まれた。院生

それぞれの個性を見抜きながら、その弱点を克服する方策を授けていたとも言える。研究者の育成は手仕事的なところがあることをよくご存じであったのだ。

若者が科学者として育つためには修業時代が必要であり、その間にどのような恩師に巡り会えたかは、その後の成長に大きな影響を及ぼす。林先生の二つのタガは、現代においても大学院教育に必須のものではないかと思っている。残念ながら、私自身はきちんと踏襲できなかったのだが。

†

いまこそ General Education を

伊沢　瑞夫
水産大学校　海洋機械工学科

　林先生の思い出については、すでに多くの方がお書きになっているので、あえて特記することはほとんどありません。私の場合、林先生からは学位がいただけないことが大学院入学時にわかっている最初の世代でしたので、院生時の経験や印象は1学年下の小嶋君の場合（「自叙伝付録」および「天文月報」6月号所収）とほとんど一致します。私が林先生に最後にお会いしたのは、一昨年4月はじめの米寿のお祝いの会、およびその直後に基研で開かれた太陽系の起源の研究会のときでした。米寿の会では、私を含めて直弟子10人弱が話をしたのですが、大先輩の1人が核融合の現状について話されたとき、林先生が「それでは、核融合が実現するのはいつ頃になるのか」とたずねられました。たしか30年後（?）くらいの返答だったのですが、「林先生なら、そのころまでご健在なのでは？　私の世代より長生きされるのでは」と、私には思えるほど、お元気に見えました。一方で、林先生の御年齢を考えると、「これがお目にかかる最後の機会になるかもしれない」という思いもあたまのすみにはあったのですが。

　さて、米寿の会では、私も「近況報告」と題して話をしました。私の勤務している水産大学校と学生の学力（「大学の物理教育」（2007）より抜粋）について紹介したのですが、あとで林先生より「がんばっているな」と声をかけていただきました。私のように物理・天文以外の専門学科で教育に携わっている弟子の話をお聞きになる

機会は多くはなかったのだろうと思っています。このことは、ほかの直弟子の方々でも大差はないと思うので、ここでは、この面について少し書いてみたいと思います。

　私が一番に思うのは、「いまこそ General Education を」ということです。学振の制度などが変わり低学年の院生にも研究成果を求められている現在では、大学院進学後の一定期間を General Education に専念させるのはむずかしいのでしょう。院生の処遇が改善されるのはもちろん歓迎すべきことです。しかし、その反面、目先のこと（のみ）に追われる傾向は、社会全体に強まっていることですが、非常に危険なことです。ここでは、General Education を大学院教育の意味というよりは、もっと広く教育全般、ひいては社会全般についてとらえたいと思います。

　先に述べたように、私は現在、水産大学校というところで教育に携わっているのですが、常日頃「もっと General Education を」と感じています。林先生は、いつも General Education の意義を強調されていました。私が二十数年前に水産大学校の教養学科に着任したときは、少なくとも履修規定の上では当時の大学と同等の一般教育が行われていました。しかし、時を経て、他大学の例をまねて教養学科を専門学科に改組し、一般教育科目は大幅に減らされてきました。それでも、専門科目を充実させて学生に十分な学力をつけさせることができればよいのでしょうが、実際はその逆で、入学時学力の長期的な低下傾向のため、卒業時の学力は低下する一方です。一方で、JABEE（日本技術者教育認定機構）の教育プログラムの認定も受けています。この JABEE 導入の際のカリキュラム変更で、文系に近い学科を含めて全学科で数学・物理・化学・生物の各半年

分が必修化されました、その反面、共通科目としての自然科学基礎科目はこの4科目8単位のみに激減されてしまいました。専門科目の方はほとんど変わらず、結果として基礎と専門をつなぐ科目は全滅しました。こんなことではまともな教育ができるはずもありません。JABEE の精神は、本来まさに General Education の精神であって、基礎教育をベースにした専門教育です。ところが、実態は、JABEE の求める形式要件を満たすことのみに集中し、その本来の目的はほとんど無視されています。苦手とする学生が多い数学や物理については、「ともかく"辛抱するもの"であって、単位をとってしまえばそれよい」との声が教員からさえ出ていると聞きます。JABEE の導入は歓迎すべきことであり、自然科学や英語などの基礎を十分に固めた上で、それらに基づいた専門教育を行えば教育効果も上がるにちがいないと私は思っています。しかし、水産大学校におけるこのような傾向は、少数の有力所を除けば、全国の多くの大学でも大差がないように聞いています。このことには、"数値目標"を声高に叫び、形式的な目先のことばかり追求する社会的傾向の寄与も大きいでしょう。また、利那的快楽を求める傾向を強める日本社会全体の知的レベルの低下も案ぜられます。環境や資源の問題は今後ますます深刻になっていくにちがいありません。これらの問題を社会全体で真剣に考えていくことが必要でしょうが、それには社会全体の知的レベルの向上が不可欠だと思います。このことは、"生涯教育"とも関係するのでしょうが、ここでも社会全体に対する General Education が必要なのではないでしょうか。その内容に関して、私には具体的な案があるわけではありませんが、このような面も含めて General Education を広めていくことこそ、林先生の精神を伝え

ていくことであり、先生の薫陶を受けた者としての務めではないでしょうか。私も、微力ながら、日々の教育活動などで尽力していく所存です。幸い、天体核研究室の出身者、さらには天文や物理のコミュニティには、社会的に影響力のある地位や立場についておられる方も少なくありません。率先して林先生の精神を広めていただければ、と願っています。

林先生とニュートリノ宇宙物理学

伊藤　直紀

上智大学理工学研究科

　林先生の講義をはじめて拝聴したのは、1966 年 4 月に私が京都大学理学研究科物理学第二専攻に入学したときであった。林先生は当時、毎週土曜日の午前 10 時から 12 時まで、天体核物理学という講義を主に修士課程の学生向けに担当しておられた。林先生の天体核研究室の看板ともいうべき講義であった。ちなみに、天体核研究室では当時、研究室のゼミは土曜日の午後に 5 階の林先生の教授室で行われており、研究室の助手の天野恒雄さん、佐藤文隆さん、蓬茨霊運さんから始まって、次は中野武宣さんというように、学年順で毎週当番に当たったものが約 2 時間の発表を行っていた。当時は、林先生の教授室のかなり大きな黒板に必要事項をチョークで板書して行っていた。論文紹介が多かったと記憶するが、ゼミで質問するのは林先生が最も多く、私も林先生のほうを向いて話していたように記憶する。先に約 2 時間と書いたが、林先生が納得されるまでというのが正確で、ときには 3 時間以上に及んだゼミもあったと記憶する。ともあれ、この天体核研究室ゼミで、自分の物理の理解力不足を林先生に徹底的に指摘していただいた。林先生の大学院教育の真髄はこの研究室ゼミにあったといってよいであろう。また、ときに触れて、林先生の学問に対するお考えをうかがえるのがこのゼミであった。ある時、林先生が、既存の観測結果を説明する理論より、新しい観測結果を予言する理論のほうが価値のある理論だと言われたのを記憶している。林先生は、このことをご自身で実行されて、

私たちに最高の範を示された。

　さて前置きが長くなってしまったが、林先生はニュートリノ物理学に早くから注目しておられた。周知のように、宇宙の初期における中性子と陽子の存在比を予言された 1950 年の林先生の有名な論文においては、当時の最先端の素粒子の弱い相互作用の理論が駆使された。さらに私が林先生の研究室に入れていただいた 1960 年代には、林先生は、ファインマンとゲルマンが 1958 年に発表した普遍フェルミ相互作用の理論を恒星の進化の理論と観測により検証するという壮大な研究を行っておられた。現在では、素粒子の理論を宇宙の観測により検証するという研究が多く行われているが、その源は 1960 年代の林先生の研究にさかのぼることができる。ファインマンとゲルマンの理論に基づくと、進化した恒星の内部では大量のニュートリノが作られて大きなエネルギー損失がおこり、恒星の進化が格段に速くなる。その後、ワインバーグとサラムの理論を使った詳しい計算を私たちが行い、40 年前の林先生のお考えとはいささか異なる結果となったが、素粒子理論と宇宙を結びつけた林先生の先見の明は、後世までも記憶される偉大な功績である。

　林先生に私が最後にお目にかかったのは、2008 年 4 月に林先生の米寿をお祝いして京大会館で開かれた会であった。祝賀会だけでなく、君たちも発表をするようにとの林先生のお達しで、私たち弟子も林先生の前で発表させていただいた。私は、銀河団のスニャエフ・ゼルドビッチ効果に関する私たちの最近の研究についてお話をした。昔と変りなく、林先生は最前列のお席で発表を聞いてくださって、質問をしてくださった。祝賀会の席で、林先生と親しくお話をさせていただく機会があった。そのとき、林先生は、君のクォー

ク星の論文は多く引用されているじゃないか、と言ってくださった。私は 1970 年に Progress にクォーク星の短い論文を発表したことがあり、林先生はそのことを覚えていてくださったのである。40 年も前の弟子の論文のその後の状況まで気にかけてくださっている林先生の温かいお心づかいを、ほんとうにありがたく感じた次第である。

巨人の大きな手

犬塚 修一郎

名古屋大学大学院理学研究科

　大学院において観山正見先生に指導を受けた私は林忠四郎先生の孫弟子に一応相当することになります。しかし、当時の若手が林先生に接する機会は極めて少なく、林先生は歴史上の偉大な人物という趣でした。当時の私にとって唯一の機会は、太陽系形成論に関する研究会が東京で開催された修士2年の時(1991年)に、林先生の前で自分の研究について講演する機会を得たことです。紹介した内容は、観山・成田・林による一連のガス雲の重力不安定性の研究の延長線上にある話であったためか、かなり多くの質問を受け、私なりに白熱しました。その懇親会で握手させてもらい、「太い指の大きな手」を記憶しています。

　思い出に残る次の機会は、もともと林先生が主宰されていた京都大学物理教室の天体核研究室の助教授になった後です。中沢清先生が東京工業大学を退官された直後の2008年の4月に井田茂さんの発案で、京都大学にて太陽系の形成論に関する研究会を開くことになり、私は世話人を担当していました。その懇親会にて最近の星形成研究の進展について詳しく説明するためにその週の土曜日に林先生のお宅に行くように言われました。林先生への報告のことでその週は頭が一杯になったことは言うまでもありません。当日は参加されるはずだった成田先生が風邪で欠席されたため、林先生と木口勝義先生の前で自身の研究成果について数時間紹介しました。持参した液晶プロジェクターを白壁に投影し、汗だくになって話していま

した。既にある程度ご存じであった原始星形成の話だけでなく、分子雲形成過程の研究についても話すことができ、喜んでもらえたと思います。あまりお馴染みではない話を聞く度に矛先が木口先生に向かい、「もっと勉強して、こういう話も私にすぐに紹介しなさい」と叱っておられました。その場にいる若輩が恐縮することはお構いなしだったわけです。私の話の後は木口先生らが取り組まれている野心的な流体計算法について議論しました。いろいろと意見を求められ、最近の欧米での試みなども含めて考えを述べました。その際も矛先が木口先生に向くことが多かったのですが、木口先生はそれを喜んでおられたように思います。私はその衰えを知らない研究に対する熱意に感動していました。林先生は放送大学用の番組などを利用して専門外のことを勉強されているとも伺いました。自分の興味があることについては自分自身の手で取り組むという姿勢も垣間見ることができました。

　最近急展開している原始惑星系円盤の形成や惑星形成論についても報告に行きたいと思っていましたが、2009年に名古屋大学への異動となり、その機会を失っていました。研究紹介の第二弾が果たせなかったことが残念でなりません。林先生がご逝去された日は名古屋大学にて開催した星形成に関する3日間の国際会議の初日でした。参加者の大向一行さんよりいち早く訃報を受け、会議2日目の懇親会の直前に特別に時間を取って元素合成・林フェイズ・太陽系形成論などに関する輝かしい業績について紹介し、懇親会では参加者全員で黙祷を捧げて追悼しました。このことは貴重な思い出となっています。

天体核現象研究会こと始め(1955年〜)の頃の林先生

井本 三夫

　林忠四郎先生がおられた旧・湯川研大学院(京大物理教室)に、私が入ったのは1954年4月である。湯川秀樹先生が基研(基礎物理学研究所)所長としてお忙しいこともあって、教室の湯川研は助教授二人(井上健先生と林先生)・助手3人と、大講座を認められていた。けれども当時の教室は狭く、湯川研のコロキュームも廊下にテーブルを置いてやっている有様だったから、林先生も助手の方たちと一つ部屋に居られ、その仲間で時々将棋をさして居られた。長身の海軍帰りで姿勢がよく、(気は優しいのに)少しいかつい印象もあって、学会の宿で夜騒いでいる連中に窓から「やかましい」と怒鳴られたと評判だった。そんな飾り気ない「林さん」だったから、我々院生は蔭では「忠(ちゅう)さん」と愛称(?)した。

　Non-local 相互作用や相対論的束縛状態のベーテ・サルピーター方程式など研究されていたが、その前47年に赤色巨星のモデル、49年にいわゆる$\alpha\beta\gamma$理論の批判で宇宙膨張初期の元素形成に期を劃されたのは、物理の斜め向かいにあった宇宙物理教室でのことだった。宇宙論の本など書いておられた荒木俊馬先生が敗戦後、急に退職になられたとき、湯川先生が一時その兼任までされたのは、御自身宇宙に関心をお持ちだったからではないかと思われる。そしてそこに置かれたことで、林先生が赤色巨星や元素形成の仕事を始められたのである。早川先生によると基研の天体核現象研究会も「54年の初秋、武谷先生を交えて3人で(基研の)サロンでだべっていた、何かの拍子に湯川先生が、お星さまの話はどうかねと言いだされ

た」(『自然』81 年 11 月)ので始まった。林先生の大きなお仕事やその後の日本でのこの分野の発展をふり返るとき、湯川先生の大きな視野と励ましがあったことに思い到る。

その天体核現象の研究会は第一回が、55 年の 2 月 1 日から 15 日まで二週間にも亘っている。基研初期の研究会は一般に長い。戦前の中間子論研究会以来、仲間うちでゆっくり話し合う同士意識のようなものが、まだ保たれていたからと思われる。東京からは、当時電波天文学で脚光を浴びていた畑中武夫先生と小尾信彌氏、それに武谷三男・中村誠太郎両先生が東大本郷の若い連中を連れて来られ、東北天文教室の一柳寿一先生も参加された。地元京都勢はもちろん湯川・林・早川の三先生が中心で、木庭二郎先生などのお顔も見えたが、宇宙線をやっていた人たちも加わったのは少し後だったかと思う。M1 になってからまだ一年も経っていない赤ん坊のような私が、この第一回究会から連れて出られたのは、学部時代に宇宙物理学科から移ってきて、天文関係の単位を少し並べていたからに過ぎない。この第一回研究会のノートが部分的に残っているのを見ると、二日目 2 月 2 日の最初に一柳先生が、H-R 図・種族ⅠⅡ・質量光度関係、星間物質などについて「一般論」をレクチャーされ、これが実質上研究会の始まりだったことが判る。東海道新幹線ができる 9 年も前で、東京を朝の「つばめ」で発っても基研に着くのは午後だったから、一日目は 14 時か 15 時に集まってプログラムを決めるだけだったと思う。続いて林先生の星の内部構造の講義が基研の用箋で 11 枚、一柳先生の倍あった。1953 年リエージュ・コンファレンス (元素起源関係 5、内部構造関係 20、元素 abundannce 関係 21)の要領よい紹介をしているのは、多分小尾さんである。畑中先生の講義

は無かったようだが発言の中心人物だったから、御名代として小尾さんに話させられたのであろう。早川先生のニュートリノ・プロセスの話の前後に、京大小林研の笹川さんや阪大の菊地健さん(当時いづれも旧制院生)の低エネルギー核反応の話があったのは、これからの恒星内の計算のため早川先生が呼ばれたものと思う。東大本郷からの人たち(主に旧制の院生)も PP チェイン・CN サイクル・He 核吸収反応などについて、サルピーター・ホイルその他の論文を紹介した。終わりに近い日に、林さんの $\alpha\beta\gamma$ 理論批判の話のあと、畑中さんが種族ⅠⅡと進化のスキームの関係を話され、長く討論が続いているから、後で THO の名で纏められたものであろう。

　湯川先生は第二回以後も、天体核研究会の時は大抵出席され、講義室の左側の列の一番前に座って聞いておられた。反対側の右列の一番前には「タバコ嫌いの武谷さん」が座って居て、どこも禁煙でない時代だったので、迷惑そうにバタンバタン天窓を空けて回られる。第二回研究会は、同年10月に行われたが短かったように思う。そして一方で関東・関西双方で、He コアで $C12$ 以上の元素をつくる星の計算が進められていた。これが天体核研究会が始まってから最初の独自研究で、双方とも同年秋の物理学会年会で報告し、翌56年の Progress16 巻に掲載した。関東勢は菊田・中川・小尾・武部、関西側は早川・林・井本・菊池の名になっている。55年はまた第一回国連原子力平和利用国際会議(ジュネーブ会議)があった年で、地上の核融合の研究機運が世界的に高まったから、基研でも56年4月に「超高温研究会」を開き、京都勢も地上の核融合の論文などを紹介した。林さんはこのときは、μ-mesic アトムによる核融合の外国論文を紹介しておられる。μ-meson は電子の2百倍以上も重いか

ら、電子の替わりにこれでアトムをつくるとボーア半径もクーロン障壁も桁外れに小さくて、低温核融合が容易になるというアイディアだ。続く 5 月の天体核の研究会でも、放電による高温プラズマのピンチ効果の報告などが混じっていた。林先生はこの時は再び $\alpha \beta \gamma$ 理論の改良の話をされている。

　こんな機運のなか核融合研究を始めると日大が言いだしたので、私は 57 年春にそちらに就職した。畑中先生は早逝されたが暫くは東大天文の人たちと勉強し、後に素粒子研究に重点を移した。そんな関係もあって、林先生が亡くなられる前に自伝の CD を送って下さったときは胸にせまった。今はただ御冥福をお祈りするばかりである。

†

†

V. 追悼の林先生　651

† 基礎物理学研究所の「天体核現象」研究会終了後の「科学朝日」の座談会メンバー、於基礎物理学研究所所長室。前列左より畑中武夫、中村誠太郎、湯川秀樹、後列左より小尾信弥、林忠四郎、武谷三男、早川幸男の諸氏

悔恨、不肖の弟子にもなれなかった！

梅林 豊治

山形大学理学部物理学科

　林先生から学位をいただくのがどれほど大変なのか、それぐらいはわたくしでも知っている。そして、先生の学位論文に対する徹底した審査ぶりも。公聴会で、申請者の発表よりも、先生のコメントや質問から「なるほど、そういうことか」と気づかされたことは少なくない。申請者より当該論文の本質をずっと深く理解されているのでは、と思ったことも再三ある。さらに、当時は直接の研究対象とされていなかった銀河に関するある人の学位論文について、その内容を詳細に検討した、先生ご自身の緻密なメモを垣間見たこともある。

　天体核研究室の長い歴史の中で、わたくしが知っているのは、わずか 10 年ほどである。その短い期間でも、林先生に審査(主査)をお願いして学位を取得した者は 20 人近い。しかし、先生が「この研究で学位を申請するのかな？」と思われた論文を 2 つも書いてしまったのは、おそらく、わたくし一人であろう。その、何とも煮え切らない、研究者失格の顛末をここで記すことにしたい。結果として、先生に学位取得でどれほどご面倒をかけてしまうことになったか、なんとかお詫びをしなければならない。しかし、今となっては、それ以外に方法が残されていないことになってしまった。本当に残念なことである。

　当時、わたくしは中野さんの指導の下にあって、星の形成、特に星間雲の磁場が両極性拡散によって散逸する過程を研究していた。といっても、実質的には中野さんのお手伝いをしていただけであ

る。その精力的な研究で、比較的密度の低い状態の散逸機構は基本的にほぼ解明されたといっていい状況になってしまっていた。そこで何をやればよいのか、中野さんと相談して、一緒に、より密度の高い収縮段階から原始星が形成されるあたりで磁場が散逸する過程を研究することになった。そのためには、ガスの電離度を詳しく調べる必要があり、ガスの電離源が重要である。星形成における磁場の散逸を研究したパイオニア的論文である Nakano & Tademaru (1972)には、すでに宇宙線による電離が減衰することや放射性元素の重要性が明確に指摘されている。しかし、詳細にこれらの素過程を調べた研究はないので、そこから手をつけることにした。

　はじめて扱う分野であったから、早川先生の大著「Cosmic Ray Physics」や Particle Data Group がまとめ上げた粒子のエネルギー損失に関するレビューに、文字通り、すがりつきながら研究を進めていった。高エネルギー粒子(宇宙線)流束の減少を数値的に調べ、二次粒子の寄与も考慮して電離率が減衰するレンジ(柱密度)を求めることができた。さらに、放射性元素の崩壊による電離では、「Table of Isotopes」をひっくり返しながら、電離に寄与する核種をできる限り探し出し、崩壊による電離率も計算した。どうにか、格好がつくところまできて、かの「中間発表会」でも話し、後は論文にまとめればよい段階に達することができた。

　そうなると、いままであいまいにしていた点や気になる点が多々出てくる。それらを一つずつ解決というよりつぶしながら、一応、論文を書き終えたが、まだ確信がもてないところがある。それを乗り越えて、というのが本来の姿なのだが、安易にも、わたくしはこの論文を中野さんとの共著にしてしまったのである。おかしなことに、中野さんに論文の草稿を渡したときの状況はよく覚えていな

い。したがって、いつものように、穏やかに黙って受け取ってくださったと思う。そして、しばらくといっても二ヶ月くらいは過ぎてしまっていたと思うが、ある日、全文新たに書き直された手書きの原稿が戻ってきた。わたくしの拙い英語も、つたない論理展開も、そのすべてが鮮やかに解決されている。その改訂の見事さは、この論文がいまでもたまには引用されることがあるということだけで、十分理解してもらえると思う。

　この論文が掲載決定になったときには、わたくしもすでに博士後期課程の単位修得は終えていた。できるだけ早く学位をとらなければならない。学位論文をどうするか、ということになって、結局、非常に密度の高いガスの電離度に関する研究で論文をまとめることにした。これは中野さんとの共同研究だが、わたくしが単独で論文をまとめることを認めてくださった。ありがたいことに、中野さんは、Elmegreen に依頼されたレビューに結果だけを書くことで「了承」してくださったのである。アルカリ金属の熱電離や原始太陽系星雲での荷電粒子密度の計算などまだやっていなかった内容を付け加えるようには一所懸命に努力したが、どこまでオリジナルなレベルに達していたか、まったく自信がない。

　とにかく、単独でまとめた草稿のチェックをお願いした中野さんは、数日後、「本当は、もっと直す必要があるのだがね」と言いながら、いくつか筆の入った原稿を返してくださった。それをもとに草稿を改訂して投稿したが、Progress 編集部からの返事は、二ヶ月以上もの長い間返ってこなかった。

　そんな状況のある日、突如、林先生がわたくしのいた部屋に来られた。学位論文がどうなっているか、とのご下問である。まだレフリーからのコメントはかえってこないことを申し上げると、そんな

ことは聞いていないというばかりに、「今度は、単著でしょうね」の一言である。「はい」と返事すると、そそくさと部屋を出て行かれてしまった。不思議なことに、論文の内容についてはまったく尋ねられなかった。

　結局、この論文は、いきなり掲載決定のはがきを受け取るということになった。これは、中野さんの的確な修正コメント、そして当時 Progress の編集委員であった佐藤文隆さんのおかげだと思う。投稿後、しばらくして開催された天文学会において出会った某氏から、「僕のレフリーコメントは読んだか?」と問われたのが、唯一、わたくしが受け取った反応である。どのようなコメントで、どのように改訂すればよいのか、実はひどく不安を感じながら、編集部からの連絡を待っていたのだが．．．。

　ようやく掲載決定になり、林先生にそのことを申し上げて、学位論文を提出した。無事とは言い難かったが、何とか公聴会を終えると、先生は、論文を返却してくださり、「皆さん、いいと言うことですから、正式に理学部事務に提出してください。」とだけおっしゃった。だから、事務に提出したとき、担当者に「副査は誰ですか」と尋ねられて、どきっとしたことをいまでも覚えている。これは、公聴会の出席者を思い出して、どうにか無事返事をすることができた。

　林先生に学位を審査していただく際の、申請者の務めはこれで終わりではない。修了試験とも言うべき最後の難関が待ち構えている。論文要旨を書いて先生に渡さなければならないのだ。先生はこれを下敷きにして内容をうまく分割し、学位審査の報告である「論文内容の要旨」と「論文審査の結果の要旨」を作成される。その際、一度は部屋に呼ばれて内容や論文の書き方について直接指導を受け

ることになると、聞かされていた。林先生と一緒に研究をしていた水野さんや関谷さんが機会あるたびに受けていた徹底した直接指導ぶりを、わたくしはいつも彼らのそばで見ていた。自分なら到底耐えられないだろうと分かってはいたが、うらやましくも感じていた。論文要旨を書いて先生に渡したとき、何を言われるのだろうかとひどく不安を感じながらも、「林忠四郎」という名の生きている学問から直接、個人教授を受けることを期待していなかったと言えば、嘘になる。

ところが、一週間たっても、二週間たっても、何の音沙汰もない。いったいどうなっているのかなと逆の不安を感じ始めていたわたくしは、ある日、先生に呼び止められた。「君、質量はね、重い軽いではなく、大きい小さいと言うのですよ」との一言である。「しまった」と思ったが、後の祭りだ。直接指導を受ける絶好の機会を、わたくしは自らのミスで失ってしまっていた。それ以降、文章表現をはじめ、さまざまなことを少しは注意して行うようにしているつもりだが、この文からも分かるように、持って生まれた杜撰さは生半可な努力では改善されそうにない。

お渡しした論文要旨は、そのあまりのひどさゆえに、きっと先生が全文ご自身で書き直してくださったのだと、いまは感謝している。学位審査の報告は公表されているのだから、あの論文に対する先生の要旨と評価は、直接聞けなくとも、自分で確かめて見ればよいようなものだが、恐くてとてもできそうにない。だから、審査報告のコピーは、先生からの宝物として、わたくしの机の中で箱底に深く秘されたまま、眠っている。

林先生と大喧嘩？

大原 謙一
新潟大学大学院自然科学研究科

　林先生と出会ったのは、私が大学の４回生で天体核の課題研究をとったときということになるだろうか。とは言っても、課題研究のゼミなどで直接指導を受けることはなかった。学部３回生向けの講義として「相対論」の講義があり、私が３回生になるまでは林先生が担当されていたということであるが、ちょうどその年、1977 年に理学部長になられたため、残念ながら林先生の授業を学部のときに受けることはできなかった。

　ということで、実際に林先生の講義を受講したのは、私が大学院に入学してからで、修士１年(M1)のときの「天体核物理学」（講義名は間違っているかもしれない）だけであった。これは、土曜日の午前中にあって（当時はまだ週休二日制ではなかった）、午後は天体核研究室のコロキウムと研究室会議というように、土曜日は「天体核研究室の日」になっていた。でも、M1 にはコロキウム、研究室会議への参加は認められておらず、M2 からということになる。今はどのようになっているか知らないが、そのころ、「general education (GE)」ということで、物理学第２教室の M1 全員は所属研究室に入らず、大部屋（一般にタコ部屋と呼ばれていた）に居て、いろいろな分野の勉強をすることになっていた。しかし、GE も徐々に形骸化の傾向が進んできて、ほとんどの研究室では、秋頃から M1 もそれぞれの研究室に机が与えられ、タコ部屋は一人抜け、二人抜けとなっていき、最後には、広い（そして、何となく薄暗くて寒い）部

屋に私ひとりとなってしまった。その年、天体核の M1 は私ひとりだった。そのことを研究室の先輩たちに言うと、「それじゃ、こっちに来れば」と言ってくれた。研究室会議に出て要求する必要があるということなので、勇んで出て行ったわけであるが、GE の推進派である林先生に敢えなく拒否されてしまった。「広い部屋を占有できれば快適じゃないの」って。「こっちに来れば」と言ってくれた先輩たちに援助してもらうこともなく。世の中の仕組みをまたひとつ勉強した一瞬であった。

　その後も研究テーマが違ったため、先生から直接の指導を受けることはなかった。もちろん、コロキウムや中間発表会ではいちばん「怖い」存在ではあったが。それでも、修士論文、博士論文のスーパーバイザーは林先生で、林先生の元で博士号を取った最後の学生が私ということになった。最後の学生が私のようなものであったことをどのように思っておられたか、今では知るよしもないが、きっとセルジオ越後のような「辛口評価」に違いない。でも、唯一、コンピュータや数値計算に関しては認めてもらっていたようである。先生の定年後かなりの時間がたち、私が新潟に来てからも、「数値計算に関して教えてほしい」と電話をいただいたことが何度もある。「あなたは、これこれの paper にそのことを書いていたでしょう」ということで。研究テーマは全然違うけれど、そういうのまで読んでいるのだと感心したものである。一度は、私が入浴中に電話がかかってきて、湯船の中で話をしたことがあった。おかげですっかりのぼせてしまったが、その節は、裸で失礼しました。

　林先生は、もともとコンピュータや数値計算にも造詣が深く、京大大型計算機センターの設立にも深く関わっておられたという話で

あるが、少なくとも私が大学院に入った頃は、ご自身でコンピュータを使われているところは見かけたことがなかった。しかし、定年退官の記念として、研究室からパソコンを贈ることになった。それがきっかけとなったのか、その後すっかり「パソコンおたく」になられて、お会いするたびにパソコンの話を延々としていたのを記憶している。

　表題の「林先生と大喧嘩」がなかなか出てこないですね。これは、今まで誰にもいったことがないと思うが、私が博士1年(D1)のころから博士課程修了後1、2年ぐらいまでだろうか、林先生と大声で言い合いをしている夢を何度も見たことがある。何を言い合っていたのかよく覚えていないが、目覚めたとき、ばつの悪いようなすっきりしたような複雑な気持ちだったことは覚えている。潜在意識として何があったのだろうか。先生に対して何か不満などを持っていたということはなく、当時も今も思い当たることは特にないのである。研究面で実質指導を受けたわけではないが、前に立ちはだかる大きな「山」だったのだろう。私にとって超えるべき人やものはいっぱいあるが、林先生と天体核研究室は、やはり一番大きな存在であり、また、私の研究や教育の原点である。林スクールの末席に居るものとして、これからも研究や教育に精進していく思いを新たにしつつ、林忠四郎先生のご冥福を祈りいたします。

†物理第二教室主催の退官記念講演

林先生の思い出

小笠原 隆亮
自然科学研究機構国立天文台 ALMA 推進室チリ事務所

　京都大学の学部で、待ちかねていた一般相対論の講義を聞いたときが最初でした。大きな人だな、という印象。最初に言葉をかけていただいたのは、大学院入試の面接の時でした。私は、学部では希釈冷却実験で 10mK に挑戦し、面接時の 10 分の発表には Quark の電荷探し実験の紹介をしたので、「君、実験に興味があるようだけど、天体核でなにをしたいの？」との質問がありました。「宇宙論、それも時間論と関連した研究がしたいです。」とのこたえに、「ほっほっほっ」といつもの鷹揚な笑いとともに、「若いのに、時間論ねぇー」となんとも意味深いコメントをいただいたことを思い出します。

　天体核研究室では、博士課程 2 年目の人が、研究室会議の議長をつとめることになっていて、新分野での人員要求なども、物理学第二教室の会議で研究室の要望として取りまとめる役目がありました。ご存知のようにとても広い分野をカバーしているために、他の研究室の皆さんからは、「天体研究室は、バラバラに見える。研究テーマが多すぎるのではないか？」とのコメントをいわれることがよくありましたが、その際に、「分裂と収縮」のキーワードを明快に説明されて、私のつたない説明にきっちりとした枠組みをはめていただいたことがありました。たしか、その時にはきちんと天体核研究室にスタッフがついたと記憶しています。

　私の研究室滞在中（79-85 年）に研究棟の増築があり、新築され

たところに移動したのですが、屋上の空調機室外機の振動が研究室全体の低周波振動を引き起こし、研究室会議で大きな話題になった時期がありました。振動のスペクトラムを調べること、屋上での防音壁の設置可能性、防音クッションの可能性、など研究スタイルそのもので、緻密な検討課題を次々と指示されたことが印象的でした。私は、若年のいたりで「こんなに長い期間、解決できないのでは研究がすすまない。」といった発言をして、「これだけみんなで努力して解決しようとしているのだから、よく考えなさい。」と強いおしかりを受けたことを思いだします。

　唯一こころのこりだったのは、順調にすすめていれば林先生退官まえに博士号がとれたはずの年代でしたが、まとめかたが悪くて、退官後２年もかかってしまったことでした。

　私自身は、筑波（TRISTAN）、三鷹（Super Computer）、ハワイ（Subaru）、サンチアゴ（ALMA）と大きなプロジェクトの立ち上げを主要な仕事としてきましたが、林先生からは、要所要所の中間発表会で、「数値計算だけではだめであり、物事の本質を見極めるのは自分の考え方そのものである」という教えをいただいたこと、大切な財産と思っています。チリに滞在するようになって、林先生の自伝CDが送られてきた際には本当に懐かしく感じたものでした。

　訃報に接し、なんとか最後のご挨拶を、と思ったのでしたが、地球の裏側からお見送りさせていただきました。

林忠四郎先生の思い出

木口　勝義

近畿大学　理工学総合研究所

　林忠四郎先生が亡くなって呆然としている。11 月末に先生にお会いしたとき、庭で杉苔の手入れをされていたとき倒れて部屋になかなか上がれなかったと言われていた。12 月始め、先生にお見舞いに行ったとき、コーヒーを飲みたい、足が痛いと言われていた。しかし、12 月の下旬にお見舞いに行ったとき、すでに、お話ができなくなっていた。2 月 27 日にお見舞に行ったとき、絶対に回復してくださると思っていた。それが、2 月 28 日に亡くなられてしまった。

　先生が私のお相手をしてくださったのは、自分の弟子の中で、まともな研究者に育っていないのは私だけで、なんとかしなければならないと思われていたからと思う。

　先生は、最後の年、いろいろな写真を集めて自叙伝を編集されていた。先生は自力でパソコンを駆使して作られたのだが、CD への焼き方が分からないとおっしゃるので、CD に焼き付けてみた。私が焼き付けようとすると、データーを読み込むだけでも非常な時間がかかり、まったくパソコンの反応がなくなるので、かえって、いろいろなことをしてしまい、失敗してしまう。先生はそれを間違いなく実行されていたことに驚いた。

　計算機を使うとき、先生は、現在の計算機で計算できるのか、つねに問いただされた。できると判断されたら、いろいろな困難があっても、細かい困難などものともせず、やり遂げられるのである。だからこそ、私のお相手もしてくださったのだと思う。

先生とはデカルトの話や、カントの話や、論理実証主義の話をよくした。自分にとっては現実の科学とは関係のない、たんなる哲学談義であったのだが、先生にとっては、ご自身の学問と直接関係した話だったのだと思う。なぜそう思うかというと、物理学の話でも、私が非常につまらぬ分かりきった話だと思ったことでも、平気で話され、そして次にお会いしたときは、きちんと数学的に定式化し、私など考えも及ばない高みに達していたからである。

先生は、ファウラーの学生の車でパロマーにいったこと、そしてパロマーで会ったA.サンデージの話をよくされた。サンデージから頂いたHR図が先生の星の進化の理論のキーであったのだろう。先生は東海岸のNASAを拠点に研究活動をされ、スピッツァの月面上での望遠鏡建設の話に感激されたことをよく話されていたが、学問的には、やはり、ファウラーの影響が大きいと思う。ファウラー夫妻が日本に来たとき、ファウラーの送り迎えをさせられたのは楽しい思い出である。

先生にはまだまだ遣り残したことが多かったと思う。先生は学生時代、ウルカ過程の研究から研究を開始された。自分の理論と観測を十分に比較していたなら、ニュートリノ中性カレントが発見できたはずだと、悔やんでおられた。最後にお会いしたとき話されていたのも、ニュートリノ質量の話であった。先生が何を考えられておられたのか、私に十分に聞き出す能力がなかったことが残念である。

林忠四郎先生と核融合研究
林先生へのインタビューから

木村 一枝
核融合科学研究所アーカイブ室

　日本における核融合研究の黎明期に林先生が貢献された事実はよく知られていますが、どのようなお考えでどのような活動をなさったかについては、核融合の分野でもよく分かっていませんでした。このことを調べたいと私は先生が亡くなる一年ほど前にご自宅をお訪ねしました。インタビューで一度お目にかかっただけですので、ここに寄稿するのを躊躇する思いもありますが、やはり林忠四郎先生と核融合研究のことは追悼の記録に遺していただきたいと思います。

　核融合科学研究所のアーカイブ室では、日本における核融合研究の歴史的資料を収集・保管していますが、同時に記録文書の補完としてオーラルヒストリーの収集も心がけています。2008年秋、林先生に京都大学における初期の核融合研究について伺い、その記録をアーカイブズとして保管しました。

　2008年は日本の天文学の百年の記念すべき年だそうですが、日本で核融合研究者の懇談会が発足して50年の年でもあります。つまり、1958年の少し前から萌芽的な研究が日本の大学・研究所で始まっていました。京都大学は日本で最も早く核融合研究を始めた大学の一つで、その中心になって推進されたのが林先生でした。

　林先生は戦後、京都大学の湯川先生のもとで素粒子原子核の研究をなさるつもりだったのが、湯川先生から「天体の核融合関係の問

題もやったらどうか」と勧められて天体の核現象の研究を始められました。その背景についてインタビューで「湯川先生は天体における核現象には非常に興味を持っておられたんです。それは 1939 年にヨーロッパへ行かれまして、コペンハーゲンで当時の量子力学を作られた方々と会われて、そのときはワイゼッカーなんかからいろいろな話も聞かれ、またアメリカへ回って帰ってこられたんです。アメリカでも、ベーテとかに会われて、湯川先生は非常に重要な課題であるということを思って帰ってこられて・・・」と語っておられます。

　1953 年にアメリカのアイゼンハワー大統領が国連で原子力の平和利用について演説をし、1955 年の原子力平和利用国際会議で核融合研究の機運が高まり日本でも核融合の研究会が開かれるようになりました。研究者は日本学術会議で学問として原子力研究を進めたいと検討し、自主・民主・公開の原子力3原則を作り、研究者の立場を明確にしました。林先生は 1955 年以降「物理学者は、もっとちゃんとした人間の倫理を取り戻さないといけないというので地上の核融合の研究を始めたというのも一つの動機としてあるでしょう」と語られています。

　大学に原子力の講座ができるようになり、林先生は 1957 年理学部原子核理学の教授になって核エネルギー学の講座を担当されましたが、その講座の目標が、天上ならびに地上の核融合理論でした。湯川先生から独立して教授として核融合理論の研究を始められ、「いろいろそちらの研究をすることができるようになって僕もちょっと気が楽になったんです。湯川研究室にいたら素粒子論ばかりやっているようになるのが」とおっしゃっています。素粒子論研究を

どのように進めたらいいか多くの研究者が考えあぐねていた時代だったそうで、そこから抜け出られてほっとされたようですが、まだライフワークとしての研究対象を選びかねてもおられました。

　林先生は湯川先生を始め何人かの先生方の協力を得て、学部、専門領域を越えた40人ほどの研究者を集めてプロジェクト・ヘリコンという共同研究を立ち上げました。講座についた100万円を「理論研究にお金は要らないから」と装置製作費に提供されました。セラミックを材料にして核融合の実験装置ヘリオトロンAを製作しますが、真空漏れがあったりして、実験そのものは失敗でした。しかし、先生は「それでいい」と思っておられました。人材を育てたことと核融合の第一歩を踏み出したことの二つを成果として評価されていました。このヘリオトロンAは現在の核融合科学研究所の大型ヘリカル装置につながる最初の装置として位置付けられます。

　その頃、実際には先生のお気持ちの中では、「決着の時」を迎えていました。核融合の教科書として岩波講座「物理学」の「核融合」を早川幸男氏と共著で出版したのですが、執筆のために「一生懸命勉強して核融合が非常に困難な問題を抱えていて、孫の代にならないと解決しないであろう」という結論に達していました。そして、ご自身の世代で研究成果を出したいとお考えになり、研究室の方針を宇宙物理学だけに集中させることになります。この論理的な研究対象分野の選択の話は、未だ苦難の道を歩んでいる核融合研究者には、いろいろな意味で「せつないなあ」との感想を抱かせます。林先生の結論は、海外に出張された機会に何人もの核融合研究者と話をされた上での論理的帰結でしたが、ご自身の表現は宇宙物理が「性に合っていたから」というシンプルなものでした。「ヘリオト

ロンA装置は退官の時に処分してしまったけれど、アーカイブズのことを当時知っていれば遺しておいたのに」と残念がっておられました。

　ご家族のことは、言葉多くお話になりませんでしたが、ご親族で研究者になった方はいらっしゃるかどうか伺ったところ「これはどこにも話していませんが、僕の祖父の兄、だから長兄ですかね。・・・その人は大工の棟梁の跡取りだったんです。ところが自由恋愛の結婚をして、それで家を出されてしまった・・・東大に行って建築に関する講義をしていた、講師になったということを聞いています。」という話を聞かせて下さいました。いくつかのエピソードは、お兄さんたちに学問の道へ背中を押してもらい、いつも温かく援助をしてくださったことへの感謝の気持ちに溢れ、また、幼少の頃の先生に対するご両親の慈しみや祈りが想像され胸の熱くなる思いをしました。

　インタビューの詳しい内容については「林忠四郎氏インタビュー記録」（ＩＤ番号 100-09-01）をお読み下されば幸いです。林先生に関する初期の核融合研究資料をご覧になりたい方も核融合科学研究所アーカイブ室（archives@nifs.ac.jp）にお問い合わせください。

林先生の思い出

小久保 英一郎

国立天文台

　杉本先生と中澤先生の先生、というのが林先生の最初の認識でした。両先生は大変弁が立ち、学生時代の(現在も?)私は無謀にも議論を挑んでは敗退していました(世間一般の常識から私が正しいと思わる場合もなぜかいつも負けた気がするのは不思議なことでした)。この両先生を育てた先生は、それはすごい先生だろう、と思っていました。初めてお見かけしたのは大学 4 年生か修士 1 年生くらいのときで、本郷での惑星関係の研究会ででした。中澤先生をはじめとするお弟子さんたちに囲まれて談笑されていました。このときは遠くからお顔を拝見しただけでした。

　それから 10 年くらいしてから、初めてお話する機会を得ました。京都で行われた「太陽系の起源研究会」でです。これは京都モデル構築にかかわった諸先輩方の同窓会的な研究会でした。その前から中澤先生や中川さんから、林先生が君と話したいといっている、時間を作ってくれ、といわれていました。研究会が終った後、喫茶店に場所を移し、紫煙の中、惑星系形成の研究についていろいろお話しました。柄になく緊張したのを覚えています。林先生はそのときは特に N 体シミュレーションの手法に興味をもたれていて、というかご自分でコードを開発されていて、専門的なところまで質問をされました。このときに私が感銘を受けたのは、林先生は定年されてから独学で C 言語を学ばれ、それで N 体シミュレーションのコードを書かれていたことでした。「いろいろな言語を勉強しましたが、数値計算には C がもっともいいという結論に達しました。これからは学生に C を学ばせるのがいいですね」と話されました。参考にし

たいとおっしゃられたので、東京に戻ってから自分のコードを読みやすく書き直して林先生に送りました。諸先輩方から、林先生は恐い、と聞いていたのですが、とても穏やかにやさしく話しかけていただきました。これは直弟子ではないからでしょうね。

それから2回ほどでしょうか、研究室に電話がかかってきました。「京都の林ですが」と聞いて、すっと背筋が伸びました。太陽系形成の標準シナリオの進展や系外惑星の起源についてお話しました。

幸いなことに2007年と2009年に、林先生のご自宅に伺ってお話をする機会に恵まれました。惑星系形成の研究の進捗状況についてお話し、林先生の研究についていろいろとお聞きすることができました。これについてはいずれどこかにまとめようと思っています。心に残る話はいくつもあるのですが、ここでは1つだけ紹介したいと思います。林先生に研究の究極の目標は何かをお聞きしました。答えは次のようなものでした。「世界を理解したいということです。特に進化に興味があります。つまり、時間軸が重要なのです。宇宙、星、太陽系、と研究して、次は生命、人類、社会へと繋げていきたいと思ってました。社会科学を研究するための前段階として物理学を始めたのですが、物理に入ったら抜けられなくなったのです。」林先生は「人類社会の発展に寄与するような研究者」になりたいと思っていたともおっしゃっていました。この学問に真摯に向き合う姿勢は、清廉な武士の生き方に近いような気がします。林先生との語らいは私の宝ものになりました。

私の林先生との最後の会話は、2009年5月にご自宅を辞去するさいに「来年の桜のころ、また京都で太陽系の起源研究会を開催したいと思います。ぜひ議論して下さい。」でした。残念ながら叶わぬものとなりましたが、太陽系の起源研究会は続けていきたいと思います。

すばる望遠鏡構想と林忠四郎先生

古在 由秀
ぐんま天文台

　基礎物理学研究所発足直後の天体物理の研究会には、私は出席していないが、林先生のことはその当時から存じ上げていたような気がする。

　お目にかかったことをはっきり覚えているのは、1961年夏のBerkleyでのIAU総会の時で、林先生は30分の招待講演をされる注目の参加者の一人だった。林フェイズの論文を、M.シュバルツシルドが絶賛しているということを、当時アメリカに滞在しておられた萩原雄祐先生から伺っていた。

　1970年代になり野辺山宇宙電波観測所の建設が始ってから、岡山天体物理観測所の口径188cm望遠鏡の次の光学望遠鏡計画について、光学関係者間で議論がされるようになった。大きな争点が、次期望遠鏡も国内に置くのか、海外適地に設置するかということであった。その頃ある研究会で、林先生が「海外に望遠鏡を作るには、天文の共同利用研が必要である」と発言されたことをはっきりと覚えている。

　論争の結果、光学関係者の策定した計画は三段階に分かれ、先ず口径3mの望遠鏡を国内に建設し、次に口径2mほどの望遠鏡を海外適地に置き、最後に新技術の大型望遠鏡を海外に設置するということになっていた。

　この案は、光学関係者間の対立をおさめる効果はあったのだが、それ以外の人たちには不評であった。その後開かれた日本学術会議

天文学研究連絡委員会の会議にこの案が紹介されると、先ず林先生が口径3mでなく一流の望遠鏡を作るべきと発言され、早川幸男、小田稔さんなどもそれに同調された。このことについては、すばる望遠鏡10周年記念の天文月報の記事で、海部宣男氏が書いている。

　その頃私は東京天文台長で、せっかく作るなら、一流の望遠鏡を、またたとえそれが口径3mでも、海外の天文観測適地に置かなければと決心し、関係者の了解をえた。林先生はこうしたことで、「すばる」望遠鏡建設の恩人の一人と、感謝している。

　国立天文台に移行する頃、東京天文台には林研究室出身の人が沢山いて、移行のための大きな力となっていた。国立天文台開設後は、林先生に評議員になって頂いたが、熱心にそれに出席し、数々忠告をしてくださった。こうした面でも、私も林先生から大きな恩恵を受けている。

　林先生には日本学士院でもお世話になった。林先生はよく知られてるように厳密な方で、私の書いた学士院賞推薦の書類などを徹底的に直された。亡くなる一年ほど前からは、歩行困難ということで、学士院の例会にあまり出席されなくなったが、2009年の9月までは、私の文章に手をいれてくださった。

　林先生は天文学界に大きな貢献をされたが、私個人も多大のお蔭をこうむっており、心から感謝している。

大学院生の教育

小嶌 康史
広島大学

　天文月報（2010年6月号）にも書きましたが、晩年に研究室に入った世代なので、直接指導がなく残念です。当時既に、研究室出身の先輩研究者が多数活躍されており、おそらく直接指導こそが研究者を育てる最良の方法であったと想像しますが、林先生は General education の支持者でもありました。これは大学院1年生（M1）には自身が属する研究室の関連分野以外の講義やセミナーに積極的に参加を求めるものです。しかしながら、これは院生にはいささか不満な教育制度でした。専門分野が決まり、直ぐにでも最先端に近づきたい希望を持っている者にブレーキをかけるようなものだからです。各研究グループの成果を報告する年度末の教室発表会でM1も何かを報告するのですが、その際、M1の代表が制度に批判的な意見をすると林先生が反論する光景がよく見られました。

　M1の前期の宇宙物理学では参加者2、3人を相手に講義をされました。黒板には小さな文字がならび、失礼ながら分かり易いとは言えないものでした。授業評価が流行する昨今では学生から厳しいことが言われそうです。その授業で不思議に感じたのは、必要があればコピーをとるようにと板書で説明された図の原画を講義後にしばしば手渡されたことでした。後日知ったことですが、前年の教室発表会の収録に「講義では説明する図のコピーの配布の要望」がM1から出ており、それを素直に実行されていたのでした。

　General education は知識の裾野を広げる役目ですが、それを重要

視されていたようです。同様のことに「ランダウ・リフシッツの理論物理学教程全巻の理解」があります。大学院入試で研究室への配属が決まった後に、次に何をすべきかの課題がそれです。私自身、林先生から直接聞いたのか、学部4年生の卒業演習の担当者の中沢さんから聞いたのか記憶が定かでないのですが、複数のルートで先輩からも聞いていたので、研究室では常識となっていました。ただ、全巻の完全理解を要求されていたのか、その程度は不明です。

　実際の研究には General education やランダウ・リフシッツだけでは十分でなく、全く別の内容も必要になるのは明らかです。直接指導が最良の実践的教育法だとしても、前段階での基礎固めも大事にされ、結果として多種多様な研究者が輩出されたのでしょう。研究に大きな比重を置いておられた林先生が、このような指導方法をどの程度意図されていたかはわかりません。教育を受けてから約30年、自分が大学院生を教える立場になり、時代や状況も大きくと異なりますが、この成功例から学ぶことを探している次第です。

巨星に遭遇できた矮星のつぶやき

小山 勝二
京都大学

　林先生が天体核研究室を主宰されていたころ、私は大学院生だった(原子核研究室：1969—1973 年)。今は反省することしきりだが、私は先生の講義やゼミを一度も受けたことはなかった。何の接触もなかった私(小山)など、林先生という巨星からすれば、意にも介さない存在だっただろう。

　当時、教室内での原子核研究室の評価はよくなかった。特に天体核の皆さんが厳しかった。負けず嫌いの私も林先生には逆らえなかったが、教室発表会やその他の機会に天体核のお歴々にはドンキホーテの果敢さ（？）でもって反論していた。先生はそんな私を、「生意気な奴だ」？と名前と顔だけは覚えてくださったようだ。

　大学院修了後も原子核の研究を 2 年ほど続けた（東大核所）。その後、小田稔、田中靖郎両先生が私を拾って下さった（東大宇宙研）。これら巨星のもとで私は X 線天文学に転向した。

　日本天文学会総会（仙台）の特別講演に林先生が招待された。先生は「エディントンメダル（天文分野のノーベル賞）受賞を、あまり騒いでくれるなよ」（司会者の言）とのことだった。私は数年振りにお会いした林先生に「原子核から宇宙の研究に変わることにしました」と挨拶をした。先生は「よく転身したね。がんばりなさい」と、私の顔を斜めに見ておっしゃった。「エディントンメダル受賞のこと然り、林先生はシャイなお方だなあ」と思った。

　小田先生が宇宙科学研究所（東大宇宙研が改組）所長の時、私は

「ぎんが」衛星の「現場監督」（小田先生の言）だった。「ぎんが」の最新結果を A4 一枚に要約して所長室に逐一ファックスした。小田先生は X 線天文学者としては現役最後だったが、「大変わかりやすく、面白いね。毎回有難う」と喜んでいただいた。

　1988 年私は早川幸男先生に拉致（？）されて、宇宙研から名古屋大学に移った。早川先生は学長の激務にありながら、毎週金曜日には、その週の研究成果報告を私に求められた。その 1 つのまとめとして、早川先生を中心に私とポストドクで論文を書いた。中国から来ていた Wang, Z. R. がその草稿に中国歴史書にある超新星の記録を加えた。この論文の投稿直後に先生は他界されてしまった。レフェリーのコメントと意見は私のところに来た。「早川先生ならどんなご対応をなさるか」と考えながら対処した。その論文、Hard X-rays from the supernova remnant IC 443, PASJ (1992)、は巨星、早川先生の遺稿になってしまった。私は超新星残骸 IC443 が頭の片隅にあった。それが後の「あすか」や「すざく」の観測での面白い発見に発展した。まだ注目されていないが、いずれ大きな話題になる（してみせる）と確信している。

　佐藤文隆さんに引っ張られて（佐藤さんの言）、1991 年に私は京大の宇宙線研究室に移った。私の部屋の近くに、実験系の共通部屋（併任教授室？）があった。いつもはガラガラの部屋が土曜日には一変した。林先生、成田さん、木口さんらが白熱したゼミをされていたのだ。生涯を研究者として貫かれた林先生らしい雰囲気が廊下からも感じられた。

　ある土曜日の午後、林先生は私の部屋に来られ、「君は原始星からの X 線放射を発見したんだって。僕（林）の計算でも原始星は X 線

を放出していいんだ。そこで、君の論文の別刷りをくれないか」。程なく先生たちの論文が出た。Wind from T Tauri Stars, PASJ (1998) である。Astrophysics Data System で調べる限り、先生の最後の学術論文のようだ。私は Reference のみの参加だが、「巨星の仕事の最後に 1ppm 程度の寄与ができた」と喜んでいる。私事で恐縮だが、同じ年（1998 年度）に「... 原始星からの X 線放射の発見」ということで「日本天文学会林忠四郎賞」をいただいた。選考委員が前述の論文を意識したわけではない（と思う）が、「歴代受賞者のなかで、私の受賞理由が最も林賞になじむ」と不遜にも思っている（他の受賞者の皆さん、抜けがけ御免なさい）。

　原子核研究者の国際会議に「Origin of Matter and Evolution of Galaxies（OMEG）」がある。私も古巣が原子核ということで国際諮問委員を引き受けた。2000 年の頃？「日本（東京）が開催するのだから、元素合成理論の元祖、林先生に基調講演をしていただこう。OMEG のステータスもあがる」と LOC は思ったようだ。「小山から、林先生にお願いしてくれ」ときた。そこで「林ゼミ」が終わった頃、「先生、今度東京にお越しいただけませんか」。先生は「体のことが心配で、もう長い旅はできないんだよ」と固辞された。さすがの林先生も御年を召されたようだ。恒例だった「林ゼミ」もいつしか消えて（2003 年から先生の御自宅に移動とのこと）、共通部屋も主を失い閑散となってしまった。後年、私はその空部屋を 21COE の HQ にした。その 21COE は「組織的・戦略的なシステムのモデル的プログラム」と事後評価に特記された。京大物理（組織性が苦手の？）としては画期的なことだった（審査・評価部会：A 委員の言）。

　脱線ばかりの追想になってしまった。ともあれ、私は「日本を代

表する宇宙物理の巨星達の研究（特に最後に）にちょっとは貢献できた」と密かに誇りにしている。巨星の周辺に集まったキラ星とも御付き合いできた。その全てが研究者として、私の糧になった。林先生、本当に有難うございました。

　以上、燦然と輝いた巨星達に幸運にも遭遇できた淡い矮星のつぶやきでした。

V. 追悼の林先生　679

†エディントン・メダル(1970受賞)

天体核の落ちこぼれ

佐々木 節
京都大学基礎物理学研究所

　林先生のことで、まず思い出すことは、大学院入試に受かって有頂天になっていたときに叱られたことである。天体核研究室での研究内容をほとんど知らなかったので、宇宙物理に関する適当な教科書なり参考書なりを教えてもらえれば良いかな、程度の軽い気持ちで先生を研究室に訪ねた。ところが、林先生はそんな私の浮ついた気持ちを吹き飛ばして「君は大体、これまで物理をきちんと勉強してきたのか？ランダウ・リフシッツはすべて読んだか？読んでいないのなら、まずそれから勉強し給え。」とおっしゃった。一所懸命勉強してこなかった学生が背伸びをしても意味はない、まずはもっときちんと基礎を勉強しなさい、と言われたかったのだろう。このように、林先生は教育のことや学問のことに関しては妥協は許さない、という信念を強く持たれていた。

　林先生のもうひとつの思い出は、先生と宇宙の構造形成論の議論をしたことである。私は先生は退官される数年前から宇宙論的摂動論に興味を持って勉強を始めていた。すると、ある日先生に宇宙論的摂動論について話をしたいと声を掛けて頂いた。それまでの私は自他ともに認める天体核の落ちこぼれだったので、初めて林先生に認めてもらえたのが嬉しかった。そのときの議論から分かったことは、先生は「宇宙定数入りバリオン等曲率揺らぎ」シナリオを考えておられたのである。そして、先生は退官記念講義でこの話をされた。これは初期天体の形成からその頃既に問題となっていた宇宙年

齢問題の解決、さらにはまだ見つかっていなかった宇宙背景輻射の揺らぎの小ささ等をすべて一挙に解決するグランドシナリオである。バリオン等曲率シナリオ自身は、残念ながら、その後の観測的進歩でほぼ否定されたが、現在その存在が強く示唆されている宇宙定数の必要性をその頃既に明確に認識されていたことはいかにも林先生の面目躍如である。

　もう5年前になるが、京大基礎物理学研究所で坂東さんが世界物理年と物理湯川朝永生誕100年に合わせて、日本において物理の研究がどう発展し何が問題であったかを振り返って、今後の研究に生かそう、ということをテーマに「学問の系譜－アインシュタインから湯川朝永へ」というタイトルの研究会を主宰された。私もその世話人を引き受けさせて頂いたのだが、その際、宇宙論・宇宙物理の分野で大きな足跡を残された林先生にも是非出席して頂けないかという話になった。そこで、早速講演をお願いしたのだが、最初は「ぼくはもうそういう依頼は受けないことにしています。」と固辞された。しかし、ちょうどその時期に南部先生が帰国されているということで南部先生にも講演して頂くことになり、そのことを林先生にお伝えすると「南部君も来るのか！それならば出席します。」と即座に承諾してくださった。そして研究会では南部先生との再会を非常に喜んでおられた。研究会の懇親会にも出席して頂き、色々と話を伺ったことが記憶に残っている。残念ながら、その後は何度か電話でお話をしたのみで、お元気な姿をお見かけしたのはこの機会が最後となってしまった。

林先生の思いで

佐藤 勝彦

大学共同利用機関法人自然科学研究機構

(第Ⅴ部3の「素粒子的宇宙物理学・宇宙論の創始」に同じ)

4回生で研究室配属された頃の写真（1967年）　前列　左より蓬茨霊運、佐藤文隆、天野恒雄、林忠四郎、後列　左より佐藤勝彦、林光男、徳永宏

天体核人事事件簿その二

佐藤 文隆

甲南大学特別客員教授

　林先生の研究上の業績についてはもう何回か書いたので、ここには秘密ではないが、余り知られていない天体核「人事事件簿」を書いておく。私は1964年7月に助手になったが、研究室には助教授はいなかった。こうなった事情は知っている人も多いと思うが、ここで紹介するのはもう一つの人事事件簿である。こちらの方はあのJohn A Wheelerが絡む国際的な話なので、Wheeler伝記の補足の意味を兼ねて書いておく。

　N氏がCalTehから帰って、助手から助教授に昇格、その後任助手にW氏とT氏が候補にあがった。公募か林さんの提案だったか、定かな記憶がない。二人ともアメリカでPhDをとった方で、比較の議論もあったが、W(以下敬称略)にあっさり決まって、1962年に着任した。(この年、Wheelerが基研に滞在して講義をした。奥さん同伴で日光とかを観光したが、Wが手伝ったようだ)

　Wは1953年湯川研に入り、博士課程の途中でPrinceton大学へ留学し、Wheelerのもとで1961年頃にPhDをとった。Wheelerが友人であった湯川に院生の推薦を依頼し、湯川がWを選んだのだ。Princetonへいく前の研究はBethe-Salpeterなので、林さんの指導を受けてたと思われる。Wheelerと湯川の関係はあの有名なEinsteinとの散歩姿の写真で明瞭だが、実は、戦前の1939年に湯川がPrincetonを急に訪れたときに、Einsteinとの面会をアレンジしたのも若き助教授のWheelerだった。(拙著「アインシュタイン

の反乱と量子コンピュータ」(京大出版会) 参照)

　Wheelerの自伝 "Geon, Black Holes & Quantum Foam" という本の索引でWの名の引用が5つもある。勿論、Kip Thorneの15とかには及ばないが、Wheeler の研究史に W は何回も登場する。Thorne, Harrison, Kent Ford, などと同時代の院生で、重力波で中心的人物になっていく Thorne の先輩にあたる。

　こういう、若い Thorne と机を並べて研究していた W が天体核の助手に決まって、着任したのである。Thorne と同じようにその後はじまる重力崩壊「大流行」の先頭に立ってもよかった。優秀な院生が集まる天体核だから、CalTech で Thorne が若い研究者を育てて1970年代初めに世界の最前線に立つたようなことが、あってもよかった。ところが、W の痕跡は天体核の歴史に何も残っていない。この謎の話しをここでしているのである。

　実は W は Princeton から帰ってきて、素粒子論をやり出したのである。始めは研究室会議とかには出ていたが、研究テーマは自分で決めてよいと思っていた様だ。確かに、当時は、教室再編の議論をやっている時で、研究室のしばりも過度期な雰囲気があった。また原子力政策でできた核理学専攻 (核エネルギー学講座 (天体核) はその一つ) の再編も進んでいた。W にしてみると、林さんはアメリカにいく前に素粒子の指導をしてくれた先生だった。

　しかし、私が W から聞かされた印象では、本当の理由は、W にとって「Princeton はこりごり」だったのだ。日本に帰って素粒子論にやっと復帰出来るという気持が溢れていた。超一流米大学への留学、Wheeler の指導、傍から見れば羨ましい限りである。そのプレッシャーは W も気にしたが、「自由にやりたい」を貫いた。

　今からブラックホール BH 研究史を遠望すれば、この時点で、W

は世界中で最高の地点におったのである。ただ、この研究が「大流行」するのはもうすこし後で、まだ見えなかった。クエーサーモデルの BH は 1963 年だが、星のブラックホールが流行するのはパルサー発見（1967）以後である。W が Harrison, Thorne らと一緒に、1958 年頃に白色矮星と中性子星の間の密度での構造（大半では不安定）を計算した。しかし当時は、広く注目されるテーマではなかった。

　林さんは先見性があってWのこうした研究を評価して天体核の助手にした訳だが、W の気持ちは逆向きだった。私は星でもプラズマでもないから、林さんから W から指導を受けたらといわれ、W にアプローチしたのだが、そこから「逃げたい」のだと聞かされた。当時のアメリカの大学院事情だが、院生は TA か RA になってお金を貰えた。もちろん、W の留学費もこれでの給費なわけだ。TA は理論だと演習担当になり、ネイテイブでないと学部学生相手は語学でもたない。そこでRA が義務的となるが、W の場合これが厖大な数値計算であったらしい。この当時（1950 年代後半）、計算機にアクセスできるのは、Fermi とか Wheeler とか、水爆とかに関係してる者の特権だった。W はこの面でもパイオニアなわけだが実際にはトラウマになったのだ。

　W は私に PhD の分厚い学位論文をくれたが、これがまた奇妙なテーマである。Wheeler が与えたテーマだが、量子力学関係のテーマである。確かに Wheeler の関心は 1970 年代初めから量子力学中心になるが、ああいう筋とも違う。彼流の独特の発想だが、自伝には結構なスペースで書いてある。大雑把にいうと、散乱問題の粒子ピクチャーから波動ピクチャーへの連続的な変化を調べることで、モデルとしてトーマス・フェルミ原子による散乱を数値計算したよ

うな話だと思う。中性子星の期待で読むと面食らった。

　Wheeler は自伝で Ford, Hill, W の 3 人の PhD のテーマにしたと書いている。自伝では、こういう量子力学の pedagogy 的論文の Phys-Rev 掲載でのトラブルという話しに流れ、当時の編集長 Goudsmit (スピン提唱)の人物評に及ぶ。Wheeler 自身失敗と総括しているようで、W はそのあおりをくった感じだ。Wheeler の W に対する最後の指導の当たりが悪かったこともトラウマの一因かも。高密度星と量子力学解釈は、Wheeler には同種の問題だが、普通の物理学者はそうはいかない。良きにしろ悪しきにしろ、Wheeler の圧倒的な勢力圏から外れて、もう RA でないから、自由に自分でテーマが選べることを W は願ったのであろう。

　話しを天体核に戻す。林さんが W をどう叱り、どう説得したのか、あまり知らない。寺島さんや N は湯川研では W の先輩だが、寺島さんはプラ研に移り、N も切れていたから、年齢構成からいっても、W への対応は林さんしかできなかった。ともかく、そのうちに事実上素粒子所属になり、多分、その代わりで助手がとれるようになり、それに私が就いたのではないかと思う。その後、天野さんもプラ研に移り、後任に私と同学年（入学は一年先）の百田君が助手となった。W は素粒子でもしっくりなじまず、1966 か 7 年頃に京大教養部の助教授になって物理教室を離れ、その後順調に教授になられて定年退官された。このあたりで N 氏もフォーマルに天体核と関係ないことになり、その代わりか、W の席の後なのか、私と同期の蓬茨君が助手になった。こうして 1967 年には私と同学年の 3 人が助手にそろい、教授プラス助手 3 人の体制になった。

林忠四郎先生を偲ぶ

慈道 佐代子
元物理教室図書室職員

　林先生が亡くなられたことをテレビで知った。同時に研究に臨んでおられる林先生の在りし日のお姿が放映された。お元気なご様子だけが記憶にあったので驚きであった。
　昭和38（1963）年、公務員試験の結果、原子核理学教室（物理第二教室の前身）の配属になった。私では不安であるとの意見があったと聞くが、最終的に林先生が「図書室をやってください」と言ってくださり、この励ましがその後の公務員生活の大きな支柱になった。
　物理教室は、昭和4（1929）年に建てられた旧館を壊して、昭和40（1965）年、現在の5階建ができた。教室の新築に伴って物理教室図書室（後の物理第一教室）と原子核理学教室図書室（後の物理第二教室）は、それまで個別に運営していた図書室を合併し、物理教室図書室として元のように統一して運営されるようになり、現在に至っている。新図書室は4階にあって、横8m、縦21mの閲覧室をもち、隣接して4階から5階の2階分を利用した3層の積層型書架を備えた書庫が付いている。閲覧席は48席あって、閲覧机1台は6人がけである。この閲覧机をそのまま利用するのではなく、48席すべてが1人用として使えるように衝立と1席ずつに蛍光灯が付いている。雑誌コーナーには肘付応接セットがあり、閲覧室からは比叡山を望むことができる。冷・暖房は1つのボタンで操作できた。このようなことは、今では当たり前であるが、当時は画期的なこと

であった。当時の教室レベルの図書室で、規模、設備等その立派さは別格であった。立派すぎるとの意見は、教室内外から耳に入った。どの会議であったのか定かでないが、そのような意見に対して、林先生が一生懸命応えておられたことを思い出す。たぶん、建物関係か将来計画関係の責任者だったのかもしれないが、林先生は随分頑張られたという記憶がある。しかし、その後、他教室や他学部に建設されていった図書室は、物理図書室を模するかのように立派なのができていった。

林先生は、昭和52（1977）年から54（1979）年まで理学部長に就任された。理学部長時代に林先生は、昭和54（1979）年に図書掛を新設されたし、外国雑誌センター館の学内拠点を引き受けられている。この外国雑誌センター館というのは、学術雑誌の価格高騰が全国的に問題になり、その解決方法の一つとして、中核雑誌（コアージャーナル）はそれぞれの分野で購入するとして、コアーを取り巻く周辺部の雑誌（レアージャーナル）は分野ごとの拠点校を決め、そこで購入する。そのための予算を別途手当するというものである。外国雑誌センター館学内拠点の業務を一時期物理図書室で引き受けていたが、理学部図書掛が新設され、理学部中央図書室のスペースが確保されるとそちらへ移った。現在の中央図書室は、これを基盤に充実が図られ現在に至っている。また、理学部長時代に林先生は、理学部内の教室図書室は各建物に1つという構想を持っておられた。既に物理図書室は物理第一、物理第二を合併して運営していた。現在、動物・植物・生物物理は生物系図書室として1つになっており、林先生が考えておられた構想に近づいてきている。当時の理学部の雰囲気は、教室自治が強く、中央事務等は教室を補完するにすぎな

いという考え方があった。中央図書室の設置は、教室への予算配分が減るということで大きな抵抗があったようであるが、そのような困難な中で進められた。

　昭和57（1982）年、私は物理教室図書室から附属図書館へ異動した。物理から異動後3年くらいして、林先生は、最初の異動先である附属図書館へひょっこりと訪ねて来てくださった。

　平成6（1994）年、S研究所との噂があったが、私は希望してS学部、つまり理学部中央図書室に戻ることができた。戻った時の理学部長は、佐藤文隆先生であった。佐藤先生にも多くのサポートいただいた。理学部へ戻ってきたとき、学部学生が使えるような共通の施設が、他学部に比べて貧弱であると痛感した。最初に中央図書室を整備することを念頭に置いた。理学部中央図書室に隣接して物置となっていた数部屋を整理し、閲覧机と椅子、ソファー等を入れ、少しでも学部学生が利用できるスペースを増やした。また、検索端末の台数を増し、『Current Contents』のディスケット版を購入し、それを利用するために端末COMPAQを配置し、洋書系のCDを利用できるようにした。このような予算を確保するために、佐藤学部長は主任会議（教員による各学科の教室主任で構成）で奮闘してくださったと聞く。後に佐藤学部長は、総長候補として最終の決選投票まで残られた。京都大学が創立100周年を迎えるわずかに前のことであった。

　現在、電子ジャーナルや電子ブック等電子メディアの利用が中心になっており、ネットを利用して研究室に居ながらにして必要な情報を入手することが可能になっている。この状況を専門家は見通しておられたかもしれないが、凄まじい勢いで変化していると思える。

「図書室に行って利用する」という従来型の図書室は、かつての盛況さがみられない。この傾向は、専門資料が中心である学科図書室に顕著である。図書室に長く身を置いたものとして、図書室の充実に腐心してこられた林先生に、今後、図書室はどうあるべきなのか、ご意見をお聞きしたかったものである。

林先生は、数多くの賞を受賞されている。私は、文化勲章受章時に「次はノーベル賞だ！」と祝電を送った。文化勲章受章のお写真は、物理図書室に掲げられている写真「村岡範為馳」（創立期の教授）の姿によく似ている。凛とし背筋がピンとしたまさに大学の「教授」を彷彿させている。

正面きって言えないが、事務室等では「チュウサン（忠さん）」と呼んでいたことがある。先生は横を向いて話されることが多く、また咳払いをされる。この咳払いには、絶妙な「間合い」を感じる。この咳払いで一呼吸を整えてお話ができるし、そのことでソフトな印象を受けていた。特に研究室の人たちの仲人をよくされておられ、そのうちのいくつかに出席したが、咳払いをしつつ新郎新婦の紹介をされる様は、紹介すべき点はきちんと紹介するといった具合であり、なんとも味があった。

平成22（2010）年5月16日に開催された「偲ぶ会」で、思い出の写真がディスプレイに流されていた。平成16（2004）年頃からのお写真は、背筋がピンとした姿勢がやや崩れ好好爺になっておられた。奥様を先に亡くされ、お1人で頑張っておられたことをお聞きし、何とも切ない・侘しい想いが拭えない。また、何よりも、もう一度お目にかかってお礼を言っておけばよかったと悔いが残っている。

土曜日の林先生

白水 徹也

京都大学大学院理学研究科

　1991年度に天体核研究室に入学した私は林スクールの一員ではありません。しかし、博士後期課程2年次(D2)に林先生宛てのメールボックスが私の部屋にたまたま設置されていたおかげで、林先生とお話する機会をしばしば得ることができました。そこで、そのときの様子をとりとめもなく描写してみたいと思います。また、この場をお借りして告白もさせていただきます。

　林先生は毎週土曜日に成田さんや木口さんとゼミを物理教室の非常勤講師室で行っていました。ゼミの前だと思うのですが、遠慮深げに、先生用のメールボックスを確認しておられたことをよく覚えています。ゼミ後にはコーヒールームで一服しながらゼミ参加メンバーとの雑談を楽しまれていたように思います。時折、厳しい口調でお話をされているときもありました。怖い先生という話は聞いていましたが、私には優しく接してくれました。ただ、ミーハーだった私が先生にサインをお願いしても、「同じ土俵にいる研究者にサインなんかできない」とあっさり断られました。京大物理教室特有の教育的配慮から対等に見てくださっていたのかどうか分かりませんが、嬉しくもあり残念でもあり、複雑な気持ちでした。

　そんなあるとき先生が少々照れながら写真を撮ってくれと直々に声を掛けてくださいました。メールボックスで馴染みの院生だったからでしょうか。京都賞(1995年)で使うからとのことで、非常勤講師室でゼミ中の様子を横から一枚。そして先生が机に向かっているところを、どこかの上によじのぼって一枚。この計2枚撮影したこ

とを鮮明に覚えており、またその証拠写真は先生のまとめられた写真集の中にも収められています。些細なことですが、私にとってはとても光栄なことでした。

　次によく記憶しているのは、私のD3最後のときでした。「もうお会いできないかもしれないので一緒に写真をお願いします」と、今考えると大変失礼なことを林先生に言ってしまいました。それに対して先生の一言。「あんたが土曜日に東京からくりゃいいんや」。まあ、そうではありますが。でも、写真は一緒にとってくれました。そしてありがたいことに、京都賞のパンフレットにこれまで拒んでいたサインをしてくださりました。私にとっては宝物です。

　天体核を卒業する際に、私は一つの重要な決断をしました。コーヒールームに無造作に置かれている「林教授」という室札の保管です。きっと散逸してしまいます。研究室会議で諮ることなく、私は独断で「管理」を決意しました。なお、私が院生のころにあった研究室のアルバムなどは散逸しています。私が「管理」しておいてよかったとつくづく感じる次第です。

京都賞パンフレット　　私と先生　コーヒールームにて（1996年）

還暦を過ぎて理解できた林先生の教え

菅本 晶夫

お茶の水女子大学理学部物理学科

　実は本日寺澤敏夫君から、林忠四郎先生の追悼文を書いているが、一緒に卒業研究をやった井上君のファーストネームは何かというメールをもらった。即返信したが、君も追悼文を書いたらと勧められて筆を取った。我々は1972年の4月から1973年3月までの一年間、林忠四郎研究室にて卒業研究を行った。これが研究というものに触れた最初の機会であった。メンバーは寺澤君によると、寺澤敏夫、中村卓史、鈴木洋一郎、川良公明、井上卓夫と私である。先ずランダウーリフシッツの「場の古典論」の一般相対論の部分を輪講した。林先生の言葉は未だに頭に残っている。「宇宙物理をやるにはあらゆる物理が分かっていないとだめだ。そのためにはランダウを勉強せよ。」私は卒業後東大の素粒子に移ったので、あやゆる物理が分かる必要もないし、ランダウを勉強する必要もなかったが、林先生の言葉がトラウマとして残った。卒業後30年を経過してからランダウを良く読むようになった。卒業研究の指導で「相対論的量子力学」を輪講したことがある。Petcov さんに「それを学部生に読ませるのは無茶だ」と言われたが、確かに内容は難しいけれど不思議と学部生にも読めたので驚いた。統計力学で困ったとき昔は恐ろしくてランダウの本を開けなかったが、最近は開いて読むようになった。今年「Physical Kinetics」を買って少し読んだ。おもしろくなって、「Landau Damping」の原論文をコピーして読んで、驚嘆した。還暦となってようやく林先生の教え「ランダウを読め」ができるよう

になったのである。「あらゆる物理を理解せよ」との教えは今後の目標としよう。ところで卒研では私は井上君と組んで、Chandrasekahar の Steller Structure を読んだ。そこにあった非線形微分方程式の解法に興味をもって、Poincare-Bendixson の定理を勉強して発表した。林先生のコメントは「それだけか」であった。「物理に応用するとどうなるのか？」という質問であったと思う。それから 20 年後に私はお茶大に赴任したが、そこで太田隆夫さんから非線形ダイナミクスの話を聞いて「しまった」思った。林先生のコメントを守っていれば、その方面の仕事もできたかもしれなかったからである。最近は素粒子も宇宙も物性も似た分野となり、再びすべての物理がつながり始めた。今こそ林先生の教えが重要である。数年前京都で「物理学の系譜」という研究会があった。林先生と南部先生が来られていて、パーティーで両先生が並んで座っておられるところに近づいて「菅本です。昔卒研でお世話になりました。」とおずおず挨拶したら、林先生が「覚えていますよ。確かあきおさんと言いましたか。」とおっしゃって下さり感動した。南部先生にはシカゴで大変お世話になったが、先生が「菅本の父は我々のちょっと先輩でその軍服姿を覚えているが、林さん覚えていますか。」と質問された。林先生は覚えておられなかった。因に一緒に卒研を行った井上卓夫君は京大の素粒子に進んで、益川先生と一緒に論文を書いたがその後阪大医学部に再入学して医者となり、現在は豊中の病院に勤務している。

　林先生に教わった当時のことは実に良く覚えていて、思い出すと本当に懐かしい。

林先生の意外な側面

関谷 実
九州大学

　林先生は非常に厳しい先生として知られていました。もちろん私にとっても生涯に出会ったもっとも怖い先生でした。林先生と共著の論文を書くということは、世界一厳しいレフェリーに当たったということを意味してました。私がコンピューターを用いて苦労して求めた答えの近似解を、紙とペンだけで魔法のように求められ、同じ結果が出るまで決してゴーサインはいただけませんでした。論文の論理構成は、林先生流に完全に書き換えられ、流れるように首尾一貫した論文が出来上がりました。

　さて、このように厳しかった先生ですが、本稿では敢えてそうでない側面についてご紹介したいと思います。まず、論文の査読についてです。先生は「査読は甘くてよい」というご意見を持たれていました。少数のレフェリーが、論文をよく理解できずに却下してしまう場合もあるので、とりあえず掲載してしまい、世界中の読者が評価すべきであると考えられていたようです。私も自分がやった査読で、厳しい意見を書いてしまった論文の内容が、実は非常に斬新なものであったことに後から気付いたことがあります。あまりにも抜きんでた研究をされて何度もレフェリーの無理解を嘆いてこられた先生だからこそ言える、説得力のあるご意見だったと思います。

　授業の単位の認定についても、先生は「甘くてよい」と言われていました。単位で縛りつけて無理やり勉強させるような教育は大したことはないと思われていたのでしょう。大学院の単位認定は、先

生の部屋に書類を持っていくと、出席したかどうかも確かめずにサインして終わりという、いとも簡単なものでした。林先生に限らず、他の先生方もそんな感じでしたので、これは学生の個性や自主性を尊重する京大物理教室全体の雰囲気だったかもしれません。このような土壌の中で（私は例外ですが）大勢の突出した研究者が林先生の門下生として生まれました。最近取りざたされている「成績評価の厳格化」の動きは、林先生からすると小者の教育者のやることに過ぎないでしょう。実際、私が悪い成績をつけた学生が企業を興して大成功をしたことがあります。大学教員の評価など所詮、その後の人生から見ると些細なものにすぎません。林先生は「成績」などではなく、もっと大きなスケールで教育というものを捉えられていたのだと思います。

　このような大先生が亡くなられ、大学がこせこせしたつまらないところになってしまわないように、自ら戒めていかねばと思っているところです。ご冥福をお祈りいたします。

林先生に教えられたこと

高原　文郎

大阪大学

　私が天体核研究室に入学したのは1972年4月のことで、もう38年も前のことになる。それから今日まで曲りなりに研究者として生きてこられたのも林先生のおかげであると改めて感謝の気持ちがわいてくる。古臭い言葉ではあるが学恩という言葉が一番ふさわしいように思う。林先生の名前を最初に意識したのは多分学部3年生のころに先生が編者の一人である『物質・生命・宇宙』という解説本を読んだ頃である。宇宙の問題を物理学で解明するという研究を行っている人たちがいて、その指導者が林先生であることを知った。星の進化の計算をして天文の観測と比べると素粒子の法則がわかる、こんなユニークな研究を自分もしてみたいと思い、物理の勉強を始めようとした。しかし、思うようにはいかず留年していた時に、雑誌『自然』に太陽系の起源の日下、中野、林モデルの解説が掲載され、一見物理とは縁遠いように見える問題もこのようにして研究していくのかと強く印象に残った。

　にわか勉強をしてとにかく天体核研究室に入学はしたものの、入学後はとまどうことが多かった。物理の本格的な勉強は大学院入学後に始めたというのが実情で、実力と気持ちとの格差はなかなか縮まらなかった。私の興味は次第に当時新展開していたX線天文学や銀河の物理に向かっていき、林先生に直接の研究指導を受けることはコロキウムや中間発表会での厳しい追求以外にはあまりなかった。林先生は研究者が一人前になるためにはあるスレッショールドがあ

り、独力でよいテーマを設定しよい結果をまとめるという経験があってはじめて一人前になるというお考えであった。したがって、私のように独自の道を歩もうとする院生に対しても、内心はともかく原則として寛容というかむしろ奨励していた。先生は学問に対しては純真ともいえるような気持ちで、本当に面白いと思ってとり組んでおられた。私のような少しはずれた院生に対しても、納得されるまで質問し、追及していく姿勢は研究者としてあるべき姿として深く記憶に刻まれている。ごまかしは通じなかった。時間も気にすることはなかった。反面、シャイな性格だったようで、今考えてみると、外部との交流や、学会活動などはできるだけ避けておられたように思う。先生の周りの諸先輩の方々はそんな先生を支え、研究はもちろん学会活動などでも活発な活動を繰り広げていた。

　私は、院生の期間とオーバードクターの期間合わせて10年近く、林先生と天体核研究室にお世話になった後、運よく新設の野辺山宇宙電波観測所に拾ってもらい、東京方面の研究スタイルに触れることになった。一般的にいって東京のゼミは行儀がよく、時間を守り、要領よく発表するが、細部にわたって物理的根拠などを質問することは避けられているようであった。天体核研究室を離れて、はじめて林先生の偉大さがわかった気がした。

女子学生にはシャイだった林先生

高原 まり子
同志社女子大学

　林先生はどちらかというとシャイな性格で、特に女子学生には遠慮がちであった。自分の言いたいことを察してほしそうにされていた林先生のお顔が思い出される。ここでは、女子学生から見たシャイな林先生の個人的な印象や思い出を述べさせていただきたい。

　林先生が女子学生に対してシャイな方だと思ったのは、北大の坂下志郎先生が天体核研究室に来られたときのことである。そのとき、林先生は、当時マスターコースの学生だった私たちの学年を教授室に呼ばれて、「君たち、何か質問があれば、今、お伺いしなさい」と、坂下先生とお話する機会を設けてくださった。そのとき林先生は、数人分の紅茶を自ら用意され始めた。見かねて、「お入れしましょうか」と申し出ると、「ほな！」と、あたかもその申し出を待っていられたかのように、さっと自分の席につかれた。女子学生にお茶を入れるのを頼みたかったが、ご自分からは言い出せずにいられたようだった。（こういう場合、学生がお茶を入れるべきだとは思うが、それを女子学生だけに押しつけるのはよくない。それに気づかず、手伝おうともしなかった同級生には、後で猛省を促した。）

　そのくらいシャイだった林先生のこと、深夜、女子学生が自分の教授室で何度か仮眠したとは、想像もされなかったに違いない。当時、学生には、林先生が在室されていないとき、教授室にあるPreprintやPhysical Review等を借り出すため、入室することが許されていた。コロキウムの準備で遅くなって大学に泊まり込んだと

き、女子学生が仮眠できるような、内側からロックできる部屋は教授室しかなかったので、利用させていただいたのである。もし、このことを当時お知りになられたら、何と思われただろうか。

　私が林先生に直接指導していただいたのは、最初の論文を書いたときのことである。論文を書くのは私にとっては初めての経験で、どのように書けばよいのか、今思えば、当時の私はよく理解していなかった。そのため、林先生にも、他の共同執筆者にもお手数をかけたに違いない。女性にシャイな林先生は、本人に向かってなかなか言いたいことを言えず、ストレスをためられたことだろう。けれども、何度も推敲するうちに、論理の展開の仕方や論文のまとめ方がわかってきて、その後、論文を書くときに大変役だった。最初の論文とは桁違いに苦労せずに書けるようになったのである。最初の論文を林先生にご指導していただいたことは、私にとって、大きな宝物となった。

　論文が掲載された後、ある日、林先生が、「送っておきなさい」と、別刷り請求の葉書を持って来られた。初めて書いた論文に最初の別刷り請求が届き、私は嬉しかった。女子学生にシャイな林先生は、それ以上は何も言われなかったが、何となくにこにこされていて機嫌がよかった。別刷り請求の差し出し人を見ると、Ostriker と記されていたので、その理由がわかった。

　その後は林先生から直接に指導を受ける機会が無く、しかも、教授室は5階、私の机は4階にあったので、お話する機会も少なかったが、毎週土曜日の午後に開かれるコロキウムではしごかれた。コロキウムは、林先生が納得されるまで、タイムリミット無しに続けられた。そのコロキウムの価値がわかったのは、天体核研究室から

出た後である。天体核研究室の外に出て、初めて林先生から受けた教育のありがたさが理解できた。

　培風館から「壮絶なる星の死　超新星爆発」を出版したとき、報告も兼ねて林先生に1冊お送りした。その後、何人もの人から、「林先生が君の本を褒めていられたよ」と教えられた。林先生はそれについて例によって私には何も言われなかったが、お送りした本を読んで、評価してくださったことがわかった。そのとき、林門下生として、やっと認められたような気がした。

林先生の逝去に際して思うこと

田中 貴浩

京都大学基礎物理学研究所

　私は、このたび天体核研究室を通じて佐藤文隆さんや佐々木節さんの指導を受けてきたものとして、また、中村卓史さんをはじめ、多くの林研出身者の方々に鍛えて頂くことを通じて、林先生の孫弟子ということで文集の制作を担当させていただくことになりました。私が大学院生の頃には、林先生は毎週土曜日に天体核のコーヒールームでゼミをなさっていましたが、自宅から通っていた私は土曜日にはあまり大学に来ていなかったため、残念なことに、林先生と直接お話しする機会はほんの数回しかありませんでした。「君は何を研究しているのかね」というようなことを一度、質問していただいたことがありましたが、その当時は緊張するばかりで要領よく答えることができず、研究に関心を持ってもらうことができなかったように記憶しています。今となっては、もっと、お話を伺っていればよかったと後悔するばかりです。

　とはいうものの、大学の卒業研究にはじまり、以降も一貫して天体核研究室にゆかりの深い研究室で勉強と研究を続けてきたので、林先生の教えをいくらかは吸収することができ、そのことが自分の研究に重要な影響を与えているのではないかと感じます。よく聞く話として、林先生は「参考文献のあるような学問分野を研究して何が面白いんだね」というようなことを言われていたといいます。実際、先生の業績を振り返ると、参考文献のほとんどない研究領域を切り開いていく研究の連続であったということに、誰もがただただ

驚かされるわけです。私には、そのような偉業の真似をすることはできませんが、それでも、参考文献が沢山あるような研究を進めていると、「こんなことをやっていて何が面白いんだ」と反省の気持ちになることがしばしばあります。そのような心の声が湧いてくるのは、やはり天体核研究室において諸先輩方から受け継がれたものだと思いますし、いくらかでも私自身の研究の質を高めることにつながっているのではと感じています。論文を書くような時間があったら、自分の研究を前進させたいというような境地にはほど遠いですが、少なくとも論文を書くことが研究を進める目的というようなことにはなっていないと感じます。もちろん、何か面白い発見をすれば、小さなことであっても他人に披露して驚かせたいという気持ちは非常に強いわけではありますが。

　いつの間にか、私のような若輩も中堅どころと言われるようになってしまい、林先生の残された研究に対する精神を後輩たちに伝えていく役割を担わなければならなくなってきているのではと感じますが、まだまだ未熟で空回りを続けています。今、林先生という偉大な研究者を失い誠に残念なことではありますが、昔と比べて今は研究の質が変化してしまったと言われないように、というのが私の現在の率直な思いです。

林先生を偲ぶ：星形成から原始惑星系円盤へ

田村 元秀

国立天文台

　理論とは畑違いの観測屋かつ若輩者の私ではありますが、京都大学物理学第二教室で先生の薫陶を受けたものとして、林先生にまつわる話題を少し紹介させていただきます。

　林先生と最初にお話させて頂きましたのは、大学院一回生の一般相対論の講義だったと記憶しています。林先生は正にこの年に退官されましたので、最終年の講義を直に受けることができたことは、たいへん幸せなことでした。恥ずかしいことに、当時は、まだ先生の偉大さを実感できないほど不勉強でしたが、大学院時代に星・惑星形成の観測を専攻するにつれ、その一年間がどれほど貴重なものだったかを実感しました。

　さらに、ポスドクとしてアメリカに滞在していたときも、林先生のグローバルな認知度を知る機会となりました。勤務先のキットピーク天文台やJPLでは数多くの米国研究者と出会えたのですが、星惑星形成分野の専門家以外や学生にも、林先生の名前は「ハヤシトラック」や「ハヤシフェーズ」のハヤシと言えば通じ、「講義を直接に受けたことがある」と言えば、一様に羨ましがられました。

　褐色矮星に関しても思い出が有ります。褐色惑星の最初の理論的予言は欧米ではクマー(1963)が定説になっていました。いっぽう、中野先生の修士論文の内容であり、クマー論文と同年に出版された林先生と中野先生のプログレス論文はあまり引用されていませんでした。とりわけ、2002年にハワイのコナで開催された国際会議

「Brown Dwarfs」において、クマー氏の招待講演でこの論文へのリファーが全く無かったことに強い違和感を覚えました。その会議に参加されていた辻先生などにも後押しされる形で、急遽、研究会の最終日に、私が本論文の紹介をすることを世話人のマーチン博士が許可してくれました。さらに、中野先生の寄稿が研究会の集録に掲載され記録に残り、研究会参加者以外にも広く知られることになりました。

　また、2004 年の太陽系起源研究会では、すばる望遠鏡のコロナグラフで得られたばかりの原始惑星系円盤の「直接観測」画像を「直接に」林先生にご報告することができました。先日の偲ぶ会でも紹介されましたが、すばるが今のような形で海外に建設されたのは、林先生のお言葉があったことも大きな要因だったと知りました。先生が 20 年以上も前に展開された「太陽系形成」の理論的な検討に、ようやく観測が追いついて来ました。このような観測データがすばるで得られるようになったことを喜んでいただけたことは、たいへん嬉しく、かつ、励みになりました。いつも研究会の最前列にドンと構えられた林先生の前で紹介できる機会はもう無いのは悲しい限りですが、先生ならきっと興味を持ってもらえただろうな、と思えるような観測を今後も心がけたいと思っています。

林忠四郎先生の思い出

寺澤 敏夫

東京大学宇宙線研究所

　林先生に初めてお世話になったのは、1972年、4回生の課題研究P5の折でした。当時のP5メンバーは、中村卓史さん、川良公明さん、鈴木洋一郎さん、菅本晶夫さん、井上卓夫さん、それに私で、毎回、林先生を中心に賑やかに議論を交わしたのが懐かしい思い出です。その後、中村さんは天体核の院生→スタッフメンバー→ボスとなり大活躍中であるのはご存じの通りです。他のメンバーの大学院の進路は多彩で、川良さんは赤外線天文学観測、鈴木さんは高エネルギー物理学実験、菅本さん、井上さんは素粒子物理学理論といった具合です。私自身は、当時の代表的プラズマ物理学入門書であった林先生・早川幸男先生執筆の岩波講座の小冊子を通読して、宇宙プラズマ現象、特に、宇宙線の起源や太陽フレアの物理機構に興味を持っていました。セミナー後の雑談で、そのことを林先生に申し上げたところ、「それなら宇宙研の大林辰蔵さんが居られる」とおっしゃいました。裳華房刊行の「宇宙空間物理学」の著者として大林先生の名前は知っていましたが、大学院の進路として大林研を強く意識したのはそれからです。結局、当時東大付置であった宇宙航空研究所（現JAXA宇宙科学研究所）に行き、大林先生、西田篤弘先生の薫陶を受け、宇宙プラズマ物理学をなりわいとすることになりましたが、きっかけは林先生のその一言にありました。（佐藤文隆先生は、大学院生時代に大林先生の集中講義に出席し、分厚い粒子加速のレポートを書かれたとのこと、実は、そのレポート、大林研

ゼミ室の文献フォルダーで拝見したことがあります。コピーしておけば「歴史的資料」となったものを、そうは気が回らず、今思うと残念なことでした。）

　宇宙研で院生→学振→助手と過ごしたあと、地球物理にポストを得て、再び京大に戻ったのが 1986 年のことでした。林先生は既に定年退官されていましたが、毎週土曜日に物理教室の名誉教授室に見え、成田真二さん、木口勝義さんと太陽系起源の素過程についての勉強会を続けられておられました。当時、原始太陽系星雲の電磁的環境がホットなトピックで、私も何回か議論に加えていただくことができました。（論文までは行きませんでしたが、私も林先生の天文学会発表の共著者に名前を連ねたことがあったと思います。）

　1992 年に東大に移って土曜セミナーに出席できなくなったのは残念なことでしたが、1995 年に林先生の京都賞受賞のニュースに接して大きな喜びを覚えました。その後、2003 年の京都賞受賞者（宇宙科学・地球科学分野で林先生の 2 代後）として、宇宙プラズマ物理学の大御所で太陽風理論の創始者である E.N.Parker 先生が選ばれました。その受賞パーティには林先生も出席され、そこでお目に掛かったのがお会いした最後になってしまいました。（日本天文学会・林忠四郎賞 2001 年度受賞者である畏友・柴田一成さんが、感激の面持ちで林先生に挨拶していたのが印象的で記憶に残っています。）

　振り返りますと、私の研究生活の原点は、やはり林先生のあの一言であったと思います。先生、ありがとうございました。安らかにお休み下さい。

†京都賞受賞時の一般講演

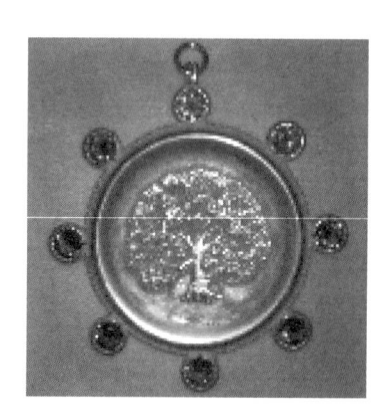

†京都賞(1995年受賞)

宇宙定数と林先生

冨田 憲二
京都大学名誉教授

　林研究室に在籍しましたのは、1961年4月から、3年2か月の比較的短期間でした(博士課程中退)。その間、修士論文の作成、プログレスへの投稿等の直接指導を受けました。また、研究室を出てからは、研究会等の際に京都に寄って、議論していただき、博士論文作成に当たっても、いろいろな教示をいただきました。

　修士論文研究で取り上げ、林先生との共著となった論文 (TH63) のテーマは、宇宙定数の観測的制限でありました。その当時、サンデージによるハッブル定数は 75 km/Mpc/sec ぐらい(その後しばしば変動した)で、一方、古い星の年齢が星の進化理論の進歩によって求められてきていました。宇宙定数なしの一様等方宇宙モデルの年齢を古い星の年齢と比較すると、小さいので矛盾します。そこで、矛盾を避けるには、正の宇宙定数が必要であることを、この論文において主張しました。

　もともと、林先生は誰も宇宙定数に注目していなかった時期に、宇宙定数の存在を主張し、この問題の重要性を熱く述べておられました。現在、宇宙定数がゼロでないことは、定説のようになっていますが、林先生の先見の明には、改めて驚かされる思いです。そのころ林研究室を訪ねてきました　著名な E.E. Salpeter も同様の内容の論文を書いていて、プレプリント を見せてくれましたが、私たちの論文がすでに出版されることになっていましたので、彼のは未出版となったようです。

この論文(TH63)では、銀河の「光度-赤方偏移」関係による宇宙モデル選定も試みていましたが、銀河データの不足と銀河の進化効果の不定性のため、実行不可能であることがわかりました(その後、1998年頃より、超新星のデータをつかって可能となりました)。この論文は、アストロフィジカルな観測的制限によって、宇宙定数の存在を主張した史上初の研究論文であるということに、歴史的意義があると思います。なお、論文には、多くのシンプソン数値積分が使われていますが、これらはすべて、私がカシオ製の電動計算機を使って、手作業で計算したものです。

　1964年6月に、広島県竹原市の広島大学理論物理学研究所へ助手として就任してからは、成相秀一さん(当時助教授)と、宇宙の線形摂動についての研究を行っていました。この後、どんな問題を取り上げるべきか、林先生に相談しましたところ、これからは、非線形摂動の問題が重要になるから、取りかかっておいてはどうかということでした。それで、手始めに、1次摂動の理論を拡張して、2次摂動の理論を作り、博士論文としました(1967年、プログレスにて発表)。定式化には、成相さんの指導を受けましたが、動機や問題の重要性については、林先生から教示されていました。この研究の後、林先生から離れて、グレヂエント展開(アンチニュートン近似)、宇宙論的ポストニュートン近似、局所ボイド宇宙モデルなどの非線形非一様の問題を扱い、これらが、私のライフワークとなりました。

　1990年に、広大理論研が、京大基研と統合合併して、私は京都へ戻ったので、その後、幾度か会う機会がありましたが、その度に、「冨田君、宇宙定数の問題は、どうなったですか」と、たずねられ、その時々の状況を説明してきました。またその度に、林先生の宇宙定数

への熱意はすごいものだと感じました。しかし、林先生の研究の初期段階を除いて、宇宙論は中心から外れていましたので、林先生が宇宙定数に強い関心と熱意をもっておられたことを知る人は少ないようであります。

　それから、個人的なことですが、在学中、私が言語障害(どもり)のため、研究発表に苦労しているのを見て、座禅修行をすすめてくださいました。それまで、いろいろの矯正治療を行ってきて、あまり効果がありませんでしたので、思い切って、妙心寺へ行って、座禅の会に加えてもらいました。残念ながら、座禅修行は私には、きつくて、ものにならず、中途半端に終わりました。しかし、精神療法とともに、禅宗の本をいろいろ読んでいるうちに、なるほどと思い当たることがありまして、その後、障害が少しずつ軽くなる、きっかけになったのではないかと思っています。

　このように、いろいろと、林先生から恩恵を受けておりました。この機会に書き残しておきたいと思います。

Obituary: Chushiro Hayashi, 1920 - 2010
Yoshitsugu Nakagawa
Kobe University
(To appear in Bulletin of the American Astronomical Society, 2010)

Chushiro Hayashi, the greatest Japanese theoretical astrophysicist, died of old age at a hospital in Kyoto on 28 February, 2010; he was 89 years old. C. Hayashi was born in Kyoto on July 25, 1920 as the fourth son of his parents Mume and Seijiro Hayashi. His father Seijiro managed a small finance business and the family "Hayashi" can trace its history back to honorable master carpenters who engaged in construction of the historic Kamigamo-shrine and Daitokuji-temple in Kyoto.

In his high-school days in Kyoto, Hayashi enjoyed judo, and he was interested in philosophy and read a lot of philosophy books. Some of his schoolmates thought that Hayashi would become a philosopher. After graduating high school, he moved to Tokyo and entered the University of Tokyo, Department of physics in 1940, where he encountered astrophysics through a paper by G. Gamow and M. Schönberg on the URCA process (1941), A.S. Eddington's book "Internal Constitution of the Stars" (1926), etc. It was a difficult time of World War II. After a short time at university of two and half years, he graduated and was conscripted into the Navy. In 1945 the war was over he returned to his hometown Kyoto, where he joined a group of Professor Hideki Yukawa at Kyoto University, and studied elementary particle physics as well as astrophysics.

In his early outstanding paper (1950), Hayashi pointed out an important effect of neutrinos in the expanding early hot universe, resulting in chemical equilibrium between neutrons and protons, while Gamow et al. (1948) did not notice the effect in their αβγ-theory, where they assumed a pure neutron state as an initial state. Also Hayashi investigated the structures of red giant stars; he showed how red giant stars kept such large radius structures, in terms of stellar models with energy source of nuclear shell-burning (1949, 1957). He received a DSc in 1954; the title of his thesis was "Hamiltonian Formalism in Non-local Field Theories".

After that, Hayashi concentrated on astrophysics. In 1957 he was appointed as Professor at Kyoto University. In the study of pre-main-sequence stellar evolution, he discovered the famous "Hayashi phase", which was described in a three-page paper published in 1961. He also compiled his studies of stellar evolution into a thick paper of 183 pages published in Supplement of Progress of Theoretical Physics with co-authors R. Hoshi and D. Sugimoto (1962). The paper was quite comprehensive, involving the whole stellar evolution from birth as protostars through death as supernovae, and frequently referred to as HHS. It was a bible in the field of stellar evolution for a long time, and may be so still.

The study of pre-main-sequence stellar evolution made Hayashi himself become interested in star formation and then planetary formation. Hayashi and his co-worker T. Nakano found that dynamical collapse of an interstellar cloud (which we should call a molecular cloud core, today) proceeded isothermally, by comparing the cooling time with the free-fall time (1965). Also, Hayashi and his co-workers made computer simulation of spherical collapse of a cloud to form a star (1970), resulting in rather high flare-up luminosity than Larson's simulation (1969). These studies were really pioneer works in the field of star formation.

From 1970s through 1980s, Hayashi investigated the origin of the solar system extensively together with his co-workers (mostly his graduate students or former students). Once a year at Kyoto University there was held a small workshop on the origin of solar system by Hayashi; in addition to astrophysicists and astronomers, geochemists, cosmochemists and mineralogists came to the workshop from everywhere in Japan. Discussion was always active and tough. Hayashi and his co-workers presented many theoretical studies in the workshop every year, and they compiled those studies into a chapter in the Protostars and Planets II Book (1985). Like HHS above, the chapter gives a quite comprehensive planetary cosmogony, which includes formation of solar nebula, solid particle settling, planetesimal formation due to gravitational instability, coalescence of planetesimals, formation of terrestrial and Jovian planets, and, finally, nebula dissipation. It is called the "Kyoto model" and is now considered as a standard model of solar system formation.

In his tenure at Kyoto University was 30 years long, Hayashi had many graduate students and thoroughly drummed physics into them. Every Saturday afternoon, Hayashi held a colloquium in his office, but presenting in front of him was the most fearful training for his students. His disciplined methods of education and training, however, resulted in many of his students becoming university professors.

Hayashi was honored with many prizes; Eddington Medal from RAS (1970), Imperial Prize of the Japan Academy (1971), Order of Culture (1986), Order of the Sacred Treasure, the first class (1994), the Kyoto Prize of Inamori Foundation (1995), the Bruce Medal for outstanding lifetime contributions from ASP (2004), etc.

In 1984 Hayashi retired from Kyoto University. Even after that, Hayashi kept a small private seminar with his former students S. Narita and M. Kiguchi at a guest room of the university once a week and later at his home less frequently, and enjoyed discussion on astrophysics. The seminar lasted for 25 years until he was hospitalized for old age, i.e., a few months before his death.

林先生の思い出

中野 武宣
国立天文台名誉教授

　私が大学院に入学したのは、林フェイズの論文が発表された1961年のことであった。こういう巡り合わせだったためか、私の研究生活は林フェイズに関することで始まった。

　その少し前まで、表面有効温度が約3000Kよりも低い赤色巨星が存在しないことが、恒星内部構造論の一つの謎であった。林先生と私の1年先輩の蓬茨霊運さんは、低温度星では水素原子の電化領域（原子状態から電離状態への遷移域）が光球の内側に入ることを考慮した大気モデルを内部構造につなぐことによって、この謎を解いた。水素原子の電化領域は表面温度の低下を大幅に抑える効果があるため、約3000Kよりも表面温度の低い星は存在できないのである。また、水素原子の電化領域では対流が非常に起こりやすく、このような星では内部のほぼ全域で対流が起こっている。

　このことは進化の後期だけでなく、主系列に向かって収縮中の星にも適用される。林先生の論文が発表されるまでは、このような星の内部は輻射平衡にあるとして、3000Kよりもはるかに低温の状態から表面温度を上昇させながら準静的に収縮していくと考えられていた。林－蓬茨理論では、この状態は力学平衡ではありえず、同じ半径の状態で比較すると、表面温度が高い分古い理論に比べて光度がかなり高くなる。このような状態にある時期は、後に林フェイズと呼ばれるようになった。また、HR図上で星が力学平衡状態にあり得る領域の低温側の境界線は林ライン、それよりも低温の力学平

衡にあり得ない領域は林の禁止領域と呼ばれるようになった。

余談であるが、林研究室のコロキュウムは土曜日の午後に行われていた。京都近辺に職を得た研究室出身者等が参加しやすいようにとの配慮からであった。これは先生が定年でお辞めになるまで続いた。毎年のように集中講義に来ておられた名古屋大学の早川幸男先生が「世間では半ドンなのに、この研究室のメンバーは土曜日の午後も遊ぶことができない。これはもう一つの林の禁止領域だ」とおっしゃったのを思い出す。

私が修士2年になって間もない頃、林先生からどんなことをやりたいかと聞かれ、「星形成」と答えると、それに関係する良い問題があると言われた。それは林フェイズの理論を太陽よりもはるかに低質量の星にまで拡張することであった。低質量になると水素分子の解離領域（分子から原子への遷移域）が光球の内側に入る。水素分子の解離領域は、水素原子の電化領域と同様に、表面温度の低下を大幅に抑える効果があり、低質量星の林ラインの決定に重要である。このことを考慮して、主系列に至る進化を調べ、主系列の下限質量が $0.08 M_\odot$ と $0.07 M_\odot$ の間にあることを明らかにした。この下限値はその後ほとんど変わっていない。私が知っている最新の値は $0.08 M_\odot$ と $0.075 M_\odot$ の間となっている。この下限よりも質量の小さい星は後に褐色矮星と呼ばれるようになるが、その一例として $0.07 M_\odot$ の星の進化を調べ、HR図上での進化の道筋を求めた。これらの結果は林先生との共著論文として1963年に Prog. Theor. Phys. に発表した。

この結果を論文にまとめていた頃、林先生に「君の計算は全てチェックした」と言われた。もちろん数値計算以外のことである。解

離領域にある水素ガスの統計力学は相当複雑である。駆け出しのM2の学生のやることだから、チェックされるのは当然かなと思った。

　この論文をめぐっては後日譚がある。我々の論文と同じ年にS. S. KumarがAp.J.に短い論文を2編発表した。第1の論文で、彼は表面有効温度は計算せず、「光度の値を適当に仮定して」主系列の下限質量を求めた、と称している。下限質量は前もってはわからず、従ってその質量の星の光度もわからない。何をもって適当な光度の値としたのか、Kumarは述べていない。下限質量を求めるためには、星の中心領域で水素の核燃焼によって単位時間に解放されるエネルギーと星の表面から外に向かって単位時間に放射されるエネルギー（光度）を比較しなければならない。彼のやり方で下限質量が求まったことになるとは思えない。第2の論文でKumarは褐色矮星の進化について極めて簡単な議論をした。表面有効温度T_{eff}が時間的に一定と仮定して、星がある半径の状態にまで収縮するのにかかる時間を求めた。T_{eff}が一定と仮定すると、星の全エネルギーの時間変化を記述する微分方程式は簡単に解析的に積分でき、結果はT_{eff}を含む。しかし、彼はT_{eff}は求めなかった。仮にT_{eff}がほぼ一定とみなせる時期があるとしても、それは電子がほとんどフェルミ縮退していないときだけである。電子の縮退がある程度進むと、T_{eff}でなく星の半径がほぼ一定となる。我々は電子がほとんど縮退していない状態からかなり強く縮退した状態までT_{eff}を計算し、HR図上での進化の道筋を求めた。

　我々の論文は、天文の分野ではあまり読まれない雑誌に出たためか、引用されることはほとんどなく、Kumarが主系列星の下限質量と褐色矮星の進化を最初に調べた、と長い間見なされていた。この

ように記した天文学の教科書もある。我々の論文は Kumar の論文にくらべて決して見劣りするものではないと私は思っていたので、機会あるごとに我々の論文の宣伝に努めてきた。その結果、国内では低温度星の観測や褐色矮星の研究をしている人たちの一部に知ってもらうことができたが、国外では難しかった。転機が訪れたのは2002 年に開催された IAU Symp. No.211「褐色矮星」においてであった。このシンポジウムでは、冒頭に褐色矮星の研究の歴史についての招待講演があった。ところが、この講演では我々の論文について全く触れられなかったため、後で何人かの日本人参加者が SOC 委員長に会い、我々の論文について話したところ、まとめの講演の前に我々の論文を紹介する時間をとってくれた。さらに、参加していなかった私にこの論文の紹介記事を研究会集録に書く機会を与えてくれた。こうして我々の論文はようやく日の目を見ることができたかなと感じていた。この顛末は林先生がまだお元気だった頃に報告することができた。先生からは「よく頑張った」とのお言葉をいただいた。

　2004 年に林先生はアメリカの太平洋天文学会（Astronomical Society of the Pacific）のブルース(C. W. Bruce)メダルを受賞された。この学会のホームページの受賞者を紹介する欄には、林先生の業績に褐色矮星の進化の研究が含まれている。上記の研究会集録が出版されてわずか 1 年ほどの間にこれほど広く知られるようになったのは驚きである。

　このような研究に協力する機会を与えていただいたことは、私にとって大変幸運であった。しかも修士論文の仕事である。研究者として私は大変良いスタートを切ることができたと感謝している。

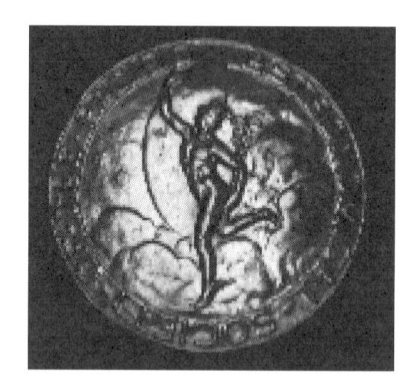

†ブルースメダル(2004 年受賞)

†

林先生と数値相対論

中村 卓史
京都大学理学部物理学第2教室

　私が京大理学部に入学したのは東大入試のなかった1969年だった。後で大学院の入試もこの年は大変だったと林先生から伺った。入学式は1分で全共闘の学生に粉砕されたし、入学後も1年程は授業がなかった。私は高校生の時に読んだＤＮＡの発見物語に大変興奮して、これは面白い「ＤＮＡから生物の何もかもが分かるかもしれない！」と思い、生物物理をやるつもりで京大理学部に入った。うまい具合に公式の講義はなかったので、生物物理の自主ゼミとか研究者の研究会を覗きに行った。そこで、おぼろげながらも、ＤＮＡの情報だけから簡単に全てがわかると思うのは甘いという感じが分かった。高校の化学や物理の先生から大学に入ったら、とにかくいろんな勉強をした方が良いと進められていたので宇宙の勉強も少しした。こちらも大変おもしろいので大きい話もいいなと思っていた。丁度そのころ、現在では廃刊になった科学雑誌「自然」に林先生がエディントンメダルを受賞されたという記事が載っていたのを見た。それで、生物物理は止めて大学院は天体核研究室を受験した。Ｍ１からＤ１までは助手の池内了さん、１年上の高原文郎さんと銀河の渦状腕の密度波理論や５年上の佐藤勝彦さんと対称性の自発的破れの研究等をしていたが、これらもＤ１のころには一段落してＤ２の最初のころは、私はスランプというか落ち込み状態であった。当時のＯＤ問題が主な原因だった。大学院に入学した頃にすでにＯＤ問題があったので、「これから、どうなるのでしょうか？」と心配す

ると確か佐藤文隆さんが「中村君がＤ３の頃にはＯＤ問題はなくなっているよ。」と言って慰めてくれた。しかし、現実はどんどんひどくなって行った。特に落胆したのは佐藤勝彦さんと野本憲一さんらの当時既に世界的に有名な方々がＯＤ３年、４年状態であった。佐藤勝彦さんでさえＯＤを何年やっても職がないのだから自分なんか全然ダメだと落ち込んだわけである。

　私の落ち込みぶりをたぶん見ていて、林先生が助手の中沢清さんと、ある日ふらっと大学院生の部屋にやって来られて「惑星形成で岩石と岩石が衝突するとどうなるかと言うのは面白い重要なテーマなので、やってみませんか？」と誘われた。当時特にやるテーマがなかったのでしばらく考えさせて欲しいと返事をした。しかし、考えてみると何をするのか見当はつかないし第１どういう reference を読んだら良いのか分からないのでとてもやる気になれないと、後日林先生の部屋に伺ったところ、少し憤然として「最近の若い人はそういう考え方をするのですか！　reference がたくさんあるということはその分野の研究が既にかなり進んでいて今から自分がやってもあんまり寄与できない。reference がない分野こそ良いテーマなのだが・・・」と残念がられた。頭がガーンとした。なるほど、普通 reference があるテーマの方が自分が今からやるのに良いテーマだと思いがちだが、実は研究テーマとしては reference がない分野の方が良い仕事をやりやすいのだ。これは良いことを教えてもらったと大変喜んだことを今でも鮮明に覚えている。

　もうひとつ頭にガーンと来た話がある。学部の時に溝畑茂先生のルベーグ積分を受講した。最後の講義で次のような話をされた。「私はこの３月で退官します。そこで一つ話をしておきます。数学

である問題があったとします。それが解けない。この時に二つの態度があります。努力が足りない。だから解けないのだ。しかし、もう一つ別の態度があります。問題が悪い。解けるような問題にしなさいというものです。みなさん、こういう態度もあるということを覚えておいて下さい。」それまでの受験の習慣があって、問題とは解くものであって、それが悪いとか言うのは思いもしない発想だった。しかし、研究とはきっとそういうことなのだろうと理解できた。ルベーグ積分はあまり理解できなかったけれども、溝畑先生の最後の話は、はっきりと理解できた。京大に入学して大変得をした気分になった。

　ＯＤ問題から、個人的にどう抜けだしたら良いのか？今から１つや２つ普通の論文を増やしてもあんまり役に立たない。失敗してダメもとだから「重要だが reference がほとんどないテーマで解ける問題をつくれ！」と言うことではないかと思うようになった。２つの頭にガーンと来た話を一言でまとめるとこういうことだ。そこで、１年下の前田君と相談をはじめた。２年下の観山君・３年下の佐々木君を加えて、４人で何かやろうということになり、それが数値相対論の研究へと繋がった。林先生の一言がなかったら、数値相対論というような無謀な問題に取り組むことはなかったと思う。（実際、多くの人からそんな無茶なできそうもないことを始めてどうするのと言われた。）また、院生達だけで研究室内に勝手に作った数値相対論のグループが、研究室の予算を使って計算をしたり、シミュレーションの映画を作ることも林先生に許可してもらった。今から考えると随分太っ腹な話で、簡単に林先生の真似は出来ないと感じ入る。

　現在の天体核研究室では、林先生の時と同じようにコロキュウム

は3時間位黒板で担当者が1つのテーマを解説するというスタイルで続いている。昔のような林先生に対する「御前講義」という厳しさは、さすがに林先生でないと不可能だけれども、少しはそれに近い雰囲気は受け継がれている。もうひとつ中間発表会という林先生の作られたシステムも受け継がれている。これは年に2回、大学院生が今やっていることで困っていることを短時間で話して、それに林先生が優しく、時に厳しく指導するというものであった。林先生にとっては、うまく行ってない話に適切な助言をして自信を持たせるという趣旨だったようだ。だから、出来上がった話をしたり、1人でたくさん話をすると林先生は不機嫌だった。内容は宇宙の初期から太陽系の起源論まで何でもありだった。私なりの理解だと、2日間程度（現在は院生が増えたので3日間）の中間発表会は研究室のメンバーに他の院生の研究テーマに対しても共有意識を持たせるのに大変効果があり、長期的に見ると別のテーマや分野も理解できるという大きな効果があった。小学生だった私の娘に「今日は中間発表会があるので帰るのが遅くなる。」と言ったら「このあいだもあったじゃない！中間というのなら、いつ終わりになるの？」と聞かれたので「永久に中間発表会なの。」と答えたことを覚えている。

V. 追悼の林先生　725

† 中村卓史・やよい夫妻の結婚式にて

恩師林先生を偲んで

成田 真二

　林先生の天体核研究室には、1965年に（修士）入学しました。先生の堂々とした風格に常日頃圧倒されていましたが、当時の学生の何かにつけて異議申し立てをする風潮を、私たちは時代の波とも思わず、若者なら誰もが持っている当たり前の性質のように思っていましたから、あるときは同期の中沢君・松田君との3名で、勇気を奮い起こして教授研究室に林先生を訪ねて、研究室の問題でまともな提案をしたつもりになっていました。ずっと後になってから、先生は私利私欲のために深謀遠慮する学生達だとあのときに思った、という意味のことを述懐されました。それを聞いて私達は慌てふためいて、それは先生の誤解だと、遥か以前の出来事だったにも拘わらず必死に弁解したものです。今は懐かしいエピソードです。

　大学院では、林先生が理論的に発見された原始星のフレアーアップ（星が生まれるときに急激に光度が増大して輝き始める現象）を、電算機を用いたシミュレーションによって実証するというテーマを頂きました。既に中野さん達が星形成の計算法を開発されていましたので、それを拝借して、輻射を含むエネルギー式を付加しました。

　1968年に林先生は米国に赴かれて、その間、NASAに2ヶ月滞在されましたが、開発中の私の計算コードをこのとき持参され、IBM7090を用いて計算されました。当時の日本では電算機の利用環境が非常に劣っていたので、私が日本で進めている計算と並行して、同じ計算をNASAでも実行しようとされたのです。持参された計算カードは相当の重さで、その計算コードも、私さえ判読できればよ

いというつもりで開発していて、コメント文がほとんど含まれておらず、解読し辛いものでしたから、先生に米国滞在中という貴重な時間を割いて使用していただくのは、嬉しい反面、大変恐縮しました。手紙で計算法の議論や計算の中間結果などをやり取りしながら、地球の裏と表で計算を共にさせていただいたのは、懐かしく楽しい思い出です。

　私は天体核研究室の大先輩である津田博先生のお世話で就職した後、天体核研究室から足が遠のいていましたが、1979年のサンタクルツでの1ヶ月以上に及ぶ「星の進化」のワークショップに、林先生・中沢君と参加したことで、以後再び林先生との交流が深まったように思います。当時、星間ガス雲が重力収縮すると、密度分布が半径の逆2乗に比例する傾向を生じることは一般によく知られていましたが、私は回転しているガス雲の収縮を計算していて、その場合は角速度分布が赤道半径に逆比例する傾向を生じることに気付き、その法則性がなぜ生じるのかがわからない、と林先生に述べていました。

　その頃のある日、林先生は「回転するガス雲の力学平衡解を発見した」と仰ったので、私は仰天しました。密度分布の逆2乗比例則と角速度の逆比例則を前提条件として、解析的な解を探していて見つかった、ということです。数値的な解ならともかく、非球対称の複雑な3つの力が働き合っているガス雲の構造に、解析的な解が存在するとは予想もしませんでした。林先生は私の愕然とした顔を見て「成田君が悔しがった」と面白そうに笑われましたが、林先生の研究力量というものを身近にまざまざと見た思いでした。私には解析解を探すという発想の力も、発見する能力もなかったのです。ガ

ス雲の平たさをパラメータとするこの一連の解析解は、その後「林解」として他の研究でもよく用いられていますが、A. Toomre も独立に同じ年に解を発見していたことを、後に知りました。

　林先生が定年退官された後も、木口君・観山君・武田君らと共に林先生のゼミで長くおつき合いしてきました。お年を取られるにつれて、ゼミの合間にする四方山話の時間が増え、それに伴って、それまで幾らか近寄りがたい雰囲気もあった先生とはまた別の、親しみ易い人柄と考えをお持ちだということを益々感じて来ました。昔は研究の中の些末でない大事な部分だけを話題にしないといけないような気がしていたのですが、最近では政治・文化・経済・歴史など、何であろうと話題にしてもよいという、気が置けない楽しい雰囲気になっていました。

　私は父との会話よりもずっと多くの会話を、林先生としてきたような気がします。途中あまりお会いしなかった時期を除いても、40年近く続いた師弟関係でしたから、私の父が亡くなったときと何か似た気持ちがあります。合掌。

V. 追悼の林先生　729

†

天体核研究室の思い出

西 亮一

新潟大学自然科学系

　私が大学院生として天体核研究室へ入ったのは1987年で、すでに林先生は退官されていました。そのため、残念ながら、直接指導を受ける機会はありませんでしたが、研究室の気風として、林先生の影響を受けることはできたと思います。特に、コロキウムなどでの突っ込みの厳しさは、大変でしたが、よき伝統だったと思います。初めてのコロキウムの発表では、準備の甘さからイントロから一歩も前へ進めず、非常に悔しい思いをしました。しかし、天体核研究室での発表さえちゃんとできるようになれば、外で話した時には絶対大丈夫だと言われていましたし、実際にそうだったのは、後からしっかり納得しました。

　林先生の研究対象は、ビッグバンの元素合成から星の構造と形成、そして惑星系形成へと変遷し、しかもそれぞれの分野で大きな業績をあげられています。私は、ビッグバン後の最初期の星形成の研究で多少の成果をあげることができたのですが、林先生の最初の2つの研究分野からの自然な発展といえる研究分野です。そういう意味では、直接指導は受けていなくても、林先生の研究を少しは受け継いだのではないかとうれしく思います。反面、自分なりに頑張って研究を進めたつもりですが、見方によっては林先生の手のひらの上から一歩も出ていないとも考えられるわけで、先生の偉大さが身にしみます。しかし、そんなことを考えているより、自分の研究をきちんとやっていくのが、林先生からの流れに繋がる者としての務めだと改めて思っています。

林先生の思い出 ― 制限三体問題のこと

西田 修三

摂南大学理工学部

1．天体核研究室に入れて戴いた経緯

　私は、元々京都大学の大学院生ではなく、大阪大学の院生であった。学部4年のときは一般ゲージ理論で著名な内山龍雄先生の研究室に所属していたが、1965年に大学院理学研究科の修士課程に進んだとき、天体物理をやりたい、と言ったところ、それでは核反応を勉強した方がよい、ということで基礎工学部数理教室におられた高木修二先生のところで勉強することになった。しかし、修士課程の2年間は天体物理に関しては結局何もできないままに過ぎた。

　博士課程をどうするかで、高木先生に相談して京都大学の林先生のところの様子をお聞きしたところ、林先生のところはどうも同年に3人も院生が居て（中澤氏、成田氏、松田氏のこと）とても入れて戴ける余地はないらしい、ということで博士課程は基礎工学研究科に進むことになった。博士課程に進んでしばらくは自分で勉強していたが、あまり進まなかった。足立勲君が神戸大学から基礎工の博士課程に入ってきたのは1968年、私が博士課程2年のときのことである。

　ところがそのうち大学紛争の波が阪大にも押し寄せて、基礎工の建物も封鎖されてしまった。ちょうどアポロ宇宙船の月面着陸のニュースが流れてきた夏の日々、連日戸外の集会に参加したり、永らく閉鎖されていた中之島の旧理学部での集会のあと、梅田の街をあてもなくほっつき歩いたりしていた。

1969年の秋遅くになって封鎖は解除され、ようやく研究室に入ることができたが、当然何もできていない。しかし、どうしてもこのまま終わるわけには行かないと思い直して、高木先生にお願いして林先生にお会いできるよう計らって戴いた。それで、1970年の春から京都大学理学部の研修員として天体核研究室に机をいただくことになった。足立君も同時に天体核研究室に通うことになった。結局天体核研究室にはそれから1975年3月までの5年間在籍した。

２．制限三体問題のこと

　制限三体問題の計算は1978年頃から始めたのではないかと思う。1977年に当時宇宙線研究室の院生であった山本哲生君とのGrain formationに関する仕事を終えて、次に何をしようかと考えていた頃、Hayashi、Nakazawa and Adachiの"Long-Term Behavior of Planetesimals and the Formation of the Planetsimals and the Formation of the Planets"が発表された。それで私もこの研究に参加しようと考えた。1978年の春に、私の勤務大学に初めて富士通の小型汎用計算機が入ってきた。それで、学生の演習が終わった後、一抱えもあるハードディスクを取り替え、あの計算を始めた。しばらくして、プログラムが動き出したので、本格的な計算は京都大学の計算機センターでやることにした。

　当時、週2、3回午後、勤め先を抜け出して京都大学に出かけ、京都大学大型計算機センターの端末室でFortranプログラムの手直しをしていた。夕方になると、モニターの下部に中川義次君からローマ字のメッセージがよく流れて来た。「西田さん、林先生が呼んでます。」というような内容である。計算機センターの業務終了を告げるパッヘルベルのカノンが館内に響くと、計算機センターを出

て、北白川学舎の物理教室の建物に行き、林先生に会って、計算の進行状況を報告した。

あるとき、微惑星の軌道がヒル圏の中心部に来ると、計算が進まなくなる、誤差が積もる、という現象が問題になった。当時、計算ルーチンは計算機センターの Fortran ルーチンにあった 4 次の Runge-Kutta-Gill 法を用いていた。先生は例の物理教室の A4 のレポート用紙に手計算で計算したものを私に見せ、私にその問題点をどのように解決しているか、説明を求められた。私は、よくもこのような複雑な計算を手計算でやるものだと内心で感心した。しかし私の説明が要を得ず、しどろもどろであるのに、先生は業を煮やしてひどくお叱りになった。その夜、北白川樋ノ口町のバス停でバスを待ちながら、自分の不甲斐なさに涙が出そうになったものです。ところがその頃、私と林先生のやりとりを見ていた水野博君が「西田さんは林先生の前でも平気ですね」と言ったのです。案外、本人の思いとは別に他の人にはそのように見えたのかも知れませんね。

また、1982 年頃、"Collisional Processes of Planetesimals with a Protoplanet under the Gravity of the Proto-Sun" の論文をまとめているとき、英文の下書きを先生に見てもらったところ、"independent of" とするべきところを "independent on" とした箇所を咎められ、「君は英語を知らないのか」とこっぴどく叱られた。それで「英語は中澤君に見てもらえ」ということになった。中澤君は当時東大に移った直後で非常に忙しいところを、自宅のある松戸市から東大理学部の本郷までの地下鉄の電車の中で、あの論文の英文を修正してくれたのです。したがって私の英語は跡形もなくなって、全く別の文章になってしまいました。中澤君にはいくら感謝し

ても足りません。あの論文は私の単著にはなっていますが、本来を言えば、"Nishida、Hayashi and Nakazawa"とするべきところを、私の博士論文とするために私の単著にしてもらったのです。

その後、勤務大学の所属学科（工学部経営工学科）の性格上、残念ながら天体物理学の研究に封印をせざるを得ませんでしたが、異なる分野の研究に携わっていても、あるいは学生に対する教育においても、私の心の中には常に、林先生の厳しい教えを受けた者であるという誇りのようなものがありました。

あれから20年以上経った2004年11月の「星形成・太陽系の起源シンポジウム」の懇親会の折り、私が「今、教務部長をやっています」と申しあげると、「あの論文を書いた人だから」、とおっしゃった。その言葉で、私はこれでやっと先生の弟子の一人として認めてもらえたのかな、と思ったのでした。その後、何かのことで、先生に電話を差し上げて、「今、工学部長をやっています」と申し上げたところ、ねぎらいの言葉をかけて戴いたこともありました。

昨年の12月、お送りしたお歳暮が戻ってきたので、先生のご自宅にお電話を差し上げたのですが、一向に繋がらないので、あるいはと思っていたところ、年明けて訃報に接したのでした。思えば、林先生のお陰で今日まで来られたと思っています。

林先生、ありがとうございました。

合掌

林さんと坂下さんと私

花見 仁史

岩手大学・人文社会科学部・システム物理

　北大での博士課程後、テキサス大ポスドクを経て、日本学術振興会特別研究員として、私が京大天体核研究室に御厄介になったのは、昭和から平成に元号が変わった年でした。しかし、正味、半年間という短い京都遊学でしたので、退官後も毎週土曜のゼミに出て来られる林さんを時々遠くから拝見するだけで、お話する機会はほとんどありませんでした。

　このような「孫弟子」ですらない私ですが、私は北大宇宙物理研究室に進学したばかりの頃、指導教員であった坂下志郎さんから、林フェイズについての林さん直筆の手紙を見せていただいたことがあります。その頃、稼働して間もない野辺山の45m電波望遠鏡により分子双極流などの星形成領域の活動的現象が明らかになってきていました。そこで、坂下さんの研究室で毎週土曜の午後に行なわれた宇宙気体力学ゼミで、私も分子双極流を原始星からの星風と分子雲との相互作用として再現する研究課題を与えられ、分子雲中を伝播する衝撃波の運動を調べていました。ある日のゼミの終わりに、林さんが林フェイズを着想した頃のものと言って、坂下さんは、図と小さめの几帳面な字で埋められている3枚ほどの便せんを取り出してみせました。手紙というより手書きの講義資料と言ってもよいようなものだったと記憶しています。

　坂下さんは、1959-61年に大質量星の内部構造について、林さんとの共同研究論文を3編まとめていますので、当時、このような濃密

な研究内容を手紙でやり取りしながら共同研究を進められていたのでしょう。また、最初の坂下さんと林さんとの共同研究論文 Evolution of Massive Stars. I, 1959, PTP, 21, 315 の3人目の著者である大野陽朗さんも、この論文を境に、超新星爆発における星内部の衝撃波の伝播に関する研究などに着手されています。このように、1959 年の坂下、大野、林論文は北大宇宙物理グループの原点と言えますが、1961 年以後、北大グループは星の内部構造から爆発的天体現象へとその研究重点を移していきます。当初、このような問題には、解析的手法を適用する他なかったのですが、徐々に数値シミュレーション手法に取って代わっていき、この 1960-70 年代に駆使された気体力学的問題に対する解析的手法は忘れられていきましたが、ゼミ課題として与えられた分子雲中を伝播する衝撃波の問題を通して、私は坂下さんが蓄積していた気体力学的問題に対する解析的手法を色々と学ぶことができました。それだけではなく、その衝撃波伝播の計算では、初期条件として必要とされる原始星周囲の分子雲の密度分布として、1982 年に林さんらが発見された等温重力平衡にあるガス雲の自己相似解を用いましたので、私が初めて読んだ論文の一つが林さんの手になる、それも解析的手法を駆使したものだったということにもなります。

　このように振り返ってみると、「孫弟子」ですらない私にも、坂下さんを通して、林さんを源とする研究の魂を分けていただいていたことを今更ながらに感じます。

　ご冥福をお祈りします。

林先生を偲んで

原 哲也

京都産業大学

　今から 40 年(?)程前、天体核研究室の春、秋の恒例のハイキングの後、何時もならどこかの店で飲み会になるのだが、林先生のお宅で御馳走になったことがあった。奥様の手料理だったと思うが、研究室のメンバーが皆で十数人近くいたのではなかったか、居間であったと思うが車座になり、その真ん中に料理や、そしてビールや酒のつまみがたくさんあったのをおぼろげながら覚えている。奥様も準備に何かと大変であったろうと、今となっては有難く思い返す次第である。

　その時だけではなく、大体研究室のそういう飲み会の時、林先生は、体の都合でそう沢山は飲まれなかったと思うが、話を機嫌よく聞いて見えた。話の内容といえば、うろ覚えだが例えば、ハイキングの途中での出来事等、誰が一番 (山なら山頂へ) 速く登ったとか、途中違うコースへ誰が行ったとか、その意味はどうだとか、まあ他愛もないことを、酒の勢いもあって、へ理屈のうえにもう一つ理屈をつけて、半ば冗談のようにあげたりおろしたりしていた。大体、そういう席では、最後の方は佐藤（文隆）さん、中沢さん、池内氏あたりが大きな声をあげて、話していたように思う。そんな時も林先生はニコニコしながら、相槌を打ったり、時には質問をしたりして話に付き合って見えた。

　ついでに飲み会で思い出すのは、忘年会で、研究室に料理や酒を持ち込んで、ある程度飲み食いして、林先生が帰られた後、夜明け

近くまで、ゲームといってもほとんど恒例のトランプでの七並べを何か延々としていたのを思い出す。あれは若かったからなのか変わったことに熱中していたものだ。

林先生が定年退職された後、今から十年ほど前だったか、私が「宇宙の弦(Cosmic String)」で構造形成のモデル作りをしていた時に、林先生から、土曜日の午後のゼミでその話をするようにとお誘いがあった。その時に、宇宙の初期の揺らぎについてそれは「Random Gaussian」であるという私の説明に対して、納得されず、しきりに其の「Random Gaussian」とは何かと尋ねられ困ったことを記憶している。後でよく調べたが、調べれば「Random Fields」は結構数学的に定義も面倒で、宇宙論では「単に波数の間に相関が無く、ランダムな揺らぎ」という程度で使っているのだが、どうもそれでは先生は納得されず、それ以上の説明となると難しく、今となっても課題として残っている。

あの当時は、大学での土曜日の午後のゼミの出席者は、成田さん、武田さん、木口君だったのか、林先生を囲んで毎週ゼミをしている皆さんの熱心さには、敬服するばかりでした。

こうして思い出しても、林先生には本当に御世話になり、深く感謝していると共に、未だ十分にその学恩に報いていないことが、心の中で疼く次第です。林先生の御冥福を心からお祈りします。

V. 追悼の林先生　739

†

天文学者の系図と日本天文学会公式インタビュー

福江 純

大阪教育大学

ぼくが京都大学宇宙物理学教室に在籍していた当時、林先生はまだ在職中だったが、残念ながら直接の薫陶を受けることはなかった（怠け者だったもんで）。しかし、研究の道に進んでからは、国際会議その他、いろいろな形で謦咳に接することができたので、それらのご縁を少しだけ紹介させていただきたい。

まず一つは『日本の天文学者の系図』である[1,2]。20年近く前に、日本の天文学者の師弟関係を調査したことがあるが、そのきっかけとなったのが、林スクールの影響がどれくらいあるのだろうかという疑問だった。この調査では、①弟子の平均人数は約3人である。②研究者がたくさんの弟子を養成する時期－研究者の活動期を表す一つの目安－は42歳±8歳ぐらいである。など、いろいろと面白い分析結果が得られた。

また数年後に追加調査をした段階での、全系図領域における、いくつかのスクールの規模を右図に示す。さて、A、B、Cはどの学派の領域だろうか。

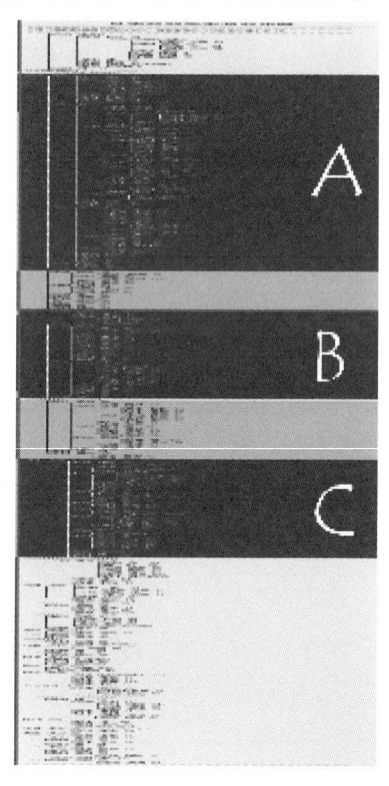

V. 追悼の林先生　741

　領域Aは萩原雄祐系列で、領域Bは荒木俊馬系列、そして領域Cが林忠四郎系列である。いまでは下の世代も増えたし、観測系列も増えたので、またずっと違うものになっているだろう。ちなみに、学会で発表したポスターのまわりに黒山の人だかりができたのは、後にも先にも、このときだけである。

　もう一つは、2006年5月9日に行った『日本天文学会の公式インタビュー』である [3)4)5)]。これは2008年に日本天文学会が創設百周年を迎えるにあたり、日本天文学会史が編纂されたのだが、その一環として、学会／学界の発展に大きく貢献された長老の方々数人にインタビューをして生の記録として掲載することになったものだ。編纂委員会の席上で林先生へのインタビューを強く主張し、記録係りとしてインタビューに同席できたのはほんとにすごいラッキーなことだった。

研究当時の資料も含め、多くの資料を用意しておられて、宇宙初期・星の進化・太陽系星雲などについて、予定を越えて長時間、話を聴かせてもらえた。

天文学史的にも、学問的にも、研究者としても、教育者としても、インタビューの内容すべてが面白かったのだが、個人的には、とくに印象的だったことが3つほどあった。

　まず1番目は、ぼくの名前を覚えていただいていたことだ。以前にも、国際会議や京都賞のときなどで、お会いできたチャンスに、挨拶したり写真を撮らせてもらっていた。このインタビューの10年ほど前の1997年に京都で行われたIAU総会のときのことを覚えておられて、"福江さんとはIAUのときに会いましたね"と言われたのだ。名前を覚えておいていただいたことはもちろん嬉しかったが、それ以上に、驚異的な記憶力だ！　と感じた。

　2番目は、原始星が対流状態で主系列に至る"林フェイズ"で、対流状態になる原因について、まったく勘違いしていたことがわかったことだ。だから、講義でも、何十年もまったく逆の説明をしていたことになる（トホホ）。

インタビューを終えて、一緒に写真を撮らせてもらった。林先生とは、国際会議その他で、何度もツーショットを撮らせてもらった。

最後に3番目の衝撃は、林先生が原始太陽系星雲の研究を開始されたのが、ちょうど50歳のときだったそうだ。インタビュー時のぼくの年齢がちょうど50歳である。ぼく自身、前年から相対論的輻射輸送に取り組み始めていて、少し頑張ってみるかな、という矢先だったので、これはショックというよりは、むしろ、とても心強い言葉だった。林先生に言わせれば、50歳など、まだまだ若い口で、60歳を過ぎても新しいことができるそうだ。大学を取り巻く環境は厳しくなる一方で、ちょっと人生に疲れ気味だったけど、なんだかすごく元気づけられた想い出がある。

　さて、研究（内容）については、他の方が書かれるだろうから、研究手法について、最後に一言だけ述べておきたい。林先生は、数値計算もされるが、宇宙初期の熱平衡解や自己相似の林解など、基本的には"解析的な"理論家だったと思う。ぼくも同じく、かなり貧弱な使い手だが、解析的手法を武器とする理論家に属する。最近では、数値シミュレーションを力技とする理論家が多数だし、今後も主流になっていくだろうが、鋭い洞察力や分析力をもった解析的な理論家の跡継ぎも残していって欲しいと思う。

1) 福江　純、黒川竜男　1994、『天文月報』87、195
2) http://quasar.cc.osaka-kyoiku.ac.jp/~fukue/keizu96.htm
3) 日本天文学会『日本の天文学の百年』恒星社厚生閣（2008）
4) 尾崎洋二　2008、『天文月報』101、272
5) http://quasar.cc.osaka-kyoiku.ac.jp/~fukue/TOPIC/2006/060509.htm

天体物理学への転向と林先生

福來 正孝

東京大学宇宙線研究所

　私は雑文は殆んど書かない事にしてゐるのだが、林先生の追悼と言う事で少しだけでも書いてみやうかと云う気になった。先生と接触が生じたのは私が1983年基礎物理学研究所に着任以来で、先生が停年で止められる迄の間ずっと欠かさず先生の天体核のセミナー(コロキウムと呼ばれてゐた)に出させて貰ってゐた。

　私は其頃天体物理には殆んど素人で、天体物理の知識はChandrasekhar と Schwarzschild の星の教科書、宇宙論はWeinberg と Peebles(Physical Cosmology)を理解してゐる程度、後は星の冷却の進化への影響と無衝突粒子系の重力凝縮に多少経験のある程度であった。林先生のセミナーは時間に制約されず、まあ夜十時頃がリミットだが、先生が御自身完全に理解されるまで質問されるので、それを聞いてゐると、後は二、三の計算を自分で確かめておけば此方も自然に内容を完全に理解出来た。Allende隕石と ^{26}Al の問題からdiscの力学平衡の問題と云った天体物理学のあらゆる問題が取り上げられ、それらが皆大した労なく身に付いていくのであるから、大変難有かった。話にギャップがあるなと思ってゐると林先生が質問されるなり、御自身補足された。コロキウムの報告者も殆んどの人が能く調べてきてゐた(尤も今日のは駄目だなと思ってゐると、夜十時近くになって「君の調べ方じゃ駄目だ。もう一寸良く調べてきて、来週もう一度やりなさい」と言はれた人もゐたが)。私の天体物理の総体的な知識は多くを林先生のセミナーに負うてゐ

ると思ってゐる。兎に角、先生よりはいろんな意見で多くを学んだと思ふ。

1988 年に Princeton(Institute)に始めて招かれて行って、そこでいろいろな人と話す内に、それ迄多少遣りつつあった素粒子と天体物理の境界領域等というやうなものは全くの戯言のナンセンスであると悟り、結局天体物理を専門とするようになってしまった。始めに手を付けたのは Hubble 定数の観測的評価で、此処で Hubble 定数は Sandage の云う様に 50 km/s・Mpc である筈がないと確信する様になった。対象銀河の表面測光を精確にやり、Sandage が bias としてゐた項目を、かなり徹底的に評価し直したのである。お蔭で Sandage 先生は激怒したらしい。(友人宛の手紙には「Fukugita is beyond savings」とあった。de Vaucouleurs 先生は逆に大喜びであった由。) 私の処だけで無く我々の論文を引用した Martin Rees などの処にも Sandage の非難の手紙が届いたやうである。よほど腹に据え兼ねたのだらう。私は Sandage 先生には直接お会ひした事は無いが彼が「立腹して書いた」のであらう何通かの手紙は大切に保存してゐる。

実際此の Hubble 定数の値の受け入れは宇宙定数の存在を暗示する訳で私も之は困った事になったと思ったが、林先生が折に触れて宇宙定数に言及されてゐて、「宇宙定数が何も零である理由はない」と常々言はれてをり、それもさうだなと納得して、私自身は当時の「破門者」宇宙定数に対する抵抗は小さくなってゐたのだ。然し世の天文屋の宇宙定数に対する抵抗は能く能くに強く、銀河計数の問題等で宇宙定数の存在が示唆されると言う度にレフエリー、会議の聴衆等から批判若くは非難されたものである。

一方、もと本業の素粒子の方は何をやったらよいのか私には分らなくなってしまってゐた、要するに落零れたと云ってもよい。それに引き替え天体物理の方は無限に遣るべき事があると云う印象を受けていて、これが林先生より学んだものであると言っても良いだらう。そして Institute での諸先輩---Peebles, Ostriker, Gunn, Rees, John Bahcall, Paczynski, Joe Taylor, Goldreich、もう一世代上の Martin Schwarzschild, Lyman Spitzer, Freeman Dyson、他にも数多くの連中との語らひが転向を決定づけたと云へる。此処では何かを知らない、分からないと云う事は許されないので、厳しく修養になった。Institute での奉公も今年で23年に上る。Institute 他でつき合った連中は何時でも気楽に話し合う親しい仲間として今に到る迄続いてゐて、これが私の研究生活の礎石の一つとなってゐるが、日本の天文屋の中にはこのやうな仲間は余り出来なかった。林先生（と多分田中靖郎先生が）この例外と云える。此お二方は批判的な議論にも何時も喜んで真面に受け答へ頂いたものである。

　林先生が停年で止められてから暫くして、私も東京に移り先生にお会いする機会は著しく減ったが、京都に来た土曜日の午後等、お会いする度によく宇宙論の問題を中心に様々な天体物理の問題を話し合った。1996年には京都で IAU 総会があって林先生も連日いらしてゐたが、「では続きは亦明日」と言うような具合で、総会での義務を除くと総会に出るより林先生と話していた方が長かった（そして面白かった）のではないかと思ふ。とにかくいろいろ考へる宿題があって面白かったし林先生にも面白がって頂いたやうに思ふ。

天体核での研究教育と林先生

前田 恵一

早稲田大学理工学術院

　天体や宇宙ではなく相対論を学びたくて天体核研究室の門をたたいたが、入学当時は誰も相対論の研究をやっておらず、どうしたものかと戸惑った。Ｍ１のときは研究室にも入っていなかったので、とりあえず興味を持った Will の PPN 形式 (Parametrized Post Newtonian formalism) の原論文を読むことから始めたのだが、研究の方向をどう持って行けばいいのかわからず、途方に暮れていた。Ｍ２になると佐藤文隆さんがアメリカから帰国し、一年先輩の中村卓史さんを加えて出版されたばかりの「Gravitation」(Misner, Thorne, and Wheeler)、通称『電話帳』を初めから読み始めた。勉強会はあまり長続きしなかったが、困っているぼくを見かねてか、中村さんが「quantum field theory in a curved spacetime」を若手で勉強しようと持ちかけこられ、Parker 達の論文を読み始めた。当然、Minkowski 時空での通常の場の量子論は熟知している必要があった。このときすぐに役に立ったのが林先生の general education であった。林先生の指導方針で、理論宇宙物理をやる天体核のＭ１は general education としてすべての物理学をマスターする必要があった。素粒子・原子核物理学は特に重要で、その分野のＭ１向けのゼミにも参加し、その基礎を身につけなければならなかった。そこで学んだ場の量子論がすぐに役に立ったのである。宇宙や天体物理の専門的な勉強しかしていなければ、このとき大いに困ったであろう。general education に感謝すると同時に、林先生の考えられ

ておられた「物理学として宇宙を研究する」ことの意味を身をもって理解した気がする。

　Parker 達の論文を読みはじめてまもなく、Hawking のブラックホールの蒸発の論文が出版され、いきなり最先端の話題に触れることができ、大いに興奮した。現在でも解決されていない原理的な困難があり、わからないなりにも若手みんなで「あーでもない　こーでもない」と議論したのを憶えている。天体核研究室はみんな自由に自分の考えを述べ、お互いに意見を戦わす真剣勝負の場であった。結局、そのテーマが自分の修論のテーマになったのだが、そこでの議論は後の研究の大きな礎になっている。このように理論宇宙物理を研究するための手法や心構えを研究室のみんなとの議論を通して身につけていった。

　天体核のもう一つの教育方針はコロキウムである。天体核では、各自が自由に自分のテーマを選び研究しているので、林先生がその当時やっておられたテーマを選択しない限り、直接指導というのはなかった。その代わりといっては何だが、コロキウムという総合的な研究指導体制が確立していた。自分の「専門分野」の最先端の研究を、その動機・導入・進展から現在の問題点に至るまでをまとめ、研究者としては超一流の林先生や諸先輩を納得させるのは至難の業ではない。前もって入念に準備をし、当然であるが、その本質を十分に理解しておかないと、理解不足の点を指摘されたり、論理の矛盾を突かれたりして、撃沈することになる。このコロキウムは、最先端の研究を勉強するというだけでなく、プレゼンの仕方を含め、研究方法を身につける最善の機会であった。撃沈したり、恥をかくことのない様に一生懸命勉強するだけで、研究者としての素養が付

いていくのは、林先生が研究者をどう育てるのが良いかよくわかっておられ、それをコロキウムで実践されていたからであろう。そのコロキウムを通して林先生には多くを教えていただいた。

　研究室を出たあとに、確か海外から戻ってきたあと、どこかで自分の研究の話をしたときだと思うが、林先生の方から声をかけられ、研究に対する考え方を直接伺う機会があった。確か Brans-Dicke 理論を基礎にした extended inflation が提案され、それと似た inflation モデルを考えていたときであったと思う。一般相対論を拡張した generalized Einstein theories を基礎にインフレーションモデルや共形変換の方法などを提案していた。今でこそ宇宙論を議論するときに、一般相対論を修正した重力理論を使ってダークエネルギーを説明しようとしてもそれほど「異端」とは考えられないが、20年ほど前はやはり、一般相対論を基礎に考えるのが当たり前であった。そのような状況で、理論物理学の王道を歩んでおられる林先生には、一般相対論を「都合良く」修正したアプローチはあまり好まれないだろうなと考えていた。ところが意外にも、「なかなか面白い。あらゆる可能性を考えておくというのは大事だね。」と言っていただいた。それで少しはやっていることに自信を持った次第である。

　またこういうこともあった。一般向けの啓蒙書をいくつか書いているが、その中で特殊相対論に焦点を絞った「アインシュタインの時間」（ニュートンプレス）がある。ある程度の知識を与えてなるべく読者に考えさせようというのがねらいで、考えられる限りのパラドックスを集めた。林先生にも謹呈したところ、後にお会いしたとき、「あのようにいろいろ考える必要があるのだね。」といっていただいたが、じつはパラドックスを集めるのが最も大変だったところ

で、そこを評価していただいたので、多いに苦労が報われた。
　このように林先生には天体核という研究室を通して多くを教えていただいたが、当時はそのことにほとんど気づいていなかった。自分で研究室を持ってはじめて林先生のやり方のすばらしさがわかり、それを実践しようとしている毎日である。

林先生の思いで

松田 卓也

神戸大学名誉教授

　私は神戸大学を定年退職して、現在は NPO 法人知的人材ネットワーク「あいんしゅたいん」というものの理事をしている。理事長は坂東昌子愛知大学名誉教授、名誉会長は佐藤文隆京都大学名誉教授である。ご両人とも、私が 1965 年に京都大学理学研究科物理学第二専攻の修士課程に入ったときに助手であった人たちだ。

　当法人は 2009 年の 2 月に立ち上げた。主目的は板東さんが物理学会の会長をしていたときから行っていたポスドクのキャリア支援であるが、科学のアウトリーチ活動も行っている。最近は、京都府の支援の元に、京都大学理学部と共催で小学生対象に「親子理科実験教室」を理学部構内にあるセミナーハウスで行っている。またそれを元にした理科教材用ビデオを制作している。そのほか、京都大学高等教育開発推進センターの小山田先生とコンピュータ・シミュレーション結果の可視化や高速数値シミュレーションについての共同研究も行っている。そのため、情報メディアセンター北館(旧大型計算機センター)の地下室にある小山田研の可視化実験室で研究と指導を行っている。また最近は、身分のないポスドクと定年退職教員に身分と住所を与える目的で『基礎科学研究所』なるバーチャル研究所を京都大学構内に設置する活動を進めている。

　さて私たちは当法人の活動の一環として、科学的に有用なビデオ教材を作ろうと計画している。具体的には宇宙物理学と素粒子物理学について、さまざまな研究者へのインタビューを行って、それを

数 10 分程度のビデオ録画にまとめて、当法人か京都大学のどこかのホームページにアップしようと考えている。YouTube にアップするのもひとつの手である。

その計画を練っているときに、2005 年に基礎物理学研究所で青木健一、板東昌子、登谷美穂子さんたちが主催したシンポジウム「学問の系譜・・・アインシュタインから湯川・朝永へ」において、林忠四郎先生と南部陽一郎先生が 1 時間にわたって講演しているビデオを見つけた。他の先生方の講演も録画されているのだが、私は科学史的にも林、南部先生の講演が特に価値があると思い、それを公開する計画を立てている。林先生と南部先生は東大の同級生であるという共通点もある。

林先生は「宇宙物理学への発展・・・宇宙物理学事始め」と題して、日本における宇宙物理学の歴史に関して、1 時間ほどの講演をされた。座長は杉本大一郎さんであった。林先生の話は 1942 年に東大を卒業した時から始まる。東大ではガモフのウルカ過程を勉強された。卒業してから 3 年間は海軍に勤められ、1945 年に東大に戻られて、1946 年には湯川先生を頼って京都大学に移られた。湯川先生は当時、宇宙物理学教室の教授も兼任しておられた。林先生は中途退職された荒木俊馬先生の教授室を与えられ、そこに残されていた宇宙物理学の文献を勉強されたという。湯川先生は宇宙物理学とくに天体核物理学の重要性を認識されていて、林先生にその勉強を勧められた。林先生は 1947 年には赤色巨星の研究、1950 年には後になって素粒子論的宇宙論の嚆矢となる重要な研究、宇宙初期における陽子・中性子比の論文を出された。1949 年から 54 年には浪速大学(大阪府立大学)に移られて素粒子論の研究をされたが、1954

年には助教授として湯川研に戻られた。あまた素粒子論の秀才がいる中で、あえて林先生を助教授に選ばれたのは、湯川先生が林先生を高く評価しておられたからだと私は思う。1955 年に基礎物理学研究所で天体核物理学研究会があり、早川、武谷、中村、畑中、一柳など物理学、天文学の巨頭が集まった。林先生はこの研究会で大きく影響を受けたと話しておられる。1957 年には京都大学理学部に原子核理学教室ができて、林先生は教授となられ天体核研究室ができた。研究室のテーマは当初は星の進化の理論と核融合研究であったが、後者は早々に見切りをつけられて、前者に専念することになった。1962 年には星の進化に関して、林、蓬茨、杉本による有名な HHS 論文が完成した。1965、1966 年に基礎物理学研究所で太陽系の研究会が行われ、1970 年以降は林先生は主として太陽系の形成論に集中された。林先生のそれ以降の話は、天体核物理学の歴史的な話へと展開していくが、時間の関係上、太陽系形成論の話までは行かなかった。

　林先生の話の後で佐々木節さんが、当時の天体核研究史の思い出を語っている。また夜の懇親会でも、林先生は当時主張されていたジェネラル・エデュケーションの重要性を強調された。

　ここで私自身の個人的思い出を語ろう。私は先に述べたように 1965 年に物理第二教室の修士課程に入学した。当初希望したグループは素粒子・原子核理論であったが、2 年目には天体核研究室に移籍した。移籍の希望は佐藤さんに話したのだが、佐藤さんがいいだろうといわれた。今にして思えば、教授を差し置いて助手がそんなことを決められるというのもすごいことだ。私が移籍を希望して理由は、素粒子理論において、あまたの秀才がひしめいているなかで

頭角を現すのは難しいだろうと痛感したからだ。私の次の学年でも、伊藤さんが素粒子から移籍してきた。

実は林先生も素粒子論から宇宙物理学に変わられたと言うことを後に知って、とても興味深かった。林先生も当初の素粒子論研究に固執していたら、果たして今ほど有名になられたかどうかは分からない。当時の日本において伝統的な天文学はあったが、物理学を宇宙現象に応用するという宇宙物理学を日本で始められたのは林先生である。それを先導したのは湯川先生である。流行している分野ではなく、これから流行する分野を研究すると、先駆的な業績を上げることができる。しかしそうなるかどうかは、運がものを言うと私は思う。私が天体核研究室に入ったときにペンジアスとウイルソンによる宇宙背景放射の発見があり、宇宙論、相対論的天体物理学が勃興し始めた。私もその当時にその研究を始めたのは幸運であったといえよう。

林先生は宇宙論・相対論は佐藤さんに任せる、星の進化理論は杉本さん、蓬茨さんに任せる、自分は中野さんと星の形成と太陽系形成論に集中するという戦略をとられた。私の同級生には中沢君と成田君がいるが、中沢君は星の進化理論、成田君は星の形成理論、そして私は宇宙論・相対論と分けられた。成田君が宇宙論をやりたいと懇願したが、林先生は、同じ分野に集中すると就職が難しいと言われて、断固拒否された。あの分野分けの時に、私が先に発言することを許されたので、私が宇宙論、成田君が星の形成論になったと理解している。あるいは成田君の方が筋がよい見られて、直接指導されたのかもしれない。というわけで私は佐藤さんに預けられて、成田君は直接、林先生の厳しい指導を受けることになったのであ

る。

　当時の私はとても生意気であった。今から考えても赤面の至りである。たとえば研究テーマにしても、佐藤さんが提示された宇宙初期での元素形成という、もっともなテーマを蹴った。そして、ビッグバン宇宙論を否定して、クライン、アルベン流の有限宇宙モデルを確証するという野心的なテーマを勝手にたてた。そのテーマは結局は成功せず、佐藤さんの言うことを聞いていればよかったと、後々後悔している。しかし、その研究が英国人の目にとまり、終生の友を得るという僥倖に巡り会えた。また研究のために一般相対論的数値流体力学コードを開発したが、結局、宇宙物理学における数値シミュレーション的研究というのが、私の生涯の研究テーマになった。何がよいか悪いかは、分からないものである。

　私と中沢、成田君は、三人とも生意気であった。偉大な林先生に取り込まれないようにしよう、そのためにはあまり先生に近づかないようにしようと語り合ったものだ。たとえば中沢君などは、できるだけ林先生の目にとまらないように、当時の巨大な電卓を図書室に持ち込んで仕事をして、松原先生にしかられたものだ。しかし我々の陰謀を佐藤さんがコンパの席上、林先生に言ったものだから、先生は激怒された。林先生は「君たちはそんなことを考えていたのか」としかられた。佐藤さんも人生の機微が分かっていない。さらに私は初めて書いた論文の共著者として、佐藤さんだけを入れて、林先生を外すという暴挙に出た。それもずいぶん叱られたが、当時の私としては何が悪いのか理解できなかった。

　今では攻守ところを変えて、生意気な院生に手を焼いている。ただ林先生と我々の関係は、決して悪くはならなかった。それは林先

生が度量の大きな人物であったからかもしれないが、基本的には我々は先生を尊敬していたからである。当時の先生はまだ40代であったのだが、我々には圧倒的な存在であった。

　就職の時も私は先生の世話にはならないと、勝手にあちこち応募した。そうしたら先方から林先生に電話があり、あなたの学生が応募しているが知っているのかと聞かれたという。私は推薦状というものが必要とは知らなかったのだ。しかし結局は、林先生が京大工学部航空工学の桜井先生に電話をかけて「松田という学生がいるが、そちらに助手の席は空いていますか」と聞かれた。それに対して桜井先生は「はい、一年間ならございます」と答えられた。そういうわけで私は、見たことも聞いたこともない桜井先生の助手になり、1年で首になるどころか、3年で助教授にしてもらい、以後20年にわたって航空工学に在籍することになったものだ。当時も今も、こんな簡単に助手になることはない。林先生の威力のおかげであると、今も感謝している。私は桜井先生に対しても、生意気な助教授であり続けた。そのせいかどうか、今は生意気な院生に手を焼いている。

林先生の個人的思い出

美木 佐登志

　想いもかけない幸運で林忠四郎先生の教えを受けたことが一生の大事でした。ガウス分布関数のほとんど重ならない未熟な弟子でしたが、あやふやな記憶をたどり先生との思い出を述べます。

　岡山から大学院で初めて京都に出てきて三ヶ月、塾のアルバイトと勉強の両立に悩み、唐突に先生の自宅を訪問し悩みを話しました。先生は「塾をやめればいい」と事も無げに言われる。（それでは生活できません）に「親に更に援助を頼め」と云われる。（母子家庭で仕送りを増やせない）に「アルバイトをすると、何かやった気になる。それがいけない」と云われる。せっかくの塾を精神疲労もあって止め、乏しい仕送りを少しばかし増やしてもらったが、その後のアルバイトは細切れとなりました。

　家庭教師先の果物屋さんに都踊りか宮川踊りの余った券を頂いて観に行き、年配の人の踊りがすばらしく、（続けるとああなるのですね）と天体核ハイキングの時にお話したら、「すばらしくなっているからこそ、その年までその世界に留まれるのだ。続けたら旨くなるわけではない」と云われるように思う。

　学問の世界では職に就けないと早くに考え、教員免許を取ったり公務員試験を受けたりした。最後にはそれが役立ち東京農工大に技官で就職できたが、博士論文用のペーパーを仕上げかけていて躊躇していると「君ぃ、ともかく就職しなさい」と中澤さんともども云われた。東京からの挨拶ハガキを5月末にお出しすると「遅い」、博士論文審査用の書類をお送りすると「挨拶も無い」、とまたまた常識

のない私は中澤さん経由でお叱りを受けた。それらの言葉は、後から考えると全く正しく適切でしたが、その時々には辛い直球でした。

　林先生にお会いしなければ、今の私はありません。いつも「先生なら、どう考えられるか」の想いで生きております。

林忠四郎先生の思い出

水野 博

ノートルダム清心女子大学

　私は今から 30 年程前天体核研究室で林先生から親身な指導をしていただきました。林先生に巡り会いましたことは私の一生の宝であると思っています。今から 10 年近く前ではないでしょうか、勤務先の大学の研究室に林先生から電話がありました。先生の声が耳に入った瞬間、私の頭の中は大学院生時代にフラッシュバックし、周囲の景色が天体核研究室に変わったかのようでした。電話を置いてからも、しばらく仕事に戻ることができず、以前のことを思い出しておりました。

　私は当時、林先生や中澤先生の指導の下、原始惑星の周りの原始大気の構造の数値計算を行っていました。林先生は紙と鉛筆だけでそのほとんどの結果を予見されていました。ある近似をすると、先生には解析的に解けてしまいます。新しい結果が出ると、中澤先生と私に話して下さいました。先生の解析解はプログラムの正しさを検証するためや、境界条件として使わせていただきました。このように、私は林先生の大きな手の上で動きまわっていたように思います。

　先生はまた elementary process の理解ということを重視されていました。私の計算では光の吸収係数がそれにあたりました。数千度 K から百度 K の低温の原始大気の吸収係数を調べなさいという指示でした。文献を読みデータを探しましたが、なかなか進みません。先生は会うたびに結果の催促をされますので、今考えると誠に申し

訳ないことですが、しばらくの間、なるべく会わないように時間、経路を調整していました。ようやくまとまって先生に納得いただけたときには大分時間が経っていました。得られた吸収係数はいろいろな場面で利用できましたので、これもまた先生の手のひらの上でのできごとでした。

　論文を書くときは原稿をまず中澤先生に、次に林先生に直してもらいます。「何を言いたいのか、わからない」と返されたりします。また、コロキウムも厳しいものでした。論文の背景、歴史、内容などについて正確にうまく話を進めないと先生はじめ研究室の皆さんから質問攻めになります。論文執筆にしてもコロキウムにしても、物理の指導の他に、今でいうプレゼンテーションの指導にもなっていました。私が今の大学生にプレゼンテーションを講義できるのは、天体核での経験の賜です。

　林先生が理学部長をされたことがありました。当時は大学紛争の末期です。学生が団交にくるときのために、一般の研究室に先生の避難用机が用意されました。それが池内先生の研究室（4階の図書館前）で、たまたま私もそこに配属されていました、林先生と同じ部屋に机を並べて過ごさせていただいたというのは初めてで最後ではないでしょうか。

　今の私がありますのは、林先生のお蔭です。大才ある人を「千里を翔ける大鳥」と表現するときがあります。先生はまさに大鳥で、物理の思考は千里といわず、宇宙スケールまでも翔けておられました。その先生の思い出を、僭越ながら、とりとめもなく書かせていただきました。先生はほんとうに地上を飛び立たれました。寂しくもあり残念でもありますが、感謝の気持ちを抱きながら御冥福をお祈りいたします。

林忠四郎先生から教わったこと

観山 正見
国立天文台

　林忠四郎先生のことについては、「天文月報」や「物理学会誌」に書きましたので、簡単な記述に留めます。いつの時か忘れましたが、年代も離れていることもあって、率直に「先生、研究とか、そのための勉強とかどのように進めたらよいのでしょうか」とたずねたことがありました。その答えは、正確には覚えていませんが「どんな小さなテーマ、分野、領域でよいが、興味ある点について、とことん勉強をしなさい。教科書や論文を調べる。先輩に聞くのも良いでしょう。とことん調べて、世界でそのテーマでは、一番知っているは自分だと思えるほどやりなさい。そしたら、そのテーマや分野が、まずあなたの「島」となったのです。そして、次に、それに関連した分野で、また同じ事をするのです。そうして「島」を広げるのです。それを続けると、つながった「島」の分野で、何が問題で、何がわかっていないか、また、どんな突破口がありそうか自然とわかります。中途半端な理解ではだめですよ。そして、「島」を常に広げるのです。」だったように思えます。先生の口癖の「オーバーオール」な研究ともつながる答えでした。

「偲ぶ会」へのメッセージ

林研を巣立った人 たちが今では各地で拠点を構え大樹に育っています。その大本の先生を失った今、大変大きな喪失感を味わっています。先生に続く若者たちがこの流れをさらに大きなものにして行ってくれるでしょう。これをお見守りください。

2010.5.11
名大KMI　益川敏英

林先生の思い出

南部陽一郎

　林忠四郎さんをしのぶ会に出席できないのをたいへん残念に思い、その償いにこれを書いています。彼の思い出に関して私が日経新聞から取材を受け、4月2日付夕刊「追想録」にでました。ご覧になったかもしれません。これは一般向きの話だったので、もう少し詳しいことをつけたして皆様に提供することにしました。（念のため日本経済新聞社大阪支社の青木慎一さんにコピーをお送りするよう頼んでおきました。）

　私たちは昭和 15 年（1940）に東大理学部物理学科に入学しました。クラスは 25 人程度だったと思う。（その頃の制度では小学校 6 年中学校 5 年高等学校 3 年大学 3 年）大学 3 年目に実験か理論かを決め、教授を選び、そのもとで専門の研究をはじめました。いまの修士程度でしたが、卒業論文などはなく、学士さまになって就職。MS とか PhD とかいう肩書きは存在しなかった。ドイツ式で、博士号を望むときには卒業後十分研究をしてから論文をどこかの大学に提出する仕組みでした。私の場合は 10 年後アメリカに行くことになったとき肩書きが必要だと考え、東大に提出しました。履歴書には勝手に ScD と書きました。

　林忠四郎さんとは入学の初めから親しくなったようです。彼は堂々とした体格で無口だが心はやさしく、信頼感をあたえる人だった。その時代には湯川がはじめた素粒子論は私の最高のあこがれでしたが、京大の湯川と理研・文理大の仁科・朝永グループの独占分野で東大にはまだ何もなかった。しかし私と同じ希望をもったもの

は4人いて、そのなかの林さんが何故京大に行かなかったのか、彼に尋ねたことはなかった。

　われわれ4人の有志は原子核理論の落合駸一郎教授に素粒子論を勉強したいと申し出ました。彼はハイゼンベルクのところに留学された方でした。われわれの陳情に対して彼はまず「素粒子論などは天才でなければやるべきことではない」といわれました。これはショックでしたが、結局先生はわれわれを引き受けて、いっしょに原子核理論を勉強することになりました。おもな課題はそのころ有名だったBetheとBacherの核力の問題に関する総合報告　Rev. Mod. Phys. (1936)を読むことでした。しかし湯川理論などはまだ何も載っていなかった。同級生のなかに商才のある者がいて、われわれの注文に応じて写真版を作り、われわれには無料、ほかの大学には売りつけることをやっていました。この写真版は赤い色の厚い表紙で、われわれはベーテの赤本とかベーテのバイブルとか呼んでいました。HeitlerのQuantum Theory of Radiationなどの写真版もつくってくれました。同じ種類の違法出版物で上海版あるいは海賊版とよばれたものがすでにあり、敵国の本だから勝手に偽造してもかまわないという観念でした。私は大分前にこれらを処分してしまったが、林氏君の遺物のなかに残

落合駸一郎先生のゼミ、左は井上健男氏・右より、南部陽一郎氏・菅原仰氏・山内禎吉氏

写真は南部氏の所蔵

っているでしょうか。

　われわれ 4 人が落合先生といっしょにこれらを勉強したとき、お互い同士でよくヂスカッションもしました。林君はすでに天体物理に興味があったらしく、「ガモフがこう言っている・・」いう言葉を絶えず聞きました。私はガモフの理論はよく知らなかったので特に印象に残っています。

　その頃は仁科さんのいた理研も、朝永さんの文理大（つくば大学の前身）も東大の近くにあり、仁科さんと朝永さんは理研で宇宙線合同セミナーをやっていました。原子核理論の勉強のかたわら素粒子のことも勉強したいと、私はときどき傍聴に行きました。林君も一緒だったでしょう。一番後ろの座席でおとなしく拝聴しただけなので、先生たちと面識ができたわけではないが、いくつかの歴史に残るような最新情報を仁科さん、朝永さんの口から聞きました。

　大学 2 年目に戦争が始まり、われわれは半年繰り上げて 1942 年、2 年半で大学を卒業させられました。私は東大の嘱託というポストドックのような職をもらい、林君は京大に職を得た。しかしまずは軍隊入隊だった。私は猫も杓子も入る義務制の陸軍にとられましたが、体格のよい林君は志願制の海軍に入れたと思います。記憶が確かでありませんが。

　次の思い出は私が大阪市大に就職してからのことです。私は核力などの二体問題で必要な相対論的ポテンシャルの定義に関する論文の最後に一つの提案を示しました。これは後で Bethe と Salpeter が出した BS 方程式と実質的に同じものですが、梯子近似の場合に微分方程式の形で書きました。

　何故か京都にいた林君が大いに興味をもってくれました。彼は境

界条件が入った積分形式（BS 方程式と同じもの）にすべきだと主張し、私と協力しようと申し出てくれました。それで私は京都に出向いて林君の自宅を訪ねたことを覚えています。私の強い印象は、彼が和服姿でキセルを片手に玄関の間に座っていたことでした。その後私は虫様突起炎にかかったという事情もあり、結局一緒に論文を書くことにはならなかったが、彼は宗像康雄さんと一緒にいくつか論文を書かれたと記憶しています。

　最後にひとこと言わせていただければ、林君は湯川さんのところに就職できて幸運だったが、初めから京大に行かずに東大に入ったから私が彼と親しくなれたのは、私にとってはたいへん幸運だったといえます。

2010・05・01

V. 追悼の林先生　767

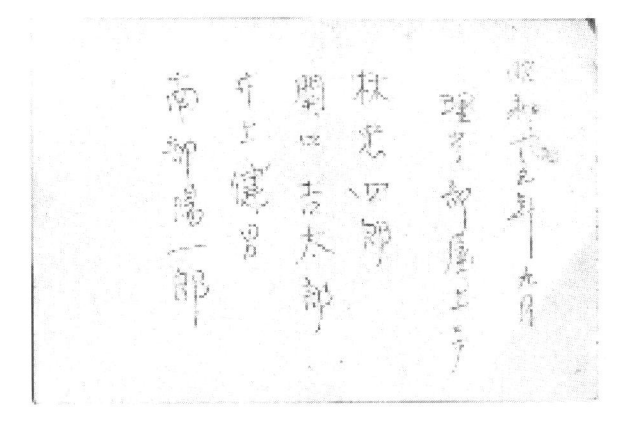

昭和七年九月
理学部屋上ニテ

林忠四郎
関口吉太郎
守上寛男
南部陽一郎

†

†山科川の北の堤防、西方を見る林先生の通勤路の風景

6. 追悼関係資料

1. 日本天文学会林忠四郎賞受賞者

年度・推薦件数・授与日・受賞者・受賞対象題目

1996 年	第一回　3	1997.3.2	
小玉英雄	京都大学教授	宇宙背景放射ゆらぎの理論	
佐々木節	大阪大学教授		

1997 年　　　　　第二回　4　　　　1998.3.17
牧野淳一郎　　　東京大学助教授　　重力多体問題シミュレーションによる恒星系力学
　　　　　　　　　　　　　　　　　の研究

1998 年　　　　　第三回　2　　　　1999.3.26
小山勝二　　　　京都大学教授　　　銀河系内プラズマおよび原始星からの X 線放射の
　　　　　　　　　　　　　　　　　発見

1999 年　　　　　第四回　4　　　　2000.4.4
中島　紀　　　　国立天文台助手　　低温褐色倭星の発見

2000 年　　　　　第五回　6　　　　2001.3.21
稲谷順司　　　　宇宙開発事業団研究員　　高感度ミリ波サブミリ波検出器の開発
野口　卓　　　　国立天文台助教授

2001 年　　　　　第六回　3　　　　2002.3.29
柴田一成　　　　京都大学教授　　　宇宙ジェット・フレアにおける基礎電磁流体機構
　　　　　　　　　　　　　　　　　の解明

2002 年　　　　　第七回　4　　　　2003.3.25
福井康雄　　　　名古屋大学教授　　星間分子雲の網羅的観測による星形成初期過程の
　　　　　　　　　　　　　　　　　研究

2003 年　　　　　第八回　5　　　2004.3.23
蜂巣　泉　　　　東京大学助教授　新星風理論の構築とＩａ型超新星の起源の解明
加藤万里子　　　慶應義塾大学助教授

2004 年　　　　　第九回　5　　　2005.3.29
須藤　靖　　　　東京大学助教授　銀河および銀河団を用いた観測的宇宙論の研究

2005 年　　　　　第十回　5　　　2006.3.27
牧島一夫　　　　東京大学大学院教授　ブラックホール天体および銀河団のＸ線

2006 年　　　　　第十一回　6　　　2007.3.29
井田　茂　　　　東京工業大学教授　惑星系形成過程の理論的研究

2007 年　　　　　第十二回　6　　　2008.3.26
嶺重　慎　　　　京都大学教授　ブラックホール降着流理論と観測による検証

2008 年　　　　　第十三回　3　　　2009.3.25
杉山　直　　　　名古屋大学教授　宇宙マイクロ波背景放射に関する理論的研究

2009 年　　　　　第十四回　　　　2010.3.26
常田佐久　　　　国立天文台教授　飛翔体観測装置による太陽の研究

2．林忠四郎記念講演会　湯川記念財団主催　講演会及び交流会

年月日・開催場所・世話人　　　講演者・講演題目

第一回　1998 年 9 月 26 日　東京工業大学　　　中沢清
　　　　杉本大一郎「宇宙物理のパラダイム転換」
　　　　谷森達「宇宙の巨大加速器を探る」

第二回　1999 年 5 月 15 日　九州大学　　　　　関谷実
　　　　佐藤文隆「ビッグバン宇宙と林先生」
　　　　長谷川哲夫「星と惑星の起源」

第三回 2000 年 12 月 15 日　名古屋大学　　　池内了
　　　中野武宣「星形成過程をさぐる」
　　　唐牛宏「すばる望遠鏡が見た宇宙」

第四回 2002 年 6 月 3 日　　神戸大学　　　　松田卓也，中川義次
　　　海部宣男「太陽系外惑星の観測」，
　　　佐藤文隆「物理と天文」

第五回 2002 年 12 月 4 日　東京大学　　　　佐藤勝彦
　　　平林久「宇宙における生命—地球外生命はいるか？—」，
　　　佐藤文隆「宇宙と原子核」

第六回 2003 年 10 月 29 日　新潟大学　　　　大原謙一，西亮一
　　　大橋隆哉「X 線天文学の新たな展開」
　　　佐藤文隆「ビッグバン宇宙論のはじまり」

第七回 2004 年 10 月 4 日　広島大学　　　　小嶋康史
　　　井上一「ブラックホール天文学の進展」，
　　　佐藤文隆「ビッグバン宇宙論の提案：一九五〇年林論文の貢献」

第八回 2006 年 11 月 29 日　東北大学　　　　二間瀬敏夫
　　　松田卓也「コンピュータの中の宇宙」
　　　佐藤文隆「湯川・朝永生誕百年—湯川と林—」

第九回 2008 年 2 月 1 日　　国立天文台　　　観山正見，郷田直輝
　　　中川貴雄「赤外線天文衛星あかりの活躍」
　　　佐藤文隆「湯川秀樹と宇宙物理」

第十回 2009 年 1 月 16 日　早稲田大学　　　前田恵一
　　　大田信義「素粒子論の今と宇宙論」
　　　佐藤文隆「宇宙と素粒子—湯川から林へ—」

第十一回 2010 年 1 月 22 日　お茶の水女子大学　　森川雅博
　　　細谷暁夫「量子力学的世界像 - 光子裁判の再審」
　　　佐藤文隆「湯川秀樹と量子力学」

3. 逝去直後の海外交信関係

送信

Dear Professor Rees

With a great regret, I inform you that

Professor Chushiro Hayashi was deceaded on 28 Feburary, pm 3, at the ages of 89 years old, after about three monthes in hospital.

The funeral service had been conducted privately and the memorial gathering will be held in the mid of May.

sincerely

Humitaka SATO

....

Wed, 17 Mar 2010 23:57:55+0900

Dear Bob, Ian, Thierry and IAU EC memebers,

I'm saddened to report that great astrophysisist and an IAU member, Professor Chushiro Hayashi, passed away on February 28, 2010.

He was 89.

A memorial service will be held with the following schedule:

Date: 15: 00−18: 00, 16th May 2010

Place: Grand Prince Hotel Kyoto、Sakyo-ku, Kyoto 606−8505, Japan

Yours sincerely,

Norio Kaifu Professor Emeritus, NAOJ, Professor,

Open University of Japan

Contact: e-mail:

Takashi Nakamura, professor

Department of Physics,

Kyoto University

....

受信

Thu, 04 Mar 2010 22: 57: 20+0000

Dear Professor Sato,

This is very sad news. He was a great scientist and his loss will be mourned by all astronomers. Please accept my condolences, and those of my Cambridge colleagues.

Yours sincerely

Martin Rees

....

Dear Norio,

Very sad news indeed... I have known Prof. Hayashi's name for a long time, regularly quoting his seminal Annual Reviews paper (1966) on the pre-main sequence evolution of T Tauri stars. No big computers at the time! Now the name "Hayashi track" has become a common name for the early evolution phase of solar-type stars. It now becomes a legacy to all of us.

Although I never had a chance to meet him, please convey my deepest sympathy and admiration to his family, friends and colleagues.

Best regards,

Thierry Le 17 mars 2010 à 15: 57, N. Kaifu a écrit:

....

Dear Norio,

Please accept my sincere condolences with this great loss for Japan and the world.

Sincerely,

Karel A. van der Hucht

SRON Netherlands Institute for Space Research Sorbonnelaan 2 NL-3584CA UTRECHT, the Netherlands

....

From: "Robert Williams" Sent: Thursday, March 18, 2010 2: 58 AM

Subject: Re: sad news

Dear Norio—

This is indeed sad news. Prof. Hayashi was one of the great figures of 20 th century science. He was perhaps the first person to correctly determine most aspects of stellar evolution, and especially early stellar evolution. His results and calculations were extremely influential.

Japan has lost a great scientist, and the current generation of astronomers throughout the world are fortunate to have benefited from Prof. Hayashi's work and insight.

....

Sat, 20 Mar 2010 20: 51: 21-0700

Hello Shoken Miyama,

Thank you for informing AAS of the passing of Chushiro Hayashi.

As Vice President of the Historical Astronomy Division I am responsible for finding authors for obituary notices that will appear in the fall issue of BAAS. Can you suggest an author for Dr. Hayashi?

Thank you for your help,
JC Holbrook
University of Arizona

....

Sent: Sunday, March 21, 2010 11: 47 PM
Dear Norio,
It is indeed very sad news. Chushiro Hayashi made a great contribution to our subject, and he will be sorely missed. Please pass the condolences of the IAU community to his family and many friends.
Best wishes
Ian Corbett
General Secretary, International Astronomical Union,
98 bis boulevard Arago, 75014 Paris, France

Royal Society (A & G) 2010-June-issue 掲載追悼文

Obituary of Chushiro Hayashi by *Daiichiro Sugimoto*

He was born on 25 July 1920 in Kyoto, and passed away on 28 February 2010. As his name implies Chu (loyal)-shiro (the fourth son), he grew up in a big family of six brothers and sisters with father Seijiro Hayashi who worked later in a credit association. His family can trace its history back to master carpenter who engaged in building famous Kamigamo-shrine and Daitokuji-temple in Kyoto. Chushiro graduated in physics at the University of Tokyo during a hard time of World War II.

Then he joined the Navy, where he worked in laboratory for optical instruments. When the War was over in 1945, he returned to Kyoto and resumed his research under Professor H. Yukawa. Chushiro studied hard both elementary particle physics and nuclear astrophysics which were not popular yet in Japan. His interest in astrophysics had its roots, he told, in a paper by G. Gamow and M. Schonberg on URCA process (1941), and in A. S. Eddington's book "The Internal Constitution of the Stars (Cambridge, 1926)".

Among early works of Chushiro, noted was "Proton-Neutron ratio in the Expanding Universe at the Stages Preceding the Formation of the Elements (1950)". He was the first to notice the effects of neutrinos in Gamow's hot universe. He also wrote papers how such a large radius as red giant stars could be realized by using stellar models with nuclear shell-energy source. It was, those days, one of the main questions.

In Kyoto University, he concentrated on non-local field theory of elementary particles before he resumed in astrophysics. During 1955 through 1965 he mainly worked on nuclear reactions, structure and evolution of the stars. His 183 page paper published in Supplement of the Progress of Theoretical Physics (1962) discussed the state of art and his scenario of stellar evolution, birth as protostar through death as supernova. Hayashi was assisted by R. Hoshi and D. Sugimoto in numerical works. It became one of the most frequently cited papers as HHS in the community.

In 1959 Chushiro was appointed as the first NAS/NASA foreign research associate to reside in GSFC in Greenbelt. It was the time when usage of electronic computer was introduced in astrophysics, though pioneering numerical integrations had been done by M. Schwarzschild and R. Ha"rm. Chushiro realized its power and completed his work together with R. Cameron on evolution of 15.6 solar-mass star till the end of helium burning phase. He promoted extensive use of computers on research and also made effort to establish computer centers in Japan.

When he tried to extend computation further to onset of carbon burning, he encountered a difficulty: The calculated stellar radius became so large and the density so low that the photosphere should come very much deep interior of the star. This was ascribed to the "radiative-zero" outer boundary condition. He considered it would be due to the existence of surface convection zone as had been suggested by F. Hoyle and M. Schwarzschild in 1955 for the red giant branch of globular clusters. Chushiro extended its view quantitatively taking account of co-existence of convective and radiative energy transports in the convection zone. He showed that the red-giant branch of star clusters can be properly reproduced, if taken into account partial ionization of hydrogen together with them.

The stellar radius thus calculated was found as the largest when the surface convection zone extended down to the center of the star, i.e., the stellar interior was wholly convective. Its values depended on luminosity and its locus on HR diagram was named as "Hayashi line" or "Hayashi limit".

His ingenuity came from the idea that it held not only in red-giants in advanced phase of evolution but also in newborn stars. The star should have been born with radius larger than that. It could not be in quasi-thermal equilibrium and the outer layers would be cooled by emitting radiation; its specific entropy lowered and the outer convection zone invaded deep interior of the star. Since thermal timescale is shorter than dynamical timescale to recover equilibrium, a protostar changes its structure keeping its radius, i.e., the gravitational energy, constant. The result was flare-up of the protostar by about 100 times in luminosity along the constant radius on HR diagram.

He compared his results with HR diagram of young cluster NGC 2264. Those days the star was thought to be born along the so-called Henyey track for wholly radiative star with luminosity kept rather constant. Chushiro replaced it with luminosity decreasing along the Hayashi limit, named as "Hayashi track", until crossing to the Henyey track. It was later named as "Hayashi phase".

This was first proposed in a three-page paper (1961). The editor of the Publications of the Astronomical Society of Japan recognized its importance and published skipping the refereeing process. It was also appreciated by Schwarzschild and was presented in Berkeley IAU General Assembly in the same year.

Near the switching point to the Henyey track, evolution is relatively slow yet the surface convection zone still sustains its activity, which explains stellar wind activity of T. Tauri stars. More importantly, the flare-up of the proto-sun should change physical conditions during the formation of proto-planets.

On this basis, Chushiro gradually shifted his research to evolution of protostars and the origin of the solar system. His slogan was "Return to physics avoiding unclear assumptions". He made clear the distribution of gas and dust in the solar nebula, instability in the rotating disk, its fragmentation into planetesimals, statistical mechanics of collision and coalescence of planetesimals to form protoplanets. Their results established Kyoto model for the origin of the solar system.

His researches were honored with many prizes. Eddington medal from the RAS was awarded in 1970 for "Evolution of pre-main sequence contraction". Some of other prizes were Imperial Prize of the Japan Academy (1971), Order of Culture (1986), Order of the Sacred Treasure, the first class (1994), and Kyoto Prize of Inamori Foundation (1995), in addition to Bruce Medal for outstanding lifetime contributions (2004). He continued to have seminars on similar subjects with his former students until he has last been hospitalized. Indeed, he was an ingeneous person to nurture many disciples who later worked in many universities and institutes.

(photo: Hayashi (1968 at NASA/GSFC) taken by Kyoji, Nariai.)

4. 報道資料

朝日新聞 2010 年 3 月 5 日科学欄

科学
✉ kagaku@asahi.com

観測が追いつき始めた宇宙像
京大名誉教授の林忠四郎さんを悼む

星の一生を探究してきた京都大名誉教授の林忠四郎さんが2月末に亡くなった。紙と鉛筆で林さんが描きだした天体像は、観測技術の進歩に伴って、ようやくその姿をあらわしつつある。宇宙物理の「巨星」は、そんな時代の到来を見届けるかのように、89歳で生涯を閉じた。

林さんの名を高めたのは、1961年に出された「林フェーズ」の理論だ。星間ガスが集まって星になると、いっ たん明るく輝いて減光する。その道筋を示した。

おもしろいのは、この赤ちゃん星の理論が、老いた星の研究から生まれたことだ。

京大名誉教授の佐藤文隆さんによると、林さんは当時、末期に近い赤色巨星がどこまで大きくなれるかを調べていた。この天体は、激しい対流で平衡を表す方程式の解をはじき出とで平衡している。中心部の熱を外側に運ぶこの現象を表す方程式の解をはじき出す試みだった。

このとき、対流による平衡は原始星でも成り立つのではないか、と気づいた。まだ星になっていない状態にくっきりと線を引いた。「巨星の探究から、いきなり原始星にとんだ。その飛躍がすごい」と佐藤さん。「方程 式の解の威力も見せつけた」という。

最近は、林さんが数式の上で考えていた星の姿が観測できるようになってきた。明るく見えるところは温度が高いーーパリ天文台のX・オボワ氏らと米航空宇宙局(NASA)提供

この1月、朝日新聞が報道したオリオン座の1等星ベテルギウスの画像を見て驚いた。東京大数物連携宇宙研究機構の特任教授野本憲一さんは、赤色巨星だが、表面に大きな斑点が写っていた。どうやら対流が盛んになっているらしい。「林さんの理論通りこの画像は、複数の望遠鏡式の解で星の顔がようやく見てとれるようになった。「太陽以外の恒星はどうせ見えないのか」と天文観測からいよいよ目が離せなくなった。

野本さんは60年代、東大学生として京都から集中講義に来る林さんの授業を聴いた。それから40年余、観測と情報処理技術が進んだ成果ともいえる。

からなる干渉計がとらえたものだ。かつて恒星は、ほとんど点にしか見えなかった。観

林さんが紡ぎだした宇宙のシナリオはどこまで裏付けられるのか。天文観測からいよいよ目が離せなくなった。

(編集委員・尾関章)

1965年度の朝日賞を受けたころ、黒板の前に立つ林忠四郎さん

朝日新聞（夕刊）2010年4月10日惜別欄

宇宙物理学者・京大名誉教授

林　忠四郎さん

はやし・ちゅうしろう
2月28日死去（肺炎）89歳
5月16日偲ぶ会

教え子の結婚式では、仲人を頼まれることが多かった＝1975年、遺族提供

書斎にこもり宇宙の謎解き

ビッグバンから太陽系の誕生まで、天文絵巻の謎に物理学者の目で迫った。きっかけは「原子核の理論を天体に」のひと言だ。戦後まもなく東大で原子核を学び、後にノーベル賞を受ける京大へ。湯川秀樹のもとで、研究を始めた。そのときの師の助言であるこれが自分にとっては大きかった、と家族に語っていた。

20代で宇宙誕生後の元素のでき方を核物理で探る大仕事に着手した。「日本では天文学と物理学が離れていた。それを近づけたのが林先生」と門下の杉本大一郎東大名誉教授（73）は言う。

ハヤシの名を世界に広めたのは、1961年に発表した赤ちゃん星の理論。末期の星のことを調べていて、生まれたての星の謎解きに行き着いた。そのときに漏らした言葉を杉本さんは忘れない。「副産物の多くは自宅で生んだ『産物』が出た」

末っ子の長男・暢夫さん（58）は少年時代に目のあたりにした父の日課を覚えている。夜8時ごろに帰宅、食後にテレビを少し見てから書斎にこもる。息抜きは午前零時の「おやつ」くらい。そのままそこで寝た。「書斎は聖域で、僕もほとんど入ったことがない」

自身の専門にこだわらず、後進を育てたのは恩師湯川流か。宇宙論の塵ひと粒から、科学と社会のかかわりに目を向ける論客まで、門下生の活躍のすそ野は広い。

紙と鉛筆の人といわれるが、コンピューターの人でもある。50年代に米国で大型電算機の威力を知り、帰国後は大学の計算機センターづくりに奔走した。

4年前、日本天文学会のインタビューで、今の夢は生命の起源の探究だと打ち明けた。同席した福江純大阪教育大教授（54）は「その研究者魂に勇気づけられた」

晩年の趣味は「庭のコケ集め」。宇宙のかなたから身近な太陽系までたどった旅の終着駅は、足もとの生命だったのだろうか。

（尾関章）

あとがき

　「自叙伝」は林先生がご自分で打ち込まれたワードファイルを使わせて頂きました。単純な変換ミスと思われるところは直しましたが，それ以外の，間接的に触れた史実や解釈などで疑問符の付く箇所もありましたが修正せずにそのままにしました。また第 II 部以下の過去の文書の再録においても，一部の古い漢字を現代風に改めたほかは，科学用語や人名等も概ね元のままにしました。

　本書は湯川記念財団の宇宙物理研究補助の援助金を受けることで発行することが出来ました。また本書発行の企画は林先生の追悼行事の中で浮上したものでありますが，「偲ぶ会」，追悼文集，史料・資料の収集などの一連の取り組みには，中野武宣，成田真二，木口勝義，田中貴浩，白水徹也，横田清恵，その他の諸氏の多大な寄与がありました。またこの企画には京都大学学術出版会の鈴木哲也氏の協力を頂き，また出版会で本書を担当された永野祥子氏には，思いのほか手間どった古い史料・資料のデジタル化を乗り切るなど，完成までに尽力してくれたことを感謝します。

2014 年 3 月
編者

編者略歴

佐藤文隆（さとう　ふみたか）
1938年生まれ，1960年京都大学理学部卒業，1964年同大学院中退。
1974-2001年京都大学教授，基礎物理学研究所長，理学部長を歴任。
2001-2014年甲南大学教授。

林忠四郎の全仕事 ── 宇宙の物理学　　　©Chushiro HAYASHI et al. 2014

平成26（2014）年5月30日　初版第一刷発行

編　者　　佐藤文隆
発行人　　檜山爲次郎

発行所　　**京都大学学術出版会**
京都市左京区吉田近衛町69番地
京都大学吉田南構内（〒606-8315）
電　話（075）761-6182
FAX（075）761-6190
URL　http://www.kyoto-up.or.jp
振　替　01000-8-64677

ISBN978-4-87698-497-8　　　印刷・製本　㈱クイックス
Printed in Japan　　　　　　定価はカバーに表示してあります

本書のコピー，スキャン，デジタル化等の無断複製は著作権法上での例外を除き禁じられています。本書を代行業者等の第三者に依頼してスキャンやデジタル化することは，たとえ個人や家庭内での利用でも著作権法違反です。

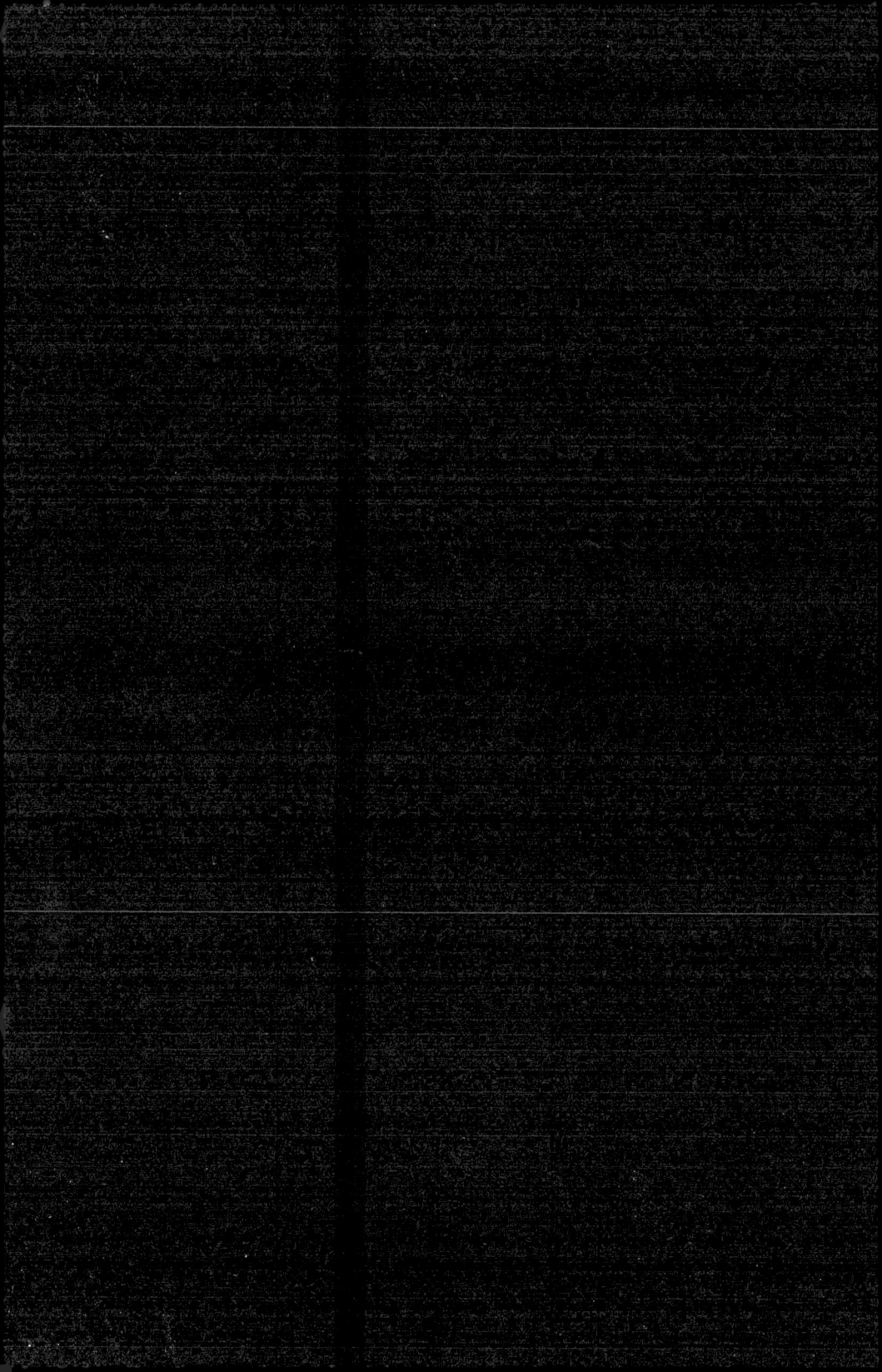